老油田增产挖潜技术创新与实践论文集

主　编　王　飞
副主编　姜维东　薄启炜　杨能宇

中国石化出版社
·北京·

图书在版编目(CIP)数据

老油田增产挖潜技术创新与实践论文集 / 王飞主编.
--北京：中国石化出版社，2025.4.--ISBN 978-7-5114
-7977-8

Ⅰ. TE34-53

中国国家版本馆 CIP 数据核字第 20259BB670 号

中国石化出版社出版发行

地址:北京市东城区安定门外大街 58 号
邮编:100011　电话:(010)57512446
发行部电话:(010)57512575
http://www.sinopec-press.com
E-mail:press@sinopec.com
北京捷迅佳彩印刷有限公司印刷
全国各地新华书店经销

*

787 毫米×1092 毫米 16 开本 59 印张 1417 千字
2025 年 4 月第 1 版　2025 年 4 月第 1 次印刷
定价:388.00 元

《老油田增产挖潜技术创新与实践论文集》编委会

前　言

在现代工业体系中，油气资源被誉为工业的“血液”，其稳定供应不仅维系着全球能源经济的命脉，更是国家经济安全与社会稳定的重要基石。随着我国油气田开发的深入，多数主力油田已步入中高含水期，面临产量自然递减、开发成本攀升、技术瓶颈凸显等严峻挑战，老油田增产挖潜成为油气田增储上产的重要技术手段，关乎国家能源安全与石油工业可持续发展。

近年来，中国石油、中国石化、中国海油等行业领军企业以保障国家能源安全为使命，围绕油气田上产稳产、低品位油气开采、增产增效和提高采收率等关键领域，持续加大科技研发投入，积极开展技术攻关与创新实践，取得了一系列重要成果和创新进展。这些技术突破不仅为老油田注入了新的发展动能，更为我国油气工业高质量发展提供了有力支撑。

为全面总结行业技术创新成果，推动先进技术经验的共享交流，我们精心编撰了《老油田增产挖潜技术创新与实践论文集》。本书聚焦国内采油采气工程领域，系统梳理了老油田增产挖潜技术的最新进展，从理论创新、工艺优化、材料研发到工具升级，全方位展现了行业技术革新的实践成果。每篇论文均通过翔实的理论分析、精准的工艺参数和典型的现场案例，深入解析技术原理与应用效果，兼具学术深度与实践指导价值，旨在为广大工程技术人员和管理人员提供可借鉴的技术方案与管理经验。

本书的顺利出版，离不开中国石油学会采油工作部的专业指导，以及各石油企业在资料收集、技术验证等方面的鼎力支持，特别感谢全体论文作者的倾囊相授与严谨治学！我们深知，老油田增产挖潜是一个永无止境的探索过程，恳请各位读者对书中疏漏之处不吝指正。期待与行业同仁携手同行，为推动我国老油田开发技术进步、保障国家能源安全贡献更多智慧与力量！

目　录

超深超高压超高温油气井修井技术研究与应用

景宏涛[1]　张宝[1]　薛龙龙[1]　张超[2]　司想[1]　李伟[1]　王雪松[1]　于皓[1]

（1. 塔里木油田公司油气工程研究院；2. 塔里木油田公司工程技术部）

摘　要：随着勘探开发的深入，我国超深、超高压、超高温油气井数量逐年增加，而此类油气井服役工况恶劣，井完整性风险高，出现问题后修井治理难度大，且修井造成的储层污染严重、产能恢复率低。在塔里木油田库车山前超深超高压超高温油气井修井经验做法的基础上，分析总结此类"三超"油气井出现问题后基于井完整性风险和井筒畅通程度决策是否修井、如何安全高效压井和修井的技术，并创新开展修井后用可溶筛管清洁完井，有效排出井筒内泥浆，恢复油气井修井后的产能。该技术在塔里木库车山前"三超"油气井推广应用，修井成功率100%，且取得良好的复产效果，既解除了隐患井的安全风险，又避免了储层污染，恢复了油气井的产能，增强了"三超"井隐患治理的经验和信心，为类似油气井的应用提供了技术参考。

关键词：超深；超高压；超高温；修井技术；环空

近年来，我国油气对外依存度屡创新高，常规深度区域的勘探很难找到替代区域。超深油气田的勘探开发可以有效缓解能源紧张，保障国家能源安全。据统计，全球已发现深层油气田860余个，其中超深层油气田122个。产层深度超过6000m的油井主要分布在美国墨西哥湾，中国塔里木油田、西北石油局和西南油气田也存在大量深井和超深井。国内外许多研究学者对深层高压油气井开展了较为深入的研究，提出了许多修井的工艺技术方法。

库车坳陷位于塔里木盆地北部，具有"四带三凹"的构造格局，是典型的超深(6000～9000m)、超高压(80～138MPa)、超高温(130～190℃)气藏，同时部分井还存在井筒堵塞、油管柱腐蚀渗漏、环空带压等完整性问题，但此类井修井治理难度极大，且修井过程中储层污染导致修井后产能恢复率差。在如此恶劣的工况下，安全高效地修井面临极大挑战。因此，急需对超深超高压超高温油气井修井的技术进行攻关研究，解决超深超高压高温油气井修井过程中的瓶颈难题。通过多年现场实践总结和技术创新，针对"三超"井决策是否修井、如何在复杂井况、工况下快速修井的问题，形成了一套"三超"井评估决策和安全高效修井技术，该技术为塔里木油田超深超高压高温气井的安全高效修井提供了有力支撑。

1　修井评估决策方法

超深超高压超高温井服役工况恶劣，大修安全风险高且修井费用高，因此，此类井需

第一作者简介：景宏涛，男，新疆沙湾县，塔里木油田油气工程研究院，高级工程师，主要从事采油气工艺技术研究工作。E－mail：jinghongtao－tlm@ petrochina. com. cn。

精细管理，“能监控不修井，能小修不大修”。但出现井筒完整性问题导致环空超压等安全风险、井筒堵塞无法正常生产时须通过大修恢复产能。

1.1 环空压力异常井风险评估

环空压力异常的高压气井，因开展大修治理风险大、费用高，首先开展井完整性失效风险评估，明确泄漏通道，确定压力来源，分析失效可能性和失效后果并进行风险大小的评估，根据评估结果分级进行管理，减少不必要的修井(图1)。

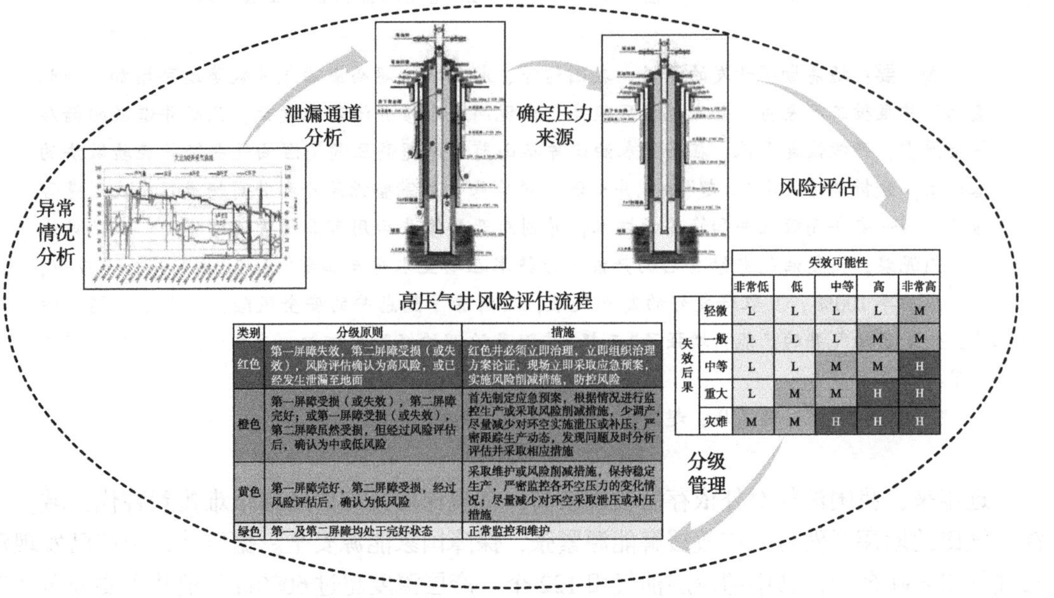

图1 环空压力异常井评估、决策流程图

1.1.1 环空压力许可范围确定

分别计算开井和关井条件下A、B、C环空的压力许可范围(A环空：生产油管与生产套管之间的环空；B环空：生产套管与内层技术套管之间的环空；C环空：内层技术套管与外层技术套管之间的环空)。

针对A环空，分别对组成A环空部件的套管头、生产套管、封隔器和油管的强度进行校核，得到了各油压工况下A环空最大许可压力值 PA_1、PA_2、PA_3 和 PA_4，取四者中的最小值，即满足该油压工况下A环空最大许可带压值。

$$PA_{max} = \min(PA_1,\ PA_2,\ PA_3,\ PA_4) \tag{1}$$

A环空最小预留压力主要考虑高压气井A环空压力过小将导致油管承受过大内压，长期疲劳工作难以确保管柱安全。计算方法采用三轴应力校核，分别校核在开井生产及关井工况下的油管三轴应力强度。根据 Von－Mises 屈服强度准则，计算出满足三轴应力的最小环空压力值，即A环空最小预留工作压力。

针对B、C环空，按照《高温高压及高含硫井完整性设计准则》规定，分别取构成B、C环空对应井屏障的外层套管抗内压强度的80%、内层套管抗外挤强度的80%、套管头额定压力值的80%中的较小值中的最小者分别作为B、C环空允许带压的最大值。

1.1.2 环空压力监控、诊断测试

高温超高压气井环空压力超出许可带压范围后，密切监测环空压力的变化并进行必要

的环空压力诊断试验，观察相邻环空的变化，分析释放流体的性质，判断流体来源。

1.1.3 异常情况判定

根据环空压力变化、压力测试诊断和井口压力测试，对气井油管泄漏、套管泄漏等异常情况进行综合分析判断，通过可能存在的泄漏通道分析，确定压力来源和发生异常的原因。

1.1.4 风险评估级分级管理

根据气井实际生产数据和异常情况判断结果，结合发生泄漏后的风险大小，分别评价开井和关井条件下A、B、C环空的风险。

根据各环空的评价结果，得出环空压力异常井的风险。风险在可控范围内的井(橙色井/黄色井)，制定相应的针对性措施和应急预案后对生产进行监控。如果风险较大(红色井)，应立即压井进行修井作业，以消除安全隐患(表1)。

表1 井完整性分级及安全管理措施

类别	分级原则	措施
红色	第一屏障失效，第二屏障受损(或失效)，风险评估确认为高风险；或已经发生泄漏至地面	红色井确定后，必须立即治理，业务管理部门应立即组织治理方案编制，生产单位立即采取应急预案，实施风险削减措施，防控风险；组织实施治理方案
橙色	第一屏障受损(或失效)，第二屏障完好；或第一屏障受损(或失效)，第二屏障虽然受损，但经过风险评估后，确认为中或低风险	首先制定应急预案，根据情况进行监控生产或采取风险削减措施，少调产，尽量减少对环空实施泄压或补压；严密跟踪生产动态，发现问题及时分析评估并采取相应措施
黄色	第一屏障完好，第二屏障受损，经过风险评估后，确认为低风险	采取维护或风险削减措施，保持稳定生产，严密监控各环空压力的变化情况；尽量减少对环空采取泄压或补压措施
绿色	第一及第二屏障均处于完好状态	正常监控和维护

1.2 井筒堵塞井评估

高压气井井筒堵塞后，通过井筒取样分析确定了井筒堵塞物的来源和堵塞机理，配套井筒解堵药剂和解堵工艺，根据对井筒堵塞物和堵塞程度的认识，按照“能小修不大修，能酸化不连续油管作业”的原则，针对不同的井况采取相应的处理措施(图2)。

(1)对于管柱完好、有挤酸通道的堵塞井，采用油管挤注解堵液解堵。针对砂垢复合堵塞的井，采用“10%螯合剂+3% HF”解堵液体系，控压低排量多级泵注工艺进行解堵；针对以垢堵为主的堵塞井，采用“9% HCl+1% HF”解堵液体系，控压低排量单级泵注工艺进行解堵。对于具有完整管柱和挤酸通道的堵塞井，使用注解堵液去除堵塞。

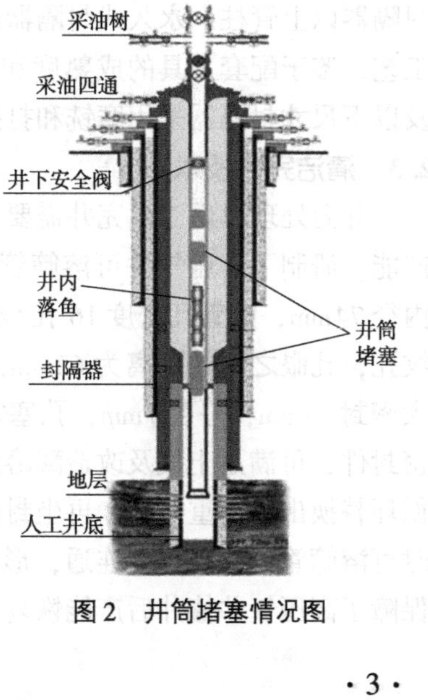

图2 井筒堵塞情况图

(2)对于油套连通、有挤酸通道的堵塞井，优化施工参数，避免酸液进入油套环空，造成套管腐蚀。通过评估各环空最大允许压力值，环空补液、低排量控制油压 < A 环空压力施工、开井返排控制 A 环空压力≤油压，实现恢复气井产能同时避免酸液进入环空腐蚀套管。通过井筒酸液解堵可避免连续油管疏通作业或大修作业，节省作业时间和成本。

(3)对井筒堵死无通道或者井内落鱼等原因无法通过疏通复产的井，应制定安全经济的大修方案进行大修治理。

2 修井工艺技术

2.1 压井工艺技术

"三超"井修井安全风险大，压井是关键。把地层压稳后才能安全地进行下步作业，但在修井初期，受油管柱泄漏、堵塞、短路、套管有漏点等影响，挤压井环空易超压，造成压井难度大，井控风险高，需分井况选择合适的压井工艺。

若具备压井通道，则先挤压井，然后在封隔器上部油管穿孔，进行循环压井，压井液选用水基或油基泥浆；若无压井通道、管柱渗漏，短路、储层易漏且套管有漏点，则根据堵点或油管位置提高压井液密度，对短路点以上循环压井；若套管有漏点、挤压井环空易超压，则环空持续边补压边压井或采用连续油管进行循环压井；若环空超压，急需压井控制井控风险，为快速降低风险，先用地层采出水进行半压井作业，降低安全风险，为后期修井创造条件，避免因重泥浆压井后井筒内泥浆静置时间长而产生沉淀和硬化，造成管柱埋卡。

2.2 管柱处理工艺技术

"三超"井管柱配套永久式封隔器，且管柱存在断脱、埋卡等现象，处理难度大，需根据油管柱的具体情况，配套不同处理工艺，确保安全高效。

若管柱畅通，具备切割条件，则优先选用切割处理工艺，在尽可能靠近封隔器处切割或倒扣，能够有效缩短井底上部管柱处理时间，缩短修井周期；若因管柱断脱等不具备切割条件，则先起出断点以上管柱，对扣后，用连续油管疏通至封隔器位置，切割，再起出封隔器以上管柱。永久式封隔器的处理需要根据封隔器所在套管的尺寸，选择合适的处理工艺，鉴于配套工具的成熟度和处理效率，通常 7in 封隔器采用套铣和打捞工艺，5 $\frac{1}{2}$in 及以下尺寸封隔器采用磨铣和打捞工艺。

2.3 清洁完井技术

井筒处理以后二次完井需要考虑采用清洁完井工艺，替净井筒内的重泥浆，恢复单井产能。研制了高压气井可溶筛管，可溶筛管本体材料为 S13Cr，外径 88.9mm，长度 5m，内径 74mm，筛管孔密度 16 孔/米，抗内压 35MPa，抗拉 65t，孔径为 M16 × 1 的密封型螺纹孔，孔眼之间的距离为 62mm，相位角为 90°，筛管两端为直连型双级扣。可溶孔塞最大密封 19mm，厚度 7mm，孔塞安装螺纹为 M16 × 1，在可溶孔塞上安装耐高温(> 180℃)密封件，可满足土酸及改造酸溶解要求，最大溶解时间 2h。下完井管柱后，经油套环空反循环替换出井内重泥浆，再坐封封隔器，油管正打压注入酸性液体将可溶部件溶蚀掉，此时可溶筛管的孔眼内外连通，形成改造及生产通道，有效实现清洁完井。该技术的应用，保障了高压气井修井后产能恢复。

3 应用效果

近年来先后在塔里木盆地库车山前区块应用 9 口井，修井成功率 100%，产能统计（图 3）。治理井新增原油 9.48×10^4t，新增天然气 10.09×10^8m^3，恢复产能效果显著。既解除了隐患井的安全风险，又恢复了隐患井的产能，保障了“三超”井安全高效开发，增强了高压气井隐患井治理的经验和信心，也为小井眼修井提供了技术基础。

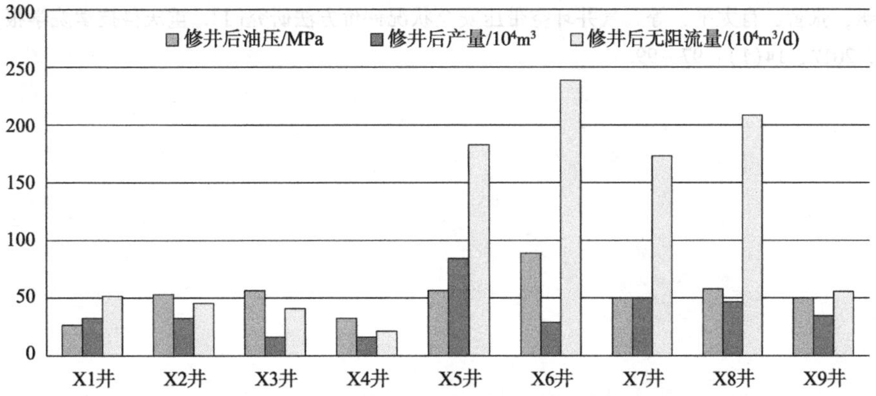

图 3 201×—202×年迪那、博大修井后产能统计

4 结论及认识

（1）超深超高压超高温井服役工况恶劣，需精细管理，能监控不修井，能小修不大修。

（2）针对“三超”井修井，压井是难题，根据不同的井况选择合适的压井液体系，采用合理的压井工艺是修井成功的前提。

（3）“三超”井管柱处理难度大，按照“能切不倒、能倒不套、能套不磨，封隔器处理掉上部卡瓦即可打捞，尽量避免磨铣”的设计思路能有效提高修井效率。

（4）修井会对储层产生一定程度的污染，周期越长，污染越严重，采用可溶筛管，配套清洁完井工艺，可有效恢复气井产能，实现高效开发。

参考文献

[1]魏纳，孟英峰，吴鹏程，等．气体钻井空井压井井筒气液两相瞬态流动数学模型［J］．天然气工业，2017，37(6)：64－71.

[2]Nickens H V. A dynamic computer model of a kicking well[J]. SPE Drilling Engineering，1987，2(2)：159－173.

[3]雷宗明，林安村．气井泥浆喷空后的压井[J]．天然气工业，1997，17(2)：56－66.

[4]孙贺东，常宝华，张静楠，等．裂缝性致密砂岩气藏出砂原因及对产气量的影响——以塔里木盆地克深气田为例[J]．天然气工业，2018，38(11)：52－58.

[5]赵孟军，鲁雪松，卓勤功，等．库车前陆盆地油气成藏特征与分布规律[J]．石油学报，2015，36(4)：395－404.

[6]江同文，孙雄伟．库车前陆盆地克深气田超深超高压气藏开发认识与技术对策［J］．天然气工业，2018，38(6)：1－9.

[7]王陶，杨胜来，朱卫红，等．塔里木油田油水井套损规律及对策[J]．石油勘探与开发，2011，38

(3)：352－361.
[8]郑如森，高文祥，邹国庆，等．塔里木油田超高压高产气井压井方法初探[J]．油气井测试，2018，26(6)：62－64.
[9]谢俊峰，陈博，常泽亮，等．某气井13Cr油管腐蚀失效分析[J]．全面腐蚀控制，2016，30(3)：58－61.
[10]常泽亮，李丹平，赵密峰，等．某气井超级13Cr完井管柱腐蚀及开裂原因分析[J]．焊管，2018，273(07)：24－30.
[11]石榆帆，张智，肖太平，等．气井环空带压安全状况评价方法研究[J]．重庆科技学院学报：自然科学版，2012，14(1)：97－99.

页岩气气举排水采气技术研究与应用

马斌[1,2]　王伟[1,2]　齐韦林[1,2]　李东东[1,2]

（1. 中国石油吐哈油田公司采油工艺研究院；2. 中国石油吐哈气举技术中心）

摘　要：页岩气气藏是我国现阶段天然气上产的重要领域，其主体开发工艺是"水平井+体积压裂"，在排采技术中，气举由于不受井斜、井深等限制，在水平井中应用优势突出。本文提出了以多级气举阀技术为核心，通过设计方法和完井工具创新，实现气举与间歇气举、泡排、速度管柱、负压采气等技术的集成和配套。该技术满足页岩气藏不同生产阶段排水采气技术需求，降低技术成本，减少储层污染，预计可提高可采储量采收率3%～6%，这对于提高我国排水采气技术水平，推动页岩气等非常规气藏建产具有重要意义。

关键词：页岩气；排水采气；气举

2023年，全球页岩油气为12.6×10^8t油当量，占总产量的14.9%。其中页岩气产量$8706\times10^8m^3$。美国产量$8312\times10^8m^3$，占比95%，近十年，美国页岩气产量快速增长，从2016年起超过全球总产量的50%。"十四五"期间，以页岩气、致密气资源为主的非常规资源的动用成为我国天然气上产的重要领域，2023年页岩气产量达到$250\times10^8m^3$。页岩气藏一般采用"水平井+体积压裂"的主体开发技术，其生产特征一般表现为早期递减快、低产期生产时间长且压裂液返排持续整个生产期的特点，因此，要求排水采气工艺介入时机较早并且贯穿整个气藏开采期。排水采气技术对于延缓、避免气井水淹，改善气藏生产状况，提高气藏开发效益与采收率有着举足轻重的作用。

1　北美页岩气排采工艺现状

北美页岩气开发较早，排采工艺应用较为成熟，根据气井开发阶段不同，分别配套了不同的排水采气工艺。总体上，北美地区页岩气开发明确了早期下油管和排采技术尽早介入能够有效提高EUR的技术思路，并以油管生产为基础构建了排采技术体系。开发初期根据井口压力的不同，主要以自喷或井口增压开采工艺为主。开发中期，由于气井携液能力下降，采取了如泡排、柱塞气举、速度管柱等依靠自然能量的排采工艺与增压开采相结合的排采工艺体系，有效提高了低压产水阶段气藏的EUR水平。据统计，两阶段共计贡献了气井总产量的80%以上。在气井生产末期，由于其自身能量不足，依靠自身能量的排采工艺均无法满足排水采气工艺要求，因此在这一阶段一般采用有杆泵、电潜泵、气举能人工举升方式来排除井筒积液，维持气井正常生产，但在这一阶段由于气井处于开发末期的低产阶段，且人工举升方式成本较高，开采经济性较差，一般处于接近废弃状态。

第一作者简介：马斌(1992—)，男，青海湟中，吐哈油田公司采油工艺研究院，工程师，主要研究方向：气举采油、气举排水采气。E－mail：mbwm@petrochina.com.cn。

2　页岩气气举排水采气关键技术

总的来看，国内外页岩气排水采气工艺方法基本相似又略有不同。主体排水采气工艺主要解决管鞋以上的积液排出问题，气举技术在其中占有重要地位。

2.1　气举工艺管柱设计及关键工具

为了满足页岩气井储层保护要求，设计带压作业一体化气举完井管柱，分为可投捞式带压作业管柱与固定式带压作业管柱两种(图1)。其中，可投捞式管柱配套可投捞式气举阀与工作筒，结合大斜度投捞工具，可以实现在大斜度井段的气举阀排液；固定式管柱配套固定式气举阀与全通径气举工作筒，可以一趟管柱实现连续气举与柱塞气举两种排采方式的转换。

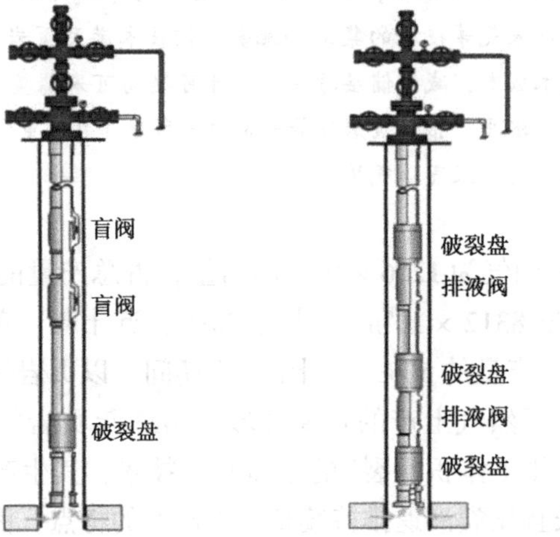

图1　一体化气举完井管柱

2.1.1　双偏心全通径气举工作筒

双偏心全通径气举工作筒最大承压105MPa，整体采用双偏心设计，保证了油管与气举工作筒中心、通径一致，可不动管柱实现连续气举与柱塞气举的转换。

2.1.2　可投捞式高压气举工作筒

为适应页岩气井的高压工作环境，优化了常规气举工作筒的材料与加工工艺，研制成功投捞式高压气举工作筒，最大承压能力达到70MPa。

2.1.3　高压气举阀

由于页岩气井生产初期排液量较大，造成气举阀充气压力较高。因此研制了高压气举阀，波纹管最高承压35MPa，包括固定式与投捞式两种规格，满足现场不同气举管柱的使用需求。

2.1.4　大斜度井专用钢丝投捞工具串

水平井由于井斜大，工具串下井困难，且在投捞过程中，震击力传递有限。通过研究开发了一套高冲力整装投捞工具串，在钢丝投捞工具串上安装多个滑轮扶正器，降低工具串与井壁摩阻，滑轮扶正，滚球灵活，摩擦力小，对油管无损伤；同时采用液压上震击器和管式震击器配合使用，加大震击力，降低工具串中途遇卡的风险；另外工具串整体长度缩短，保证顺利通过造斜段。

2.2 宽液量气举排水采气设计方法

通常情况下，气举设计追求绝对的单点注气工况以及更深的排液深度，由于气井不同于油井的生产特征，尤其是页岩气井在各生产阶段及气举排液过程中产量、压力变化较大，所以常规的气举特性曲线布阀设计方法不适用。

国内首创提出宽液量气举排水采气设计方法(图2)，满足页岩气井全生命周期气举排水采气技术需求及提高页岩气井气举排液成功率，创新点主要包括：

(1)引入最优梯度概念。气举设计目标由产量调整为井底流压，并建立了以混合流体密度、含气率、摩阻校正系数为基础的最优梯度计算方法，消减了产液量变化对气举布阀设计的影响，实现了宽液量安全布阀。

(2)建立气举阀压降设计新方法。引入间歇气举最小流梯概念，通过最小梯度计算气举阀阀间压降，结合最优设计梯度进行阀间距设计，实现了间歇气举、连续气举布阀设计方法的有效结合，实现了宽气液比条件的安全布阀，降低了阀间干扰，保障工况稳定。

(3)反向布阀设计思路。以最大注气深度为设计起点，以阀过气压差为约束条件，建立反向布阀设计思路，实现了气井排采深度最大、井口气举启动压力最优，实现了整体设计经济、有效。

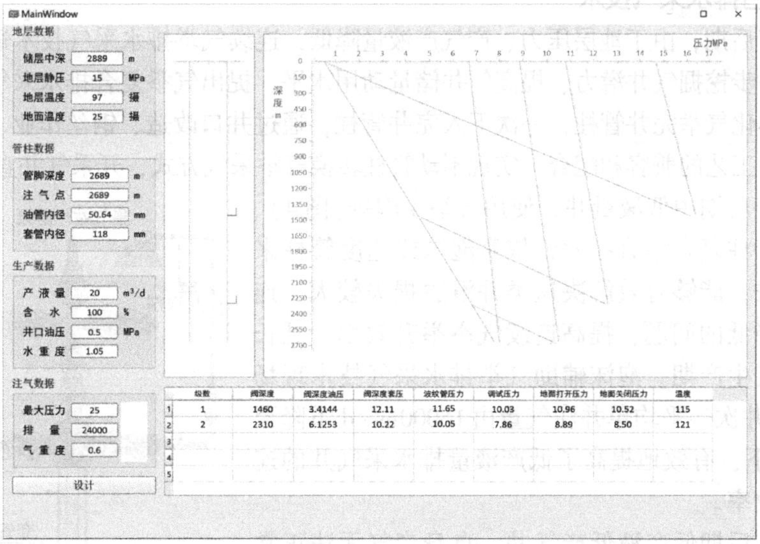

图2 宽液量气举排水采气布阀设计方法

2.3 智能柱塞气举技术

在气井生产中期，液量下降导致连续气举举升效率降低，因此配套柱塞气举排水采气技术。柱塞气举排水采气技术主要由设计方法、智能装备、优化算法组成。其中，设计方法采用载荷系数设计方法，保证了柱塞气举可行性初始设计的可靠性。装备方面开发了智能双控制器，可实现本井气与外加气源两种柱塞气举方式，一体化远传装置、电动球阀、数字仪表实现了柱塞气举的远程监控与管理。柱塞气举制度优化坚持优化是设计技术理念的延续，选取载荷系数、液段速度作为控制参数，最小套压作为产能评价参数，液段到达率作为工况评价参数，建立优化算法，确保系统始终在最佳状态运行(图3)。

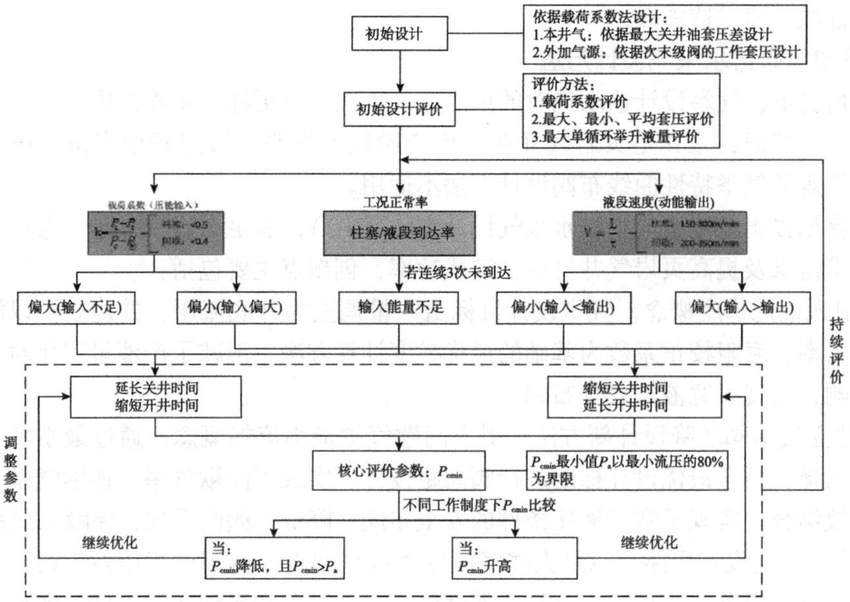

图3　柱塞气举优化算法

2.4　气举复合排水采气技术

气井生产后期，由于地层压力、产气产液量降低，连续气举排水采气技术适应性逐渐减弱。为了进一步挖掘气井潜力、提高气井储量动用水平，提出气举复合排水采气技术。该技术依托于一体化气举完井管柱，一次下入完井管柱，通过井口改造、钢丝作业、地面设备配套，满足多种工艺的兼容和配合，实现不动管柱转换气举采气方式，开采气井直至废弃。

对于生产后期中低液量井，使用气举+泡排(图4)、气举+速度管柱复合举升技术，依靠泡沫或速度管柱来降低滑脱损失，能够有效解决这类井滑脱损失较大，连续气举效率降低的问题，提高连续气举举升效率，延长气井排水采气生产期。泡沫辅助气举排水采气技术现场累计试验25井次，平均单井注气量由15000m^3/d下降至7000m^3/d以下，有效地提高了低产液量排水采气井的连续气举举升效率。

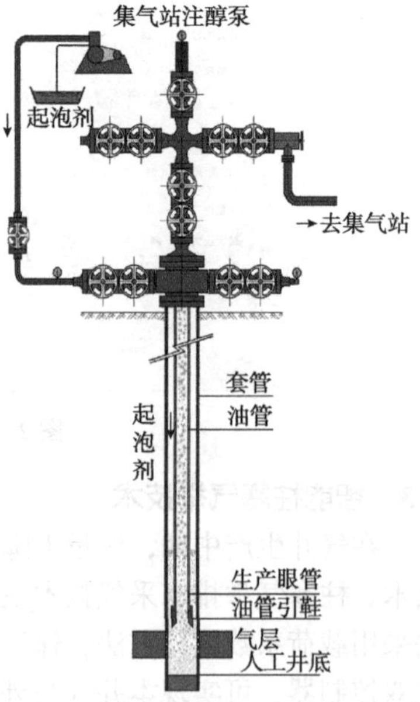

图4　气举+泡排复合举升技术

对于生产后期低产液低产气井，自身产气无法正常携液生产，因此采用负压回注技术(图5)，利用气体回注原理，增大井筒内气体流速，配合地面智能控制设备，实现低产低压气井连续携液生产。

对于生产末期地层压力系数0.2~0.3的气井，一般排水采气技术无法达到足够的生产压差，导致气井不能生产。因此，采用气举+喷射泵排水采气技术(图6)，利用喷射泵换能及喷嘴雾化原理，使气井即使在地层压力系数0.2时也能保证正常的携液生产，大大提高了气藏的最终采收率。

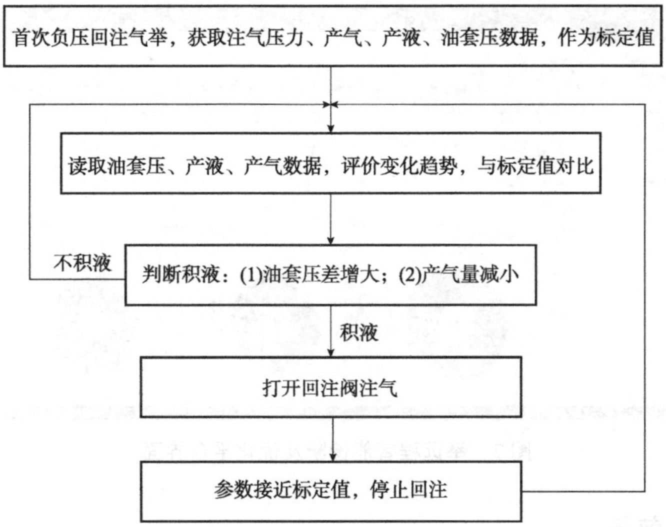

图5　负压回注排水采气技术控制逻辑

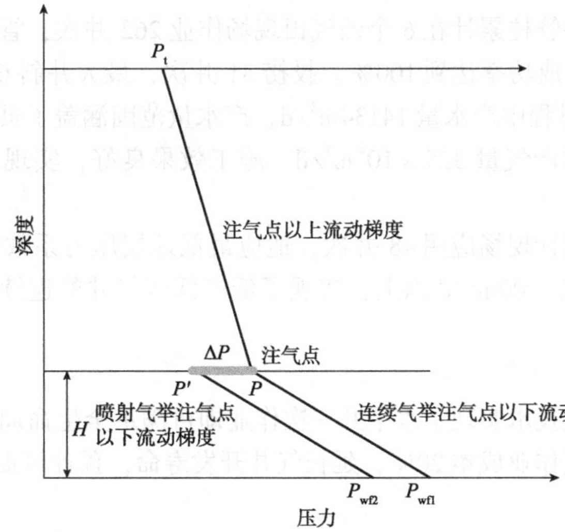

图6　气举+喷射泵举升原理

2.5　智能化管理技术

为提高气举井管理效率，降低现场维护成本，开发了气举远程智能诊断及优化平台。平台以动态数据库为基础，以实时诊断及生产优化为核心，搭载智能化算法，配套故障报警、气举设计等功能，通过管理平台实现对整个气举系统的智能控制。其中，气举智能优化系统通过读取数据库单井静态数据以及实时监控地面油、套压及注气量等参数，实时计算分析气举井工况与单井最优注气量，并通过远程模块进行实时控制，实现集中增压，使气举单井注气量得到优化。

气举远程智能诊断及优化平台(图7)通过对生产数据的整合与应用，可以实现气举井的实时工况诊断预警、气举系统实时优化及气举井的远程控制，该系统预计可节约人力成本50%以上，节约气量10%以上。

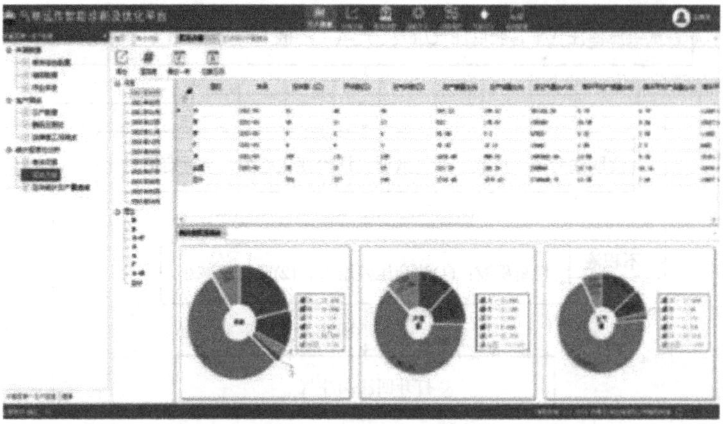

图7　举远程智能诊断及优化平台界面

3　应用效果及前景

3.1　现场应用效果

目前一体化气举完井管柱累计在6个油气田现场作业262井次，管柱实现最深排液深度4750m，带压作业施工成功率达到100%。投捞31井次，最大井斜67°，一次投捞施工成功率92%。气举排液过程中产水量14134m^3/d，产水量范围涵盖了页岩气井生产的各个阶段，排液后初期合计增产气量$325\times10^4m^3/d$，施工效果良好，实现了单井稳产增产的目的。

气举复合举升技术累计现场应用48井次，适应最低地层压力系数0.22，最低产气量1500m^3/d，平均单井增气1000m^3/d以上，实现了低产低压气井的连续生产，大大延长了气井排采生产期。

3.2　技术应用前景

页岩气气举排水采气技术实现了水平井一次作业即可满足全生命周期的排水采气技术需求，降低气井排水采气作业成本20%，延长气井开发寿命，预计可提高可采储量采收率3%~6%(图8)。

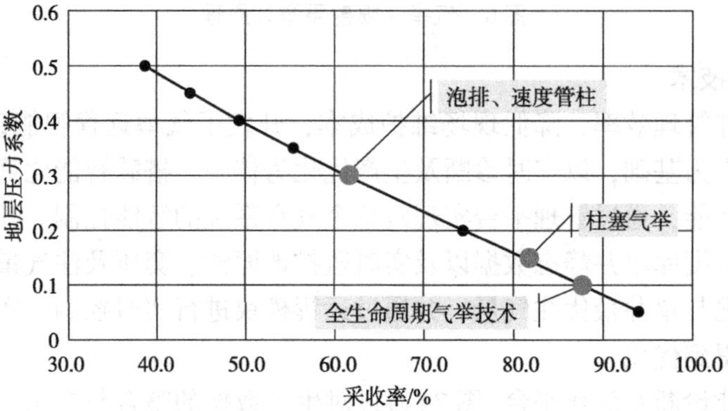

图8　全生命周期气举技术最终采收率

4 结论

页岩气气举排水采气技术从工艺方法、工具管柱两个方面的创新，建立了气举采气技术图谱，保证了气举技术在页岩气井整个生产周期内的有效性，并实现了不动管柱转换排采方式，降低了页岩气井的开采成本、延长气井开发寿命、提高气藏开发效益。总的来说，该技术有以下特点：

(1)一体化气举完井管柱，不动管柱实现了多种气举排水采气方式的转换，有效避免了动管柱带来的压井污染和气井施工存在的施工风险，施工成本低、安全性高。

(2)宽液量气举排液设计方法适应液量范围大，对气井产状变化的适应性强，既满足了全生命周期气举排液的需求又保证了气举排液的成功率。

(3)气举复合排水采气技术针对低产、低压气井的生产特征，有效提高了气井生产后期连续气举排采效率并延长了气井的生产期，提高了页岩气藏整体储量动用率。

(4)气举智能管理技术能够同时实现气举井异常工况的及时预警与气举系统的实时优化，极大提高了气举井管理水平。

(5)页岩气气举排水采气技术的研究，进一步提升了气举工艺、产品研发技术水平，扩大了气举技术在排水采气领域的应用，为我国天然气的上产和增产提供坚实的技术保障。

参考文献

[1]中国石化石油勘探开发研究院．中国天然气发展报告(2023)[M]．北京，石油工业出版社，2023.

[2]方建中．涪陵页岩气田排水采气工艺适应性分析[J]．江汉石油职工大学学报，2020，033(001)：16－18.

[3]田相雷，蒋海岩，岳艳如，等．气举排水采气生产规律研究[J]．断块油气田，2012(06)：760－763.

[4]冯朋鑫．苏里格气田排水采气工艺技术研究[D]．西安：西安石油大学，2010.

[5]杨盛余．气举阀气举排液技术研究[J]．石油矿场机械，2011，40(007)：18－21.

[6]杨有林，李修文，樊营，等．中原油田连续气举平衡设计方法[J]．江汉石油学院学报，2000，22(003)：72－73.

[7]梅明华，田喜军，刘淑哲，等．积液气井排水采气工艺优化研究[J]．石油化工应用，2012，031(008)：97－99.

[8]邵本东．天然气井排水采气工艺方法优选[J]．中国石油和化工标准与质量，2014，000(021)：65－65.

[9]周子淳．大牛地气田积液气井及水淹气井排水采气技术[J]．中国石油和化工标准与质量，2013，000(001)：192－193.

[10]苏月琦，汪海，汪召华，等．气举阀气举排液采气工艺参数设计与优选技术研究[J]．天然气工业，2006，026(003)：103－106.

[11]汪海，鲍志强，栾艳春，等．气井气举阀气举排液采气工艺参数设计研究[J]．天然气勘探与开发，2005，28(002)：35－38.

[12]廖锐全，刘捷．气举排液参数优化设计研究[C]//中国石油天然气集团工程公司，2011.

长庆油田低渗透油藏聚合物微球调驱技术与工业化应用

曹荣荣

（中国石油长庆油田分公司油气工艺研究院）

摘　要：聚合物微球调驱技术有效改善了传统药剂无法进入低渗透油藏细微孔喉和地层深部的问题，降低了储层非均质性引起水驱波及不均的程度，通过低渗透油田水驱优势通道判识技术研究、微球作用机理探索、系列纳米聚合物微球研发工业化生产、调驱注入工艺模式开发等创新，完善了低渗透油藏控水稳油技术，实现了近井调剖向深部调驱转变，推动了改善水驱技术进入纳米级时代，在长庆油田实现了大规模工业化应用，创造了显著的社会效益和经济效益。研发聚合物微球自动加注调驱装置，实现了聚合物微球注水站集中注入工艺，突破了传统单井点注入模式在长庆油田“井多人少、地貌复杂”条件下难以规模应用的技术瓶颈。2017 年至 2023 年工业化应用以来节约成本 291 万元，阶段投入产出比 1∶2.06。

关键词：聚合物微球调驱；低渗透油藏；工业化应用

1　技术背景

长庆油田开发 50 年来，油藏水驱效果日益变差，传统药剂出现了无法进入低渗透油藏细微孔喉和地层深部的问题，降低了储层非均质性引起的水驱波及不均的程度，经过技术攻关、开展新工艺新技术研究，量化主力油藏优势通道尺度，揭示纳米微球蠕变运移、吸附聚集、膨胀架桥、表面效应耦合作用机理，创新反相微乳液聚合方法，实现了聚合物微球的精准制备，满足了低渗透油田微孔细喉储层需求，填补了改善水驱关键材料空白的问题。研发聚合物微球自动加注调驱装置，实现了聚合物微球注水站集中注入工艺，突破了传统单井点注入模式在长庆油田“井多人少、地貌复杂”条件下难以规模应用的技术瓶颈。

2017 年至 2023 年，该成果在长庆油田累计应用 21963 井次，截至 2023 年 12 月，累计增油 286.4×10^4t，降水 324.6×10^4m^3，新增产值 67.89 亿元，新增利润 35.01 亿元。该成果从 2017 年起作为长庆油田降递减主体工艺技术连年编入“长庆油田堵水调驱稳产方案”，有效改善了长庆油田水驱开发效果，有力支撑了长庆油田持续稳产和“二次加快发展”。

该技术通过低渗透油田水驱优势通道判识技术研究、微球作用机理探索、系列纳米聚合物微球研发工业化生产、调驱注入工艺模式开发等创新，完善了低渗透油藏控水稳油技术，实现了近井调剖向深部调驱转变，推动了改善水驱技术进入纳米级时代，在长庆油田实现了规模化的工业化应用，创造了显著的社会效益和经济效益。

作者简介：曹荣荣(1985—)，女，油田开发高级工程师，主要研究方向：堵水调驱和提高采收率。E－mail：caorongrong_cq@ petrochina. com. cn。

2 聚合物微球的调驱机理

通过大量的动态评价和现场监测研究，明确了非均质性、注入速度、裂缝发育程度是影响注水开发效果的主控因素，见水类型主要为孔隙－裂缝型、孔隙型。明确了高含水油井主要水见类型，形成了低渗透油田水驱优势通道判识技术，量化了主力油藏优势通道尺度(图1)。

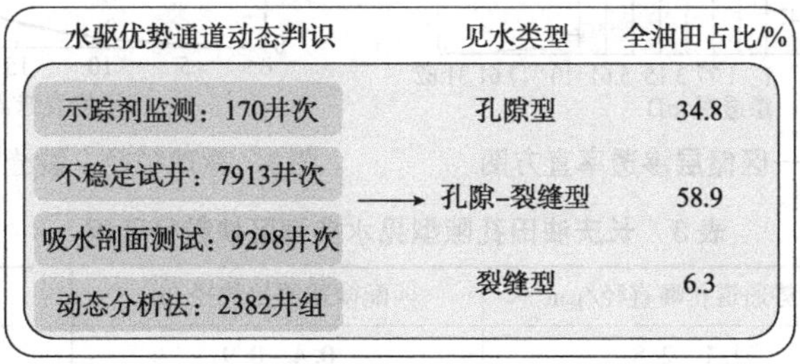

图1 裂缝判识示意图

研究量化了优势渗流通道孔道半径，通过对主力油藏38个区块渗透率、孔喉半径等特征参数进行分布特征总结和对比研究，采用概率分布统计法划分了三级优势通道，量化了优势通道尺度(表1)。

表1 窜流通道尺度类型划分结果表

尺度分级	渗透率/mD	孔道半径/μm	孔喉半径比
1	5～80	0.4～1.8	3～15
2	80～500	1.8～6	15～50
3	500～1500	6～12	50～120

室内物理模拟实验研究，揭示了纳米微球蠕变运移、吸附聚集、膨胀架桥、表面耦合效应作用机理。室内建立了平板微观可视化模型，验证了纳米微球在微孔喉下具有良好的注入性、自聚集性、桥堵性能(表2)。

表2 不同类型油藏微球粒径与孔喉直径对比

油藏类型	孔喉半径/μm	微球粒径/μm	膨胀后微球粒径/μm	微球与孔喉直径比
超低渗透	0.3～0.8	50	100～250	1/6～1/3
特低渗透	0.9～1.5	100	200～500	1/7～1/4
低渗透	2～5	300	600～1500	1/7～1/3

以“注得进、堵得住、能运移”的深部调驱理念为指导，匹配孔喉及裂缝尺度，探索研发了系列微米级别聚合物微球，依托聚合物微球良好的分散性、体系黏度低、初始粒径小、吸水缓膨、弹性形变和自胶结能力等技术特点，开展了不改变注入制度的在线注入先导试验。以孔喉匹配理论为聚合物微球封堵机理，首先利用Kozeny公式计算孔喉半径，国内外相关研究——微球粒径与孔喉直径比例：膨胀后的微球粒径与孔喉直径比例匹配系数为1.2～1.5时，实现最优匹配封堵。

对孔隙型见水典型油藏聚合物微球粒径进行了匹配(图2、图3、表3)。

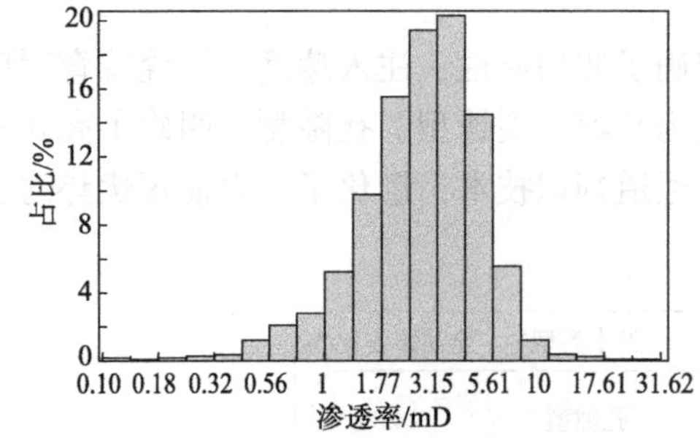

图2　五里湾一区储层渗透率直方图

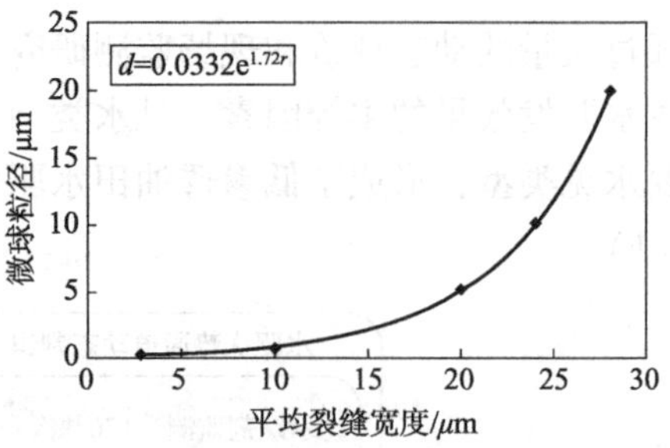

图3　微球粒径－裂缝宽度拟合曲线图

表3　长庆油田孔隙型见水典型区块粒径匹配

区块	优势通道孔喉直径/μm	匹配微球原始粒径/μm	依据
A区长6	1.1～2.8	0.4～0.9	检查井资料
B区长8	0.7～3.2	0.2～1.0	压汞资料
C区延9	4.6～14.1	1.4～4.2	精描资料
D区长2	3.4～7.1	1.0～2.1	精描资料

通过理论研究和室内实验，发现降低高渗通道渗透率和比表面积的关系，在孔喉封堵基础上，发现增大储层内比表面积降低渗透率也是聚合物微球重要的调驱机理。纳米粒径聚合物微球在孔隙中滞留，增大内比表面积，降低高渗层注入药剂的渗透性。微观上纳米粒径微球进入孔隙后滞留，使液固界面分子作用力更强，启动压力更大，从而降低渗透率；宏观上储层内部物质比表面积增大，渗透率降低。调驱思路从封堵孔喉向增大比表面降低渗透率的转变，增大比表面具有更好的适应性，解决了长期以来进得去与堵得住的理论矛盾，使注剂尺寸与地层孔喉匹配成为可能。相同质量的注剂，粒径越小、数量越大，增大比表面的能力越大，解决了大剂量注入与成本之间的矛盾。

聚合物微球发生网状滞留，增大比表面积，使后续流体渗流阻力增大，发生液流转向，达到扩大波及体积的目的，提高微观波及体积的同时提高驱油效率(图4)。

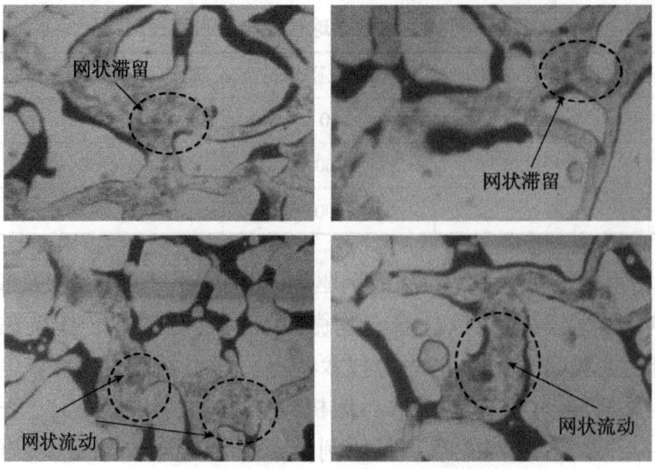

图4　聚合物微球发生网状滞留示意图

从胶体化学改善流体性质角度出发，稀分散体的黏度随着质点尺寸变小，特性黏度增大，聚合物微球在低渗流速下，与高剪切速率对比聚合物微球分散液表观黏度增大 100 ~ 10000 倍。金属丝填充造缝模型驱替实验证明利用微球表面效应可有效封堵微裂缝。裂缝开度 0.1mm 时，封堵后残余阻力系数 7.61，封堵率 86.87%；裂缝开度 0.2mm 时，封堵后残余阻力系数 3.82，封堵率 73.82%；裂缝开度 0.3mm 时，封堵后残余阻力系数 2.01，封堵率 50.03%。

设计并联双管填砂驱替实验装置，研究结果表明微球突破压力梯度 0.2 ~ 0.4MPa/m，可提高采收率 20% 以上。

自主研发系列纳米级聚合物微球，实现产品工业化制备，满足了低渗透油田微孔细喉储层需求，填补了改善水驱关键材料空白这一技术难题。创新反相微乳液聚合方法，通过水相合成和油相反转等工艺，实现了聚合物微球的精准制备。接下来从一些具体性质来介绍微球。

分散性：模拟微球注入水(50g/L 矿化度，60℃)中均匀分散时间小于 10min，结果实现了快速分散，粒径随水化时间延长膨胀 2 ~ 5 倍；耐剪切性：浓度 2000ppm；矿化度：50g/L，60℃；10d 后，在不同转速条件下高速剪切，其微球形貌仍保持为类球形，表明其耐剪切性良好；形变能力：采用原子力显微镜测试了聚合物微球颗粒的微观弹性量，其弹模为 17.9MPa，具有良好的变形能力；耐温抗盐性：在微球分子链上引入耐温抗盐组分 AMPS，保证微球耐高温 90℃，耐矿化度 100g/L，20d 后形貌仍保持为类球形结果表明其耐温抗盐性良好。

3 聚合物微球的应用情况

2010 年至 2023 年，历经三个重大研究试验阶段，实现了工业化推广应用(图 5)。

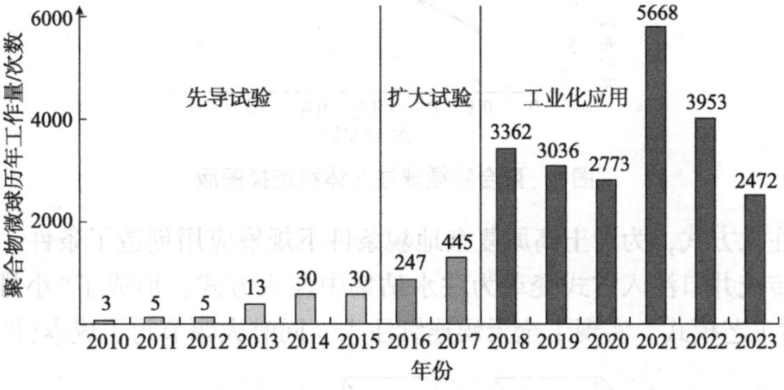

图 5　长庆油田聚合物微球历年应用工作量图

聚合物微球深部调驱技术目前已累计推广 21963 井次(年均 3137 井次)，覆盖储量规模 6.9×10^8t，助推老油田阶段自然递减由 13.4% 至 11.3%，阶段少递减原油 286.4×10^4t，累积降水 $324.6 \times 10^4 m^3$，提高采收率 3.6 个百分点，阶段投入产出比 1 : 2.06(图 6)。

形成了“注入参数优化、注水站集中注入、在线注入装置”的工艺技术模式，建立了注入参数优化设计图版。根据优势通道量化渗透率选择微球粒径，根据室内驱替实验阻力系数确定注入浓度和注入体积。各区块示踪剂监测解释报告显示，高渗层平均渗透率都在 100 ~ 1000mD，针对主要油藏类型优势通道编制了基本工艺参数图版(图 7、图 8、图 9)。

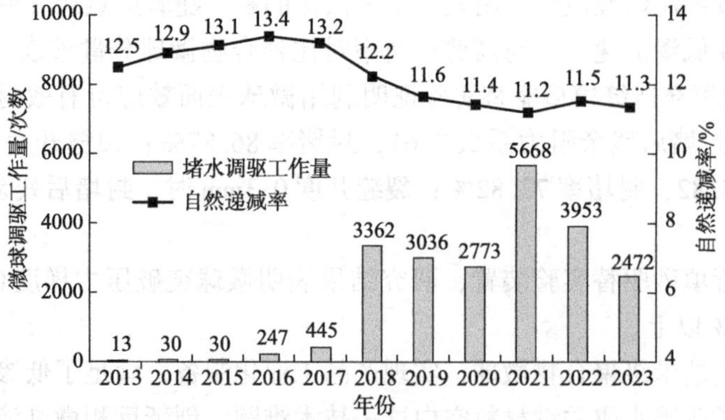

图6　2013 年至 2023 年微球调驱井数与老油田阶段自然递减关联图

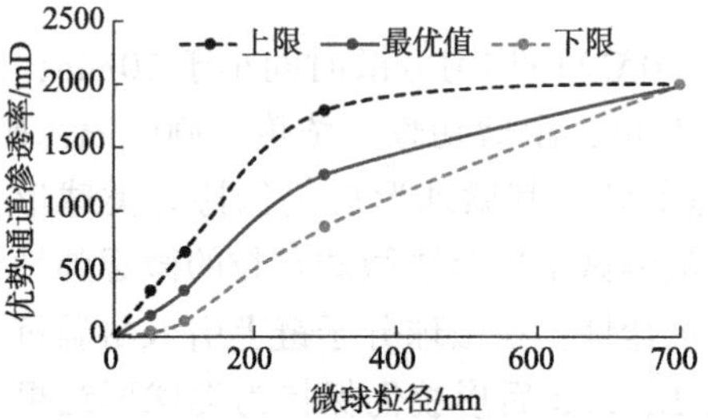

图7　聚合物微球注入粒径选择图版

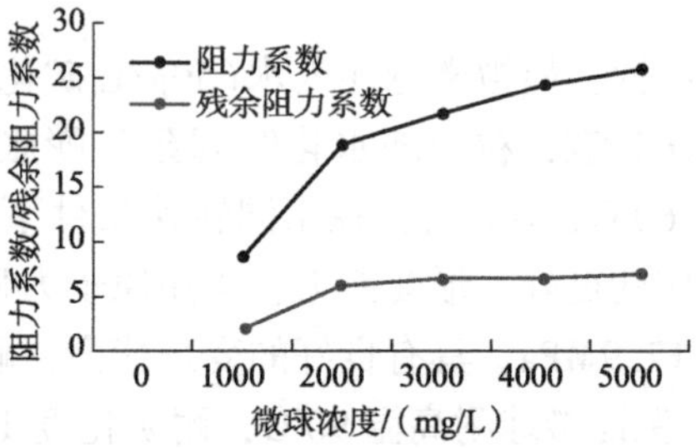

图8　聚合物微球注入浓度选择图版

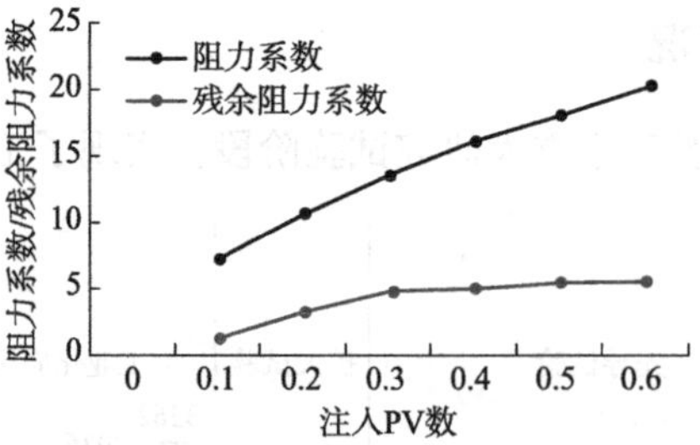

图9　聚合物微球注入体积选择图版

变革工艺注入方式，为黄土高原复杂地貌条件下规模应用创造了条件。通过提高微球水分散性，将传统井口注入方式变革为注水站集中注入方式，形成了“小排量、大剂量 、低爬坡压力”的工艺模式，实现了全天候连续注入，同时大幅节约了成本(图 10)。

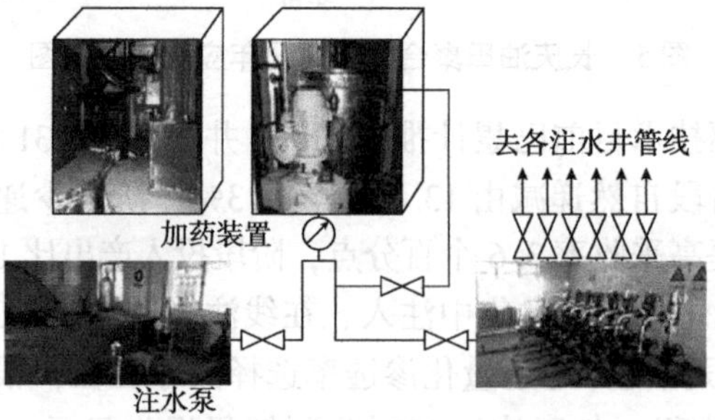

图 10　聚合物微球注水站集中注入流程示意图

自主研发了在线注入装置，减少施工人员配置，节约了成本。在线注入装置具有体积小(2m×2m×2.1m)、单泵多注(可一拖三十)、远程监控(无人值守)、全天候施工(自动配液)的优点。

建成了年产 3×10^4t 的聚合物微球生产能力，满足工业化应用需求。按照"智能化、数字化、集约化"的建设思路，持续开展工艺技术攻关，建成了聚合物微球的工业化生产线。建成丙烯酰胺类乳液型聚合物中试生产平台 1 个，全线采用 DCS 控制，釜式、管式、微通道工艺，满足 300℃、3MPa 多级合成、快速移热反应、在线流动力搅拌等反应模式。建成并运行 2×10^4t/a 聚合物微球乳液聚合物生产线 1 条：全线 DCS 控制，采用油相与水相在线乳化技术，实现微通道反应器光引发聚合反应(图 11)。

图 11　聚合物微球生产车间和管式反应器

4　聚合物微球的经济性评价和推广展望

可规模实施的能力与经济性是工艺技术能够规模应用为油田稳产发挥实质性作用的前提。不同调驱工艺施工能力及经济性对比(表 4)。

表 4　不同调驱工艺施工能力及经济性对比

工艺	机组数量	最大年施工能力	年注入费	最低注入费	材料费	24 万元费用注入方量
常规调剖	200 套	800 井次 (单井单注)	6400 万元	8 万元/井次	16 万元/井 ($2000m^3$)	$2000m^3$，2 个月
聚合物微球	600 套	10000 井次 (集中注入)	4200 万元	0.42 万元/年	7.32 万元/井 ($2000m^3$)	$8590m^3$，14 个月 (按 $20m^3/d$ 配注)

按照中石油深部调驱效果评价方法计算，聚合物微球改善水驱技术直接经济效益可观。长庆油田 2017 年至 2023 年应用 21963 个井组，累计投入 29.2 亿元，目前新增产值 67.89 亿元，实现利润 35.01 亿元，阶段投入产出比 1∶2.06，还处于持续见效阶段。

5　结论

聚合物微球调驱技术有效改善了传统药剂无法进入细微孔喉和地层深部的问题，降低了储层非均质性引起的水驱波及不均的程度。通过低渗透油田水驱优势通道判识技术研究、微球作用机理探索、系列纳米聚合物微球研发工业化生产、调驱注入工艺模式开发等创新，完善了低渗透油藏控水稳油技术，实现了近井调剖向深部调驱转变，推动了改善水驱技术进入纳米级时代，在长庆油田实现了大规模工业化应用，创造了显著的社会经济效益。

参考文献

[1]Tammo S. steenhuis, Selectivity of elastic microspheres as a novel profile control agent [J], Energy fuel, 2012, 46 (6): 105 - 107.

[2]梁守成，吕鑫，梁丹，等．聚合物微球粒径与岩芯孔喉的匹配关系研究[J]．西南石油大学学报(自然科学版)，2016，38(01)：140 - 145.

[3]谭雄辉，杨欢，顾晓敏，等．核壳聚合物微球调驱剂的合成及性能[J]．合成化学，2020，28(02)：123 - 127.

Z34 区块低渗油藏协同改造提产实践

杨立永　田福春　贾云鹏　隋向云　王全

（中国石油大港油田公司）

摘　要：Z34 区块低渗油藏平面和层间非均质性强，难以建立井间有效驱替，前期开发过程中“注不进、采不出、驱不动”问题突出。本文根据该区块储层特征及前期压裂井实施效果，开展影响压裂效果的主控因素分析，优选目标储层岩心开展岩石力学性质研究和裂缝扩展模拟研究，结合物模和数模开展地层能量补充方式及增能注水时机研究。通过研究明确了压裂层位、施工排量、压裂规模、能量补充等影响压裂效果的四大主控因素，以“聚焦压裂层位、提高施工排量、增大加砂强度、超前能量补充”为原则优化改进，形成了适用于该地区低渗油藏的油水井协同改造提产技术模式，现场实施压裂井单井稳定日产油由 3 ~ 4t 提高至 15t 以上。该技术现场应用效果明显，对提高同类储层的改造效果具有重要的指导意义。

关键词：低渗透；压裂；增能；协同改造

大港低渗透油藏不仅需要依靠压裂改造储层来实现有效开发，还需要合理有效的注水来补充地层能量，建立井间有效驱替，提高开发效果。影响驱替有效性的主要因素包括油藏物性（渗透率、油层厚度、原油黏度），井网，井距，人工压裂缝长，注水时机等因素。建立有效驱动压力系统，既要针对油藏特征确定合理的井网、井距、排距、压裂缝长等参数，又要通过油井体积压裂和水井增能注水相互协同作用，以建立长期有效的驱替，达到并保持预期产量，提高油藏开发效果。

1　储层特征及开发现状

Z34 区块位于枣园油田东北部、李天木断层上升盘的西端，主体为依附于李天木断层的大型断鼻构造。主要含油层系为孔二段，物源方向为北东，辫状河三角洲前缘沉积，发育河口坝、分流河道、河道坝间等沉积微相，油藏埋深 2140 ~ 2640m，平均孔隙度为 18.3%，平均渗透率为 15mD，属于中低孔低渗油藏。

Z34 区块自 1999 年投入开发，整个开发过程可以划分为四个开发阶段：开发评价阶段、建产阶段、递减阶段和调整试验阶段。至本次调整治理前油井总井数 31 口，开井数 26 口，日产油 60t，综合含水 76%，采油速度 0.37%，采出程度 5.4%，采收率 9.6%，水井总井数 8 口，开井数 6 口，日注水 208m^3，月注采比 0.76。

第一作者简介：杨立永（1987—），男，天津市，大港油田公司，工程师，主要从事压裂技术研究。E – mail：yanglyong@ petrochina. com. cn。

2 油水井协同改造提产实践

2.1 压裂主控因素分析

区块自2022年开展综合治理，第一批优选4口新井实施了压裂改造，压裂投产后稳产效果差异大。其中1井、2井、3井压裂目的层底部距离10m左右有水层或油水同层，在压裂方案设计中，为了尽可能避免压裂裂缝纵向上沟通水层或油水同层，适当控制了压裂规模，降低了压裂施工排量。这3口井压裂后初期产量较高，日产油13～15t，但是产量递减比较快，生产1个月后产量递减至4～6t，稳产期日产油3～4t。4井纵向上距油水同层较远，无须控制裂缝纵向延伸，压裂规模和施工排量均高于其他3口井，该井压裂后初期日产油16.5t，产量递减较小，稳产期日产油12～14t(图1)。

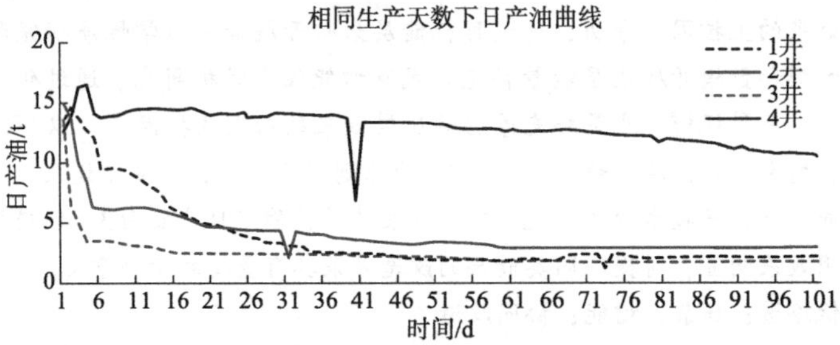

图1 第一批压裂井日产油曲线

为了找出影响该区块压裂增产效果的主控因素，统计分析了区块前期实施的35口压裂井资料，分析前期实施压裂井的压裂液量、砂量、排量、注液强度、加砂强度等压裂工艺参数与压后效果之间的关系，初步确定压裂液量、砂量、排量等参数与压后增产效果正相关(图2)。

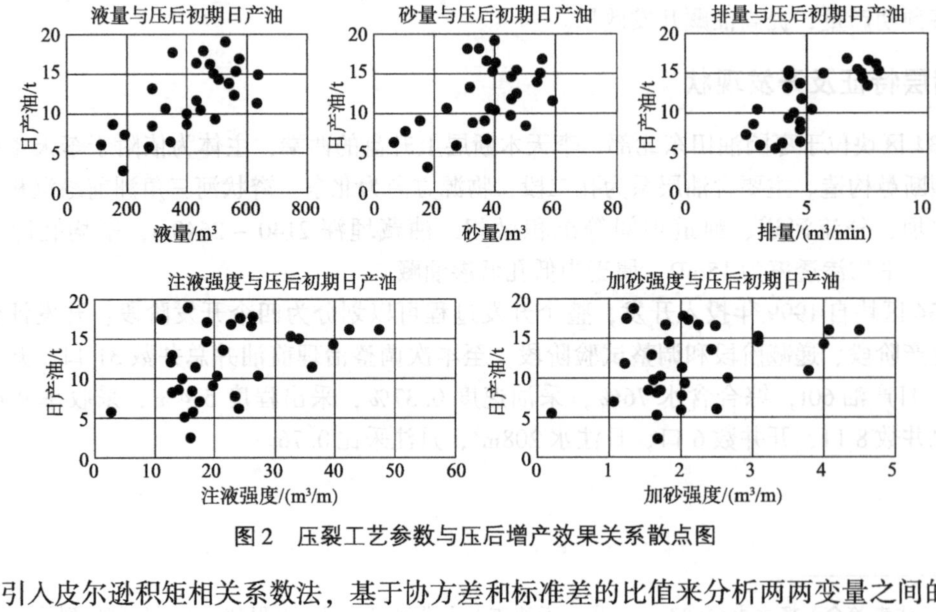

图2 压裂工艺参数与压后增产效果关系散点图

引入皮尔逊积矩相关系数法，基于协方差和标准差的比值来分析两两变量之间的关系强弱，量化不用压裂工艺参数与压后增产效果的关系和变化趋势，最终明确了影响该区块压裂增产效果的压裂工艺参数按从强到弱排序为：施工排量、总液量、总砂量、注液强度、加砂强度，其中压裂施工排量为影响本区压裂效果的主控因素(图 3)。

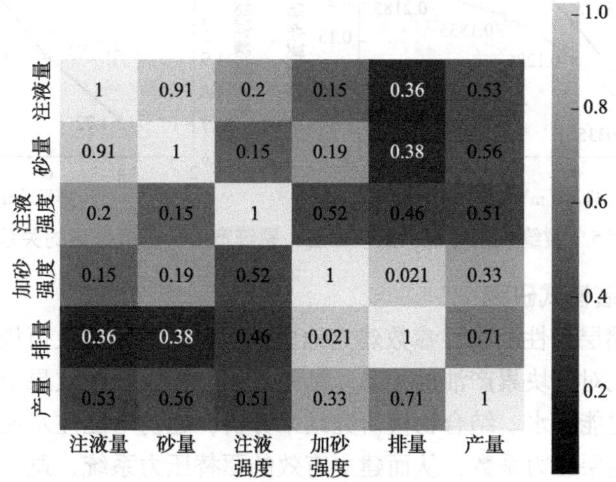

图 3　皮尔逊相关系数热力图

2.2　岩石力学性质研究

选取 Z34 区块及其他同类低渗油藏典型区块岩心开展单轴压缩实验、巴西劈裂实验以及储层压力条件下三轴压缩实验，测试标定不同井下岩心弹性模量、泊松比、抗压强度、内聚力、内摩擦角以及抗拉强度等关键力学参数。测试结果显示 Z34 区块储层岩性属于软质砂岩，储层内聚力、内摩擦角及抗拉强度小，岩石破坏强度低，压裂过程中较容易起裂。另外该区软质砂岩弹性模量较小、泊松比较大，岩石脆性指数不高，该类储层压裂改造应侧重于造深穿透高导流主缝，同时采用一定的针对性工艺提高裂缝改造体积(图 4)。

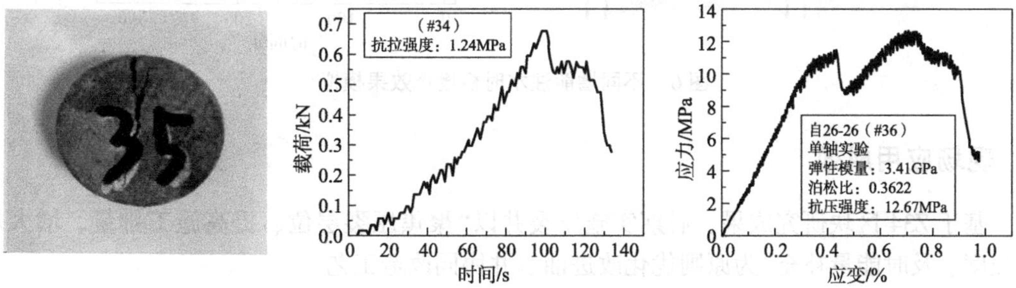

图 4　岩心岩石力学实验结果

2.3　裂缝扩展规律研究

基于 XSITE 软件，进行裂缝扩展规模模拟研究，分别模拟了相同压裂液量、砂量、注液强度、加砂强度不同压裂施工排量下的压裂裂缝改造体积和裂缝复杂程度。模拟结果显示，随着压裂排量的增加，有效起裂射孔数和裂缝体积增加明显，裂缝复杂程度也随之增加。当施工排量超过 $8m^3/min$ 时，裂缝改造体积的增加逐步变缓，但此时裂缝复杂程度仍持续增加，持续提高施工排量，仍可继续提高压裂改造效果。

同时模拟了不同压裂施工排量下的平均裂缝宽度，模拟结果显示压裂缝宽随施工排量的增加而增大，当施工排量超过 $10m^3/min$ 时，平均裂缝宽度的增加逐步变缓(图 5)。

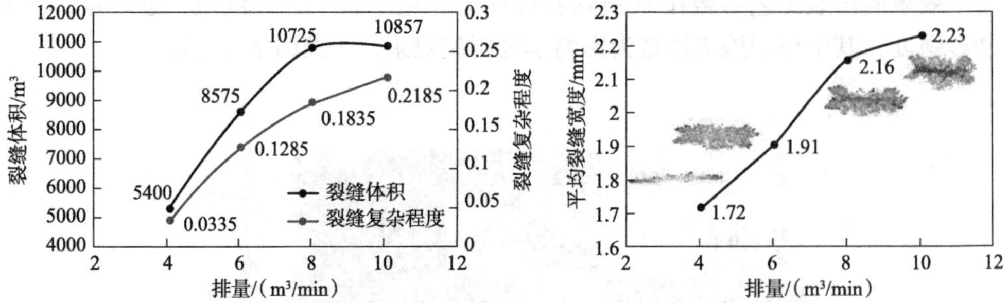

图5　裂缝改造体积、复杂程度、裂缝宽度与压裂排量的关系

2.4　油水井协同改造模式研究

利用Z34区块储层岩性及物性参数建立地质模型，开展油藏数值模拟研究，模拟计算不同的增能注水时机对区块累产油的关系。结果显示，在累产油效果上超前增能注水＞同步增能注水＞后期增能注水。结合物模研究结果分析，超前增能注水能够快速补充地层能量，提高整个井区地层压力系数，从而建立有效的驱替压力系统，避免因压力系数下降而造成的储层物性变差。模拟结果显示超前增能注水可以提高单井产量并减缓综合递减，单井累产可增加30%～40%左右(图6)。

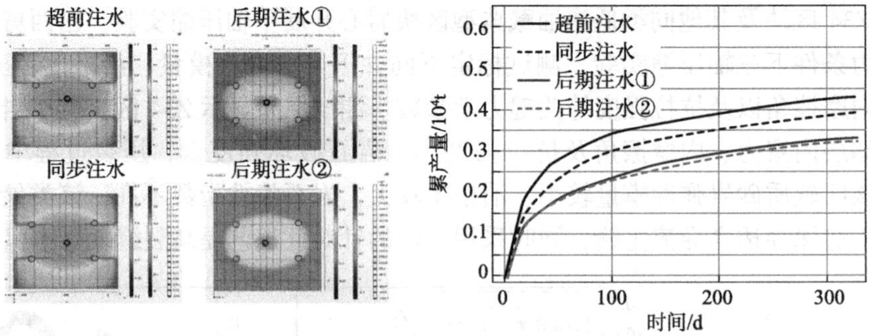

图6　不同增能注水时机增产效果模拟

3　现场应用成效

基于Z34区块研究成果，后期实施压裂井以“聚焦压裂层位、提高施工排量、增大加砂强度、及时能量补充”为原则优化改进油水井协同改造工艺。

其中Z28－28井组注采井网为1注2采，3口井均为新井投产，采用先期增能注水＋油井压裂技术模式，注水井先期增能注水5350m³，增能注水后转为常规注水，日注水能力85m³，持续补充地层能量，将地层压力系数提升至1.2以上。两口受益油井按照“高排量、大液量、大砂量”的技术思路实施压裂改造。井组实施协同改造后初期日产油31.8t，且稳产效果好，稳产期日产油19t(图7)。

在Z28－28井组取得成功的基础上，进一步对该区块协同改造提产技术迭代升级，注水井进一步优化增能注水液量和排量等工艺参数，油井探索采用更细分层＋更大排量的多簇射孔桥塞分段体积压裂技术，Z26－30－2井组1口注水井＋4口采油井实施协同改造后取得更好的增油效果，措施后单井稳产期日产油提升至15t以上(图8)。

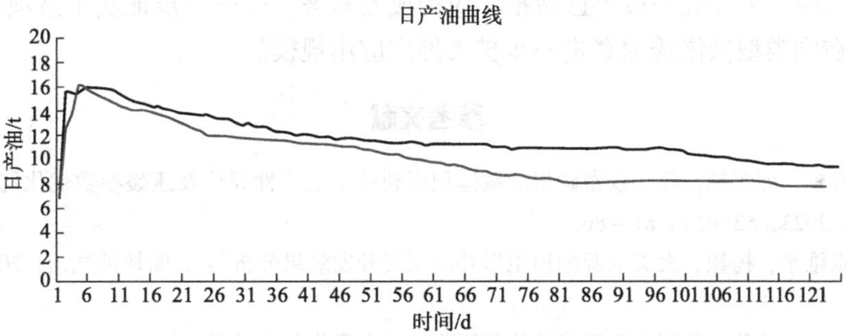

图 7　Z28－28 井组日产油曲线

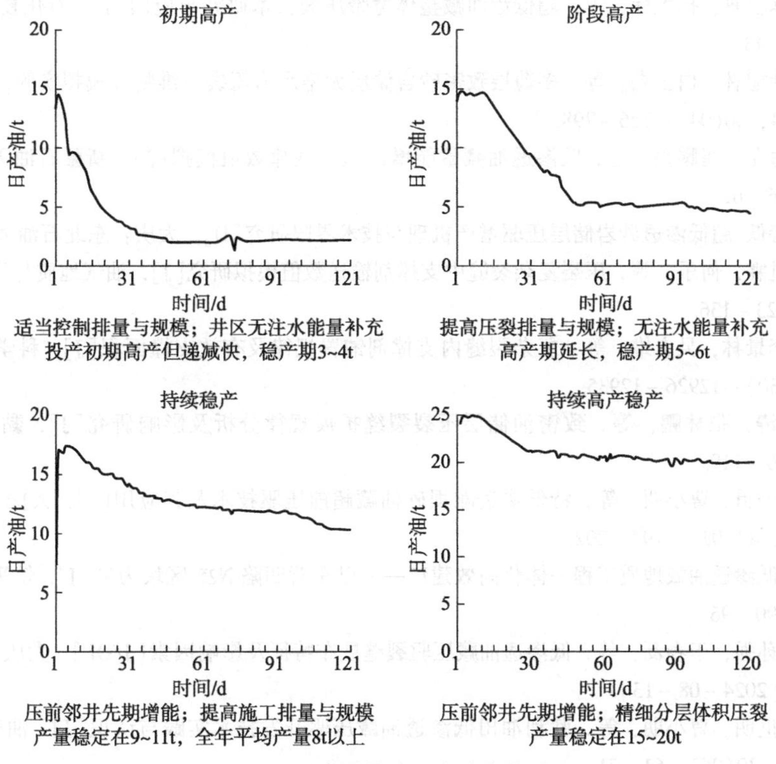

图 8　不同改造模式日产油曲线对比

4　结论

(1)压裂施工排量是 Z34 区块影响压裂增产效果的主控因素，通过提高油井压裂排量，可以提高裂缝改造体积和裂缝复杂程度，也能够提高支撑剂运移效率，使裂缝支撑效果更好，有效提高压裂后初期日产油量。

(2)有效的注水能量补充是区块稳产的基础，Z34 区块治理前注水井普遍欠注、注不进，增能注水能够快速补充地层能量，提高井区地层压力系数，恢复储层渗透率，且越早注水，储层渗透率恢复越高，更有利于建立井间有效驱替，实现长期稳产。

(3)针对 Z34 区块研究形成的低渗油藏油水井协同改造提产技术，现场实践增产效果显著，区块实施改造井稳产期日产油量由 3～4t 提升至 15t 以上。同时该技术在大港枣园油田枣南孔二段、枣北孔一段等区块推广应用成效显著，也进一步证实了该项技术的有效性，下步可在同类型低渗透油藏进一步扩大推广应用规模。

参考文献

[1]孔祥伟，万雄，郭照越，等．致密砂岩油藏体积压裂技术适应性评价及压裂参数优化[J]．石油与天然气化工，2023，52(02)：81－86.

[2]赵竹梅，张维平，杨巍．大庆肇源油田矩形井网压裂开发效果分析[J]．断块油气田，2009，16(03)：85－87.

[3]郭建春，卢聪，马莅．胜利油田低渗透油藏压驱工程方案优化及矿场应用[J]．大庆石油地质与开发，2024，43(04)：204－214.

[4]袁亮亮，陈亚舟，孙大伟，等．超低渗油藏整体宽带压裂技术研究与应用[J]．石化技术，2024，31(01)：41－43.

[5]房茂军，杜旭林，白玉湖，等．多薄层致密砂岩储层大型水力压裂三维物理模拟实验[J]．石油实验地质，2024，46(04)：786－798.

[6]朱争，党海龙，崔鹏兴，等．低渗透油藏蓄能增渗压力规律数值模拟[J]．新疆石油天然气，2023，19(04)：56－62.

[7]程庆超．特低/超低渗透砂岩储层压驱增产机理与技术界限研究[D]．大庆：东北石油大学，2023.

[8]张涛，蹇胤霖，何乐，等．压裂复杂裂缝中支撑剂输送数值模拟研究[J]．油气地质与采收率，2024，31(03)：123－136.

[9]崔传智，李景林，吴忠维，等．复杂裂缝内支撑剂铺置规律及有效支撑面积[J]．科学技术与工程，2023，23(30)：12926－12935.

[10]谷团，樊涛，张林鹏，等．致密油储层压裂裂缝扩展规律分析及影响研究[J]．黏接，2024，51(03)：116－119.

[11]张世明，杨勇，曹小朋，等．特低渗透滩坝砂油藏超前压驱技术及其应用[J]．大庆石油地质与开发，2024，43(03)：193－202.

[12]任泽樱．低渗透油藏地质工程一体化高效建产——以东营凹陷N25区块为例[J]．钻采工艺，2024，47(03)：90－96.

[13]张翼飞，孙强，于春磊，等．低渗透油藏压驱裂缝展布特征及影响因素[J/OL]．大庆石油地质与开发，1－7[2024－08－13].

[14]杨勇，张世明，曹小朋，等．胜利油田低渗透油藏压驱开发技术实践与认识[J]．油气地质与采收率，2023，30(06)：61－71.

[15]崔传智，李怀亮，吴忠维，等．考虑压驱注水诱发裂缝影响的注水井压力分析[J]．油气藏评价与开发，2023，13(05)：686－694.

复合暂堵工艺在孔隙型致密气储层中的应用

王涛　刘飞　曾冀　方鸿铭　黄馨　范津铭　马忠骏

（中国石油天然气股份有限公司西南油气田分公司工程技术研究院）

摘　要：四川盆地天府气田沙溪庙组致密气属于典型的孔隙型储层，经过四轮技术攻关迭代，主体形成致密气高强度低伤害压裂工艺体系，具有良好的工艺适应性，实现了单井产量的逐级攀升。但现场压裂施工裂缝形态监测以及井下电视观察表明，人工裂缝的形态存在较为严重的非均匀现象，导致储层动用不均，储层改造效果受限。为了进一步提升人工裂缝形态的均匀性，提升改造效果，在广泛调研的基础上，通过分析储层地质力学特征，建立水平井多裂缝竞争扩展模型，开展暂堵工艺优化设计，形成了适用于沙溪庙组致密气储层的复合暂堵工艺，有效增加了人工裂缝的均匀程度，提升了储层改造效果，并为类似的孔隙型储层提高单井产量提供了一定参考和指导意义。

关键词：致密气；孔隙型储层；裂缝监测；多裂缝竞争扩展；复合暂堵

天府气田沙溪庙组致密气储层属于典型的孔隙型致密气储层，自2019年以来经过四轮技术攻关，形成了以“变黏滑溜水+70/140目石英砂+40/70目覆膜砂”为主体的致密气高强度低伤害多缝压裂工艺体系，实现了单井产量的逐轮提升。国内外前期研究均表明，水平井条件下均衡的裂缝形态更有利于获得更高的改造效果，能够实现储层的充分动用。但从天府气田沙溪庙组致密气水平井多裂缝压裂监测过程中，发现人工裂缝具有较强的非均匀延伸现象。同时，井下电视监测结果发现孔眼磨蚀情况的非均匀性较强，间接证实人工裂缝的延伸存在非均匀性。为减轻人工裂缝的非均匀延伸现象，进一步提升改造效果，结合沙溪庙致密气水平井的应力特征，建立了水平井多裂缝扩展模型，并优选了适用性强的暂堵材料及组合，形成了“暂堵球+暂堵颗粒+暂堵粉末”的复合暂堵工艺，并开展工艺现场试验，证实了工艺的有效性。

1　多裂缝竞争扩展模型

1.1　多裂缝非均匀延伸现象

沙溪庙组致密气主体采用“段内多簇射孔+大排量+大规模”多缝压裂工艺，取得较好的改造效果，但裂缝监测结果发现，段内各簇裂缝长度差异较大，表现出明显的裂缝非均匀延伸现象，某口致密气井不同簇间的裂缝延伸长度情况(图1)。

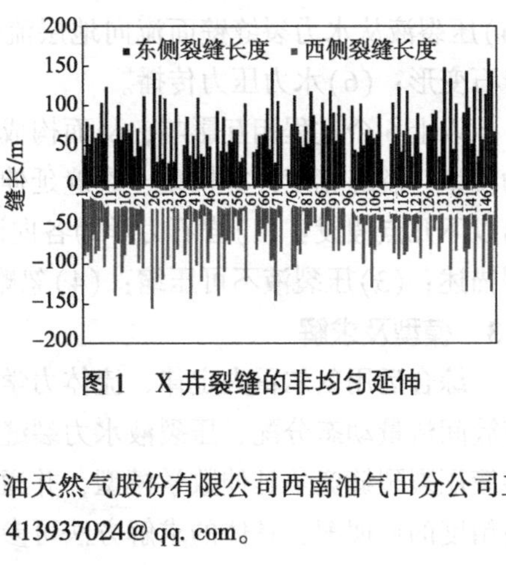

图1　X井裂缝的非均匀延伸

为了进一步明确造成裂缝非均匀延伸的因素，

第一作者简介：王涛(1993—)，男，四川德阳，中国石油天然气股份有限公司西南油气田分公司工程技术研究院，工程师，储层改造工艺技术研究。E-mail：413937024@qq.com。

采用井下电视监测孔眼冲蚀形态，通常情况下支撑剂进入射孔孔眼时，会对射孔孔眼进行冲蚀，从而导致射孔孔眼扩大。同时孔眼的冲蚀情况可以反映孔眼进砂、进液量的大小，从而能够推测裂缝延伸的均匀性和有效性。根据孔眼冲蚀形态，大致可以分为欠冲蚀(孔径<14mm)、正常冲蚀(14mm≤孔径≤22mm)、过度冲蚀(孔径>22mm)等3类。从X井井下电视监测结果来看(图2)，井下电视监测到孔眼459个，发现欠冲蚀34个占比7%，正常冲蚀335个占比73%，过度冲蚀90个占比20%。计算冲蚀面积发现非均匀冲蚀现象较为严重，反映出了进液、进砂的非均匀性，证实了人工裂缝的延伸存在较强的非均匀性。

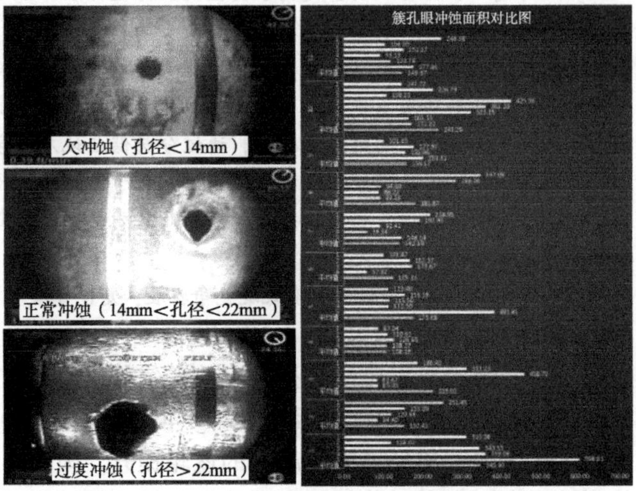

图2 X井井下电视监测的孔眼磨蚀及面积

1.2 多裂缝延伸物理过程

为了明确导致人工裂缝非均匀延伸的原因，有必要对多裂缝竞争起裂的物理过程进行分析。由于多裂缝间应力干扰和摩阻等因素影响，进入各簇裂缝的压裂液总量往往是不相等的，其中部分水力裂缝的延伸不充分从而导致每条裂缝的几何尺寸存在差别。同时，每一条裂缝的两翼也存在进液差异。沙溪庙组致密气水平井多裂缝延伸可以分为6个过程：(1)压裂液在井筒中流动；(2)压裂液在射孔孔眼中流动；(3)压裂液在水力裂缝中流动；(4)压裂液从水力裂缝壁面流向地层流体；(5)在缝内流体压力和地应力共同作用下地层岩石变形；(6)水力压力传播。

以上6个过程相互影响，从而构成了一个复杂的非线性系统，需要分别建立压裂液流动模型、裂缝宽度计算模型、裂缝延伸模型来描述该复杂的过程。同时，为简化计算，做出以下几点假设：(1)岩石力学为各向同性弹性体；(2)压裂液的滤失过程可采用Carter模型描述；(3)压裂液不可压缩；(4)忽略天然裂缝对水力裂缝扩展的影响。

1.3 模型及求解

综合运用基尔霍夫定律、流体力学、断裂力学和边界元相关理论知识，建立考虑压裂液簇间流量动态分配、压裂液水力裂缝内流动和向基岩滤失、缝间应力干扰的水平井分段多簇压裂裂缝竞争延伸数学模型，并通过Matlab编程，并通过不断迭代求取数值解，作为高精度的近似解，具体的求解方法可参考文献。

1.4 模拟分析

设计采用均匀布孔模式，固定施工排量16m³/min、单段段长100m，模拟簇数5~10簇情况下的裂缝延伸特征，以评价不同簇间距对裂缝延伸的影响(图3)。

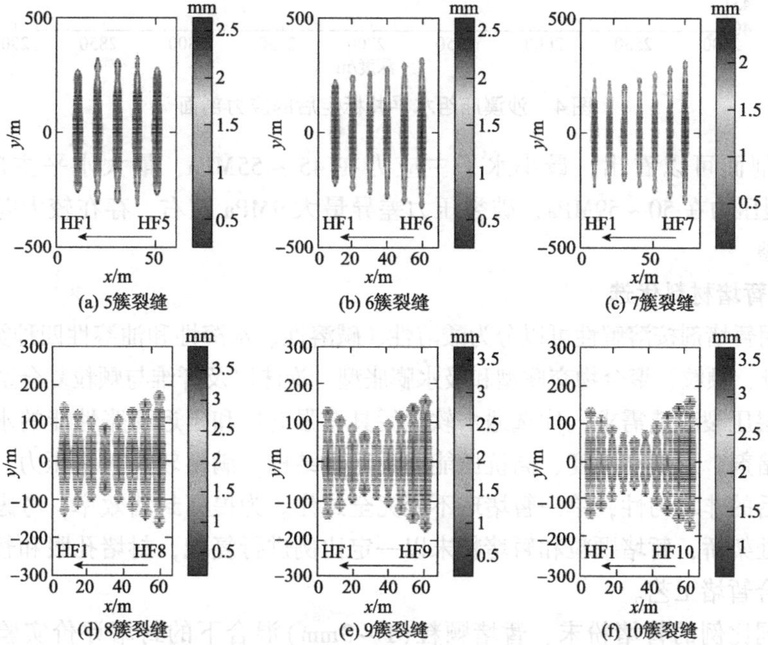

图3 不同簇数下的单段多裂缝延伸结果

从模拟结果来看，随着单段簇数的不断增加，裂缝缝长的差异逐渐变大，裂缝的非均匀延伸程度加剧。分析认为造成这种现象的直接原因是簇间流量分配不均匀，而造成流量分配差异的原因是由于段内多簇压裂裂缝几何形态(缝长和缝宽)同时受到应力阴影效应、井筒摩阻以及射孔摩阻等因素的共同影响。单段保持5簇时，多裂缝延伸形态总体上呈"中间长、两边短"的纺锤体型，且各簇裂缝长度差异较小，单段6簇时人工裂缝开始出现"一边长、一边短"的特征，说明应力干扰作用加剧，抑制裂缝延伸。从单段大于等于7簇时，开始出现人工裂缝"整体短、两边长、中间短"的特征，并且该现象随着簇数增多加剧，非均匀现象进一步加剧，导致中间储层动用不充分。

2 暂堵工艺优化

实验研究和现场实践表明，暂堵压裂工艺可以有效封堵高渗孔眼，促进高应力孔眼开启，促使裂缝延伸均匀性大幅提升。本文在上述模型研究的基础上，进一步优化暂堵材料及工艺。

2.1 暂堵材料类型优选

2.1.1 沙溪庙储层力学特征

室内实验测得沙溪庙组储层杨氏模量21~32GPa，泊松比0.19~0.25，最小水平主应力51.1~52.53MPa，最大水平主应力58.7~61.85MPa，垂向应力54.7~56.9MPa，水平主应力差7.6~9.32MPa。基于实验测试数据，对某口井的测井解释计算岩石力学、地应力剖面进行标定，得到整个井筒的岩石力学、地应力分布特征(图4)。

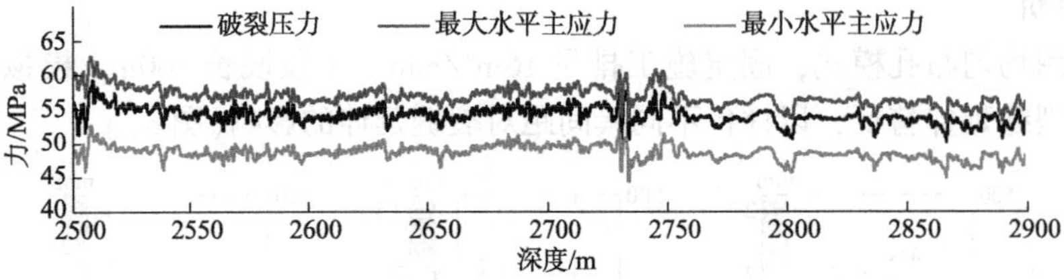

图4　沙溪庙组水平井标定后的应力剖面

从应力剖面可以看出，最小水平主应力在45～55MPa，最大水平主应力在56～64MPa，破裂压力在50～59MPa，破裂压力差异最大9MPa左右，存在较大差异，容易造成不均匀起裂。

2.1.2　暂堵材料优选

目前常用暂堵剂按溶解性可以分为酸溶性、碱溶性、水溶性和油溶性四种类型；按形态可以分为纤维、颗粒、聚合物交联型和吸水膨胀型、泡沫以及纤维与颗粒复合型六种类型。

结合储层压裂改造需求，优选遇水软化后具有强韧性和延迟膨胀性能的水溶性高分子聚合物类暂堵剂，形成高强度、高抗压能力的滤饼结构，满足较高封堵压力。同时，考虑到孔眼冲蚀后的非均匀性，单一暂堵球不能完全封住。为提高封堵效率，考虑采用暂堵球在射孔孔眼处架桥，暂堵颗粒和暂堵粉末以一定比例进行复配，封堵孔眼和暂堵球的间隙部分，即复合暂堵工艺。

开展不同比例的暂堵粉末、暂堵颗粒(1～3mm)混合下的封堵评价实验，分别按照3∶7、5∶5、7∶3进行混合。实验结果表明，随着暂堵颗粒比例的增加，封堵承压能力增加，但50%暂堵颗粒和70%暂堵颗粒条件下的承压能力相差不大，综合成本考虑，优选粉末、颗粒为5∶5最优(图5)。

2.1.3　暂堵球粒径优选

根据井下电视结果，正常冲蚀(14mm≤孔径≤22mm)孔眼占73%，过度冲蚀孔眼(孔径>22mm)孔眼占20%，因此优选22mm暂堵球，配合暂堵颗粒及暂堵粉末，提高高渗通道的封堵能力(图6)。

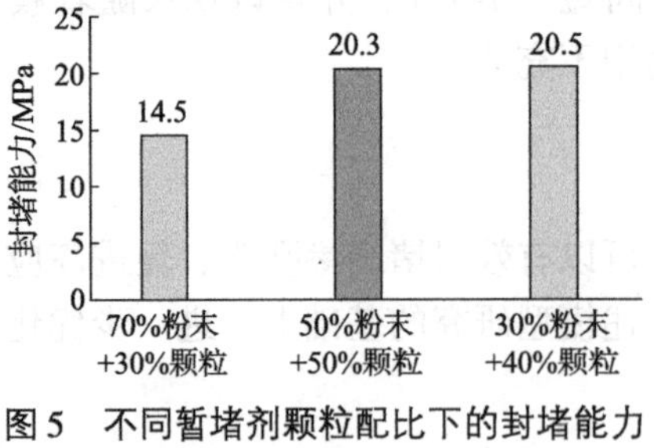

图5　不同暂堵剂颗粒配比下的封堵能力

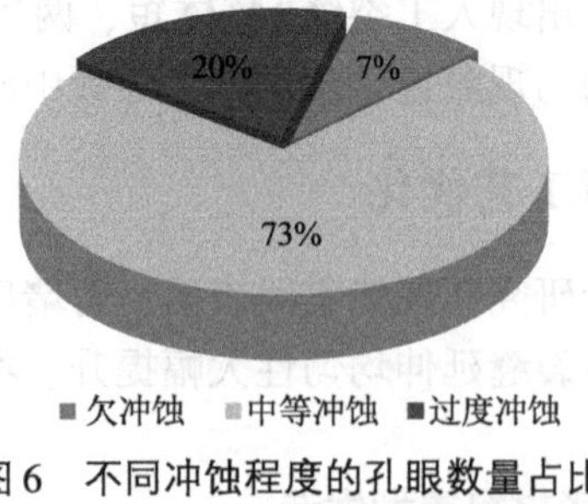

图6　不同冲蚀程度的孔眼数量占比

2.2　暂堵材料用量优化

从多裂缝竞争扩展模型的模拟结果可以看出，当簇数大于7簇后，便不能完全通过增加单孔流速解决裂缝非均匀延伸的问题。因此，当段内大于7簇时需采取暂堵措施，开展段内7簇、10簇条件下的裂缝延伸模拟分析，以明确暂堵不同簇数对裂缝整体延伸的影响。

分别模拟单段7簇时段内不暂堵、暂堵3簇、暂堵4簇下的裂缝形态。结果表明不暂堵时两侧裂缝延伸占优，中间裂缝延伸受到明显抑制；暂堵3簇时各簇裂缝长度达到相对均匀；暂堵4簇时裂缝均匀程度进一步提高(图7)。

同样，分别模拟单段10簇时段内不暂堵、暂堵4簇、暂堵6簇下的裂缝形态(图8)。结果表明不暂堵时有4簇裂缝受应力阴影抑制，几乎未延伸；暂堵4簇时除第5簇裂缝延伸长度较短外，其余各簇裂缝长度延伸均较好；暂堵6簇时各簇裂缝延伸达到相对均匀的程度(图9和图10)。

因此，可以认为，单段暂堵60%的簇数或者孔眼能够实现各簇均衡扩展，从而提高裂缝均匀延伸程度，提高储层动用效果。

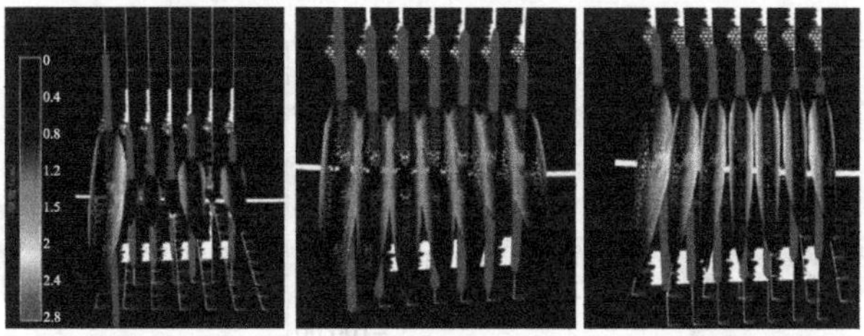

(a) 不暂堵　(b) 暂堵3簇　(c) 暂堵4簇

图7　暂堵不同簇数的裂缝形态模拟(段内7簇)

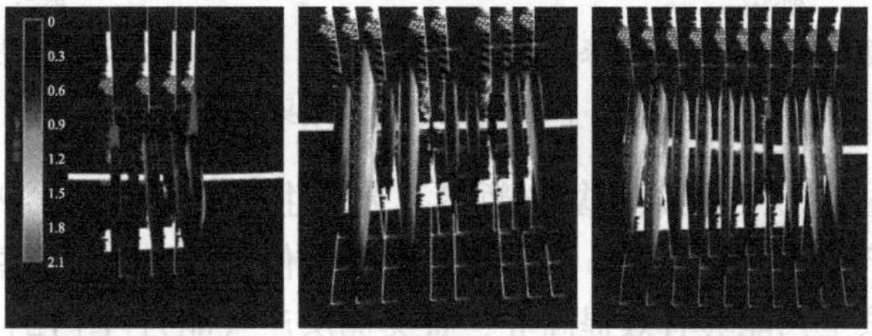

(a) 不暂堵　(b) 暂堵4簇　(c) 暂堵6簇

图8　暂堵不同簇数的裂缝形态模拟(段内10簇)

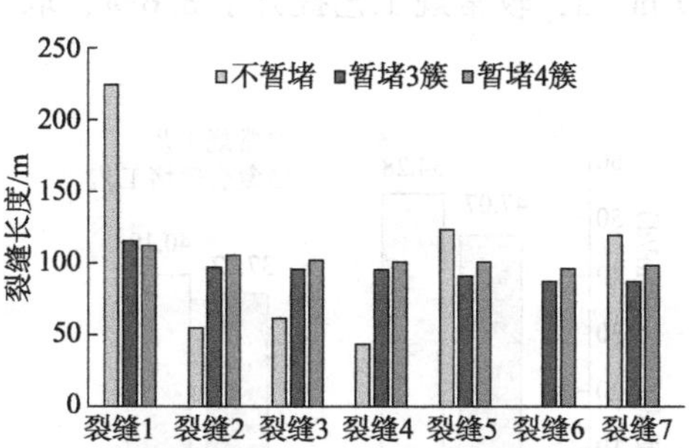

图9　暂堵不同簇裂缝长度(段内7簇)

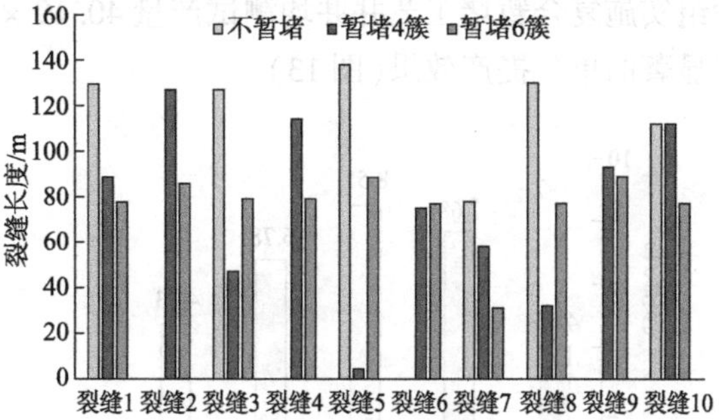

图10　暂堵不同簇裂缝长度(段内10簇)

3　现场应用

为验证复合暂堵工艺效果，在Y1井、Y2井分别开展现场工艺试验，其中Y1井第2~4段工程地质条件相近，开展不同暂堵措施对比试验(表1)。试验发现采用各种暂堵措施均能改变裂缝方位、增大SRV，但“暂堵球+暂堵剂”的复合暂堵方案的裂缝转向效果及

SRV 增幅明显优于单一暂堵方案。同时对比非暂堵段和复合暂堵段的裂缝形态(图 11)，未暂堵段的裂缝延伸长度差异较大，而暂堵段的裂缝延伸长度差异更小，裂缝延伸均匀性显著提高。

表 1　中浅 205－9－H1 井暂堵对比设计方案

段数	暂堵剂/kg	暂堵球/颗	方案	暂堵前 SRV/10^4m^3	暂堵后 SRV/10^4m^3	转向度数/(°)	体积增幅/%
2	300	20	暂堵剂＋球	58.5	98.8	61	68.8
3	300	—	暂堵剂	70.15	101.1	17	44.1
4	—	20	暂堵球	72.8	99.6	20	36.8

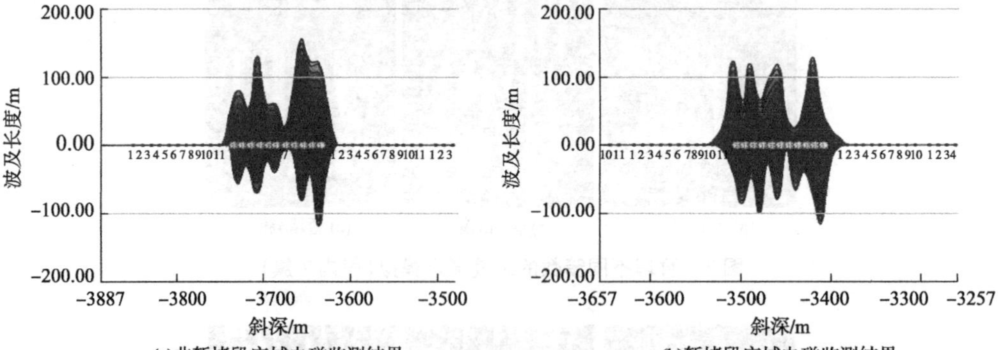

(a)非暂堵段广域电磁监测结果　　(b)暂堵段广域电磁监测结果

图 11　广域电磁法监测结果对比

在 Y2 井Ⅱ、Ⅲ类储层井段试验复合暂堵工艺，生产测井表明第 2、5、7、10 段实施复合暂堵后的平均产气贡献为 5.54%，较相同地质条件但未实施复合暂堵的第 1 段产气贡献提高 37%，说明该工艺能够有效提高Ⅱ、Ⅲ类储层产气能力(图 12)。

复合暂堵工艺试验成功后，在天府气田沙溪庙的 6 号、8 号砂组进行推广应用，6 号砂组实施复合暂堵工艺井井均测试产量 $54.28\times10^4m^3/d$，较常规工艺提升了 15.3%，8 号砂组实施复合暂堵工艺井井均测试产量 $40.19\times10^4m^3/d$，较常规工艺提升了 8.6%，取得了显著的单井提产效果(图 13)。

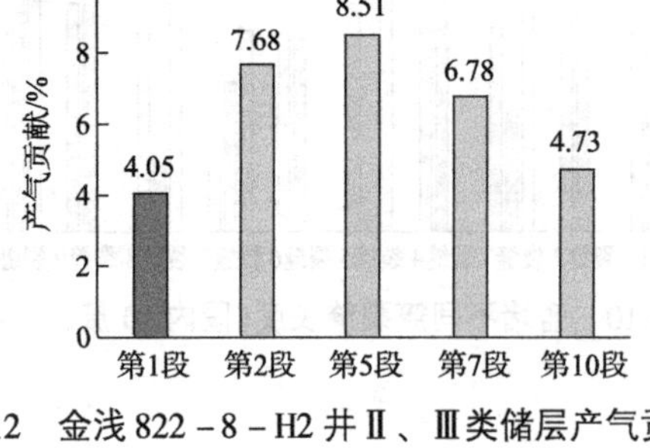

图 12　金浅 822－8－H2 井Ⅱ、Ⅲ类储层产气贡献

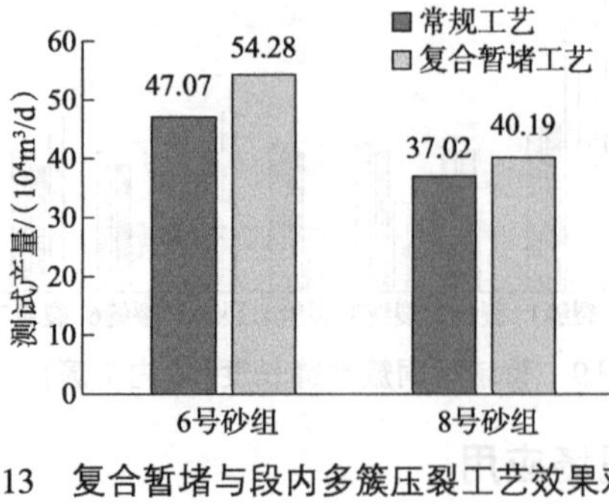

图 13　复合暂堵与段内多簇压裂工艺效果对比

4　结论

(1)广域电磁法、井下电视监测结果表明，孔隙型致密气储层水平井多裂缝延伸时存

在非均匀延伸的现象，并且通过多裂缝竞争扩展模型研究发现单段段内簇超过7簇后，人工裂缝非均匀延伸程度越高，不利于提高单井产量。

(2)复合暂堵(暂堵球+50%暂堵颗粒+50%暂堵粉末)工艺效果优于单一暂堵工艺的效果，能够更加有效提升裂缝的均匀性，提升储层改造体积SRV，同时能够进一步提升Ⅱ、Ⅲ类等低品质储层的产出贡献，从而提升改造效果。

(3)复合暂堵工艺在天府气田沙溪庙6号、8号砂组推广应用效果良好，对比不暂堵井能够显著提升压后测试产量，可为类似孔隙型致密气储层提高单井产量提供一定的指导意义。

参考文献

[1]李勇明，陈曦宇，赵金洲，等．射孔孔眼磨蚀对分段压裂裂缝扩展的影响[J]．天然气工业，2017，37(7).

[2]Wu K. Numerical modeling of complex hydraulic fracture development in unconventional reservoirs[D]. The University of Texas at Austin, 2014.

[3]Perkins T K, Kern L R. Widths of hydraulic fractures[J]. Journal of Petroleum Technology, 1961, 13(09): 937-949.

[4]Howard G, Fast C R. Optimum Fluid Characteristics for Fracture Extension[J]. Drilling & Production Practice, 1957, 24.

[5]李勇明，陈曦宇，赵金洲等．水平井分段多簇压裂缝间干扰研究[J]．西南石油大学学报(自然科学版)，2016，38(01)：76-83.

高磨台缘带灯影组气井堵塞机理及治理对策研究

吕亚博　陈林　欧家强　张坤　李娟

（中国石油西南油气田公司川中北部采气管理处）

摘　要：高磨台缘带灯影组气藏自投产以来，多口气井在生产过程中先后出现不同程度堵塞现象，表现为井口及井筒堵塞，严重影响气井正常平稳生产。对堵塞物样品采用红外光谱、能谱电镜、X衍射等分析手段，认为堵塞物主要成分为硫铁化合物等无机物。同时全面摸排气井地质特征、完井方式等关键基础资料，进一步确定堵塞物来源及形成机理。在此基础上，自2021年至今，根据气井不同堵塞程度及堵塞类型，现场配套应用各类解堵措施400余井次，累计恢复日气能$524\times10^4m^3$，增产气量$4.16\times10^8m^3$，成效显著，并总结形成适用于灯影组气藏的气井堵塞治理技术系列。

关键词：气井堵塞；解堵剂；酸化解堵；大压差放喷；连续油管解堵；捕屑器

高磨台缘带灯影组气藏天然气以甲烷为主，平均含量92.19%，硫化氢含量9.8～30.5g/m³，二氧化碳含量77.3～156.7g/m³；各生产气井不产地层水，产液主要为凝析液和入井流体。气藏埋深5000～5300m，地层温度147.6～159.1℃，地层压力56.65～59.08MPa，为高温、常压中含H_2S和CO_2气藏。气井以水平井、大斜度为主，完井方式主要为裸眼完井，管柱以3½in油管为主，主要井下工具包括井下安全阀、封隔器和滑套等。

在生产过程中，部分气井不断有堵塞物产生并随气流带出，导致井口生产流程堵塞或出现在井筒内堵塞的情况，特别是井筒堵塞导致油压、产量大幅下降，甚至造成个别气井井筒堵死、产量落零，严重制约了气井产量发挥。2018年以来，高磨台缘带高石3等49口气井先后发生井口或井筒堵塞，井数占比达到89%，影响产量约$3.57\times10^8m^3$。

1　堵塞物成分分析

堵塞物多为黑色、褐色固体混合物，粒径分布范围大，呈颗粒状、片状或块状。采用能谱电镜对样品进行不同倍数扫描（图1）与能谱分析（图2），样品微观结构以块状、碎屑和片状为主，元素组成以C、O、S、Fe四种元素为主，含少量Ca、Mg、Ba、Si等元素。灼烧分析表明堵塞物以无机物为主（70%～99%），有机物含量较低（0.2%～25%），多数样品灼烧后呈现棕红色。

1.1　无机物成分分析

采用18%盐酸溶解，进一步确定无机物含量及酸溶情况。堵塞物酸溶率范围为23.8%～94.7%，平均约为60%，差异较大，酸溶Fe离子含量平均为325mg/g，最高达

第一作者简介：吕亚博（1985—），男，中国石油西南油气田公司川中北部采气管理处，高级工程师，主要从事油气田开发工艺技术研究。E－mail：lvyabo_cq@petrochina.com.cn。

到556mg/g。对样品酸溶前后进行XRD分析表明，堵塞物主要以FeS、FeS_2、Fe_7S_8、$Fe_{0.95}S_{1.05}$等硫铁化合物为主，个别样品含少量$CaCO_3$、$CaMg(CO_3)_2$、S_8、$BaSO_4$。

图1　样品不同倍数下SEM形貌

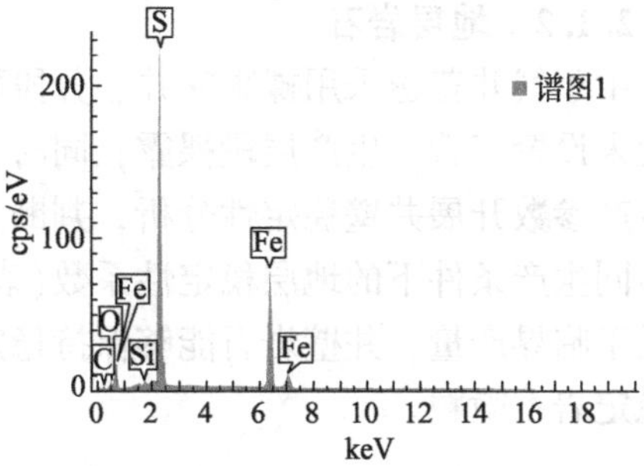

图2　样品EDS图

1.2　有机物成分分析

利用红外光谱对堵塞物有机质分析发现主要以烷烃、烯烃、醚类等为主，采用气相色谱－质谱联用仪分析油相的有机质组分及相对含量，结果表明有机质以胺类及衍生物、烷烃、烯烃、醇类、苯系衍生物等为主，部分样品发现有单质硫。

2　堵塞机理研究

在堵塞物成分分析的基础上，进一步查找堵塞物形成原因。对地层特征、完井方式、酸液体系、钻井液漏失、返排率、完井管柱、投产前关井时间及生产时间等8个方面进行基础数据对比。分析发现，所有投产气井封隔器以下完井管柱均为碳钢材质，其他方面无明显规律。

2.1　无机物来源

2.1.1　腐蚀产物

所有投产气井封隔器以下完井管柱均为碳钢材质，碳钢材质抗腐蚀性能相对较弱，目前整个区块所有气井均已出现不同程度堵塞情况。前期堵塞物分析结果发现，堵塞物主要为无机物，其中硫铁化合物占主导，所有堵塞物中均含有FeS、FeS_2、$Fe_{1-x}S$的一种及以上；同时对部分气井堵塞物连续3年取样检测对比，无机物含量及主要成分无明显变化，但Fe离子含量呈上升趋势。因此，根据硫化氢环境中主要的腐蚀类型及破坏特征分析认为，高磨台缘带气井井下游离水、H_2S和CO_2同时存在，H_2S腐蚀占主导地位，主要腐蚀类型为电化学腐蚀。

通过模拟发现，铁在含H_2S环境中易被腐蚀形成硫铁化合物。湿H_2S气体在钢铁表面生成的是Fe_9S_8；在100℃时，湿H_2S在钢材表面生成的是Fe_9S_8和少量FeS；而在100～150℃时，湿H_2S在钢材表面生成的是$Fe_{1-x}S$和FeS_2(表1)。

表1　不同硫化氢浓度下腐蚀产物

浓度/(g/m^3)	2	2～20	20～600
主要产物	FeS_2、FeS	FeS_2、FeS、少量的Fe_9S_8	大量Fe_9S_8

高磨台缘带气井普遍采用裸眼完井、分段酸化，完井井下残余液体较多，高温环境下入井酸液、地层流体及H_2S、CO_2对封隔器以下碳钢材质油套管柱和工具钢材产生化学腐

蚀，形成腐蚀产物，与入井流体、单质硫、盐类晶体等混合形成了不同类型和形状的复合堵塞物。样品检测结果主要以 FeS、FeS_2、$Fe_{0.95}S_{1.05}$等形式存在，Fe 含量较高，Ca、Mg 含量很少，表明堵塞物中的 Fe 元素主要来自井下腐蚀产物。

2.1.2 地层岩石

由于气井普遍采用裸眼完井、分段酸化，套管下至生产层顶部进行固井，封隔器以下井段未设置套管，生产层段裸露，同时部分气井堵塞物分析结果发现白云岩成分，因此结合生产参数开展井壁稳定性分析，判断井壁崩落的可能性。根据 Drucker - Prage 准则，计算不同生产条件下的地层稳定性系数(表2)。结果表明台缘带气井自投产以来配产产量一直低于临界产量，井壁岩石能够保持稳定，分析白云石成分来自前期酸化压裂残留的部分不稳定岩石微粒。

表2 部分气井地层稳定性系数计算结果

井号	油压/MPa	关井恢复油压/MPa	计算井底流压/MPa	无阻流量/(10^4m^3/d)	生产压差/MPa	配产产量/(10^4m^3/d)	临界生产压差/MPa	临界产量/(10^4m^3/d)
高石 001 - X12	28.97	37.6	41.61	125.6	15.49	20	12	32
磨溪 022 - H30	30.46	39.8	43.08	168.6	13.92	30	24	87

分析认为，大斜度井和水平井水平段中、远端大量漏失泥浆、残酸等液体长时间浸泡地层，易导致裸眼井壁小规模坍塌和岩石脱落，造成前期改造残留部分不稳定岩石微粒，这些物质在气井投产后随生产过程逐渐带出，堵塞物中微量的 $MgCa(CO_3)_2$、SiO_2、$CaCO_3$ 等物质在地层岩石中普遍存在，这部分无机物来自地层。

2.2 有机物来源

2.2.1 入井液体

高磨台缘带气井在钻井、试油、酸化等过程中加入钻井液、堵漏剂、酸液等多种液体，使用的添加剂有 40 余种，主要有多元聚合物、沥青树脂、聚丙烯酰胺、有机酸酯、表面活性剂等。气井酸化后平均返排率 35.6%，残余液量 1385m^3，平均投产前关井时间 228d，入井液体在井下长时间浸泡地层、发生反应，形成了胺类及衍生物、烷烃、烯烃、醚类、苯系衍生物等复杂多样的有机物。

2.2.2 地层沥青

高磨台缘带灯影组地层均发育原生同层沥青，岩心观察发现，沥青质和石英出现频率较高，孔洞、裂缝被沥青充填，沥青提取物色谱分析发现有链烷烃，碳数范围 C_{15} ~ C_{30}，沥青在气井生产过程中随气流被带出地层进入井筒。

综上所述，根据气相色谱质谱分析得到结论：堵塞物中的有机物成分主要来自入井液体中的添加剂及少量地层沥青质。

2.3 堵塞物积聚和运移

腐蚀产物形成后在下部井筒流动缓慢区域(裸眼完井中后井段、射孔完井中下部射孔段)与地层中沥青等有机质，入井液体黏合，胶结和积聚，形成复合堵塞物。

随着堵塞物逐渐积聚，伴随气井生产压差增大，积聚在流动缓慢区的堵塞物被气流带入生产系统，在节流、缩径和转向等位置堆积，导致井筒和地面堵塞。

2.4 堵塞特征及判识

气井堵塞类型主要为井口及井筒堵塞，表现特征各有不同。通过实时跟踪分析，形成了以气井生产动态、试井解释等资料为主要依据的堵塞判识方法，能有效指导解堵措施提前介入、防止堵塞情况加剧。

2.4.1 井口堵塞

井口堵塞主要表现为油压异常上升，产量、一级节流后、二级节流后压力异常下降，变化幅度较小；或油压基本平稳，瞬时产量、一级节流后压力同升同降，频繁波动，如高石 001－H15 井 2022 年 5 月 11 日发生井口节流阀堵塞，油压由 36MPa 上升到 36.8MPa，瞬时产量由 $34 \times 10^4 m^3$ 下降到 $24 \times 10^4 m^3$，一级节流后压力由 20MPa 下降到 14MPa，二级节流后压力略微下降，特征明显。

2.4.2 井筒堵塞

若气井生产过程中油压、产量出现异常下降且降幅较大，生产压差明显增大，但仍具备一定产气量，判断为井筒未完全堵塞；若油压下降至与输压持平且产量降为零，则井筒完全堵塞，如磨溪 108 井 2021 年 5 月至 8 月发生井筒堵塞，较堵塞前油压降低 5MPa、产量降低 $8 \times 10^4 m^3/d$。

3 解堵对策

针对井口及井筒不同堵塞类型及堵塞严重程度，需要综合考虑适用性、安全性及经济性等因素，采取不同解堵工艺措施，本文重点对井下解堵措施进行应用研究。

3.1 溶剂解堵

3.1.1 解堵剂解堵

根据堵塞物主要成分，通过室内配伍、溶解实验，优选出了多种适用的有机、无机解堵剂。实验结果表明，堵塞物在这些解堵剂中能够有效分散溶解，且随着温度升高分散溶解速度加快。

解堵剂解堵措施适用于井筒轻微堵塞的气井，措施后气井油压、产量均有明显恢复，解堵效果较好（表 3）。例如，高石 001－X6 井通过泵注解堵剂 $1.65m^3$，开井后油压由 23MPa 恢复至 31.5MPa、产量由 $30 \times 10^4 m^3$ 恢复至 $40 \times 10^4 m^3$，实施措施后持续生产正常。

表 3　部分解堵剂解堵措施效果

序号	井号	措施类型	措施前		措施后	
			油压/MPa	产量/($10^4 m^3/d$)	油压/MPa	产量/($10^4 m^3/d$)
1	高石 3	有机解堵剂	40.26	0	36.5	45
2	高石 001－X6	有机解堵剂	23	30	31.5	40

3.1.2 酸化解堵

针对井筒严重堵塞的情况，泵注解堵剂效果不佳，可采取酸化解堵措施，利用酸液的化学溶蚀作用，有效溶解井筒、井底堵塞物，达到恢复气井产能的目的。优选耐温和缓速性能较好的高温胶凝酸体系，增加酸液有效作用距离，对堵塞物溶蚀作用较好。酸液用量根据酸处理半径、表皮系数等因素综合考虑，通过模拟计算，选取合适用量以达到有效解除井筒、井底堵塞的目的。

酸化解堵措施在高石001－X5等7口气井进行应用，均取得很好效果，恢复产能$75\times10^4m^3/d$。如高石001－X5井生产动态表现出明显的堵塞特征，对该井采取酸化解堵，注入胶凝酸$80m^3$、降阻水$26m^3$，关井复压后开井放喷排液，累计返排液体约$83m^3$、堵塞物21kg。开井生产后油压37.92MPa、瞬产$17\times10^4m^3$，解堵成功，至今生产稳定(图3)。

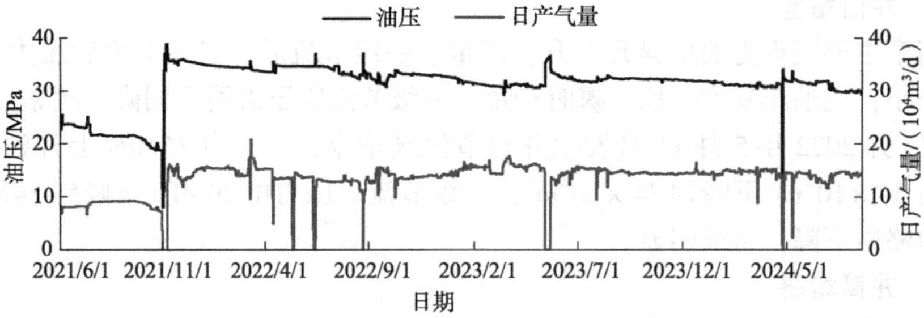

图3　高石001－X5井采气曲线

3.2　大压差放喷解堵

对于堵塞物数量较多且井筒未完全堵塞的气井，可在井口非生产翼安装连接高压放喷流程至燃烧池，通过大压差放喷带出井下堵塞物，解除井筒堵塞。创新开展了梯级降压放喷进攻性预防解堵措施，避免了解堵过程堵塞物大量集中带出造成堵塞加剧的情况。措施在16口气井进行了应用，有效率达到94%，措施后油压、产量均大幅恢复，共计恢复产量$170\times10^4m^3$，措施效果较好(表4)。

表4　部分大压差放喷措施效果

序号	井号	措施前		措施后	
		油压/MPa	产量/($10^4m^3/d$)	油压/MPa	产量/($10^4m^3/d$)
1	磨溪108	27	12	31	20
2	磨溪022－X3	27	10	34	24

磨溪022－X3井正常生产油压36MPa、产量$21\times10^4m^3/d$，2023年8月油压、产量同步异常下降，出现井筒堵塞，产量降至$10\times10^4m^3/d$。通过大压差放喷措施带出堵塞物120kg，开井油压33MPa、日产$24\times10^4m^3/d$，后提产至$30\times10^4m^3$生产，成功解除堵塞(图4)。

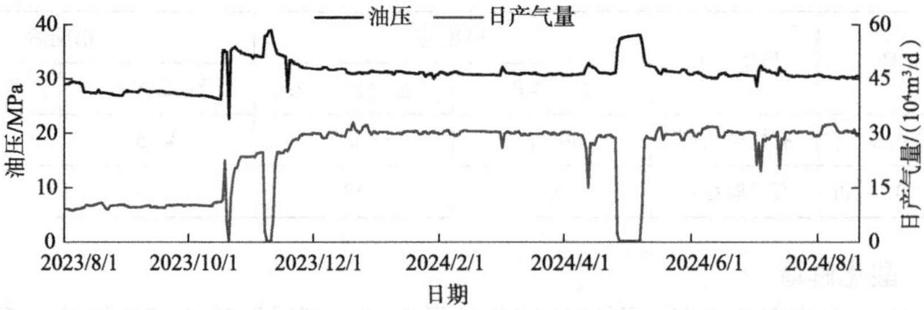

图4　磨溪022－X3井采气曲线

3.3　连续油管解堵

对于井筒堵死的情况，单一的溶剂解堵难以有效渗透，解堵作用有限。针对该类堵塞，采取连续油管探得堵塞点位置后机械冲洗解堵；若冲洗无效，则对堵塞位置进行钻磨。措施在磨溪 022 – H31 等 7 口气井进行应用，措施效果较好，共计恢复产能 $83\times10^4m^3/d$(表5)。

表5　部分连续油管机械解堵措施效果

井号	措施类型	措施前		措施后	
		油压/MPa	产量/($10^4m^3/d$)	油压/MPa	产量/($10^4m^3/d$)
磨溪 022 – H31	连续油管冲洗	7	0	32	10
磨溪 022 – X7	连续油管钻磨	20	0	35.6	20

磨溪 022 – H31 井井筒完全堵塞，泵注有机解堵剂解堵无效，根据短时开井数据计算堵塞位置位于 4500m 以下。采用 $\Phi50.8$mm 连续油管带冲洗头下放至 4796m 遇阻后反复使用清水冲洗，带出堵塞物约 30kg。继续通井至 5328m(第一个滑套位置)未遇阻，循环冲洗后结束作业，解堵成功。开井后油压 32MPa、产量 $10\times10^4m^3$，措施效果较好(图5)。

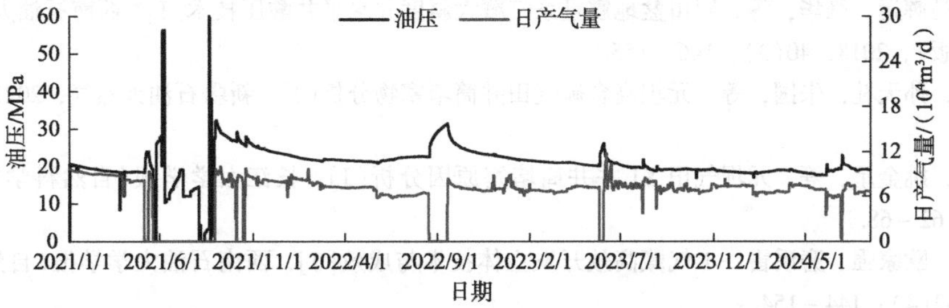

图5　磨溪 022 – H31 井采气曲线

3.4　地面配套解堵装备

针对气井正常生产过程中及实施措施后开井生产会带出大量堵塞物造成一、二级节流阀堵塞的情况，根据高磨台缘带气井井口工艺，创新应用了井口捕屑器，通过在一级节流阀前端加装捕屑器，能有效捕获返排带出的堵塞物，防止堵塞物在节流阀处再次堆积或下落黏附井壁造成井口、井筒堵塞。并根据传统捕屑器材质等级较低、故障率高及日常操作维护工作量大等问题研制了小型化、标准化的 FF 级新型捕屑器，日常维护使用更加安全高效。实施措施解堵 35 口气井中应用捕屑器 30 口，应用率达到 85%，累计捕获堵塞物超 4200kg，有效保障了措施实施效果及气井正常稳定生产。

3.5　现场应用效果

持续优化完善并实施差异化解堵措施，总结解堵工艺现场应用效果，建立了井口、井下两套解堵技术系列。自 2021 年以来，现场应用反向吹扫、设备打开等井口解堵措施 300 余井次，药剂解堵、酸化解堵、大压差放喷、连油机械解堵等井下解堵措施 100 余井次，恢复气井产能 $524\times10^4m^3$，增产气量 $4.16\times10^8m^3$，堵塞治理成效显著，为高磨台缘带灯影组气藏 $33\times10^8m^3$ 长期稳产提供了有力保障。

4　结论

(1)高磨台缘带堵塞物样品分析结果表明，堵塞物以无机物为主(70% ~99%)，主要成分为 FeS、FeS_2、Fe_7S_8等硫铁化合物。

(2)堵塞物中无机物主要来源于井下腐蚀产物，有机物主要来源于入井液体和地层沥青等物质。有机物促使无机物胶结，形成大量复合堵塞物，其中无机物是主要成分、有机物是“黏合剂”，在近井地带和油管内壁沉积，造成了井筒、地层堵塞。

(3)优选出了适用高磨台缘带堵塞气井的解堵剂，能够有效分散和溶解堵塞物，现场应用效果较好。同时，在井口安装捕屑器能有效捕获堵塞物，防止堵塞物在节流阀处堆积或下落黏附井壁造成井口、井筒堵塞。

(4)针对不同堵塞类型及堵塞严重程度，井筒未完全堵塞可采取泵注解堵剂方法、大压差放喷解堵；井筒严重堵塞采取酸化解堵；井筒完全堵塞通过连续油管机械解堵。由此建立了高磨台缘带气井堵塞治理技术系列，现场应用成效显著，可在类似含硫气田堵塞治理中推广。

参考文献

[1]谢军，郭贵安，唐青松，等．超深古老白云岩岩溶型气藏高效开发关键技术——以四川盆地安岳气田震旦系灯影组气藏为例[J]．天然气工业，2021，41(6)：52－59.

[2]李松，马辉运，张华，等．四川盆地震旦系气藏大斜度井水平井酸压技术[J]．西南石油大学学报(自然科学版)，2018，40(3)：146－155.

[3]刘振东，孙天礼，朱国，等．元坝高含硫气田井筒堵塞物分析[J]．新疆石油天然气，2021，17(03)：1－6.

[4]万里平，姚金星，等．元坝气田X1井井筒堵塞原因分析[J]．长江大学学报(自然科学版)，2021，18(2)：62－68.

[5]何小川，欧家强．磨溪雷一1气藏高效开发主体技术与成效[J]．西南石油大学学报(自然科学版)，2020，42(4)：144－154.

[6]苏镖，赵祚培，杨永华．高温高压高含硫气井完井试气工艺技术与应用[J]．开发工程，2010，30(12)：53－56.

[7]胡德芬，陈华勇，张艳玲，等．气井油管堵塞原因及应对措施[J]．钻采工艺，2007，30(6)：127－129.

[8]朱庆，曾诚，谢波，等．深层含硫气井井下解堵措施研究及应用[J]．钻采工艺，2021，44(02)：63－65＋113.

[9]吴燕，唐斌，晏楠，等．迪那2气田井筒堵塞物来源分析及解堵方法[J]．江汉大学学报(自然科学版)，2019，47(2)：146－151.

[10]何竞，李展峰．J气田气井井筒堵塞物组成性质及形成机理研究[J]．石油地质与工程，2020，34(02)：101－103＋108.

[11]倪杰，刘通，黄万书，等．元坝超深高含硫气井井筒堵塞诊断技术[J]．天然气与石油，2018(03)：48－54.

[12]张耀刚，吴新民，梁铭，等．气井井筒有机解堵工艺技术的应用[J]．天然气工业，2009，29(02)：95－97＋143.

[13]唐蜜，刘生国，伍强．元坝超深高含硫化氢气井井筒堵塞机理分析及解堵措施应用[J]．内蒙古石油化工，2020，46(04)：1－3.

[14]江同文，孟祥娟，等．克深2气田井筒堵塞机理及解堵工艺[J]．石油钻采工艺，2020，42(5)：657－661.

[15]廖碧朝，宋永芳，梁顺武，等．含硫化氢气井井筒堵塞解堵对策研究[J]．油气井测试，2015，24(6)：62－64.

侧钻施工助力老油田增产潜挖

谢震　张建忠　张猛　荣刚　刘伟　田朝阳

（中国石油冀东油田公司井下作业公司）

摘　要：油田开发后期，油井产量递减，提高采收率难度逐步加大。冀东油田地质情况复杂、含油构造小、断块破碎、连通情况差、稳产基础薄弱、上产难度大。如何经济有效地将处于中高含水油藏中或层段中的剩余油挖掘出来，是目前急需解决的问题。本着科技创新、降本增效的原则，2021年，冀东油田提出利用修井机代替钻机进行小井眼侧钻施工可行性方案，经过三年的发展，油田侧钻施工设备不断升级、技术稳步提高，完成"柴改电"设备配套、三级固控系统优化等设备提升，攻关双层套管开窗侧钻、"一趟钻"侧钻技术、小井眼螺杆钻钻盲板、小井眼自主固井技术、完井管串设计等工艺技能。截至2024年年初，小井眼侧钻实施133井次、累计增产油13.83×10^{4}t、增气1550.68×10^{4}m^3，创造经济效益4.5亿元，侧钻施工在"老油田增产潜挖技术"上取得的重大突破。

关键词：小井眼侧钻；修井机；膨胀悬挂器；自主侧钻；钻盲板

近年来，国家高度重视油气勘探开发，要求油气企业增强油气供给能力。新区域勘探发现及老区增效挖潜是油田面临的两大重任。近年来侧钻技术凭借其投资少、成效大、见效快的特点，在老油田的稳产和提高采收率方面发挥着重要作用，很多油田将该项技术作为增储上产的主要手段之一。

1　冀东油田地质工程概况及现状

套管开窗侧钻技术是一种在已下套管的枯竭和事故井中，应用特殊的工具、工艺，对套管开窗，并侧钻一定的距离，重新开采地下原油，从而使老井复活，大幅度提高原油产量和采收率的技术。冀东油田是个多断裂活动、多含油层系、多聚油期、多油藏类型，以断块为主要特征的含油气区。且截至目前已开发近40年，很多生产井出现套损套变情况，影响了油水井的正常生产。从地质、工程两方面分析，侧钻是一项较为适应于冀东油田的工艺技术。

1.1　地质概括

冀东油田东部区域含油构造小、断块破碎、连通情况差、稳产基础薄弱、上产难度大。平面上不同区块各含油层系的发育程度不同，纵向上含油井段长、油层层数多、厚度大。发育明化、馆陶、东营、沙河街、奥陶等多套含油层系，表现为层状油藏的发育特点。平面上油层分布受构造、岩性、地层等多重因素的控制，单个含油砂体面积小，含油单砂体面积平均为0.20km^2，属于复杂小断块油藏。

第一作者简介：谢震(1993—)，男，河南唐河，中国石油冀东油田公司井下作业公司，工程师，主要从事油气田开发。E－mail：jxgs_xiezhen@petrochina.com.cn。

1.2 工程概括

在工程方面，随着油田的持续开采，油层套管腐蚀、错位或变形，油层套管内有复杂落物，这些井很难用常规的大修手段进行修复，如何最大效益化的利用这些工程报废井的上部井筒、地面流程及设备设施急需拓展技术手段予以实施。

2020 年以前，冀东油田侧钻井均由外部钻探公司组织实施，自身不具备自主开展侧钻施工的能力，而原有的侧钻技术效率低成本高，急需研究低成本的小井眼侧钻技术，拓展效益建产空间。

2 冀东油田侧钻设备设施配套情况

2.1 提升系统介绍

相比于使用钻机，修井机占地面积少，井场摆放要求低，施工成本较低，具有良好的移运性、操作性和较高的可靠性，减少搬安时间，建井周期短，提高生产时效与经济效益，对于侧钻井钻具的精细操作和降低机修时间、提高生产时效非常关键。

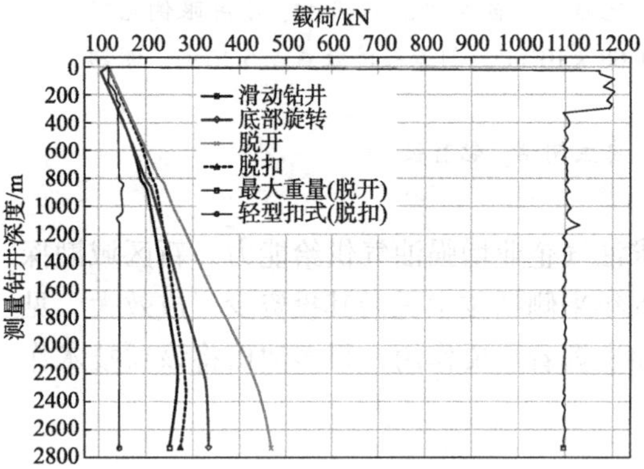

图 1　7in 开窗 ϕ89 钻具钩载模拟

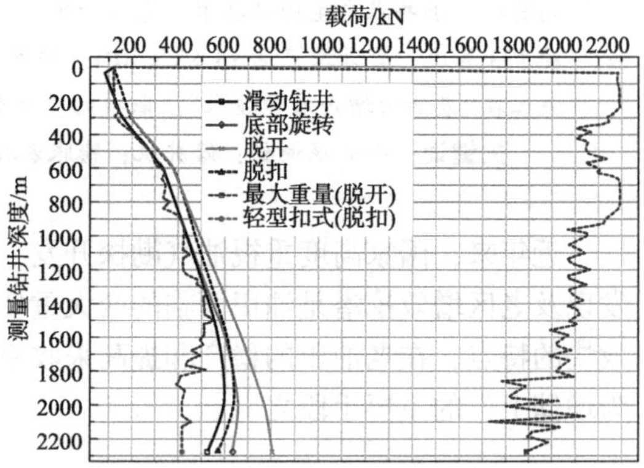

图 2　9 ⅝in 开窗 ϕ127 钻具钩载模拟

表 1　冀东油田大修设备重点部位型号及规格

型号	井架	天车	游动大钩	水龙头	转盘
750 型	SJJ180/39 - 1800kN	STC180 - 1800kN	YG180 - 1800kN	SL225 - 2250kN	ZP275 - 4500kN
650 型	JJ15835 - 1580kN	TC158 - 1580kN	YG158 - 1580kN	SL160 - 1600kN	ZP205 - 3150kN

通过不同钻具在定向钻进、复合钻进、上提、下放等不同工况下的数值模拟，结合 XJ650、XJ750 型修井机基本参数。从图 1、图 2、表 1 中数据可以得出 XJ650、XJ750 能够满足 3000m 以内钻具提升符合需求。

2.2 钻井循环设备及自主固控系统介绍

钻井泵是钻井作业中的核心设备，能够提供足够的泵压和排量，有助于提高钻井液的循环效率，从而加快侧钻施工速度。钻井泵能够保证钻井液的充分循环，有效携带岩屑，防止井下砂桥和沉砂卡钻，保持井眼清洁，提高施工的安全性和成功率。通过使用高效的钻井泵，可以减少钻井周期，节约钻井时间，这对于降低钻井成本和提高作业效率至关重要。通过查阅钻井泵主要参数，F - 800 泥浆泵能够满足 5 ½in 及 7in 套管开窗侧钻需求(图 3)。

固控系统，是钻井作业中用于分离和清除钻井液中固体颗粒的设备组合，油田选用常规三级固控系统，主要由振动筛、除砂器、离心机组成。小井眼侧钻环空间隙小，泥浆中的有害固相增多，可能在定向钻进中造成黏卡。钻进中要尽可能地加大排量，冲刷井眼，提高泥浆的上返速度。用好三级固控系统清除泥浆中的有害固相，也是解决托压的重要措施(图4～图6)。

图3　钻井泵

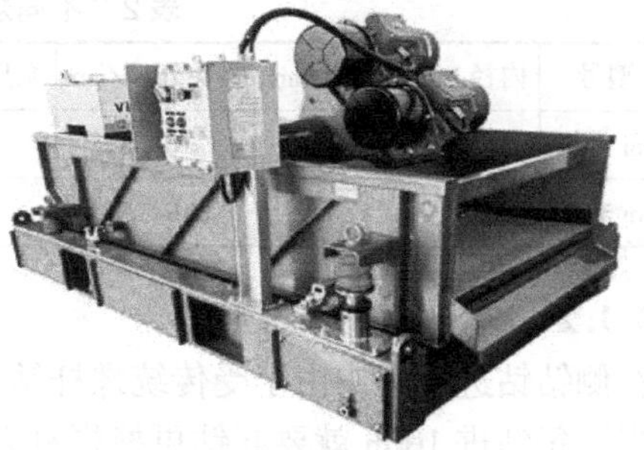

图4　振动筛

图5　除砂器

图6　离心机

目前，冀东油田通过“柴改电”技术，施工现场主要以电驱为主，配电系统由高压电源＋高压进线柜＋变压器＋分线柜＋变频器柜＋PLC控制柜＋交流变频电机组成，实现了泥浆泵和修井机电驱施工。该成果不仅可以实现绿色作业，降低设备故障率、降低设备运营成本，而且大大提高了传动效率与易用性，员工实际操作简便、人员适应性强、维护便捷。该成果累积节约成本250万元，同时今后年度节约柴油费用137.56万元。

3　侧钻钻进及完井技术介绍

3.1　侧钻钻进工艺研究

3.1.1　钻进管柱组合

常规侧钻施工钻井管柱组合为：钻头＋螺杆＋止回阀＋定向仪器(无磁)＋加重钻杆＋钻杆。在油田钻头使用基本为单牙轮钻头或者PDC钻头，螺杆一般使用1.5°单弯螺杆带ϕ114mm扶正器满足增斜需求。加重钻杆代替钻铤，以减小钻具的重量以及与井壁的接触面积，降低摩擦阻力和发生托压的风险，使用钻具倒装的管柱结构，使井底获得更真实有效的钻压，减小托压，满足钻进的需求，保证正常进尺。

随着油田侧钻施工的逐渐发展，完钻井深不断加深、裸眼段不断加长，在小井眼侧钻施工中使用常规钻具面临着高泵压、机械钻速低、钻杆强度和耐用性等问题，甚至影响固井质量和施工安全。为此，开展了非标钻具的相关研究。南堡 23 - 平 2223 侧平 1 井开窗点 1425m，完钻井深 2826m，裸眼段进尺 1401m。该井施工完钻时泵压 19 ~ 20MPa，由此可见使用非标钻具降压效果明显，确保施工安全平稳受控，地面及井下在承压范围内(表 2)。

表 2　不同规格钻杆参数对比表

钻杆型号	内径/mm	外径/mm	接头外径/mm	泵压/MPa	排量/(L/s)	扭矩/(kN · m)	载荷/kN	是否弯服
Φ73mm 常规	54.6	73	104.8	24	10	5.9	502	否
Φ89mm 非标	72	88.9	104.8	19	10	8	600	否

3.1.2　螺杆及钻头优选

在侧钻钻进过程中由于受传统螺杆钻具的万向节，单牙轮钻头的钻进磨损及钻井液冲刷磨损，每钻进 100h 就要起钻更换螺杆及钻头。经统计，单井侧钻钻进平均需要更换钻进管柱附带工具约 2.7 次，增加钻进时间及成本，同时影响侧钻施工效果。

油田一方面与钻头厂家沟通，就现有 PDC 钻头分别从刀翼结构、切削齿型、水眼尺寸以及过流面积等方面进行改进。另一方面调研国内多家螺杆厂家，反复对比螺杆数据，拆解现有螺杆，积极与螺杆技术人员沟通在螺杆内部构造上进行技术升级，成功研制长效螺杆，延长螺杆使用寿命同时提高输出扭矩。2023 年，先后在高 104 - 5 平 7 侧平 1 井和高 104 - 5 平 104 侧平 1 井试验完成一趟钻钻完进尺，平均裸眼长 531m，机械钻速 3.65m/h，对比以往侧钻数据，使用大扭矩、长寿命“一趟钻”，单井可提高钻速 23%，缩短钻井周期 3 ~ 4d，节约成本费用达 5.7 万元(图 7 和图 8)。

表 3　单牙轮钻头与 PDC 钻头参数对比表

钻头	水眼数量/mm	水眼尺寸/mm	适用地层	入井前尺寸/mm	平均出井尺寸/mm	平均钻进进尺/m
单牙轮	2	12	泥岩、砂岩、玄武岩	117.48	113.24	421
PDC	3	9	泥岩、砂岩	117.50	116.44	805

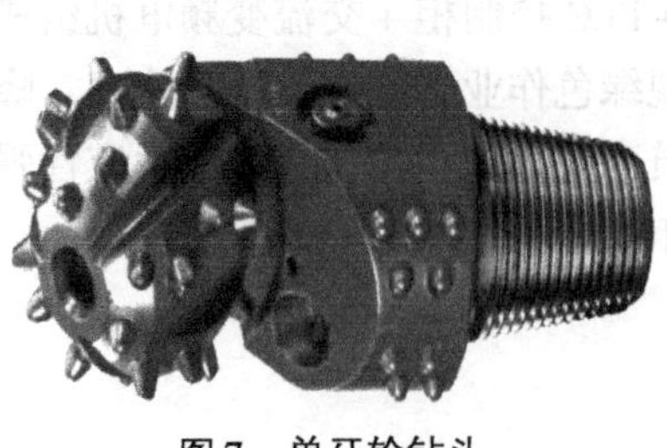

图 7　单牙轮钻头

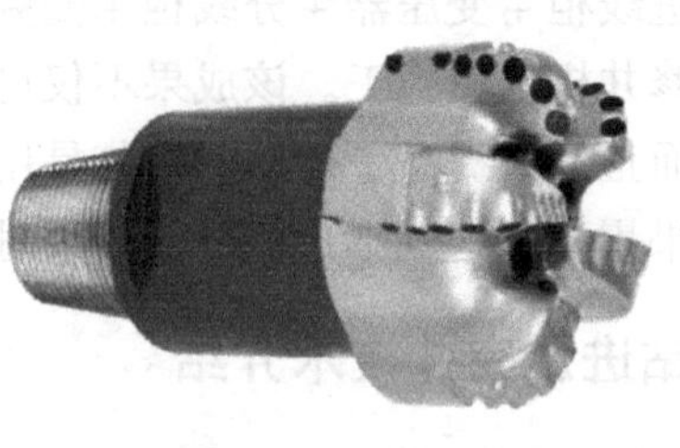

图 8　PDC 钻头

表 4　5 ½in 套管适用长效螺杆与常规螺杆参数对比表

螺杆	螺杆长度/m	螺杆外径/mm	扶正器尺寸/mm	适用排量/(L/s)	工作扭矩/(kN · m)	工作钻压/kN	平均时长/h	平均进尺/m	平均机械钻速/(m/h)
常规螺杆	4.2	95	114	8 ~ 10	938 ~ 1500	20 ~ 40	112.5	300	3.84
长效螺杆	4.7	102	114	8 ~ 10	1313 ~ 2100	30 ~ 50	160	594	5.52

由表3和表4可以得出，PDC钻头在侧钻施工中通常提供更高的钻进速度、更长的使用寿命和更好的钻进质量，尤其是在软到中硬地层中，单牙轮钻头在特定硬岩层条件下可能更为适用。同等条件下，长效螺杆的工作扭矩和钻压高于常规螺杆，具有更长的使用时间、更高的机械钻速。

3.2 侧钻完井技术介绍

3.2.1 水平井完井管柱

侧钻水平井完井工具包括悬挂器、分级箍、封隔器、盲板、筛管等，常规管串结构为：引鞋+筛管串+盲板+封隔器+套管1根+封隔器+分级箍+套管串+膨胀式尾管悬挂器+送入钻具(图9)。

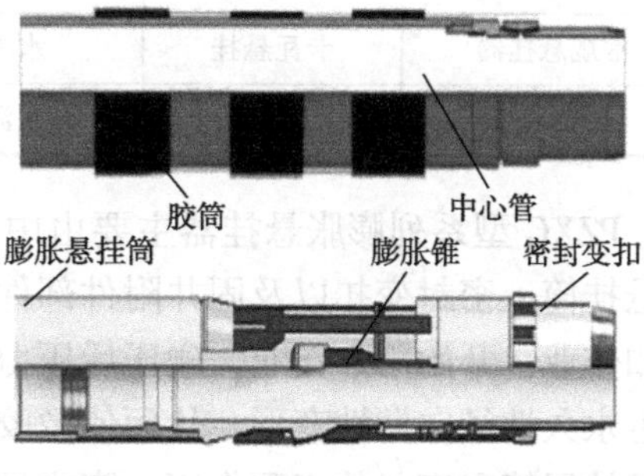

图9 PZXG型尾管悬挂器总成

常规5 ½in套管内开窗侧钻后，下入ϕ73mm尾管，介于侧钻后期修井施工困难，基于非常规井身结构设计理念，油田引进ϕ95.25mm非标套管作为尾管，内径扩大32.5%，为高质量完井创造条件，便于未来的修井和维护作业，从而提高整个井的经济效益。常规7in套管内开窗侧钻后，下入ϕ101.6mm尾管。固井前，通过泵压的控制和递进，依次完成封隔器的坐封和分级箍的开启，建立正常循环后开始固井作业。

3.2.2 定向井完井管柱

侧钻定向井完井工具包括悬挂器、浮鞋、浮箍等，常规管串结构为：浮鞋+套管1根+浮箍+套管1根+浮箍+套管串+膨胀式尾管悬挂器+送入钻具(图10)。

定向井下完井前必须进行测井施工，随着测井技术的发展，电缆输送、钻具传输、存储式测井等方式逐渐成熟，根据定向井施工轨迹、井斜、全角变化率等因素进行优选，提高小井眼电测一次成功率。管柱中浮鞋和浮箍的设计，有利于下完井作业中建立循环的条件，有利于固井时防止水泥浆上返至尾管。

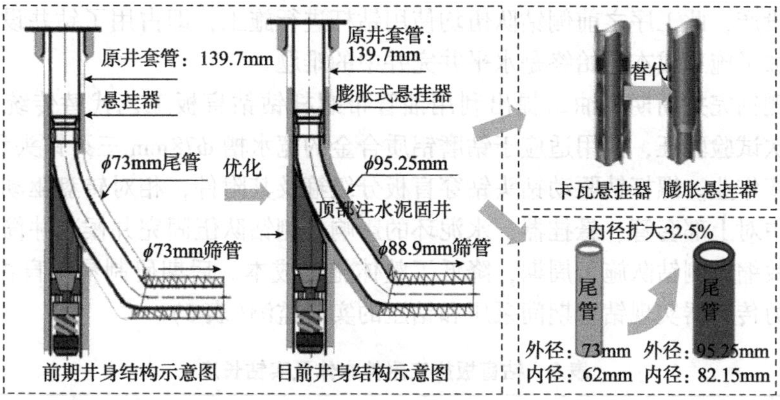

图10 小井眼侧钻完井工艺

3.2.3 膨胀式尾管悬挂器

针对高含水油藏老井侧钻油水层封隔困难，为形成浅层成熟小井眼低成本侧钻技术，创新“膨胀式尾管悬挂器＋非标套管＋顶部注水泥”小井眼侧钻完井工艺，延长油井寿命。基于膨胀管技术，在油田小井眼侧钻井上应用膨胀式尾管悬挂器技术，金属＋水泥双密封解决了尾管密封难题(表5)。

表5　不同类型悬挂器对比表

工具类型	悬挂方式	密封方式	密封效果	重叠段长/m	作业方式
膨胀悬挂器	橡胶挤压	橡胶＋水泥环	45MPa	10～30	倒扣后固井膨胀
常规悬挂器	卡瓦悬挂	水泥环	难以保证	150～200	坐挂倒扣后固井
倒扣接头	无悬挂	水泥环	难以保证	150～200	固井后倒扣危险

PZXG型系列膨胀悬挂器主要由中心管、防落物胶筒、膨胀锥、固定短节、胶筒、膨胀悬挂筒、密封变扣以及固井附件部件组成。下完井时，将膨胀悬挂器下至设计深度完成倒扣作业，开始固井作业，碰压后压力作用在膨胀锥上，憋压上提管柱，膨胀锥使悬挂筒产生永久性径向塑性变形，从而使橡胶环压缩在悬挂筒外壁和上层技术套管内壁之间，起到悬挂尾管和密封的双重作用。膨胀悬挂器具备良好的密封悬挂功能，完全解决侧钻井窗口以上大套管与小套管重叠段的环空漏失问题，因为其良好的密封及双向悬挂性能，所以使裸眼尾管与大套管形成一个完整的整体。膨胀悬挂器悬挂坐封完成后，将裸眼井段与套管内完全隔离，裸眼井段形成密闭空间，水泥浆候凝时膨胀悬挂器以上的液柱压力无法作用到地层，最大程度降低水泥浆对地层造成的污染。消除了常规悬挂器卡瓦对上层套管造成的损伤，并可提供更大的悬挂力和具有更高的可靠性。同时，膨胀悬挂器采用一体式结构，没有卡瓦、轨道等机构，可有效提高悬挂器的整体强度，并保证后期管内作业的顺畅。

4　侧钻创新点分析介绍

4.1　小修螺杆钻钻盲板技术

侧钻水平井完井投产前在套管内部留有碰压座、分级箍内筒和盲板等工具，需要进行钻穿后方可投产，此工序之前侧钻队伍均使用钻杆进行施工，即占用了钻井设备耽误完钻周期，又增加了施工成本，始终是水平井完井中的难题。

为缩短侧钻完井周期，油田提出利用油管带螺杆钻钻盲板工艺代替传统钻杆扫塞施工。经过多次试验验证，使用适应于钻磨铝质合金的宽水槽ϕ78mm三刃钻头和ϕ73mm螺杆钻进行钻塞作业。螺杆钻驱动钻头钻穿盲板分级箍及其附件，相对转盘驱动钻头能够减小施工过程中对上部套管、悬挂器、水泥环的影响，侧钻队伍固完井候凝井筒试压后即可搬离，可有效缩短侧钻队施工周期，降低了整体施工成本。后期研制易钻盲板提速50%，同时增配压力传感器实现钻塞期间泵压和钻压的实时监测(表6)。

表6　钻盲板施工附件本体及实钻长度

名称	胶塞	碰压座	分级箍	盲板
本体长度/m	0.51	0.28	1.24	0.28
实钻长度/m	0.51	0.21	0.8	0.24

小修螺杆钻钻盲板技术的推广，节约侧钻队时间 3～4 天，节约 ϕ60.3mm 钻杆 1000m 左右，节约成本 30 万元左右，单动力年度节约成本 360 万元，节省侧钻施工周期 40 天左右。

4.2 侧钻通井器的研制

侧钻完钻后在下入套管前或者进行测井施工前，需要下入通井管柱进行通井施工，为下步测井或者下入套管做准备。常规一般采用单牙轮钻头作为通井工具，出现循环泵压高、破坏井壁、卡钻、扩眼困难等情况(图 11 和图 12)。

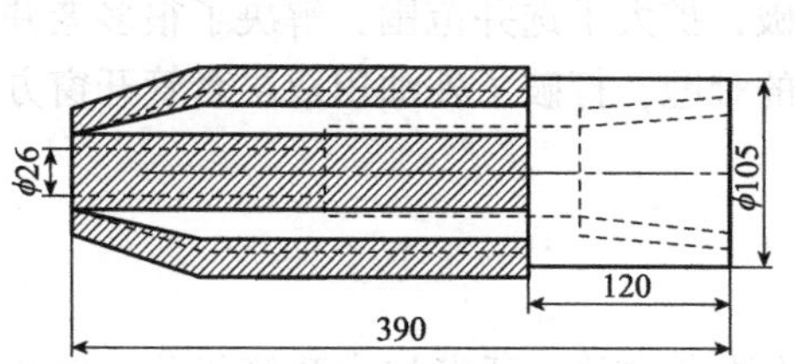

图 11 侧钻通井器结构图

图 12 侧钻通井器外型图

针对上述问题，油田自主研制一种提升侧钻通井质量的井下工具——侧钻通井器，该工具为一体式锥形结构，总长 350mm，最大外径 118mm，中间水眼孔径 26mm，侧面附有六道长 280mm、宽 35mm 的复合钨钢块，钨钢块中间有宽 20mm、深 5mm 的过流槽。该工具适用于侧钻完钻后的通井作业，具有导向、循环、扩眼、过流作用。该工具为一体式锥形结构，结构规则，长度仅有 350mm，在裸眼段内具有良好的导向作用，能自动找准井眼，区别于不规则形状的单牙轮钻头有效保护井壁，避免起下钻破坏井壁。该工具水眼孔径为 26mm，单牙轮钻头水眼 12mm、PDC 钻头水眼 9mm，大水眼可以有效地降低循环泵压，减轻设备负担、减少井壁损伤。该工具外侧镶有六道长 280mm、宽 35mm 的复合钨钢块，能够有效地扩大井眼，对井壁进行维护，消除键槽。该工具有宽 20mm、深 5mm 的过流槽，不同于单压轮整体球形，能有效地形成泥浆循环通道，便于携带泥饼等杂质。

通过采用新研发的侧钻通井器，可有效保持井眼规则和清洁，减少摩阻，大幅提升套管完井所需的井筒条件，克服单牙轮钻头在通井施工过程中的不足，保证钻井质量、减少经济损失。该工具自加工后实验效果好，得到大力推广，截至 2024 年，已使用 68 井次，后续下套管施工成功率 100%，年度节约成本约 40 万元。

4.3 双层套管开窗技术

双层套管开窗面临时间长、磨损重、出窗难、易卡钻、闭窗风险高的技术难点。油田在开窗点位置选择、斜向器及开窗工具改进、开窗施工参数优化三个方面进行技术创新。

开窗点选择低边开窗，要求岩性稳定、水泥环胶结好、双层套管间隙小、避开接箍位置。斜向器斜面采用 GH4151 合金材质 + 表面热处理，硬度达到了 320HB，堆细粒硬质合金粉末进一步提高硬度，减少磨损；加长导斜面到卡瓦距离，由 0.4m 增加至 0.6m，避免铣掉导致斜向器松动；将斜向器的导斜角由 3°增加至 3.5°～4°，减少开窗长度，缩短开窗时间；斜向器底带支撑悬挂总成组成一体式斜向器，作为斜向器的第二道支撑保证。开窗钻具组合采用“螺旋扶正器 + 加重钻杆”组合方式，增加钻具刚性和稳定性，减少钻具摆动对开窗的影响。采用一长+一短复合一体式开窗铣锥，加长型铣锥增加确保了技术套管开窗过程中斜向器对铣锥的支撑力；采用进口合金铺焊双排12列分布，菱形排列，优化铣锥底圆直径，避免铣锥底部卡在套管之间；修窗部分合金四排12列分布，角度4.5°设计，确保开窗修窗时切削更加稳定。开窗施工参数优化，双层套管关键是接触技套时的钻压，小钻压出不了技术套管，钻压过大可能导致铣锥向环空钻进，在常规开窗钻压的基础上增加10~20kN，进入技术套管后适当降低钻压，施工中根据井口返出的铁屑进行调整，铁屑为丝状表示钻压适中。

2023年，在冀东油田高浅北区首次实现了双层套管开窗并一次成功，经过31小时顺利完成开窗、修窗施工，后续钻进、通井、固井起下钻具套管出入窗无遇阻显示。本次双层套管开窗技术应用成功，取得了阶段性的技术突破，扩大了选井范围，解决了很多老井因井身结构原因开窗点靶前距过短，工程无法实施的难题，打破了外油田双层套管开窗方面的技术壁垒。

5 经济效益分析

自2021年进行小井眼侧钻攻关以来，从剩余油技术攻关、开发技术政策优化、轨迹优化、侧钻井费用控制等方面做了大量工作，目前该项技术已成功应用在油田陆地及南堡浅层天然水驱油藏，截至2024年年初，投产侧钻井133口，恢复休眠储量312.3×10^4t，累计增产油13.83×10^4t、增气1550.68×$10^4$$m^3$，新增可采储量50.5×$10^4$t，创造经济效益4.5亿元，建产增油效果显著，侧钻施工在“老油田增产潜挖技术”上取得的重大突破。

6 结论与未来展望

侧钻井实施效果的好坏取决于对油藏的认识程度、剩余油分布状况和储层改造技术的适应性。随着冀东油田侧钻相关的套管开窗工艺、小井眼钻井和完井技术的发展和完善，该技术日趋成熟，施工流程日趋完善，用于套管损坏井开采剩余油，提高油田采收率效果显著，为老油田降本增效、挖潜上产工作做出了巨大贡献。采用大修设备自主开展侧钻施工及小井眼固井施工，低成本实现对冀东油田的无产能和停产井的改造，为油田深度挖潜、提质增效提供有效的技术手段，在提高老油田整体经济效益上，具有十分广阔的应用前景。

下步，随着油田自主侧钻施工队伍的扩编，着手成立侧钻施工专门的项目组，真正做到地质工程相结合，制定侧钻运行管理规定和企业标准，加强侧钻施工过程监督管理。继续开展“柴改电”专项研究，注重环保和绿色发展，更多地结合数字技术、人工智能技术，提高施工的精准性和效率，助力数字化油田建设。通过深化剩余油研究，强化地质认识，细化储量分类，拓展应用范围，逐步向中深层油藏过渡，多手段协同研究侧钻潜力，总体梳理油区下步侧钻潜力储量，将小井眼侧钻作为动用储量的阶段性主体技术，规模推广应用。加强侧钻技术研究，针对中深层侧钻施工、“一趟钻”侧钻技术、双层套管开窗、承压堵漏技术等不断完善和创新，从泥浆的配伍性等各项指标、钻进施工各项参数、定向轨迹研究等方面持续钻研，开展短半径、大位移、长水平段侧钻专项研究，将侧钻技术作为老油田增产的重要手段，通过老井的再利用，有效控制经济成本的同时，大幅提高原油产量和采收率。

参考文献

[1]蔡长宁．中国大修侧钻技术的发展与创新[J]．探矿工程，2001，6，42－44.
[2]余章启．侧钻钻进托压原因分析及解决措施[J]．油气论坛．2023，11，146－147.
[3]李云峰．冀东油田浅层小井眼侧钻水平井钻井完井关键技术[J]．石油钻探技术，2020，6，8－14.
[4]崔淑英．膨胀式尾管悬挂器的研究[J]．探矿工程，2019，46(2)，56－70.
[5]谢震．侧钻小井眼螺杆钻钻盲板的实际应用[J]．中国科技人才．2023，9(2)，67、133.
[6]苏良银．低渗透油藏老井侧钻技术研究与应用[J]．科学技术与工程．2014，14(36)，45－50.

绿色智能排水采气技术及工业化应用

曹光强　李楠　陈脉　王浩宇　蒋一欣　郑瑞　许鹜宇

（中国石油勘探开发研究院）

摘　要：随着我国能源需求的增长和对外依存度的提高，绿色智能排水采气技术成为保障气田稳产与提高采收率的关键。通过多相流理论的深入研究和CFD模拟的应用，实现了气井工况的精准识别与工艺选择的优化。同时，绿色智能排水采气工艺装备的研发与应用，不仅提高了生产效率，还实现了节能减排。其中，基于风光新能源的智能泡排加注装备和环保低成本的泡排药剂体系，以及井下智能感知柱塞工具的研制，为气田开发的智能化、绿色化转型提供了有力支撑。

关键词：绿色智能排水采气；智能泡排加注装备；泡排药剂；井下智能感知柱塞

1　绿色智能排水采气研究背景

随着我国经济的快速发展和工业化进程的加速推进，能源需求呈现出持续增长的态势。然而，中国能源自给能力相对不足，导致对外依存度不断攀升。根据统计数据，中国石油对外依存度已上升到2022年的72.9%以上，天然气依存度也达到42.3%。高度依赖进口能源可能导致国际政治经济波动对国内经济的冲击，增加经济安全风险。习近平总书记曾强调："石油能源建设对国家意义重大，能源的饭碗必须端在自己手里。"

天然气作为一种清洁能源，在我国具有重要的战略意义，它不仅有助于减少环境污染，还能促进能源结构的优化和可持续发展，是实现"双碳"目标以及端好能源饭碗的重要保证。我国天然气资源潜力巨大，截至2022年，公司天然气累计探明储量$13.7\times10^{12}m^3$，年均新增$7748\times10^8m^3$。2000年以来，天然气产量迅速攀升由$183\times10^8m^3$上升到$1530\times10^8m^3$。然而在天然气产量迅速增加的背后，是公司低压低产井数量大且逐年增长。随着气田开发程度加深和资源禀赋变差，低压低产井逐年增多，气田出水情况普遍，出水井占开井总数的50%以上，气井出水导致采收率大幅下降，是影响气井产量的重要因素。

排水采气是采气工艺的核心工艺，有效保障了气田稳产与提高采收率。泡沫排水采气和柱塞气举两项主体工艺排采井数占比80.5%，增产占比60%，是排水采气的主体技术。目前，这两项工艺措施执行与调整以人工操作为主，制度粗放导致生产效率低下，无法满足油气田开发的精细化、智能化发展趋势，对排水采气工艺的智能化升级改造迫在眉睫。

通过总结发现排水采气存在四大技术难题，严重制约措施效率与效益的进一步提升：

（1）工艺选择难：选择与接替时机经验化、难度大。

（2）制度设计难：气井工况识别、措施制度优化以人工摸索为主、制度固化。

第一作者简介：李楠（1985—），男，河北，中国石油勘探开发研究院，高工，主要研究方向为气井排水采气。E－mail：linan18@ petrochina. com. cn。

(3)措施执行难：常规排水采气装备能耗高、智能化程度低、化学药剂用量大。

(4)管理效率低：人工工作量大、缺乏智能监测及管控手段。

2 排水采气理论研究新进展

气井排水采气作为解决气井井筒及井底附近地层积液过多或产水问题，使气井恢复正常生产的关键措施，其技术实施和优化均依赖于对多相流动特性的深入理解。多相流理论研究是气井排水采气的理论基础，对于气井排水采气的重要性不言而喻，为优化排水采气工艺提供科学的理论依据和有力的技术支持。随着多相流理论的不断发展和完善，相信在气井排水采气领域将会取得更加显著的成果和突破。

2.1 气井三维流型预测

井筒流态的识别是实现井下工况精细描述的重要基础，受复杂介质及管柱结构影响，识别难度大，准确率低。传统流态识别依照气液流速对比二维流型图版判断，对于不同角度流动状态下的流行预测误差较大，研究人员基于大量多相流动模拟实验，揭示了不同倾斜角下的流态转变条件与演化规律，建立了水平井全井筒流态精细预测图版，首次将判识标准由二维提升至三维，实现了井筒流态的准确识别与生产动态的精确预测。为验证三维流型图准确性，研究人员收集整理了20口川南页岩气水平井测试数据进行井筒流型比对，准确率超过90%。

2.2 排水采气工艺技术界限模型

研究人员开展直井/水平井排水采气可视化仿真模拟实验，揭示了排水采气作用机理，以排采核心参数"压降、持液率"为评价指标，建立了工艺适用界限模型与选井方法，从源头解决选井粗放的难题。建立6类主体排采工艺技术界限模型，耦合气藏-井筒-地面多介质流动，模拟不同生产阶段生产动态变化，绘制气井全生命周期排水采气工艺优选及接替时机图版，实现了"一井一策"排采工艺精准决策。该方法在致密砂岩、页岩气区应用360口井，工艺成功率由75%提升至93%。

2.3 井筒流态CFD模拟分析

为加深对井筒流态演变规律的认识，研究人员开展垂直井和水平井多相流实验和CFD模拟等工作，模拟和测试分析了液量2~20m^3/d、气量0~30000m^3/d下的气-水两相流型在竖直管中由"泡状流→段塞流→搅动流→环雾流"、水平管中从"泡状流→分层流→段塞流→环状流"的演变，根据实验数据建立了的新压降模型，新压降计算模型适用于不同流型不同气液比条件下压降预测，经验证与CFD模拟的井筒温压条件下的压降变化情况基本一致(图1)。

3 绿色智能排水采气工艺装备

绿色智能排水采气工艺装备通过采用先进的智能控制技术和绿色能源驱动方式(如太阳能、风能等)，实现了对油气井的高效、精准管理能够自动监测气井的生产状况，实时调整排水采气参数，确保气井在最优状态下运行，从而有效提高了采收率。同时，由于其采用了绿色能源，大大减少了传统采气方式中的碳排放，符合当前全球绿色低碳发展的趋势。

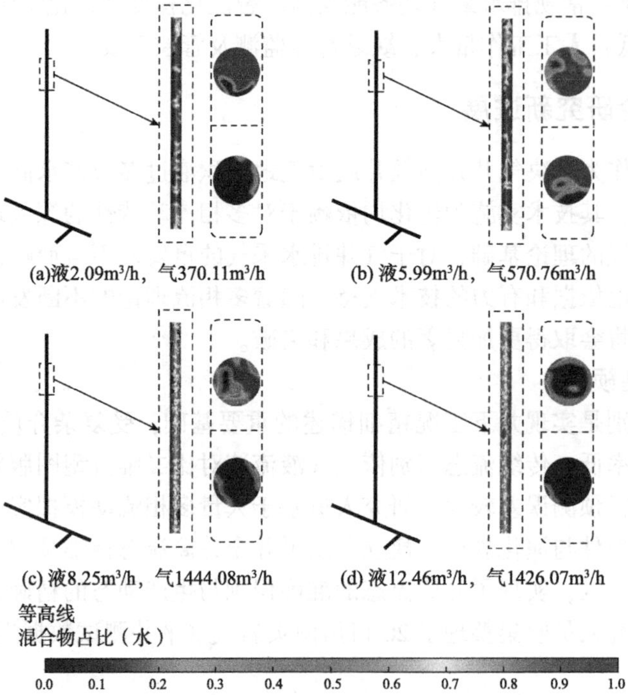

图1　空气－水不同工况下的井筒流态

3.1　基于风光新能源泡排加注装备

研究人员攻克风光驱动、注消协同优化技术，结合智能 RTU、多井协同配置、环保药剂等 8 项关键技术，研制了气井智能泡排装备，具备数据采集、智能优化、自动控制等功能，实现了工艺由人工干预点状加注到智能调控线状加注的突破，首次实现了 CO_2“零排放”的绿色智能泡排采气。该新型泡排加注装置已经在现场得到实际应用，建立青海、浙江智能泡排示范区。在青海油田投运分布式智能泡排装备 40 套，智能管控 2016 口气井，年增产天然气 $8610\times10^4m^3$，运行成本降低 46%。在浙江油田 335 口页岩气井部署智能集群加注装备 42 套，通过智能化的调优与管控，年增产天然气超 $9000\times10^4m^3$、运行成本下降 52%，平台年递减率下降 8.2%

3.2　环保低成本泡排药剂体系

研究人员在突破含砂条件下起消泡微观机理和复配设计方法的基础上，通过表活剂分子结构调整、配方重组优化，研制出环境友好、易降解且性能优异的抗砂泡排剂和兼具缓蚀和泡排的多功能泡排剂。抗砂泡排剂体系青海应用 160 井次，药剂用量降低 60% 以上，缓蚀多功能泡排剂将现场两套流程变为一套，极大提高了措施效率及经济性。

3.3　井下智能感知柱塞工具

突破井下高温高压条件下多传感器协同控制技术，研制井下多参数感知智能柱塞，实现了全井筒温度、压力、工况的在线实时感知。柱塞在上下行过程中能记录沿程的温度压力数据，当柱塞到达井口时将数据无线传输至井口接收装置。通过分析井下压力温度数据，结合井口油压套压，可以实现井下工作状况分析、入液点识别、全井筒积液高度监测。为气井生产动态描述与开发技术决策提供有效支撑。智能柱塞工具已在现场部署，在长庆采气二厂、西南重庆气矿投放智能柱塞工具20套，智能诊断及优化437井次，工况识别准确率95%，缩短异常工况发现时间80%，单井日产气提升15%。

4 结论

(1)绿色智能排水采气技术对于保障气田稳产与提高采收率至关重要：随着能源需求的增长和对外依存度的提高，绿色智能排水采气技术成为确保我国天然气供应安全、实现“双碳”目标的重要手段。

(2)多相流理论的发展为排水采气技术提供了坚实的理论基础：三维流型预测和排水采气工艺技术界限模型的建立，显著提高了气井工况识别的准确性和工艺选择的科学性。

(3)智能优化算法的应用极大地提升了排水采气工艺的效率：基于大数据和人工智能的泡排制度优化算法及柱塞气举在线诊断与优化算法，有效降低了人工干预，提高了生产效率。

(4)绿色智能排水采气工艺装备实现了节能减排与高效生产：采用风光新能源驱动的泡排加注装备和环保低成本的泡排药剂体系，不仅减少了碳排放，还降低了运行成本。

(5)井下智能感知柱塞工具的研制推动了气井生产的智能化进程：该工具能够实时感知井下多参数，为气井生产动态描述与开发技术决策提供了有力支持。

参考文献

[1]张勇，李超．国内油气对外依存度发展趋势[J]．中国石油和化工标准与质量，2023，43(17)：124－126.

[2]丁鹏，王迪．我国油气资源进口安全问题及应对策略[J]．中国能源，2023，45(05)：56－63.

[3]席胜利，闫伟，刘新社，等．鄂尔多斯盆地天然气勘探新领域、新类型及资源潜力[J]．石油学报，2024，45(01)：33－51＋132.

[4]王清华，徐振平，张荣虎，等．塔里木盆地油气勘探新领域、新类型及资源潜力[J]．石油学报，2024，45(01)：15－32.

[5]曹光强，姜晓华，李楠，等．产水气田排水采气技术的国内外研究现状及发展方向[J]．石油钻采工艺，2019，41(05)：614－623.

[6]李文魁，周广厚，毕国强，等．涩北气田排水采气优选模式[J]．天然气工业，2009，29(09)：60－63＋137－138.

[7]曹光强．中低产水气井诊断预测方法及排液技术研究[D]．北京：中国地质大学(北京)，2015.

南方油田薄互储层暂堵转向工艺技术研究与应用

邓校国　张清贵　孙伟

（南方石油勘探开发有限责任公司）

摘　要： 南方油田福山凹陷为复杂断块油气藏，纵向跨度100～200m，0.5～2m薄互层特征明显，提高储层纵向动用难度大。针对薄互层储层特点，建立斜井暂堵球封堵力学模型，结合射孔孔眼磨蚀物模实验，研究压裂过程中孔径变化规律，优化了暂堵球类型、直径、数量及暂堵方式，形成薄互层暂堵转向优化设计技术。对暂堵球在斜井中运移和封堵模拟研究，优化暂堵球类型为绳结暂堵球，提高施工排量、低密度暂堵球、低黏液体、减少孔眼数，有利于提高暂堵球封堵效果。砂浓度、排量和支撑剂粒径对孔眼磨蚀有较大影响，砂浓度是主要因素，模拟实际施工条件下，孔眼直径增加50%～60%，形成以加砂量为主的孔径变化模型，根据加砂量实时调整暂堵球直径。基于降排量摩阻响应，分析射孔簇开启程度，实时决策投球数量、暂堵次数和投球方式。研发形成的薄互层暂堵转向工艺技术，已成功实施20余口井，光纤监测证实提高了小层动用程度，获得了显著的增产效果，对福山凹陷外围区块的下一步勘探开发具有重要意义。

关键词： 福山凹陷薄互层储层；暂堵压裂；均匀改造；绳结暂堵剂；光纤监测

福山凹陷位于海南岛琼北地区和琼州海峡之中，为北部湾盆地一部分，是一个以第三系沉积为主的小盆地。目前该凹陷投入滚动开发的主要有花场、白莲、朝阳、永安等油气田，是南方油田的主要勘探开发区块。滚动扩边建产过程储层物性变差，储层更加复杂，纵向上单层厚度小，平均层厚1.4m，层数多、层间跨度大，部分井10～20个小层跨度超过150m，且纵向上层间水平应力差4～8MPa，层内裂缝均匀扩展难度大。储层薄互层特征明显(层多、层薄、层间应力差异大)，提高储层纵向动用程度难度大，目前主要以机械分层+暂堵分层的体积改造为主，但针对斜井薄互层目前的暂堵工艺技术暂堵效果较差，层间暂堵存在堵不住或堵死等问题。为了提高薄互层的纵向动用程度，通过物理模拟实验及数值模拟手段优化薄互层暂堵转向技术，突破薄互储层小层动用的技术瓶颈，提高压裂改造效果，为南方油田高效增产及高质量勘探开发奠定压裂技术基础。

1　储层特征及改造难点

(1)储层横向断块复杂，纵向含油层系多、厚度小、跨度大，层间地应力差异较大，薄互层特征明显，充分压开实现储层纵向全动用难度大。断块横向展布复杂，最小不足1km^2，井间对比性差，储层及改造技术优选难度大；层厚0.5～10.8m，平均层厚1.4m，改造目的层间跨度大，跨距12.1～175.3m，平均79.7m。

(2)储层非均质性强、低孔特低渗、喉道细小、易受伤害，对压裂液性能要求高。平均渗透率0.05～4.88mD，平均孔隙度3.1%～13.9%，平均孔喉半径0.02～0.4mm。

(3)小层纵向上层间水平应力差4～8MPa，目前暂堵球+颗粒的组合暂堵方式，暂堵升压不明显。

(4)储层岩石破坏形态塑性特征明显，岩石杨氏模量低，不利于加砂压裂改造。

(5)井眼斜度大(20°～61°)，易形成多裂缝，不利于压裂主裂缝延伸，增加裂缝起裂复杂性和施工难度，环保要求高，小井场，丛式井为主。

(6)地层温度高达140～180℃，地温梯度达到3.53℃/100m～4.57℃/100m，压裂液高温携砂难度大。

2 暂堵转向技术优化

2.1 斜井暂堵模拟

根据暂堵球在斜井中运移、封堵、脱落的受力分析，建立斜井暂堵球封堵力学模型，计算暂堵球在孔眼处时的惯性力，拖拽力，脱落力和保持力(图1)，利用Matlab编写程序，形成投球暂堵优化设计软件，根据计算结果判断暂堵球是否可以成功坐封住孔眼，以此来研究各因素对暂堵效率的影响。

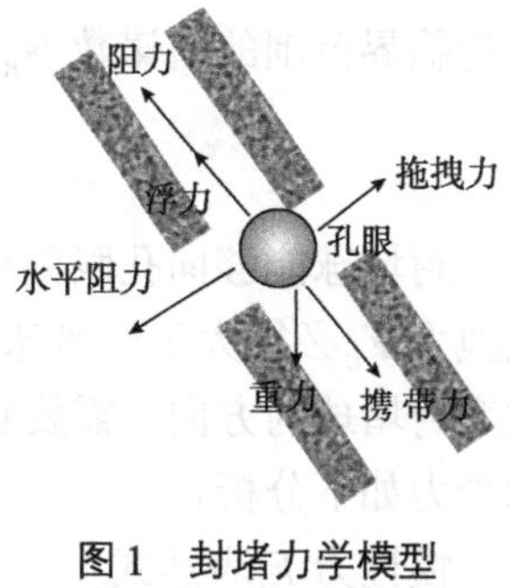

图1　封堵力学模型

根据受力平衡，封堵球此阶段所受合力为：

$$F_v = F_{携带力} + F_{重力} - F_{浮力} - F_{阻力} \tag{1}$$

考虑封堵球与压裂液的密度大小关系，根据牛顿第二定律得到两种不同关系下封堵球在竖直流动方向上所受合力表达式：

当$\rho_b > \rho_l$时，

$$m\frac{du_{bv}}{dt} = m\frac{du_{lv}}{dt} + mg - mg\frac{\rho_l}{\rho_b} - K_d\left[\frac{A_b\rho_l\,(u_{bv} - u_{lv})^2}{2}\right] \tag{2}$$

当$\rho_b < \rho_l$时，

$$m\frac{du_{bv}}{dt} = m\frac{du_{lv}}{dt} + mg - mg\frac{\rho_l}{\rho_b} + K_d\left[\frac{A_b\rho_l\,(u_{lv} - u_{bv})^2}{2}\right] \tag{3}$$

式中，u_{lv}代表井筒中压裂液的流速，m/s；ρ_b代表封堵球密度，kg/m³；ρ_l代表压裂液流体密度，kg/m³；A_b代表封堵球横截面积，m²；m代表封堵球质量，kg；u_{bv}代表封堵球速度，m/s；g代表重力加速度，m/s³；K_d代表阻力系数。

井筒中压裂液流速表达式为：

$$u_{lv} = Q/\left(\frac{\pi}{4}D_c^2\right) \tag{4}$$

式中，Q代表压裂液排量，m³/min；D_c代表套管内径，m。

当流量稳定时，井筒中压裂液竖直方向上的流速可认为是常数，因此式(2)、式(3)右边第一项都为0。

根据Li等人的结论，井筒内的封堵球速度达到最终沉降速度的时间很短，因此认为封堵球到达孔眼处时，竖直方向上整体处于稳定状态，即沉降速度保持不变，此时的加速度为零。故封堵球到达孔眼处即与孔眼处于同一平面时竖直方向上的速度与阻力系数的关系式为：

当$\rho_b > \rho_l$时，

$$K_d\left(\frac{A_b\rho_l(u_{bv}-u_{lv})^2}{2}\right)=g\left(1-\frac{\rho_l}{\rho_b}\right) \tag{5}$$

当$\rho_b<\rho_l$时，

$$K_d\left(\frac{A_b\rho_l(u_{lv}-u_{bv})^2}{2}\right)=g\left(\frac{\rho_l}{\rho_b}-1\right) \tag{6}$$

式中，各符号意义同上。

封堵球的阻力系数K_d是关于沉降雷诺数N_{Re}的函数关系式。雷诺数N_{Re}的表达式为：

$$N_{Re}=\frac{129\left|v_{slip}\right|d_{ball}\rho_{fluid}}{\mu} \tag{7}$$

为了更准确地计算封堵球的受力大小，需要得到超临界雷诺数范围内的阻力系数，对于超临界范围的雷诺数$N_{Re}>1\times10^6$，Clift 等人估计出相应的阻力系数为：

$$K_d=0.19-\frac{8\times10^4}{N_{Re}} \tag{8}$$

封堵球能够向孔眼偏移直至坐封孔眼的条件是，流体流向孔眼的流速对封堵球产生的拖拽力F_D必须大于封堵球的竖向力之和，即惯性力F_I才能使封堵球靠近并到达孔眼。要改变封堵球的方向，需要克服惯性力F_I的影响，拖拽力F_D使封堵球转向孔眼。此时封堵球受力如下分析：

惯性力F_I表达式：

$$F_I=3.14\times\frac{\rho_bD_b^3u_{bv}^2}{D_c} \tag{9}$$

拖拽力F_D表达式：

$$F_D=2.53\times10^{-6}K_d\rho_lD_b^2v_{perf}^2 \tag{10}$$

其中：

$$v_{perf}=\frac{Q}{n}\Big/\left(\frac{\pi D_p^2}{4}\right) \tag{11}$$

式中，F_I代表惯性力，N；F_D代表拖拽力，N；D_b代表封堵球直径，m；D_c代表套管内径，m；D_p代表孔眼直径，m；v_{perf}代表流体穿过孔眼流速，m/s；n代表孔眼数量，个；其他符号含义同上。

将公式(5)和公式(6)分别与沉降雷诺数表达式迭代求解即可得出相应的封堵球最终沉降速度与阻力系数。将求得的速度与阻力系数带入式(9)和式(10)即可求得相应的惯性力F_I与拖拽力F_D。封堵球能坐封在孔眼上的前提条件为拖拽力大于惯性力，即$F_D>F_I$。

根据建立的理论模型，开展各个影响参数分析，包括暂堵球密度、暂堵球直径、施工排量、液体黏度等影响，开展各个参数优化，指导现场设计，提高小层动用率。

2.1.1 暂堵球密度的影响

分析暂堵球密度对于暂堵效率影响(图 2)发现，暂堵球密度越大导致惯性力也越大，但由于暂堵球密度对于拖拽力的影响很小，暂堵球密度的增大可能导致在孔眼口处的暂堵球坐封孔眼的概率减小。因此，暂堵球密度超过 1.5g/cm³，坐封困难，1.1～1.2g/cm³较优。

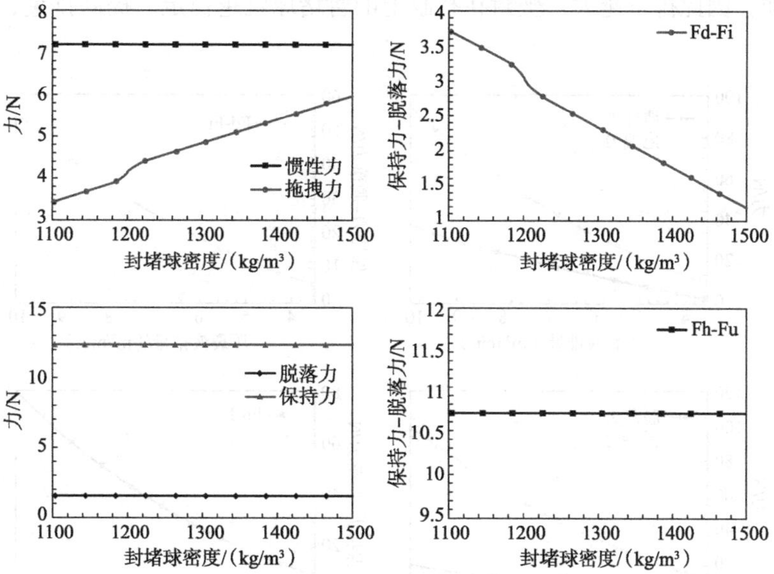

图2　暂堵球密度对暂堵效率影响曲线图

2.1.2　暂堵球直径的影响

分析暂堵球直径对于暂堵效率影响(图3)发现，暂堵球直径越大，暂堵球所受的惯性力、拖拽力和脱落力也越大保持力越小。保持力与脱落力的差值随着暂堵球直径的增加而减小，因此暂堵球直径越大，坐封在孔眼上的暂堵球反而越容易脱落。针对10mm的射孔孔眼，暂堵球直径过大，易脱落，直径14～16mm较优。

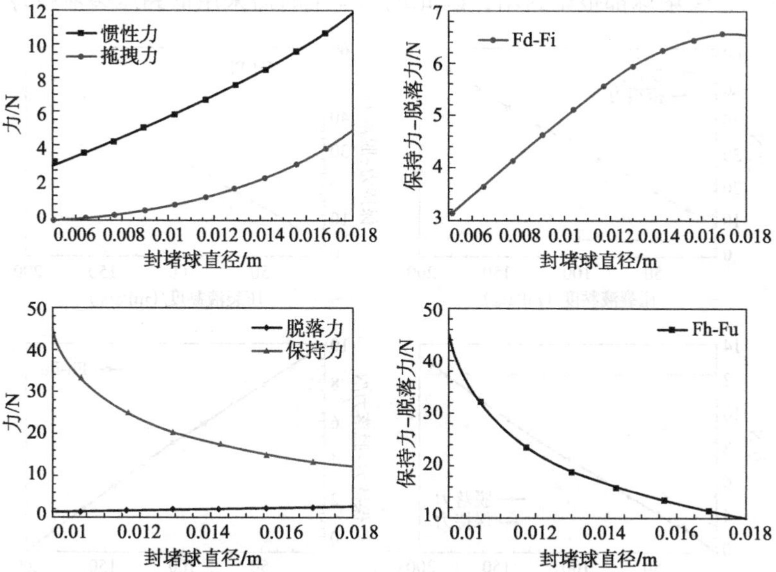

图3　暂堵球直径对暂堵效率影响曲线图

2.1.3　施工排量的影响

分析施工排量对于暂堵效率影响(图4)发现，拖拽力与惯性力的差值随着排量的增加而增加，因此排量越大，暂堵球就越容易坐封在孔眼上。保持力与脱落力的差值随着排量的增加而增加，因此排量越大，坐封在孔眼上的暂堵球就越稳定。提高排量，有利于暂堵球封堵。

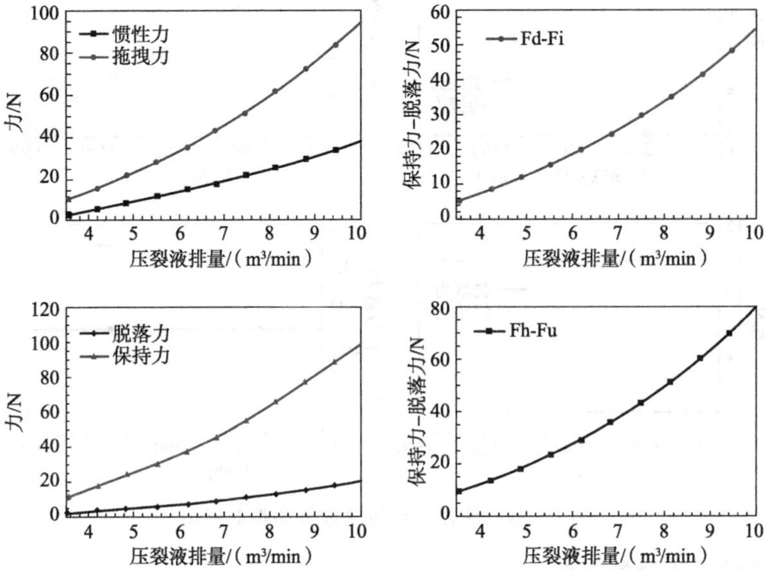

图4　施工排量对暂堵效率影响曲线图

2.1.4　液体黏度的影响

分析液体黏度对于暂堵效率影响(图5)发现，保持力与脱落力的差值随着压裂液黏度的增大而减小，因此压裂液黏度越大，坐封在孔眼上的暂堵球越容易脱落。黏度大于100mPa·s以后，暂堵球都很难封堵，因此现场施工时需采用低黏压裂液投球分层改造。

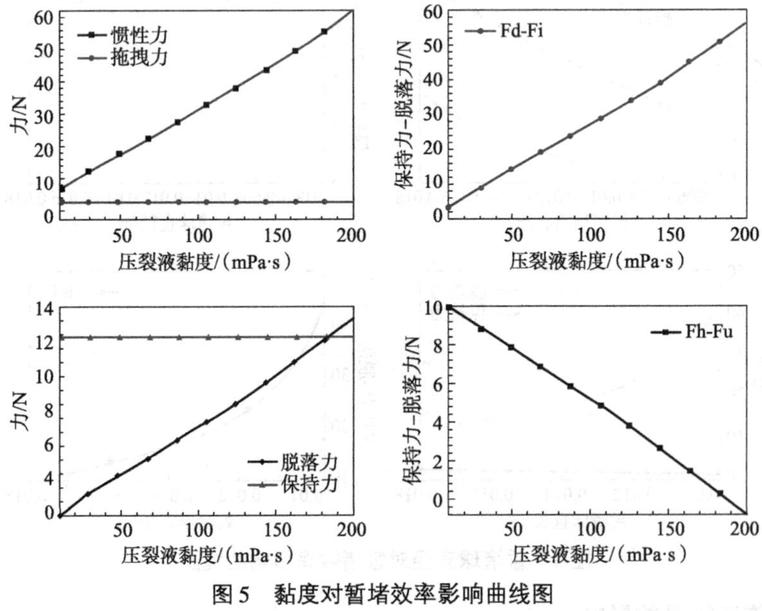

图5　黏度对暂堵效率影响曲线图

2.2　孔眼磨蚀物模实验

福山油田薄互层采用体积改造工艺技术，施工规模较大，射孔孔眼也会存在一定程度的磨蚀，前期暂堵设计未考虑孔眼扩径的影响，导致选择的暂堵球直径不合适，也是影响暂堵效果的一个原因。孔眼形状受到排量、磨蚀时间、加砂浓度、支撑剂粒径等参数的影响，为进一步提升暂堵效果，需摸清磨蚀规律，根据进液孔数、孔眼磨蚀预测，精准设计暂堵球数量及大小。

2.2.1 实验装置及实验设计

本实验装置主要包括水箱、搅拌机、水泵、待测套管、包裹套管五个部分。首先利用水泵将装有支撑剂的压裂液从水箱泵入待测套管；接着压裂液从射孔喷出至包裹套管；然后包裹套管中的压裂液通过管道流回水箱形成循环；最后通过搅拌机使支撑剂处于悬浮状态，尽可能保证压裂液的携砂量(图6)。

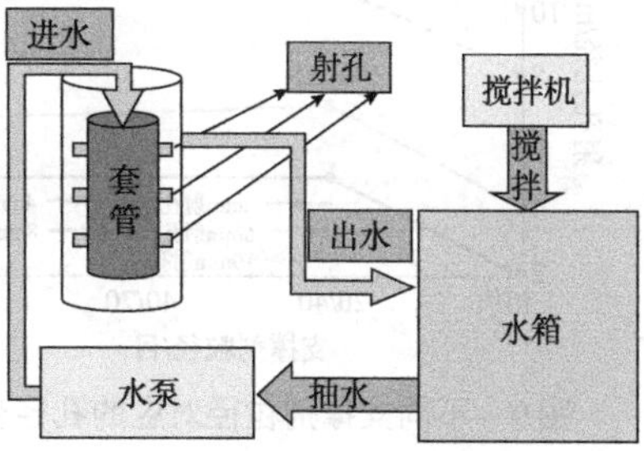

图6 射孔孔眼磨蚀物模实验装置示意图

实验共分为3组，依次研究孔径、压裂液排量、支撑剂粒径、加沙浓度对射孔孔眼磨蚀的影响。每组实验冲蚀6h，并包含2mm、4mm、6mm、8mm、10mm的射孔(表1)。

表1 孔眼磨蚀实验方案设计

实验编号	控制变量	实验参数
1	加沙浓度	压裂液排量：$25m^3/h$、打孔个数：5个、陶粒粒径：30/50目
2	排量	加砂浓度：$200kg/m^3$、打孔个数：5个、陶粒粒径：30/50目
3	支撑剂粒径	压裂液排量：$25m^3/h$、加砂浓度：$200kg/m^3$、打孔个数：5个

2.2.2 不同加砂浓度磨蚀结果

通过上述孔眼磨蚀实验，可以观察到在一定的实验条件下孔眼磨蚀较严重，直径扩径较大且形状不规则。随着加砂浓度增大，射孔孔径明显增大，磨蚀速度越来越快，且小孔径的增大幅度大于大孔径的增大幅度(图7)。排量对磨蚀有一定的影响，排量越大，磨蚀效果越明显，与加砂浓度对比可知排量对磨蚀的影响较低(图8)。支撑剂粒径越大，磨蚀的效果越明显，支撑剂颗粒的粗糙程度对磨蚀有影响，越粗糙，磨蚀越严重(图9)。

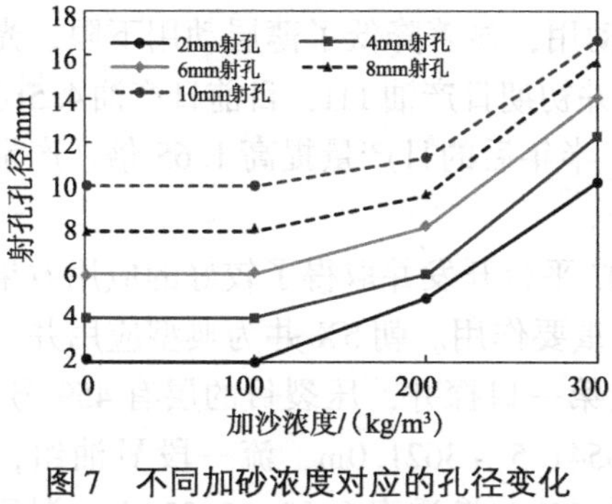

图7 不同加砂浓度对应的孔径变化

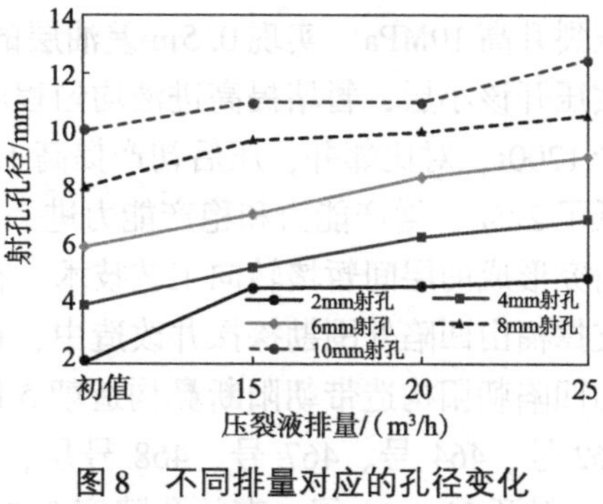

图8 不同排量对应的孔径变化

加砂浓度、排量和支撑剂粒径对孔眼磨蚀有较大影响。加砂浓度是主要因素，砂浓度越大，孔眼磨蚀越严重。冲蚀时间(1～6h)和单孔流量($0.5\sim2m^3/min$)对孔径变化有直接影响，模拟实际施工条件下，改造后孔眼孔径增加 50% ~60%。根据实验结果和福山油田实际施工情况，拟合形成以过砂量为主的孔径变化模型，根据过砂量(加砂量 $20m^3 \rightarrow 30m^3 \rightarrow 40m^3$)调整暂堵球直径(15mm→19mm→22mm)。

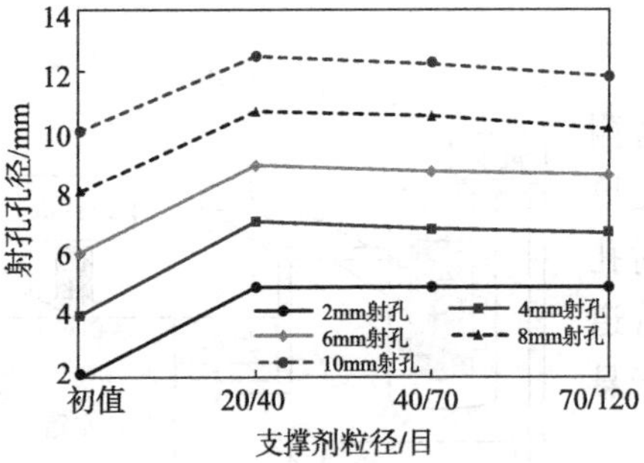

图 9　不同支撑剂粒径对应的孔径变化

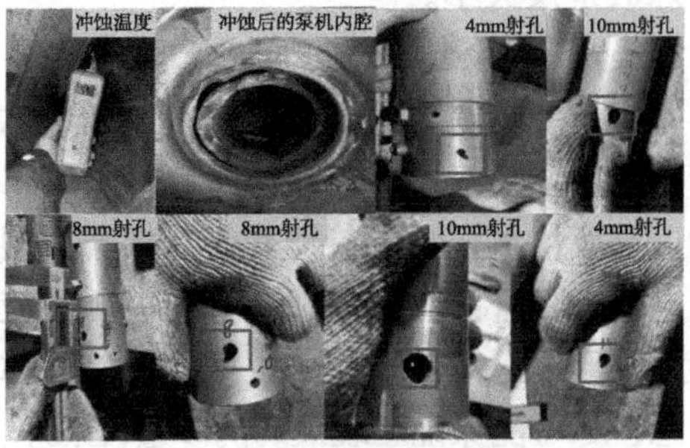

图 10　部分实验冲蚀效果图

2.3　现场暂堵方式优化

根据福山油田暂堵施工数据分析，基于降排量摩阻响应，实时决策投球数量、暂堵次数和投球方式，暂堵效率更高。第一级施工完成后，阶梯降排量观察施工摩阻，分析射孔簇开启程度，若摩阻较大，则说明首次开启裂缝少，暂堵转向难度较小，但易超压，可实施 2 次暂堵，形成“控制暂堵球数量(射孔数 1/2&1/3) + 多粒径暂堵球组合(15mm + 19mm + 22mm) + 全程低排量($3 \sim 4m^3/min$)”的注入模式。若摩阻较小，则说明首次开启裂缝多，实施 1 次暂堵，形成“提高暂堵球数量(射孔数 1.2 ~1.5 倍) + 多粒径暂堵球组合(12mm + 15mm + 19mm) + 变排量($8m^3/min$ 上升到 $12m^3/min$ 下降到 $4m^3/min$)”的注入模式。

3　现场应用与效果分析

花 107 区块现场实施了上述暂堵转向优化技术，应用 12 井次 30 段，暂堵升压明显，平均升压 10.2MPa，较以往暂堵压力提高 3.2 倍，有效提高小层纵向动用程度。其中，在花 107 -93x 井进行了光纤监测暂堵前后各簇进液情况。花 107 -93x 采用暂堵工艺及新型绳结暂堵材料，暂堵后优势簇(1 簇、2 簇)进液减少，3 簇、4 簇、5 簇进液增加，暂堵有效。第 5 簇小层厚度 0.5m，渗透率 1.4mD，含油饱和度 23%，小层间地应力差 6MPa，暂堵后压裂升高 10MPa，实现 0.5m 差油层的有效动用，显著降低了薄层动用下限，光纤监测证实压开该小层，暂堵提高进液均匀程度。该井初期日产油 11t，目前日产油 4.5t 左右，已累产 1200t，对比邻井，压后初产提高 1.4 倍，半年后的日产量提高 1.65 倍，产量递减率降低了 22%，增产能力和稳产能力进一步提升。

研究形成的层间暂堵转向工艺技术，在花 107 平台开发井取得了较好的应用效果，同时在支撑福山凹陷外围勘探探井改造中，也发挥重要作用。朝 5X 井为典型应用井，该井为福山凹陷朝阳构造带朝阳断鼻构造朝 5 断块上第一口探井，压裂目的层有 459 号、461 号、462 号、464 号、467 号、468 号层，深度 3541.5 ~3621.0m，流一段Ⅵ油组，跨度 79.5m，射开 11m/11 层，有效孔隙度 9.5% ~11.9%，渗透率 0.33 ~1.22mD，泥质含量 6.6% ~14.1%，含油饱和度 49.2% ~56.0%，细砂岩，差油层。由于改造目的层跨度大，为实现各小层的有效动用，采用套管桥塞分 3 层压裂，其中第三段跨度较大(30m)，各小层间最小水平主应力差 3 ~ 5MPa，设计采用减少射孔段，极限限流 + 绳结暂堵球，充分动用各个小层，设计射孔段 4 米/4 层，15 孔/米，共计 60 孔，依据前期研究认识，绳结暂堵球优选粒径为 22mm，暂堵球数量为孔眼数 1.2 ~ 1.5 倍(图 11)。

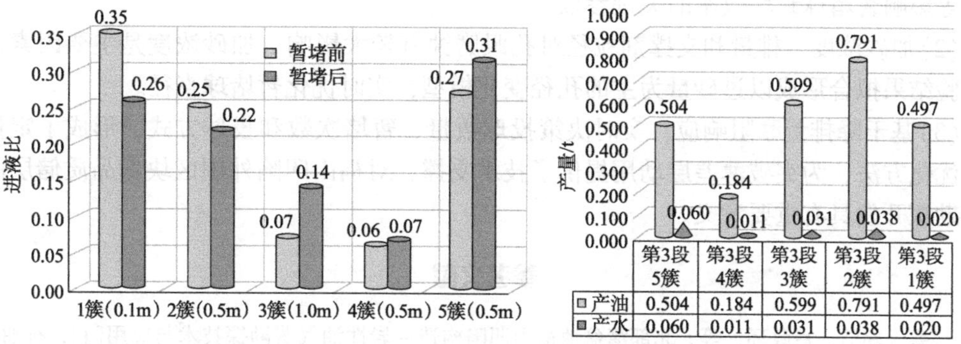

图 11　花 107 - 93x 井第 3 段光纤监测压裂进液和产油情况

朝 5X 井第三段改造实际施工，实施绳结暂堵一次。暂堵前，施工排量 12 ~ 14m^3/min，井口施工压力 40 ~ 50MPa，平均施工压力 43MPa；投球暂堵后，施工排量 9 ~ 11m^3/min，井口施工压力 42 ~ 53MPa，平均施工压力 46MPa(图 12)；对比投球前后，施工排量下降 3m^3/min，井口施工压力上涨 3 ~ 4MPa，折算井底施工压力上涨 6MPa 以上。证实绳结暂堵球取得较好的暂堵效果，封堵前期优先进液的低地应力层段，迫使高应力层段开始进液，更利于实现各个小层的充分动用，提高储层纵向剖面层动用率。

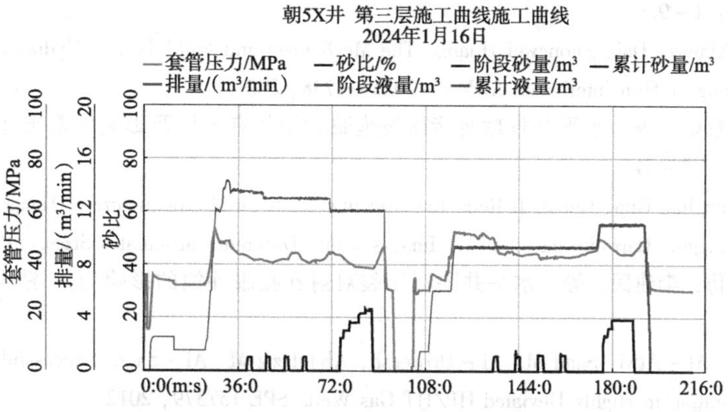

图 12　朝 5X 井第 3 段暂堵层间转向施工曲线

朝 5X 井实际加砂 110m^3，为本区块单井加砂规模较大的一口井，改造后放喷求产，返排结束后，初期自喷日产油超 20t。生产半年后，保持自喷生产，日产油仍超过 7t，半年累计产油 1622t(图 13)，为改造后生产效果较好的井，本井改造后高产，证实桥塞分层 + 绳结暂堵层间转向改造工艺技术在本区块的适用性较好，支撑探井改造提产，为福山油田外围区块勘探发现提供了技术保障。

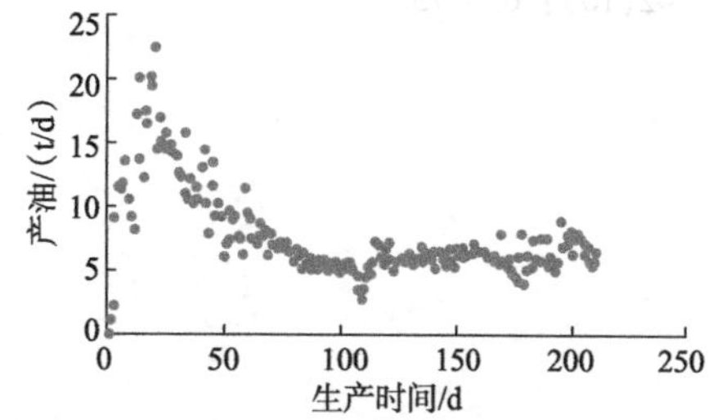

图 13　朝 5X 井改造后自喷生产曲线

4 结论

（1）建立斜井孔眼暂堵力学模型，定量分析了暂堵球密度、暂堵球直径、排量、液体黏度等影响暂堵球封堵效率的关键参数。

（2）加砂浓度、排量和支撑剂粒径对孔眼磨蚀有较大影响，加砂浓度是主要因素，根据实验结果拟合形成以过砂量为主的孔径变化模型，实时优化暂堵球直径。

（3）基于降排量摩阻响应，实时决策投球数量、暂堵次数和投球方式，形成了定量化暂堵优化方法，为突破薄差层动用提供了技术支撑，对福山凹陷外围区块低品质储层的下一步勘探开发具有重要意义。

参考文献

[1]李晓寒，郭浩，卢政环，等．北部湾盆地福山凹陷构造－岩性油气藏勘探技术与应用[J]．石油地球物理勘探，2022，57(S1)：130－136＋159＋12－13.

[2]李素珍，曾思云，邓效国，等．福山复杂断块油气藏大型压裂工艺技术[J]．油气井测试，2019，28(01)：60－66.

[3]鄢雪梅，李素珍，祝道平，等．海南福山复杂断块储层压裂技术研究[J]．油气井测试，2016，25(02)：37－40＋76－77.

[4]魏凯，邓校国，付杰，等．海南流沙港组致密砂岩体积压裂工艺研究及应用[J]．钻探工程，2022，49(05)：194－201.

[5]郑新权，何春明，杨能宇，等．非常规油气藏体积压裂 2.0 工艺及发展建议[J]．石油科技论坛，2022，41(03)：1－9.

[6]Fuchun Tian，Xianwei Dai，Zhongwei Huang. The Mechanism and Field Test of Hydraulic Jet Multi Cluster Volume Fracturing in Thin Interbeds. ARMA－2021－1738，2021.

[7]陈浩，高超，蔡灿，等．水平井投球暂堵压裂炮眼封堵的有效性及影响因素研究[J]．钻采工艺，2023，46(01)：78－84.

[8]Feng Zhao，Chun Jian Guo，Chuan Ji Ren. Experimental Study on Microstructure of Temporary Plugging Zone and Relevant Plugging Capacity based on CT Images within Different Particulates Sizes. SPE 214109，2023.

[9]卓仁燕，马新仿，李建民，等．水平井限流压裂对射孔孔眼冲蚀的影响[J]．钻采工艺，2023，46(02)：77－82.

[10]Mohammed A. Al－Atwi，Saad M. Al－Driweesh，Abdulaziz M. Al－Sagr. Successful Implementation of Abrasive Perforation in Highly Deviated HP/HT Gas Well. SPE 157379，2012.

[11]张士诚，杨鹏，邹雨时，等．考虑射孔孔眼磨蚀对多裂缝扩展的影响规律[J]．天然气工业，2022，42(10)：63－73.

低产液采油井合理间抽制度优化方法研究与应用

王才[1]　赵瑞东[1]　师俊峰[1]　赵捍军[1]　张喜顺[1]　于小荣[2]　徐浩[2]
孙艺真[1]　于妍文[1]　马高强[1]　周祥[1]

(1. 中国石油勘探开发研究院；2. 吐哈油田采油工艺研究院)

摘　要：合理的间抽制度是低产液采油井提效挖潜的重要技术手段。通过分析动液面曲线发现小周期间抽(间抽周期 $<6h$)动液面恢复速度相对恒定，对产量影响较小，因此采用间抽周期 $<6h$ 的小周期间抽实现稳产，且简化了油藏供液模型，假定油藏在间抽过程中供液能力始终保持恒速。分别从物质平衡和动液面方面推导了油井间抽制度的计算公式，物质平衡法中的间抽制度是关于泵效的函数，所需参数少，操作简便，适合批量间抽优化，但是对计产精度依赖性高；液面法考虑了泵径、冲程、冲次、油套环空体积等基础生产参数，计算结果更准确。在现场先导应用25口井，分析表明使用小周期间抽油井产量基本稳定，平均泵效提高近25个百分点，节电率保持在30%以上。

关键词：间抽制度；开歇比；物质平衡；动液面；泵效

中国明确提出2030年“碳达峰”与2060年“碳中和”目标，机采系统能耗巨大，量大面广的抽油机井是油田开发降本增效的重要对象，低产井是机采提效降耗的主阵地，国内低产井数量巨大且逐年增加，连续抽油转间抽是低产井提效降耗的有效途径。常规间抽靠人工启停，粗放的间抽制度难以实现供排协调，在一个间抽周期内，间开时长过长导致节能效果变差，间歇时间过长导致产量降低，井筒流动和地面输油冻堵风险大，因此各大油田都在进行低产井智能间抽改造，将长周期间抽改成短周期间抽，将人工间抽改成智能间抽，合理间抽制度优选和优化方法成为间抽的重要需求。

刘合等根据水电相似原理确定抽油机井间抽过程中流压变化的数学模型，并结合沃格尔方程导出了间抽过程中地层渗流方程，得到确定抽油机井的合理间抽区间与合理间抽制度的系统方法。间抽井的井底流压始终处于动态变化中，可以利用试井分析理论确定间抽井井底流压变压，进一步依据井筒和采油参数推导出低产油井间歇抽油的关井时间、开井时间及产量公式 。为了更准确地获取井底压力，实测压力和试井资料成为提高油藏供液能力和抽油机井间抽周期计算精度的有效措施，然而井底流压获取难度大、采集成本高，因此可以直接利用动液面来间接表征抽油机井的生产动态，并通过调整动液面的变化进行间抽制度优化，动液面数据可以通过液面仪硬件采集，也可以通过其他生产参数计算动液面实现动液面“软测量”。随着油田物联网技术快速发展，基于功图的间抽井实时优化控制技术逐渐得到应用，通过自动采集油井示功图分析油井泵效，进

第一作者简介：王才（1989—），男，博士，高级工程师，主要从事新能源、大数据和人工智能在采油工程方面的应用研究。E－mail：caiatwang@ petrochina. com. cn。

而根据泵效自动控制抽油机的启停，蜂群算法、拉格朗日松弛算法等也被用来解决考虑峰谷时段电价和批量启停等多目标多任务间抽优化问题。目前常用的间抽制度优化方法需要计算油藏的供液能力，供排协调建模机理复杂，计算过程需要参数多，现场测试成本高、建模难度大，应用程度受限。基于物质平衡和供排协调原理，从泵效、动液面、示功图等多维数据角度揭示间抽井供排协调的内在规律，提出理论可靠、操作简单、现场可行的合理间抽制度优化方法。

1 间抽制度优化方法

1.1 动液面变化与间抽周期设定

图 1 是#15 井的间抽过程中实测动液面曲线，采用间抽周期 $T=6\text{h}$ 的小周期制度间抽，间歇期油井动液面恢复曲线近似为一条直线，表明油藏向油套环空的供液能力仍与连抽时的供液能力相近。如果采用间抽周期 $T=36\text{h}$ 的大周期制度间抽，随着间歇期的延长油井动液面恢复曲线的斜率逐渐降低，表明随着动液面增加井底流压不断增加，油藏向油套环空的供液能力不断减弱。因此采用小周期间抽有利于稳产，在动液面曲线缺失情况下，推荐间抽周期不超过 6h、动液面波动幅度不大于 100m。在确定油井间抽周期 T 范围后，需要进一步优化间开时长和间歇时长。

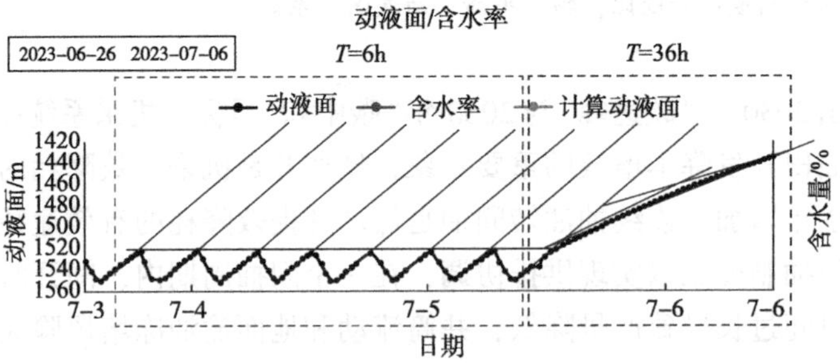

图 1 试验井实测动液面变化曲线

1.2 物质平衡法

油井每分钟的理论排量：

$$q_o = n\frac{\pi d^2}{4}S \tag{1}$$

式中，n 为油井冲次，次/min；d 为泵径，mm；S 为冲次，次/min。

油井理论日产量：

$$Q_t = 1440q_o \tag{2}$$

若油井间抽，假如期望间开期每一抽的平均泵效为 $\bar{\lambda}$，则间开期每分钟产量为 $\bar{\lambda}q_o$。

若油井实际日产量是 Q_r，依据间抽平均泵效将 Q_r 产量全部采出需要的日开井时长为 $\frac{Q_r}{\bar{\lambda}q_o}$，则需要的关井时长为 $1440-\frac{Q_r}{\bar{\lambda}q_o}$。

将一个周期内间开时长和间歇时长的比值定义为开歇比，则开歇比与泵效的关系为：

$$R = \frac{\dfrac{Q_{\mathrm{r}}}{\bar{\lambda} q_{\mathrm{o}}}}{1440 - \dfrac{Q_{\mathrm{r}}}{\bar{\lambda} q_{\mathrm{o}}}} = \frac{\lambda_0}{\bar{\lambda} - \lambda_0} \tag{3}$$

其中 $\lambda_0 = \dfrac{Q_{\mathrm{r}}}{Q_{\mathrm{t}}}$，表示油井连抽条件下的泵效。

如果间抽周期是 T，则 T 周期内的间开时长为：

$$t_{\mathrm{o}} = T\frac{R}{1+R} = T\frac{\lambda_0}{\bar{\lambda}} \tag{4}$$

T 周期内的间歇时长为：

$$t_{\mathrm{c}} = T\frac{1}{1+R} = T\frac{\bar{\lambda} - \lambda_0}{\bar{\lambda}} \tag{5}$$

开歇比还可以表示为：

$$R = \frac{t_{\mathrm{o}}}{T - t_{\mathrm{o}}} = \frac{T - t_{\mathrm{c}}}{t_{\mathrm{c}}} \tag{6}$$

图 2 分析了开歇比与间开时长的敏感性关系。开歇比在 0 ~ 7 的范围内，间开时长受开歇比影响剧烈，间开时长随着开歇比的增大迅速增加。开歇比等于 1 时，间开时长等于间歇时长；开歇比等于 7 时，间开时长占间抽周期的 87.5%；且当开歇比约大于 7 以后，间开时长和间歇时长受开歇比影响迅速减弱。开歇比等于 9 时，间开时长在间抽周期的占比达到 90%，间开时长和间歇时长受开歇比影响较小。

图 3 绘制了#1 井(连抽下的泵效是 0.2)间开期期望的泵效和所需间开时长的关系，预期泵效与所需间开时长成倒数关系，预期泵效越高，需间开时长越短、歇井时长越长。当期望间抽泵效等于 2 倍的连抽泵效时，间开时长等于间歇时长。

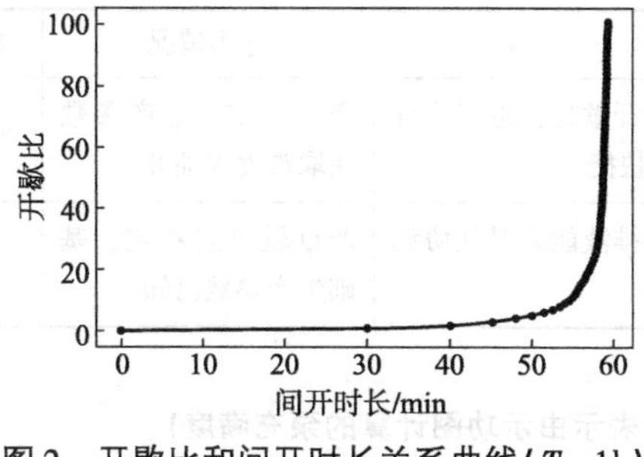

图 2　开歇比和间开时长关系曲线（$T=1\mathrm{h}$）

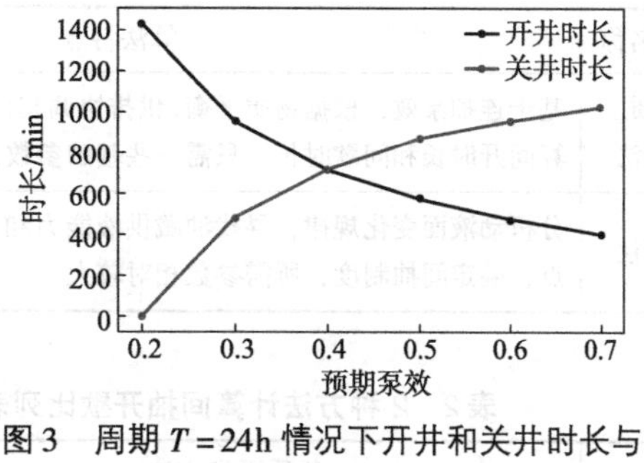

图 3　周期 $T=24\mathrm{h}$ 情况下开井和关井时长与泵效的关系曲线（$\lambda_0=0.2$）

1.3　动液面法

若预计恢复的油井动液面高度是 Δh（可根据动液面的斜率确定），则间歇时长为：

$$t_{\mathrm{c}} \approx \frac{\pi(D^2 - d^2)\Delta h}{4Q_{\mathrm{r}}} \tag{7}$$

将油套环空内 Δh 高度液柱全部采出需要时长，即间开时长为：

$$t_{\mathrm{o}} \approx \frac{\pi(D^2 - d^2)\Delta h}{4(Q_{\mathrm{o}} - Q_{\mathrm{r}})} \tag{8}$$

开歇比为：

$$R = \frac{Q_r}{Q_o - Q_r} \tag{9}$$

式中，D 为套管内径，mm；d 为油管外径，mm；Q_r为间歇初期油藏向井筒供液速度，近似等于油井实际日产量，m^3/d；Q_o为供液充足条件下泵的实际最大排量，m^3/d。

基于#15 试验井动液面变化规律进行间抽制度优化。#15 井套管内径 124.26mm，油管外径 73mm，冲程 3.8m，冲次 3.8 次/min，泵径 32mm，泵深 1598.1m，连抽油井产量 2.38m^3/d。计算的开歇比与动液面关系(图 4)，在动液面恢复前 20m 油藏向井筒供液速度相对稳定，随着液面进一步增高，井筒储液速度逐渐减弱，开歇比也越来越小。

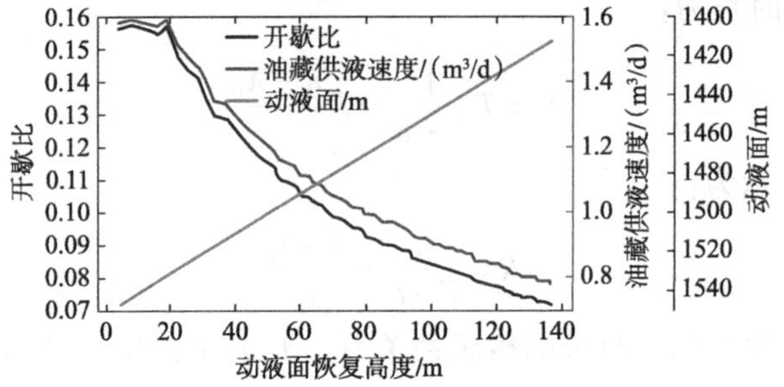

图 4　间歇期动液面变化与开歇比的关系曲线

2　现场应用

表 1 从算法特点、适用情况和精度方面对物质平衡法和动液面法 2 种间抽制度优化方法进行了对比分析。物质平衡法的显著优点是计算简便，而液面法需要参数多、计算精度更高。表 2 列举了两种算法计算的开歇比。

表 1　两种算法特点与适用情况对比表

算法名称	算法特点	适用情况	精度
物质平衡法	基于连抽泵效，根据物质平衡(供排协调)计算合理开歇比，进一步计算间开时长和间歇时长。只需一些基础参数，简便快捷	产量稳定、生产参数获取难度大油井	中等
液面法	分析动液面变化规律，寻找油藏供液能力和采油泵排液能力最佳协调点，确定间抽制度，所需参数相对较大	产量较低且稳定、基础生产参数已知	高

表 2　2 种方法计算间抽开歇比列表（ϕ 表示由示功图计算的泵充满度）

井号	物质平衡方法						液面法					
	t_o	t_c	ϕ	λ_0	$\overline{\lambda}$	R	t_o	t_c	Δh	q_o	Q_o	R
#1	95	244	0.28	0.2	0.7	0.39	81	258	100	4.43	18.62	0.31
#2	129	632	0.17	0.12	0.7	0.2	118	643	100	1.78	11.49	0.18
#3	132	145	0.48	0.34	0.7	0.91	102	175	100	6.55	17.77	0.58
#4	174	389	0.3	0.21	0.7	0.45	130	433	100	2.64	11.44	0.3
#5	281	97	0.74	0.52	0.7	2.91	227	151	100	7.56	12.6	1.5

续表

井号	物质平衡方法					液面法					
	t_o	t_c	ϕ	λ_0	$\overline{\lambda}$	R	t_o	t_c	Δh	q_o	Q_o	R
#6	148	132	0.53	0.37	0.7	1.12	119	161	100	7.11	16.72	0.74
#7	148	180	0.45	0.32	0.7	0.82	123	205	100	5.59	14.89	0.6
#8	376	193	0.66	0.46	0.7	1.94	310	259	100	4.42	8.1	1.2
#9	180	51	0.78	0.55	0.7	3.55	125	106	100	10.82	19.99	1.18
#10	109	244	0.31	0.22	0.7	0.45	93	260	100	4.4	16.72	0.36
#11	204	274	0.43	0.3	0.7	0.74	152	326	100	3.51	11.02	0.47
#12	111	273	0.29	0.2	0.7	0.41	98	286	100	4	15.63	0.34
#13	137	142	0.49	0.34	0.7	0.96	121	158	100	7.22	16.66	0.77
#14	105	93	0.53	0.37	0.7	1.13	102	96	100	11.91	23.12	1.06
#15	141	246	0.37	0.26	0.7	0.57	126	261	100	4.38	13.48	0.48

图 5 是试验区 15 口分别用物质平衡法和液面法计算开歇比的对比结果，两种方法计算的开歇比趋势吻合，物质平衡法计算的开歇比普遍高于液面法，15 口井中有 6 口井的计算结果相近，6 口井的计算结果较相近，3 口井计算结果相差较大。

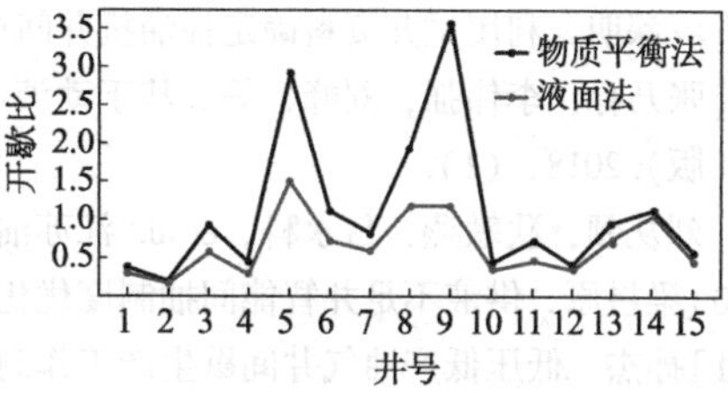

图 5 间歇期动液面变化与开歇比的关系曲线

另选一口试验井#19 连续工频生产时的泵效、产量为对比基准进行间抽效果评价，获取平均充满度数据后，根据物质平衡法优化开停比（开 96 关 144min），调控后产量基本稳定，泵效提高近 29 个百分点，日耗电下降 48.7%，系统效率提高 8 个百分点（表 3）。

表 3 #19 井间抽效果分析表

井号	优化算法	制度	日期	日产量/(m^3/d)	泵效/%	日耗电/(°)	系统效率/%
对比基准	—	工频连抽	—	2.94	20.7	131.6	8.8
优化数据	物质平衡法	开 96 关 144	2024.7.14	3.42	60	69.20	20.00
			2024.7.15	2.81	49	67.60	16.00
			2024.7.16	2.50	42	68.40	14.00
			2024.7.17	2.78	48	64.60	17.00
效果平均值				2.9	49.8	67.5	16.8
优化后比基准变化值				-2.1%	29.2	-48.7%	8

3 结论

（1）采用小周期间抽有利于稳产，在动液面曲线缺失情况下，推荐间抽周期不超过 6h、动液面波动幅度不大于 100m。

(2)推导了物质平衡法和液面法两种间抽制度优化方法。物质平衡法的显著优点是计算简便，而液面法需要参数多、计算精度更高，物质平衡法计算的开歇比普遍高于液面法。

参考文献

[1]郑新权，师俊峰，曹刚，等．采油采气工程技术新进展与展望[J]．石油勘探与开发，2022(003)：049.

[2]杨能宇，孙艺真，赵捍军，等．机采系统数字化技术研究与发展建议[J]．石油科技论坛，2022，41(3)：8.

[3]刘合，高甲善，王雪艳．关于抽油机井合理间抽制度的研究[J]．石油钻采工艺，2000，22(1)：4.

[4]雷群，赵卫国．低产井间歇抽油技术研究[J]．新疆石油科技，2001，24(002)：20－21.

[5]张麦云，白学东，姚艳芳，等．低产油井间歇生产工作制度的确定方法[J]．钻采工艺，2005，28(3)：3.

[6]符喜德，黄华，段景杰，等．运用井下测压数据制定间抽制度的方法[J]．天然气与石油，2018，36(1)：4.

[7]罗深明．利用试井资料确定抽油机井间抽周期[J]．化学工程与装备，2018(9)：2.

[8]张乃禄，李伟强，刘峰，等．基于动液面与套压的抽油控制系统[J]．西安石油大学学报(自然科学版).2018，(1).

[9]刘从领，狄敏燕，吕永科，et al. 江苏油田间抽井智能控制生产技术探索[J]．石油石化节能，2014.

[10]梁星原．供液不足井智能间抽制度优化研究与应用[D]．北京：中国石油大学(北京)，2016.

[11]孙杰．低压低产油气井间歇生产工作制度研究[D]．大庆：东北石油大学，2024.

[12]Cai Wang; Junfeng Shi; Ruidong Zhao; Clustering Intermittent Pumping: A Novel Low－Cost Intelligent Producing Method for Multiple Wells Based on Edge Computing. Paper presented at the International Petroleum Technology Conference, Dhahran, Saudi Arabia, February 2024. Paper Number: IPTC－24346－MS.

[13]Boguslawski, B., Boujonnier, M., Bissuel－Beauvais, L., et al. 2018. Edge Analytics at the Wellhead: Designing Robust Machine Learning Models for Artificial Lift Failure Detection" SPE－192886－MS, ADIPEC, Abu Dhabi, UAE, 2018.

[14]孙成．基于泵功图的间抽技术研究[D]．西安：西安石油大学，2024.

[15]孟雅蕾，王予，陈惠娟．基于蜂群算法的抽油机间抽算法研究[J]．计算机仿真，2019，36(10)：5.

[16]郎劲，唐立新．考虑爬坡约束的油井间抽批调度问题[J]．自动化学报，2019(2)：10.

超低渗透油藏暂堵转向重复压裂技术研究与应用

李婷　彭翔　张庆九　王琪譞　闫治东　贺卫东

（玉门油田采油工艺研究院）

摘　要： 针对环庆油田一期长8储层大斜度井增油效果和有效期大幅度下降等问题，应用暂堵转向重复压裂技术可以实现层间暂堵和层内暂堵，扩大泄油面积，从而提高油井产量。结合重复压裂改造实际需要，优选颗粒和绳结作为组合式暂堵剂，降解率达到80%以上，封堵滑套孔眼实验表明暂堵剂在异型孔眼中封堵状态较好，可承压26MPa以上。压裂软件模拟和现场实践确定组合式暂堵剂数量：绳结数量为孔眼数的30%，颗粒质量分数为5%，可达到有效层内、层间多次转向的效果。同时采用高排量、低黏度滑溜水体系形成了复杂体积缝网，提升了人工裂缝控制面积。暂堵转向结合高排量体积重复压裂技术为老井难动用储层的开发提供了新的模式。

关键词： 暂堵转向；体积重复压裂；组合式暂堵剂；环庆油田

压裂技术是环庆油田增产稳产、有效开发的重要措施。环庆油田一期长8储层自2020年大力开发，但随着生产时间的推进，裂缝逐渐失效，产液量显著降低。传统重复压裂与地层匹配性差，在裂缝中难以有效封堵或均匀封堵，改造效果不理想。因此采用高效组合暂堵材料，实现重复压裂模式的转变，提高开发效益，从而提高采收率。本文针对环庆一期长8储层首次压裂效果不突出及降产快的问题，选取大斜度井进行重复改造。使用组合式暂堵材料进行室内评价，优化合理用量，同时，结合暂堵转向和高排量、低黏度滑溜水体系，以重构油藏原油渗流场、补充地层能量。现场实施4口井，增产效果表明，暂堵转向结合高排量体积重复压裂，可有效解决老井压裂存在的技术问题，实现老井增产稳产。

1　储层特征和常规压裂分析

1.1　储层特征

环庆区块长8以浅水三角洲沉积体系为主，区块发育三角洲平原相沉积，河道规模大、砂体连续性好。储层孔隙度为1.12%～5.19%，平均值为2.77%，渗透率介于$(0.0002 \sim 0.9801)\times10^{-3}\mu m^2$，平均值为$0.3538\times10^{-3}\mu m^2$，为超低渗透储层。岩心核磁共振结果显示可动流体孔隙度介于0.10%～4.28%，分布范围较广且差异较大，反映了研究区长8油层组非均质性强。通过对目的层岩石进行力学实验，可以看出岩石的弹性模量中等（平均为35 GPa），泊松比偏低（平均0.23）。同时岩石脆性特征良好（脆性指数64%），水平主应力差较小（0.62～3.01MPa），有利于形成复杂裂缝，提高储层改造体积。

第一作者简介： 李婷（1989—），女，甘肃玉门，玉门油田采油工艺研究院，工程师，从事储层改造工作。E－mail：ym_lit@petrochina.com.cn。

1.2 常规压裂分析

环庆一期长8主要以大斜度井为主，主体采用桥塞分层压裂工艺，设计上主要是中等规模的压裂方式，排量以5～6m^3/min，压裂液量为500～600m^3，支撑剂用量为40～50m^3。由于储层非均质性较强，裂缝不能均匀扩展，并且储层注水较晚，大多数压裂井未受效，能量未得到有效补充，压裂增产效果持续时间短。

2 暂堵转向结合高排量体积重复压裂

为提高大斜度井开发效率及效益，实现长期低成本开发，开展了暂堵转向结合高排量体积重复压裂技术研究，目的是实现造缝、蓄能、换油三重目标，提高单井产量和储量动用程度。

2.1 暂堵转向压裂技术

暂堵转向压裂工艺的目的主要是堵老缝、压裂新缝，是提高低产井产量的有效措施之一。针对超低渗透油藏重复压裂，本文研究使用绳结和颗粒复合暂堵，应用绳结“流苏状”两翼结构能够容易进入射孔，中间绳结结构能够封堵异型孔眼的优势进行层间暂堵，打开劣势孔断，同时后期加入颗粒在缝内不断憋压形成复杂分支裂缝，增大储层渗流体积(图1)。

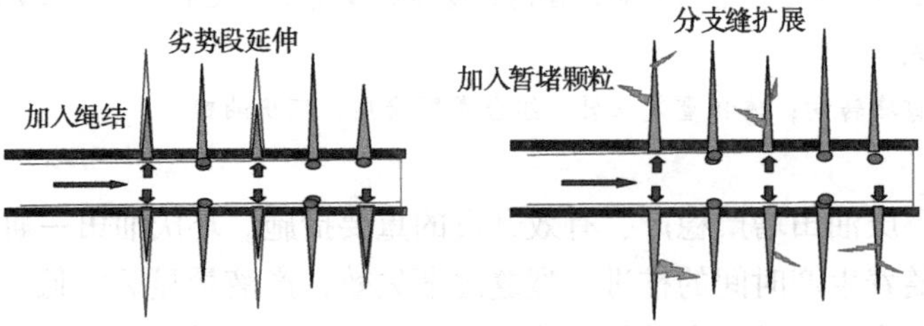

图1 复合暂堵重复压裂转向示意图

2.2 体积重复压裂技术

东部长8油藏压力系数0.82，且注水较晚，压后一年0.5t以下井占比高达30%以上，基于使用复合暂堵提高裂缝扩展程度的目的，以高排量(大于6m^3/min)、低黏度滑溜水体系为前置，充分沟通储层天然裂缝，形成复杂裂缝网络。通过模拟裂缝扩展，对滑溜水比例进行优化，研究表明滑溜水比例过低裂缝横向扩展不充分，容易造成缝高失控；滑溜水比例过高，加砂难度大，液体用量多不利于低压地层返排，综合考虑，建议滑溜水比例20%～40%(表1)。

表1 滑溜水比例优化结果

簇数	滑溜水比例/%	液量/m^3	裂缝面积/m^2	裂缝总长/m	裂缝长度/m	裂缝高度/m
5	0	800	40100	930	186	31.3
5	20	800	42810	1010	202	27.2
5	30	800	46610	1200	240	24
5	40	800	47020	1230	246	24

3 暂堵剂室内实验评价与用量设计

3.1 实验评价

根据压裂目的层具体状况及油藏工程的需要，暂堵材料的选择既要考虑永久封堵转向压裂工艺，也要考虑暂堵转向压裂工艺。本文引入暂堵新材料，采用“暂堵绳结 + 暂堵颗粒”的暂堵转向工艺，以达到增加整体改造体积的目的。

3.1.1 降解性能评价

高强度水溶性暂堵剂是实现暂堵转向结合高排量体积重复压裂技术的关键。很多暂堵剂溶解性较差，对裂缝造成了严重的二次伤害。为确保暂堵转向结合高排量体积重复压裂的效果，测试了25℃、60℃条件下绳结和颗粒在水中的降解情况(图2)。结果表明，在环庆地层温度下(60℃)，绳结和颗粒降解率均达到80%以上，避免了暂堵剂在返排过程中的弊端，且随着温度的升高，暂堵剂降解率随之增大，96h后几乎完全降解。

3.1.2 组合暂堵剂封堵性能评价

为验证组合暂堵剂的封堵性能，采用地面射孔套管(12孔，异性孔眼16mm×26mm，3个)开展了组合式暂堵剂封堵射孔孔眼承压能力和高温高压封堵实验，根据套管内注入压力大小实现破裂盘依次打开，形成有效封堵，从结果来看，暂堵剂封堵异型孔眼状态良好，承压压差达到26MPa。

图3为模拟组合式暂堵剂在高温高压下实际封堵承压时间结果，从上图可以看出，在60℃、30MPa压力下，132h后套管中只有2孔漏失较大，其余10孔密封性较好，表明组合式暂堵剂在60℃高温高压下可以承压5~7d。

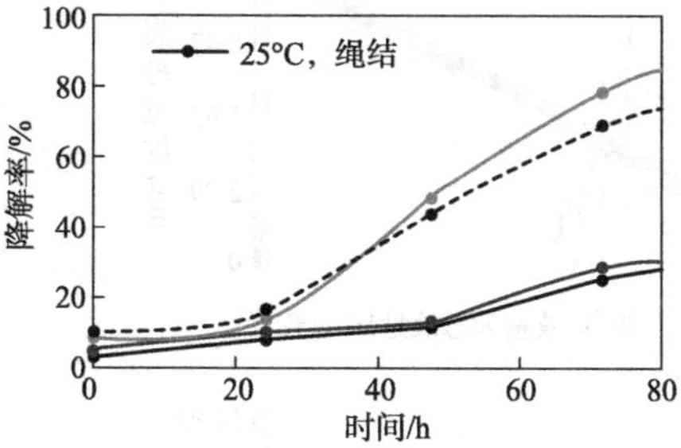

图2 60℃条件下暂堵剂的降解情况

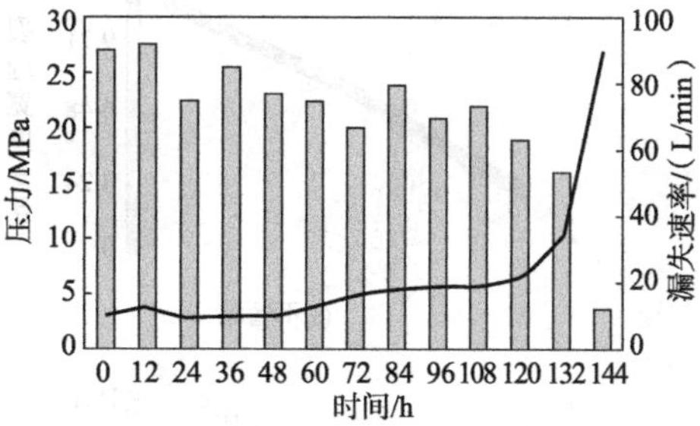

图3 60℃高温高压静态封堵性能评价

3.2 暂堵绳结与颗粒的用量设计

模拟暂堵前后裂缝扩展形态确定暂堵剂加量。根据投球经验系数1~1.25设计绳结个数，模拟5簇和6簇射孔条件下，投球数量为封堵1簇投球13个，封堵2簇投球25个，占总孔眼数的30%~40%，暂堵后各簇较均匀扩展，5簇暂堵裂缝长度间极差由0.41降至0.33，6簇暂堵裂缝长度极差由0.53降至0.39，说明绳结可有效增加裂缝扩展的均匀程度(图4)。

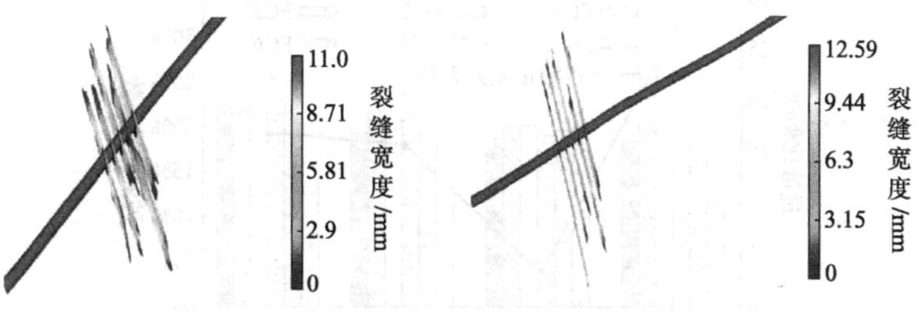

图4 5簇暂堵前后(1次投球)裂缝扩展形态

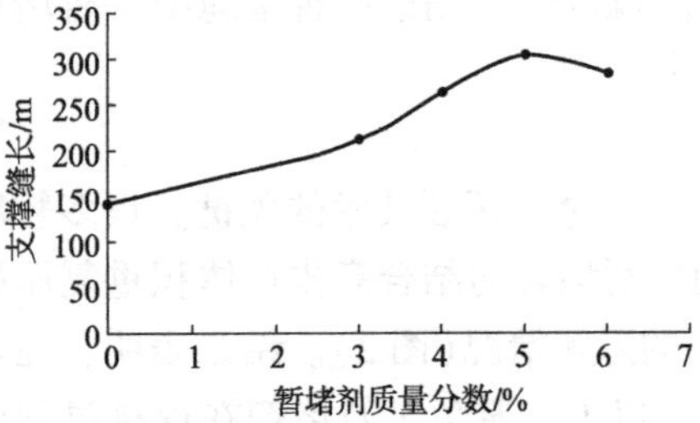

图5　支撑缝长随暂堵剂质量分数变化图

开展不同浓度暂堵颗粒对支撑缝长的敏感性研究，以助于确定最佳添加浓度。在保持其他参数不变的情况下，分别以暂堵剂质量分数为0%、3%、4%、5%、6%进行压裂改造数值模拟（图5），结果表明随着暂堵剂质量分数增加，支撑缝长先增大后减小，在5%左右达到最大值。

3.3　暂堵时机优化研究

在暂堵次数为1次的条件下研究暂堵时机对暂堵压裂多簇裂缝扩展的影响。针对裂缝扩展延伸情况，总液量设置为800m³，根据模拟结果得到3种暂堵时机（总进液量的1/3、总进液量的1/2和总进液量的2/3时）的各簇裂缝扩展情况（图6），随着暂堵时机的延后，外侧射孔簇进液量比例不断增大，裂缝长度极差变小，从早期暂堵（总进液量的1/3）到晚期暂堵（总进液量的2/3）时，各簇裂缝进液差异系数从3.94%增加到19.65%（图7），表明早期暂堵比中后期暂堵更有利于劣势缝有效开启及延伸，优选进液量为总进液量的1/3时进行暂堵。

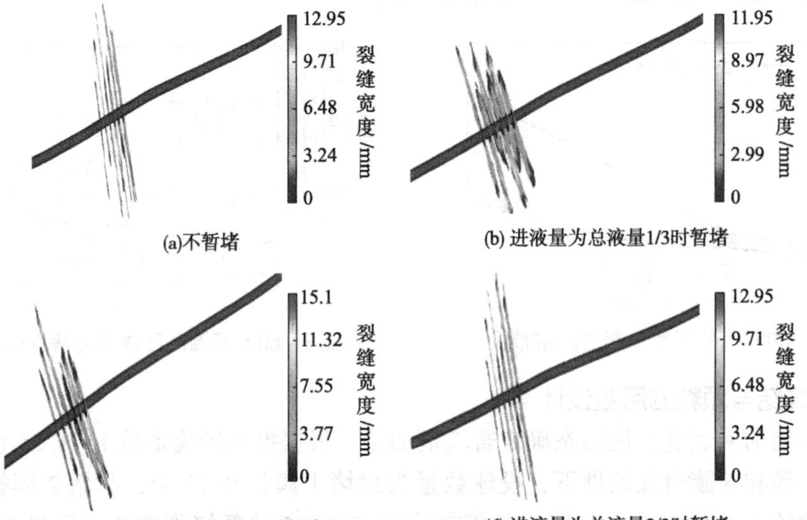

图6　不同暂堵时机下段内多簇裂缝形态

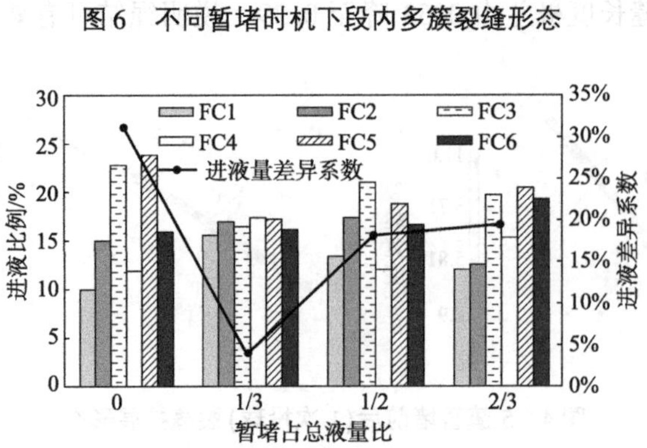

图7　不同暂堵时机的液量分配及进液量差异

4 现场应用效果与分析

针对环庆超低渗透油藏长射孔段的4口井大斜度井，开展了暂堵转向重复压裂先导试验。A井于2019年12月初次压裂，措施前产液1.8m³/d，产油1.12t/d，含水25%。2022年10月暂堵转向重复压裂，采用绳结封堵优势孔段，形成井筒内憋压迫使劣势段张开，同时加入颗粒增加裂缝复杂程度，提高泄流面积，暂堵剂达到孔眼时压力上涨4.6MPa，井下微地震监测结果表明，加入暂堵颗粒后，第一层前三簇、第二层第一簇开始大量进液，两处区域裂缝向两翼快速扩展，暂堵后裂缝均出现了新的延伸与扩展，分支缝网更加发育，增大了裂缝复杂指数，暂堵转向重复压裂工艺取得了一定成功(图8)。压后日产油量由1.12t提高到了4.5t，已达到初次压后产能，同时对其他3口井实施重复改造，开发效果大幅度提高(图9)。

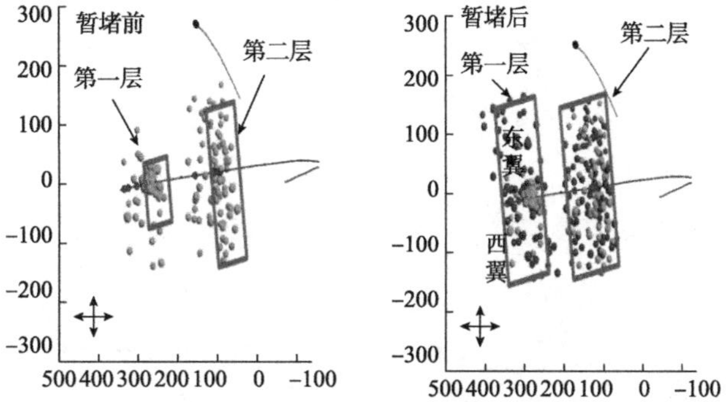

图8　A井暂堵前后微地震事件展布图

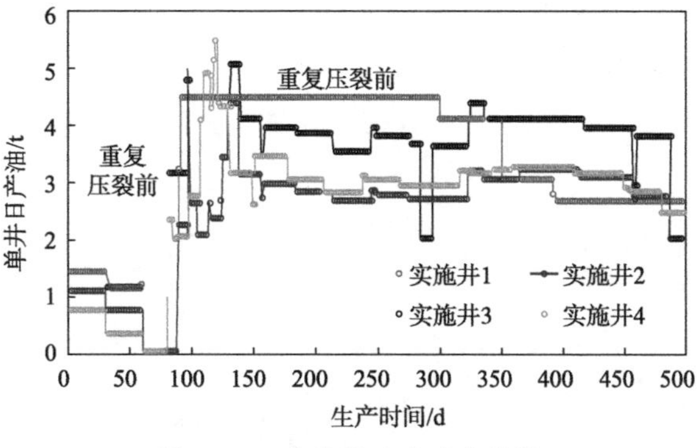

图9　4口实施井生产动态曲线

5 结论

(1)选用绳结和颗粒为水溶性，能够满足在60℃、72h以上在清水中完全溶解需要。绳结可对裂缝形成有效封堵，并可承压26MPa以上，在高温高压条件下可承压5~7d。

(2)应用组合式暂堵剂绳结数量为孔眼数的30%，颗粒质量分数为5%，可达到了有效层内、层间多次转向的效果，同时早期暂堵比中后期暂堵更有利于劣势缝有效开启及延伸，进液量为总进液量的1/3时进行暂堵为最佳暂堵时机。

(3)暂堵转向结合高排量体积重复压裂技术，能够解决大斜度井长射孔段重复压裂的技术难题，可有效增加裂缝复杂程度。

参考文献

[1]蔡卓林，赵续荣，南荣丽等．暂堵转向结合高排量体积重复压裂技术[J]．断块油气田，2020，27(5)：663－665.

[2]习传学，高东伟，陈新安等．涪陵页岩气田西南区块压裂改造工艺现场试验[J]．特种油气藏，2018，25(1)：155－159.

[3]周彤，陈铭，张士诚等．非均匀应力场影响下的裂缝扩展模拟及投球暂堵优化［J］．天然气工业，2020，40(3)：82－91.

[4]孙彬峰，刘洪涛，刘欣，等．多级暂堵转向重复压裂技术探索及在河南油田的应用[J]．石油地质与工程，2018，32(5)：107－109.

弯曲套损井低成本高效治理技术研究及应用

李汝强

（中国石油化工股份有限公司胜利油田分公司工程技术管理中心）

摘　要：随着油田开发的不断深入，套损问题已成为老油田关注重点。针对套管缩径、破漏、错断等套损井，已配套形成成熟的治理技术，而弯曲套损井治理仍无有效手段，大多采用侧钻打通道，甚至报废。通过现状调查和机理研究，形成规律性认识，建立了套管轴向应力失稳、套管横向应力失稳、套管应力释放、套管回复变形及套管弯曲预防分析等5种工程力学模型，攻关了高压水射流应力释放技术、液压防卡快速整形技术和强制扶正高效磨铣技术等3种低成本高效治理关键技术，完善了套损井治理技术体系，提高了套损井治理效果和效益。

关键词：弯曲套损井；低成本；高效治理；效果

截至2020年，胜利油田在册弯曲套损井1268口，占25.7%。其中油井866口，平均单井影响日油1.8t/d，影响可采储量519×10^4t；水井402口，平均单井影响日注水38m^3/d，影响水驱控制储量1796×10^4t。弯曲套损井治理主要存在以下问题：一是在套管弯曲段易发生遇阻或卡钻现象，无法实现防砂、分层采油、分层注水等措施作业；二是套管弯曲严重的，采取侧钻，施工费用高，平均单井150万元；三是套管弯曲不严重的，采取整形，由于地层应力没有得到释放，存在回弹现象，治理成功率较低。

1　弯曲套损井规律认识

据现状调查，胜利油田弯曲套损井主要集中在整装疏松砂岩油藏。近5年，孤岛、孤东新增弯曲套损井450口。从套管弯曲位置看，弯曲位置在油层以上150m以内的340口，占比75.6%；弯曲位置在油层以上150m以外的9口，占比2%；弯曲位置在油层部位的83口，占比18.4%；弯曲位置在油层以下的18口，占比4%。从套管弯曲形态看，轴线偏移量小于20%的411口，占比91.3%，轴线偏移量大于20%的39口，占比8.7%；单边弯曲358口，占比79.6%，“S”型弯曲92口，占比20.4%。

2　套管弯曲工程力学研究

以孤岛GDD18X7井套损数据为依据，该井变形发生在射孔段及以上位置，深度区间1294～1303m，总长9m，为“S”形弯曲，两处较大变形位置约在1297.62m和1300.32m，最大变形量约为34mm。基于上述数据建立了与实际情况基本吻合的有限元计算模型。利用数值建模，开展套管轴向应力失稳、套管横向应力失稳、套管应力释放、套管回复变形

作者简介：李汝强，男，山东邹平，胜利油田分公司工程技术管理中心，油田采油工程规划专家，高级工程师，主要研究采油工程技术。E－mail：liruqiang.slyt@sinopec.com。

及套管弯曲预防分析等5种工程力学研究。

2.1 套管轴向应力失稳分析

油层段砂岩层下沉导致套管周围地质亏空，如果亏空段较长，同时砂岩层下沉后原砂岩层上面的地层也有可能会发生沉降，这样亏空段套管所受到的轴向压力就会增大，因此可能发生细长杆受压失稳现象。

2.1.1 载荷

载荷包括约束和外力。约束为套管上端 z 向线位移自由、下端完全固定端；外力为作用在套管顶端的壳边载荷，预先取值100N/mm，方向沿 z 的负向(图1)。

2.1.2 网格

采用进阶算法对套管模型进行划分网格，单元形状为四边形，每个单元大小为5mm，共划分出251765个单元(图2)。

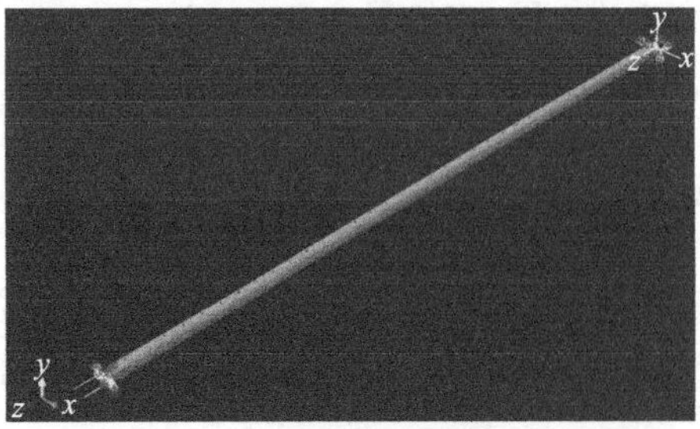

图1 模型加载示意图

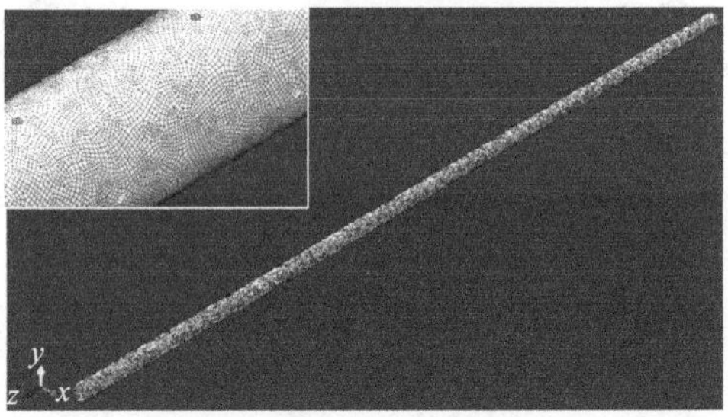

图2 单元模型示意图

2.1.3 计算结果及分析

经过计算后共提取了前六阶模态进行分析。每阶模态对应下套管的变形特点和临界力值情况如下论述。

图3为一阶模态沿两个方向上的视图，左边是沿 z 轴负向所观察到的变形情况图，右边是沿 y 轴正向所观察到的变形情况图。

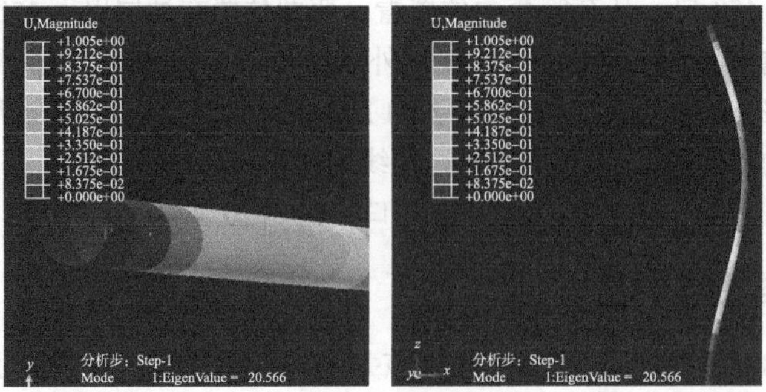

图3 一阶模态示意图

根据图3可知一阶模态为单向平面弯曲，弯曲平面靠近于 $x-z$ 平面。临界载荷值为2056.6N/mm，根据加载边周长可以计算出等效临界力的值约为1081278.02N，即约为1081.28kN。再根据加载面的面积可以计算出等效临界应力的值约为198.51MPa。

图4为二阶模态沿两个方向上的视图，左边是沿 z 轴负向所观察到的变形情况，右边是沿 y 轴正向所观察到的变形情况。根据图示可知二阶模态与一阶模态形状相同，也为单向平面弯曲，弯曲平面靠近于 yz 平面。临界载荷值为2069.3N/mm，根据加载边周长可以计算出等效临界力的值约为1087955.17N，即约为1087.96kN。根据加载面的面积可以计算出等效临界应力的值约为199.74MPa。

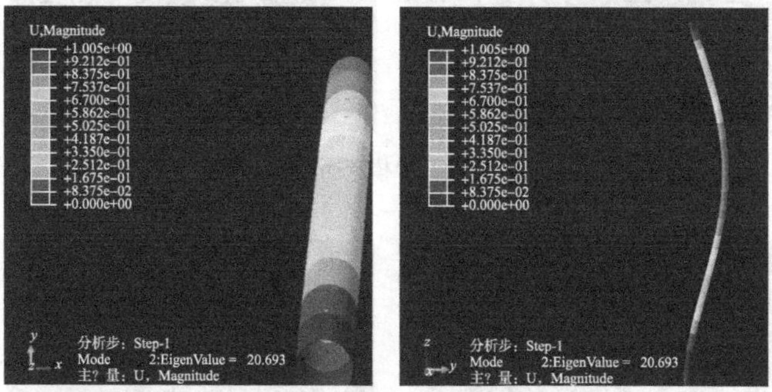

图4　二阶模态示意图

图5为三阶模态沿两个方向上的视图，左边是沿 z 轴负向所观察到的变形情况图，右边是沿 y 轴正向所观察到的变形情况图。根据图示可知三阶模态为"S"形平面弯曲，弯曲平面靠近于 $y-z$ 平面。临界载荷值为5396.9N/mm，根据加载边周长可以计算出等效临界力值约为2837474.14N，即约为2837.47kN。根据加载面的面积可以计算出等效临界应力值约为520.93MPa。

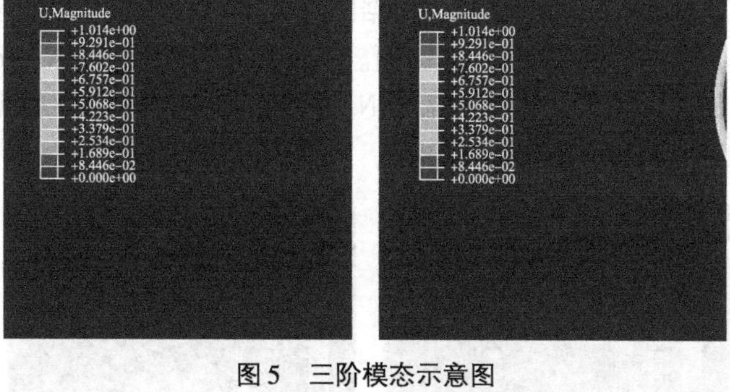

图5　三阶模态示意图

图6为四阶模态沿两个方向上的视图，左边是沿 z 轴负向观察到的变形情况图，右边是沿 y 轴正向所观察到的变形情况图。根据图示可知四阶模态与三阶模态形状相同，也为"S"形平面弯曲，弯曲平面靠近于 $x-z$ 平面。临界载荷值为5405.7N/mm，根据加载边周长可以计算出等效临界力值约为2842100.83N，即约为2842.1kN。根据加载面的面积可以计算出等效临界应力值约为521.78MPa。

图7为五阶模态沿两个方向上的视图，左边是沿 z 轴负向所观察到的变形情况图，右边是沿 y 轴正向所观察到的变形情况图。根据图示可知五阶模态为三段式平面弯曲，弯曲平面靠近于 yz 平面。临界载荷值为10596N/mm，根据加载边周长可以计算出等效临界力值约为5570952.96N，即约为5570.95kN。根据加载面的面积可以计算出等效临界应力值约为1022.78MPa。

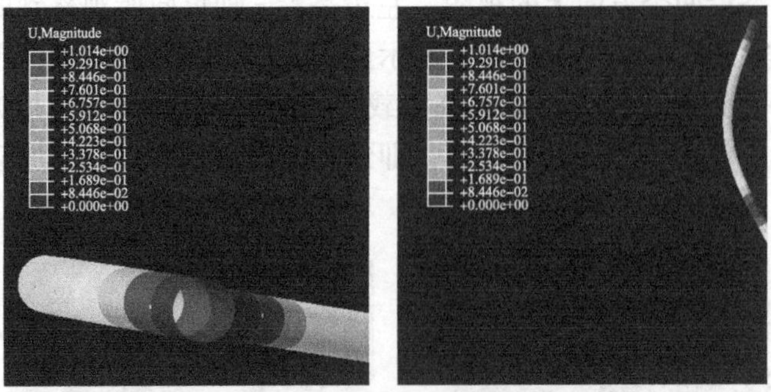

图 6　四阶模态示意图

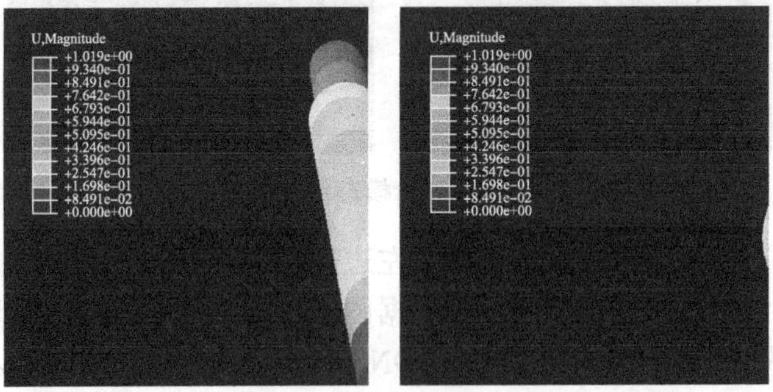

图 7　五阶模态示意图

图 8 为六阶模态沿两个方向上的视图，左边是沿 z 轴负向所观察到的变形情况图，右边是沿 y 轴正向所观察到的变形情况图。根据图示可知六阶模态与五阶模态形状相同，也为三段式平面弯曲，弯曲平面靠近于 xz 平面。临界载荷值为 10609N/mm，根据加载边周长可以计算出等效临界力值约为 5577787.84N，即约为 5577.79kN。根据加载面的面积可以计算出等效临界应力值约为 1024.03MPa。

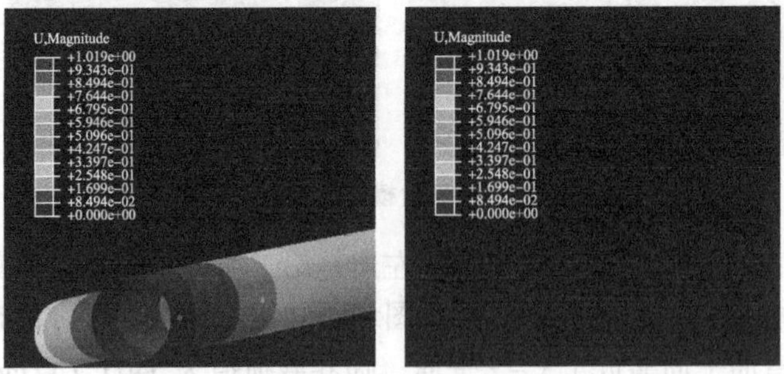

图 8　六阶模态示意图

2.1.4　小结

(1)一、二阶模态的屈曲形状相同，为单向平面弯曲，与测井所观测到的套管轻微侧弯形状现象吻合。一阶临界力值为 1081.28kN，二阶临界力值为 1087.96kN。

(2)三、四阶模态的屈曲形状相同，为“S”形平面弯曲，与测井得到的套管“S”形弯曲形状现象吻合。三阶临界力值为 2837.47kN，四阶临界力值为 2842.1kN。

(3)套管受轴向压力发生轻微侧弯时压力值的范围区间在 1081.28～2837.47kN。

(4)五、六阶模态的屈曲形状相同，均为三段式平面弯曲。五阶临界力值为5570.95kN，六阶临界力值为5577.79kN。测井所观测到的套管弯曲形状中没有对应的三段式平面弯曲，这说明套管不会发生五阶及以上的失稳情况。

(5)套管受轴向压力发生"S"形弯曲时压力值的范围区间在2837.47～5570.95kN。

2.2 套管横向应力失稳分析

当亏空段较短时，亏空段套管就不属于细长杆，也不会出现压杆失稳问题。由于疏松的砂体在沉降过程中是非均匀沉降，则砂体在运动过程中势必会对套管产生横向冲击挤压作用，挤压下套管会随着砂体的移动发生横向弯曲变形。为了更清楚地描述该情况下套管的弯曲特点，进行双向横向力作用下的"S"形弯曲模拟计算分析。

根据横向力载荷计算得知，横向力增加过程中最大Mises应力值和x方向最大变形值均依次增大。当两横向力值达到47.975kN时最大Mises应力值达到屈服极限，值为615MPa，所以弹性变形时横向力值的区间在0～47.975kN，弹性变形的最大值为11.64mm；当两横向力值达到185kN时，最大Mises应力值达到强度极限880MPa，套管所能承受的横向力最大值应为185kN，变形的最大值为49.21mm，是弹性最大变形值的4.23倍。

2.3 套管应力释放分析

弯曲套损井治理需解决套管应力释放难题，采取数值建模的方式，模型为摘取管道段三维实体模型，长度1m，外径177.8mm、内径159.42mm、壁厚9.19mm。材料采用N80，该材料的屈服极限为760MPa(图9)。

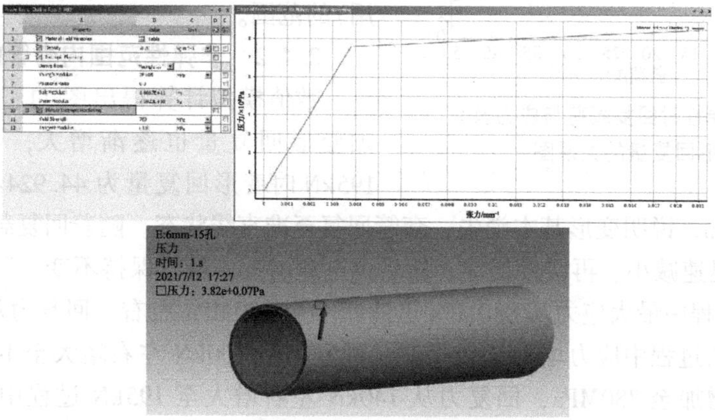

图9 应力释放模型

采用在井筒壁面打孔的形式对弯曲套损井套管进行应力释放。其中，打孔方式为在一个环面上打3个孔，分别建立了打3孔、6孔、9孔、12孔、15孔等模型，且孔径分别建立了6mm、8mm、10mm三种直径。综上所述，打孔方式一共有15个模型。通过模拟分析得出15种情况下的临界载荷。原始管道(未割缝，未打孔)在内壁受80.70MPa压力时，结构最大应力值达到屈服极限760MPa。

通过计算得出下表1，孔眼为10mm时，9孔临界载荷为30.25MPa，对比未打孔临界载荷80.7MPa，强度下降267%，完全能满足应力释放需求。

表 1　套管打孔应力释放模拟计算分析表

6mm	临界载荷/MPa	8mm	临界载荷/MPa	10mm	临界载荷/MPa
3 孔	51.63	3 孔	42.23	3 孔	40.86
6 孔	46.30	6 孔	37.90	6 孔	34.00
9 孔	38.15	9 孔	35.50	9 孔	30.25
12 孔	31.80	12 孔	31.60	12 孔	29.55
15 孔	31.15	15 孔	30.70	15 孔	28.85

2.4　套管回复变形分析

为后续治理套管弯曲提供参考数据，需要对已弯曲套管进行回复计算。根据不同弯曲程度时套管材料应力值所在的范围可分为弹性和非弹性两种情况。

2.4.1　弹性范围内套管的回复变形计算

数值模拟计算得出图 10，随着回复力增加变形回复量也逐渐增大，两者呈正比的线性关系，当回复力达到 47.975kN 时变形回复量为 11.632213mm，该值基本等于 11.64mm，说明变形基本消失，套管回复到直线状态。随着回复力增加应力逐渐减小，两者近似呈反比的线性关系，当回复力达到 47.975kN 时应力基本减小至与套管正常工作时(只受地应力作用)的范围。

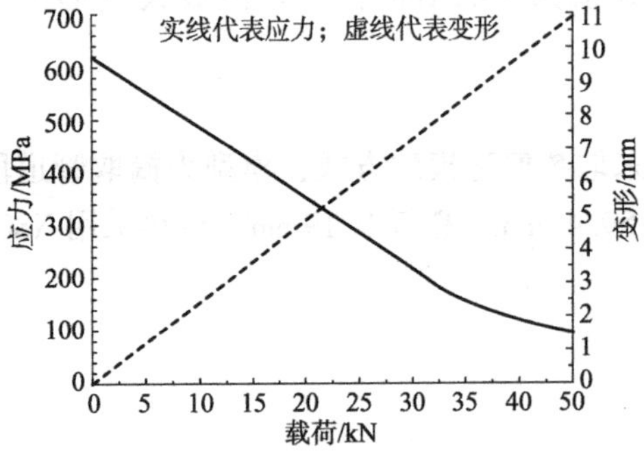

图 10　弹性时回复载荷与应力及变形回复量的关系图

2.4.2　非弹性范围内套管的回复变形计算

数值模拟计算得出图 11，随着回复力增加变形回复量也逐渐增大，当回复力达到 195kN 时变形回复量为 44.924mm，该值基本接近于 49.21mm，说明变形基本消失，套管回复至准直线状态。随着回复载荷的增大应力变化特点是先迅速减小、再缓慢增加、然后再迅速增大、最后保持不变。回复力从 0 增大至 20kN 左右过程中最大应力从 880MPa 迅速减小至 650MPa 左右，回复力从 20kN 左右增大至 100kN 左右过程中应力增加比较平缓，回复力从 100kN 左右增大至 140kN 左右过程中应力又迅速增加至 880MPa，回复力从 140kN 左右增大至 195kN 过程中最大应力保持 880MPa 不变。应力的变化符合材料在塑性阶段的无规律特点。即使套管的变形完全回复，但套管材料的最大应力仍大于 615MPa。

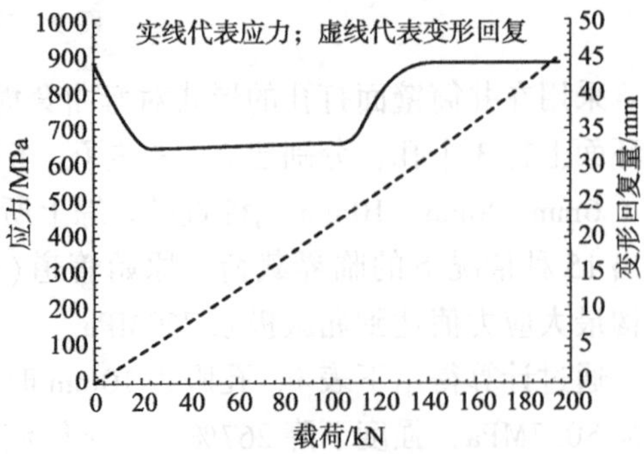

图 11　非弹性时回复载荷与应力及变形回复量的关系图

2.5　套管弯曲预防分析

套管弯曲变形与载荷、跨度、约束、截面惯性矩、材料弹性模量有关。考虑油田套管的实际情况，其中载荷、跨度和约束基本不可改变，同时各种钢材弹性模量值基本相等，所以提高套管的抗弯性能最有效的方法就是增大其截面惯性矩。对套管外径 177.8mm，壁厚

10.36mm/13.72mm 计算得出相同管径不同厚度应力和变形数据图(图12)。

从图12可知，壁厚加大后套管的强度性能明显提高。10.36mm厚套管的载荷为36kN时最大应力达到615MPa(套管材料的屈服极限)，而13.72mm厚套管的载荷为101.5kN时最大应力才达到屈服极限，后者比前者的强度性能提高了约1.82倍。10.36mm厚套管的载荷为149kN时最大应力达到880MPa(套管材料的强度极限)，而13.72mm厚套管的载荷为340kN时最大应力才达到强度极限，后者比前者的强度性能提高了约1.28倍。所以增加套管的壁厚可以显著提高套管的强度性能。

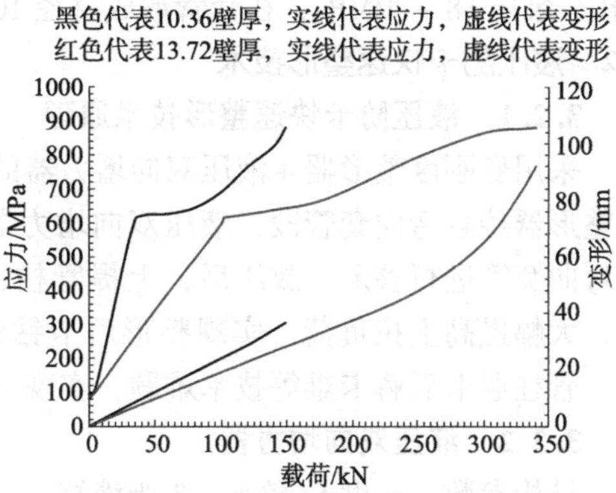

图12　相同管径不同厚度应力和变形数据图

从图12中可知，弹性范围内如载荷同取20kN时10.36mm厚套管的最大变形量为4.849mm，13.72mm厚套管的最大变形量为3.877mm，后者比前者减少了0.972mm，减少比例约20.05%。超过弹性阶段后，如载荷同取140kN时10.36mm厚套管的最大变形量为34.03mm(GDD18X7井的实测最大变形量约为34mm)，13.72mm厚套管的最大变形量为26.48mm，后者比前者减少了7.55mm，减少比例约22.19%，增大套管的壁厚刚度性能提高20%左右。

3　弯曲套损井高效治理技术

3.1　高压水射流应力释放技术

3.1.1　高压水射流应力释放技术原理

将套管应力释放装置下至套管弯曲井段，利用地面泵车将携砂液体从套管应力释放装置喷嘴高速射出，喷出的高速携砂液体先冲击到套管内壁，在冲击区域产生瞬时极大冲击应力，当冲击应力累计超过套管屈服极限后，实现了对套管的射孔。继续泵注，高速携砂液体对地层进行喷射，对套管弯曲井段处地层进行掏空。一趟管柱实现对弯曲段套管的应力释放及管外空间冲洗，解决弯曲段套管应力集中和管外地层密实、空间上约束套管的两大治理难题(图13)。

3.1.2　套管应力释放装置

结构参数：长度1m，外径100mm，喷嘴尺寸3mm，喷嘴个数9个。

图13　套管应力释放装置

工作原理：利用套管应力释放装置喷嘴的节流作用，产生高速液流携带砂粒冲击到套管内壁，在冲击区域产生瞬时极大冲击应力，当冲击应力累计超过套管屈服极限后，实现对套管的打孔。

创新点：寿命“长”。优选喷嘴的材质，将42CrMo升级为硬质合金YG6X，设计防返溅挡板，将42CrMo升级为硬质合金YG8，工具寿命提高了5倍。速度“快”。喷嘴结构由整体圆柱孔改为底部圆锥孔，粒子速度150m/s、冲击力大，达到37.3MPa，射穿套管时间仅需9min。质量“高”，优化喷嘴直径为3mm、工具外径为138mm，喷嘴均匀布孔，设计9孔、泵压18~20MPa，在套管形成直径10mm规格圆孔。

3.2 液压防卡快速整形技术

3.2.1 液压防卡快速整形技术原理

采用变刚度整形器+液压双向增力器的工具组合，地面泵车打压后，下放管柱，变刚度整形器接触弯曲套管段，液压双向增力器下推增力模块启动，推动变刚度整形器工作，对弯曲套管进行整形。放压后，上提管柱，此时打压，液压双向增力器上拉增力模块启动，大幅提高上拉负荷，实现整形后卡钻解卡功能。克服了底部整形工具组合抗弯刚度低、管柱遇卡后解卡难等技术难题，实现对应力释放后的弯曲段套管校直整形。

3.2.2 液压双向增力器

结构参数：长度5(整形，3级液缸)~5.6m(打捞，3级液缸)，最大外径140mm，整形0.99t/MPa，打捞0.79t/MPa，设计耐压25MPa。

工作原理：采用模块化设计，利用活动传压机构，单独控制两组不同方向的增力模块，实现不同方向上的增力施加。

创新点：增力“双向”，通过模块化设计换向功能，单趟作业管柱既可向下液压增力整形，又可向上液压增力解卡，降低了以往修井作业中液压增力卡钻的风险。范围“拓宽”，采用液压的设计，既可配合普通油管进行常规作业，也可配合连续油管进行快速作业，扩大了技术及工具的应用范围(图14)。

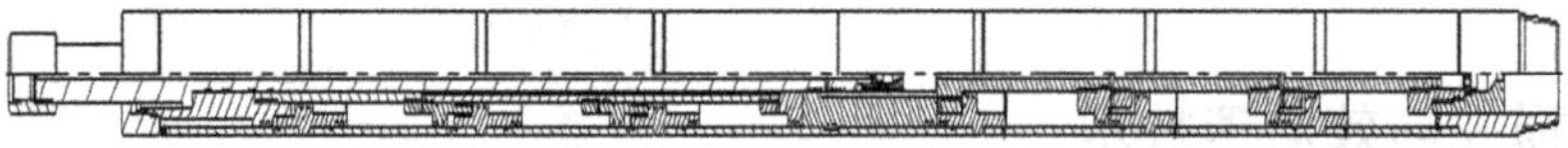

图14 液压双向增力器

3.2.3 变刚度整形器

整形结构参数：长度2.5m，变刚度行程，400mm，最大外径152mm，锚定力>100t，抗弯刚度136t。

工作原理：利用同一直径、不同长度的工具，在同一套管弯曲段通过性不同的原理，设计出与整形套管接触点外径不变、工具长度可调的高抗弯的整形器，其具有大于弯曲套管的抗弯系数。

创新点：整形长度可“变”，液压伸缩功能，解决了套管回弹卡的问题。抗弯性能较“高”，芯轴和外筒的抗弯系数分别是应力释放后弯曲套管的2.2倍和3.1倍(图15)。

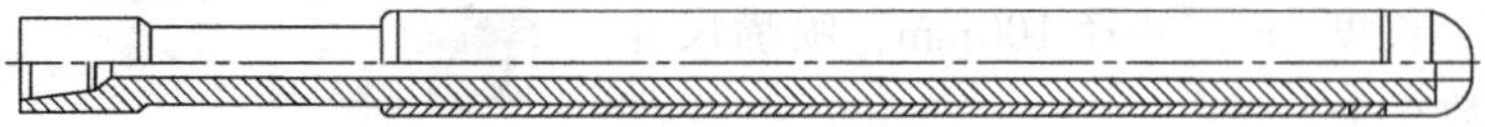

图15 变刚度整形器

3.3 强制扶正高效磨铣技术

3.3.1 强制扶正高效磨铣技术原理

采用柔性导引+异形铣棒+滚珠式液压扶正器的工具组合，柔性导引在前端，保障磨铣在原井眼中实施；从井口转动管柱，利用异形铣棒中部突出磨铣段对弯曲段套管内弯侧进行磨铣，恢复井眼通道；滚珠式液压扶正器在泵压的作用下，起到降低周向磨阻、提高扭矩传递效率、增加前端钻压的作用，实现导向磨铣工具组合的井下自适应调节磨铣打通道功能，克服磨铣打通道易丢失井眼的技术难题。

3.3.2 异型铣棒

结构参数：长度2660mm，钢体外径150mm，磨铣段长>2000mm，磨铣段外径150mm。

工作原理：利用同一外径不同长度的工具通过同一角度的轨迹半径不同的原理，对套管弯曲段进行磨铣治理。通过中部突出磨铣段对弯曲段套管内弯侧进行磨铣，利用两端大直径钢体本身外径不小于磨铣段最大外径这一特点使其在下入及磨铣过程中不会对非弯曲段套管造成伤害。

创新点：磨铣效率“高”，中间菱形、两端圆锥形，提高了弯曲段套管内壁的磨铣效率。自适应性“强”，铣棒不同的外径尺寸，与弯曲套管匹配性好，更易磨铣(图16)。

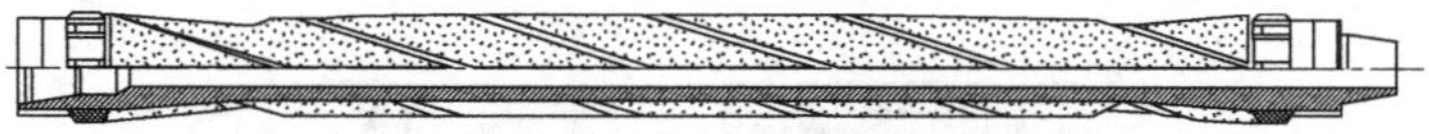

图16 异型铣棒

3.3.3 滚柱式液压扶正器

结构参数：总长820mm，钢体外径150mm，扶正外径152mm。

工作原理：液压式扶正器，通过节流将扶正模块推出，因模块行程上的角度小于自锁角故可起到强制扶正的作用，停泵后可通过反洗井+弹簧力的综合作用下收回扶正模块；滚柱按一定倾角布置在扶正模块上，钻铣时其即随管柱公转，又因磨阻发生自转，自转时在圆筒内的滚动轨迹为一定螺距的螺旋线，为钻铣提供额外的钻进钻压。

创新点：周向磨阻“小”，滚柱式设计，变滑动摩擦为滚动摩擦，提高了扭矩传递效率。扶正效果“好”，模块行程上的角度小于自锁角，起到强制扶正的作用(图17)。

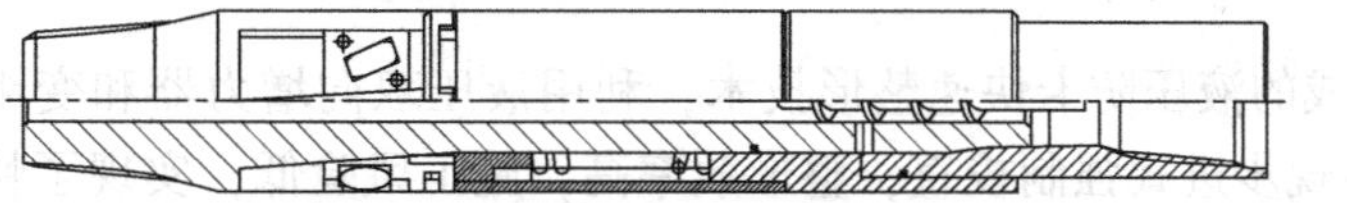

图17 滚柱式液压扶正器

4 现场应用效果

弯曲套损井低成本高效治理技术在现场推广应用46井次，平均治理周期缩短71.5%，平均单井治理费用48万元，与侧钻相比，单井节约费用86万元，降幅64%。在GD1-14-511井，40B测井(图18)，1283~1285.5m套管弯曲变形严重，最大轴心偏移15mm。先下Φ100mm套管应力释放装置，对1281~1289m处套管进行应力释放。再分别下Φ144、Φ152、Φ154变刚度整形器，最高泵压15MPa，整形至1290m。最后下Φ152异型铣棒，对1281~1290m处套管进行磨铣。套管通径恢复后，下Φ139.7mm直连套管，固井完井(图19)。

5 结论

(1)攻关形成的高压水射流应力释放技术，利用套管应力释放装置，实现对弯曲段套管的应力释放及管外冲洗，解决套管应力集中、空间约束两大难题，套管强度降低62.5%。

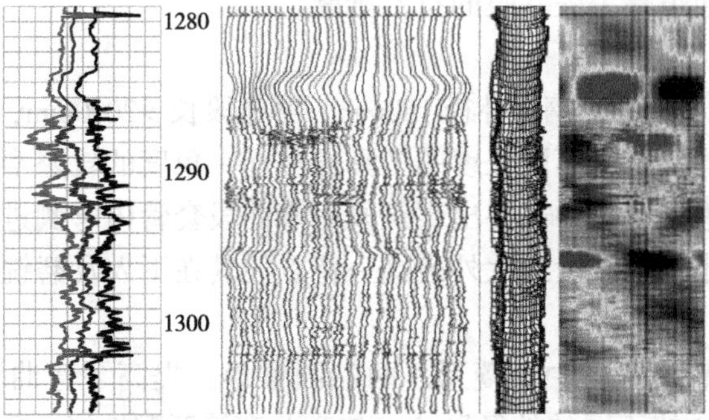

图 18　GD1－14－511 井 40B 测井图

图 19　GD1－14－511 井液压整形现场施工图

(2)攻关形成的液压防卡快速整形技术，利用液压双向增力器和变刚度整形器，液压撬动弯曲点，实现步进式强制校直，整形效率高，施工风险低，实现了快速连续整形，作业周期缩短 70% 以上。

(3)攻关形成的强制扶正高效磨铣技术，利用异型铣棒和滚柱式液压扶正器，实施强制扶正磨铣，实现了对弯曲段套管的截弯取直，大幅提高了磨铣效率。

参考文献

[1]刘子晋，孙纪昌．油水井套管破坏的地质条件研究[J]．大庆石油地质与开发，1990，9(4)：57－62.

[2]代丽，徐守余．油水井套管损坏的地质因素综合研究[J]．地质灾害与环境保护，2008，16(3)：331－334.

[3]张效羽．套管有限元计算的若干问题分析[J]．天然气工业，2001，21(1)：62－65.

[4]李根生，沈忠厚．高压水射流理论及其在石油工程中应用研究进展[J]．石油勘探与开发，2005，32(1)：96－99.

[5]吕芳蕾，伊伟锴，杨洁，等．液压胀管整形工具的研制与应用[J]．石油机械，2006，34(6)：56－57.

[6]韩学良，赵成，曹德忠，等．水平井井下液压增力打捞工艺研究与应用[J]．石油机械，2008，(8)：84－86.

[7]吴先忠，胡锡辉．磨铣修整被挤毁的套管技术[J]．钻采工艺，1997，(3)：83－85.

[8]张勇．水平井管柱液压扶正器的研制与初步应用[J]．特种油气藏，2011，(5)：111－113.

砂砾岩油藏大斜度井密切割体积压裂技术创新与应用

李海波　郭家东　李霞　潘华　徐静　时秋君　杨晓燕

（中国石油化工股份有限公司胜利油田分公司东辛采油厂）

摘　要：某油田北带砂砾岩累计上报石油探明储量7774.5×10^4t，中深层砂砾岩储量占比大（82.7%），为近岸水下扇沉积，油藏埋藏深，物性差，天然能量弱，纵向上互相叠置，横向上连片发育，内幕复杂，属常温常压、低孔、特低渗油藏。近年来，开发重点转向扇体边部，该区域储层更薄、物性更差，常规定向井开采效率低，需大规模压裂以增加动用面积。为应对挑战，采用"少井高产"理念，整合项目组一体化运行，综合考量储量动用、产能提升、工程实施，创新设计大斜度类水平井结合组合缝网体积压裂工艺，辅以地质工程一体化运行模式，旨在大幅提升单井产能和控制储量，实现经济有效开发，突破砂砾岩油藏开发瓶颈。

关键词：砂砾岩；大斜度井；组合缝网体积压裂；少井高产

东营凹陷北带某油田北临陈家庄凸起，南临民丰洼陷，沿陡坡带沙三－沙四时期发育大规模砂砾岩体。2004年部署盐22井、永920井，两井的钻遇试油成功，开启了沙四段砂砾岩体的勘探开发序幕。累计上报石油探明储量7774.5×10^4t，其中中深层砂砾岩储量占比82.7%。已动用储量主要集中在埋藏较浅、物性较好的扇体核部，剩余资源位于扇体边部，埋藏更深、油层更薄，物性更差。2020年在永936核部西翼部署评价井永936－斜4井，钻遇油层薄（94m/15层），产能低（初期自喷2.2t/d），动用价值低。砂砾岩扇体边部储层面临产能低、效益差的开发瓶颈，亟待取得突破。

1　技术探索与应用——永936扩大斜度井＋密切割压裂研究创新

2021年，位于扇体边部的永936扩投入开发，积极应对在提高油藏预测精度、优化井身轨迹、储层压裂改造技术等方面所面临的挑战，开展高效开发技术的探索、创新和应用，实现了砂砾岩边部薄层效益动用的重大突破。

1.1　逐级约束描述甜点筑牢基础

以地质、测井、地震、岩心分析资料为基础，在沉积模式、扇体展布、岩相展布、物性下限、电性标准等方面建立定量划分标准，构建井震结合、应力、物性及油藏等多参数地质模型，实现多尺度精确描述甜点储层。同时，综合岩相识别技术搭建高精度储层参数模型，明确各期次地质甜点、工程甜点，为井位设计奠定基础。

1.2　大斜度井提高单井控制储量

1.2.1　井型优化——增加单井钻遇

针对扇体边部储层薄、变化快、产能低等难点，优化采用大斜度井型，通过斜穿多期

第一作者简介：李海波，性别：女，籍贯：山东临沭，中国石油化工股份有限公司胜利油田分公司东辛采油厂，高级工程师。E－mail：lihaibo807@sinopec.com。

有利相带，增加单井钻遇，实现少井高控。井网部署由定向井方案的6口定向井，优化为的3口大斜度井。

1.2.2 轨迹优化－立体协同多控储

纵向上根据砂体退积叠置的特点，以钻遇砂体最多为原则，利用多靶点设计顺势斜穿各期次厚度中心，地质工程一体化反复迭代轨迹微调，得到储量控制、工程可行的最优解。平面上根据砂体长轴展布的特点，以控制储量最大化为原则，利用井井协同、交互控制，实现各砂体储量的最大化控制。

1.2.3 井网井距优化——技术支撑少布井

充分发挥钻井施工和压裂改造能力，地质工程结合开展井网和井身轨迹优化，进一步实现少布井、多穿层。通过加大压裂规模，轨迹变相追甜点等措施弥补损失储量，合理优化井网井距，舍弃边部低效益井，井数由3口优化为2口。

1.3 精细优化实现钻井提速提效

1.3.1 形成优快钻井模式

以满足地质开发需求为原则，结合地层可钻性及轨迹特点，从轨迹简化、钻头匹配、工具优选、泥浆配伍等方面优化配套，实现钻井提速提效目标，形成了深层砂砾岩近水平井优快钻井模式。

1.3.2 微调靶点轨迹提质增效

在充分考虑甜点钻遇、缝网设计的基础上，微调靶点释放工程技术提速潜能；结合实时钻遇情况，迭代甜点预测结果，微调轨迹提高甜点钻遇率，实现提速增效的目标。

1.4 差异化设计提升压裂改造体积

结合永936扩大斜度井网设计以及储层情况，优化密切割＋组合缝网压裂工艺，开展差异化设计，增大储层有效改造体积，充分释放油藏能力。

1.4.1 压裂改造思路

针对边部油藏储层跨度大、物性差的油藏特点，采取差异化设计，甜点区短段多簇、密切割暂堵，非甜点区长段少簇、簇间多次暂堵，充分改造储层。针对多期钻遇、储层变化快的油藏特点，采取定方位射孔、变密度射孔工艺，实现裂缝定向扩展，增强储量控制。针对储层新老区结合、沙四下期次有水层的油藏特点，采取避射或控制规模措施，避免井间干扰和压穿水层。针对弹性开发天然能量低，稳产期短的开发特点，采取CO_2增能、渗吸提效措施，压裂－补能一体化，延长稳产期。

1.4.2 分段分簇优化

按照地质－工程一体化思路，根据钻遇、测井、录井等资料，建立地质、工程甜点综合图版，按照评价标准划分储层类别，开展甜点识别。

根据甜点识别结果，进行差异化分段分簇优化，明确各区(Ⅰ类、Ⅱ类)主导工艺及参数设计思路。对于地质工程双甜点段，Ⅰ类层集中，采用缩小段长(段长50～55m)、密切割分簇(4～5簇，簇间距10～13m)，精细改造；对于差油层，泥岩砾石夹杂，储层薄、散，采用长段(段长105～110m)、多簇(6簇，簇间距15～20m)，辅以层间暂堵工艺，充分改造；对于老井低压区和高风险段(电性低，油水同层)，采取避射措施，不改造。

1.4.3 射孔参数优化

基于段内应力差异，调整各簇射孔摩阻使各簇裂缝进液阻力接近，在满足均匀起裂的基础上，尽量提高裂缝扩展能力。根据排量－孔数－净压力关系，优化各段孔数及排量：排量 $12m^3/min$，孔数≤25 孔，排量 $14m^3/min$，孔数≤35 孔，排量 $16m^3/min$，孔数≤40 孔；一般应满足单孔排量在 $>0.3m^3/min$。当簇间应力差≤2MPa 时，采用非均匀射孔(变密度射孔技术)，高应力及中间簇可增加 1～2 孔，以缩小各簇裂缝进液差异；当簇间应力差＞2MPa，宜考虑层间暂堵。基于大斜度井穿多油层的特点，根据储层钻遇和甜点识别情况，采取定方位射孔，避开高风险层，沟通有利储层，实现储层纵向上的充分改造。

1.4.4 压裂参数优化

采用泵送桥塞射孔联作＋组合缝网压裂主导工艺。通过建立空间关系图版，考虑井间及邻井干扰，开展压裂规模和参数优化，确保裂缝平面并排、纵向错开、协同控储、充分改造，大幅度提高压裂改造体积，实现最大限度储量控制。优化后，用液量 600～1500m^3/段，加砂量 55～160m^3/段，加砂强度 1.1～2.6m^3/m，单段改造体积 22～35m^3/段。根据模拟情况，考虑纵向储层均衡改造、裂缝高度控制等因素，施工排量设计 10～16m^3/min；根据施工压力预测，施工限压 70MPa。

1.4.5 压裂材料优选

(1)压裂液和支撑剂

压裂液选择突出不以黏度携砂理念，保障前置高黏液造主缝，强化低黏液造分支缝。支撑剂选择采用多级组合支撑：70/140 目石英砂(15%)＋40/70 目石英砂(70%)＋30/50 目陶粒砂(15%)。压裂前期泵入微支撑剂，加强微裂缝支撑；中期使用 40/70 目石英砂；后期在压裂砂中混入大粒径支撑剂，能够更长时间支撑主裂缝，保持裂缝张开时间更长、空间更大；同时适当提高加砂强度。

(2)其他材料

针对扇体边缘层薄、老区泄压，两口井均设计前置 CO_2 压裂，利用 CO_2 造复杂缝、增能助排作用，提高裂缝复杂程度及增产效果。针对地层压力系数低，地层能量不足，采取渗吸增能措施，利用滑溜水与储层毛细孔喉发生油水置换，提高单井投产效果。为保障各条裂缝均匀起裂，设计层间暂堵、缝内暂堵工艺，采用绳结等暂堵材料，避免裂缝向低应力区延伸，实现均匀改造。

1.4.6 实施情况及效果

2022 年 4 月 19 日至 4 月 26 日完成永 936 扩 2 口井共 19 段压裂施工，总液量 18208m^3(净液)，总砂量 2051m^3，CO_2 用量 2390m^3；施工最高排量 16m^3/min，最高砂比 45%。2 口井自喷期较同区块直斜井提高 6～8 倍，目前(2024 年 8 月)累计生产 1683d，平均单井日油 15.2t/d，累产油 25440t。

获得以下认识：

(1)差异化压裂改造是实现长期稳产的关键。通过差异化的改造储层，储层得到充分动用。根据示踪剂监测情况分析：78% 的产液贡献来自甜点区，甜点区平均单段占产液贡献 11.5%～15.8%。

(2)地层能量有效保持是稳产的基础。永 936－斜 5 物性、钻遇、改造体积均优于永 936－斜 6 井，但投产效果永 936－斜 6 井要好于永 936－斜 5 井。分析认为永 936－斜 6 井远离已开发区，地层压力损失小；并且在施工中采用渗吸提效工艺，获得油水置换蓄能效果，更好的保持了地层能量。

2 技术迭代与推广——永斜941仿水平井+复杂缝网压裂迭代提升

在永936扩成功实施的基础上，2023年在永斜941区块开展大斜度井密切割体积压裂的推广应用。永斜941区块物性较永936扩变差，主要表现为埋藏更深、渗透率更低，为保障储层得到充分改造，开展工艺参数的迭代和提升，充分释放油藏潜力，提高单井产能(表1)。

表1 永斜941与永936扩储层物性对比

区块	开发层位	油藏埋深/m	动用面积/km^2	动用油层厚度/m	储量丰度/($10^4t/km^2$)	渗透率/mD	孔隙度/%
永936扩	沙四上7-8	3300~4000	0.98	60	158	4	8
永斜941	沙四下1	3550~4080	2.5	63.2	171	1	6.5

2.1 优化井网轨迹实现少井高控

针对油藏特点、多专业反复论证，首先开展纵向优化、井排优化、平面井型井网优化，结合甜点预测优化井轨迹设计，上、下两层楼方式部署仿水平井6口。其次优化井排方向设计，与最大主应力方向近垂直，有利于形成复杂缝网，扩大泄油面积。最后通过平面多属性融合，开展高分辨率储层预测，精细刻画砂砾岩体分布范围；配套三维地质建模技术，精准描述甜点，结合实钻轨迹迭代优化靶点位置，提高储层钻遇率。

2.2 构建学习曲线提升钻井效率

不断总结大斜度井实钻经验，构建学习型曲线，探索深层砂砾岩大斜度井多靶点钻井提速技术。永941区块平均钻井周期40.06d，在埋藏更深、方位扭动更大的情况下，较永936扩缩短5d，提速11%，实现钻井效率提升。

2.3 迭代升级压裂工艺提产降本

探索轨迹与模型耦合优化压裂方案，通过地质压裂结合，优化多级分段密切割+复杂缝网压裂改造工艺，“分区分段、一段一策”进行差异化设计，迭代升级压裂参数，最大化改造体积，将储量控制和动用做到极致。同时，提高Ⅰ类层滑溜水占比至60%，并减少陶粒用量，降低压裂成本。

2.4 实施效果及对比评价

2.4.1 实施效果

永斜941区块已于2023年12月投产4口，压裂后自喷生产至今，平均单井日油10.8t/d，已稳产9个月，累产油11619t。

2.4.2 永斜941与永936对比评价

(1)储量控制和钻遇情况

永斜941实施后较永936扩在单控储量、钻遇油层厚度、有效储层钻遇率等方面均得到了提升(表2)。

表2 永斜941与永936扩储量控制和钻遇情况对比

区块	单控储量/10^4t	钻遇油层厚度/m	有效储层钻遇率/%	钻井周期/d
永936扩	33.6	473.2	51.5	45.01
永斜941	42.2	605.7	62.6	40.06

(2)压裂施工情况

①施工工艺：从永936扩到永斜941块，固化延用了大斜度井+密切割压裂工艺、差异化设计思路及渗吸蓄能工艺等高效措施。

②施工限压：永斜941块主要发育下1期次，物性较永936扩更为致密，地层破裂压力高，施工限压提高至85MPa，保障了压裂改造的安全性和实施效果。

③压裂规模：永斜941块进一步提升了密切割改造程度、增大了改造规模，平均单段改造体积较永936扩增加约1倍，储层改造程度更高，改造更为均衡(表3和表4)。

表3 永斜941与永936扩压裂施工工艺和参数对比

区块	增能提效工艺	施工限压/MPa	施工排量/(m^3/min)	段长/m	地层破裂压力/MPa	压裂半缝长/m
永936扩	CO_2预置、渗吸	70	10~16	54~93	52~70	130
永斜941	渗吸	85	8~16	56~77	41~80	180

表4 永斜941与永936扩单段压裂规模和改造体积对比

区块	单段液量/m^3	单段砂量/m^3	加砂强度/(m^3/m)	单段改造体积/(10^4m^3)
永936扩	600~1500	55~160	1.1~2.3	33.5
永斜941	700~1800	60~255	1.1~3.5	65.6

(3)投产效果

①产能对比：永斜941块自喷期平均油气当量为较永936扩有所提升。

②自喷期：截至2024年8月，永斜941块平均自喷期270d，较永936扩有较大幅度增加。这主要得益储层改造程度高，其次是采用控压生产措施，延长了自喷生产期。

③油压对比：永斜941块自喷期平均油压较永936扩高1.7MPa，百方液压降降低0.185MPa(表5)。

表5 永斜941与永936自喷期生产效果对比

区块	自喷期/d	油气当量/(t/d)	平均油压/MPa	百方液压降/(MPa/m^3)
永936扩	128	12.3	1.8	0.408
永斜941	270	13.5	3.5	0.223

3 获得认识与启示

从永936扩到永斜941的开发历程，通过不断增强油藏地质基础研究，精细轨迹刻画，运用大斜度井网配套密切割体积压裂技术，实现了“少井高控高产”，为砂砾岩油藏的效益开发开拓出新的路径。在开发理念、技术提升和实施提效等方面为同类油藏效益动用积累了经验、固化了标准。获得以下认识与启示：

(1)一体化方案优化论证是根本关键。在方案编制过程，地质、钻井、工艺、地面整体统筹、迭代提升，在甜点描述、轨迹优化、优快钻井、压裂改造方面一体优化，通过反复迭代优化轨迹、精优配套优快钻井、精细设计强化改造，为实现最大程度提质提速、最大程度动用储量、最大程度提升产能目标夯实基础。同时在实施过程，及时跟踪实施情况，不断迭代优化学习型曲线，保障方案设计最优，实施效果最佳。

(2)优化大斜度井网设计是高效开发的有效手段。在实施中，根据储层有效厚度展布，设计多靶点顺势斜穿各期次厚度中心；并根据油层厚度及裂缝纵向改造能力，确定纵向分层斜穿，平面并排，纵向错开，最大程度实现储量控制。

(3)差异化压裂设计、提高有效改造体积是大幅度提高单井产能的重要保障。依据“平面规模覆盖，纵向立体错隔”压裂优化理念，根据储层钻遇，进行压裂方案差异化设计，增强缝网复杂性，合理避免层间、井间干扰，大幅提高压裂改造体积，最大化动用油藏储量。

极浅薄互层超稠油短半径分支水平井大幅提产技术研究及应用

刘江涛　张斌　王富伟

（中石化胜利油田新春石油开发有限责任公司）

摘　要：准噶尔盆地春风油田超浅薄层稠油油藏是增储上产的重要阵地，采用直井开发单井产量低、效益差，水平井开发工程技术面临诸多难题。结合超浅薄层稠油油藏工程地质特征和开发提产技术需求，从钻井工程优化设计、短半径钻井工艺、浅薄稠油固完井、精准注汽及长效举升技术等方面开展研究与应用，形成了适合超浅薄层稠油开发的大幅提产关键技术。应用效果表明，该技术较好地支撑了准噶尔盆地新近系超浅薄层稠油油藏的开发提产，累计应用75口井，新建产能 15.6×10^4t，平均日产油6t，创造了水平井完钻垂深最浅、位垂比最大、钻完井周期最短等多项施工记录。

关键词：超浅薄层；水平井；钻井工艺；固完井；精准注汽

准噶尔盆地春风油田浅薄层稠油已建成百万吨产能阵地，随着勘探开发的持续进行，稳产增产压力越来越大，埋深小于250m的超浅薄层稠油成为产能建设的新阵地。准噶尔盆地超浅薄层稠油储量达 6000×10^4t 以上，动用程度相对较低，具有分布靠边、夹层更多、储层更薄（2～5.5m）、黏度更稠[（7.5～10）$\times10^4$mPa·s]等特点。采用直井开发单井产量低、开发效益差，水平井施工面临着松软地层造斜率难以保证、储层有效钻遇率低、热采井筒完整性及精准注汽要求高等工程技术难题，亟须通过相关技术的研究与应用，形成准噶尔盆地超浅薄层稠油大幅提产工程技术系列，保障春风油田的持续效益增产。

结合超浅薄层稠油油藏工程地质特征和开发提产技术要求，通过钻井工程设计技术、超浅层短半径钻井工艺技术、浅薄层稠油固完井技术、精准注汽及长效举升技术的研究与应用，形成了超浅薄层稠油短半径水平井大幅提产关键技术，实现新建产能 15.6×10^4t，创造了胜利准噶尔探区水平井完钻垂深最浅、水平井位垂比最大、钻完井周期最短等施工纪录。

1　工程地质特征分析与钻井工程设计优化

1.1　区域工程地质特征及技术难题分析

准噶尔盆地超浅薄层稠油区块从上到下钻遇第四系西域组、新近系独山子组、塔西河组、沙湾组。储层埋藏较浅、成岩性差、较为松软，储层岩性以砾岩、灰质砂砾岩、含砾砂岩为主，灰质砂砾岩矿物成分石英占比37.3%，长石占24.1%，岩屑含量38.5%，储层分选中等，平均孔隙度32.2%，平均渗透率1962mD，是具有边底水的常温常压浅薄层构造－岩性稠油油藏。基于地质浅孔取芯开展了超浅层稠油构造及储层特征的深化认识，

第一作者简介：刘江涛（1982—），男，江苏赣榆，中石化胜利油田新春公司，高级工程师，主要从事钻完井工程。E－mail：liujiangtao.slyt@sinopec.com。

研究确定了以短半径水平井实现区域资源的规模动用和高效建产，面临的技术难题与挑战主要体现为：

(1)地层埋藏浅、较为松软，水平井施工轨迹控制难度大；松软地层扩径易造成造斜率异常，同时靠近储层段地层强度差异性大，造斜率难以准确判断。

(2)储层有效厚度薄、展布特征复杂且存在边底水，钻进过程中如何较快地诊断储层的钻遇情况，指导轨迹调控措施的制定、提高优质储层钻遇率是必须要解决的问题。

(3)松软地层扩径、高造斜率井眼导致套管居中度不高，同时稠油热采长周期吞吐对固井水泥石后期强度衰退性能要求高。

(4)超浅层低品位稠油采用笼统注汽无法满足大幅提产的要求，针对性不强、蒸汽腔纵向扩展难，导致注汽效果与提产效果差。

1.2 超浅层短半径钻井工程优化设计

1.2.1 井身结构优化设计

为满足不同长度水平段钻井施工技术要求，研究优化形成了两套井身结构系列。其中，二开制井身结构采用一开 Φ346.1mm、二开 Φ215.9mm 设计，水平段长度 150 ~ 200m；导管 + 二开制井身结构采用导管 Φ444.5mm、一开 Φ311.2mm、二开 Φ215.9mm 设计，可满足水平段 230 ~ 300m 施工技术要求(图1)。

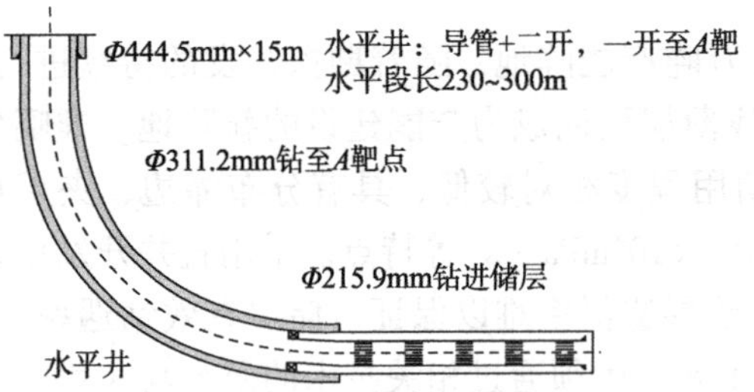

图1 “导管 + 二开”井身结构示意图

1.2.2 井眼轨道优化设计

超浅层稠油开发钻井过程中实钻造斜率在多个层段易出现异常，在研究分析区域地层强度特征和造斜特征的基础上，形成了基于地层岩性和造斜特征的多段制轨道设计方法。以 P609 区块为例，开发井设计为“高 + 中 + 低”多段制轨道(表1)，储层顶部以上10m 左右为灰质泥岩段、泥岩顶部以上 15m 左右为水层段，该层段造斜率都易发生异常，设计为低造斜率，水层以上相对稳定地层设计为高造斜率。该设计轨道一方面能够保障高造斜井段施工，掌握轨迹控制主动权；另一方面有效避免造斜率异常井段轨迹失控，降低垂深不确定条件下钻穿油层的风险。

表1 P609 区块井眼轨道优化设计

井深/m	井斜/(°)	方位/(°)	垂深/m	位移/m	狗腿度/[(°)/30m]	备注
0.00	0.00	0.00	0.00	0.00	0.00	
30.00	0.00	0.00	30.00	0.00	0.00	
105.00	30.00	269.96	101.62	19.19	12.00	
181.36	58.00	269.96	156.01	71.71	11.00	
285.91	86.33	269.97	187.70	170.22	8.13	A 靶
300.34	89.70	269.98	188.20	184.65	7.00	
586.00	89.70	269.98	189.70	470.30	0.00	B 靶

2 超浅层稠油短半径钻井工艺技术研究

2.1 超浅层稠油短半径水平井轨迹控制技术

超浅层稠油水平井增斜段造斜率要求高，满足造斜要求的大度数螺杆钻具弯角较大、复合钻进过程中扭矩大，易发生螺杆断裂、脱扣。研制了一种弯点短、整体长度短的新型螺杆钻具，与常规螺杆钻具相比，总长缩短3.4m、弯点至钻头距离缩短0.37m。采用考虑井径扩大影响的修正三点定圆法计算分析螺杆钻具的造斜能力(图2)；Φ215.9mm井眼实钻井径小于236mm情况下，Φ172mm螺杆钻具的连续定向造斜能力仍能达到(11°~16°)/30m，且有效降低了水平段复合钻进扭矩、提高井下施工安全系数。

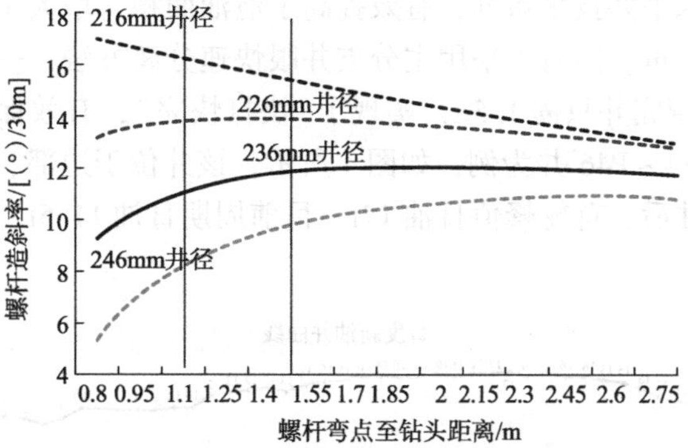

图2 不同井径条件下螺杆造斜能力分析

超浅层水平井钻进过程中优选应用多频多深度电磁波电阻率测量系统，可将测量井斜零长缩短至小于10m，有效减少井斜测量盲区。基于多深度电阻率和多扇区方位伽马采集数据，开发了储层甜点精确识别软件，通过地层倾角、成像的计算分析，实时判断钻头在储层中的位置及穿越状态，进而指导轨迹的及时调整，超浅薄储层平均钻遇率达到98%(图3)。

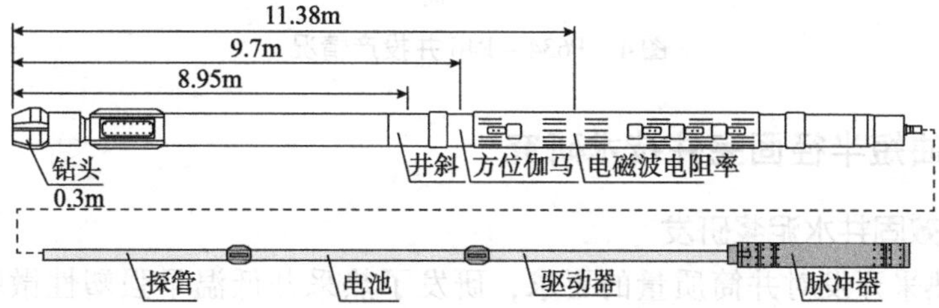

图3 多频多深度电磁波电阻率测量系统

以导管+二开制结构井为例进行超浅层水平井轨迹精细控制技术分析。一开钻具组合为：Φ311.2mm牙轮钻头+Φ197mm(308mm扶正器)短弯点螺杆+回压阀+LWD+Φ127mm无磁承压钻杆+MWD短节+Φ127mm钻杆(倒装)+Φ127mm加重钻杆。组配定向钻具组合时在钻台面做定向标记，通过标记摆方位定向增斜，根据实钻情况，精细控制每个单根的钻进，通过滑动钻进和复合钻进结合的方式保证井眼光滑度。同时，前期控制施工排量，有效减小松软地层扩径、保障导向钻具组合造斜能力。钻进水层期间持续补充纤维类随钻堵漏剂，对水层的强渗透性进行有效封堵，钻穿水层进入泥岩段逐步补充防塌降滤失剂、控制失水，保障井下安全。二开水平段钻进钻具组合为：Φ215.9mm 牙轮钻头 + Φ172mm，1.75°短弯点螺杆 + LWD + 无磁承压钻杆 + MWD 短节 + Φ127mm 钻杆(倒装) + Φ127mm 加重钻杆。通过地质导向系统实时测量信息，跟踪调整井眼轨迹，保障储层钻遇率最大化。

2.2 超浅层稠油鱼骨状水平分支井钻井技术

基于超浅层稠油油藏的工程地质特征，采用数值模拟方法研究建立了渗流条件下分支井眼的井壁稳定模型，分析了钻井过程中轨道几何特征、钻井液密度、地层岩性等对分支井眼稳定性的影响规律，为超浅层稠油鱼骨状水平分支井轨道设计与优化提供了依据。创新形成了“分支井眼快速分离 + 分支水平井高效悬空侧钻 + 分支井眼丢筛管完井工艺”等独具特色的超浅层分支水平井技术系列，有效提高了泄油面积，增大了注汽面积，提升了注汽效果，提高了单井产量。同时，采用主分支井眼快速分离方法，一个分支裸眼完井钻井周期仅需 0.5d、下筛管完井只需 1.5d，实现了“快打快完”，有效保护了储层，取得了较好的增油效果。以 P634 ~ P46 井为例，如图 4 所示，该井位于边部、物性较差且隔夹层发育，实施双分支水平井后，首轮峰值日油 17t，目前周期日油 11.5t、油汽比 0.28，是邻井的 2 倍。

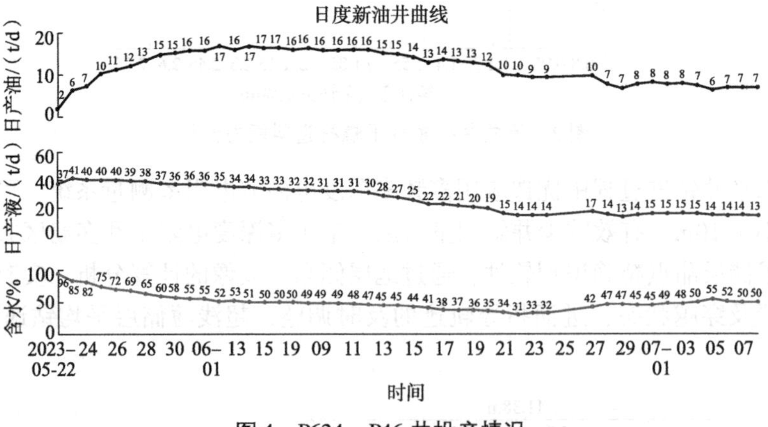

图 4　P634 ~ P46 井投产情况

3 超浅层稠油短半径固完井技术研究

3.1 热采井高效固井水泥浆研发

结合稠油热采开发对井筒质量的要求，研发了热采井低温早强塑性微膨胀水泥浆技术。通过增加促凝剂、增塑剂用量并加入改性复合增韧性材料，提高水泥浆的防漏堵漏性能，提升强度、韧性及触变性(表 2)，缩短低温条件下水泥浆的稠化时间，提高早期强度发展。同时，通过在前置液中加入醇类消泡剂，配合使用胶乳类消泡剂，水泥浆中加入固体抑泡剂等来强化消泡效果，减少井口返出水泥浆发泡。

通过实时优化现场施工参数，采用双车紊流注入前置液及水泥浆，施工排量≥1.8m^3/min，有效提高了顶替效率。热采井低温早强塑性微膨胀水泥浆技术在准噶尔盆地 P609、P634 等区块超浅层水平井应用，固井质量合格率 100%，有效保障了热采水平井的开发效果和寿命。

表2　低温早强塑性微膨胀水泥浆性能

密度/(g/cm³)	稠化时间/min	抗压强度(40℃×0.1MPa)/MPa			抗压强度(300℃×21MPa)/MPa		
		24h	48h	72h	一轮次	二轮次	三轮次
1.91	155	14.3	16.4	18.2	27.3	28.9	28.6
1.91	136	15.4	17.1	19.0	28.1	28.8	28.0
1.91	121	16.6	18.7	20.7	29.7	29.6	30.1

3.2　超浅薄层水平井固完井工具研制

针对超浅层短半径水平井大井斜、高造斜井段套管居中度差的问题，优化改进了整体式弹性扶正器；该工具的整体式结构有助于提高扶正器的强度，加宽与井壁接触面积，提高套管居中度、进一步保证固井质量。同时，基于超浅薄层水平井钻井提速提效要求，研制应用了易钻浮箍浮鞋等固井工具，使用的改良树脂材料可钻除性较强，是铝的5~6倍。采用内防转设计，小钻压即可钻除，钻塞时间缩短至3h。

为有效提高超浅层水平井的完井质量，研制了免钻塞工具。通过双级密封设计，优化密封结构、增加关闭套的密封圈数量，提高了工具安全系数。密封圈采用耐高温材料，避免后期注气密封失效，通过理论分析和数值模拟计算，优化工具的开启参数(由18MPa优化至12MPa)，避免打开压力过高对井壁的冲击作用，保障井筒完整性。

4　精准靶向注汽及长效举升技术研究

4.1　超浅层稠油精准靶向注汽技术

针对短半径水平井均匀注汽问题突出的难题，建立了水平井筒管流与油藏耦合传热传质模型。研究表明，由于摩擦压降和井筒热损失的存在，油管内压力、温度和蒸汽干度从水平井跟端到趾端逐渐降低，但压力和温度降低幅度越来越小，蒸汽干度降低幅度越来越大。考虑水平井沿程压力降低，采用增大孔眼面积的方法进行调节，以保证蒸汽出流量的相对均衡。调整配注器孔径、孔密等参数，减缓水平井筒蒸汽不均匀注入的情况。结合储层物性、测井、轨迹等资料，依据气液两相流计算出孔径、孔数与的流量关系，优化配注器位置、配注器的孔密和注汽比例，确定水平井分段注汽量，形成了水平井分段靶向定量注汽评价方法。该方法结合了水平段钻遇物性、含油饱和度等情况，对水平井段内的注汽量进行分段定量优化配注，有效提高了注汽热利用率，大幅改善稠油水平井开发效果(图5)。

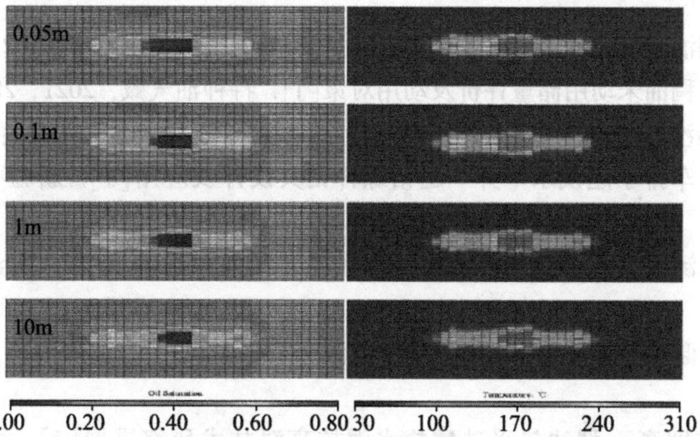

图5　不同封隔器长度下含油饱和度场与温度场

4.2 超浅层稠油开发长效举升技术

准噶尔超浅层油藏特点与原油性质造成稠油在地层和井筒中均不易流动，给人工举升带来较大难度。稠油与油管、抽油杆之间摩阻大，造成抽油杆上行载荷过大，下行易发生杆柱漂浮。为解决常规柱塞泵泵挂浅、吞吐末期抽油杆缓下严重的难题，研制了锥形全金属螺杆泵，通过锥形结合配合地面升降机构，间隙实时调整避免垢卡、砂卡躺井，生产周期由78d延长至106d，提升35.8%。该工艺技术的优势是全金属结构工具可实现注采一体，泵挂深度可下至水平段，改往复运动为旋转运动、抽稠率高，有效避免了垢卡，砂卡躺井，延长了周期生产时间。

5 现场应用效果分析

2021年以来，准噶尔盆地超浅薄层稠油油藏进入新的开发阶段，研究形成的超浅层稠油短半径水平井大幅提产技术成功应用75口井，新建产能15.6×10^4t，水平段长度150~300m，钻完井周期由13.5d降至4.9d，平均日产油6t，有力推动了准噶尔盆地超浅薄层难动用稠油油藏的效益开发。其中，P609~P6井完钻垂深188m，水平段长度326m，刷新准噶尔盆地新近系超浅层短半径最长水平段纪录；P614~P13井采用三分支水平井技术，与邻井相比，同等注汽强度下单井产量提高1倍，周期多产油309t；P612~P101井完成四分支水平井技术，创造了中国石化垂深最浅筛管分支井钻井纪录。

6 结论与建议

(1)针对准噶尔盆地超浅薄层稠油水平井开发提产技术需求，开展了钻井工程优化设计、短半径钻井工艺、浅薄稠油固完井、精准注汽及长效举升技术的研究与应用，形成了超浅层稠油短半径大幅提产关键技术系列。

(2)应用效果表明，超浅层稠油短半径大幅提产技术有效提高了优质储层钻遇率，提升了水平井固井质量，强化了精准注汽与人工举升效果，为区域稠油油藏的效益动用和开发提供了技术保障。

(3)综合考虑规模精细开发建产要求，现有技术的针对性和适用性还存在一定不足，需进一步开展超浅层大位移水平井、连通井技术、绿色低碳注汽技术研究，进一步降低超浅层稠油开发成本。

参考文献

[1]杨勇．胜利油田稠油开发技术新进展及发展方向[J]．油气地质与采收率，2021，28(06)：1-11.

[2]李伟忠．胜利油田稠油未动用储量评价及动用对策[J]．特种油气藏，2021，28(02)：63-71.

[3]刘焕．车排子凸起沙湾组油气成藏条件研究[J]．复杂油气藏，2020，13(02)：13-17.

[4]董志辉，杨泽宁．车排子超浅水平井一趟钻螺杆钻具设计及应用[J]．新疆石油天然气，2022，18(04)：33-37.

[5]谭天宇，邱爱民，汤继华．吉兰泰油田超浅层水平井钻井关键技术[J]．石油钻探技术，2021，49(06)：37-41.

[6]董小卫，刘海龙，谢斌．稠油热采井套管设计方法探索与实践[J]．钻采工艺，2020，43(06)：76-79+10.

[7]杨燕，李路宽，朱宽亮．稠油热采硅酸盐水泥抗高温技术研究进展[J]．科学技术与工程，2022

(022 - 001).
[8]张华，靳建洲，刘明涛．稠油热采井抗350℃高温硅酸盐基水泥浆[J]．钻井液与完井液，2020，37(03)：363 - 366.
[9]李苒，陈掌星，吴克柳，等．特超稠油SAGD高效开发技术研究综述[J]．中国科学：技术科学，2020，50(6)：729 - 741.
[10]周志军，郝玉．春10区块水平井蒸汽吞吐注采参数优化[J]．科学技术与工程，2022，22(29)：12826 - 12831.

川西老区加密调整井低伤害高效压裂技术

滕小兰　李永明

（中国石化西南油气分公司工程技术研究院酸化压裂技术中心）

摘　要：新场沙溪庙组气藏是西南油气田的主力气藏之一，目前该气藏已进入开发中后期产量递减阶段，主要采用加密调整井动用剩余储量，储层物性变差（由Ⅰ类变为Ⅱ、Ⅲ类），地层能量亏空严重（地压系数由原始1.64～2.09下降为0.75～1.12），邻井多，井距近（几十米到几百米不等），压裂易出现井间干扰或压窜、返排困难，从而影响增产效果。针对气藏地质特征，基于体积压裂理念，以加密分段、净压力控制技术提高改造体积为关键，采用“前置液氮＋纳米改性低伤害压裂液＋大尺寸无限分级滑套完井管柱”实现液体“快进快出”，降低储层伤害，达到提高单井产能的目的。该技术在新场沙溪庙加密调整井中应用18井次，平均无阻流量16.3514×$10^4m^3/d$，较前期常规压裂（平均5.6235×$10^4m^3/d$）提高2.91倍，增产效果显著，为新场沙溪庙气藏开发中后期的稳产提供了有力的技术支撑。

关键词：致密砂岩气藏；加密调整井；体积压裂；无限分级滑套；低伤害

新场沙溪庙气藏位于川西拗陷孝泉－丰谷北东东构造带上，为近东西向平缓鼻状构造，断裂不发育。气藏埋深2120～2800m，纵向上多气层叠置。岩心平均孔隙度9.83%，平均渗透率0.337mD，有效渗透率0.05～0.1mD，具有河道叠置连片、砂体厚度大、储层致密、含水饱和度高、产能低、储量丰度低的特点，气藏原始地层压力39～48.33MPa，地压系数1.64～2.09，但是随着气藏进入加密调整开发阶段，目前加密调整区地层压力约18～26.5MPa，地层压力系数0.75～1.12。整体来说，新场沙溪庙气藏属于典型的低孔、致密砂岩气藏。

水平井分段压裂是致密砂岩气藏开发的有效手段，但常规80～100m裂缝间距导致单井剩余可采储储量多，国内外学者普遍认为，对水平井采用加密分段，滑溜水大规模大排量改造的拟体积压裂技术是致密油气藏提高储量动用下限的有效手段，其分段工艺主要有连续油管拖动、桥塞分段、多段多缝、暂堵转向等工艺，但连续油管拖动、桥塞分段施工时间长、成本高，而新场沙溪庙加密调整区地压系数低，长时间施工易造成液体滤失大，返排困难，桥塞分段在该地区试验效果差。裂缝监测表明多级多缝改造针对性不强，且压后稳产效果差，暂堵转向工艺可控性、针对性欠佳。因此，研制了一种大尺寸无限分级滑套完井管柱，钻井完成后下入该完井管柱至预定位置后固井，施工时打开管柱上的滑套即可进行“甜点”的大排量针对性加砂压裂改造。通过裂缝间距、施工排量及施工参数优化，即可实现储层体积压裂改造，该技术在新场沙溪庙加密调整井中应用18井次，平均无阻

第一作者简介：滕小兰（1981—），女，工程师，2009年毕业于西南石油大学油气田开发工程专业，获硕士学位，现在中国石化西南油气分公司工程技术研究院工作，主要从事压裂酸化设计及油气田开发工程技术研究工作。E－mail：44642304@qq.com。

流量 $16.3514\times10^4m^3/d$，较前期常规压裂(平均 $5.6235\times10^4m^3/d$)提高 2.91 倍，增产效果显著，为新场沙溪庙气藏开发中后期的稳产提供了有力的技术支撑。

1 新场沙溪庙致密砂岩体积压裂增产机理及技术对策

体积压裂技术主要是针对天然裂缝发育、岩石脆性指数较高的致密储层，采用滑溜水、线性胶和交联液等不同类型的压裂液进行交替压裂作业，在形成复杂支缝及高导流主缝的同时开启天然裂缝并形成有效支撑，实现对储层的三维“立体改造”。其增产机理是：采用“大排量+低砂比+大液量压裂液体系”的施工方式，开启天然裂缝，使裂缝壁面产生剪切滑移、错断，形成“自撑”式支撑，使人工裂缝与储层天然裂缝相结合并贯穿整个油气藏的缝网系统，从而提高单井产量。国内外相关文献调研结果表明，体积压裂过程中影响微网络裂缝形成的主要因素为岩石脆性指数、天然裂缝发育程度及水平应力差异。沙溪庙组气藏储层裂缝不发育、且最大最小水平主应力差值大，难以形成缝网，即“狭义”体积压裂。实践表明，在不产生严重缝间干扰的前提下，尽可能缩短裂缝间距、提高布缝密度，提高施工排量，加大施工规模，可提高致密油气藏压裂改造体积及改造效果。

针对新场沙溪庙致密砂岩气藏，基于大尺寸全通径无限级滑套分段压裂管柱，针对水平井精细分段，对工程地质“甜点”加密切割；通过大尺寸管柱提高施工排量和净压力克服两向应力差，提高裂缝复杂性；根据砂体厚度、邻井井距、采出程度等优化人工裂缝参数及施工参数，对每个“甜点”针对性加砂压裂，实现“长、宽、高”三维立体的“广义”体积压裂，可达到提高储层改造体积和压后天然气产量的目的。

2 新场沙溪庙致密砂岩体积压裂参数优化

2.1 裂缝间距优化

体积压裂裂缝间距优化主要基于压裂多裂缝条件下优化诱导应力干扰。

2.1.1 多裂缝诱导应力

对于天然裂缝不发育的致密储层，裂缝净压力与地应力及岩石力学参数关系如式 1，如果要形成缝网则必须在岩石本体破裂形成分支缝，裂缝内的净压力在数值上应至少大于 $(\sigma_H-\sigma_h)+S_t$。

$$p_{net}=-(\sigma_H-\sigma_h)-S_t \tag{1}$$

式中，P_{net}为缝内净压力，MPa；σ_H为最大水平主应力，MPa；σ_h为最小水平主应力，MPa；S_t为岩石的抗张强度，MPa

根据新场气田沙溪庙组岩石力学及地应力测试数据(表 1)，$2^7/_8$in 油管施工时净压力难以克服水平两向应力差与抗张强度之和，难以形成复杂缝网。

表 1　新场气田沙溪庙组储层地应力参数

最小水平应力/MPa	50.4
最大水平应力/MPa	67.1
垂向应力/MPa	54.24
水平两向应力差/MPa	16.7

续表

抗张强度/MPa	4.01
泊松比	0.21
杨氏模量/MPa	13030
单缝净压力/MPa($4m^3/min$)	6.3

但当地层中有初始裂缝时，会在自己周围产生一个诱导应力场，在诱导应力场和初始应力场的共同作用下，可在局部形成二者的协同应力场，在这个协同应力场中，应力会在井筒和初始裂缝周围的椭圆形区域内重定向，从而影响裂缝的持续起裂和延伸；当有多条裂缝时，每条裂缝的诱导应力场将会相互叠加干扰，从而使得裂缝的起裂和延伸更加复杂。如果这个裂缝有支撑剂支撑并保持一定宽度，应力场的作用会一直存在，保持裂缝的复杂性。

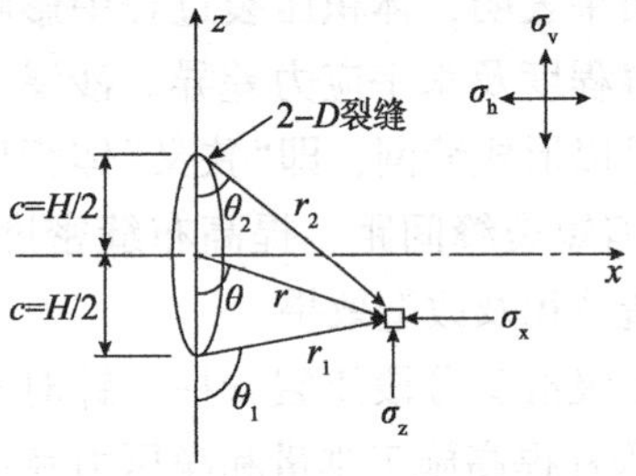

图 1　二维裂缝影响的应力场

诱导应力场是有一定范围的，必须在诱导应力场的有效范围内才能影响到裂缝的起裂和延伸。为此，必须研究诱导应力场的影响范围，为简便起见，以二维垂直裂缝为例，计算初始裂缝造成的应力场(图 1)。

二维垂直裂缝所诱导的应力场为

$$\sigma_x = p\frac{r}{c}\left(\frac{c^2}{r_1 r_2}\right)^{\frac{3}{2}}\sin\theta\sin\frac{3}{2}(\theta_1+\theta_2) + p\left[\frac{r}{(r_1 r_2)^{\frac{1}{2}}}\cos\left(\theta-\frac{1}{2}\theta_1-\frac{1}{2}\theta_2\right)-1\right] \tag{2}$$

$$\sigma_z = -p\frac{r}{c}\left(\frac{c^2}{r_1 r_2}\right)^{\frac{3}{2}}\sin\theta\sin\frac{3}{2}(\theta_1+\theta_2) + p\left[\frac{r}{(r_1 r_2)^{\frac{1}{2}}}\cos\left(\theta-\frac{1}{2}\theta_1-\frac{1}{2}\theta_2\right)-1\right] \tag{3}$$

$$\tau_{xz} = -p\frac{r}{c}\left(\frac{c^2}{r_1 r_2}\right)^{\frac{3}{2}}\sin\theta\sin\frac{3}{2}(\theta_1+\theta_2) \tag{4}$$

由虎克定律得，

$$\sigma_y = \nu(\sigma_x+\sigma_z) \tag{5}$$

式中，p 为裂缝面上的压力，MPa；c 为裂缝高度 H 的一半，m。

各几何参数间存在以下关系

$$\begin{cases} r=\sqrt{x^2+y^2} \\ r_1=\sqrt{x^2+(y+c)^2} \\ r_2=\sqrt{x^2+(y-c)^2} \end{cases} \tag{6}$$

$$\begin{cases} \theta=\arctan(x/y) \\ \theta_1=\arctan[x/(-y-c)] \\ \theta_2=\arctan[x/(c-y)] \end{cases} \tag{7}$$

如果 θ、θ_1 和 θ_2 为负值，那么应分别用 $\theta+180°$、$\theta_1+180°$、$\theta_2+180°$来代替。利用式(2)~式(7)可以计算裂缝诱导应力大小。

在裂缝破裂及延伸过程中，如产生分支缝，则符合裸眼条件下的破裂条件：

$$p_{\mathrm{f}} = \frac{3\sigma_{\mathrm{h}} - \sigma_{\mathrm{H}} + \sigma_{\mathrm{f}} - 2\eta p_0}{1 + \phi_{\mathrm{c}} - 2\eta} \tag{8}$$

$$\eta = \frac{\phi(1 - 2\nu)}{2(1 - \nu)} \tag{9}$$

式中，p_{f} 为井底破裂压力，MPa；p_0 为孔隙流体压力，MPa；σ_{h} 为地层最小水平主应力，MPa；σ_{H} 为地层最大水平主应力，MPa；σ_{f} 为岩石抗张强度，MPa；ϕ_{c} 为岩石触点孔隙度；ϕ 为岩石孔隙度；ν 为泊松比。

由诱导应力的计算，可以算出压裂过程中两个水平主应力的变化，由最大水平主应力公式可推导出储层两个水平主应力差值 $\Delta\sigma_{\mathrm{h}}$ 的计算公式为：

$$\Delta\sigma_{\mathrm{h}} = 2\sigma_{\mathrm{h}} - p_{\mathrm{i}} - p_{\mathrm{f}} + \sigma_{\mathrm{f}} \tag{10}$$

式中，p_{i} 为原始地层压力，MPa。

因此，当压裂多裂缝存在时，由于诱导应力的存在，水平应力差值会减小，充分利用诱导应力设置裂缝，同时通过净压力控制，可实现净压力克服压裂水平两向应力差与抗张强度之和，提高裂缝复杂性。

2.1.2 裂缝间距优化

根据多裂缝下诱导应力计算方法及公式，可以获得诱导应力与距离先压裂缝距离关系(图2)及不同净压力下裂缝间距与多裂缝条件下水平诱导应力差的关系曲线(图3)，从图3可以看出，在相同净压力条件下，随着裂缝间距增加，水平诱导应力差逐渐下降。

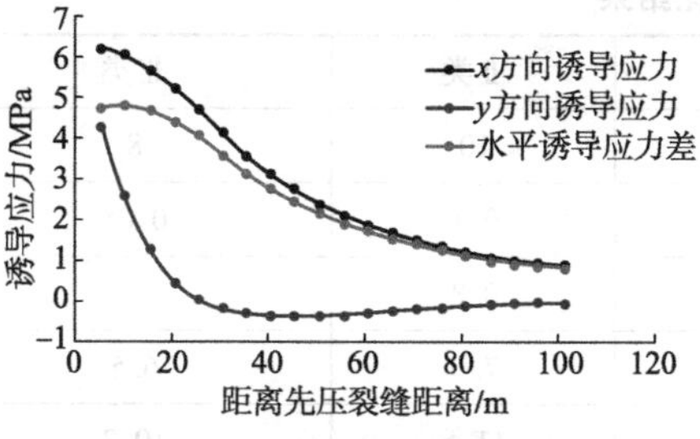

图2 诱导应力与距离先压裂缝距离关系

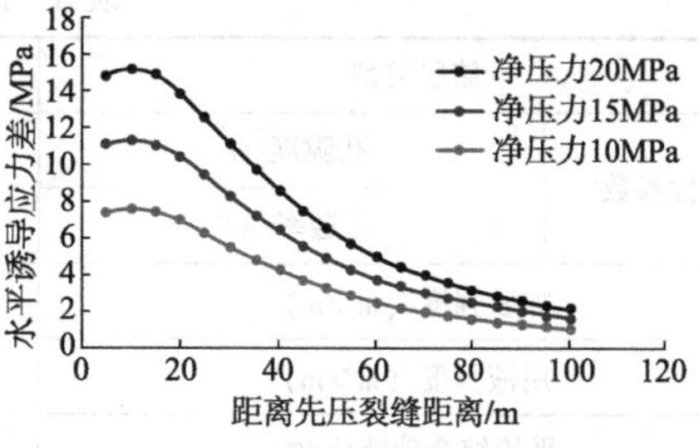

图3 不同净压力下诱导应力与压裂裂缝距离关系

沙溪庙组原始水平应力差16.7MPa，根据压裂施工排量与净压力关系模拟曲线(图4)，排量大于 12m³/min 以后，净压力增长不明显，约11.8MPa，要提高裂缝复杂性，则需要克服4.9MPa水平诱导应力差值，即相应的需要的平均裂缝间距约为50m。排量低于8m³/min，净压力值小于10MPa，需要克服6.7MPa以上的水平诱导应力差值，需要的平均裂缝间距小于20m。

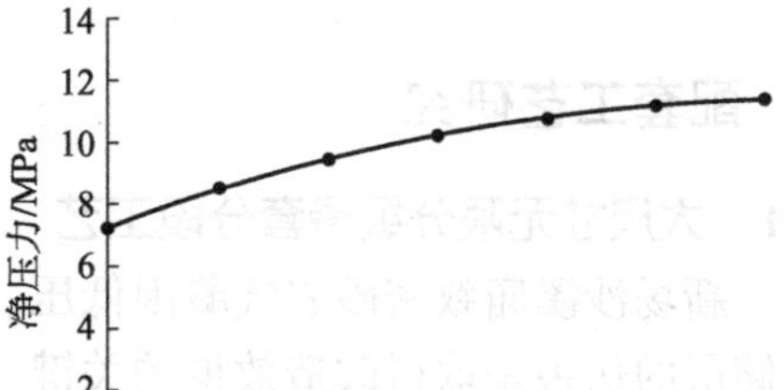

图4 施工排量与净压力关系曲线

2.2 裂缝参数优化

裂缝参数优化主要依据砂体横向及纵向展布，以及水平段方向储层物性及含气性，从而实现水平井在“长、宽、高”上的立体改造。

根据新场沙溪庙组储层类型分类标准，结合测井曲线，以产能最优为目标，进行不同缝长条件下的产能模拟对比，确定最优的裂缝长度 200m ±；根据目标层砂体垂厚 15 ~ 20m ±，考虑该砂体上下无其他优质砂体，设计裂缝高度 20m；根据单个有效渗流单元孔渗性，考虑产量最优下的 40m、50m、60m、70m 裂缝间距的不同裂缝条数产能进行模拟对比，综合水平方向上破裂压力计算，考虑裂缝位置处破裂压力最低，最终确定特定孔渗性条件下的裂缝间距 40 ~ 60m。裂缝参数优化结果见表 2。

表 2　裂缝参数优化结果

储层类型		Ⅰ类	Ⅱ类	Ⅲ类
物性参数	孔隙度/%	12	10	8
	渗透率/mD	0.2	0.1	0.05
裂缝间距/m	数值模拟	60 ~ 70	50 ~ 55	40 ~ 45
	应力干扰/(12m³/min)	50		
裂缝半长/m		180	200	220
导流能力/(μm²·cm)		20	15	10

2.3　施工参数优化

依据裂缝参数优化结果，对不同砂量、液量等施工参数下的裂缝参数进行模拟，形成针对不同类型储层的施工参数方案(表 3)。

表 3　施工参数优化结果

储层类型		Ⅰ类	Ⅱ类	Ⅲ类
物性参数	孔隙度/%	12	10	8
	渗透率/mD	0.2	0.1	0.05
加砂强度/(m³/m)		1.0	0.8	0.6
用液强度/(m³/m)		8.0	7.0	6.5
平均综合砂液比/%		12.4	11.5	10.7
施工排量/(m³/min)		10 ~ 12		

3　配套工艺研究

3.1　大尺寸无限分级滑套分段工艺

新场沙溪庙致密砂岩气藏因低压、低孔、低渗，通过不同管柱连续施工降低压裂改造对储层的伤害是取得改造效果的关键。为此，前期形成了 5 ½in 套管射孔完井 + 无限分级滑套分段压裂工艺，该工艺主体采用 2 ⅞in 油管 + Y341 封隔器 + 无限分级滑套压裂管柱进行分段，主要优点是：滑套无级差，分段级数不受限；一趟管柱完成所有层段压裂改造，施工连续；开启工具内径一直，采用可溶球实现压后全通径，方便油气采出及后期作业。但该管柱尺寸施工排量 4.0 ~ 4.5m³/min，不利于体积压裂提高裂缝复杂性。

根据体积压裂参数优化，在裂缝间距 50m 条件下，要提高裂缝复杂性，施工排量要求 12m³/min，依据对不同管柱下的压裂施工排量的预测结果，需要选择 3 ½in 及以上尺寸油管。为满足不动管柱、连续大排量施工，基于无限分级滑套创新研制了一种大尺寸无限分级滑套完井管柱，除具有前期无限分级滑套分段压裂工艺这个优点外，还具有以下优点：钻井完成后下入管柱至预定位置后固井，无须射孔，打开管柱上的滑套即可进行加砂压裂改造，省减完井工序，缩减建井流程，减低作业成本；工具尺寸系列化，可满足不同排量需求。

3.2 纳米改性低伤害压裂液技术

新场沙溪庙致密砂岩储层有效渗透率0.05～0.1mD，孔隙半径0.005～1.557μm，喉道半径0.005～2.5μm，具有孔隙度小、渗透率低、非均质性强的特征，一般需要压裂改造才能获得工业气流。但随着气藏的开发，地层能量亏空，施工中压裂液会大量滤失侵入地层，加大水锁、水敏等液相伤害和残渣吸附滞留固相伤害，基质伤害率超过30%，其中水敏、水锁伤害约占30%～40%，固相残渣伤害约占60%～70%，导致天然气产量未能充分释放。因此，通过研究压裂液伤害主控因素及机理，以“先堵后疏，堵疏结合”理念研制形成了纳米改性低伤害压裂液技术：利用封堵剂优先在储层纳米孔喉形成屏蔽，阻止压裂液进入喉道和孔隙。同时，利用吸附抑制剂在孔喉内壁形成竞争占位，显著降低压裂液的附着力，让进入储层的压裂液能自由排出，保障天然气流动通道畅通，从而提高天然气井产量。与传统压裂液相比，纳米改性低伤害压裂液侵入孔喉液量减少90%，吸附滞留量降低75%，储层伤害率降低50%以上。

3.3 前置液氮占位储能压裂技术

新场沙溪庙气藏加密调整区地层压力约18～26.5MPa，地层压力系数0.75～1.12，前期压裂实践表明，该类气藏地层能量亏空严重，压后排液困难，大量液体滞留严重影响增产效果。为此，研究形成了前置液氮占位储能压裂技术。即在压裂前置液前先注入纯液氮，提前进入空间狭小的微孔隙或开度极小的微裂缝，占据孔喉通道，减少液体进入。同时，氮气压缩系数远大于水(两个数量级)，随着储层压力的下降，氮气发生膨胀，依靠体积的膨胀填充地下亏空空间，综合为地层提供能量补充，达到助排增产的目的。

4 现场试验

针对新场沙溪庙储层特征及加密调整井压裂难点，形成的以加密分段、净压力控制技术提高改造体积为关键，配套“前置液氮增能＋纳米改性低伤害压裂液＋大尺寸无限分级滑套完井管柱”降低储层伤害为核心的低伤害高效压裂技术，在新场沙溪庙加密调整井中应用18井次，平均无阻流量16.3514×$10^4m^3/d$，较前期常规压裂(平均5.6235×$10^4m^3/d$)提高2.91倍，增产效果显著(图5)。

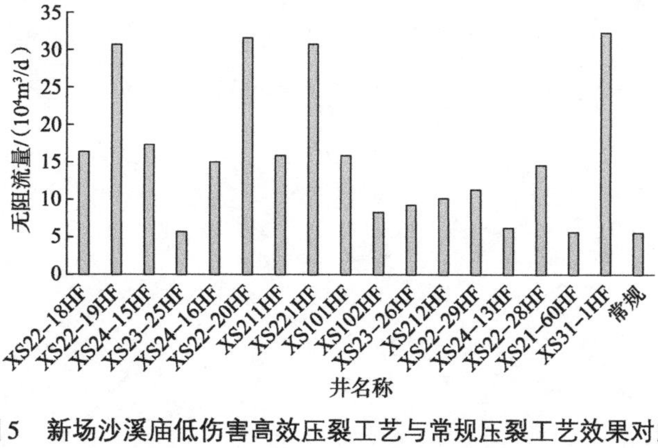

图5 新场沙溪庙低伤害高效压裂工艺与常规压裂工艺效果对比

5 结论及认识

(1)利用压裂多裂缝条件下诱导应力场，缩短裂缝间距、提高净压力可提高压裂裂缝复杂性，有利于提高储量动用程度。

(2)创新的大尺寸全通径无限级滑套完井管柱，不仅可实现不限级数分段压裂，还可省减完井工序，缩减建井流程，节约钻完井成本，系列化工具尺寸可与主流油套管尺寸匹配，满足不同排量需求施工，为致密油气藏压裂改造提供了经济高效的分段压裂工艺。

(3)针对新场沙溪庙储层特征及加密调整井压裂难点，集成形成的低伤害高效压裂技术，增产效果显著，为新场沙溪庙气藏开发中后期的稳产提供了有力的技术支撑。

参考文献

[1]王雨生. 新场上沙溪庙组 JS_2 气藏储层特征及开发策略[J]. 试采技术, 2005, 26(1): 29-31.

[2]刘正中, 吴铬, 黎华继, 等. 新场气田上沙溪庙组气藏储层表征及建模[J]. 天然气工业, 2002, 22(3): 52-55.

[3]金成志, 张玉广, 尚立涛, 等. 致密气藏复杂裂缝压裂技术[J]. 大庆石油地质与开发, 2018, 37(1): 154-158.

[4]王天驹, 陈赞, 王蕊, 等. 致密砂岩油藏体积压裂簇间距优化新方法[J]. 新疆石油地质, 2019, 40(3): 351-356.

[5]闫天雨. 变排量条件下致密砂岩储层缝网形成机制研究[D]. 大庆: 东北石油大学, 2020.

[6]闫怀荣, 蒲三龙, 魏江伟, 等. 姬塬油田高强度压裂改造工艺技术研究[J]. 石油化工应用, 2017, 36(4): 84-88.

[7]吴奇, 胥云, 王腾飞, 等. 增产改造理念的重大变革——体积改造技术概论[J]. 天然气工业, 2011, 31(4): 7-12.

[8]赵继勇, 何永宏, 樊建明, 李书恒, 王石头. 超低渗透致密油藏水平井井网优化技术研究[J]. 西南石油大学学报(自然科学版), 2014, 36(2): 91-98.

FW油田注采一体化提效治理技术研究与应用

马鑫怡

（河南油田石油工程技术研究院唐河采油工程所）

摘　要：FW油田构造破碎、含油层位少、埋藏浅、油层出砂、原油黏度高且差异大，原油性质以特稠油为主。受技术限制，1988年试油后一直未突破。本文通过老井冷热试采分析评价、井筒工艺配套技术优化研究、防砂工艺技术及参数优化研究、“蒸汽 + CO_2 + 降黏剂”协同作用对区块适应性评价研究、多轮次吞吐后周期效果变化特征研究，进行了一系列工艺配套技术公关，总结归纳出针对FW油田的注采一体化提效技术。通过本文的研究与应用，为FW油田支撑高效勘探开发奠定基础。

关键词：特稠油；注采一体化；CO_2；多轮次

1　试采概况

1.1　油藏特征

FW油田属于薄互层油藏，构造破碎、含油层位少、埋藏浅、含油宽度窄、边水强、原油黏度差异大。储层物性好，属于高孔－中高渗断块＋岩性油藏，控制地质储量 151.2×10^4t。原油分析结果显示：原油性质分普通稠油和特稠油两种类型，主要以特稠油为主；原油比重0.9608～0.9929g/cm³、黏度4712～43004mPa·s(50℃)。

1.2　试采背景

1988年对5口井进行试油，试油结果显示Ⅳ5³、6层均为稠油层。区块主要存在问题：一是原油黏度高造成原油流动困难，井筒举升难度大；二是地层出砂严重，油井不能连续生产；三是蒸汽热损失大，无法真正实现蒸汽吞吐开发。受技术限制，该区块一直未突破，属于储量“空白区”。

2023年为突破资源瓶颈，系统开展了新一轮基础研究，依托技术进步及难动用储量开发取得成功经验，配套 CO_2 采油技术、集成应用锅炉提干、井筒隔热注采一体化等工艺开展了多口井的热力试采评价工作。试采思路从三个“如何”开展：如何解决真正的蒸汽吞吐开发？如果解决地层出砂的问题？如何解决原油黏度高导致的原油流动困难问题？试采计划围绕“建管网－降热损－控出砂－提产能”，从地面到井筒，井筒到管柱，管柱到配套，配套到工艺参数精细优化，实现FW油田一体化提效治理技术的研究与应用。

作者简介：马鑫怡(1985—)，女，河南，河南油田石油工程技术研究院唐河采油工程所，高级工程师，主要研究方向稠油热采采油工艺。E－mail：871799695@qq.com。

2 工艺配套及优化

2.1 建管网

FW 区块油井分布零散，且无地面建设、管线、锅炉的配套，无法满足蒸汽吞吐开发。为解决这一问题，通过下两个方面进行地面配套建设。

2.1.1 地面建设规划部署

为真正实现蒸汽吞吐开发，提前规划部署地面建设方案。包括地面管网配套建设和中心区地面配套建设。包括集输管道、供天然气管道、供水管道、配套分离器、配套掺水泵、外输泵、单井注汽、集输、掺水管网、配套注汽锅炉系统等。

2.1.2 管线锅炉部署

FW 区 2024 年下步投产井数多，从区块位置图可看出，距离中心采油区较远，且无注汽管线及锅炉。先搬迁移动锅炉至 FQ5 井区，满足井区 5 口井注汽需求。再从 FQ5 井引接注汽支干线至 FQ19 和 FW1 井场，单井注汽管线从新建支干线上引接，管线架空敷设。最后搬迁移动锅炉为新建的 4 口井(2 座井场)提供蒸汽。

2.2 降热损

为降低热损失，提高注汽质量，保证措施效果，从以下三个方面进行地面、井筒工艺配套。

2.2.1 锅炉、管网保干提效优化

地面配套：进行锅炉提干、沿程保干、油管隔热、井筒保温等工作，进行全过程“热管理”，保证井底注汽干度，提升注汽管网热效率及锅炉有效率。

2.2.2 井筒隔热工艺优化

井筒配套：配套气凝胶隔热油管、隔热封隔器等管柱工具，形成了高效隔热井筒工艺技术，减少热损失。优选隔热油管，应用气凝胶隔热油管(含隔热油管接箍)19 井次。

2.2.3 环空注氮工艺优化

环空工艺：采用隔热油管 + 套管氮气隔热方式，注汽管柱采用 Φ89mm × 76mm、Φ114mm × 76mm 隔热油管，注汽过程中环空注氮气，形成了高效隔热井筒工艺技术，井底注汽干度由 50% 提升至 75%，减少了蒸汽损耗。

2.3 控出砂

FW 区历史试采结果显示，地层出砂严重。为改善地层出砂，保证油井连续生产，配套防砂工艺，通过现场应用实施效果，对防砂工艺及参数精细优化。

2.3.1 循环充填防砂工艺优化

考虑循环充填防砂技术特点：(1)防砂筛管间隙大，不影响渗流能力，对油井产量影响小；(2)防砂费用低；(3)施工简单，施工车组少。因此，采用该防砂技术，在方案设计参数上试验并优化。2023 年共现场应用实施工作量 8 井次，施工参数来看，施工压力保持在 6 ~ 10MPa，加砂量合格率仅 20%，填砂量缺口比例在 2.9% ~ 79.3%。

油井生产效果对比结果显示，生产特征普遍表为低液量。其中加砂量偏高的 FQ501 井，生产效果最好。通过分析研讨认为，FW 区泥质含量重，填砂量小，不能形成连续稳定的高强度高渗透性砂体，且井下防砂工具摩阻大影响井筒举升，造成部分井生产效果变差。因此，将防砂工艺优化为挤压充填防砂。

2.3.2 挤压充填防砂工艺优化

挤压充填防砂技术特点：(1)工艺成功率高，防砂管间隙大；(2)防砂效果好，有效期长；(3)能重新改造油层结构，具有防砂增产的作用。分析认为，该技术对 FW 区块油井适应性更好，因此2024 年开始优选该技术，并深入优化具体工艺参数。2024 年共现场应用实施工作量 10 井次，施工参数来看，施工压力提升至 8 ~23MPa，远高于循环充填防砂。加砂量合格率 80%，每米填砂量 0.03 ~16.39t 之间。

油井生产效果来看，已实施 10 井次，阶段产油 758t，预测周期结束产油 1560t，平均单井产油 156t，核实油汽比 0.31，措施效果较好，进一步印证了挤压充填防砂技术的优化应用在 FW 油田的油藏适应性好。

2.4 提产能

地面、井筒、管柱的配套工作均为提产能奠定基础，依托室内实验结果，综合资料分析，采用冷热交替、CO_2采油、多轮次控递减等的工艺优化工作，实现 FW 油田高效开发。

2.4.1 室内试验

通过前期室内实验，确定工艺方案参数优化依据。试验条件：FQ2 井，45℃下初始黏度 12150mPa·s，分别对油溶降黏剂、水溶降黏剂进行不同浓度下降黏率测试。

实验结果得出：水溶降黏剂在 0.5% 浓度下降黏率 44%；油溶降黏剂在 5% 浓度下降黏率 57%。综合实验结果得出：同等温度下油溶降黏剂的降黏率高于水溶降黏剂，且油溶降黏剂在 5% 浓度下降黏率最高。

2.4.2 资料录取

通过现场取样工作，对区块逐个单井进行多阶段黏度数据录取。累计现场黏度取样 54 井次，较全面地对地层原油黏度进行了分析研究。化验结果分断块可得出：FQ5 井区地层温度下降原油黏度 32045mPa·s、FQ19 井区地层温度下降原油黏度 23142mPa·s、FQ2 井区地层温度下降原油黏度 20687mPa·s、FQ7 井区地层温度下降原油黏度 46159mPa·s、FW1 井区地层温度下降原油黏度 4896mPa·s。其中，FQ5、FQ19、FQ2、FQ7 井区均为特稠油，FW1 井区为普通稠油。

2.4.3 冷热交替试采

冷热交替试采思路来自 FW1 井，该井投产 H3Ⅳ5^2层，砂厚 7.5m，油层温度下原油黏度 4896mPa·s，属于普通稠油。2023 年 7 月抽汲热力试采产油 166t，油气比 0.68，采注比 1.13。抽汲试采结果看效果好，生产特征为低能低液低含水。

首先进行热力试采，鉴于热处理周期效果，结合该井原油黏度数据，第一轮热采配套CO_2采油措施，以增能为目的。注入工艺优化为“CO_2 +氮气隔热 +蒸汽”。参数优化方面：第一周期配套降黏措施，为延长周期生产效果，补充地层能量，对 CO_2注入半径确定为 25m，氮气隔热 2000Nm^3。措施后周期产油 144t，油汽比 0.20。现场应用效果证实，FW1 井 CO_2辅助蒸汽吞吐油藏适应性好。

其次进行化学冷采试采，结合该井第一轮热采后开采特征，油汽比高，但采注比低。认为目前地层有一定的能量和热量，为降低措施成本，提出了冷热交替的治理思路。为了精细工艺参数，通过对录取油样进行室内试验。实验条件：脱游离水油样；试验温度：34℃；试验参数：油水比 7:3。试验结果得出：试剂浓度在 8% 时降黏率 78%，经济适用性最好。因此，结合生产特征，确定了工艺思路：一是冷采降黏设计用量、半径参考上周期注汽量及注汽半径；二是采用变浓度多段塞的注入工艺，保持降黏剂的有效作用浓度。现场应用后周期产油49t，生产效果较差，现场应用效果显示，化学冷采对该井油层适应性差，效果差。

通过两轮冷热试采结果，得出冷热交替对该井针对性差，因此效果差，冷热交替思路对FW区块的油藏适应性，需与地质结合进行深入分析研究。目前FW1井继续配套CO_2辅助蒸汽吞吐试采，生产效果较好。

2.4.4　CO_2采油工艺配套

CO_2对地层具有溶解降黏、改善水油流度比、膨胀、有利于井筒举升、溶解气驱等作用。结合FW油田油藏情况，采用高效油溶性复合降黏剂＋CO_2辅助油井蒸汽吞吐，利用其协同降黏、混合传质及增能助排作用，降低注汽压力、扩大波及体积，实现FW油田油藏有效开发。

工艺类型优选：依据前期室内试验结果及黏度资料化验结果，研究分析，首轮工艺设计优选“油溶＋CO_2＋氮气隔热＋蒸汽”注入方式。

CO_2注入参数设计：采用圆柱体模型计算，注入量的确定除了考虑油层的物性参数以外，还充分考虑了CO_2在油和水的溶解度。

$$V_p = 3.14 \times r^2 \times h \times \Phi \tag{1}$$

$$Q_{CO_2} = [V_p \times S_o \times 1 \times R_o + V_p \times (1 - S_o) \times R_w]/509 \tag{2}$$

式中，Q_{CO_2}为CO_2注入量，t；V_p为孔隙体积，m^3；S_o为含油饱和度，%；ρ_o为原油密度，t/m^3；R_o为气油比，m^3/t；R_w为气水比，m^3/t；r为处理半径，m；h为有效厚度，m；Φ为油层孔隙度，%。

降黏剂参数设计：油溶降黏剂处理半径设计为0.8m，目的为降低原油黏度、疏通近井地带、降低注汽压力。

通过工艺设计优化，有利于井筒举升，改善水油流度比，叠加降黏效果；配合蒸汽参数优化设计，扩大热波及半径。

FW区优选两个注入方式：一是针对原油黏度偏高的井区优选实施“油溶＋CO_2＋氮气隔热＋蒸汽”注入方式，利用CO_2和油溶降黏剂协同作用，辅助蒸汽进一步降低原油黏度，改善生产效果，氮气隔热，延长低温采油期；二是针对原油黏度低的FW1井区优选实施“CO_2＋氮气隔热＋蒸汽”注入方式，主要解决地层能量低问题，利用CO_2的溶解降黏增能作用，提高地层返排能力，延长周期效果。

总体效果：目前开发FQ5、FW1、FQ2、FQ7、FQ19 5个断块，累计21井次配套CO_2采油措施，阶段油气比0.26，周期效果较好。其中FQ501井效果最好，油气比分别为0.48，全口径操作成本1694元/吨。

2.4.5　多轮次工艺参数优化

通过近年CO_2采油逐轮次效果统计结果显示：1～4轮次，CO_2增幅控制在30%以下，油气比控制在0.22～0.26，操作成本增幅为负，效果效益好；4轮次以上，CO_2增幅在14%～28%，产油递减增加至29%，油气比在0.11～0.16之间，操作成本高至6025元/吨，增加明显。总结分析：多轮次后单纯靠增加CO_2注入已很难改善周期效果，需增加前置段塞填补高动用区，稳定地层压力保持水平，并优化蒸汽参数，进一步扩大蒸汽热波及半径。

FQ501 井为例，该井生产 H3Ⅳ$5^{2下}$、Ⅳ5^3层，砂厚6.4m，原油分析结果显示，地层温度31.7℃下原油黏度26762mPa·s，属于特稠油。该井存在主要问题一是原油黏度高；二是地层出砂；三是低能低液低含水。工艺配套技术：先期防砂+隔热注采一体化+CO_2采油。

该井已实施了3个轮次的CO_2复合降黏措施，均以递增CO_2量、蒸汽量来达到稳产，生产效果较好，累计周期产油1098t，核实油气比0.47，85美元下全口径操作成本1512元/吨，边际效益203.5万元。效果证实：工艺参数优化合理。但是随着轮次的增加，措施投入增加，周期递减加大，效果效益有变差趋势。

FQ501 井结合前三个轮次生产效果，认为该井对CO_2复合降黏技术的工艺适应性较好，第四轮次继续选择CO_2复合降黏措施。为解决多轮次控递减、稳产能的问题，一方面通过分区优化CO_2用量，另一方面通过增加调剖段塞的方式暂堵高动用区提高CO_2的有效利用率。

根据预测增油量，反推出CO_2需要增加的体积V增量，利用单井周期递减，预测出高动用区域产油。

多轮次CO_2注入参数设计：

$$Q_o = Q_1 + Q_2 \tag{3}$$

$$Q_1 = Q_{上} \times (1 - D) \tag{4}$$

$$Q_2 = V_{增量} \times \rho_o \times S_o \times V_o \tag{5}$$

$$V_p = V_{上} + V_{增量} \tag{6}$$

$$CO_2 = (V_p \times S_o \times 1 \times R_o + V_p \times (1 - S_o) \times R_w)/509 \tag{7}$$

式中，Q_o为本周期预测产油，t；$Q_{上}$为上周期产油，t；Q_1为高动用区域产油量，t；Q_2为低动用区域产油量，t；D为区块递减率，t；$V_{CO_2增量}$为增加CO_2量扩大的孔隙体积，m^3；V_o为CO_2采油速度，%；ρ_o为原油密度，t/m^3；S_o为含油饱和度，%；$V_{上}$为上期增加CO_2量扩大的孔隙体积，m^3；V_p为孔隙体积，m^3；R_o为气油比，m^3/t；R_w为气水比，m^3/t。

因此，第四周期工艺优化思路转变一是优化增加前置段塞填补高动用区；二是优化蒸汽参数，进一步扩大地下热波及半径，提高剩余油深部动用。优选"调剖+油溶+CO_2+氮气+蒸汽"注入工艺，该井措施实施后效果明显，截至目前，第四周期阶段累计产油210t，油汽比0.20，持续增产中。

总结如下：一是需配套CO_2复合降黏措施；二是做好CO_2与蒸汽地下体积的参数匹配工作；三是做好多轮次后工艺配套的优化工作。通过FQ501井多轮次工艺优化思路，为下步FW区块多轮次工艺方案优化提供依据。

3 总体效果

3.1 现场应用情况

2023年至2024年付湾油田通过锅炉提干、井筒隔热注采一体化、防砂、CO_2采油等工艺的优化配套，高效支撑勘探开发，成果显著。截至目前，FW区试采投产油井13口，其中老井5口，新井8口。随着新井投产+配套措施，区块产量稳步提升，峰值日产油43t，取得了区块试采的阶段性进展。

3.2 效果效益情况

截至2024年8月，累计实施28井次工艺配套优化，累计阶段产油6076t，阶段油汽比0.23；预计周期结束产油7058t，核实油汽比0.26，85美元下全口径操作成本2019元/吨，投入边际效益760万元。

4 取得的认识

近两年对FW油田的试采工作取得了阶段性成果，总结以下四点认识：

(1)特稠油油藏蒸汽吞吐开发过程中，地面配套、井筒工艺、管柱优化、工艺配套技术集成应用可实现“1+1>2”。

(2) CO_2 复合降黏措施对该区块的油藏适应性好，为类似区块提供技术借鉴。

(3)蒸汽和 CO_2 地下体积匹配尤为重要，需精细参数的优化及匹配工作。

(4)针对多轮次后控递减方面，增加前置段塞，填补地层高动用区，稳定地层压力保持水平，同时进一步扩大热波及体积，提高储量动用程度。

参考文献

[1]刘锦彪. CO_2 强化采油技术在超稠油热采上的应用[J]. 中国石油和化工标准与质量，2013，05(10)261.

[2]袁光喜，陈金星，罗全民，等. CO_2 辅助蒸汽提高春光超稠油开发效果实验研究[J]. 石油地质与工程，2018，32(6)：82-84.

[3]张龙力，王善堂，杨国华，等. 稠油 CO_2 降黏的化学机制研究[J]. 石油化工高等学校学报，2011，24：3-7.

[4]李云飞，董兴，李欢，等. CO_2 吞吐技术在克拉玛依油田白251井区的应用[J]. 新疆石油天然气，2019，03.

[5]王福顺，牟珍宝，刘鹏程，等. 超稠油油藏 CO_2 辅助开采作用机理实验与数值模拟研究[J]. 油气地质与采收率，2017，06.

[6]王春智. HDCS驱提高稠油油藏采收率技术研究[D]. 中国石油大学(华东)，2015.06.

[7]要步旻. 组合式降黏技术在锦25块的研究与应用[J]. 内蒙古石油化工，2012.07.

[8]张瑞伏，岳玉堂，等. 特稠油井筒降黏工艺技术的试验[J]. 特种油气藏，1994.01.

二氧化碳驱配套工艺技术研究

薛永新　吴莎　王树涛　张余贵　李朝东　刘琼

(中国石油化工集团有限公司中原油田分公司石油工程技术研究院)

摘　要：CCUS(碳捕集、利用与封存)技术对绿色低碳转型、实现“双碳”目标意义重大，而CO_2驱油埋存是其重要内容。中原油田2008年开展CO_2驱技术研究，逐步形成二氧化碳驱工程配套技术，初步满足现场应用需求。目前针对CO_2驱规模化应用的“安全注气管柱、监测、防腐、产出气回注”等卡脖子点进行攻关，形成了“复杂井况安全长效注气管柱、CO_2驱多维监测技术、耐温120℃全水溶型抗CO_2固体缓蚀剂、宽域伺服混合气回注工艺”二氧化碳驱配套工艺技术体系。2022年中原油田气驱攻关团队成立以来实施CO_2驱9个区块11个井组，覆盖地质储量372.41×10^4t，累注气6.51×10^4t，对应油井15口，11口已见效，见效率73.3%，累增油1.40×10^4t，阶段换油率0.24t/t，实现了较好的增产效果及经济效益。

关键词：复杂井况安全长效注气管柱；全方位系统监测；全水溶固体缓蚀剂；伺服宽域产出气回注工艺

中原油田17年CO_2驱工作经验，针对现场实施安全长效注气、高效防腐及产出气回注等技术难题，通过继承和创新相结合，针对CO_2驱规模化应用的“安全注气管柱、监测、防腐、产出气回注”等卡脖子点进行攻关，形成了“复杂井况安全长效注气管柱、CO_2驱多维监测技术、耐温120℃全水溶型抗CO_2固体缓蚀剂、宽域伺服混合气回注工艺”二氧化碳驱配套工艺技术体系，为气驱规模化和产业化应用提供可靠技术支撑。

1　二氧化碳驱关键配套工艺技术

1.1　复杂井况安全长效注气管柱

针对CO_2驱安全长效注气工具不配套、无法满足高压深井注气需求、缺乏4in套井注气工具、封隔器氢化丁腈胶筒受交变载荷影响、有效期短等问题，制定强化结构设计、提升材料性能等对策，创新研制CO_2分注工具系列。最终解决了4in套井、大斜度深井的卡封注气难题，实现复杂井况安全长效注气。

首创小直径双密封注气封隔器，国内首次应用4in套井顶封注CO_2工艺。采用有限元模拟分析技术，优化内外气密封扣，创新双级密封、双向锚定结构设计，研制ϕ80mm双级密封注气封隔器，耐温130℃、耐压差40MPa。材质：4Cr13不锈钢防腐材质、BGT2气密封扣设计；尺寸：外径80mm、内径40mm，满足测试要求；解封方式：逐级上提下放坐封解封，操作便捷。坐封压力8～12t、解封压力60～80kN(图1)。

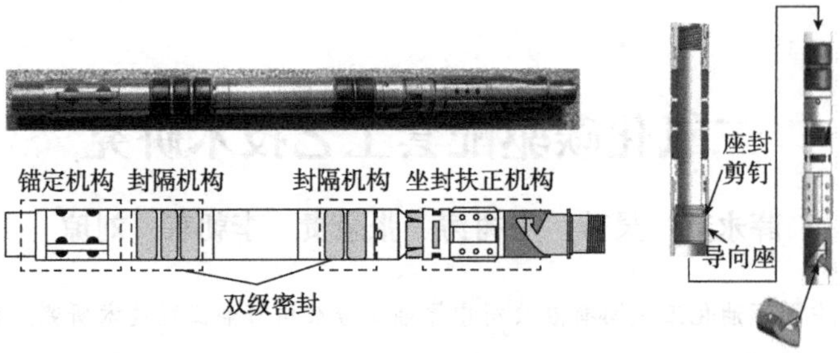

图1　4in 套封双级密封注气封隔器结构及实物图

通过优化双向卡瓦、双解封机构设计，研制大通径回插式注气封隔器，可用于45°以上斜度井，最大下深4500m，耐温150℃、耐压差60MPa，内通径50mm、满足测试需求，一趟管柱可实现闭式压井和开式注气。研发新型耐高温抗老化气密胶筒，优化合金钢与聚四氟乙烯组合护肩设计，达到V0级气密封标准。耐高温多点交联技术，引入高耐热的硅氧，提高材料的耐热性能，多官能团化合物多点交联技术，橡胶材料高温伸长率提高20%，胶筒结构优化，设计合金钢和聚四氟乙烯保护胶筒并参与密封，耐压差由35MPa提升至60MPa(表1、图2)。

表1　封隔器改进前后性能对比

项目	改进前封隔器	大通径回插式注气封隔器
密封级别	V1	V0
耐压差/MPa	35	60
内通径/mm	25	50
解封方式	下工具解封	下工具解封/切割

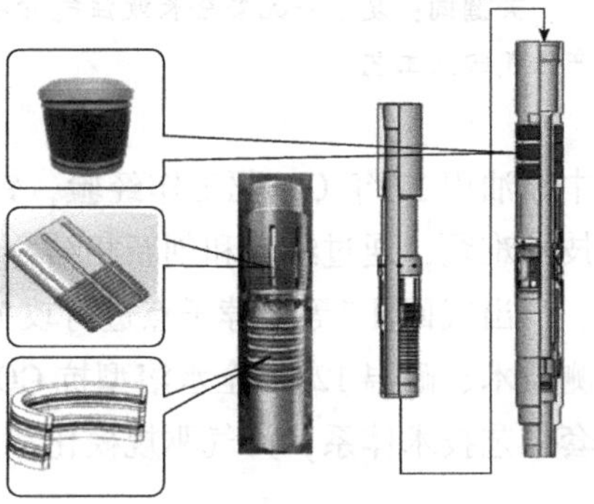

图2　大通径回插式注气封隔器结构图

1.2　耐温全水溶性抗 CO_2 固体缓蚀剂

针对固体缓蚀剂耐温小于100℃，无法满足高温低渗油藏应用要求，无法实现全水溶，有30%左右残渣，井底生产工况条件下，长周期缓释平稳性差的问题，通过优化体系配方、构建多级释放通道，创新研发耐温120℃全水溶性抗 CO_2 固体缓蚀剂，平稳缓释周期30d，解决了高温低渗油井腐蚀防护难题，成果转化现场应用降本50%。

优化耐高温抗 CO_2 缓蚀组分结构设计，120℃碳钢管材腐蚀速率 <0.076mm/a。基于“合成温度高于环境温度，分子结构稳定”的原理，通过室内平行对比实验，优化KL类主剂的耐高温抗 CO_2 缓蚀组分设计。主剂优化设计，合成温度140~160℃、多吸附点的KL类，高温环境中主剂致密完整吸附膜高效稳定；助剂和增效剂优化设计，有机含硫化合物和无机含钾化合物，通过“几何吸附效应”进一步提升了吸附膜完整性、致密性。

创新双作用全水溶性成型剂分级释放方法，平稳缓释时间达30d。新设计了“缓慢水溶+快速水溶通道”的成型剂组合，优化成型组分4∶1(摩尔比)，达到缓释时间30天的缓慢平稳释放，全水溶无残渣。缓慢水溶成型组分：高分子树脂类化合物，包裹缓蚀组分，微溶于热水，缓蚀组分“缓慢释放”与“有效释放”平衡，缓慢释放缓蚀组分；快速水溶通道成型组分：有机醇类高分子聚合物，易溶于热水，形成缓蚀组分通道，缓蚀组分能够有效释放(图3、表2)。

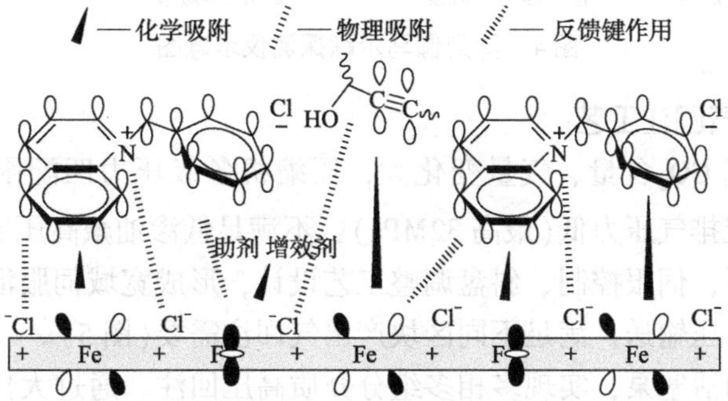

图3　KL类主剂在碳钢表面吸附示意图

表2　性能对比

固体缓蚀剂浓度	研发固体缓蚀剂		现有固体缓蚀剂	
	平均腐蚀速率/(mm/a)	缓蚀率/%	平均腐蚀速率/(mm/a)	缓蚀率/%
无缓蚀剂	0.0961		0.0961	
35ppm	0.0150	84.43	0.0218	77.33
50ppm	0.0095	90.10	0.0187	80.54
100ppm	0.0107	88.83	0.0216	77.50
150ppm	0.0099	89.68	0.0197	79.53
残留率/%	0		31	

1.3　CO_2驱监测技术研究

针对高温(>130℃)、低注气量注气井(<20t/d)，难以准确监测CO_2驱吸气剖面，缺乏二氧化碳驱替前缘评价技术的问题，引入活化示踪监测技术、建立CO_2驱试井解释模型，创新形成CO_2驱多维监测技术，实现纵向吸气剖面定量识别、平面驱替前缘精准定位，指导CO_2驱参数优化调整。

国内首创活化示踪CO_2吸气剖面测试技术，实现高压低注气量井剖面准确评价。创新引入超长活化期示踪剂，应用超声波雾化器与阵列伽马探测器，实现示踪剂与超临界CO_2均匀混合和精准识别。形成示踪流量吸气剖面测试技术，耐温150℃、耐压70MPa、流量识别能力10t/d、活化示踪液半衰期短153s(氧活化仪器活化期7.13s)、有效探测时间提升20.5倍；阵列伽马示踪探测仪，最小流动信号捕捉流量0.85t/d；连续与点测工艺相结合，小层吸气定量测试精度0.5t/d。

建立CO_2驱替前缘解释模型，实现试井方法定量表征气驱前缘。针对低渗储层较强的应力敏感效应，在试井数值模拟解释基础上，引入启动压力梯度、应力敏感性等参数，修正线性渗流模型的同时建立三区复合气驱前缘试井解释模型，准确识别CO_2驱替前缘(图4)。

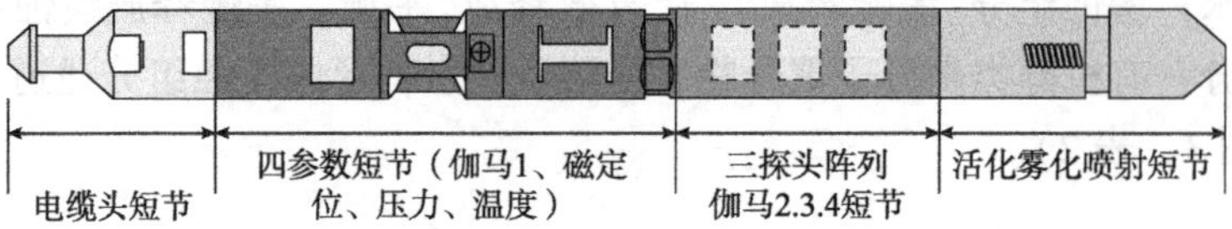

图4　阵列伽马示踪探测仪示意图

1.4　宽域伺服混合气回注工艺

针对井组产出气 CO_2 含量、气量变化大，压缩机各级压力匹配困难，设备运行窗口窄、频繁启停，额定排气压力低(最高 32MPa)，不满足低渗油藏高压回注要求的问题，优选液压双作用活塞泵，伺服控制、斜盘调整工艺设计，形成宽域伺服混合气回注工艺，实现多相多组分介质高压输送，满足不同区块产出气回注需要(图5)。

优选液压双作用活塞泵，实现多相多组分介质高压回注。通过大比例压缩缸容积的不断变化，满足气、液及气液两相和不同相态 CO_2 增压输送。通过工况模拟运行，结合现场 CO_2 驱注入和生产参数，满足单井组及区块混合气回注工艺需要。活塞双向作用，泵效95%以上，液压传动无机械装置，具有故障率低、使用寿命长的特点。进气缸和排气缸联动设计，充分利用进口压力，降低工作压差，节能12%。创新引入伺服控制模块、斜盘调整工艺，进气压力 0～2.0MPa 排量无级调节。液压油能量传导＋活塞冲程双变量控制设计，压缩机组运行中可大范围无级调速，根据来气压力和流量变化实现排量 0～100% 自动控制(图6)。

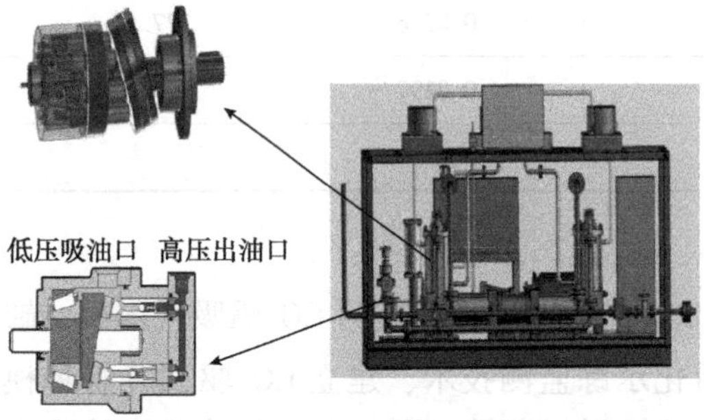

图5　宽域伺服混合器回注装置设计图

图6　胡109井产出气回注装置改造升级

2　现场应用

中原油田实施 CO_2 驱共 9 个区块 11 个井组，覆盖地质储量 372.41×10^4t，累注气 6.51×10^4t，对应油井 15 口，11 口已见效，见效率 73.3%。累增油 1.40×10^4t，阶段换油率 0.24t/t。

2.1　配套工艺技术在油田开展应用

(1)4in 套双级密封注气封隔器、大通径回插式注气封隔器支撑现场应用。4in 套双级密封注气封隔器，在濮 1－114 应用，解决小直径井无安全长效注气工艺管柱难题。大通径回插式注气封隔器，在桥 58－5 井应用，一趟管柱实现卡封压井循环，回插完井注气，节约作业费用 130 余万元。

(2)自主生产全水溶性固体缓蚀剂在濮东采油厂 CO_2驱产出井先导应用，优化投加参数，对应油井铁离子含量降幅达30%以上。

(3)胡5－125应用活化示踪技术，确定套管漏失位置。活化示踪流量测试，CO_2注入量10t/d条件下，准确识别套管漏失情况，为下步安全处置提供技术依据。胡19－47井焖井期间，首次应用压降测试分析注气前缘，指导方案优化实施

(4)产出气宽域伺服混合气回注工艺在胡109注气站应用，排气量0～10000Nm^3/d，最大排气压力50MPa，实现CO_2存储－注入－产出流体分离－计量－混合气脱水－回注全流程注入。

3　结论与认识

(1)研发的CO_2驱注采工具系列、耐高温全水溶型固体缓蚀剂填补了中原油田CO_2驱工程技术短板，为高温低渗难注水油藏和探明未动用储量的注气开发提供了安全保障。

(2)研究形成的立体监测技术可为方案调整及效果评价提供依据，支撑CO_2驱高效开发。

(3)伺服宽域产出气回注工艺油藏普适性强，可实现产出气循环利用，提高经济效益减少CO_2排放。

四川盆地超深高含硫气井排水采气工艺研究及应用

魏瑞玲　段承琏　盛建明　李宗林　石子明

（中原油田分公司石油工程技术研究院）

摘　要：川东北普光气田为超深高含硫气田，水侵区部分井完全水淹停喷，水侵前缘区域的气井仍有较高的含气饱和度，具有排采挖潜潜力，根据气井完井及生产工况，优选了气举排水工艺。本文立足气举工艺的实际应用开展了以下研究：(1)通过气井生产流动分析论证了水侵井气举复产的可行性，预测气举后井筒流动状态显著改善，明确了工艺应用边界条件。(2)针对生产管柱特点设计了冲孔气举方式，通过优化冲孔参数降低注入点摩阻效应，采用室内及现场试验方法优化设计了过油管冲孔工艺。(3)将安全应用纳入整体工艺设计，建立了一体化防垢防硫、防硫化氢泄漏安全控制措施。现场应用后气井恢复连续生产，复产气量90%，充分表明气举工艺能够在超深高含硫气井安全有效复产，取得的现场应用经验对同类型气井的高效复产具有重要指导意义。

关键词：高含硫气田；排水采气；气举；超深井

四川盆地川东北地区是我国深层高含硫天然气的主要生产基地，其中普光气田是典型代表之一。普光气田为碳酸盐岩储层，气藏埋深4750～6200m，H_2S含量15.2%，CO_2体积含量8.6%。采用永久式生产管柱，套管下部为抗硫合金套管，永久封上部为普通抗硫钢材(图1)。截至目前已投入开发16年，地层压力降至28MPa以下，边底水不断推进，多口气井见水，部分井水淹停产，单井产水量20～375m^3/d。排水采气工艺是治理气井水淹和维持水线均匀推进的重要手段之一，然而“高温、高压、高含硫化氢”的问题限制了常规井下工具和药剂的使用，因此该工况下的排水采气工艺应用长时间未取得重大突破。

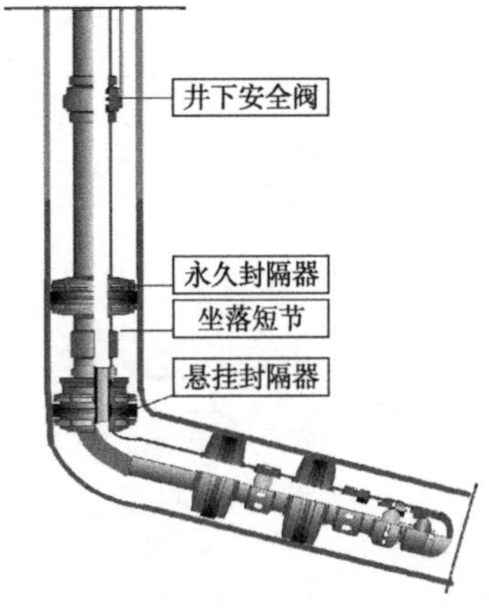

图1　典型永久生产管柱示意图

本文针对气举工艺在超深高含硫井的应用开展相关研究，并进行了现场实践，为高含硫气井见水后挖潜提供了明确思路和实现路径。

1　气举工艺适应性评价

1.1　垂直压降计算模型

气举工艺参数的准确计算及应用与井筒垂直管流压降的计算直接相关。由于构造位置，不同部位及层位水侵程度不同，气井产出液气比差异大，覆盖范围(0.5～11)$m^3/10^4m^3$，井筒流态分布复杂。根据现场实际运行

第一作者简介：魏瑞玲(1974—)，女，河南濮阳人，中原油田石油工程技术研究院，高工，主要研究方向为举升工艺、采气工艺。E－mail：608645178@qq.com。

经验，气井需根据液气比采用不同的管流模型，以适应带水生产气井垂直压降的准确预测。常用压降计算模型有 Hagedorn－Brown 等 10 余种方法，并各有适用范围（表 1）。

表 1　部分垂直压降计算模型适用范围说明

序号	模型	适用流动型态
1	Hagedorn－Brown	采用阻力系数法计算，不考虑流态
2	Aziz－Govier－Fogarasi	泡状流、段塞流、过渡流、环状流和雾状流。过渡流、环状流和雾状流采用 Duns－Ros 法。认可度高
3	Ansari	泡状流、段塞流、搅动流、环状流。工程精度高，更适用于较短的管段，而对深度或压差很大的井，需进行一连串分段计算
4	gray	泡状流，段塞流，段塞流与雾状流的过渡区，雾状流。定义泡状流和段塞流界限系数，过渡区、雾流采用 Duns－Ros 法。使 Griffith－Walks 的段塞流计算延伸到高流量范围，是业界公认的可靠方法之一
5	Beggs & Brill	分离流、间歇流、分散流。利用弗劳德数判断流态
6	Gomes 等	分层流、泡状流、段塞流、环状流、分散泡状流

本文采用稳定生产气井的永置式井下压力计所录取资料进行模型拟合优选，该井液气比由初期的 0.1m^3(10^4m^3) 逐渐上升至 9.5m^3(10^4m^3)，具有典型代表意义。分别采用 Hagedorn－Brown、Beggs－Brill、Gray、Duns－Ros 等压降计算模型，利用日生产动态数据计算井筒压力分布，并与测试流压进行误差评价（图 2）。根据压力拟合结果，初期无水生产期计算结果与实测结果较为接近；随着水侵的加剧，液气比逐渐升高，模型计算误差逐渐增大，Gray 模型拟合流压与实测流压趋势一致、符合度较高，平均误差 2.5%，满足工程计算准确度要求。考虑液气比分区的垂直管流模型计算优选结果（表 2）。

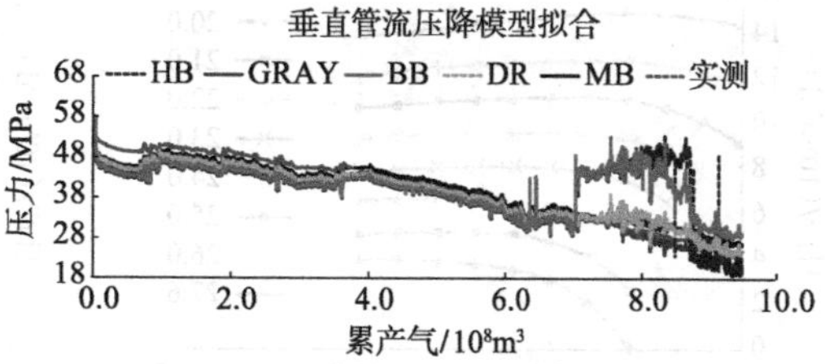

图 2　计算流压与实测流压对比曲线

表 2　不同液气比时的管流模型选择

液气比/($m^3/10^4m^3$)	<0.15	0.15～0.6	0.6～9
累产气/10^8m^3	3.6	7.1	>7.1
适用方法	Hagedorn－Brown	Beggs－Brill	Gray
计算误差/%	0.8	1.5	2.5

1.2　气举工艺复产潜力评价

采用优选拟合的 Gray 模型计算注气后井筒压力梯度的变化，预测气举后井筒可降低的井底流压，进一步预测气井可释放的产能。（图 3）井口气量达到临界携液气量 10×$10^4m^3/d$ 的条件下，通过注气使液气比从 10$m^3/10^4m^3$ 降低至 3$m^3/10^4m^3$ 时，井筒压力梯度明显下降，油管内的气液混合物对井底产生的回压减少 6.4MPa，可显著延长气井的带液生产期。

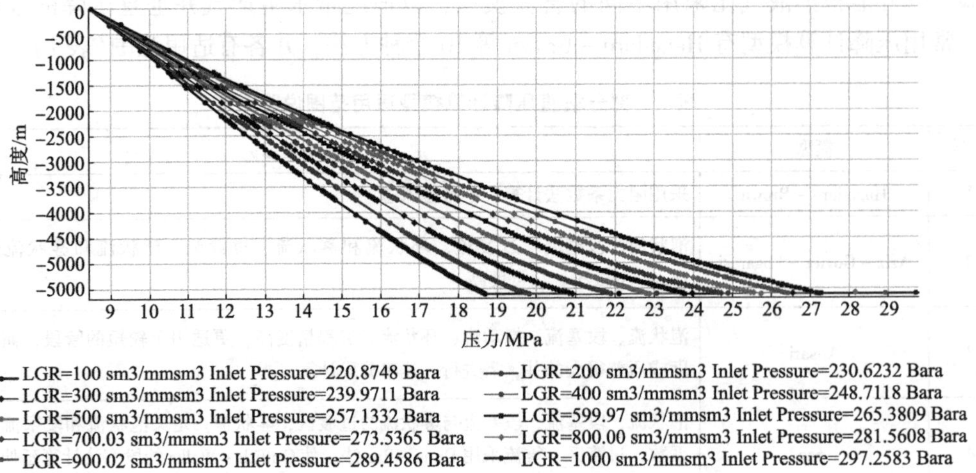

图3　气举后井筒流压变化趋势

分别计算不同液气比下、地层压力下的气举工艺效果，评价气举工艺的适用性。一定液气比条件下，气举后气井临界停喷压力显著下降，由原来的25.5MPa下降至20MPa以下，气举后的复产效果与地层压力正相关，气举工艺介入越早复产的产量越高(图4)。一定地层压力条件下，液气比越高气举效果越明显(图5)。

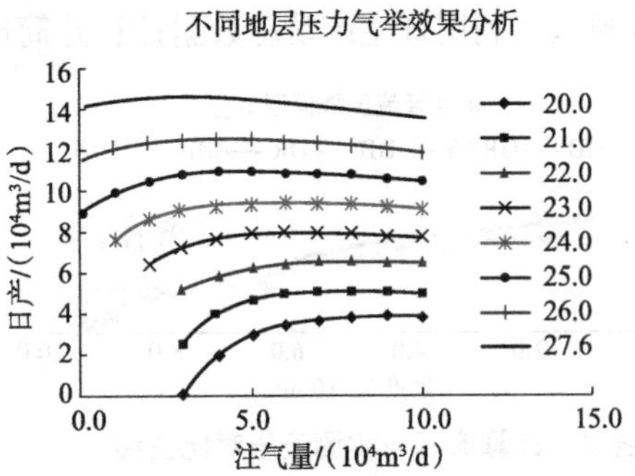

图4　地层压力－气举效果关系

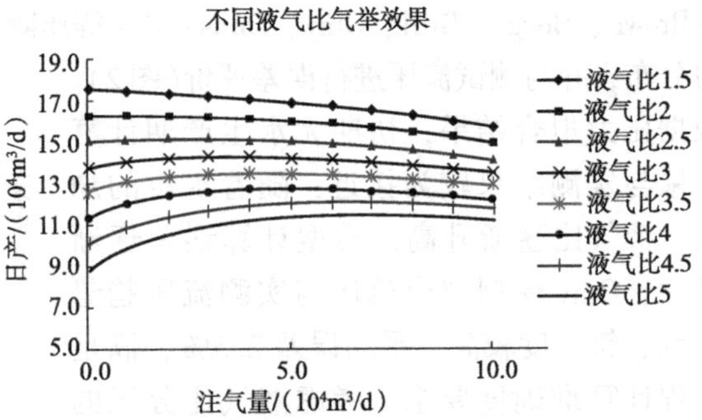

图5　液气比－气举效果关系

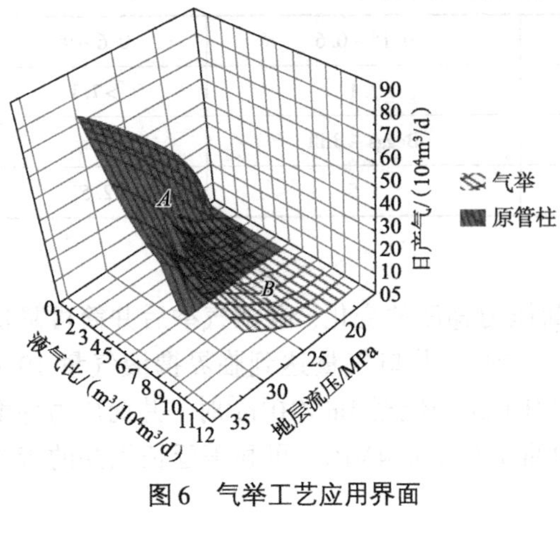

图6　气举工艺应用界面

现场生产中地层压力难以实时获取，因此以井底流压为参考指标，同时以液气比、井底流压、产气量这三项关键因素建立气举三维应用曲面图，量化组合因素对气举影响(图6)。如图所示，曲面*A*代表不考虑携液时现有生产管柱自喷条件下的生产界限，曲面下方为理论可生产区域；曲面*B*为气举条件下气井生产界限，曲面下方为气举生产区；曲面*A*、曲面*B*之间的区域为气举介入的生产潜力区，该区域分布于产液区。从图中可以看出，液气比小于$2m^3/10^4m^3$时气举复产效果不明显，这是因为该液气比条件下井筒混合流体的压力梯度较低，注入气对压力梯度的降低程度较小，井底回压减少程度较低，这种井可在低压积液后实施间歇气举；液气比大于 $8m^3/10^4m^3$ 的气井往往处于严重水侵区，气相相对渗透率低导致复产后水多气少，应考虑采出水处理、复产气量等因素后综合决策。对于积液影响生产的气井(表3)：

(1)利用井口生产数据，采用垂直管流压降计算模型计算井底流压；

(2)将气井生产数据、井底流压坐标数据绘制在曲面图上；

(3)根据气井坐标所处位置判断气井是否具有气举潜力。

将目前见水井绘制于图版上，根据结果有 4 口井具有气举排采复产潜力。

表3 气举工艺初选

井号	井底流压/MPa	液气比/($m^3/10^4m^3$)	生产状态	是否适用气举
1#	23.2	2.8	停产	是
2#	24.6	5.4	停产	是
3#	28.0	8.93	停产	否
4#	26.4	4.5	生产	是
5#	26.0	11.00	停产	否
6#	25.2	2.6	生产	是

2 气举工艺配套研究

2.1 气举参数设计

普光区块完井管柱永久封均位于储层上部，已产水气井距储层中部垂深 100～350m。最深注气点设置于永久封上部，可最大程度减小井底回压，同时确保气井注气点位于静液面以下。

以4#井为例，该井日产气 $9\times10^4m^3/d$，液气比 $5.5m^3/10^4m^3$，气井因积液严重已无法连续生产，放喷排液频率为1次/d(表4)。注气点位置设计在5080，垂深4712m，距储层中部垂深274m，计算地层压力20MPa、井口油压8.5MPa时静液面4300m，仍可满足气举要求。

表4 基本情况

集输压力/MPa	8.5	地层压力/MPa	26
日产气/($10^4m^3/d$)	9	液气比($m^3/10^4m^3$)	5.5
CO_2体积含量/%	4.8	H_2S体积含量/%	6
产出液矿化度/(mg/L)	34537	水型	$NaHCO_3$
Ca^{2+}含量/(mg/L)	226	Mg^{2+}含量(mg/L)	307
套管内径/mm	152.5	储层中部垂深/m	4986
管柱结构	自上而下：安全阀×95m＋永久封×5100m＋分段封隔器1×6298m＋投球滑套×6393＋分段封隔器2×6418m＋压差滑套×6445＋井筒隔离阀×6453m＋浮鞋×6457m，油管尺寸88.9mm×6.5mm，永久封垂深4712m		

完井管柱无气举阀，采用油管冲孔方式建立注气通道。冲孔后油套直接连通，根据U形管原理计算注气参数。将冲孔视为单级气举，油套环空、油管直接连通，无气举阀控制注入压力，因此气举参数计算与常规气举参数计算略有差异，无须人为设置启动压力，计算流程如下(图7)。

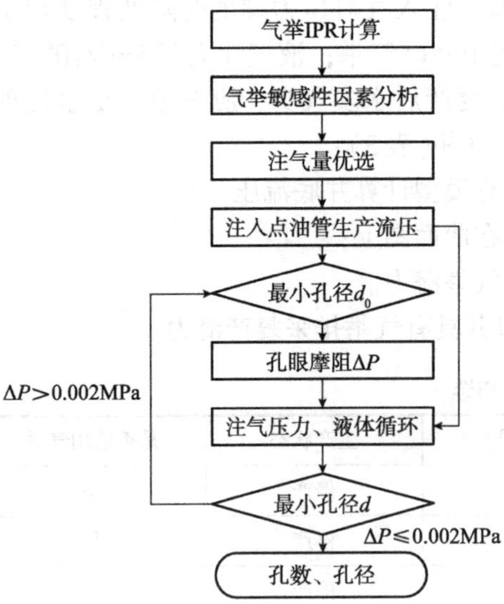

图7　气举参数计算流程图

2.1.1　注气量

开展注气量与排液量关系分析，通过分析注气量对气举效果的影响确定最佳注入量。注入气量大于$4\times10^4\mathrm{m^3/d}$时井口日产液量达到$50\mathrm{m^3/d}$，井口气达到$13\times10^4\mathrm{m^3/d}$，可满足现阶段排液生产需求，因此气举注气量需不低于$4\times10^4\mathrm{m^3/d}$(图8)。

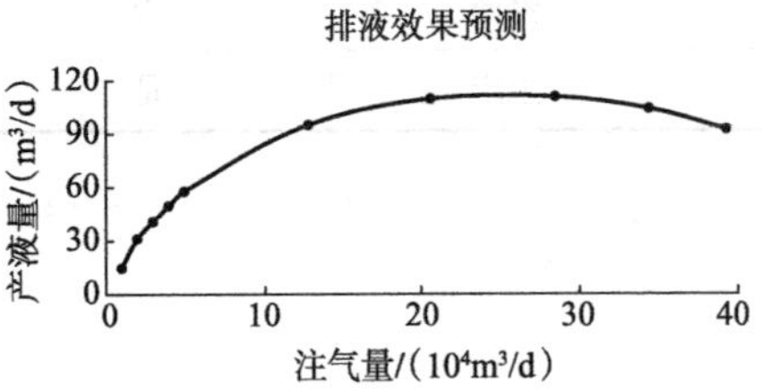

图8　注气量－气举效果敏感性

2.1.2　孔眼参数

冲孔孔眼尺寸往往为5～10mm，注入气自环空通过孔眼进入油管的流动视为嘴流。按照嘴流公式计算在设计注气压力、注气量下所需孔眼尺寸。注气量$4\sim5\times10^4\mathrm{m^3/d}$时，孔眼面积不小于$81\mathrm{mm^2}$，孔眼3个×6mm即可满足需求。考虑药剂加注、洗井循环需求，孔眼参数设计为4×6mm。

$$A=\frac{1.6952\,Q_g}{0.865\,P_{cf}\left[\dfrac{K}{(K-1)\gamma_g T}\right]^2\left[\left(\dfrac{P_{tf}}{P_{cf}}\right)^{\frac{2}{K}}-\left(\dfrac{P_{tf}}{P_{cf}}\right)^{\frac{K+1}{K}}\right]^{0.5}} \tag{1}$$

式中，A为过流面积，$\mathrm{mm^2}$；Q_g为注气量，$\mathrm{m^3/d}$；P_{cf}、P_{tf}为注入点套管、油管压力，MPa；γ_g为注入气相对密度；T为注入气入口温度，K；K为注入气绝热指数，天然气取1.25。

2.1.3　注气压力

注入气自井口注入，经由冲孔进入油管，沿途存在井壁摩阻、孔眼摩阻及气柱重力作用(图9)。在日注$4\times10^4\mathrm{m^3/d}$条件下，分别计算注气点处油管内流压$P_{tf}$(图10)。将注入气自环空经冲孔进入油管的过程视为截面积突缩工况，计算孔眼处摩阻压力损失ΔP，代入公式(2)计算井口注气压力为15.8MPa。

$$P_c+P_G-P_f=P_{cf}=P_{tf}+\Delta P \tag{2}$$

$$\Delta P=\frac{G^2}{2{A_0}^2\rho_1}\left(1-\frac{A_0}{A_c}\right)^2\left[1+x\left(\frac{\rho_1}{\rho_g}-1\right)\right] \tag{3}$$

式中，P_c为注入压力，Pa；P_G为注入气产生的重力增量，Pa；P_f为注入气沿途摩阻压力损失，Pa；ΔP为注入气通过孔眼摩阻损失，Pa；G为单孔眼过流质量，kg/s；A_0为冲孔截面积，$\mathrm{m^2}$；A_c为流动最小缩径处截面积，$\mathrm{m^2}$；x为气体质量含量；其他符号同前。

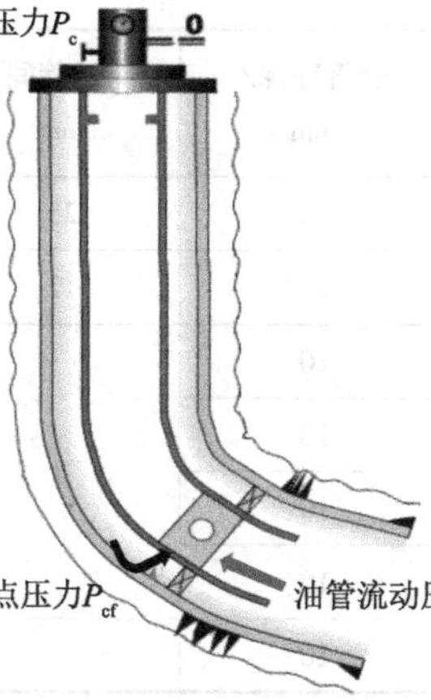

图 9　气举管柱工艺示意图

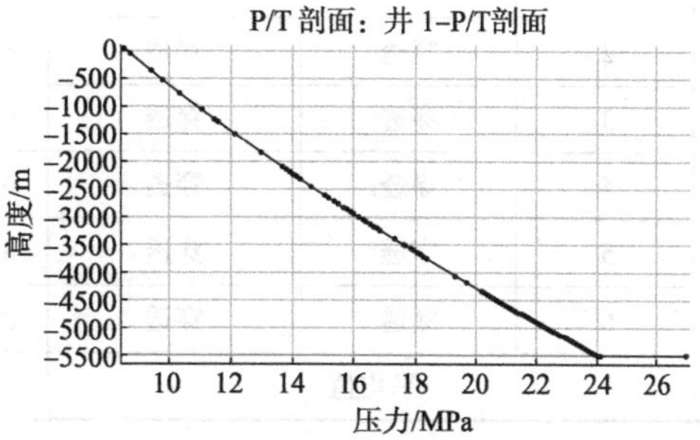

图 10　气举生产油管压力分布

2.2　冲孔工艺

冲孔弹在穿透油管的同时，需严格控制对套管的影响，避免对套管产生较大损伤。生产油管内径为 76mm，选用 51 型射孔枪对冲孔弹开展性能试验，优化穿孔弹性能。

选取三种不同的炸高组合，模拟油管厚度 10mm、套管厚度 10mm 时，不同药型罩材料对冲孔效果的影响。根据性能测试，采用 1#材料时能够穿透油管，同时不会穿透套管，优选 1#作为冲孔弹的药型材料。试验结果如下(表 5)。

将 3.5in 油管放入 7in 套管内，再将装配好的 51 型射孔枪整枪放入 3.5in 油管内，试验筒装满清水模拟冲孔环境；将油管和套管居中放置，模拟冲孔时油管与套管的空间距离。起爆后测量油管孔径，平均当量尺寸为 6.3mm。实验结果如下(表 6)。

采用合金油管、钢靶与枪身组配后下入井内 110℃位置，模拟井下实际工况环境下冲孔效果，图 13。实验结果表明套管浸润深度 2.3mm，油管冲孔尺寸 5.6mm×5.7mm。

冲孔位置井斜 60°，采用连油输送冲孔方式，孔眼螺旋分布，相位角 90°，孔密 12 孔/米。

表 5　药型罩材料优选

药型罩材料	序号	油管穿孔	套管是否穿孔	油管孔径/mm	套管穿深/mm	枪与油管间距/mm	炸高/mm
1	1	穿透	未穿透	5.6×5.5	0	25	5+25+18
	2	穿透	未穿透	5.5×5.2	0	12	5+12+18
	3	穿透	未穿透	6.0×5.8	0	0	5+0+18
	4	穿透	未穿透	6.8×6.5	2		
	5	穿透	未穿透	7.5×7.8	0		
	6	穿透	未穿透	8.2×8.0	3		
	平均值			6.6	0.9		

续表

药型罩材料	序号	油管穿孔	套管是否穿孔	油管孔径/mm	套管穿深/mm	枪与油管间距/mm	炸高/mm
2	1	穿透	穿透	6.0×6.0	10	25	5+25+18
	2	穿透	穿透	6.0×5.9	10	12	5+12+18
	3	穿透	穿透	6.8×6.5	10	0	5+0+18
	4	穿透	穿透	6.4×6.3	10		
	5	穿透	穿透	8.5×8.3	10		
	6	穿透	穿透	8.2×8.0	10		
	平均值			6.8	10		

表6　穿孔弹试验数据表(13孔/米)

孔号	3.5in 油管孔径/mm	7in 套管穿深/mm	孔号	3.5in 油管孔径/mm	7in 套管穿深/mm
1	6.1×6.9	2.3	8	5.2×6.4	2.6
2	6.7×5.9	2.6	9	6.3×7.2	2.6
3	7.2×7.8	2.5	10	8.8×5.7	2.7
4	7.3×5.7	2.5	11	5.2×4.1	2.5
5	7.1×6.2	2.8	12	5.6×3.8	2.4
6	6.6×6.8	2.4	13	8.4×6.9	2.6
7	5.5×4.8	2.5	平均	6.3	2.5

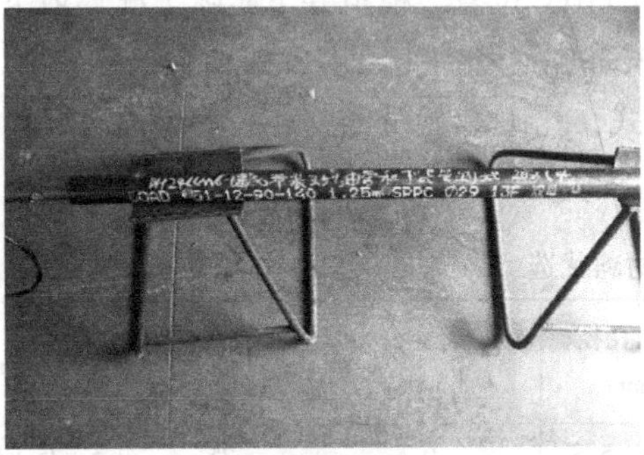

图11　枪身装配

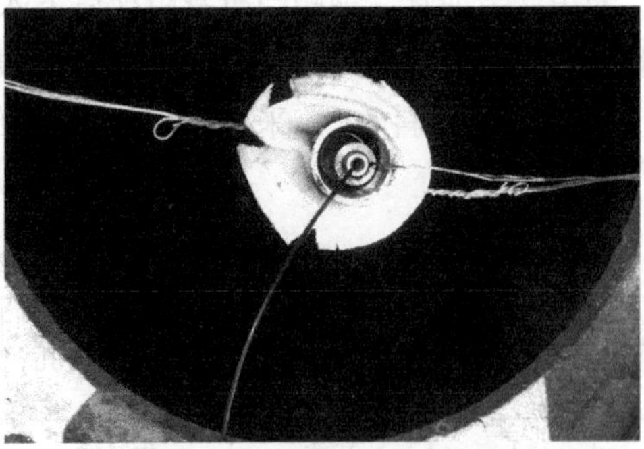

图12　油管及套管冲孔试验

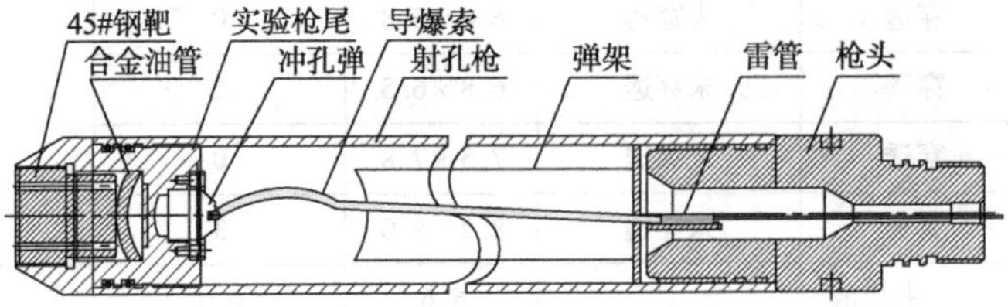

图13　井下冲孔模拟管串

2.3 安全控制工艺

2.3.1 氮气压井

气举停注期间采用氮气压井工艺防止油管内硫化氢反吐至油套环空造成腐蚀。采用 Maxwell - Stefan 扩散方程预测模拟关井时，井筒内处于静止状态下油管内的产出气向油套环空扩散距离及浓度随时间变化情况。建立井筒气体扩散模型，根据模拟，腐蚀性流体扩散速度较慢，30 天时硫化氢浓度达到 1% 的扩散前缘为 10m(图 14)。因此气举临时停注时，可采用氮气过量顶替压井后关井，补注氮气的周期可设定在 30 天左右。

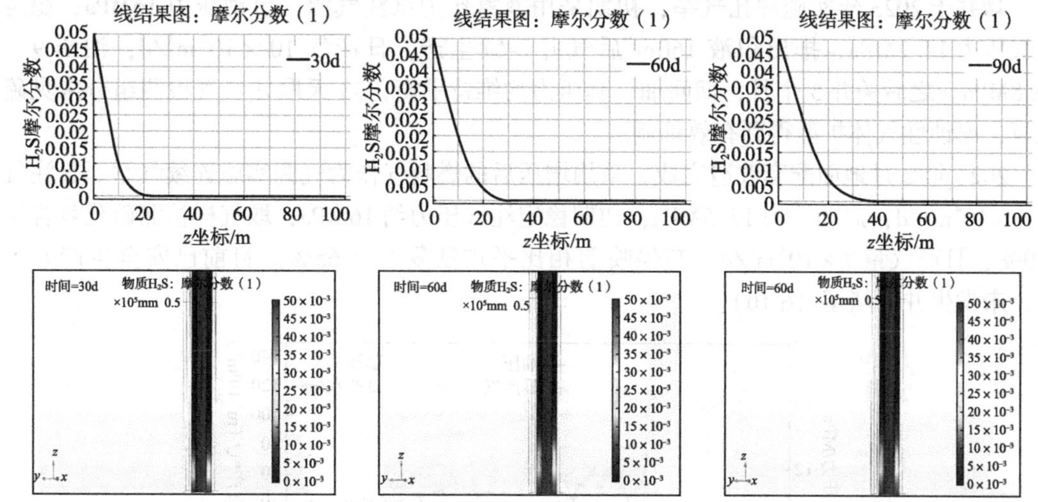

图 14　硫化氢扩散模拟

2.3.2 冲孔 + 跨隔封隔器气举

采用跨隔式封隔器在冲孔上、下进行胶筒密封，利用封隔器内置单流阀作为注气通道实现安全注气。跨隔式封隔器采用液压坐封方式，设计上、下两组胶筒，分别封堵冲孔上下，内置单流阀运行注入气进入油管，油管内流体无法进入油套环空，有效避免腐蚀性流体造成的井况问题。

跨隔封隔器主要包括：丢手机构、坐封机构、解封机构、排液阀、上下密封胶筒和锚定机构等组成，上下密封胶筒间距为 1.66m，结构示意图如下(图 15)。外径 Φ64mm、内径 Φ24mm，长度 2.85m，钢体材质 718，胶筒材质四丙氟橡胶，耐温 130℃、耐压 35MPa。采用连油送入井筒后，投球打压 20MPa 坐封，过提 1.0t，油管继续打压 25MPa 丢手。

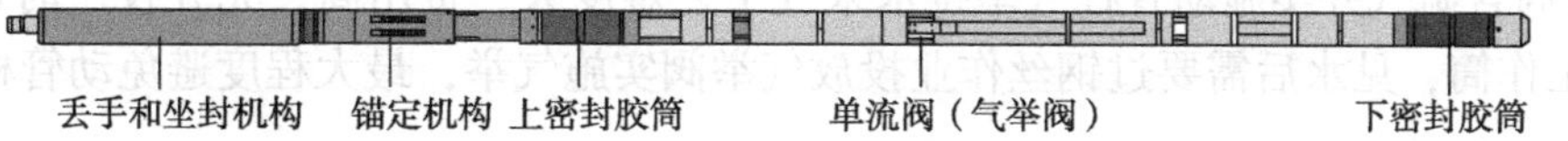

图 15　跨隔式封隔器示意图

2.3.3 防堵工艺

气井地层水型为 $NaHCO_3$，矿化度 5.5×10^4mg/L，Ca^{2+}、Mg^{2+}含量 500mg/L，长期注入外来气时可能在井筒结垢。其作用机理主要为：注入气的饱和作用使地层水浓缩；生产中自井底到井口压力下降引起溶解酸性气逸出，地层水 pH 值升高，达到碱性条件时碳酸氢盐转变为碳酸盐形成沉淀；注入气改变原有气体组分，CO_2分压下降，形成利于碳酸钙析出的环境。

采用防治结合的方法减少垢堵风险：气举过程伴注抑垢剂；加密监测产出水组分变化，结合气举生产动态分析，及时采用注入解堵酸等解除井筒内的固态碳酸盐；垢堵严重时采用连续油管酸化解堵。

3　现场应用及取得认识

3.1　现场应用情况

4#井于2023年实施冲孔气举，初期采用液氮作为试注气源，启动压力16MPa，稳定注气压力14.2MPa，排出积液160m^3后气井连续生产，日产气$10\times10^4m^3/d$，油压9～10.8MPa。之后关井5个月，期间油、套压力均维持平衡，30天取井口气检测组分未见硫化氢，腐蚀性气体扩散得到有效抑制。

2024年2月地面配套改造完成，采用增压后的燃料气作为气源实施连续气举。日注气量$4\times10^4m^3/d$，启动压力17.5MPa，初期稳定注气压力约16MPa，取气样检测硫化氢含量2.9%，日产气量$7\times10^4m^3/d$，与停喷前相比平均恢复产量65%。目前已安全生产6个月，未发生井筒堵塞(图16)。

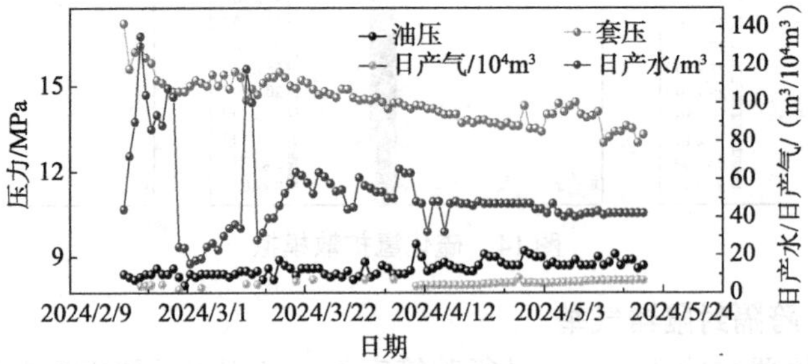

图16　气举生产曲线

3.2　结论

(1)该工艺的成功应用从理论和实际上验证了气举解决超深高含硫气井见水难题的可行性，理论举升深度可达到6000m以上；气井进入低压生产期后可通过优化气举级数提高气举效率。

(2)氮气压井防硫化氢反吐工艺能够有效降低油套环空腐蚀风险，可作为临时安全措施在现场开展实际应用。

(3)高含硫气井实施动管柱气举排水采气工艺难度大、费用高，完井投产时可预置投捞气举工作筒，见水后需要过钢丝作业投放气举阀实施气举，最大程度避免动管柱作业。

参考文献

[1]陈家琅，陈涛平．石油企业两相管流[M]．第二版．北京：石油工业出版社，2010.

[2]张守良，等．天然气工程手册[M]．北京：石油工业出版社，2016.

CO_2保压置换提高页岩气采收率工艺试验及效果评价

闫嘉威　吴壮坤　徐骞　张宏录　张壮

（中国石化华东油气分公司石油工程技术研究院）

摘　要：页岩气储层地层压力衰竭较快，生产井进入中后期平稳递减阶段，呈现出低压低产的特征，一次采收率仅有10%～15%，亟须开展行之有效的提高采收率方法研究。目前页岩气注CO_2保压置换提高采收率技术处于探索阶段，面临着CO_2与页岩储层及流体相互作用机制不明确、缺乏选井规范等技术难题。为探索页岩气注CO_2提高采收率主控机理，以四川盆地川东高陡褶皱带平桥背斜页岩气为对象开展了常压页岩注CO_2等温吸附实验，分析了模拟不同温压条件下CO_2的物性变化特征、穿透速率及储层吸附能力，建立选井评价标准并优化了注入参数，并在平桥南区JY201－3HF进行矿场试验，注入$CO_2$708t，累计增气$135\times10^4m^3$，产生效益181万元，评价EUR提高了15.7%，验证了该技术的可行性。结论认为：CO_2保压置换有效提高了页岩气采收率，形成的机理认识和技术系列可为页岩气注CO_2吞吐开发提供参考和借鉴。

关键词：页岩气；注CO_2；保压置换；等温吸附；矿场试验；快速吞吐；提高采收率

我国页岩气资源潜力巨大，四川盆地页岩气开采率先取得突破。然而，受管网、供销、设备等诸多因素的影响，目前页岩气井在生产过程中仍以定产衰竭式开发模式为主。随着开采时间的增长，逐步暴露出井口压力下降、产量减少、携液能力变差、井筒积液增多、单井采收率低等现象，严重影响页岩气井的正常生产。利用产量衰减的页岩气井向储层注入超临界CO_2，利用其特殊物性深入储层内部的微孔隙、微裂缝，可以有效补充地层能量，置换并驱替页岩气，有望达到页岩气增产和CO_2封存双重效益。

目前，利用超临界CO_2开采页岩气技术仍处于实验室研究和探索试验阶段，尚未得到现场应用和推广。此外，CO_2地质封存机理、封存潜力等方面也亟待开展深入研究。因此，以JY201－3HF为研究对象开展CO_2保压置换提高页岩气采收率试验，揭示超临界CO_2吞吐置换页岩气的机理、建立注CO_2吞吐的选井评价方法、分析衰减页岩气井注入CO_2提高采收率与封存的效果，为制定合理的注入及配产对策提供理论指导。

1　JY201－3HF 地质及工程概况

南川页岩气田具有典型的常压海相页岩气特征，地层压力系数较低、地层能量低且吸附气占比较高。试验井JY201－3HF位于南川区平桥南区块（图1），完钻井深5631m，完钻层位为志留系下统龙马溪组龙一段，垂深3935.61m，水平段长1560m，地层压力系数为1.25，是典型的常压页岩气。该井优质页岩厚度大，①－③小层厚度为10.8m。TOC

第一作者简介：闫嘉威（1994—），男，江苏扬州人，中国石化华东油气分公司石油工程技术研究院，中级工程师，现从事采油气工艺和油气田开发理论与系统工程方面的研究工作。E－mail：1971365843@qq.com。

高、含气性较高，①－③小层 TOC 3.4%～5.4%（4.5%），总含气量 5.4～7.1m^3/t（6.47m^3/t），储层孔隙度平均 4.5%。目的层杨氏模量 41～44GPa，泊松比 0.16～0.22，地应力较大，最大水平主应力 73～81MPa、最小水平主应力 67～74MPa，应力差异系数为 0.082，具备形成复杂缝网的条件。压裂段纹层状发育，且发育高阻缝和高导缝，有利于实施大规模储层改造。该井分 26 段压裂共计 1659m，平均破裂压力 96.3MPa，平均裂缝延伸压力 82.1MPa，注入总液量 48422m^3，总砂量 2057m^3，加砂强度 1.24m^3/m，砂液比 4.3%。压后反演平均单段缝长 280m，缝高 63m，总改造体积 $4.7\times10^7 m^3$，压裂后形成的地层缝网体系也有利于进行 CO_2 保压置换试验。

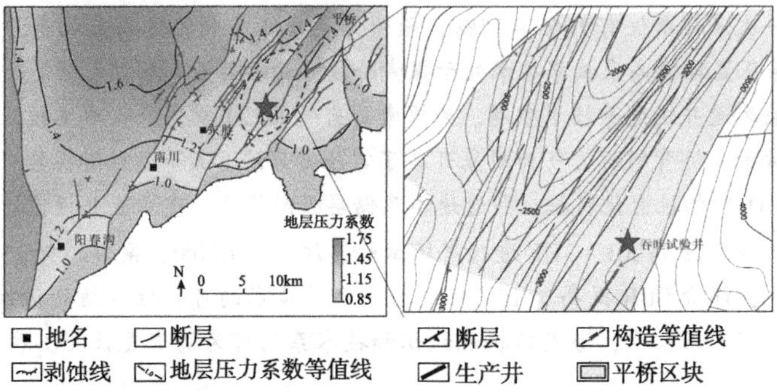

图 1　研究区地层压力系数、埋深与井位分布图

2　页岩气注 CO_2 吞吐实验及机理研究

南川常压海相页岩气相比于非常压页岩气藏，其在构造特征、保存条件以及应力特征存在一定的差异性，地层压力系数低，自喷生产周期短，吸附气占比高，也更适用于开展 CO_2－ESGR。为研究南川常压页岩气 CO_2 提高页岩气采收率机理，对平桥南区钻井获取的岩心样品先后开展了 CO_2 和 CH_4 的等温吸附特性实验和 CO_2 驱替页岩气模拟的实验研究，分析页岩对 CH_4 和 CO_2 的吸附特性，进而总结出页岩气藏注 CO_2 提高页岩气采收率的影响因素及选井评价方法。

2.1　常压页岩等温吸附/解吸实验

页岩储层 CH_4 与 CO_2 等温吸附实验采用多组分全自动高压气体吸附/脱附仪，分别测试在 30℃、60℃、90℃温度条件下页岩对于 CH_4 与 CO_2 吸附能力，实验结果与 Langmuir 吸附等温线的变化趋势基本一致，在不同温压条件下实验页岩样品中 CH_4 和 CO_2 的吸附和解吸能力如下(图 2)。实验结果表明，温度越高，气体在储层中的吸附能力越低。而压力的升高在一定范围内能对气体吸附起到积极作用。龙马溪组页岩对 CO_2 的吸附能力远大于对 CH_4 的吸附能力，在相同压力条件下，CO_2 吸附量平均约为 CH_4 的 2.7 倍。

实验结果表明：页岩对 CO_2 的吸附能力大于对 CH_4 的吸附能力，CO_2 和 CH_4 两种气体的吸附能力差异导致其在页岩中的竞争吸附。由于 CO_2 的分子动力学直径小于 CH_4 分子，因而能够向页岩内部的超微孔隙裂缝扩散，且页岩对 CO_2 的亲和力大于 CH_4，CO_2 分子在其表面吸附后很难发生再逃逸，结合强度更高。上述两方面的原因导致相同条件下，页岩对 CO_2 的吸附能力优于 CH_4。因此，向页岩储层注入高压 CO_2 流体从而强化页岩气开采的技术在理论上具有极大可行性。

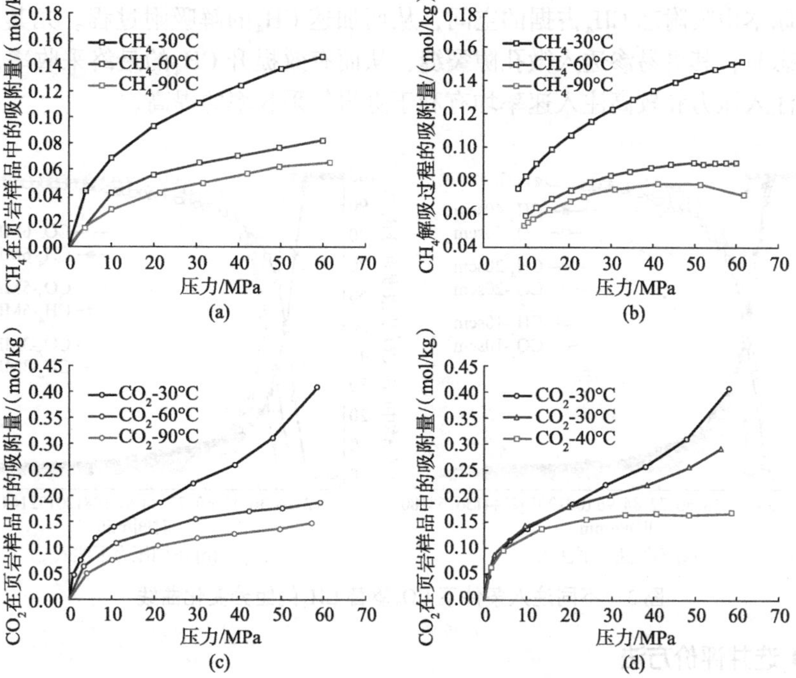

图2 CO_2/CH_4等温吸附/解吸曲线

南川区页岩具有常压海相页岩气特征，脆性矿物含量较多，黏土矿物含量占比较少。这一特性也有利于气体在页岩中的吸附，因为脆性矿物含量多的页岩颗粒间孔隙率增大，气体在其中的扩散系数也增大。通过对比不同压力系数的页岩气藏(表1)，在相同条件下，南川页岩对CO_2和CH_4的吸附量明显高于高压页岩气藏及低压页岩气藏，证实了常压页岩具有更强的气体吸附能力。

表1 不同区块页岩等温吸附实验结果对比表

取样	地层压力系数	沉积相	矿物组成/%			318K-3MPa 吸附量/(mol/kg)	
			石英	黏土矿物	其他矿物	CH_4	CO_2
延长(低压)	0.80~0.90	陆相	42.14	47.65	10.21	0.035	0.127
长宁(高压)	1.30~2.00	海相	53.11	32.73	14.16	0.056	0.085
南川(常压)	1.05~1.35	海相	54.40	22.74	22.86	0.113	0.169

2.2 CO_2驱替页岩气模拟实验

根据等温吸附实验的结果，相同条件下页岩对CO_2的吸附能力是CH_4的2倍以上，在此基础上开展注CO_2驱替页岩气的模拟实验。实验步骤包括：首先向页岩岩心样品中通入CH_4，直至吸附达到平衡状态；随后通过精细控制CO_2的注入条件，探究其对驱替效果的具体影响，并据此绘制出在不同CO_2注入压力与注入速率下的驱替曲线(图3)。

实验结果显示，注入压力较高时，CO_2穿透速率相对较快，置换CH_4降低到相同浓度的时间相对延长；而控制不同注入速率，组分浓度变化不稳定，注入速率的影响效果不明显。先前有研究表明，CO_2分子与页岩亲和力强于CH_4，因此当CO_2进入储层后会优先占据岩石表面原本由吸附态CH_4占据的空间，从而加速CH_4的解吸附过程。尤其是当CO_2处于超临界状态时，其更易渗透入微孔隙裂缝，从而有效提升CH_4的最终采收率。在一定范围内，较高注入压力和较高注入速率均有利于页岩气采收率的提高。

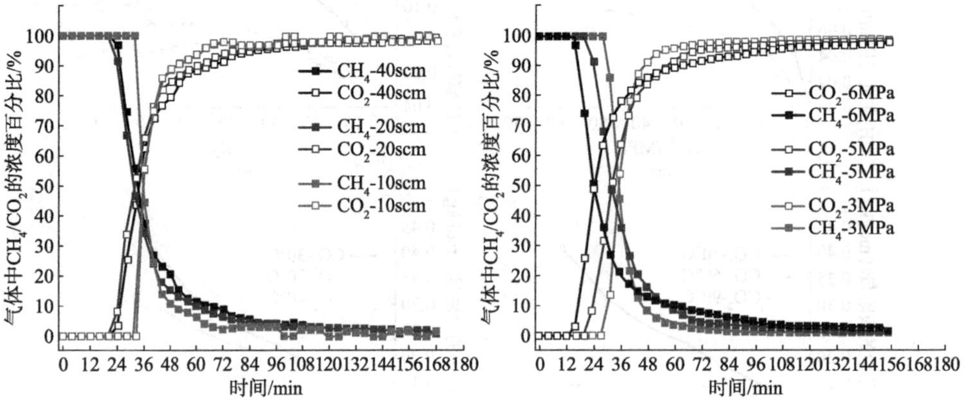

图3 不同注入条件下CO_2驱替CH_4的组分变化曲线

2.3 注CO_2选井评价方法

龙马溪组页岩样品中CO_2吸附等温线与Langmuir单分子层吸附非常匹配，综合考虑竞争吸附、CO_2分压、传质扩散等多种效应，可用Langmuir模型来描述气体的吸附行为：

$$C_i = \frac{C_{i,max} B_i y_{ig} P}{1 + P \sum_i B_i y_{ig}} \tag{1}$$

式中，C_i为每单位质量岩石中组分i的吸附摩尔量，mol；$C_{i,max}$为每单位质量岩石中组分i的最大吸附摩尔量，mol；B_i为Langmuir等温线中的常数，1/Pa；y_{ig}为气相中组分i的吸附摩尔分数，%；P为压力/Pa。

结合机器学习手段，明确页岩气CO_2吞吐关键选井参数：裂缝长、剩余气储量、裂缝导流性、吸附气占比、地层压力等，确立了选井原则：以注入性、增产性、封存性为评价指标，优选原始地层压力高、试采初期开井压力低，采出程度介于20%~25%，气井携液能力较差，且关井压力尽可能在7MPa左右的井。建立一套页岩气藏注CO_2提高采收率的选井标准(表2)。

表2 页岩气井注CO_2选井标准

评价原则	评价指标	适宜范围
可注入性	孔隙度	高孔隙度
	渗透率	中等渗透率
	压裂改造效果	好
可增产性	生产特征	初产高，采出程度低
	含气量	$>4m^3/t$

续表

评价原则	评价指标	适宜范围
可封存性	顶底板岩性	致密
	有效封盖厚度	10m
	压裂对封盖影响	无
	断层发育情况	不发育

3 JY201－3HF 注 CO_2矿场实验

根据选井评价方法，我们选择 JY201－3HF 进行矿场实验。JY201－3HF 试采初期日产气 $7.1\times10^4m^3$，套压 5.4MPa，水气比 $15\sim230m^3/10^4m^3$。吞吐前日产气 $0.96\times10^4m^3$，套压 1.2MPa，日产液 $5\sim6m^3$，累产气 $3006\times10^4m^3$，返排率 40.56%，处于低压低产稳定生产状态，预测 EUR $0.57\times10^8m^3$。

2023 年 3 月 2 日开始实施注 CO_2吞吐，采用油套环空间歇注入的方式，注入压力 1.9～3.5MPa，注气速度 $4.7\sim5.9m^3/h$，3 月 11 日完成方案设计注气量 708.3t(包含 CO_2缓蚀剂 300kg)，转入焖井阶段。焖井 19d 期间，套压从 11.02MPa 下降到 9.84MPa，表明 CO_2逐步向远井地带扩散，温压测试结果显示焖井期间井底压力逐渐降低后趋于平稳，温度变化较小。2023 年 3 月 31 日进流程生产，吞吐初期套压 5.83MPa，油压 4.53MPa，日产气 $3.24\times10^4m^3$，日增气 $2.28\times10^4m^3$。截至 2023 年 12 月底，该井阶段累产天然气 $358.9\times10^4m^3$，累增天然气 $134.9\times10^4m^3$，换气率 $3.8m^3/m^3$ (CO_2)，CO_2累计产出 $32.78\times10^4m^3$，CO_2返排率 92.66%，评价 EUR 达到 $0.66\times10^8m^3$，提高了 15.7%，取得了良好的保压置换提高采收率效果。注 CO_2总成本 57.95 万元，按照气价 1.77 元/方核算，可产生经济效益 181 万元(图 4)。

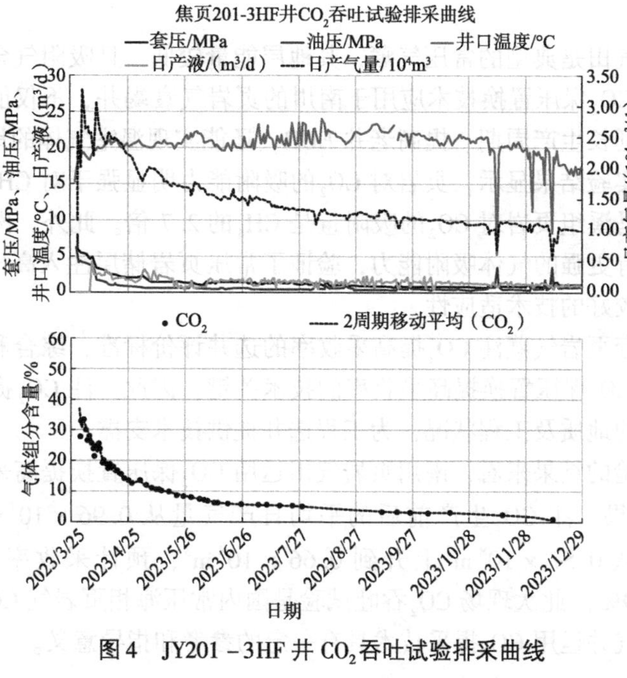

图 4 JY201－3HF 井 CO_2吞吐试验排采曲线

为进一步验证 CO_2 保压置换提高采收率的效果，对 JY201－3HF 同平台井 JY201－4 进行关井压恢生产测试，对照井与试验井在地质条件、压裂改造规模、目前产能水平等方面基本相似。JY201－3HF 注 CO_2 关井 39d，注开井后日产气增长 $2.28\times10^4m^3$，涨幅 238%，日产 CH_4 增长 $1.34\times10^4m^3$（140%），前 2 个月递减率 20.4%，单位压降产量 $171\times10^4m^3/MPa$；JY201－4HF 关井 42d，开井后日产气增长 $1.57\times10^4m^3$，涨幅 112%，前 2 个月递减率 48.1%，单位压降产量 $122.4\times10^4m^3/MPa$。结果表明，相同关井时间，注 CO_2 吞吐的生产井日产气涨幅大、递减缓慢，压力恢复水平更高，中后期稳产能力好(图 5)。

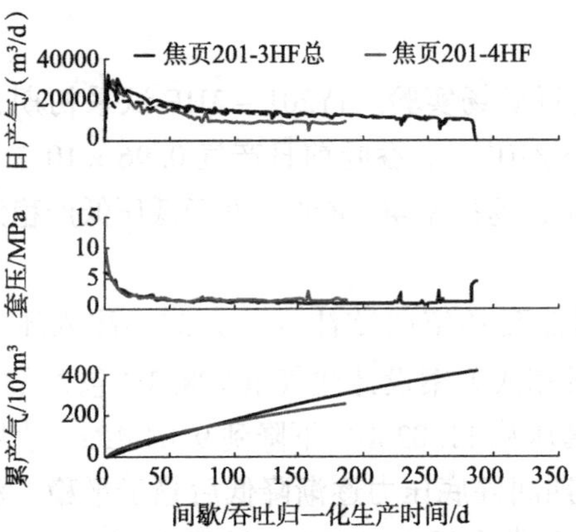

图 5　JY201－3HF、JY201－4HF 生产参数对比曲线

在吞吐过程中发现，JY201－3HF 快速返排时间为 4d：开井生产第 5hCH_4 占比上升至 50%，第 4d CH_4 占比 70%，13 天后 CH_4 占比 80%，快速返排期间 CO_2 大量返出，导致封存率较低仅有 7.34%，一定程度上影响了保压置换的效果。分析认为 CO_2 封存率低的原因是试验井目的层位埋深大（3865m）、地温高（105℃），影响了 CO_2 吸附效果，根据王晓琦论述的不同地温梯度、压力系数下选择系数与埋深的关系，当压力系数 1.0、地温梯度为 2.8℃/100m 时，CO_2 与 CH_4 选择系数达到 2.89，具有有效的 CO_2 驱替及封存效果；当埋深为 4500m、压力系数 1.8、地温梯度为 3.0℃/100m 时，选择系数仅为 1.82。此外焖井时间过短，也会影响 CO_2 吸附效果，导致置换 CH_4 效率降低。分析结果为后续页岩气注 CO_2 试验选井及注入工艺参数优化提供了参考。

4　结论

（1）南川页岩气田是典型的常压气藏，其地层能量较低，且吸附气含量占比较高，低压低产期长。将注 CO_2 保压置换技术应用于南川的页岩气衰竭井，不仅能够有效置换页岩储层中的吸附气、延长生产周期、提高老井 EUR，还能实现温室气体的地质封存。

（2）等温吸附实验结果显示，页岩对 CO_2 的吸附能力明显强于对 CH_4 的吸附能力，相同的实验条件下龙马溪组页岩对 CO_2 的吸附量是 CH_4 的 2.7 倍。此外，南川常压页岩相对高压和低压页岩具有更强的气体吸附能力，验证了常压页岩储层注入高压 CO_2 流体强化页岩气开采技术具有较好的技术适应性。

（3）建立了一套页岩气藏注 CO_2 提高采收率的选井评价标准，综合利用页岩气 CO_2 吞吐关键参数选井是 CO_2 保压置换提高采收率的技术关键，因此，注 CO_2 提高采收率矿场推广必须摸清每口井的地质及工程状况，为工程选井提供技术支撑。

（4）从矿场试验的结果来看，南川页岩气田运用 CO_2 保压置换提高采收率试验提高取得了良好的增产效果。注 CO_2 生产前后的平均日产气量从 $0.96\times10^4m^3$ 增加到 $1.32\times10^4m^3$，评价 EUR 从 $0.57\times10^8m^3$ 上升到 $0.66\times10^8m^3$，预计采收率从 14.5% 上升到 17.4%，提高了 2.9%。此次现场 CO_2 吞吐试验是国内常压海相页岩气 CO_2－ESGR 的首次试验，对周边页岩气井运用 CO_2 提采技术具有一定的参考和指导意义。

参考文献

[1]Omari A, Wang C, Li Y, et al. The progress of enhanced gas recovery (EGR) in shale gas reservoirs: A review of theory, experiments, and simulations[J]. Journal of Petroleum Science and Engineering, 2022, 213: 110461.

[2]都喜东．CO_2驱替页岩上吸附CH_4的动态学研究[D]．重庆：重庆大学，2018.

[3]端祥刚，吴建发，张晓伟，等．四川盆地海相页岩气提高采收率研究进展与关键问题[J]．石油学报，2022，43(08)：1185－1200.

[4]商慧敏．页岩气藏注CO_2提高采收率可行性实验研究[D]．青岛：中国石油大学(华东)，2017.

[5]卢义玉，周军平，鲜学福，等．超临界CO_2强化页岩气开采及地质封存一体化研究进展与展望[J]．天然气工业，2021，41(6)：60－73.

[6]Xie W, Wang M, Chen S, et al. Effects of gas components, reservoir property and pore structure of shale gas reservoir on the competitive adsorption behavior of CO_2 and CH_4[J]. Energy, 2022, 254: 124242.

[7]Hamza A, Hussein I A, Al－Marri M J, et al. CO_2 enhanced gas recovery and sequestration in depleted gas reservoirs: A review[J]. Journal of Petroleum Science and Engineering, 2021, 196: 107685.

[8]Liao Q, Zhou J, Xian X, et al. Competition adsorption of CO_2/CH_4 in shale: Implications for CO_2 sequestration with enhanced gas recovery[J]. Fuel, 2023, 339: 127400.

[9]芮振华，李阳，薛兆杰，等．CO_2提高油气采收率与地质封存关键技术发展建议[J]．前瞻科技，2023，2(02)：145－160.

[10]杨跃明，陈玉龙，刘燊阳，等．四川盆地及其周缘页岩气勘探开发现状、潜力与展望[J]．天然气工业，2021，41(01)：42－58.

[11]房大志，马伟竣，谷红陶，等．南川区块平桥地区页岩气井生产阶段划分与合理生产方式研究[J]．油气藏评价与开发，2022，12(3)：477－486.

[12]汪周华，钟世超，汪轰静．页岩储层中注气提高采收率研究进展[J]．油气藏评价与开发，2016，6(01)：71－77.

[13]何希鹏，高玉巧，何贵松，等．渝东南南川页岩气田地质特征及勘探开发关键技术[J]．油气藏评价与开发，2021，11(03)：305－316.

[14]王高峰，廖广志，李宏斌，等．CO_2驱气机理与提高采收率评价模型[J]．油气藏评价与开发，2022，12(5)：734－740.

[15]尹书郭．页岩层中CO_2封存和CH_4开采的影响因素研究[D]．武汉科技大学，2022.

[16]Zhang B, Zhang C P, Ma Z Y, et al. Simulation study of micro－proppant carrying capacity of supercritical CO_2($Sc－CO_2$) in secondary fractures of shale gas reservoirs[J]. Geoenergy Science and Engineering, 2023, 224: 211636.

基于 PSO－XGBoost 气井泡排加药量优化研究与应用

杨雪风　王春秋

（中国石化东北油气分公司勘探开发研究院）

摘　要：针对天然气井泡排作业中的效率问题，提出了一种结合粒子群优化（PSO）和极端梯度提升（XGBoost）算法的方法，旨在优化天然气井泡排作业中的加药量与配比浓度，提高泡排效率并降低成本。对于传统泡排制度存在积液的问题，建立了以油压、套压、加药量以及配比浓度等关键特征为输入的 XGBoost 预测模型，进一步，利用 PSO 算法优化调整加药量和配比浓度，以实现最大产气量和合理的产水量的综合指标。实验结果证明：该方法能显著提升泡排效率，减少气井积液问题，提高气井的生产性能和经济性。

关键词：XGBoost 算法；PSO 优化算法；加药量；配比浓度

在油气开采领域，气井的生产效率和稳定性对整个油气田的经济效益至关重要。随着油气资源开发的深入，气井积液问题逐渐成为影响生产效率的关键因素之一，进行加泡排剂和排水采气是解决气井积液的主要措施。传统的加药处理方法往往依赖经验，缺乏精确的优化策略，现场人员会加入固定的泡排剂药量与比例，这样可能会使得气井泡排效果不佳，排液不顺利，因此，合理的加药量与配比浓度是实现气井避免积液的有效手段。想要提高气井的生产效率和延长气井的使用寿命，对泡排剂加药量进行精确优化显得尤为重要。通过优化加药量与配比浓度，不仅可以减少化学药品的使用，降低成本，还可以减少对环境的影响，同时提高气井的排液效率。

然而，如何结合优化算法和先进的机器学习模型，对气井泡排的加药量进行精确优化，是一个挑战性的问题。粒子群优化（PSO）算法以其简单、易于实现和高效的特点，在函数优化领域得到了广泛应用，极端梯度提升（XGBoost）算法作为一种高效的梯度提升决策树算法，在许多数据挖掘任务中表现出色。将 PSO 算法用于 XGBoost 的输入特征参数优化，可以使得泡排剂加药量与配比浓度更加适合气井合理生产。

因此，提出一种基于 PSO－XGBoost 的气井泡排加药量优化方法。通过结合 PSO 算法的全局搜索能力和 XGBoost 的强预测性能，本研究旨在实现对气井泡排加药量的精确优化，以期达到提高气井生产效率并达到避免积液的目的。

1　PSO－XGBoost 模型基本原理及构建

1.1　XGBoost 算法基本原理

XGBoost 算法是一种先进的集成学习技术，以其出色的预测性能和计算效率在众多机器学习任务中得到广泛应用。该算法基于梯度提升决策树框架，通过逐步添加新的弱预测

第一作者简介：杨雪风（1995—），男，黑龙江大庆人。工作单位：中国石油化工股份有限公司东北油气分公司。职称：主管师。主要研究方向：气藏工程。E－mail：yxf821150@163.com。

模型来最小化一个自定义的损失函数，同时引入 $L1$ 和 $L2$ 正则化项以增强模型的泛化能力并减少过拟合。XGBoost 的关键特性包括其对缺失值的处理、支持并行和分布式计算的能力，以及丰富的超参数调优选项。此外，XGBoost 通过引入学习率参数来控制每步模型更新的幅度，从而实现模型的稳定优化。

假设给出 n 个样本数量的数据集 $D = \{(x_i, y_i) \mid x_i \in R^m, x_i \in R, i = 1, 2, \cdots, n\}$，每个样本有 m 个特征，x_i是特征向量，y_i是对应的目标值，R^m、R 分别为 m 维向量数据集和实数集合。

XGBoost 模型由 K 棵回归树f_k组成，模型预测 y 是这些树的加权和。

$$\hat{y}_i = \sum_{k=1}^{K} f_k x_i, f_k \in F \tag{1}$$

式中，f_k为树的数量/棵；K 为回归树的总数目/棵；F 为回归树空间。

目标函数：

$$O_{bj} = \sum_{i=1}^{m} l(y_i, \hat{y}_i) + \sum_{k=1}^{K} \Omega(f_k) \tag{2}$$

式中，l 为损失函数，用来衡量分类预测值和真实值之间的误差；$\hat{y}_i$为预测值；y_i 为真实值；$\Omega(f_k)$为正则项，防止模型过拟合。

XGBoost 通过迭代添加新的回归树f_t来优化目标函数，每次迭代都建立在前一次迭代的基础上。XGBoost 算法采用梯度提升迭代运算，每经过一次迭代过程，将添加新的回归树，则第 t 次迭代运算结果为：

$$\hat{y}_i^{(t)} = \sum_{j=1}^{t} f_k(x_i) = \hat{y}_i^{(t-1)} + f_t(x_i) \tag{3}$$

将式(3)代入式(2)，计算出第 t 次迭代的目标函数表达式为$O_{bj}^{(t)}$

$$O_{bj}^{(t)} = \sum_{i=1}^{m} l[y_i, \hat{y}_i^{(t-1)} + f_t(x_i)] + \Omega(f_k) + \sigma \tag{4}$$

式中，σ 为常数项。

将式(4)二阶泰勒展开，并加入正则项防止出现过拟合现象。

$$\begin{cases} O_{bj}^{(t)} \cong \sum_{i=1}^{m} \left[\partial \hat{y}^{(t-1)} l(y_i, \hat{y}_i^{(t-1)}) f_t(x_i) + \dfrac{1}{2} \partial^2 \hat{y}_i^{(t-1)} l(y_i, \hat{y}_i^{(t-1)}) f_t^2(x_i) \right] + \Omega(f_t) + \sigma \\ \Omega(f_t) = \gamma T + \dfrac{1}{2} \lambda \| \omega^2 \| \end{cases} \tag{5}$$

式中，γ 为叶子的树惩罚系数；T 为叶子节点数目；ω 为叶子权重；λ 为权重惩罚系数；$\|\omega^2\|$ 为对 ω^2进行正则化运算。

1.2 PSO 粒子群优化算法基本原理

粒子群优化算法，假设有 m 个粒子总数的 D 维搜索空间，每一个解对应着搜索空间的一个粒子，每个粒子都是由一个位置矢量和一个速度矢量组成。粒子在运动中产生的最优位置为：

$$p_i = (p_{i1}, p_{i2}, \cdots, p_{iD}), i = 1, 2, \cdots, m \tag{6}$$

式中，m 为粒子的个数；D 为粒子的维数。

第 i 个粒子的 D 维位置矢量为$x_i = (x_{i1}, x_{i2}, \cdots, x_{iD})$，$i = 1, 2, 3, \cdots, m$。第 i 个粒子的速度矢量为$v_i = (v_{i1}, v_{i2}, \cdots, v_{iD})$，$i = 1, 2, 3, \cdots, m$。位置矢量决定了粒子飞行的位置，速度矢量决定了粒子飞行的方向；粒子群整个历史搜索的最优位置为g_{best}：$p_g = (p_{g1},$

p_{g2}，…，p_{gD})，其中 g 为粒子的编号，$g\in\{1, 2, \cdots, m\}$。粒子群优化算法通过初始化一群具有随机位置和速度的粒子开始其搜索过程。通过计算每个粒子的适应值来评估其性能，适应值通常与问题的目标函数紧密相关。在随后的迭代中，粒子根据自身的最佳位置(个体极值)和整个粒子群找到的最佳位置(全局极值)来更新其速度和位置。通过这种方式，粒子群在搜索空间中协同探索，逐步逼近最优解，更新公式如下：

$$\begin{cases} V_i^{k+1} = \omega V_i^k + c_1 r_1 (p_i^k - X_i^k) + c_2 r_2 (p_g^k - X_g^k) \\ X_i^{k+1} = X_i^k + V_i^{k+1}, \ (i = 1, 2, \cdots, m) \end{cases} \tag{7}$$

1.3 PSO－XGBoost 模型构建

基于 PSO 优化算法与 XGBoost 原理构建基于 PSO－XGBoost 气井泡排加药优化模型，具体流程如下：

(1)收集数据，进行数据预处理，删除数据集当中的缺失值，对其进行标准化处理；

(2)将产气量与产气量的综合指标作为输出特征，综合指标即产气量与产水量之和，泡排剂加药量，配比浓度、油压、套压、油套压差作为输入特征，70%的数据集作为训练集，30%的数据集作为测试集；

(3)建立适应度函数，该函数将泡排剂加药量，配比浓度作为输入，并返回综合指标作为评估指标，最大化综合指标；

(4)初始化粒子群，初始化一群粒子，并为每个粒子随机分配加药量与加药浓度的值；

(5)迭代优化，在每次迭代中，每个粒子根据其当前位置和速度更新加药量与配比浓度，然后，利用 XGBoost 模型和当前粒子的位置来计算综合指标的预测值，将其作为适应度函数的输出；

(6)更新粒子位置，根据适应度函数的结果，粒子更新其速度和位置，向着提高综合指标值的方向移动；

(7)终止条件，重复迭代步骤，直到达到预定的迭代次数或综合指标的值不再显著提高，在 PSO 算法完成后，选择适应度最高的粒子对应的加药量与配比浓度的值作为最优解。

2 应用实例

2.1 数据来源

选取××区块 503 条气井泡排数据进行分析，部分数据样本数据如表 1 所示。

表 1 SN 区块气井泡排数据

序号	油压/MPa	套压/MPa	油套压差/MPa	加药量/t	配比浓度/L	产水量/m^3	产气量/10^4m^3	综合指标
1	0.9	4.3	3.4	40	0.2	1.2	1.0725	1.2725
2	1.3	2.2	0.9	24	0.25	14.3	1.4137	15.7137
3	1.4	2.5	1.1	23	0.1	13.2	12.4048	25.6048
	…	…	…	…	…	…	…	…
501	0.38	2.03	1.65	24	0.2	6.2	0.6141	6.8141
502	0.27	3.02	2.75	80	0.5	4.6	0.5245	5.1245
503	1.85	10.18	8.33	9.6	0.1	1.6	0.4267	2.0267

2.2 PSO - XGBoost 模型的应用

删除数据集中的缺失值，并进行标准化，计算公式如下：

$$x^* = \frac{x_{\max} - x}{x_{\max} - x_{\min}} \tag{8}$$

将数据集按照 70% 训练集，30% 测试集的比例随机划分进行模型训练预测，设置 XGBoost模型的回归树最大深度5、学习率0.05、回归树随机采样率0.7 回归树特征采样率 0.8；PSO 的迭代次数100 次，位置限制在[0，1]，惯性权重为0.7，加速常数为[1.5，1.5]，速度限制在[-0.2，0.2]。调整优化泡排剂加药量以及配比浓度，调整区间分别为[10，200]，[0.1，1]，加药量单位为 t，配比浓度单位为 1，XGBoost 拟合结果如下(图 1 和图 2)，RF 的均方误差 RMSE 为 7.09，XGBoost 的均方误差 RMSE 为 5.53，因此优选 XGBoost算法，PSO - XGBoost 模型粒子群迭代过程如下(图 3 ~ 图 5)。

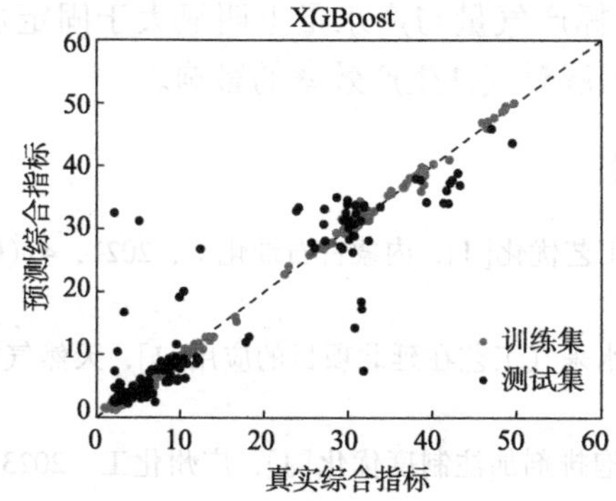

图 1　XGBoost 预测结果对比图

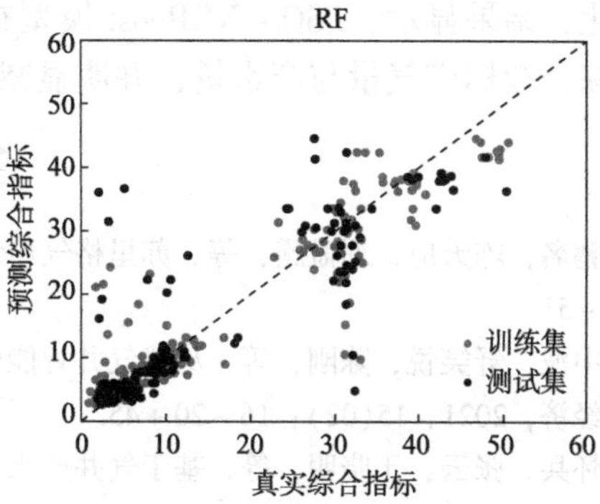

图 2　RF 预测结果图

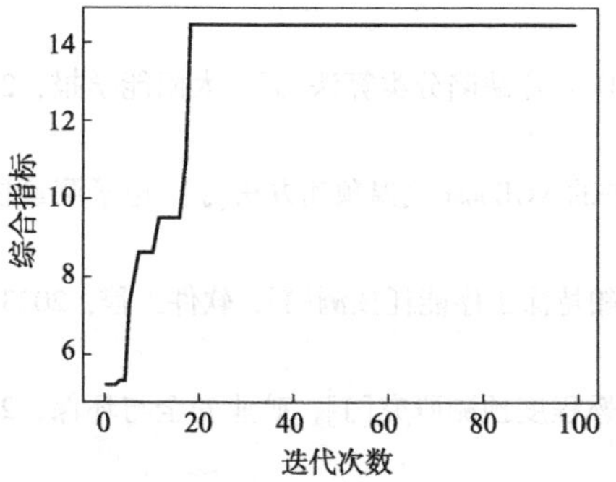

图 3　综合指标迭代图

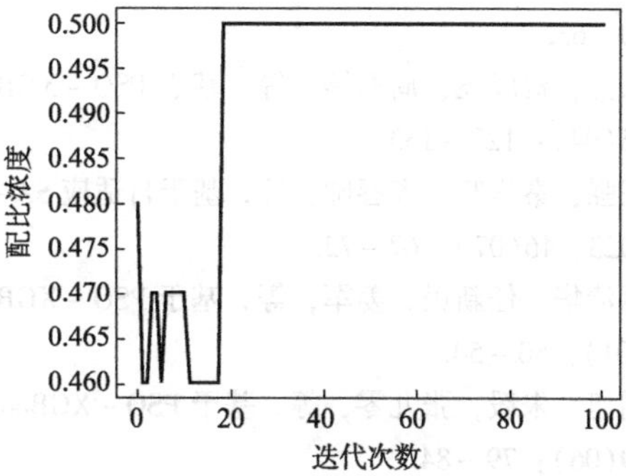

图 4　配比浓度迭代图

经过应用 PSO - XGBoost 算法模型进行气井泡排剂加药量以及配比浓度的优化以及对综合指标的预测，得到最大化的综合指标即最大化产气量和合理的产水量下的最优加药量以及配比浓度。经过对 Y1 井实验，加药量由 52t 优化为 32.8t，配比浓度由 0.25 优化为0.5，产水量由 4.2m^3变为7.3m^3，产气量由 5.6601m^3 变为 7.1646m^3，产气量增加了 26.58%，气井积液得到了有效控制(表 2)。

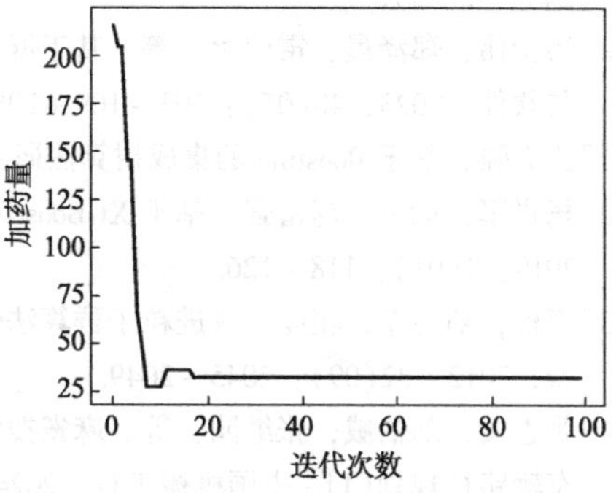

图 5　加药量迭代图

表2 算法优化前后对比

	加药量/t	配比浓度/1	产水量/m^3	产气量/10^4m^3
算法模型优化前	52	0.25	4.2	5.6601
算法模型优化后	32.8	0.5	7.3	7.1646

3 结论

(1)结合PSO算法与XGBoost算法，提出应用于优化气井泡排剂加药量与配比浓度的PSO－XGBoost模型。

(2)利用PSO优化算法对XGBoost的输入特征参数加药量与配比浓度进行优化，得到最大综合指标下的加药量与配比浓度。

(3)为了验证PSO－XGBoost模型的有效性，对SN区块的一口井进行加药量与配比浓度优化，结果显示，PSO－XGBoost模型在综合指标产气量与产水量上明显大于固定加药时的综合指标产气量与产水量，并明显减少气井积液对气井生产效率的影响。

参考文献

[1]张鹏名，陈天应，刘孟鹏，等．苏里格气田气井泡排工艺优化[J]．内蒙古石油化工，2021，47(02)：50－53.

[2]翟中波，舒笑悦，陈刚，等．丛式气井智能化泡沫排水采气工艺在延北项目的应用[J]．天然气技术与经济，2021，15(02)：16－20＋45.

[3]陈怀兵，张云，于晓明，等．基于气井产水量预测的泡排剂加注制度优化[J]．广州化工，2023，51(10)：126－129.

[4]姚远，蒋淮宇，傅春梅．产水气井泡排工艺参数优化研究及应用[J]．中外能源，2016，21(01)：60－63.

[5]郑浩，贾展飞，周丽婷，等．基于PSO－XGBoost的风电叶片缺陷分类算法[J]．太阳能学报，2024，45(04)：127－133.

[6]王强，秦华旺，齐春帅，等．基于自适应SA－PSO改进的XGBoost气温预测方法[J]．电子测量技术，2023，46(07)：67－72.

[7]蒋清华，任新民，姜军，等．基于PSO－XGBoost的船舶特涂工序能耗预测[J]．软件工程，2023，26(01)：50－54.

[8]周旭，朱毅，张九零，等．基于PSO－XGBoost的煤自燃程度预测研究[J]．矿业安全与环保，2022，49(06)：79－84.

[9]唐钦锡，王涛．基于XGBoost的压裂水平井产能预测[J]．中国石油和化工标准与质量，2023，43(24)：15－17.

[10]潘少伟，郑泽晨，雷建永，等．基于混合优化XGBoost算法的砂岩储层孔隙度预测[J]．计算机应用与软件，2023，40(05)：103－109＋206.

[11]连克强．基于Boosting的集成树算法研究与分析[D]．北京：中国地质大学(北京)，2018.

[12]杨贵军，徐雪，赵富强．基于XGBoost算法的用户评分预测模型及应用[J]．数据分析与知识发现，2019，3(01)：118－126.

[13]李松，刘力军，翟曼．改进粒子群算法优化BP神经网络的短时交通流预测[J]．系统工程理论与实践，2012，32(09)：2045－2049.

[14]张志文，刘伯威，张继园，等．麻雀搜索算法－粒子群算法与快速扩展随机树算法协同优化的智能车辆路径规划[J]．中国机械工程，2024，35(06)：993－999＋1009.

超深油气井连续油管解堵技术研究与应用

刘凯　谢进　李会会　徐迎春　王冲　张丽英

（中国石油化工集团有限公司西北油田分公司完井测试管理中心）

摘　要：连续油管冲洗、钻磨作业可以安全、高效地解决老井长期生产或注水注气井因生产管柱结垢、堵塞导致的停喷或注不进问题。针对目前超深井连续油管现场作业缺乏对应施工参数和配套工具选择依据，建立了一套连续管作业管柱力学和流体力学计算模型及参数优化方法，形成了适用于超深井的连续油管作业指南。该成果在连续油管冲洗、钻磨解堵作业中累计应用29井次，最大下深8723.62m，单趟最大冲洗进尺3617m，最大钻磨进尺907m，有效助力超深井快速复产，并为连续油管处理超深井其他复杂问题提供参数借鉴。

关键词：超深井；连续油管；冲砂；钻磨；参数优化

塔河油田井深普遍超过6000m，生产井普遍具有原油黏度大、出砂、含胶质沥青质等特点，生产过程中易造成管柱结垢、堵塞，部分生产井被迫关停，极大地影响单井产能。常规上修作业主要存在以下问题：一是作业周期长、费用高、井控风险较大；二是部分修井机无法满足上提吨位要求，需要使用钻机进行作业；三是受限于完井工艺部分下部完井管柱无法起出处理。针对以上问题，探索超深油气井连续油管井筒处理工艺，可实现在不动原井井口及管柱的前提下，入井进行冲洗、钻磨等管柱解堵疏通作业，极大地提高了作业效率，缩短作业周期，节约单井处置费用。同时，通过对作业过程中出现问题不断地经验总结、提升配套工具性能、优化不同井况下工具串组合，形成了超深井连续油管解堵作业系列技术，为老井恢复产能提供了有效手段。

1　连续油管超深井作业能力构建

1.1　连续油管配套设备升级

1.1.1　105MPa井口防喷设备

连续油管作业井口防喷设备主要由防喷盒、防喷管、防喷器、转换法兰构成，可在不压井情况下进行带压作业，为满足超深井、超高压井作业需求，引进105MPa井口防喷设备。其中，双联双控防喷盒为双密封结构，配置两柱密封胶芯，可实现作业过程中更换胶芯，提高安全及可靠性；四闸板防喷器自上而下依次为剪切、全封、卡瓦、半封闸板，侧面留有压井通道，增加风险控制措施，同时采用液动、手动两种方式实现开关，提升作业可靠性。

1.1.2　140K注入头

连续油管注入头为连续油管的下放和上提提供动力，为满足超深井、复杂井大吨位提拉需求，引进140K注入头，最大上提力63t，最大下推力27t，可满足1.75in连续油管9500m作业需求。

第一作者简介：刘凯(1992—)，男，山东东营，中国石油化工集团有限公司西北油田分公司完井测试管理中心，工程师。E－mail：476315626@ qq. com。

1.1.3 万米连续油管及配套滚筒

引进 TS－110 钢级 1.75in 7 级变径万米连续油管及配套滚筒，具备 9500m 井深作业能力，配套滚筒可装载 1.75in 连续油管 13000m 或 2in 连续油管 9700m。

1.2 连续油管井下工具不同工况下推荐

1.2.1 冲洗头

目前常用的冲洗头种类主要有球头冲洗头、笔尖冲洗头、风暴式冲洗头、旋转式冲洗头，不同类型适用不同工况(表 1)。球型冲洗头为半球面结构，通过性较强，综合性能优秀，适合稠油解堵、非致密砂堵等情况下的冲洗，井下情况不明确的情况下一般首选；笔尖冲洗头为尖锥结构，进尺能力强，适用于较致密碎屑铁屑砂堵等进尺困难情况；风暴式冲洗头设计有旋转螺杆，液体流经工具内部形成高速旋转，对井周、管柱内壁的清洁能力较强，适用于清洁冲洗管壁；旋转式冲洗头具有旋转喷射功能，侧孔液体产生旋转冲洗效果，适用于管壁清洁及水平井均匀布酸。当然，若第一趟使用冲洗头进行解堵进尺效果差且无明显的返出物的情况下，在井筒条件允许的情况下应当起出更换磨鞋进行施工。

表 1 冲洗头选择推荐表

序号	类型	特点	应用	示意图
1	球头	前端为半球面，通过性能强；孔眼在球面中心和均布侧面	用于井况不详、卡阻风险高的井；疏松砂、胶质沥青质、稠油等	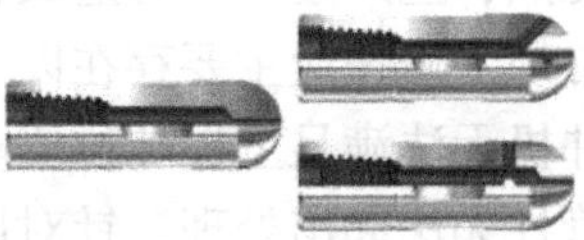
2	笔尖	前端为圆锥形笔尖，通过性好，但遇卡风险较球头高尖锥面面积小，具一定辅助破碎砂面功能；尖端遇阻加压受力大，易受损；前端类似半球面，通过性好	对于压实砂、板结泥浆沉淀、未完全破胶压裂液	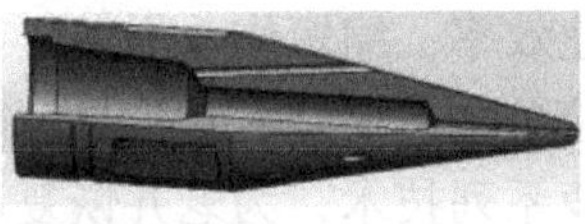
3	风暴式	内装多头螺杆，仅一个孔眼，易堵塞；高速扇形旋转喷射液体，射流冲洗效果强，对管壁清理效果较好	主要用于管壁结垢、结蜡等；工作液要清洁	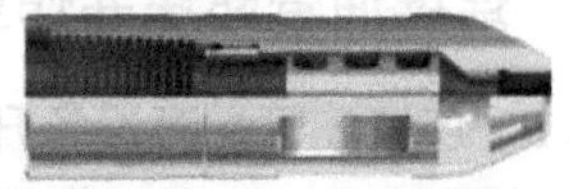
4	旋转式	前端具有旋转功能，侧孔液体产生旋转冲洗效果	主要用于管壁的旋转清理，水平井均匀布酸应用较多	

1.2.2 螺杆马达

螺杆马达一般配合钻磨解堵使用，为井下工具提供动力输出，目前常用的螺杆马达有 Φ54mm 与 Φ73mm 两种规格，选用主要考虑工作介质、工作温度、施工参数要求(图 1)，工作介质主要区分水基或油基，要针对性地进行选取，目前塔河工区作业条件下基本选用的都是水基螺杆，对于工作液中固相物含量一般不能超过 2%，否则会严重影响马达工作寿命和工作效率；工作温度目前常用的螺杆马达为 150℃，部分国产螺杆耐温可达 180℃，主要取决于螺杆定子的橡胶材质，针对 200℃或以上的温度目前全金属螺杆性能可以达到；施工参数方面，高转速螺杆马达的输出扭矩低，排量高，适合快速钻进较为松散的堵塞物，例如泥浆固相；低转速螺杆马达输入扭矩高，排量低，适合处理进尺困难的井段。

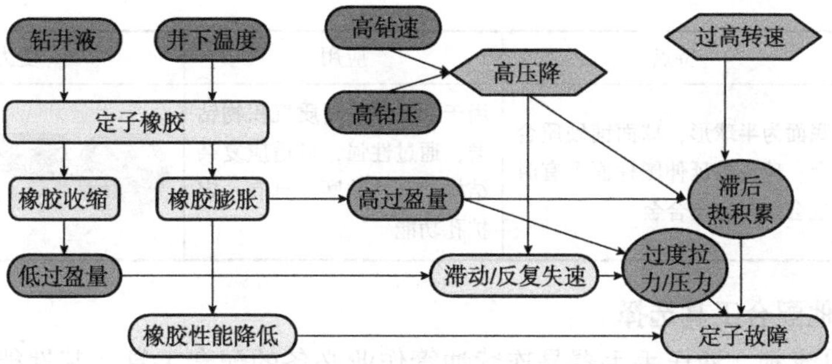

图1　螺杆马达影响因素

1.2.3　磨鞋

磨鞋尺寸选择方面一般会选取大于螺杆马达 1～2mm，且小于管柱最小内径 6mm 及以上，若选用与螺杆马达外径一致的磨鞋，由于大部分磨鞋不具有扩径能力，会造成下放困难。在功能选择方面平底磨鞋、多翼磨鞋适用于井下硬质物钻磨，如桥塞、水泥塞、硬质垢等，作业过程不易憋泵，研磨颗粒较细；刀翼磨鞋切削能力较强，处理砂堵、碎屑、胶质物等较软堵塞物进尺速度较快，但是若井下硬质物尺寸不规则，则容易发生憋泵，严重情况下甚至会发生马达抽芯事故，上述两种磨鞋均能保持向下进尺，对周边无处理能力，球型磨鞋则能够对井壁周边进行处理，在工作过程中具有摆动、震动功能，可以在一定程度上起到扩眼的作用，对管柱内壁能够较好地进行清洁，但是若在长时间进尺效果不佳或无进尺的情况下，有损伤管壁的可能性。因此，需要根据不同的作业目的选取合适的磨鞋类型（表2）。

表2　磨鞋选择推荐表

序号	类型	特点	应用	受力模型
1	平底磨鞋	底面为平端面，铺硬质合金；水槽和水眼不少于3道；侧面为光滑圆柱面，无切削力；同钻压压强小，吃入浅，磨屑小	用于硬堵塞物钻磨，如桥塞、水泥塞、岩屑和铁屑	
2	刀翼磨鞋	底面3道以上斜坡面或刀翼结构；刀翼底面铺硬质合金；底部均匀分布水眼；侧面为光滑圆柱面，无切削力；同钻压压强大，吃入深，磨屑大	用于软堵塞物钻磨，如蜡、垢、沥青质、板结或压实砂等	
3	PDC 磨鞋	底面和切削侧面铺设 PDC 合金颗粒；侧面镶嵌硬质合金保径	用于坚硬堵塞物或金属物质钻磨，若钻水泥塞，产生大块颗粒，返排要求高，遇卡风险大，需谨慎	
4	凸底、锥形磨鞋	底面为凸起或锥面，凸面铺硬质合金；侧面开水槽，底面有过流孔道	用于井下复杂结构硬物钻磨，如球座、滑套扩径等	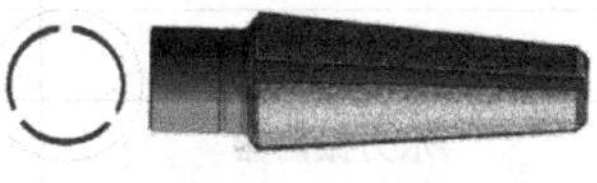

续表

序号	类型	特点	应用	受力模型
5	球头磨鞋	底面为半球形，球面铺硬质合金；球头的延伸圆柱面上有时也会铺焊硬质合金	用于水泥塞、硬质沉积物钻磨，通过性强，可适应复杂结构堵塞物钻磨，具有一定扩孔功能	

1.2.4　其他配合工具选择

连接头、单流阀、液压丢手器是连续油管作业必备的配套工具，其性能的高低是制约超深井作业的关键因素，需升级配套工具性能(图2和图3)。

(1)通过改进密封结构及升级密封圈材质，性能由150℃/35MPa提升至204℃/70MPa。密封圈结构由“单O圈”改为“背圈+O圈+背圈”，增强密封能力；密封圈材质由丁腈橡胶升级为硅橡胶，提高耐热性及耐寒性。

(2)单流阀增加阀板厚度，性能由150℃/35MPa提升至204℃/70MPa，阀板厚度由5.3mm提升到6.1mm，有限元分析阀板承压70MPa时最大应力622.6MPa，材料屈服758MPa，安全系数1.22。

(3)液压丢手通过结构改进，性能由150℃/35MPa提升至204℃/70MPa，承载部件棘爪式改为环抱卡瓦式，有限元分析承压70MPa时最大应力为638.6MPa，安全系数1.19。

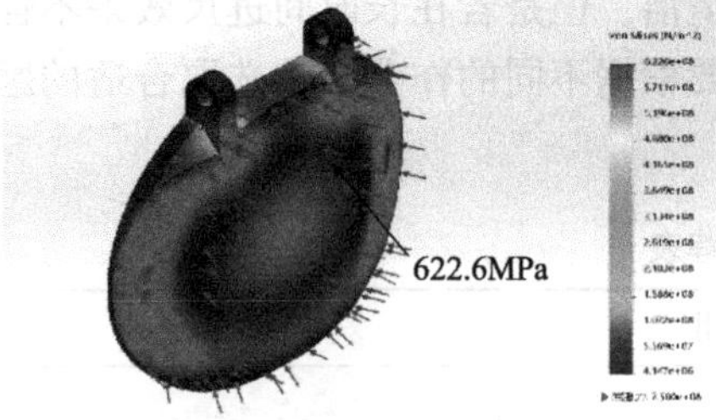

图2　阀板受力云图

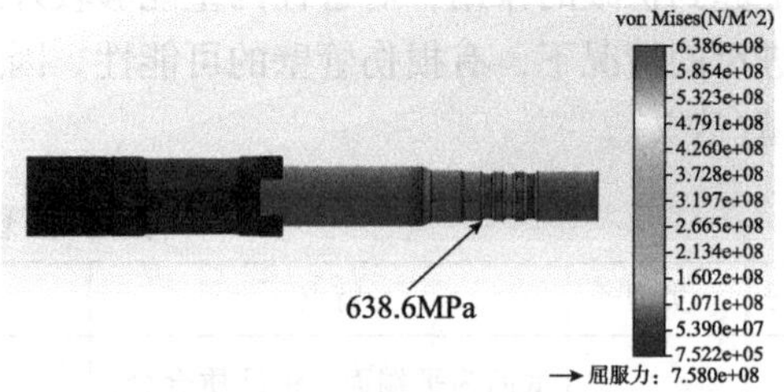

图3　丢手器受力云图

根据作业类型不同，应选择对应工具组合相应的作业工具串，如冲洗作业按照“连接头+单流阀+冲洗头”进行组合、钻磨作业按照“连接头+马达头总成+螺杆马达+磨鞋”进行组合，具体工具介绍如下(表3)。

表3　连续油管配套井下工具介绍

工具名称	说明
连接头	常用的有凹坑接头、环压接头、铆钉接头，是连续油管与工具串之间的连接工具
双活瓣单流阀	内防喷工具，防止井内流体回流至连续油管，双阀芯结构，可靠性高
液压丢手	紧急情况下可将丢手下步工具脱开
马达头总成	集成双活瓣单流阀与液压丢手功能
扶正器、扩眼器	视具体作业需求进行配置
震击器	一般可配合打捞作业进行震击解卡
水力振荡器	一般用于水平井作业，增加作业深度

2　地面流程优化

针对不同井况及作业目的，对地面配合流程进行了优化，主要目的是防止油嘴管汇堵塞，保证连续供液，确保施工安全和作业连续。

2.1　冲洗作业地面流程

若仅进行冲洗作业且返出物均为液体，无块状稠油、胶质沥青质、砂砾、岩屑或其他异物产出，无堵塞油嘴风险，优化地面流程按照“采油树 – 油嘴管汇 – 沉沙罐 – 计量罐 – 供液罐 – 泵车 – 连续油管”进行配置，若返出物含气则在流程中增加分离器(图4)。

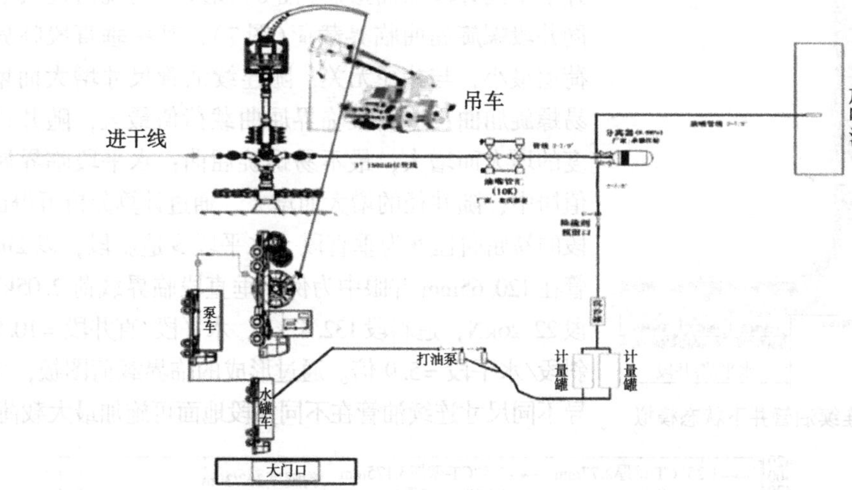

图4　冲洗作业地面流程连接示意图

2.2　钻磨作业地面流程

若进行冲洗、钻磨作业且返出物中含有块状稠油、胶质沥青质、砂砾、岩屑或其他异物产出，存在堵塞油嘴风险，优化地面流程按照“采油树 – 除砂器/异物捕捞器 – 油嘴管汇 – 计量罐 – 供液罐 – 泵车 – 连续油管”进行配置，若返出物含气则在流程中增加分离器(图5)。

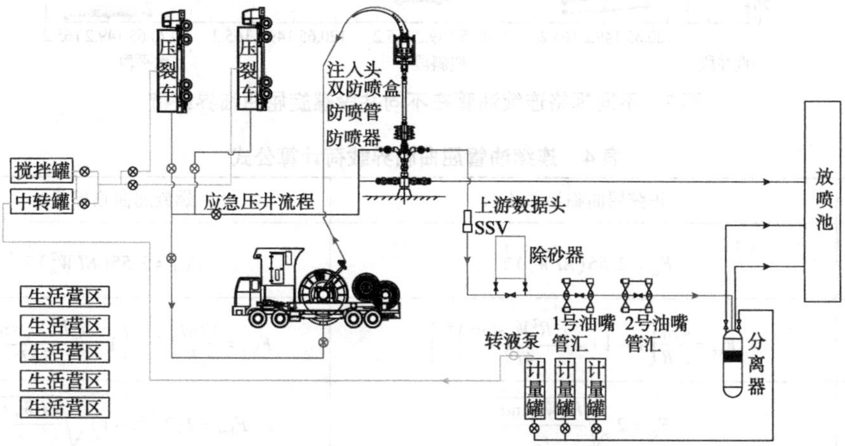

图5　钻磨作业地面流程连接示意图

3 作业参数优化

通过查阅相关文献，总结形成一套连续油管作业管柱力学及流体力学计算模型及理论图板，包括屈曲临界载荷、轴向载荷传递性效率、水平段延伸极限、颗粒沉降速度等，可有效指导连续油管作业过程中的作业参数选取。

3.1 连续油管正弦屈曲、螺旋屈曲临界载荷图板

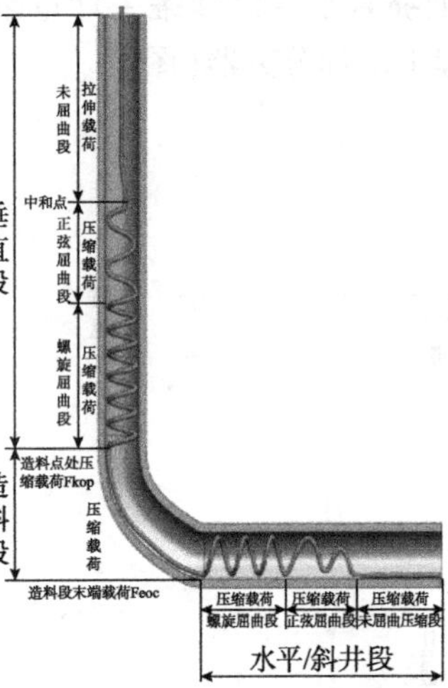

图6 连续油管井下状态模拟

连续油管在垂直井段、造斜井段以及水平井段的屈曲临界载荷理论计算公式见表4。通过计算，可得出连续油管井下不同井段屈曲形态(图6)以及不同规格连续油管在不同井段螺旋屈曲临界载荷(图7)，其中垂直段临界屈曲载荷值最小，与井径无关，随连续油管尺寸增大而增大，极易螺旋屈曲；造斜段临界屈曲载荷值最大，随井径和狗腿度的增大而增大，最不易螺旋屈曲；水平段临界屈曲载荷值居中，随井径的增大而增大。通过计算分析可得出不同井段的易屈曲程度为垂直段＞水平段＞造斜段，以2in连续油管在120.65mm井眼中为例，垂直段临界载荷2.05kN，水平段22.26kN，造斜段132.42kN，水平段/直井段＝10.9倍，造斜段/水平段＝5.9倍。通过形成的临界载荷图板，可有效指导不同尺寸连续油管在不同井段地面可施加最大载荷。

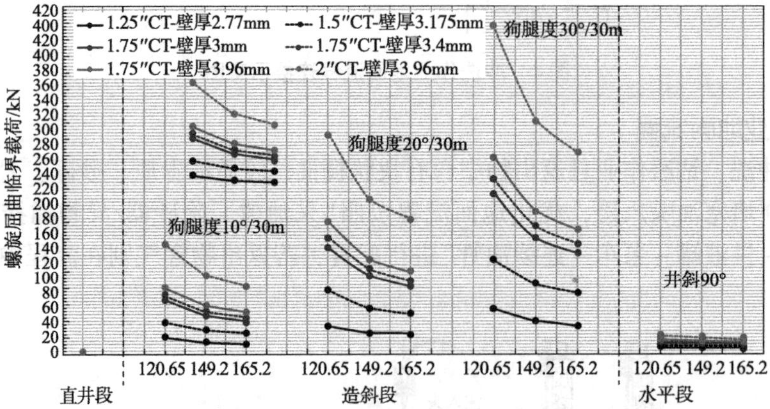

图7 不同规格连续油管在不同井段螺旋屈曲临界载荷

表4 连续油管屈曲临界载荷计算公式

/	正弦屈曲临界载荷	螺旋屈曲临界载荷
垂直井段	$F_{cr}=2.55(EIW_e^2)^{\frac{1}{3}}$	$F_{hel}=5.55(EIW_e^2)^{\frac{1}{3}}$
造斜井段	$F_{cr}=\frac{4EI}{r_cR}\left[1+\left(1+\frac{r_cR^2W_e\sin\alpha}{4EI}\right)^{\frac{1}{2}}\right]$	$F_{hel}=\frac{12EI}{r_cR}\left[1+\left(1+\frac{r_cR^2W_e\sin\alpha}{8EI}\right)^{\frac{1}{2}}\right]$
水平井段	$F_{cr}=2\sqrt{\frac{EIW_e\sin\alpha}{r_c}}$	$F_{hel}=2(2\sqrt{2}-1)\sqrt{\frac{EIW_e\sin\alpha}{r_c}}$

式中，F_{cr}为正弦屈曲临界载荷，N；E为杨氏模量(弹性模量)，Pa；I为连续油管作业管柱的截面惯性矩，m^4；W_e为连续油管作业管柱在钻井液中的单位重量，N/m；α为井斜角，(°)；r_c为井眼和管柱之间的径向间隙，m；R为井眼曲率半径，m；F_{hel}为螺旋屈曲临界载荷，N。

3.2 轴向载荷传递效率图板

地面释放重量和传递到垂直井段底端(水平井的造斜点)的轴向压缩载荷F_{KOP}之间的关系如下：

$$F_{KOP}=2\sqrt{\frac{EI\,W_e}{\mu\,r_c}}\cdot\tanh\left(F_s\sqrt{\frac{\mu\,r_c}{4EI\,W_e}}\right)$$

式中，F_{KOP}为轴向压缩载荷，N；F_s为施加载荷，N；μ为摩擦系数。

通过分析管柱、井眼内径、工作液摩擦系数、连续油管外径和壁厚对轴向载荷传递效率的影响，可得出以下轴向载荷传递效率图板(图8～图11)。

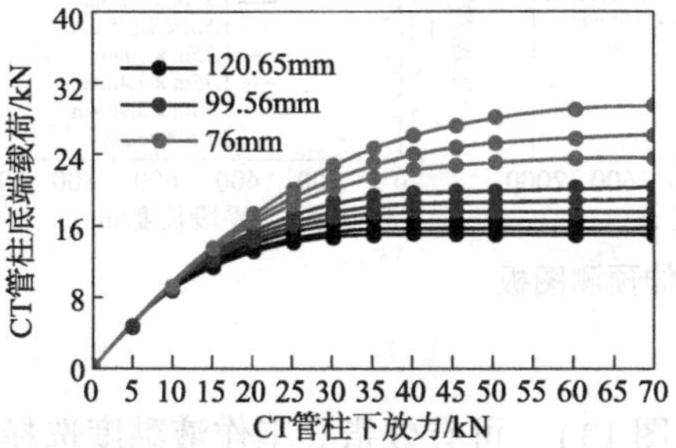

(工作液摩擦系数0.2、连续油管外径1.75in)

图8　不同管柱/井眼内径轴向载荷传递效率

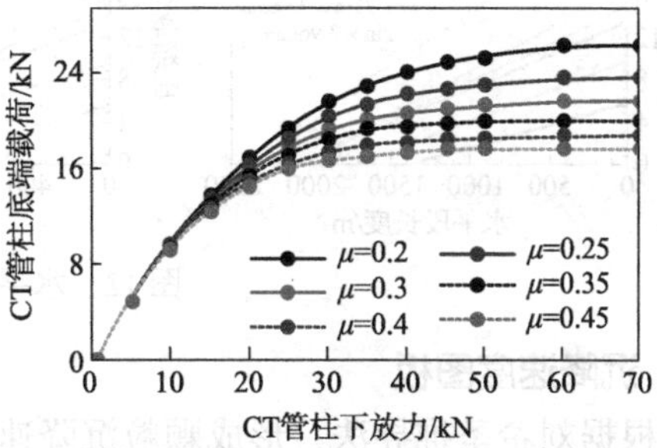

(连续油管外径1.75in、壁厚3.4mm)

图9　不同工作液摩擦系数轴向载荷传递效率

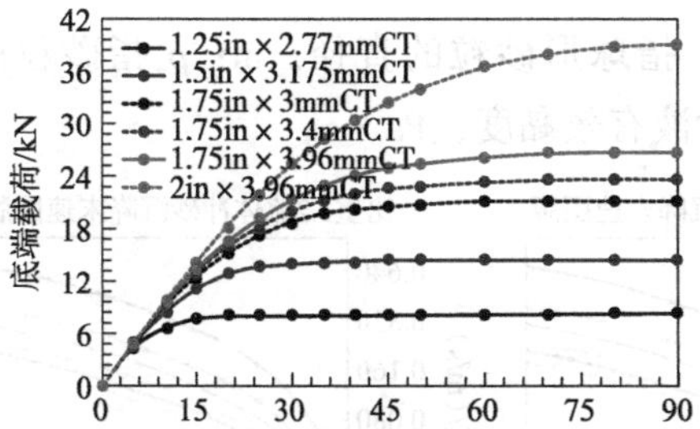

(工作液摩擦系数0.2、在88.9mm油管内)

图10　不同外径管柱轴向载荷传递效率

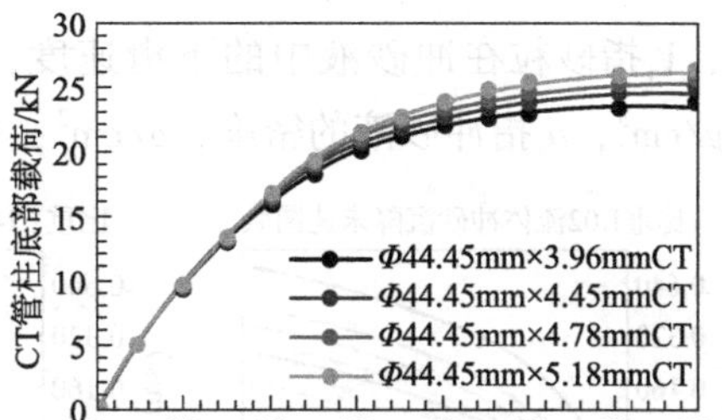

(工作液摩擦系数0.2、在88.9mm油管内)

图11　不同壁厚管柱轴向载荷传递效率

从以上图板中可以看出：(1)井径和摩阻系数越小，轴向载荷传递效率越高；(2)随着下放力的增加，底端载荷增加的幅度越来越小，因此最佳下放力为底端载荷趋于平衡时对应的值；(3)连续油管外径越大、壁厚越厚，轴向载荷传递效率越高，但壁厚对其影响较小。

3.3 水平段延伸极限预测图板

在水平井段中连续油管的最大下入深度取决于螺旋屈曲的发生，正弦屈曲的影响因素影响很小，可以忽略不计，管柱底端载荷的大小影响着连续油管在水平井段的延伸极限，可根据以下公式进行计算推导：

$$F(x)=2\sqrt{\frac{EI\,W_{\mathrm{e}}}{r_{\mathrm{c}}}}\cdot\tan\left[\mu x\sqrt{\frac{r_{\mathrm{c}}W_{\mathrm{e}}}{4EI}}+\arctan\left(F_0\sqrt{\frac{r_{\mathrm{c}}}{4EI\,W_{\mathrm{e}}}}\right)\right]\tag{2}$$

式中，x 是连续油管作业管柱中螺旋屈曲部分的坐标；F_0 指螺旋屈曲始端轴向压缩载荷；r_c 为井眼间隙，m。

根据以上公式，可模拟出不同外径、壁厚连续油管在不同底端载荷(遇阻吨位)下水平段的最大下入深度，同一底端载荷下，连续油管的外径越大或壁厚越大，在水平段下入深度越大；同一连续油管外径和壁厚下，底端载荷越高，在水平段下入深度越小。通过水平段延伸极限预测图板(图 12)，可帮助辅助选择连续油管尺寸。

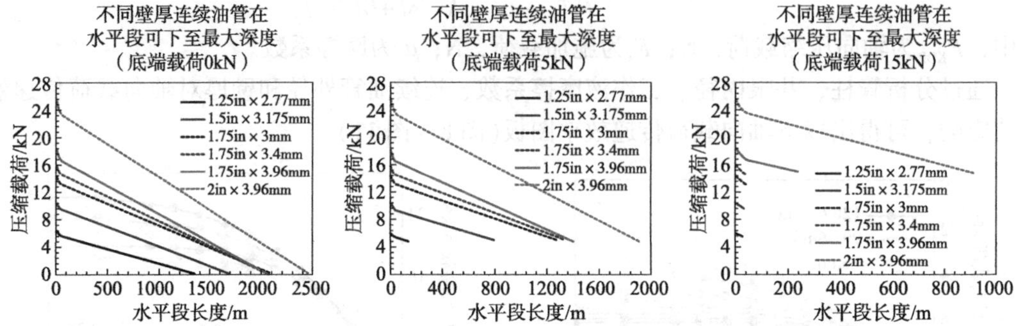

图 12　水平段极限延伸预测图板

3.4　沉降速度图板

根据刘希圣推导法，形成颗粒沉降速度图板(图 13)，可有效指导工作液黏度选择。

$$V_{\mathrm{t}}=0.0707\,\frac{d_{\mathrm{s}}(\rho_{\mathrm{s}}-\rho_{\mathrm{l}})^{\frac{2}{3}}}{(\rho_{\mathrm{l}}\cdot\eta)^{\frac{1}{3}}}\tag{3}$$

式中，V_t 指砂粒在冲砂液中的下滑速度，m/s；d_s 指球形砂粒的直径，m；ρ_s 指砂粒的密度，g/cm^3；ρ_l 指冲砂液的密度，g/cm^3；η 指冲砂液有效黏度，Pa·s。

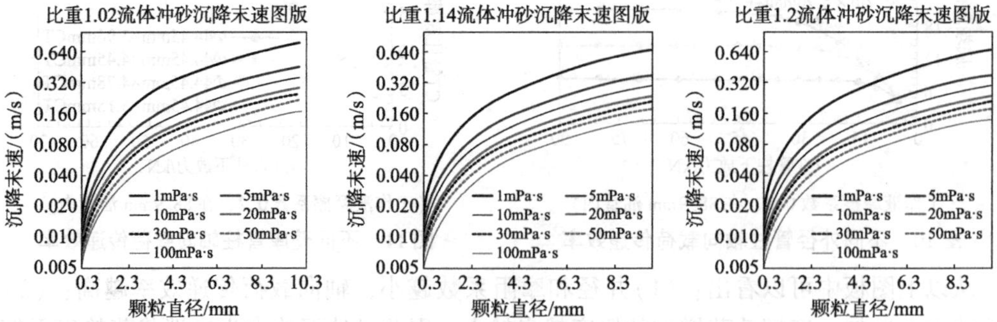

图 13　颗粒沉降速度图板

可以看出，颗粒的沉降速度随着冲砂液黏度的增加而减小，但黏度影响会逐渐平稳，实际作业中不宜过度依赖提高黏度来降低沉降速度。

4　现场应用案例

近三年完成连续油管冲洗解堵 16 井次、钻磨解堵 13 井次，实践总结“优工具、配固控、适提黏、精计量、控钻压、保携带、观返出、定划眼、控回压”冲砂解堵工作法，保证施工最大下深8723.62m，单趟冲洗最大进尺3617m，单趟钻磨最大进尺907m。YDX－XH井生产期间返砂堵塞井筒，使用连油疏通井筒，通过工作液提黏、优化冲洗头、更换钻磨处理、调整排量钻压参数等操作成功疏通至井底，作业过程如下(表5)。

表5　YDX－XH井连续油管解堵作业简况

序号	处理措施	施工简况
1	43mm五眼冲洗头冲洗	(1)连续油管下深至2289.5m遇阻，2289.5～2321m持续遇阻，通过提排量，反复划眼冲洗通过，其他井段无明显遇阻显示，取样未见明显堵塞物，深度5444m遇阻； (2)最大冲洗下深至5453.1m； (3)用时30.25h，累计进尺41.7m，分析球形冲洗头为五眼结构，喷射流分散，冲击力小，工作液未提黏携带能力差
2	43mm射流式冲洗头冲洗	(1)根据沉降速度图板确定工作液采用比重1.03清水+0.3%增黏提切剂，黏度>45s； (2)连续油管下深5453.4m遇阻，最大冲洗下深至5457m； (3)用时20.2h，累计进尺3.3m，砂堵较实，冲洗效果不佳，起钻更换钻磨工具
3	54mm平底磨鞋钻磨	(1)油管下深5456.6m遇阻； (2)钻磨最大下深5458.7m，频繁憋泵卡钻； (3)用时11.75h，累计进尺2.1m，反出物含砂0.5%，最大颗粒8mm×5mm，起钻检查平底磨鞋合金齿边缘有明显钻磨痕迹，判断井内存在硬物
4	54mm三翼磨鞋钻磨	(1)连续油管下深5456m遇阻； (2)钻磨最大下深5483.2m，频繁憋泵； (3)用时47.8h，累计进尺27.2m，受管柱最小内径限制，ϕ54mm磨鞋与ϕ54mm螺杆马达等径，无法使用更大外径磨鞋，不利于工具串通过
5	54mm球型开孔磨鞋钻磨	(1)连续油管下探5483.2m遇阻； (2)钻磨最大下深5582.7m(人工井底)； (3)用时48.3h，累计进尺99.5m，处理效率较之前大幅提升
作业难点		(1)携砂难度大，水平段长度172m，需要出油管进入套管进行处理，水平段岩屑返出困难，卡钻风险高； (2)磨鞋尺寸受限，受限于管柱最小内径58mm限制，磨鞋最大尺寸只能选择54mm，与套管间隙大(57.15mm)，砂塞实，频繁憋泵
应对措施		(1)强化携砂性能，通过提升工作液黏度(30s上升到45s)、加大作业排量(150L/min上升到270L/min)、水平段长距离划眼措施，实现有效携砂； (2)优化钻磨作业参数控制，通过施加小钻压(2.0t下降到0.3t)，提高螺杆转速(294rpm上升到588rpm)，避免了频繁憋泵带来的风险； (3)优化工具选型，通过每趟入井后井内返出物情况、钻磨效率、工具出井检查情况，不断更新认识，优选磨鞋“平底磨鞋→三刀翼磨鞋→球形磨鞋”成功处理至人工井底

该井累计进尺170.2m，作业共计用时12d，相较于上修作业节省周期13d，疏通处理后日注气$5.5\times10^4m^3$上升到$6.0\times10^4m^3$，泵压39MPa下降到9.6MPa，提升注气效率，取得了良好效果。

5 结论

(1)总结分析不同类型冲洗头及磨鞋的结构性能特点，形成了适用于不同工况下的工具选择推荐做法，为不同作业类型的工具选取提供了经验指导。

(2)形成的管柱屈曲图板、轴向载荷传递效率图板、水平段延伸极限预测图板、沉降速度图板可有效指导现场作业参数，对连续油管尺寸选择、地面施加载荷、液体携砂性能等提供参考。

(3)实践总结“优工具、配固控、适提黏、精计量、控钻压、保携带、观返出、定划眼、控回压”冲砂解堵工作法，为超深井连续油管解堵作业提供了具体经验做法。

参考文献

[1]任经纬. 连续油管作业管柱力学分析[D]. 北京：中国石油大学，2017.
[2]沈燕来，陈建武. 冲砂洗井水力计算方法综述[J]. 水动力学研究与进展：A辑，1998，13(3)：343－353.

气井携液模型及等临界携液管柱优化方法

岑学齐[1]　陈瞰瞰[1]　黄伟[1]　牛骏[1]　陈旭[2]

(1. 中国石化石油勘探开发研究院；2. 中国石化华北石油局)

摘　要：在气藏开发过程中由于井筒内不断积液，给气田稳产带来严重影响，制约“天然气大发展”。准确预测井筒积液时机，优化管柱延长自主携液期，是排水采气考虑的关键问题。对井筒积液预测中液滴模型和液膜模型特点进行分析，并利用液滴观察实验，推测液滴翻转缺乏实验验证。利用液膜观察实验和液膜翻转数值模拟方法，明确了在环状流情况下，液膜反转积液模型得到了室内试验和数值模拟证实。基于全井筒液膜携液模型计算方法，以全井筒临界携液能力相当为目标，建立组合管柱优化方法及步骤，并编制组合管柱优化软件模块，结合算例结果，组合管柱提高斜井段携液能力，降低生产管柱成本降低等优点，在现场有较好适应性。

关键词：井筒积液；临界携液模型；井筒；组合管柱；优化方法

1　井筒积液模型研究现状

液滴流动反转和液膜流动反转理论是解释气井积液机理的两种主要观点，液滴反转理论认为井筒内气速降低后，液滴在重力作用下向下流动反转，进而引发积液现象；液膜反转理论认为液体主要以液膜的形式附着在管壁向上流动，气速减小后，液膜和气相的界面剪力随之减小，液膜向下流动反转，不能连续向上流动导致积液发生。此外，由于积液是产量骤降的瞬态行为，近年来一些研究者也从井筒－储层耦合的角度对积液现象进行解释和分析。

1.1　液滴模型研究现状

1969 年，Turner 等人首次使用液滴反转理论解释气井积液现象。Turner 认为井筒中的液体主要以液滴的形式存在，当气体流速不足以携带最大尺寸的液滴向上流动时，液体开始下落导致积液发生。由于基于液滴反转理论建立的临界携液流速模型和现场数据吻合较好，Turner 模型得到了广泛应用。Turner 取拖曳系数为 0.44，液滴最大尺寸由液滴自由沉降的最大韦伯数计算得到，通过现场数据的对比，Turner 提出液滴模型公式应该加入 20% 的修正系数。后来有许多研究者对 Turner 模型进行了改进，主要工作集中于液滴形状和拖曳系数的修正。Coleman(1991)等人认为低压气井中(井口压力 <500Psi)20% 的修正系数是不必要的。Nossier(2000)等人认为流态对拖曳系数的取值有影响，建立了不同雷诺数下的临界气速模型。李闽(2001)考虑了压差对于液滴形状的影响，认为液滴在井筒压差作用下会发生形变，据此提出扁平形液滴的临界气速模型。王毅忠(2007)等人认为液滴在井筒

第一作者简介：岑学齐，(1985—)，男，湖北黄冈，中国石化石油勘探开发研究院，副研究员，副主任师。E－mail：441767223@ qq. com。

中的形状为球帽形，且模型中应该考虑安全系数的修正，其改进后的临界气速模型。彭朝阳(2010)等人考虑了液滴内部流动对曳力系数的影响，建立了液滴反转模型。Belforid(2008)等人发现Turner模型不适用于倾斜井的临界气速计算，在Turner模型中引入了管柱角度的修正项。

不同液滴反转模型的表达式都相似，仅是系数有区别，这是因为不同模型的液滴形状和拖曳系数假设均有不同，且模型具有很强的经验性，如Turner模型的验证数据大多是高压的凝析液井，Coleman模型的对比数据压力较低，王毅忠模型针对塔里木区块的气井。目前国外气井积液预测常用Turner模型，而国内使用李闽模型较多(图1)。

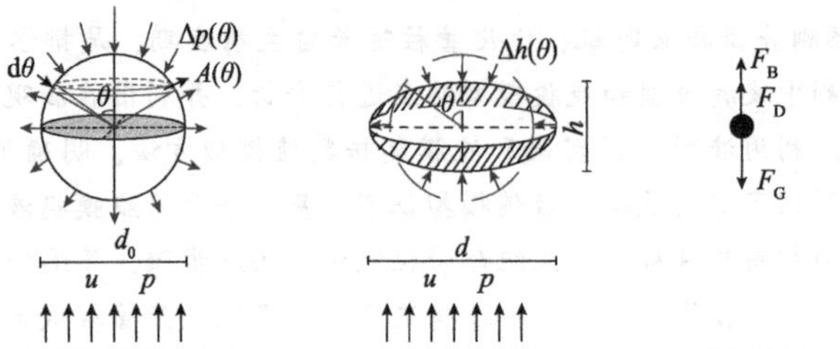

(a)液滴表面压力分布　(b)液滴变形　(c)液滴受力

图1　液滴示意图

1.2　液膜模型研究现状

液膜反转理论认为液体主要以液膜的形式存在于管壁，当气速较高时，气体携带液膜向上流动，当气体流速降低时，气液两相之间的剪力不足以携带液膜流动，液膜在重力作用下开始反转，从而导致积液，目前使用最广泛的液膜反转模型为Barnea提出的理论。Barnea(1986)针对环状流－搅拌流过度提出的液膜流动模型，假设液膜均匀地分布在管壁周围，且处于稳定的层流状态，分别对液膜和气体建立力学平衡方程。Barnea模型实质是通过最小界面剪力来确定液膜反转的临界气速。Luo(2014)考虑了倾斜管道中液膜不均匀分布的特点，在倾斜管中为不均匀分布，液膜展开为梯形，反转点发生在液膜最厚处，用等效液膜厚度计算临界携液流速。Shekhar(2017)假设液膜在垂直管中为矩形，倾斜管中展开为梯形，但是根据经验关系拟合了不同的液膜厚度表达式，引入同时使用了不同界面摩擦系数表达式。Liu(2018)等人使用N－S方程建立了液膜的速度分布公式，再通过壁面剪力为零的边界条件导出了临界气体流速的计算公式。Landjob(2020)也根据零壁面剪力的边界条件建立了临界流速计算模型，该模型是对气相和液相分别使用N－S方程得到的，在考虑液膜厚度的影响时使用了Luo模型的经验关系。Rastogi(2020)等人在大尺寸(152mm)管道中开展了积液的实验和理论研究，分析了倾斜角和流体性质对临界流速的影响。

液滴反转理论提出最早，且由于理论模型简单得到了广泛应用；液膜反转模型较复杂，但是更符合气液两相环状流动的实验现象。

2　井筒积液模拟研究

2.1　室内液滴实验模拟

实验取样管弯头如图2(a)所示，直径5mm，放置于管道中心，使用马尔文粒度仪对气相中夹带的液滴进行分析。马尔文测试仪是利用Fraunhofer衍射测量液滴粒径分布，颗粒在流动过程中通过一束散射光源，对光源造成遮挡，通过一系列同心传感器测试散射光源，进而通过傅里叶变换得到颗粒的粒径分布。

(a) 液滴取样头　　(b) 马尔文粒度测试仪

图 2　液滴取样及粒度仪

通过对五种不同气液比工况最大液滴尺寸分布出现在气液比为 1463，该工况下累计体积分数为 90% 的液滴尺寸为 1863.87μm，考虑到该次测试可能出现液滴聚并现象，实际的液滴尺寸会更小(表 1)。

表 1　液滴尺寸分布

气液比	液滴尺寸分布/μm			最大液滴尺寸/μm
	累计体积分数 = 10%	累计体积分数 = 50%	累计体积分数 = 90%	
1463	7.56	28.51	1863.87	2500
512	30.50	192.41	360.20	1600
375	17.55	49.88	161.65	1100
300	17.16	45.46	138.43	1000
233	12.30	32.74	144.63	1000

前人研究发现若液滴韦伯数超过临界值液滴可能破碎，Turner 据此假设自由沉降状态下的液滴韦伯数为 30，建立了液滴反转模型。根据韦伯数公式[(式(1)]，采用文献和实验测试流速和流体性质数据，可计算最大液滴尺寸(表 2)。

$$d_{\max} = \frac{W\sigma}{\rho_g v^2} \tag{1}$$

式中，W 为韦伯数，无量纲数；σ 为流体的表面张力系数，N/m；ρ_g 为气体密度，kg/m^3；v 为特征流速，m/s。

表 2　基于 Turner 假设计算的最大液滴尺寸

数据来源	流体密度/(kg/m^3)	临界流速/(m/s)	表面张力/(N/m)	最大液滴尺寸/μm
Guner(2015)	1.293	20	0.073	4234.339
Guner(2015)	1.293	21.8	0.073	3563.958
Guner(2015)	1.293	21.2	0.073	3768.546
Liu(2018)	1.293	13.7	0.073	9024.112
Liu(2018)	1.293	14.1	0.073	8519.368

续表

数据来源	流体密度/(kg/m³)	临界流速/(m/s)	表面张力/(N/m)	最大液滴尺寸/μm
Liu(2018)	1.293	14.3	0.073	8282.73
Rastogi(2020)	1.03	25	0.073	3401.942
Skopich(2015)	1.293	15.2	0.073	7330.919
Skopich (2015)	1.293	14.9	0.073	7629.096
Skopich (2015)	1.293	20.5	0.073	4030.305
Skopich (2015)	1.293	23	0.073	3201.768
实验 1	1.293	15.99	0.073	6624.432
实验 1	1.293	16.41	0.073	6289.678
实验 1	1.293	16.41	0.073	6289.678
实验 1	1.293	16.7	0.073	6073.131

从表 2 中可知，基于 Turner 假设的最大液滴尺寸范围为 3201 ~ 9024μm，大于上述室内实验观察的 2500μm。Alamu(2012)的马尔文粒径测试也得到类似结果，Van't Westende (2008)等人通过多普勒测速仪也没有发现液滴出现反转现象。液滴模型虽然得到矿场实践大量验证及经验修正，但缺乏室内实验的验证。

2.2 液膜反转实验模拟

在直径为 50mm 的实验管道内进行了 24 组携液实验，实验表观液体流速设置为 0.014m/s、0.028m/s、0.042m/s、0.071m/s，表观气体流速为 22.64m/s、19.81m/s、16.98m/s、14.15m/s、11.32m/s、8.49m/s，实验工况的气液比范围 120 ~ 1600。

通过不同气速液膜流动图像观察，当气体流速较高时，液膜都处于连续向上流动状态，此时液膜上的波纹较少，随着气体流速的降低，液膜变厚，界面波变得显著，液膜中夹带的气泡增加；当气体流速下降，界面波变得显著，液膜开始上下震荡，液膜有回落趋势，液膜总体处于反复上升 - 反转的流动状态；当气速进一步减小，液膜厚度显著增加，甚至在大液量工况下，不能维持液膜形态，液体以块状的形式在管道中上下反复运动，流型逐渐向段塞流过渡。

根据视觉观察液膜流动轨迹和拍照，确定以上工况液膜流动反转临界气体流速(表 3)。

表 3　基于室内图像观察的液膜反转临界气体流速

液体流量/(m³/h)	表观液体流速/(m/s)	临界气体流量/(m³/h)	临界表观气体流速/(m/s)
0.1	0.014	113	15.99
0.2	0.028	116	16.41
0.3	0.042	116	16.41
0.5	0.071	118	16.70

2.3 液膜反转数值模拟

受制于实验条件，气液两相管流中能测量的参数有限，大部分实验测试参数都为平均量或稳态测试，难以捕捉气液流动的瞬态行为。采用 Multi - Fluid VOF Model 对液膜反转进行模拟，对二维管道划分四边形结构网格，为了捕捉液膜界面，对壁面网格进行了加密。采用隐式方法对模型进行求解，Phase Coupled SIMPLE 对速度、压力耦合计算，使用二阶迎风方法对动量和湍流项进行离散，Compressive 方法对两相界面进行捕捉。气体折算速度为 20～30m/s，液体折算速度为 0.1m/s（图 3 和图 4）。

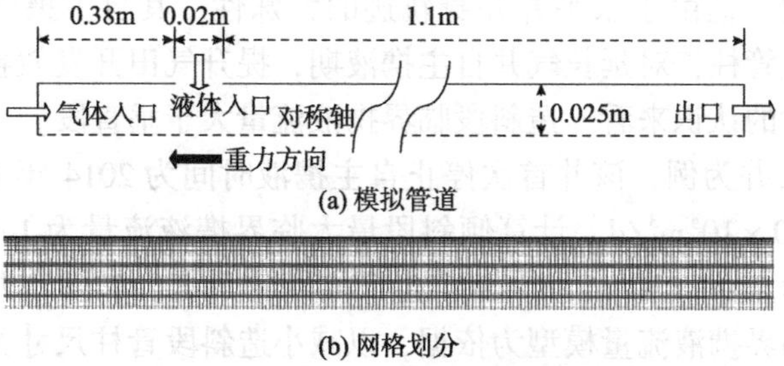

图 3　气液两相垂直管流模型

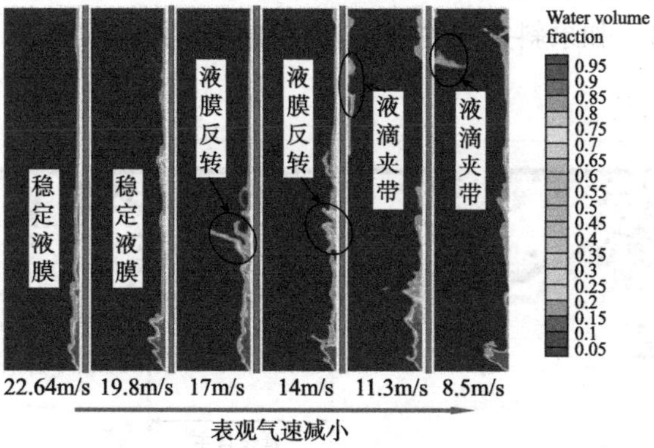

图 4　气液两相垂直管流相分布模拟结果

模拟结果显示，当折算气速为 22m/s 时，液膜厚度较薄，液膜附着在管壁较均匀地向上流动。当气体流速减小至 19.8m/s 时，液体入口处的液膜厚度变厚。继续减小气体流速至 17m/s 和 14m/s，液膜出现反转现象。进一步降低气体流速为 11.3m/s，部分液体在液体注入口处就被气体剪切打碎，气芯中出现液滴夹带现象。当气体流速降低至 8.5m/s 时，管壁甚至不能维持液膜形态，液膜在液体注入口处就发生了反转现象。

通过井筒积液模拟研究，液滴模型公式简单，应用方便，可通过修正系数和现场数据来进行校正以满足现场，但是假设模型缺乏室内实验验证。液膜模型，公式复杂，但是液膜模型在环状流情况下，得到了室内试验和数值模拟证实。

3　等临界携液管柱优化

3.1　全井筒积液预测方法

现场常用单点进行预测积液情况，通常采用的井底或者井口的条件进行计算。这种方法虽然比较方便，但是并不符合现场情况，尤其是在水平井中不适应。全井筒积液预测，可以利用井筒中不同深度处的温度压力等条件，对全井筒进行积液预测，更符合现场情况，准确程度更高。

全井筒积液预测，主要是结合井筒的井身结构特点、井筒温度压力分布等，联合井筒

PVT 计算模块，利用积液预测模型，对气井全井筒的积液进行判断预测。该方法主要有两大优点：(1)能计算井筒携液的薄弱点；(2)对全井筒进行综合判断符合实际。

3.2 等临界携液理念提出

对于气井全生命周期而言，如何选择合适的管柱，尽可能地延长自主携液期，是排水采气首要考虑的问题。但由于水平井井身轨迹的特殊性，其自主携液期较直井缩短。因此，优化水平井采气管柱，对延长气井自主携液期，提升气田开发效益具有重要意义。从现场对气井排采规律的认识来看，造斜段临界携液流量大于垂直段。

以大牛地气田 A 井为例，该井首次停止自主携液时间为 2014 年 12 月 29 日，此时 A 井平均产气量为 $1.70\times10^4m^3/d$，计算倾斜段最大临界携液流量为 $1.63\times10^4m^3/d$，而垂直段临界携液流量为 $1.09\times10^4m^3/d$。从全生命周期的角度，加强气井携液能力的薄弱环节作为出发点，以临界携液流量模型为依据，以减小造斜段管柱尺寸为思路，形成组合管柱设计方法。

优化斜井段管柱直径，提高斜井段排液能力，达到与垂直井段排液能力相当。通过 A 井生产动态分析(图 5)，如果斜井段的排液能力与垂直井段相当，A 的自主携液期将延长 1 年左右。

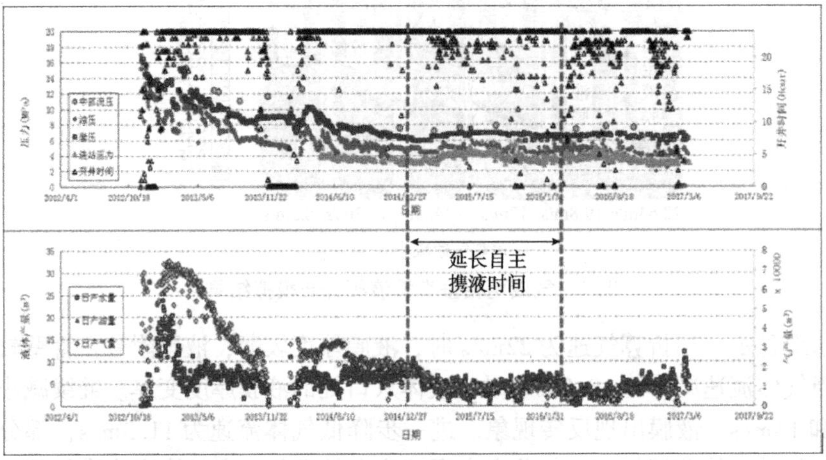

图 5 A 井生产动态曲线图

3.3 等临界携液管柱优化方法

以积液模型为基础，结合全井筒积液预测，以全井筒临界携液能力相当为目标，优化斜井段管柱尺寸，实现延长气井自主携液期。优化步骤如下：

(1)根据气井基础参数产能数据，根据井筒多相流方法，计算井筒温压分布，温压分布也可根据测试数据得来。

(2)计算携液临界流速模型中不同温压下界面张力。

(3)根据油管数据库，选择井筒上部油管尺寸，结合井筒积液模型，从井口往下，计算上部油管不同井深处的临界携液流速和流量。

(4)根据井斜数据，初步选择组合管柱变径处深度。

(5)结合油管数据库，选择比上部油管直径更小油管。

(6)计算下部油管不同井深处的临界携液流量和流速。

(7)比较上部油管和下部油管临界携液流量分布，比较上部下部油管最大临界携液流量。

(8)如果下部油管最大临界携液流量大于上部油管的最大临界携液流量，将进一步减小下部油管尺寸，返回步骤(6)。结合油管数据库，如果当前油管尺寸为最小油管尺寸值，则调到步骤(10)。

(9)如果下部油管最大临界携液流量小于或等于上部油管的最大临界携液流量，计算停止。

(10)输出该变径深度下组合管柱方案。

(11)更换组合管柱变径深度，返回步骤(6)。

(12)对比优选不同变径深度下组合管柱方案，优选组合管柱变径深度及组合尺寸方案。

基于全井筒临界携液预测，根据上述方法步骤，利用计算程序，编制等临界携液组合管柱优化软件模块(图6)。通过对B井进行实例计算，结果显示，通过采用组合管柱，下部临界携液流量显著减小，有利于大幅提高斜井段的携液能力(图7)。

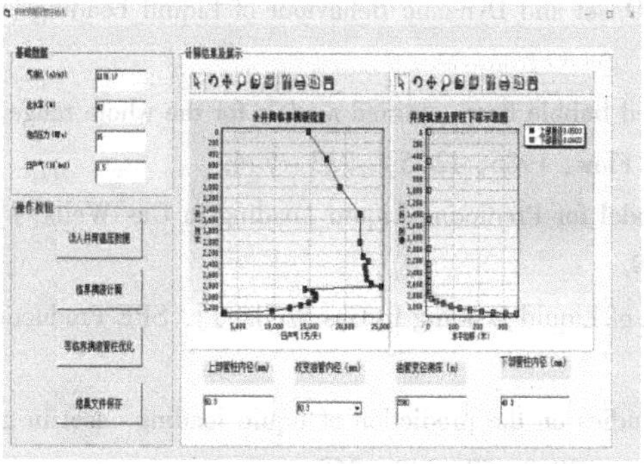

图6　等临界携液优化及管柱优化软件模块界面

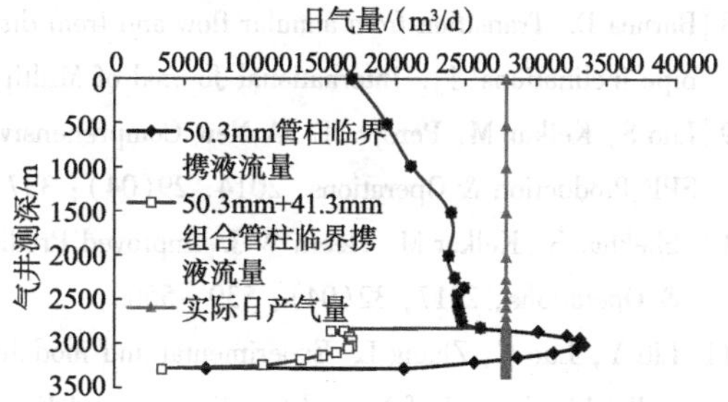

图7　单一管柱与组合管柱临界携液流量对比图

3.4　等临界携液组合管柱适应性分析

从经济因素考虑，外直径48.3mm、线质量4.09t/km油管按照价格4.67万元/km，外直径60.3mm、线质量6.99t/km油管按照价格6.55万元/km估算，油管成本降低1.88万元/km。实现生产管柱成本降低。从技术因素考虑，提升气井携液能力，实现造斜段与直井段携液能力协调一致，避免造斜段率先积液，延长水平井无助排期。从作业因素考虑，组合管柱对气井冲砂、气举作业、泡排剂加注等方面影响较小，满足现场生产要求。从经济、技术、作业三方面综合考虑，组合管柱在现场适应性较好，有一定推广应用前景。

4　结论

(1)液滴模型及液滴反转理论提出最早，液滴计算方法简单，可通过系数修正满足不同矿场情况，得到了广泛应用。但是通过液滴物理实验，难以证实液滴模型假设基础。

(2)在环状流情况下，通过液膜室内实验和液膜数值模拟都观察到了液膜翻转现象，证实了液膜积液模型的理论基础。

(3)基于液膜积液预测模型，采用全井筒积液预测方法，从全生命周期的角度，加强气井携液能力的薄弱环节作为出发点，以临界携液流量模型为依据，以减小造斜段管柱尺寸为思路，建立了组合管柱设计方法及步骤，形成了计算程序。

(4)算例显示，组合管柱减小下部临界携液流量，有利于大幅提高斜井段的携液能力。从经济、技术、作业三方面综合考虑，组合管柱在现场适应性较好。

参考文献

[1]Turner R G. Analysis and Prediction of Minimum Flow Rate for the Continuous Removal of Liquids from Gas Wells[J]. Journal of Petroleum Technology, 1969, 21(11).

[2]Coleman S B, Clay H B, McCurdy D G. A New Look at Predicting Gas - Well Load - Up[J]. Journal of Petroleum Technology, Society of Petroleum Engineers, 1991, 43(03): 329 - 333.

[3]Nosseir M A. A New Approach for Accurate Prediction of Loading in Gas Wells Under Different Flowing Conditions[J]. SPE Prod. & Facilities, 2000, 15(4): 6.

[4]李闽，郭平，谭光天．气井携液新观点[J]．石油勘探与开发，2001(05)：105 - 106.

[5]王毅忠，刘庆文．计算气井最小携液临界流量的新方法[J]．大庆石油地质与开发，2007(06)：82 - 85.

[6]彭朝阳．气井携液临界流量研究[J]．新疆石油地质，2010. 31(1)：72 - 74.

[7]Belfroid S P C, Schiferli W, Alberts G J N. Prediction Onset and Dynamic Behaviour of Liquid Loading Gas Wells[C]. Society of Petroleum Engineering, 2008.

[8]Barnea D. Transition from annular flow and from dispersed bubble flow—unified models for the whole range of pipe inclinations[J]. International Journal of Multiphase Flow, 1986, 12(5): 733 - 744.

[9]Luo S, Kelkar M, Pereyra E. A New Comprehensive Model for Predicting Liquid Loading in Gas Wells[J]. SPE Production & Operations, 2014, 29(04): 337 - 349.

[10]Shekhar S, Kelkar M, Hearn W J. Improved Prediction of Liquid Loading In Gas Wells[J]. SPE Production & Operations, 2017, 32(04): 539 - 550.

[11]Liu Y, Luo C, Zhang L. Experimental and modeling studies on the prediction of liquid loading onset in gas wells[J]. Journal of Natural Gas Science and Engineering, 2018, 57: 349 - 358.

[12]Landjobo Pagou A, Wu X, Zhu Z. Liquid Film Model for Prediction and Identification of Liquid Loading in Vertical and Inclined Gas Wells[J]. Journal of Petroleum Science and Engineering, 2020, 188: 106896.

[13]Rastogi A, Fan Y. Experimental and modeling study of onset of liquid accumulation[J]. Journal of Natural Gas Science and Engineering, 2020, 73: 103064.

[14]周朝，何祖清，付道明，等．页岩气水平井全井筒临界携液流量模型[J]．石油钻采工艺，2021，43(6)：791 - 797.

渤海油田水平井分舱分采技术创新与实践

徐元德　蒋少玖　张乐　黄泽超　张璐

［中海石油(中国)有限公司天津分公司］

摘　要：针对渤海油田水平井大段开采驱替不均、产液量大、含水高的问题，创新提出水平井分舱分采开发理念，将水平井的水平段划分成若干个独立舱室，再配合智能分采管柱，实现各舱室产量独立控制，从而减少或消除水平段物性差异干扰，实现高含水段精准卡水的同时，释放潜力段产能。经过攻关与实践，形成了以水平井分舱和智能分采为关键支撑、以分舱选井原则及分舱分段方法为应用策略的渤海油田水平井分舱分采技术，并在渤海油田现场试验20口井，实现累增油$4.5\times10^4m^3$，累释放产液超过$300\times10^4m^3$，累释放产液约$178\times10^4m^3$，有效解决渤海油田水平井开发控水难题，助推渤海油田稳油控水水平进一步提升。

关键词：渤海油田；水平井；分舱；智能分采；稳油控水

随着渤海油田进入“双高”开发阶段，其主要油藏普遍进入高含水至特高含水阶段。部分关键油藏的生产处理能力正接近或已超出其极限，无法通过提液增产，大液量、高含水已成为渤海油田开发生产面临的主要困难之一。渤海油田水平采油井占油井比例约45%，随着油田开发进入后期水平井采油井数量将逐渐增加，同时由于水平井笼统开采模式易出现开发不均匀、快速见水的特点，含水率大于90%水平井比例接近43%，水平井增产稳产难度大，尤其是以天然能量底水砂岩油藏为主的曹妃甸油田群，在水平井占比高、开发见水快，平均投产10个月含水即突破90%，在主力油田产出液受限的情况下，增产稳产更加困难。因此水平井精细注采将是未来精细注水及稳油控水工作的重要方向之一。

渤海油田未进入高含水开发阶段前，整体开发矛盾主要表现为能量不足、注采不完善，同时受限于海上油田水平井注采技术限制，基本采用笼统注水和笼统采油开采模式。然而，随着渤海油田整体进入“双高”开发阶段，人工水驱油藏水平井开发矛盾逐步转化为平面水驱不均、平面矛盾突出，天然水驱油藏开发矛盾转化为储层物性差异大、动用程度差异大，传统笼统开采模式已无法满足油藏高效注采需求。

目前渤海油田水平井堵控水技术主要包含连续封隔体控水、ICD/AICD控水及化学堵水等技术，现场试验与推广后取得了一定的控水效果，但受技术成本、生产压耗、技术有效期及智能化调控需求等多方面因素限制。2015年渤海油田初步开展了水平井打压开关分采管柱机械堵水研究，并进行了卡堵水潜力井筛选及应用效果分析，取得了一定的控水效果，但应用井次较少，未形成对油藏开发过程中的生产规律性认知以及水平井在线调产及井底参数监测的有效手段，且水平井封隔技术仍待完善，无法满足“双高”开发环境下渤海油田持续稳产上产阶段稳油控水要求。

第一作者简介：徐元德(1995—)，男，江苏连云港市，中海石油(中国)有限公司天津分公司注水工程师，主要从事分层注水等相关采油工艺技术研究。E－mail：xuyd6@ cnooc. com. cn。

针对上述问题，渤海油田聚焦油藏源头深入剖析，首次提出水平井分舱分段开发理念，结合3年的工艺创新与实践，逐步形成了渤海油田水平井分舱分采高效控水技术，通过对水平段分舱分采、轮采，提高储层开发动用程度，同时配套测试集成智能分采工艺，在线监测两相流流量和含水率，实现储层精细开发、精准卡水。该技术的创新应用及推广，将助推渤海油田稳油控水技术水平进一步提升，为渤海油田增产上产奠定夯实的技术基础，同时该技术的可复制特性和水平井开发理念，也将为国内外不同油藏、不同油田提供开发思路和借鉴意义。

1 水平井分舱分采高效控水技术

为实现水平井高效开采和控水，创新开发水平井分舱分采高效控水工艺，油藏开采策略和开采工艺水平均得到优化和提升。

1.1 水平井高效开采策略

针对边底水油藏见水模式多样，依托储层内部渗流遮挡及平面物性变化，结合实验、数模等多种手段，明确了边底水油藏水平井见水主控因素，并结合见水模式评定算法，首次建立水平井见水模式评价系统，可基于水平井生产现状、地质油藏条件，实现对水平井沿程见水规律及特征的高精度、便捷识别。并通过分舱降低储层物性差异、避水高度等因素影响、井筒分段分采强化低渗储层动用，增强底水油藏稳油控水硬实力，奠定底水油藏降水、控液、增油技术基础(图1)。

针对人工水驱油藏水平井长期强化水驱、平面水驱不均、平面矛盾突出的特点，形成水平井分舱分段注采开发策略，基于油田水平井地质油藏分析资料，注水井端精细注入提升注入能力，油井端分舱分采卡水生产，通过油水井间精细流场调控，扩大波及面积，提升人工水驱油藏水平井稳油控水水平(图2)。

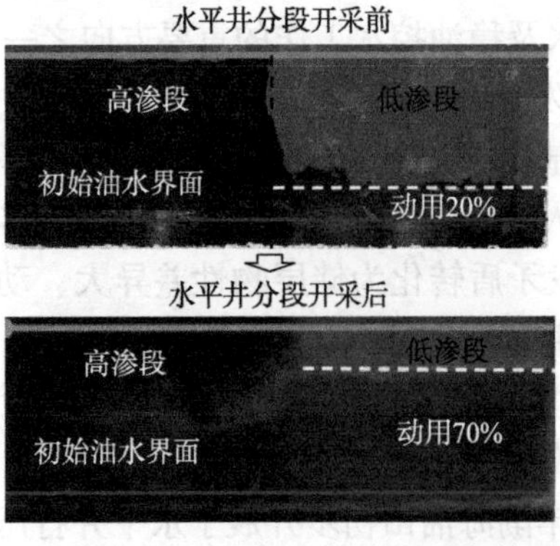

图1 底水油藏分段开采提高低渗段储层动

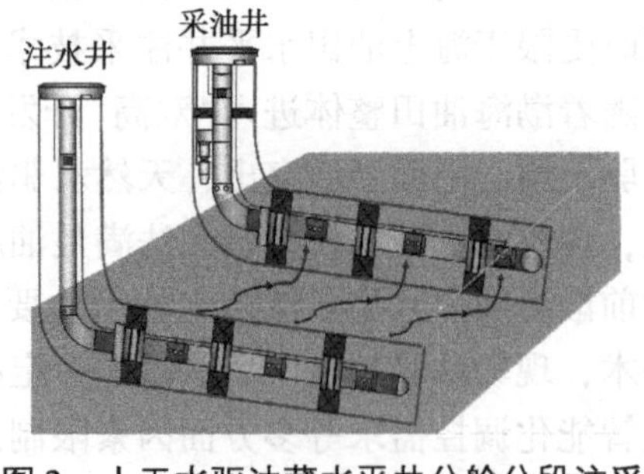

图2 人工水驱油藏水平井分舱分段注采

1.2 工艺原理

基于水平井地质油藏分析资料，通过在水平段泥岩隔夹层处筛管与井壁之间设置分舱封隔器，井筒内下入智能分采管柱，利用分采管柱的层间封隔工具与井下分舱封隔器配合实现井筒分段，分采管柱智能配产器对应各个层段，地面控制设备通过井下配产器监测各段产能及产液含水情况，关闭高孔渗、高含水层段配产器，打开低渗低含水层段配产器，实现水平井精细分采高效卡水，达到扩大波及、低含水、降产液生产的目的。

1.3 工艺管柱

针对新增水平井，采用“机械分舱充填完井管柱＋智能分采管柱”组合管柱，针对高含水老井采用“原完井管柱＋化学封隔器＋智能分采管柱”组合管柱，管柱分舱层段均可达到3段以上，对比传统笼统分采管柱，实现水平井分舱分采的同时，可在线监测井下参数，及时调整各舱室的产能，进而优化水平井生产制度。新增水平井分舱控水工艺管柱(图3)和高含水老井水平井分舱控水工艺管柱(图4)如下所示。

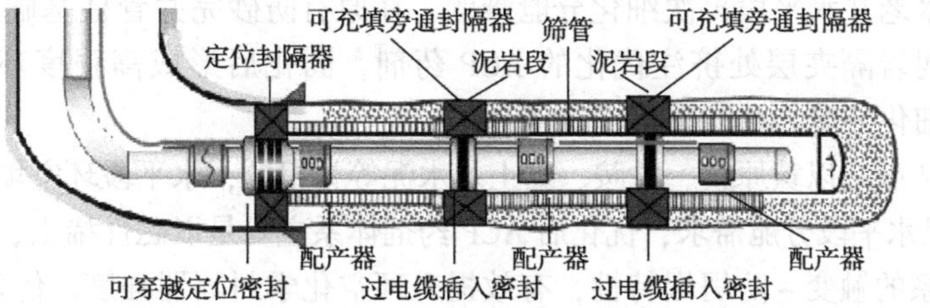

图3　新增水平井分舱分采高效控水工艺管柱

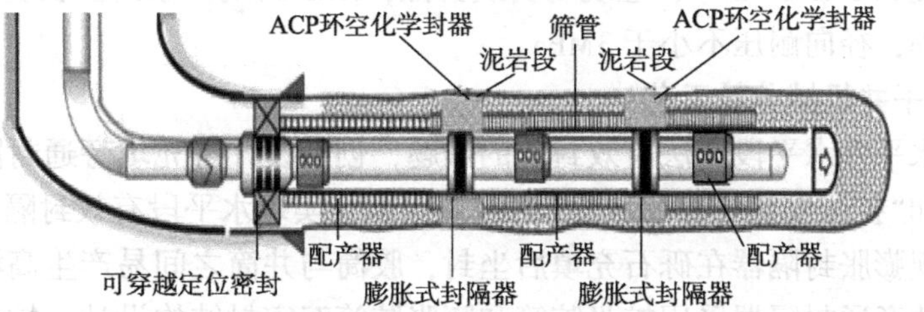

图4　高含水老井水平井分舱分采高效控水工艺管柱

1.4 工艺参数

(1)完井方式：筛管完井、砾石充填完井；

(2)上部井筒尺寸：9 ⅝in套管井；

(3)下部完井尺寸：大于等于3.25in；

(4)耐温等级：120℃；

(5)耐压等级：60MPa；

(6)适用井深：大于等于3000m。

1.5 工艺特点

(1)工艺管柱不受井斜限制，分舱段数可达3段以上；

(2)可地面监测各舱室产液量和含水率，在线调节各舱室配产；

(3)分舱后可分采、合采或轮采，扩大波及面积，实现低含水降液生产；

(4)预留氧活化测试通道，也满足分层酸化、化学堵水等措施类需求。

2 配套关键技术及应用策略

三年的攻关研究与实践应用，开创了以水平井分舱、智能分采为关键技术支持，以分舱选井原则及分舱分段方法为关键应用策略的水平井分舱分采高效控水新技术体系，补充完善了渤海油田稳油控水技术体系的同时，为水平井精细开采高效控水奠定了坚实基础。

2.1 水平井分舱技术

根据新、老水平井不同井况，形成机械分舱工艺和化学分舱工艺，基本覆盖渤海油田所有水平井井型。其中，机械分舱工艺用于新增水平井，采用机械封隔器分舱原理，完井阶段一趟管柱实现分舱及防砂充填；化学分舱工艺用于高含水老井水平井，采用化学药剂固化分舱原理，修井阶段单独下入一趟挤注管柱的实现分舱。

2.1.1 水平井化学分舱工艺

针对高含水老井水平段再次细化分舱难题，在原有防砂完井管柱基础上，通过在筛管与井壁之间的泥岩隔夹层处挤注优化的 ACP 药剂，固化后形成高强度环空化学封隔器，实现水平段的细化分舱。

相较于常规 ACP 以黄原胶、酰胺、黏土及水泥等为组分，水平段环空填充的密实性、封隔强度难以满足水平段分舱需求，优化后 ACP 药剂体系主要是以磁性稀土、树脂为基础，增强 ACP 药剂体系的触变－防坍塌特性，有效提升环空化学封隔器强度。优化后 ACP 药剂体系经室内实验验证，固化时间 3～10h 可控，裸眼完井耐压差强度 0.8MPa·m^{-1}，砾石充填完井耐压差强度 2.0MPa·m^{-1}；经现场实践验证，ACP 药剂体系挤注长度 30m，耐舱室间压差可达 10MPa，径向耐压不小于 3MPa。

2.1.2 水平井机械分舱工艺

针对新增水平井水平段无法有效封隔的难题，创新设计可充填旁通封隔器，通过水平段一体式充填和“扩张胶筒＋膨胀胶筒”密封双保险，实现水平段有效封隔。

相较于常规膨胀封隔器在砾石充填后坐封，胶筒与井筒之间易产生高渗通道，层间易窜问题，可充填旁通封隔器采用扩张胶筒和膨胀胶筒双密封结构设计，扩张胶筒在充砂前即可坐封，充砂浆通过 α 波和 β 波挤注方式实现对旁通封隔器的跨越及对水平段的一趟管柱充填，保障膨胀胶筒坐封时外侧无充填砂，实现水平井有效分舱。

2.2 智能分采技术

针对海上油田水平采油井笼统开采，出现开发不均匀、快速见水的特点，在海上油田智能分注技术研究基础上，创新攻关液控智能分采技术，利用“$n+1$”根液控管线控制“n”层液控配产器开度，实现油井 3 层段以上在线调产，助推渤海油田油井精细分采技术水平进一步提升。

液控智能配产器作为液控智能分采技术的关键工具，相较智能配水器，具有调控扭矩更大，配产液量更大、摩阻小的优势，整体结构由液压关闭腔、液压开启腔、扭矩传递键、多级轨道、流量调节套、可调油嘴等关键部件组成，液压关闭腔和液压开启腔分别连接一根液压管线，可通过管线轮换打压控制配产器油嘴开度和启闭，地面监测油井各层段产液量及含水率，并根据油藏需求在线调节井下各层段液控配产器油嘴，实现油井精细分采高效控水。液控智能配产器如图 5 所示。

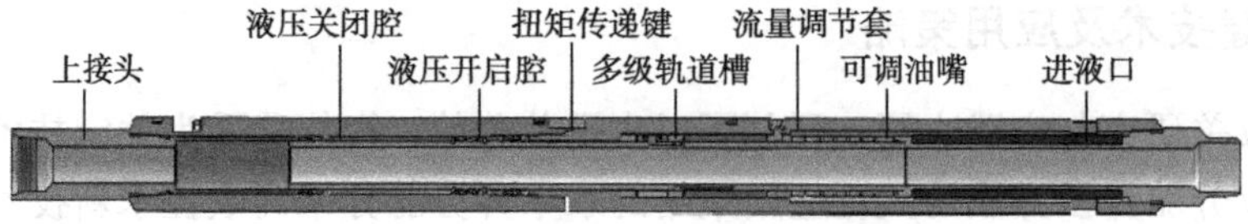

图 5 液控智能配产器结构示意图

2.3 关键应用策略

2.3.1 水平井分舱选井原则

水平井分舱选井原则需参考油藏开发潜力、水平段渗透率级差、是否具备泥岩隔夹层、出水模式及油藏温度、井筒尺寸等因素。具体原则如表1所示。

表1 水平分舱控水选井原则

考虑因素		评判标准
油藏	开发潜力	新井开发潜力大，老井油藏开发潜力大、剩余油多
	具备分舱基础	渗透率级差大，泥岩隔夹层厚度、分布位置、间隔能够有效分隔水平段
	局部出水模式	点状出水，确保分舱控水效果
	温度适用	≤120℃，确保ACP性能、分采工艺适用
井筒	井筒尺寸适用	防砂段以上9⅝in套管，防砂段内通径≥3.25in，实现Y－Tool智能分采

2.3.2 水平井分舱分段方法

新增水平井分舱分采需结合地质油藏参数，通过油藏数值模拟，预判油藏后期生产规律，结合水平段渗透率级差和泥岩隔夹层分布情况，提前对水平段异常高含水层段进行封隔，实现水平段进行分舱分采或轮采。

高含水老井分舱分采控水需通过油藏模拟进行产能预测，结合实际生产分析油藏剩余潜力，并根据水平段出水情况、地质测井数据及天然水驱油藏避水高度、人工水驱油藏来水方向等因素判定水平段出水模式和异常高含水层段，并以渗透率级差大小和泥岩隔夹层位置为基础进行水平井分舱。

3 现场应用研究

截至目前，技术成果已在渤海油田现场试验18井次，平均单井日产液降低约583m^3，平均含水率下降约2.23个百分点，累释放产液达178×10^4m^3，有效解决渤海油田水平井开发控水难题，助推渤海油田稳油控水水平进一步提升。

以A油田底水油藏B老井为例。水平段趾端与跟端渗透率级差大，易造成水平段动用不均，无无水采油期间，初期生产含水38%。作业前日产液1500m^3/d，生产压差0.44MPa，日产油28m^3/d，含水率98.13%。通过分析，跟端趾端渗透率级差达到20以上，通过对出水模式判断为点状出水，且高渗段避水高度较低，表明高渗段已经水淹，为典型异常高含水水平井，符合分舱分采控水实施条件。该井水平段渗透率级差如下(图6)。

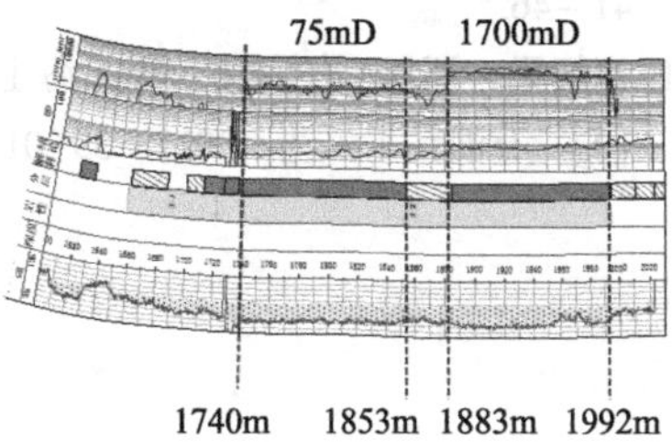

图6 A油田B井水平段物性分布情况

因此以跟趾间差油层为界，通过“化学分舱＋智能分采”将水平段分为两段，关闭趾端，打开跟端生产。措施实施后，实现了平均单井日产液量降低1238.5m^3，平均单井含水率下降约13.5个百分点，平均日增油约5m^3，累计释放产液约18.6×10^4m^3，累增油约457m^3，有效解决大产液高含水难题。

4 结论

渤海油田水平井分舱分采高效控水技术的研究与应用，打破了渤海油田“水中找油，水中捞油”的被动局面，巧妙利用储层天然泥岩隔夹层基础条件，实现水平井3段以上分舱分采，推动水平井开发模式由传统大段开采向分舱开采、多舱室轮采的跨越，进一步挖潜剩余油，提高储层开发动用程度，同时也破解了水平井精细开发、精确控水技术难题，通过地面调控各舱室开关，实现对各舱室产液的流量、含水率认识，实现了储层精细开发、精准卡水。该技术的大规模推广应用，将为双高-双特高油田控水稳油、提高采收率提供坚实的技术支撑。

参考文献

[1]李伟．海上“特双高”油田剩余油挖潜关键技术研究与实践——以埕北油田调整挖潜为例[J]．中国石油和化工标准与质量，2019，39(19)：229-230+232.

[2]张秀丽，王丽荣，张桂明，等．底水油藏水平井开发适用性优化研究[J]．内蒙古石油化工，2013，39(16)：150-152.

[3]冉林．底水油藏水平井见水规律及ICD控水方法研究[D]．成都：西南石油大学，2011.

[4]杨子由．渤海双高油田矢量开发调整技术研究[D]．北京：中国石油大学(北京)，2023.

[5]王东，王良杰，张凤辉，等．渤海油田分层注水技术研究现状及发展方向[J]．中国 海上油气，2022，34(02)：125-137.

[6]郭明龙，李进，亓彦铼，等．液控智能分采技术及其在渤海油田的应用[J]．石油机械，2023，51(11)：138-143.

[7]杨振杰，刘建全，谢斌等．XAN-SP筛管水平井环空化学封隔器研究[J]．石油钻采工艺，2012，34(01)：117-121.

[8]孙昕迪，白宝君．国内外水平井控水技术研究现状[J]．石油勘探与开发，2017，44(06)：967-973.

[9]孟祥海，朱立国，张云宝等．筛管完井水平井梯度智能控堵水试验研究[J]．天然气与石油，2019，37(04)：62-66.

[10]贾永康，李翔，鞠野，等．水平井堵水工艺数值模拟优化[J]．油气井测试，2022，31(01)：41-46.

[11]高智粱，郑旭，任宜伟，等．海上×油田水平井智能分采管柱卡堵水潜力井筛选及应用效果分析[J]．石油钻采工艺，2017，39(01)：88-91.

海上永磁电机驱动电潜泵节能采油技术研究与应用

于法浩　黄荣贵　曾润　戚亚东　翟洪柱　王庆龙　刘磊

［中海石油(中国)有限公司天津分公司］

摘　要：电潜泵是渤海油田油井的主要举升方式，针对现用潜油感应电机用电量大、能效利用率低的问题，提出潜油永磁电机驱动电潜泵技术思路，并通过潜油永磁电机系列研发和配套地面防馈电工艺设计，创新形成井筒节能低耗举升技术，陆地井测试永磁电机平均节电率达20%以上。自2021年10月，研发的永磁电机驱动电潜泵技术成功完成首口井试验以来，目前已累计实施210余口井，最长运转时间达1052天并持续有效，实测平均节电率达25%，累计节电约2700×10^4kW·h，相当于一座80口井的海上平台全年用电量。永磁电机驱动电潜泵举升技术的创新研发与实践为渤海油田绿色低碳高质量发展提供了强有力的技术支撑。

关键词：稠油冷采井；人工举升；电潜泵；永磁电机；节能低碳

渤海油田约95%的原油通过电潜泵采出，约消耗电能16.2×10^8kW·h/a，消耗电能占油田的43%，是油田主要的用电单元。在渤海油田绿色低碳高质量发展需求下，亟须推动采油技术向高效低耗方向发展。现有以潜油感应电机驱动电潜泵为主的举升系统工作效率仅为21%，意味着输入的电能用在采油的仅占21%，被损耗的占79%，整体耗电水平高、电能利用率低，因自身性能提升空间有限，进一步提效、降耗困难，制约了高效低耗采油推进。针对此问题，通过节能举升新技术调研和方案比选，聚焦潜油永磁电机开展攻关，形成一套适用渤海油田的永磁电潜泵高效低耗采油技术，实现节电20%以上，为渤海油田绿色低碳发展提供了强有力的技术支撑。

1　人工举升系统能耗分析

渤海油田生产井总井数的2871口，机采井数占比96%，主要举升方式电潜泵占比99%。目前，电潜泵总功率216.2MW，按照综合时率85%计算，年度耗电量16.2×10^8kW·h，约占平台总耗电量的43%，按照电费费率0.6元/kW·h计算，损失的电量折算电费约8.5亿元，二氧化碳排放量77.2×10^4t。

电潜泵举升系统由井下电潜泵机组、井下供电电缆和配套地面控制设备组成。耗电主要用于举升井液及电气元件发热、举升设备机械摩擦等损耗。按照能耗计算规范，渤海油田电潜泵举升系统中实际用于井液举升的耗电占比21%，意味着79%的耗电被损耗掉，未能得到有效利用。

经进一步计算与分析，电潜泵举升系统的79%耗电损失中地面设备占4%、井下电缆占12%、井下机组占63%，如表1所示。井下机组是耗电损失的关键部位，其中潜油电

第一作者简介：于法浩；男；籍贯：内蒙古赤峰；工作单位：中海石油(中国)有限公司天津分公司渤海石油研究院；职称：采油采气工程师；主要研究方向：人工举升。E－mail：yufh3@cnooc.com.cn。

机、潜油电泵耗电损失约占61%，因此采用高效潜油电机、潜油电泵是降低电潜泵举升系统耗电的重点。

表1 电潜泵举升系统能耗分析

举升系统	耗电损失组成	提升措施及节能幅度
地面设备	变压器、变频器、滤波器设备中电气元件发热	优化设备选型，可节能1%
井下电缆	电缆内部铜线发热	优选选型，适当增加横截面积，可技能5%以内
井下机组	(1)潜油电泵：机械摩擦、井液流动摩阻，损失24%； (2)分离器：机械摩擦、井液流动摩阻，损失约1%； (3)保护器：机械摩擦，损失约1%； (4)潜油电机：机械摩擦、电气元件发热，损失约37%	(1)优化选型、加强管理、研发高效率潜油电泵，可节能10%以内； (2)优化选型、加强管理、采用高效率潜油电机，可节能20%以上

2 潜油永磁电机研发

针对潜油感应电机受自身工作原理、结构组成制约，进一步提效、降耗困难的问题，开展潜油永磁电机技术攻关，通过采用永磁体转子，取代感应电机的导条和线圈结构，无须励磁电流，有效减少了电机内电磁转换过程的能量损耗低，实现运行效率的提升和节能。

研发的潜油永磁电机与潜油感应电机的整体结构相同，主要由外壳、电机轴、定转子、润滑油路等结构组成，主要区别在于转子内嵌了永磁体，结构组成如图1所示。为保障永磁电机稳定高效运行，通过电磁优化设计，形成了针对性的定转子结构参数。首先电机定子槽数由9个提升至12个，槽满率由75%提升至78%；在电磁线方面，提高电磁线耐电压等级由4000V提升至7250V、叠包率由30%～35%提升至48%～50%、层数由原来的2层提高至3层。其次永磁体采用切向排列方式，材质为钕铁硼，耐温达到240℃，最大磁积能52J/m^3。相比感应电机，永磁电机的性能特点如下：(1)因电磁转换过程少，铁损、铜损少，电机效率高、温升低，能耗水平、烧毁风险降低。(2)因永磁体电磁特性硬、磁密度大，电机启动扭矩大、尺寸小，下入通过性、解卡能力提升。(3)因采用四极电机，且存在反转发电、退磁风险，需配置兼容性控制设备及配套防护措施(图1)。

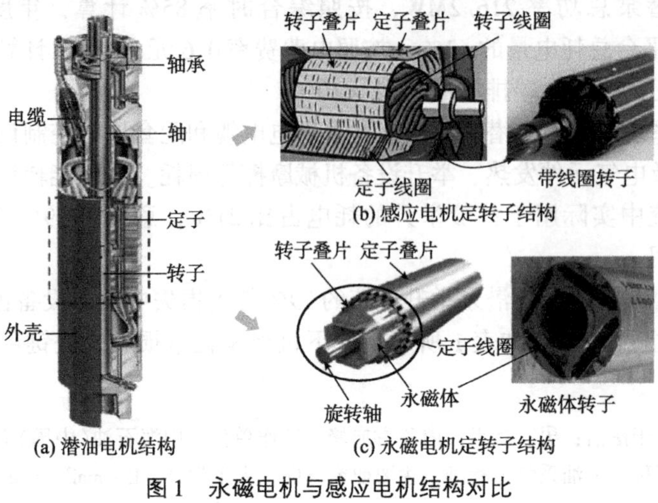

图1 永磁电机与感应电机结构对比

针对渤海油田油井采油需求，研发形成350、450、562三个系列10种规格永磁电机，功率80～520kW，驱动电潜离心泵排量100～4000m³/d，基本实现了对渤海油田油井井况的全覆盖，潜油永磁电机技术参数如下(表2)。

表2　永磁潜油电机技术参数(标称：3000r/min，100Hz)

系列	外径/mm	额定功率/kW	额定电压/V	额定电流/A	本体长度/m	推荐排量/(m³/d)
350	89	80～90	1300～1400	<50	<6.5	100～180
		120～130	1900～2000	<50	<8.7	200～300
450	114	80～90	1700～1800	<40	<4	100～180
		120～130	1900～2100	<50	<5	200～300
		160～170	1800～2000	<60	<6	400～600
562	143	210～220	1950～2100	<75	<5	800～1200
		270～280	2450～2600	<75	<5.5	1500～1800
		350～360	2950～3100	<75	<7	1800～2000
		430～440	2950～3100	<100	<8.2	2000～3000
		510～520	3450～3650	<100	<9.5	3000～4000

3　配套地面防馈电工艺

海上平台永磁电机驱动电潜泵应用中容易产生馈电并通过电缆传至地面，对地面设备及操作人员造成安全风险，针对此问题，研发了潜油永磁电机配套安全隔离工艺，包括防馈电隔离箱和潜油电机调控工艺。

研发的防馈电隔离箱结构如图2所示。内部集成控制电路及电子元器件实现与井下永磁电潜泵的连通和隔断，外部设有观察、操作窗实现设备的控制及馈电实时监测。整体连接在电潜泵的变压器输出端，并作为井口接线箱的输入端，在电潜泵启动及正常运行过程连通井下电路，出现异常及停泵状态隔断电路并实时监测馈电情况，实现海上永磁电潜泵运行控制电路的连通、馈电检测、漏电保护和安全隔离。

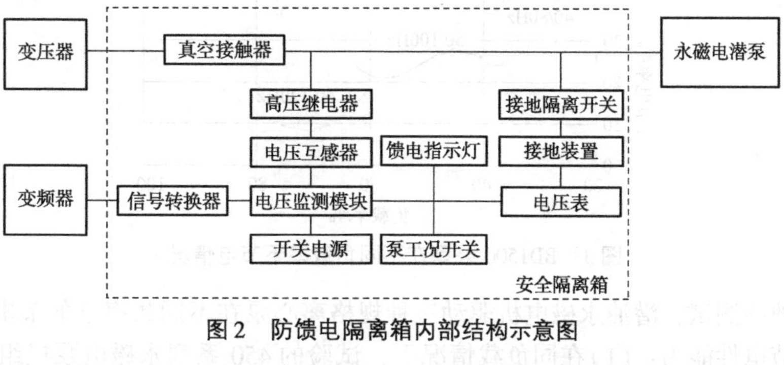

图2　防馈电隔离箱内部结构示意图

形成的潜油永磁电机配套调控工艺主要为：启动永磁电机驱动电潜泵前检查安全隔离装置上电压表读数是否为0，保证在无反电势状态下消除变频器锁定状态，闭合安全防护装置真空接触器连通启动电路；关停电潜泵后检查所述安全隔离装置的电压表和电压指示灯，在灯灭和无电压条件下才能进行电路检查、维护等操作；停泵期间为保护地面设备和人员安全，完成补液、压井、正挤等操作后半小时内注意观察安全防护装置上馈电指示灯状态，禁止连接、测量和启泵等电路操作。

4 永磁电机节电性能测试

在陆地试验井中开展永磁电机节能性能测试。测试实验采用同功率永磁潜油电机和潜油潜油感应电机驱动三种泵型离心泵，分别开展不同频率下(永磁电机 80 ~ 120Hz，感应电机 40 ~ 60Hz)的电泵系统瞬时能耗数据测试试验。试验采用的机组参数如下(表3)。

表3 陆地试验井用机组参数

<table>
<tr><th rowspan="2">序号</th><th rowspan="2">永磁电机型号</th><th rowspan="2">潜油电机型号</th><th rowspan="2">保护器</th><th rowspan="2">分离器/吸入口</th><th colspan="3">潜油电泵</th><th rowspan="2">泵工况</th></tr>
<tr><th>型号</th><th>排量/(m³/d)</th><th>扬程/m</th></tr>
<tr><td>1</td><td rowspan="3">PMM450ST \ 166Hp \ 100Hz \ 2000V \ 42A</td><td rowspan="3">BM456UT + LT - (83.5HP + 83.5HP)/(1129 + 1129)V/46 - 50Hz</td><td rowspan="3">BPR387 - BPBSL(HL) + BPBSL</td><td>BS387</td><td>BP387 - BD1500</td><td>300</td><td>1300</td><td rowspan="3">海龙泵工况</td></tr>
<tr><td>2</td><td>BIN513 - 387</td><td>BP513 - BG7000</td><td>800</td><td>550</td></tr>
<tr><td>3</td><td>BIN538 - 387</td><td>BP538 - BE3300</td><td>350</td><td>1100</td></tr>
</table>

陆地井试验中负载一致(泵的扬程、排量、转速、效率)，电机和地面设备一致，而影响实验电泵系统瞬时能耗的只有电机本身的效率(根据永磁电机与感应电机性能曲线得知，永磁电机在不同负载率时效率均优于感应电机)，为此，节能数据分析主要是对两种电机在相同负载下不同负载率时的能耗(节电率)对比分析，上述记录表中对永磁电机节电率计算公式如下：

$$节电率 = \frac{A-B}{A} \times 100\% \tag{1}$$

式中，A 为感应电泵机组系统电源瞬时消耗功率，kW；B 为永磁电泵机组系统电源瞬时消耗功率，kW。

通过计算，可以得出三种泵型不同频率下节电率与负载率的关系，以 BD1500 为例，节能曲线如图3所示。

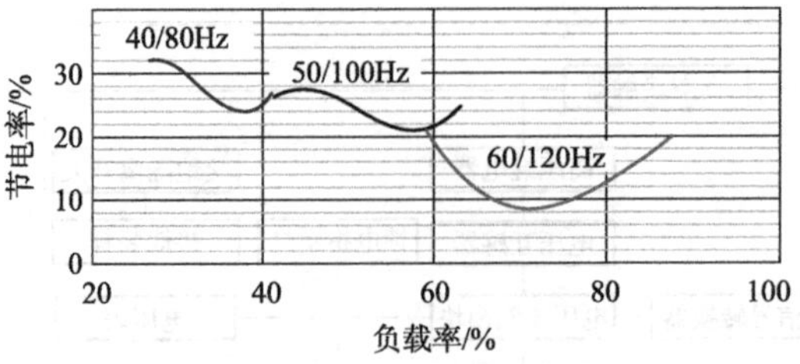

图3 BD1500 泵型在不同负载率下节电情况

通过陆地井测试，潜油永磁电机驱动三种规格离心泵在不同频率下的节电情况如表4所示，整体节电性能为：(1)在同负载情况下，试验的450系列永磁电泵机组系统较常规456系列感应电机电泵机组系统节能率为9.97% ~32.22%；(2)永磁电泵机组系统节能率受到电机负载率影响较大，受到提频影响，最大负载率达到104.56%；(3)当负载率低于60%时，三种泵型三种频率下的永磁电泵系统节电率均达到20%以上。

表4 陆地试验井潜油永磁电机驱动离心泵节电效果

泵型	分类	频率/Hz			备注
		40/80Hz	50/100Hz	60/120Hz	
BD1500	节电率/%	23.68~32.22	20.32~27.44	9.97~21.08	
	负载率/%	26.56~41.08	41.22~63.13	59.07~87.58	高负载率
BG7000	节电率/%	25.46~29.12	21.15~25.11	17.10~19.35	
	负载率/%	32.47~39.19	50.87~60.28	73.03~85.13	高负载率
BE3300	节电率/%	20.66~28.37	19.14~25.68	16.15~19.58	
	负载率/%	30.57~50.14	47.03~76.61	68.52~104.56	高负载率

5 现场应用

永磁电机驱动电潜泵技术自2021年10月在曹妃甸11-1-A68H井成功实施后，截至目前，已在渤海油田累计应用210余口井，约占电潜泵总井数的7%，日产液水平满足油藏配产，整体运行稳定。平均运转时间172d，最长运转时间达1052d并持续有效，实测节电率15.9%~45.3%(图4)，平均节电率27%，累计节电约2700×10⁴kW·h，相当于一座80口井的海上平台全年用电量。如果按照电费费率0.6元/kW·h计算，节省电费1600万元，减少CO_2排放量1.65×10^4t，相当于植树超140万棵。随着永磁电潜泵运转时间增长、应用井数增多，成效将更加突出。

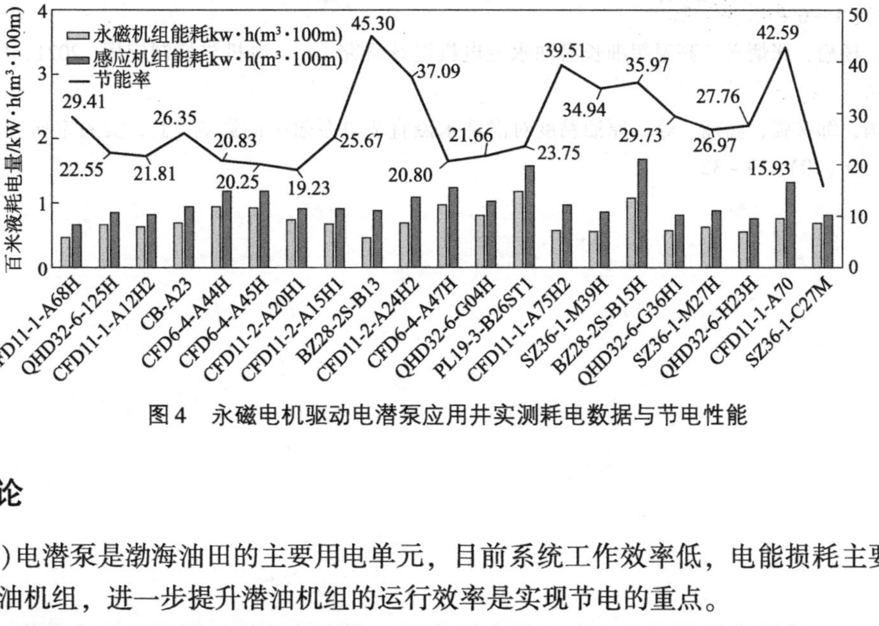

图4 永磁电机驱动电潜泵应用井实测耗电数据与节电性能

6 结论

(1)电潜泵是渤海油田的主要用电单元，目前系统工作效率低，电能损耗主要集中在井下潜油机组，进一步提升潜油机组的运行效率是实现节电的重点。

(2)潜油永磁电机转子采用永磁体，替代原有潜油感应电机的导条结构，运转过程在满足举升需求的基础上，可减少2/3的电磁转换过程，运行效率达95%，较感应电机运行效率提升1.2倍以上，是一种降低机采井能耗行之有效的措施。

(3)研发了适用渤海油田油井的永磁电机系列，功率80~520kW，驱动电潜离心泵排量 100～4000m³/d，能够覆盖油井的产液范围。同时，形成的配套地面防馈电安全工艺，可有效避免生产、作业全过程的馈电影响，为永磁电机的安全实施提供了保障。

(4)经过室内和现场多次测试，永磁电机节电率达 20% 以上，单井年度节电超 $42 \times 10^4 kW \cdot h$，随着永磁电机运转时间增长、应用井数增多，成效将更加突出。

参考文献

[1]阎兴涛，张永涛，王涛涛．潜油电泵永磁电机研究进展及应用现状［J］．山东化工，2023，52（23）：147－150.

[2]王鹏，崔朋朋，王志鹏．永磁电机在采油平台潜油电泵机组上的应用［J］．天津科技，2024，51（05）：28－31.

[3]李海涛，王秋霞，蒋召平，等．永磁电机电潜泵技术在渤海油田的研究与应用［J］．中国石油和化工标准与质量，2023，43（21）：193－195.

[4]郭晓军，纪敏，文振新．永磁电机在渤海油田潜油电泵上的应用与探讨［J］．中国设备工程，2024，(06)：157－158.

[5]葛柱，钟博，乔长帅，等．故障状态时三相永磁同步电机电磁振动分析［J］．电机技术，2024，(03)：46－49.

[6]王太．永磁潜油电机在渤海油田岸电项目的应用与节能分析［J］．中国石油和化工标准与质量，2023，43（21）：98－100.

[8]周石，曹晴，吴顺海，等．潜油永磁直线同步电机优化设计［J］．防爆电机，2023，58（04）：4－7＋84.

[9]董婷，陆万峰．油摩损耗对电潜泵用永磁电机流固耦合传热计算的影响［J］．电机与控制应用，2023，50（02）：1－6＋12.

[10]冯威，杨松，张炳义．高温超细长潜油永磁电机温升研究［J］．电机与控制应用，2021，48（02）：50－56.

[11]崔俊国，邹文强，高翔，等．原油黏度对潜油永磁直驱电泵效率的影响［J］．实验室研究与探索，2020，39（10）：29－32.

一种大液量水平井均衡动用技术研究与矿场试验

李海龙　黄军立　朱迎辉　郭晓东　王晨　汪洋

[中海石油(中国)有限公司深圳分公司]

摘　要：南海东部强水驱薄层油藏水平井含水上升快，而目前控水技术的固有缺陷导致水平段均衡动用难度大。传统控水方式以被动式为主，存在效果不确定且后期调控难；电控分舱技术最大液量不能满足南海东部强水驱薄层油藏经济有效开发要求；液控分舱技术不能实时掌握井下情况和无极调控。本文提出了一种适合大液量水平井且可无极调控分段液量的智能分采技术——罐装泵+液控与电控组合智能分采技术，有效解决了以往水平井沿程均衡动用的难题。该技术可实现地面油嘴和电泵频率无极调控根部分段液量、电控设备无极调控其他段液量。该技术在南海东部×油田A13井中首次成功应用，通过地质油藏和井筒工艺一体化开展智能分采方案设计，实现了在满足目标油藏经济有效开发最大液量2600m³/d的需求基础上，还为该井水平段沿程地质模式差异导致的平面矛盾突出问题制定了适合的智能分采方案。该井投产后通过关闭跟端分段后，测试含水下降7.3%，日产油平均增加44m³/d，预计可增技术可采1.1×10^4m³，降水增油效果显著。应用表明，该技术适合南海东部大液量水平井智能分采，为类似油田高效增产挖潜提供了一种新方案。

关键词：水平井；均衡动用；大液量；智能分采；矿场试验

南海东部强水驱薄层砂岩油藏开发规律表明，油井投产后含水上升极快，含水上升类型以"厂字型"为主，绝大部分的可采储量均在高－特高含水期采出。油藏边底水一旦突破，油井产能将快速递减，含水快速上升，为保持一定油井产能，单井产液量必须提升到最够高。所幸的是，目前电潜泵采油可达到最大液量2000～3000m³/d，但油井长期处于高－特高含水期意味着采油效率偏低，产出液也需要高额的费用来处理。因此，控制油井含水上升对于强水驱薄层砂岩油藏至关重要。

多年以来，南海东部控水工艺虽已从常规被动式的中心管、ICD发展到自适应式的AICD、CAICD，但控水是否有效一直存在争议。究其原因，前两种受限于其基本原理在于均衡产液剖面和方案设计主要参考水平段原始沿程物性和油柱高度的差异，远不能满足长期水驱后储层物性的变化和油水关系复杂导致的含水突破；后两种虽从理念上已经突破到控水并非一次性设计，投产后可自适应调整，但受限于井下分段生产动态不掌握，井下调整与否及调整后井口效果并不清楚。

2022年以来，水平井控水已快速发展到智能分段开采阶段，按照配产器类型分为液控和电控两种。液控配产器具有发展时间久、液量和温度压力适用范围大，技术较为成熟的特点；电控配产器研发时间较短，液量和温度压力适用范围小，但井下配产器可实时传输

第一作者简介：李海龙(1989—)，男，安徽，中海石油(中国)有限公司深圳分公司，中级工程师，主要研究方向：油藏工程和控水完井。E－mail：lihl46@cnooc.com.cn。

井下分段压力、温度、流量数据到地面，方面按照生产需求及时调控，但经济有效开发南海东部强水驱薄层砂岩油藏要求较高的液量，电控配产器难以适用；液控配产器虽满足液量需求，但不能实时调控，即不能满足控水需求。

为解决上述大液量水平井均衡动用问题，本文在调研常规电控和液控智能分采技术的基础上，提出了一种大液量水平井均衡动用技术，适合 1000～2000m^3/d 产液量以上的水平井，且可无极调控分段液量的智能分采技术——罐装泵＋液控与电控组合智能分采技术。该技术可实现地面油嘴和电泵频率无极调控根部分段液量、电控设备无极调控其他段液量，有效解决了以往水平井沿程均衡动用的难题。

1　大液量水平井均衡动用技术

1.1　管柱结构

大液量水平井均衡动用的管柱结构如图 1 所示，主要由遇油遇水膨胀封隔器、中心管、电控配产器、液控配产器、扶正器、定位旁通、过电缆插入密封、过电缆封隔器、顶部封隔器、液控管线、信号电缆，罐装泵等工具组成。总体结构按照内外管柱划分为内管柱实现大液量控水、外管柱充填防砂实现大液量带来的较高压差生产条件下不出砂；按照水平段沿程可分为电控和液控部分，考虑大液量设计，液控部分在水平段根部，电控部分在水平段趾部。

电控部分，考虑目标井是新井，在水平段同一位置外管柱用膨胀封隔器、内管柱用过电缆插入密封封隔形成独立生产舱室，单个分段舱室用电控配产器控制生产。该部分结构和常规电控智能管柱结构基本一致，通过地面控制器实时监测和调控井下各分段。液控部分，主要包括罐装泵和液控滑套联合应用，通过管内的过电缆封隔器和过电缆插入密封及管外的遇油遇水膨胀封隔器组合形成一个独立的液控分舱，通过连接到地面的液控管线控制井下生产。该管柱结构要求液控放在根部，且只有一段；电控部分放在液控部分后面，可分多段，具体段数主要取决于管外膨胀封隔器下入个数。

1.2　技术原理

大液量水平井均衡动用管柱液流通过主要分为 3 段(按本次井设计结构，如图 1 所示)。第 2 段和第 3 段为电控分段，产液流通通道为地层流体从油藏流入管外后，经筛管进入中心管外环空，由电控配产器流入中心管，即电控分段流量受限于电控配产器和中心管柱流量限制。电控配产器外径 116mm，内径 44mm，耐温 120℃，最大排量 800m^3/d，一根电缆可控制多个配产器，可承压 25MPa。电控分段可通过地面控制器监测井下分段流量、压力、温度数据，同时可依据地质油藏分析结果调控分段流量，实现控水目的。

第 1 段为液控分段，产液流通通道为地层流体从油藏流入管外后，经筛管流入通过油管和筛管的环空进入上部套管，再进入到液控滑套内；全部产出液最后经过液控滑套流至 $4\frac{1}{2}$in 油管，再经电泵举升至地面。液控滑套外径 8.1in(包含管线)，内径 4.562in，需一根管线控制开关，最大排量 2000m^3/d，可承压 35MPa。本井 3 段合采最大液量 2600m^3/d，电控配产器内径 44mm，无法实现 2600m^3/d 过流，第 1 段设计液量通过油管和筛管的环空，由液控滑套控制(如上图红色箭头所示)，因此第 1 段无法通过滑套实现无极调控功能。但考虑井口有流量计，结合第 2、3 段电控分段，实际应用中第 1 段流量可通过井口流量减去电控分段流量后确定，即实现了第一段流量的无极调控。

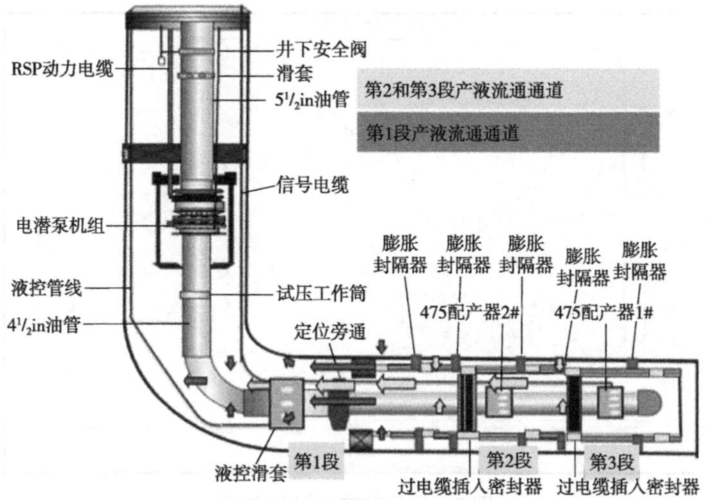

图1　目标井管柱设计方案

2　矿场试验和投产效果

2.1　调整井地质油藏方案

调整井A13位于底水、稠油油藏东北部，黏度138mPa·s，正常温压系统。目标油藏发育在基底隆起上低幅披覆背斜，主要受控于南北边近东-西走向断层，地层整体平缓，构造倾角0.30°~1.06°。目标油藏主要发育厚层水下分流河道沉积，向两侧渐变为河口坝、席状砂、分流间湾，砂体厚度减薄(图2)。目的层砂体厚度变化较大(2~20m)，水下分流河道砂体厚度大(>10m)，两翼薄砂体局部厚度仅2m，泥质夹层在油藏东部稳定发育，西部相对不发育。储层孔隙度20.8%~32.7%，渗透率1428~14017mD，属于中-特高孔，特高渗储层。

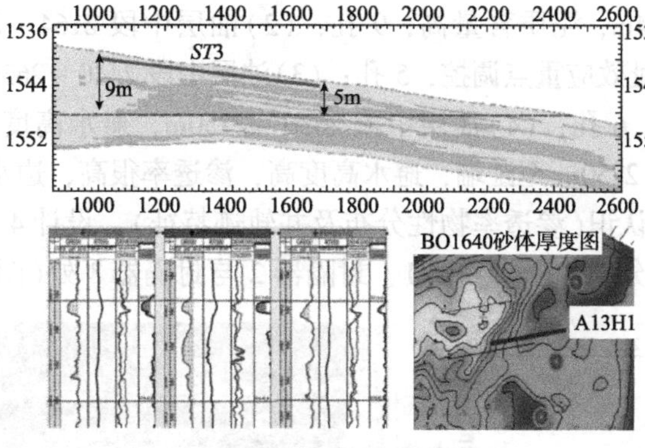

图2　目标井地质认识

目的层水平井在夹层不发育的井段为主要上水方向，剩余油富集在夹层发育区及井控外。过路井证实顶部剩余油富集，夹层发育区水洗程度弱，靶区附近油柱高度2~4m。调整井A13设计长度710m，初产油65m³/d，最大液量2600m³/d，单井增量9.62×10⁴m³。A13H1位置钻井较少，储层及构造存在一定不确定性：(1)水平段尾端构造井控程度低，如构造加深，存在尾端距离油水界面过近的风险；(2)目标薄砂层向东减薄，B32H、B32P1和A10ST1-PH实钻砂体厚度1~2m，存在局部储层变差风险(图3)。

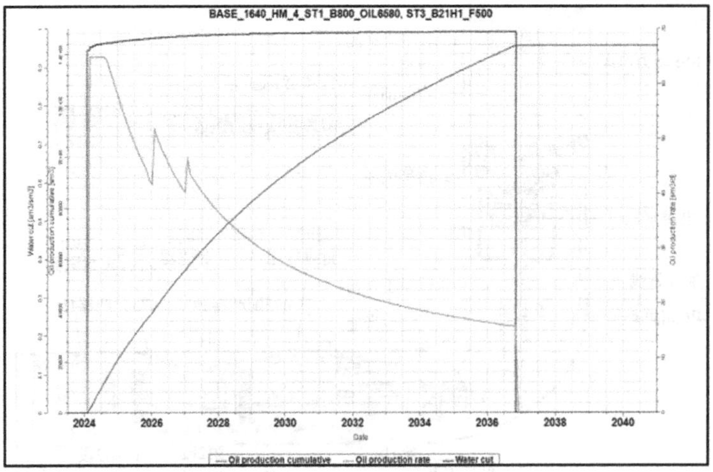

图3 目标井方案设计曲线

2.2 水平段控水完井方案

水平井 A13 沿储层钻进(目标储层厚度 1.0～2.0m)，水平段平面位置与设计基本一致，轨迹控制效果较好；实钻进尺 772m，比设计(710m)长 62m，储层钻遇率 86%，有效储层 620m(局部构造及岩性变化钻遇致密钙质砂岩、泥岩)。实钻构造整体平缓，局部微构造发育，比预期浅 2～6m；储层以细砂岩为主，目标区储层厚度 1～2m，储层非均质性较强，水平段整体物性较好，局部储层物性较差。

该井控水完井方案主要考虑：(1)水平段总体物性较好，渗透率极差大；(2)该井井段相对较长，需考虑跟趾效应；(3)该井轨迹随构造有起伏，轨迹起伏最大约 4m，跟端和趾端为轨迹高部位；(4)根据完井设计，本井作为南海第一口智能滑套分段分流控水适用井，使用超轻质陶粒充填 + ICD 防砂筛管 + 智能滑套分段分流控水技术。实际分段方案有 5 段；(1)油层前段根部至 2164m，泥质含量高，9 孔；(2)油层中段 2164～2440m，渗透率次高，避水高度较低，考虑跟趾效应重点调控，5 孔；(3)油层中段 2440～2636m，渗透率次高，避水高度较低，加强调控，6 孔；(4)油层中段 2636～2750m，避水高度低，渗透率很低，畅流，9 孔；(5)油层尾段 2750m 至趾端，避水高度高，渗透率很高，边水，稍微调控，8 孔。

根据地质油藏模式认识(渗透率物性分布及井轨迹特征)，设计 4 个封隔器，建立 5 个压力仓。管内分段位置分别位于封隔器 1、封隔器 2 与封隔器 3 处(图 4)。

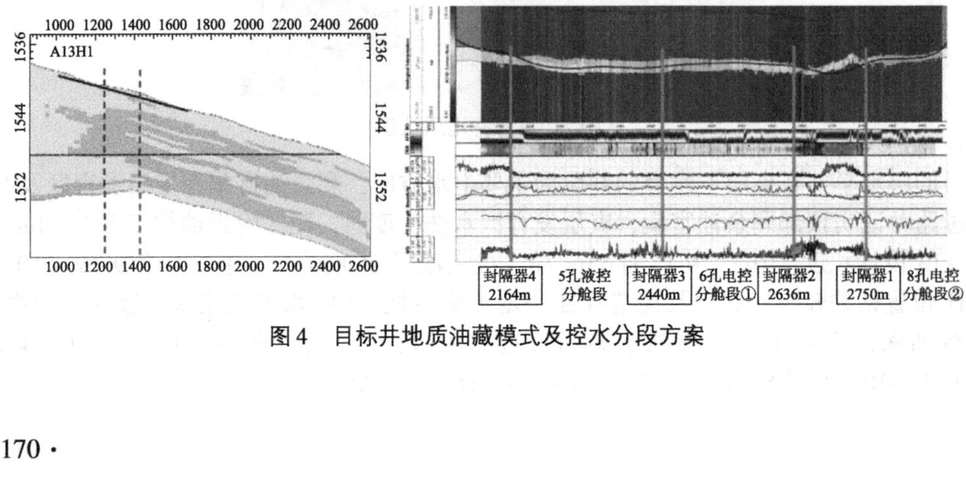

图4 目标井地质油藏模式及控水分段方案

2.3 投产动态和调控效果及数值模拟评价

目标井投产后初期含水 80%，日产油 70m^3/d，随后含水快速上升至 89.7%，日产油快速递减至 50m^3/d(图 5)。经综合分析认为，水平段根部液控分舱为主要出水段，随后关闭根部液控分舱，含水从 89.7% 降至最低 80.0%，日产油从 50m^3/d 提升至最高 143m^3/d，控水增油效果显著。该井的调控证实通过地质工程一体化制定智能控水方案，实现既能油藏经济开发最大液量，又能实现分舱控水。通过对该井钻后开展油藏模拟分析认为，智能分舱控水调控后(关闭根部)，水平段中部下方剩余油被强化动用(图 6)，全生命周期内可增油 1.1×10^4m^3。

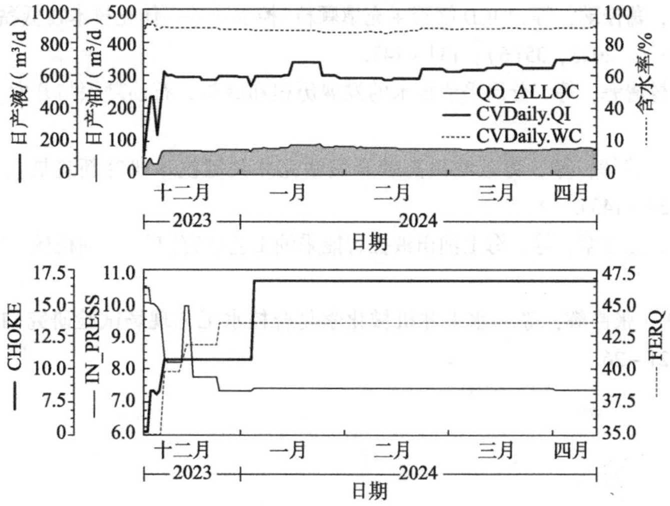

图 5　目标井投产动态和调控效果

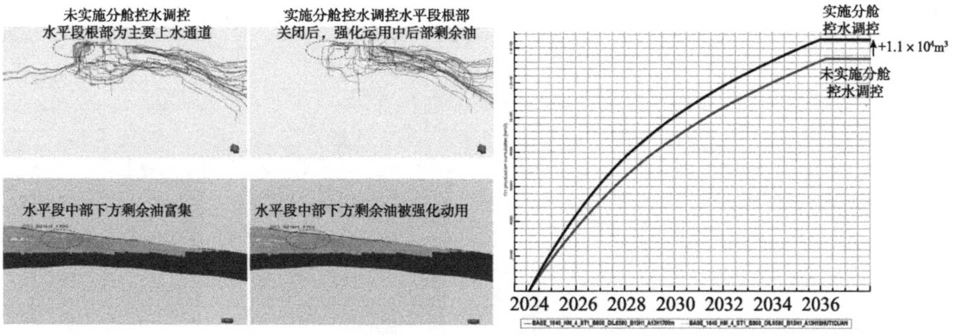

图 6　目标井投产后数值模拟评价

3　结论

(1)本文提出了一种适合大液量水平井且可无极调控分段液量的智能分采技术——罐装泵 + 液控与电控组合智能分采技术，有效解决了以往水平井沿程均衡动用的难题。

(2)通过地质工程一体化制定智能控水完井方案，实现既能油藏经济开发的最大液量，又能实现分舱控水。

(3)该技术适合南海东部大液量水平井智能分采，为类似油田高效增产挖潜提供了一种新方案。

参考文献

[1]谭吕，张宁，曹波波，等．南海东部底水油藏水平井控水完井技术研究进展[J]．中国海上油气，2024，36(3)：137－143.

[2]王斐．底水油藏水平井开发提液机理研究[D]．东营：中国石油大学(华东)，2020.

[3]潘豪．海上油田水平井稳油控水技术现状与发展趋势[J]．石油矿场机械，2020，49 (3)：86－93.

[4]李斌旺．底水油藏水平井控水完井技术适应性评价[D]．北京：中国石油大学(北京)，2021.

[5]阎洪涛，徐文江，姜维东，等．海上底水油藏水平井自适应控水技术[J]．大庆石油地质与开发，2021，40(3)：71－76.

[6]万宏春，李艳飞，葛俊瑞，等．“ICD 筛管＋充填颗粒”控水防砂一体化技术在低黏油水平井中的应用[J]．中国海上油气，2023，35(6)：134－143.

[7]刘合，郑立臣，杨清海，等．分层采油技术的发展历程和展望．石油勘探与开发[J]．2020，47(5)：1027－1038.

[8]曹砚锋，李汉兴，黄辉，等．海上油田高效开发钻完井关键技术研究新进展[J]．中国海上油气，2022，34(6)：124－1434.

[9]薛德栋，张凤辉，王立苹，等．海上油田液控智能采油工艺研究[J]．石油机械，2020，48 (4)：56－61.

[10]晁圣棋，邹明华，张艳辉，等．水平井机械化学复合控水工艺现场试验研究[J]．石油矿场机械，2021，50(6)：21－26.

海上强水驱砂岩油藏 MRC 技术研究与应用
——以南海东部×油田为例

郭晓东　李海龙　黄军立　朱迎辉　王晨　汪洋

[中海石油(中国)有限公司深圳分公司]

摘　要：针对南海东部×油田开发中后期挖潜上产过程中遇到的剩余潜力品质差、地面平台剩余井槽少、轨迹防碰限制、出砂井多和调整井经济性等问题，创新应用 MRC(油藏最大接触技术)实现油田高效挖潜。通过×油田开发实践，总结三项关键技术：形成四类低油柱(水脊腔剩余油、屋檐剩余油、出砂井周油、薄差低品油)MRC 高效挖潜模式，精细油描和随钻工程一体化技术，疏松砂岩油藏控水防砂一体化技术。×油田 8 口井应用 MRC 技术后合计初增油 538t/d，含水平均下降 12.7%，目前累增油 $24.7\times10^4m^3$，预计增加可采 $33.5\times10^4m^3$，单井相对于常规调整井节约成本 1000 万元以上，挖潜降本增效显著，是海上强水驱海相砂岩油藏低油柱潜力动用的高效手段，可有效实现降本增效，控水稳油。×油田的 MRC 技术应用实践及创新认识，对类似双特高油田开发后期具有指导意义。

关键词：双特高油田开发中后期；MRC 技术；低油柱挖潜模式；精细油描；疏松砂岩油藏控水防砂一体化技术

油藏最大接触技术(MRC)是在一口主井眼(定向井、水平井)中划槽出若干个进入目标油气藏的位移分支，即可从一个井眼中获得最大的总水平位移，提高泄油面积实现增产。该技术是在分支井技术上发展起来的，国内于 2012 年由南海东部首次将该技术移植到在生产井大修项目。2012 年至 2015 年，MRC 技术主要应用于南海东部中低渗油田，通过实施新位移分支来解决油井低产能问题；2015 年至 2019 年，通过“支上开支”，来实现近井地带极限挖潜。2019 年以后，伴随着南海东部中高渗砂岩油田进入“双特高”开发阶段，储层较为疏松，以筛管完井方式为主，MRC 技术也同步发展到可对新分支实现筛管或充填完井作业，一举突破了完井限制，使得 MRC 技术适合疏松地层。

1　×油田目前开发现状和现有 MRC 技术应用难点

×油田位于中国南海珠江口盆地，新近系中新统韩江组、珠江组，为多层系边底水油田，自下而上分布多个构造断层控制油藏，属正常温度、压力系统。油田属于碎屑岩沉积，以三角洲前缘的河口砂坝及三角洲平原的分流河道砂体为主，属于中－高孔隙度，中－特高渗透率储层，天然水驱能量充足。原油黏度整体上随埋深增加而减小，上部油藏为常规稠油油藏，下部油藏为稀油油藏。×油田开发充分利用海相砂岩油藏充沛的水体能

第一作者简介：郭晓东(1992—)，男，广东深圳，中海石油(中国)有限公司深圳分公司，工程师，油气田开发工程专业。E－mail：guoxd10@ cnooc. com. cn。

量，采用天然水驱，以水平井开发为主，油井采用电潜泵采油，实施防砂完井工艺。经过近 20 年的高速高效开发，目前油田采出程度已近 40%，综合含水达 97.1%，多年开发生产动态表现出 3 个特点：油田生产能力旺盛、投产后油井含水上升较快、高 - 特高含水期为油田开发的主要阶段。×油田目前已进入典型的“双特高”开发中后期阶段，剩余潜力以低油柱为主，调整井实施达标风险逐渐攀升，遂转向 MRC 技术挖潜阶段。但×油田目前地质油藏特征决定了实施 MRC 高效挖潜存在两个方面的困难。首先，剩余潜力以低油柱底水或次生底水为主，受限于井网整体不规则且相对稀疏，剩余油精准定位难度大，效果难以保证。其次，针对油田上部稠油油藏层位相对较浅、易出砂，实施 MRC 后存在控水防砂一体化难题。

2　MRC 技术在×油田实践应用中的关键技术研究

2.1　四类低油柱 MRC 高效挖潜模式

近 3 年以来，×油田针对低油柱潜力目标，开始探索应用 MRC 技术挖潜。通过综合地质油藏研究，结合 MRC 技术的适用性，已初步形成了四类高效挖潜模式：夹层下方垂向屋檐剩余油、薄差低品油藏剩余油、井间水脊腔剩余油、出砂井治理兼顾挖潜井周弱动用剩余油。夹层下方垂向屋檐剩余油主要针对部分油藏垂向上发育非渗透性隔夹层，受限于隔夹层认识不清和减缓底水锥井的考虑，开发早期水平井大多部署于油藏顶部，非渗透性隔夹层下方剩余油难以动用。该类 MRC 挖潜模式即依托于油藏顶部已有一口在生产水平井，而在夹层下方实施新分支，从而动用夹层下方剩余油。薄差低品油藏剩余油主要针对低品薄层边水油藏，仅依靠 1 口井开采，产能相对不足。实践表明，为提高油藏接触面积，在老井眼周边再实施 1 个分支(保留老井眼)，单井产液能力可提高 1.3 ~ 1.5 倍，可明显提高油藏采收率。该类挖潜模式即在原井眼上实施 MRC 分支，保留原井眼，提升薄层边水油藏产能以期增产。井间水脊腔剩余油主要针对边底水能量强、原油黏度相对较高的油藏，底水或次生底水快速锥进，井周容易形成漏斗形状水脊、且水脊半径一般较小，相邻水脊(简称水脊腔)间剩余油较富集。实际过路井资料显示，×油田稠油油藏井间动用范围大多数不到 150m，最小仅 20m。鉴于此情况，在老井眼周边实施 MRC 分支可有效动用水脊腔剩余油。但该类挖潜模式的老井大多已水淹严重，含水极高，单井产能低，一般需要应用封隔器配合盲管封堵，以避免干扰新分支产出效果。治理出砂井治理兼顾挖潜井周弱动用剩余油主要针对油田上部岩性疏松的稠油油藏，此类油藏虽然开采过程中易出砂，但出砂前大多仍具有一定的产能，还有一定的挖潜价值。又由于×油田早期均采用水平井加优质筛管完井，经过多年开采后直接拔出筛管难度大，如果在原筛管内下入小筛管，又会直接限制单井液量。基于此，依托于老井眼实施新分支，并充填完井可有效恢复单井产能并提升防砂效果；同时考虑老井眼非均质水淹，实施 MRC 新分支可兼顾挖潜井周弱动用区剩余油；但该类挖潜模式要求对原井眼封堵，以避免原井眼继续出砂影响新 MRC 分支生产。

2.2　精细油描和随钻工程一体化技术

限于×油田剩余油精细描述难度大，油田在低油柱挖潜过程中同步发展了精细油描和随钻工程一体化技术。该技术主要有 3 个关键要点：地质和油藏动态法结合精准锁定局部剩余油，油藏和钻井专业结合制定最佳 MRC 分支实施策略、地质和完井专业结合助力精准导向实施和控水完井作业，通过 3 个方面的结合一体化保障 MRC 投产效果。地质和油藏动态法结合精准锁定局部剩余油。从油井动用范围认识确定油井动用储量，参考该类典型油藏采收率，折算得到局部技术可采，与待实施 MRC 分支的原井眼累产油量对比，估算剩余可采油量，以从静态上确定进一步挖潜价值。同时应用递减法和水驱法确定剩余可采，综合动态法验证剩余油，油藏和钻井专业结合制定最佳 MRC 分支实施策略。该方面主要考虑对 MRC 分支实施作业过程中需要明确 2 个关键要点：开窗方式和随钻策略。MRC 分支开窗方式主要分为切割打捞原井筛管后同层裸眼侧钻和高位套管开窗，具体采用何种方式作业需要综合具体所在油藏上覆泥岩厚度、剩余油分布特点、原井眼切割打捞长度来确定；分支随钻策略制定主要需要考虑目标剩余油分布和原井眼实际轨迹特点来综合确定，具体方案需要结合实际详细设计如表 1 所示。

表 1　×油田典型 3 口井 MRC 开窗方式和随钻策略

序号	井名	剩余油分布特点	原井眼轨迹特点	开窗方式	MRC 分支随钻策略
1	× -3	原井眼采出多且水淹严重	着陆后继续扭方位	切割打捞	根部全力扭方位，中后段贴顶钻进
2	× -4	原井眼采出较多且水淹严重	中后段钻遇灰质含量高	切割打捞 + 高位开窗	全程扭方位 + 贴顶钻进
3	× -7	原井眼采出少剩余油富集	已处于有利位置	切割打捞 + 高位开窗	根部扭方位为主，后续贴顶钻进为主

地质和完井专业结合助力精准导向实施和控水完井作业，考虑×油田目前已处于双特高开发中后期，油水界面已呈现出上下起伏不平的状态。欲保证油井投产后效果，一般建议 MRC 分支实施过程中辅助超深(3m 以上)随钻探边工具来精准刻画剩余油空间分布规律，从而为后续控水完井作业提供依据。以× -20H1 井为例，针对油水分布认识存在较大不确定性，分支实施过程中，应用超深探边工具来助力精准导向实施和完井作业如图 1 所示。基于随钻认识，采用盲管和膨胀封隔器有效封堵根部低于 3m 油柱以内的分支段，最终实现了该井在应用 MRC 技术后初含水下降 93%，日产油提高 10 倍(图 2)。

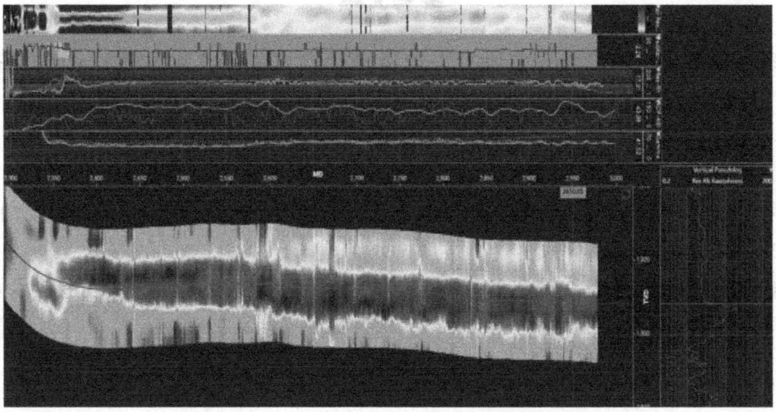

图 1　× -2 井随钻探边工具成像结果

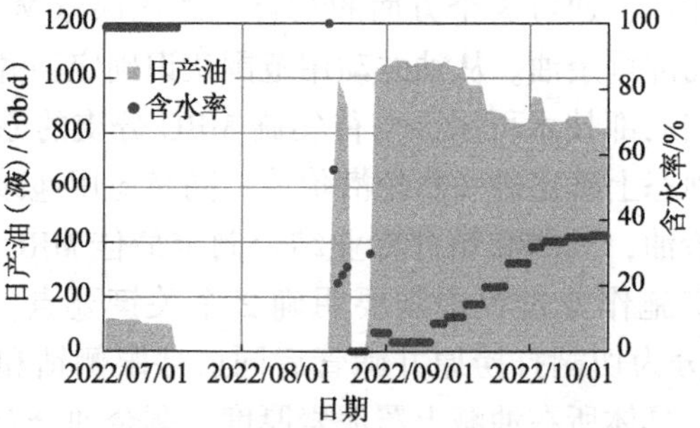

图2　×-20H1 井实施 MRC 分支技术前后动态对比

2.3　疏松砂岩稠油控水防砂一体化技术

针对×油田上部稠油油藏实施 MRC 分支完井阶段既需要充填防砂，又需要下入控水工具提升实施效果。实践过程中，探索形成了疏松砂岩稠油控水防砂一体化技术：分支根部盲管+遇液膨胀封隔器+局部水淹段采用小孔径 ICD+轻质颗粒充填防砂。该技术主要考虑3点：第一，MRC 分支必须要依托原井眼实施，即新实施 MRC 分支根部距离原井眼距离较近，保障后期投产效果必须在分支根部下入盲管+遇液膨胀封隔器有效封堵 MRC 分支根部水淹段。第二，考虑双特高开发中后期，油水界面上下起伏，MRC 分支段极有可能存在局部水淹段，探索通过下入小孔径 ICD 筛管来兼顾实现控水和防砂。第三，充填防砂介质建议采用轻质颗粒，因为传统的砾石充填，由于颗粒密度偏重，特别下入了封隔器和 ICD 筛管后，充填效果难以保证，而轻质颗粒则可以较好保障充填效果。

3　结束语

×油田近3年来在8口井上应用了 MRC 技术，增油控水效果明显。合计初期日增油 538m^3，含水率平均下降12.7%，目前累增油 $24.7\times10^4m^3$，预计增加可采 $33.5\times10^4m^3$。应用 MRC 技术后降本增效和投入产出效果显著：8口井合计投入成本1.7亿元，盈利1.3亿元，内部收益率161%；相对于南海东部传统的加密调整井费用，单口降本1000万元人民币以上。

参考文献

[1]孙宁．侧钻水平井应成为老区油气低产井改造增产的重要技术政策[J]．石油科技论坛，2018(2)：28.

[2]吕加腾，闫吉森，黄莎，等．海上超长水平段 MRC 井钻完井关键技术研究与应用[J]．石油工程建设，2021，S2(35)：179-185.

[3]邹信波，罗东红，许庆华，等．海上特高含水老油田挖潜策略与措施[J]．中国海上油气，2012，24(6)：28-33.

[4]邹信波，许庆华，李彦平，等．珠江口盆地(东部)海相砂岩油藏在生产井改造技术及其实施效果[J]．中国海上油气，2014，26(3)：86-92.

海上非常规不动管柱封隔气举技术创新与应用

吕赟　于志刚　韩云龙　张想　葛嵩

[中海石油(中国)有限公司湛江分公司]

摘　要：油、气藏开发至中后期，地层压力逐步降低，加之边底水的侵入，井筒积液现象严重，大直径管柱携液能力较差的问题日益突出。海上气井动管柱大修作业施工时间长，费用高昂。迫切需要一种“不动管柱，长期排水，低成本”的举升工艺。不动管柱封隔气举工艺采用电缆携带打孔隔离气举一体化工具入井，下至油管预定深度打孔、油管内坐封封隔，利用平台外输气为气源，通过向套管环空注气，实现气举举升目的。该工艺技术在W气田成功应用，相较于常规动管柱修井，单井节省作业工期5天，节省修井费用450万元，保障油井基础产量430m^3，折合73万元油气产量效益。海上不动管柱打孔封隔气举具有施工简单，作业费用低等优点，能较好地解决海上油气田修井作业难题。

关键词：井筒积液；不动管柱；快速复产；气举排液

南海西部部分气田，随着采出程度的增加、气藏压力降低，将导致产气量下降、产水量增加，当产气量降至生产管柱临界携液流量时，井筒开始积液。井筒积液后若不及时治理，将导致井底流压升高、生产压差减小，使得产气量进一步降低、携液更困难，积液更加严重，最终水淹停喷。

目前国内外常见的排水采气方式主要为泡排、气举、柱塞、电潜泵、射流泵、螺杆泵等方式。但是泡排和柱塞仅适用于间喷、弱喷井、小水量的情况，对于一些严重积液井及储层相对敏感的井，普通的排液措施不能恢复气井的正常生产，积液停喷时间过长，造成水锁伤害，需要开展进攻性的措施。气举措施受限于生产管柱条件，基本上气井在完井阶段未下入气举阀，不能实施气举。仅管柱打孔来气举的话，即会存在环空带压的问题，同时不能多级气举，受限于平台的气举压力，注气点较浅，气举效果较差，连续油管气举成本高，有效期短。电潜泵、射流泵、螺杆泵等措施需要实施动管柱修井，气井动管柱修井成本高，风险大，又容易污染储层。

基于以上背景，针对不动管柱快速修井复产的问题，从气举采油角度出发，创新研究了一种适合海上油田的不动管柱管内打孔封隔式气举工艺技术，实现“管内气举阀”的效果。该技术作业成本少，施工难度小，可快捷高效解决积液气井的停产诱喷问题。

1　封隔气举工艺概述

1.1　工艺基本原理与特点

封隔气举工艺原理和常规气举井一致，利用气体在膨胀过程中产生的体积变化，降低

第一作者简介：吕赟(1996—)，男，宁夏石嘴山人，工作单位：中海石油(中国)有限公司湛江分公司，采油工艺工程师。E-mail：lvyun3@cnooc.com.cn。

井筒中混合液的密度。封隔气举工艺在保持原井生产管柱不动，将油管在设计深度打孔，建立环空气举通道。采用电缆携带打孔隔离气举一体化工具入井，投放到油管打孔位置上下并坐封封隔气举阀。相较于简单的油管打孔的非常规气举，封隔气举与气举阀配套实现多级气举功能，注气位置可能更深，举升更好。并且该工艺可能充分利用海上平台生产条件，基于平台现有气举压缩机能力，或利用邻井气井产出的天然气，通过简单流程改造就可以满足气举要求实现环空注气，实现了油套连通，建立了流通通道，推动在井筒内积累的油层流体向上移动，最终排出井中的液体。这种技术可以有效地提高油气井的产量，特别适用于见水产量递减、积液停喷井及或者需要增加产量的油井，亦可作为气井注泡排剂、缓蚀剂通道等(图1)。

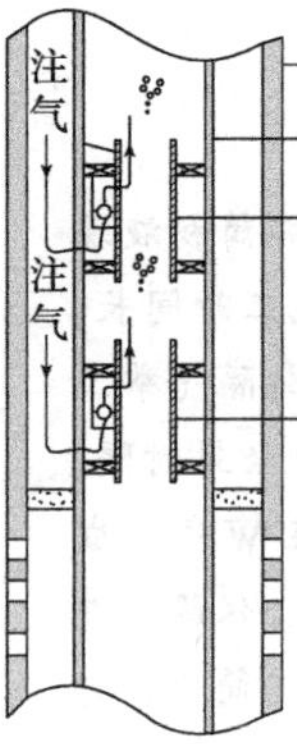

图1　管内封隔气举阀示意图

1.2　封隔气举工艺优势

目前常规的连续油管气举成本高，有效期短。动管柱更滑气举管柱修井成本高，高比重修井液重复压井，存在储层污染风险。在不动原井生产管柱的情况下，采取油管内冲孔并下入隔离式气举封隔器方案，利用平台稳定气源实现环空注气，实现多级连续气举诱喷作业。该工艺一举解决了动管柱修井费用高，压井修井液对储层污染，连续油管气举工期长等一系列难题。

2　打孔隔离气举工艺方案研究

2.1　工艺设计流程

对于已经积液或者停喷的井，评估井内静液面高度并确定油套环空中高压气体注入的压力分布状态，是判断打孔后注气可行性的核心依据。通过深入分析，绘制了井下不同深度处的环空注气压力剖面图，并对各深度下的油套管压力分布进行了对比计算。若计算结果显示套管内压力（$P_{套管内}$）大于油管内压力（$P_{油管内}$），则在相应深度实施打孔封隔气举作业将具备可行性(图2)。

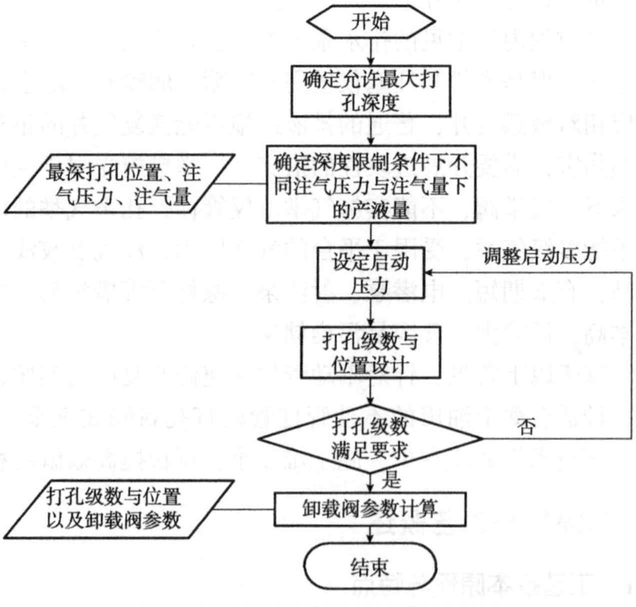

图2　打孔隔离气举工艺设计流程图

2.2　平台注气能力与条件校核

封隔气举作业首要条件是平台拥有足够量的高压气体作为驱动力，通常气体主要是天然气、压缩空气或者氮气，气体的供应量影响着气举的产液能力。同时多级封隔气举气体注入点通常越深越好，较深的注入点能更好地减少油管内的液柱压力，提高举升效率，但是这就需要更高的注气压力。打孔封隔气举工艺要基于平台现有的注气能力和注气量来配套设计。选择合适的气举气源不仅要考虑气源的可获得性和经济性，还要兼顾油藏特性和生产安全要求。

2.3 打孔封隔气举阀位置和级数确定

封隔气举阀位置对于确保有效举升液体至关重要，通常确定封隔气举阀位置的一些关键要点：

(1)测量液面位置：明确井下液面的实际分布，通常应用回声仪来测量油、套管环形空间的液面高度，从而决定封隔气举阀的最佳位置。

(2)考虑井筒条件和生产参数：考虑长生命周期内极限工况条件，封隔气举阀的具体位置基于井的深度、流体压力、产层特性等综合因素来确定，将阀之间的间隔距离设计为从上至下逐渐减小，确保在不同深度下都能实现高效的气举作业。

(3)封隔气举阀级数通常按照井深需求设置多级，以逐级降低油管内液柱的压力，实现高效举升。具体使用多少级气举阀取决于油井的深度、产液特性、气体供应能力等因素。设计时会考虑每级阀的打开压力、工作温度、流体特性等因素，确保整个封隔气举系统能够高效稳定运行。

气举阀的位置和级数的理论计算和设计，目的是以达到最佳的气举效率和生产效益。确定注气点位置后，利用冲孔工具串在指定位置打孔，所有位置打孔之后，封隔气举阀工具在打孔位置坐封，形成油管内气举。

2.4 多级打孔封隔气举诱喷复产可行性分析

根据目标井的油压、储层压力、产液指数，结合上面确定的注气点位置，考虑最高注气压力有限，保守取最高注气压力以下0.5～1MPa作为日常注气工作压力，利用软件预测不同注气量下时诱喷产液量。在考虑诱喷初期井筒与产出均为纯液的情况下，分析诱喷复产的可行性。根据产液量变化情况，推荐封隔气举参数。

3 关键工具和施工方案

3.1 打孔封隔气举一体化工具

3.1.1 组合工具串

(1)冲孔工具串：电缆头＋CCL定位短接＋安全点火头＋冲孔枪(图3)。

(2)坐封工具串：电缆头＋CCL定位短接＋安全点火头＋坐封工具＋适配器＋隔离式气举封隔器。

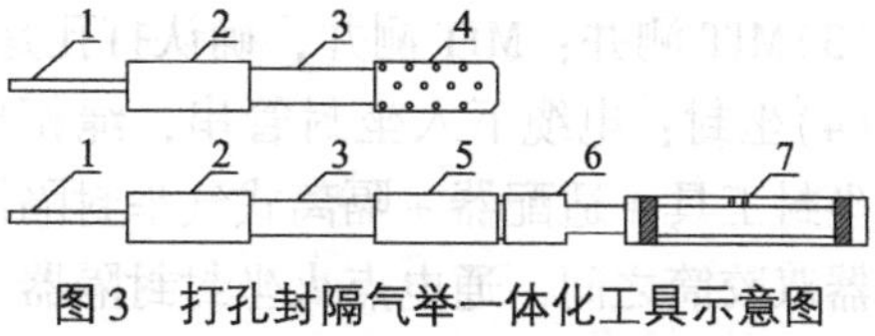

图3 打孔封隔气举一体化工具示意图

1—电缆头；2—CCL定位短接；3—安全点火头；4—冲孔枪；5—坐封工具；6—适配器；7—隔离式气举封隔器

3.1.2 冲孔枪

一般采用电缆携带冲孔枪，冲孔枪尺寸也尽量贴合油管内壁，同时满足井下安全阀最小尺寸的下入，避免下入过程中卡枪的问题。射孔弹根据油管的强度和钢级进行选择，一般要求能有效打通油管，建立气举注气通道，同时也要避免穿深较大，避免误伤套管。对于射孔弹孔径的要求，孔径越大越好，越有利于流动通道顺畅，避免节流问题。为确保射孔成功率，避免漏射的风险，每一级位置打孔通常装弹1～2发，相邻两个射孔位置间隔10cm左右(图4)。

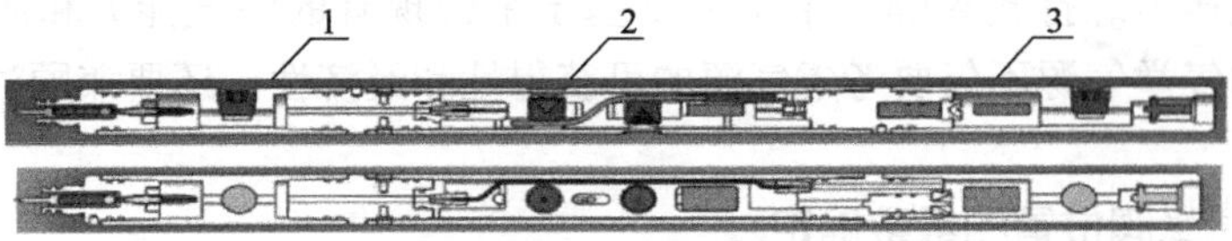

图4　冲孔枪工具示意图

1—电点火头；2—保持通电型冲孔枪；3—坐封工具点火头

3.1.3　隔离气举封隔器

隔离式气举封隔器设计有两道密封胶筒，可隔离油管壁上的孔和油管内部井液。隔离式气举封隔器由坐封工具产生的推力提供动力，使得封隔器胶筒压缩实现封隔，胶筒之间设计有卡瓦，卡瓦推出卡住油管壁实现锚定，防止封隔器坐封后上下移动。内隔离封隔器工具上下封隔胶筒，设有气举阀/单流阀等实现油套封隔，允许环空注气到油管中，防止油管流体进入环空，避免非气举期间环空带压问题。隔离式气举封隔器上下胶筒间距设计1000mm以上，增大容错率，降低误坐风险。隔离封隔器耐压5000psi(35MPa)，满足大部分井压力需求(图5)。

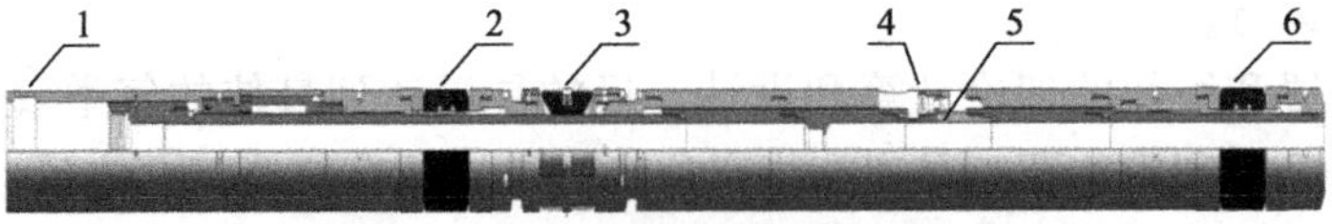

图5　隔离气举封隔器工具示意图

1—打捞径；2—上胶筒；3—卡瓦；4—气举阀/单流阀；5—注入孔；6—下胶筒

3.2　施工关键过程

(1)电缆模拟通井：电缆下入冲孔工具串，电缆头+磁定位短接CCL+加重杆+安全点火头+冲孔枪(模拟枪)，完全模拟冲孔枪入井。

(2)冲孔：电缆下入冲孔工具串，电缆头+磁定位短接CCL+加重杆+安全点火头+冲孔枪，通过CCL定位，找到目标深度油管，将打孔点定位在油管中部进行打孔，详细记录工具串长度，起出冲孔工具。

(3)MIT测井：MIT测井，确认打孔是否成功，确认打孔位置深度。

(4)坐封：电缆下入坐封管串，绳帽电缆头+磁定位短接CCL+加重杆+安全点火头+坐封工具+适配器+隔离式气举封隔器，通过CCL定位，确保打孔点位于隔离式气举封隔器双胶筒之间，通电点火坐封封隔器。

(5)回收工具串：坐封完成后，工具自动丢手，上提电缆回收工具串。

(6)封隔器解封回收(更换/保养封隔气举时)：下入标准GS工具，抓住封隔器打捞型面，向上震击收回隔离式气举封隔器。

4　现场应用及效果分析

4.1　现场应用

南海西部文昌区块某气井，因下游关键设备维修关井，但开井时发现无法自喷生产由于水驱气藏见水后造成产量递减、积液停喷，加上储层物性差、水锁、水敏等综合因素，通过酸化解堵、连续油管气举等系列常规增产措施均未能举活成功，有效地层能量无法释放，给增产工艺和井下作业带来极大挑战。针对该井问题，结合平台现有的注气条件，设计了三级打孔隔离气举工艺，打孔暂定封隔器以上的油管。先使用冲孔枪对油管打孔，后下入隔离气举封隔器，对打孔孔道上下封隔，形成环空到管柱内部的单向通道，避免后续生产期间环空带压问题。该井自2023年12月利用封隔气举以来，日产液量逐渐增加，含水率逐渐降低，目前该井恢复自喷生产，日产液 140.3m³，产油 85.9m³，产气 4.25×10⁴m³，效果显著(图6)。

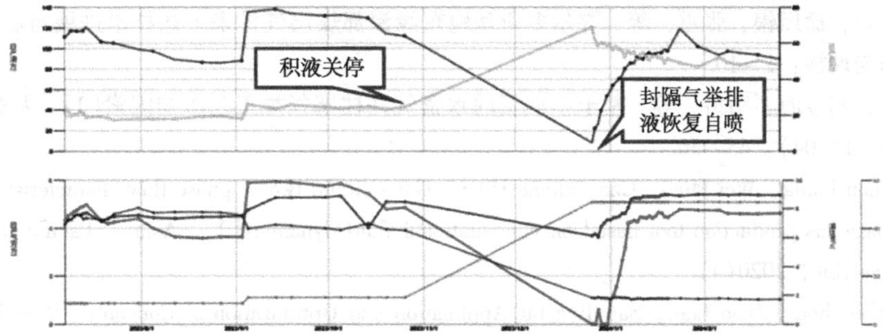

图6　W气田B1H封隔气举以来生产曲线

4.2　效果分析

不动管柱封隔气举工艺在不动管柱的情况下，利用三级封隔气举阀逐级排液，成功排液让该井恢复自喷生产，挽回了产量损失。此外该工艺能起到降本增效的作业，相较于常规气井的动管柱修井，不动管柱三级封隔气举作业费用不到300万元，预计单井节省修井费用450万元，节省修井作业工期5天。不动管柱封隔气举的成功实施，为油管不动管柱打孔封隔气举技术在油气藏治水中发挥了重要作用，打破常规气举阀气举模式，拓展了气举技术的应用范围。为后续气井见水产量递减、积液停喷等问题治理提供了新思路和良好实践，为今后水淹气井及低产低效井治理提供了宝贵经验和针对性的解决方案，对老井复产、增产具有重大意义。

5　结论

(1)打孔封隔气举工艺设计研究要基于生产管柱实际尺寸、油藏压力、产能变化情况、平台现有注气设备能力，保守取最高注气压力以下0.5~1MPa为工作压力，再进行打孔深度点的计算，以确保后续气举的效果。

(2)打孔封隔气举关键工具为打孔枪和封隔气举阀，打孔要确保打穿油管，确保形成注气通道，同时避免射孔穿深太大损伤套管。封隔气举阀上下封隔胶筒对打孔孔道上下封隔，设有气举阀/单流阀等实现油套封隔，形成环空到管柱内部的单向通道，避免非气举期间环空带压问题。

(3)对于积液气井，油管打孔封隔气举一体化工艺技术的运用，在不动管柱的情况下即可实现油气井的气举功能，作业过程高效便捷，而且作业成本相较于动管柱修井降低50%以上，为气井的积液问题提供了经济有效的解决方案。

参考文献

[1]李海波，邹鸿江，包福忠，等．非常规排液技术在长庆气田的应用[J]．石油钻采工艺，2010，32(01)：112-115.

[2]Chen Ming, Sun Junyi, Gao Ersi. A Summary of Wellbore Fluid Accumulation and Drainage Gas Production Technology in Gas Wells[J]. IOP Conference Series: Earth and Environmental Science, 2021(1).
[3]张婷，孙风景，于洋．川西深层、超深层气井排水采气技术初探[J]．钻采工艺，2023，46(05)：68－73.
[4]段玉明，王法鑫，雷腾蛟，等．连续柱塞气举工艺设计及在塔里木凝析气田的应用[J]．钻采工艺，2020，43(01)：35－37＋9.
[5]曾雯婷，徐凤银，张雷，等．鄂尔多斯盆地东缘深部煤层气排采工艺技术进展与启示[J/OL]．煤田地质与勘探：1－10.
[6]耿洁，刘金海，韦涛，等．基于小油管的致密气井柱塞气举工艺影响因素[J]．天然气技术与经济，2023，17(04)：45－50.
[7]Huizhen Liang, Wei Miao, Changcheng Huang. Gas－liquid two - phase flow characteristics of the jet vortex drainage gas production tool based on computational fluid dynamics[J]. Asia - Pacific Journal of Chemical Engineering, 2020(4).
[8]Hu Wei shou, Zhao Lian, Sun Jing hu. Application and Optimization of Concentric Pipe Jet Pump Drainage Gas Production Technology in the South Area of Sulige Gas Field[J].
[9]王安，张凤喜，严曙梅．油管打孔－气举技术在平湖气田的应用[J]．海洋石油，2019，39(02)：53－56.
[10]刁东镇，刘常清，杜斌，等．海上油田无人平台不动原井管柱气举技术研究[J]．仪器仪表用户，2023，30(01)：22－25.
[11]苏月琦，汪海，汪召华，等．气举阀气举排液采气工艺参数设计与优选技术研究[J]．天然气工业，2006(03)：103－106＋170.
[12]白博峰，田伟，赵昆鹏，等．天然气井多相流强化携液理论及排液采气关键技术[J/OL]．西安交通大学学报：1－10[2024－03－10].
[13]薛蓥．东海天然气井油管打孔隔离排液工艺研究与实践[J]．中国石油和化工标准与质量，2020，40(05)：248－252.

大斜度气井分层控水技术研究及应用

王闯[1]　张崇[1]　姚欢迎[1]　侯志新[1]　张明亮[2]　穆永威[1]

[1. 中海石油(中国)有限公司海南分公司；2. 海油发展(澄迈)能源技术有限公司]

摘　要： 乐东15－1气田纵向分为5个气组，主力气组$L_3Ⅱ_下$、$Y_1Ⅲ$气组为边水驱动，非主力气组为弹性驱动。在生产气井均为多层合采，后期存在因水淹导致主力气组无法正常产出的风险，需要进行分层控水。大斜度井、水平井无法通过钢丝作业开关滑套，而连续油管开关滑套费用高、风险大，难以满足后续换层及卡控水需求。针对此类井创新采用智能分采技术，通过地面控制设备，以液压驱动方式，实现智能滑套开关。进口智能滑套采办和维修周期长，采购成本高，为此对工具原理进行了系统研究并完成了国产化工具研发，大幅降低采办成本，同时建立稳定可靠的采购渠道，大大缩短采办周期，提高了产品维修保养的便捷性和设计灵活性。为保障液控管线下入过程中的完整性，创新设计了一体化液控管线保护器和六槽管线扶正滑轮。目前该技术已成功应用2井次，大幅节约了用连续油管进行换层的作业费用，具有进一步推广应用价值。

关键词： 大斜度气井；智能分采；控水；国产化；低成本

水平井与直井相比，可增加与储层的接触面积，通过改变渗流方式降低渗流阻力，有效提高单井产能，同时可抑制底水锥进，延长油气井的无水生产期。由于海上生产平台空间有限，水平井还可有效增加单井的控制储量，经济效益显著。南海西部气田多为大斜度井、水平井，最大井斜大于65°的气井占比74%，气藏开发到中后期，各层产出、含水和含烃不均匀，需要进行分层开采，释放高烃层产能或关闭水淹层，然而目前气井具备分层条件的数量少，难以实现储层精细化管理。以乐东某气田为例，纵向最多8个气组，后期存在因水淹导致主力气组无法正常产出的风险，且各层天然气组分差异大(烃含量18%～85%)，为延缓见水时间、充分释放高烃层潜力，有必要进行精细分层。但对于大斜度井，无法通过钢丝作业对滑套进行开关动作，连续油管虽能实现大斜度井的滑套开关但又存在费用高、风险大等诸多问题，难以满足后续换层及卡水需求。

气井智能分采技术可解决大斜度气井分层开采难题，该技术通过地面控制系统操控井下智能滑套开关，使多个产层实现可分可合生产，零风险、零费用实现换层生产、卡水需求。前期深水气田使用过进口的智能滑套完井，分2层生产，但进口工具采办和维修周期长，采购成本高，为此对工具原理进行了系统研究并完成了国产化工具研发。且对于多层分采井来说，分的层数越多，控制管线越多，下入过程中易出现液控管线磨损、挤压、磕碰、夹伤、井下落物、对接扣失效等问题，创新设计了一体化液控管线保护器和六槽管线扶正滑轮，保证控制井下滑套的液控管线的完整性。

第一作者简介： 王闯(1988—)，女，籍贯黑龙江省，工作单位中海石油(中国)有限公司海南分公司，高级工程师，主要从事海上油气田采油采气工艺技术研究。E－mail：wangchuang@cnooc.com.cn。

1 国产化智能液控滑套研发

1.1 智能液控滑套工作原理

液控滑套作为智能完井系统中的关键工具，主要通过地面控制设备及液控管线，采用液压驱动的方式推动滑套中心管实现进液孔的开启和关闭，控制井下液控滑套的开关，可多个液控滑套一起使用，通过多个液控滑套的开关逻辑，实现对多个液控滑套的开关控制，从而对各个地层的分层控制，实现油井或气井的智能完井及管理。

1.2 主要结构

液控滑套采用两根 1/4 液控管线联合控制液压驱动的方式，通过液压推动活塞带动中心管上下移动，实现液控滑套的开启和关闭。

结构上主要包括上接头、偏心主体、中心管、组合密封、进液接头、下接头等部件组成，其中中心管与偏心主体、组合密封形成了液控滑套的开关活塞，中心管上有一组组合密封，滑套开关活塞分布在中心管上组合密封的上下，这种设计可以减少因组合密封尺寸的差异产生的活塞面积差，造成开启压力和关闭压力的压差过大；液控滑套下接头的上部安装有组合密封，滑套关闭后可实现气密封，施工过程中可直接通过滑套的关闭实现油管增压坐封封隔器。液控滑套的连接扣均选用 VAM top 和 BGT2 两种形式的特殊扣，螺纹部分做特氟龙和镀铜处理，在特定的扭矩下可实现金属密封，减少了密封件的使用频率，降低了泄漏点，其优越的密封效果对气井有良好的适用性。国产化智能滑套结构简图如图 1 所示。

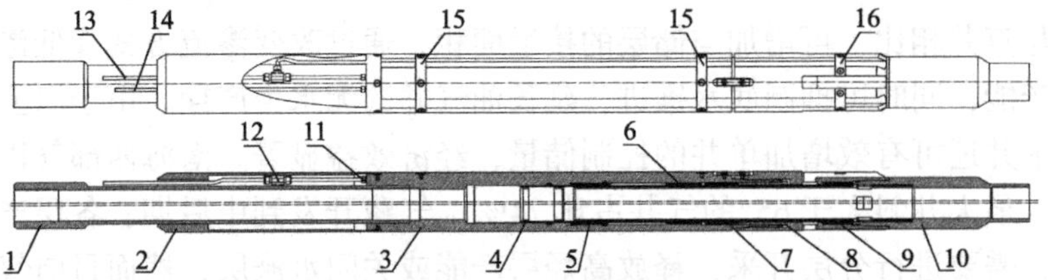

图 1　国产化智能滑套结构简图

1—上接头；2—保护罩；3—偏心主体；4—中心管；5—组合密封 A；6—组合密封 A；7—组合密封 B；8—进液接头；9—组合密封 B；10—下接头；11—管线接头；12—三通接头；13—关闭管线；14—开启管线；15—管线压板 A；16—管线压板 B

1.3 智能液控滑套国产化关键技术点

1.3.1 组合密封

由于液控滑套内的金属部件需要做多次的往复运动，且滑动过程中需要实现良好的密封性，所以密封件均采用多个独立又互补的 V 型圈组合的方式，这种组合方式具有压力自补偿性能，在组合密封承受压力时，压力对密封元件产生挤压，V 型圈的唇部与密封面贴的更紧，在组合密封内部实现了压力递减的趋势，极大地提高其密封性能，实现气密封 35MPa，经室内试验进行 200 次以上的开关测试后，组合密封依然具备良好的密封性能。且依靠唇部密封，减少了与金属件的接触面积少，不易扭曲翻滚，在保证其密封性能的情况下亦可长期使用。组合密封采用双向密封的结构，具有结构简单、占用空间小的优势。

组合密封采用的材质为 PEEK + PTFE 两种材质，这两种材质均具有摩擦系数小，运动平稳、寿命长等特点，且 PTFE 具有自润滑性能，可降低与金属件的黏连。这两种材质均

能在 -60~200℃温度下长时间工作，且对酸碱等介质几乎没有化学腐蚀，可应用与各种复杂的井下环境。

1.3.2 偏心主体部件的设计计算

智能滑套的主体作为液控滑套的关键承压部件，在正常施工过程中主要承受外压和内压，其结构为偏心结构，设计计算中可将其等效为同心结构，主体结构的设计图及等效图如图 2 所示。

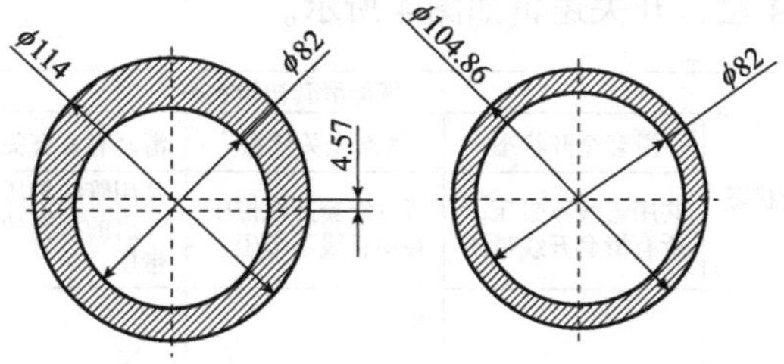

图 2 主体结构的设计图及等效图

从图 2 可以看出，主体部件危险截面尺寸外径为 114mm，内径 82mm，等效尺寸外径 104.86mm，内径 82mm，管柱抗内压强度的压力可按第四强度理论计算，需先通过对比$\frac{D}{\delta}$的值确定是薄壁管柱还是厚壁管柱。经计算主体部件$\frac{D}{\delta}=\frac{104.86}{11.43}=9.17<14$，确定其截面为厚壁管柱，抗内压强度的计算公式为：

$$P_2=\frac{(D^2-d^2)\sigma_s}{2n_2D^2} \tag{1}$$

抗挤毁强度的计算公式为：

$$P_1=2n_1\sigma_s\left(\frac{\frac{D}{\delta}-1}{\left(\frac{D}{\delta}\right)^2}\right) \tag{2}$$

式中，D 为偏心主体外径，mm；d 为偏心主体内径，mm；n_1 为安全系数，一般取值为 0.75；n_2为安全系数，一般取值为 0.75；σ_s 为材料屈服强度，MPa；P_2为偏心主体抗内压强度的压力，MPa；P_1为偏心主体抗挤毁强度的压力，MPa。

结合气井井况条件，得到其承受的最大内部压力为 35MPa 设计，经过计算，$P_1=110.46$MPa，$P_2=98.15$MPa，均大于 35MPa，故偏心主体按设计的内径和外径尺寸，其危险截面处抗内压强度、抗挤毁强度均满足要求。

1.3.3 中心管部件的设计计算

中心管同样作为液控滑套的关键承压部件，其危险截面尺寸需要重点进行设计计算，设计中心管部件危险截面尺寸外径为 72mm、内径 60mm(图 3)。

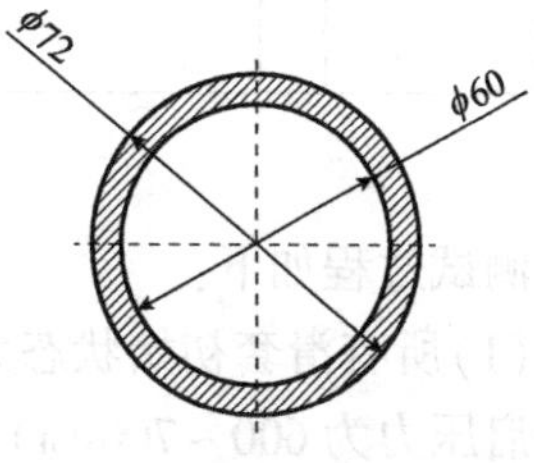

图 3 中心管危险截面设计图

如图 3 所示，通过计算$\frac{D}{\delta}$的值，确定该截面为厚壁管柱。中心管抗内压强度和抗挤毁强度的计算公示如式 1 和式 2 所示，通过计算得到 $P_1=86.6\text{MPa}$，$P_2=77.2\text{MPa}$，均大于 35MPa，故中心管按设计的内径和外径尺寸，其危险截面处抗内压强度、抗挤毁强度均满足要求。

1.3.4 多个滑套一起应用时的开关逻辑

智能滑套由地面控制，控制开关的逻辑是实现地面有效控制的关键。当多个滑套一起使用时，其中所有滑套的开启管线均是单独一根，所有滑套共用一根关闭管线，故当多个液控滑套一起使用时其井下管线数量为 $N+1$ 根，但管线数量的增多会增加施工难度，所以建议最大使用层数为 4 层，开关逻辑如图 4 所示。

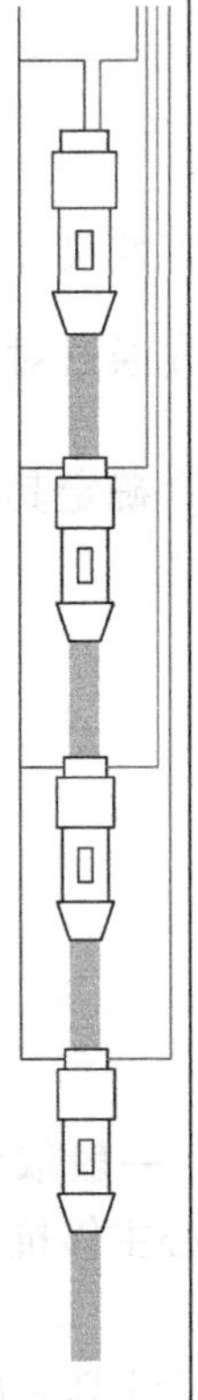

		智能滑套初始状态			
	滑套管线状态	滑套全开状态	滑套全关状态	滑套有开有关状态	滑套有开有关状态
		共用管线不带压，所有滑套开线带压	所有滑套开线带压，共用管线不带压	共用管线带压，已开启的滑套的开线带压	共用管线带压，已开启状态的滑套的开线带压
智能滑套最终状态	关闭其中任意一个或多个滑套	该滑套的开线泄压，共用管理打压，但压力要低于其他滑套的开线压力，建议压差500psi			
智能滑套最终状态	开启其中任意一个或多个滑套		共用管线泄压，要开启滑套的开线打压并保压，随后共用管线打压并保压，共用管线压力要低于开启滑套的开线压力，建议压差500psi以上		
智能滑套最终状态	关闭其中任意一个或多个滑套			将初始状态为开启状态的滑套的开线泄压，共用管线泄压，随后共用管线重新打压并保压，共用管线压力要低于仍处于开启状态的滑套的开线压力，建议压差500psi以上	
智能滑套最终状态	开启其中任意一个或多个滑套				共用管线泄压，选择要开启的滑套的开线打压并保压，随后共用管线打压并保压，共用管线的压力要低于所有已经开启的滑套的开线压力，建议压差500psi以上

图 4 智能滑套开关逻辑

测试过程如下：

(1) 所有滑套初始状态为关闭状态，首先每个滑套开线打压 3000psi，开启滑套（滑套的开启压力为 600 ~ 700psi），滑套开启顺利；

(2) 滑套开启后，关闭第二个滑套，首先第二个滑套的开线泄压至 0，关线打压 1500psi，此时滑套顺利关闭；

(3)关闭第三个滑套，首先共用管线泄压至0，第三个滑套开线泄压至0，共用管线再次打压至1500psi，第三个滑套顺利关闭；

(4)再次开启第三个滑套，首先共用管线泄压至0，第三个滑套的开线打压3000psi，第三个滑套顺利打开，然后共用管线打压1500psi，确保第二个滑套为关闭状态；

(5)多个滑套同时使用逻辑开关顺利。

2 现场应用情况

大斜度井智能分采技术及配套工具于2022年8月在海上气井成功应用，作业期间最多同时下入7条液控管线，单井下入液控管线总长破万米，在海上气田尚属首次。作业结束后，该井通过地面控制系统成功打开所有液控滑套，实现细分5层生产，其中4层可智能分采，测试作业井日产气量翻三倍达$33\times10^4m^3$，远超设计配产的$20\times10^4m^3$，其中日产水量稳定在$1m^3$以内，可满足携液生产，且烃含量增加3.5倍达到了83%，成为所在气田含烃组分最高的井，有效延缓见水时间、充分释放高烃层潜力。

国产化智能滑套采办成本较进口工具大幅降低，一套智能滑套工具可节约15万元，同时通过工具国产化建立了稳定可靠的采购渠道，大大缩短采办周期，提高了产品维修保养的便捷性和设计灵活性，解决“卡脖子”装备问题，填补国内技术空白。同时智能分采技术的成功应用，大幅节约了用连续油管开关层进行换层及分层测试产生的作业费用，该技术将继续推广至南海西部气田其他井的细分层系作业中。

3 结论

(1)为提高液控滑套内金属部件多次的往复运动的密封性，密封件均采用多个独立又互补的V型圈组合的方式，实现气密封35MPa，经室内试验进行200次以上的开关测试后，组合密封依然具备良好的密封性能。

(2)组合密封采用的材质为PEEK + PTFE两种材质，能在-60～200℃温度下长时间工作，且对酸碱等介质几乎没有化学腐蚀，可应用与各种复杂的井下环境。

(3)设计偏心主体部件危险截面尺寸外径为114mm、内径82mm，设计中心管部件危险截面尺寸外径为72mm、内径60mm，经计算其危险截面处抗内压强度、抗挤毁强度均满足要求。

(4)设计了多个滑套一起应用时的开关逻辑，所有滑套的开启管线均是单独一根，所有滑套共用一根关闭管线，故当多个液控滑套一起使用时其井下管线数量为N+1根。打开滑套时，开线压力大于共关线压力，在压力差作用下推动活塞打开滑套；关闭滑套时，共关线压力大于开线压力，在压力差作用下推动活塞关闭滑套。

(5)现场应用后，作业井各层液控滑套开关功能正常，顺利完成各层产能、组分测试，日产气$33\times10^4m^3/d$，是作业前日产量的3倍，且烃含量达83%，是作业前的3.5倍，有效延缓见水时间、充分释放高烃层潜力。

参考文献

[1]刘飞，陈勇，李晓军，等. 智能完井新技术[J]. 石油矿场机械，2010，39(2)：87-89.
[2]王兆会，曲从峰，袁进平. 智能完井系统的关键技术分析[J]. 石油钻采工艺，2009，(5)：1-4.

[3]阮臣良，朱和明，冯丽莹．国内外智能完井技术介绍[J]．石油机械，2011，39(3)：82-84.
[4]李新华，田争，薛靖，等．密封元件选用手册[M]．北京：机械工业出版社，2011：27-28.
[5]朱晓荣，吴雷泽，代理震，等．封隔器设计基础[M]．北京：中国石化出版社，2012：46-48，64-70，187-189.
[6]沈泽俊，张卫平，钱杰，等．智能完井技术与装备的研究和现场试验[J]．石油机械，2012，40(10)：67-71.
[7]刘延俊，王守城，杨前明，等．液压与气压传动[M]．北京：机械工业出版社，2006：27-28.
[8]王晓，单彦魁，刘景超，等．智能完井液控滑套开关压力设计与验证[J]．海洋石油，2021，41(4)：63-67.

东方气田不动管柱排水采气工艺研究与应用

穆永威　郑华安　杨波　刘其鑫　王闯

[中海石油(中国)有限公司海南分公司]

摘　要：东方气田见水问题日益突出，排水采气是保障气田稳产与增产的重要手段。东方气田多数为无修井机平台，动管柱排水采气作业因成本与风险高、储层保护难度大、经济性差而无法实施，亟须研究适用的低成本不动管柱排水采气工艺。基于见水气井不同的生产动态、管柱结构特点，平台作业条件及不同排水采气工艺原理等，开展适用性不动管柱排水采气工艺优选与优化设计研究。研究形成了低液气比气井全生命周期速度管柱优选设计、大斜度/长水平气井积液量预测与泡排工艺加注优化、高液气比气井打孔隔离气举等海上平台不动管柱排水采气工艺技术。现场已应用5井次，措施有效率100%，已实现增气超$2500 \times 10^4 m^3$，预测累增气超$1 \times 10^8 m^3$，其中速度管柱工艺实现1口停喷气井连续稳定生产，与动管柱作业相比降本60%以上，泡排单井受效生产天数均超过30天，增产与降本效果显著，可进一步推广应用于海上平台类似气井的见水治理。

关键词：不动管柱；排水采气；速度管柱；泡排工艺；打孔隔离气举

1　研究背景

气田见水是多数气田不可避免的生产阶段，见水乃至积液可严重影响气井生产，如：降低气井自喷能力与产能、增大气井废弃压力、降低气田整体采收率等。随着部分气田气井进入开发开采中后期，东方气田见水问题日益突出，其中带水生产气井占比73%，存在积液风险或已积液停喷气井占比达30%。针对气田见水治理，无论是陆地气田还是海上气田，排水采气都是保障气田稳产与增产的重要手段。与陆地气田相比，海上气田，如东方气田，多数为无修井机平台，管柱结构复杂，动管柱排水采气作业因成本与风险高、储层保护难度大、经济性差而无法实施，亟须开展东方气田适用性低成本不动管柱排水采气工艺攻关研究。

2　东方气田不动管柱排水采气工艺研究

2.1　东方气田适用性不动管柱排水采气工艺分析

结合东方气田见水气井的主要特点、面临的问题以及不同排水采气工艺的适应性等，分选适宜于海上气田的排水采气工艺。

2.1.1　东方气田见水气井主要特点与面临的问题

东方气田见水气井主要的生产与管柱特点见表1。

第一作者简介：穆永威(1988—)，男，河南省驻马店市，中海石油(中国)有限公司海南分公司，高级工程师，主要从事采油采气工艺方面研究工作。E－mail：muyw@ cnooc. com. cn。

表1　东方气田见水气井主要特点

压力系数	油管尺寸/in	产水量/(m^3/d)	液气比/($m^3/10^4m^3$)	井型	管柱特点	平台特点
0.3~0.85	2.875、3.5、4.5	2~50部分井大于100	0.1~10部分大于25	水平井/大斜度井	油套不连通变径多	吊机能力小、平台空间小、作业能力有限

东方气田见水气井多已进入开采的中后期，主要面临：多数气井地层压力系数小于0.6、较低，部分气井管柱尺寸较大已不满足目前携液生产需求，以水平井为主且管柱结构较复杂、措施作业实施难度大，平台空间较小、作业能力有限等问题。

2.1.2　海上气田适宜性排水采气工艺分析与选择

目前国内外主要的排水采气工艺技术有常规气举、柱塞气举、球塞气举、速度管柱、机抽、电潜泵、螺杆泵、水力泵、泡排、涡流工具排采以及复合工艺等，各排水采气工艺均具有一定的适用范围，选择适用的排水采气工艺技术是气井排水采气成功的关键。

气举排水采气工艺有多种类型，其中适用于海上气田的有常规下气举阀排水采气工艺(需动管柱作业)、连续油管气举排水采气(主要用于短期排液诱喷)、打孔隔离气举不动管柱排水采气工艺。柱塞、球塞气举工艺因海上气井油套环空不连通、管柱结构变径多且柱塞在定向井、水平井存在卡阻现象而不适用。速度管柱排水采气工艺，通过更换小尺寸油管提高管柱携液能力而实现排水采气，但每种管径有特定的适用范围，需根据具体井况进行优选设计。机抽排水采气工艺因海上平台空间限制且在定向井、水平井中易磨损等原因而不适用海上气田。电潜泵排水采气一般只适用于构造低部位强排水，不能同时兼顾“排水+采气”。螺杆泵排水采气工艺因受井斜限制、检泵周期短、扬程较小，不适宜于海上气田，水力射流泵、水力活塞泵排水采气工艺因海上气井环空封隔器、易发生气蚀而不适宜海上气田。泡沫排水采气工艺对气井产液量、矿化度、凝析油含量、自喷能力等有一定要求，需根据具体井况优选泡排剂、优化泡排工艺。涡流工具排水采气工艺已实施井产量较低，往往同时辅助有降压与泡排，难以单独评价涡流的效果。

结合在生产气田见水井实际生产动态特征、管柱结构特点，平台条件以及各排水采气工艺原理与适应性等，分析适宜于海上气田不动管柱排水采气的工艺主要有速度管柱、泡排、隔离打孔气举。

2.2　低液气比气井全生命周期速度管柱优选工艺

2.2.1　海上气井速度管柱设计思路

速度管柱是在现有生产油管内下入较小尺寸油管作为生产管柱，通过提高气体流速、降低气井临界携液流量与井筒持液率，延长气井带水自喷生产期。相比于陆地气田，为满足海上井筒完整性要求，气井均设计有井下安全阀、环空生产封隔器等工具，速度管柱工艺设计和实施方式具有特殊性和差异性。为保证井下安全阀功能完整性，海上气井通过配套的油管悬挂器将速度油管悬挂在生产油管的设计深度，根据悬挂深度不同，可分为单级悬挂和两级悬挂。

2.2.2　速度管柱尺寸与悬挂深度优选设计方法

综合考虑气井生命周期内逐年生产指标，以产量最优原则，建立了一套基于管柱尺寸优选与悬挂深度优化的速度管柱优化设计方法。

(1)基于油藏及工程等资料，建立软件模型，并对井筒流出模型、IPR流入模型进行优化校正。

(2)结合油藏逐年生产预测指标，以满足携液与最小井筒压降原则，从管柱携液能力、冲蚀风险、摩阻与持液率方面，综合考虑分析优选速度管柱尺寸。

(3)速度管柱应尽量下深至储层顶深。气井逐年生产井口油压已定，以连续稳定生产、产量最优原则进行生产模拟，模拟分析不同悬挂位置下生产稳定性与产气量，并对下入速度管柱强度进行校核。在管柱满足下入强度许可下，模拟最高产气量对应的悬挂位置即为设计悬挂深度。

(4)确定单、双级悬挂方式。设计悬挂深度井下安全阀以下，推荐单级悬挂，反之双级悬挂(图1)。

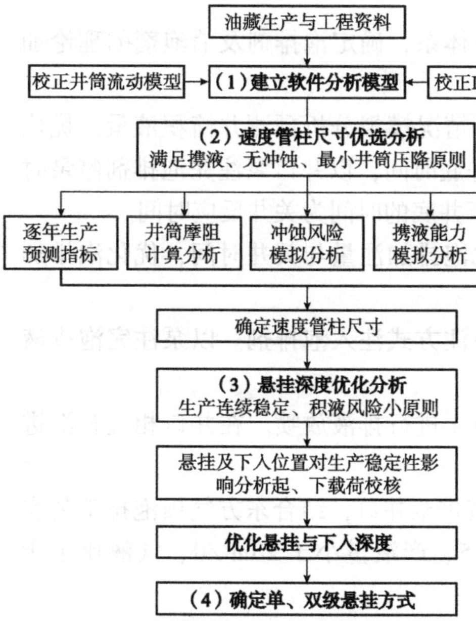

图1　速度管柱尺寸与悬挂深度优选设计方法

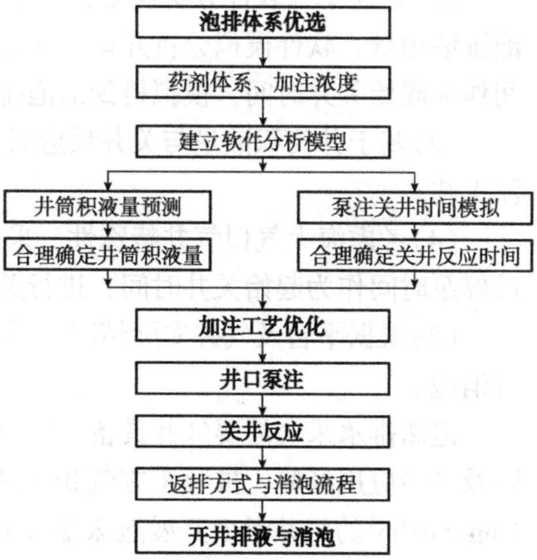

图2　泡排加注工艺优化设计与流程

基于东方气田实践及多口井工艺可行性分析经验，推荐东方气田井下油管尺寸不低于3.5in、产层压力系数大于0.4、气液比小于$2m^3/10^4m^3$，已积液或存在积液风险的气井可考虑开展速度管柱排水采气工艺方案研究与设计。

2.3　长水平气井积液泡排加注优化工艺

2.3.1　泡沫排水采气工艺原理

泡沫排水采气技术是利用表面活性剂中的起泡剂发展起来的一种助采技术。通过向井底注入一定量的起泡剂，借助天然气流的搅拌，与井筒积液充分接触，降低水的表面张力，产生大量较稳定的低密度含水泡沫，改变气液两相在井筒中的流态，产生泡沫、分散、减阻、洗涤等多种物理－化学效应，减少井筒“滑脱损失”，降低井底回压，提高气井举液能力，达到排水采气目的。需根据气田储层温度、产出流体矿化度、凝析油含量等，进行实验评价，优选合适泡排剂与消泡剂。

东方气田多为大斜度井、长水平井，井筒积液液面较低、井斜较大，固体泡排剂难以到达井筒积液液面，需要采用液体泡排剂。东方气田优选的泡排剂 CHL907M，消泡剂 FD－3，其中 CHL907M 型号泡排剂 90℃老化 5min 后罗氏泡沫高度为 118mm，消泡剂 FD－3 在通气鼓动了 9min18s 后，泡高达到 500mL 量筒的 500mL 刻度线处，泡排剂理论加注浓度 2.5‰，消泡剂加注浓度 1.25‰。

2.3.2 长水平气井积液泡排加注工艺优化

陆地气田采用液体泡排剂泡排，可根据 SY/T 6525—2017 泡沫排水采气推荐作法计算液体泡排剂用量，基于应用经验确定泵注泡排剂后的关井反应时间。东方气田见水气井多为长水平井且部分井管柱结构特殊，难以通过取资料作业确定井筒积液量，同时由于海上气田泡排经验少，无法通过经验确定合理的泡排关井时间。因此通过研究，建立了一套基于气井井筒积液量与泡排合理关井时间模拟预测的海上气田长水平气井积液泡排加注工艺优化方法如图 2 所示。

(1)基于储层温度与产层流体特性，优选泡排液体系，确定泡排剂及消泡剂的理论加注浓度。

(2)建立单井软件分析模型，基于气井实际生产情况模拟分析预测井筒积液量，优化泡排液用量。软件模拟分析井口泵注泡排剂完全至井底时间，以井口泵注完泡排剂停泵时间作为起始关井时间，模拟得到的泡排液基本均流至井底的时间为关井反应时间。

(3)基于井筒积液量与关井反应时间模拟，优化泡排加注量与关井时间，优化泡排加注工艺。

(4)考虑海上气田气井特殊性，采用井口正挤泵注方式注入泡排剂。以泵注完泡排液后停泵时间作为起始关井时间，进行关井反应。

(5)根据平台及气井实际情况，尽量降低井口油压进行排液放喷。在井口相应管汇进行消泡。

泡沫排水采气需要气井具备一定自喷能力将积液排至井口，结合东方气田泡排工艺实践及初步应用经验，推荐东方气田压力系数大于 0.5、产液量小于 $20m^3/d$、气液比小于 $10m^3/10^4m^3$ 的气井考虑开展泡沫排水采气工艺。

2.4 高液气比气井不动管柱打孔隔离非常规气举排水采气工艺

2.4.1 气井气举排水采气基本条件

气井排水采气是通过高压气源将高压气体注入井筒中，降低井筒压力梯度，将井筒积液举升至井口，以恢复气井正常生产。采用气举方式进行排水采气，需要满足以下三方面基本条件：

(1)平台具备高压气源：通过高压气源将气体注入油套环空至设计气举深度。邻井井口高压气、平台外输气或气体增压机等均可作为气举气源，气源额定入压力需满足气井连续气举生产需求。

(2)气举所需最低产层压力：气举生产过程中对产层产生回压，不适用于低压产层。在最低井口油压、配产指标、最大注气深度、注气工况、气井产能等确定情况下，可计算气举生产所需气井的最低井底流压与产层压力。

(3)气井产出液气比不宜过低：气举工艺通过降低生产过程中的井筒压力梯度，提高气井携液生产能力。在气井产出液气比较低的情况下，注入气无法降低井筒压力梯度，难以达到气举效果。

2.4.2 打孔隔离非常规气举排水采气工艺

打孔隔离非常规气举排水采气工艺，兼顾海上气井井筒完整性及不需动管柱作业需求。采用电缆携带配套工具串入井，通过CCL磁定位在预定油管深度打孔，建立环空气举通道；随后在油管内下入隔离封隔器工具并坐封，通过封隔器上、下胶筒及单流阀实现油套封隔，避免非气举期间环空带压问题；利用平台气源环空注气气举，可下入多组气举阀，实现多级气举。通过钢丝作业回收入井工具。适用于见水产量递减、积液停喷井气举诱喷与连续生产，或作为气井注泡排剂等通道。

打孔隔离非常规气举可根据打孔数量，分为单级打孔、多级打孔气举。针对具体单井，打孔隔离非常规气举工艺排水采气可行性分析与设计，需要考虑以下五方面：

(1)气举最大打孔深度分析：综合考虑平台气源特点，封隔工具耐温耐压等级与井筒温压分布，气井生产管柱特点，老井油套管抗内压、外挤强度等因素，分析确定气举最大打孔注气深度。

(2)工艺适用性分析：基于最大打孔深度、气井产能与流体性质、井口油压等数据，模拟分析不同注气量下产气量所需地层压力。最低配产所需产层压力大于实际地层压力，工艺具备可行性。

(3)气举参数设计：打孔级数与深度优化：综合考虑气举诱喷可行性、冲蚀风险、气源压力等，分析确定气举打孔个数(气举级数)与打孔深度，设计气举阀类型与参数。

(4)气举生产预测与优化：分析预测不同注气工况下气井产气量，以产量最优原则优化、推荐复产初期注气工作制度及最佳注气时机。根据气井实际生产动态变化进一步优化注气工作制度。

(5)作业风险分析：结合具体井实际井况，分析打孔隔离气举在工艺设计、实施、后期生产过程中存在的风险(图3和图4)。

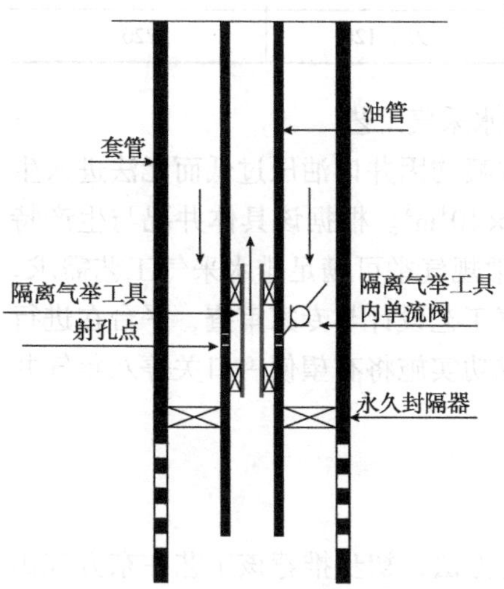

图3 打孔隔离气举工艺示意图

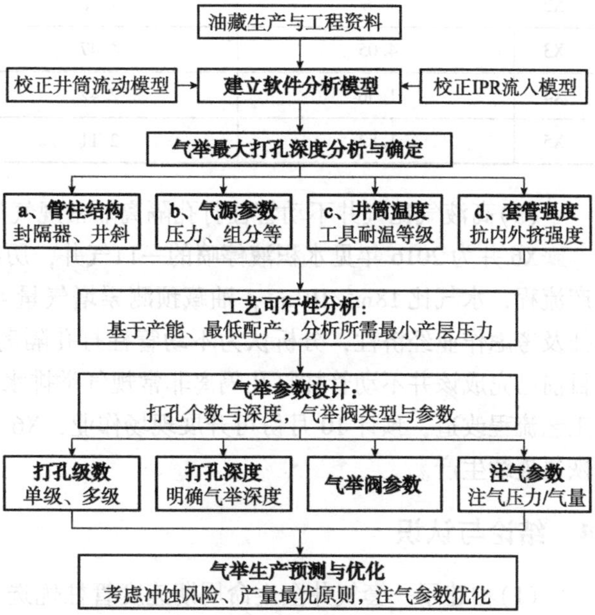

图4 打孔隔离气举设计方法

推荐优先考虑东方气田产层压力系数大于0.45，液气比高于$10m^3/10^4m^3$气井作为工艺潜力目标井。但需要结合具体井况，综合考虑平台气源能力、气井产能与生产情况、管柱结构特点、井筒完整性要求、油藏配产指标等方面，进行气举排水采气工艺可行性分析与设计。

3 现场实践

(1)低液气比气井全生命周期速度管柱优选工艺

东方气田X1井地层压力0.53，液气比$0.42m^3/10^4m^3$，原井下采用4.5in油管管柱，因实际产气量低于临界携液流量积液停喷、间歇生产。该井具有下入速度管柱排水采气的潜力，通过速度管柱尺寸优选与悬挂深度优化分析，并考虑作业风险，推荐该井下入2.375in速度管柱，悬挂深度位于井下安全阀以下，采用单级悬挂。2023年10月，X1井完成下速度管柱排水采气作业，复产初期产气量超$7\times10^4m^3/d$，设计配产$6\times10^4m^3/d$，高于油藏预期。截至目前，该井一直连续稳定生产，实现累增产量$1785\times10^4m^3$，预测全生命周期内累增气量超$1\times10^8m^3$。相较于动管柱作业更换管柱，不动管柱下入速度管柱工艺作业降低作业成本60%以上，同时降低了作业风险，实现储层零污染。

(2)长水平气井积液泡排加注优化工艺

自2023年以来，长水平气井积液泡排加注优化工艺已在东方气田已应用4井次，单井平均作业成本10万元，累产气量超$700\times10^4m^3$，单井受效生产天数均超过30天，措施有效率100%，增产与降本效果显著(表2)。

表2 泡排工艺应用情况

井号	间歇开井气量/($10^4m^3/d$)	泡排初期气量/($10^4m^3/d$)	受效生产天数/d	累产气量/($10^4m^3/d$)
X2	1.6	2.18	35	64
X3	4.05	4.47	大于90	373
X4	1.56	2.42	32	60
X5	1.82	2.11	大于120	220

(3)高液气比气井不动管柱打孔隔离非常规气举排水采气工艺

X6井为2016年见水积液停喷的一口气井，历次放喷均因井口油压过低而无法进入生产流程，水气比$18m^3/10^4m^3$，油藏预测累增气量$400\times10^4m^3$。根据该具体井况与生产特征及考虑作业经济性，分析认为不动管柱打孔隔离非常规气举可满足排水采气工艺需求。目前已完成该井不动管柱打孔隔离非常规气举排水采气工艺设计与专家审查，平台在进行工艺流程改造，预计10月份可开展现场作业，X6井成功实施将有望使一口关停八年气井恢复连续生产。

4 结论与认识

(1)构建了一套气井全生命周期速度管柱优选工艺方法，初步推荐该工艺在东方气田积液或间歇气井适用范围：井下油管尺寸不低于3.5in，产层压力系数大于0.4、气液比小于$2m^3/10^4m^3$。

(2)基于井筒积液量与关井时间模拟预测分析，建立一套适用于海上气田长水平气井的泡排加注工艺优化方法。推荐压力系数大于0.5、产液量小于20m³/d、气液比小于10m³/10⁴m³的积液气井优先开展泡沫排水采气工艺方案设计。

(3)打孔隔离非常规气举工艺可兼顾海上气田井筒完整性及不需动管柱作业需求，优先推荐产层压力系数大于0.5，液气比高于10m³/10⁴m³气井作为工艺潜力目标井。

(4)在东方气田开展的海上气田不动管柱排水采气工艺研究与应用，增产与降本效果显著，可进一步推广应用于海上平台类似气井的见水治理。

参考文献

[1]张培军；程绪彬；等 土库曼斯坦萨曼杰佩气田气井异常积液与对策[J]. 天然气工业，2020，48(11)：69－74.

[2]翟江涛. 大庆油田气井排水采气工艺技术优选[J]化学工程与装备，2022(04)：134－136.

[3]钟宝库；简家斌；何秀萍；徐玲珑. 海上产水气井速度管柱排采工艺改进与实践[J]. 石油机械，2018，46(05)：54－59.

[4]SY/T 6525—2017，泡沫排水采气推荐作法[S].

[5]薛蓥. 东海天然气井油管打孔隔离排液工艺研究与实践[J]. 中国石油和化工标准与质量，2020，40(05)：248－252.

海上油田低渗砂岩扩容机理实验及数值模拟研究

陈欢[1,2]　曹砚锋[1,2]　马英文[1,2]　于继飞[1,2]　高彦芳[3,4]　吴绍伟[5]　李登科[3,4]　彭建霖[1,2]

[1. 中海油研究总院有限责任公司；2. 海洋油气高效开发全国重点实验室；
3. 大陆动力学国家重点实验室；4. 西北大学地质学系；5. 中海石油(中国)有限公司湛江分公司]

摘　要：南海西部低渗砂岩油田注水开发过程中，存在近井地带堵塞、注采井间连通性差、储层非均质性强等问题。通过孔隙特性表征、三轴力学实验、注水物理模拟和数值模拟，探究低渗砂岩扩容机理。研究发现，均匀石英砂粒形成互锁结构，扩容潜力强。低有效围压，岩心发生强烈应变软化和剪胀，产生两组局部剪胀带；0.2MPa 有效围压下，膨胀体应变达 12%，渗透率增加 3 倍。增大孔压产生贯穿微裂缝群，较小的张性膨胀体应变下渗透率增加 2 个数量级。真三轴条件下，阶梯状孔压预处理、低温、排量高频循环振荡，有利于增加孔隙度、渗透率、可注性、复杂微裂缝扩容区体积，渗透率增加 50%。基于剪切扩容、塑性张性扩容和等向压缩屈服三种损伤机理，建立岩石强度、力学和孔渗参数随综合损伤因子的动态演化模型。考虑井眼轨迹与真实地应力的夹角、储层纵向强非均质性，建立 Drucker – Prager 弹塑性损伤有限元模型，优选扩容有利层位，优化扩容施工参数，为海上低渗砂岩扩容方案设计提供指导。

关键词：低渗砂岩；扩容机理；数值模拟；强非均质性；微裂缝

随着常规石油资源的减少，海上油气开发得到了大力发展。涠洲油田低渗储量丰富，但储层物性差、污染严重、层间矛盾突出，目前为释放低渗储层产能，涠洲大多数油田以注水开发方式为主，注水水源类型复杂，清污混注比例高。随着涠洲油田开发的不断深入，注水井近井地带存在微粒堵塞，导致注水井注入压力逐年升高，难以满足油藏配注量要求。

为解决注水压力过高、严重欠注的问题，海上油田开展了各种解堵措施，包括酸化、酸压、大修、反循环洗井以及动管柱洗井作业，其中酸化解堵作业最为常见。但多轮次酸化后增注效果变差，增注有效期越来越短，作业成本逐年增加，作业量大且易污染油层，严重影响了油田的正常高效生产。而常规压裂技术，容易发生水窜危害，成功率低、成本高，且受海上平台空间限制，造成大量注水井无法实施作业。针对海上注水井增注需求，急需探索一种成本低、增注有效期长、作业方便的注水井增注新技术，受国外“油砂 SAGD 扩容技术”启发，提出了海上低渗砂岩注水井扩容增注技术。

第一作者简介：陈欢（1985—），男，硕士研究生，高级工程师，主要从事海上油气田开采及注水工艺方面的科研生产工作。E – mail：chenhuan3@ cnooc. com. cn。

基金：中海石油(中国)有限公司科研院所联合攻关项目“海上油田注水井物理扩容增注技术研究”(编号：YSLH – SZ 01 2023)。

注水扩容储层改造技术通过控制注水井井口注入排量和压力，逐级提压使井筒与地层产生压差，促使岩石发生剪切扩容和张性扩容，在注水井周围产生一个包含无数微观张剪裂缝网的高渗区域，增加注水井近井地带储层的孔隙度、渗透率，从而提高注水井的注入能力。但该方法目前主要应用在油砂和疏松砂岩等储层开采。

本文在海上疏松砂岩注水扩容储层改造技术上，综合考虑低渗砂岩岩石矿物成分和排列结构获得注水扩容的可行性，提出了低渗砂岩在低有效围压(0.2MPa)剪切扩容条件下和不同孔压张性扩容条件下渗透率提升倍数，结合现场数据进行了真三轴岩石力学注水扩容物理模拟，基于室内实验数据和储层地质信息建立海上油田注水井耦合油藏-地质力学数值模型，根据海上已实施注水井的实际注入数据，优化不同扩容施工工况对扩容区形成和发展(图1)。

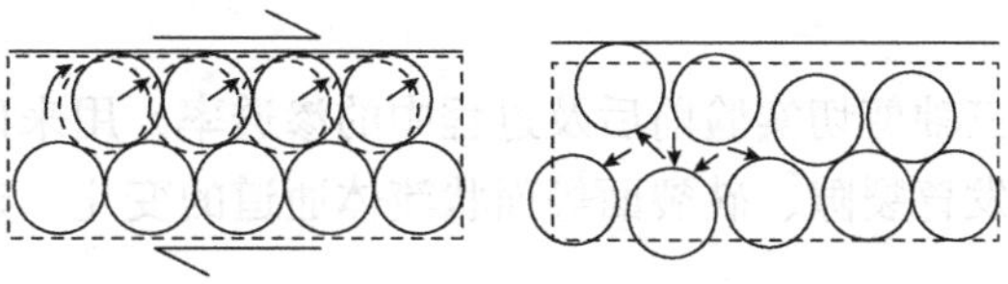

(a) 剪切扩容　　(b) 流体压力扩容

图1　剪切扩容和张性扩容机理图

1　注水扩容机理实验

1.1　扫描电镜实验

1.1.1　实验目的

实验从微观层面上结束储层低渗砂岩形态结构，弄清岩样主要矿物组成和结构，弄清岩样三轴力学的微结构演变，从而判断目标储层注水扩容潜力。为达到此目的，最直观的手段为从事扫描电镜(SEM)实验。

1.1.2　实验过程

通过观察记录海上低渗砂岩的微观结构特征并进行机理分析，弄清：(1)低渗砂岩微观结构，矿物成分与其排列形式。(2)低渗砂岩微观结构对注水扩容技术(例如剪胀作用)的影响。试样从储层试样中获得边长为10mm的立方块，下端磨平，上端正对电子束方向为由试样获取的新鲜切面。之后把样品固定在铝制样品架上，放入低真空环境井筒。

1.1.3　实验结果

通过对试样进行扫描电镜实验，分别对试样进行74倍和130倍放大，实验结果如图2显示不同放大倍数下试样的微观结构。

1.1.4　结果分析

根据扫描电镜图(图2)可见，目标油田低渗砂岩在初始状态下主要组成矿物成分为石英颗粒，且试样中石英颗粒具有相嵌互锁微观结构。这表明试样微观颗粒紧密排列，分选性较好。综合上述分析，目标储层海上低渗砂岩脆性矿物成分占比高，脆性指数好，不易吸水膨胀；试样具有相嵌互锁结构，分选性好；综合评定目标区域低渗砂岩具有注水扩容潜力。

图2　海上低渗砂岩扫描电镜图

1.2　渗透率实验

1.2.1　实验目的

测定海上低渗砂岩三轴剪切实验前后及过程中的渗透率，用来研究剪切扩容岩石过程中可渗透的孔隙通道、发育裂隙、破裂面等面状流体通道的变化。这是进行评价注水扩容效果的必要基础研究。

1.2.2　实验过程

渗透率实验采用瞬态法，该方法测试前令试样上下端流体压力相同；测试时降低试样下端流体压力，令试样产生压力差，在压力梯度作用下流体由试样上端流向下端，根据两端压力平衡时间求取渗透率。

测试过程在 GCTS 电液伺服机上完成。轴向加载采用位移控制模式，围压和孔压在各级轴向应变下保持不变。固定一端孔隙压力，然后降低另一端的孔隙压力，这样在试件两端形成初始渗透压差，随着流体在岩石裂隙中渗流，孔隙流体压差不断降低，测定孔隙水压差在一定时间段内的衰减过程就可以按照以下公式计算出试样在这一应力状态下的渗透率。

$$k=\frac{\mu\beta VL}{2A}\frac{\lg(\Delta P_{\mathrm{i}}-\Delta P_{\mathrm{f}})}{T_{\mathrm{f}}-T_{\mathrm{i}}} \tag{1}$$

式中，μ 为动力黏度系数，Pa · s；β 为流体的体积压缩系数；V 为流体体积，m^3；A 为试件横截面积，m^2；L 为试样高度，m；ΔP_i、ΔP_{f} 为试验起始与终止时的孔隙流体压差，Pa；T_{i}、T_{f} 为试验起始与终止时间，s。

1.2.3　实验结果

剪切扩容过程中重点探讨了以下试样的渗透率变化规律：低渗砂岩在 20℃环境温度、0.2MPa 低有效围压条件下剪切过程中不同体积应变条件下的渗透率，结果如图 3 所示。这些图中同时显示了 Kozeny – Poiseuille 公式计算求得的理论值(细线)。根据测试值和理论值对比发现，剪切扩容过程中体积应变 – 渗透率变化趋势基本符合 Kozeny – Poiseuille 公式，同时印证该方法测试渗透率的可行性。

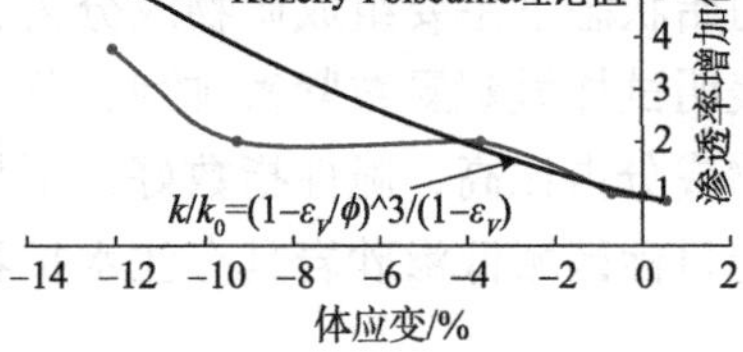

图3　0.2MPa 有效围压下体应变 – 渗透率增加倍数关系

0.2MPa 有效围压条件下，对 WZ12 – 2 – 4 井深 3176.73m 岩心，在体积应变为 0、0.49%、–0.59%、–3.68%、–9.21% 和 –12.00% 处进行瞬态脉冲法气测

渗透率，分别为2.05mD、1.84mD、2.08mD、4.09mD、4.23mD和7.90mD。并计算出该体积应变条件下的K－P模型理论值，分别为2.05mD、1.86mD、2.28mD、3.82mD、7.89mD、10.67mD。

在张性扩容实验中，发现张性扩容不会增加轴向应变，所以带来的体积应变很小，基本不会超过－0.1%。20℃条件下，海上低渗砂岩岩心，在有效围压为5MPa、1.9MPa、0.92MPa、0.57MPa和0.33MPa处进行瞬态脉冲法气测渗透率，分别为6.62mD、76.62mD、119.44mD、190.67mD、267.92mD。

1.2.4 结果分析

剪切渗流实验中岩心渗流能力增加基本符合Kozeny－Poiseuille模型的规律。剪切渗流实验发现，低有效围压，低渗砂岩剪胀程度较高，体积膨胀量越大，孔隙空间增大，且容易在剪切带形成优势渗流的微裂缝带。这与传统剪切破坏不同，传统剪切破坏使试样产生大尺度贯穿缝，但裂缝区域小，较为简单。采用注水扩容技术产生的剪胀裂缝带区域更大，渗流能力更强。

张性渗流实验中对岩心承受三轴静水受压情况下通过改变有效围压(有效平均应力)使其产生张性扩容，采用瞬时脉冲渗透法测量了岩心扩容前后的渗透率。岩心体积应变变化量很小，体积变化量不超过1%。但岩心渗透率增加倍数较大，0.5MPa有效围压，常温下，张性扩容下渗透率变化为初始岩心渗透率的150倍。岩心能力增加不符合Kozeny－Poiseuille模型的规律。

1.3 真三轴岩石注水扩容物理模拟试验

1.3.1 试验目的

真三轴岩石注水扩容物理模拟试验是在真实储层压力条件模拟试样在井下储层段注水扩容后发生的变化。根据实验前后试样的CT扫描建设岩心数字模型，得出不同注水模式对注水扩容效果的差异性。

1.3.2 试验过程

通过CT三维扫描分析注液扩容后人造微裂隙的发育规律，样品尺寸设定为100mm×100mm×100mm。小尺寸真三轴物理模拟实验周期短，工作量少，操作相对简单。根据矿场尺度－实验室尺度的几何相似准则，设置储层厚度以及直井位置。用打有密集、均匀孔眼的铝制人工井筒模拟筛管(或者射孔孔眼，此处应根据实际生产的井下管柱确定)，外径为5mm，壁厚为1mm。针对目标油田砂岩储层，根据岩石矿物含量、粒径曲线、密度等信息，采用土力学方法分层、分区压实制成实验样品，样品中预置人工筛管。

注液过程中，改变试样孔压预处理形式、排量注入方式获得不同条件下海上低渗砂岩真三轴注水扩容后试样并对其进行三维CT扫描。根据三维CT扫描获得注液扩容处理前、后的数字岩心，采用室内岩石力学系列实验获得的岩石力学本构模型参数和渗流参数，针对数字岩心进行流固耦合有限元计算，获得不同样品的宏观孔隙度和渗透率。

1.3.3 试验结果

无孔压预处理、恒定排量注入条件下，试样注入液体流量为81.39mL，未观察到水从试样侧面流出，说明未产生宏观裂缝，声发射监测显示存在少量微裂缝起裂。阶梯状压力处理3小时、循环震荡频率0.5min注入条件下，试样注入液体流量为87.64mL，观察到大量水沿微裂缝从侧面流出，说明阶梯状压力预处理和高频循环震荡注入模式能够扩大了扩容波及体积。

根据试样在真三轴岩石注水扩容物理模拟试验前后 CT 扫描结果发现，无孔压预处理、恒定排量注入条件下试样在实验后孔隙度增加至 7.10%。阶梯状压力处理 3 小时、循环震荡频率 0.5min 注入条件下试样在实验后孔隙度增加至 7.12%。根据数字岩心进行流固耦合有限元计算发现渗透率分别变化为原来 1.27 倍和 1.46 倍(图 4 和图 5)。

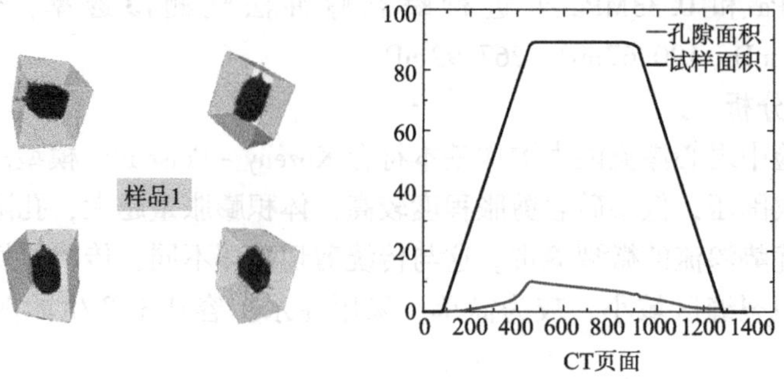

图 4 试样 1 扩容区域 3D 模型(左)和孔隙面积曲线(右)

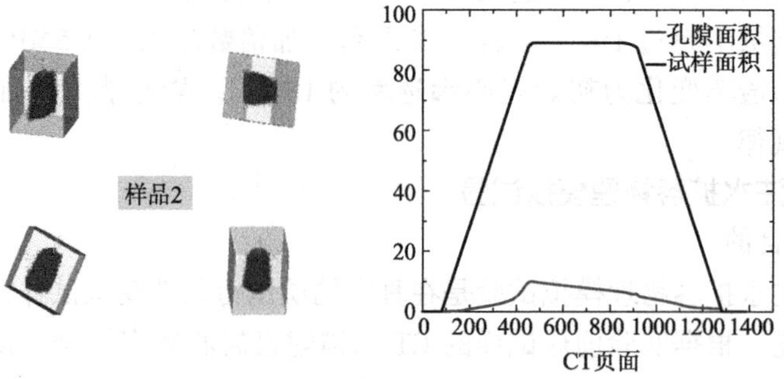

图 5 试样 2 扩容区域 3D 模型(左)和孔隙面积曲线(右)

1.3.4 结果分析

在真三轴地应力条件下，孔压预处理可以使流体在低渗储层中流动更加均匀，提升试样扩容半径区域。高频率循环震荡泵注类型使得低渗储层进行反复大强度加载的同时减缓储层的泵注速率，更容易使储层产生扩容现象。

2 海上油田典型井岩石力学扩容数值模拟

为揭示目标油田岩石力学扩容机理，建立岩石力学扩容物理模型，通过岩石力学参数测试和扩容室内物理模拟试验，描述扩容诱导的多场耦合过程，为数值模拟工作奠定基础。数值模拟也叫计算机模拟。依靠电子计算机，结合有限元或有限容积的概念，通过数值计算和图像显示的方法，达到对工程问题和物理问题乃至自然界各类问题研究的目的。

该部分拟建立目标油田岩石力学扩容物理模型及数值模型。通过岩石三轴力学室内实验获得目标储层岩石力学参数和有限元方法模拟典型井岩石力学扩容过程，分析扩容对后期生产的影响，为提高储层改造效果提供参考。根据上述实验对目标油田建立岩石力学扩容物理模型。结合上述岩石力学测试，采用扩容本构模型，拟合三轴测试数据，得到目标油田储层的扩容数值模型，为后续现场条件的数模提供模型基础。

海上砂岩注水扩容是流固耦合的过程，模拟该过程首先需要确立砂岩自身的力学本构模型。力学本构模型是描述介质宏观力学行为特别是应力应变关系的数学模型，是岩石力学数值模拟的物理基础。通过有限元方法模拟典型井岩石力学扩容过程，分析扩容对后期生产的影响，为现场提高储层改造效果提供参考。

根据室内三轴力学实验和现场钻完井数据，进行模型构建。数值模拟建模过程为三维地质体构建、材料属性赋值、分析步设置、载荷施加、边界条件、网格划分、Fortran 二次开发、提交计算等(图6)。

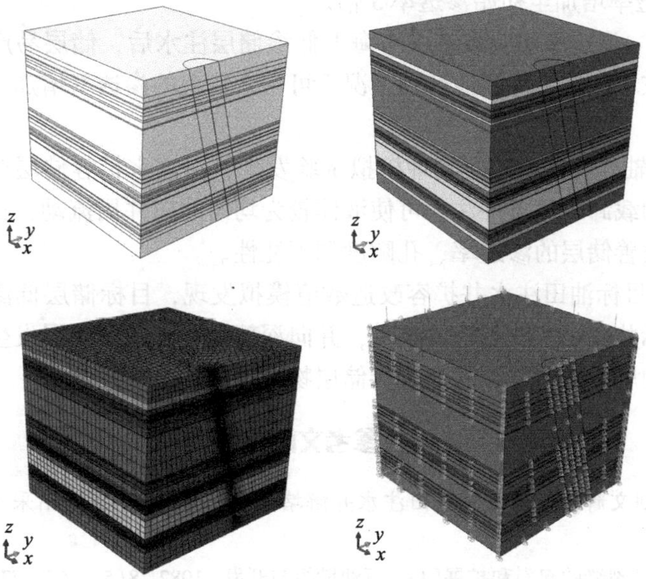

图6　建模过程

对构建好的模型进行参数设置。注水扩容老井历史拟合主要分为两种：通过控制注入液量与现场施工条件一致，看数值模拟结果井底压力是否与现场数据相匹配；通过控制井底压力与现场施工条件一致，看数值模拟后结果注入液量是否与现场数据相匹配。根据数值模拟计算目标注水井，注水结束后，井底压力为 47.12MPa，水力波及近井地带，并向深部延伸；井周储层发生不同程度的变形，导致注水目的层顶面抬升 5.58mm(图7)。

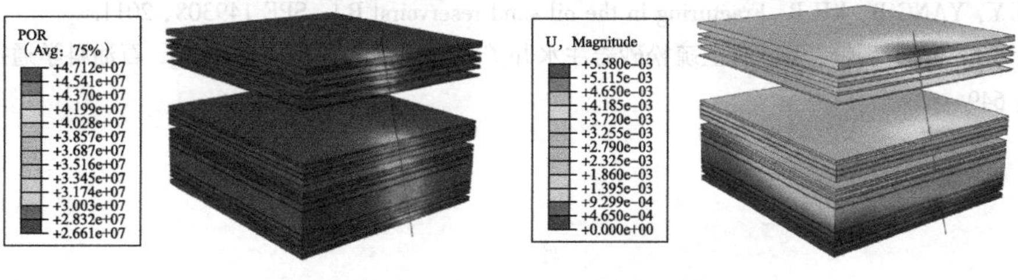

图7　数值模拟压力分布(左)和变形分布(右)

3　总结

南海西部低渗砂岩油田注水扩容机理研究，通过扫描电镜实验、剪切－渗透率实验和张性－渗透率实验，获取岩石力学数据；通过真三轴岩石注水扩容物理模拟试验评价不同注水方案的扩容效果；通过海上目标油田注水井扩容改造数值模拟，优化海上低渗砂岩注水扩容开发施工方案。

(1)通过扫描电镜实验发现，海上油田低渗砂岩石英占据主要矿物成分，该储层区域岩石脆性指数高，天然裂缝更易发育，均匀的石英颗粒形成相嵌互锁结构，该结构更易在注水过程中发生扩容现象。

(2)通过剪切－渗透率实验发现，低有效应力条件下，海上低渗砂岩岩心发生强烈应变软化和剪胀现象，产生多组局部剪胀带。0.2MPa有效围压下，目标储层岩心膨胀体积应变达12%，渗透率增加至初始渗透率3倍。

(3)通过张性－渗透率实验发现，对海上低渗储层注水后，储层易产生均匀贯穿微裂缝群。该裂缝群在增加较小体积应变的情况下可带来较大的渗透率增加，最高可增加两个数量级以上。

(4)通过真三轴岩石注水扩容物理模拟试验发现，在注水扩容储层改造技术中，缓慢的，高频率循环加载卸载等条件注入可使液体较为均匀的向井周流动，提高注入量，增加扩容半径，从而改善储层的渗透率、孔隙度和可注性。

(5)通过海上目标油田注水井扩容改造数值模拟发现，目标储层低渗储层在采用注水扩容开发后，目标井底水力波及近井地带，并向深部延伸。井周储层发生不同程度的体积变形，使注水目的层顶面抬升，从而改善储层物性条件。

参考文献

[1]易飞，赵秀娟，刘文辉，等．渤海油田注水井解堵增注技术[J]．石油钻采工艺，2004，26(5)：53－56.

[2]黄荣撙．水力压裂裂缝的起裂和扩展[J]．石油勘探与开发，1982，8(5)：65－77.

[3]SAMIEH A M，Wong R C K. Modelling the Responses of Athabasca Oil Sand in Triaxial Compression Tests at Low Pressure[J]. Canadian Geotechnical Journal，1998，35(2)：395－406.

[4]WONG R C K. Strain－Induced Anisotropy in Fabric and Hydraulic Parameters of Oil Sand in Triaxial Compression[J]. Canadian Geotechnical Journal，2003，40 (1)：489－500.

[5]YUAN Y，YANG B，XU B. Fracturing in the oil sand reservoirs[R]. SPE－149308－MS. Paper presented at Canadian Unconventional Resources Conference，2011. 15－17 November，Calgary，Alberta，Canada. http：//dx. doi. org/10. 2118/149308－MS.

[6]YUAN Y，YANG B，XU B. Fracturing in the oil sand reservoirs[R]. SPE 149308，2011.

[7]陈欢，于继飞，曹砚锋，等．海上疏松砂岩注水井扩容增注技术研究及应用[J]．石油科学通报，2023，8(5)：649－659.

渤海油田新型水基自聚集颗粒调驱技术研究与应用

邰婧文[1,2,3]　徐国瑞[1,2,3]　刘丰钢[1,2,3]　李翔[1,2,3]　王浩颐[1,2,3]　李晓骁[1,2,3]

（1. 中海油田服务股份有限公司；2. 海洋油气高效开发全国重点实验室；
3. 天津市海洋石油难动用储量开采企业重点实验室）

摘　要：针对渤海油田非均质性逐渐增强、注入水沿高渗层突破日益加剧，常规油基微球颗粒调驱体系在部分区块存在注入性不佳、升压过高过快、对中低渗透层伤害明显等问题，开展了新型水基自聚集颗粒调驱技术研究，通过水分散聚合法制备了新型水基自聚集颗粒并进行室内评价和现场试验。结果表明，新型水基自聚集颗粒粒径分布均匀，中值粒径 619 nm，具备良好的分散性、热稳定性、注入性和提高采收率性能。3000ppm 新型水基自聚集颗粒体系在渗透率为 2000mD 时最终采收率为 82.1%，优于渗透率为 3000mD 时的采收率 76.0%。新型水基自聚集颗粒调驱技术在渤海油田成功应用，施工顺利，油井受效良好，含水率降低 3% ~ 21%，多井组累计增油超过 $70000m^3$，提高采收率效果明显，在海上油田具备良好的应用前景。

关键词：渤海油田；注入性；调驱；封堵性；采收率

随着海上油田开发时间逐渐延长，渤海油田受储层非均质性强、原油黏度高、大井距开发、多层合采合注等因素影响，水驱开发矛盾日益突出，注入水低效或无效循环现象日趋严重，治理难度逐渐加大。聚合物微球等颗粒类体系调驱技术作为提高采收率技术之一近年来已在海上油田大规模应用，但目前较常见的反相乳液聚合制备的油基聚合物微球在部分区块存在着注入性不佳的问题，易与地层流体发生乳化反应，注入压力高、注入困难，进而影响施工进度和措施效果。针对此类问题，本文研发了新型水基自聚集颗粒调驱技术，该技术核心产品新型水基自聚集颗粒为水分散聚合法制备得到。与常规油基聚合物微球调驱技术相比，该技术不易出现破乳困难，可有效降低流程处理终端的难度和压力，适用于各类因储层渗透率低或储层流体敏感性强等因素引起的常规油基微球措施注入困难的油田，具有注入性好、封堵性佳、环境友好、施工简便等显著优点，可实现深部运移封堵，促使液流转向，进而增油降水，提高采收率效果明显，在海上油田具备良好的应用前景。

1　实验部分

1.1　实验药剂

丙烯酰胺、甲基丙烯酰氧乙基三甲基氯化铵、丙烯酸、聚乙烯吡咯烷酮、氢氧化钠、V－50 引发剂等。

第一作者简介：邰婧文(1994—)，女，天津，中海油田服务股份有限公司，中级工程师，主要从事海上油田提高采收率技术研究与应用。E－mail：kuaijw@ cnooc. com. cn。

1.2 实验装置和材料

Nicolet 6700 型马尔文激光粒度仪、ANANCE 核磁共振仪、热重分析仪、透射电子显微镜、纽迈核磁共振仪、ZYB－Ⅱ型真空加压饱和装置、岩心夹持器、中间容器、压力传感器、恒温箱、高压六通阀、电子天平、2HJ－6 型多头磁力搅拌器、量筒、烧杯、水浴锅、烧瓶等。

1.3 实验内容

1.3.1 新型水基自聚集颗粒的制备

采用分散聚合方法，利用丙烯酰胺单体和功能单体在引发剂引发作用下，通过静电作用以及疏水缔合作用等超分子作用，聚合形成水基超分子微球。以聚乙烯吡咯烷酮为稳定剂，在硫酸铵水溶液中进行丙烯酰胺、甲基丙烯酰氧乙基三甲基氯化铵和丙烯酸水分散共聚。该方法与反相乳液聚合相比既降低了合成复杂繁琐程度、又可获得较高产率，还可以降低环境污染。

制备步骤：(1)配制硫酸铵水溶液，超声使硫酸铵在去离子水中充分溶解。(2)在冰水浴中，加入一定质量分数的共聚单体丙烯酰胺、甲基丙烯酰氧乙基三甲基氯化铵、丙烯酸和分散剂聚乙烯吡咯烷酮，并以一定转速充分搅拌至均相，滴加氢氧化钠调节 pH。(3)随后通氮气排氧，加入一定质量引发剂，开始升温 50℃反应 5h 得到新型水基自聚集颗粒。

1.3.2 新型水基自聚集颗粒微观形貌

使用透射电镜测定新型水基自聚集颗粒形貌，观察蒸馏水条件下和盐水条件下水基自聚集颗粒表观形貌结构特征，新型水基自聚集颗粒 TEM 形貌如图 1 所示。

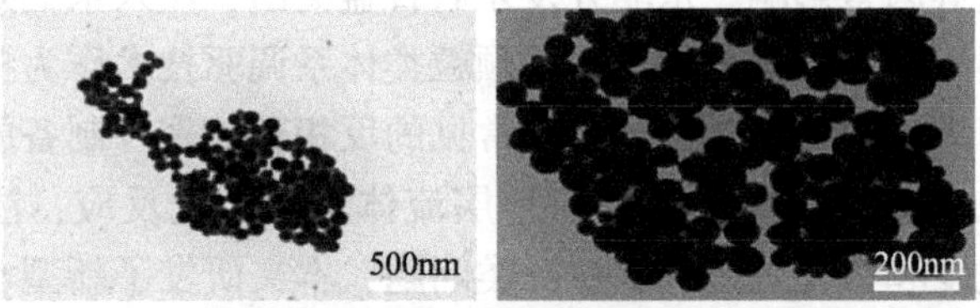

(a) 在蒸馏水中自聚集颗粒TEM

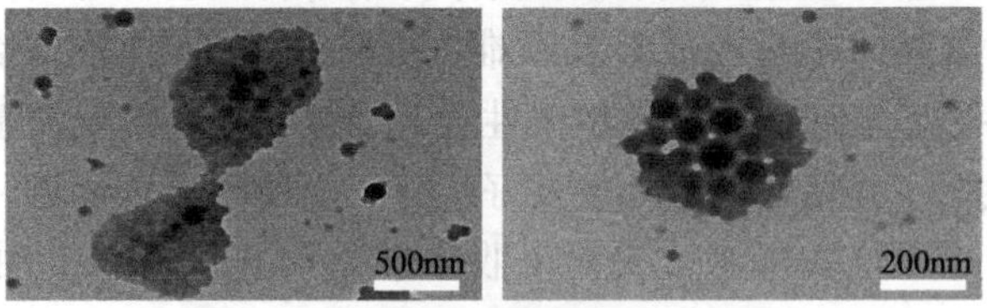

(b) 在盐水中自聚集颗粒TEM

图 1　新型水基自聚集颗粒 TEM 图

由图 1 可知，新型水基自聚集颗粒在蒸馏水下颗粒分明，处于分散状态；而在盐水中微球由于静电作用等超分子作用下，产生了球与球之间的缔合。由于多元体系的水基自聚集颗粒中包含着正负单体，由于盐小分子的进入，破坏了内部的静电平衡，导致自聚集颗粒外部正负离子开始产生静电作用，自聚集颗粒开始缔合。

其中，在蒸馏水条件下颗粒分散性比较好是由分散聚合的成核机理决定的，成核过程主要发生在聚合早期，时间较短；当引发剂分解产生自由基后引发单体反应，先生成低聚物，当低聚物分子量达到一定值后则从溶液中沉淀出来，通过分子链间相互缠绕，并且吸附稳定剂而稳定分散在溶液中形成，继续产生的自由基被低聚物捕捉后则成核过程结束，进入核增长阶段后不会有新核生成，因此得到颗粒尺寸分布比较均匀。

1.3.3 新型水基自聚集颗粒粒径分布

将制备的新型水基自聚集颗粒配制为3000ppm溶液，用马尔文激光粒度仪测量其粒径分布如图2所示。

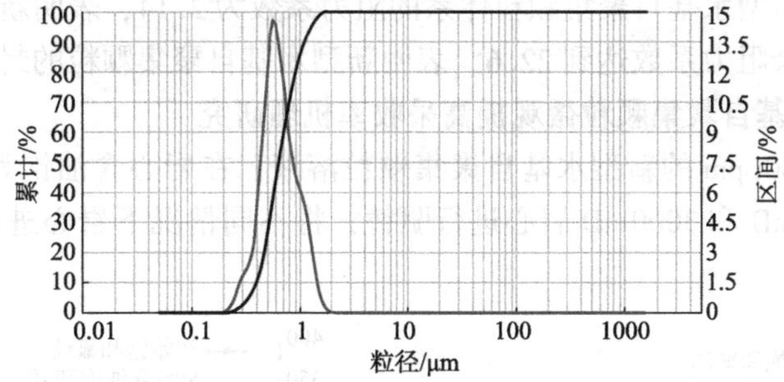

图2 新型水基自聚集颗粒粒径分布图

由图2可知，新型水基自聚集颗粒平均粒径为0.619μm（619nm），且粒径分布较为均匀。

1.3.4 新型水基自聚集颗粒核磁共振氢谱表征

使用500 MHz ANANCE核磁共振仪在室温下对新型水基自聚集颗粒的结构进行表征，结果如图3所示。其中，内标为四甲基硅烷，所用溶剂为氘代水，测试样品浓度为5mg/mL。

由图3分析可知，新型水基自聚集颗粒（AM：METAC：AA）在进料中的单体比为64：18：18。通过计算单体的a甲基峰（CH_2）和METAC上的甲基峰d（$-CH_2-N$）的共振峰，可以计算出新型水基自聚集颗粒的组成比（AM和AA）与METAC的摩尔比约为80：20，这一理论结果与用量比接近。这表明该核磁共振氢谱在分散聚合中成功合成，且AM的转化率略低于MATEC和AA。

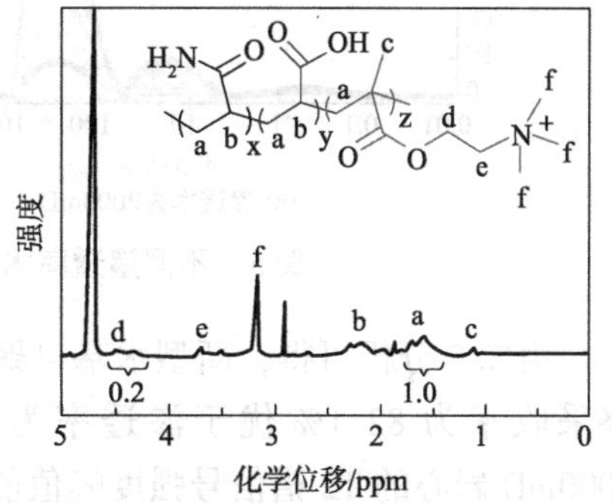

图3 新型水基自聚集颗粒的核磁分析谱图

1.3.5 新型水基自聚集颗粒热重分析

取适量干燥的样品粉末，测其在0～600℃内的热稳定性。测试过程中需要N_2环境，温度区间25～600℃，升温速率为10℃/min，热重分析图如图4所示。

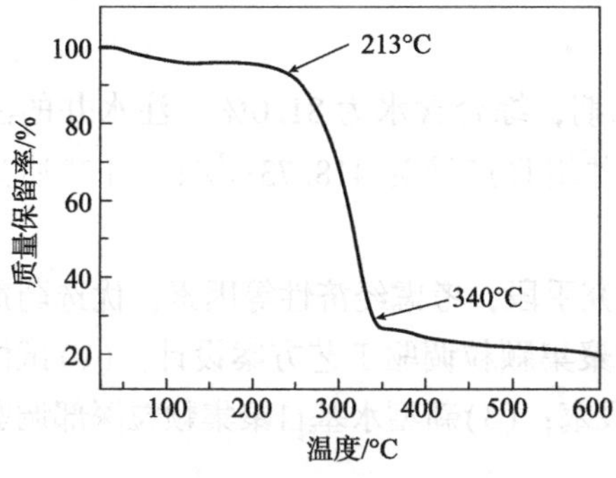

图4 新型水基自聚集颗粒热重分析图

由图4可知，新型水基自聚集颗粒热失重曲线可分解为三个阶段。第一个阶段：温度区间为30～213℃，失重率为9%左右，这是物理失水过程，可归因于聚合物微球强亲水性的酰胺基和磺酸基团吸附水的挥发所致。第二个阶段，温度区间为213～340℃，其中起始分解温度为213℃，这可归因于丙烯酰胺类聚合物分子链中的侧基如酰胺基和磺酸基的消除反应。第三个阶段，温度区间为340~470℃，这可归因于聚合物主链的分解与断裂，分析表明新型水基自聚集颗粒的热稳定性较好。

1.3.6　新型水基自聚集颗粒注入性及封堵性评价

采用水测渗透率1000mD的岩心和油田水样进行新型水基自聚集颗粒注入性及封堵性实验评价，注入速度1mL/min，调控剂浓度3000ppm。

由图5可知，新型水基自聚集颗粒体系的阻力系数为2.14，表明新型水基自聚集颗粒的注入性良好，残余阻力系数达到22.6，表明新型水基自聚集颗粒的封堵性能良好。

1.3.7　新型水基自聚集颗粒微观提高采收率机理研究

使用浓度为3000ppm的新型水基自聚集颗粒溶液，在岩心含油饱和度为60%和80%时对渗透率为2000mD和3000mD岩心进行驱替，将不同情况下岩心进行和T2图谱绘制，结果如图5所示。

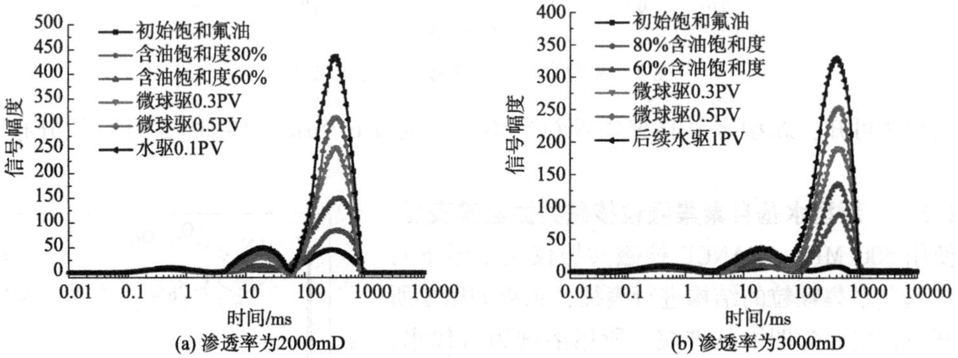

图5　不同渗透率水驱至60%含油饱和度岩心核磁共振T2谱

由图5分析可得，新型水基自聚集颗粒对渗透率有选择性，当渗透率为2000mD时最终采收率为82.1%优于渗透率为3000mD时的采收率76.0%，在注入微球的最后，2000mD岩心的T2谱信号强度峰值能达到450，而3000mD的信号强度峰值仅有350左右。在合适的渗透率条件下，其对岩心的封堵性能最优，由T2图谱对比可以得出，在2000mD岩心微球更易进入小孔隙中驱油。

2　矿场应用

2.1　方案设计

渤海油田A区块M井组油井整体处于中高含水期，综合含水为81.0%，注水井的注水速度为150m^3/d，井组产液、含水平面差异大，井组日产液为418.73m^3/d，日产油为79.47m^3/d。

针对井组实际情况，综合油藏工程与数值模拟研究手段，考虑经济性等因素，优选药剂注入浓度与施工周期，综合确定出合理的新型水基自聚集颗粒调驱工艺方案设计：(1)试注新型水基自聚集颗粒；(2)新型水基自聚集颗粒封窜段塞；(3)新型水基自聚集颗粒深部调驱段塞。

2.2　应用效果

作业累计注入调驱段塞34092m^3，注入过程平稳升压，措施期间对应油井开始见效，日产液量平稳，含水出现明显下降趋势，日产油量增加。措施后对应受效井含水最高下降21%，有效期内井组累积递减增油36145m^3。

3 结论

（1）采用分散聚合方法通过静电作用以及疏水缔合作用等超分子作用聚合形成新型水基自聚集颗粒。新型水基自聚集颗粒粒径分布均匀，中值粒径619nm(0.619μm)，具备良好的分散性、热稳定性、注入性和提高采收率性能。

（2）新型水基自聚集颗粒调驱技术在渤海油田井组成功应用，井组施工顺利，油井受效良好，含水率降低3%～21%，提高采收率效果明显，在海上油田具备较好的应用前景。

参考文献

[1]刘义刚，夏欢，代磊阳，等．分散型调驱体系与储层渗透率适应性——以渤海B油田为例[J]．大庆石油地质与开发，2021，40(04)：107－118.

[2]梁丹，吕鑫，蒋珊珊，等．渤海油田分级组合深部调剖技术[J]．石油钻探技术，2015，43(02)：104－109.

[3]Yang H，Kang W，Wu H，et al. Stability，rheological property and oil－displacement mechanism of a dispersed low－elastic microsphere system for enhanced oil recovery[J]．RSC Advances，2017，7：8118－8130.

[4]Yang H，Kang W，Yu Y，et al. A new approach to evaluate the particle growth and sedimentation of dispersed polymer microsphere profile control system based on multiple light scattering[J]．Powder Technology，2017，315：477－485.

[5]路建萍，沈燕宾，王佳，等．纳米微球技术在油田领域的研究进展及应用[J]．应用化工，2020，49(03)：768－772.

[6]卢祥国，曹豹，谢坤，等．非均质油藏聚合物驱提高采收率机理再认识[J]．石油勘探与开发，2021，48(01)：148－155.

[7]刘义刚，李先杰，代磊阳，等．不同粒径聚合物微球深部运移和封堵特性对比[J]．油田化学，2021，38(03)：440－445.

[8]毛伟，贾红兵，杜朋举．核磁共振技术在油水两相渗流特征研究中的应用[J]．特种油气藏，2011，18(06)：103－105.

[9]张超谟，陈振标，张占松，等．基于核磁共振T2谱分布的储层岩石孔隙分形结构研究[J]．石油天然气学报，2007，(04)：80－86.

反向自驱替增效压裂技术在海上低渗油田中的应用

宣涛　钱继贺　张亮　陈维余　蔡振华　石雪峰

（中海油能源发展股份有限公司工程技术分公司）

摘　要：WZ油田是海上一个砂体展布复杂、薄互层发育的常规低渗断块油田，经过弹性驱动开发、加密调整加注水、加密调整加精细注水3个阶段8年的开发，面临的突出问题是受储层物性差、薄互层层间矛盾突出等，导致注水井注入压力高、采出井井底压力不断下降或注入无效水循环，注采矛盾突出，低产低效井和关停井占比不断上升，大量层间上低渗特低渗与平面未波及区储层未动用，在采出程度还较低（17.37%）的情况下，油田已进入中高含水阶段，严重影响WZ油田有效开发。本文分析海上低渗前期传统压裂效果，在认识海上陆上对低渗开发要求差异性的基础上，结合区块特点，深入解析反向自驱替增效压裂机理，制定有效工艺对策，实现海上先导试验井高产稳产，单井日产油$100m^3$稳产一年，单井累产油$5.7\times10^4m^3$，增油$5.1\times10^4m^3$，提高采收率13.1%，后续开展不同海域区块扩大试验井、推广试验井共5口井自驱替增效压裂，5口低效井均达到设计预期效果，验证技术普适性。矿产试验表明，反向自驱替增效压裂技术既可以有效解决低渗薄互层动用程度差的问题，又可以解决低渗储层能量供给不足问题，为海上低渗油田井增效提产提供一种新型复合储层改造措施。

关键词：自驱替；增效改造；压裂；低渗；海上

WZ油田位于南海北部的北部湾海域，距离广西北海市84km，所在海域水深约37.0m，构造位于南海北部湾盆地涠西南凹陷东南斜坡上，为始新世末期形成的复杂断块构造，纵向上发育三套含油层位，流一段、流二段和流三段，流二段是主力油层，进一步细分为流二段Ⅰ，流二段Ⅱa、Ⅱb、Ⅱc油组。沉积类型主要为自西南物源的细粒三角洲前缘沉积亚相，以水下分流河道、河口坝微相为主，平面呈多条河道叠置发育特征，砂体展布复杂，储层厚度9.2～80.1m，平均35.4m，单砂体厚度较薄，分布范围为1.0～5.0m；储层物性总体上是中－低孔、低渗－特低渗为主，平均渗透率1.7～47mD；毛管压力曲线特征（图1）体现了近物源沉积的典型特征，同一种储层吼道集中度低，分布范围广。原油性质好，具有四低两高的特征，密度中等偏低（0.831～0.878g/cm^3），黏度低，含硫量低，胶质和沥青质含量低（0.08%～5.83%、0.52%～4.33%）；含蜡量高（7.70%～22.60%），倾点高（倾点30～39℃）。2015年至2018年WZ油田建设投产，分批逐年上产，采用衰竭开发，适时密调整加注水开发策略，经过多年生产，受物性差注水能力差，缺水欠注，纵向与平面非均质性强，层间平面矛盾突出，注采受效差，小层采出不均匀，水驱波及不均，地层压力下降快（压力系数降至0.8），油井产量递减快，平均单

第一作者简介：宣涛（1987—），男，安徽省，中海油能源发展股份有限公司工程技术分公司钻采工程技术研究院地质工程一体化所，高级工程师，主要从事海上低渗透油气藏压裂技术研究工作。E－mail：xuantao@cnooc.com.cn。

井产量低($34m^3/d$)，低效井和关停井占比近50%，采出程度低(17.3%)。

为了有效解决海上油井低渗层储量释放问题，前期尝试常规压裂改造方式，这种方式可以实现对低渗层的局部精准有限改造，通过在储层内建立一定尺度的人工支撑高导流裂缝，实现由储层到井筒的引流作用，在一定的压力条件下，油气向井筒的运移由径向流变为线性流，从而大幅提升油井产量。但这种方式在海上油田具有极大的局限性：一是要求地层具有较高的压力系数，一般不能低于0.7，否则地层压力太低，难以实现增产目的；二是常规压裂施工能力受限，加砂量较小，一般单段加砂量不超过$40m^3$，定向井全井改造不超过3段，改造范围受限，不能实现增加动用储量的目的；三是必须有连通条件较好的注水井持续补充地层能量，否则压裂后产量会快速递减，有效期短，达不到预期的增产量。据海上某典型低渗区块C油田经验，常规压裂井增产倍数可达2~6倍，但递减快，有效期仅1年左右，几乎没有稳产，措施经济效益低(图2)。

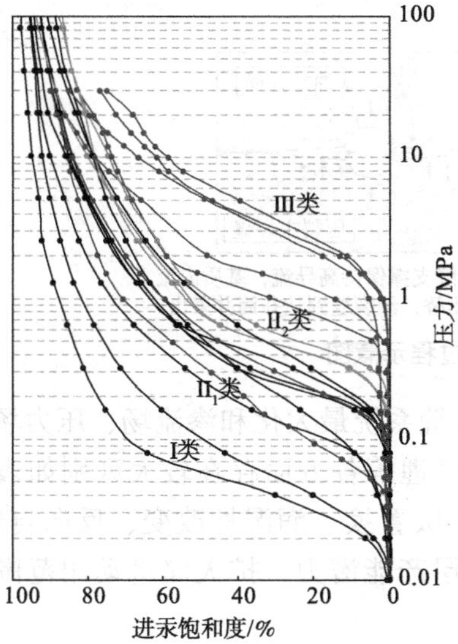

图1 流二段毛管压力曲线特征

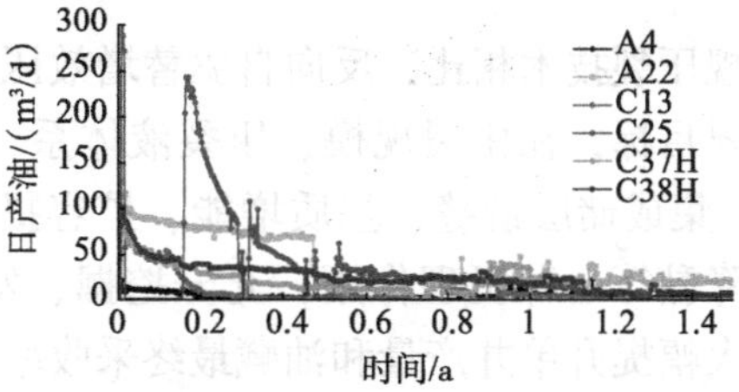

图2 海上某典型低渗C油田常规压裂井生产曲线

针对以上问题，研究形成了油井反向自驱替增效压裂技术。该技术不仅适应传统的常规压裂技术条件，尤其可以实现储层能量亏空条件下对低渗储层充分改造，并实现对全套地层的能量快速补充，减轻已动用亏空层与新动用低渗层的生产干扰，整体改善油井储层渗流场状况，扩大动用储量范围。油井采用反向自驱替增效压裂技术，可以在改造储层渗透性的同时提高油藏驱替能量水平，弥补注采关系不完善、注采不平衡所导致的井间矛盾，适应海上油田高产出条件下的增产稳产要求。

1 反向自驱替增效压裂机理

反向自驱替增效压裂是一种混合压裂技术，不仅解决渗流问题，还同时解决储层内驱动能量问题。这种压裂技术采用“低黏+高黏”复合压裂液体系，实行对储层的“分步式”压裂改造。第一步，实施储层基质增效改造。以大液量低黏度多功能增效压裂液为工作液，用高排量超破压方式压破地层压开人工裂缝，压裂过程中压裂液边造缝边高速滤失，滤失液携带增效剂进入储层基质储集空间，改造基质并增能蓄能，为措施后基质内流体反向自驱替奠定基础，此阶段可适当加入低砂比小粒径支撑剂段塞，一方面可起到降滤、提高缝内净压力、辅助裂缝延伸拓展的作用，另一方面支撑剂可以被携带到裂缝远端，实现对细小人工裂缝的支撑，改善基质渗透性。第二步，拓展并支撑高导流人工裂缝。待地层压力达到设计值以后，以高黏度主压裂工作液造拓展主压裂缝并携砂充填支撑，建立长效高导流渗流通道。此阶段可采用暂堵转向、二次加砂等工艺改善、强化主裂缝造缝效果。第三步，人造渗流场稳定与巩固。主压裂结束后立即关井焖井，持续监测观察井口压力变化，直至井口压力基本平稳，此时油井储层动用区内压力场及流体渗流趋于平衡，油藏达到一种“拟稳定”状态，具备开井放喷生产条件。第四步，开井放喷并转生产。简而言之，反向自驱替增效压裂技术是一种“复合压裂技术”，该技术将“近井改造”“基质改造”“流体改造”“增能驱替”等多种手段相结合，将低产能的低渗天然油藏改造成高产能的“人造油藏”，达到高效开发的目的，与水井端低排量压驱注水、油井端低排量补能再压裂技术存在本质区别(图3)。

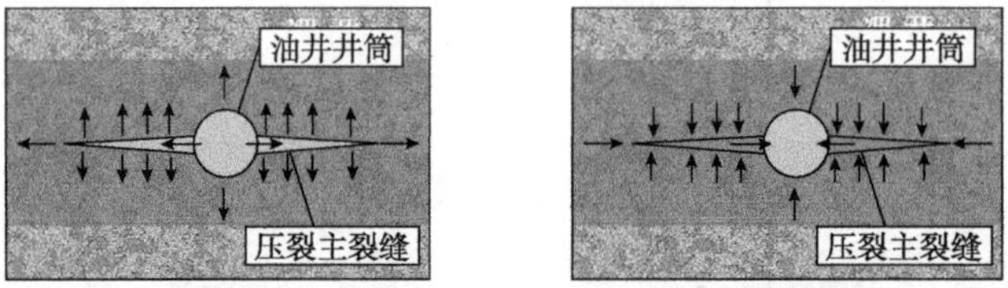

施工中：裂缝延伸+增效液渗滤，基质渗流场改善　　措施后：裂缝支撑保持高导流，基质内流体被反向驱替，经裂缝到达井筒并采出

图3　反向自驱替增效改造过程示意图

与常规压裂技术相比，反向自驱替增效压裂以裂缝系统最大化和渗流场、压力场重新构建为主要目标，在压裂规模、压裂液体系、工艺机理等各方面存在较大区别如表1和表2所示，集成储层造缝、基质增能、扩容提渗、渗吸置换、润湿性改变、反向自驱替、化学洗油降黏等七种机理作用，充分挖掘、发挥储层产能潜力，扩大储量动用范围和程度，从而大幅提升单井产量和油藏最终采收率。

表1　低渗油井反向自驱替增效压裂与常规压裂技术主要差异

项目	海上低渗储层常规压裂技术	低渗储层反向自驱替增效压裂技术
压裂液体系	以胍胶压裂液为主体的交联冻胶单一体系	“低黏滑溜水复合增效驱油压裂液 + 胍胶压裂液交联冻胶”复合体系
暂堵转向	利用	利用
细窄微裂缝系统	控制、尽量防止	强化、促成裂缝系统发育并尽量实现人工支撑
施工排量/(m^3/min)	中低排量，一般3～5	第一阶段尽量高排量，第二阶段无特殊要求
单层加砂量/m^3	一般 <40	一般 >60，视储层条件尽量多加砂
单层/单段压裂液用液量/m^3	一般 <400	视储层规模和亏空程度，一般数千方甚至上万方
动用压裂泵台数/台	<5	一般5台以上
施工作业模式	单井作业	多井批量工厂化作业

表2 低渗油井反向自驱替增效压裂与常规压裂主要机理作用对比

项目	油井反向自驱替增效压裂	常规压裂
高效造缝	混合造缝，其中低黏液体注入阶段工作液强滤失、造复杂缝	高黏液体造缝，低滤失，裂缝形态简单
储层增能蓄能	低黏工作液强滤失进入基质孔隙，由于储层低渗和油气的可压缩性，可实现一定范围内储层增压、蓄能	—
基质提渗增效	基质孔隙增压到界限值可实现天然裂缝开启、孔喉扩容，形成"人造渗透率"；化学剂作用实现储层岩石润湿反转、油滴剥离、原油流动性改善，降低残余油饱和度；低渗储层毛细管作用，工作液与地层流体渗吸置换	—
反向自驱替	由于低渗，储层内形成高压影响区，开井后向井筒方向压力释放，形成"反向自驱替"	—

1.1 提高人工裂缝复杂性

通过采用"前置大规模低黏驱油液+暂堵转向"等技术提高裂缝复杂性，尽可能提升施工排量，海上目前平台可升至$7m^3/min$，提升缝内净压力，增大低黏驱油液用液强度约$600m^3/m$左右，提升滤失范围，增大微裂缝改造面积，同时驱油液高强度注入地层蓄能后，高孔隙压力梯度下地应力场发生改变，最大-最小地应力差变小，更容易形成复杂微小裂缝；并采用投球缝口暂堵+暂堵剂缝内暂堵复合转向工艺，保障裂缝复杂性；采用多粒径支撑剂适当增加小粒径支撑剂用量，保障微缝有效支撑；后期采用高黏海水基胍胶压裂液，提高压裂液携砂能力，高强度加砂造高导流主缝。

1.2 基质增能

所用大液量低黏工作液具有强滤失特性，考虑增效改造的过程中驱油液随着裂缝的扩展延伸向储层中渗滤，基于物质守恒原理，注入总液量是裂缝体积与渗滤体积之和，渗滤体积与裂缝接触面积、压差、储层孔渗、液体黏度相关，因此在高压差下强行渗入储层基质孔隙，迫使孔隙压力升高，如图4所示。通过数值模拟计算，渗流距离范围逐渐增大，裂缝延伸方向渗流距离可达200m以上，纵向渗流距离100m左右，如图5所示。实际案例中可快速弥补亏空井井底压力，实现快速补能，随着注入量增加，补能范围逐渐扩大，直至增能边界，压力增速放缓，如图6所示。

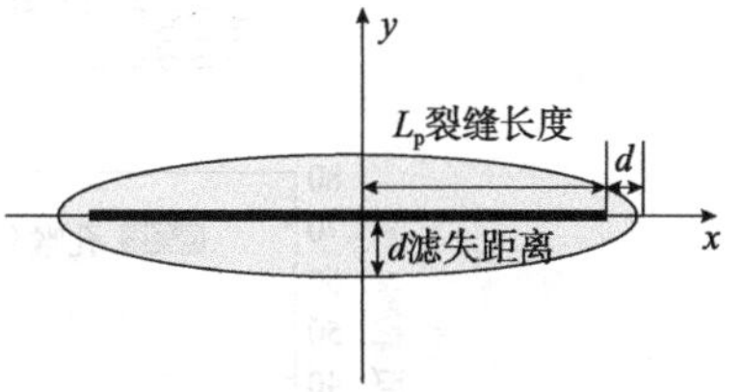

图4 裂缝的渗滤距离与裂缝半长示意图

1.3 基质孔隙扩容增渗

通过室内岩心驱替实验，模拟增效改造过程中天然岩心受到的高速、高压冲刷，注入驱油液前后基质岩心孔隙结构参数的变化。在高压差注入驱油液过程中，造缝后压裂液在裂缝处储能。在较大的压差作用下，压裂液向基质岩心内发生渗流，在强冲刷作用下石骨架颗粒的支撑方式部分发生了变化，颗粒间胶结处的胶结物质在长期水洗作用下被运移至其他部位，颗粒间原本的点线接触关系逐渐转变为呈游离颗粒状态的接触方式，连通的孔隙和喉道数增加。实验结果表明：在高压差渗滤过程中，天然岩心渗透率增大，孔隙度增加，对于增效前，孔喉半径分布频率峰值出现于4~6.3μm；增效注入后，孔喉半径分布频率在6.3～10μm出现峰值，如图7所示，实现再造渗流场。矿场试验也证实渗透率提高。

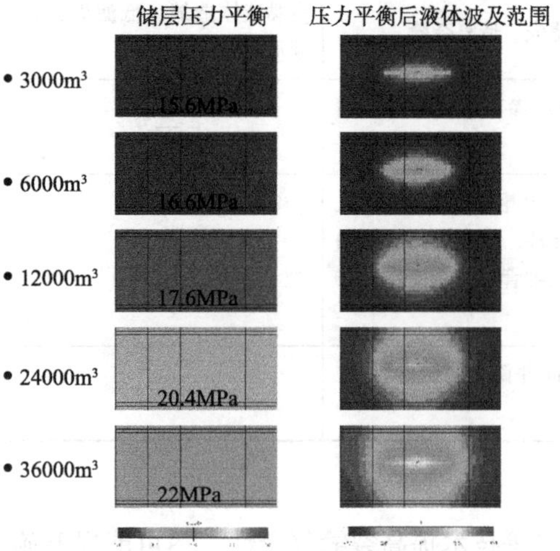

图5 不同注液量压裂波及范围

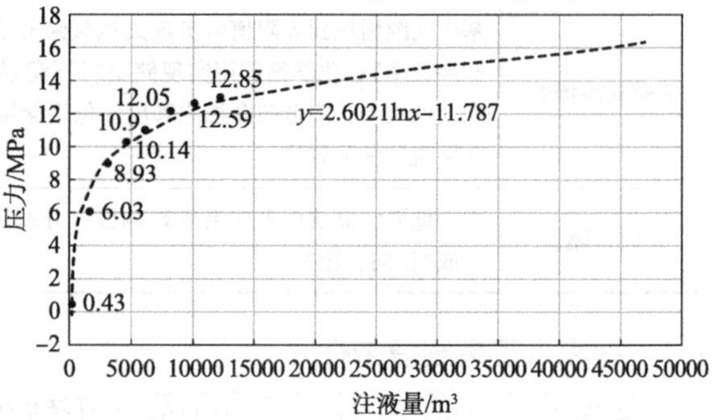

图6 实际井不同注液量停泵60min井口压力变化趋势

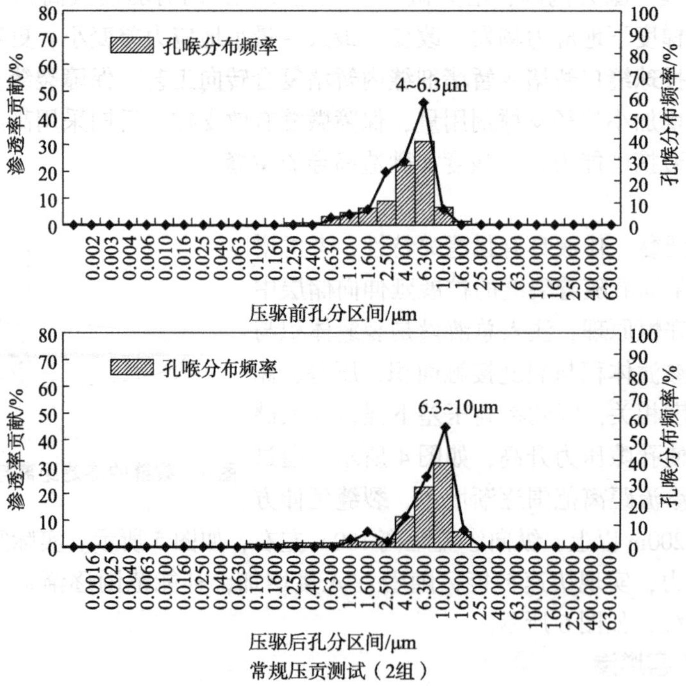

图7 在高压差渗滤过程压汞测试前后孔喉分布频率变化

1.4 改变润湿性、相渗滞后、提高洗油效率

润湿性是在油藏条件下油和水与储层岩石间的相互作用，决定着油藏流体在岩石孔道内的微观分布和原始分布状态，在油田开发中对原油的采出程度起着决定性作用。用海水与各驱油剂样品配制浓度为0.3%的驱油剂水溶液，要求驱油剂界面张力需达到10^{-3}mN/m级别，选择表面活性剂作为压裂液增能驱替后测定润湿角变小，表现亲水特性，见图8，

驱油液中表面活性剂能有效改善波及范围内的油水界面张力和岩石润湿性。

驱替实验结果表明，驱油液注入过程中，随着油水界面张力值降低、亲水性变强，渗流阻力减小，油水相渗曲线逐渐向右偏移，残余油饱和度降低，提高采收率，见图9。增加注入速度，可以提高原油波及面积，放大生产压差后，能够使得部分渗透率较低、启动压力较大、原油不能流动的部位原油克服渗流阻力开始流动，同时高压差下驱油剂在岩石表明吸附作用降低，较与水井端注入驱油液，有效降低动态吸附量，增加波及体积，提高驱油效率。WZ－B1井压驱液驱油试验，采出程度由水驱的59.17%提高至73.5%，提高14.33个百分点。

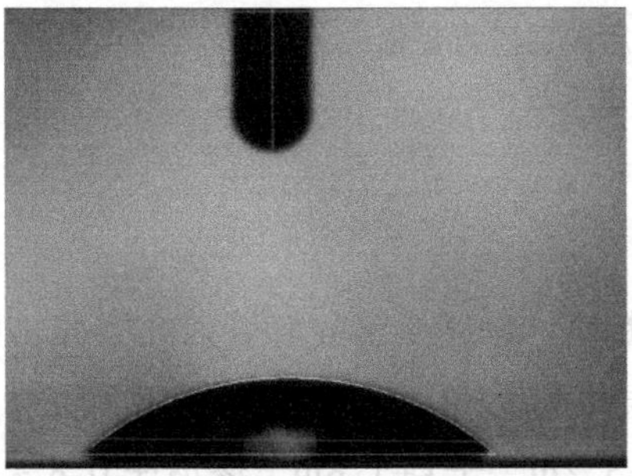

图8　实验测定驱油液水溶液接触角(47°)

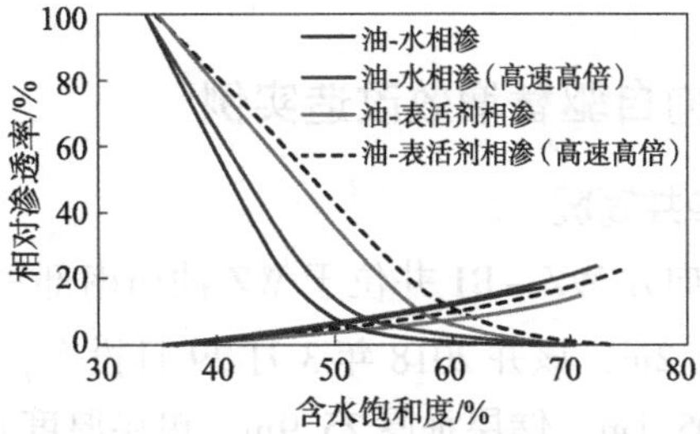

图9　不同流体高速注入条件下相渗变化规律

1.5　渗吸置换

增效改造过程中注入驱油液在压差的作用下进入孔隙和裂缝，较高的施工压力(压差)将使喉道水膜变薄，其次在驱动压力和毛管力双重作用下，焖井过程会使油水在压差作用下重新分布，驱油液在毛管力作用下从压裂缝或大孔隙中进入基质，基质微孔中原油被吸入的驱油液驱替并置换到裂缝或大孔隙中，随着高生产压差建立，驱替至井底，渗吸作用主要发生在中孔隙和小孔隙中，渗吸的主要动力是毛细管力(图10、图11)。

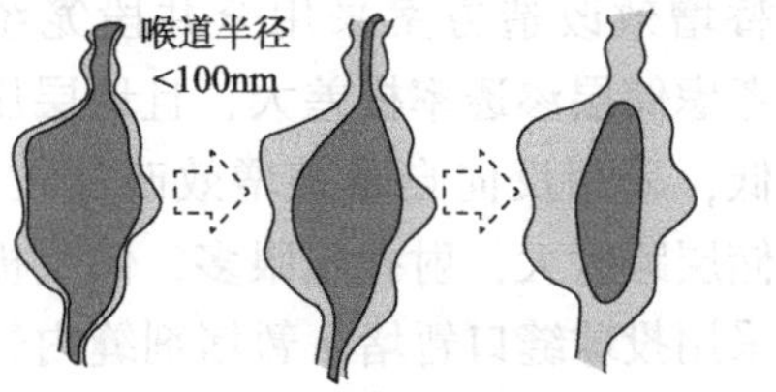

图10　亲水基质孔隙渗吸置换过程示意图

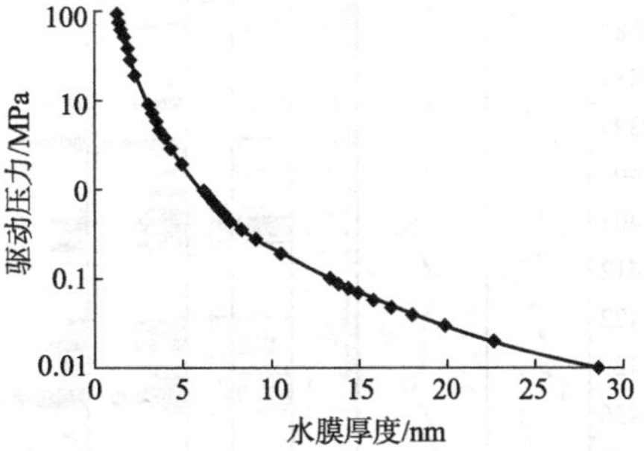

图11　多孔介质中孔喉驱动压差与水膜厚度关系曲线

1.6　反向驱替

增效前，生产井长期生产，低渗储层近井筒附近亏空严重，短时间高效破压注入驱油液后，裂缝突破低压区，滤失补充亏空压力，实现近井筒地层压力恢复甚至超过原地层压力，焖井阶段初步实现油水及压力再平衡，放喷阶段，基质和裂缝内压力逐渐反转，渗滤到基质内驱油液反向驱油排向井筒，实现再造压力场(图12)。

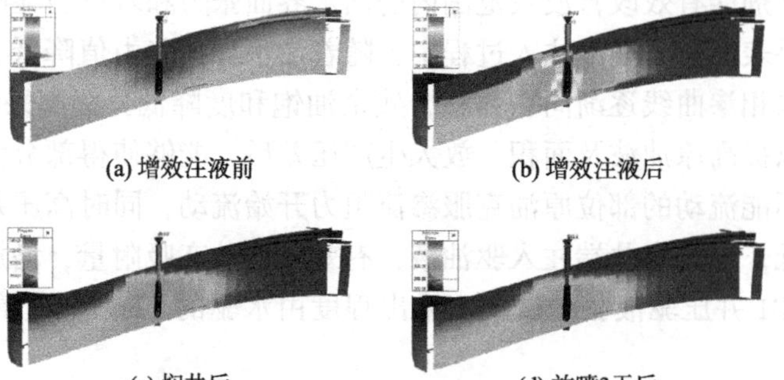

(a) 增效注液前　(b) 增效注液后

(c) 焖井后　(d) 放喷3天后

图 12　增效注入驱油液前后地层压力变化

2　反向自驱替增效改造实例

2.1　单井简况

定向井 WZ－B1 井位于 WZ 油田南部一个小断块，采用 9 ⅝in 套管射孔完井，射孔总厚度 44.2m，该井 2018 年 3 月 29 日投产，生产层位为 L2 Ⅱ a、L2 Ⅱ b、L2 Ⅱ c 油组，射孔跨度 105.1m，储层垂厚 25.9m，单层厚度 0.99～3.2m，平均 1.8m，渗透率 0.8～80mD，平均 15.6mD，隔层厚度小 2～3m，储隔层应力差小于 4MPa，见图 13。该井投产后产量与流压下降快，注采不连通，地层压力下降快，截至 2020 年 1 月 3 日，地层压力系数 0.78，产油仅 $18m^3/d$，无法正常生产，累采油 $3.60\times10^4m^3$，采出程度 6.2%（图 13）。

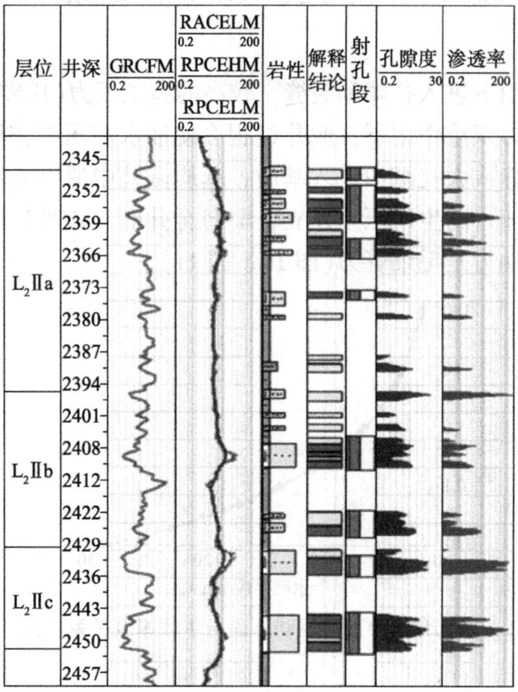

图 13　WZ－B1 井地质剖面

2.2　技术对策及工艺要点

考虑各层厚度薄，储隔层应力差小，自驱替增效改造方案采用全井段笼统改造；考虑储层渗透率极差大，且地层压力系数低，采用反向自驱替增效改造技术；考虑储层跨度大，射孔炮眼多，储层极差大，采用投球缝口暂堵＋暂堵剂缝内暂堵复合转向工艺，保障纵向充分改造。

2.2.1　反向自驱替增效施工参数

采用数值模拟法模拟不同驱油液量为 $3000m^3$、$6000m^3$、$12000m^3$、$24000m^3$、$36000m^3$时波及体积与地层压力恢复情况，模拟结果表明，地层压力与波及范围随着注入液量增加近呈线性增加，考虑现场施工条件及压力恢复对产能贡献，优选 $12000m^3$为驱油液用量；考虑裂缝延伸长度是否突破亏空半径及周边断层距离，单轮次注液量 1500～$2000m^3$。

采用压裂模拟软件模拟不同胍胶液量模拟裂缝半长，不同支撑剂规模下裂缝导流能力，结合距离断层距离，考虑暂堵3次，优化压裂液905m³，分3级加砂，累计设计加砂100m³，施工排量6m³/min，裂缝半长92m，导流能力263mD，缝高实现纵向穿层。

2.2.2 暂堵转向技术

采用投球层间暂堵转向与暂堵剂层内暂堵转向技术实现裂缝复杂化。根据储层纵向油层的物性、地应力差异和射孔条件设计3次投球缝口暂堵，促使产生2条新缝，单缝延伸期间采用暂堵剂进行层内暂堵，开启缝内转向。暂堵球数量按照射孔孔眼数量30%，投球尺寸是孔眼直径130%～150%，设计13～15mm暂堵球，暂堵剂粒径1～3mm，设计驱油液注入阶段及携砂阶段分别进行暂堵，最大程度实现驱油液阶段与携砂液阶段裂缝复杂化。

2.2.3 多粒径组合支撑

前置驱油液加入70/140目粉陶低砂比段塞支撑远端微裂缝，主压裂支撑剂选用40/70目、20/40目陶粒支撑主裂缝与支裂缝。

2.2.4 优化压裂液体系

前置驱油液阶段采用自主研发的低黏纳滤海水基驱油体系，主压裂阶段采用纳滤海水基耐盐耐高温胍胶压裂液体系(140℃)，满足工艺要求。

2.2.5 优化大通径大排量高强度压裂管柱

采用油管注入压裂，用不易解封的双卡瓦Y441封隔器保证大排量压驱液的顺利注入，压裂管柱组合由下至上为：剪切球座＋变扣＋HPL封隔器＋水力锚＋安全接头＋4 ½in Bear油管＋滑套＋4 ½in Bear油管＋安全阀＋4 ½in Bear油管＋双公短节＋油管挂。

2.2.6 海上固定平台＋移动式支持平台组合确保规模排量施工

针对需要大规模施工的压裂井，可在固定式平台甲板面积基础上增加1000m²左右的面积支持平台，允许7台2500型压裂泵撬及相关配套压裂设备，满足6～8m³/min大排量、单段百方砂的大规模压裂施工；应用连续混配方式实现单段万方以上的入井液量；采用多口井集中施工的工厂化作业模式，通过对施工流程的合理优化，有效减少支持平台占用时间，降低平均单井施工费用。

2.3 试验效果评价

2022年5月WZ－B1井施工分压驱增效和加砂压裂两个阶段，施工排量6～7m³/min，最高泵压32.47MPa，入井总液量13356.7m³，其中驱油液12090.4m³、压裂液1266.3m³，入井总砂175.4m³，单级最大砂量62.1m³，创造了当时海上定向井压裂施工排量、入井总液量和单级加砂量记录。

反向自驱替增效改造后计算地层压力恢复至19.84MPa，折算地层压力系数0.928；水击波监测与净压力拟合显示压裂缝高实现穿层效果，措施后初期日产液128.0m³，为措施前的5.9倍，日产油122m³，为措施前的6.5倍；截至目前该井累计压后产油5.7×10⁴m³，增油5.1m³，提高采收率13.1%，停产1年多井实现高产稳产，如图14所示。该井试验成功验证了反向自驱替增效改造技术在机理理论与工艺方法的相适应，为海上常规低渗油田提采提供借鉴。

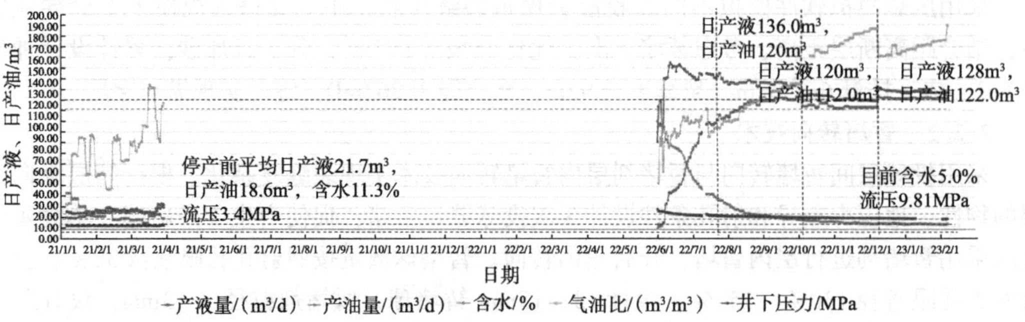

图 14 WZ－B1 井反向自驱替增效改造前后生产曲线

3 推广应用

2023 年 4 月开始进行反向自驱替增效压裂扩大试验，在 WZ 油田选出与 WZ－B1 井在注采不连通、采出程度低、地层压力系数低等方面类似 3 口低效井，同时推广至渤海、东海低渗低效井，累计前置注入驱油液 $4.6\times10^4m^3$，措施后 4 口低效井压力系数均得到恢复，措施前后增产倍数 1.7～10.7 倍，平均增产倍数 5.8 倍，预测实现累增油 $9.3\times10^4m^3$，整体扩大试验效果明显。证实反向自驱替增效压裂改造是一项有效创新措施，是海上低渗油田实现增产稳产措施有效的技术储备，为后续加大该项技术在海上规模化推广奠定基础(表 3)。

表 3 反向自驱替增效压裂扩大试验施工参数及增产效果表

序号	井号	措施类别	分层数/层	驱油液量/m^3	携砂液/m^3	加砂量/m^3	措施前产油量/(m^3/d)	措施后产油量/(m^3/d)	增产倍数	目前累增油/10^4m^3	预测累增油/10^4m^3
1	WZ－B1	增效压裂	下层	15366.5	990.2	141.9	15	78	5.2	1.35	2.63
			上层	6940.5	676.6	89.1					
2	WZ－B2	增效压裂	上层	839.5		0.5	11	64	5.8	0.75	1.79
3	WZ－B3	增效压裂	上层	9172.2	460.1	82.7	37	63	1.7	0.66	1.78
4	BH－B1	增效压裂	下层	6006	762	71	5.6	60	10.7	0.34	3.19
			上层	7904	53	53					
合计				46228.7	2941.9	438.2					

4 结论

(1)海上油田井距较大，低渗油田存在注采连通性差，地层压力下降快，层间平面动用率致采出程度低是海上低渗油田无法长效动用主要问题，常规压裂实践证实无法有效解决海上对低渗措施井高产稳产需求。

(2)反向自驱替增效压裂采用陆地非常规技术思路应用至海上常规低渗油田，增效压裂集成 7 大作用机理能够重构海上常规低渗油田的裂缝场、渗流场、压力场，有效解决低渗油田动用范围小，稳产能力弱，海上经济性差的问题。

(3)针对低渗油井跨度大、薄互层发育等特点，结合增效改造技术需求，形成了“前置大液量驱油液＋常规压裂＋暂堵转向＋多粒径组合支撑＋大排量”主体工艺技术，事实证明该套方案与海上施工条件配合度高，与机理适应性好。

(4)反向自驱替增效改造工艺在南海西部、渤海、东海不同海域不同低渗区块，先后经过先导试验、扩大试验应用6井次，均获得成功，拉开了海上低渗油田规模化增效改造实现规模动用开发的序幕。

参考文献

[1]杨勇，王建，卜亚辉，等．胜利油田压驱开发技术实践与认识[J]．油气地质与采收率，2023，30(3)：88－92.

[2]蔡新明，黄艳梅，金忠康，等．江苏油田复杂断块低渗透油藏压驱研究与实践[J]．复杂油气藏，2023，16(3)：343－346.

[3]许冬进，吴应松，熊奇，等．低渗透油藏压驱技术现状及发展趋势[J]．断块油气藏，2023，37(1)：153－158.

[4]郭建设，周福建，胡晓玲，等．三塘湖盆地致密油水平井增能压裂力学机理[J]．断块油气田，2021，28(1)：57－62.

[5]白晓虎，齐银，何善斌，等．致密储层水平井压裂－补能－驱油一体化重复改造技术[J]．断块油气田，2021，28(1)：63－67.

[6]王静，蒋明，向洪，等．鄯善油田三类油层压驱新工艺的研究与应用[J]．石油工业技术监督，2020，36(12)：7－9.

[7]张翼飞，孙强，于春磊．低渗透油藏压驱裂缝展布特征及影响因素[J]．大庆石油地质与开发，2024，38(8)：112－117.

[8]黄婷，苏良银，达引朋，等．超低渗透油藏水平井储能压裂机理研究与现场试验[J]．石油钻探技术，2020，48(1)：81－84.

[9]张矿生，唐梅荣，陶亮，等．庆城油田页岩油水平井压增渗一体化体积压裂技术[J]．石油钻探技术，2022，50.

[10]达引朋，薛小佳，刘明，等．超低渗油田蓄能重复压裂增能机理[J]．科学技术与工程，2021，21(33)：14139－14146.

[11]王凤娇，徐贺，刘义坤，杜庆龙，张栋．压驱技术高压降吸附提高采收率机理[J]．石油学报，2024，45(2)：403－411.

[12]王凤娇，孟详昊，刘义坤，徐贺，胡超洋．致密储层压驱焖井阶段渗吸机理分子模拟研究．力学学报，2024，56(5)：1－11.

[13]张涛，李宪鹏．非常规致密油储层压裂增能一体化技术分析[J]．中外能源．2024. 29(1)：71－76.(2)：9－15.

海上油田水平井智能分舱控水研究与应用

路强[1,3]　沈琼[1]　朱立国[1,2,3]

（1. 中海油能源发展股份有限公司工程技术分公司；2. 海洋油气高效开发全国重点实验室；
3. 中海油能源发展股份有限公司提高采收率重点实验室）

摘　要：海上在生产老油田水平井开发已进入“双高”阶段，受地质、开发、工程等因素影响，水平井水平段流畅固化严重，无效水循环突出，降低生产效益。针对上述问题，提出水平井智能分舱控水工艺技术。首先，采用含水率二阶导数方法判断水平井出水模式，结合油藏工程方法优化水平井分舱位置；然后，采用室内实验，优选管外环空化学分隔材料，通过定点注入工艺实现对筛管外环空的封堵，并基于海上油气田采油工程方案设计规范，通过智能分采工艺实现筛管内的分段控制；最后，利用油藏数值模拟结果，对水平井分舱后产能进行预测，验证结果经济性。研究成果在渤海油田、南海东部油田得到广泛应用，累计实施34井次，累增油 $12\times10^4m^3$，平均单井含水降低3%～5%。

关键词：水平井控水；智能分舱控水；均衡开采；ACP

根据中国海油石油集团有限公司整体规划，2025年国内原油产量上产 6000×10^4t，2030年稳产 6000×10^4t，其中在生产老油田产量占比50%以上。目前在生产老油田已进入“双高”阶段（含水90%，可采储量采出程度70%），随着产液量持续增加，能耗及碳排总量及强度大幅上升，节能降碳面临巨大挑战。受平台空间限制，海上油田大多采用水平井进行开发，但是受地质、开发、工程等因素影响，水平井水平段流场固化严重，无效水循环突出，导致水平段动用不均衡，在现有平台液量处理能力的条件下，需要探索释放水平井产能的方法。

海上油田水平井控水技术历经简易中心管控水、变密度筛管控水、ICD分段控水、AICD分段控水、充填调流控水、C－AICD智能控水阀控水等，随着各种控水技术的推广应用，海上油田水平井控水技术得到了全面发展，但在水平井均衡开采、智能调控、智能生产优化方面还存在不足。基于以上问题，笔者受航海、航天启发，提出水平井智能分舱控水技术，通过智能配产器调配各生产舱的产量，减少或消除舱间干扰，最终达到水平井水平段均衡开采的目的。

1　智能分舱控水技术

水平井智能分舱控水技术是指，将水平井水平段筛管内外进行分隔，形成若干独立生产舱，通过智能配产器调配各舱的产量，减少或消除舱间干扰，提高各生产舱的动用程度，达到均衡开采的效果。

第一作者简介：路强（1986—），男，山东省泰安市，中海油能源发展股份有限工程技术分公司，高级工程师，油藏工程研究。E－mail：luqiang4@ cnooc. com. cn。

智能分舱控水技术是一个系统工程，涉及油藏和工艺等多个专业，需要综合考虑控水相关需求，进行智能分舱控水设计。油藏方面，需要根据目标井动静态数据，分析水平井出水模式，确定水平段出水位置，解决在哪分的问题。工艺方面，采用管外环空分舱(化学或预置机械)和管内分舱工艺，解决怎么采的问题。从而实现水平井分舱控水，而智能分舱主要体现在远程遥控智能配产器为代表的新型控水装置，结合井下温度、压力检测功能的传感器，形成了结构更加复杂、控制更加精密、操作更加灵活的水平井智能分舱控水技术(图1)。

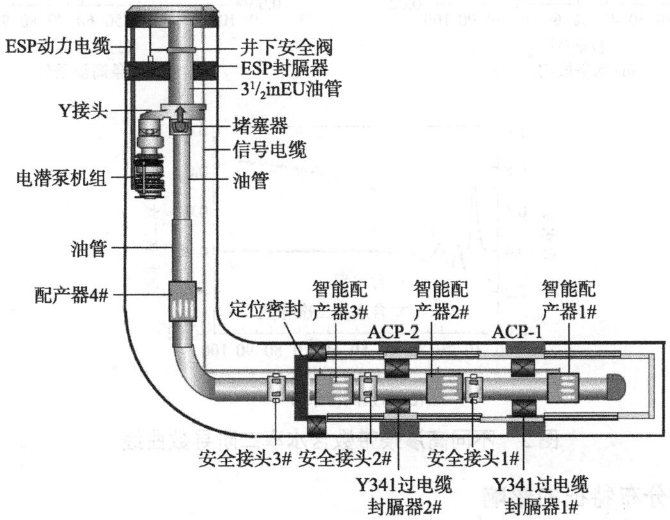

图1　水平井智能分舱控水管柱示意图

2　分舱优化技术

2.1　出水模式识别方法

周代余等提出底水油藏水平井的三种水淹模式，即线状见水整体水淹模式、点状见水整体水淹模式和点状见水局部水淹模式，其中点状见水局部水淹模式整体开发效果较差，是开发中后期采取措施工艺挖潜剩余油的重点选井对象。目前水平井出水位置的工艺方法，主要为机械找水和化学找水方法，但由于作业费用及施工风险高，海上油田整体应用井次较少。本文采用含水率二阶导数法确定出水模式，含水率二阶导数法代表含水变化速度的快慢，二阶导数的跳跃表明含水变化速度快，对应的是水平井段的见水时刻。见水模式识别依据：含水率二阶导数曲线的跳跃数与高渗段数结合进行初步识别，充分考虑地质、工程、开采等因素综合诊断。

采用数值模拟方法，建立底水油藏水平井开发机理模型，开展水平井水平段渗透率分布特征、夹层分布特征、采液强度等影响因素对油井出水规律的影响研究，绘制油井含水率曲线，并对含水率曲线进行二阶求导，以此建立底水油藏水平井出水动态响应特征。

2.1.1　渗透率分布特征的影响

水平段相对均质的水平井表现为线状见水整体水淹模式，含水率二阶导数曲线呈现“一次跳动”规律。水平段钻遇一条高渗带的水平井，水平井高渗透段先见水，低渗透段后见水，含水率二阶导数曲线呈现“两次跳动”规律。水平段钻遇两条高渗带的水平井，水平井两段高渗透段先后见水，最后低渗透段见水，含水率二阶导数曲线呈现“三次跳动”规律。因此，含水率二阶导数曲线“跳动”的点即对应水平井各段见水时刻(图2)。

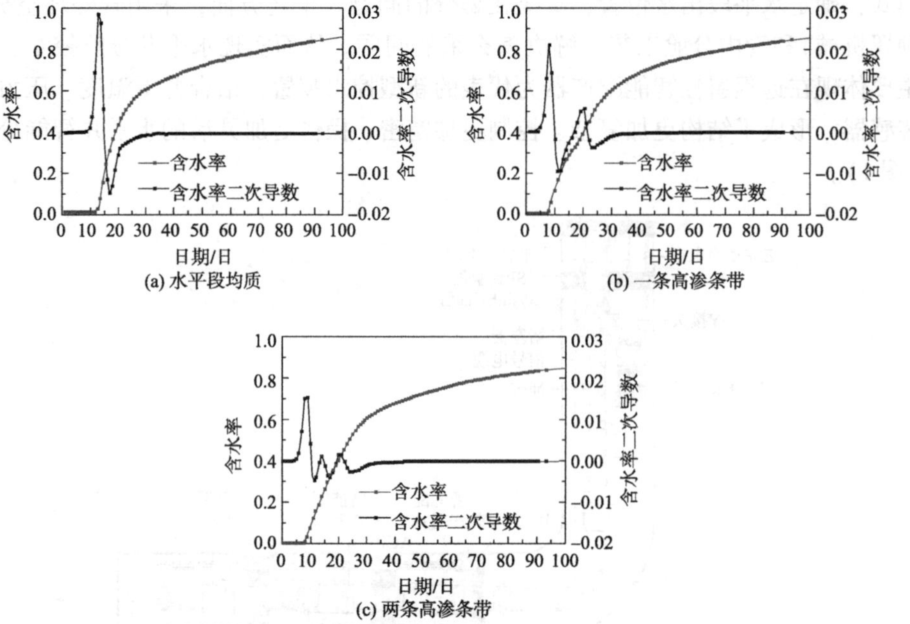

(a) 水平段均质　(b) 一条高渗条带　(c) 两条高渗条带

图2　不同高渗条带数含水率二阶导数曲线

2.1.2　夹层分布特征的影响

图3曲线特征表明，当夹层位于水平井正下方时，含水率二阶导数曲线波峰结构较小，水淹特征不明显；当隔夹层位于水平井下部两侧时，含水率二阶导数曲线有明显的波峰结构，与均质产水类似。

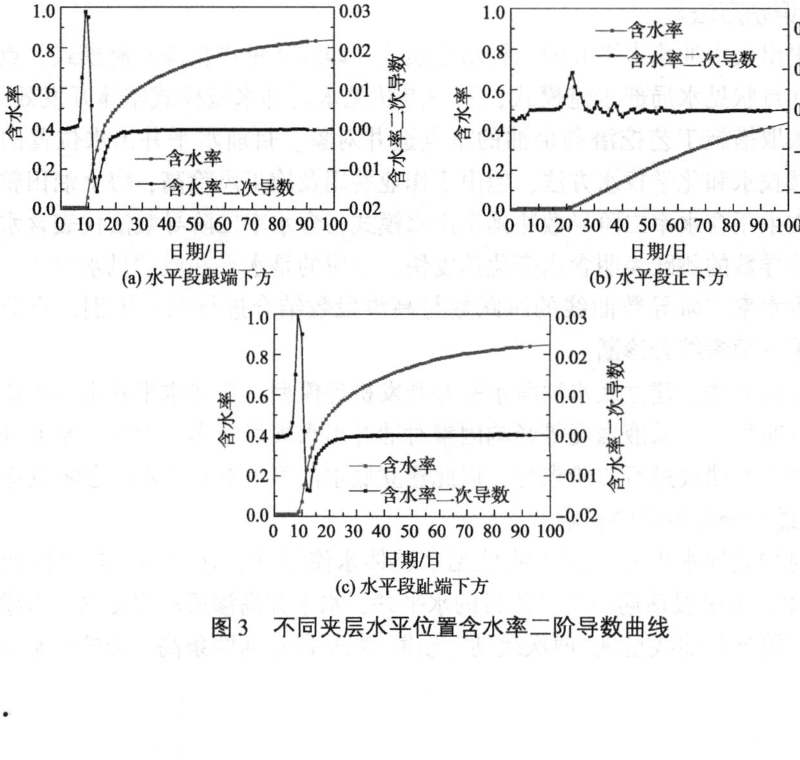

(a) 水平段跟端下方　(b) 水平段正下方　(c) 水平段趾端下方

图3　不同夹层水平位置含水率二阶导数曲线

2.1.3 采液强度的影响

图4曲线特征表明，日产液越小，两段型见水特征愈加明显，高渗段和低渗段见水间隔越大，越容易从动态曲线判断见水类型。

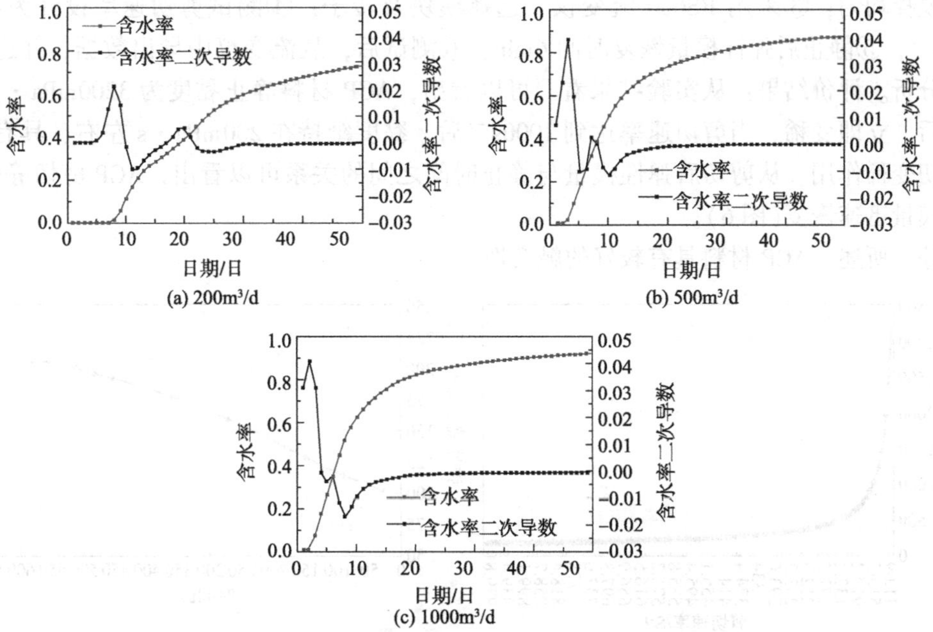

图4　不同采液强度含水率二阶导数曲线

2.2 分舱后防绕流方法

采用油藏数值模拟方法，建立机理模型，将水平段简化为跟端为低渗段、趾端为高渗段的两段式水平段。数值模拟结果表明：(1)高渗段更早发生水淹，低渗段水淹程度更低；(2)高含水期后，关闭高渗段射孔段，仅生产低渗段，在与高渗段基础的位置，产液量明显升高，发生明显绕流；(3)高含水期后，关闭高渗段射孔及60m低渗段射孔，低渗段水平段产液剖面变得更加均匀且不再发生绕流。

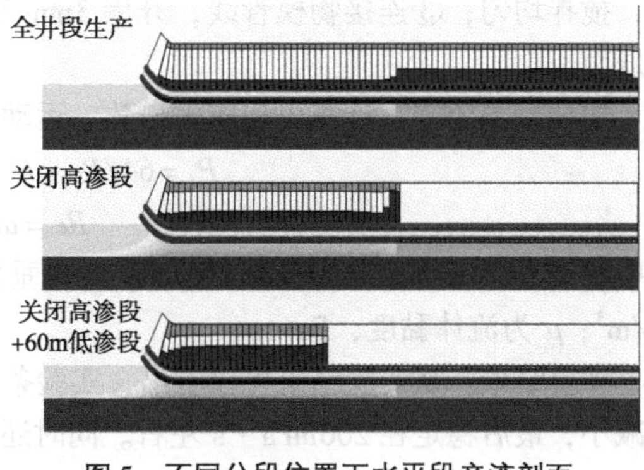

图5　不同分段位置下水平段产液剖面

因此在水淹段与潜力段之间增加一定的缓冲距离，可以避免地层水从水淹段底部直接流入潜力段，从而提高控水有效期，该缓冲距离定义为缓冲舱，后期通过缓冲舱可以向地层注入化学药剂，实现定点调堵、酸化等工艺措施(图5)。

3 分舱控水工艺技术

3.1 管外封隔工艺

3.1.1 管外封隔材料评价

国外相关油气技术服务公司对管外环空封堵材料(ACP)的研究始于20世纪末，主要有 Dowell、Chevron、Halliburton、Shell、Texaco 等，参与的科研院所主要有 TEXAS A&M 等，ACP 的核心性能要求为强度及触变特性。

(1)触变性能：评价方法①按照推荐配方，配制 ACP 材料；②在 ACP 配方中加入引发剂，搅拌均匀；③采用 RS600 流变仪，选择模块及转子；④测试剪切速率设计为：0 ~ $1000s^{-1}$；⑤静止后弹性模量恢复时间 6min；⑥测试后，从流变仪中导出数据，并进行总结、分析。评价结果：从实验结果看，可以看出，ACP 材料静止黏度为 3200mPa · s，受剪切后，立即变稀，当剪切速率达到 $1000s^{-1}$后，黏度维持在 200mPa · s 左右，具有明显的剪切变稀作用。从剪切后弹性模量与静止时间之间的关系可以看出，ACP 剪切静止后，弹性模量迅速恢复(图 6)。

综上所述，ACP 材料具有较好的触变性。

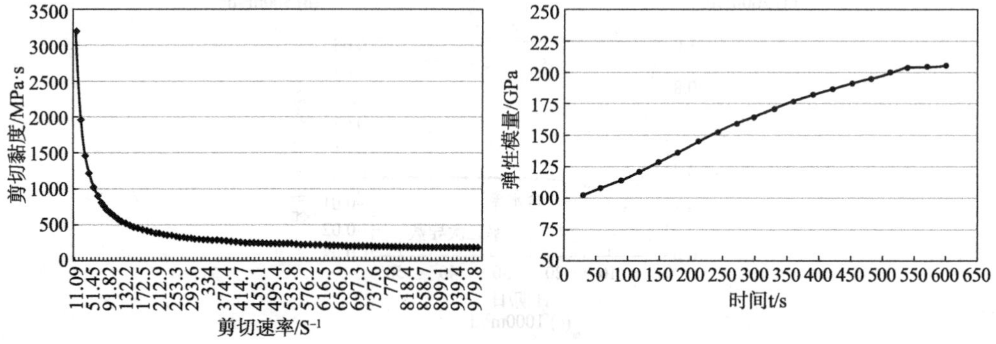

图 6　ACP 触变性实验结果

(2)注入性能：评价方法①按照推荐配方，配制 ACP 材料；②在 ACP 配方中加入引发剂，搅拌均匀；③连接物模管线，开展 3mm 管线注入性能评价，分别记录不同速度下注入压力。

根据以下公式，计算出相应雷诺数、运动黏度。

$$P_f = 64/Re \times h/r \times u^2 \times \rho/10^6 \qquad (1)$$

$$Re = ur\rho/\mu \qquad (2)$$

式中，Re 为雷诺数；r 为管通径，m；h 为垂深，m；u 为线速度，m/m；ρ 为流体密度，kg/m^3；μ 为流体黏度，Pa · s。

评价结果：从实验结果可以看出，实验条件范围内，随着线速度的增加，注入黏度不断减小，最后稳定在 206mPa · s 左右。同时还可以看出，同一管径，速度越大，ACP 黏度越小，同一线速度，管径越小，黏度越小(表 1)。

表 1　ACP 材料在不同线速度下的运动黏度

注入速度/(mL/min)	注入压力/psi	运动黏度/mPa · s
2	112	1337. 53
3	125	995. 18
4	141	841. 92
5	165	788. 18

续表

注入速度/(mL/min)	注入压力/psi	运动黏度/mPa·s
6	171	680.70
10	251	599.50
15	298	474.50
20	344	410.81
30	385	306.52
40	404	241.23
50	432	206.36

(3)充填性能：评价方法①按照推荐配方，分别配制ACP材料及3000ppm的聚合物溶液；②环空充填微型物模评价装置组装：取10mL针管一支，用剪刀将带针头的一端剪掉，用另一支针管的橡胶活塞，堵住10mL针管被剪掉的一端，然后取一支塑料管(中间带有孔)，依次插入两断活塞(塑料管与针管壁之间形成环空)，完成物模评价装置的组装；③另取两支新的针管，分别移取ACP、聚合物溶液，挤入到塑料管与针管壁之间形成环空；④观察起始、5min 、10min下的ACP和聚合物溶液的坍塌及充填情况；⑤记录实验结果，并进行总结分析。评价结果：由实验结果可以看出，聚合物、ACP两种流体，在初始注入时都能保持良好填充状态，但注入5min后，聚合物流体开始坍塌，注入10min后，聚合物流体完全坍塌，而ACP仍然保持良好充填状态。由此可以看出，与聚合物相比，ACP具有较好的充填性能(图7)。

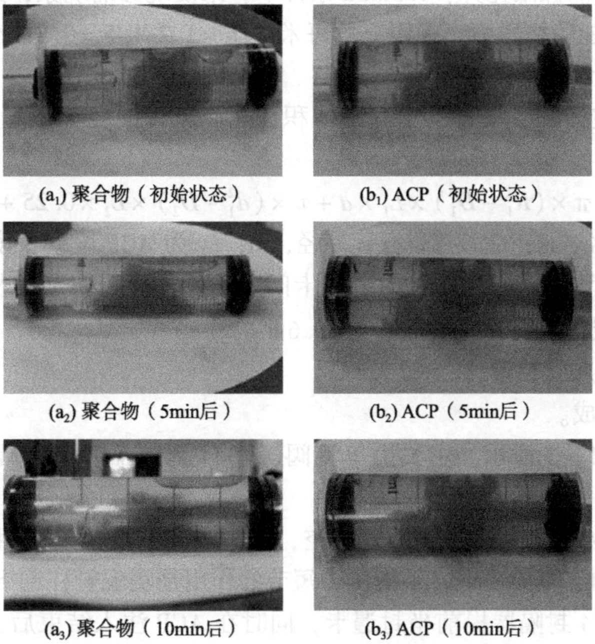

图7　不同流体在简易透明针管模型中的状态

(4)固化性能：评价方法①按照推荐配方，配制ACP材料；②按照不同浓度，将引发剂加入相应ACP材料中，搅拌均匀，置于80℃烘箱；③不同时间下观察样品的固化情况，待其固化后，立刻取出，并记录固化时间；④采用Model K95500针入度仪，分别测试不同浓度引发剂条件下的固化情况；⑤记录实验结果，并进行总结分析。评价结果：由实验结果可以看出，ACP固化时间3~7h，可控，针入度1.79~2.57mm，强度可调。随着引发剂浓度的增加，固化时间缩短，可以根据现场实际情况，选择适宜的引发剂加量(表2)。

表2　ACP静止条件的固化实验方案设计及结果

引发剂/%	ACP固化时间/h	ACP针入度/0.1mm
0.25	7	25.7
0.3	5	22.6
0.35	4	20.3
0.4	4	18.8
0.5	3	17.9

(5)抗压性能：评价方法采用原尺寸物理模拟试验，主要过程包括五部分内容：①组装试压工装及验封；②试压工装填砂；③配前置液与ACP，连接注入装置；④堵剂注入及固化；⑤打压验封堵剂(ACP)承压效果。

评价结果：砾石充填完井：2MPa条件下，未发现渗漏现象，3MPa微渗，但能稳住压力(最高打到7MPa，但有水流出，稳不住压力)。原尺寸砾石充填每米抗压=3/1.5=2MPa(筛管长1.5m)。裸眼完井：1.5MPa条件下，未发现渗漏现象，达到2MPa后，有微渗，降至1.2MPa，能稳住压力。裸眼充填每米抗压=1.2/1.5=0.8MPa(筛管长1.5m)。

3.1.2　ACP用量计算方法

根据筛管外环空体积、飞哥器卡间距体积、配注流程损耗等计算ACP用量，计算公式如下式：

$$V=\pi\times(R_1^2-D_1^2)\times L_1\times a+\pi\times(d_1^2-D_2^2)\times L_2\times 0.25+V_0 \tag{3}$$

式中，R_1为井筒内径，m；D_1为筛/盲管外径，m；L_1为ACP段塞长度，m；d_1为筛管内径，m；D_2为注入管外径，m；L_2为封隔器卡间距长度，m；d_2为注入管内径，m；V_0为地面罐体、注入管线等损耗，一般取0.4~0.6m^3。

3.1.3　ACP注入管柱设计

(1)工艺管柱构成。

定点注入管柱如下图所示，主要由单流阀、K344封隔器、注入阀、平衡压力短节和油管等组成。

K344封隔器是为了密封油管和筛管环空，保证注入的液体进入目标点位；注入阀用于提供液体进入目的层段的通道；平衡压力短节的作用是实现管柱起下过程中管柱内外的压力平衡，防止K344封隔器提前坐封遇卡，同时在ACP注入结束后，能使K344封隔器快速解封；单流阀的作用是井筒中的液体可以进入注入管柱内，但注入管柱的液体不会自行流入井筒(图8)。

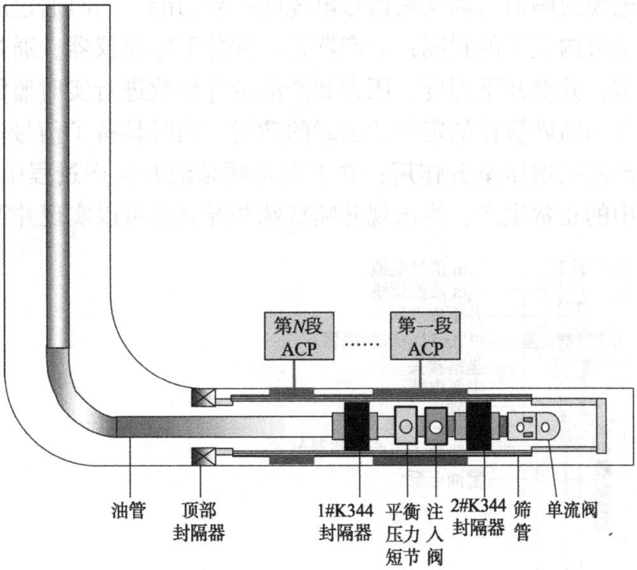

图 8　ACP 注入管柱示意图

(2)工作原理。

定点注入管柱下入到注入位置，通过油管内正打压，在油管压力下 K344 封隔器首先进行膨胀坐封，从而实现注入管柱和筛管之间的封隔，随着压力逐步提升，注入阀实现开启，通过注入阀进行目标点位的 ACP 等药剂注入；完成目标层注入后，地面停止注入，此时在平衡压力短节作用下，油管内外实现压力的快速平衡，从而确保 K344 封隔器解封，从而实现工艺管柱在井筒内的上下移动；等待 ACP 完全凝固后，在将定点注入管柱下入到 ACP 充填段，通过油管内打压，进行 ACP 的验封，若环空无返出，稳压状态良好，说明 ACP 固化性能良好，达到设计要求。验封合格后，通过反循环的方式对筛管内和油管内进行大排量反洗，将井筒残留的 ACP 清理干净。

(3)工艺参数。

防砂管柱尺寸：≥4in；

工作压力：21MPa；

工作温度：150℃；

注入排量：10～20m^3/h。

(4)工艺特点。

实现多轮次定点注入；坐封和解封简单、作业方便。

3.2　管内分采技术

筛管内分采技术是通过筛管内分层控制和管内举升组合实现，其中筛管内分层控制是通过封隔器在筛管内的封隔以及配产器的调控来实现的，管内举升是通过上部套管内的潜油电泵举升来实现的。

(1)工艺管柱构成。

管内分采管柱如图 9 所示，主要由配产器、过电缆封隔器、过电缆定位密封、滑套、电泵机组、Y 接头、座落接头和井下安全阀等组成。

其中筛管内过电缆封隔器可以实现信号电缆的穿越功能，同时通过胶筒实现在筛管内的坐封，从而实现筛管内上下的封隔；配产器是一种井下电控仪器，通过信号电缆可以实现其油嘴的无级调节，并对井下温度、压力和产液量等参数进行实时监测；过电缆定位密封实现管内分采管柱和防砂管柱的定位和密封的功能，同时具备了信号电缆穿越功能；潜油电泵实现对地层产液的增压举升作用；井下安全阀是油井生产过程中的一种井控工具，确保电泵举升过程中的正常生产，当出现井喷特殊井况时候可以实现井下产液通道关闭。

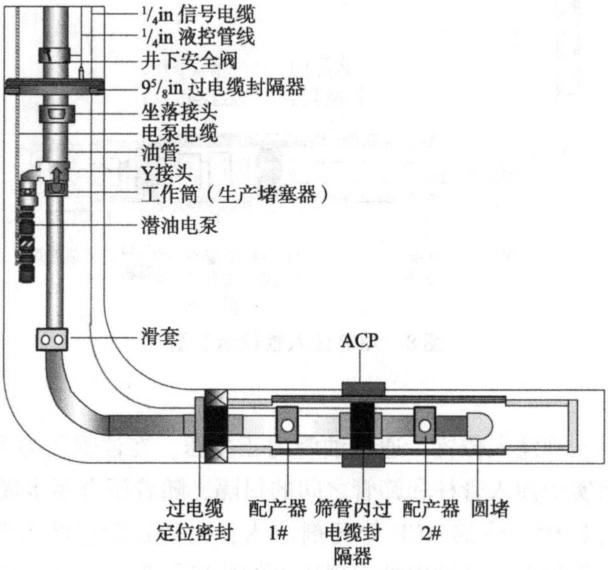

图9　管内分采管柱示意图

(2)工艺原理。

管内分采管柱属于一趟管柱下入，管柱到位后通过油管打压逐级坐封筛管内的过电缆封隔器和9 $\frac{5}{8}$in 过电缆封隔器，再通过钢丝作业实现滑套的打开，通过信号电缆实现井下全部配产器的打开，启动潜油电泵进行前期反排，将压井液快速反排出来，降低对储层的伤害；反排结束后，通过对不同生产舱的配产器进行开度调控，达到水平段均衡开采的目的，生产过程中对每层的产水、产液和压力情况进行监测。

(3)工艺参数。

上部套管规格：9 $\frac{5}{8}$in；

电泵系列：562、540、456、400；

防砂管柱尺寸：≥4in；

防砂段配产器规格：325、388、475；

工作压力：60MPa；

工作温度：150℃。

(4)工艺特点。

一趟管柱作业，作业方便；

实现水平井生产过程的温度、压力和产液等参数的实时监测；

在地面实现目标层的控制，从而实现产量调节。

4 实例分析

4.1 目标井概况

A01H 井位于渤海 C 油田，目的层位为 N 砂体，底水油藏，地层原油黏度 350mPa·s，水平段长度 546m，油层段长度 454m。生产套管程序：$9\frac{5}{8}$in 套管(内径 224.5mm、长度 0～750m)+7in 尾管(内径 161.7mm、700～1050m)，优质筛管完井(内径 90.1mm)，原电泵机组泵挂斜深 800m(垂深 739m)，井斜 53°，狗腿度 4.8°/30m。A01H 井 2020 年 6 月 12 日投产，初期含水 4.5%，至 6 月 21 日，含水突升至 24.9%，7 月 2 日含水超过 90%。目前日产液 $2100m^3/d$，日产油 $47m^3/d$，生产压差 0.6MPa，含水率 97.8%，累产油 $5.15\times10^4m^3$。

4.2 分舱位置优化

A01H 井未测中子密度，因此没有渗透率解释曲线，通过电阻率及泥质含量分析，整体上看水平段物性规律：中间段 > 跟端 > 趾端(图 10)。

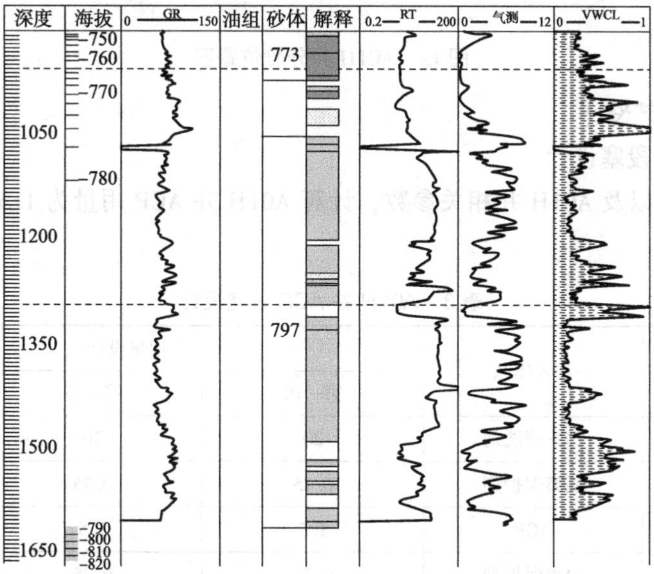

图 10　A01H 井测井解释成果图

含水率二阶导数曲线表明，A01H 井存在一次明显水淹过程，因此该井有一段油层水淹程度相对较高，属于点状见水局部水淹模式。A01H 井投产初期 1 个月生产压差略高于 0.6MPa，此时物性更好的中间段底水突破，之后生产压产在 0.3～0.6MPa，较小的生产压差导致跟端、趾端水淹程度相对较低。因此该井属于点状见水局部水淹模式，未水淹区域在目前生产压差下难以有效动用，仍有较大潜力(图 11)。

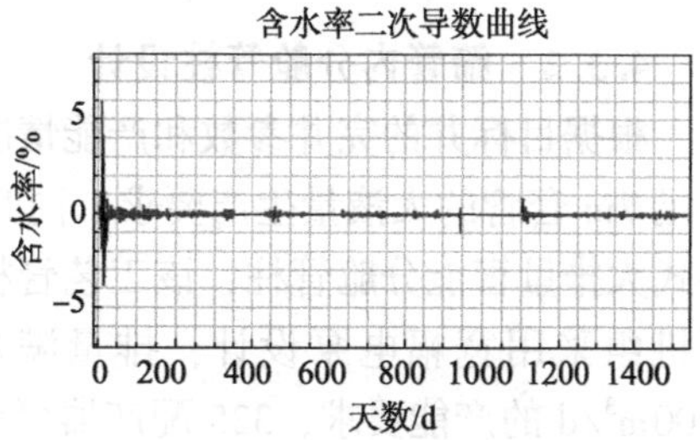

图 11　A01H 井含水率二阶导数曲线

探边测井表明水平段钻遇的泥岩为顶部隔层，水平段沿程下方未探测到明显夹层，因此需要设置缓冲舱防止绕流。以水平段钻遇的三个泥岩段为界，将水平段分为四段，其中*P*1 段为潜力舱，*P*2 段为缓冲舱。为了进一步减弱绕流的影响，建议 *P*1 段配产器靠左，*P*3 段配产器靠中间，*P*4 段配产器靠右(图 12)。

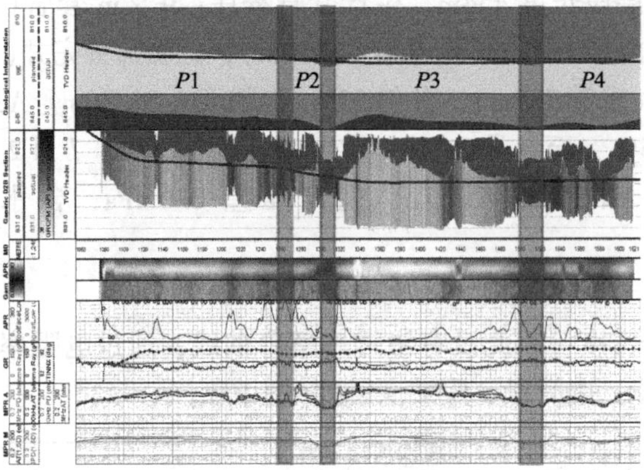

图 12　A01H 井分舱位置图

4.3　分舱控水工艺设计

4.3.1　ACP 段塞设计

根据公式(3)以及 A01H 井相关参数，计算 A01H 井 ACP 用量为 1.5m³，段塞设计见表 3：

表 3　A01H 井 ACP 段塞设计

注入段塞	注入体系	用量设计/m³		
		第一段	第二段	第三段
预处理段塞	10% 清洗剂	20	20	20
主体段塞	隔离保护剂	0.75	0.75	0.75
	ACP	1.5	1.5	1.5
	隔离保护剂	0.75	0.75	0.75
顶替段塞	配液水	注入管体积	注入管体积	注入管体积

4.3.2　筛管内分舱管柱设计

根据目标井的完井参数和产能情况，电泵机组设计位于 7in 套管，常规 Y 管工艺无法满足 7in 套管的大液量生产要求，同时基于管柱修井方便和作业安全考虑，设计了井下对接式大排量智能分舱管柱，该工艺管柱可以满足合采大排量和分舱小排量的生产需求。电泵机组采用宽幅电泵设计，排量满足 700～1900m³/d，其中 475 配产器可以满足单舱 1500m³/d 的产能要求，325 配产器可以满足单舱 300m³/d 的产能要求，同时设计了无线智能对接工具，具备了修井作业时不需要起出防砂段的分段管柱，具备作业时效性高、成本低和作业安全性高等特点(图 13)。

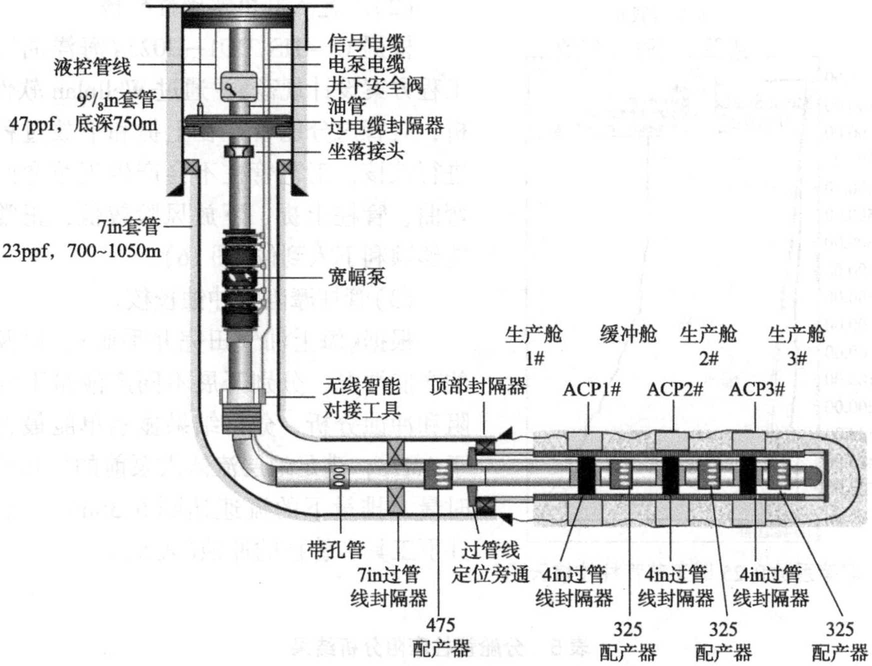

图 13　井下对接式大排量分舱管柱示意图

(1)工艺强度校核。

根据 Q－HS 2101—2023《海洋油气田采油工程方案设计规范》，通过 WellCat 计算，对管内分舱管柱的抗拉、抗内压、抗外挤以及三轴情况进行校核，校核结果显示工艺管柱的安全系数均高于标准规定的安全系数，满足强度要求(图 14、图 15 和表 4)。

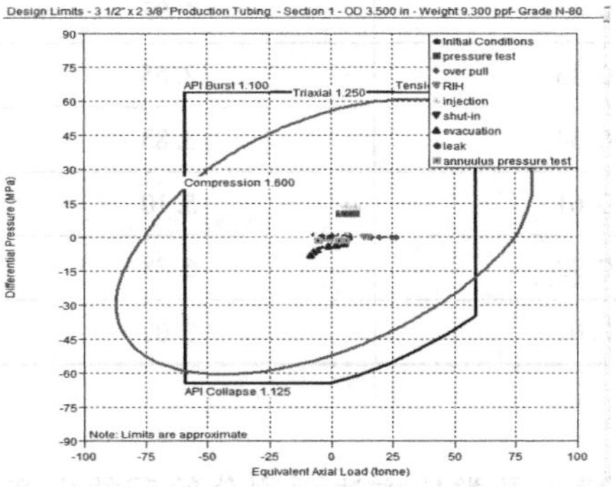

图 14　$3\frac{1}{2}$in 油管校核云图

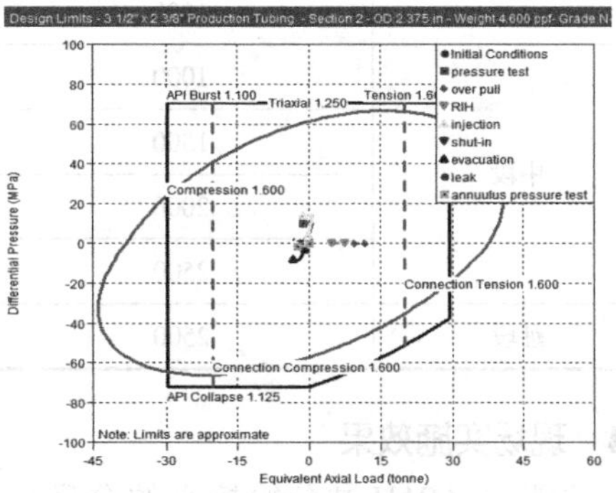

图 15　$2\frac{3}{8}$in 油管校核云图

表 4　分舱管柱校核结果

油管规格	油管下深/m	安全系数			
		抗拉/MPa 1.6	抗内压/Pa 1.1	抗外挤/Pa 1.125	三轴 1.25
$3\frac{1}{2}$in 9.3lb/ft　N80 $2\frac{3}{8}$in 4.6lb/ft　N80	1034m $3\frac{1}{2}$in N80 587m $2\frac{3}{8}$in N80	2.94	5.07	3.49	3.45

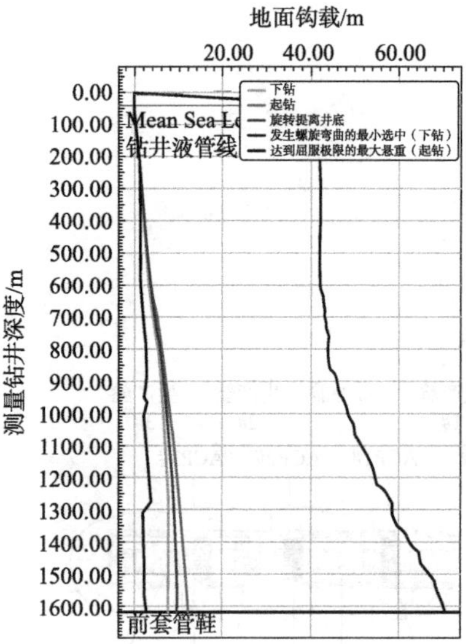

图 16　摩擦系数 0.25 时工艺管柱校核云图

(2)工艺入井可实施性校核。

根据 Q－HS 2101—2023《海洋油气田采油工程方案设计规范》，通过 Wellplan 软件校核分析，对管内分舱管柱在上提和下放过程的工况进行校核，工艺管柱不会产生正弦弯曲和螺旋弯曲，管柱上提、下放风险较低，正常情况下能够顺利下入到位(图 16)。

(3)管柱摩阻和冲蚀校核。

根据《海上油气田完井手册》，以及不同舱的产能情况，分别开展不同产液量下的沿程摩阻和冲蚀分析，分析结果显示单舱最大摩阻小于 1MPa，满足地层流体入泵前的压损要求，同时最大排量下的流速达到 6.38m/s，不会发生井下工具和管柱的冲蚀(表 5)。

表 5　分舱管柱摩阻分析结果

分舱段	产液量/(m^3/d)	沿程摩阻/MPa	流体流速/(m/s)
跟端	400	0.43	2.3
	600	0.63	3.45
	800	0.96	4.60
	1000	0.20	3.29
	1500	0.43	4.93
中段	1000	0.13	2.55
	1500	0.34	3.83
	2000	0.61	5.10
	2500	0.92	6.38
趾段	2500	0.01	2.02

4.4　现场实施效果

为验证 A01H 井分舱控水的合理性，采用数值模拟及类比方法预测分舱后的生产动态，模拟结果表明，措施后按照 1MPa 生产压差生产，潜力段日产液 1100m^3/d，初期含水下降4%，初期日产油 68.5m^3/d，2 年累增油 $1.25\times10^4m^3$，累积降水 $74\times10^4m^3$。2022 年以来，水平井分舱控水技术在渤海油田、南海东部累计实施 34 井次，工艺有效率 100%，平均含水下降 3%～5%，累增油 $12\times10^4m^3$。

5　结论

(1)针对海上老油田“双高”开发阶段稳油控水的需求，创新性提出水平井智能分舱控水技术，矿场实践表明，水平井分舱控水技术可实现平均含水下降 3%～5%，在一定程度上解决了高含水期间平台液处理能力受限的问题。

(2)针对无隔夹层水平井，首次提出了缓冲舱的设计理念，在一定程度上减缓了绕流的影响，达到生产舱内产液剖面更加均衡的目的。

(3)与已有控堵水工艺技术相比，水平井分舱控水技术可以实现不停井实时调控，稳油控水工艺技术开始进入智能化时代。

参考文献

[1]Brekke K, Lien S C. New and simple completion methods for horizontal wells improve production performance in high - permeability, Thin Oil Zones[J]. SPE Drilling&Completion, 1994, 9(3): 205 - 209.

[2]张舒琴，李海涛，韩歧清，等．中心管采油设计方法及应用[J]．石油钻采工艺，2010，32(2)：62 - 64.

[3]Landman M J, Goldthorpe W H. Optimization of perfora - tion distribution for horizontal wells[C]//SPE Asia - Pacif - ic Conference, Perth, Australia, 1991: 4 - 7.

[4]许兰兵，杨景辉，马宁，等．应用梯级筛管抑制水平井底水锥进研究[J]．科学技术与工程，2011，11(26)：6298 - 6302.

[5]王德安，何青，李国锋，等．红河油田水平井变密度筛管完井优化设计研究[J]．重庆科技学院学报(自然科学版)，2013，15(2)：85 - 88.

[6]Brekke K, Lien S C. New and simple completion methods for horizontal wells improve production performance in high - permeability, Thin Oil Zones[J]. SPE Drilling&Completion, 1994, 9(3): 205 - 209.

[7]MURADOV K, E LTAHER E, DAVIES D. Reservoir simulator - friendly model of fluid - selective, downhole flow control completion performance[J]. Journal of Petroleum Science and Engineering, 2018, 164: 140 - 154.

[8]ELTAHER E, MURADOV K, DAVIES D, et al. Autonomous flow control device modelling and completion optimization[J]. Journal of PetroleumScience and Engineering, 2019, 177: 995 - 1009.

[9]Moradi A, Moldestad BME, DAVIES D. A Proposed Method for Simulation of Rate - Controlled Production Valves for Reduced Water Cut[J]. SPE Production& Operation, 2021, 36(3): 669 - 684.

[10]赵旭，龙武，姚志良，等．水平井砾石充填调流控水筛管完井技术[J]．石油钻探技术，2017，45(4)：65 - 70.

[11]吴绍伟，万小进，周泓宇，等．连续封隔体控水工艺技术在海上油田的应用[J]．钻采工艺，2021，44(4)：47 - 51.

[12]单彦魁，王丙刚，魏裕森，等．控水防砂一体化工艺技术研究与应用[J]．中国海上油气，2022，34(3)：133 - 138.

[13]Yang Y, Li F, Zhang W, et al. The continuous pack - off technology: A novel water - control method and application to offshore horizontal wells of limestone reservoir[J]. Journal of Petroleum Science and Engineering, 2022, 211: 1 - 15.

[14]夃义，高晓飞，易会安，等．海上油田全寿命控水完井技术研究及现场试验[J]．石油钻探技术，2021，49(6)：93 - 98.

[15]孙龙波，肖波，刘贤玉，等．海上 C - AICD 抑制体智能控水技术研究与应用[J]．石油化工应用，2022，41(1)：62 - 65.

[16]周代余，江同文，冯积累，等．底水油藏水平井水淹动态和水淹模式研究[J]．石油学报，2004(06)：73 - 77.

迪那气田见水气井立体排水工艺可行性研究及应用

司想[1]　易俊[1]　张宝[1]　景宏涛[1]　孔嫦娥[1]　王雪松[1]　李伟[1]　朱良根[2]

（1. 中国石油塔里木油田分公司油气工艺研究院；2. 中国石油塔里木油田分公司迪那采油气管理区）

摘　要：随着塔里木油田库车山前迪那气田开发时间的增长，气井见水问题日益突出，严重影响气田稳产。目前，针对见水气井主要采用笼统排水方式进行排水采气，但该种方式易加快水侵速度，形成"水封气"现象。为提高单井产能，挖潜储层纵向上剩余气，开展见水气井立体排水可行性研究，通过管柱结构设计、井完整性评价、井筒流动分析等3个方面进行综合评估，认为单油管单封隔器管柱方案能够满足见水气井立体排水需求。现场应用表明，迪那A井成功实现立体排水工艺，效果显著，平稳生产428天，累增气$8786 \times 10^4 m^3$，累排水25610t。该研究不仅延长了见水气井的生命周期，更为其他深层、超深层气田见水气井挖潜剩余气，提高单井产能提供了有利借鉴。

关键词：迪那气田；见水气井；立体排水；管柱优化；完整性评价；产能

随着开发时间的增长，塔里木油田库车山前高压气井见水问题日益突出，开发效果逐渐变差，严重影响气田稳产。据统计，截至2023年12月，库车山前主力气田见水气井105口，日产水8073t，见水气井开井70口，开井率66.67%。目前，见水气藏主要采用边部强排水、腰部控水、高部带水的生产原则，针对见水气井主要采用笼统排水方式进行排水采气，但由于迪那区块储层厚度大、连通性较好，采用笼统排水后，井周压降大，边水容易沿着储层中的优势通道侵入井筒，形成"水封气"现象，导致气井水淹，严重影响单井产能。

为解决上述问题，本文开展了一套立体排水工艺可行性研究，通过管柱结构设计、井完整性评价、井筒流动分析3个方面综合评估论证立体排水工艺可行性，通过现场应用表明，立体排水工艺能够满足见水气井挖潜剩余气需求，延长见水气井生命周期，对同类深层、超深层气田见水气井提高单井产能提供了有利借鉴。

1　迪那气田及见水气井基本概况

迪那气田位于塔里木盆地东秋里塔格构造带迪那2号构造的西端，主力含气层系为古近系苏维依组(苏一段、苏二段、苏三段)和库姆格列木群组(库一段、库二段)，储层厚度超300m，经历了十多年的开发，目前水侵严重，北部边水呈非均匀侵入轴部气区，东部水侵已推进至中高部位，西部水侵相对缓慢。

迪那A井是塔里木盆地东秋里塔格构造带迪那2号构造的西端的一口开发井，位于新疆阿克苏地区库车县境内。2007年5月29日开钻，11月13日完钻，设计井深5390m，套

第一作者简介：司想(1994—)，男，汉族，江苏沭阳人，中国石油塔里木油田分公司油气工艺研究院，中级工程师，主要从事采油气工艺技术研究工作。E-mail：sixiang-tlm@petrochina.com.cn。

管射孔完井，实际井深5269m，完钻层位白垩系，目前人工井底为5110m。测井解释古近系气层116.7m/20层、差气层22.2m/9层，平均孔隙度9.7%，平均含气饱和度70%。

2008年1月8日对迪那A井古近系苏一段至库三段4857.00～5245.00m(132.3m/25层)射孔后酸化，通过8mm油嘴放喷求产，油压62.44MPa，日产气$51.69\times10^4m^3$，日产油$52.28m^3$，试油结论为凝析气层。储层中深5051m，原始地层压力106.63MPa，地层温度138.51℃，压力系数为2.12。目前地层压力为70.87MPa，压力系数为1.43。产出流体组分中天然气主要以甲烷为主，含有少量CO_2，不含H_2S；原油密度$0.8g/cm^3$，黏度0.83～0.98mPa·s，含蜡量5.9%～12.3%，含少量胶质和沥青质。流体性质具体见表1、表2。

表1 迪那A井天然气性质统计表

层位	取样时间	相对密度	组分含量					
			烃类/%			非烃类/%		
			CH_4	C_2H_6	C_3H_8及以上	H_2S	CO_2	其他
$E_{2-3}s^1$～$E_{1-2}km^3$	2011/9/4	0.6324	88.50	7.78	1.60	0	0.32	1.80
	2013/4/3	0.6274	89.20	7.21	1.50	0	0.33	1.76
	2020/8/21	0.6302	88.74	7.03	1.44	0	0.37	2.42

表2 迪那A井原油性质统计表

层位	取样时间	密度/20℃/(g/cm^3)	黏度/mPa·s	凝固点/℃	含蜡量/%	含胶质量/%	含沥青量/%	含硫量/%
$E_{2-3}s^1$～$E_{1-2}km^3$	2013/4/3	0.8018	0.88	2.00	5.90	0.54	0.00	0.01
	2016/6/23	0.8002	0.83	0.00	12.30	0.26	0.02	0.04
	2020/8/25	0.8063	0.98	4.00	12.00	0.34	0.03	0.02

迪那A井于2021年10月14日生产见水，油压29.5MPa，套压8.04MPa，含水率69.83%，日产气量$24\times10^4m^3$，日产水量49t，日产油量21.17t。带水生产至2022年7月19日后关井，关井前油压27.8MPa，套压1.92MPa，含水率91.12%，日产气量$8\times10^4m^3$，日产水量75t，日产油量7.4t。带水生产期间，本井日产水量由49t升高至104t，日产气量由$24\times10^4m^3$降低至$8.5\times10^4m^3$，单井产能降低幅度大。通过分层产液剖面测试本井苏一至苏三段(自上而下)整体水淹，但纵向水侵程度及流动能力存在差异，苏三段物性、水气比明显低于苏一段，分析认为苏三段虽然是低渗、低水淹层段，但仍然具备一定的剩余气挖潜潜力。于是，针对苏三段剩余气潜力层进行加砂压裂作业，作业后通过分层测试，该层段生产稳定，油压21.8MPa，日产气$12.8\times10^4m^3$，日产水$10.8m^3$。因此可知，气井见水并不代表储层全层段高含水，低渗、低水淹层段水封气仍可有效动用，具备储层纵向上剩余气挖潜条件。

2 立体排水工艺可行性分析

立体排水工艺是一种分层排水采气工艺，根据产液剖面分析结果，通过管柱结构设计将主产水层段和剩余气潜力层段进行分隔开采。立体排水工艺可行性分析需要通过管柱结构设计、井完整性评价、井筒流动分析3个方面进行综合评估。

2.1 管柱结构设计

设计两套管柱结构方案：方案一为单管单封管柱结构，即利用油管和油套环空分别进行排水或采气，该种管柱结构简单、施工方便、作业费用低，缺点是生产套管直接接触井内流体，生产过程中可能存在套管腐蚀问题；方案二为同心双管双封管柱结构，即利用小油管和油油环空进行排水或采气，该种管柱能够较好保护套管，缺点是管柱结构复杂、涉及工具多，并需配套同心双管双四通分层排采井口，工艺复杂，不利于后期修井作业。施工要求高，难度大、费用高。考虑工艺可行、安全可控、经济适用等方面因素(表3)，推荐采用方案一单管单封管柱结构。

设计单管单封管柱封隔器坐封于5017.51m，将主产水段(苏一段、苏二段)和剩余气潜力层段(苏三段)分隔，从而实现油管采气，油套环空排水的立体排水工艺(图1)。

表3 管柱结构方案优选表

序号	方案	优点	缺点	作业费用/万元	优选结果
1	单油管单封隔器管柱结构	利用油管和油套环空排水或采气，管柱结构简单，施工方便，作业费用低	生产套管直接接触井内流体，生产过程中可能存在套管腐蚀问题	250	推荐
2	同心双管双封隔器管柱结构	利用小油管和油油环空进行排水或采气，能够有效保护生产套管	管柱结构复杂、涉及工具多，并需配套同心双管双四通分层排采井口，工艺复杂，不利于后期修井作业。施工要求高，难度大、费用高	830	不推荐

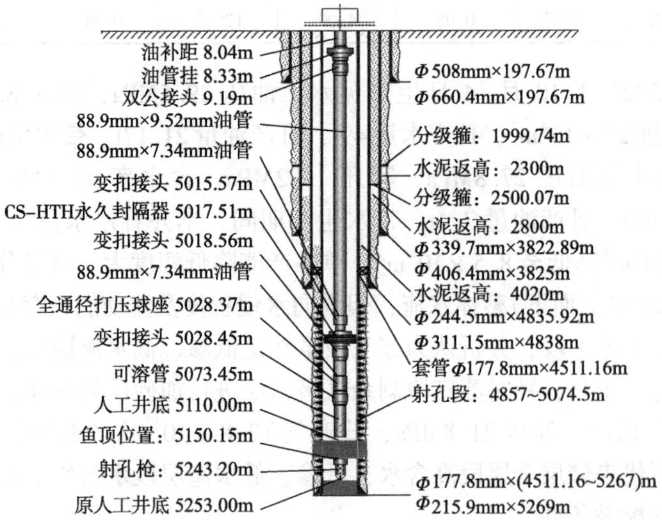

图1 迪那A井立体排水工艺井身结构图

2.2 井完整性评价

立体排水工艺的井完整性评价主要是针对生产套管的套损和腐蚀风险评价。采用油套环空排水，生产套管失去环空保护液支撑，膏盐岩层段的高压盐水压力可能直接作用在生产套管上，存在一定的套损、套变风险；另一方面，生产套管直接接触到井流物（含CO_2），可能导致套管腐蚀穿孔，压力将会窜至下一级环空，存在环空异常带压风险。

结合单井资料可知，本井膏盐岩层发育在3697.5～4547m，由9 ⅝in技术套管和7in生产套管双层套管封固，且水泥固井质量整体为中－好，膏盐岩层段的高压盐水压力将直接作用在9 ⅝in技术套管上。因此，生产套管套损、套变风险较小。

另外，通过电磁探伤工程测井结果可知，本井7in套管本体主要以轻度腐蚀为主，未见明显变形、穿孔。通过60臂井径测井结果可知，在生产套管5109.10m测得最大内径159.56mm，在生产套管4975.85m测得最大内径157.34mm（标准内径为152.5mm）。采用立体排水工艺后，利用油套环空排水，环空为含CO_2腐蚀介质的地层水，结合不同温度CO_2分压下碳钢腐蚀速率计算（N80套管在90℃井段最大腐蚀速率达0.2225mm/a，V140套管在100℃井段最大腐蚀速率达0.0973mm/a）。如表4所示，5年后最薄弱点生产套管剩余抗外挤、抗内压强度分别为29.7MPa、45.6MPa，发生腐蚀穿孔的风险较小。

表4　生产套管剩余壁厚及强度计算结果

<table>
<tr><th rowspan="2">生产时间/a</th><th colspan="2">Φ177.80×9.50mm N80套管（下深4511.2m）</th><th rowspan="2">外抗挤强度/MPa</th><th rowspan="2">抗内压强度/MPa</th><th colspan="2">Φ177.80×12.65mm V140套管（下深5267m）</th><th rowspan="2">外抗挤强度/MPa</th><th rowspan="2">抗内压强度/MPa</th></tr>
<tr><th>测井壁厚减薄/mm</th><th>剩余壁厚/mm</th><th>测井壁厚减薄/mm</th><th>剩余壁厚/mm</th></tr>
<tr><td>1a</td><td rowspan="3">0</td><td>9.28</td><td>38.1</td><td>50.4</td><td rowspan="3">3.53
（对应套管位置5109.1m温度136℃）</td><td>9.00</td><td>43.9</td><td>85.5</td></tr>
<tr><td>5a</td><td>8.39</td><td>29.7</td><td>45.6</td><td>8.60</td><td>39.2</td><td>81.7</td></tr>
<tr><td>10a</td><td>7.28</td><td>21.2</td><td>39.5</td><td>8.12</td><td>33.6</td><td>77.1</td></tr>
</table>

2.3　井筒流动性保障分析

立体排水工艺的井筒流动性保障主要考虑井筒结垢和地层出砂方面问题。

通过PVTSIM软件模拟储层至井口温压条件下的结垢情况，结果表明在近井储层带和井筒底部存在结垢现象（$CaCO_3$和$CaSO_4$），且结垢量与温度成正相关，与压力成负相关（表5），即在同一压力条件下，随着温度的增加，结垢量也随之增加，即在同一温度条件下，随着压力的增加，结垢量随之减小。

针对该井后期生产过程中存在的结垢堵塞风险，通过对比酸性、碱性及中性解堵液，的溶垢率、溶砂率、油管及地面管线腐蚀率等多项指标进行优选，结合室内试验结果可知，中性解堵液针对现场垢样溶垢率较高（80%），对油管及地面管线腐蚀率较低，综合考虑推荐采用中性解堵液溶垢，恢复生产通道（表6）。

表5　迪那A井结垢量预测表

<table>
<tr><th rowspan="2">压力/MPa</th><th colspan="5">不同温度下的结垢量/（mg/L）</th></tr>
<tr><th>138/℃</th><th>110/℃</th><th>90/℃</th><th>70/℃</th><th>50/℃</th></tr>
<tr><td>125</td><td>0</td><td>0</td><td>0</td><td>0</td><td>0</td></tr>
<tr><td>100</td><td>0</td><td>0</td><td>0</td><td>0</td><td>0</td></tr>
</table>

续表

压力/MPa	不同温度下的结垢量/(mg/L)				
	138/℃	110/℃	90/℃	70/℃	50/℃
80	60.2	25	8	0	0
60	121	86	64	33	0
40	160	128	115	82	38
20	192	164	135	125	107

表6　除垢解堵液产品性能对比表

性能指标		酸性解堵液(9% HCl+1% HF)	碱性解堵液	中性解堵液
外观		褐色	淡黄色透明	淡黄色透明
pH 值		<0	12.2	7~8
溶垢率/%	纯碳酸钙粉	96	68	75
	纯硫酸钙粉	90	66	72
	现场垢样	94	77	80
溶砂率/%	地层砂块	34.17	3.67	3.55
油管腐蚀率/[g/(m^2·h)]		12.54	0.58	0.43
地面管线腐蚀率/[g/(m^2·h)]		—	0.056	0.04

利用 Sandmanager 软件进行出砂预测，结果表明封隔器上部主产水段中 4867~4882m 井段最易出砂，临界出砂生产压差为 7.4MPa；封隔器下部剩余气潜力层段中 5056.5~5074.5m 井段最易出砂，临界出砂生产压差为 5.5MPa，生产过程中存在较大出砂风险。

因此，在生产过程中制定以下出砂防控措施：一是通过控制生产压差，减缓储层出砂；二是在井口配套除砂器监测出砂情况；三是若封隔器下部储层出砂导致井筒堵塞，采用连续油管作业疏通井筒措施，若是封隔器上部储层出砂导致环空堵塞，采用放大生产制度冲砂或动管柱修井措施。

3　现场应用

迪那 A 井于 2023 年 5 月 23 日开展立体排水工艺现场应用，5 月下旬至 8 月上旬，采用油管采气，8 月中旬至 12 月，采用油管和环空同时生产。截至 20204 年 8 月下旬，累计开井生产 428 天，目前油压 24.1MPa，套压 1.83MPa，累产气 $8786\times10^4m^3$，累排水 25610t，生产平稳，效果显著(图2)。

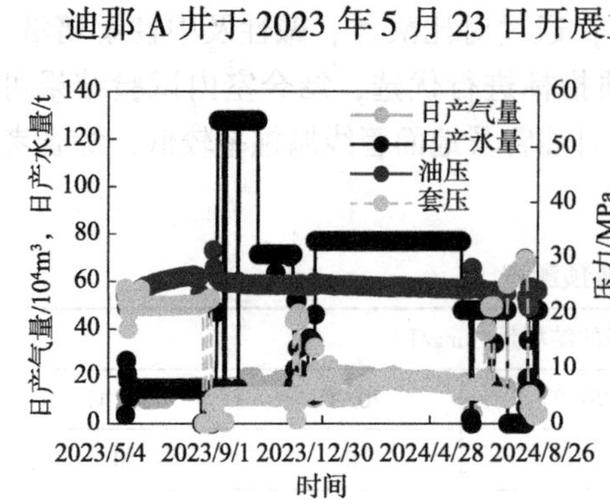

图2　迪那 A 井生产曲线

4　结论

(1)气井见水不代表储层全层段高含水，低渗、低水淹层水封气仍可有效动用，具备储层纵向上剩余气挖潜条件。

(2)利用单油管单封隔器管柱进行立体排水需要考虑井完整性和井筒流动性保障问题。在井完整性方面需要对生产套管套损、套变风险进行评估；在井筒流动方面需要对井筒结垢和地层出砂方面进行评估并制定防控措施。

(3)立体排水工艺是通过管柱结构设计将见水气井主产水层段和剩余气潜力层段进行分隔开采。现场应用表明，该种工艺有利于储层纵向上剩余气挖潜，能够有效提高单井产能，对同类深层、超深层气田见水气井综合治理提供有利借鉴。

参考文献

[1]张睿，孙兵，秦凌嵩，等．气井见水后产能评价研究进展[J]．断块油气田，2018，25(01)：62－65.

[2]汪周华，王子敦，郭平，等．地层压力和产水对低渗透气藏气井产能的影响[J]．地质科技情报，2016(04).

[3]蒋光迹．普光气田边底水气井动态特征及治水对策研究[J]．石油化工应用，2019，38(05)：68－73.

[4]李文魁，周广厚，毕国强，等．涩北气田排水采气优选模式[J]．天然气工业，2009(09).

[5]谌治君，童凯，周禄凯．塔河油田九区奥陶系凝析气藏差异化排水采气技术[J]．西部探矿工程，2020，32(12)：56－58＋65.

[6]杨光．低压低产气井排水采气工艺技术[J]．化学工程与装备，2022.

[7]彭鑫岭，张世民，张雪松，等．普光气田气井投产层段优化方法及效果[J]．天然气工业，2011，31(05)：61－63＋119.

[8]王小鲁，许正豪，李江涛，等．水驱多层砂岩气藏射孔层位优化的实用方法[J]．天然气工业，2004(04).

[9]冷冰．火驱同心双管分层注气管柱研制及试验[J]．特种油气藏，2020，27(04)：149－155.

[10]薛承文，麻慧博，高涵，等．牙哈高压凝析气田同心油管分层注气工艺[J]．天然气工业，2016，36(04)：48－54.

[11]丁晓芳，张一羽，刘海涛，等．双管分层注水工艺技术的研究与应用[J]．石油机械，2009，37(10)：50－51＋98.

[12]郑有成，张果，游晓波，等．油气井完整性与完整性管理[J]．钻采工艺，2008(05)：6－9＋164.

[13]于水杰，崔卫华，刘洪彬，等．油气井全生命周期完整性管理规范研究[J]．钻采工艺，2020.

[14]Adam T Bourgoyne，Stuart L. Scott，James B. Regg. Sustained Casing Pressure in Offshore Producing Wells. OTC 11029.

[15]赵鹏．塔里木高压气井异常环空压力及安全生产方法研究[D]．西安石油大学，2013.

[16]彭建云，周理志，阮洋，等．克拉2气田高压气井风险评估[J]．天然气工业，2008(10).

[17]A. R. Hasan，B. Izgec，C. S. Kabir . Sustaining Production by Managing Annular－Pressure Buildup. SPE 120778.

[18]Hamdi Daghmouni，Magdy EI Manci. Well Integrity Management System(WIMS)Development. SPE 137966.

[19]董长银，陈新安，阿雪庆，等．产水气井井筒携砂机制及携砂能力评价试验与应用[J]．中国石油大学学报(自然科学版)，2014，38(06)：90－96.

[20]王婧，王修武，汪潇，等．油气井携砂研究现状综述[J]．产业与科技论坛，2011.

变管径连续油管疏通技术及应用

魏波　张宏强　张梁　陈庆　徐鹏海　张凌茜

（中石油塔里木油田公司克拉采油气管理区）

摘　要： 塔里木油田库车山前超深高压气井迈入生产中后期，地层出砂、井筒结垢现象愈发严重，部分井具有生产潜能，但因井筒堵塞而停躺，尤其小井眼套管完井的井筒堵塞，受到封隔器、分层压裂滑套等完井工具尺寸限制，常用疏通井筒尺寸的连续油管无法通过解堵，化学解堵无液体流动通道，封隔器下部堵塞除了修井作业，再无更快捷的解堵方法。对此，探索变管径连续油管疏通工艺新技术，即通过专用工具对两种不同尺寸连续油管进行对接组合，小尺寸连续油管过封隔器疏通，消除尺寸限制。基于井控安全和变管径连续油管下入作业能力，开展技术应用可行性分析，同时优配高强度连续油管、优选配套工具、优选水力参数、优化工艺技术、精细化过程管控等多项措施保障，在"停躺"的 KeS1T 井中首次应用效果显著，作业后持续生产 10 个月，稳定生产。应用表明：该技术能够有效解决小井眼封隔器下部堵塞问题，补齐连续油管疏通的技术短板，对老区油田挖潜具有重要意义。

关键词： 塔里木库车山前；超深井；变管径连续油管；小井眼封隔器；井筒堵塞

塔里木油田库车山前常规疏通采用外径 Φ44.45mm 连续油管 + Φ44.45mm 射流工具，而 Φ127mm 小套管完井采用的封隔器内径仅 48.51mm，投捞式堵塞器或压裂滑套内径 50mm，疏通管柱过封隔器等完井工具的作业间隙不足 6mm，不满足安全作业标准，连续油管遇阻、遇卡等作业风险剧增。酸性、碱性解堵因流动通道堵塞，无法接触到堵塞物，井筒憋压时常发生，且解堵效果不明显。据统计，2014 年至今塔里木油田有超 31 口井用 5in THT 封隔器完井，受堵塞困扰急需解决的井超 3 口。例如：2022 年，ZQ101 井、KeS1T 井均用 44.45mm 连续油管疏通至 Φ127mm 封隔器上部，仅疏通出少量堵塞物。ZQ101 井疏通后开井放而不出，KeS1T 井酸化前试挤不通，堵塞问题未解决。鉴于 KeS1T 井产量较高、产能需求紧迫，研究决定探索两种不同尺寸的连续油管组合疏通工艺技术解决该井封隔器下部堵塞问题。

1　工艺技术可行性研究

通过连续油管管径选择、对接工装制作、井控装备配备、组合管柱作业能力，综合评估组合管柱疏通的可行性。

1.1　KeS1T 井井况及连续油管管径选择

KeS1T 井是库车山前克拉苏构造带的一口超深高压高产气井，井深 7030m，人工井底 7010m，目前地层压力 95MPa，压力系数 1.39。完井方式为套管射孔完井，射孔段 6934 ~ 6995.5m，套管结构为 Φ177.8mm + Φ127mm（悬挂），油管柱结构为 Φ114mm 油管 + Φ101.6mm 井下安全阀 + Φ114mm 油管 + Φ88.9mm 油管 + Φ73.01mm 油管 + 5in THT 封隔器 + Φ73.01mm 油管 + 全通径压裂滑套 + Φ73.01mm 油管 + 球座。

综合考虑连续油管在油管柱内通过能力、连续油管抗拉强度、返排效率及作业风险等因素，封隔器上部油管柱最小通径为 Φ73.01mm 油管，内径 59mm，见图 1 所示，选择疏通常用管径 Φ44.45mm 连续油管，封隔器下部到人工井底选择管径 Φ38.1mm 连续油管，在 5in 封隔器处的作业间隙由 4.06mm 增加至 10.41mm，可实现过封隔器疏通作业。

1.2 变径管连续油管对接组合

为实现 Φ44.45mm 连续油管和 Φ38.1mm 连续油管对接，选用特制的对接工装，对接工装母扣端连接 Φ44.45mm 的连接器，Φ44.45mm 连接器与 Φ44.45mm 连续油管提前焊接。对接工装公扣端与 Φ38.1mm 的连接器连接，Φ38.1mm 连接器与 Φ38.1mm 连续油管提前焊接，对接工装中部采用螺纹连接，为防止疏通过程中发生转动，通过销钉限位。对接工装满足 200kN 以上的抗拉能力，内部通过高性能密封圈密封保证疏通过程中的密封性。

1.3 变管径连续油管疏通井控技术

KeS1T 井地层压力高，具有较高井控风险，增加一种尺寸的连续油管需对防喷器组进行升级，由常规疏通“双四联”防喷器组合升级为变管径疏通“双四联 + 二联”防喷器组合，保证组合疏通时井控应急关井。考虑两种管径连续油管在井口对接，管内采用两个单流阀实现内防喷，管外仅有一套防喷器组，为满足井控安全的双屏障，采用“压井 + 冲洗”两种工作液体系，通过连续油管下入、循环高密度压井液压稳产层，井口防喷器组进行悬挂、防喷，以实现“防喷器组 + 液柱压力”对井控的“双屏障”。

1.4 变管径连续油管安全作业能力

综合考虑不同场景，设定不同参数值，软件模拟 Φ44.45mm + Φ38.1mm 连续油管组合管柱过 5in 封隔器、出管鞋的冲洗疏通、提拉、下放受力情况，验证组合管柱力学性能是否满足作业要求。计算极端情况下参数值，限定疏通作业上限值，避免复合管柱不满足施工的力学要求，发生灾难性弯曲和自锁。

2 工艺技术应用研究

2.1 KeS1T 井井筒堵塞情况

根据前期连续油管疏通、酸化前试挤，判断堵塞生产通道位置在封隔器下部。依据井口多次取到砂样，判断井筒砂堵。绘制 KeS1T 井油套管结垢和砂堵信息图如图 1 所示。

2.2 施工目的及工艺流程

(1)施工目的：利用变管径连续油管循环高黏液体携带出封隔器至人工井底地层砂等堵塞物，解除井筒堵塞，恢复产能。

(2)工艺流程。

第一步：带压下 Φ44.45mm 连续油管 + 冲洗工具至封隔器上部，循环高密度压井液脱气、压稳产层。

第二步：下入 Φ38.1mm 连续油管、井口对接 Φ44.45mm 连续油管、循环替冲洗液、组合疏通至人工井底。

第三步：替压井液、起组合连续油管、井口悬挂起出 Φ38.1mm。

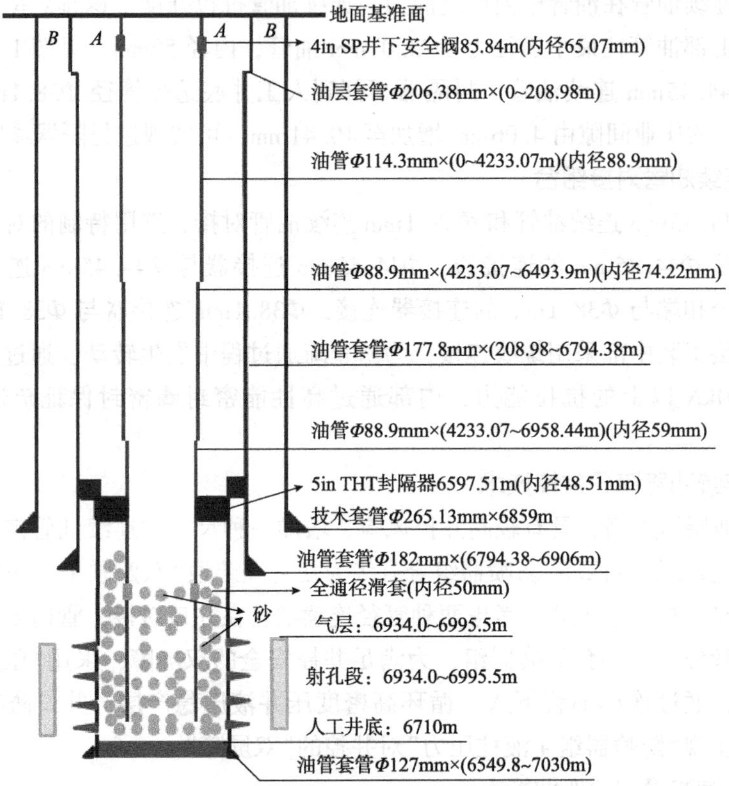

图1　KeS1T井油套管结构和下部砂堵信息图

2.3　变管径连续油管疏通作业

2.3.1　设备、连续油管优选

井筒纯气柱时，预计井口最大关井压力74.5MPa，连续油管疏通作业时采用140MPa防喷器组+105MPa防喷盒，最大疏通深度7010m，5in封隔器距人工井底距离412.49m，采用Φ44.45mm变壁厚连续油管(长度7300m)+Φ38.1mm连续油管(长度457m)，配备450kN提拉能力的注入头和专用塔架。

考虑Φ38.1mm连续油管过5in封隔器和出管鞋疏通，封隔器下部油管柱结构复杂，小尺寸工具较多，多处管径转化，疏通后地层压力瞬间释放，连续油管形变和受外力影响产生的力学变化会增加连续油管在井筒内螺旋弯曲自锁、顶管和埋管风险。为保证连续油管“下得去、起得出”，优选制作CT130钢级连续油管来替代现有CT90钢级连续油管，以提高组合连续油管的力学性能，具体性能对比见表1。

表1　CT130和CT90钢级连续油管数据对比

序号	钢级	外径/mm	壁厚/mm	内径/mm	每米重量/kg	屈服载荷/kg	屈服压力/MPa	水试压/MPa	扭转屈服/(N·m)
1	CT90	38.1	3.4	31.3	2.91	22185	104	83.4	2023
2	CT130	38.1	3.68	30.74	3.13	34587	163	103.4	3109

2.3.2 冲洗工具优选

根据图1可知：砂堵位置集中在封隔器下部的油管柱、油套环空及管鞋到人工井底的口袋内，连续油管携带冲洗工具需要出管鞋进行疏通，小管柱、大通径，在管鞋会产生“涡流”效应，使冲起的堵塞物难以返排。优选内部带叶轮旋转的射流工具替代常规冲洗头，提高有效打击距离和冲洗能力。

2.3.3 水力参数优选

根据水力参数模拟计算，按照环空返速≥2倍颗粒沉降速度，在不大幅提高施工泵压的条件下，选择最佳排量，满足返排出更大粒径石英砂，保障出油管管鞋地层砂的返排。根据实际泵压，优选变管径疏通最佳排量250L/min，提高堵塞物返排速度(表2)。

表2 不同排量下的连续油管环空返速

排量/(L/min)	环空返速/(m/s)	冲洗工具所在位置	理论可返排石英砂粒径大/mm
220	2.30	油管内	—
	0.46	出油管管鞋	4.6mm
250	2.61	油管内	—
	0.52	出油管管鞋	5.5mm
280	2.93	油管内	—
	0.58	出油管管鞋	6.4mm

2.3.4 疏通工艺优化

(1)造负压控压冲洗，保气液混出助排砂。依据理论计算连续油管疏通中气液混出和纯液返排两种工作介质下的连续油管环空返速，发现气液混排比纯液具有更高环空返速(表3)。利用连续油管带压作业能力，现场采用“循环密度1.10g/cm³冲洗液+地面流程控低压”的方式造负压，使地层始终保持“吐”的状态，利用地层气体携液混排的高返速和注入流体的高排量共携砂(表3)。

表3 气液混排和纯液时连续油管环空返速

工作介质	位置	环空返速/(m/s)
气液混排 (250L/min+30000m³/d)	5in 封隔器	7.25
	油管内	3.2
	出管鞋	0.64
纯液 (250L/min)	5in 封隔器	5.89
	油管内	2.6
	出管鞋	0.52

(2)根据不同疏通位置，建立不同疏通工作制度。借鉴前期的疏通经验，根据变管径连续油管疏通经过的疏通位置、作业间隙转化情况，在5in封隔器上部、封隔器与管鞋间、出管鞋优选最佳提拉距离、疏通速度和排量，并对遇阻吨位、变径处提拉次数、冲洗制度进行限定，防止盲目提拉增加吨位和疏通不到位，具体作业制度见表4。出管鞋疏通时，为了降低油管管鞋处的“涡流”效应，采用逐步缓慢上提的方式，利用高排量和冲洗液

悬浮能力使冲起的堵塞物进入油管内得到快速返排。同时，增加出管鞋的疏通时间，留足油套环空间地层砂的沉降时间，通过不断沉降、反复冲洗、反复提拉，彻底解决井筒砂堵问题(表4)。

表4　不同疏通位置执行不同工作制度

疏通位置	参数控制	具体数值	遇阻控制
5in 封隔器上部油管柱	提拉距离/m	300～500	遇阻10kN，冲洗通过后活动3次，无显示继续下入
	疏通速度(变径处)/(m/min)	≤8(≤3)	
	排量/(L/min)	180～220	
封隔器和管鞋间	提拉距离/m	30～50	遇阻10kN，冲洗通过后活动3次，无显示继续下入
	疏通速度(变径处)/(m/min)	≤3(≤1)	
	排量/(L/min)	180～220	
出管鞋	提拉距离	每冲10m提拉至管鞋	若遇阻，压住射流冲洗直悬重恢复正常，再上提下放冲洗
	疏通速度/(m/min)	≤0.5	
	排量/(L/min)	250	

2.3.5　精细化过程管控

(1)充分考虑连续油管疏通配套作业是多岗位、多点管控、多机具协同配合的作业现状，瞄准施工目标，拆解、细化每道工序，识别潜在风险，强化薄弱环节，形成标准化具有指导意义的针对性方案措施，建立专人责任制和指令统一制度，帮助现场“知、会、干”指令统一、分工明确。

(2)细化连续油管对接流程，专人指挥，统一调配，在井口增加两道防脱卡，防止Φ38.1mm 连续油管对接时溜管，增加对接的安全性。

2.4　工艺应用结果

经过技术可行性分析、“四优一控”制度建立，最终成功疏通出封隔器下部近80L堵塞物，堵塞物类型主要以地层砂和压裂砂为主，解除KS1T井井筒堵塞下部堵塞，Φ6mm油嘴，油压39MPa，日产气$23\times10^4m^3$，恢复至最初生产水平。

3　结论

(1)通过井控技术评估和变管径连续油管下入能力评估，验证了变管径连续油管组合疏通应用在老井解堵作业中是可行的，针对小井眼封隔器和小内径工具，按照制约工具深度和疏通目标深度，对接小管径连续油管进行疏通，解决因工具内径制约连续油管无法通过疏通的难题，该项技术对老井深度解堵及解堵工艺选择具有重要的意义。

(2)与常规单管径连续油管疏通不同，不同管径连续油管疏通需要保证不同管径连续油管作业时的井控安全，类似KeS1T井高压气井提出针对性解决办法，采用“双四联+二联”防喷器组合，同时配备“压井+冲洗”两种工作液体系，解决不同管径连续油管作业时的井控安全，冲洗工作液采用低密度液体，利于造负压控压冲洗，实现气液混出提高封隔器下部、管鞋处的携砂能力。

(3)连续油管作业遇卡风险巨大，尤其两种管径连续油管组合疏通，为提高管柱作业能力优选 CT130 钢级连续油管，同时提高现场安全管控力度，不同疏通位置执行不同工作制度，对关键环节进行风险评估，制定针对性措施，保障 KeS1T 井高效安全疏通。

参考文献

[1]张宝，匡韶华，魏军会，等. 续油管解堵技术在克深区块超深高压气井中的应用[J]. 油气井测试，2017，26(6)：41-43.

[2]周鹏遥，杨向同，刘会锋，等. 连续油管带底封喷砂射孔环空分段压裂技术在塔里木和田河气田的应用[J]. 油气井测试，2015，24(5)：49-51.

[3]冯广庆，谢宇. 高温高压油气井井下作业技术在迪那 2 气田的应用[J]. 油气井测试，2007，16(4)：39-41.

[4]彭建云，蒋俊，刘清友，等. 超深井生产测试用连续管的安全性评价[J]. 石油机械，2012，40(11)：66-69.

[5]庞德新，艾白布·阿不力米提，焦文夫等. 超深气井连续油管多径组合管柱作业新工艺[J]. 天然气工业，2021，41(3)：112-118.

气井井筒解堵时机判断方法研究

陈庆　张宏强　滕起　张梁　潘俞霖

（中石油塔里木油田公司）

摘　要：部分塔里木库车山前高压气井在生产过程中，出现油压、产量波动下降，为维持其生产，需不定期开展井筒解堵作业，但解堵作业时机判断始终未得到解决。为解决这个问题，本文就影响油压，产量波动的四类因素（油嘴开度、井筒堵塞、地层污染、地层压力衰竭）首先开展单因素分析，获取各自对油压、产量影响关系；再与单井实际油压产量关系式进行拟合，计算出各因素影响权重占比；最终根据井筒堵塞权重占比大小决定井筒解堵作业是否实施。本方法可有效优化井筒解堵作业频次，降低作业成本，为现场解堵作业开展时机提供科学支撑。

关键词：气井；解堵；时机判断

塔里木油田库车山前高压气井在生产过程中，部分井因地层出砂、流体析蜡或水合物生成而造成井筒堵塞，影响平稳生产。现场为维持气井正常运行，目前主要采用酸液和连续油管两种解堵工艺，但何时开展解堵作业缺乏科学判断依据。通过对近年针对井筒堵塞问题开展的研究调研发现，目前研究主要偏向于井筒堵塞物来源分析、堵塞机理研究、解堵药剂研发及解堵配套工艺几个方面，而对于解堵作业开展时机的选择研究很少，本文则是就此问题对前期形成的解堵技术体系进行丰富和完善。

气井在生产过程中，引起油压、产量波动的原因主要可以归因于油嘴开度变化、井筒堵塞程度、地层污染情况、地层压力衰竭。基于此共识，为优化解堵作业频次，则需确定井筒堵塞在影响油压、产量波动的权重占比。本文将以库车山前某口高压气井为例，介绍多种因素权重占比计算方法，从而判断出井筒解堵时机。

1　井筒解堵时机判断方法

KSXX 井为一口直井，储层中深 7050m，地层原始压力 120.95MPa，地层温度 169℃，流体类型为干气。本文首先构建一个涵盖井底流入、井筒、流体及井口流出的单井基础模型（图 1），根据试井数据给定产气指数 $0.025\times10^4m^3/(d\cdot MPa^2)$，根据地面集输管线运行压力给定嘴后回压 12MPa，然后在此模型基础上开展单因素敏感性分析。

1.1　油嘴开度对油压、产量影响

由现场生产经验可以知道，调节油嘴后油压、产量将呈负相关变化，以此来调节油气井生产，直接引起油压、产量波动。本文保持模型（图 1）其他参数不变，将油嘴开度由 3mm 逐级调节到 45mm，该井日产量由 $7\times10^4m^3$ 升至 $244\times10^4m^3$，油压由 97MPa 降至

第一作者简介：陈庆（1989—），男，四川南充，中石油塔里木油田分公司，高级工程师，从事采油气工程方向研究。E-mail：chq-tlm@petrochina.com.cn。

15MPa，如图 2 所示。油嘴开度在 25mm 以内变化对油压、产量影响明显，超过 35mm 以上油压、产量均较稳定。

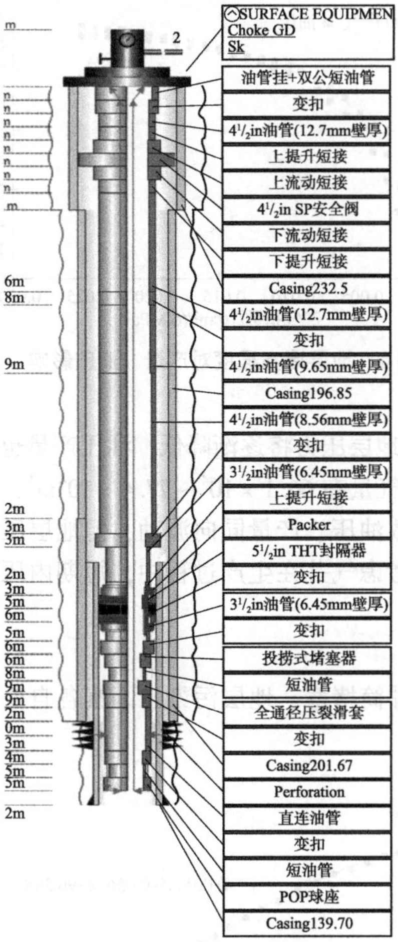

图 1　KSXX 单井模型

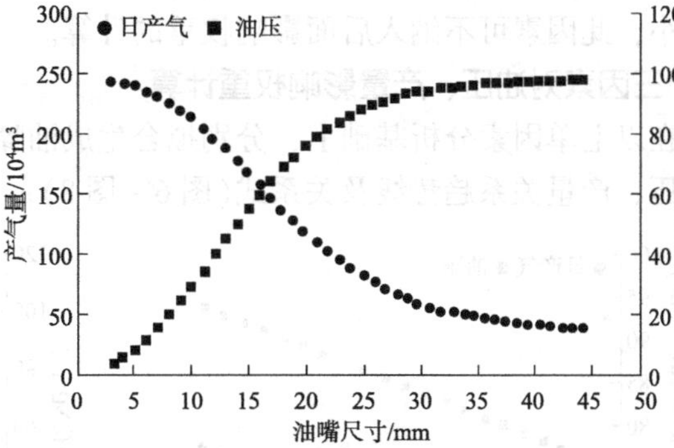

图 2　油嘴开度对产量、油压影响

1.2　井筒堵塞对油压、产量影响

井筒内部出现堵塞后，油气流动通道缩小，造成流体流动摩阻增大，并可能产生“节流效应”：一方面反馈给地层回压增大，导致生产压差降低，减小油气井产量；另一方面流体节流后，节流点后流压明显降低，引起井口油压减小。通过改变封隔器附近油管内径以模拟不同堵塞程度，油管内径尺寸在 10 ~ 60mm 变化，该井日产量由 $49.6\times10^4\mathrm{m}^3$ 升至 $72.5\times10^4\mathrm{m}^3$，油压由 48.8MPa 升至 84.8MPa，如图 3 所示。井筒堵塞会导致油压、产量同向波动，当流动通道小于 25mm 时，流道尺寸变化对油压、产量影响明显，超过 25mm 后几乎没有影响。

1.3　地层堵塞对油压、产量影响

油气井在生产过程中，钻完井期间侵入地层的钻完井液会随着生产流体共同流出，或者地层出砂等，均可能引起地层在近井筒附近堵塞，引起地层渗透率降低，产气指数减小，影响油压、产量。通过调整产气指数 $0.001\times10^4 \sim 0.025\times10^4\mathrm{m}^3/(\mathrm{d}\cdot\mathrm{MPa}^2)$，日产气量在 $14\times10^4 \sim 73\times10^4\mathrm{m}^3$，油压 15 ~ 85MPa，如图 4 所示。地层堵塞会导致油压、产量同向波动，当产气指数在 $0.007\times10^4m^3/(d\cdot MPa^2)$ 以内时，产气指数变化对油压、产量影响明显，而后影响逐渐减弱。

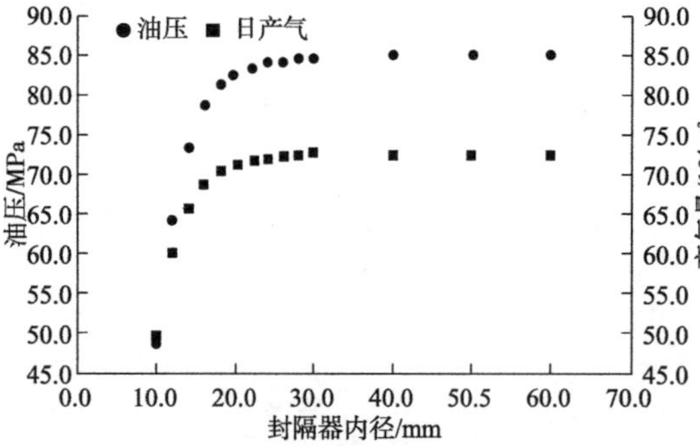

图3　井筒堵塞程度对产量、油压影响

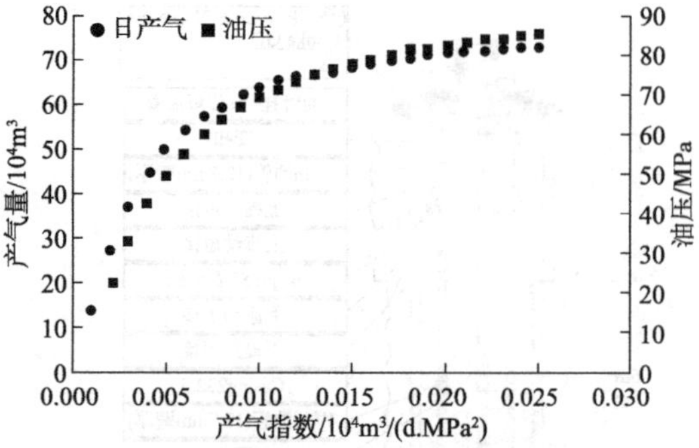

图4　地层堵塞程度对产量、油压影响

1.4　地层压力衰竭对油压、产量影响

目前气藏通常采用衰竭式开发，随开发时长推移，地层压力将逐渐降低，油压产量也将出现相应变化。通过调整地层压力100～121MPa，日产气量在 66.1×10^4～$77.4\times10^4m^3$，油压74.4～93.7MPa，如图5所示。地层压力衰竭会导致油压、产量同向波动，但地层压力在较小范围内变化时，对油压、产量变化影响不大。考虑气井在生产过程中，短期内压力衰竭小，此因素可不纳入后面影响权重的计算。

1.5　三因素对油压、产量影响权重计算

在以上单因素分析基础上，分别拟合生成油嘴、井筒堵塞、地层污染三因素各自变化下油压、产量关系趋势线及关系式(图6～图8)。

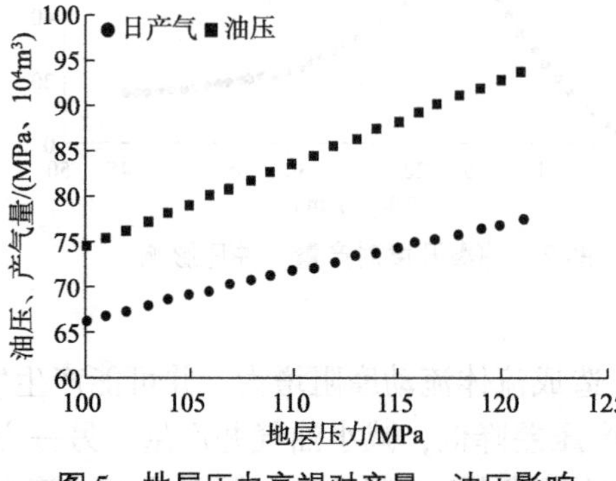

图5　地层压力衰竭对产量、油压影响

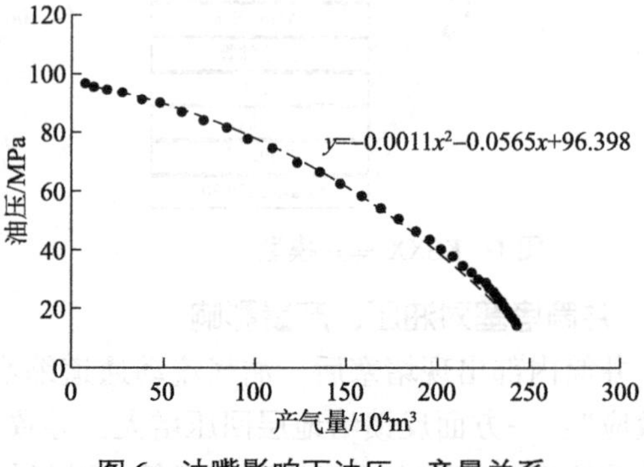

图6　油嘴影响下油压、产量关系

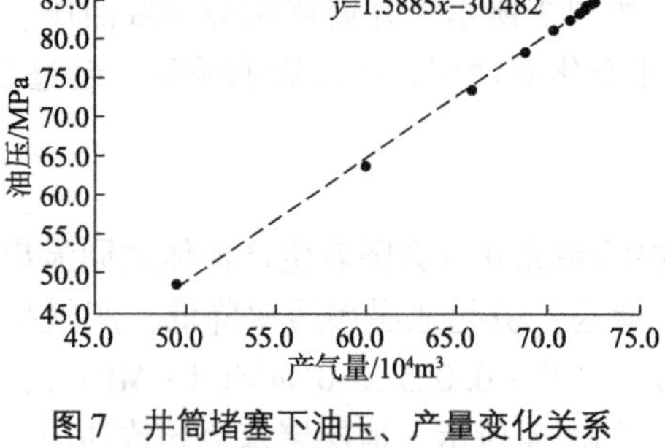

图7　井筒堵塞下油压、产量变化关系

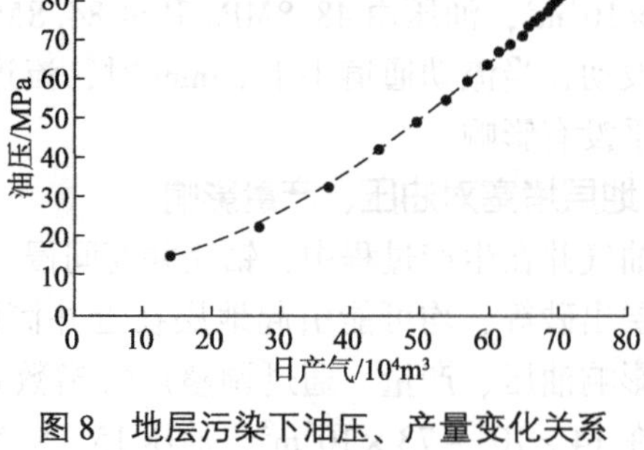

图8　地层污染下油压、产量变化关系

根据实际生产油压、产量变化数据，将 KEXX 井划分为 8 个生产区间(图 9)，然后分别拟合生成各个区间内油压、产量关系曲线(图 10)。

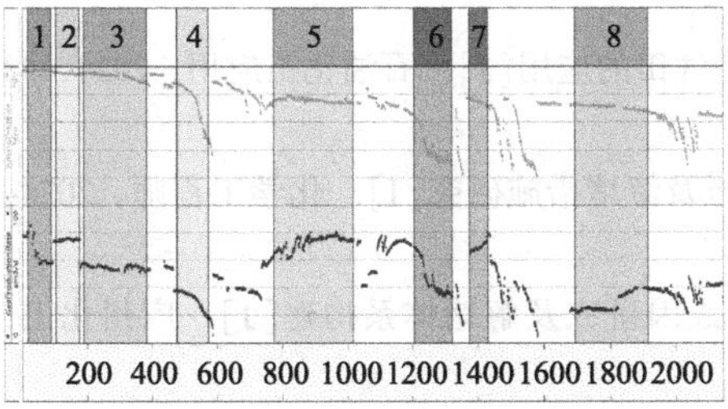

图 9　划分为 8 个生产区间

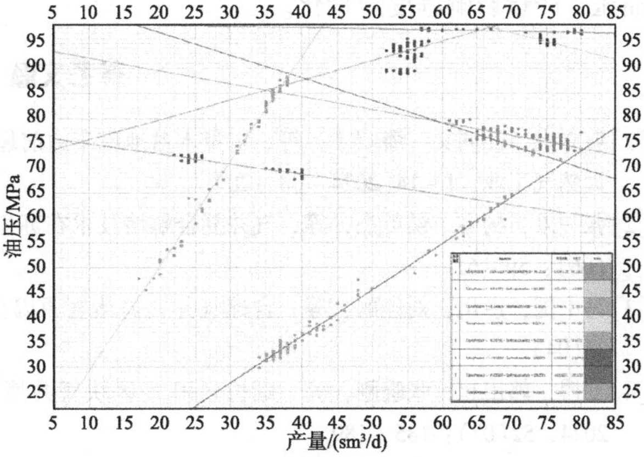

图 10　8 个区间各自油压、产量拟合关系

实际生产油压、产量的变化关系可以看作是由三种因素按不同权重叠加形成，据此可形成一个系数矩阵计算方程式(1)，从而得到各因素的权重占比(图 11)。从图 11 中可以看出第 4、第 6 生产区间井筒堵塞影响占比较高，现场据此开展井筒解堵作业，油压、产量均获得明显恢复。

$$\begin{pmatrix} 0 \\ -0.02473116 \\ 99.12932 \end{pmatrix} = \begin{pmatrix} -0.0011 & 0 & 0.00106 \\ -0.0665 & 1.5885 & 0.2974 \\ 96.398 & -30.482 & 7.9487 \end{pmatrix} \times \begin{pmatrix} A \\ B \\ C \end{pmatrix} \tag{1}$$

式中，式(1)是以第 1 生产区间为例，等号左边为实际生产油压、产量拟合关系式的各项系数；等号右边第一项为三因素影响下拟合所得油压、产量拟合关系式的各项系数；等号右边第二项为各因素的权重值。

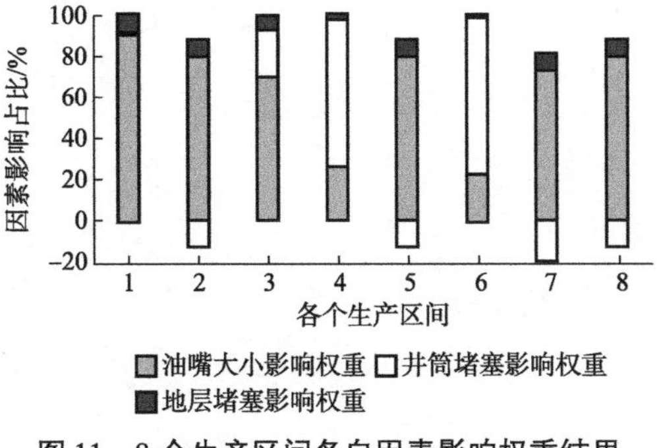

图 11　8 个生产区间各自因素影响权重结果

2　结论

(1)通过单因素敏感性分析，得到了油嘴、井筒堵塞、地层污染及地层压力衰竭对油压、产量影响变化趋势：油嘴开度、流道尺寸、地层污染程度均是在一定范围内对油压、产量影响明显，超过一定数值后影响敏感度明显降低；地层压力对油压、产量影响呈近线性关系，且短期内影响差异不大。

(2)在综合考虑油嘴、井筒堵塞、地层污染三个主要的油压、产量影响因素基础上，创新提出多级拟合反演计算方法，分区间拟合实际生产关系式，实现不同阶段、各因素对油压、产量影响程度定量化。

参考文献

[1]曹立虎，江同文，潘昭才，等．塔里木盆地库车山前超深气井砂垢堵塞成因及靶向解除技术[J/OL]．天然气工业，1-14[2024-08-28].

[2]张一果，杨睿，侯英杰，等．气井复合解堵技术在苏里格气田的应用[J]．石油化工应用，2024，43(06)：59-61.

[3]马中国，卢川，刘佳丽，等．含硫气井井筒堵塞原因分析及解堵措施研究[J]．化学工程师，2024，38(04).

[4]刘博，郭田超，张晓刚，等．延长气田X区块气井堵塞成因研究及解堵体系构建[J]．广州化工，2024，52(07)：185-189.

[5]杨林，孙龙飞，祁炜，等．鄂东缘DJ区块致密气井堵塞原因及化学解堵技术[J]．中国石油和化工标准与质量，2024，44(05)：193-195.

超深稠油油藏电泵举升工艺研究及应用

王胜雷[1] 刘伟[1] 张雪松[1] 陈德飞[1] 曹鹏[1] 孙玉国[1] 党梓菡[2]

（1. 中国石油塔里木油田分公司东河采油气管理区；2. 中国石油塔里木油田分公司实验检测研究院）

摘　要： 哈拉哈塘油田哈15井区属于碳酸盐岩超深稠油油藏，具有高温、高压、高 H_2S、高矿化度的特点。稠油油藏的抽油泵掺稀采油工艺，由于受限抽油泵自身排量，减去掺稀量后日净产液量只有20~30t/d。为有效释放稠油井的生产潜能，创新研发出耐温180℃、扬程3000m、排量达150m³/d，适用于超深高黏油藏的电泵举升工艺，既满足稠油掺稀、又满足高黏原油大排量举升。潜油电泵采用宽流道混相流的叶导轮，同时创新采用井下电缆穿越、泵下尾管加深掺稀位置、井下混配器、井下数据实时监测预警、防砂优化等多项工艺技术，实现5000m高黏原油掺稀大排量举升。目前该配套工艺已成功应用6口稠油掺稀井，累计产液 17.93×10^4t，产油 5.83×10^4t，平均日产混液140~150t/d，日产净液达到50~60t/d，是抽油泵井产液的2~3倍，形成了哈拉哈塘油田超深高黏油藏电泵提采提液配套技术，对其他油田的稠油油藏提采提液举升工艺提供借鉴。

关键词： 碳酸盐岩油藏；稠油电泵；混相流；提液

哈拉哈塘油田位于塔北隆起轮南低凸起西斜坡，其东北部的哈15井区油藏平均埋深在6600m以下，原油密度0.92~1.10g/cm³，黏度在3000mPa·s以上(50℃)，是典型的超深碳酸盐岩稠油油藏，也是我国最难开发的稠油区块之一。哈15井区目前共有稠油井34口，日产液573t，日产油317t，采油方式以自喷和抽油机为主，均采用环空掺稀降黏原油黏度实现举升。随着哈15井区进入中高含水开发阶段，产油量出现明显下降，而该区块储集体规模大，供液能力充足，所以提液增产成为区块的高效稳油开发的主要技术对策。由于抽油泵受限自身低排量，已不能满足机采井提液采油的需求，因此机采井提液工作迫在眉睫。

通过调研，邻区塔河油田在稠油井潜油电泵的应用开展了大量工作，为稠油井的电泵提液提供了大量的经验借鉴。但与塔河油田的稠油区块相比，哈拉哈塘油田稠油井油藏埋深较邻区平均深300~500m，地层温度高10~18℃左右，油品性质更差，且地层出砂严重，导致邻区应用较好的潜油电泵在哈拉哈塘油田规模推广受到限制。2022年以来，哈拉哈塘油田在持续攻关的技术上，创新研发出耐温180℃、扬程3000m、排量达150m³/d，适用于超深稠油油藏的电泵举升工艺技术，现场成功6口稠油掺稀井，平均日产混液140~150t/d，日产净液达到50~60t/d，是抽油泵井产液的2~3倍，已累计产液 17.93×10^4t。

第一作者简介： 刘伟，男，陕西延安人，工作于中石油塔里木油田分公司东河采油气管理区，中级职称，主要从事采油气工艺研究方向。E-mail：1475905253@ com。

1　超深稠油油藏的电泵举升工艺技术

1.1　管柱结构

超深稠油油藏的电泵举升工艺管柱结构自下而上依次为：Φ140mm 防掉接头 + 3 ½in EUE 斜坡油管6 根 + 变扣 + 3 ½in NU 防砂筛管 8 根 + 变扣 + 3 ½in EUE 斜坡油管 + 3 ½in EUE 双公短节 + 变扣 + 全密封导流罩(内挂 QYDB114 - 150/2500C 型潜油电泵) + 变扣 + 变扣 + 3 ½in EUE 斜坡油管 + 3 ½in EUE 双公短节 + 油管挂。如图 1 所示，该管柱创新性的在电泵外增加导流罩，导流罩下部挂接油管延伸至井底，在油管底部掺稀油与稠油混合掺稀。即通过加深掺稀位置，提高掺稀效果，实现掺稀功能。

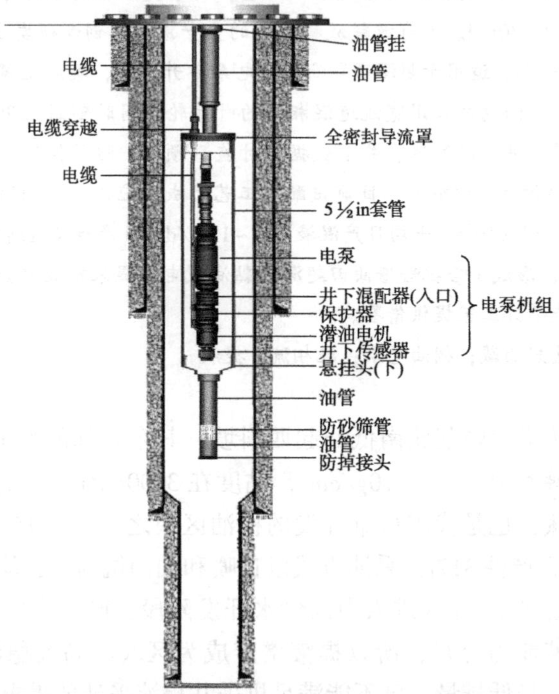

图 1　超深稠油油藏的电泵举升工艺管柱结构图

1.2　工作原理

从掺稀工艺流程来看，稀油从环空注入向下，到达管柱底部筛管位置，与地层产出的稠油进行混合，达到稠油降黏的目的。混液进入筛管内部，沿着油管向上，到达全密封导流罩处，通过内部的电泵机组的增压，举升至地面，进入地面系统。

从机组工作流程来看，电缆将地面电力依次通过变压器、控制柜、接线盒、井下电缆送到潜油电机，电机带动电泵叶轮高速旋转。此时掺稀油和稠油形成的混液，通过下部油管到达导流罩内，通过井下混配器下部的吸入口进入，经过井下混配器充分搅拌进入电泵内部，电泵叶轮对混液进行加速增压，使其获得动能，动能转换压能，混液经过油管向上被举升至地面系统。保护器主要实现隔离井液和电机油，使电机油不被井液污染。

1.3　工作特点

通过对宽流道混相流潜油电泵、耐高温高效电机、井下混配器等 7 种工艺技术创新改进，形成出耐温 180℃、扬程 3000m、排量达 150m^3/d 的耐高温抗稠油潜油电泵，实现 5000m 稠油掺稀、高黏原油大排量举升的电泵举升工艺。

2 配套工艺技术及主要参数

2.1 宽流道混相流潜油电泵技术

创新把潜油电泵的叶轮由径向型流道升级混向型流道，兼具径向与轴向流道，比普通径向流泵流道宽 25% ~35%，降低稠油堵塞流道，使其有更高的黏度、垢、腊、砂、气的处理耐受能力；并且在导叶轮流道表面进行涂镀，提高了叶导轮的表面光洁度，抗稠油能力提高 7 倍，降低单级叶导轮消耗功率，同时实现防垢功能(图 2、图 3)。

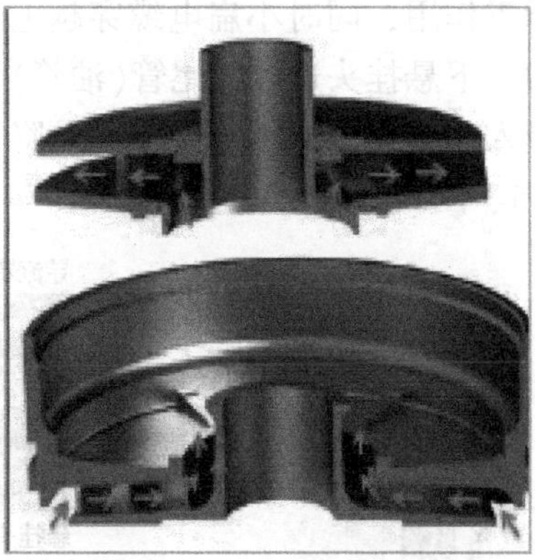

图 2　普通径向叶轮

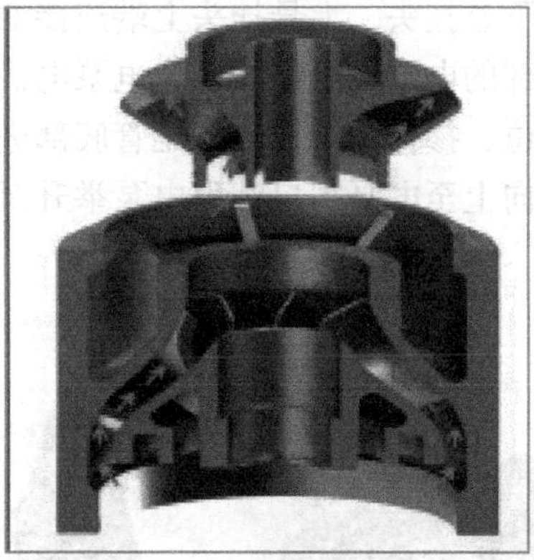

图 3　宽流道混向叶轮

2.2 耐高温高效电机

抗过载能力方面，优化改进了潜油电机的电磁设计，减少铁损、铜损以及磁钢涡流损耗，有效降低了电机的温升；优化了机组内各摩擦副的配合间隙，保证在高温作用下滑动摩擦副间有足够的润滑油膜，降低摩擦温升，实现抗过载能力提升 13%

耐高温方面，优选了耐高温、性能好的进口绝缘材料和电机油，解决电机高温烧毁问题；并且采用 204℃高温无溶剂绝缘漆、耐温 204℃电磁线、220℃高温焊锡、优化定子浸漆工艺和温度梯度，实现电机耐温等级综合达到 180℃(图 4)。

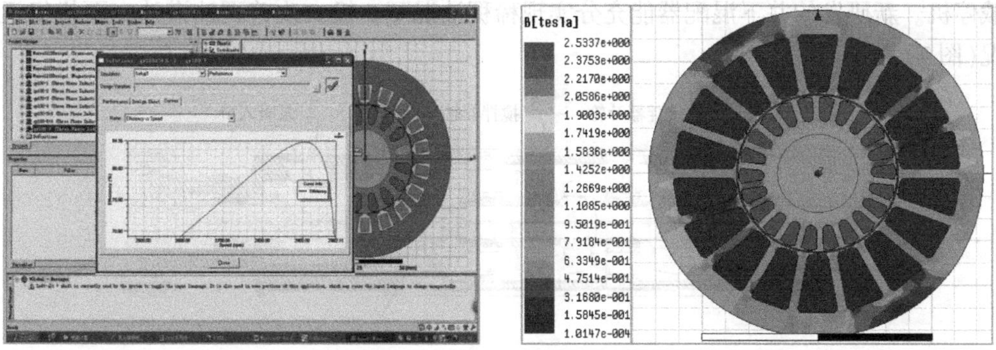

图 4　室内抗过载能力试验

2.3 耐稠油高温高承载保护器

通过模拟分析高压状态下保护器呼吸系统、平衡系统、承载系统以及密封系统内液体流动状态及受力情况，以及高温稠油对密封、运动部件的影响，研发制造出耐高压、抗稠油、高承载保护器。其中，研发的单节并联双胶囊保护器，增加电机油储存量和1倍的保护器呼吸次数；研发的自调节式高承载止推轴承，轴向承载力提高1.5倍，避免承载机构的磨损；研发的拨叉式高压机械密封，耐压由原来0.35MPa提高到2.5MPa，解决高压掺稀工况引起的保护器内外压差大，低压机械密封易失效的难题。

2.4 全密封导流罩技术

超深稠油油藏电泵举升工艺，创新把电泵机组整体置于5 ½in导流罩内，导流罩配有上悬挂、下悬挂头。上悬挂头上端连接油管，起承重作用，同时小扁电缆穿越上悬挂头和导流罩内部的电泵机组连接，为电泵电机提供动力。下悬挂头连接与尾管(油管)，并延伸至更深层位，掺稀油与稠油在尾管底部进行混合吸入，实现快速抽汲、混配及降黏。混油通过尾管向上至电泵入口，由电泵举升至地面(图5、图6)。

图5　新型高承载止推轴承

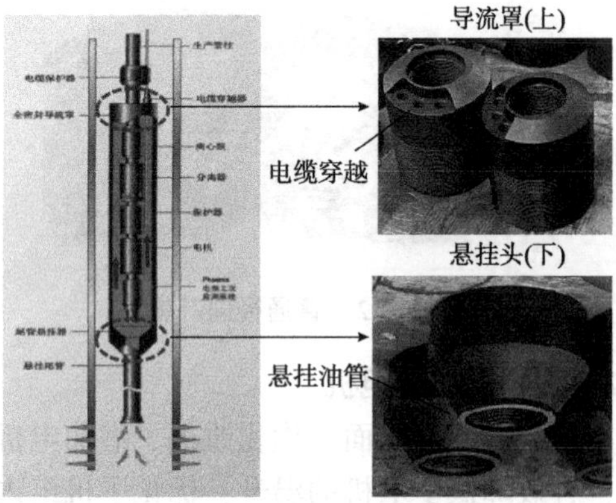

图6　全密封导流罩

2.5 井下混配器技术

稀稠油混配器主要目的是替代原分离器(吸入口)。通过诱导吸入、搅拌混配方式使掺稀油与稠油在进泵前实现进一步混配，防止因稀-稠油混配不均造成电流剧烈波动，甚至过载停机。新研发的井下混配器能充分实现稀稠油混配，极大改善稠油潜油电泵机组运行工况(图7)。

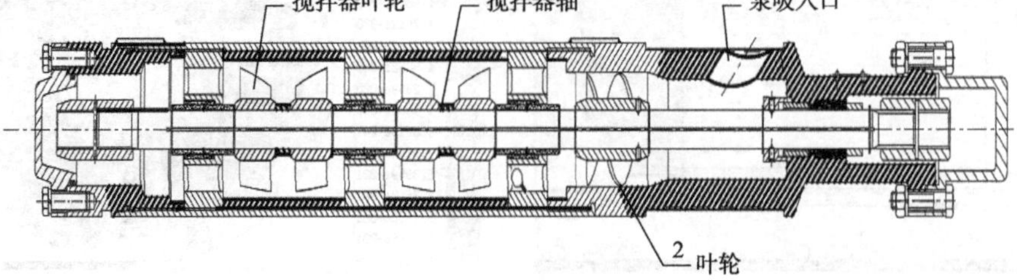

图7　井下混配器结构图

2.6 井下传感器

配套的井下传感器与潜油电泵组成一套完整的单井采油系统，可实现潜油电泵井下温度、吸入口压力、振动、电性能等6个参数的实时测量，为地面管理提供机组运行准确数据(表1)。

表1 井下传感器参数

测试参数	测量范围	精度	分辨率	E6传感器
入口压力	0～40MPa	0.10%	0.00069MPa	√
入口温度	0～150℃	1℃	0.1℃	√
电机温度	0～210℃	1℃	0.1℃	√
振动X轴	0～5G	1.00%	0.003G	√
振动Y轴	0～5G	1.00%	0.003G	√
泄漏电流	0～25mA	0.05%	1μA	√

2.7 井口电缆穿越技术

碳酸盐岩油井普遍采用注水、注气的方式提高油藏采收率，油井转注水、注气开发后井口压力普遍较高，原有的井口电缆穿越工艺技术额定承压能力只有12MPa，不能满足安全生产需求。创新研发的新型井口电缆穿越技术中，密封装置与井口大四通相连，电缆从井口大四通一翼中穿出，卡瓦连接，可在不更换电泵专用采油树的情况下，实现电泵采油工艺，并且可防止高压洗井井口泄漏，避免原电泵井口高压洗井出现的井口泄漏缺陷；同时在密封装置在上、下引接电缆长度允许情况下可重复使用，穿越装置在10kV电压时泄漏电流<0.3μA，绝缘性能>2500MΩ，耐压≤35MPa，耐温150℃。

3 现场试验

HA15-X2井哈拉哈塘油田哈15井区的一口稠油掺稀井，井深6630m，油藏温度158℃，油井停喷后转为抽油机生产，日掺稀量为55t，日混产液量为67t，除去掺稀量，日净产液量为12t。考虑该井地质储量为89.5×10⁴t，自喷阶段和抽油机举升阶段只产出原有10.64×10⁴t，剩余潜力较大，具备提液潜力。

3.1 管柱结构

超深稠油油藏电泵举升管柱及井身结构如图1所示，其核心为全密封导流罩、电泵、井下混配器、保护器、井下传感器、油管(尾管)、防砂管。电泵下入3000m位置，通过全密封导流罩悬将电泵机组包裹，导流罩下部悬挂油管至5000m，接46m长3 ½in缝宽1～2mm的割缝筛管和防掉接头，提高对稠油和掺稀油掺稀适用性。

井口采用一体化井口电缆密封装置，从套管进行穿越，耐压等级35MPa；井下电机温度、电泵吸入口温度、压力等关键数据，远传至地面监控系统，对井下异常进行监测预警分析。

3.2 现场施工

将超深稠油油藏电泵举升管柱下至设定位置，生产管柱入井前需进行井筒处理，在生产管柱入井后也需进行一系列配套施工，具体步骤为：(1)压井；(2)起原井杆柱；(3)换装井口；(4)起原井管柱；(5)通井刮壁；(6)下电泵完井管柱；(7)安装采油树；(8)环空替稀油；(9)完井测试求产。2023 年 06 月 13 日管柱下至设定位置后，测试产量正常。

3.3 试验效果

HA15 - X2 井试验前采用抽油泵生产，平均日产液 12t/d，平均日产油 3.5t/d，含水 70.83%；采用抗稠油潜油电泵提液后，平均日产液 65t/d，平均日产油 19.21t/d，含水 70.41%(图 8)。

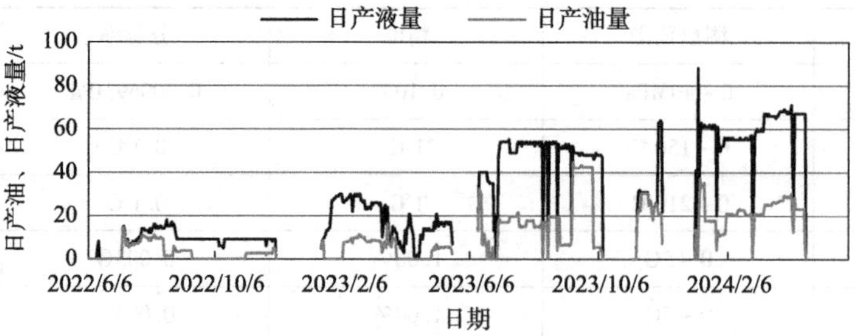

图 8 HA15 - X2 井生产曲线

创新研发的耐高温抗稠油潜油电泵已经在哈拉哈塘油田哈 15 井区稠油井成功应用 6 套，每口井去除掺稀油后平均日产液 68t/d，平均日产油 20.97t/d，总累产液 17.93×10^4t，累产油 5.83×10^4t，平均检泵周期 533 天，最高运行时间 957 天。和抽油泵举升工艺的产液相比，电泵举升工艺产液是抽油泵的 2～3 倍，取得明显的提液效果(表 2)。

表 2 哈拉哈塘 6 口稠油掺稀井电泵提液应用情况

井号	投产时间	日产液/(t/d)	日产油/(t/d)	含水率/%	累产液/10^4t	累产油/10^4t	检泵周期/d
HA15 - X1	2022/1/18	84	36.56	56.48	4.57	1.15	957
HA15 - X2	2023/6/13	65	19.21	70.41	1.24	0.50	130
HA15 - X3	2022/1/16	62	17.06	72.49	3.44	0.78	578
HA15 - X4	2023/6/1	55	10.15	81.54	2.05	0.80	373
HA15 - X5	2022/9/10	68	18.12	73.35	3.93	1.77	726
HA16 - X1	2023/6/20	74	24.72	66.6	2.7	0.83	438

4 结论

(1)通过用宽流道混相流潜油电泵、耐高温高效电机等技术应用改进，研发出耐温 180℃、扬程 3000m、排量达 150m^3/d 的 QYDB114 - 150/3000G 系列的耐高温抗稠油潜油电泵，可实现 5000m 高黏原油掺稀大排量举升的超深高黏油藏的电泵举升工艺。

(2)电泵举升工艺在哈拉哈塘油田稠油井成功应用 6 套，最长运行时间 957 天，每口井平均日产液 68t，和抽油泵举升工艺的日产液 20～30t 相比，电泵举升工艺产液是抽油泵的 2～3 倍，取得明显的提液效果。

参考文献

[1]王磊磊，梁志艳，涂东，等．稠油电泵保护器技术改造升级降低躺井[J]．承德石油高等专科学校学报，2020，22(05)：27－30.

[2]王磊磊，梁志艳，何强，等．稠油井电泵井下监测技术应用与分析[J]．石油化工自动化，2020，56(05)：76－78＋91.
[3]王磊磊，梁志艳，邱振军，等．超稠油电潜泵尾管悬挂装置的优化及应用[J]．油气藏评价与开发，2020，10(02)：107－110＋115.
[4]夏新跃，梁志艳，欧雪慧．电泵尾管装置在超深稠油井的应用研究[J]．新疆石油天然气，2018，14(02)：73－75＋5.
[5]彭振华，张园，丁雯，等．塔河油田超深超稠油油藏人工举升技术[J]．石油钻探技术，2018，46(04)：84－90.
[6]靳永红．塔河油田十二区电泵井掺稀工艺关键技术研究[D]．西南石油大学，2017.
[7]夏新跃，刘玉国，陈华强，等．塔河油田电泵全密封导流罩的应用分析[J]．北京石油化工学院学报，2015，23(01)：49－52.
[8]睢芬，魏宏洋，杜林辉，等．塔河油田稠油电泵闭环关键因素控制管理方法[J]．石化技术，2015，22(02)：19＋21.
[9]夏新跃，欧雪慧，杜林辉，等．超深稠油井潜油电泵故障分析及改进措施[J]．石油和化工设备，2014，17(04)：71－73.
[10]李荣强．塔河油田稠油井电泵开采技术[J]．今日科苑，2009(20)：78－80.
[11]宋玉旺，马伟亭，司宝，等．超深稠油电潜泵提液采油技术应用效果评价[J]．内蒙古石油化工，2008(10)：280－282.

超深碳酸盐岩油气藏井壁垮塌治理技术研究及应用

韩兴杰　荀柱银　殷小勇　双志强　汪苗　陆爱华

（中国石油塔里木油田）

摘　要：富满油田为超深奥陶系碳酸盐岩油气藏，平均完钻井深超8000m，完井方式以裸眼完井为主。开发过程中由于地层孔隙压力降低和流体冲刷等因素导致井壁及储层垮塌，油气井停产，为使这类停产井高效复产，从地质特征、完井方式以及生产动态特征等多方面进行研究，明确了超深碳酸盐岩油气藏井壁垮塌机理及表现特征。针对传统冲捞砂工艺作业过程中易卡钻和旋转控制头易超压等问题进行优化改进，创新应用无固相压井液和磺化泥浆的双体系进行作业，同时在套管内和裸眼段作业时分别优选不同的管柱组合提高作业效率。形成了一套适应不同复杂井况的成熟的"畅通治垮、侧钻绕垮、衬管防垮"的超深碳酸盐岩油气藏裸眼井井壁垮塌治理技术体系并在现场推广应用。

关键词：超深碳酸盐岩油气藏；裸眼完井；井壁垮塌；井筒畅通

随着油气勘探开发进程的不断深入，油气勘探开发逐步由常规油气田转向碳酸盐岩、页岩油气等非常规油气田，塔里木盆地走滑断裂控制的碳酸盐岩油气藏是近年来中国油气勘探开发重要领域之一，经历多年的勘探开发实践，相继发现了塔河油田、哈拉哈塘油田、富满油田和顺北油田等亿吨级油气田。其中，富满油田属于典型的断控型油藏，储层非均质性强，油藏埋深超过7500m。完井方式主要为裸眼完井，裸眼段平均长度322m，投产前多采用酸化压裂施工沟通储集体，投产后随着地层压力不断降低，岩石骨架应力不断升高，导致裸眼井段严重垮塌，堵塞井筒和地层油气通道直至油气井停产。通常认为垮塌砂埋只在裸眼段，现场实例表明井壁垮塌岩块在套管内及裸眼段都可形成砂埋。从作业井捞出岩块分析认为，裸眼段砂埋以井壁垮塌掉块原地沉积为主，岩块粒径相对较大、磨圆度较差，其间被流体携带的地层深部细小颗粒填充导致沉积较为致密；套管内的砂埋是井壁垮塌掉块经地层流体携带导致的二次沉积，岩块粒径较小，且经过地层流体的冲刷和短距离运移后具有一定的磨圆度。传统砂岩油藏的冲捞砂工艺难以适应富满油田超深、高含硫及严重漏失的特点，作业效率低、风险大、时间长、成本高，且作业过程地层极易重复垮塌给超深碳酸盐岩井井壁垮塌治理带来了巨大的挑战。为提高井筒畅通作业效率，降低作业风险，从地质、完井方式、生产特征等方面研究，针对不同位置的砂埋特征对压井液性能、钻具组合、管柱结构等进行优化，形成适应不同复杂井况的超深碳酸盐岩油气藏井壁垮塌治理技术体系。

第一作者简介：韩兴杰(1987—)，男，山东新泰，塔里木油田公司哈得采油气管理区，中级工程师，主要从事超深碳酸盐岩修井技术研究及应用。E－mail：489598232@ QQ. com. cn。

1 地质特征及井壁垮塌

1.1 区域地质特征

富满油田主体位于北部坳陷阿满过渡带中部，是塔里木油田原油生产的主产地，该区块的勘探开发力度逐年加大，特别是8000m以上的超深水平井逐年增多。富满油田主要勘探开发目的层为奥陶系一间房组和鹰山组，上部为巨厚桑塔木组泥岩，侧向有致密灰岩遮挡，封盖条件优越。该碳酸盐岩油气藏是受走滑断裂控制的缝洞型断裂储集体油气藏，一间房组、鹰山组沉积特征以开阔台地相台内滩为主，横向分布稳定，储集空间类型主要为裂缝型、孔洞型和裂缝－孔洞型。储层非均质性强，储层岩性以亮晶、泥晶颗粒灰岩为主。油藏埋深超过7500m，储层温度从150℃增加到160℃，部分井温甚至超过170℃，地层压力超90MPa，对作业液性能和井控要求较高。

1.2 井壁垮塌特征

富满油田完井方式主要为裸眼完井，目前投入开发的井341口，其中裸眼完井217口，占比64%，裸眼段平均长度为322m，最长可达1347m。现场证实已发生井壁垮塌的井47口，砂埋段长21～478m不等，平均砂埋段长109.41m，累计影响原油产量32.2×10^4t，目前通过生产特征判断疑似垮塌井超100口。造成垮塌的主要原因是随着地层流体被采出，地层孔隙压力不断降低，在上覆岩层压力不变的情况下，岩石骨架应力不断升高，当超过井壁岩石抗压强度时就会发生井壁垮塌，直至达到新的应力平衡；次要原因是流体流动过程中对井壁冲刷作用造成井壁垮塌掉块；同时，部分井在投入生产前需通过酸压改造更多沟通储集体，施工过程中对井壁稳定性造成破坏，导致投产后井壁失稳的风险加大；最后，在生产过程中地面突然关井造成井底激动压力也是影响井壁垮塌的重要因素。

发生井壁垮塌的初期，井筒未完全堵塞，生产特征上表现不明显。当出现严重垮塌时往往表现出两个明显的特征，一是较正常生产时油压快速下降甚至落零，关井后油压基本能恢复至正常生产时的油压，再次开井后油压迅速落零(图1)；二是通过油管向井内挤注液体时，泵压快速上升且泵入量较少，表现出地层挤不进的特征(图2)。

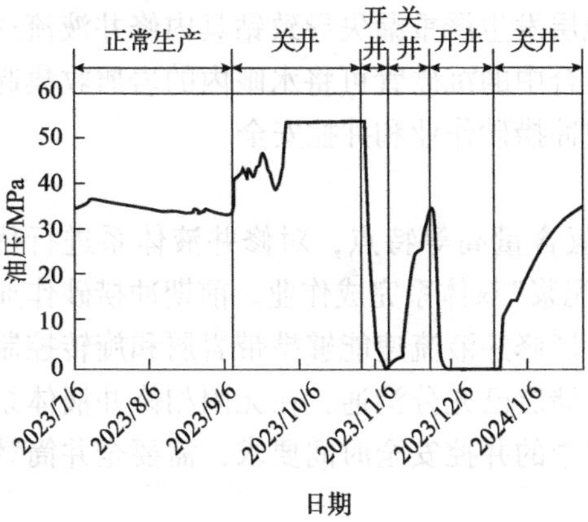

图1 XX1井生产过程中油压变化曲线

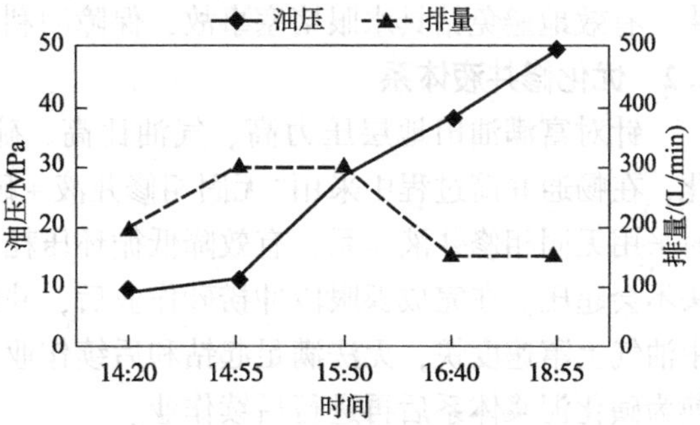

图2 XX1井油管正挤曲线

2 井壁垮塌治理技术

对于井壁严重垮塌导致停产的井且油藏评价剩余可采储量高的井，开展井壁垮塌治理工作，由于富满油田普遍井深超过7000m，为保障钻机足够的载荷余量和井控安全，优选ZJ50钻机或者ZJ70钻机进行作业。通过近十年的现场试验，从最初应用文丘里原理负压捞砂和GS负压反循环气举冲捞砂工艺进行井筒畅通，但效率较低且井控风险较大，到目前主要采用“旋转控制头＋沉砂管反循环冲捞砂”技术进行碳酸盐岩井的垮塌治理。通过优化管柱结构、修井液体系、设计完井工具等，逐步解决了岩屑上返困难、旋转控制头超压和支撑管柱无法下至井底等关键问题，形成了一套“畅通治垮、侧钻绕垮、衬管防垮”的治理裸眼井井壁垮塌的技术体系。

2.1 优化管柱结构

2.1.1 套管内冲捞砂管柱结构

套管内的砂埋是地层流体携带垮塌岩块在井斜变化大的套管段沉积形成砂桥堵塞井筒，整体较为疏松，颗粒相对较小且有一定磨圆度，从作业井捞出物分析粒径普遍在3～5cm以内。基于以上分析优选“铣齿接头＋沉砂管＋钻杆”的管柱组合进行冲捞砂作业，冲捞砂过程中以拨散砂埋岩屑为主，破碎为辅，提高了冲捞砂作业效率；利用反循环流速高的特点，将多数较小的岩石颗粒携带返出地面，少数较大的岩块可进入沉砂管，有效防止作业过程中钻具水眼堵塞的问题。

2.1.2 裸眼段冲捞砂管柱结构

裸眼段砂埋是井壁垮塌掉块所致，岩块粒径较大，整体砂埋段长且较为致密，作业过程中对钻具抗扭强度和修井液性能要求更高。需要分两次完成裸眼段的冲捞砂作业，第一次作业选用与钻井一致的“钻头＋钻铤＋钻杆”的管柱组合进行作业，这种管柱组织抗扭强度大，冲捞砂时可以对砂埋井段施加较高的钻压，能够有效破碎较大的垮塌岩块，提高作业效率。在裸眼段冲捞砂作业过程中由于井筒堵塞严重，作业开始时井筒与地层不连通，无漏失现象，破碎的岩屑在反循环过程中可通过钻头水眼顺利携带返至地面，当地层出现微漏现场时停止冲砂作业，上提钻具同时大排量充分反循环，确保钻具内岩石颗粒全部返出后再起钻，避免发生钻具堵水眼事故。裸眼段冲捞砂第二次作业时，选用“钻头＋沉砂管＋钻杆”的管柱组合进行作业，由于第一次作业时地层已经出现微漏，说明裸眼段剩余的砂埋井段较短，当砂埋井段畅通完成后大概率地层发生严重漏失导致钻具内修井液流速迅速降低，无法有效将岩屑返出地面，此时管柱组合中的沉砂管可将水眼内的岩屑收集起来，有效地避免钻具水眼堵塞事故，保障顺利完成冲捞砂作业和井控安全。

2.2 优化修井液体系

针对富满油田地层压力高、气油比高、硫化氢含量高等特点，对修井液体系进行优化，在畅通井筒过程中采用“无固相修井液＋磺化泥浆”双体系完成作业。前期冲捞砂作业时采用无固相修井液体系，有效降低循环压耗，保证修井液流速能够携带岩屑和旋转控制头不会超压。在完成裸眼段冲捞砂作业后，井筒与储层已充分沟通，在无固相修井液体系中油气上窜速度快，无法满足起钻和后续作业过程中的井控安全时间要求，需要全井筒替换为磺化泥浆体系后再进行后续作业。

2.3 优化二次完井工艺

针对碳酸盐岩冲捞砂过程中井壁重复垮塌问题，采用“捞砂－防砂”一体化工艺进行作业，先丢手下入自由裸眼防砂尾管，在冲捞砂作业时同时推盘跟进，实现边推进自由尾管防砂，边冲捞砂，直至支撑尾管到底。通过自主研发加工圆头丝堵、子弹头引鞋、滑轮万向节等配套工具，有效降低了下支撑管柱过程中的遇阻风险，解决了下支撑尾管过程中因井壁不规则等因素造成无法下至井底的问题。二次完井过程中自主加工简易正反扣丢手接头，相比采用传统的SQS悬挂封隔器，可以实现任意井斜角下的自由丢手，还可有效降低作业成本。

2.4 绕障侧钻

针对井筒畅通作业过程中在裸眼段发生井下落物复杂，打捞难度大、周期长、费用高的井，紧贴原井眼设计新的轨迹后进行绕障侧钻，侧钻完成后下入支撑尾管完井，根据侧钻过程中的储层显示情况和开井后产量情况决定是否需要通过酸压改造进一步沟通储集体。

3 应用效果

经过几年的技术攻关和现场试验，对以"旋转控制头＋沉砂管反循环冲捞砂"为主的碳酸盐岩裸眼井井壁垮塌治理技术不断优化升级，解决了作业过程岩屑上返困难、旋转控制头超压和支撑管柱无法下至井底等关键问题，最终形成了"畅通治垮、侧钻绕垮、衬管防垮"的治理裸眼井井壁垮塌的技术体系并逐步在现场推广应用。2023年至2024年富满油田累计开展6口超深碳酸盐岩井的井壁垮塌治理，平均完钻井深达7587m，均采用ZJ50钻机或者ZJ70钻机进行作业，平均作业周期37.5天，且重新投产以后油压和产量稳定，整体应用效果良好(表1)。

表1　技术优化后井壁垮塌治理效果统计表

井号	完钻井深/m	修井机型号	作业周期/d	目前油压/MPa	目前日产油/t	目前累产油/t
XX1	7334	ZJ50D钻机	35	34.9	44.9	38166
XX2	7313	ZJ50D钻机	24	17	63.8	26294
XX3	7410	ZJ50D钻机	37	32.4	91.2	17512
XX4	7530	ZJ50D钻机	36	7.1	59.3	11020
XX5	7690	ZJ50D钻机	42	25.9	76.9	5578
XX6	8250	ZJ70D钻机	51	50.4	85.8	5580

4 结论

(1)富满油田生产过程中的井壁垮塌主要因素是地层孔隙压力下降，应力失衡导致井壁失稳，次要因素是流体冲刷井壁、酸压改造伤害地层以及地面关井引起井底激动压力等导致井壁失稳。生产特征上表现出油压突降，关井后压力可缓慢恢复到正常生产油压，正挤液体时地层不吃入。

(2)针对套管内和裸眼段不同的砂埋特征，分别优选"铣齿接头＋沉砂管＋钻杆""钻头＋钻铤＋钻杆""钻头＋沉砂管＋钻杆"等三种不同的管柱组合完成冲捞砂作业，提高作业效率。

(3)采用"无固相修井液＋磺化泥浆"双体系完成井筒畅通作业，提高冲捞砂作业效率，又能保障后续作业过程中的井控安全。

(4)采用绕障侧钻技术解决井筒畅通过程中裸眼段发生复杂难以处理的问题，在下入支撑尾管后再通过酸压改造技术进一步沟通储集体。

(5)自主研发并加工圆头丝堵、子弹头引鞋、滑轮万向节、正反扣丢手接头等工具，保障支撑尾管顺利下至井底，节约作业费用。

参考文献

[1]杨海军，张辉，尹国庆，等．基于地质力学的地质工程一体化助推缝洞型碳酸盐岩高效勘探——以塔里木盆地塔北隆起南缘跃满西区块为例[J]．中国石油勘探，2018，23(2)：27－36.

[2]刘强，张银涛，陈石，等．塔里木盆地走滑断裂发育演化特征精细解析及其地质意义：以富满油田FⅠ17断裂为例[J]．现代地质，2023，37(5)：1123.

[3]宁超众，孙龙德，胡素云，等．塔里木盆地哈拉哈塘油田奥陶系缝洞型碳酸盐岩储层岩溶类型及特征[J]．石油学报，2021，42(1)：15.

[4]江同文，邓兴梁，曹鹏，等．塔里木盆地富满断控破碎体油藏储集类型特征与注水替油效果[J]．石油与天然气地质，2024，45(2)：542－552.

[5]王清华．塔里木盆地富满油田凝析气藏成因[J]．石油勘探与开发，2023：1128－1139.

[6]韩旭．碳酸盐岩地层井壁垮塌机理及主控因素研究[D]．成都：西南石油大学，2019.

[7]马永生，蔡勋育，云露，等．塔里木盆地顺北超深层碳酸盐岩油气田勘探开发实践与理论技术进展[J]．石油勘探与开发，2022，49(1)：1－17.

[8]白晓飞，周博，董长银，等．哈拉哈塘油田奥陶系碳酸盐岩油藏储集层泥砂产出机理[J]．新疆石油地质，2022，43(4)：456.

[9]陆爱华，刘璞，崔航波，等．气举反循环清砂技术的特殊应用[J]．钻采工艺，2020，43(1)：114.

[10]张洪宝，匡韶华，郭涛，等．超深碳酸盐岩油井复合防砂技术研究与应用[J]．科学技术与工程，2020，20(2)：580－584.

[11]杨文明，昌伦杰，朱铁，等．哈拉哈塘油田生产井井壁垮塌原因分析[J]．石油钻采工艺，2017，39(4)：424－428.

[12]王方智，董长银，白晓飞，等．哈拉哈塘碳酸盐岩储层井壁失稳动态评价及失稳形态分析[J]．石油地质与工程，2022.

超深高温高压井复合堵塞疏通技术研究与应用

孙松　杨忠武　李国汉　吴广　冯磊　李托

（中国石油塔里木油田分公司塔西南勘探开发公司）

摘　要：塔里木盆地库车山前单井井筒堵塞严重，尤其是在博孜－大北区块，面临砂、蜡、垢、沥青质、水合物五大复合堵塞难题，严重制约单井长期稳定生产。本次研究针对博孜－大北区块井筒复合堵塞难题，开展复合堵塞疏通技术研究，分析总结堵塞物质形成机理、堵塞位置及防治技术，形成了以常规8000m变径连续油管、高强度2500m等壁连续油管、小钻杆带压作业为主体较成熟的井筒疏通技术。结果表明：复合堵塞疏通技术能有效解决砂、蜡、垢、沥青质、水合物等物质堵塞造成的单井无法正常生产及动态监测、措施作业无法有效开展等问题，为博孜－大北百亿方区块高效开发长期稳定生产提供了有效借鉴。

关键词：复合堵塞；堵塞机理；连续油管；小钻杆

1　博孜－大北区块油气藏开发复合堵塞难题

1.1　博孜－大北区块复合堵塞现状

博孜－大北区块主要位于库车山前库车坳陷克拉苏构造带，主要含油气层系为白垩系巴什基奇克组和巴西改组，岩性以砂岩和砂砾岩为主，上覆巨厚的古近系库姆格列木群盐层、膏盐岩层，形成一套优质的储盖组合。气藏埋深5000～8200m，压力81.2～144.34MPa，压力系数为1.55～1.89。气藏流体主要以凝析气、湿气为主，流体性质平面变化规律性强，气藏间气油比差异大，东部的大北3区块表现为干气特征，南部的博孜7区块为挥发性油藏。

博孜－大北区块的全面开发上产意味着面临多种多样的生产开发难题，库车山前单井井筒堵塞尤为严重，尤其是在博孜－大北区块，面临砂、蜡、垢、沥青质、水合物五大复合堵塞难题，严重制约单井长期稳定生产。博孜区块井筒堵塞井占比17%，以砂堵、蜡堵、沥青质堵塞为主，同时出现砂和蜡、砂和沥青质的复合堵塞。大北区块井筒堵塞井占比36%，大北老区以垢堵、水合物堵塞为主，大北新区以蜡堵为主，同时出现垢、蜡及水合物的复合堵塞。井筒复合堵塞问题的突出，已严重制约博孜－大北区块正常生产、动态监测及措施作业。

1.2　博孜－大北区块堵塞机理研究

1.2.1　砂堵

砂堵为生产过程中的油气井中井筒周围岩石产生结构破坏，使地层游离砂和剥离骨架的砂粒在产出流体的冲刷作用下被携带到井筒或地面，从而对正常生产流程造成堵塞的现

第一作者简介：孙松（1995—），男，四川乐山人，中国石油塔里木油田分公司塔西南勘探开发公司，助理工程师。E－mail：1014217942@ qq. com。

象。减产停产、地层坍塌、磨蚀设备、堵塞阀门、破坏密封条件等都是井筒出砂危害的具体表现。岩石的破坏机理分为剪切破坏和拉伸破坏两类。剪切破坏一般是由于井底流压过低或生产压产较大导致的通常表现为突发性大量出砂，主要发生在井筒周围和炮眼周围的岩体。拉伸破坏通常表现为细砂长流，过高的开采速度有可能产生这种连续性的出砂。拉伸破坏时孔喉逐渐变大，流速逐渐降低，当流速小于临界出砂流速时不再出砂。博孜－大北区块岩性多以砂岩和砂砾岩为主，无可避免存在出砂危害，且大多为高压凝析气井，若不合理控制生产压差，在高速流体的作用下井筒出砂情况更加严重。

1.2.2 蜡堵

博孜－大北区块是塔里木油田主力凝析气区，在高含蜡凝析气藏集及油藏开采过程中，随着温度、压力以及环境条件等的变化，蜡质将会在井筒和地面管线沉积造成井筒和地面管线的堵塞甚至关井，严重影响凝析气井的正常生产。石蜡沉积的影响因素较多，除温度、压力外，还与气油比、凝析油组成、流量、pH 值和微粒等因素有关。微粒主要来源于油气井的结垢、出砂、腐蚀产物以及机械杂质等，井筒中的垢、腐蚀产物、细小砂粒以及机械杂质等无机物能够为有机物石蜡的析出提供结晶中心，即石蜡可围绕地层微粒慢慢长大，从而加剧石蜡的沉积。同时，在蜡沉积的共同作用下，颗粒物也容易在井筒中形成聚沉物，进一步加剧井筒的堵塞风险。博孜－大北区块蜡堵井油压普遍偏低，不仅存在液相析蜡，也存在气相直接析蜡情况，通过对大北 XX 井进行相态图制作，明确了高含蜡井高压气井井筒压力温度析蜡范围。

1.2.3 垢堵

随着气藏开发不断深入，气井压力、产量逐渐降低，自身携液能力下降，普遍存在积液，产出水成垢离子含量高，同时天然气中又含有一定量的酸性气体，存在井筒腐蚀、结垢现象。气井井筒结垢，会对生产、测试及维护造成极大伤害，主要表现为井筒堵塞，严重影响气井正常生产和加大管柱腐蚀速率等方面。塔里木油田博孜－大北气区气井井筒普遍存在结垢现象，通过气井水质分析，井筒结垢的主要成分是碳酸钙沉积物，且受温度及 pH 值影响较大，随着温度以及 pH 值的升高，碳酸钙的结垢量增大，随着压力的升高，碳酸钙的结垢量减少。

1.2.4 水合物堵塞

天然气在生产和输送过程中，由于高压和低温条件，容易形成水合物堵塞管道，有碍正常生产。均不同程度地存在油管出现水合物堵塞现象，严重影响了气井的正常生产井眼内易形成气体水合物，其逐渐沉积会堵塞井筒和生产测试管柱。天然气水合物的生成条件与天然气的组成以及温度和压力有关。天然气中重质组分越多，温度越低和压力越高，越容易形成水合物。博孜－大北区块早期完井多采用浅井安全阀，此处存在变径，气体在此处形成节流降温降压，通常在安全阀附近更易形成气体水合物堵塞。

1.2.5 沥青质堵塞

原油中 80% 以上为含蜡原油，其中部分原油中重质组分过多以及存在一定比例的沥青质胶质时时就会存在易凝高黏的特点，在温度较低以及压力较低时存在温压场遭到破坏沥青质胶质析出堵塞井筒以及地面管线的现象，特别是当给原油生产过程中储层出砂时会加剧沥青质胶质的析出，对于出砂高含沥青胶质的油藏容易在生产过程中形成砂与沥青胶质的复合堵塞物堵塞在井筒深部。影响沥青胶质沉淀的因素有多样，主要为温度、压力以及原油中所含固相物的数量等。现场通常情况下采用放大生产制度增大井筒中原油的流速来提升井温，但生产制度增大也意味着井口油压下降，储层生产压差增大有加剧出砂的风险，以博孜7井为典型的高含沥青质特低渗出砂挥发性油藏中沥青质含量0.35%，胶质含量0.6%，蜡含量15.6%，复合堵塞情况时有发生。

2 复合堵塞疏通技术现场应用

2.1 常规8000m变径连续油管疏通技术

2.1.1 技术原理简介

常规8000m变径连续油管疏通技术主要是针对井筒堵塞位置较深，可以实现循环压井但单一直径无法满足井筒疏通需求的高压气井，同时配套循环液体体系，增黏提切，确保液体在地层高温下保持高黏度，提高液体携砂性能。通常有变外径和变内径两种。

变外径连续油管为1.75in+1.5in组合连续油管(图1和图2)，通过异径接连工装进行连接，可实现各尺寸长度自由可调，能有效解决管柱下部变径问题，确保环空间隙能够顺利返排出堵塞物。

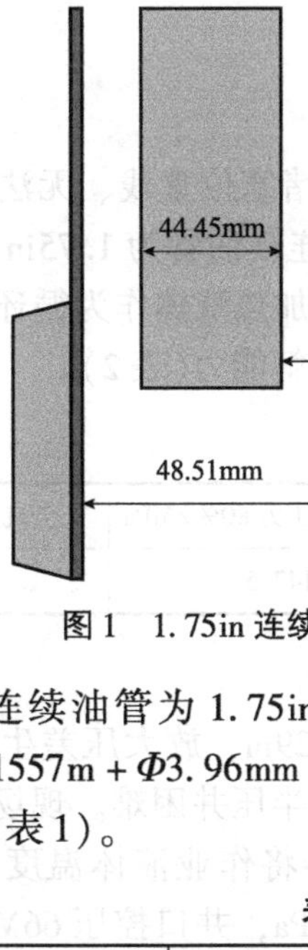

图1 1.75in连续油管

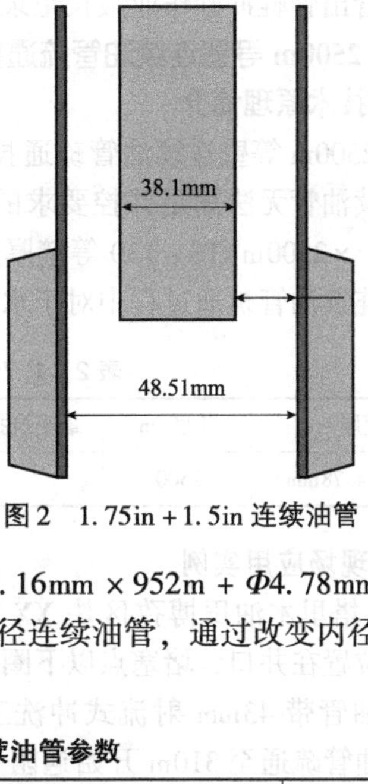

图2 1.75in+1.5in连续油管

变内径连续油管为1.75in ×8133m(壁厚Φ5.16mm×952m+Φ4.78mm×1518m+Φ4.45mm×1557m+Φ3.96mm×4122m)TS-130变径连续油管，通过改变内径保证连续油管作业强度(表1)。

表1 1.75in变内径连续油管参数

序号	壁厚	长度/m	最小抗拉强度80%/kg	最小屈服压力80%/MPa	安全抗顶力60%/MPa
1	0.204in (5.18mm)	951.89	46742	160.7	22413
2	0.188in (4.78mm)	1517.90	43519	147.5	21086
3	0.175in (4.45mm)	1557.22	40849	136.9	19896
4	0.156in (3.96mm)	4105.99	36853	121.3	18084

2.1.2 现场应用实例

实例1：塔里木油田大北区块XX井，该井人工井底7020m，生产管柱最小内径48.51mm。根据放压情况分析，井筒被水合物堵塞，堵点深度100m左右，堵点下部压力

90.2MPa 左右，且甲醇无法注入解堵，无法试生产。该井生产压差大，产量达不到配产要求，压裂试挤泵压异常高、排量不能连续。井底射孔段可能部分堵塞，储层物性差或近井地带污染。现场第一趟采用 1.75in 连续油管带射流工具配合 1.3g/cm^{3}有机盐循环热洗解除井口水合物堵塞后，疏通至 6780m，洗井 1.5~2 周，实现半压井。之后采用 1.3g/cm^{3}有机盐试挤限压≤130MPa，试挤后关闭安全阀放压，观察 12h，验证安全阀密封性。第二趟采用 1.75in +1.5in 连续油管带射流工具配合 1.3g/cm^{3}有机盐循环成功疏通至 7020m(人工井底)，洗井 1.5~2 周。

实例 2：塔里木油田大北区块 XX 井，完钻井深 6137m，为长水平段水平井，该井主要问题为存在出砂情况，射孔段砂埋严重。现场采用 1.75in 变内径连续油管连续油管带 43mm 等径工具串冲洗头进行疏通作业，以“小段冲砂，大段划眼、间段回油管鞋”为总体思路，避免连续油管自锁、砂卡，前期通过 fluent 数值模拟，模拟水平段出油管鞋流体流态、冲砂机理，为实践操作提供了理论支撑。作业期间采用冲洗、钻磨交替的作业方式，精细控制排量及泵压，确保砂能冲的动带得出，将油管内全部冲洗干净后出油管鞋进行冲砂，确保不会因油管内不干净导致砂卡。最终连续油管成功疏通至 6115.1m，创造国内水平井连续油管出管鞋冲砂作业最长纪录 386m。

2.2 高强度 2500m 等壁连续油管疏通技术

2.2.1 技术原理简介

高强度 2500m 等壁连续油管疏通技术主要是针对井筒堵塞位置浅、无法正常循环压井、常规连续油管无法满足井控要求的高压气井。高强度连续油管为 1.75in ×2500m(壁厚 Φ4.78mm ×2500m)TS－130 等壁厚连续油管，通常采用加热液体作为循环液体配合其作业，增强连续油管疏通过程中对于水合物、蜡等物质的溶解能力(表 2)。

表 2　1.75in 高强度连续油管参数

序号	壁厚	长度/m	最小抗拉强度 80%/kg	最小屈服压力 80%/MPa	安全抗顶力 60%/MPa
1	0.18in (4.78mm)	2500	43519	147.5	21086

2.2.2 现场应用实例

实例 1：塔里木油田博孜区块 XX 井，完钻井深 7012.29m，放大压差生产后地层出砂，且蜡堵位置在井口，堵塞点以下圈闭压力高达 92MPa，半压井困难。现场采用 1.75in 高强度连续油管带 43mm 射流式冲洗工具，通过热交换器将作业液体温度循环加热至 66℃，连续油管疏通至 310m 开始遇阻 1.5t，泵压最高 84MPa，井口控压 66MPa，累计挤入作业液体 32m^3，之后连续油管顺利下入至 1500m 以上，成功疏通上部蜡堵井段，实现该井半压井作业。

2.3 小钻杆带压疏通技术

2.3.1 技术原理简介

小钻杆带压疏通技术主要是针对井筒堵塞位置浅、无法正常循环压井、连续油管疏通作业已无法满足井控需求的高压气井，采用 140MPa 级别带压作业设备和高强度小钻杆、配套 2000 型压裂车和整套地面高压控制技术，进行小钻杆带压循环疏通，在采用加热后的无固相有机盐作循环液，增强疏通过程中携砂携垢携蜡能力的基础上，利用小钻杆与油管间隙大的和压裂车可长期高压运行的有利条件，实现高泵压、高控压、低摩阻作业，以达到充分循环清洁井筒的目的。

2.3.2 现场应用实例

实例1：塔里木油田博孜区块XX井，该井完钻井深7150.00m，最高关井油压96MPa，井下安全阀下部油管内有蜡和水合物堵塞生产通道，堵塞长度、位置(可基本判断在井筒400m以上)和堵塞程度不明确，井筒容积35m^3。现场通过热交换器将循环液温度加热至80℃，通过泵车尝试油管挤注压井，挤入压井液2m^3，油压快速由59.08MPa上升到95.97MPa又继续上升到100.011MPa，证明井筒堵塞位置浅且井筒堵塞严重，后泄压至61.011MPa进行小钻杆带压疏通，地面节流控回压至90~98MPa，下压吨位2~3kN，期间多次划眼防止遇卡，后带压下冲洗管柱冲洗至深度317.0m遇阻，最大加压10kN冲洗至深度561.67m(期间进尺缓慢)，冲洗过程中除砂器除砂，共计返出砂累计6.5L，且出口持续见天然气，出气量逐渐变大，此时判断井筒堵塞位置已成功疏通，试挤压井，泵压85~98MPa，共计挤注1.40g/cm^{3}有机盐35m^3，成功实现该井半压井作业。

3 复合堵塞疏通技术认识与结论

(1)攻关形成了以常规8000m变径连续油管、高强度2500m等壁连续油管、小钻杆带压作业为主体较成熟的井筒疏通技术，有效解决砂、蜡、垢、沥青质、水合物等物质堵塞造成的单井问题。

(2)无论井筒堵塞位置深浅，应用变径连续油管及高强度连续油管疏通技术能满足大部分高压气井的井筒堵塞处理，实现全井筒的清洁疏通。

(3)针对井筒堵塞位置浅、无法正常循环压井、连续油管疏通作业已无法满足井控需求的高压气井，小钻杆带压疏通技术能实现高泵压、高控压、低摩阻作业，建立循环压井通道。

(4)配套循环液体体系，针对性制定单井疏通作业思路及作业方式，同时采用fluent软件模拟流态，提供理论支撑。

参考文献

[1]袁光杰，张玉达，董京楠，等．油气井筒出砂理论技术新进展[J]．科学技术与工程，2023，23(07)：2694-2704.

[2]郭东红，李隽，杨晓鹏，等．塔里木油田博孜大北凝析气井无机-有机复合沉积实验研究[J]．精细与专用化学品，2023，31(03)：1-4.

[3]郭东红，李隽，杨晓鹏，等．博孜大北气田气井井筒结垢规律与阻垢剂优选研究[J]．精细与专用化学品，2022，30(10)：1-4.

[4]何志刚，赵波，杨鸿剑，等．防止天然气水合物堵塞的方法[J]．新疆石油天然气，2009，5(01)：81-83+87+108.

[5]李鸿英，张劲军．蜡对原油流变性的影响[J]．油气储运，2002(11)：6-12+59-3.

[6]庞德新，艾白布·阿不力米提，郭新维，等．异径连续油管对接装置及其安装方法和异径油管安装方法[P]．北京市：CN201710055271.0，2018-10-12.

裂缝性致密砂岩储层复合改造技术研究与应用

莫定东　姚茂堂　朱月婷　钟子仪　刘晓东　李涵

（中国石油塔里木油田分公司塔西南勘探开发公司）

摘　要：博孜、大北单井自然产能低，裂缝性致密砂岩储层超深、高温、高压、低孔、超低渗、非均质性强、储集体厚，单一的储层改造工艺不能完全满足不同单井提产需求。本次研究针对博孜大北区块储层改造面临的问题，开展裂缝性致密砂岩储层复合改造技术研究，目的是实现不同储层类型和井况提产复产潜力最大化。通过研究改造液体系和防蜡支撑剂性能，配套形成碱性重晶石解堵液、缓速＋常规酸液、加重＋常规压裂系列改造液体系，满足了不同复合改造工艺的液体需求。基于实验评价和理论分析开展复合改造工艺可行性论证，形成"重晶石解堵＋加砂压裂"、"酸化/酸压＋加砂压裂"、加砂压裂提产防蜡三套复合改造工艺。结果表明，复合改造技术可以实现不同储层类型和井况提产复产潜力最大化。

关键词：复合改造技术；裂缝性致密砂岩；重晶石解堵；加砂压裂；酸化/酸压；常规酸液

博孜大北是油田增储上产的主战场，而单井自然产能底，90%以上单井需要储层改造提产，储层改造是提产最关键的手段。库车山前裂缝性致密砂岩储层超深、高温、高压、低孔、超低渗、非均质极强、储集体厚，储层改造面临巨大的挑战，2017年形成的两大主体改造技术缝网酸压和缝网压裂无法满足部分井改造要求，导致10%单井出现改造施工困难和提产效果不佳的问题。库车山前常用的改造液体系是常规土酸体系和胍胶压裂液体系，存在酸岩反应快、作用距离短，以及压裂液加重密度低的问题。基于储层整体伤害强的观点以及结合管柱腐蚀风险的研究，改造液配方中添加剂多达12余种，存在添加剂多、施工复杂、费用高的问题。目前库车山前裂缝性致密砂岩储层的改造工艺基本都是采用单一酸压/酸化、加砂压裂储层改造工艺，出现了部分井加砂压裂施工困难导致砂堵，部分井改造效果提产幅度小甚至产量不增反降，改造工艺不能完全满足不同单井提产需求。通过理论研究、实验评价、工艺论证，系列形成了裂缝性致密砂岩储层复合改造技术。

1　改造材料配套

1.1　加重压裂液体系研究

深层油气"三超"特征明显，改造井施工压力高，作业风险高，加重压裂液技术是压开高地层破裂压力储层、降低施工压力最直接且最有效的方法。目前，国内外加重压裂液主要是氯化钾（加重后相对密度1.15）、硝酸钠（加重后相对密度1.4）、溴化钾（加重后相对密度1.5），但存在加重最大密度低、费用高或使用受限等问题。氯化钙、溴化钙可以显著提高配液水的密度，常用于配置高密度的压井液及修井液，尤其是工业氯化钙来源广、

第一作者简介：莫定东（1995—），男，四川内江人，2022年毕业于西南石油大学地质工程，硕士研究生学位，助理工程师，从事油气田化学研究及管理工作。E－mail：1250354849@qq.com。

价格低，得到了广泛应用；胍胶是库车山前常见的储层改造压裂液稠化剂。尽管二者在石油工业中已经使用多年，但未见文献报道用高浓度氯化钙溶液来配制加重胍胶压裂液，也无文献报道如何形成和使用含有高浓度氯化钙的加重压裂液技术。目前，常用的硼－胍胶交联技术无法实现高浓度氯化钙溶液与胍胶溶液之间的交联，因此，亟须研发以工业氯化钙作为加重剂的交联冻胶加重压裂液技术。为此，本文以优质工业氯化钙为加重剂，研发了耐高温硼锆交联剂，优化了各种添加剂的使用方法和加量，形成了耐高温的氯化钙加重胍胶压裂液技术。既能激活大力－缝角天然裂缝，又可造长缝，配套小、中、大粒径支撑剂，实现全方位有效改造。现场试验验证了该加重压裂液技术的可靠性，为超深高应力致密储层改造提供了技术手段(图1)。

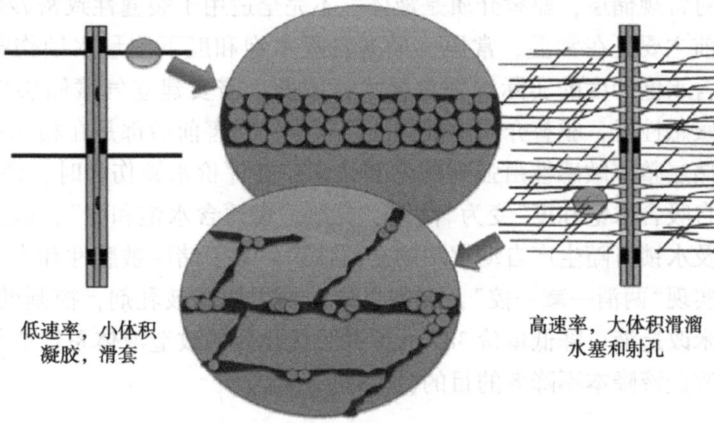

图1　不同力缝夹角天然裂缝有效改造后示意图

2　改造液配方优化研究

2.1　高温高压下束缚水饱和度评价

气藏水锁伤害的定义严格来讲，是含水饱和度从初始含水饱和度增加到束缚含水饱和度时，造成储层的气测渗透率损害。达到束缚含水饱和度后，含水饱和度继续增加造成的气测渗透率损害容易恢复，可不考虑。前期虽然对库车山前储层岩心束缚水饱和度进行了大量的室内测量，但测量的条件都是在常温常压下，测量值较高，基本大于50%，定量测量储层高温高压下的束缚水是评价储层实际条件水锁伤害的关键。利用超高压高温全直径岩心驱替系统(200MPa，200℃)和库车山前目的层全直径岩心(直径6.5cm，长度6cm左右)，首先通过气驱测量岩心在常温常压下的束缚水饱和度，然后用甲醇对岩心进行清洗，烘干后重新饱和地层水，通过气驱测量岩心在高温高压下的束缚水饱和度。实验结果表明，岩心在常温常压下束缚水饱和度为51.1%～65.6%，高温高压下(120MPa，160℃)为29.3%～39.5%. 高温高压下的气藏气水相受温度、压力、孔隙结构及流体的综合作用。高压下，气体大量溶解在水中，同时高温能够加剧分子运动，促进气体的溶解，降低气水之间的界面张力，从而减少水相在孔隙中的捕集及岩石表面的附着，所以得到的束缚水饱和度比常规条件驱替得到的低。

2.2　高温高压下水锁伤害程度室内评价

利用测井资料确定储层的初始含水饱和度，再把经过高温钝化(550℃，消除黏土矿物敏感性影响)的全直径岩心通过岩心自吸获得不同含水饱和度，然后使用超高压高温全直径岩心驱替系统测量库车山前不同区块岩心在不同含水饱和度、高温高压下(120MPa，160℃)下的气测渗透率，最后根据渗透率的大小计算水锁饱和度。实验结果表明，在库车山前储层高温高压条件及束缚水含水饱和度29.3%～39.5%下，水锁伤害率为7.5%～40.8%，伤害程度为无－中等偏弱(图2)，室内评价结果与理论分析预测的结果(无－弱)基本吻合。而前期在常温常压下，库车山前水锁伤害率为70%～95%，伤害程度为强－极强，由于实际储层高温高压条件下的束缚水饱和度比常温常压下低很多，所以水锁伤害也低很多。

目前的改造液要求具备储层保护和施工安全两大主要性能，国内现有的评价储层敏感性方法主要是针对常规储层，驱替介质是液体，不完全适用于裂缝性致密砂岩。在评价水锁方面，国内目前主要是在常温、常压、最大自吸水饱和度下测量水锁伤害，与储层高温、高压、束缚含水饱和度的实际水锁差异大。因此，需要建立气藏储层伤害评价新方法，在评价储层敏感性时，驱替介质由液体变为气体，伤害前后都是在相同束缚水饱和度下测量，取得了储层整体敏感性由强到弱全新认识；在评价水锁伤害时，评价条件由“常温、常压、最大自吸含水饱和度”变为“高温、高压、束缚含水饱和度”，取得水锁伤害由强－极强变弱以及水锁可随生产自动解除的全新认识。基于储层敏感性和水锁伤害的新认识，改造液体系实现“两消一减一控”，配方里取消掉甲醇和破乳剂，控制助排剂的用量，经计算，每立方米改造液可降低单价387元，并且优化后的改造液体系性能仍然满足指标要求，达到储层改造液降本不降效的目的(图3)。

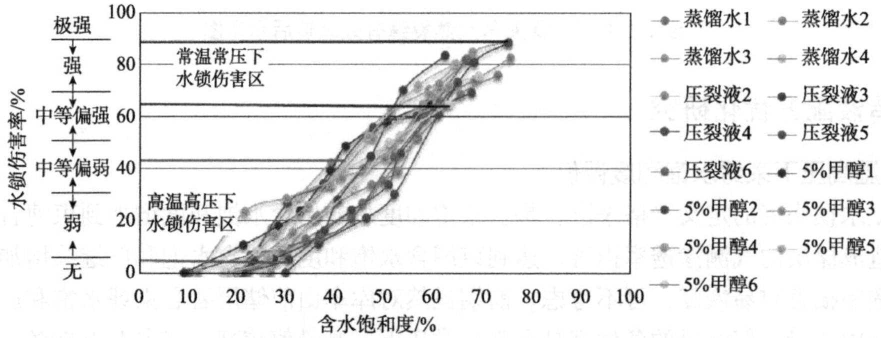

图2　常温常压和高温高压下的水锁评价结果

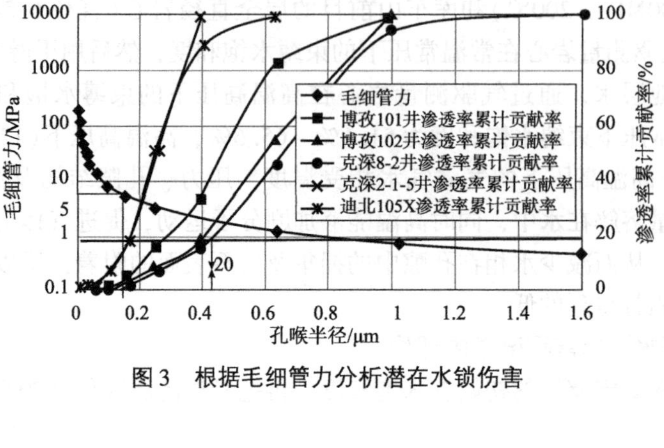

图3　根据毛细管力分析潜在水锁伤害

3 复合改造工艺评价研究

目前，国内的储层改造工艺主要是酸化/酸压、加砂压裂、重晶石解堵的单一储层改造工艺，单一改造工艺有其局限性，单一改造方式往往只能针对储层的某一特定问题进行改善，如仅通过压裂技术增加裂缝，但对于储层物性、压力系统、流体性质等多方面的复杂问题，单一改造可能无法全面解决。对于低渗、特低渗储层，单一压裂或酸化等改造手段可能无法形成有效的渗流通道，导致增产效果不显著。酸液其作用半径有限，并且反应速度快，有效期短。加砂压裂技术能形成更长的裂缝通道，但可能无法解除近井地带的污染和渗流阻力。酸液可以溶解20%泥浆沉淀并且降低20%以上岩石强度，不仅可以降低加砂压裂施工难度，而且可以提升复产提产效果。因此形成了“酸化/酸压 + 加砂压裂”的复合改造工艺，解决了泥浆污染井复产提产效果差的难题。

4 复合改造技术现场应用

2019年至今，“酸化/酸压 + 加砂压裂”复合改造工艺在库车山前致密性裂缝砂岩储层累计应用6井次，平均提产4.5倍，累计增加产气 $15.6\times10^8m^3$，产油 16.5×10^4t。克深1101井2017年酸化后测试为含气水层封井，2022年工程地质深入讨论后决定大修排水，但大修后不出液、105MPa井口压力受限，因此实施“酸压 + 加砂压裂”复合改造工艺，先降低地层破裂压力，提高加砂压裂施工参数造长缝提产，施工比预期顺利，井口压力稳定可控，施工比预期顺利，最终排水井变气井，日产气 $15.5\times10^4m^3$（图4、图5）。

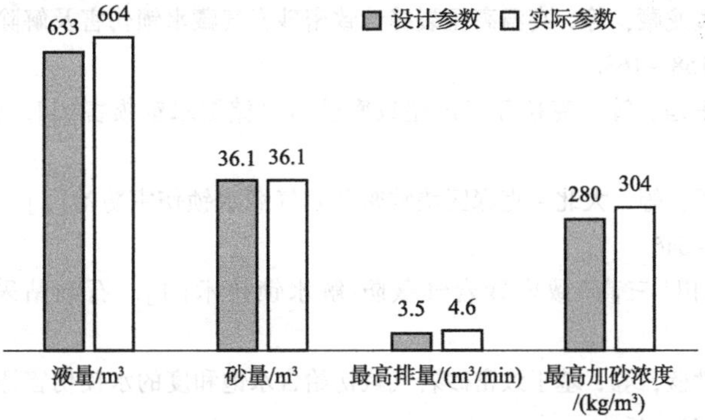

图4 克深1101井加砂压裂设计与实际施工参数对比

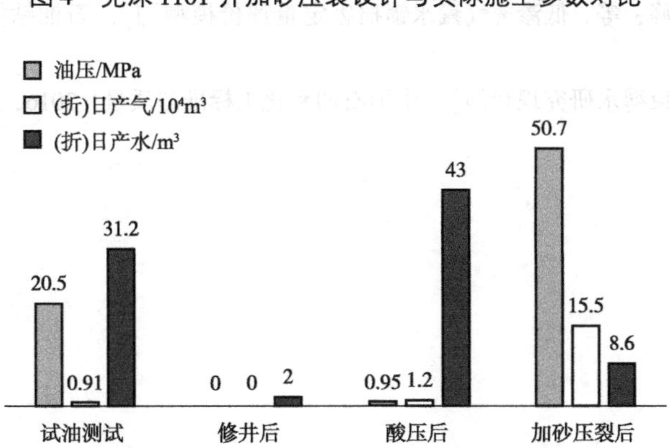

图5 克深1101井措施前后产量对比

5 复合改造工艺存在不足及下步研究方向

改造液方面，氯化钙加重压裂液相对密度虽然可达1.35，但是当排量达到4m^3/min以上时，摩阻较大，增加的摩阻和增加的液柱基本抵消，只在低排量下用来压开超深、高应力储层有一定优势，下一步需进一步研究低摩阻、高密度压裂液。复合改造工艺总体取得了较好效果，但是微观机理研究不够全面和深入，下步需开展复合改造机理研究和方案优化，重点是污染井应力场变化、漏失泥浆沉淀在储层中分布、酸化/酸压后泥浆分布变化。复合改造工艺在现场应用中展现出了其独特的优势和灵活性，对于提高油气井产量、降低开采成本具有重要意义。随着技术的不断发展和创新，复合改造工艺将在未来油气开采领域发挥更加重要的作用。

参考文献

[1]李鹭光，何海清，范土芝，等．中国石油油气勘探进展与上游业务发展战略[J]．中国石油勘探，2020，25(1)：1-10.

[2]张光亚，马锋，梁英波，等．全球深层油气勘探领域及理论技术进展[J]．石油学报，2015，36(9)：1156-1166.

[3]王招明，李勇，谢会文，等．库车前陆盆地超深层大油气田形成的地质认识[J]．中国石油勘探，2016，21(1)：37-43.

[4]周建平，杨战伟，徐敏杰，等．工业氯化钙加重胍胶压裂液体系研究与现场试验[J]．石油钻探技术，2021，49(2)：96-101.

[5]姚茂堂，袁学芳，黄龙藏，等．高温高压裂缝性致密砂岩气藏水锁伤害及解除[J]．石油与天然气化工．2021，96(3)：158-163.

[6]唐洪明，徐诗雨，王茜，等．克拉苏气田超致密砂岩气储层水锁损害[J]．断块油气田，2017，24(4)：541-545.

[7]江昀，杨贤友，李越，等．大北-克深区块致密砂岩气藏水锁伤害防治[J]．深圳大学学报理工版，2017，34(6)：640-646.

[8]安志杰．塔里木油田“三高”致密砂岩气藏防/解水锁技术[J]．石油钻采工艺，2019，41(6)：763-767.

[9]王茜，王双威，唐胜蓝，等．基于致密砂岩气藏初始含水饱和度的水锁伤害评价[J]．钻井液与完井液，2017，34(6)：41-45.

[10]杨旭，李皋，孟英峰，等．低渗透气藏水锁损害定量评价模型[J]．石油钻探技术，2019，47(1)：101-106.

[11]王文举．致密砂岩束缚水研究现状[J]．中国石油和化工标准与质量，2016，36(12)：95.

库车山前气井大修作业难点分析及关键技术研究与应用

李瑾　周建平　杨忠武　齐军　范高杰　赵强强

（中国石油塔里木油田分公司塔西南勘探开发公司）

摘　要：塔里木盆地克拉苏构造带库车山前气井普遍具有超深、高温、高压、高含蜡的特点，随着气田的深度开发，气井因高套压、油管腐蚀穿孔、应力裂缝、套管变形、管柱砂埋等诸多工程问题，导致出现井控风险和单井产能无法释放的问题。本次研究通过对库车山前气井井身结构、完井管柱、封隔器类型的分析，分析总结了不同井筒情况下的压井、油管切割、打捞、二次完井施工存在的难点及对应的解决技术手段。研究结果表明：(1)常规压井、浅点循环、连续油管定点循环、无固相压井液压井4种压井方法克服了不同井筒情况下的压井难题，适用于山前大修井；(2)油管切割方式可选择机械切割，利用静态磁聚焦测井技术辅助；(3)打捞总体以"能切割不倒扣、能倒扣不套铣、能套铣不钻磨"为施工主体思路进行作业；(4)二次完井下入"可溶筛管＋双封隔器＋大通径工具＋深井安全阀＋化学注入阀"，实现高含蜡气井从流动性保障、连续油管作业、后期修井单井全生命周期生产作业。

关键词：库车山前；大修作业；高压气井；作业难点；关键技术

塔里木油田库车山前高压气井具有地层压力超高(≥120MPa)、埋藏超深(≥6000m)、地层温度超高(≥165℃)的特点，井筒、地质条件异常复杂。井身结构多为塔标Ⅰ、塔标Ⅱ结构，尾管以$5\frac{1}{2}$in、7in套管为主，裸眼井井眼最小内径104.81mm，完井油管大多采用$4\frac{1}{2}$in ＋$3\frac{1}{2}$in ＋ $2\frac{7}{8}$in组合，配套井下安全阀及液压永久式封隔器，井下安全阀最小内径为65.08mm，完井油管最小内径为59mm，封隔器最小内径48.51mm。近年来，随着气田的深度开发及措施深度挖潜，库车山前高压生产气井出现油管腐蚀穿孔、油管错段、套管变形、管柱砂埋等诸多工程问题，技术手段受限的长停井也急需技术革新恢复生产，但受限于井深、井身结构及完井管柱的特定结构，导致大修作业难度大、周期长、费用高。为了保证高压气井大修作业提速提效，系统分析探索大修作业难点分析及关键技术，以确保气井高效复产。

1　库车山前气井大修作业难点

1.1　压井作业难点

库车山前大修气井基本都存在井完整性问题，表现为采气井口渗漏、油套窜通、油管柱渗漏、井下安全阀失效、生产套管渗漏、技术套管渗漏等，其中油套窜通问题最为突出，部分井还存在油套连通井筒堵塞等复合问题，对压井工艺的选择和实施带来了挑战。

第一作者简介：李瑾(1998—)，男，甘肃武威人，工作单位中国石油塔里木油田分公司塔西南勘探开发公司，助理工程师，从事井下作业、采油气工艺生产管理工作。E－mail：2290269970@qq.com。

1.2 封隔器上部管柱处理难点

修井作业处理封隔器上部油管通常采用切割上提方式，但是部分气井因为井下油管、套管的变形、错断等现象会导致切割作业无法进行或导致更为复杂的井下情况发生。主要原因如下：一是因为油管缩径或油管内堵塞严重，会导致切割工具无法下入预定位置切割油管；二是因为地层盐膏层蠕变严重会导致套管变形或套管破损，致使变形或破损处套管内径小于井筒内油管外径，即使切割后也无法起出管柱，使后期修井难度成倍增加；三是因超深高温高压对油管切割工具、材质、性能、承压等级要求极高，而化学和聚能切割方式，切割后切割面不规则，也为后期打捞增加了难度。

1.3 封隔器处理难点

库车山前高压气井几乎全部采用永久式封隔器完井，而永久式封隔器属于双向卡瓦桥塞式结构，无法自行解封，须采用套铣、磨铣等方式进行处理。套铣封隔器过程中，可能会产生较大块的金属卡瓦及胶皮碎块，从而造成卡钻，导致井下复杂，处理难度大，也会给后续打捞增加困难，同时套铣胶皮后，封隔器下部高压圈闭气瞬间释放存在上顶及气侵影响，存在较高的井控风险。

如采用磨铣工艺，在封隔器磨铣过程中，因永久式封隔器通常采用 718 镍基合金材质，该材质塑性好、材质硬，磨铣时需要很大的切削力，同时随着磨铣的进行，加工硬化严重，在切削热的作用下，表面硬度比基体高 1 倍。两者因素结合，封隔器磨铣工艺存在磨铣进尺满、时间长、费用高的问题，同时也存在无法完全磨铣处理封隔器的风险。

1.4 封隔器下部埋卡管柱处理难点

在高压气井生产期间，受完井管柱盲管完井和地层出砂影响，导致部分单井封隔器下部管柱砂埋严重，造成封隔器下部管柱无法实现一趟钻全部打捞。暂闭封井且有落鱼管串的长停井，一般均存在较大的井下复杂问题，如落鱼卡点不明、落鱼泥浆沉淀埋卡严重、井控风险大等问题，同时因井眼尺寸较小，部分井落鱼在裸眼井段，导致打捞作业工具选择困难、处理难度大、周期长。

1.5 二次完井难点

库车山前博孜 - 大北区块气井普遍具有埋藏深、压力高、含蜡量高，流体相态复杂的特点。近几年，有 40% 的单井出现过井筒流动保障问题，井筒频繁堵塞，堵塞类型即有砂、蜡堵，也有垢、水合物堵，急需攻关配套研究一种完井管柱来解决流动性保障难题。

2 库车山前气井大修作业关键技术

2.1 压井及相关配套技术

目前库车山前大修井基本分为两类井，一种为井筒存在原井管柱的气井，形成了常规压井、高密度压井液浅点循环压井、连油油管压井和无固相压井液压井四种；另一种为井筒存在水泥塞的气井，需采用带压作业 + 修井机钻塞后，进行正循环压井。

2.1.1 井筒存在原井管柱的气井

(1)针对完井管柱完好的气井，选择合适密度的压井液，直接进行正挤压井。

(2)针对完井管柱错断，且错断位置不明的气井，根据地层压力折算错断位置所需压井液密度，后采用浅点循环 + 正挤方式进行压井；针对完井管柱错断同时井筒堵塞的单井，根据井控风险大小选择采用连续油管作业或小钻杆带压作业疏通后，在按照错断管柱压井方式压井。

(3)针对油管漏点浅、压井存在短路、直接正挤压井套管面临超压风险的气井，先采用泵车小排量正挤压井，如泵压持续升高至套管最大许可压力，则采用连续油管控压压井，油管内建立液柱压力后，在进行油管穿孔作业，继续用连续油管下深至油管穿孔位置，通过连续油管进行正循环压井。

(4)针对油管内下堵塞阀、暂闭储层和压力系数不高于1.4的大修井，直接采用无固相修井液进行循环压井，避免采用泥浆后期替液产生过多混浆。

2.1.2 井筒存在水泥塞的气井

井筒存在水泥塞的高压气井，无法直接正挤压井。通过采用带压机作业钻浅塞+修井机钻磨水泥塞组合钻塞模式，采用带压机作业钻通缓慢释放圈闭压力后，在转常规大修进行作业钻塞，压井时选择合适密度的压井液采用钻杆在替净原井井浆后实现压井，这样不仅消除了高压圈闭压力，也为大大降低了井控风险。

2.2 封隔器上部管柱处理关键技术

库车山前气井大修封隔器上部管柱常用倒扣和切割两种工艺。总体思路为“能切割不倒扣”，因倒扣存在管柱易倒散、倒点位置不精确、受套管和油管变形影响大等问题，倒扣工艺已基本不适用，而常用的切割工艺技术有切割弹切割和RCT切割，但切割弹切割受限于管柱内径过小影响部分气井无法适用，RCT切割存在枪尾留井和切割端面不规则的问题。针对上述问题，通过技术引进和研究攻关，探索出静态磁聚焦过油管测套损技术和机械切割配套工艺技术。

2.2.1 静态磁聚焦过油管测套损技术

静态磁密度阵列测量方法，用于井下在油管内测量套管形变和油管在套管中偏心状态。该技术利用磁密度传感器阵列通过磁极子分布和间隔材料，产生磁场聚焦穿透油管到达套管，通过分析套管距离轴心的距离将直接影响到磁密度场的角分布，基于霍尔效应的传感器阵列测得间接得到与套管的相对距离，通过对信号的差分放大和后处理算法对套管形变和偏心实行定量测量，见图1。该技术适用于探井、存在单层套管、油层套管固井质量差、长段盐膏岩的单井，在大修作业前先进行静态磁聚焦测井，测套管变形及油管偏心情况，可精准指导下步大修决策和油管切割位置。

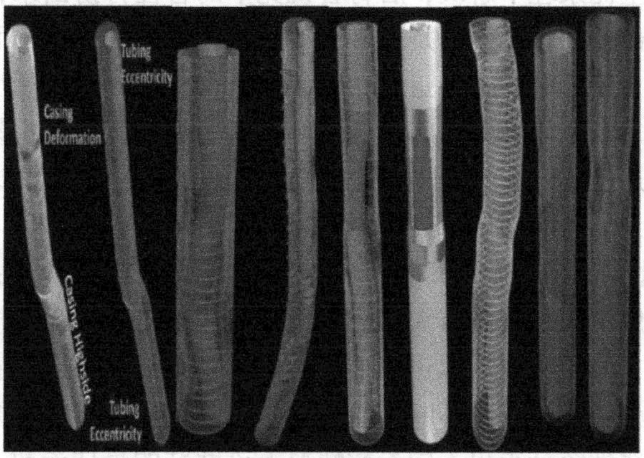

图1 3D油套管变形和扭曲成像图

2.2.2 超深超高温MPC机械切割技术

机械切割仪器的刀片分在电动马达驱动下，使用液压推靠装置将仪器固定在管柱内壁，依靠机械旋转切割井下管柱，见图2。MPC机械切割工艺纯电动作业，具有可视的地面监控系统精准控制切割过程、一次下井多次切割、切割成功刀片回弹自动停止等优点，最大耐压140MPa、最大耐温200℃，材质防酸防硫抗CO_2等特点。切割后切割端面规则平整，不需要修鱼顶可直接进行打捞，见图3。

图2 MPC机械切割工具

图3 油管切割端面

2.3 封隔器处理关键技术

库车山前气井大修作业处理封隔器常规使用套铣和钻磨两种工艺，因钻磨效率低、处理难度大、易造成井下复杂目前已基本不使用。针对常规处理封隔器只套铣上卡瓦和胶皮的操作，存在无法判断下部管柱埋卡、胶皮被完全套除导致依旧存在圈闭气的问题，通过套铣封隔器上下卡瓦和胶皮，验证管柱是否放空，如管柱放空，则追加套铣后进行打捞；如不放空，则证实封隔器下部埋卡严重。针对库车山前部分气井THT封隔器中心管钢级高、材质硬导致矛瓦不能有效吃入芯轴，而公锥打捞存在倒散封隔器的问题，特制滑块捞矛，根据封隔器芯轴长度设计双滑块捞矛的长度、核对矛瓦对应的打捞位置、捞矛抗拉强度、滑块的润滑情况，实现穿越封隔器中心管直接打捞封隔器下部油管，实现封隔器和下部油管一次性全部打捞。

2.4 封隔器下部埋卡管柱处理技术

2.4.1 5½in小井眼埋卡管柱处理技术

(1)针对5½in小井眼五阀一封测试管柱存在泥浆沉淀固结管柱埋卡严重、五阀内部零部件较多阀易散架等难题。制定“套铣解卡、打捞为主、钻磨为辅”的总体作业思路，先进行大段套铣，将环空泥浆埋卡解决，后将套铣完毕的管柱打捞出来，在根据打捞后鱼头的具体形状和管柱下部井筒情况判断是否进行钻磨修鱼或套铣打捞。而因五阀一封测试管串外筒内部存在芯轴，外筒和芯轴为正丝扣连接，正常大修作业采用反扣钻具，采用大钻压、高转速、高扭矩、高泵压套铣易将工具串套散，造成井下复杂，易采用小钻压、低转速、低扭矩、低泵压进行逐步套铣，如套铣后鱼头为外筒无芯轴则尝试内捞，如鱼头为芯轴无外筒则尝试外捞，如外筒芯轴都存在则尝试外捞。

(2)针对5½in小井眼直连油管埋卡管柱处理，存在打捞困难、钻屑返出困难的情况。总体先采用套铣方式解卡，如套铣有大段进尺，则进行打捞作业，打捞易采用可退式捞矛打捞，做到可进可退，如果套铣后无进尺或进尺较小，则直接采用磨鞋进行钻磨，在钻磨期间要考虑磨鞋的选型，同时还要不断调整摸索钻压、转速、扭矩、泵压和排量之间的最优关系，在钻磨期间线性统计得出不同参数情况下该磨鞋的最佳参数，提升钻磨效率，同时注重泥浆参数的调整，提高动切力和动塑比，降低泥浆沉降速度，提高钻屑返排率，避免钻屑重复切屑研磨。

2.4.2 5in 小井眼埋卡管柱处理技术

针对5in小套管处理埋卡割缝直连油管空间小、处理难、钻磨难携带等问题。一般钻磨作业通常采用平底、引杆磨鞋较多，而因一根割缝油管有714处割缝，采用上述两种磨鞋钻磨割缝直连油管存在下部落鱼割缝条“开花”、钻屑重复切屑和钻屑携带困难等问题，采用“空心+错位”磨鞋，可实现钻屑精细化钻磨，实现钻屑从大块的割缝条到精细化小钻屑的跨越，钻磨速度实现2倍式的增长，同时利用空心磨鞋的大水眼实现正反循环，不仅提高了返排效率，还避免了重复切屑。

2.5 单井全生命周期管柱配套技术

通过配套研制“可溶筛管+双封隔器+大通径工具+深井安全阀+化学注入阀”，既能实现“清洁完井”，保证射孔段泥浆替干净，又能进行机械分层实现深度改造，同时保证管柱内径能满足后期连续油管及动态监测作业，开发后期可进行化学防蜡和电加热防蜡。

3 现场应用

博孜XX井完钻井深7150m，该井大修作业存在井下安全阀失效、井筒蜡堵位置浅无法压井、小套管内管柱处理难度大、井筒流动性无法保障等工程难题。该井压井前需解决井筒堵塞及安全阀失效问题，先采用小钻杆带压循环疏通工艺，控压98MPa疏通至井下安全阀，下入安全阀常开锁定装置，彻底打开压井通道，后采用1.4g/cm^{3}有机盐实现半压井；采用电缆带压下机械切割工具，成功在井深6760m处实现油管切割，切割后油套压力逐渐走平，证实了油管切割成功，起出油管后切割端面平整。该井封隔器下部直连油管埋卡严重，采用打捞钻磨交替的作业方式，成功捞获直连Φ93.2mm油管100.47m，钻磨直连油管125.61m。二次完井成功下入“可溶筛管+双封隔器+大通径工具+深井安全阀+化学注入阀”，储层改造获后42×10^{4}m^3/d高产。

克深XX井完钻井深6474.68m，2017年8月中途测试完毕在泥浆压井后起测试管柱过程中出现了卡钻，多次活动不能解卡，同时也因封隔器不能解卡，后下入油管切割弹对油管进行了暂闭封井，井下落鱼未做处理，井筒落鱼长度343.61m。为确保钻塞过程中的井控安全，使用带压作业机钻塞至井深2779.92m，创油田带压作业机最深钻塞记录，为该井后续大修复产奠定了坚实基础。

4 结论与建议

(1)攻关形成了常规压井、高密度压井液浅点循环压井、连油油管压井和无固相压井液压井四种压井工艺，解决不通管柱状态下的压井问题。

(2)应用DEC静态磁聚焦过油管测套损测井技术能测得套管无套变、套损，油管情况，同时应用MPC机械切割技术，使切割端面平滑规则，为后期直接打捞创造条件。

(3)打捞作业坚持“能切不倒、能倒不套、能套不磨”的原则进行作业，对每趟工具出井时的损伤情况认真分析，结合井下管柱、井筒情况分析，制定相对应的针对性方案，才能保证打捞成功。

(4)下入“可溶筛管+双封隔器+大通径工具+深井安全阀+化学注入阀”完井管柱，能实现库车山前高含蜡高压气井生产、措施作业、修井、完井的单井全生命周期可靠作业。

参考文献

[1]徐鹏海，马群，张莎，等．库车山前超深高温高压气井修井配套工艺技术[J]．天然气技术与经济，2023，17(02)：47 –52 +74.

[2]郑如森，高文祥，王磊，等．塔里木油田高压气井压井技术[J]．油气井测试，2021，30(02)：30 –33.

[3]鄢标，刘方检，王庆潮．普光气田套管变形规律与强度评价方法[J]．石油机械，2019，47(09)：132 –137.

[4]向俊科．普光气田永久式封隔器磨铣打捞技术研究[J]．钻采工艺，2018，41(03)：104 –106.

[5]张玫浩，何银达，秦德友，等．超高压气井套铣打捞 THT 封隔器工艺探讨[J]．钻采工艺，2018，41(01)：102 –104.

[6]周建平，郭建春，彭建新，等．超深高温高压气井小井眼打捞技术探索与实践[J]．油气井测试，2016，25(03)：44 –45 +48 +77.

二次完井防砂一体化技术在华北油田的研究与应用

李雪英[1]　司启凡[2]　李冲[1]

（1. 华北油田公司油气工艺研究院；2. 华北油田公司质量健康安全环保部）

摘　要：随着油藏不断开发生产，大量地层流体被采出，地层骨架颗粒随流体冲刷遭到严重破坏，呈现出砂严重的态势，造成部分井套管出现多点、多段严重腐蚀扩颈、缩颈变形问题。而普通防砂工艺施工一趟管柱无法达到既能冲砂又能防砂的目的，往往冲砂完毕后地层又快速出砂掩埋了油层，为油井生产带来诸多隐患。为解决以上问题，研究了利用二次完井防砂一体化工艺对出砂严重井进行治理，利用小套管二次完井与机械防砂技术相结合，达到边冲砂边防砂目的，可确保管柱一次性下到位，且对于出砂严重油层不用压井，避免了对油层污染。完井后，直接在管外设置防砂措施，减少了固井、射孔、管内防砂工序，实现反洗井管外解堵，彻底解决了防砂过程快速出砂的难题。

关键词：出砂；冲砂；机械防砂；二次完井；小套管；解堵

油藏出砂问题是贯穿整个油藏开发过程的一个重要问题，严重出砂会导致井下砂埋甚至生产停产、报废。故多年来，各油田一直致力于研究冲砂、防砂治理措施，成为油田节能降耗和提高油水井系统运行效率的重要手段。分析总结出砂原因主要有地质和开采过程两大因素，而在开采过程中，完井方式、射孔工艺、油层见水及频繁修井作业等都会诱发地层出砂，故管理者需要采取有针对性的措施防止地层出砂，并将出砂危害讲到最低。为此，本项治理措施在深入研究油藏出砂机理的基础上，强化油水井防砂工艺技术的研究与应用，针对不同油藏特质及出砂诱因，采用有效防砂手段实现油水井的防砂提液降耗增效。

1　技术背景

华北油田赵州桥油田主要开发层系为沙河街组，该油层属于高孔中低渗油藏，泥质含量高，岩石颗粒胶结程度较好，不出砂或有轻微出砂现象，因此前期未进行防砂处理。随着油田的不断开发，大量的地层流体被采出，地层骨架颗粒随流体冲刷而遭到严重破坏，近年来呈现出砂严重的态势，造成部分井套管多点、多段严重腐蚀扩颈、缩颈变形甚至挫断损坏。此外，油藏油层跨度大，生产不均匀，能量足、物性好的油层井段出砂更为严重，带砂液体长期冲刷套管，造成套管出现变形、炮眼刺大、大颗粒砂砾岩涌出的问题。

因为出砂严重，造成油水井注采关系出现了新的平面矛盾：注水井调驱、调剖引起注水压力上升，造成反吐出砂问题加剧，注不进、采不出、高含水等问题日趋严重。如：赵

第一作者简介：李雪英（1990—），女，河北河间，工作单位：华北油田公司油气工艺研究院，工程师，主要从事井下作业研究。E－mail：a940874682_1@ qq. com。

XX井为华北油田赵108断块高部位的一口中心注水井，控制水驱量大，是该区块油井的主要能量补给。该井1993年投产，自2018年以后出砂逐渐加重，套管出现了多点、多段的严重腐蚀扩颈、缩颈变形问题，甚至出现挫断现象，面临着报废风险。2021年7月该井进行大修作业后，打通道至1700m左右，期间地层大量出砂并多次砂埋油层，修复后最小通径为105mm。解决这些问题需要采取堵水、调驱、修套、防砂等技术，经综合研究诊断后，最主要的问题集中在首选采取有效措施进行防砂治理。但以往普通的防砂工艺施工一趟管柱无法达到既能冲砂又能防砂的目的，往往冲砂完毕后地层又快速出砂掩埋油层。防砂措施一直未取得理想效果，油藏开发后期管理问题多、压力大。

2 技术对策

目前，机械防砂是解决井筒出砂成功率最高的工艺措施。机械防砂工艺即为在生产管柱或在井筒内封隔管柱，采用割缝筛管、绕丝筛管或各种预制滤砂器等以防止砂砾进入生产管柱及地面的措施，能起到短期防砂的作用。而传统的机械防砂工艺，冲砂和下防砂管柱充填要分两道工序进行，施工过程中需要反复冲砂、多次下入防砂管柱，作业周期长，且防砂管柱一般无法完全下至设计位置，下入完全位置率仅为60%。该措施效果不佳，并不能有效阻止地层砂进入井筒，而是仅将砂防在了井筒内部，短期内起到了减少泵卡的风险，但出砂问题一直存在，后续仍会堵塞地层，甚至砂埋管柱，该工艺只适用于中粗砂岩地层(颗粒粒径大于0.1mm)。

综合总结，单纯采用机械防砂施工存在的主要问题有：

(1)注水井防砂施工压力高。注水井近井地带因长期高压注水造成注水压力升高且周边地层杂质堵塞，停泵、洗井又会引起地层回吐出砂。单纯采用机械防砂，施工过程中会出现两种堵塞问题：一种是注水杂质、水垢等无机物会堵塞油层，需采取压裂解堵后再进行防砂；另一种是聚合物或凝胶等有机物在近井地带堵塞，无渗流通道，导致压裂施工压不开地层，需加解聚剂解堵后才能进行压裂充填防砂。

(2)流砂井防砂管柱难以下到位。主要问题是井间出现大通道，注入水或高压边底水携带地层沙进入井筒，造成冲砂冲不净，影响后续施工作业的问题。如果采用固砂剂固沙，并不能完全封挡住砂体，仍然有出砂现象，只有采用“固沙剂+边冲边下工具”才能将防砂管柱下入。

(3)油层套管变形严重阻碍防砂管柱下入。油水井出砂引起的套管变形、缩径问题造成普通防砂管柱难以下到位。必须对防砂管柱进行特殊处理，选出合适规格的防砂管，采用不同直径直连扣的厚壁油管和自大而小的通径才能确保防砂管柱下到位，实现二次完井与防砂工艺的结合。

(4)防砂管柱打捞困难。该问题一直是机械防砂技术难以大量推广的主要原因，一般机械防砂工具随管柱下入井筒后会留在井筒中，如遇出现砂卡问题需进行打捞作业时，往往一趟管柱无法直接顺利取出，卡管等井下事故风险大。

综合以上问题分析，并结合赵州桥油田油藏特征，研究使用“小套管二次完井防砂一体化工艺”对该区块油藏出砂问题进行防砂治理。

3 关键工艺及工具设计

3.1 小套管二次完井防砂一体化技术原理

小套管二次完井防砂一体化技术为机械防砂工艺的优化升级，是将小套管二次完井与机械防砂两项工艺相结合的一项综合治理技术。完井管柱从上至下组合顺序依次为：大通径膨胀悬挂器＋顶部充填防砂工具＋大通径直连筛管＋底部充填防砂工具。下入过程中，井内下入高压冲管，可配合施工过程边下管柱边冲砂，如遇到井筒砂面后可开泵反循环冲砂，井筒地层砂与冲砂液一同进入高压内冲管后经油管返出地面，从而可使完井防砂管柱顺利下至设计位置。然后由井口油管投入钢球，钢球落在膨胀悬挂器球座位置后通过地面油管打压，推动悬挂器膨胀锥下移，从而将膨胀悬挂器特殊材料胀贴在套管上后实现悬挂及密封作用。继续在油管打压直至实现丢手后，使底部或顶部充填防砂工具服务器与之对接，然后对油层进行压裂充填防砂。

3.2 防砂工艺设计

工艺设计采用套管直连割缝小套管进行二次完井，利用膨胀管悬挂重建井壁，施工后将防砂管柱留置井内，管柱内通径达 82.3mm，可确保修井作业下能下入 2 ³⁄₈in 油管，使留井管柱可以打捞。同时，该工艺留有大通道套管，为二次管内射孔、防砂提供了条件。该工艺另一显著特点为，管柱下入过程中同时下高压冲砂管，可实现边冲边下管柱，确保管柱一次性下到位，对于出砂严重油层不用压井，解决了往往冲砂完毕后地层又快速出砂掩埋了油层的问题，避免了油层的污染。该工艺完井后直接在管外防砂，实现反洗井管外解堵，将管外堵塞物洗出，减少固井、射孔、管内防砂的复杂工序(图 1、图 2)。

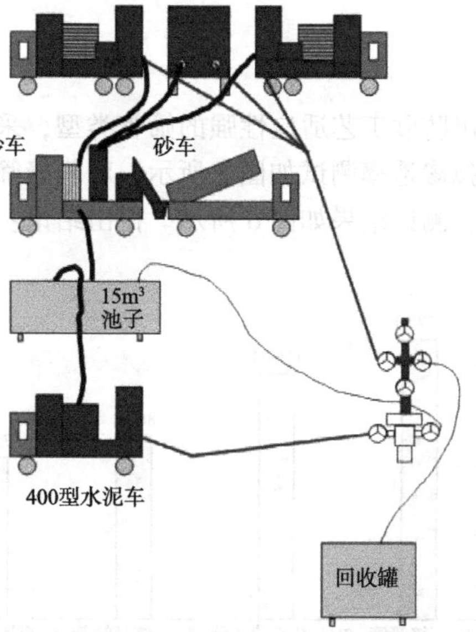

图 1　二次完井防砂施工示意图

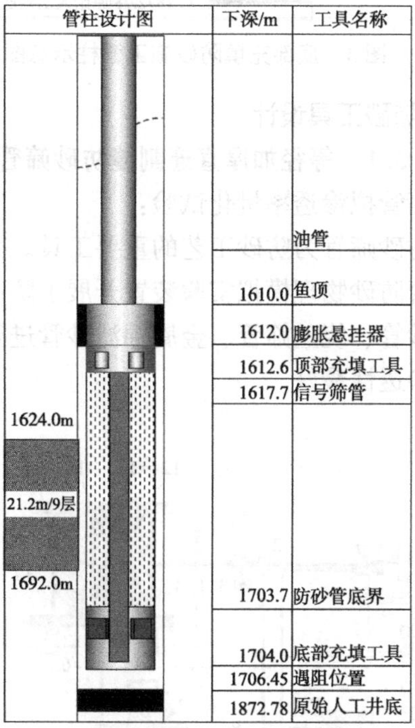

图 2　二次完井施工管柱示意图(边冲边下)

管外充填防砂采用底部充填工具对油层进行解堵、防砂，采用套管作防砂管，管材为等径加厚直连扣管材，配有可倒扣的安全接头，可控制井筒出砂状况，达到防砂与保护套管的双重目的。如遇到防砂管柱砂卡需打捞时，采用筛管外冲洗打捞技术。经试验，经过两趟管柱打捞最多可起出 50m 的防砂管柱，故井筒后续作业问题可得到有效解决(图 3、图 4)。

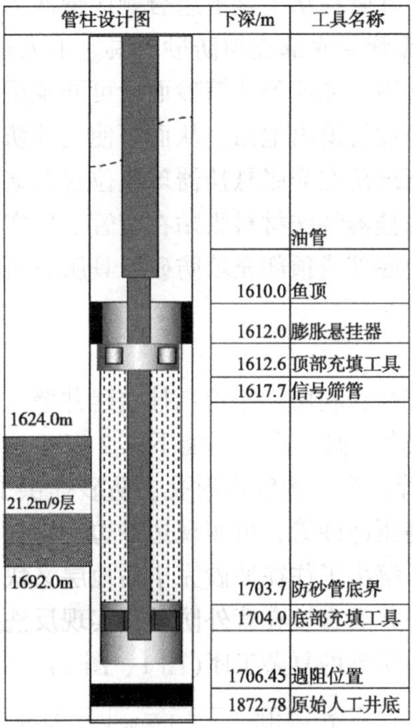

图 3　底部充填防砂施工管柱示意图

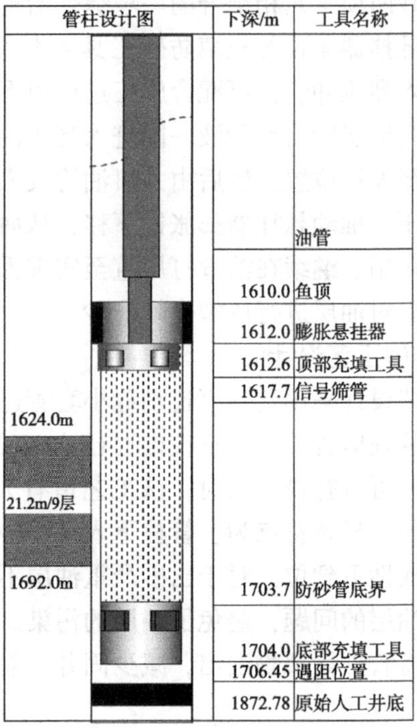

图 4　顶部充填防砂施工管柱示意图

3.3　防砂工具设计

3.3.1　等径加厚直连割缝防砂筛管设计

筛管拟渗透率量化试验：

防砂筛管为防砂工艺的重要工具。为优选出防砂工艺适应性强的筛管类型，采用实尺寸筛管防砂物理模拟实验装置开展了防砂筛管拟渗透率测试如图 5 所示，对割缝筛管、精密滤砂管、绕丝筛管、金属棉滤砂管进行了对，测试结果如图 6 所示。得出结论：割缝筛管的渗透性最好。

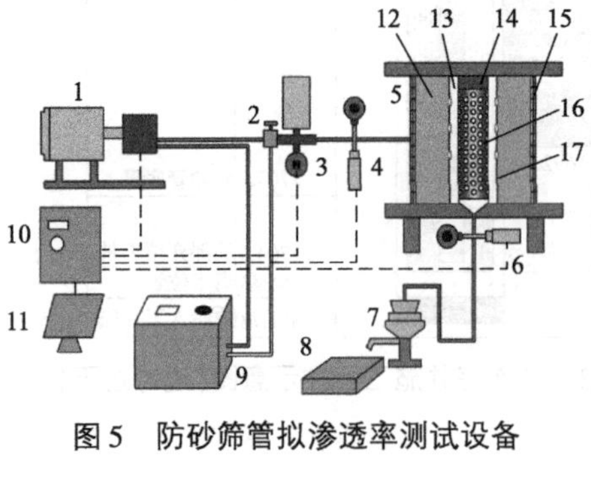

图 5　防砂筛管拟渗透率测试设备

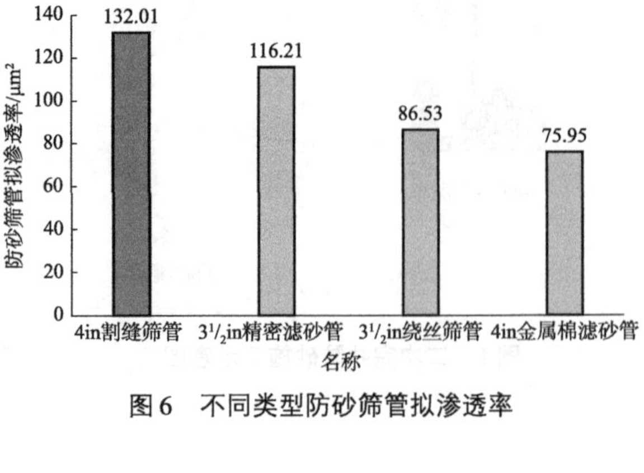

图 6　不同类型防砂筛管拟渗透率

在完整管体上割缝或打孔会削弱管体本身抗弯劲度和弯曲强度，造成筛管强度的降低，故对割缝筛管的布缝需要进行科学的强度设计。本工艺采用筛管基管轴向缝距与缝长之间的模拟试验，确定筛管基管强度(图7)。

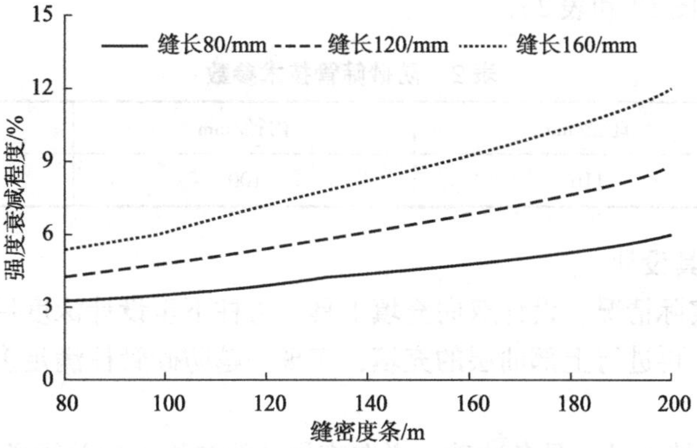

图7　割缝缝长与布缝密度对筛管基管强度影响

经过实验分析，在保证不影响产液量的情况下，应尽量减小缝长度，可适度增加割缝的缝密。故本项目采用了等径割缝筛管，设计长方桥型孔的符合筛管，避免了过流液体对网式挡砂装置的冲蚀，综合了绕丝砾石充填挡砂和网式滤砂管直接挡砂双重效果，既保证了筛管既有抗磨损能力又具备“过滤自洁”能力(图8、表1)。

表1　防砂筛管技术参数

参数	管外径/mm	壁厚/mm	钢级	挡砂精度/mm
数值	95.25	6.5	N80	0.2

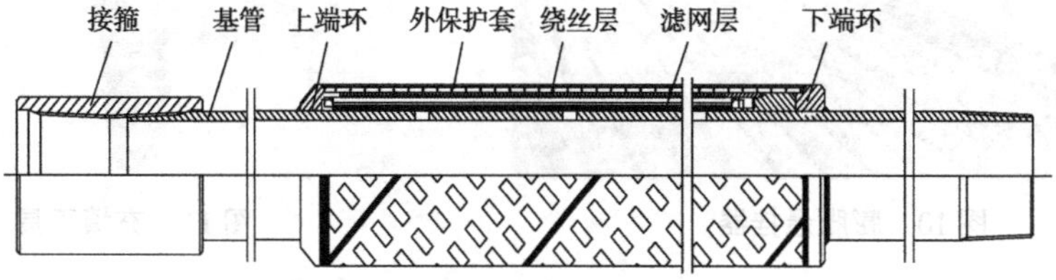

图8　等径加厚直连防砂筛管设计图

3.3.2　大通径边冲边下封隔工具

封隔器采用大通径设计，以提高冲砂效果。同时，增加了封隔器防中途坐封装置，可提高工具在井筒中起下的可靠性，有效避免中途坐封。封隔器内设防进砂结构，防止工具边冲边下过程中的进砂，从而提高工具可靠性(图9)。

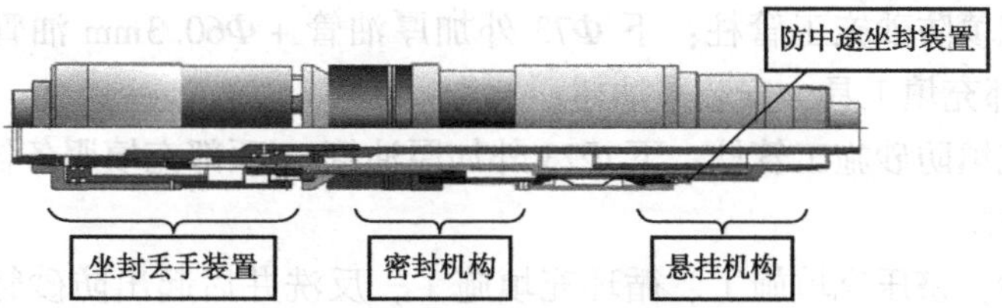

图9　大通径边冲边下封隔器

3.3.3 大通径膨胀悬挂器

采用大通径膨胀悬挂器连接正向充填工具，通过增加防中途坐封装置提高工具起下可靠性，增加工具防进砂结构，防止工具边冲边下过程中再进砂，实现了有效膨胀加强套管贴堵固井密封作用(图10和表2)。

表2 防砂筛管技术参数

参数	直径/mm	内径/mm	长度/m
数值	116	100	2

3.3.4 充填工具设计

根据防砂井的实际情况，设计双向充填工具，管柱下至设计深度后，先进行逆向充填对下部油层充填实，再进行上部油层的充填，实现一趟防砂管柱满足多种工艺需求。双向充填工具的优点为：

(1)底部逆向充填工具：具备冲砂、逆向充填功能和施工后关闭通道密封的功能。

(2)顶部正向充填工具：在原顶部封隔器功能的基础上对充填封隔器进行改进，使封隔器内芯下部可以与内服务管连接。内服务管上部有打压球座，下部逆向充填后投球坐封在服务管上部球座上，打开顶部充填通道，可根据压力确定挤压或是循环充填。在顶部封隔器出砂孔外部设计保护套及关闭功能，施工后防止充填砾石回流(图11)。

图10 膨胀悬挂器

图11 充填工具

3.4 施工工序

(1)下完井施工管柱：井筒内下入Φ73外加厚油管带膨胀悬挂器+顶部充填封隔器+直连防砂管+底部充填工具于设计深度。如管柱下入过程中遇阻，反洗井边冲边下直至到设计位置。

(2)膨胀悬挂：从油管投入钢球后，沉球15min后正打压，泵压缓慢升压至22~24MPa，泵压降至0实现丢手。

(3)下底部充填防砂施工管柱：下Φ73外加厚油管+Φ60.3mm油管92m+底部充填服务器，插入底部充填工具，安装采油树。

(4)下顶部充填防砂施工管柱：下Φ73外加厚油管 +顶部充填服务器，插入顶部充填工具，安装采油树。

(5)充填防砂：挤压充填施工、循环充填施工，反洗井后起出防砂管柱，下封堵管柱封堵底部充填工具。

4 结论

(1)该技术是针对套管出现变形需要侧钻、下小套管的油水井采取的有效防砂措施。创新设计将小套管改用101.6mm或95.3mm的直连防砂筛管，采用大通径膨胀悬挂器连接正向充填工具+防砂筛管+逆向充填工具下入井中，实现了边冲边下、双向充填、二次补砂的功能。如若防砂失效，还可采取管内射孔再进行防砂。该技术比较适合砂岩油藏开发后期的油水井防砂治理，同时也能满足后期生产、作业需求，应用前景良好。

(2)二次完井防砂一体化工艺在赵XX井的成功实施，为类似套损井治理积累了宝贵经验，解决了套损出砂井治理的难题，是一项技术先进、治理效果好、投入产出比高的防砂技术。

(3)该技术提高了地层的渗透率，具有良好的增产、增注效果，特别对地层出细粉砂严重、地层堵塞严重的油水井起到良好的防砂、解堵效果。

参考文献

[1]朱益飞．防砂治理技术在油井提液中的应用[J]．石油石化节能，2016，第七卷，第一期．2017.01.012
[2]黄春，汤志强．孤东油田防砂工艺技术发展与应用[J]．油田化学，第16卷第2期，1999.
[3]哈长鸣．机械防砂工艺技术与应用[J]．化工管理，12.40.10-192-2015.04.
[4]牛菲，常晨．油水井防砂技术分析[J]．内江科技，2011年第11期，2011-8-26-25-15.
[5]王婧，张维鑫，李强，等．油田开发中后期综合治理技术的探讨[J]．化工管理，2015-3-44.
[6]姚志明．砂岩油藏出砂机理与筛管防砂技术研究[D]．长江大学，机械工程，2021.02 TE358.1.
[7]习俊．压裂防砂技术存在的问题与对策分析[J]．中国石油和化工标准与质量2017年第11期．
[8]周杨琪．辽河油田高压气井防砂技术研究[D]．中国石油大学(北京)石油与天然气工程(专业学位)，硕士，2023年02期．
[9]王涛，王朝阳，王鹏．油井泵下防砂工具的设计[J]．设备管理与维修．2024年02期．
[10]钱咏波，刘伟，穆林国，等．油水井大修免套铣打捞工艺研究与应用[J]．中国石油和化工标准与质量．2024年第08期．

砂岩油田智能分注工艺技术现状及发展趋势

马伟娜[1]　李自远[2]　刘玉芳[2]　李明[1]　陈占发[1]　赵乾坤[1]　王猛[1]

（1. 华北油田公司第五采油厂；2. 华北油田公司）

摘　要：注水开发是油田开发的常用手段，随着渗透砂岩油藏进入后期的高含水开发阶段，分层注水总井数逐年增加，层间矛盾加剧、测调周期长、老井套损等问题较多。针对这些问题，大数据技术、物联网的发展提供了新的启发。针对目前国内外砂岩油田智能分注工艺技术进行详细介绍，包括智能测试、智能流量控制、智能传输系统、智能监测、智能分析等技术，并进行了技术发展展望。结果表明，纳米技术的持续创新和应用将促进传统石油开发技术的快速发展，以微纳马达为代表的运动型微纳结构，以及以超材料为代表的固定型微纳结构的新型功能微纳结构与制造技术在石油领域的应用前景广阔。油藏纳米机器人、纳米发电机。压电纳米发电机、摩擦电纳米发电机、热释电纳米发电机等有望实现注水井井下自发电、研制。电磁超材料、声学超材料、热学超材料等微纳超材料将大大促进油气勘探开发。我国目前智能分注工艺迫切需要进行顶层设计，制订发展规划和技术思路，开展关键基础理论与关键技术研究。

关键词：砂岩油田；智能分注；智能监测；智能分析

自20世纪60年代固定式分层注水技术应用以来，至今已经过60多年的发展，经历了以固定式、钢丝投捞式、电缆测调、井下一体化配水器为代表的4代分层注水技术，在控制地层压力、实现井下各层水量自动测调、提高水驱采收率等方面发挥重要作用，保证了油井有足够的生产压差和旺盛的产液能力。但低渗透砂岩油藏后期的高含水开发阶段，分层注水总井数逐年增加，层间矛盾加剧、测调周期长、老井套损及套变严重等问题凸显，可采储量增加难度加大。

近年来，大数据技术、物联网的发展为石油勘探与开发提供了新的启发，并已成功应用到智能钻井、采油工程示功图优化等领域。华北油田积极开发大数据、物联网等技术，推进分层注水工艺向数字化、智能化、生态化方向发展，对提高老油田采收率；实现我国碳达峰碳中和目标；维护我国能源安全具有重要意义。

1　现阶段分层注水工艺

现阶段分层注水工艺技术包括智能测试、智能流量控制、数据监测传输、智能分析等技术，涉及大数据、物联网、BP神经网络、人工智能、超级计算、智能设备等领域，使分层注水工艺向数字化、自动化和集成化方向发展，对实现层段注入参数全过程实时监测和自动调整、边注边测边调、精细注水提供有效数据支撑，进一步提高水驱开发效果。

1.1　智能测试

在分层注水中，精确测试各层注水量是提高水驱效果的重要手段。测试从最早的配套分层测试工艺，先后发展应用了投球测试、浮子流量计测试、电磁流量计测试、超声波流量计测试、涡街流量计测试和智能测调一体化测试，大幅度提高了测调效率和测试精度，测调工艺智能化、集成化程度也不断提高。吉林油田应用注水井分层智能联动调配系统，与常规偏心注水工艺技术相比，具有快速识别并解决层间矛盾的优点，用边调边测的方式使每个层段达到配注要求，现场应用20多口井，在保持井下管柱、执行标准、测试技术管理、堵塞器投捞等条件不变的情况下取得了良好的应用效果。李敢研制了超声波一体化测调仪，对智能注水井一体化测调技术存在的测调配水器适用管柱种类受限、测调仪信号失真等问题进行相应的改进，现场应用约350井次，测调成功率达98%，测试精度达到90%以上。胜利油田研发的新一代智能测调一体化技术，对现有可调配水器调节芯子结构、流量计测调仪、配水器计深装置进行优化，消除压差产生的水嘴漂移、实现所测层流量实时准确测量、精准定位配水器，现场应用6口分层注水井，测调成功率100%，测试精度可达到96.8%，层段注水合格率90.1%。

综上所述，现阶段的智能测试工艺主要指边测试边调节，实现动态化测试工作，与工业智能化相比，还有一定的差距。

1.2 智能流量控制

流量层间控制是分注井下生产控制系统的重要组成部分，决定油井产值。Well Dynammics公司研发的HS－ICV系列层间流量器、IV－ICV无级精细可调流入控制阀、HV系列流入控制阀、CC－ICV流入控制阀等多种类型的井下控制阀，满足各种井况。Baker OilTools和Schlumberger公司联合开发了电子智能流量控制系统，称为“In Charge”，Baker OilTools还单独在Baker自己的CM滑套基础上研制了一个水力操作系统，称为“In Frceo”。Baker Hughes公司HCM－A™系列是多位节流阀，将全电子式In Charge智能生产调节器IPR的节流器技术与J形套筒技术相结合，实现可靠的多节流功能。王金龙研制了液控、电控两种流量控制阀，液控型流量控制阀长滑套的设计结构可以有效提高密封性，可在井深3000m以上应用，电控型流量控制阀体积小、结构简单，更适合狭小的井下空间，可在井深3000m以内应用，新装置打破国外对我国智能井技术的封锁状态。王威研制的智能井液压无级流量调控装置，可通过远程控制实现井下各层无级流量调节和重复开关动作，解决流量调控装置控制方式单一，且寿命较短和故障率高等问题。

综上所述，国内智能流量控制装备的研究较国外还不成熟，需要借鉴国外先进技术，加大研发力度。

1.3 智能传输系统

数据传输系统是连接井下测量仪器与地面控制系统的关键环节，起着至关重要的桥梁作用。Weatherford公司侧重于对光纤技术的研究，开发出适用于井下的光纤式压力、温度、流量传感器。Baker Hughes公司的Incharge和Inforce智能井系统采用石英压力计获得压力和温度参数。西安石油大学乔学光教授带领研发的“高温高压分布式光纤光栅传感技术”获得2007年国家技术发明二等奖。北京蔚蓝仕科技有限公司申请的“用于智能井的光纤多点温度与压力测量方法及其装置”的专利，通过光缆和地面调节器，可以实时读取井内不同层位的温度和压力。Baker OilTools公司通过卫星进行数据传送，遥控监测距离可达到265km。余浩分析了井下声波通信系统的理论模型和常用数字调制的基本原理，开发了基于2FSK调制通信系统的收发硬件电路和解调软件，该系统具有良好的移植性且抗干扰能力强。长庆油田主要对可带压作业的无线数据传输进行攻关，应用波码通信分层注水技术，实现远程井下无线流量控制与数据传输，现场应用约1200口井，地上与井下无线通信距离近3km，分注合格率在90%以上。

因此，采用光纤、石英等有线方式进行数据传输已成为现今智能完井中信息采集传感系统的主流选择，无线方式传输也成为近几年的研究热点。

1.4 智能监测

智能监测是指用智能设备、大数据、区域链等技术，对井下各种参数进行实时监测，从而实现井下生产信息的动态管理，为水井的科学管理提供参数依据。流动电势测量方法被引入到智能井监测中以预防水驱过程中的早期见水现象，但技术上仍处于实验室研究阶段。近几年提出的井下雷达近井流体监测技术可以对离井10m的区域进行油水前缘的动态监测。西南石油大学研制出了基于单片机的智能井井下数据采集监测系统，实现对井下压力、温度及阀门位移量的实时监测。孙智威研究设计了一套全电动智能井系统，该系统设计了井下ICV驱动、井下参数测量、节点间的通信等，对注水井进行长期井下在线监测，地面监控平台能实时获取和存储井下智能节点上传的数据。总体来说，国内智能监测处于初期阶段。

1.5 智能分析

智能分析是指用物联网、人工智能算法、互联网+等技术，将采集上传的庞大的井下数据进行校正、管理、计算和分析，以便形成能够适应油藏动态变化的生产方案和指令，提高油藏管理水平。孙智威研究设计了一套全电动智能井系统，该系统对注水井进行长期井下在线监测，获得大量井下数据，并对其进行系统分析。贾德利等将人工智能算法应用到油藏分析中，提出了一套大数据驱动下的老油田精细注水优化方法，研制了分层注水实时监测与自动控制系列工艺，可以精准开展油藏建模、历史拟合等分析，指导老油田精细注水方案的设计和实施。

2 智能分层注水工艺技术发展趋势

近些年，国外智能分层注水工艺技术发展迅速，如Well Dynammics公司、Baker Hughes公司、Weatherford公司、Baker OilTools公司等在智能流量控制、智能传输系统等方面取得了一定的研究进展，通过现场应用取得了较好的效果，证实了智能分层注水工艺技术的可行性和适应性。国内智能分层注水工艺技术通过理论研究、新工具和新材料的研发，攻克了井筒与地面双向通信、井下永置式层段调节等核心技术，奠定了第4代分层注水工艺技术的基础，但尚处于初期阶段，整体水平与国外存在较大差距。因此，为进一步加快国内智能分层注水工艺技术的研制和应用步伐，仍需对分层注水全过程实时监测和自动控制、井下自发电、井下设备防腐、无缆智能注水等技术加大研究力度，形成可持续支撑水驱开发的、系统的、完善的第4代分层注水技术。

刘合等认为纳米技术将成为21世纪科技创新发展的动力，在当前油气资源勘探开发日趋困难的背景下，纳米技术的持续创新和应用深化将促进传统石油开发技术的快速发展。结合油气田勘探开发需求及智能微纳结构研究现状，认为以微纳马达为代表的运动型微纳结构，以及以超材料为代表的固定型微纳结构的新型功能微纳结构与制造技术在石油领域的应用前景广阔。匡立春等针对石油勘探开发的实际需求，阐述了人工智能技术在石油勘探开发领域的研究进展与应用情况，探讨并展望未来人工智能技术在石油勘探开发领域的发展方向与发展重点。

2.1 纳米技术在智能分层注水中的应用

(1)油藏纳米机器人。探测油藏纳米机器人具有信号传输系统、化学分子系统和机械系统，其功能包括：探测井筒及地下环境、采集油藏参数、数据储存和回传、显影成像、遥测和定位，纳米机器人的回收和再利用，提高智能分层注水特征参数监控水平与描述精度。

(2)纳米发电机。压电纳米发电机、摩擦电纳米发电机、热释电纳米发电机等3种类型纳米发电机可以将地下或地面环境中振动能、太阳能、热能和生物能转化为电能，并具有可持续供电的特点，有望成为油气田勘探开发中自供电电源，实现注水井井下自发电。

2.2 功能微纳结构在智能分层注水中的应用

(1)研制微纳超材料。分为电磁超材料、声学超材料、热学超材料3大主要方向，可制作高灵敏度、高精度传感器元，实现复杂环境下注水井井下、井上信号的传输与处理，为目前石油领域所面临的技术难题提供全新的解决思路。

(2)研制微纳马达。微纳马达油藏纳米机器人的核心器件，它能够将化学能、光能、电能等能量转化成动能或驱动力，具有低成本、高效率、生物兼容性强等优点。微纳马达可随注入水进入地层，根据自身材料的物理化学特性，在地层运动过程中沿途感知并实时记录油藏及流体信息，将这些信息通过自身材料特性变化记录并随采出液回收。

3 结束语

(1)分层注水技术是提高和改善油田开发效果的主要途径，目前我国智能分层注水技术应用的效果逐步显现，其测试精度、耐温等性能指标与国外水平接近，但在智能流量控制和智能监测方面还需要加大攻关研究。

(2)智能分层注水的远期目标是向智慧油田发展，紧密围绕生产充分实现人机互动，实现信息化技术与传统油田生产工业相结合。

参考文献

[1]齐方瑾．智能采油分层注水技术的研究[D]．哈尔滨：哈尔滨工业大学，2019.

[2]刘合，裴晓含，罗凯，等．中国油气田开发分层注水工艺技术研究现状与发展趋势[J]．石油勘探与开发，2013，40(6)：733－737.

[3]张鹏．水平井分层注水工艺技术研究分析[A]．2015油气田勘探与开发国际会议论文集[C]．2015.

[4]阮宏镁．智能注水技术综述[J]．内江科技，2018，11：60－66.

[5]刘合，裴晓含，贾德利，等．第四代分层注水技术内涵、应用与展望[J]．石油勘探与开发，2018，44(4)：608－637.

[6]刘合，肖国华，孙福超，等．新型大斜度井同心分层注水技[J]．石油勘探与开发，2015，42(4)：512－517.

[7]张玉荣，闫建文，杨海英，等．国内分层注水技术新进展及发展趋势[J]．石油钻采工艺，2011，33(1)：102－107.

[8]王金友．大庆油田分层测压工艺及资料应用[J]．石油钻采工艺，2003，25(1)：63－66.

[9]牛为民，徐邵，吕明军．测调集成式细分注水井分层流量测试技术[J]．大庆石油地质与开发，2000，19(3)：38－41.

[10]刘永胜．注水井分层智能联动调配系统[J]．石油仪器，2007，21(1)：62－63.
[11]李敢．智能注水井一体化测调技术改进及配套技术[J]．石油机械，2014，42(10)：74－76.
[12]刘红兰．分层注水井测调一体化新技术[J]．石油钻探技术，2018，46 (1)：83－89.
[13]赵康．智能井井下流量控制器集成化设计及分析[D]．西南石油大学，2017.
[14]Kim Sam Youl，Harkomoyo，Doug Finley. Indonesian Operator，s First Field－Wide Application of Intelligent－Well Technology－A Case History[C]．OTC 21063，2010.
[15]Halliburton. Completionsolutions [EB/OL]．Developing Smart Well Technology_HPHT Environment. pdf
[16]聂飞朋，王登庆，刘卫东，等．国内外智能分层注采技术现状及发展趋势[J]．内蒙古石化技术，2020(11)：78－79.
[17]Baker Hughes. Flow Control Systems[EB/OL]．30573－flowcontrol－catalog－1210. pdf－Model HCM Hydraulic Sliding Sleeve：58.
[18]王金龙．多层合采智能井流入动态及控制装置研究[D]．北京：中国石油大学(北京)，2016.
[19]王威，刘淑静，邓辉，等．智能井液压无级流量调控装置的研制[J]．石油机械，2016，44(2)：68－70.
[20]王凤波．井下信号的数字传输与采集技术的研究[D]．大庆：大庆石油学院，2015.
[21]余浩．井下声波通信系统研究[D]．荆州：长江大学，2017.
[22]Weatherford. Intelligent well systems[EB/OL]．http：//www. weatherford. com/weatherford/groups/public/documents/completion/cmp_intelligentwellsystems. hcsp，2008.
[23]许胜，陈贻累，杨元坤，等．智能井井下仪器研究现状及应用前景[J]．石油仪器，2011，25(1)：46－48.
[24]乔学光，贾振安，傅海威，等．高温高压分布式光纤光栅传感技术 [P]．国家技术发明奖二等奖，2007. F－210－2－01
[25]钱杰，深泽俊，张卫平，等．中国智能完井技术发展的机遇与挑战[J]．石油地质与工程，2009，23(2)：76－79.
[26]宋建波，丁长良．智能完井技术发展及应用探析[J]．中国石油和化工标准与质量，2014，(7)：117.
[27]杨玲智，于九政，子建．鄂尔多斯超低渗储层智能注水监控技术[J]．石油钻采工艺，2017，39(6)：756－759.
[28]姚斌，杨玲智，于九政．波码通信数字式分层注水技术研究与应用[J]．石油机械，2020，48(5)：71－77.
[29]东雷．预置电缆智能分层注聚合物技术的研究与应用 [J]．石油机械，2016，44(10)：93－96.
[30]Amirante R，Del Vescovo G，Lippolis A. Flow forces analysis of an open center hydraulic directional control valve sliding spool[J]．Energy Conversion and Management，2006，47(1)：114－131.
[31]贾德利，刘合，张吉群，等．大数据驱动下的老油田精细注水优化方法[J]．石油勘探与开发，2020，47(3)：629－636.
[32]肖述琴，陈军斌，屈展．智能完井综合系统[J]．西安石油大学学报，自然科学版，2004，19(3)：12－14.
[33]许胜，何东升．基于高温单片机的智能井井下数据采集系统设计[J]．仪表技术与传感器，2011(2)：51－53.
[34]李小永，李经纬，付亚荣，等．油水井智能堵水调剖技术现状及发展趋势[J]．石油钻采工艺，2021，43(4)：545－558.
[35]于华，关继腾，程媛媛，等．储层岩石流动点位的电化学影响因素[J]．物探与化探，2012(1)：73－77.

[36]张锋．地层深部流体流动点位实验研究[D]．北京：中国地质大学，2010.
[37]Jackson M D，Gulamali M Y，Leinov E，et al. Real – time measure – ments of spontaneous potential for inflow monitoring in intelligent wells[C]．SPE Annual Technical Conference and Exhibition，Florence：Society of Petroleum Engineers Inc.，2010：SPE 135146.
[38]Miorali M，Feng Zhou，Evert Slob，et al. Couping ground penetrating radar and fluid flow modeling for oilfield montoring applications[J]．Geophysics，2011，76(3)：21 – 25.
[39]Miorali M，Evert Slob，Rob Arts，et al. A feasibility study of borehole redar as a permanent downhole sensoe [J]．Geophysical Prospecting，2011，59(1)：120 – 131.
[40]周峰．智能井监测技术研究进展[J]．地质科技情报，2013，32(2)：174 – 180.
[41]孙智威．全电动智能井系统井下测控智能节点技术研究[D]．西安：西安石油大学，2017.
[42]刘合，金旭，丁彬，等．纳米技术在石油勘探开发领域的应用[J]．石油勘探与开发，2016，43(6)：1014 – 1021.
[43]刘合，金旭，周德开，等．功能微纳结构在石油领域潜在应用[J]．石油勘探与开发，2018，45(4)：698 – 704.
[44]匡立春，刘合，任义丽，等．人工智能在石油勘探开发领域的应用现状与发展趋势[J]．石油勘探与开发，2021，48(1)：1 – 11.
[45]王志松．能干的小引擎：纳米马达[J]．自然杂志，2006，28(3)：160 – 163.
[46]付亚荣．纳米发电机在油气田开发工程领域应用前景[J]．石油钻采工艺，2016，38(4)：531 – 535.

油表套环空水泥水力破碎技术研究

张春生[1] 黄华[1] 王积林[1] 王风锐[2] 张明[2] 靳萍[1] 祖溪隆[3]

(1. 华北油田公司油气工艺研究院；2. 工程技术部；3. 长江大学地球科学学院)

摘　要：由于地表下沉、油表套环空水泥封固等原因，油层套管发生扭曲变形、偏固等复杂井况，为解决取换套施工时套铣偏切、丢鱼的难题，设计了油表套环空磨铣钻眼、水力扩眼工艺，通过数值模拟研究了组合喷嘴方案，形成了油表套环空水泥水力破碎技术，通过清理水泥环，实现套管在套铣时更易解除偏固、施工提速。现场成功试验，与同期类似井况相比，套铣速度提高20%。

关键词：取换套；水力喷射；水力磨铣；喷射扩眼

在油田生产过程中，当油、水井的油层套管发生损伤，可通过取出并更换损坏的套管进行修复，由于部分井的表层套管与油层套管之间的环空里灌注有水泥，在取出油层套管前必须进行处理。目前采用的工艺为套铣，属于机械破碎手段，通过下入套铣工具后旋转管柱，磨碎水泥，存在损伤表层套管、卡钻等突出缺点，工作量大、作业周期长。

针对油水井大修作业而设计的。在取套管作业时，采用井下水力破碎工具破碎两层套管取套深度的所有环空固井水泥环。特别是定向井，由于两层套管存在不居中问题，致使水泥清除工具不能顺利下行时以及损伤。它是一种套管内固井水泥清理方法，彻底改变了常规机械清理方式，将金属旋转磨削变为多点纵向水力切割，射流具备对套管壁轮廓的自适应性，该工艺避免了常规机械磨削损伤表层套管、易卡钻、施工周期长的缺点，不仅保证了施工安全，还大幅度降低了施工成本，提高了施工效率。

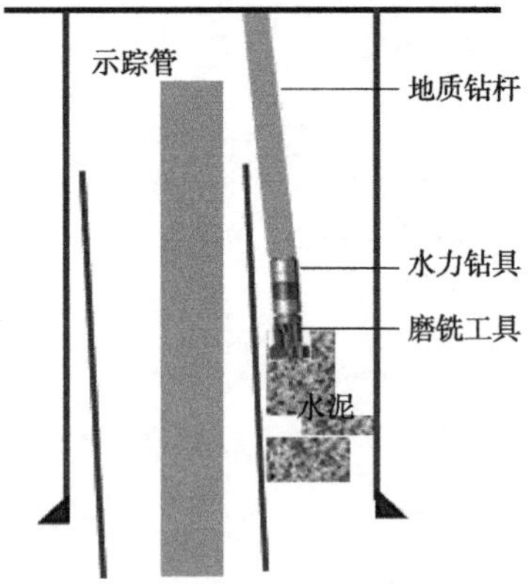

图1　环空水泥水力磨铣管柱图

1　环空水泥水力破碎技术

1.1　水力磨铣管柱

如图1所示为浅层取换套清理环空水泥水力磨铣管柱，工具结构从下至上依次为：磨铣工具、水力钻具、地质钻杆等组成，根据表层套管与油层套管环形空间大小优化工具间距。管柱为Φ50mm 地质钻杆，内径40mm 连接喷射 + 钻磨工具。

1.2　水力喷射管柱

如图2所示为浅层取换套清理环空水泥喷射扩眼管柱，工具结构从下至上依次为：钻磨工具、喷射装置、地质钻杆等组成，根据表层套管与油层套

第一作者简介：张春生(1972—)，男，河北任丘，华北油田公司油气工艺研究院，工程师，主要从事井筒工程大修、封井研究。E-mail：cyy_zhangcs@petrochina.com.cn。

管环形空间大小优化工具间距。管柱为 Φ50mm 地质钻杆，内径 40mm 连接喷射 + 钻磨工具。

利用水力磨铣、钻磨扩眼、喷射扩眼工艺，逐级清理环空水泥，实现套管居中，提高清理时效。避免环空水泥不均衡分布常规套铣环空水泥引起复杂化和时效大(图2)。

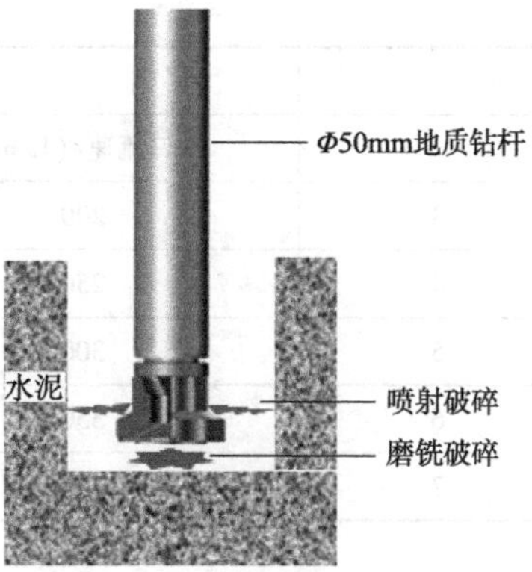

图2 水力破碎扩眼管柱图

2 组合喷嘴设计

喷嘴是水力喷射扩眼的关键，是有效破碎水泥的重要部位，因此喷嘴参数影响喷速及破碎水泥效率。

2.1 喷嘴设计

根据理论和试验研究，喷嘴的组合和喷速可用下式：

(1)等喷嘴直径

$$d_e = n^{1/2} \times d_0$$

(2)不等径喷嘴直径

$$d_e = d_1{}^2 + d_2^2 + d_3^2 + \cdots + d_n^2$$

式中，d_e为喷嘴的当量直径，cm；d_0 为喷嘴直径，cm；n 为个数；d_1、d_2、d_3、d_n分别为不同喷嘴直径，cm。

2.2 射流喷速

(1)相同直径喷嘴：

$$V_0 = 12.73 \times Q/(n \times d_0)$$

(2)不等径直径喷嘴：

$$V_0 = 12.73 \times Q/d_0$$

式中，V_0为射流喷速，m/s；Q 为通过喷嘴的液体排量，l/s；n 为个数；d_0 为喷嘴直径，cm。

目前，在压裂施工中水力喷射要求射穿套管、流速 200m/s 以上。射流破碎水泥、不损伤表层套管，优化了喷射速度，试验参考了胜利水力钻塞参考胜利油田试验了水力喷射清理水泥塞，流速 115m/s 可实现破碎水泥。

如何实现这个喷射速度，进行了模拟数值模拟。通过数值模拟，结合喷嘴和喷速参数及水力破碎水泥需要的流速，设计了不同喷嘴方案，在通过喷嘴的液体排量达到一定的破碎水泥流速实现破碎水泥。

模拟参数设置：喷嘴 2 ×6mm +2 ×3mm，工具内径 40mm，通过不同的液体排量来计算通过喷嘴的流速，见表1。

表1 射流模拟结果

	喷嘴配置 2 ×6mm +2 ×3mm 工具内径 40mm		
	入口流速/(L/min)	6mm 喷速/(m/s)	3mm 喷速/(m/s)
1	100	30.64	30.54
2	150	46	44

续表

	喷嘴配置 2×6mm+2×3mm 工具内径 40mm		
	入口流速/(L/min)	6mm 喷速/(m/s)	3mm 喷速/(m/s)
3	200	61.2	58.1
4	250	76.5	72.6
5	300	91.6	87.1
6	350	106.8	101.5
7	400	122	115.9

模拟结果：6mm 喷嘴和 3mm 喷嘴射流速度接近，在排量达到 350L/min 时喷射速度达到 100m/s 以上。

数值模拟显示在 6mm 和 3mm 组合喷嘴，排量 350L/min 时当喷射速度达到 100m/s 以上两种喷嘴均可以不同程度破碎水泥，可以达到环空水泥清理(图 3、图 4)。

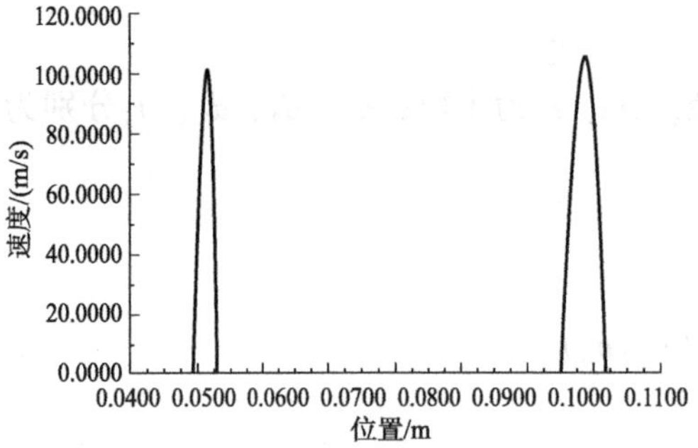

图 3　排量 350L/min 时射流速度

图 4　排量 350L/min 时射流速度分布

通过数值模拟，结合喷嘴和喷速参数及水力破碎水泥需要的流速，设计的 2×6mm+2×3mm 喷嘴方案，在排量 350L/min 达到破碎水泥流速。

3　现场应用

现场应用是在华北油田任 851 井进行试验的，该井上提管柱管柱本体倒转，多次上提下放，未能解卡。大修起管柱过程中第 9 根油管弯曲严重，找通道时在 85.19m 遇阻，起出笔尖未见明显痕迹。下井下电视探头，至 85.19m，成像显示该位置油层套管严重变形。探油、套环空内水泥环下入 Φ50mm 地质钻杆至 18.87m 遇阻。油表套环空存在水泥。在取换套时，采用套铣鞋+套铣筒清理环空水泥，出口返出少量铁屑及水泥颗粒，存在偏切套管现象，捞获套管最大偏切长 2.41m。

根据井内情况，试验水力磨铣、钻磨扩眼、喷射扩眼工艺清理环空水泥。

3.1　管柱设计

该井油、表套环空有水泥 18.87m 表层套管为 339.7mm，内径为 320.42mm，技术套管为 177.8mm。表套管内容积大，循环套铣或冲洗施工时，修井液上返速度低，携带能力差，易造成沉砂卡钻，机械清理环空水泥风险大。设计水力破碎工具从上至下分别为：地

质钻杆 Φ50mm + 水力钻具 Φ54mm + 复合破碎油表套环空水泥工具 Φ54mm。喷嘴 2 ×6mm + 2 ×3mm，工具内径 40mm。射流速度为 120m/s。

3.2 应用概况

前期采用套铣鞋钻磨，三棱磨鞋扩眼，三棱锥体磨鞋 + 水力喷射器扩眼。后期采用套铣鞋钻塞，三棱锥体磨鞋 + 水力冲击马达扩眼，复合清理环空水泥。水力工具 + 钻磨工具采用下 Φ74mm 三棱锥体磨鞋 + Φ73mm 水力喷射器，用密度 1.0g/cm^3 的清水，喷射油、套环空内水泥环。期间每喷射 10min 下放管柱 0.1m，每 1min 旋转管柱 90°喷射。钻压 14 ~ 15MPa，排量 350L/min。清理井段 24.6 ~ 63.18m，进尺 38.58m，初步取得了套铣提速效果。

现在试验表明：在套铣环空中有水泥环的井，首先采用小螺杆钻通水泥环后，采用高压水力喷射器，将水泥环喷射松散，再进行套铣作业，并控制好转盘转速，50 ~ 60r/min，钻压 10kN 左右现场应用达到快速、高效清理环空水泥效果。提高清理速度，减少套铣偏切风险，快速清理环空水泥，实现套管在套铣时居中，取得套铣提速效果。最高套铣速达 1m/h，平均套铣速度提高到 0.2m/h。达到预期目的，实现套管在套铣时居中、施工提速。

4 结论

(1)通过水力喷射 + 机械钻塞工具清理环空水泥的应用，成功实施水力磨铣、钻磨扩眼、喷射扩眼，取得了套铣提速效果，最高套铣速达 1m/h，平均套铣速度提高到 0.2m/h。

(2)取换套环空水泥采用环空水泥水力破碎技术，即完成了环空水泥的清理，又完成了常规套铣环空水泥避免问题复杂化。

(3)对取换套时油表套环空有水泥的井，通过水力喷射 + 机械钻塞工具，达到了实现套管在套铣时居中、施工提速。解决了常规套铣工具套铣环空水泥无法正常套铣的难题，在今后的研究中继续优化油嘴结构设计，满足环空水泥的清理的需求。

参考文献

[1]袁建民，赵宝忠．超高压射流钻头破岩实验研究[J]．石油钻采工艺，2007，29(4)：20 – 22.
[2]胡强法，熊革．高压水射流钻水泥塞技术[J]．石油机械，2001，26(增)：11 – 13.
[3]李根生，沈忠厚，徐依吉，等．超高压射流辅助钻井技术研究进展[J]．石油钻探技术，2005，05：23 – 26.
[4]徐依吉．超高压水射流理论与应用基础研究[D]．南充：西南石油学院，2004.
[5]石超，周龙昌，杨来武，等．新型水射流钻塞钻头研制与应用[J]．石油矿场机械，2003 42(7)：66 – 70.

聚合物凝胶强度与储层孔喉匹配关系研究与应用

韩頔　高珊珊　刘莎莎　王蕊　唐雅娟

（中国石油华北油田公司油气工艺研究院）

摘　要：深部调驱是改善水驱开发效果的有效手段，一般采用聚合物凝胶作为封堵剂。为了提升调驱见效率，需合理设计凝胶段塞。为此，选取不同物性天然岩心，开展封堵、驱油实验并进行核磁共振扫描，分析凝胶对不同孔喉原油的驱替规律，获得孔喉直径与凝胶强度的匹配关系。结果表明：不同物性油藏，水驱阶段采出原油主要来自2～20μm孔喉；注入凝胶调驱后，低强度凝胶以驱替主力通道0.2～20μm孔喉剩余油为主，岩心压力爬升幅度小，封堵率偏低，作用机理为改善水油流度比，提高驱油效率；高强度凝胶注入后0.02～2μm的小孔喉剩余油采出程度大幅提升，岩心压力平稳爬升，且封堵率更高，主要作用机理为扩大水驱波及体积。因此调驱时段塞设计应采用"高强度凝胶封堵＋低强度凝胶驱替"的组合方式，达到同时提高波及程度和驱油效率的目的。基于研究成果，完成10口井调驱方案设计，其中3口之前调驱注入困难井已顺利注入药剂$1.66\times10^4m^3$，累计增油62103t，方剂增油量提高104%。

关键词：深部调驱；聚合物凝胶；孔喉直径；段塞设计

深部调驱是大幅度提高水驱油藏开发效果的有效方法，目前，深部调驱技术在我国大庆、胜利、华北等油田有一定规模的现场应用，不同油气藏调驱技术以及调驱剂研究方面也取得了一定的进展。但随着油藏开发阶段的变化、调驱规模的扩大以及调驱轮次的增加，深部调驱技术实施过程中不断暴露出新的问题，严重影响调驱效果及施工成功率。凝胶段塞强度是影响调驱效果的重要因素之一，凝胶强度与孔喉直径相匹配时，凝胶能够顺利进入地层孔隙，封堵地层中的高渗通道；若凝胶强度过大，难以通过孔喉，导致凝胶无法深入地层；若凝胶强度过小，无法形成有效的封堵。

因此，为进一步提升调驱见效率，基于华北油藏条件，建立驱替模型，完成孔喉直径与凝胶强度的匹配关系研究，为不同物性油藏，调驱剂强度设计提供科学依据。并结合重点实施区块(Z70)的油藏条件，编制整体调驱方案，开展现场实施，取得了较好的增产效果，产量递减率得到了有效控制，完善深部调驱技术体系，为不同物性油藏的高效开发提供了技术支撑。

1　实验部分

1.1　实验材料

各断块天然岩心(选择不同物性油藏接近的岩心2块，共计6块，岩心编号分别为

第一作者简介：韩頔(1992—)，女，河北雄县，华北油田油气工艺研究院，工程师，现从事油田提高采收率研究工作。E－mail：cy4_hd@petrochina.com.cn。

L70－3、L70－4、Z70－5、Z70－6、C103－10、C103－11)，填砂岩心，正十二烷，重水，聚合物，交联剂。

1.2 实验仪器

CWM－Ⅲ型长岩心物理模型驱替装置、HX－Ⅱ型真空加压饱和仪、23MPa 夹持器、双缸泵(HX－I 型环压跟踪泵)、MacroMR12－150H－I 大尺寸核磁共振高温高压成像分析仪(纽迈分析仪器股份有限公司)

1.3 实验方法

1.3.1 岩心封堵实验

将不同目数的砂子按照一定比例混合，填入 50cm 长岩心管，填砂岩心中分别注入不同强度的凝胶，通过测试进、出口及测压点的压力、流量，计算注入凝胶前、后的渗透率及封堵率。

1.3.2 岩心驱替及核磁扫描

取代表性区块天然岩心，注入不同强度的凝胶，进行二次水驱，计算驱油效率，并在饱和油后、一次水驱后、注胶后、二次水驱后进行岩心核磁共振扫描，观察经不同强度凝胶调驱前、后不同孔喉中原油的分布情况。

2 结果与讨论

2.1 不同孔隙岩心驱替核磁特征

图 1 为不同孔隙岩心的 T2 分布。实验过程中随着驱替过程的进行，岩心中的含油量整体逐渐下降，T2 谱的峰面积逐渐减小。开始阶段峰面积变化速度较快，后期峰面积变化较慢。第一次水驱过程中，一部分油被驱替出岩心，一部分由于驱替作用进入小孔隙。

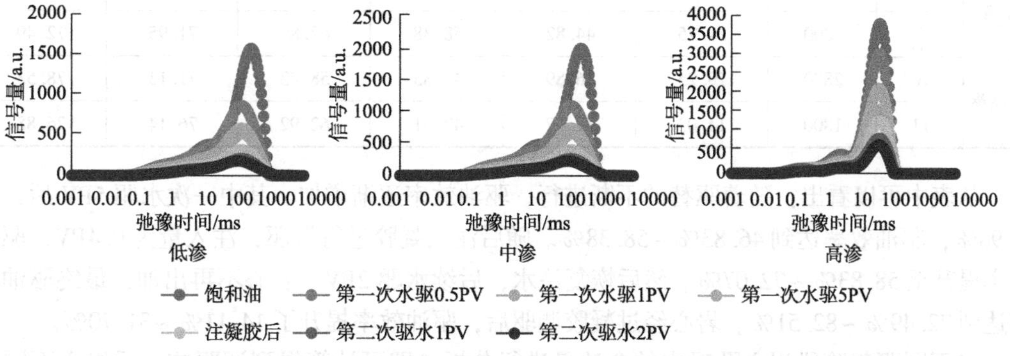

图 1 不同孔隙岩心调驱过程中核磁共振 T2 谱变化

凝胶注入后岩心 T2 谱整体都出现不同程度的下降，特别是 0.01～1ms 之间的油明显降低，表明凝胶作用后，岩心中小孔中的油被驱替出岩心。与第一次水驱 5PV 相比第二次水驱结束后，岩心 T2 谱明显降低，表明注胶及二次水驱可以明显提高水驱效率。

分别在饱和油、第一次水驱 0.5PV、第一次水驱 5PV、注胶后、第二次水驱 2PV 结束 5 个节点处进行核磁共振矢状面成像，结果见表 1。矢状面采用单层成像，成像厚度为 25mm，驱替方向从右向左。水驱过程中岩心中的含油量逐渐减少，水驱 5PV 结束后岩心中大部分油被驱替出岩心，但是由于岩心本身的非均质性，能观察到明显的舌进现象，剩余油主要残留在岩心出口端及注入端水窜通道的边部。注入弱凝胶后进行第二次水驱，注入水波及范围明显扩大，原本的剩余油富集区被后续注入水扫过，含油量明显下降，最终剩余油仅存在于岩心的边缘(表1)。

表1　岩心不同驱替阶段核磁共振图像

岩心	饱和油	第一次水驱0.5PV	第一次水驱5PV	注凝胶后	第二次驱水2PV
低渗		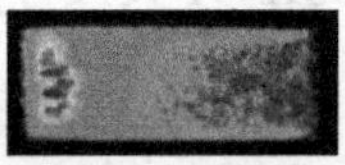	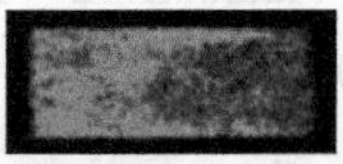	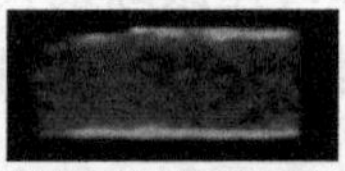	
中渗		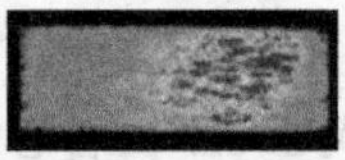		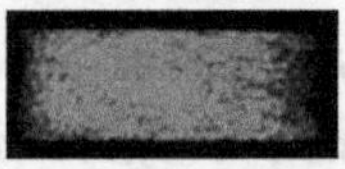	
中高渗	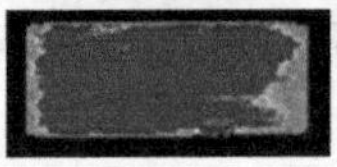	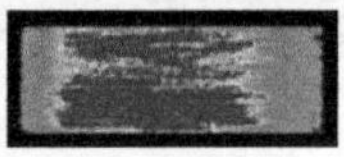	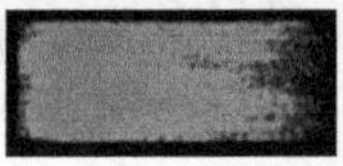	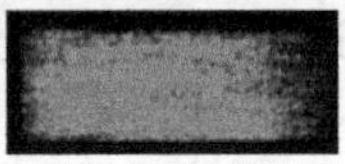	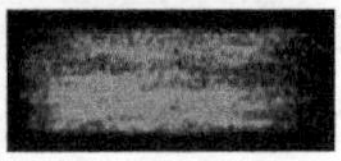

2.2　不同强度凝胶对岩心驱油效果研究

将弛豫时间信号转化为岩心孔隙中的含油量，即可得到不同驱替阶段，岩心孔喉中的含油量的变化，进而计算出各阶段的驱油效率，结果见表2。

表2　岩心不同驱替阶段的驱替效率

分类	岩心编号	注胶强度/MPa	第一次水驱0.5PV	第一次水驱1PV	第一次水驱5PV	注凝胶后	第二次驱水1PV	第二次驱水2PV
低渗	3	1000	27.63	50.87	58.37	72.07	81.29	82.51
	4	1500	29.63	50.64	57.72	70.09	79.28	79.99
中渗	5	2200	24.3	48.6	56.87	69.85	75.33	76.41
	6	1800	21.75	44.82	58.38	67.89	71.95	72.49
中高渗	10	2800	19.25	36.89	46.83	58.83	71.13	78.53
	11	1800	14.03	37.37	49.51	62.92	76.14	76.88

从表中可以看出：随着驱替的不断进行，驱油效率逐渐增加。其中一次水驱5PV后，含水98%，驱油效率达到46.83%～58.38%。随后注入凝胶进行调驱，注入量为0.4PV，驱油效率提升至58.83%～72.07%。然后恢复注水，后续水驱2PV，岩心不再出油，最终驱油效率达到72.49%～82.51%。岩心经过凝胶调驱后，驱油效率提升了14.11%～31.70%。

对不同驱替阶段岩心孔喉中的含油量进行分析，即可计算得到调驱前、后岩心不同孔喉的出油量，结果见图2和图3。从表中可以看出：调驱前，采出原油主要来自2～20μm孔喉，其贡献率最高可达85.28%。注入高强度凝胶后，采出油除2～20μm孔喉贡献外，小于2μm的小孔喉贡献率显著提升，最高可达到72.83%。由此可见，凝胶调驱有效封堵了2～20μm范围内的优势大孔道，迫使后续水转向至2μm以下的小孔喉，水驱波及体积明显扩大，小孔喉中的剩余油被驱出，因此驱油效率明显提升。注入低强度凝胶后，以驱替主力通道0.2～20μm孔喉剩余油为主，小于0.2μm的小孔喉贡献率无显著提升。与高凝胶相比，虽然也有一定的扩大水驱波及范围的作用，但是对小孔喉的动用效果明显较差，说明其封堵能力较高凝胶差。

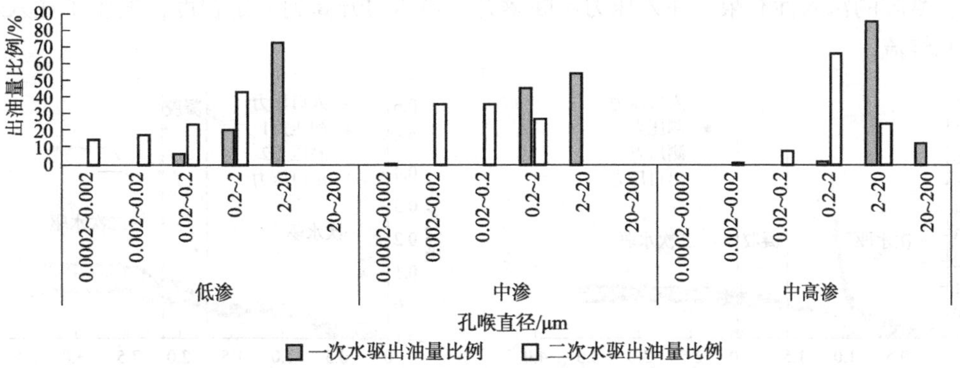

图2 高强度凝胶不同孔喉大小不同驱替阶段对产油的贡献率

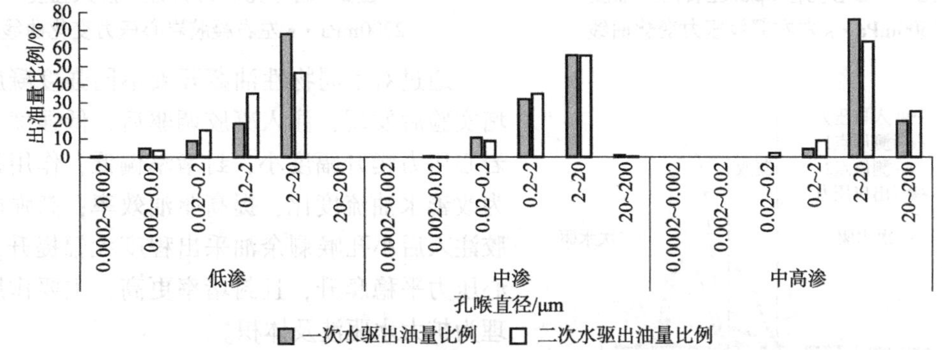

图3 低强度凝胶不同孔喉大小不同驱替阶段对产油的贡献率

2.3 封堵效果

考虑凝胶调驱的主要目的是封堵高渗窜流通道，所以仅采用天然岩心进行驱替实验，不能直观的反应不同强度凝胶对水驱窜流通道的封堵效果，因此，采用人工填砂岩心，模拟高渗通道的物性条件，开展封堵实验，判断不同强度凝胶在岩心中的运移和封堵能力。在不同物性填砂岩心中分别注入不同强度的凝胶，填砂管参数见表3，通过分析各测压点的压力变化规律和封堵效率，评价不同强度凝胶在高渗通道中的封堵和运移情况，从而找出适应于某一物性条件下的最佳凝胶强度范围。

表3 填砂管物性参数表

岩心编号	孔隙体积/mL	岩心渗透率/$10^{-3}\mu m^2$	孔隙度/%	孔喉直径/μm
3	140	160	24.7	4.55
4	113	160	19.94	5.06
5	150	320	26.5	6.22
6	169	320	29.8	5.9
10	160	800	28.2	9.5
11	170	800	30	9.2

从图4~图6可以看出，低强度凝胶在孔隙内运移能力较好，但是封堵率偏低；合适强度凝胶在注入水作用下，向岩心后端推进，可实现长期、有效封堵；凝胶强度过高的情

况下，凝胶的深入性有限，注入压力不断攀升，当压力升高到一定程度，发生了注入水的突破和绕流。

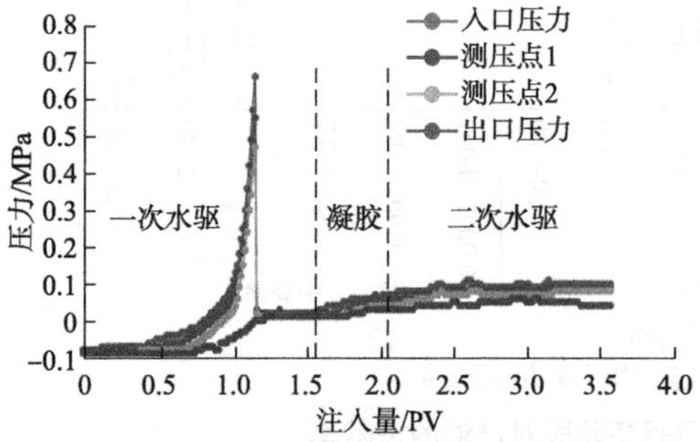

图4　岩心孔径6μm左右注入强度1500mPa·s左右凝胶压力变化曲线

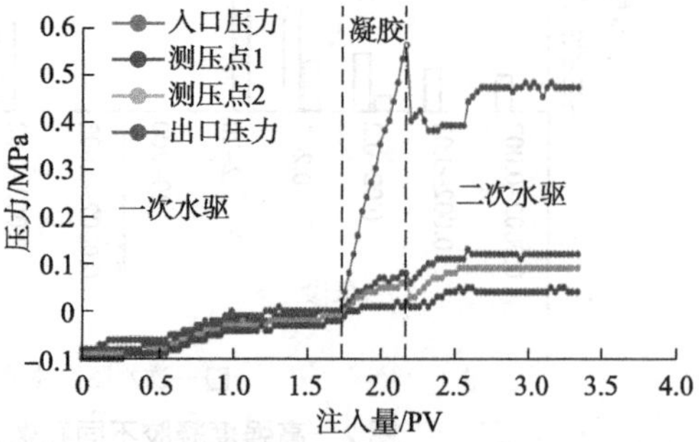

图5　岩心孔径6μm左右注入强度2200mPa·s左右凝胶岩心压力变化曲线

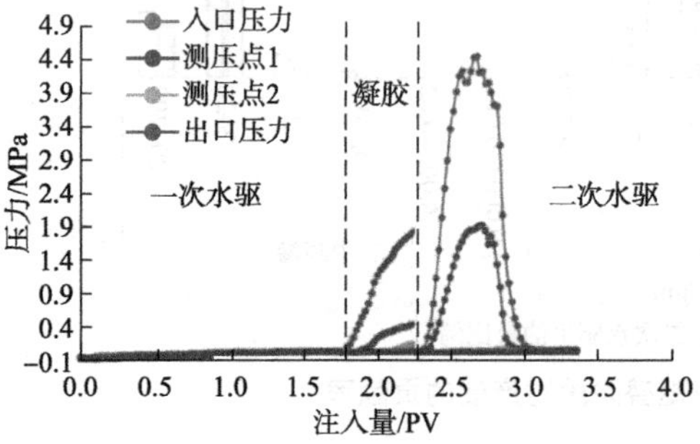

图6　岩心孔径9μm左右注入强度注入强度2800mPa·s左右凝胶岩心压力变化曲线

通过对不同物性油藏开展不同强度凝胶封堵实验后发现，注入凝胶调驱后，低强度凝胶岩心压力爬升幅度小，封堵率偏低，作用机理为改善水油流度比，提高驱油效率；高强度凝胶注入后小孔喉剩余油采出程度大幅提升，岩心压力平稳爬升，且封堵率更高，主要作用机理为扩大水驱波及体积。

基于不同强度凝胶对不同物性岩心驱油及封堵效果研究，调驱时段塞设计应采用"高强度凝胶封堵+低强度凝胶驱替"的组合方式，达到同时提高波及程度和驱油效率的目的。

3　现场应用

3.1　区块概况

Z70断块构造位置属于深县凹陷深南构造带核部，被共6条断层切割成7个次一级小断块，构造及其破碎，平均孔隙度24.5%，平均渗透率240mD，为中孔中渗透储层，储层非均质性强。Z70断块历史上开展过六轮次的调驱措施，但是随调驱轮次增加，调驱效益持续下降，部分水井注入过程中爬坡压力高，压力抬升幅度大，正常注水后难以完成配注。

3.2　段塞强度设计

依据研究结果，Z70断块调驱时段塞设计采用"高强度凝胶封堵+低强度凝胶驱替"的组合方式，达到同时提高波及程度和驱油效率的目的。

高强度凝胶以封堵高渗窜流通道，扩大波及体积为主，因此通过填砂岩心封堵实验模拟高渗通道渗透率，考察不同凝胶强度的封堵率和压力爬升情况，获得封堵不同孔喉直径所对应的最佳强度，孔喉半径3~6μm，聚合物浓度1000~1200mg/L；孔喉半径>6μm，聚合物浓度>1200mg/L，见表3。

表3　孔径与凝胶强度匹配关系

孔喉半径/μm	聚合物浓度/(mg/L)	封堵率/%	爬坡压力/MPa
4.55	1000	97.7	0.37
5.06	1000	97.1	0.3
6.22	1200	85.7	0.1
9.2	1500	88.2	0.17

低强度凝胶以改善水油流度比，提高驱油效率为主，因此通过核磁共振驱油实验，确定最佳聚合物浓度范围 400～800mg/L，可以提高采收率 24%～33%，且二次水驱后压力抬升幅度小于 1MPa，见表4。

表4　核磁共振驱油效率实验结果

聚合物浓度/(mg/L)	调驱提高采收率幅度/%	二次水驱后压力抬升幅度/MPa
400	24.01	0.32
600	26.85	0.35
800	32.03	0.5
1000	32.85	0.75

3.3　现场应用效果

研究成果在 Z70 断块应用 10 注 27 采，覆盖地质储量 219.7×10^4t，之前调驱轮次中注入困难的 3 口水井已顺利注入药剂 1.66×10^4m^3，共注入复合驱药剂 13.57×10^4m^3，措施实施后高峰期日增油 35.5t，含水下降 11%，水驱动用程度提高 22.6%，断块递减趋势得到扭转，自然递减率降低 3.2%，实施后 2023 年重新标定采收率提高 3.19 个百分点，阶段累计增油 6.21×10^4t，方剂增油量提高 104%(图7)。

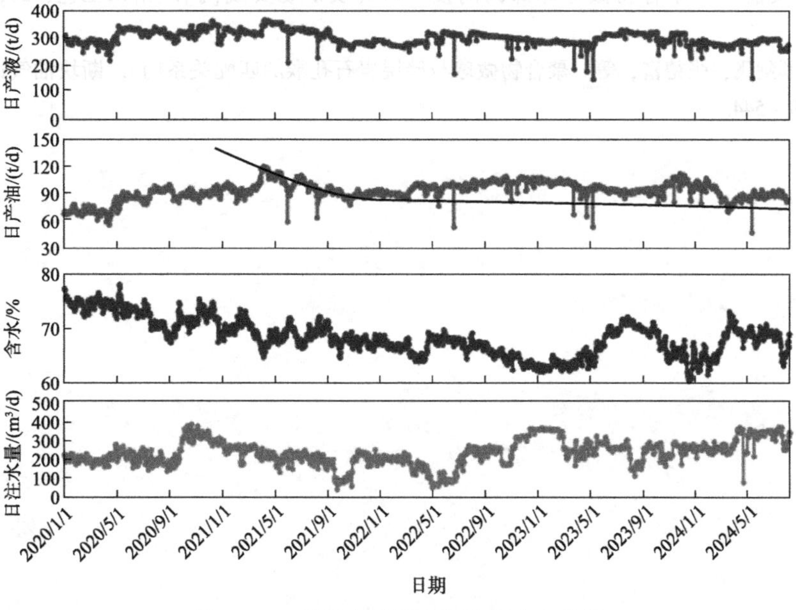

图7　Z70 断块化学复合驱井组生产曲线

4 结论

(1)通过对不同强度凝胶对岩心驱油效果研究发现，水驱阶段采出原油主要来自2～20μm孔喉，注入高强度凝胶后，小于2μm的小孔喉贡献率显著提升，说明高强度凝胶调驱有效封堵了2～20μm范围内的优势大孔道，迫使后续水转向至2μm以下的小孔喉；注入低强度凝胶后，以驱替主力通道0.2～20μm孔喉剩余油为主，小于0.2μm的小孔喉贡献率无显著提升，说明低强度凝胶对小孔喉的动用效果明显较差，其封堵能力不如高凝胶。

(2)通过对不同物性油藏开展不同强度凝胶封堵实验后发现，注入凝胶调驱后，低强度凝胶岩心压力爬升幅度小，封堵率偏低，作用机理为改善水油流度比，提高驱油效率；高强度凝胶注入后小孔喉剩余油采出程度大幅提升，岩心压力平稳爬升，且封堵率更高，主要作用机理为扩大水驱波及体积。

(3)基于不同强度凝胶对不同物性岩心驱油及封堵效果研究，调驱时段塞设计应采用“高强度凝胶封堵+低强度凝胶驱替”的组合方式，达到同时提高波及程度和驱油效率的目的。

参考文献

[1]卢祥国，曹豹，谢坤，等．非均质油藏聚合物驱提高采收率机理再认识[J]．石油勘探与开发，2021，48(01)：148－155.

[2]孙龙德，伍晓林，周万富，等．大庆油田化学驱提高采收率技术[J]．石油勘探与开发，2018，45(04)：636－645.

[3]雷光伦．孔喉尺度弹性微球深部调驱新技术[M]．东营：中国石油大学出版社，2011：1－10.

[4]张鲲鹏．聚合物驱在提高油气采收率上的应用与进展[J]．当代化工，2016，45(04)：860－862.

[5]刘文超．调剖(驱)施工设计和决策系统研究[D]．大庆：东北石油大学，2012.

[6]刘承杰，安俞蓉．聚合物微球深部调剖技术研究及矿场实践[J]．钻采工艺，2010，33(05)：62－64.

[7]刘进祥，邢剑飞，张德富，等．聚合物微球与储层岩石孔喉的匹配关系[J]．断块油气田，2022，29(04)：539－544.

聚合物凝胶类调剖液现场配液质量定量评价

高鸿斌　付高强

（大港油田公司石油工程研究院）

摘　要：聚合物凝胶类调剖液的现场配液质量是影响调剖措施实施效果重要影响因素之一。目前，对现场配液质量的评价主要还停留在主观评价为主的阶段，缺乏定量评价手段。结合聚合物凝胶调剖液现场配制的特点及环节，为全面、客观、科学地反映配液质量，创新性提出现场配液符合率这一定量评价指标并给出计算方法。通过该方法可明确现场配制环节对调剖液效果的影响程度，完善配液现场关键数据的采集，对现场配液过程是否满足要求给出定量评价结果，对调剖工艺措施效果评价及优化提供了坚实基础。

关键词：聚合物凝胶；调剖；现场；配液质量；定量评价

影响调剖措施实施效果的影响因素主要有三方面：优化选井，调剖体系及施工工艺优选及现场施工质量。调剖现场施工质量是其中最为薄弱的一环。目前，针对调剖现场施工质量的改进措施主要集中在施工设备的自动化、智能化方面。所要解决的问题主要是尽量减少现场施工过程中人为操作所容易产生的各种问题。但是，现阶段调剖现场施工仍然以人工操作为主，在施工过程中由于员工素质参差不齐，对配制工艺理解、执行情况千差万别，往往会造成配液质量的不确定性，从而影响调剖液最终性能和措施效果。针对调剖现场配液情况的质量监管，目前录取的数据主要集中在各组分使用浓度、配制罐数、现场抽样检测所配制调剖液性能等几个方面。该方式对比较简单的调剖液配制，如体膨颗粒是比较适用的，但对配制较为复杂的聚合物凝胶类调剖液的现场配制质量的有效监控就显得过于简单了。这是因为：聚合物凝胶类调剖液组分相对复杂，基本配方由聚合物、交联剂、添加剂等，随着目的油藏的复杂程度增加，其组分有增多的趋势；聚合物凝胶类调剖液的性能不仅取决于各组分的用量，还与加药方式、加药顺序、各组分加药间隔等情况有关。因此，对聚合物凝胶类调剖体系的配制要求日益精细，对现场配制质量提出更高要求，既要知道“干没干”，更要明确“干得怎么样”。

1　调剖现场配液质量影响因素分析

调剖现场配液质量的影响因素主要包含人员素质、设备性能、配液方法、各组分产品质量和现场配液环境等。针对聚合物凝胶类调剖液，现场配制过程中的关键质量管控环节主要包含加药方式、加药量、加药顺序和加药间隔。

第一作者简介：高鸿斌(1972—)，男，北京长辛店，大港油田公司石油工程研究院，高级工程师，长期从事油田化学剂研发与应用工作。E－mail：gaohbin10@petrochina.com.cn。

1.1 加药方式

聚合物凝胶类调剖液配制过程中，聚合物的加药方式是影响调剖液配制质量的关键影响因素之一。目前，调剖现场配制聚合物溶液的方式主要有三种：人工抛洒、漏斗和水射流负压携带。其中以水射流负压携带方式效果最好，漏斗加药次之，人工抛洒方式最差。可根据现场施工方设备条件、施工过程中采用的配药方式、配制好聚合物溶液物料分散是否均匀，有无“鱼眼”现象发生等作为评判配液质量的评判尺度。

1.2 加药量

现场配制过程中各组分配制浓度的变化会直接影响到调剖液的最终性能。但受限于现场配制条件、人工操作的主观性、计量器具的精度等因素的影响，往往造成实际配制浓度与设计浓度之间存在偏离的情况，进而造成配液质量的波动。

1.3 加药顺序

聚合物凝胶类调剖液配制过程中各组分的加药顺序不同有时会给调剖液的配制质量带来很大影响，甚至导致施工事故的发生。比如，为增强体系封堵强度和稳定性，在配制聚合物凝胶类调剖液过程中往往需添加一定量的固体颗粒类堵剂，该类堵剂的添加时机以溶液黏度相对较低时为宜，以便于物料的分散。如果在已加入聚合物且充分溶胀的溶液中添加，由于基液黏度的升高，易造成固体物料难于分散均匀，导致结团现象的发生，易造成设备泵送困难，频繁停泵清理的情况，严重时可引发施工事故。

1.4 加药间隔

聚合物凝胶类调剖液组分较多，各组分性能各异，对加药间隔的要求也不尽相同。如固体颗粒尤其是粉状物易在加入聚合物前且充分搅拌后，物料均匀分散在溶液中后再加入聚合物。

2 调剖现场配液质量定量评价方法

针对聚合物凝胶类调剖体系的特点，建立了现场配液质量定量评价方法，主要对加药方式、顺序和间隔时间的特殊要求进行量化评价，可实现配液全过程质量回溯，确保施工安全。该方法的技术路线，见图1。

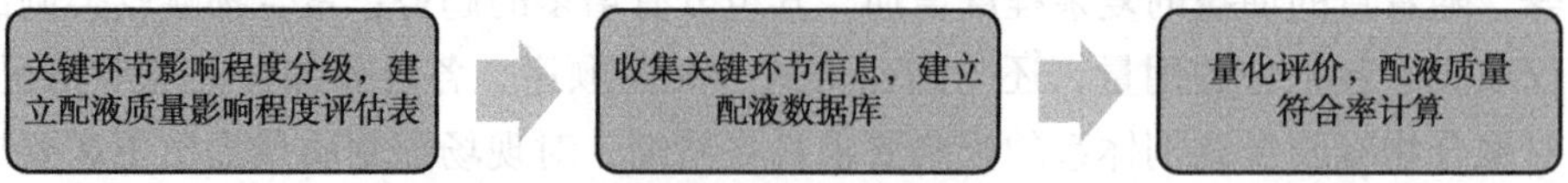

图1 调剖现场配液质量定量评价技术路线

2.1 建立配液质量影响因素评估表

依据各个关键环节对配液质量的影响程度大小，按危害程度由高到低分为4级，分别赋值为0、1、2和3，其中被赋予0值的配液环节为配液过程中的否决项，一般赋予严重影响配液质量或可能造成施工事故的关键环节，见表1。

表1 危害程度分级表

危害程度值	0	1	2	3
含义	严重危害	一般危害	轻微危害	无危害

配液质量影响因素评估表由技术人员按现场所用调剖体系性能和措施井具体情况(油藏物性、施工管柱等)制定，见表2。

表2 配液质量影响因素评估表

影响因素	各组分危害程度赋值				
	组分1	组分2	组分3	组分4	……
加药方式/效果	人工抛洒1/漏斗2/水射流负压携带3	水射流负压携带3/其余0	3	3	……
加药量	0(误差≥50%)/1(误差20%～50%)/其余3	0(误差≥20%)/1(20%>误差≥10%)/其余3	0(误差≥20%)/1(20%>误差≥10%)/其余3	0(误差≥20%)/1(20%>误差≥10%)/其余3	……
加药顺序	3(第一，早于组分2)/其余0	3(第二)/0(第一)/其余2	3(第三)/其余2	3(第四)/其余1	……
加药间隔	3	3	3	3(≥30min)/其余2	……
……	……	……	……	……	……

从表中可知该体系包含4种组分，影响配液质量的关键环节有4个，分别为加药方式、加药量、加药顺序和加药间隔，具体现场配制要求如下：

(1)加药方式方面，组分1为粉末状固体颗粒，因措施井油藏物性较差(低渗油藏)，对颗粒类堵剂分散程度有较高要求，加药方式以水射流负压携带方式最佳，漏斗加药方式次之，人工抛洒效果最差；组分2为聚合物，应采用水射流负压携带方式配制，取余配制方式均难避免“鱼眼”现象的发生；组分3、组分4均为液体物料，对加药方式无要求。

(2)加药量方面，组分1不参与反应，对误差不敏感，但应杜绝较大偏差(误差≥50%)引发物料团聚所带来的施工风险；其余组分对误差较敏感。

(3)加药顺序方面，现场配制过程中，要求按组分1、组分2、组分3、组分4的顺序依次加入物料。其中，组分1必须在加入组分2(聚合物)前加入，以免配制液增黏后不利于粉末状物料的分散；组分4为酸性组分，应最后加入，以尽量减少酸解对聚合物组分的影响。

(4)加药间隔方面，因组分4对聚合物组分的影响，配制过程中尽量滞后加入。

配液质量影响因素评估表的建立有利于将配液要求具象化地传递给现场操作人员，以便指导现场配液人员规范化施工，保障配液质量。

2.2 建立配液数据库表

调剖现场施工人员按要求如实填写配液数据库表中具体内容，包含配液日期、时间和各组分加药数量。配液时间填写到分钟，如：16：22。复核人由施工管理人员对记录中的每项信息根据现场监控所反映的实际情况进行数据复核并确认。审核人员负责对记录表中的数据进行随机抽选查验数据的准确性(表3)。

表3　调剖现场配液数据记录表

日期	组分1		组分2		组分3		组分4		复核人	审核人
	时间	数量/kg	时间	数量/kg	时间	数量/kg	时间	数量/kg		
……	……	……	……	……	……	……	……	……	……	……
20240816	8：26	25	8：28	15	8：30	20	9：20	20	* * *	* * *
……	……	……	……	……	……	……	……	……	……	……

上表显示调剖现场施工人员配制第 i 罐调剖液时的配液数据，此阶段按设计要求的各组分加药量如下：组分1为25kg，组分2为15kg，组分3为20kg，组分4为20kg。根据第 i 罐调剖液配液数据记录表、配液现场视频监控和技术人员施工前给出的配液质量影响因素评估表，可得出第 i 罐调剖液的配制质量评估值(表4)。

表4　第 i 罐调剖液配液质量评估值

影响因素	各组分危害程度赋值			
	组分1	组分2	组分3	组分4
加药方式/效果	3	3	3	3
加药量	3	3	3	3
加药顺序	3	3	3	3
加药间隔	3	3	3	3

根据调剖现场配制过程中各罐调剖液配制质量评估值可进行下步配液质量符合率的计算。

2.3　计算配液质量符合率

配液质量符合率的计算公式如下：

$$K = \left(\sum_{i=1}^{m} K_i/m\right)\times 100\% \tag{1}$$

式中，K 为总体配液质量符合率，%；K_i 为第 i 罐配液质量符合率，无因次量；m 为配液总罐数，无因次量。

根据配液质量影响因素评估表及配液数据表中的信息对第 i 罐的各个配液关键环节按危害程度进行赋值并计算第 i 罐的配液质量符合率。计算公式如下：

$$K_i = S/3^{y \cdot z} \tag{2}$$

式中，K_i 为第 i 罐配液质量符合率，无因次量；S 为第 i 罐配液质量评估表中各项得分的乘积，无因次量；y 为第 i 罐聚合物凝胶调剖液所添加组分的数量，无因次量；z 为第 i 罐聚合物凝胶调剖液配液质量影响因素的数量，无因次量。

3　结论

(1)结合聚合物凝胶调剖液现场配制的特点及环节，创新性提出现场配液符合率这一定量评价指标并给出计算方法，可较为全面、客观、科学地反映现场配液质量。

(2)通过该方法可定量评价调剖现场配液质量，对调剖措施效果的后期分析提供了有力的数据支撑，补上了目前无法排除施工质量对措施效果的影响程度的盲区，对后期措施效果的改进方向有积极的意义。

(3)配液质量影响因素评估表的建立可有效传递配液过程的技术要求，有利于现场操作人员的规范操作，保障配液质量。

(4)下步根据配液质量定量评价技术路线和计算方法可开发专用软件，以便更客观、科学、便捷地实现对现场配液质量的定量评价。

参考文献

[1]王春娜，等．调剖现场质量控制管理浅析[J]．中国石油和化工标准与质量，2013，33（17）：212.

[2]丛连铸，等．水基压裂液现场实施质量控制技术[J]．钻井液与完井液，2004，(04)：56.

[3]张文强，等．油田化学调剖井口自动配液加药研制及应用[J]．中国设备工程，2021，(S1)：184－185.

博孜大北区块高含蜡气井立体解堵工艺研究与应用

张宇　刘捷丰　王文岗　赵伟志　翟宇佳　王珂　杨伟涛

（中国石油塔里木油田分公司博大采油气管理区）

摘　要：塔里木油田博孜大北区块气井普遍存在蜡堵，严重影响油气正常生产。本次研究针对博孜大北区块井筒蜡堵问题，开展立体解堵工艺研究，目的是解决蜡堵问题的同时，还能有效解决井周储层结垢、井筒结垢、地面管线结垢的问题。现场连续油管施工时，通过优选碱性解堵液为冲砂工作液，井筒疏通作业结束后，将碱性解堵液挤入地层，焖井24h以上再开井返排，碱性解堵液进入地面管线。结果表明，立体解堵工艺可以一趟作业完成三次解堵，既保护了储层，又降低了作业成本。

关键词：井筒蜡堵；立体解堵工艺；井周储层结垢；井筒结垢；地面管线结垢；连续油管；碱性解堵液

博孜大北区块气藏埋藏深、压力高、含蜡量高、流体性质复杂，43%的单井存在井筒堵塞问题，对于气井水合物冰堵及自喷井严重结蜡的处理，连续油管冲洗显示出常规方法无法比拟的优越性，因此目前博孜大北区块最有效的解决措施是通过连续油管进行疏通作业，快速恢复油气生产通道实现复产。"三超"气井连续油管疏通作业过程中，通常采用有机盐液体进行半压井，以降低作业过程井口压力，同时达到循环出井筒堵塞物的目的，但是存在以下几个问题，一是井口操作不当，控压过高会导致有机盐进入储层，有污染储层，降低单井产能的风险；二是连续油管疏通作业后，有机盐通常需要地面返排，进行回收处理，导致花费大量成本，包括地面计量费用、废液拉运处理费用；三是连续油管疏通作业只能有效解决井筒蜡堵，不能解决井周储层－井筒－地面管线结垢的问题，针对结垢问题，需单独进行储层解堵和地面解堵作业。本次研究通过将连续油管工作液优选为碱性解堵液进行井筒疏通作业，碱性解堵液能够清除以碳酸钙、硫酸钙、硫酸钡等无机垢堵塞，同时对油气井管柱、地面设备无腐蚀，对环境无污染，因此作业结束后可将碱性解堵液挤入地层，焖井24h以上再开井返排进入生产管线，实现全方位立体解堵。立体解堵工艺已在博孜大北区块进行了现场试验，取得了较好的解堵效果。

1　博孜大北区块高压气井堵塞概况

1.1　蜡堵及清蜡工艺概况

2022年博孜大北区块因井筒高含蜡、低产低温关井7口，损失天然气产量94.1×$10^4m^3/d$、原油206.6t/d，近三年博孜大北区块动态监测过程中测试工具串带出堵塞物31

第一作者简介：张宇(1996—)，男，四川宜宾人，2019年毕业于中国石油大学(华东)海洋油气工程，本科，双学士学位，助理工程师，从事油气井井下作业研究及管理工作。E－mail：zy－txn@petrochina.com.cn。

井次，其中蜡23井次、沥青质2井次、砂3井次、水合物3井次，堵塞主要是以蜡堵为主，特征为：①堵塞速度快，堵塞深度浅；②一般为软阻，堵塞物的深度在井口至1000m附近；③堵塞物的熔点低，一般小于40℃。蜡堵问题对油气产量和井下温压测试带来巨大挑战，目前的清蜡工艺方式有机械清蜡、挤注热流体和清防蜡剂、连续油管清蜡等治理措施，机械清蜡法是利用专门的刮蜡工具或清蜡工具把附着于油管内壁上的蜡刮掉，但是由于博孜井的析蜡点最深可达3000m，若井口关井压力为80MPa，则由钢丝连接的刮蜡片在这样深度的高压下难以下入，因此，机械清蜡法应用于高压深井清蜡作业风险性高。连续油管清蜡主要利用连续油管带冲洗头或磨鞋把附着于油管内壁上的蜡冲洗或钻磨掉，设备耐压105MPa，相比机械清蜡法，连续油管清蜡工艺显得更加安全、高效。

高压气井连续油管清蜡工艺为保证施工作业安全，常采用有机盐液体进行半压井降低井口压力，有机盐液体主要是由甲酸盐固体与清水配伍而成，但是存在以下问题，一是井口操作不当，控压过高会导致有机盐进入储层，有污染储层，降低单井产能的风险；二是连续油管疏通作业后，有机盐通常需要地面返排，进行回收处理，导致花费大量成本，包括地面计量费用、废液拉运处理费用；三是连续油管疏通作业只能有效解决井筒蜡堵，不能解决井周储层－井筒－地面管线结垢的问题，针对结垢问题，需单独进行储层解堵和地面解堵作业。

1.2 垢堵及除垢工艺概况

山前高压气井长期平稳生产和高效开发还受到垢堵的影响，通过多年来的研究和现场应用，一是明确了“成藏滞留水降压流动＋蒸发浓缩”是结垢的主要机制，主要表现在生产降压促进碳酸氢盐向碳酸盐岩反应发生垢析，流动压力降低引起滞留水向天然气中蒸发浓缩发生盐析。二是进一步建立“井周储层－井筒连续结垢”模式，井周储层结垢主要指气层内部从基质到裂缝再到井底的过程均存在结垢，而井筒结垢主要发生在井筒变径的局部位置，此种模式奠定了解堵认识基础，实现井筒解堵向井周储层－井筒系统解堵升级转变。针对垢堵问题，目前已研发5套解堵液体系并配套6套解堵工艺，解堵液体系包括“10% CA－5＋3% HF”“9% HCl＋1% HF”“9% HCl＋1% HF＋7% CA－5”“6% HCl”“碱性解堵液”五种，已应用188井次，解堵后无阻流量增加2.25倍。高压气井除了井周储层－井筒结垢以外，在生产过程中，集输管道结垢的问题也十分突出，管道内结垢堵塞会增加流动压力，增大能量消耗，甚至当垢物和管道内其他种类杂质相互作用，造成管道长期腐蚀，将有可能引发管道爆裂等糟糕后果。在我国，清洗管道内壁目前主要有五大类方法：振动法(超声波等)，化学法，机械法(内置工作、机器人等)，涂装法(穿插玻璃钢、软管等)和磁场法(点击、阴极、磁化等)。

2 立体解堵工艺研究

2.1 优选连续油管工作液

创新采用碱性解堵液替代有机盐液体作为工作液。碱性解堵液是一种能够清除储层以碳酸钙、硫酸钙、硫酸钡等无机垢堵塞，疏通油气流通道的化学剂，主要成分为螯合剂，也包括黏土稳定剂、减阻剂等辅助化学剂，该化学剂是一种无色、淡黄色液体，密度1.06g/cm^3，pH值介于12～14。因此采取碱性解堵液作为连续油管工作液，疏通过程可有效解除井筒垢堵，即使井口控压不当液体漏失进入地层后也不会污染储层，实现了储层保护(图1)。

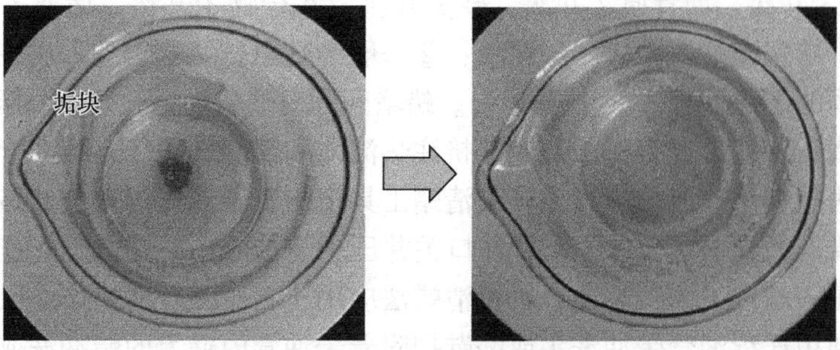

图1　碱性解堵液溶垢过程

2.2　创新连续油管工作液体系

单一碱性解堵液作为工作液难以满足连续油管循环冲洗解堵需求，必须进行优化完善，因此创新形成“75% ~80%碱性解堵液 +5% ~10%加重剂 +1% ~2%增黏提切剂 +2% ~4%黏土稳定剂 +2% ~4%助排剂 +5% ~10%甲醇”的碱性解堵液冲砂液体系，成为高含蜡井疏通工艺的首选。其中加重剂包括氯化钾，作用是将非酸解堵液密度调节为1.0 ~1.5g/cm^3，提高液体比重，实现半压井，满足井口控压条件；增黏提切剂包括黄原胶、羧甲基纤维素、瓜胶等，作用是提高液体携带能力；黏土稳定剂包括氯化钾、聚季铵盐等，作用是防止储层黏土矿物吸水后膨胀堵塞孔喉；助排剂包括表面活性剂，作用是降低液体在储层孔喉中的毛细管力，提高返排效果；甲醇作用主要是防止地层水锁导致的单井产能降低。

2.3　优化连续油管解堵工艺

常规的连续油管解堵工艺主要是采用有机盐液体进行循环冲洗解堵，作业结束后，有机盐液体要进行开井放喷，通过地面计量设备回收处理。通过优化，形成以下三个作业过程，连续油管疏通作业过程：采用上述碱性解堵液冲砂液体系进行连续油管疏通作业，既可实现半压井循环冲洗解堵作业，又能防止液体漏失进入地层后污染储层(图2)。储层解堵过程：连续油管疏通作业结束后，把碱性解堵液顶替进地层，由于碱性解堵液对碳酸盐、硫酸盐类的结垢都可以清除，且解堵效果好，因此将碱性解堵液全部顶替进入地层，

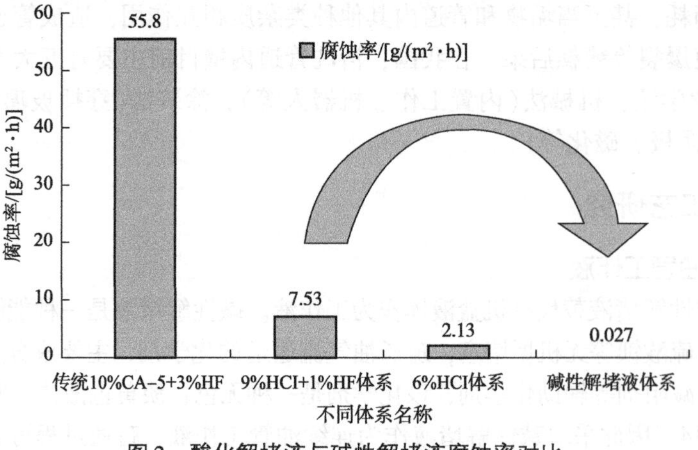

图2　酸化解堵液与碱性解堵液腐蚀率对比

可以解除产层垢堵，提升单井产量。地面解堵过程：碱性解堵液接近零腐蚀，焖井 24h 以上后开井放喷使碱性解堵液返排进地面管线，对地面管线进行除垢。通过上述优化实现了井周储层解堵、井筒解堵和地面管线解堵有效结合，形成了一种全方位立体化的解堵工艺。

3 立体解堵工艺现场应用及效果评价

3.1 现场应用

博孜 A 井 2020 年 3 月 24 日开钻，2021 年 1 月 5 日完钻，完钻井深 6220.00m，完钻层位：白垩系舒善河组，产层中深 6071.75m，地层压力 95.19MPa，压力系数 1.60。该井于 2021 年 8 月 6 日开始试采，初期 6mm 油嘴开度自喷生产，油压 47.9MPa，日产气 $24.6\times10^4m^3$，日产油 33.8t，井口温度 24.9℃。试采 133 天后于 2021 年 12 月 17 日因井筒蜡堵严重堵塞关井。

博孜 A 井 2022 年 3 月 20 日采取立体解堵工艺进行施工作业，工作液选用 $1.2g/cm^3$ 的碱性解堵液体系，2022 年 3 月 23 日，连续油管疏通至人工井底 6112m，累计泵入碱性解堵液 $532.2m^3$，累计返出碱性解堵液 $510.6m^3$，累计返排蜡量 536L，通过计算，疏通作业过程中，井口控压过高导致进入地层碱性解堵液 $21.6m^3$。2022 年 3 月 24 日，正挤碱性解堵液 $37.5m^3$ 和密度 $1.12g/cm^3$ 地层水 $37.5m^3$（1 倍井筒容积），泵压由 26.8MPa 上升到 54.5MPa 又下降到 51.76MPa，排量由 200L/min 上升到 500L/min 又下降到 300L/min，通过计算，$37.5m^3$ 碱性解堵液全部进入地层。2022 年 3 月 25 日，博孜 A 井焖井 24h 后开井放喷，碱性解堵液返排进入生产管线对集输管道进行除垢解堵。

3.2 应用效果

博孜 A 井于 2022 年 3 月 25 日自喷生产，6mm 油嘴，油压 51.8MPa，日产气 $29.6\times10^4m^3$，日产油 43.5t，相比试油期间，同等生产制度下，油压上升 3.9MPa，日增气 $5\times10^4m^3$，日增油 9.7t。地面管线解堵效果方面，博孜 A 井出站压力 17.5MPa，末端压力由 11.5MPa 提升至 12.5MPa，能量消耗降低，管道除垢效果明显。作业成本方面，相比常规连续油管疏通作业，立体解堵工艺节约了有机盐液体开井返排导致的地面计量费用，以及废液拉运和处理费用，累计节约成本 83.6 万元，提质增效效果显著。

4 结论

（1）开展了博孜大北区块高含蜡气井立体解堵工艺研究。应用结果表明，碱性解堵液能够初步替代有机盐液体完成连续油管疏通作业实现堵塞井复产，并且碱性解堵液进入地层后不会污染储层，还能有效解除井周储层垢堵，提升单井产量。

（2）立体解堵工艺相比常规连续油管疏通作业，费用更低，效果更好。

（3）立体解堵工艺可以通过一趟作业完成一次井筒疏通、一次储层解堵、一次地面管线解堵，避免多次作业导致的高昂费用，真正意义上实现了全方位立体化解堵，为连续油管疏通工艺优选提供了新的思路，应用前景广阔。

参考文献

[1]景佩明，张新德，汪永平，等．连续油管热油冲洗解堵技术[J]．油气田地面工程，2010，29

(11)：2.
[2]柳燕丽．博孜区块高温高压凝析气藏清防蜡剂研究与应用[J]．天然气技术与经济，2019，76(04)：46－51.
[3]邵洋，曾努，张宝，等．针对博孜区块高压凝析气井清蜡防蜡工艺的适用性分析[J]．中国石油石化，2016，22(51)：99－100.
[4]姚茂堂，刘举，袁学芳，等．高温高压凝析气藏井筒结垢及除垢研究[J]．石油与天然气化工，2020，49(4)：5.
[5]仇栋杰，孙浩哲，Qiu，等．油田管道结垢的影响机理研究分析[J]．石化技术，2017，24(12)：1.
[6]王筱均，周克明．高压气体管道除垢护壁技术[J]．清洗世界，2006(04)：41－43.

气井精细排采智能管理系统的研发与应用

胡航　魏伟　唐兴波　陈智勇　朱英杰

（中国石油西南油气田分公司重庆气矿）

摘　要：重庆气矿所辖气田多处于开发生产后期，产水气井占比大，依靠单一常规泡排和人工间歇开关井无法满足气井精细排采的需求，面临着巨大挑战。依托现有物联网基础，研发出一套智能管理系统，集成“智能泡排＋智能针阀＋泡排大数据分析”的功能，有效解决低压低产气井带液不畅、产能无法充分发挥的问题。该系统能够根据气井实时生产数据进行智能分析和决策，合理确定开井关井时机；结合井筒压力损失和井底积液量计算，智能推送起泡剂加注量和加注时机，并自主调整针阀开度和优化井筒流态，提升低压产水气井的携液能力；该系统在五百梯气田天东11井现场应用，减少人工操作100余次/年，日均增产达114%，折算年增产气量$580\times10^4m^3$，效果显著。

关键词：产水气井；老井挖潜；智能泡排；智能针阀；精细排采；智能管理

四川盆地东部气田多处于开发中后期，其中生产40年以上气田13个、30年以上19个、30年以内5个，这些都属于老气田。产水气井共205口，占总生产气井的45%。老气田以低压低产气井为主，日产气量低于$2\times10^4m^3$的气井占70%，井口压力低于2MPa的气井占61%，这类气井由于单井产能较低，井筒带液困难，亟须实施精细排采，以达到流态最优、压损最小、产量最大化的目的。

此外，在“大中心站”管理模式下，依靠单一常规泡排无法满足气井精细排采的需求，在“油公司”模式下，现场操作人员减少，无法满足频繁调节针阀的需要。

低压低产气井携液能力不足，受井筒积液影响，井筒内压力损失增大，导致油套压差增大，影响气井产量。通过开展井筒压力损失最小化及智能管理相关研究，集成“智能针阀＋智能泡排＋大数据分析”技术，最大限度减少井筒积液，降低井筒压力损失，充分发挥气井产能显得十分必要。

1　研发思路

针对产水气井油套压差大、产气量波动大、带液生产困难等问题，考虑研发并安装智能针阀开关井装置代替传统人工开关井，实现开度自动调节，达到气井连续平稳生产和增大累产气量的目的。由于该装置只能利用气井自身能量带液生产，当产水量较大时，需要加注泡排辅助带液生产，因此，依托现有信息化建设基础，通过系统整合，根据实时生产数据进行智能分析和决策，向智能开关井装置和智能泡排加注装置发送相应指令，实现智

第一作者简介：胡航（1995—），男，重庆，中国石油西南油气田分公司重庆气矿，工程师，主要从事页岩气勘探开发方面的研究工作。E－mail：huhang_cq@ petrochina. com. cn。

能针阀式开关井装置和智能泡排加注装置的联动控制，增强开关井时机、泡排加注制度的科学性和有效性，提高产水气井产量和采气时率。

1.1 理论研究

精细排采主要管理泡排加注、针阀开度调节和气举等工艺的定量边界条件、工艺参数的优化，确保“储层－井筒－地面”各个节点压损最小，从而最大化利用储层能量。精细泡排是精细排采的主要内容，通过流态管理使井筒积液最少、压损最小。所研发的“智能泡排＋智能针阀＋大数据分析”集成的智能管理系统，要求能最大化消除井筒中的积液，确保气井实现“三稳定”生产。以“井筒压力损失最小化、气井平稳带液生产”为导向，合理制定“智能泡排＋智能针阀＋大数据分析”的工作制度。当气井产气量较大时，井筒压力损失主要以摩擦阻力损失为主；随着气井水气比逐渐增加，气液滑脱损失增加，井筒压损逐渐增大(以重力损失为主)。为了让气井长期持续稳定携液生产，尽量降低气井的井筒压损，最大限度提高气井采气时率，起泡剂加注时机及针阀开度调节制度尤为重要。低压小产水量气井以“小开度带液产气、大开度排液”为原则优化联动工作制度。

1.2 研发基础

2014～2015年，为了解决中心站所属无人值守井起泡剂加注工作量大、路程远、不能实时调整加注制度等现场问题，成功研发制造了智能泡排加注装置，首次在福成寨气田成18井成功应用。该设备集成度高，采用一体化撬装，体积较小、质量较轻，便于搬迁和现场安装，实现了泡排井的远程自动化加注，降低了人力和车辆运行成本及安全风险。

2019年以来，为了适应“油公司模式”下中心站人员少、管理井数多、措施井操作频繁的难题，研发并推广应用了智能针阀式开关井装置，累计应用156套，提高了措施执行率，减少用工30余人，减少用车5000余井次。该装置集成度高，便于实现智能化改造升级。具有兼容ModbusRTU协议的RS485通信接口，可利用现有数字化基础条件实现数据采集、传输和远程控制。相比传统人工开关井，不仅调节精度更高，工作行程短，操作效率高，并且可远程操作，就地自动调节，安全受控。

2022年，以中心站效益管理提升和精细起泡剂加注量管理为出发点，结合气井当前井筒积液量计算和大数据原理，编写起泡剂加注量计算程序，并在天东18井和天东19井成功应用，产量提高10%～15%，起泡剂用量下降21.7%。该程序具备以下功能：(1)异常数据判断与治理，提高数据质量；(2)自动进行气井稳定性评价，为起泡剂量进行预测；(3)根据气井气水产量变化，自动预测起泡剂加注量。程序根据气井井筒流压实际测试情况，优选修正的多相流H－B模型进行井底流压预测，实现井底压力和井筒积液量的精确计算。

2 精细排采智能管理系统集成

2.1 “智能泡排＋智能针阀＋大数据分析”联动逻辑

根据井筒积液量，结合实验室大量数据统计结果，最佳井底起泡剂浓度为3‰，最佳井口加注比例范围为1∶10。以五百梯气田石炭系气藏作为基础研究对象，通过分析气藏特征，利用数据拟合，对32口产水气井生产数据进行统计分析，结合气藏及采气工程计算公式，再实时根据气井压力、产气量、产水量等参数变化，自动计算气井井筒积液量，优化各井的"智能泡排 + 智能针阀 + 大数据分析"工作制度，综合分析后提出工作制度决策。当满足以下三个条件中的任意两个时，系统自动触发加注决策功能：(1)油套压差达到设定值，或产气量(产水量)小于设定值；(2)距离上一次的加注时间达到设定值；(3)井底积液量(按修正的 H－B 模型计算)大于正常液量(开井时刻自动计算一次)的120%。同时，系统按照以下条件对智能针阀进行开度调节：(1)正常生产时间和加注起泡剂见效前，排液相对较小阶段，保持设定的小开度；(2)加注起泡剂见效后，排液相对较大阶段，全开针阀；(3)排液相对较大阶段结束后，恢复设定的小开度。

2.2 智能管理系统功能模块搭建

以 SCADA 系统为载体，将大数据分析推荐的加注量通过 Modbus TCP 协议推送至智能泡排加注系统，通过 PLC 梯形图编程，实现参数设置、数据采集与计算、智能分析、"泡排与针阀联动"功能。智能管理系统分析决策作为该系统的核心功能模块，由后台服务器完成。根据当前井口运行状态及各项采集数据，利用智能算法自动计算井底积液量，自主优化加注制度和针阀开度，推送"智能泡排 + 智能针阀 + 大数据分析"最优制度。该系统能够实现"储层－井筒－地面"一体化管理，并且具备实时发现异常、分析原因、优化制度、自主启停的功能，从而实现气井"三稳定"生产。

3 现场应用及效果分析

3.1 智能开关井应用效果

天东 11 井是五百梯气田一口产水气井，1993 年 5 月 18 日投产，硫化氢含量 $1.226g/m^3$，投产初期油套压分别为 42.32MPa、40.05MPa，日产气 $29.7 \times 10^4 m^3$。2010 年 1 月导入增压生产，2013 年修井酸化更换外径为 73mm 的油管，下入深度 4670m。2020 年底出现带液不畅的情况，产量波动大，通过人工间歇开关井生产，日均产气下降至 $1.1 \times 10^4 m^3$，日均产水 $0.17m^3$。

从 2021 年初开始，对该井安装智能针阀式开关井装置(图 1)，开展 296 天现场试验，共完成智能开关井操作 195 次，其中关井 89 次，开井 106 次。试验期间天东 11 井日均产量由 $1.1 \times 10^4 m^3$ 增加至 $1.4 \times 10^4 m^3$，增产幅度达 27%。智能针阀安装前，油套压差和产气产水波动较大，日均产气量为 $1.1 \times 10^4 m^3$；智能针阀安装后，油套压差稳定在 1.0MPa，产气产水相对稳定，日均产气量增加至 $1.4 \times 10^4 m^3$。

图 1 智能针阀现场安装图

如图2所示，在智能针阀式开关井装置的管理下，该井能够精准判断开关井时机和开度调节时机，及时准确地进行开井生产和关井复压，有效保障了气井的产能恢复和可持续性生产。同时，智能开关井的应用，不仅提高了气井开关效率，减少一线员工的工作量，降低了操作成本，而且作业过程不再受到人为因素和外界因素的影响。

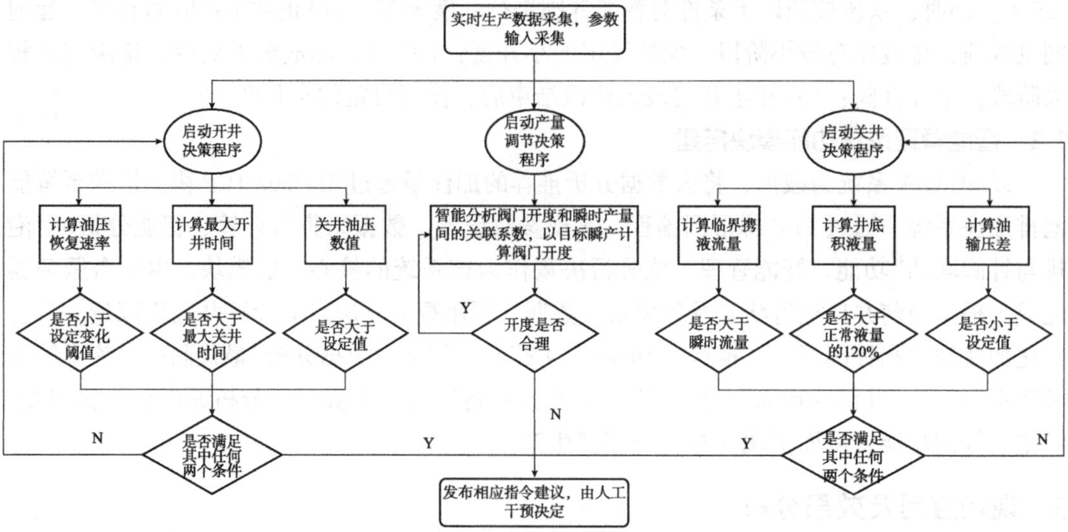

图2　智能针阀判断开关井时机算法流程图

3.2　智能泡排应用效果

2021年8月，在智能针阀试验的基础上，对该井实施智能泡排辅助带液，按照3‰和1∶10的比例加注起泡剂，日加注起泡剂(UT－11C)5L后，气井日均产量由原来的$1.4\times10^4m^3$增加至$(2.7\sim3)\times10^4m^3$波动，平均增产幅度达93%，油套压差由1.0MPa下降至0.8MPa，日产水量稳定在$0.7m^3$左右，实现了气井稳定排液生产。

3.3　精细排采智能管理系统应用效果

在智能针阀、智能泡排和大数据泡排应用的基础上，将三个增产措施在天东11井进行集成，实现了"数据采集、制度制定、自动加注、实时反馈、动态调整"的一体化管理。系统实时计算井底积液量，按照3‰和1∶10的比例加注起泡剂。应用后平均日产气$3\times10^4m^3$，日产水$0.8m^3$左右，套压2.6～3.0MPa，油压2.0～2.5MPa，油套压差0.5～0.8MPa，日加注起泡剂(UT－11C)3L。通过现场多次试验和修正总结，当针阀开度增加至6%时，该井能平稳带液生产，且约37min后能排出大部分井筒积液。根据以上参数，在精细排采智能管理程序设置指令，当油套压差达到0.8MPa，装置自动起泵开始加注药剂，5h后针阀开度由6%全开到100%，37min后针阀开度调回6%，此时油套压差最小。当下一次油套压差达到0.8MPa时，重复以上指令，进行下一个循环。

通过"智能泡排＋智能针阀＋大数据分析"有效联动，精细泡排加注制度，实现一体化挖潜。相比传统人工操作，该系统当年增产气量$420\times10^4m^3$，折算年增产气量达$580\times10^4m^3$，效果显著(图3)，减少起泡剂消耗量0.72t/a。该系统累计投入成本45万元，当年收回成本，同时实现年经济效益650万元(表1)。

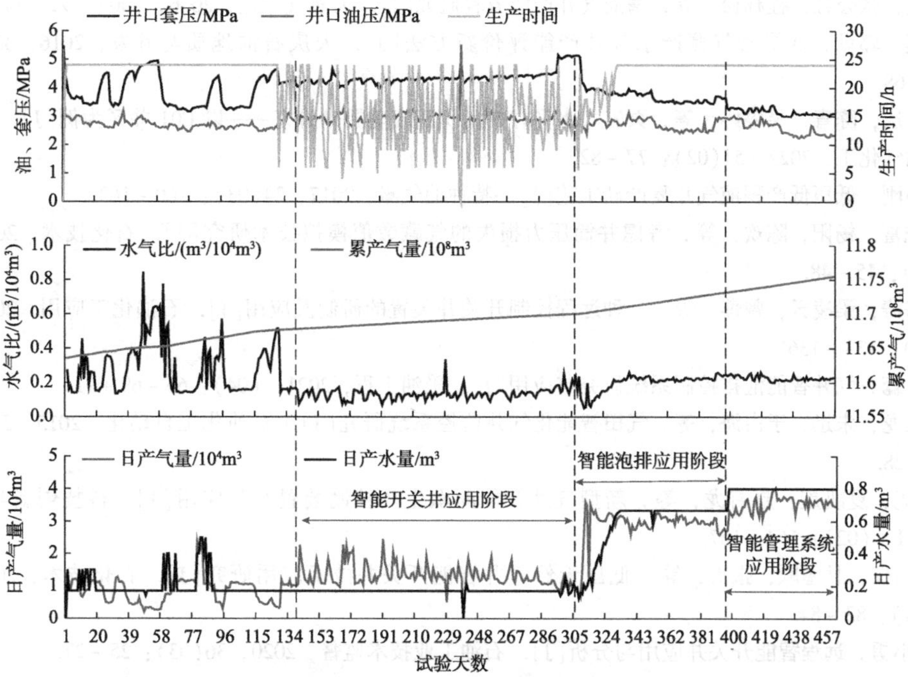

图3　天东11井智能管理系统试验阶段采气曲线

表1　智能管理系统在天东11井的应用效果统计表

试验阶段	日均产气/10^4m^3	开关井次数	泡排制度	日均增产/10^4m^3	折算年增产/10^4m^3	成本费用/万元	经济效益/万元
无	1.1	35	/	/	—	—	—
智能针阀	1.4	195	/	0.3			
智能泡排	2.5	0	加注比例和加注量根据实验室分析和现场实践确定，加注时机由智能管理系统依据实时生产数据分析决策	1.1			
智能管理系统	3	0		0.5	580	45	650

4　结论

气井精细排采智能管理系统能够根据气井实时生产数据进行智能分析和决策，合理确定开井、关井时机，并结合井筒压力损失和井筒积液量，智能推送起泡剂加注量和加注时机，自主调整针阀开度，减小油套压差，提升低压产水气井携液能力，提高最终采收率在五百梯气田天东11井进行了现场应用，减少人工操作超100次/年，智能泡排和智能管理系统试验结束后实现日均增产达114%，折算年增产$580\times10^4m^3$，效果显著。

参考文献

[1]王德龙，王宪文，闫娟，等．非达西效应对低渗气藏气井产能影响研究[J]．特种油气藏，2012，19(05)：97－99＋155－156.

[2]郝斐，张公社，程林松，等．携液气井产能方程研究[J]．天然气工业，2006，(06)：92－94＋166.
[3]徐模，郭肖．低渗透气藏产水气井产能评价新方法[J]．大庆石油地质与开发，2016，35(03)：64－68.
[4]何彦庆，陈青，吴婷婷，等．页岩气水平井井筒积液流动规律研究——以C01井区为例[J]．石油与天然气化工，2022，51(02)：77－82.
[5]陈小刚．低压低产积液气井复产新工艺[J]．特种油气藏，2017，24(03)：160－163.
[6]隋先富，杨阳，陈欢，等．考虑井筒压力损失的气藏数值模拟技术研究[J]．石化技术，2021，28(06)：45－48.
[7]赖海涛，梁凌云，曾萍，等．一种远程控制开关井装置的研制及应用[J]．石油化工应用，2016，35(04)：133－136.
[8]王芝蕊．气井智能泡排控制系统研究与应用[J]．采油工程，2021，(04)：65－69＋91.
[9]高玉龙，朱迅，于占海，等．气田智能化气井监控系统研究[J]．石油化工自动化，2015，51(01)：25－28.
[10]范旭，夏凯旋，赵有龙，等．新型气井智能间歇生产控制装置及其应用[J]．科技创新与应用，2021，(02)：164－167.
[11]蒋俏仪，甘德顺，张勇，等．低压天然气井智能开关井技术应用研究[J]．石化技术，2021，28(04)：83－84.
[12]王小勇．远程智能开关井应用与分析[J]．石油工业技术监督，2020，36(03)：25－27.
[13]韩茈茈，安永生，郭萍，等．苏里格气田节流气井积液规律分析[J]．科学技术与工程，2022，22(30)：13266－13272.
[14]韩倩，徐骞，陆俊华．采气井筒不同流动阶段两相管流流态模拟实验[J]．石油地质与工程，2021，35(04)：114－118.
[15]李静群，袁冬蕊，史建金．拟均匀流态下气井井筒压力分布特征[J]．油气井测试，2000，(04)：8－12＋17－88.
[16]张烈辉，罗程程，刘永辉，等．气井积液预测研究进展[J]．天然气工业，2019，39(01)：57－63.
[17]杨昭，刘燕，苗志彬，等．人工神经网络在天然气负荷预测中的应用[J]．煤气与热力，2003(06)：331－332＋336.
[18]田亚鹏，鞠斌山．基于遗传算法改进BP神经网络的页岩气产量递减预测模型[J]．中国科技论文，2016，11(15)：1710－1715.
[19]周丛丛，李洁，张晓光，等．基于人工神经网络的聚合物驱提高采收率预测——人工神经网络与二次多项式逐步回归方法的对比[J]．大庆石油地质与开发，2008(03)：113－116.
[20]刘东伟，杨保健，张文博，等．水平井井筒气液两相流流动特性分析[J]．中国石油和化工标准与质量，2023，43(15)：81－84.
[21]刘永辉，罗程程，刘通，等．水平气井井筒气液两相流型预测[J]．西南石油大学学报(自然科学版)，2019，41(03)：107－112.
[22]张仕强，李祖友，周兴付．深层产水气井井筒压力预测研究[J]．钻采工艺，2010，33(04)：28－31＋137.
[23]翟中波，漆世伟，王满宏，等．致密气井间歇泡排注剂后关井时间探究[J]．天然气勘探与开发，2021，44(04)：123－130.
[24]李玥洋，孙一丹，任静思，等．气藏—井筒—地面一体化模型数据驱动机制研究与应用——以磨溪区块龙王庙组气藏为例[J]．天然气勘探与开发，2021，44(04)：93－99.

气井井筒积液诊断方法与应用

黄霖[1]　何天宝[1]　杨国[2]　何宇[1]　刘凡[3]　杨强[1]　曾伟[1]

（1. 中国石油西南油气田分公司蜀南气矿；2. 中国石油西南油气田分公司川西北气矿；
3. 中国石油辽河油田分公司高升采油厂）

摘　要：蜀南地区已投入开发的常规气藏约90%的气井产地层水，页岩气井投产100%需要进行压裂液返排。气井产能维护过程中井筒积液诊断将贯穿气井生产的始终。目前现场管理对于气井井筒是否积液的分析或判断，主要分析技术手段是井口生产数据绘制采气曲线，存在多解性，难以进行精确地定量分析。根据现场常见的生产数据、实测井下压力数据以及携液气井临界产量理论模型曲线，形成了三种判别气井井筒积液并可定量计算液面的方法，并在以长宁、泸州地区页岩气非常规气藏以及付家庙、龙市镇、庙高寺等常规气藏开展应用试验，取得了气井井筒积液诊断方法既适合应用于页岩非常规气藏，也适合应用于常规气藏认识。

关键词：气井；井筒积液；诊断；计算；方法；应用

蜀南地区已投入开发的常规气藏约90%的气井产地层水，页岩气井投产时100%需要进行压裂液返排，因此，蜀南地区气井产能维护过程中井筒积液诊断将贯穿气井生产的始终。在气井日常生产或产能维护中，气井井筒积液是常见、高频率发生且无法回避的生产现象，及时发现并消除气井积液是气田生产管理者一项重要工作。

目前现场生产管理人员在分析、判断气井是否存在积液现象时，最主要的分析技术手段是用井口生产数据绘制采气曲线，并结合技术人员的经验来定性判断。井口压力、产量数据绘制的采气曲线应用于气井动态分析时，存在以下不足：

(1)采用的井口数据，为井筒流动末端数据，对于气水两相流动来讲，不能直接反映井筒前端井底流动变化；

(2)井口数据受地面输压、井筒举升、井底污染等因素干扰；

(3)造成井口数据变化或波动的因素多，曲线变化解读存在多解性；

(4)井筒是否积液，不能定量分析。

1　气井井筒积液诊断方法研究

如何快速、准确地判断气井井筒是否积液，针对这一问题，我们开展了气井井筒积液诊断方法研究，总结出两大类三种方法，分别是生产状态下井下压力计实测数据为基础以流态划分的井筒流动压力梯度法、依据理论模型计算的临界携液曲线法，以及利用气井的管流压降模型计算的改进油套压差法，并在以长宁、泸州地区页岩气非常规气藏以及合

第一作者简介：黄霖(1971—)，男，四川自贡，现工作于中国石油西南油气田分公司蜀南气矿，油气田开发高级工程师。E－mail：huanglin@petrochina.com.cn。

江、隆昌、庙高寺等常规气藏选择具备试验条件的气井开展应用试验。试验结果表明，本文提出的方法能够有效应用于气井积液的判断、计算，判别气井井筒是否积液流程如图1所示。

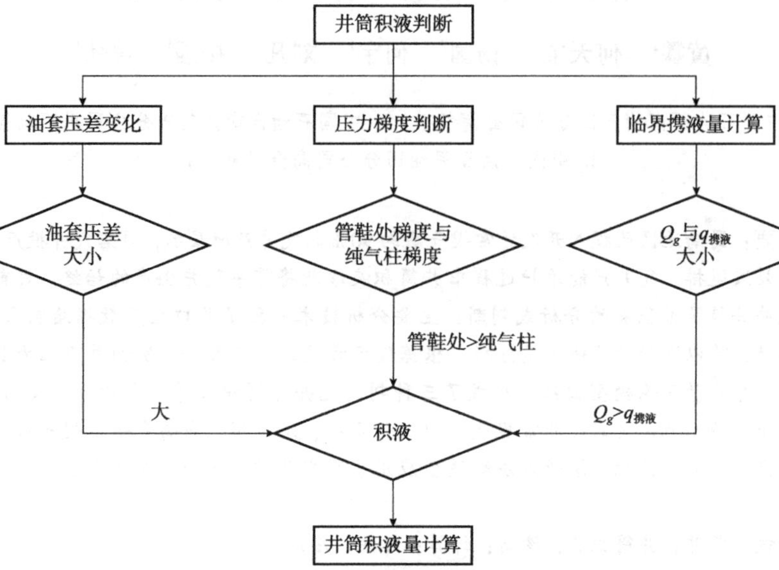

图1　判别气井井筒积液流程示意图

1.1　压力梯度判别法(实测法)

1.1.1　气井处于关井状态时，采用井筒流体静止压力梯度法判别井筒积液

当气井处于关井状态时，根据气液两相比重差异原理，井筒积液可以通过实测井筒流体静止压力梯度进行判断。首先绘制井深压力 P 与对应井深 H 关系曲线，然后判读，当 $P-H$关系曲线为一条直线时，气井未积液，如图2所示。反之，当 $P-H$ 关系曲线在某一深度突然变为折线时，即认为是出现了井底积液，两条直线的交点深度即为积液液面的深度，如图3所示。

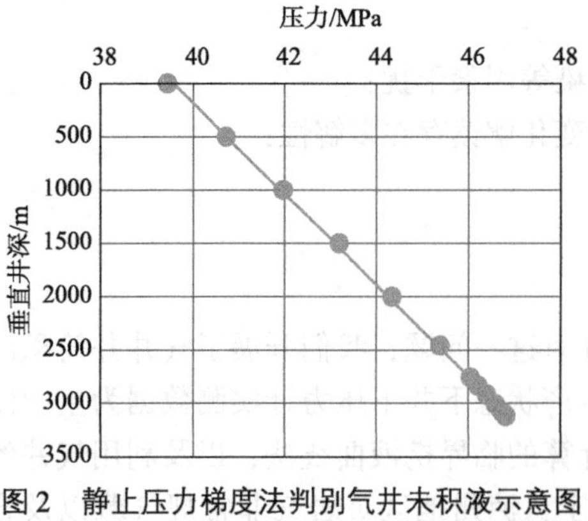

图2　静止压力梯度法判别气井未积液示意图

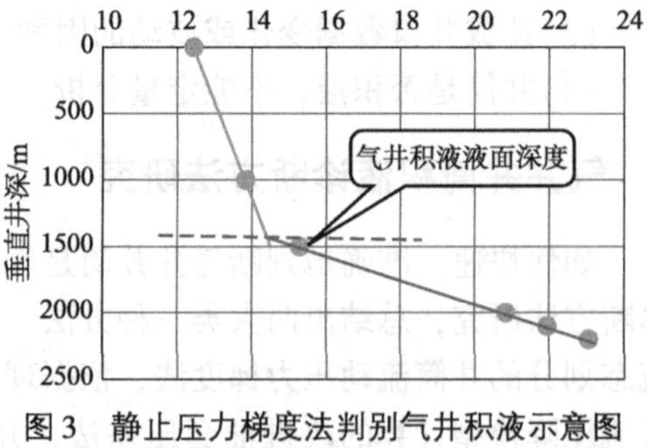

图3　静止压力梯度法判别气井积液示意图

1.1.2　气井生产状态下流动压力梯度判别法

当气井处于开井生产状态时，气液静止状态下的标准气液界面消失，此时气液两相流动将以不同的流态形式存在(图4)，且气液两相流的流态及对应的流态参数(ρ_m、H_L)在井

筒不同位置是动态变化的(图5)，此时需要借助按流态划分的气液两相流机理模型为基础的井筒流动压力温度梯度法来判定井筒是否积液。该方法的工艺技术原理是：

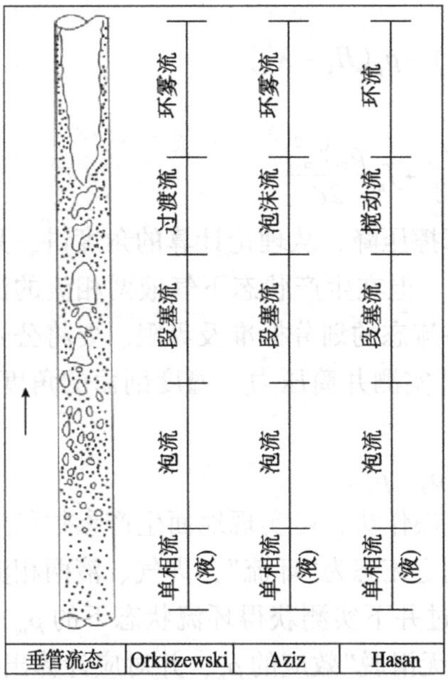

图4　气液两相流流态划分比较图

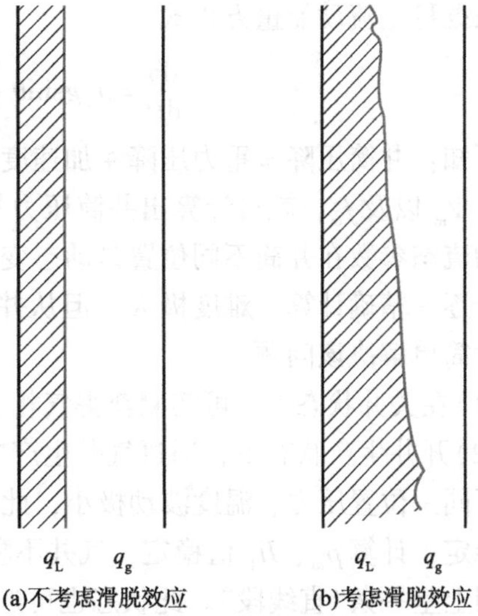

图5　不同滑脱效应的持液率示意图

根据表征气液两相流流态特征参数持液率、气液混合物密度、滑脱损失等，在不同流态下的差异性，利用高精度、高分辨率电子压力计在气井生产时进行工程测量，做出压力、温度全井筒剖面，然后根据全井筒测量剖面可以计算出流态特征参数，最后对计算出流态特征参数进行综合分析，可以大致判别出流动处于什么流态，进而分析出气井是否存在井筒积液。本文根据现场上习惯命名，采用国外学者 Orkiszewski 划分法和命名，将气液两相管流划分为泡流、段塞流、过渡流和环雾流(图4)。

在本文提出的方法中，涉及持液率、气液混合物密度、滑脱损失三类主要参数计算，其持液率定义式为：

不考虑滑脱效应的持液率 λ_L 及混合物密度 ρ_n

$$\lambda_L = \frac{q_L}{q_g + q_L} \tag{1}$$

$$\rho_n = \frac{\rho_g q_g + \rho_L q_L}{q_g + q_L} = \rho_g(1 - \lambda_L) + p_L \lambda_L \tag{2}$$

考虑滑脱效应的持液率 H_L 及混合物密度 ρ_m

$$H_L = \frac{V_L}{V} = \frac{A_L}{A} \tag{3}$$

$$H_g = \frac{V_g}{V} = \frac{A_g}{A} \tag{4}$$

$$\rho_m = \rho_L H_L + \rho_g(1 - H_L) \tag{5}$$

式中，ρ_n 为不考虑滑脱效应的气液混合物密度，kg/m^3；ρ_m 为考虑滑脱效应的气液混合物密度，kg/m^3；ρ_g 为气相密度，kg/m^3；ρ_L 为液相密度，kg/m^3；q_g 为单位管长内，流动条件下的气相流量，m^3/d；q_L 为单位管长内，流动条件下的液相流量，m^3/d；A 为管柱(套管、油管或油套环空)截面积，m^2。

因滑脱效应而产生的附加压力损失：

$$\Delta\rho_m = \rho_m - \rho_n = \rho_L(H_L - \lambda_L) - \rho_g(H_L - \lambda_L) \tag{6}$$

根据稳定流动能量方程式

$$\frac{dp}{dH} = \rho_m g\sin\theta + \rho_m V_m \frac{dV_m}{dZ} + f_m \frac{\rho_m {V_m}^2}{2d} \tag{7}$$

可知：井筒压降 = 重力压降 + 加速度压降 + 摩擦压降，从理论计算的角度讲，只要求得 ρ_m、V_m 以及 f_m，就可计算出井筒压力梯度分布。但在生产状态下气液两相流的流态及对应的流态参数在井筒不同位置是动态变化的，各流态的划分标准及界限。要将公式中三项压降逐一精确计算，难度极大。但从井下压力计实测井筒压力、温度剖面的角度分析，可相对简单解决该问题。

(1)在关井状态下，可实测获得气相、液相的 ρ_g、ρ_L。

(2)开井生产状态下，通过气井生产“三稳定”操作法，可实现地面生产参数稳定，此时井下同一位置压力、温度波动极小，此状态可判定流态为“环流”，即气、液两相流动连续、稳定，计算 ρ_m、H_L 值稳定，气井不积液。通过井下实测获得环流状态下的 ρ_m，且在剖面图上呈一条“直线段”。此状态也可近似看作“无滑脱”效应的 ρ_n，并对应计算出“无滑脱”效应持液率 λ_L，见图 6 和图 7。

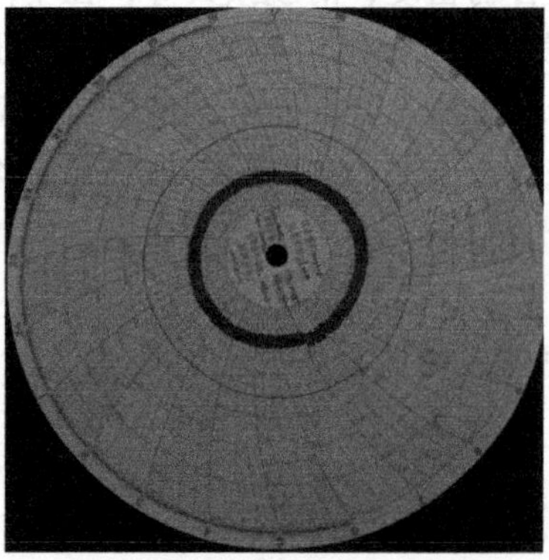

图 6　F22 井双波纹流量计流量卡片(环流)

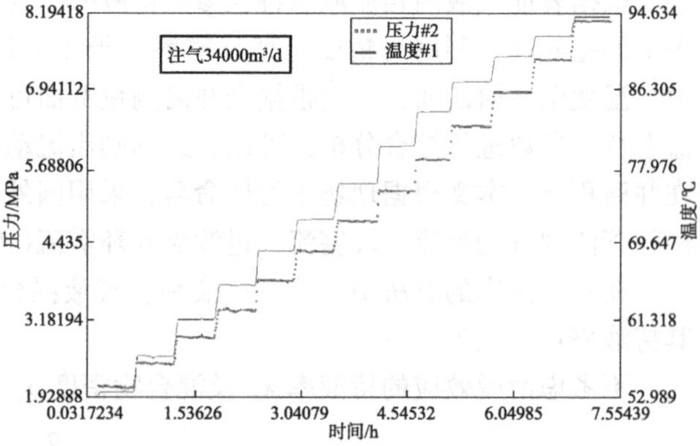

图 7　F22 井实测流动压力、温度梯度图(环流)

(3)在开井生产状态下，地面生产参数、井下同一位置压力、温度“规则”波动，既有气相连续流动的“环流”部分特征，又表现出液相开始出现不连续“段塞”部分特征，此状态可判定流态为“过渡流”、气井积液程度随波动幅度一致。此时测得 ρ_m、计算滑脱效应 H_L，进一步可计算滑脱效应而产生的附加压力损失 $\Delta\rho_m$，见图 8 和图 9。

(4)开井生产状态下，地面生产参数、井下同一位置压力、温度“不规则”且大幅波动，气液两相明显呈气柱、液柱“交替”流动状态，此状态可判定流态为“段塞流”，是气井维持生产流态中，气井积液程度最严重类型，如为生产后期低压井，面临随时“停喷”风险。此时只能采取实测井筒压力、温度剖面分段计算 ρ_m、H_L，进一步可分段计算滑脱效应而产生的附加压力损失 $\Delta\rho_m$。计算 ρ_m、H_L 分布呈井筒“滑脱效应”发生处先急剧“减小”，后遇交替出现的液柱，又出现“上翘”的现象，剖面上会交替出现“负压力变化”或“凹陷”区，见图 10 和图 11。

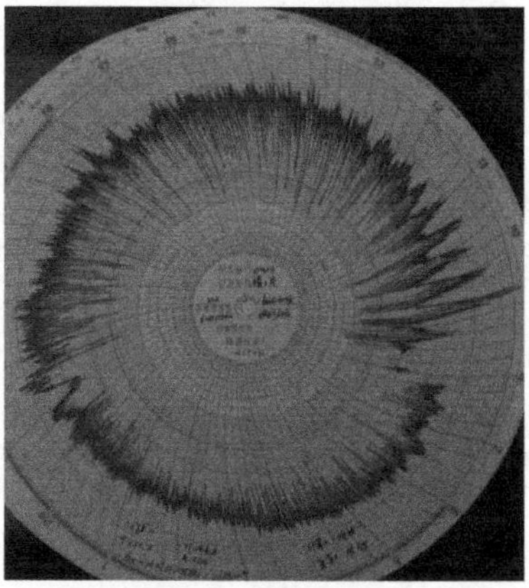

图 8　Z2 井双波纹流量计流量卡片（过渡流）

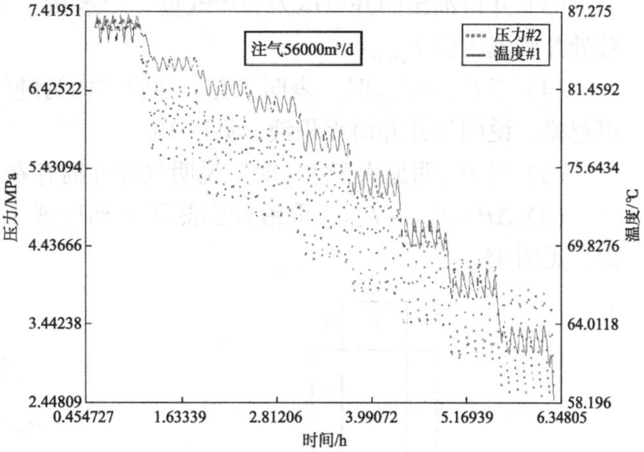

图 9　Z2 井实测流动压力、温度梯度图（过渡流）

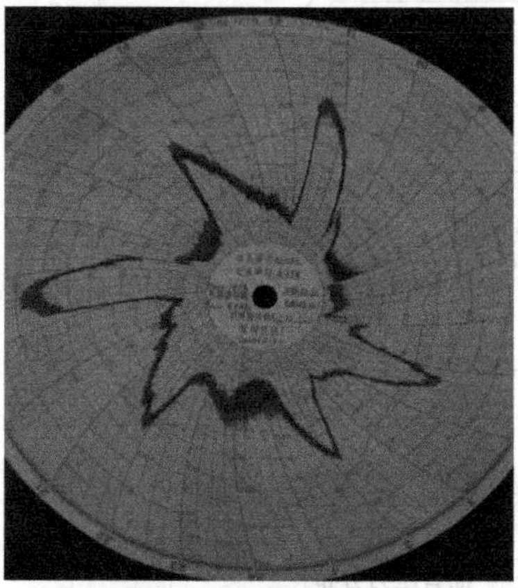

图 10　S47 井双波纹流量计流量卡片（段塞流）

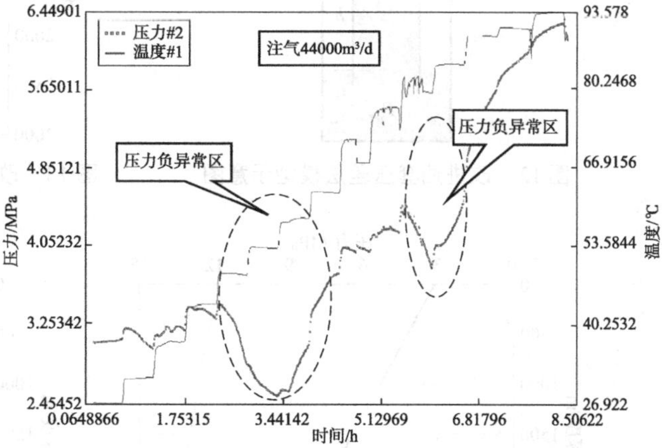

图 11　S47 井实测流动压力、温度梯度图（段塞流）

（5）蜀南地区泸州、自贡等区块中后期日产气量小于 $5\times10^4\,m^3/d$、日产水量小于 $100m^3/d$ 的气井，利用 PROSPER 软件计算，总压降损失中，大约重力压降损失占 70% ~ 90%，摩擦压降损失占 15% ~25%，加速度压降损失小于 5%（生产中可忽略）。当日产水量大于 $100m^3/d$ 的气井利用 PROSPER 软件计算，大约重力压降损失超过 95%，页岩气新井排采期液量接近 $300m^3/d$ 时，重力压降损失接近 100%。

该方法可拓展应用到排水采气工艺井的工艺制度调整。当工艺制度调整后，通过制度调整前后全井筒流动压力温度剖面对比，可以判定该制度下井筒积液状况或工艺效果是否得到改善，从而可以快速确定气井合理的工艺制度。

1.2　改进油套压差判断法

1.2.1　改进油套压差判断法原理

（1）计算模型及假设：以油管鞋为参考点，未生产管柱油套环空内为静气柱，油管为生产管柱呈气液两相流动，见图 12。

(2) 用套压叠加静气柱梯度(本井或区域邻井实测)压力，计算油管鞋处井底流压值 P_{wf1}。

(3) 井口油压的井口压力和产气量、产水量，利用 PROSPER 软件推荐模型计算油管鞋处井底流压值 P_{wf2}。

(4) 当 $P_{wf1} \approx P_{wf2}$ 时，表明为套、油管柱内为纯气柱，能量方程中的重力、加速度损失可忽略，说明气井井筒无积液，见图 13。

(5) 当 P_{wf1} 明显大于 P_{wf2} 时，说明气井井筒存在积液，见图 14。

(6) $\Delta P = P_{wf1} - P_{wf2}$，取液柱实测压力梯度或 1.0MPa/100m，计算等效积液高度或液面，见图 15。

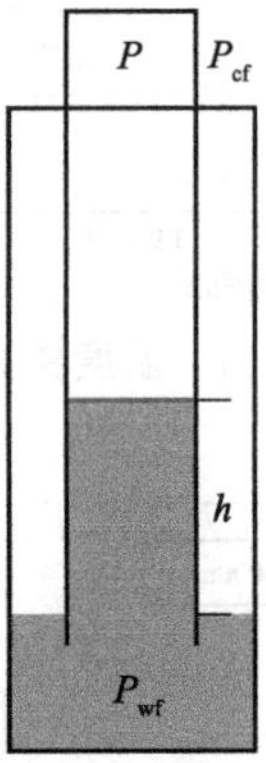

图 12　改进油套压差法模型示意图

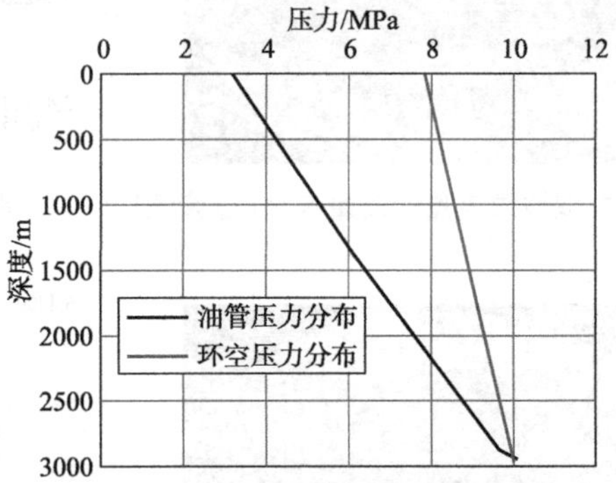

图 13　改进油套压差法判断井筒未积液示意图

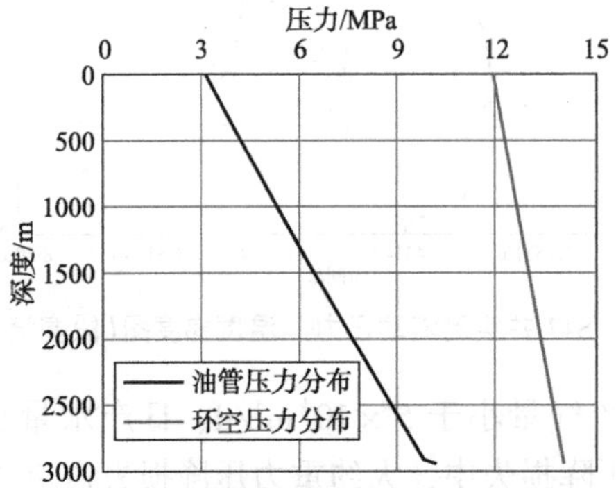

图 14　改进油套压差法井筒积液示意图

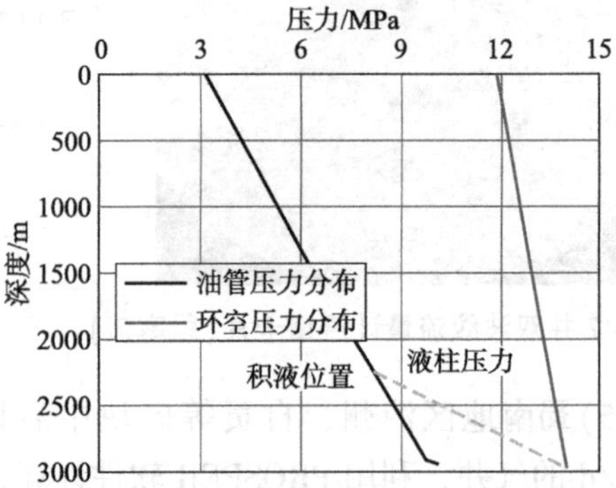

图 15　改进油套压差法井筒液面积液预测示意图

1.2.2　改进油套压差判断法应用

改进油套压差判断法在 L203H73－4 井开展了实际应用，图中套、油压实为通过上述方法折算后的 P_{wf1}、P_{wf2}，见图 16。

(1)改进后油套压差开口的大小直接反应积液程度；

(2)改进后油套压差值可用于计算等效积液高度，1MPa≈100m 液柱；

(3)根据油套压差法计算出的等效积液高度，L203H73－4 井下入油管初期，等效积液高度在 800m 左右，经过一段时间排液生产后，积液减少，目前积液高度维持在 400m 以下，后续可能会进一步降低；

(4)及时下入油管，有利于该井压裂液返排、气井平稳生产。

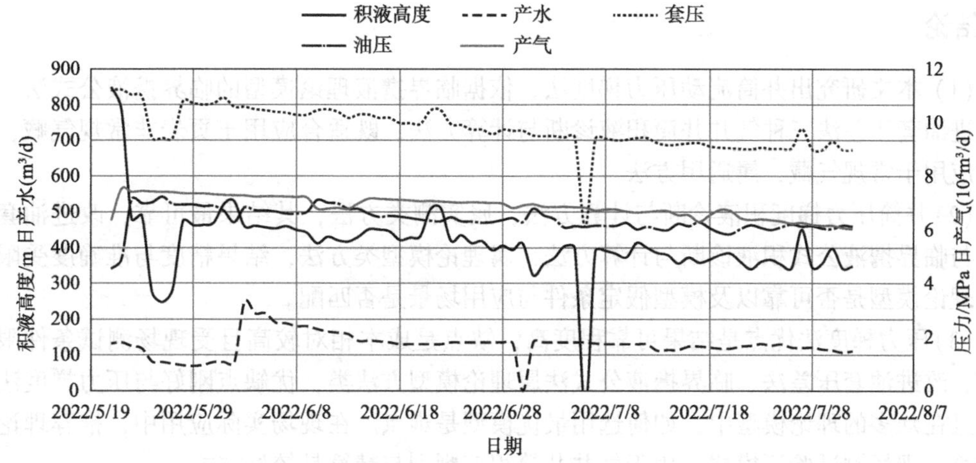

图 16　L203H73 -4 井改进油套压差采气曲线图

1.3　临界携液公式法

1.3.1　临界携液公式法原理

该方法判断井筒积液的原理是：选取适当的临界携液理论模型，然后用理论模型计算出临界携液理论值，作为判断标准。当气井实际产量值大于理论计算临界携液产量值时，判断气井无积液；反之，当气井实际产量值小于理论计算临界携液产量值时，判断此时气井积液，见图 17。

对比验证计算了蜀南自营页岩气井 88 口井的临界携液流量，应用于气井中后期自喷生产阶段积液预测或预警，以及气井停喷后，初始气举工作制度的制定。总结出泸州区块最佳预警模型为 Turner ~ Coleman 组合模型；威远区块最佳预警模型为谭晓华 ~ 李闽组合模型，见图 18。

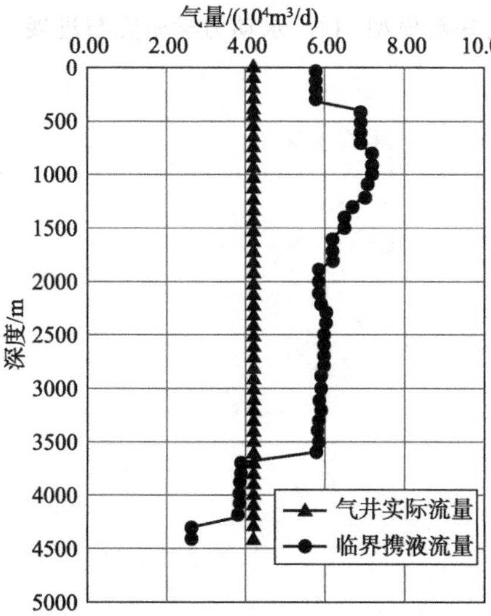

图 17　CNH6 -4 井套管生产全井筒临界携液法积液判断图

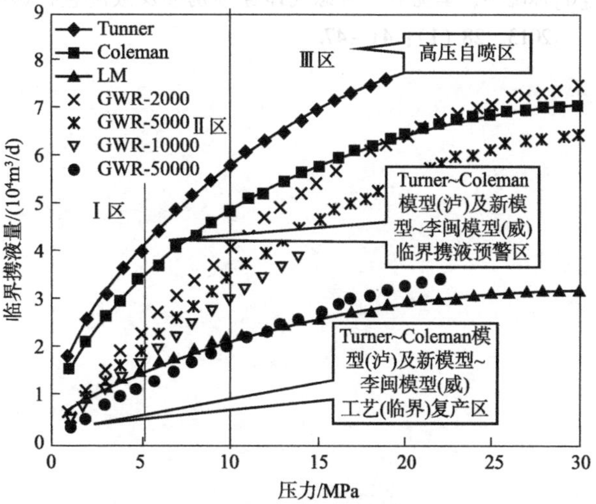

图 18　不同模型临界携液流量对比、预警、气举制度应用图

2 结论

(1) 本文研究出井筒流动压力梯度法、依据临界携液理论模型的临界携液公式法，以及改进油套压差法三种气井井筒积液诊断与计算方法，既适合应用于页岩非常规气藏，也适合应用于常规气藏，属通用方法。

(2)井筒压力梯度积液诊断与计算方法，属实测类方法，其结果最可靠，改进油套压差法与临界携液公式积液诊断与计算方法，属理论模型类方法，结果精度与准确度受限于所选理论模型是否可靠以及模型假定条件与应用场景是否匹配。

(3)压力梯度法优点是结果可靠程度高，缺点是成本相对较高且受现场测试条件限制较多，改进油套压差法、临界携液公式法属理论模型方法类，优缺点刚好与压力梯度法相反，且在众多的理论模型中，如何选用最优模型是难点。在现场实际应用中，推荐理论模型计算＋现场测试验证模式，用于气井井筒积液判别与精算是较好方式。

(4)下步深化研究方向是：针对在蜀南地区已得到较好应用的模型中，有针对性地用相对较少的实测剖面去进一步验证、优选、优化理论模型以及假定条件，最后优选出能够工程实用化的模型在实际生产中推广应用。

参考文献

[1]王鸿勋，张琪等．采油工艺原理[M]．北京：石油工业出版社，1990：22－45.

[2]杨继盛．采气工艺基础[M]．北京：石油工业出版社，1992：99－145.

[3]黄霖，康强，廖毅等．试井技术在气举工艺中的应用[J]．油气井测试，2008，17(2)：68－70.

[4]黄霖，冯毅，邢辉等．利用动态监测技术评价气举＋泡排复合工艺井的效果及措施优选[J]．油气井测试，2009，18(5)：30－32.

[5]廖开贵，李颖川，杨志，等．产水气藏气液两相管流动态规律研究[[J]．石油学报，2009，30(4)：607－612.

[6]谭晓华，李晓平．考虑气体连续携液及液滴直径影响 的气井新模型[J]．水动力学研究与进展，2013，28 (1)：41－47.

页岩气井泡沫排水采气技术及应用

刘佳雯[1]　蒋泽银[1]　魏林胜[2]　罗诉舟[1]

(1. 西南油气田分公司天然气研究院；2. 西南油气田分公司)

摘　要：泡沫排水采气技术是页岩气井排水稳产的主体技术之一，需要针对性提升泡排药剂性能、改进泡排装置及工艺流程。结合现场经验，采用优选、复配方式改进泡排药剂，通过多功能复合智能化泡排装置、优化工艺流程。研究结果表明：①起泡剂改进后兼具起泡与杀菌防腐功能，90℃、1.0g/L用量时起始泡高大于185mm，5min泡高大于125mm，携液量大于149mL/15min，且对SRB的杀菌率达到100%；②消泡剂改进后，初始消泡率提高2.0%～3.5%，3min消泡率提高0.7%～0.8%；③配套形成了“单泵轮换加注”和“一井一泵一备”的泡排加注装置，实现了自动配液、远程调控、自动故障报警等功能；④泡排技术已在长宁中深层页岩气井推广应用，排水稳产效果良好，该工艺同样适用于重庆页岩气、四川页岩气等深层页岩气区块。

关键词：页岩气；排水采气；起泡剂；工艺流程

中国页岩气可采资源量达 $25.0\times10^{12}m^3$，其中，四川盆地页岩气可采资源量达 $4.4\times10^{12}m^3$，占比为17.6%。中国页岩气的发展经历了跟踪调研、资源评价、先导试验、示范区建设等阶段，2016年进入规模化开发阶段。目前，以长宁、泸州、重庆等有利建产区为主的川南地区，成为有效支撑页岩气上产、增产的开发主战场。

具备特殊渗流机理的页岩气井需要采用大规模加砂压裂获取工业气流，压裂液注入量大，大部分需要在气井生产过程中完成返排，导致气井表现出初期产量大；产量递减快；中后期需要采取措施携液稳产的特征。页岩气井生产中后期，普遍面临井底积液、难返排的问题，需要尽早采取稳产措施。排水采气工艺类别较多，通常以泡沫排水、柱塞、气举等为主，而泡沫排水采气技术因其施工简单、成本低、见效快成为目前最广泛应用的稳产措施。

国内泡沫排水采气技术研究始于2016年，目前已在长宁页岩气区块推广应用，排水稳产效果良好。但随着采气进程的推进，返排液细菌含量大、油管尺寸类别多、井深范围广等均对泡排工艺提出了更高的要求，需要提升泡排药剂性能、优化泡排现场工艺流程、改进泡排加注装置，进而探究泡沫排水采气技术对页岩气井的适应性，为页岩气高效开发提供技术支撑。

1　泡排药剂性能优化

1.1　复合杀菌起泡剂研究

基于高温高压泡沫评价系统的CCD相机放大100倍拍摄5MPa、120℃、2.0g/L起泡

第一作者简介：刘佳雯(1995—)，女，四川自贡，中国石油西南油气田公司天然气研究院，工程师，主要从事泡沫排水工艺技术研究。E－mail：liu_jiawener@petrochina.com.cn。

剂用量时泡沫的变化过程，见图1。可以观测泡沫从生成、形态演变到破灭的变化过程，表明起泡主剂应优选易在气液界面富集且定向排列相对紧密的表面活性剂，稳泡助剂应优选可提高液膜表面黏度的低聚物，同时复配对起泡剂分子影响较小的杀菌助剂。

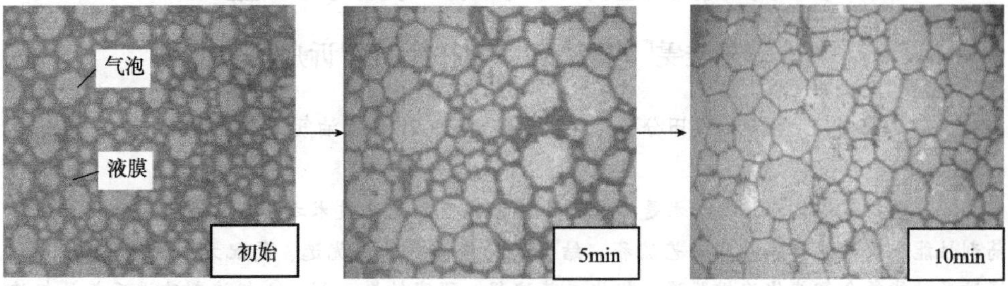

图1　泡沫变化过程

1.1.1　复合配方优选

根据川南地区工况条件，水样选择 $CaCl_2$、NaCl 配制的50g/L 矿化水，并优选泡沫性能及抗矿化度能力相对较好的甜菜碱两性离子、硫酸酯盐阴离子类起泡剂作为主剂，采用 Ross - Miles 泡沫仪及泡沫携液量评价装置进行药剂性能优选。评价结果表明，自制甜菜碱表面活性剂复配物 A1 的起泡、稳泡、携液性能相对最优，并且具备良好的抗盐性能，筛选 A1 作为起泡主剂，见表1。

表1　起泡剂主剂优选

起泡剂	加量/(g/L)	温度/℃	初始泡高/mm	5min 泡高/mm	携液量/mL
A1	1.0	90	185.0	129.0	154.0
A2	1.0	90	130.0	59.0	121.0
A3	1.0	90	173.0	22.0	141.0
A4	1.0	90	29.0	1.0	68.0
A5	1.0	90	121.0	8.0	137.0

在泡沫排水工艺实施中，起泡剂将降低目的层气液界面张力，形成小直径起泡，并在气泡表面形成水化层，延缓气泡的破裂时间，维持气泡的稳定性，从而将积液带出井筒，因此稳泡性也是起泡剂的重要指标之一。选取4种低聚类稳泡助剂 B1、B2、B3、B4 配制成5%水溶液，并将0.2g/L 稳泡助剂溶液与1.0g/L 自制甜菜碱表面活性剂 A1 复配进行性能优选。评价结果表明，在稳泡助剂 B1 的作用下，A1 的起泡、稳泡、携液性能提升最大，以 B1 助剂作为起泡剂的稳泡助剂，加量设定为0.2g/L，见表2。

表2　稳泡助剂优选

起泡剂	加量/(g/L)	温度/℃	初始泡高/mm	5min 泡高/mm	携液量/mL
A1 + B1	1.0 +0.2	90	189.0	136.0	155.0
A1 + B2	1.0 +0.2	90	179.0	120.0	144.0
A1 + B3	1.0 +0.2	90	181.0	47.0	141.0
A1 + B4	1.0 +0.2	90	154.0	102.0	115.0

基于亲核反应杀菌机理，选取5%1227水溶液、25%1631水溶液、醛类杀菌剂与自制复合杀菌剂进行杀菌助剂优选，A1分别与杀菌助剂复配优选后，自制复配杀菌剂对A1的起泡性能影响最小，同等试验条件下，其复配后初始泡高为187mm，5min泡高为129mm，携液量为155mL。

1.1.2 药剂性能评价

选取长宁区块现场井返排液进行起泡剂性能评价、杀菌性能评价。评价结果表明，复合杀菌起泡剂的各项性能指标均可达到石油与天然气行业标准SY/T 6525—2017要求，且长期使用1.0g/L复合杀菌起泡剂可降低气井返排液内的细菌含量，SRB由最高超过1100000个/mL降低至0个/mL，见表3和表4，但为避免现场细菌产生耐药性，还需定期对复合杀菌起泡剂进行调整、复配与优化。

表3 复合杀菌起泡剂性能评价

现场水样	加量/(g/L)	温度/℃	初始泡高/mm	5min泡高/mm	携液量/mL
水样1	1.0	90	186.0	129.0	152.0
水样2	1.0	90	188.0	125.0	149.0
水样3	1.0	90	191.0	131.0	155.0

表4 杀菌性能评价数据

现场水样	加量/(g/L)	SRB/(个/mL)	FeB/(个/mL)	TGB/(个/mL)
水样4	空白	$10^1 \sim 10^2$	0	1~10
	1.0	0	0	0
水样5	空白	>1100000	1~10	1~10
	1.0	0	0	0
水样6	空白	104~105	0	25
	1.0g	0	0	0

1.2 消泡剂性能优化及消泡效果监控

消泡是页岩气泡排的难点之一，消泡效果会直接影响增压机功效、脱水溶液循环利用效果等。在现场泡排实施过程中，形成了消泡效果监控方法，即严格控制起泡剂用量，定期由分离器排污口、高级孔板阀排污阀门处等观测消泡情况，并定期对泡排返排液进行二次发泡评价试验，通过药量控制、实时监测、制度优化，在泡沫排水携液的同时，确保彻底消泡。

基于NB/T 11045.3—2023“页岩气　排采工艺技术规范　第3部分：泡沫排水”，优选有机硅助剂、乳化剂、增黏剂等，进一步优化提升消泡剂性能，配方优化前后对比试验见表5，根据现场泡排实施情况，消泡剂用量介于4.0g/L~5.0g/L时效果最佳。目前，长宁区块共计50平台183井次实施泡沫排水作业，采用优化后消泡药剂后，未曾发生消泡不彻底的情况，且消泡剂的稀释稳定性有所提升。

表5　消泡剂配方优化前后性能评价

阶段	现场水样	用量/(g/L)	初始		5min	
			温度/℃	消泡率/%	5min 泡高/mm	消泡率/%
优化前	水样7	5.0	13.0	96.2	3.0	99.1
	水样8	5.0	9.0	97.4	2.5	99.3
优化后	水样7	5.0	2.0	99.4	0.5	99.9
	水样8	5.0	1.0	99.7	0.0	100

2　平台整体泡排工艺改进

2.1　泡排工艺流程优化

国内页岩气开发形成了“采输作业撬装化”“单井无人值守、调控中心集中控制”的管理模式，在该模式影响下，场站技术工艺不断改进，在长宁页岩气区块形成了两种集输工艺流程：①多井共用一套计量分离器、生产分离器的轮换式计量撬装流程；②单井采用一套计量分离器的撬装流程。

页岩气的泡排工艺流程需要与现场管理模式和集输工艺相匹配，因此，将原有的单井起泡、集中消泡工艺流程优化为单井起消泡工艺流程(图2)，即起泡剂从各井油套管环空注入，复杂化消泡加注装置确保消泡的有效性，在每口井的井口一级针阀后进行雾化加注。

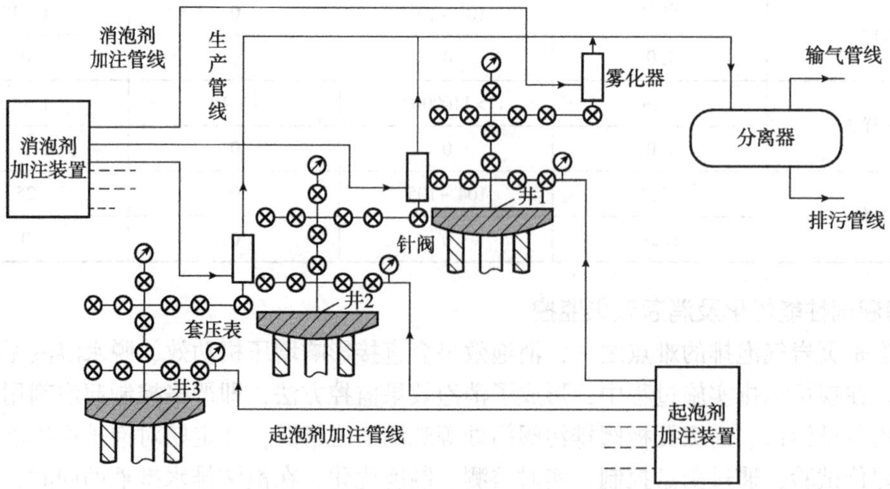

图2　单井起消泡工艺流程示意图

2.2　加注装置功能改进

综合考量泡排加注装置结构与平台泡排工艺流程的配套性，避免消泡不彻底对下游设备造成不可逆影响，将消泡剂加注装置原有的“双泵头、一用一备”的集中消泡工艺改为了“一井一泵一备”的单井消泡工艺(各井共用一台备用泵)，此外，起消泡剂加注装置增添了全自动配液、远程调整药剂加量与配制比例、自动故障报警等功能，避免了人力资源的大量投入，实现了无人值守、远程控制、安全高效等要求。

为确保消泡的彻底性，对固体泡排投掷工艺流程、设有增压设备的工艺流程，需在原有泡沫排水工艺流程的基础上，增加一台二级消泡泵，避免消泡失控造成不可逆的影响。

3 现场应用效果

3.1 长宁泡排井统计分析

统计了长宁204口泡排井的井身结构，174井采用Φ60.3mm油管、28井采用Φ73mm油管、1井采用Φ60.3mm连续油管、1井采用Φ50.8mm连续油管，其中，上倾井占58.8%，下倾井占41.2%。

基于泡排井井况，分别选取4口典型井进行泡排效果分析，见表6。长宁HB－7、长宁HC－5、宁209HA－6、宁216HA－1分别采用的Φ50.8mm连油、Φ60.3mm连油、Φ60.3mm油管、Φ73mm油管，典型井依靠自身能力均不能实现长期稳定生产，而实施泡排后，气井油套压差下降，实现了连续稳定带液生产，泡沫排水采气技术对不同油管尺寸的适应好。

表6 典型井泡排效果分析

井号	油套压下降/MPa	泡排后产气/($10^4m^3/d$)	泡排后产水/(m^3/d)	增产气/($10^4m^3/d$)	增产水/(m^3/d)	泡排实施天数/d
长宁HB－7	0.26	3.19	3.82	1.08	1.29	152
长宁HC－5	1.17	2.12	2.00	1.12	1.35	371
宁209HA－6	0.44	3.98	2.82	1.34	0.52	156
宁216HA－2	0.63	4.73	7.23	1.75	3.12	229

3.2 泡排稳产效果分析

宁209HB－1已投产4－5年，2020年12月24日开始实施泡沫排水作业，至今仍可维持稳定生产，近2年未出现水淹停产情况，日均产气量为$1.29\times10^4m^3$，日均产水量为$1m^3$，近期月递减率约1%，见图3。由此可见，页岩气井连续实施泡排工艺，可实现长期连续稳定生产。

长宁区块自2016年起实施泡排工艺，泡排井数逐年递增，截至2024年9月，累计50平台183井次实施泡排，累计稳产气$32.98\times10^8m^3$，增产气$16.01\times10^8m^3$，增产水$16.15\times10^4m^3$，泡沫排水采气施工成功率和有效率均达100%，见图4。

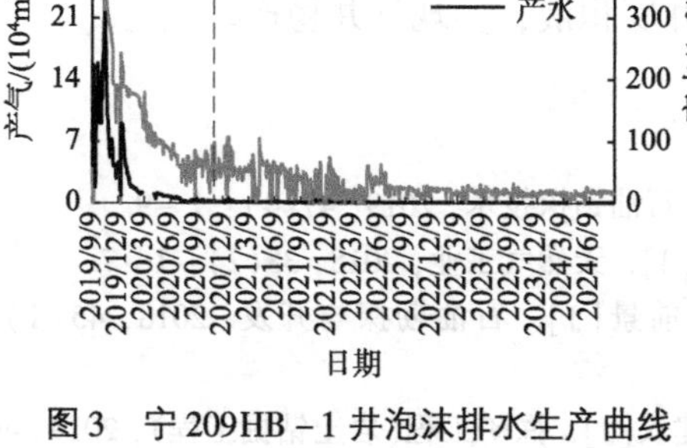

图3 宁209HB－1井泡沫排水生产曲线

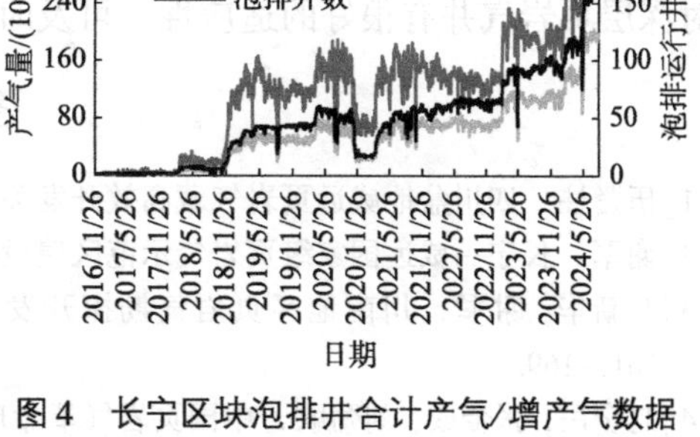

图4 长宁区块泡排井合计产气/增产气数据

3.3 适应性分析

页岩气井区别于常规气井，具备特殊的出水规律、井型、集输流程和管理模式等，使其在投产后容易出现水淹停产，需要采取一定的工艺实现排水稳产。泡沫排水是借助起泡剂与井底积液搅动产生泡沫，通过降低井底积液密度，使泡沫携液随气流带出井筒，可达到排水稳产的目的。该技术因作用深度范围广、可清洁井筒井眼、稳产周期长等特点，对页岩气丛式水平井有很强的适应性，目前已在长宁中深层页岩气井得到推广应用，成效显著。

近2年，重庆页岩气、四川页岩气等深层页岩气区块也开展了泡沫排水先导性试验，取得了较好的泡沫排水稳产效果，如阳101HX－3(图5)，A点垂深3560.03m，于2022年12月9日开始实施泡排，泡排实施前后，气井油套压差均值降低约2.70MPa，井筒积液被有效带出，气井产气、产水明显提升，且趋于稳定，日均产气量$3.39\times10^4m^3$，日均产水量$15.58m^3$，且期间未曾因产水量较大而出现消泡不彻底的情况，表明泡沫排水技术对深层页岩气也有很好的适应性。

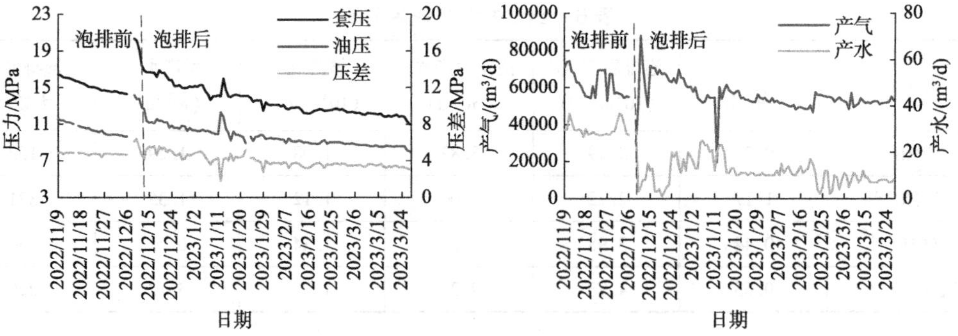

图5 阳101HX－3井泡沫排水曲线

4 结论

(1)复配优化形成了兼具“起泡与杀菌”功能的复合杀菌起泡剂，已在中深层页岩气井推广应用，具备良好的适应性，携液稳产成效显著。

(2)复配改良了消泡剂配方，形成了消泡效果监控方法，即排污口泡沫情况观察、二次发泡评价与消泡剂加注制度优化，保障了页岩气井泡排现场的消泡彻底性。

(3)形成了“单泵轮换加注”的起泡剂装置和“一井一泵一备”的消泡剂加注工艺，实现了页岩气泡排平台自动配液、远程调控、自动故障报警等功能。

(4)泡沫排水工艺已在长宁中深层页岩气井推广应用，携液稳产效果良好，该技术也对深层页岩气井有很好的适应性，可及时有效带出井底积液，实现气井稳产。

参考文献

[1]伍贤柱．四川盆地威远页岩气藏高效开发关键技术[J]．石油钻探技术，2019，47(4)：1－9.

[2]谢军．长宁—威远国家级页岩气示范区建设实践与成效[J]．天然气工业，2018，38(2)：1－7.

[3]马新华，谢军．川南地区页岩气勘探开发进展及发展前景[J]．石油勘探与开发，2018，45(1)：161－169.

[4]赵全民，张金成，刘劲歌．中国页岩气革命现状与发展建议[J]．探矿工程(岩土钻掘工程)，2019，46

(8)：1 –9.
[5]郭伟．页岩气水平井产量递减趋势影响因素分析[J]．重庆科技学院学报(自然科学版)，2018，20(3)：36 –39.
[6]蒋一欣，刘成，高浩宏，等．昭通国家级页岩气示范区泡沫排水采气工艺技术及其应用[J]．天然气工业，2021，41(S1)：164 –170.
[7]刘通，郭新江，王世泽，等．水平井泡沫排液采气井筒流型实验研究[J]．钻采工艺，2017，40(1)：69 –73.
[8]张宏录，刘海蓉．中国页岩气排采工艺的技术现状及效果分析[J]．天然气工业，2012，32(12)：49 –51.
[9]蒋泽银，李伟，罗鑫，等．长宁页岩气井泡沫排水起泡剂优选及现场应用[J]．石油与天然气化工，2018，47(04)：73 –76.
[10]蒋泽银，李伟，罗鑫，等．页岩气平台井泡沫排水采气技术[J]．天然气工业，2020，40(04)：85 –90.
[11]许园，蒋泽银，李伟，等．水平井对泡沫排水携液效果的影响研究[J]．石油与天然气化工，2018，47(1)：65 –68.
[12]刘书炳，王定峰，刘磊，等．大位移水平井连续油管排水采气工艺研究[J]．天然气与石油，2022，40(06)：61 –68.
[13]张金武．威远页岩气井低压低产期稳产技术与实践[J]．钻采工艺，2023，46(01)：71 –77.
[14]陈楠，王治红，刘友权，等．温度压力下起泡剂的起泡性和泡沫稳定性研究[J]．石油与天然气化工，2017，46(5)：65 –68.
[15]樊大勇．我国常用水处理用杀菌剂应用研究进展[J]．精细与专用化学品，2021，29(4)：39 –41.
[16]谢军．长宁—威远国家级页岩气示范区建设实践与成效[J]．天然气工业，2018，38(2)：1 –7.
[17]马新华，谢军．川南地区页岩气勘探开发进展及发展前景[J]．石油勘探与开发，2018，45(1)：161 –169.
[18]梁光川，余雨航，彭星煜．页岩气地面工程标准化设计[J]．天然气工业，2016，36(1)：115 –122.

低压气井暂堵液体胶塞压井体系研制与应用

许园[1]　唐永帆[1]　王珏皓[2]　张亚东[1]　张鹏飞[1]

（1. 中国石油西南油气田公司天然气研究院；2. 中国石油西南油气田公司开发事业部）

摘　要：针对低压气井修井作业过程中常规压井方式存在易漏失无法建立循环、易气窜安全性差、污染储层复产困难等问题，研发了适用于低压气井的液体胶塞暂堵压井体系。该体系是基于络合配位体及 pH 值影响中心离子电的联合作用控制交联时间、稠化剂表面处理技术提升承压能力、强酸与氧化双重作用实现破胶的机理。该体系强度可调、成胶时间可控、破胶时间可预测，能有效解决超低地层压力系数井修井安全压井作业。在川渝地区、青海油田低压老井修井作业中共应用 20 余井次，压井成功率 100%，成为低压气井安全修井的保障利器。

关键词：低压气井；液体胶塞；暂堵；压井

修井作业必须确保井控安全。低压气井的修井作业中，由于地层压力系数极低（最低仅 0.1），常规的清水压井存在压井不平稳、易气窜等问题，现场试用的其他压井液体体系如固化水、泡沫压井液等也存在快速漏失、井口快速起压的问题。

在传统修井作业中，为防止修井过程中井筒流体进入地层污染储层，往往采用机械封隔器以及打水泥塞暂蔽的方式进行封堵。由此也可能带来机械式封隔器封堵无效、后续处理封隔器问题，打水泥塞因地层漏失导致成功率低，以及水泥浆漏入储层污染严重等问题。因此很多低压气井特别是存在复杂井下情况的气井，修井作业存在较大困难，严重影响了气井产量和经济效益。多年以前，现场修井作业时尝试采用暂堵液体胶塞压井解决上述问题，但现有液体胶塞技术存在耐温能力有限（120℃）、成胶时间可控性差（配制后易地面成胶、泵注困难）、破胶时间难以预测与控制等难题。

封堵效果好、对储层伤害小、安全可控的液体胶塞技术是修井作业的发展趋势。因此针对低压井修井存在的恶性漏失、储层污染问题，对现有液体胶塞存在的问题进行研究，研发了强度可调、成胶时间可控、破胶时间可预测的暂堵液体胶塞及应用工艺，经过在川渝地区、青海油田现场 20 余井次的应用效果证明，可以解决低压以及超低压气井修井过程中压井成功率低的技术难题。

1　室内实验

1.1　材料和仪器

材料：改性胍胶、改性魔芋胶、5#白油、0#柴油、环己烷、交联剂、pH 调节剂、解堵液。

第一作者简介：许园（1988—），男，湖北宜昌，中国石油西南油气田公司天然气研究院，高级工程师，主要从事油气田开发化学研究工作。E-mail：xu_yuan@petrochina.com.cn。

实验仪器：控制应力流变仪 Mars 3；电动搅拌器 MYP2011－150；恒温干燥箱 DZF－6250；液体胶塞承压能力评价装置。

1.2 实验方法

1.2.1 液体胶塞成胶时间与成胶强度测试实验

液体胶塞的成胶时间与强度利用目测代码法进行评价。观察形成凝胶的流动特征来判断其强度，成胶时间为凝胶的成胶强度达到 D 级强度的时间。

1.2.2 液体胶塞承压能力测试实验

将配制好的液体胶塞注入不同管径、不同长度的模拟管柱里，注入液体胶塞后，旋紧两端阀门，加热至一定的成胶温度，一定时间之后，敞开模拟管柱上端阀门，从下端利用氮气或其他惰性气体进行驱替，当气体穿过液体胶塞从模拟管柱上端溢出或液体胶塞被气体从模拟管柱上端顶出时，压力传感系统记录的压力值即为液体胶塞的承压能力，装置如图 1 所示。

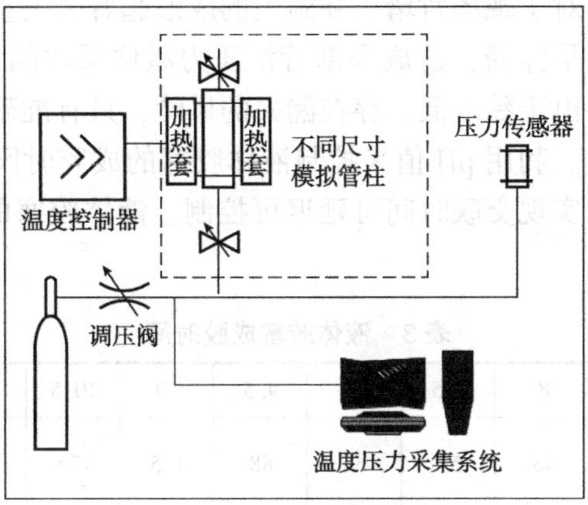

图 1　承压能力测试装置图

2 研发成果与性能评价

2.1 暂堵压井液体胶塞配方研发

2.1.1 植物胶稠化剂的优选

液体胶塞的稠化剂多为植物胶类，为了增加成胶强度通常使用浓度较高，直接将稠化剂加入水中，水化分散速度较快，导致液体胶塞初始黏度过高，不利于控制液体胶塞的交联和泵注，因此考虑在配液水中加入油基稠化分散剂抑制其前期的分散溶解。考察了室内两种植物胶稠化剂(改性胍胶、改性魔芋胶)与三种稠化分散剂(5#白油、0#柴油、环己烷)配合使用时的成胶情况，实验结果如表 1、表 2 所示。

表 1　改性胍胶成胶情况

稠化分散剂	成胶强度	pH	黏度/mPa·s
5#白油	J	9	>30000
0#柴油	J	9	>30000
环己烷	J	9	>30000

表2　改性魔芋胶成胶情况

稠化分散剂	成胶强度	pH	黏度/mPa·s
5#白油	G	9	3000
0#柴油	H	9	10000
环己烷	A	9	27

由改性胍胶配制的液体胶塞的成胶强度高，可以至震铃凝胶级别，三种稠化分散剂均能够与改性胍胶配合使用，而改性魔芋胶的成胶效果不太理想，成胶强度要远远小于改性胍胶，因此推荐使用改性胍胶作为液体胶塞体系的稠化剂。通过优选水化时间易控制的植物胶稠化剂，利用 pH 值和表面处理控制其溶解，提高稠化剂初始浓度，从而提升最终的承压能力。

2.1.2　可控交联剂的研究

液体胶塞的成胶时间对于现场暂堵压井施工的成败起着至关重要的作用。成胶时间过短，导致凝胶在管线中过早停滞，造成局部管汇压力激增泵注困难，从而增大施工风险，成胶时间过长，液体胶塞由于黏度低，存在漏失的风险，只有准确控制成胶时间，才能将液体胶塞泵送至设计位置。利用 pH 值来控制液体胶塞的成胶时间，利用多羟基醇控制中心离子水解的技术原理，实现交联时间可延迟可控制。液体胶塞的成胶时间随 pH 值变化的情况如表 3 所示。

表3　液体胶塞成胶时间

胶塞 pH	7	7.5	8	8.5	9	9.5	10	10.5	11	11.5	12	12.5
成胶时间/min	28	35	48	51	63	88	115	125	137	153	186	200
成胶强度	I	I	J	J	J	J	J	I	I	H	H	H

在常温条件下，液体胶塞的成胶时间可以通过体系的 pH 值进行调节与控制，时间调控范围为 28～200min，其中 pH 在 8～10，最终成胶强度高，均能够到达震玲凝胶级别。选用与稠化剂配套的延迟交联剂，利用络合配位体及 pH 值控制交联剂中心离子电离，控制中心离子的释放速度来控制交联时间，因此可以利用 pH 来控制液体胶塞的成胶时间达到可控可调的目的。

2.2　暂堵压井液体胶塞性能评价

2.2.1　承压能力测试

液体胶塞承压能力是评价液体胶塞封堵能力的最关键的指标，目前的研究中主要是基于目测代码法来判断液体胶塞的强度，该方法相对误差大，缺乏准确性。针对暂堵液体胶塞缺乏关键参数承压能力的评价方法的难题，基于模拟管柱评价模型，国内外首次建立了液体胶塞承压能力的评价装置与方法，实现了对不同工况条件下的液体胶塞承压能力进行模拟评价，进而为现场压井作业设计与施工提供指导，降低了施工失败风险。

基于液体胶塞承压能力的评价装置与方法研究了液体胶塞不同成胶温度，不同 pH 值条件下承压能力，摸索了成胶温度、pH 与液体胶塞承压能力之间的对应关系，选用 50.64mm 内径、50cm 长度的模拟管柱开展实验，实验结果如表 4 所示。

表4 液体胶塞承压能力 MPa

温度/℃	pH = 8	pH = 9	pH = 10	pH = 11	pH = 12
60	0.46	0.42	0.36	0.32	0.28
80	0.72	0.64	0.63	0.62	0.63
100	1.15	0.99	0.89	0.91	0.88
120	1.35	1.27	1.24	1.25	1.26
150	2.14	1.78	1.80	1.82	1.79

随着成胶温度的不断升高，液体胶塞的承压能力不断增大。相同成胶温度条件下，液体胶塞 pH = 8 时，承压能力最佳，pH 从 9 增加至 12，液体胶塞的承压能力变化不大。

2.2.2 流变性能测试

液体胶塞的黏弹性、在高温下的黏度影响了其使用效果，对液体胶塞进行了流变性能测试，主要测试液体胶塞的黏弹性，150℃条件下液体胶塞的耐温耐剪切性，实验结果如图 2、图 3 所示。

剪切应力由 1Pa 上升到 500Pa 时，液体胶塞的弹性模量始终远远大于其黏性模量，说明液体胶塞为黏弹性流体，弹性优异，具体较好的形变恢复性及封堵作用。

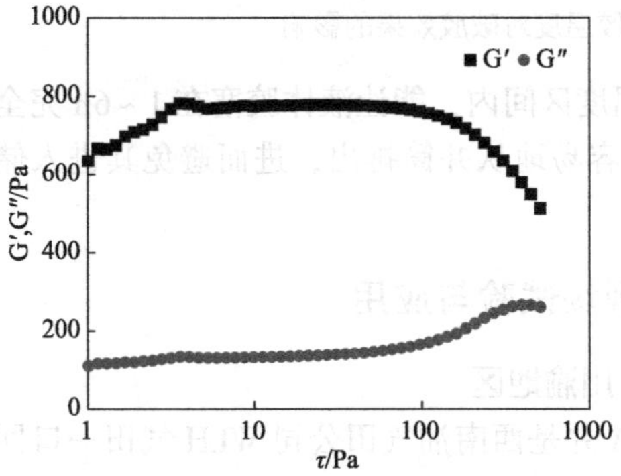

图 2 液体胶塞的黏弹性

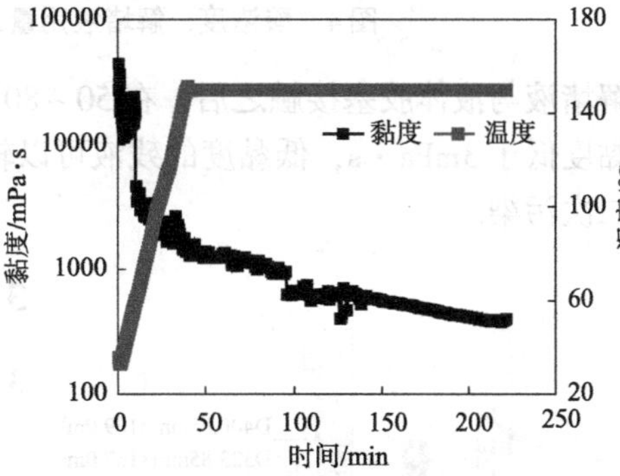

图 3 液体胶塞的耐温耐剪切性

液体胶塞的初始黏度大于 30000mPa · s，高黏度使得其在井筒中具有较好的封堵效果。在 150℃，170 s^{-1}的条件下高速剪切 4h，黏度仍然大于 400mPa · s，耐温耐剪切性能较好。

2.2.3 抗温稳定性测试

液体胶塞成胶之后在高温情况下的稳定性对其封堵性能起到关键作用，研究了不同温度条件下（70℃、100℃、120℃、140℃、150℃），不同老化时间之后（6h、12h、16h、20h、24h），液体胶塞的稳定性情况，液体胶塞在老化 6 ~ 24h 之后，均保持完好未破胶，说明液体胶塞的稳定性较好，能够适用于不同井温的修井作业。

2.3 液体胶塞破胶体系研发

针对常规胶塞彻底破胶难、破胶不可控等难题，结合酸类解堵液对植物胶凝胶多重破胶作用原理，研发了适用于液体胶塞的破胶体系。酸性破胶剂通过破坏半乳甘露聚糖的邻位顺式羟基与高价中心离子形成配位键而产生的交联空间网状结构，并抑制分子量在溶液中的伸展，氧化型破胶剂通过产生[O]氧化交联键和聚合物链，使缩醛键氧化降解。强酸性解堵液与氧化性解堵液这两种破胶体系均对植物胶形成的交联空间网状结构有着优异的破胶、降解效果，高温能起到促进作用，温度越高，效果越好。通过复配兼具强酸与氧化双重作用的解堵液对胶塞进行破胶，其中强酸不仅能够起到破胶的作用，也能够对井筒及近井地带的污染物进行溶解分散与清洗，解堵液中再加入少量的高效表面活性剂来起到助排作用。

在确定了利用酸性体系作为液体胶塞的破胶体系之后，研究了酸浓度对破胶效果的影响、解堵液用量对破胶效果的影响、破胶温度对破胶效果的影响。液体胶塞破胶部分占比实验结果如图4所示，从实验结果可以看出，破胶速度与酸浓度成正相关、破胶速度与解堵液用量成正相关、破胶速度与温度成正相关。

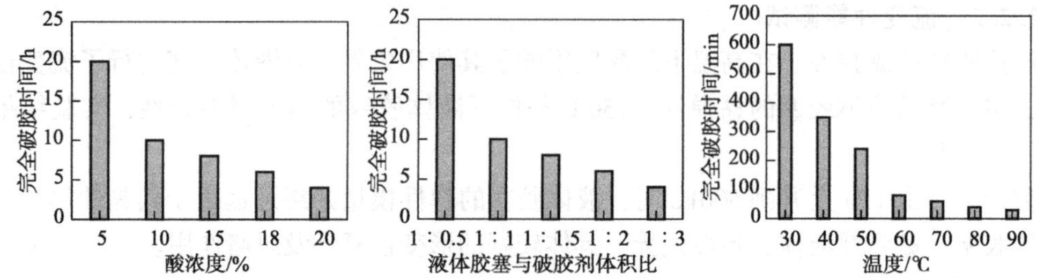

图4　酸浓度、解堵液用量、破胶温度对破胶效果的影响

解堵液与液体胶塞接触之后，在50～80℃温度区间内，能让液体胶塞在1～6h完全破胶至黏度低于3mPa·s，低黏度的残液可以较为容易地从井筒排出，进而避免其进入储层产生二次污染。

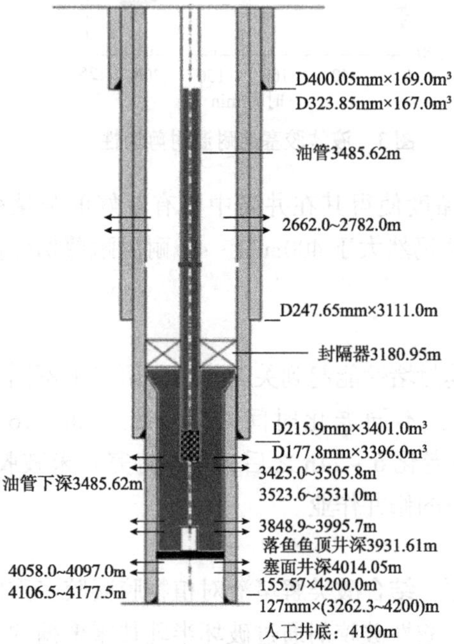

图5　A井暂堵压井后示意图

3　现场试验与应用

3.1　川渝地区

A井是西南油气田公司WLH气田一口回注井、伴生含硫气(硫化氢含量为约80mg/L)。本井修井目的是压井作业后，更换井下受损管柱，恢复回注能力。前期进行了两次常规压井作业(清水、固化水压井)，均未成功。决定采用液体胶塞进行暂堵压井(图5)。

压井方案设计为从油管正注液体胶塞32m³，套管反注液体胶塞14m³，一共注入液体胶塞46m³，泵注排量400～600L/min，成功对井筒进行了有效封堵，顺利完成了更换井内管柱施工，修井作业结束后，按方案注入92m³破胶液成功进行解堵，恢复了A井的回注能力。

在川渝地区的TLX储气库、ZB气田、YAC气田等多口低压气井，应用暂堵液体胶塞压井方式，成功完成了修井作业。

3.2 青海油田

SB 气田为第四系疏松砂岩气藏，属于低温低压亏空地层，地层出砂及漏失严重。SB 气田主要是针对漏失产层进行封堵，然后更换管柱，下工具串进行其他修井工序。要求液体胶塞不能堵油管/套管，需要在油管/套管之间建立供液循环，套管里面后续需要下工具串，且液体胶塞不能在套管壁残留；油管底部和产层距离一般在 15 ~ 30m，液体胶塞压井需要精准泵注。

B 井是 SB 气田一口地层压力系数极低(0.3)的生产井，该井计划实施调层，通过压井更换原有管柱，下桥塞封堵原生产层位，并射孔下完井管柱进行新层位的生产作业。前期分别进行了连续油管冲砂(遇阻)、常规冲砂(井漏)、化学解堵等作业均未复产。

针对 SB 气田和本口井的情况，对液体胶塞稠化剂浓度、交联剂浓度、交联助剂体系浓度等进行了优化，用 pH 值调节和控制液体胶塞的成胶时间。利用液体胶塞的高强度将油管喇叭口以下的原有产层进行封堵，液体胶塞成胶后的超高黏度(大于 30000mPa · s)在井底建立暂堵屏障，平衡常规压井液自身液柱压力高与井底压力超低之间的矛盾，液体胶塞封堵设计位置如图 6 所示。

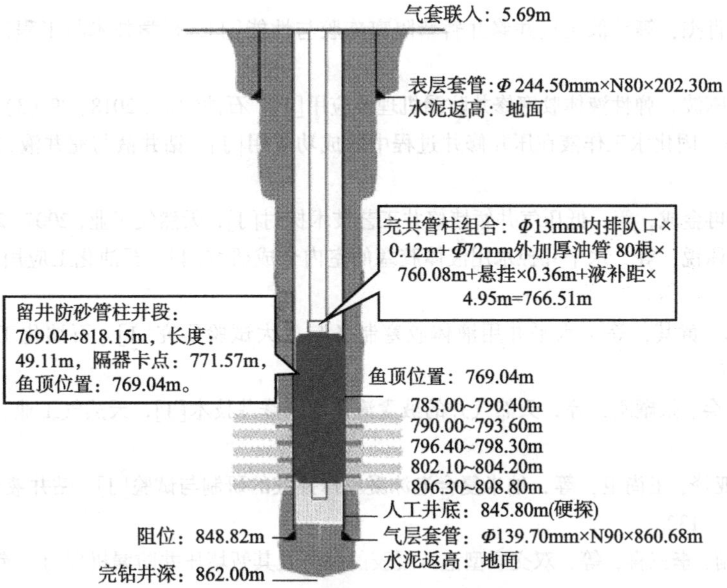

图 6　B 井暂堵压井后示意图

液体胶塞压井前，清水循环，漏失速度 3m³/h，关闭套管，从油管连续注入液体胶塞 2 次，第一次的 1.5m³，pH 值 9，排量 200L/min，黏度 100 ~ 150mPa · s，泵压为 0MPa；第二次的 1.5m³，pH 值 8，黏度 200 ~ 250mPa · s，排量 150 ~ 200L/min，泵压最高 15MPa。注入液体胶塞之后，顶替清水 2m³，将油管中液体胶塞全部顶出。候凝 1h，清水循环，无漏失，压井成功，顺利更换井口和起油管。

4　结论

(1)形成了适用于低压气井暂堵液体胶塞压井体系，成胶时间的可控可调范围为 28 ~ 200min，成胶后在 150℃老化 24h 不破胶；在 50 ~ 80℃温度区间内，解堵液能让液体胶塞在1~6h完全破胶至黏度低于3mPa·s。

(2)暂堵液体胶塞在西南油气田不同构造气田的多口低压气井进行了现场压井作业，效果优异，为修井作业成功提供了保障。

(3)针对青海油田SB气井的具体情况，优化调整了暂堵液体胶塞的相关参数，并在多口井现场成功压井作业。初步认为以下两种工况条件下比较适合：一是采气树出现特殊情况(关不住、打不开等)，使用液体胶塞对井筒进行暂堵；二是针对漏失特别严重的井，使用液体胶塞对产层进行封堵，从而实施修井作业。

(4)从川渝地区和青海油田低压气井暂堵液体胶塞的应用效果来看，成功解决了低压气井压井面临的问题，可以在低压气井修井作业中推广应用。

参考文献

[1]熊颖，刘友权，陈楠，等．可控交联暂堵压井胶塞研究与应用[J]．石油与天然气化工，2018，47(6)：55-58.

[2]邱玲，黄小军，黄贵存，等．低压气井液体胶塞暂堵技术研究及应用[J]．断块油气田，2011，18(3)：393-396.

[3]马超，张鑫，肖杰，等．低压气井修井暂堵隔离冻胶与性能[J]．科学技术与工程，2017，17(10)：177-180.

[4]贾虎，陈昊，陈波．弹性液体胶塞修井防漏机理及应用[J]．石油学报，2018，39(3)：349-355.

[5]贾虎，杨宪民．固化水工作液在压井修井过程中的成功应用[J]．钻井液与完井液，2007，24(S1)：115-120.

[6]杨健，骆进，冉金成，等．低压气井暂堵修井工艺技术探讨[J]．天然气工业，2007，27(5)：81-84.

[7]刘音，常青，谭锐，等．水平井控水用液体胶塞的室内合成研究[J]．石油化工应用，2015，34(8)：97-100.

[8]李欣，杨东海，黄其，等．水平井用液体胶塞制备与放大试验研究[J]．石油化工应用，2017，36(10)：24-27.

[9]王金凤，郑力会，张耀刚，等．天然气井的绒囊流体活塞修井技术[J]．天然气工业，2015，35(12)：53-57.

[10]罗有刚，巨亚峰，王尚卫，等．纳米复合泡沫凝胶修井液的研制与试验[J]．钻井液与完井液，2020，37(1)：127-132.

[11]贾虎，杨欣雨，李三喜，等．双交联型泡沫凝胶的制备及其暂堵压井防漏机理[J]．钻井液与完井液，2019，36(3)：384-390.

[12]李圆．淀粉接枝共聚丙烯酰胺聚合物凝胶体系的研究与应用[D]．北京：中国地质大学(北京)，2018.

[13]王玉功，任雁鹏，李勇，等．酸性堵水剂DQ-3的实验研究[J]．石油化工高等学校学报，2011，24(5)：56-59

[14]胡成亮，何丕祥，蒋官澄，等．修井作业自降解防漏堵漏体系[J]．石油学报，2016，37(2)：150-157.

[15]汪成，林梅钦，李明远，等．LWZ强凝胶压井液的室内评价[J]．石油化工高等学校学报，2012，25(6)：39-43.

[16]李金禹 刘向斌 王国峰，等．大庆CO_2驱自破胶可承压液体胶塞体系研究[J]．采油工程文集，2018，(2)：42-44.

[17]杨洪志，朱建峰，管保山，等．植物胶液体胶塞CQTD-95及其暂堵技术研究[J]．油田化学，1998，

(3): 224 - 227.

[18] Alhashim H. W., Wang J., Al Sofi, A. M., &Kaidar, Z. F. (2018, March26). Gelation Time Optimization of an Organically Crosslinked Polyacrylamide Gel System for In - Depth Fluid Diversion Applications. Society of Petroleum Engineers.

[19] Al - Muntasheri G A, Sierra L, Garzon F, et al. Water shut - off with polymer gels in a high temperature horizontal gas well: a success story[C]// SPE Improved Oil Recovery Symposium, Tulsa, Oklahoma, 2010, SPE 129848.

[20] Boul P J, Ye A, Pang X, et al. Nanosilica - based conformance gels[C]// SPE European Formation Damage Conference and Exhibition, Oklahoma, 2015, SPE - 174265 - MS.

[21] Brattekås B, Graue A, Seright R S. Low - salinity chase waterfloods improve performance of Cr (Ⅲ) - acetate hydrolyzed polyacrylamide gel in fractured cores[J]. SPE Reservoir Evaluation & Engineering, 2016, 19(2): 331 - 339.

[22] Jayakumar S, Lane R H. Delayed crosslink polymer gel system for water shutoff in conventional and unconventional oil and gas reservoirs[C]// SPE International Conference on Oilfield Chemistry, Oklahoma, 2013, SPE - 164046 - MS.

[23] Gramain P, Borreill J. Influence of molecular weight and molecular structure of polystyrenes on turbulent drag reduction[J]. Rheologica Acta. 1978, 17(17): 303 - 311.

[24] Mumick P S, Welch P M, Salazar L C, et al. Water - soluble copolymers. 56. Structure and solvation effects of polyampholytes in drag reduction[J]. Macromolecules. 1994, 27(2): 323 - 331.

[25] Mccormick C L, Hester R D, Morgan S E, et al. Water - soluble copolymers. 31. Effects of molecular parameters, solvation, and polymer associations on drag reduction performance[J]. Macromolecules. 1990, 23(8): 2132 - 2139.

[26] Abdulbari H A, Shabirin A, Abdurrahman H N. Bio - polymers for improving liquid flow in pipelines—A review and future work opportunities[J]. Journal of Industrial & Engineering Chemistry. 2014, 20(4): 1157 - 1170.

页岩气井单段产气贡献主控因素定量判别方法研究

胡航[1]　邵莎睿[2]　陈智勇[1]　杨立成[1]

(1. 中国石油西南油气田分公司重庆气矿；2. 中国石油西南油气田分公司页岩气研究院)

摘　要：近年来，分段多级水力压裂技术已成为有效开采页岩气的主要技术，然而不同压裂段之间的产气量存在差异，因此量化产气量的主控因素是必不可缺的。选择川南一口深层页岩气井，基于分布式光纤测井数据，采用分级模糊综合评价法和建立了综合评价指标体系，确定了主控因素。结果表明，上述方法计算得到的每个压裂段的产气量贡献率与实际测量结果高度一致。储层物性对产气量影响最大。通过增加簇数、排量、加砂强度和用液强度可以促进复杂缝网形成，提高生产潜力。考虑到分段长度对产气量的贡献较低，对于地质条件稍差的井段，可以适当增加分段长度，以达到成本效益和增产效果的平衡点。本研究为优化页岩气的压裂设计和提高单井产量提供了可靠的依据。

关键词：页岩气；分布式光纤监测；生产测井；产气剖面

随着对清洁能源需求的不断增加，页岩气储层有望在未来成为满足全球需求的重要角色。四川盆地的页岩气资源丰富，在上奥陶统五峰组—下志留统龙马溪组海相页岩先后发现了长宁、涪陵、威远、威荣等多个页岩气田。十余年的探索实践深化了储层认识，提高了水平钻井和水力压裂技术，目前在3500m以浅页岩气层中，开发技术已成熟，形成了威远—长宁—昭通国家级页岩气示范区，实现了中浅层页岩气的大规模工业化开发。深层页岩气是我国页岩气开发的重要接替领域，加大其勘探开发力度对于保障国家能源安全具有重要的战略意义。页岩气的生产能力受多种因素的影响，同一区块内单井的EUR有所不同，甚至不同的压裂段的产量也有差异。国内外学者在页岩气产能主控因素分析和产能预测模型建立方面做了大量的研究工作，但针对深层页岩气方面的研究有所欠缺，目前还缺乏对非均匀产量控制因素的定量评价的系统研究。因此，阐明产气量差异的原因、量化主要控制因素，对于深化地质认识、优化开发方案和提高单井产量具有重要意义。

为了研究产气量差异的机理，本文选择连续油管光纤产气剖面测井技术，获取川南一口深层页岩气井的产气剖面，然后从地质及工程两方面对产气量差异的影响进行了单因素的分析。接着运用层次分析法和模糊综合评价相结合的方法，量化并确立了主要控制因素，基于此建立了产能的动态评价模型。

1　基于分布式光纤的产剖监测结果

选取四川盆地吴家坪组的X井作为研究对象，该井部署在WS段4小层和5小层，水平井段分布在5654～4530m的深度范围内，长度为1500m，共分为25个压裂段。现场实

第一作者简介：胡航(1995—)，男，重庆，中国石油西南油气田分公司重庆气矿，工程师，主要从事页岩气勘探开发方面的研究工作。E－mail：huhang_cq@ petrochina. com. cn。

施过程中，由于连油光纤下入至5554m时遇阻，上下反复尝试，无法通过，光纤未下入井底。因此在5554m进行测试，5554m以下射孔段，即井段4534～5551m，共1017m作合并监测处理，共监测18段零3簇(第8段第6簇至25全段)。将第1段到第8段的前5簇，即井段5557.5～5980.5m，共423m合并监测处理。如图1所示，改变该井的生产制度，分别在三个工作制度下，测试井筒的温度、声音分布变化情况，结合井口产出的计量结果，从而求取各生产层段的产出参数。生产制度1采用6mm油嘴，测试时间12h，平均产气9.1m^3/d，平均产水30.96m^3/d；生产制度2采用8mm油嘴，测试时间29h，平均产气14m^3/d，平均产水59.28m^3/d；关井工作制度实际测试时间为10h。两个工作制度下，全井没有明显的差异，但生产制度2随着产量的升高跟部的产量有明显的升高的趋势。

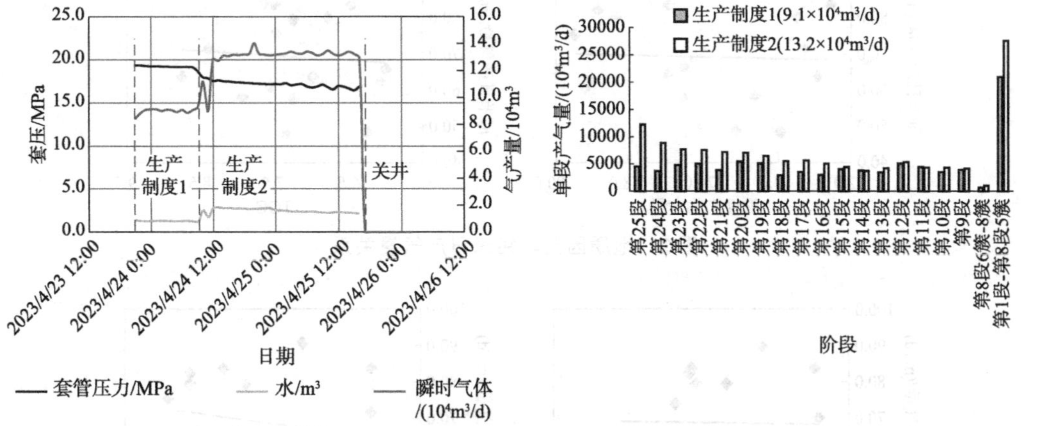

图1　X井光纤测试生产数据及产剖测试结果

2　非均匀产气剖面影响单因素分析

为了探明每个压裂段产量差异的原因，本文基于生产制度1的产气剖面结果，首先从地质特征和工程参数两方面与产气量的相关性进行了详细的单因素对比分析。

2.1　地质特征

在油藏静态物性地质参数方面，5小层与4小层TOC及含气量差异较小；5小层孔隙度及脆性矿物低于4小层，4小层中部孔隙度最高；根据多级裂缝刻画结果认为第16～25段天然裂缝较为发育。

如图2所示，可以看到含气量和孔隙度与每米产气量的正相关性很强，相较而言，TOC及脆性矿物含量与每米产气量虽然呈正相关，但相关性并不明显。通常认为，天然裂缝对页岩气的产量存在一定的影响，因此部分段产气量与其他参数的相关性可能受到一定干扰。

2.2　工程因素

在压裂施工参数中，用液强度及加砂强度与每米产气量的相关性较强；施工排量与每米产气量的相关性较弱；支撑剂整体与每米产气量没有明显的相关性，但支撑剂中陶粒的用量与每米产气量呈现出一定的正相关关系，而石英砂与之相反(图3)。

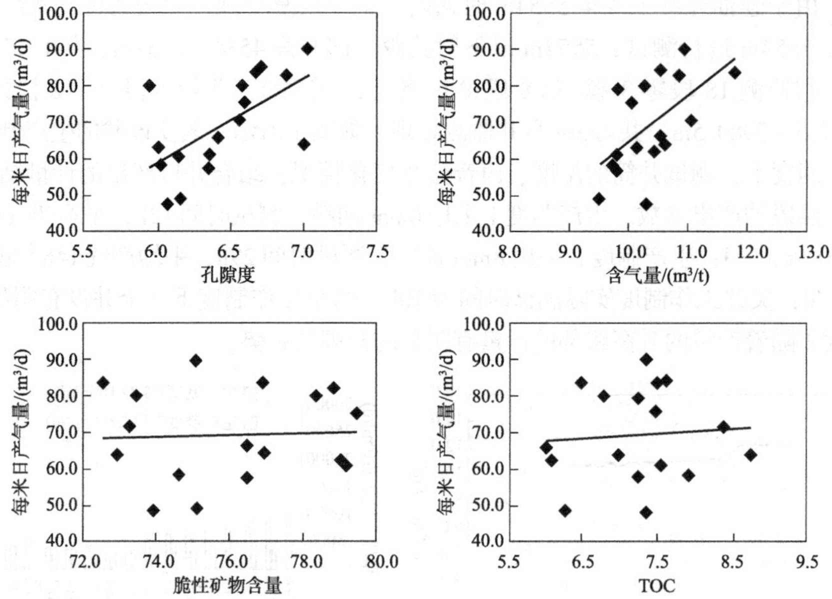

图 2　地质因素与每米日产气量关系

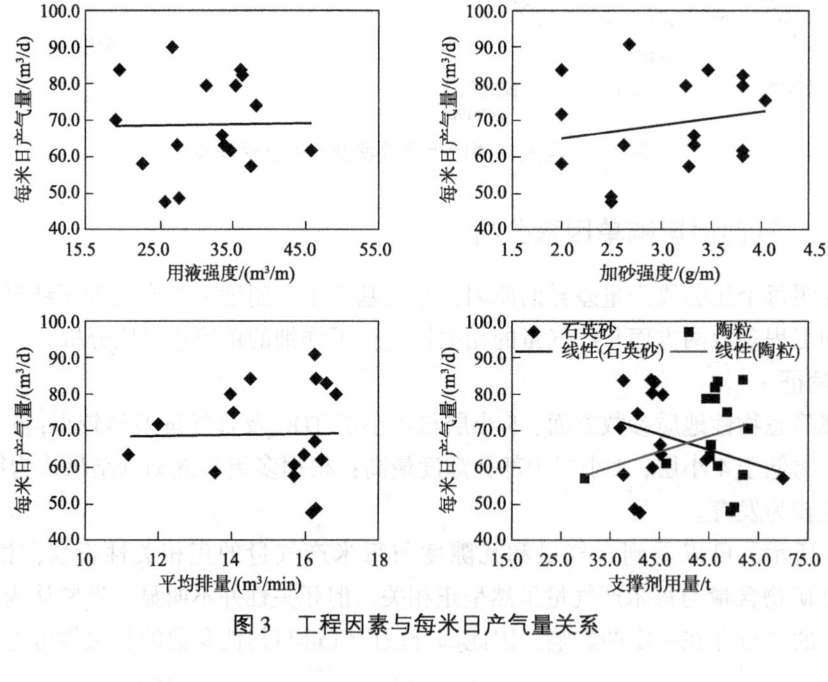

图 3　工程因素与每米日产气量关系

3　基于 AHP－模糊综合评价法的模型构建及分析

影响页岩气产气量的因素众多，从以上分析可以看出，各种因素对产气量的制约程度不同，单因素分析无法全面综合评价各因素对产气贡献的相对影响程度。为明确产能的主控因素，本文基于 AHP－模糊综合评价法，对地质工程因素进行分类、分级，从而建立产气贡献主控因素的综合评价指标体系。

3.1 分析方法

模糊综合评价法是一种多因素量化评价方法，通过计算主控因素矩阵确定的综合评价值与目标矩阵的拟合趋势、相关系数和误差值，确定各个主控因素对产气量的权重矩阵。计算权重矩阵通常使用最小二乘估计法、专家评价法和层次分析法(AHP)等。AHP是在建立有序阶递指标体系的基础上，通过比较同一层次各指标的相对重要性来综合计算指标的权重系数法，适用于多准则、多目标的复杂问题的权重计算及决策分析，在目标结构较为复杂且缺乏统计数据的情况下更为实用。考虑到AHP相对于其他方法而言可以更准确地确定每个因素的重要程度，得到的结果也更为可靠，本文因此采用此方法进行研究。

3.2 评价模型建立

一级指标分为地质因素与工程因素，其中地质因素细分为储层静态物性参数、岩石力学性质及地应力特征共三个指标，工程因素细分为压裂参数及井眼光滑性共两个指标。然后将二级指标进行更细的划分。储层静态物性参数考虑总含气量、TOC、孔隙度、脆性矿物含量及电阻率五个三级指标；岩石力学考虑杨氏模量及泊松比两个三级指标；地应力特征考虑最小水平主应力及水平应力差两个指标。压裂参数考虑用液强度、加砂强度、施工排量、段长、簇间距、石英砂用量及陶粒用量等七个指标。最后得到的指标体系如图4所示。

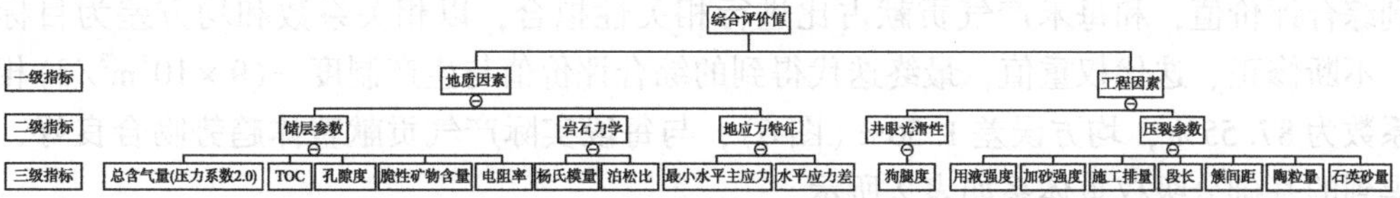

图4 多因素综合评价指标体系

3.3 判断矩阵构建与权重确定

因三级评价指标间存在量纲、数量级的差异，所以首先将指标进行无量纲化，并归一化至[0-1]区间。然后利用隶属函数确定各指标归一化特征值，即根据实际指标类型，把各影响参数分为效益型和成本型的半梯形分布。其中效益型表示指标值越大对综合评价值的贡献越大，确定这类指标的归一化值需要选用升半梯形分布；成本型表示指标值越小对综合评价值的贡献越大，确定这类指标的归一化值需要选用降半梯形分布，通过两种分布模式可建立评价体系的指标因素集，并进行归一化计算，从而确定各指标归一化特征值。

本文基于单因素相关性分析及川南页岩气压裂参数优化相关研究的结果，结合本井各因素取值范围，对地质及工程评价指标进行了分类，具体分类见表1。

表1 地质及工程评价指标分类表

地质影响因素			工程影响因素		
评价指标	取值范围	指标类型	评价指标	取值范围	指标类型
TOC含量/%	6.0~9.4	效益型	分段段长/m	50~60	成本型
总含气量/(t/m^3)	9.2~11.8	效益型	簇间距/m	6.88~10	成本型
孔隙度/%	5.7~7.0	效益型	狗腿度/(°/30m)	0.32~1.88	成本型
脆性矿物含量/%	70.3~80.1	效益型	石英砂占比/%	37~77	成本型
杨氏模量/GPa	27.18~36.02	效益型	陶粒占比/%	23~63	效益型

续表

地质影响因素			工程影响因素		
评价指标	取值范围	指标类型	评价指标	取值范围	指标类型
泊松比	0.23～0.29	成本型	用液强度/(m^3/m)	19.4～46.3	效益型
水平应力差/MPa	16～17.6	成本型	加砂强度/(t/m)	1.85～4.08	效益型
电阻率/(Ω·m)	77.28～402.62	效益型	平均排量/(m^3/min)	11.2～17.1	效益型

在层次结构中按照九标度法获取各因素间相对重要性程度的定量化数值。对于从属于(或影响)上一层的每个因素的同一层诸因素进行两两比较，比较其对于准则的重要程度，并按事前规定的标度定量化，构成矩阵形式，即判断矩阵。计算出所需的判断矩阵后，接着对得到的判断矩阵中权重向量进行分别计算。通常来讲，计算权重的方法有几何平均法、算数平均法、特征向量法、最小二乘法。本文采用几何平均法求解权重向量。

3.4 综合评价模型建立及迭代优化

按照图5所示流程，根据上述各层次权重计算结果，建立综合评价模型并优化权重体系，即分别用每一级指标的归一化数值乘以对应权重，依次从下往上计算各级指标并最终得到综合评价值，和每米产气贡献占比进行相关性拟合，以相关系数和均方差为目标函数，不断修正、迭代权重值，最终迭代得到的综合评价值与生产制度一($9\times10^4m^3/d$)相关性系数为87.55%，均方误差1.50%(图6)，与每段实际产气贡献整体趋势吻合良好，计算得到的基础分级权重体系如表2所示。

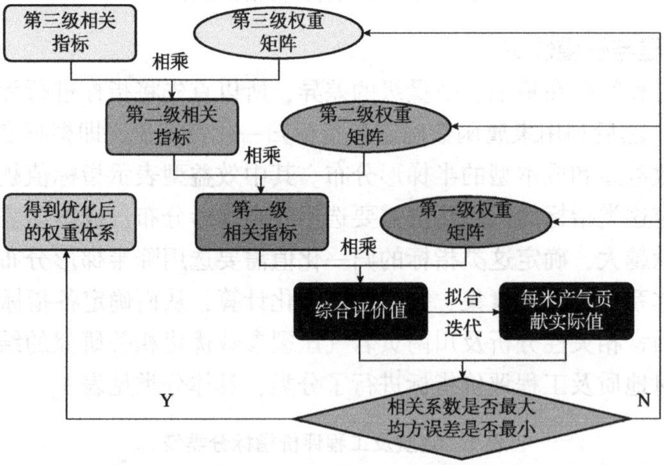

图5 多因素综合评价流程图

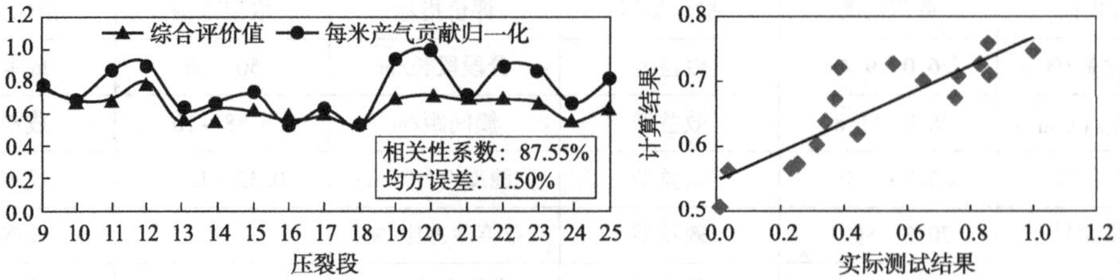

图6 综合评价结果与实际产气测试结果对比图

表2 基础分级权重体系

一级主控因素	权重	二级主控因素	权重	三级主控因素	权重
地质	0.598	储层参数	0.748	总含气量	0.124
				TOC	0.087
				孔隙度	0.582
				脆性矿物含量	0.084
				电阻率	0.124
		岩石力学	0.061	杨氏模量	0.099
				泊松比	0.901
		地应力特征	0.191	最小水平主应力	0.100
				水平应力差	0.900
工程	0.402	井眼光滑性	0.10	狗腿度	1
		压裂参数	0.90	用液强度	0.052
				加砂强度	0.101
				施工排量	0.290
				段长	0.054
				簇间距	0.380
				陶粒占比	0.116
				石英砂占比	0.007

4 结论

(1)基于AHP-模糊综合评价法的主控因素量化结果表明，吴家坪组地质因素比工程因素对产气贡献的影响更大。其中地质因素中排前三的影响因素分别是孔隙度、含气量以及TOC，而工程因素中簇间距、施工排量、支撑剂类型尤其是陶粒的用量及加砂强度的影响较为突出。

(2)对于具有高质量地质条件的井段，在不引起簇间干扰导致非均衡起裂及扩展的前提下，可以通过适当增加簇数、提高排量及加砂强度来实现复杂裂缝网络，而提高支撑剂中陶粒的占比可保证深层页岩气井高应力差条件下裂缝的导流能力，从而进一步提高生产潜力。考虑到分段长度对产气量的贡献较低，对于地质条件稍差的井段，可以适当增加分段长度，以达到成本效益和增产效果的平衡点。

参考文献

[1]王红岩，周尚文，赵群，等．川南地区深层页岩气富集特征、勘探开发进展及展望[J]．石油与天然气地质，2023，44(06)：1430-1441.

[2]陈帅，李波波，张尧，等．页岩气储层微观渗流机理研究[J]．中国科学：技术科学，2021，51(05)：580-590.

[3]邹才能，董大忠，熊伟，等．中国页岩气新区带、新层系和新类型勘探进展、挑战及对策[J]．石油

与天然气地质，2024，45(02)：309－326.
[4]何骁，陈更生，吴建发，等．四川盆地南部地区深层页岩气勘探开发新进展与挑战[J]．天然气工业，2022，42(08)：24－34.
[5]马新华，谢军．川南地区页岩气勘探开发进展及发展前景[J]．石油勘探与开发，2018，45(01)：161－169.
[6]张金川，陶佳，李振，等．中国深层页岩气资源前景和勘探潜力[J]．天然气工业，2021，41(01)：15－28.
[7]云露，高玉巧，高全芳．渝东南地区常压页岩气勘探开发进展及下步攻关方向[J]．石油实验地质，2023，45(06)：1078－1088.
[8]姜鹏飞，吴建发，朱逸青，等．四川盆地海相页岩气富集条件及勘探开发有利区[J]．石油学报，2023，44(01)：91－109.
[9]谢军，鲜成钢，吴建发，等．长宁国家级页岩气示范区地质工程一体化最优化关键要素实践与认识[J]．中国石油勘探，2019，24(02)：174－185.
[10]何骁，陈更生，吴建发，等．四川盆地南部地区深层页岩气勘探开发新进展与挑战[J]．天然气工业，2022，42(08)：24－34.
[11]杨洪志，赵圣贤，刘勇，等．泸州区块深层页岩气富集高产主控因素[J]．天然气工业，2019，39(11)：55－63.
[12]郭旭升，胡东风，魏祥峰，等．四川盆地焦石坝地区页岩裂缝发育主控因素及对产能的影响[J]．石油与天然气地质，2016，37(6)：799－808.
[13]张艳玉，胡航，杨鹏，等．基于层次分析法和模糊综合评判法的樊162区块氮气泡沫调驱参数优化研究[J]．河南理工大学学报(自然科学版)，2020，39(05)：1－9.
[14]任垒，窦斌，刘国良，等．基于模糊综合评价法的四川盆地下侏罗统陆相页岩气地质选区[J]．石油天然气学报，2012，34(09)：177－180＋3.
[15]赖富强，刘粤蛟，张海杰，等．基于数字岩心模拟的深层页岩气储层可压性评价模型[J]．中国石油大学学报(自然科学版)，2022，46(05)：1－11.
[16]张冲，夏富国，夏玉琴，等．基于层次分析法的致密砂岩储层可压性综合评价[J]．钻采工艺，2021，44(01)：61－64.
[17]丛平，闫建平，井翠，等．页岩气储层可压裂性级别测井评价及展布特征——以川南X地区五峰组—龙马溪组为例[J]．岩性油气藏，2021，33(03)：177－188.
[18]邓雪，李家铭，曾浩健，等．层次分析法权重计算方法分析及其应用研究[J]．数学的实践与认识，2012，42(07)：93－100.
[19]王光付，李凤霞，王海波，等．四川盆地不同类型页岩气压裂难点和对策[J]．石油与天然气地质，2023，44(06)：1378－1392.
[20]蒋廷学，卞晓冰，孙川翔，等．深层页岩气地质工程一体化体积压裂关键技术及应用[J]．地球科学，2023，48(01)：1－13.
[21]檀朝东，贺甲元，周彤，等．基于PCA－BNN的页岩气压裂施工参数优化[J]．西南石油大学学报(自然科学版)，2020，42(06)：56－62.

油田井筒清防蜡防腐工艺及效果评价

陈学辉　曹艳丽　曹秀云　潘彬

（中国石油玉门油田公司采油工艺研究院）

摘　要：随着油田开发程度的不断加深，油井含水不断上升，管杆结蜡、腐蚀现象日益严重，引起的检泵占比逐年升高，影响油井的正常生产。因此通过室内实验分析和现场试验应用，对本油田井筒各种清防蜡和防腐技术的效果进行了评价和分析，得出通过技术的合理应用，可以有效延长油井的生产时效，降低油井维护成本。

关键词：井筒；清防蜡；防腐；评价分析

玉门油田已开发85年，大部分油井进入中高含水、高采出程度后期开发阶段。油藏原油表现为含蜡量高、胶质含量高、凝固点高、黏度高、矿化度升高等特点，生产过程中，原油在井筒中流动速度慢，温度下降至析蜡点，蜡从原油中析出沉积在杆、管上，致使清蜡周期缩短，抽油机负荷加大，出现抽油杆断脱、停机时间过长泵不易启动等现象。同时溶解在水中的二氧化碳、氧气等气体，对杆管具有一定的腐蚀作用，大大增加了油井维护成本，因此，做好油井井筒清防蜡防腐是保证油井正常生产的一项重要技术措施。

1　井筒清防蜡工艺技术

1.1　油井结蜡原因

影响油井结蜡的因素主要有两个方面：一是原油本身性质的影响，即原油中蜡、胶质、沥青质含量以及碳链分布不同所致；二是外部因素的影响，包括结蜡温度、流速、含水、时间等条件的变化。原油性质一般不会短期内发生较大变化，而外部因素的改变往往会在短期内造成油井结蜡发生改变。

1.2　清防蜡工艺体系

玉门油田原油含蜡量较高（14.4%），胶质含量高（23.6%），析蜡温度高（平均30.5℃），井筒结蜡严重。通过多年探索试验，逐步形成了“以防为主，以清为辅，清防结合”的清防蜡技术体系（表1）。

第一作者简介：陈学辉（1988—），男，甘肃酒泉，中国石油玉门油田采油工艺研究院，中级工程师，主要从事采油工艺及配套技术研究，甘肃省酒泉市肃州区玉门油田采油工艺研究院。E－mail：gsjqcxh@ sina. com。

表1　油田清防蜡工艺体系

技术类别	工艺名称	备注	技术优势
主体技术	机械清蜡	自喷井主体清蜡技术	操作简便，成本低
	水基防蜡	机采井（主体防蜡技术+自动加药装置）	操作简便，技术成熟
	注塑刮蜡杆	机采井	入井液量小，占产少
	提泵正洗	机采井	入井液量小，占产少
辅助技术	反洗	机采井	管理维护简便、成本高
	合金防蜡器	机采井	管理维护简便，成本低
试验就技术	空杆正洗	机采井	管理维护简便

1.2.1　特种合金防蜡器

特种合金防蜡器通过电化学作用改变蜡分子的电子结构进而改变蜡晶的团聚行为，有效抑制和减缓蜡凝结成块，促使析出的蜡以微小晶体形态悬浮在液体中并随液体流动，因此有效防止和延缓蜡在管壁、抽油杆上的凝结，从而延长油井的维护作业周期。从现场生产中可以得出其防蜡效果与入井时间有明显负相关，但均未达到额定防蜡周期，后期若要做好激活工作，还要投入较高成本。

1.2.2　自研水基防蜡剂

从蜡晶改进剂、石蜡分散剂、表面活性剂、降黏剂四个方面进行室内试验（图1～图4），将筛选结果建立正交实验，如表2所示，8#配方防蜡效果最好，防蜡率达到了72%、降黏率55%，因此选定8#防蜡剂配方作为水基防蜡剂实验配方，具体是：42%蜡晶改进剂A1+21%石蜡分散剂S2+5%表面活性剂B2+32%降黏剂JN－3（表2）。

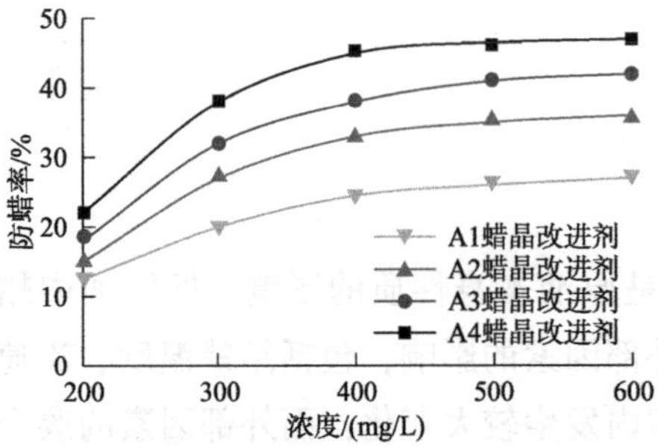

图1　防蜡率－蜡晶改进剂浓度关系（A4）

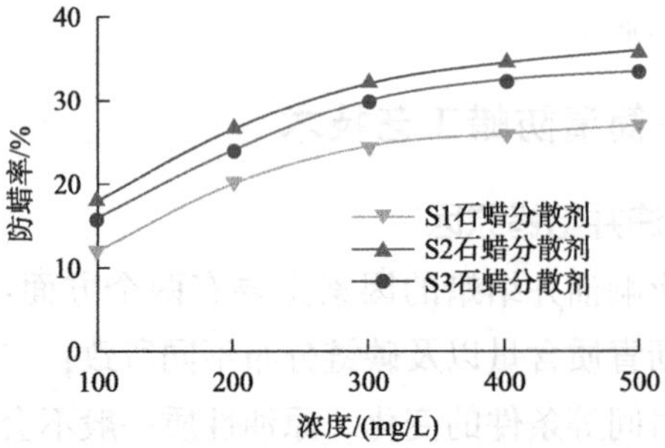

图2　防蜡率－石蜡分散剂浓度关系（S2）

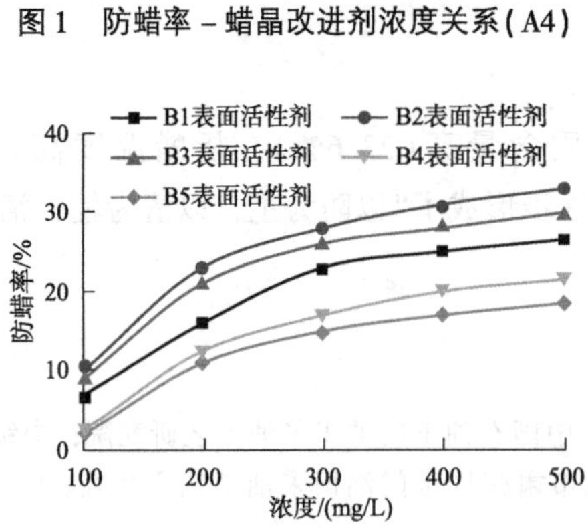

图3　防蜡率－表面活性剂浓度关系（B2）

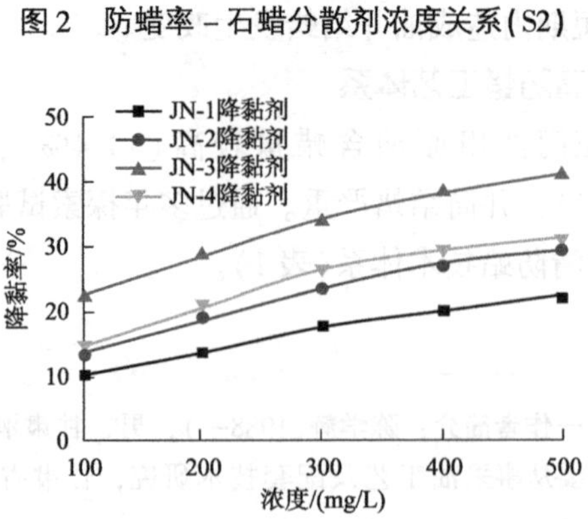

图4　降黏率－降黏剂浓度关系（JN－3）

表2 正交防蜡实验结果表

试验号	A1	S2	JN-3	防蜡剂加入量/(mg/L)	防蜡率/%	降黏率/%
1	100	50	50	255	38.87	21.92
2	100	100	100	350	42.65	38.28
3	100	150	150	500	49.26	53.84
4	150	50	150	400	40.98	52.19
5	150	100	50	400	53.60	28.61
6	150	150	100	425	48.24	39.45
7	200	50	100	450	49.37	48.34
8	200	100	150	475	72.16	55.66
9	200	150	50	450	74.42	29.78

1.2.3 应底部固定杆式泵提泵正洗井

在全面推广应用底部固定深井杆式泵的基础上，全面实现了深井泵的多次提卸解封和下放坐封(保证正常工作)，为正洗井作业提供了基础保障。与此同时，完善了三项配套措施，一是井口配套12m加长光杆实现不卸盘根盒直接拔泵，密闭洗井作业；二是形成正洗循环、反排通道，降低作业压力、实现管线一体化吹扫；三是更换泵密封处材质为不锈钢材质，避免因多次拔泵、座泵造成的漏失(图5)。

图5 提泵正洗流程

1.2.4 空心抽油杆循环热洗工艺

空心抽油杆油管内循环热洗清蜡工艺利用空心抽油杆的独立通道，注入热洗融蜡介质后，经底部单向流通阀，建立正循环，从油管返出，从而达到清蜡排蜡的目的。改善了目前反洗作业时用油量大，返排时间长等造成的油井生产时率较低的问题，并避免以往因地层压力较低而造成的地层漏失，储层污染及油井蜡卡后无法清蜡解卡的突出矛盾。

1.2.5 注塑刮蜡杆清防蜡工艺

注塑刮蜡杆在随抽油机上下运动中，可刮擦油管内壁，并自动旋转，实现对油管内壁清蜡、除垢作用，用物理方法代替化学方法的清蜡、除垢过程能有效避免对油层以及周边环境的污染。同时扶正器的扶正作用，减少刮蜡器与油管内壁的磨损。

2 井筒防腐工艺技术

2.1 影响油管腐蚀的因素

油井管柱的腐蚀主要是指油管与井内产出流体直接接触所引起的腐蚀现象。油井油套管内壁管柱的腐蚀不可避免，腐蚀程度的不同。腐蚀严重与否，主要与油管生产的流体性质有关，常见的影响因素主要为腐蚀性气体含量、油管材料、产出水水质、温度、压力。

2.2 防腐工艺体系

以满足油田低成本高效开发的要求为前提，在分析研究油井腐蚀规律及主控因素的基础上，研发低成本防腐药剂，同时开展涂层杆柱防腐评价，实现化学防腐、机械物理防腐相结合的措施对策节约成本，提高油井防腐效果。

2.2.1 自研金属缓释剂

室内配置合成了一种酰胺基的金属缓蚀剂，为了评估其缓蚀性能，采用了旋转挂片腐蚀测试仪，对三种不同的药剂体系进行了动态腐蚀测试。实验中，我们使用了模拟盐水，其矿化度为60000mg/L，氯离子浓度为50000mg/L，硫酸根离子浓度为4000mg/L，选用了N80 钢质试片，在75℃的温度和60 转每分钟的转速下进行了72 小时的测试，包括动态和静态腐蚀实验。

实验结果表明：空白样平均腐蚀速率达到0.239mm/a，使用602 高温缓蚀剂平均腐蚀速率降为0.072mm/a，使用IMC506，缓蚀剂平均腐蚀速率降为0.072mm/a，使用IMC506 缓蚀剂平均腐蚀速率降为0.066mm/a，使用自研缓蚀剂平均腐蚀速率降为0.059mm/a，从上述实验结果来看，3 类药剂都满组防腐工艺评价标准(≤平均腐蚀速率降为0.076mm/a)，特别是自研缓蚀剂缓蚀率达到74.9%，适合该区块井筒的防腐，表现出更高的缓蚀效率，满足油田需求(图6 和表3)。

图6 不加缓蚀剂与加入缓蚀剂钢片腐蚀情况宏观与显微镜50μm 对比图

表3 缓蚀剂(CO_2、盐水腐蚀)缓蚀实验

型号	加剂量/(mg/L)	钢片编号	实验前重量/g	时间/h	腐蚀速率/(mm/a)	平均腐蚀速率/(mm/a)	缓蚀率/%
—	空白	010	22.31	72	0.232	0.239	—
		017	22.11	72	0.238		
		035	22.14	72	0.245		
		037	22.07	72	0.241		

续表

型号	加剂量/(mg/L)	钢片编号	实验前重量/g	时间/h	腐蚀速率/(mm/a)	平均腐蚀速率/(mm/a)	缓蚀率/%
602 高温缓蚀剂	1000	317	22.15	72	0.063	0.072	69.87
		323	22.24	72	0.079		
		324	22.05	72	0.075		
IMC506 缓蚀剂	1000	374	22.07	72	0.064	0.066	72.38
		377	21.93	72	0.067		
		388	22.13	72	0.068		
自研缓蚀剂	1000	359	22.22	72	0.064	0.059	74.90
		373	22.25	72	0.056		
		088	22.16	72	0.061		

2.2.2 MFD 涂层型防腐抽油杆

迈珐盾 MFD 系列涂料是一种新型带锈防腐涂料，可直接涂装在任何锈层厚度的带锈钢铁表面，其渗透力强于水，能迅速渗入锈层底部将锈层内空气及水分排出，松多孔的锈层封闭成致密钝化层，杜绝了空气及水分再渗入。其涂层附着力为 1 级，耐腐蚀时间长，不含甲醛、不含苯，低 VOC 挥发，并且能够耐受 200℃高温、能在 pH 值为 3 ~ 13 的环境中使用(表 4)。

表 4　MFAC – ZD 涂层与常规涂料对比

对比项目	MFAC 重防腐涂层	树脂类涂层
耐酸雾时长	2500 小时	一般不超过 800 小时
喷涂温度要求	–5 ~ 40℃	5 ~ 40℃
耐受温度	200℃以下	无法耐受高温
附着力	1 级	2 级
耐酸碱范围	pH 值 3 ~ 13	pH 值 3 ~ 12.5
环保因素	高固含量，不含苯	低固含量

3　井筒清防蜡防腐工艺应用效果及评价

3.1　主体清防蜡工艺应用效果

3.1.1　提泵正洗应用效果

通过应用底部固定泵，使得起泵解封和下泵坐封均易于实现，且密封性能较好，有效解决了以往提泵困难的问题。单井单次热洗用油从以前的 60m³ 下降至 20m³，平均洗井周期从 45 天延长至 60 天。平均单次作业可节约热洗原油 40m³，且单次作业时长仅 2h(常规反洗作业时长为 4h)，提泵正洗后油井载荷差下降明显，且效用周期显著增长。此外，该工艺不存在地层漏失污染风险，反排占产影响仅为常规反洗的 1/5，大大提升了生产时率。

3.1.2 注塑刮蜡杆应用效果评价

(1)适用井况。

适用于原油黏度在200mPa·s以下，不适用于稠油井；

适用于出砂量小于2‰的油井，不适合狗腿度、斜度大的井。

(2)应用效果。

早期在YK1－12等3口井开展了机械刮蜡工艺试验，已正常生产400天以上，期间未进行维护措施，均延长2.5个热洗清蜡周期(60天)，检泵周期也适当延长。目前在油田中深井全部实施，热洗清蜡周期均延长2个，估算单井每年控本增效7万元，年节约300万以上。

3.1.3 水基防蜡剂应用效果评价

(1)试验效果。

2023年在15口井上开展水基防蜡剂试验，截至2023年年底，试验井生产平稳，功图载荷降低、维护措施由60天延长至159天，期间样检测4次(8月20日、9月26日、11月9日、12月18日)，防蜡率70.92%、降黏率61.93%，达到石油天然气行业标准SY/T 6300—2009要求(图7)。

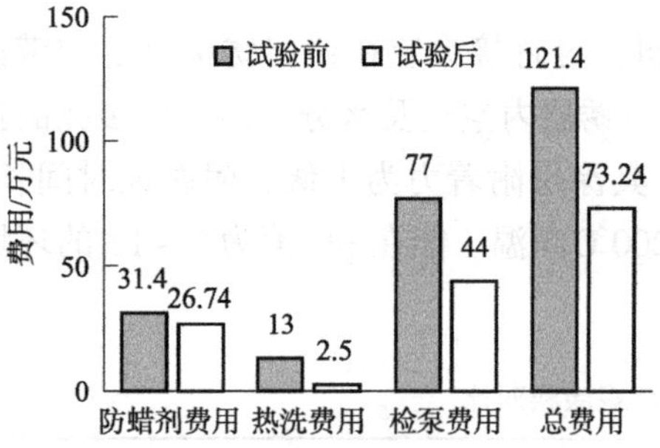

图7 试验前后措施费用对比图

(2)效益评价。

现场应用15口井，药剂价格由2.30万元/吨降低为1.94万元/吨，药剂费用减少4.66万元。减少热洗21井次、检泵3井次，维护措施费用减少43.50万元，共计节约费用48.16万元，同时井口配套自动加药装置，进一步提高自动化加注水平，降低人工劳动成本，预计单井每年节约2万元/井。

3.2 主体防腐工艺应用效果

3.2.1 金属缓蚀剂

前期现场4口油井开展金属缓蚀剂现场加注试验，措施实施后油井采出液铁离子含量平均下降60%，防腐效果明显，检泵周期平均延长156天以上，达到延长油井检泵周期预期目标(表5)。

表5 试验井检泵情况

井号	腐蚀情况	检泵周期/d	目前正常生产时长/d
Y1	腐蚀严重	153	220
Y2	腐蚀严重	73	135
Y3	腐蚀严重	150	504
Y4	腐蚀严重	155	239

Y1井开展加注自主研发金属缓蚀剂，正常生产504天(150天延长到504天)，延长2个检泵周期，节约检泵及材料费用34.6万元，具有很好的经济适用性。

3.2.2 MFAD涂层型防腐抽油杆

针对油田抽油杆本体腐蚀严重井，试验MFAD涂层型防腐抽油杆1井次，后期检泵起出的迈珐盾抽油杆未发生腐蚀，且表面涂层完好。其检泵周期由120天延长至360天，延长2倍。目前扩大应用至4井次，检泵发现1口井油杆存在表面涂层磨损脱落，但措施延长检泵周期至415天(原255天)(图8)。

图8　MFAD涂层型防腐抽油杆

4　结论

(1)玉门油田清防蜡技术主要推荐3种工艺技术，包括水基防蜡加注工艺、注塑刮蜡杆工艺、提泵正洗工艺，目前年均应用150口井以上，年节约成本510万元以上。

(2)自主研发的水基防蜡剂，虽然成本降低17.3%，但防蜡率、降黏率分别提高至70%、60%以上，已应用102口井，井均延长2个热洗周期，建议现场根据应用效果确定合理药剂浓度。

(3)金属缓蚀剂能够在井筒条件下成膜防腐，可有效减缓盐水与二氧化碳腐蚀，达到井筒防腐治理的目的，已应用8口井，井均延长1.5个检泵周期。

(4)从现场珐盾抽油杆应用结果来看，措施能够延缓油杆腐蚀，但其表面防腐涂层加工工艺还需提高完善。

参考文献

[1]张朋举，常菁铉，李天君，等．酒东油田清蜡技术应用对比研究[J]．钻采工艺，2020，43(02)：132－134.

[2]熊瑞颖，罗俊杰，刘宏宇，郭继香．化学清防蜡体系研究现状与发展[J]．应用化工，2024，53(3)：640－644.

[3]张壮，王海燕，张金焕，张宏录，韩倩．油井特种合金防蜡技术研究与应用[J]．石油机械，2019，47(11)：93－98.

[4]马云，刘士涛，蒋晶晶，等．陕北某油区采油井油管腐蚀影响因素分析及机理[J]．精细石油化工，2020，37(01)：51－56.

[5]葛守凯，姚伟．长庆油田油井井筒腐蚀机理与防护措施研析[J]．化工管理，2014(30)：119－120.

老君庙油田 L 油藏聚表二元复合驱技术研究与试验

林远平　王美强　蒙炯　杨学贵　苗蕾　谭晓琼

（中国石油玉门油田分公司采油工艺研究院）

摘　要：老君庙油田 L 油藏处于特高含水采油期，剩余油高度分散，为进一步提高 L 油藏采收率，开展了化学复合驱研究与试验。通过开展聚合物和表面活性剂筛选、配方体系优化评价及不同阶段二元体系注入参数研究，最终形成老君庙油田 L 油藏聚表二元复合驱体系，室内岩心驱替实验证明可提高采收率 19.5%。2023 年 5 月开展了“10 注 20 采”现场试验，前置段塞已累计注入化学剂 0.0417PV，试验区综合含水下降 2～3 个百分点，累计增油 3114t，现场试验见到初步效果。

关键词：剩余油；提高采收率；聚表二元复合驱；配方体系；现场试验

老君庙油田 L 油藏于 1941 年投入开发，1955 年开始注水，至今已开发 83 年。L 油藏属于中高渗河流相沉积的砂岩油藏，主体河道砂体水洗强度高，剩余油主要分布在层内岩性变差部位和河道间薄差层中。目前，地质储量采出程度达 44.5%，综合含水 90.7%，已进入高采出程度、特高含水采油期，早期高强度注水加快了水驱优势通道形成，加剧了油藏非均质性，剩余油呈高度分散状态，水驱开发难以得到有效驱替。由于岩石的亲油特性，剩余油主要为油膜状，依靠常规水驱难以得到有效驱替，开发效果差。为进一步提高采收率，发掘剩余油潜力，在老君庙油田 L 油藏开展化学复合驱试验，通过油藏地质、驱油机理、配方体系、数值模拟及方案设计等方面研究，探索该技术在老君庙 L 油藏的适应性，并为大规模推广应用奠定基础，这将对油田特高含水、高采出程度油藏提高采收率发挥积极作用。

1　油藏地质概况

老君庙油田位于酒西盆地南部隆起带。为一北陡南缓不对称穹窿背斜构造，自上而下发育 K、L、M 三套含油层。试验 L 油藏属河流—三角洲沉积，物源方向主要为东南方向。储集层以细砂岩和细粉砂岩为主，岩屑成分主要为石英，胶结物主要成分泥质和钙质，孔隙类型属中高孔隙中渗透油藏，孔隙度平均 23%，渗透率为 $(50\sim3500)\times10^{-3}\mu m^2$（平均 $618.5\times10^{-3}\mu m^2$），为偏大孔隙粗喉道结构。L 油藏为中等偏弱速敏、中等偏弱酸敏、中等偏强碱敏、黏土膨胀率和阳离子交换容量中等。平均原始地层温度 30℃，温度梯度 3℃/100m，为正常温度系统。L 油藏平均原始地层压力 9.28MPa，压力系数 1.2，均属于正常压力系统油藏。

第一作者简介：林远平（1972—），男，四川富顺人，中国石油玉门油田分公司采油工艺研究院，高级工程师，主要从事提高采收率、调剖堵水方面技术研究及管理工作。E－mail：linyp@petrochina.com.cn。

老君庙油田L油藏处于特高含水、高采出程度注水开发后期，剩余油呈高度分散状态，除了水驱波及不到的“死油”，主要为油膜状残余油、部分为填隙残余油，常规水驱难以有效驱替，开发效果差。二元复合驱利用聚合物扩大宏观波及效率与表面活性剂大幅降低油水界面张力的协同作用，可提高采收率10% ~20%。其中，聚合物增加水相黏度和改善流度比，同时在多孔介质中吸附滞留以封堵小孔道，降低水相渗透率，表面活性剂可以显著降低油水间界面张力，降低油水界面张力到1×10^{-3}mN/m数量级，同时降低毛管阻力，提高洗油效率。本文通过室内研究筛选聚表二元体系，在老君庙L油藏开展现场试验，进一步探索高含水油藏大幅提高采收率技术可行性。

2 配方体系研究

2.1 流体性质

通过对L层原油和注入水、采出水进行分析，明确了流体性质。L层原油属于石蜡基低酸高酚原油，黏度20mPa·s，酸值约为0.18mg KOH/g，饱和烃含量高，胶质含量远高于沥青质，原油平均分子量580左右。采出水矿化度14000mg/L左右，钙镁离子含量高。清水、采出水矿化度差异大，在后续二元体系配方筛选时需着重考虑配方在不同矿化度下的适应性。

2.2 聚合物筛选

2.2.1 浓黏关系

评价多种疏水缔合聚合物、普通聚合物、抗盐聚合物在清水、采出水配置条件下黏浓变化情况。清水条件下，所有聚合物浓度在1000mg/L时体系黏度均能达到20mPa·s，能够满足现场需求；采出水条件下，由于受到高矿化度影响，普通聚合物在浓度1000mg/L时体系黏度均不能达到20mPa·s，不能满足现场需求，即使提升配液浓度，其黏度增长幅度不高，仅抗盐聚合物C6225能够满足高矿化度配置的要求，在1000mg/L时体系黏度能达到20mPa·s(图1、图2)。

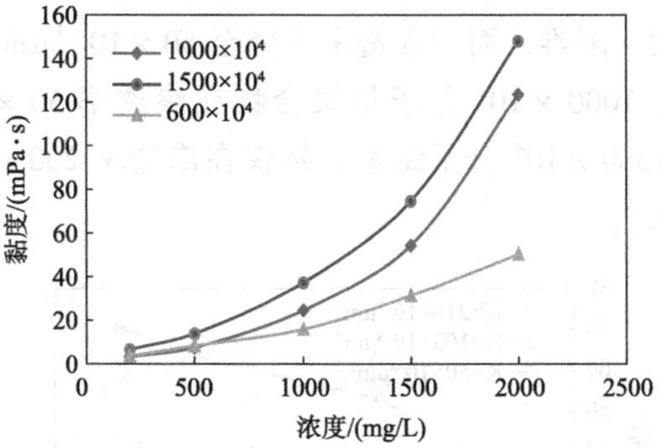

图1 清水中各分子量聚合物浓黏曲线

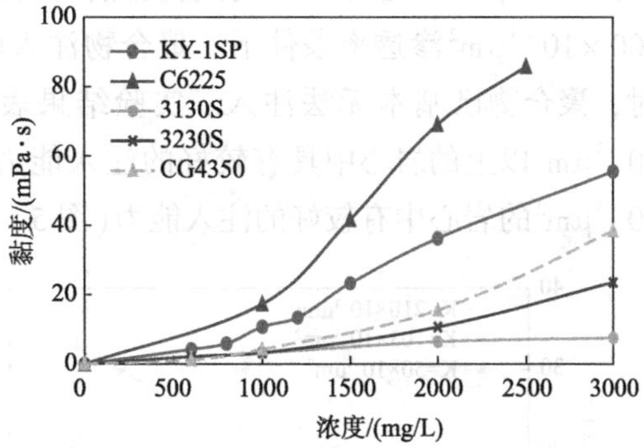

图2 采出水条件下聚合物浓黏曲线

2.2.2 老化稳定性

分别测定了多种聚合物在清水及采出水配置条件下老化时间对体系黏度的影响，老化时间为90d，老化温度为30℃，所测聚合物在30℃条件下均具有良好的老化稳定性。老化90d后，体系黏度无明显下降趋势。综合聚合物的浓黏关系以及老化稳定性考虑，优选出1500×10^4分子量抗盐聚合物C6225用于后续岩心配伍性实验研究。

2.2.3 水动力学特征尺寸

测试 1000×10^4、1500×10^4 分子量抗盐聚合物 C6225 以及 600×10^4 分子量缔合聚合物 KY-1SP 在不同浓度下的水动力学特征尺寸。可以看出缔合聚合物水动力学特征尺寸(0.8μm)远大于抗盐聚合物(0.5μm)，与渗透率较低的岩心配伍困难，故优选 1500×10^4 分子量抗盐聚合物 C6225 为清水体系中的聚合物。

在矿化度为 13000mg/L 的地层水中测试不同浓度 C6225 和 KY-1SP 的水动力学特征尺寸。两种聚合物的黏度虽可满足要求，但 KY-1SP 水动力学特征尺寸超过了 1μm，故优选 C6225 为地层水条件下的聚合物(图3、图4)。

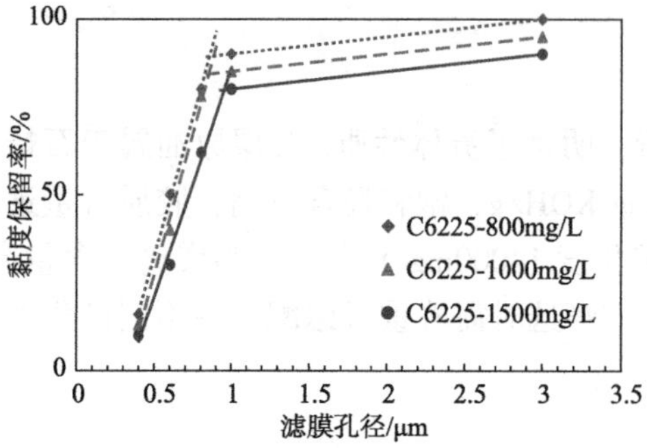

图3 采出水中 C6225 水动力学特征尺寸曲线

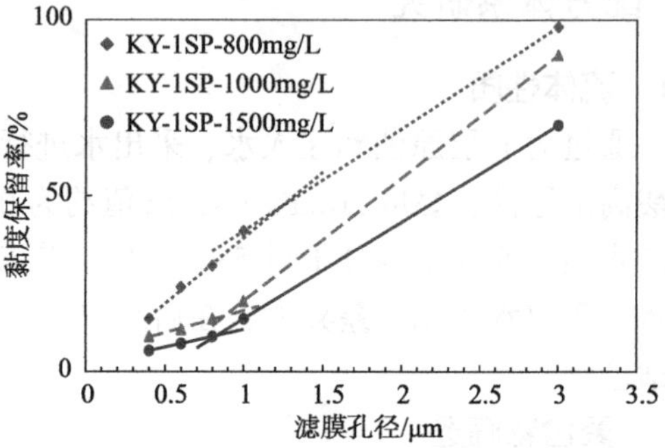

图4 采出水中 KY-1SP 水动力学特征尺寸曲线

2.2.4 阻力系数

测定不同浓度下 1000×10^4、1500×10^4 分子量抗盐聚合物 C6225 在三种不同渗透率条件下注入压力随注入量的变化关系。可以看出，1000×10^4 分子量聚合物在三种渗透率条件下，其阻力系数均较小，仅在 $50\times10^{-3}\mu m^2$ 岩心中高聚合物浓度情况下有较大的阻力系数(1500mg/L 时，阻力系数为 32.4)，有一定的注入难度。1500×10^4 分子量聚合物在 $200\times10^{-3}\mu m^2$ 岩心中阻力系数较低，而随着岩心渗透率的降低，阻力系数逐渐增大，$100\times10^{-3}\mu m^2$ 渗透率条件下，聚合物注入已相当困难，而当渗透率下降至 $50\times10^{-3}\mu m^2$ 时，聚合物已基本无法注入。实验结果表明，1000×10^4 分子量聚合物在渗透率 $50\times10^{-3}\mu m^2$ 以上的岩心中具有较好的注入能力，1500×10^4 分子量聚合物仅在渗透率 $200\times10^{-3}\mu m^2$ 的岩心中有较好的注入能力(图5、图6)。

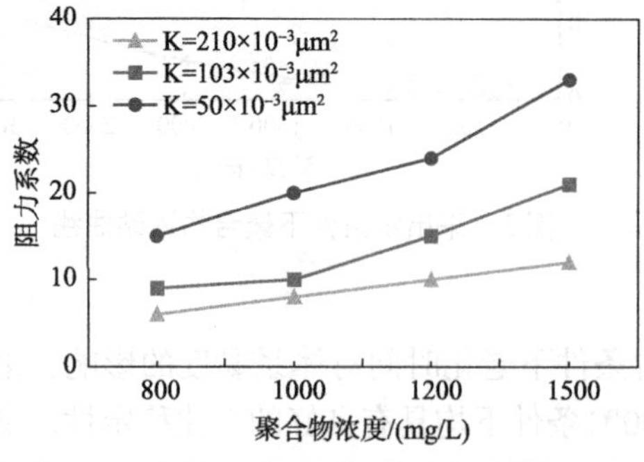

图5 1000×10^4 分子量聚合物阻力系数变化情况

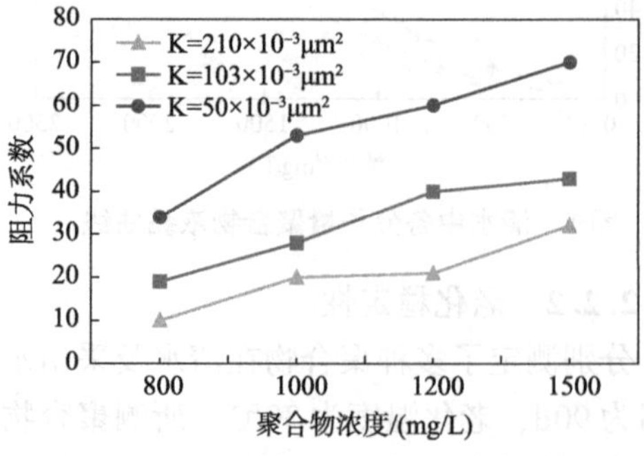

图6 1500×10^4 分子量聚合物阻力系数变化情况

2.3 表活剂筛选

2.3.1 界面张力测试

(1)浓度确定。

测试在地层水条件下，不同浓度表面活性剂 HA007、不同浓度 HA007 与双烷基芳基磺酸盐(HABS)复配的界面张力。发现不论是单一的表面活性剂溶液还是复配体系，在浓度大于0.3%时，界面张力都能达到超低(<0.01mN/m)，且乳化能力良好。

(2)复配比确定。

在优选了最佳浓度0.3%后，对两种不同表面活性剂复配比进行确定，测试在清水、地层水条件下，将表面活性剂 HA007 和 HABS 按不同比例进行复配后界面张力值随质量分数的变化关系。可以看出复配比为1：1时，界面张力值最小，复配效果优于前两种比例(图7、图8)。

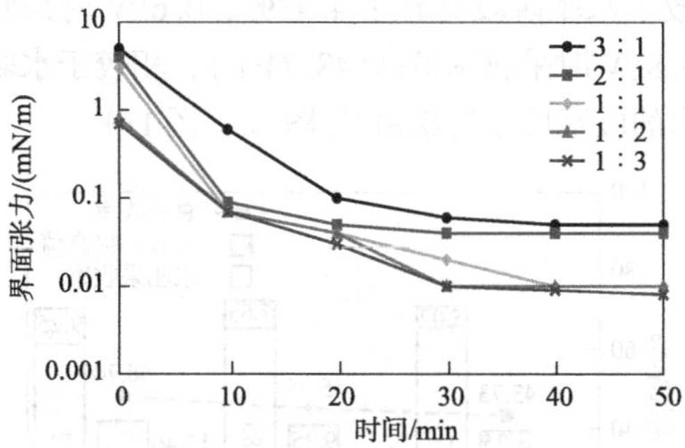

图7　不同复配比体系界面张力曲线(清水)

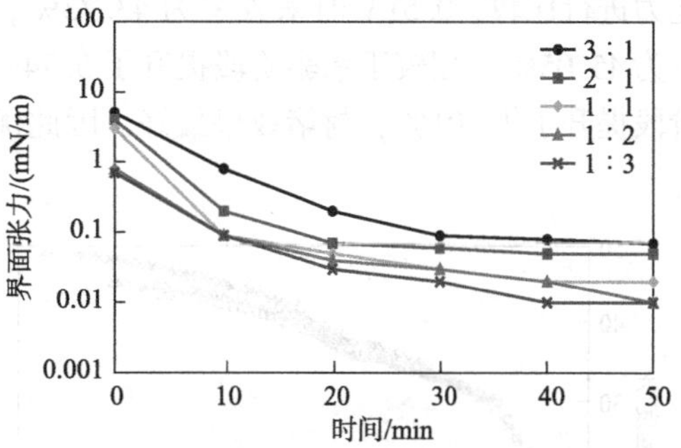

图8　不同复配比体系界面张力曲线(地层水)

2.3.2 乳化相行为测试

用地层水配制不同浓度 HA007 溶液，按油水比1：1测试其乳化效果。可以看出随着表面活性剂浓度的增加，下相颜色逐渐变深，在0.4%和0.5%的浓度条件下形成了中相乳液，且形成的乳状液稳定性较强。表明表面活性剂 HA007 对老君庙油田 L 层原油的适应性较好，能够与原油发生较好的乳化现象，并形成一定体积的中相乳液(图9)。

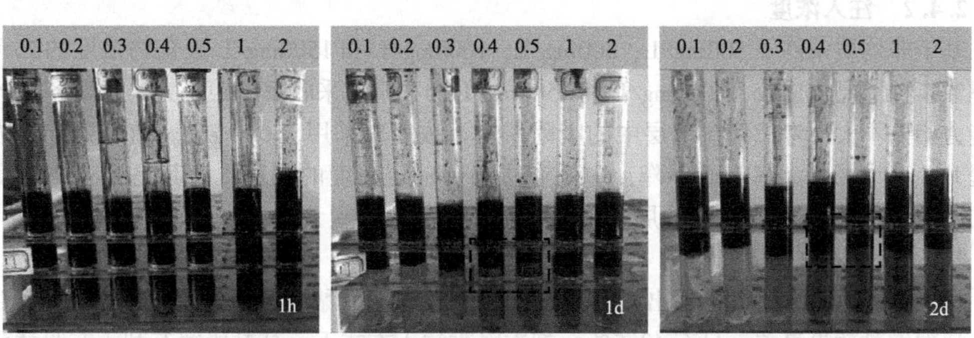

图9　不同浓度的表面活性剂 HA007 与油/水形成乳状液

在地层水条件下，将 HABS 与 HA007 按1：1复配，表面活性剂总浓度为0.05% ~0.5%，观察其乳化相行为。可以看出当复配表活剂浓度高于0.3%后，出现明显中间相。随着表面活性剂浓度的增加，中相体积指数呈现出先快速增大后增速减缓的趋势，当表面活性剂浓度达到0.3%时，中相体积指数缓慢增加。因此，综合考虑表面活性剂形成中相体积大小和经济性，确定表面活性剂的最佳浓度为0.3%。

2.4 注入参数优化设计

根据L层储层物性建立表征L层的非均质模型，在此基础上开展三管并联岩心驱替实验。实验条件：温度30℃，注入速度0.3mL/min。贝雷岩心长3.8，直径30cm，水测渗透率$200\times10^{-3}\mu m^2$、$100\times10^{-3}\mu m^2$、$50\times10^{-3}\mu m^2$，孔隙度27%。在水驱至含水95%后进行各个方案，包括3种段塞尺寸，4种聚合物浓度和3种注入方式，以最终提高采收率效果确定二元驱油体系配方及相应注入参数。结果表明最佳二元体系注入参数应为主段塞用量0.8PV，聚合物浓度1500mg/L，并采用梯次降黏的注入方式，提高采收率幅度可达19.5%。

2.4.1 段塞尺寸

通过对非均质条件下0.5PV、0.6PV和0.8PV二元驱油体系三种情况下驱油效率及封堵能力进行比较，0.5PV时采收率为43.73%，相较于水驱阶段提升了4.48%；0.6PV时采收率为45.05%，相较于水驱阶段提升了5.74%；0.8PV时采收率最高(48.74%)，相较于水驱阶段提升了11.01%，封堵效果最好，因此优选出的段塞尺寸为0.8PV(图10、图11)。

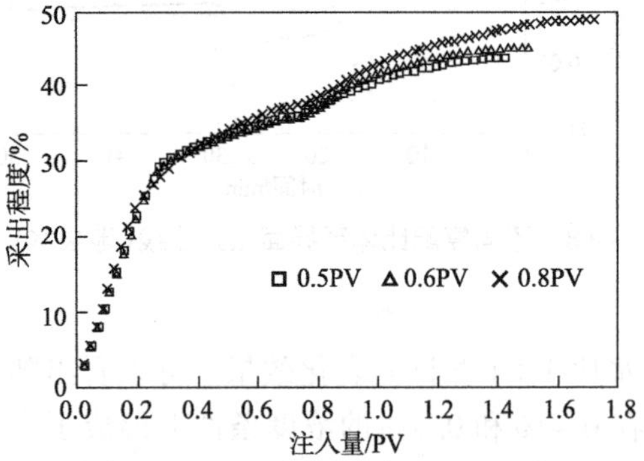

图10 不同段塞尺寸采收率曲线

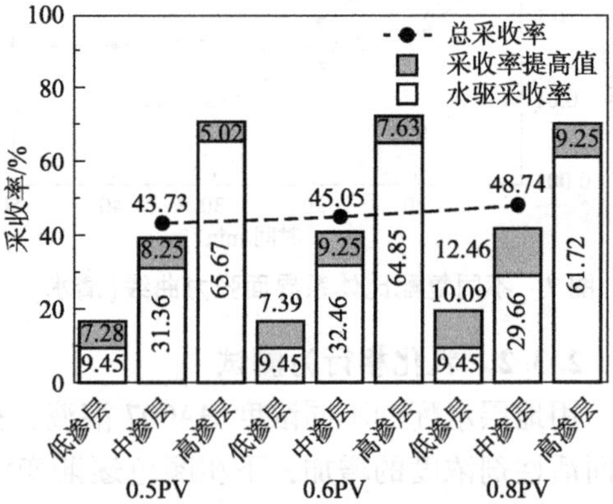

图11 不同段塞尺寸下采收率提高值

2.4.2 注入浓度

基于非均质条件下500mg/L、800mg/L、1000mg/L和1500mg/L聚合物浓度的二元体系驱油4种情况的比较，1000mg/L和1500mg/L两种情况采收率差距不大，且对各层的动用能力相差不大，考虑到在地层中的吸附滞留，浓度应采用1500mg/L。随着聚合物浓度的提升，高渗层分流率明显下降，中低渗层得到一定程度的利用，尤其是聚合物浓度为1500mg/L的二元体系，对中渗层改善最明显。

2.4.3 注入方式

梯次降黏注入方式最终采出程度为58.5%，相较于恒黏注入方式下提升了6.4个百分点，梯次增黏效果最差，只有48.5%。梯次降黏注入方式下，高黏段塞有利于在驱替前缘形成较高的压力梯度，中低渗层分流率明显提升。

3 老君庙L油藏化学驱技术现场应用及效果评价

2023年5月，“10注20采”扩大试验区正式投注。截至目前，前置段塞累计注入化学剂$44913m^3$，完成阶段注入计划的27.8%(前置段塞计划$16.17\times10^4m^3$)，累计增油3114t。注入

6个月后，有10口油井陆续见剂，见剂井受地层构造影响，东南-北西方向主要水流方向上的油井最先见剂。到2024年1月，聚合物含量急剧上升，5口井聚合物含量在500mg/L以上，其中7口井氯离子含量下降，分析有窜通风险。

根据试验区注采动态变化，持续开展注入参数调整，对10口注入井整体下调注入量，2月关闭2口有窜通风险油井，以调整地层流场，进而保证试验效果。以不同方式调整流场后，水驱指数下降，说明驱替效果变好。吸水剖面测试结果表明前置段塞起到了一定调堵作用，但层间非均质性依然存在，霍尔曲线仅有2口注入井曲线斜率增大，其余井斜率变化不明显，说明二元体系对储层高渗通道的调堵能力有限，需依靠调剖措施封窜。因此，针对试验区注入过程中压力上升幅度小，井组受效不明显，结合示踪剂、注采动态、采出液组分等资料，及时制定、实施调剖措施，并于3月对第一批6口井实施站内凝胶调剖。调剖后日产油量逐渐上升，含水下降2~3个百分点，4口井注入压力升高，油井聚合物不同程度下降。

4 结论

(1)通过流变性、老化稳定性及水动力学特征尺寸测试，明确了优选聚合物的基本性能，确定聚合物为1500×10^4分子量的抗盐聚合物；开展了界面张力、乳化相行为、吸附滞留以及驱油实验，优选出表面活性剂复配体系HABS+HA007。

(2)研制出适用于老君庙L油藏的聚表二元复合驱油体系0.15% P+0.15% HABS+0.15% HA007。通过三管并联驱油实验，确定最佳二元体系注入参数应为主段塞用量0.8PV，聚合物浓度1500mg/L，并采用梯次降黏的注入方式，岩心驱替实验证明可提高采收率19.5%。

(3)老君庙油田L油藏聚表二元复合驱已取得初步成效，累计增油3114t，试验区综合含水下降2~3个百分点。但油藏非均质性强，剩余油高度分散，注采对应关系复杂，前置段塞流度控制有限，从整体经济效益综合评价，后续阶段性开展注入井调剖，做好流场调整，持续动态跟踪及资料录取，并根据现场实际及时优化注入方案，确保试验效果。

参考文献

[1]李栓，刘想平，徐太平．DW油藏表面活性剂聚合物驱先导试验评价[J]．当代化工，2020，49(10)：2181-2185.

[2]殷代印，刘海东．X区块一类油层聚驱后化学驱提高采收率研究[J]．当代化工，2024，53(2)：406-409.

[3]赵方剑．胜利油田化学驱提高采收率技术研究进展[J]．当代石油石化，2016，24(10)：19-22.

[4]桂琳，戴昊南，万千，邓琳．特高含水期油田化学驱提高采收率方法研究[J]．当代化工，2021，50(9)：2145-2148.

[5]岳雷．提高油田采收率的技术措施[J]．云南化工，2018，45(3)：113.

中深井二氧化碳吞吐技术研究及先导试验

刘灏亮　潘彬　彭翔　彭斌　李鑫　许文赟

（中国石油玉门油田分公司采油工艺研究院）

摘　要：在当前大力推进“双碳”战略和老油田采收率再提高工程的双重背景下，二氧化碳吞吐作为一项可用于无能量补充断块油藏的提高采收率技术，在国内油田进行了大量推广应用，然而该技术主要集中应用在浅井，在中深井范围内尚未开展试验。为此，在鸭儿峡中深井开展二氧化碳吞吐研究试验，以探索该技术可行性。通过制定选井原则，结合油藏研究和室内实验结果，在鸭儿峡油田筛选2口先导试验井，并优化设计了二氧化碳注入量、注入方式、放喷制度、配套工艺等技术指标，成功现场实施。截至目前二氧化碳吞吐先导试验已累计增油756t，取得较好增油、降水效果，对于鸭儿峡深层断块油藏提高采收率具有重要指导意义，并为下步CCUS研究试验奠定实践基础。

关键词：二氧化碳吞吐；断块油藏；提高采收率；工艺设计；现场试验

集团公司在纵深推进“碳达峰、碳中和”重大战略决策过程中，充分强调了二氧化碳在油田开发中的利用，即二氧化碳在捕集后可用于压裂、吞吐及驱油。同时在集团公司采收率再提高工程中，也对发展老油田提高采收率新工艺新技术提出了更高要求，尤其是针对面积较小的独立断块油藏，由于难以构建有效注采井网，主要依靠衰竭式开发，采出程度偏低，亟待探索新的提高采收率方式。基于“双碳”战略和采收率再提高工程的双重技术需求，近年来二氧化碳吞吐开始得到更多关注，逐步在冀东、新疆、大庆、吐哈等油田得到推广应用，截至目前在国内油田已累计现场应用超过4000井次，总体上经济效益显著。

该技术是指将一定量的液体二氧化碳沿生产井注入油层，关井作用一段时间后再开井回采，能够利用二氧化碳补充近井地层能量、降低原油黏度改善油相流度、膨胀原油体积弹性驱油、萃取轻质组分等机理之间的协同作用，有效降低近井地带剩余油饱和度，达到提液、增油、控水的效果。相较于其他提高采收率技术，二氧化碳吞吐具有投资少、见效快、工艺简单、油藏适用性广等诸多技术优势，具备较强的技术经济性和推广潜力，平均换油率直井约为0.6～0.8t_{oil}/t_{CO_2}，水平井可达到1.0～1.2t_{oil}/t_{CO_2}。然而国内油田二氧化碳吞吐绝大多数是在2500m以内油井实施，尚未在3000m以上中深井开展此类试验，尽管有分析认为深部地层高温高压可能会限制二氧化碳在储层内的作用效果，且井况更加复杂施工难度大，但其技术可行性未得到实验及现场验证。结合鸭儿峡油藏特征及增油机理，

第一作者简介：刘灏亮(1993—)，男，甘肃庆阳人，中国石油玉门油田分公司采油工艺研究院，工程师，主要从事提高采收率方面技术研究工作。E－mail：ymliuhl@ petrochina. com. cn。

分析认为该技术仍存在实施潜力。为此，玉门油田通过开展前期技术研究，优化工艺方案设计，成功在鸭儿峡油田实施二氧化碳吞吐现场试验，填补了该项技术在国内3000m以上中深井应用的技术空白，探索了鸭儿峡断块油藏提高采收率新途径，同时对于玉门油田CCUS技术理论研究与试验方案编制，具有十分重要的实践意义。

1 油藏地质选井研究

1.1 选井原则制定

在筛选二氧化碳吞吐井的过程中，通过调研作用机理、技术特点及应用效果，结合中深井施工更加严苛的条件限制，重点从油藏、生产、井筒三个方面进行分析研究，制定二氧化碳吞吐试验井选井原则，如表1所示。

油藏方面重点考虑地质封闭性、温压条件和流体性质，生产方面重点考虑产状、安全和防腐，井筒方面重点考虑井况和施工安全。结合考虑影响因素，制定试验井的各项筛选指标，可有效指导试验选井工作，保证试验的高效、安全实施，同时根据实际试验情况，逐年对指标内容进行修正、完善。

表1 中深井二氧化碳吞吐选井原则

类别	试验井筛选指标
油藏条件	1. 油藏具有较好水动力学封闭性，断块相对封闭，井间无明显窜通； 2. 措施井应位于断层附近或局部微构造高点，有利于气体的聚集，形成憋压区； 3. 近井地带剩余油饱和度最好高于40%，保证较好物质基础； 4. 油层要维持较高的压力水平，压力系数保持在0.5以上，最好在地层能达到超临界态(温度>31℃，压力>7.3MPa)，更易混溶于原油； 5. 油层非均质性不强，渗透率差异小，有利于二氧化碳波及； 6. 原油黏度不应过高，在地层温度下不应超过2000mPa·s
生产条件	1. 油井初产高，产量递减快，采出程度低； 2. 井口耐腐蚀级别应为CC级以上，且建议更换为注/采气井口保证密封性； 3. 优先考虑因原油黏度高、导致举升困难或频繁卡泵的油井； 4. 储层得到充分改造，有利于二氧化碳进入
井筒条件	1. 固井质量好，水泥返高至地面，层间无窜通； 2. 井况较好无套变套坏，无井下机械故障，管柱能正常工作； 3. 优先考虑油层套管全部水泥固井，而非使用套管悬挂器的油井； 4. 套管头无刺漏，密封性合格，丝扣、顶丝等零件完好

1.2 原油－CO_2相态实验

为分析二氧化碳吞吐在鸭儿峡油田的技术适用性，保证选井效果，需通过室内实验，研究鸭儿峡原油注二氧化碳条件下的物性变化，主要测定二氧化碳在油藏条件下的高压物性，以及在注二氧化碳条件下，鸭儿峡原油降黏率和体系膨胀系数。

应用鸭儿峡L油藏原油，在模拟油藏条件下，利用室内高压物性实验装置，测定二氧化碳在不同温度、压力下的性质，以及原油的降黏率和体积膨胀系数。实验结果如表2所示。

表 2　不同环境条件下二氧化碳性质

环境	温度/℃	压力/MPa	密度/(g/cm³)	黏度/mPa · s	体积/(m³/t)	压缩因子
标况	20	0.101	0.0018	0.0149	545.43	0.9947
液态	20	7.5	0.8210	0.0761	1.218	0.1649
超临界点	31.1	7.37	0.4678	0.0334	1.8453	0.2232
L 油藏	94.6	38.9	0.7641	0.0480	1.3074	0.7285

实验结果表明，在该油藏条件下(温度 > 31℃，压力 > 7.3MPa)，二氧化碳处于超临界状态，即高密度气相状态，此时二氧化碳密度接近液相，密度接近气相，与原油具有较强的混溶能力。测得注二氧化碳后的原油降黏率 70%，体积膨胀系数 40%，证明二氧化碳对原油具有显著的降黏、膨胀作用，证明二氧化碳吞吐具备技术可行性。

1.3　先导试验选井

结合选井原则，重点在鸭儿峡白垩系油藏和 L 油藏断块内筛选无能量补充的潜力试验井，优先考虑近井能量补充和原油降黏，最终选取鸭儿峡白垩系油藏的 A 井、L 油藏 B 井作为先导试验井。

A 井位于鸭儿峡白垩系油藏东部的小断块内，自 2013 年 7 月投产，分层压裂累计入井液量 900m³，总砂量 88m³，破裂压力 70.5MPa。该井初产液 16m³/d，产油 12.7t/d，试验前产液 3.7m³/d，油 2.72t/d。累计产油 5347t，井况完好。该井生产初期产液量较大，含水低，后期因产层有注无采，缺少能量补充，产量递减较快，适宜开展二氧化碳吞吐增能提产。

B 井位于鸭儿峡 L 油藏东南部独立小断块，断块内无注水井。自 2015 年 10 月投产，压裂入井总液量 518m³，总砂量 56.7m³，破裂压力 47.5MPa。该井初产液 8.3m³/d，产油 2.9t/d，试验前产液 2m³/d，产油 0.57t/d，后因油稠卡泵停产，适宜开展二氧化碳吞吐，在补充能量同时降低原油黏度，保证连续生产。

2　二氧化碳吞吐工艺设计

2.1　二氧化碳注入量

注入量设计的合理性直接影响试验效果，注入量过低达不到理想增油效果，过大则返排时间长、成本高，降低经济效益。首先应用国际常用 Patton 公式(1)所示，计算单井二氧化碳注入量与换油率之间的关系，确定最优注入量。

$$E = 1.3464\times10^{-3} - 1.428\times10^{-4}N_c - 1.836\times10^{-7}\mu_o + 9.466\times10^{-5}P_t + 1.116\times10^{-7}K - 5.304\times10^{-5}S_{oi} - 3.026\times10^{-8}V_c \quad (1)$$

式中，E 为二氧化碳吞吐效率，$m^3_{(oil)}/m^3_{(CO_2)}$；N_c为吞吐周期数，次；μ_o为地下原油黏度，MPa · s；P_t为井底注入压力，MPa；K 为渗透率，$10^{-3}\mu m^2$；S_{oi}为原始含油饱和度，%；V_c为单位厚度二氧化碳注入量(气态)，m³/m；

根据油藏规模、注二氧化碳作用半径、油层孔隙度和经验系数等参数，采用国内油田常用的椭球体理论模型，复算试验井二氧化碳注入量，计算公式如(2)所示。

$$V = 4\Phi P_v \pi a b^2/3 \quad (2)$$

式中，V 为地层条件下二氧化碳体积(气态)，m^3；P_v 为经验系数，视亏空程度，取值为 0.2～0.4；Φ 为孔隙度；a 为作用半径，m，通常取油层厚度的一半；b 为二氧化碳横向作用半径，m。

综合两种计算方法对二氧化碳注入量进行优化，以达到理论上的最佳增油效果。最终确定 A、B 井的液态二氧化碳设计注入量为 600t、400t。

2.2 注入工艺设计

(1)通过对比正注、反注两种注入方式优缺点，认为正注具有注入压力低，注入能力强的优点，缺点是需要进行起管作业，反注则可以节省起管作业费用。考虑到试验井为老井，反注时套管头压力高可能存在安全隐患，为保证注入安全，确定采用正注方式，设计注入速度 50t/d。

(2)综合考虑设备额定压力、试验井施工压力以及安全因素，注入压力要求控制在 65MPa 以内，安装 70 型注气井口保证气密性和施工安全。

(3)为防止近井地带死油堵塞，降低注入压力，采用 2C 吞吐模式(二氧化碳 + 降黏剂)，即使用自主研发的降黏防蜡剂 QFL－1 作为前置降黏剂段塞(使用浓度 0.4%，降黏率 90%)，起到协同降黏和近井解堵作用，设计单井用量 $50m^3$。

(4)注入工艺流程采用液态二氧化碳由罐车拉运至井场储罐，采用撬装式注入设备正向注入，同时做好井口、管线试压及气密性检测。主要注入设备依次包括：二氧化碳储罐、喂料泵、注入泵、计量阀组及报警装置、加热撬、井口连接管线(表 3)。

表 3　主要注入设备列表

设备名称	规格型号	设备作用
储罐	DN2000，$28m^3$/2.6MPa	储存液态二氧化碳
喂液泵	PN25－200/A11B，$8m^3$/h	增压防止注入泵气锁
注入泵	T175RC－4/70，$4m^3$/h	注入液态二氧化碳
计量阀组	单流阀、压力表、流量计、 高压截止阀、报警仪	计量注入量，防止停注时回流， 气体浓度超限预警
加热撬	3.0m×2.4m×2.5m，0～50℃	加热液态二氧化碳防止冷伤害
注入管线	DN2.0in，耐压 70MPa	注入液态二氧化碳

2.3 焖井制度及放喷方案

通过预测分析焖井期间可能出现的压力变化情况，编制了二氧化碳吞吐放喷实施方案，根据焖井压力变化，确定开井放喷时机。先自喷投产再转抽生产，考虑到气液比高，生产井须采用防气泵、定压放气阀等防气举升措施。设计焖井后开井放喷原则如下：

(1)在焖井期间，若压力下将较快，即 2～3 天内压力就降到 2MPa 以下，此时应采取迅速放喷，下机抽管柱生产。

(2)在焖井期间，若压力降到 5～8MPa 时，随后下降很缓慢，观察 2～7 天压力基本稳定，不再有明显下降时，开始放喷。

(3)在焖井期间，若压力下降缓慢，保持在较高范围(≥10MPa)，可以适当延长焖井时间，预计 10～20 天，在压力出现明显下降时开始放喷。

2.4 配套工艺设计

为保证二氧化碳吞吐试验安全、平稳实施，从井筒腐蚀防治、冷伤害防治及气窜监测三方面进行了配套工艺设计。

(1)腐蚀防治措施：使用有机盐类二氧化碳缓蚀剂，注入二氧化碳前与降黏剂一同注入油套环空；油井投产后，定期在油套环空加入，使用浓度0.4%。

(2)冷伤害防治：在注入泵之后加装电加热撬，将液态二氧化碳加热到0℃以上注入井筒；在开泵注入前，先连通管线使气态二氧化碳预冷井口及近井，防止低温脆断。

(3)气窜监测：在注入过程中，取样监测周边油井套管气组分，发现二氧化碳浓度大幅升高时说明井间存在优势通道，同时现场人员做好应急准备防止窒息风险。

(4)防气举升配套工艺：考虑到在投产之初存在的气液比偏高、泵严重气锁的问题，在井口套管阀安装定压放气阀，将套压控制在3MPa以内，同时配合周期性小液量洗井，有效缓解产出气体影响，保证油井正常生产。

3 现场试验及效果评价

3.1 现场实施情况

(1)A井：在注二氧化碳前，先从油套环空挤注降黏剂51m^3，施工压力30MPa，停泵压力26MPa。油管正注液态二氧化碳，日注入量40t/d，油套压力最高升至17.5/16.8MPa，累计注入液态二氧化碳600t，完成方案设计全部注入量。关井累计焖井15d，油套压力由17.5/16.8MPa下降至7.0/6.8MPa后保持稳定，此时二氧化碳在井筒和地层中达到动态平衡，采取套管、间歇放喷，放喷结束后转抽投产。

(2)B井：在注二氧化碳前，先从油套环空挤注降黏剂50m^3，施工压力9.0MPa，停泵压力4.5MPa。油管正注液态二氧化碳，日注入量50t/d，油套压力最高升至8.8/8.8MPa，累计注入液态二氧化碳400t，完成方案设计全部注入量。焖井期间油套压力下降至3.8/2.0MPa后保持稳定，为保证试验效果，适当增加在油套压力稳定后的焖井时间，累计焖井16d，采取油管、连续放喷的方式，放喷结束后转抽投产。

3.2 试验效果分析

两口先导试验井(A、B井)累计注入液态二氧化碳1000t，措施后取得较好的提液、降含水效果，截至目前累计增油756t，总体换油率达0.76t_{oil}/t_{CO_2}，达到国内直井平均水平(0.60t_{oil}/t_{CO_2})，取得理想试验效果。其中，A井受地层亏空大、放喷投产制度不利、携气举升措施不配套等因素影响，尽管在调整生产制度后恢复正常产液，出现一定程度增油，但总体试验效果受到不利影响，累计增油25t。B井在二氧化碳吞吐后恢复连续生产(如图1所示)，含水率由67%最低降至14%，累计增油731t，取得显著增油、降水效果。

取样分析试验前后产出原油的黏度、组分变化。发现A井原油降黏率为24%，B井的原油黏度也由之前造成卡泵的高黏度降至8mPa·s，且两口井原油轻组分含量均升高10%以上，证明鸭儿峡二氧化碳吞吐的增油机理除补充近井能量和弹性驱油之外，还包括降黏和萃取的作用。

持续监测2口井套管气组分变化，截至2024年3月，二氧化碳产出浓度均超过60%，证明仍有大量二氧化碳伴随原油持续产出，仍持续生效。通过监测试验井周边油井的套管气组分变化，均未发现二氧化碳窜通，证明试验井地层封闭性好(图1)。

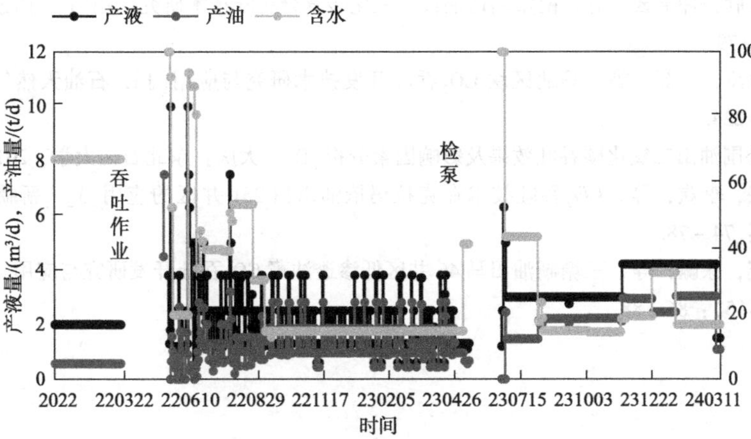

图1　B井试验前后采油曲线

4　结语

(1)二氧化碳吞吐是一项适用于能量补充困难的小断块油藏的提高采收率技术，具有补充地层能量、降低原油黏度、弹性驱油、萃取轻质组分等作用。通过制定筛选原则，开展室内评价实验和油藏地质研究，认为鸭儿峡中深井具备二氧化碳吞吐技术可行性，筛选先导试验井。

(2)对试验井进行工艺方案设计。确定A、B井液态二氧化碳注入量分别为600t、400t，采用正注方式，注入速度50t/d，并优化设计了注入井口、降黏剂段塞及现场工艺流程。从腐蚀防治、冷伤害防治、气窜监测、防气举升四方面，设计了二氧化碳吞吐配套工艺。

(3)在现场施工过程中，两口试验井均完成全部设计注入量，注入压力平稳，工艺成功率100%，证明鸭儿峡中深井二氧化碳吞吐具备技术可行性。先导试验截至目前累计增油756t，总体换油率0.76t_{oil}/t_{CO_2}，产出原油黏度降低且轻组分含量升高，取得较好措施效果。

(4)下步将重点围绕二氧化碳吞吐先导试验过程中存在的地质、工艺、安全方面问题，对技术方案进行优化完善。通过研究该技术在不同类型油藏增产机理，进一步拓宽其应用范围，规划扩大试验井点，重点在鸭儿峡L油藏和白垩系油藏、老君庙M油藏及冲断带筛选扩大试验井。同时加强技术研究，探索二氧化碳吞吐与堵水、低渗透储层改造、页岩油改造等技术的协同应用，实现技术迭代升级。

参考文献

[1]王高峰，祝孝华，潘若生，等．CCUS－EOR实用技术[M]．北京：石油工业出版社，2022.

[2]廖松林，夏阳，崔轶男，等．超低渗油藏水平井注CO_2多周期吞吐原油性质变化规律研究[J]．油气藏评价与开发，2022，12(5)：784－793.

[3]战菲，宋考平，尚文涛，等．低渗透油藏单井CO_2吞吐参数优选研究[J]．特种油气藏，2010，17(5)：70－72.

[4]刘怀珠，郑家朋，石琼林，等．复杂断块油藏水平井二氧化碳吞吐注采参数优化研究[J]．油田化学，2017，34(1)：84－91.

[5]申成俊，桂常胜，仲洁云，等．南堡陆地油田二氧化碳复合吞吐技术研究应用[J]．内蒙古石油化工，2017，8：77－79.
[6]杨志刚，孙海涛，王磊，等．马北区块 CO_2 吞吐开发技术研究与应用[J]．石油天然气学报，2011，33(5)：219－224.
[7]李宁．大庆外围油田二氧化碳吞吐效果及影响因素分析[D]．大庆：东北石油大学，2014.
[8]李云飞，董兴，李欢，等．CO_2 吞吐技术在克拉玛依油田白 251 井区的应用[J]．新疆石油天然气，2019，15(3)：74－78.
[9]蒲玉娥，刘滨，徐赢，等．三塘湖油田马 46 井区低渗透油藏 CO_2 吞吐开发研究与应用[J]．特种油气藏，2011，18(5)：86－88.

杆柱寿命预警提升老井生产周期

邓小茹　张正平　张启龙　陈滢

（玉门油田分公司采油工艺研究院）

摘　要：抽油杆服役寿命直接影响油井生产时率和检泵周期，准确预测杆柱服役寿命对于现场油井生产技术管理具有一定的指导意义。文章结合 Goodman 疲劳应力理论，利用 petroPE 软件杆柱应力计算和杆体表面缺陷有限元模拟，采用超高强度抽油杆概率疲劳寿命曲线，建立了各级杆柱预测结果制作杆柱服役期限图版。通过 12 口油井现场比对，准确率达到 83%，为油井抽油机有杆举升设计和抽油杆管理提供了理论依据。

关键词：杆柱；抽油杆断脱；疲劳寿命预测方法；应用实例

随着液面下降，泵挂的逐步加深，玉门油田断杆和检泵频次呈逐年增加趋势，断杆井普遍存在偏磨、腐蚀现象，致使抽油杆工作环境恶化，油井频繁出现杆断躺井。目前采用疲劳寿命设计法进行抽油杆强度计算，即当抽油杆工作循环次数大于 10^7 次时，抽油杆所受应力大小作为抽油杆最大许用应力。抽油杆服役时限预测主要是依据抽油杆概率疲劳寿命（P－S－N）曲线，以往主要有以幂函数拟合的疲劳寿命曲线和对数正态分布对抽油杆疲劳数据拟合的直线形式的疲劳寿命曲线，基本上都是建立在 D 级抽油杆数据之上。玉门油田现场普遍应用 HL 级抽油杆，应用 D 级抽油杆寿命曲线预测 HL 级杆使用时限准确率低。

近几年，国内石油院校基于三参数威布尔分布建立超高强疲劳寿命预测模型，拟合了 HL 和 HY 威布尔模型疲劳寿命（P－S－N）曲线，为 H 级抽油杆时限预测提供了理论依据。文章通过 PetroPE 软件计算抽油杆载荷，分析抽油杆缺陷受交变载荷作用下对疲劳寿命的影响，同时采用有限元分析软件计算裂纹处应力，结合威布尔模型疲劳寿命（P－S－N）曲线预测抽油杆使用年限，初步实现杆柱服役时限的量化计算，对杆柱疲劳设计和延长使用周期具有实际指导意义。

1　抽油杆失效

1.1　深井杆断情况

2023 年鸭儿峡作业区累计检泵 193 井次，抽油杆断脱 76 井次，占比检泵井 39.4%，是深井检泵的主要原因。断杆主要集中在 Φ19mm 杆上，占断杆井 80%（图 1）。

第一作者简介：邓小茹（1973—），女，甘肃酒泉，工作单位：中国石油玉门油田分公司采油技术研究院，高级工程师，从事机械采油工艺技术研究工作。E－mail：ymdengxiaor@ petrochina. com. cn。

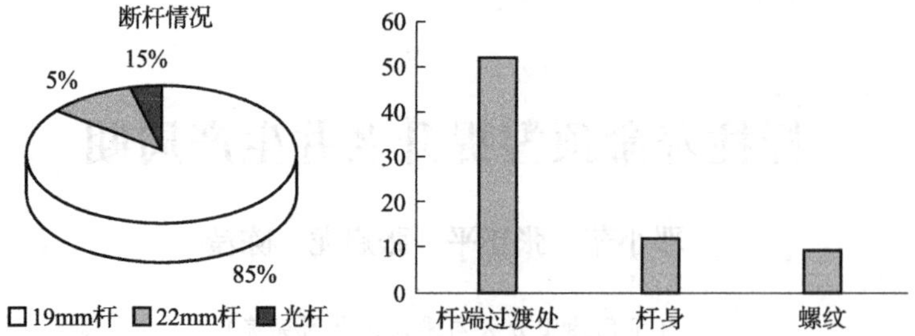

图1　各级杆断情况

1.2　断杆特征

深井断杆主要有以下三个特征(图2)：

(1)全钢杆井主要集中在 Φ19mm 杆，占断杆的85%。

(2)断杆的杆体表面都存在不同程度的缺陷。

(3)断杆一般发生在抽油杆端部圆弧过渡区。

图2　断杆位置

1.3　断杆原因

占断杆80%的 Φ19mm 抽油杆断口平整，没明显缩径，属于疲劳断口。其使用年限与所受应力和杆体本身的缺陷有密切关系。

2　抽油杆寿命预测

2.1　抽油杆疲劳寿命

抽油杆失效主要是疲劳断裂，是交变载荷导致的。在上、下冲程中杆柱受到拉、压应力往复循环，裂纹一般从缺陷处产生，并在不断受力中扩展，抽油杆内部的金属晶体会随着交变应力而逐渐产生滑移带，滑移带不断地积累，当裂纹扩展到材料抗拉极限时抽油杆发生断裂。从裂纹生长到断裂的整个过程中载荷周期变化的次数就是抽油杆的疲劳寿命。

2.2　抽油杆寿命预测方法

抽油杆寿命预测方法：

(1)petroPE 计算各级杆柱载荷。

(2)通过有限元分析软件计算杆柱最大应力(即抽油杆截面缺陷处应力)。

(3)再根据超高强度抽油杆概率疲劳寿命 P－S－N 曲线预测服役期限，具体步骤如下图3所示。

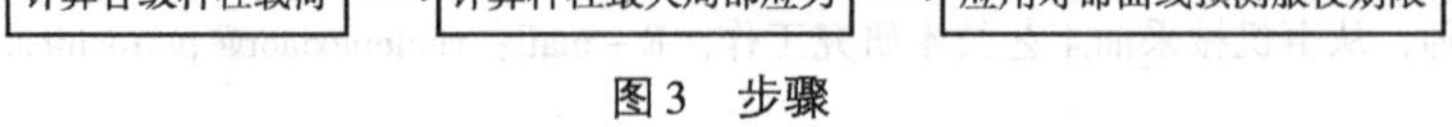

图3　步骤

2.3 各级杆柱载荷计算

2.3.1 Goodman 疲劳应力理论

抽油杆柱各级疲劳应力符合 Goodman 疲劳应力理论。

$$S_a = (T/4 + M \times S_{min}) \times SF \quad (1)$$

$$S_a = (0.25 \times T + 0.5625 \times S_{min}) \times SF \quad (2)$$

$$\Delta S_a = S_a - S_{min} \quad (3)$$

式中，T 为最小抗拉强度，N/mm^2；S_a 为最大许用应力，N/mm^2；ΔS_a 为应力最大许用范围，N/mm^2；M 为曲线 S_a 的斜率，$M = 0.5625$；S_{min} 为最小应力，N/mm^2(计算或测算得)；SF 为服役系数(图4)。

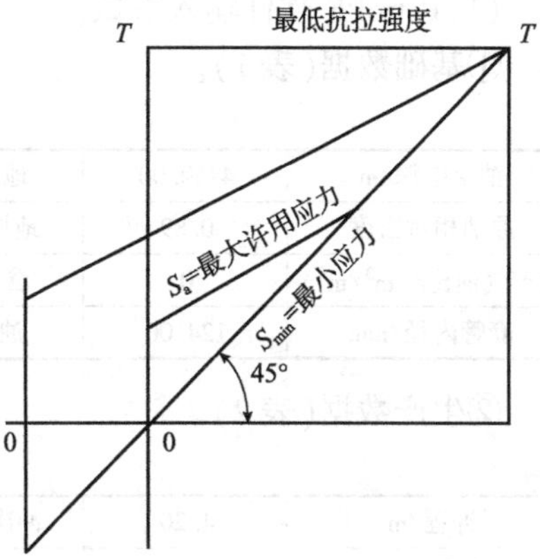

图4 Goodman 疲劳应力图

2.3.2 杆柱受力

抽油杆工作时承受交变载荷，产生交变应力 $\sigma_{max} = F_{max}/A$，$\sigma_{min} = F_{min}/A$，等应力范围比 $PL = \dfrac{\sigma_{max} - \sigma_{min}}{\sigma_{all} - \sigma_{min}}$，各级杆柱应力范围比必须小于1。

$$\text{最大载荷 } F_{max} = F_o + Lw_r f \quad (4)$$

式中，F_{max}，F_{min} 为杆柱最大、最小载荷，kN；F_o 为液柱重力，kN。

$$f = 1 + \frac{Sn^2}{70500} \quad (5)$$

式中，S 为冲程；n 为冲次，r/min。

$$\text{计算负载系数 } R = \frac{F_o + L_{total} W_{avg} f}{A_n \dfrac{T}{4} + 0.5625 L_{total} W_{avg}(2-f)} \quad (6)$$

式中，L_{total} 为抽油杆总长，m；W_{avg} 为抽油杆平均重量，N；A_n 为顶部抽油杆面积，m^2。

抽油杆微元的迭代方程：

$$L_i = \frac{F_{max(i-1)} - R\left[A_i \dfrac{T}{4} + 0.5625 F_{min(i-1)}\right]}{W_i[0.5625R(2-f) - f]} \quad (7)$$

式中，L_i 为第 i 段杆长度，m；$F_{max(i-1)}$、$F_{min(i-1)}$ 为第 $i-1$ 段杆最大最小载荷，N；A_i 为第 i 段杆柱截面积，mm^2；W_i 为第 i 段杆柱重量，N。

2.3.3 各级杆柱载荷计算

PetroPE 软件是基于 3.3.1 和 3.3.2 节杆柱计算理论(图5)。

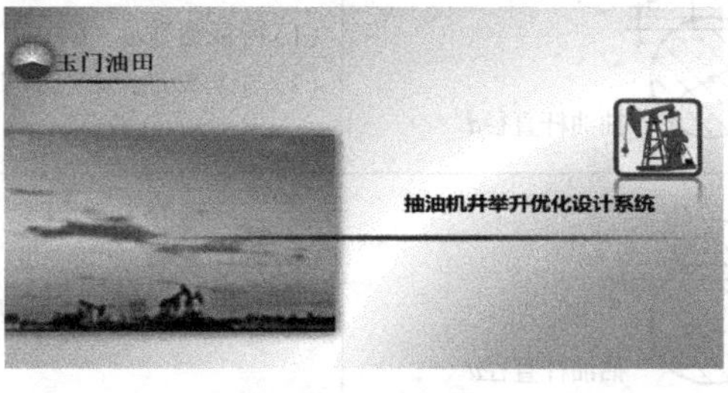

图5 设计系统

(1)PetroPE 软件输入参数。

①基础数据(表1)。

表1　基础数据

油层中深/m	4450.00	地层压力/MPa	53.14	油层温度/℃	114.20
原油相对密度	0.89	地层水相对密度	1.09	天然气相对密度	0.58
生产气油比/(m^3/m^3)	0	含水率(小数)	0.80		
套管内径/mm	124.00	油管内径/mm	62.00		

②生产数据(表2)。

表2　生产数据

冲程/m	4.20	冲次/(次/分钟)	3.50	产液量/m^3	6.63
泵径/mm	38.00	下泵深度/m	2490.00	动液面深度/m	2279.20

(2)PetroPE 软件计算结果(表3)。

表3　PetroPE 软件杆柱计算结果

杆级(钢级)	杆径/mm	最大载荷/kN	最小载荷/kN	最大应力/MPa	最小应力/MPa	应力范围比/%
第1级杆(HL)	25	95.48	52.47	194.61	106.95	64.85
第2级杆(HL)	22	71.16	33.30	187.28	87.65	68.34
第3级杆(HL)	19	52.63	18.34	185.70	64.70	76.38

2.4　最大应力计算

杆柱最大应力与抽油杆缺陷有很大关系，杆柱应力在缺陷点会产生很大的突变，大大增加应力值，可根据有限元分析软件模拟计算。

2.4.1　缺陷简化模型

抽油杆普遍存在的缺陷，根据其特征可简化成表4中的几种类型。

表4　常见抽油杆表面缺陷简化模型

缺陷模型	横截面形状	特征描述
圆球型	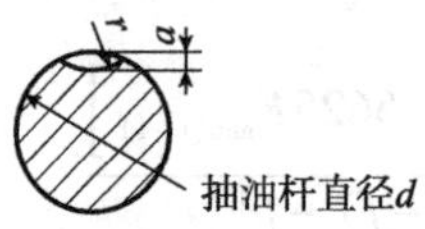	(1)特征参数 a、r (2)现场普遍存在这类缺陷，缺陷底部呈圆弧
锥型	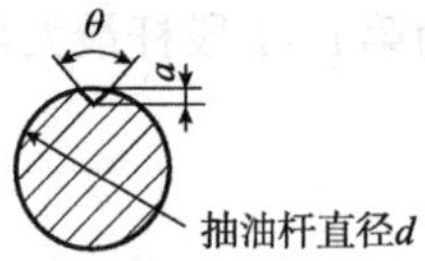	(1)特征参数 a、θ (2)此类缺陷一般沿着杆体纵向是长短不一的裂纹，杆横截面是V型缺口
圆柱型	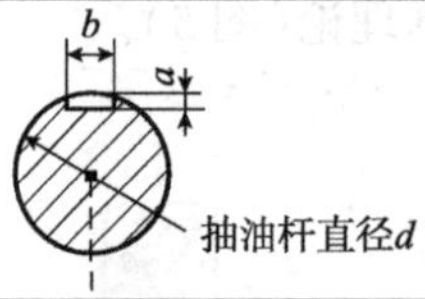	(1)特征参数 a、b (2)与V型缺陷相比，此类缺陷底部平整
梯型	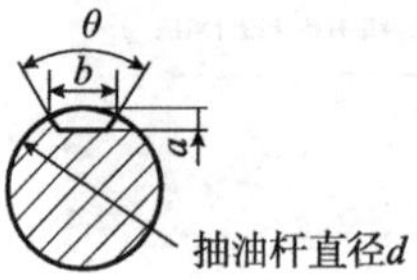	(1)特征参数 a、b、θ (2)与矩型缺陷相比，两纵向面有明显夹角

2.4.2 有限元分析软件计算最大应力

根据杆柱表面缺陷类型测量特征参数，通过有限元分析软件结合缺陷处杆柱截面应力、缺陷模型，计算缺陷处最大应力。

2.5 通过 HL 级抽油杆疲劳曲线预测杆柱服役期限

2022 年石油大学通过疲劳试验获得 HL 和 HY 两种超高强度抽油杆的疲劳数据，首次采用三参数威布尔分布，建立抽油杆疲劳寿命预测模型，进而拟合 HL 和 HY 两种类型超高强度抽油杆的概率疲劳寿命曲线。基于正态分布 Basquin 模型和三参数威布尔分布新模型进行抽油杆疲劳寿命预测。结果表明：基于三参数威布尔分布新模型计算得到的 HL 型、HY 型抽油杆疲劳寿命与试验结果误差分别为1. 25%和4. 39%，基于正态分布 Basquin 模型疲劳寿命与试验结果误差分别为12. 50%和19. 84%，基于三参数威布尔分布新模型拟合精度更高。本文寿命预测采用威布尔分布模型的超高强度抽油杆寿命期限预测杆柱服役期限(图6)。

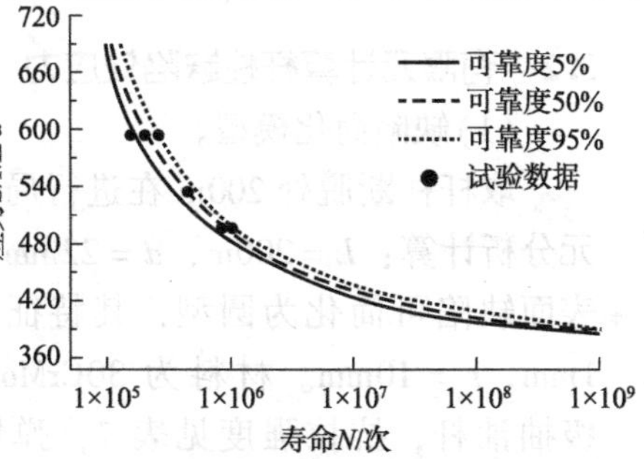

(a)HL级抽油杆疲劳寿命曲线

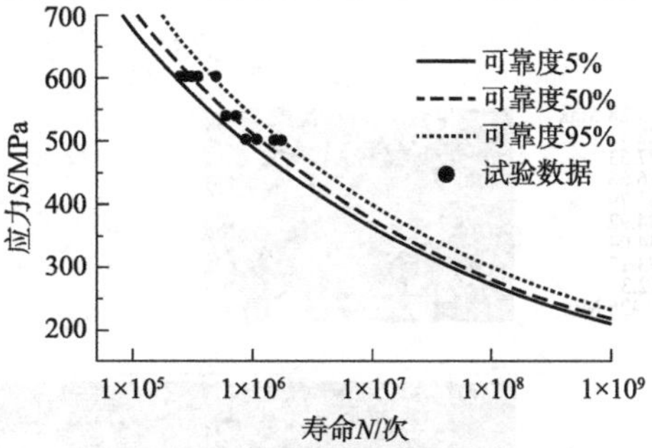

(b)HY级抽油杆疲劳寿命曲线

图6 威布尔分布模型的超高强度抽油杆寿命曲线

3 寿命预测实例

2023 年5 月2 日 Y1 -3 检泵完井，生产 90 天后杆柱断裂检泵，位置 1136m，断杆规格为 22mm，杆体表面有明显缺陷，可简化为圆型。测量其特征值 $a = 1$mm，$r = 10$mm。

3.1 petroPE 计算 1136m 出杆柱截面应力

(1)基础数据(表5)。

表5 Y1 -3 基础数据

油层中深/m	3462.00	地层压力/MPa	12.2	油层温度/℃	85.15
原油相对密度	0.89	地层水相对密度	1.01	天然气相对密度	0.58
生产气油比/(m^3/m^3)	0	含水率(小数)	0.52		
套管内径/mm	124.00	油管内径/mm	62.00		

(2)生产数据(表6)。

表6 Y1 -3 基础数据

冲程/m	4.80	冲次/(次/分钟)	3.50	产液量/m^3	5.10
泵径/mm	38.00	下泵深度/m	2380	动液面深度/m	2150

(3)抽油杆力学性能(表7)。

表7 HL 级抽油杆力学性能

等级	材料	抗拉强度 R_m/MPa(lb/in2)	屈服强度 R_{eL}(0.2%的残余变形)/MPa	伸长率 A 200mm/%	断面收缩率 Z/%	表面硬度 HRC	心部硬度 HB
HL	合金钢	965～1195	≥795	≥10	≥45	—	—

(4)PetroPE 软件杆柱载荷计算结果(表8)。

表8 22mm 杆断处横截面应力和载荷

杆级(钢级)	杆径	最大载荷/kN	最小载荷/kN	最大应力/MPa	最小应力/MPa	应力范围比/%
第1级杆(H)	25	101.0	55.0	206	112	64.2
1136 处	22	61.2	30.5	161	80	65.3
第3级杆(H)	19	47.3	20.3	167	71.7	57.2

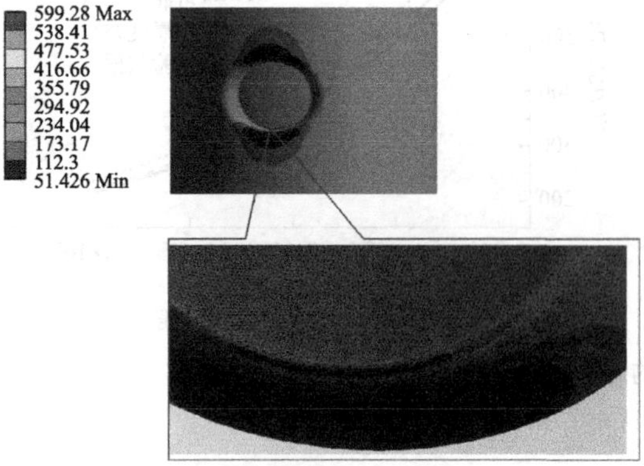

图7 缺陷处应力计算

3.2 有限元计算杆柱缺陷处应力

(1)缺陷简化模型。

取杆柱断脱处 200m 在进行局部有限元分析计算：$L=200\text{m}$，$d=22\text{mm}$，杆体表面缺陷可简化为圆型，其特征值 $a=1\text{mm}$，$r=10\text{mm}$。材料为 30CrMoA，HL 级抽油杆，抗拉强度见表7，弹性模量 $E=2.01\times10^{11}$，泊松比 $u=0.25$。

(2)有限元计算。

通过有限元软件计算缺陷处应力，最大应力在圆形缺陷与杆体表面纵向过渡边缘处，最大值为 599.28MPa(图7)。

3.3 抽油杆使用时限预测

根据杆柱最大应力 599.28MPa，应用图6中 HL 级可靠度95%抽油杆疲劳寿命曲线预测杆柱服役寿命为 5×10^5 应力循环次数，依据冲次3.5次/分钟可使用计算99天(表9)。

表9 Y1－3 预测抽油杆使用时限与现场应用对比

杆径/mm	最大载荷/kN	最小载荷/kN	最大应力/MPa	缺陷处应力/MPa	预测使用时限/d	实际应用/d	准确率/%
22	61.2	30.5	161	599	99	90	90

4 制定抽油杆服役周期图版

4.1 杆柱等寿命管理原则

“分矿区、分年限、等寿命”一种抽油杆管理的新方法，不同使用年限的抽油杆，要分开来回收、修复、保存和发放以及使用。通过这种管理，可以减少新旧抽油杆混用的情况，提高了油管杆的使用寿命和效率，从而提高了整体的采油效率，延长油井稳产周期。

4.2 现场杆柱问题分析

对现场抽油杆应用情况进行分析，主要存在两方面问题：

(1)新旧混用，同一口井的抽油杆使用年限差距大。由于油井现场的抽油杆更换每次都是部分更换，因此同一口油井中的抽油杆新旧不一，每根杆各自的剩余寿命、疲劳程度、受力情况和材料都不一样。在工作中，力学性能最差的那根抽油杆往往决定了整体的力学性能，从而导致整体杆柱的使用周期下降，新抽油杆的功能发挥不出来，形成了一种浪费。

(2)现场抽油杆管理层次不齐。一些有缺陷的杆柱未做区分，可能会重新投入使用，从而埋下隐患。

4.3 制定抽油杆服役图版，建立杆柱管理示范区

4.3.1 制定抽油杆服役期限图版

根据章节3的计算方法，结合鸭×示范区机采参数：抽油机型号CYJQ14－6－73HPB，冲程6m，冲3次/分钟、4次/分钟、5次/分钟，泵径38mm，三级杆柱组合25mm/22mm/19mm，按无腐蚀井况，预测各级杆柱寿命，制作服役期限图版，如图8所示。

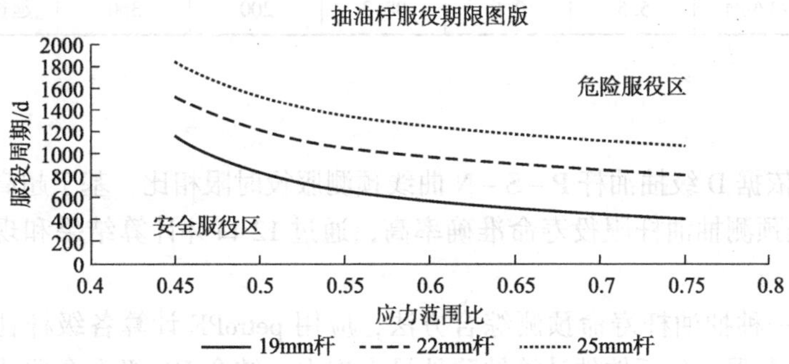

图8　鸭×示范区杆柱服役期限图版

4.3.2 鸭×示范区杆柱管理制度

根据使用年限，鸭×示范区将抽油杆划分为使用一年的、使用两年的和使用三年以上的三种类型，根据类型的不同来回收、保存、修复、发放以及使用。通过建立抽油杆的管理档案，根据寿命优化原则来对抽油杆进行更换。

4.4 示范区应用情况

2023年在鸭×示范区开始应用杆柱等寿命分类管理模式，跟踪检泵起出杆柱情况，分类管理，入井杆柱必须是符合图8中安全服役区，至2024年7月共实施38口井，可评价12口，生产周期均有不同程度延长(表10)。

表10　杆柱寿命管理模式在示范区应用情况

序号	井号	措施日期	生产情况			原生产周期/d	杆柱寿命预警措施后周期/d	对比/d	备注
			产液/(m^3/d)	产油/(t/d)	含水/%				
1	Y565	2023/3/7	6.4	0.6	89.6	150	510	延长360	未检泵
2	Y102	2023/3/28	5.0	0.9	79.2	180	480	延长300	未检泵

续表

序号	井号	措施日期	生产情况			原生产周期/d	杆柱寿命预警措施后周期/d	对比/d	备注
			产液/(m^3/d)	产油/(t/d)	含水/%				
3	Y1-43	2023/4/2	5.1	0.6	86.7	380	510	延长130	未检泵
4	Y922	2023/6/28	2.0	1.3	22.9	240	450	延长210	未检泵
5	Y927	2023/3/20	5.0	3.3	24.1	270	540	延长270	泵漏检泵
6	Y948	2023/8/9	0.6	0.4	16.6	320	390	延长70	未检泵
7	Y109	2023/3/8	1.2	0.9	10.5	410	540	延长130	未检泵
8	Y1-16	2023/8/28	7.5	4.8	25.1	230	390	延长160	未检泵
9	Y1-32	2023/1/18	1.3	0.9	16.1	370	600	延长230	偏磨检泵
10	Y1-34	2023/5/9	1.3	0.2	83.3	260	480	延长220	未检泵
11	Y1-7	2023/5/6	6.9	2.1	66.7	210	480	延长270	未检泵
12	Y204	2023/9/4	5.5	0.6	88.3	200	360	延长160	未检泵

5 结论认识

(1)与以往依据D级抽油杆P-S-N曲线预测服役时限相比，基于超高强度抽油杆概率疲劳寿命曲线预测抽油杆服役寿命准确率高，通过12口井计算结果和现场的比对，准确率达到83%。

(2)建立了一种抽油杆寿命预测综合方法，应用petroPE计算各级杆柱载荷，根据杆体表面缺陷通过有限元分析软件计算缺陷处最大应力，结合HL级寿命曲线预测其使用时限，步骤简单，实现了杆柱使用时限的量化计算。

(3)重新认识点蚀对于抽油杆使用时限的影响，为杆柱防断脱需加强井筒防腐的必要性提供了理论依据。

(4)杆柱服役图版是在无腐蚀条件下计算的，未考虑复杂井况的影响因素，后期还需在这些方面做深入研究。

参考文献

[1]SY/T 5873—2017 有杆泵抽油系统设计、施工作法[s]：79-87.

[2]林元华，张德平，骆发前，施太和，抽油杆疲劳寿命计算研究[J]. 石油钻采工艺，2005，27(6)：66-69.

[3]蔡文斌，李文，胥元刚，基于三参数威布尔分布模型的超高强度抽油杆概率疲劳寿命曲线[J]. 中国石油大学学报，2022，46(4)：79-85.

内衬管防偏磨技术延长油井检泵周期研究与应用

兰芳[1]　孙春梅[1]　杨会平[2]

(1. 玉门油田分公司采油工艺研究院；2. 玉门油田分公司开发事业部)

摘　要：由于定向井增多、腐蚀、结垢严重等造成偏磨加剧，偏磨检泵作业频次不断上升，近几年应用超高分子聚乙烯内衬油管治理偏磨取得了一定的效果，重点对内衬油管的技术特点及使用效果进行了分析，针对内衬油管使用过程中出现的问题，提出相应的改进措施。

关键词：超高分子聚乙烯内衬油管；管杆偏磨；现场应用；效果分析

玉门油田定向井占总井40%，并且为实现油井产量的重点井。定向井井口密集、造斜点高、井斜角大，井身结构复杂，井筒状况复杂，常出现偏磨腐蚀、偏磨结垢、或偏磨结垢腐蚀共存的现象。机抽井因杆管偏磨而作业的井明显上升，近三年来因管杆偏磨造成的检泵占总检泵井次的52%，对油井的正常生产造成了较大的影响。

内衬油管出现于20世纪90年代初期，2005年在国内各油田开始正式投产和推广，其优良的防腐耐磨性能在国内外各油田都得到了证实。玉门油田于2021年引入高分子内衬油管，对预防油井的管杆偏磨起到了良好的效果，并有效延长了检泵周期。

1　超高分子聚乙烯内衬油管的性能特点

超高分子聚乙烯内衬油管是在钢制普通油管内加衬一层特种聚乙烯管，采用先冷缩后热胀的技术使聚乙烯衬管与油管紧贴在一起，形成“管中管”结构。与金属管材相比，该材料具有耐腐蚀、耐磨损、摩擦系数低、内壁不结垢、流体阻力小等优点，可以有效防止抽油杆和油管的磨损和油管内壁的腐蚀和结垢。

1.1　内衬管材料特性

通过从改善普通聚乙烯分子(图1)结构和增加特种添加剂，形成了聚乙烯新材料(图2)，具有分子量高、分子链长、分子排列紧密的特性。改性超高分子量聚乙烯是一种饱和分子团结构，故其化学稳定性极高，在一定温度和浓度范围内耐各种高腐蚀性介质(酸、碱、

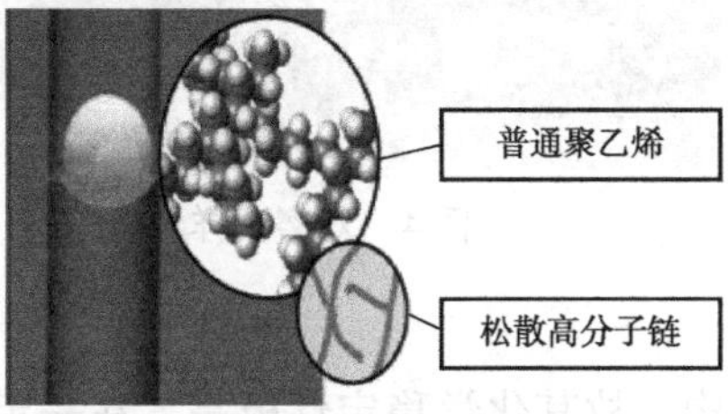

图1　普通聚乙烯分子

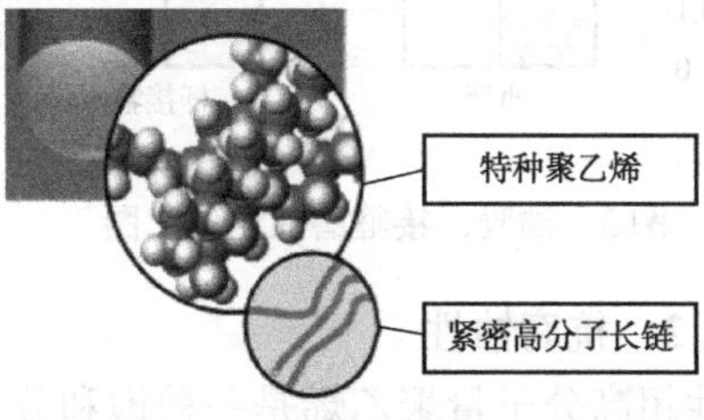

图2　特种聚乙烯分子

第一作者简介：兰芳(1975—)，女，四川省，中国石油玉门油田分公司采油工艺研究院，高级工程师，从事机械采油工艺技术研究工作。E－mail：lanfang@ petrochina. com. cn。

盐)及有机溶剂的侵蚀。

1.2 超高分子聚乙烯内衬油管技术参数

内衬管的最高使用温度95℃，内衬油管尺寸参数和内衬塑管性能如下(表1、表2)。

表1 超高分子聚乙烯内衬油管与普通油管内径对比表

油管规格	普通油管内径/mm	内衬油管内径/mm
2 3/8in	50.7	43.4
2 7/8in	62.0	55
3 1/2in	76.0	65

表2 超高分子聚乙烯内衬塑管主要性能指标

序号	项目	性能指标	试验方法
1	维卡软化温度(A50)/℃	≥130	GB/T 1633
2	简支梁缺口冲击强度	≥50	GB/T 1043
3	拉伸屈服强度/MPa	≥20	GB/T 8804.3
4	拉伸断裂伸长率/%	≥400	GB/T 8804.3
5	邵氏硬度，HD	≥65	GB/T 2411

1.3 超高分子聚乙烯内衬油管技术特点

1.3.1 抗磨性

用J55普通油管和超高分子聚乙烯内衬油管与抽油杆接箍进行对磨试验，相同条件下，内衬油管磨损量是J55油管的31%，抽油杆接箍在J55油管磨损量0.19mm，在内衬油管中无磨损(图3、图4)。

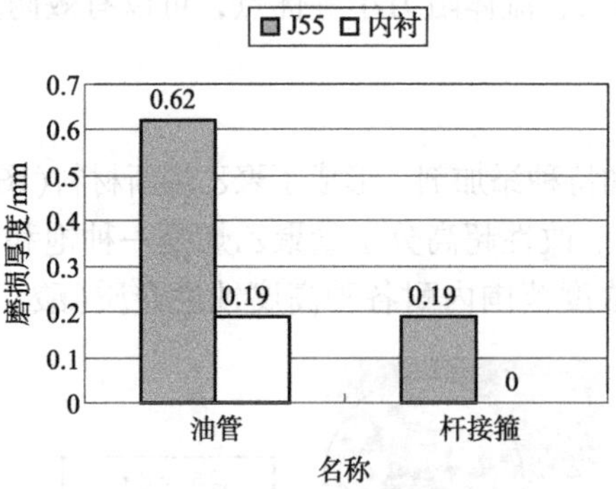

图3 油管、接箍磨损量对比图

图4 对磨试样

1.3.2 抗腐蚀性

改性超高分子量聚乙烯是一种饱和分子团结构，故其化学稳定性极高，在一定温度和浓度范围内耐各种高腐蚀性介质(酸、碱、盐)及有机溶剂的侵蚀。在酸碱中不受腐蚀，可以在80℃的浓盐酸中应用，在75%的浓硫酸、20%的硝酸中性能稳定。

1.3.3 低摩阻性

内壁表面粗糙度只有0.01mm，摩阻系数极小，而一般新钢管的表面粗糙度介于0.05～

0.10mm。内衬材料的滑动摩擦系数是钢的滑动摩擦系数的1/4～1/3，这就有效地减少了杆管间的摩擦磨损，降低了光杆负荷、平衡扭矩和抽油杆柱底部的最小应力。

1.3.4 高阻垢、阻蜡性

超过分子聚乙烯衬管是一种类似石蜡烃的饱和碳氢化合物，表面张力小，表面吸附力非常微弱，它的吸水率很低，小于0.01%，表面疏水性良好，因而制品表面与其他材料不易黏附，抗黏附能力与特氟隆相当。

2 现场应用情况及效果评价

2.1 现场偏磨情况

2019年到2021年某区块累计检泵245井次，因管、杆问题检泵128井次，占检泵总数的52.3%，其中部分井因偏磨严重，年检泵3～4井次。对区块检泵情况分析，杆管偏磨和井筒结垢是造成油井检泵的主要因素，占检泵总井次61.01%。泵上0～500m杆管偏磨严重，泵上500～1000m杆管轻微偏磨，因偏磨造成管柱漏失或杆柱断脱问题非常突出。

2.2 内衬油管配套方案

油管柱结构(自上而下)："管挂+Φ73mm普通平式油管+Φ73mm导向接箍+Φ73mm内衬平式油管(泵上500～1100m)+泵管+Φ73mm普通平式油管+Φ73mm平式筛管+Φ73mm普通平式油管+Φ73mm堵头"；

抽油杆柱结构(自上而下)："Φ25mm光杆+Φ22mmH级抽油杆+Φ19mmH级抽油杆+Φ19mm防脱接箍+Φ19mmH级抽油杆+Φ22mmH级抽油杆+泵柱塞总成"

2.3 应用效果评价

2021年引入超高分子聚乙烯内衬油管治理偏磨问题。截至2024年8月，共在55口严重偏磨井中使用了内衬油管，措施井延长检泵周期效果明显，并取得了明显的经济效益。

(1)检泵周期延长。

自2021先后投入试验区的45口可评价井，平均检泵周期从试验前的231天延长到目前的493天，已延长262天，且其中18口至今未检泵。2023年后期至现在应用的10口因时间短，延长检泵周期的效果待评价(表3)。

表3 试验区部分内衬油管现场应用情况表

井号	措施前检泵周期/d	措施时间	措施后检泵周期/d	已延长检泵周期/d
HQ21－11X	145	2021.8.26	649	504
HQ104－19J	137	2021.10.22	234	97
HQ65－2J	263	2021.10.22	743	480
HQ16－6H	74	2021.10.25	273	199
HQ21－10B	203	2021.11.2	581	378
平均	165		496	331

(2)管杆摩阻降低。

HQ104－20J井于2022年7月10日下入内衬油管，对比措施前后功图，最大载荷减小0.52kN，最小载荷增大0.65kN，表明下入内衬管后，管杆的摩擦力明显降低(图5)。

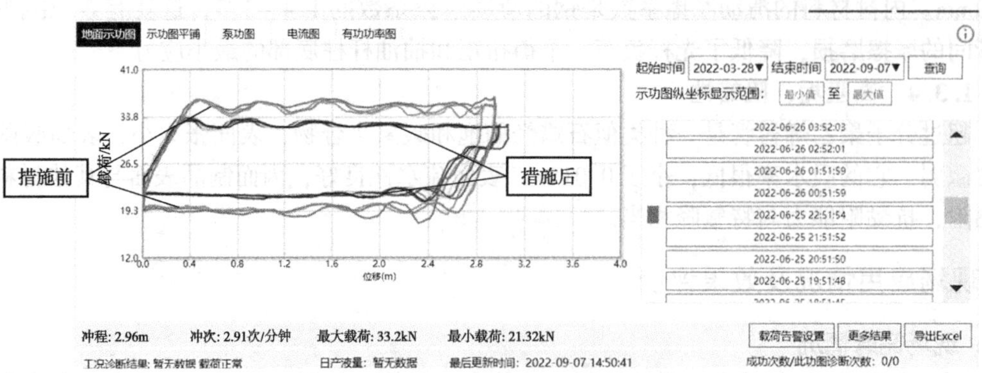

图5 HQ104－20J 措施前后功图对比

(3)经济效益明显。

目前可评价的45口井平均泵挂深度1577m，治理前平均检泵周期231天，治理后检泵周期平均延长至目前的493天，平均单井配套880m内衬油管，697m普通油管，单井年经济效益62507元。截至2024年8月，45口井共产生经济效益330.61万元。

3 存在问题

3.1 配套抽油杆腐蚀加剧

在使用内衬油管后的修井中显示油杆有明显腐蚀。产生该现象的原因主要是内衬油管不受井液腐蚀的影响，使得井内液体的电化学腐蚀作用在油杆上，加剧了油杆的腐蚀(图6)。

图6 内衬管配套抽油杆腐蚀图

3.2 偏磨段上移

在使用内衬油管后修井中偏磨段出现了明显上移，内衬管设计中已覆盖原偏磨段，修井发现内衬油管上部第1～3根油管存在偏磨现象。产生该问题的原因主要是由于油管内径减小导致了活塞效应的增加，使得油杆下行阻力增加，导致了内衬油管上部油杆弯曲偏磨。油杆与液柱间的摩擦力 F 增大。在井液黏度4.92mPa·s，内衬油管内部油杆长度518m，内衬油管内部油杆接箍外径42mm，冲程3m，冲次3次/分钟的条件下，测得随油管内径变化曲线(图7)。从图中可以看出，随油管内径的减小，油杆与液柱间的摩擦力明显增加；当油管内径与油杆接箍外径非常接近时，油杆与液柱间的摩擦力将会达到一个较大值，导致油杆下行阻力大大增加。

3.3 内衬材料磨损

HQ16－6H 检泵作业发现井内有少量丝状内衬管材料，产生该问题的原因是可能是目前使用的内衬油管内径为53mm，扶正块外径58mm，内衬油管内配套直杆，不能下扶正杆，内衬管与普通抽油杆接箍磨损，发生内衬材料被刮削的情况，缩短内衬管使用时间。

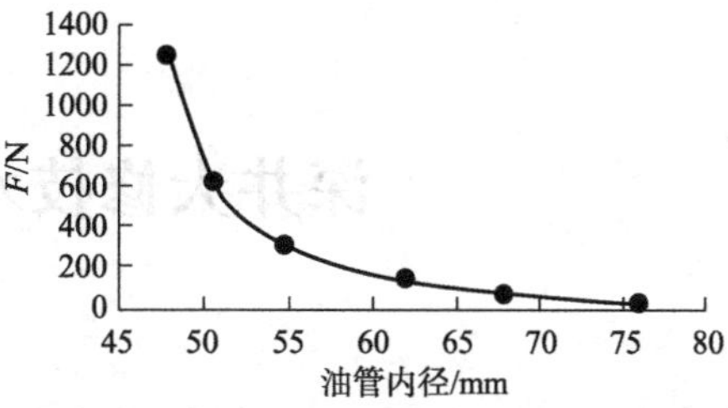

图7　油杆与液柱间的摩擦力随油管内径变化曲线图

4　下步措施建议

(1)首次使用内衬油管时，其长度至少覆盖至偏磨段以上100m，建议结合井眼轨迹对杆柱进行三维力学分析，精准布放内衬管。

(2)内衬油管内部油杆配套使用耐磨接箍。耐磨接箍摩擦系数低，并且耐磨耐腐蚀性能较普通接箍强，可降低油杆与液柱之间的摩擦力，防止内衬油管内部油杆接箍磨损和腐蚀。

(3)在内衬管与普通油管连接处采用导向接箍，实现平滑过渡，防止抽油杆在油管变径处磨损加剧。

(4)设计外径为48mm的小直径内过流扶正，将内过流扶正块安装在直杆上，防止杆管偏磨。

(5)对于腐蚀严重的油井，将内衬油管内部的油杆换为防腐杆或加注防腐蚀化学药剂。

5　结论

(1)超高分子聚乙烯内衬油管不仅机械强度优于普通油管，而且有较好的抗磨、抗腐蚀性能，对于抽油机井防治管杆偏磨有显著的效果。

(2)超高分子聚乙烯内衬油管在现场使用中，由于其内径缩小，容易出现偏磨段上移的情况，因此首次使用内衬油管要保证足够的长度，或者使用配套抽油杆。

(3)超高分子聚乙烯内衬油管使用后易出现内部油杆腐蚀加剧的情况，因此对腐蚀严重油井要采取对应的防腐措施。

参考文献

[1]蒲斌．油管偏磨腐蚀与耐磨防腐内衬油管研究[D]．北京：中国石油大学，2007：15－16.

[2]付强，付路长，周宏斌，等．内衬管偏磨治理工艺的研究与应用[J]．石油矿场机械，2008，37(1)：84－87.

[3]王海文，杨峰，赵辉．油管中塑料内衬管的伸长原因及控制措施[J]．石油矿场机械，2014，43(8)：61－64.

深井大修技术体系的构建及应用

田疆　袁键

（中国石油化工股份有限公司西北油田分公司）

摘　要：塔河油田为古生界岩溶型碳酸盐岩油藏，具有“三高两超”的特点：即“高温、高压、高含硫、超稠、超深”的特点。油田开发进程中，碳酸盐岩裸眼段垮塌，套损、套漏井不断增多，裸眼封隔器解封困难，稠油上返凝堵井筒，老区储量储层改造难以动用，制约了油田高效开发。“十三五”期间，油田以井筒完整性为核心，搭建“产－学－研”一体化平台，开展了技术攻关试验，构建了以垮塌治理、套损治理、落鱼治理、稠油处理和特型侧钻5项技术15项工艺为支撑的深井大修工艺技术体系。5年期间通过大修治理，修复油水井72口，增产原油65.6×10^4t，新增净利润5.7亿元，有力推动了井下作业技术进步，对支撑油田高质量发展，具有重大意义。

关键词：碳酸岩；深井；大修；技术体系；应用

塔河油田是古生界海相岩溶型油藏，油藏温度高达130～180℃，平均油藏压力60MPa以上，主力区块原油密度0.98g/cm³，局部地区高达1.04g/cm³以上，井深4200～8408m，部分油区硫化氢含量高，最高达34000ppm。油田开发进程中，碳酸盐岩裸眼段垮塌、套损、套漏井不断增多，裸眼封隔器解封困难，稠油上返凝堵井筒，导致老区储量难以动用等问题，对修井作业带来了诸多困难。

1　技术体系构建

围绕不同开发阶段逐步形成了相匹配的大修工艺。“十三五”期间，以井筒完整性为核心，构建了以5项大修技术系列为支撑的深井大修工艺技术体系，有力推动了井下作业技术的发展进步(图1)。

1.1　垮塌治理技术

通过统计分析，影响井壁垮塌的原因较多，主要诱因有裸眼酸压完井破坏井壁稳定和采油深抽及地层能量下降导致井壁垮塌两类。

通过构建“排量－岩屑粒径关系图版”和“垮塌井治理规律图版”，有效指导常规垮塌井捞砂工艺参数优化(图2、图3)。

同时，按照“治理＋防护”的技术思路，现场试验形成了3项技术，有效解决了裸眼段≤7000m±治理后生产期短的问题。

第一作者简介：田疆(1982—)，男，籍贯新疆喀什，现就职于中石化西北油田分公司采油四厂，副厂长兼总工程师/高级工程师，主研方向石油工程。E－mail：55000715@qq.com。

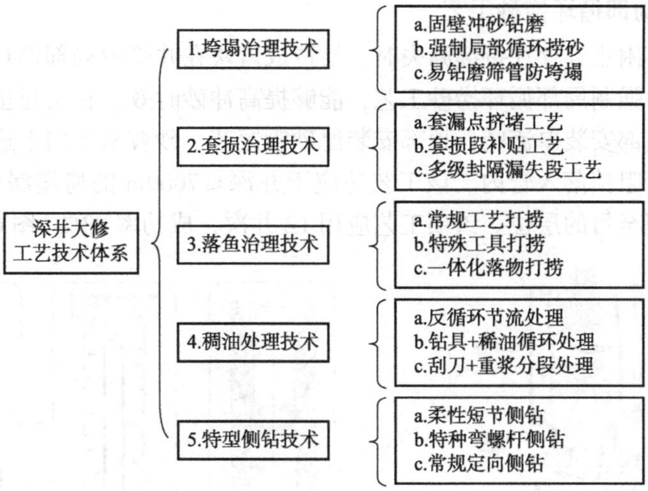

图 1　塔河油田深井大修工艺技术体系

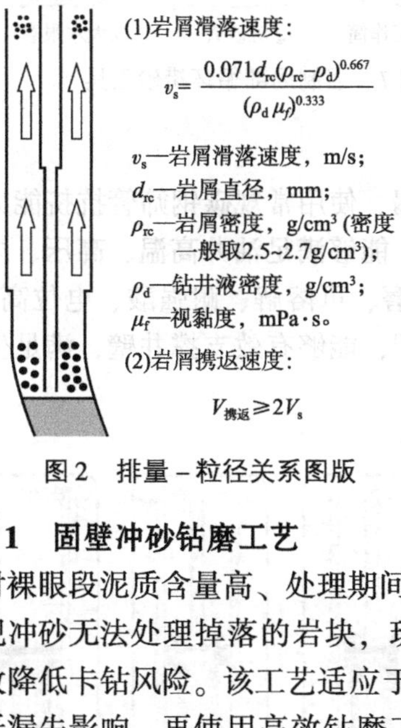

图 2　排量－粒径关系图版

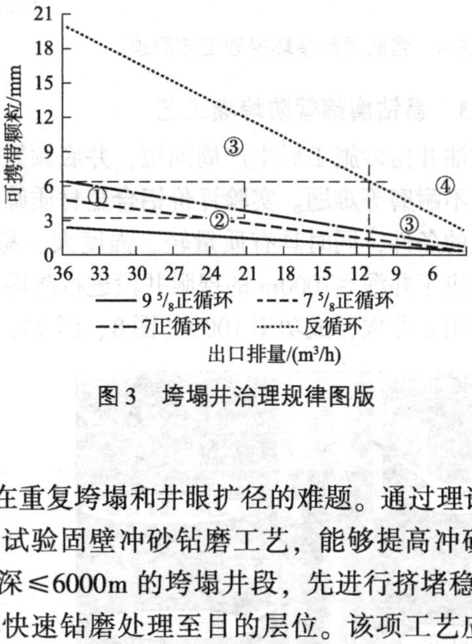

图 3　垮塌井治理规律图版

1.1.1　固壁冲砂钻磨工艺

针对裸眼段泥质含量高、处理期间存在重复垮塌和井眼扩径的难题。通过理论图版计算，常规冲砂无法处理掉落的岩块，现场试验固壁冲砂钻磨工艺，能够提高冲砂处理时效，有效降低卡钻风险。该工艺适应于井深≤6000m 的垮塌井段，先进行挤堵稳固井壁，同时降低漏失影响，再使用高效钻磨工具快速钻磨处理至目的层位。该项工艺应用 7 井次，成功率 86%（图 4、图 5）。

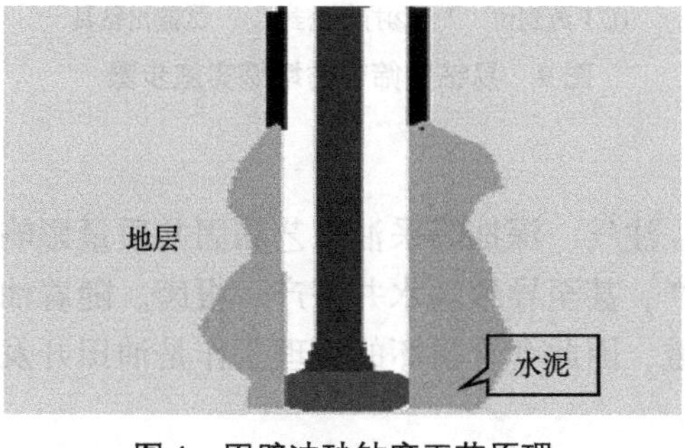

图 4　固壁冲砂钻磨工艺原理

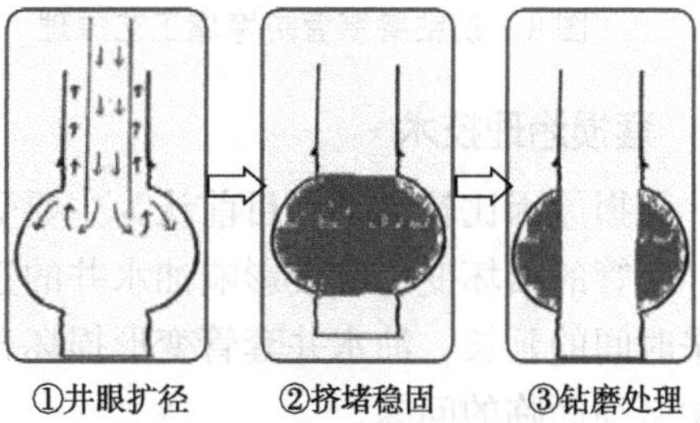

图 5　固壁冲砂实施步骤

1.1.2　强制局部循环捞砂工艺

井筒局部循环困难且存在持续漏失时，易造成岩块在井筒内局部循环，无法返出地面的难题。现场试验强制局部循环捞砂工艺，能够提高冲砂时效。在文丘里工作筒下部安装沉砂管，沉砂管底部安装单流阀，顶部安装滤砂管短节，砂粒从下向上进入单向通道，在顶部滤砂管出隔离阻挡落入管内。该工艺适应于井深≤7000m 的垮塌漏失井段进行处理，能够快速钻磨处理至目的层位。该项工艺应用 12 井次，成功率 93%（图 6、图 7）。

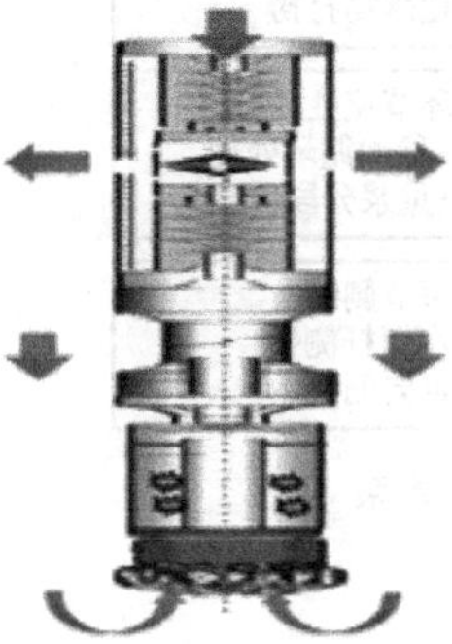

图 6　强制局部循环捞砂工艺原理

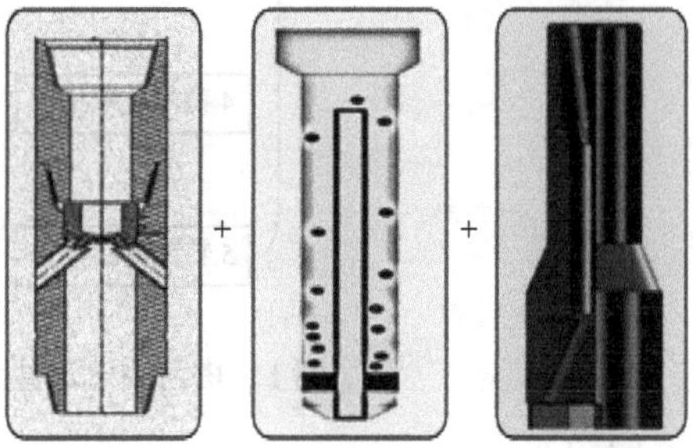

图 7　强制局部循环捞砂工具

1.1.3　易钻磨筛管防垮塌工艺

针对油井捞砂施工后生产周期短，井底频繁垮塌，使用常规碳钢筛管抗挤能力低，不耐腐蚀，不耐磨等难题。实验评价铝合金材质筛管，能够满足油井高温、高压、高盐、高含硫化氢的条件，同时具有质量轻、强度大、易钻磨、可溶解、耐强酸、电位高的特点。该工艺适应于井深≤7000m 的裸眼井段进行防塌处理，能够有效支撑井壁，满足生产。该项工艺应用 8 井次，成功率 100%（图 8、图 9）。

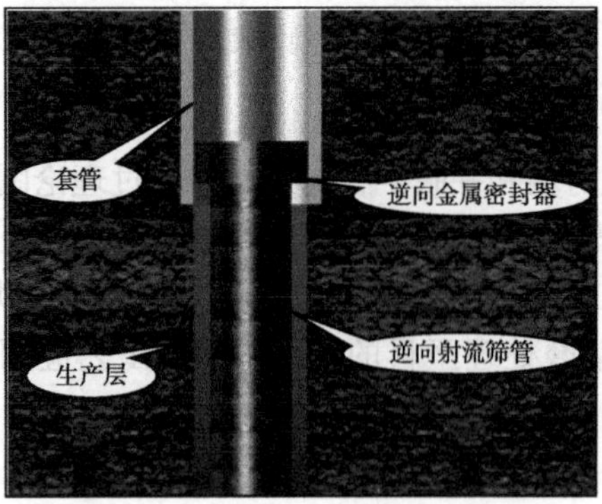

图 8　易钻磨筛管防垮塌工艺原理

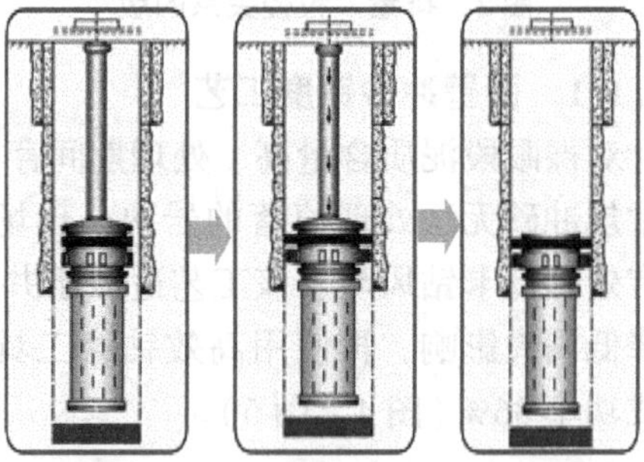

图 9　易钻磨筛管防垮塌实施步骤

1.2　套损治理技术

套损原因比较复杂，目前认为主要受注水、注气、深抽等采油工艺和固井质量影响严重。套管的损坏变形直接影响油水井的正常生产，甚至导致油水井停产、报废。随着油田开采时间的延长，油水井套管变形损坏日趋严重，因此套管损坏的修理工作是油田开发过程中必须面临的问题。

通过常态化开展井筒检测和监测资料录取，为套损治理提供了精准资料。同时总结形成了“套损井堵漏工艺图版”和“套损井治理工艺选择图版”，有效指导常规套管堵漏作业（图10、图11）。

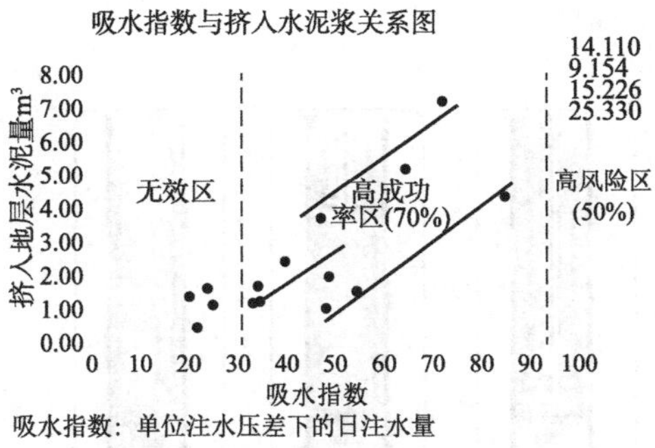

图10　套损井堵漏工艺图版

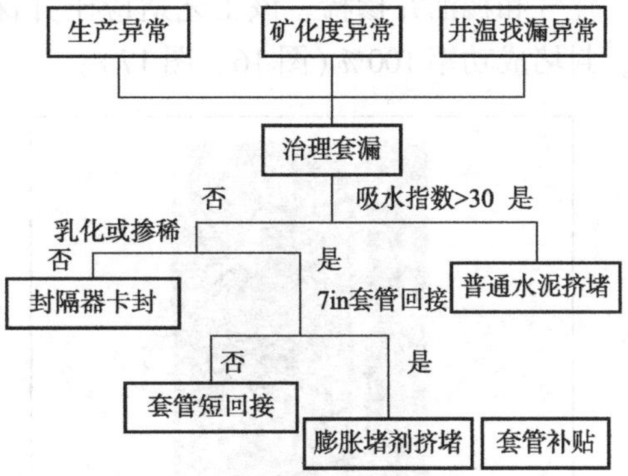

图11　套损井治理工艺选择图版

1.2.1　套漏点挤堵工艺

针对中下部套管使用普通水泥堵漏，承压能力有限、重复失效的问题，引进评价MD－PT微膨胀封堵漏剂，该堵剂中含有大量活性微细矿物，通过化学反应，新生成钙矾石晶体及纤维状凝胶CSH，并附着在堵剂与套管缸体与地层交界面。凝固后界面封堵强度大于40MPa、膨胀率约7%，驻留性能强。抗温性能（大于180℃），抗盐性能（大于270000mg/L）以及稠化时间可调可控。该工艺适应于井深≤5000m的套管漏点的高效修补，治理7井次，封堵成功率100%（图12、图13）。

图12　MD－PT微膨胀封堵漏剂

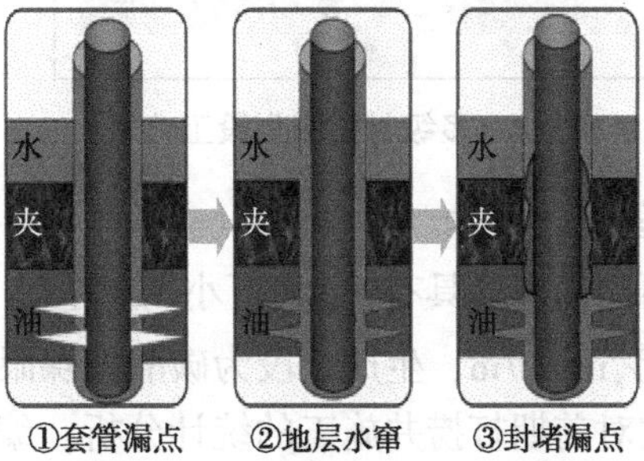

图13　套漏点挤堵工艺实施步骤

1.2.2　套损段补贴工艺

针对上部套管存在大段漏点，常规工艺封堵施工周期长、效果差、有效期短的难题。引进评价耐压膨胀管补贴工艺，可满足长井段的补贴需求，连接简便，且膨胀后也不影响丝扣的密封性能，在膨胀管串两端的密封橡胶件具有耐压、耐高温、耐腐蚀等特性，可保证较长的有效期。同时老井套管与膨胀管间无须填充其他介质，对漏失部位进行有效封堵的同时也加固了老井套管，提高了套管的抗外挤强度。该工艺适应于井深≤2000m的套管大段漏点的修补，治理5井次，封堵成功率80%。工艺原理详见图14、图15。

1.2.3　多级封隔漏失段工艺

技术套管双级接箍位置或套管破漏点对应高压水层，堵漏工艺处理后，生产周期短。针对此类问题，研发并现场试验LPF封隔器，它靠液压坐封－液压解封的扩张式封隔器，可实现多级卡封漏失。LPF封隔器内部设有密封阀，胶筒涨封后油管泄压或停止注水，胶筒不会回弹，依然保持涨封状态，防止串层，反打压解封。该封隔器操作简便，可用于注水、注气和稠油井掺稀。该工艺适应于井深≤5000m的套管大段漏点的修补，治理2井次，封堵成功率100%(图16、图17)。

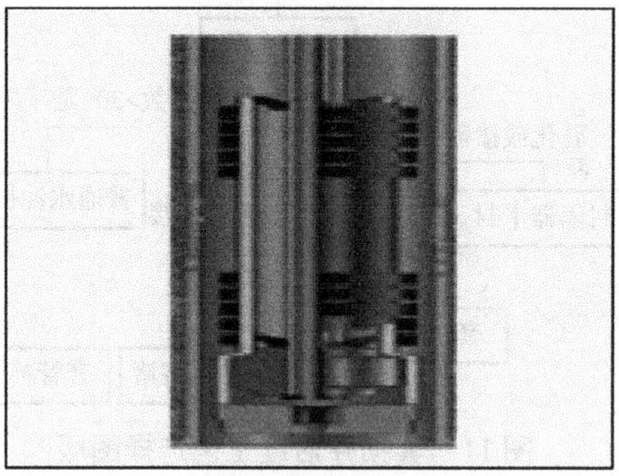

图14 耐压膨胀管补贴工艺

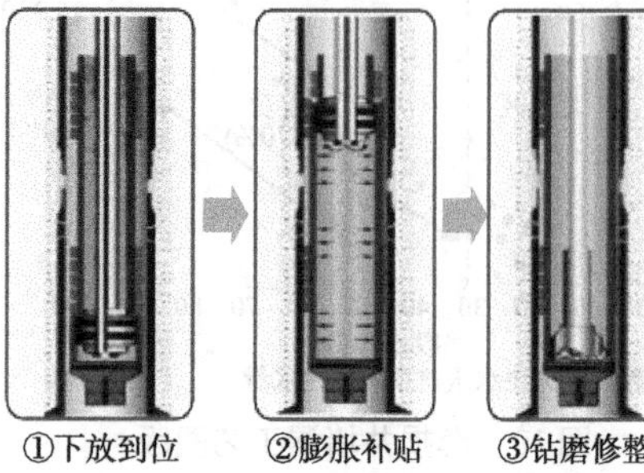

图15 耐压膨胀管补贴工艺实施步骤

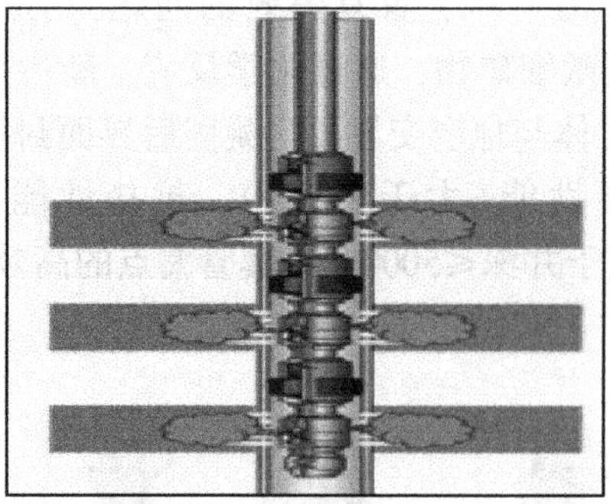

图16 多级封隔漏失段工艺

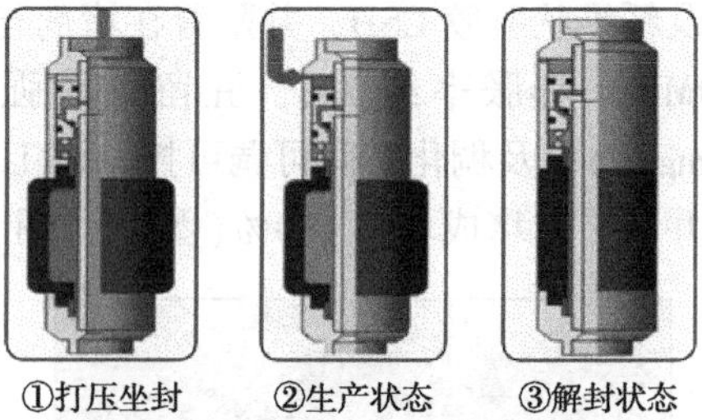

图17 多级封隔漏失段实施步骤

1.3 落鱼治理技术

塔河油田深井具有“上大下小”的特点，井身结构多为3级，表层套为13 $^{3}/_{8}$in，技术套管为9 $^{5}/_{8}$in和7in，生产层段为碳酸岩裸眼，为打捞工艺带来了诸多困难。

通过对前期打捞井施工的统计分析，编制形成“深井打捞设计流程图版”和“深井打捞工具选型图版”，有效指导常规落鱼打捞作业(图18、图19)。

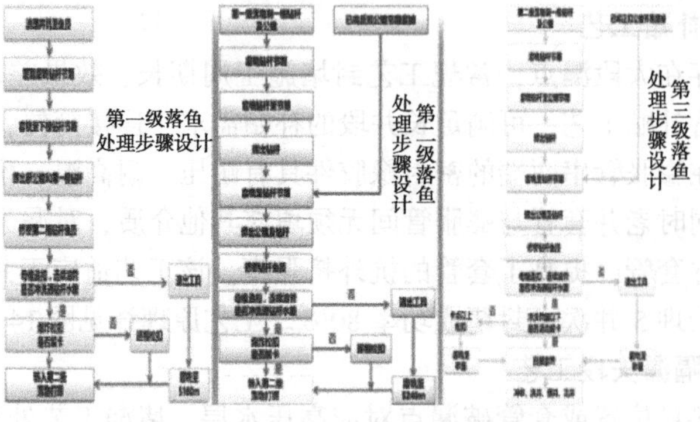

图18 深井打捞设计流程图版

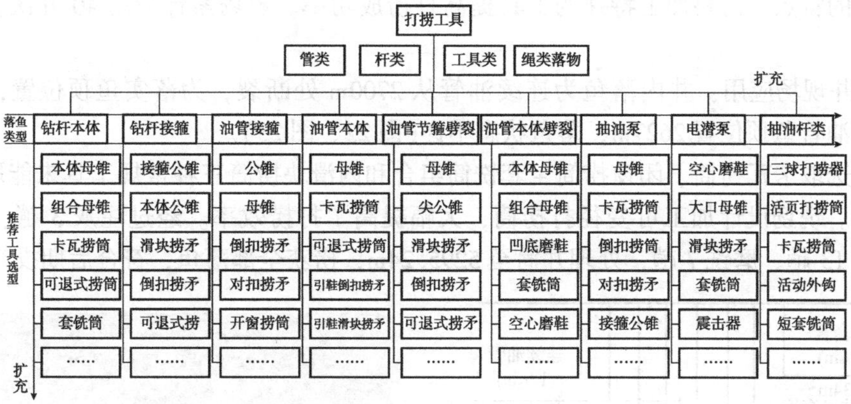

图 19　深井打捞工具选型图版

同时，按照“总结 + 改进”的技术思路，攻关试验形成了 3 项工艺，有效解决了深井≤7000m ± 单趟打捞成功率低的问题。

1.3.1　常规落鱼打捞工艺

深井常规打捞主要是油管类、钻杆类落物。现场常见的管类落物经常处于被卡的状态。卡钻的方式有多种，主要有砂卡、盐卡、垢卡、灰(水泥凝固)卡、小件落物卡等。对于不同的卡钻形式，要根据实际情况选择合理的处理工具。若无打捞通道(空间)，要采取套铣、磨铣工艺创造打捞通道，便于打捞工具进入实施打捞。现场累计应用 60 井次，打捞成功率 50% ±。

A 号井现场应用：井内落鱼为 $3\frac{1}{2}$in 油管 217 根 + CYB－70/44TH 抽稠泵泵筒 + $3\frac{1}{2}$in 加公 × $2\frac{7}{8}$in 加公 1 根 + $3\frac{1}{2}$in EUE 油管 10 根 + 混配器 1 根 + $3\frac{1}{2}$in EUE 筛管 10 根 + $3\frac{1}{2}$in EUE 油管 2 根 + 丝堵，鱼顶为 $3\frac{1}{2}$in EUE 油管母扣。鱼顶深度不详(图 20、图 21)。

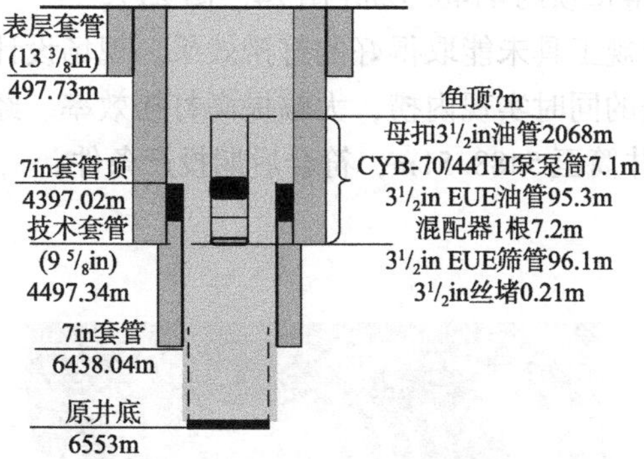

图 20　A 号井井身结构示意图

图 21　起出原井管柱情况

现场选取可退式卡瓦捞筒、MZ－95－MC31 母锥和铅模三种常规打捞工具。经过 5 趟打捞、1 趟打铅印探查、2 次处理井筒稠油，最终捞获全部落鱼，处理井筒至 6553m，符合后期投产条件。

1.3.2　特殊工具打捞工艺

此类打捞工艺针对在修井作业期间下入井内的工具存在质量缺陷或者操作不当，形成井内落鱼的情况。绳类落物，如测井电缆、连续油管等，具有细长、柔软、易滑脱、容易收缩变形的特点，需要加工特殊的工具提高打捞成功率。现场累计应用 40 井次，打捞成功率 80%。

B 号井现场应用：井内落鱼为连续油管从 2700m 处断裂，为落实鱼顶位置，加压 3t 探得连续油管鱼顶位置 2627m，落鱼状态不详(图 22、图 23)。

现场选取卡瓦捞筒、闭窗捞筒 + 套铣筒组合和内滑块捞筒三种常规工具未能取得好的打捞效果。现场设计加工可变径打捞筒，大幅提高了打捞效率。经过注灰 3 趟、打捞 33 趟、套铣 13 趟、磨铣 7 趟，处理井筒至 5295.24m，捞获全部落鱼，符合后期投产条件。

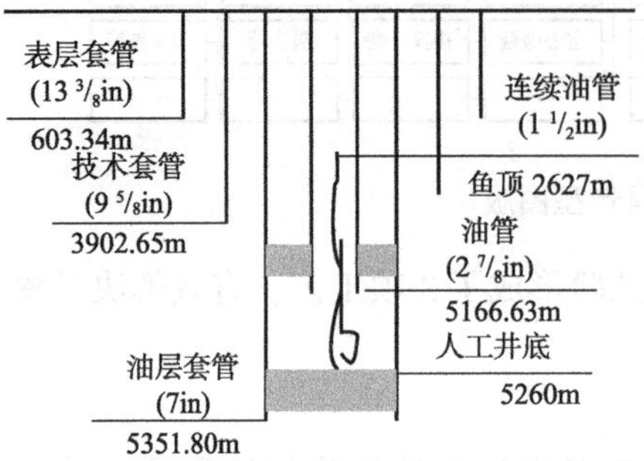

图 22　B 号井井身结构示意图

图 23　起出连续油管情况

1.3.3　一体化落物打捞工艺

此类打捞工艺针对深井井内落鱼长度长，打捞期间频繁起下钻，现场劳动强度大，捞获效率低的状况。按照一次性清理环空同时捞获落鱼的思路，设计加工了套铣 + 公锥、套铣 + 母锥、套铣 + 捞筒等多种组合工具，可达到减少起下工序，提高时效的目的。现场累计应用 17 井次，打捞成功率 100%。

C 号井现场应用：井内落鱼为母扣 2 ⅞in 钻杆 1273.93m + 变扣 0.35m + 钻挺 74m + 148mm 高效磨鞋 0.31m，总长 1348.59m，探得鱼顶约 4148.92m(图 24、图 25)。

前期选取卡瓦捞筒、套铣筒和母锥三种常规工具未能取得好的打捞效果。现场设计加工套铣筒 + 公锥组合工具，在改进后可在套铣的同时实现内捞，大幅提高打捞效率。经过打捞 11 趟、套铣 3 趟，捞获全部落鱼，处理井筒至 5488.51m，符合后期投产条件。

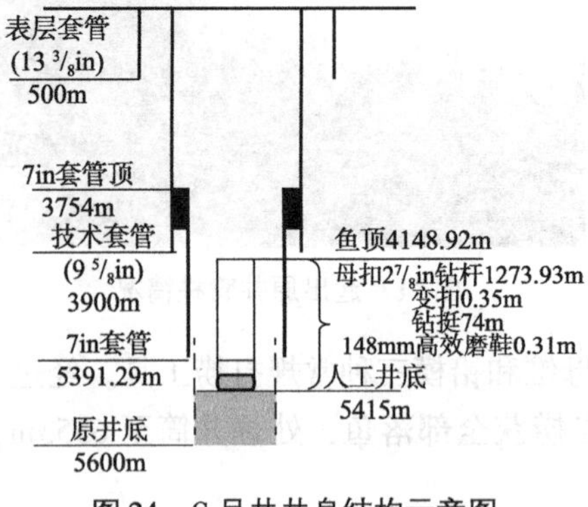

图 24　C 号井井身结构示意图

图 25　起出钻具情况

1.4　稠油处理技术

塔河油田稠油在油藏内部流动性很好，进入井筒内随着压力和温度降低，黏度增大，同时受含水变化、掺稀比波动等因素影响，在油管内原油混合不均，易导致稠油上返凝堵的难题。

以“稠油掺稀图版”和“温度－产量图版”为指导，通过对前期凝堵井施工情况进行统计分析，形成了一套稠油处理工艺，提高了作业时效(图26、图27)。

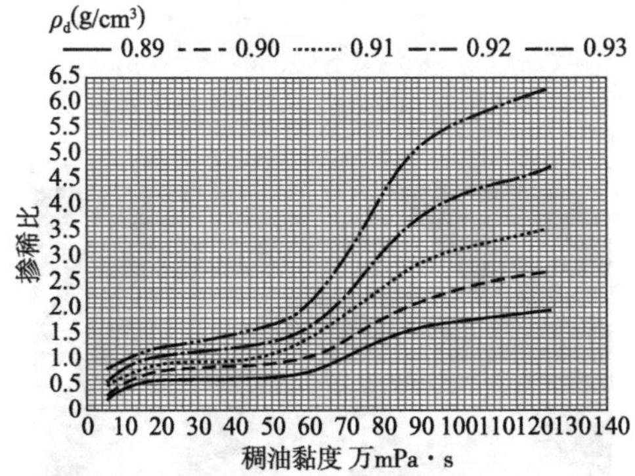

图26　稠油掺稀图版

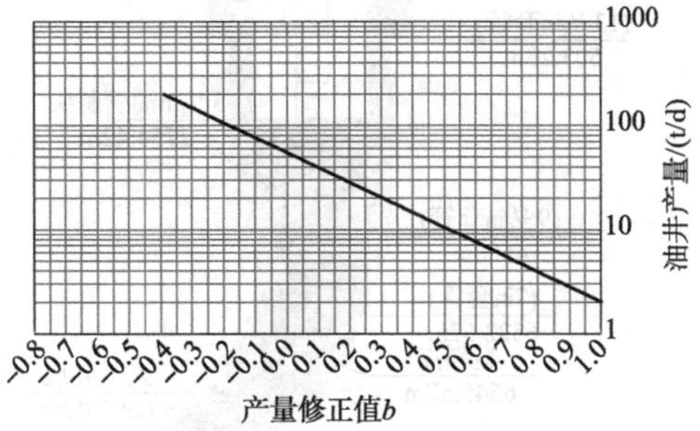

图27　温度－产量图版

按照“分段＋改进”的技术思路，总结形成了3项稠油凝堵处理工艺，有效解决了深井≤6000m±反复凝堵的问题。

1.4.1　反循环节流处理工艺

稠油盐水混合后形成的油包水乳状液黏度非常高，凝固后堵塞作业管柱或环空，为后续施工带来很大难度。修井前若压力较高时，应提前掺稀泄压生产，当压力降到合理范围后，再选用合理方式压井。利用动态、静态资料分析，油品性质分析，漏失状况分析，参数优化调整，形成了超稠井反循环节流处理工艺。该项工艺适用于稠油上返初期或修井上修前进行处理，将稠油挤入地层内，从源头实现井筒畅通。现场应用60井次，成功率80%(图28、图29)。

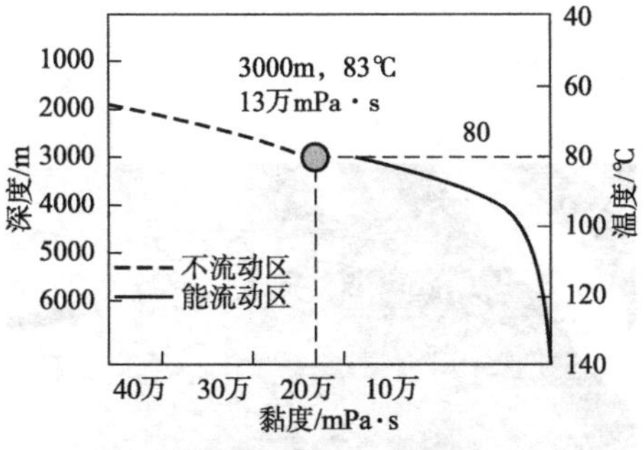

图28　稠油凝堵深度

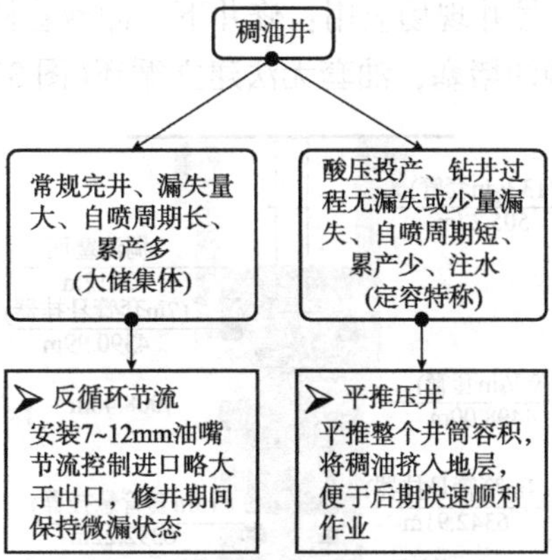

图29　反循环节流处理工艺

1.4.2　钻具＋稀油循环处理工艺

在修井过程当中，压井作业后管脚以上稀油被替换出井筒，随着油水重力置换，稠油上返后无法得到稀油混配降黏，在井筒内形成较长一段稠油柱塞，使得井下工具难以出入井。现场应用三牙轮钻头＋稀油掺稀循环进行处理，有效解决了密度介于0.95～

1.08g/cm^3，地面黏度700~800mPa·s(70℃)的重质稠油上返堵塞井筒的难题。现场应用80井次，成功率90%。

D号井现场应用：修井下入冲砂管柱期间，稠油上返遇阻深度2754.42m，井内套管已全部被稠油堵塞，油套无法建立循环。详见图30、图31。

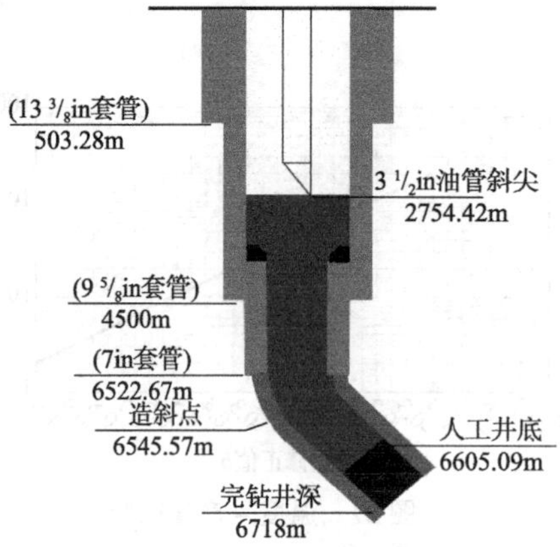

图30　D号井井身结构示意图

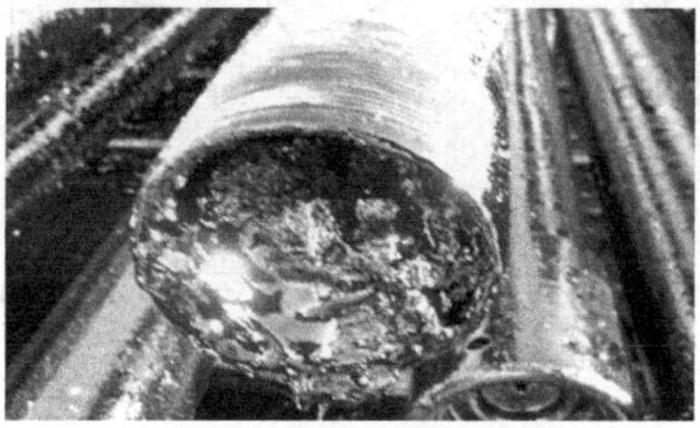

图31　起出冲砂管柱情况

现场选取三牙轮钻头钻具组合，配合使用稀油短循环处理至7in套管悬挂器位置，再使用盐水+水溶性降黏剂压井处理，大幅提高了处理效率。经过1趟磨洗、4趟冲洗和1趟刮削，处理井筒至6604.93m，符合后期投产条件。

1.4.3　刮刀+重浆分段处理工艺

在采油生产期间，因稠油掺稀不均匀，井筒内充满高黏稠油，无法溶解，现场使用刮刀钻头磨碎稠油，配套使用泥浆对稠油分散、携带处理。有效解决了密度大于1.08g/cm^3，地面黏度大于10000mPa·s(70℃条件下)的高黏稠油上返堵塞井筒的难题。现场应用22井次，成功率100%。

E号井现场应用：修井下入冲砂管柱期间，稠油上返遇阻深度3112m，井内套管已全部被稠油堵塞，油套无法建立循环(图32、图33)。

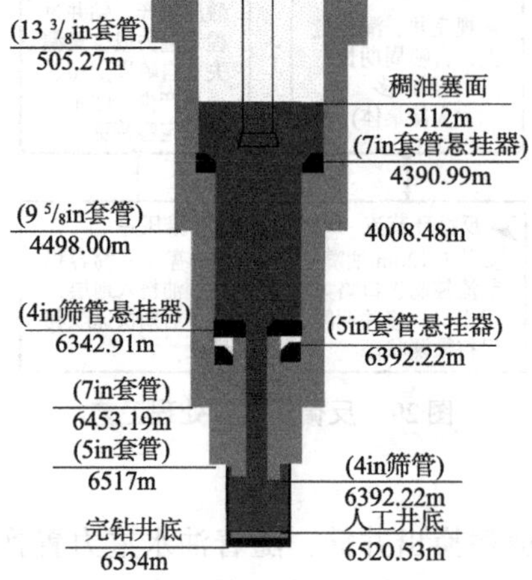

图32　E号井井身结构示意图

图33　起出电泵管柱情况

现场选取刮刀钻头钻具组合处理井筒稠油，地面配套“导流槽+人梯+滤网+输送滑道”回收装置，用于固状原油的回收。同时，使用重泥浆循环处理至4in筛管悬挂器位置，再使用重泥浆压井处理，大幅提高了处理效率。经过1趟磨洗、4趟冲洗和1趟刮削，处理井筒至6342m，符合后期投产条件。

1.5 特型侧钻技术

塔河老区未连通+未动用4.3×10^8t储量中，井周潜力可分为“内幕分隔、横向分隔、纵向分隔和系统不匹配”4种类型，目前应用常规酸压仅沿主应力延伸，无法对主应力剪切方向延伸，同时高温下酸液理论沟通距离短。结合“侧钻轨迹图版”，通过对修井机进行配套，攻关试验了柔性短节侧钻技术、特种弯螺杆侧钻技术和常规定向侧钻技术3项技术，总结形成了修井机侧钻“垂距-水平距关系图版”，为老区难动用储量提供有力技术支撑(图34、图35)。

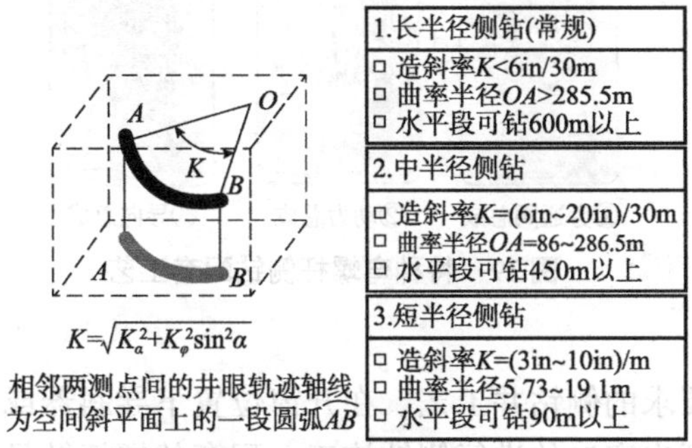

图34 侧钻轨迹图版

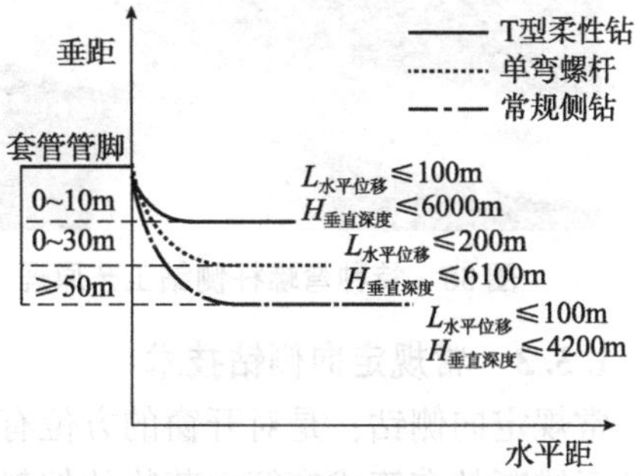

图35 垂距-水平距关系图版

1.5.1 柔性短节侧钻技术

柔性短节侧钻技术，集导向锚定、复式铣锥、高角度造斜钻头、保径稳斜钻头、高强度柔性钻具等与修井设备相结合，能够从一个主井眼中钻成1个或多个分支井眼，从而钻遇多个不同空间位置的储层增大储层钻穿概率和有效面积。侧钻轨迹近于T型，成本是常规侧钻的50%以内，垂距控制在1.5~3.6m，常规管柱最大位移100m。避免了中长曲率半径侧钻水平井频繁造斜、形成了定向和复杂的井眼轨迹控制等工艺过程。现场应用2口井，成功率100%，进一步验证了该工艺适应于井深≤6000m的，水平位移≤100m的侧钻施工要求(图36、图37)。

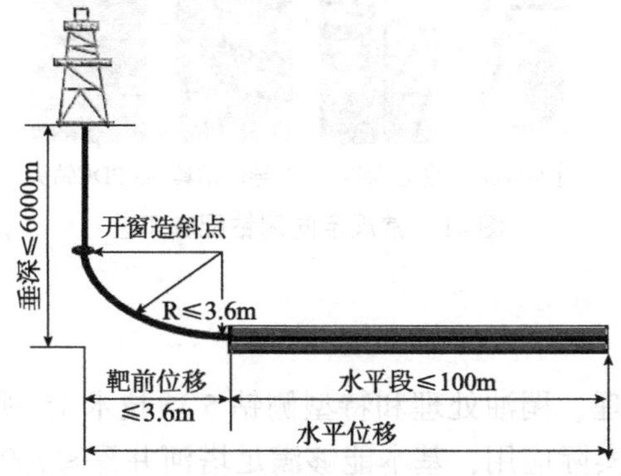

图36 柔性短节侧钻工艺原理

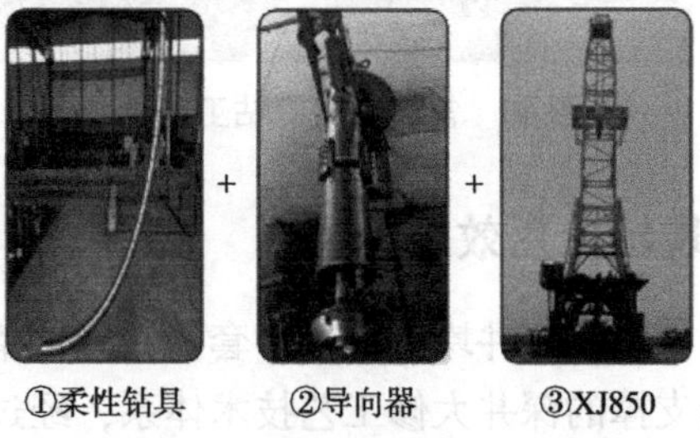

图37 柔性短节侧钻配套工艺

1.5.2 特种弯螺杆侧钻技术

单弯螺杆是一种带有弯头的井下动力钻具，具有能将液体的压力能转换为机械能的能量转换装置。单弯钻具，是在马达下部设置一带角度的短节，使弯曲点尽可能靠近钻头，提高造斜率。现场试验 Φ95mm 螺杆，单弯螺杆度数 3.5°，同时在螺杆与无磁钻具之间加入单弯 1.0°壳体，实现侧钻井眼曲率 37.1°/30m。该工艺适应于井深≤6200m、水平位移≤200m 的侧钻施工要求(图 38、图 39)。

图 38 特种弯螺杆侧钻工艺原理

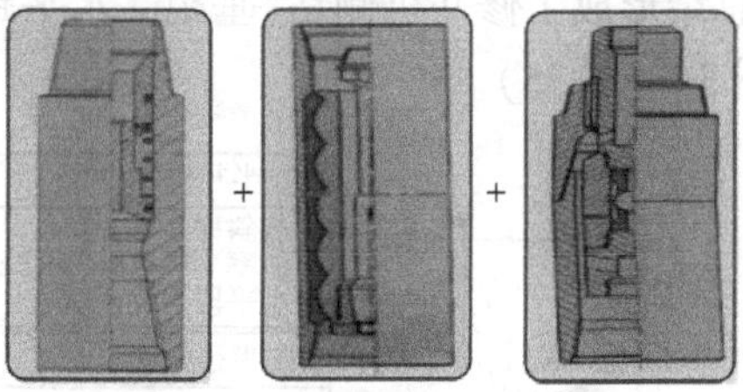

图 39 特种弯螺杆侧钻配套工艺

1.5.3 常规定向侧钻技术

常规定向侧钻，是对开窗的方位有明确要求的侧钻井工艺。在开窗位置下导斜器或利用井下错断的套管或套管内落物的偏斜作用开出窗口的进行侧钻施工。配套的螺杆钻具是一种把液体的压力能转换为机械能的能量转换装置，由旁通阀、马达、TC 轴承、推力轴承、万向轴、传动轴和防掉装置等组成。普通短螺杆与定向直接头配合使用，随钻测量仪实时监测，随时了解井下钻具的去向和工作姿态，便于控制井眼轨迹。该工艺适应于井深≤7000m 的，水平位移≤300m 的侧钻施工要求(图 40、图 41)。

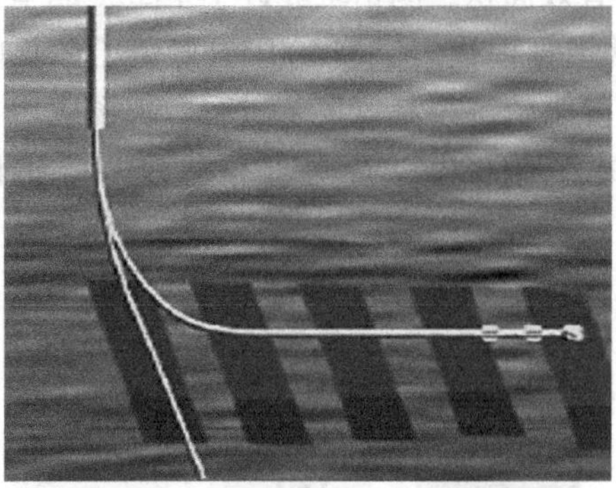

图 40 常规定向侧钻工艺原理

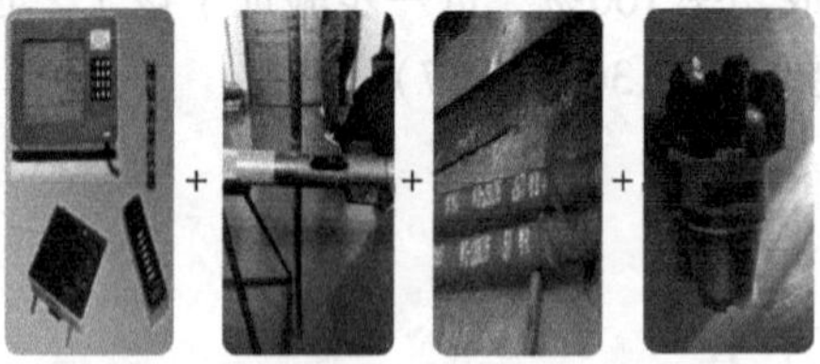

图 41 常规定向侧钻配套工艺

2 现场应用效果评价

碳酸岩深井垮塌治理、套损治理、落鱼治理、稠油处理和特型侧钻 5 项技术 15 项工艺为支撑的深井大修工艺技术体系，经过现场实际应用，基本能够满足塔河井深≤7000m 的油水井治理需求。

“十三五”期间应用大修技术体系，专项开展油水井治理工作，累计修复油水井72口，增产原油65.6×10⁴t，新增净利润5.7亿元，有力推动了井下作业技术的进步，对支撑油田高质量发展，具有重大的现实意义。

表1 “十三五”期间油水井大修项目评价表

年度	井数/口	增产量/10^4t	新增投资/万元	新增销售额/万元	新增净利润/万元	新增税收/万元
2016	15	9	5000	23295	3877	3835
2017	11	15.2	2337	32999	16649	6716
2018	18	15.1	5000	62976	13958	11897
2019	13	7.4	5000	21372	3437	4220
2020	15	19	4934	13767	19318	1764
合计	72	65.7	22270	154409	57239	28432

3 结论及建议

(1)井下大修技术是采油工艺的基础，是油田勘探开发过程中保证油水井正常生产的技术手段，它为采油工艺“注－采－提－降－改”方向的发展，提供了合格井筒条件和井控安全保障。塔河油田经过近40年的开发，修井作业取得了一系列的技术成果，为深井超深井修井积累了丰富的实践经验。

(2)随着顺北油田全面投入开发，较塔河油田主体区相比，顺北油井具有“深、大、低、小”四个特点，井深增加约1500m，平均在8000m±；大斜度斜井水平井数占80%，最大井眼斜度达34.41°/30m；井底压力低，伴随强漏失，井底压力<35MPa，地层压力系数<0.6；裸眼段井眼小，目前裸眼为Φ120.6mm的井，占比16%。井筒技术状况更为恶劣，给修井带来新的困难及挑战。

(3)建议将修井作业工艺技术基础划分“信息、设备、液体和工具”4个方面立项开展研究攻关。信息方面，需要建设远程传输决策支持系统，实现“高效诊断”；设备方面，需要对提拉和循环系统进行升级，实现“高效施工”；液体方面，需要进行“高温－增黏”改性升级，实现“高效循环”；工具方面，需要在钻具轻量化和“钻磨铣捞”工具材质进行升级，实现“高效处理”，最终实现特超深井修井作业基础再提升，为顺北修井作业提供技术支撑。

参考文献

[1]万仁溥．采油工程手册：下册[M]．北京：石油工业出版社，1991：433－489.
[2]王路超．基于ANSYS的割缝筛管强度分析[J]．石油矿场机械，2007，36(4)：41－43.
[3]聂海光，王新河．油气田井下作业修井工程[J]．石油工业出版社，2002.
[4]郭建国．复杂井身结构井打捞解卡配套工具研制及应用[J]．石油矿场机械，2004，33(6)：63－66.
[5]蒋希文．钻井事故与复杂问题[M]．北京：石油工业出版社．
[6]许同海．水平井专用打捞矛的研制与应用[J]．石油钻探技术，2005，33(3)：49－50.
[7]陈现义，乔廷立，陈庆民等．水平井大修技术简论[J]．石油矿场机械，2006，35(3)：104－106.
[8]刘克强．“一趟钻”关键工具技术现状及发展展望[J]．石油机械，2019，47(11)：13－18.

[9]王伟. 塔河油田侧钻井小尾管固井技术[J]. 化工管，2019(15)：205-206.

[10]张平，贾晓斌，白彬珍等. 塔河油田钻井完井技术进步与展望[J]. 石油钻探技术，2019，47(02)：1-8.

[11]刘广东，王庆文，何立达等. 应用侧钻水平井技术改善低渗透油藏开发效果[J]. 特种油气藏，2002，9(增刊1)：74-76，93.

[12]STILES E K, DEREOEUN M W, TERRY I J, et al. Coiled tubing ultra short radius horizontal drilling in a gas storage reservoir[R]. SPE 57459, 1999.

[13]MARBUN B T H, ZULKHIFLY S, ARLIYANDO L, et al. Review of ultrashort - radius radial system (URRS)[R]. IPTC 14823 - MS, 2011.

[14]Yang Yuanyi, Zhou Qi, Deng Yi, et al. Reinforcement effects of multi - scale hybrid fiber on flexural and fracture behaviors of ultra - low - weight foamed cement - based composites[J]. Elsevier Ltd, 2020, 108.

玉门油田环庆区块数字式无缆智能分注技术研究与应用

岳刚　郑雷　张庆云　王丽霞　张启龙

（中国石油玉门油田分公司）

摘　要： 环庆区块是一个典型的低渗透油藏，已进入全面注水开发阶段，如何实现精细注水是摆在当前重要问题。针对常规桥式同心分注工艺存在的问题，提出并开展了数字式无缆智能分注技术研究应用，以压力波和流量波为媒介，并配套采用新型通信协议，实现了远程智能测调和压力、流量实时监测，单井测调时间缩短至数分钟，达到预期的分注效果，为区块精细化注水和数字化转型提供了有力的技术支持。

关键词： 环庆区块；注水井；数字式；智能分注；应用；效果

环庆区块是玉门油田2018年流转的区块，次年投入注水开发，其主力油藏三叠系属多层叠合，渗透率差异大。由于建产以丛式井开发为主，注水井井斜大（井斜20°～50°），注入水钙镁离子含量高，井筒结垢严重，导致测调遇阻，分注工艺难度大。前期采用桥式同心分注作为主体分注工艺，该工艺存在着测调工作量大、费用高、无法实时监控分注合格率、现场管理难度大、测试遇阻率高等问题，已无法满足近年来分注井高效测调和精细注水的需求。为有效解决常规分注工艺的不足，2021年以来，油田适时引进了数字式无缆智能分注工艺，现场应用后实现了分层注水情况实时监控和自动测调，并可长期保持较高的分注合格率，具有较好的应用前景和经济效果。

1　分层注水技术现状及工艺特点分析

1.1　分注井现状

截至2024年3月，环庆区块有注水井282口，正常开井208口左右，分注井135口，分注率为47.8%。其中数字式智能分注35口，占比25.93%，桥式同心分注工艺100口，占比74.07%，桥式同心分注工艺占比较大，仍然占据主导地位。

1.2　分注工艺面临的问题

（1）分注井逐年增多（2020年39口；2021年81口；2022年123口；2023年135口），测试调配工作量逐年增大，分层测调工序复杂，生产成本大。

（2）受注水水质、管柱腐蚀结垢等因素影响，导致分注井测调遇阻率居高不下，后期检串治理费用高。

（3）注水量不能自动测调，分注合格率无法长期连续监测，达不到精细注水的要求。

1.3　工艺特点分析

环庆区块自2019年投入注水开发以来，目前注水井分注工艺已由单一的分注工艺转

第一作者简介： 岳刚（1971—），男，甘肃玉门，玉门油田采油工艺研究院，工程师，主要研究方向为注水工艺。

变为桥式同心分注和智能分注两种工艺并存的发展格局。现将桥式同心分注和数字式智能分注技术的工艺特点对比如下(表1)。

表1　两种分注工艺特点对比表

序号	项目名称	桥式同心分注	数字式智能分注
1	测调方式	电缆测调	免测调
2	工作订单	需要	无
3	现场配合	需要	无
4	试井车	电缆试井车	无
5	起下工具	需要	无
6	数据录取	电缆传输	远程无线传输
7	工作效率	0.5~1个工作日	数分钟

从上表可以看出，通过两种分注工艺在测调方式、现场配合、数据录取、工作效率等七个方面进行比对，数字式智能分注工艺的优势显而易见。

2　数字式无缆智能分注技术

2.1　技术原理

数字式无缆智能分注技术是集无线传输技术、人工智能技术和分层注水技术于一体的新型分层注水系统，被业内誉为第四代分层注水技术。它无须电缆传输，采用压力波和流量波载波进行无线双向通信。波码通信智能分注系统将“流量—压力—温度”传感器集成在配水器内，通过开关井口注水阀产生的流量波和压力波动，实现信号编码的下传；通过开关配水器水嘴产生的压力和流量波动，实现信号编码的上传；通过地面与井下数据的双向通信，实现注水数据实时直读监测；通过建立网络通信，实现注水井生产动态的远程控制。

2.2　结构组成

数字式无缆智能分注系统主要由智能配水器、地面控制系统和远程控制系统三部分组成(图1)。

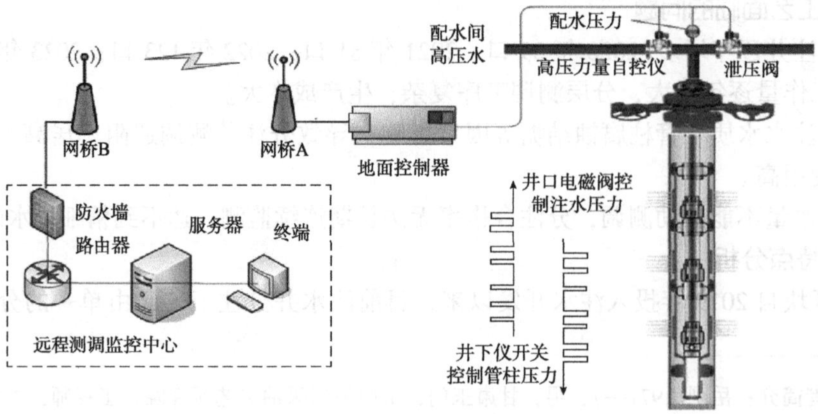

图1　数字式无缆智能分注系统原理图

2.2.1 智能配水器

(1)结构组成：主要由工作筒、电动机、开关器、电池、压力传感器、数据存储器、检测电路等组成(图2)。配水器内置电池供电，并安装压力传感器、电子芯片和电动可调水嘴。

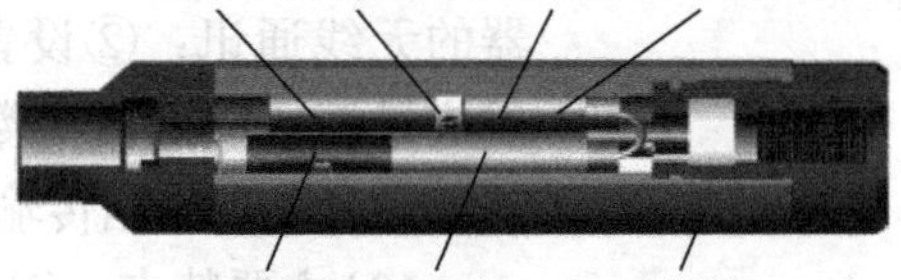

图2 智能配水器结构示意图

(2)技术参数：见表2。

表2 智能配水器技术参数表

序号	名称	规格
1	配水器长度/mm	1343
2	配水器外径/mm	114
3	最小内通径/mm	46
4	钢体最高承压/MPa	35
5	井下流量测量范围/(m^3/d)	3~200
6	压力测量范围/MPa	0~70
7	电器原件井下工况工作温度/℃	-15~65
8	通信方式	压力波和流量波

(3)主要功能：

① 实现压力波和流量波数据通信；

② 井下压力流量数据采集与传输；

③ 接收地面控制器指令，调节水嘴开度；

④ 注水流量自动测调。

(4)数字式无缆智能配水器流量测试原理：

数字式智能配水器采用差压法原理进行流量测量，水嘴开度控制(图3)，采用直流通道和可反洗孔板结构，无运动部件，结构牢固，不腐蚀锈蚀，性能稳定可靠，使用寿命长。

①直通流道：通过将水嘴阀芯及其流道结构进行优化，简化流道结构，降低流道堵塞风险，提高仪器的适用性。

②可反洗孔板：其原理是通过在反洗井时反向打开孔板，利用反向水流对流道进行清洗、排污，降低

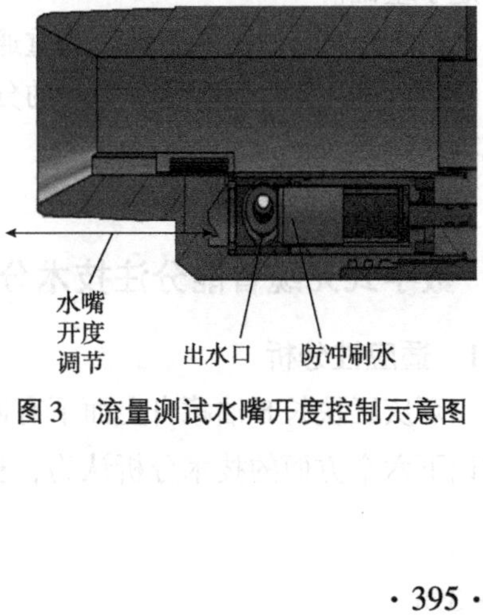

图3 流量测试水嘴开度控制示意图

仪器被堵风险。

2.2.2 地面控制系统

(1)结构组成：主要由地面控制器、传感器、流量计、电磁泄压阀等部分组成。地面通过电动控制阀开关形成传输波码，井下智能配水器通过解码接收地面指令(图4)。

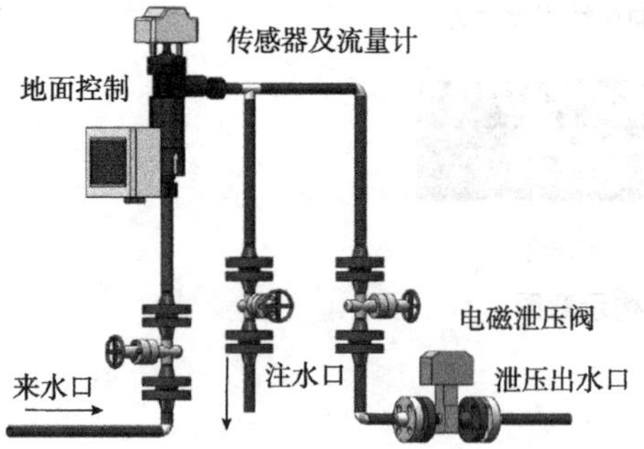

图4 地面控制系统组成示意图

(2)主要功能：①实现地面控制和井下配水器的无线通讯；②设置各层配注流量，读取各层流量压力、温度等数据；③通过网络进行远程收发命令和数据传输。

(3)主要特点：①压力波和流量波双向通信监测，稳定可靠；②耐高低温。

2.2.3 远程控制系统

注水井冲检完井后进行井口地面系统改造安装，然后通过建立通信网络系统对分注井进行无线远程控制，可实现分层流量、压力监控与注水量调配等功能。

主要功能：

(1)远程数据的接受(包括地面流量、井下温度及分层流量、压力)；

(2)远程控制指令的发送及传输；

(3)数据分析与处理、存储、显示；

(4)注水工作状态监控。

2.3 数字式无缆智能分注技术特点

(1)数字式智能分注系统通过压力和流量的载波技术实现地面与井下双向无线通信，投资小，无须连接电缆传输，实现了真正的无缆传输。

(2)数据远程传输。可以通过远程监控平台实时监测注水井井下分层流量、分层注水压力、地层压力、温度等参数，并可以实现井下、地面和办公基地三方的协调通讯与控制。

(3)能实现注入流量智能测调。在不需要其他配套设备和人员的情况下，实现注水井的分层测调、水井管理和动态监测。满足了油田精细化注水要求，为数字化、智能化应用奠定了基础。

(4)采用压力波、流量波双重通讯，冗错率高，有效提高了通讯的可靠性。

(5)可用于大斜度及水平井的分层注水，应用范围广，施工简单、方便，降低了生产成本。

(6)适用于带压作业。

3 数字式无缆智能分注技术分析

3.1 适应性分析

环庆区块长8油藏自上而下有四个层(长8_1^1、长8_1^2、长8_1^3、长8_2^1)在同时开发，通过以下六个方面的技术分析认为，长8油藏具备数字式无缆智能分注技术条件(表3)。

表3　数字式智能分注适应性技术分析表

序号	项目	环庆注水现状	波码智能注水应用条件
1	注水深度	最大注水深度2932m	≤3500m
2	工作压力	采用25MPa注水系统	<70MPa
3	井层温度	最高井温90℃	<125℃
4	注入量	最大注入量65m³/d	≤200m³/d
5	分层条件	以2、3层为主，少量4层	≤3层
6	注水井型	基本为定向井	定向井、大斜度井、水平井

根据上述分析可以看出，环庆区块长8油藏注水深度、分层条件、井型、注水方式，完全满足智能分注技术的应用条件和工艺需要，具备应用条件，技术条件成熟，具有很好的适用性，现场应用可行。即便是大斜度井或水平井，也无须考虑测调仪和电缆下井的作业风险，能有效解决分注井测调工作量大的问题，可在环庆区块满足分层条件的分注井上推广应用。

3.2　结垢防垢分析

环庆区块注水介质采用清水、采出水和清水+采出水三种方式，其中以清水居多，注入量占比50.3%，混合水占比29.2%，采出水占比20.5%。矿化度>20000mg/L，pH值较低，为6~6.5。除清水外，其他两种水源都富含结垢离子，易结垢，结垢类型以碳酸盐垢为主，少量为硫酸盐垢。采出水的结垢问题对注入井自动测调影响较大，因此对其性能、材质提出更高要求，配水器内电机需要较高扭矩，以克服因结垢带来的附加阻力，才能转动阀芯实现水嘴开度调节，因此需要改进配水器电机性能，增大电机扭矩5~10N·m，以提高水嘴对注入水结垢的适应能力。另外配水器出水口直流通道、水嘴、可反洗孔板除了需要承受高压外，其材质还需要有防腐、防垢的功能，需考虑采用高强度陶瓷或不锈钢替代常规合金材质，预防材料本体结垢，以适应环庆区块的正常注水需求。

4　现场应用与效果

4.1　现场应用情况

2023年，玉门油田在环庆区块累计实施数字式无缆智能分注技术20口，其中三层分注井4口，二层分注井16口。施工投注后，生产正常，分层注水量达到了预期配注要求，满足了精细注水需要。(各井分注情况见表4)。

表4　环庆区块2023年智能分注井试验情况一览表

序号	施工井号	平台	层系	施工日期	配注水量/(m³/d)	实测水量/(m³/d)	备注
1	环庆18-5	木134-19A	三叠系	2023/9/5	15/10	14.9/9.9	二层+普通油管
2	环庆20-12A	环庆107	三叠系	2023/9/6	15/10	14.9/9.9	二层+普通油管
3	环庆19-13	环庆107	三叠系	2023/9/11	10/10	9.6/9.6	二层+普通油管
4	环庆92-86	环庆92-42	三叠系	2023/9/21	12/10	11.9/9.7	二层+普通油管

续表

序号	施工井号	平台	层系	施工日期	配注水量/(m^3/d)	实测水量/(m^3/d)	备注
5	环庆2-15	环庆2-15	三叠系	2023/9/22	15/10	14.8/9.9	二层+普通油管
6	环庆2-16B	环庆2-15	三叠系	2023/9/27	15/10	13.9/10.1	二层+普通油管
7	环庆92-66	环庆92-42	三叠系	2023/9/27	10/15	9.8/14.6	二层+普通油管
8	环庆21-25B	环庆21-24	三叠系	2023/10/18	7/7/10	6.8/6.9/9.9	三层+普通油管
9	环庆92-22	环庆92	三叠系	2023/10/16	9/10	8.9/9.8	二层+普通油管
10	环庆92-9	环庆92	三叠系	2023/10/23	10/10/5	9.8/9.7/4.8	三层+普通油管
11	环庆22-24	环庆21-24	三叠系	2023/10/24	10/7/7	9.9/6.9/6.8	三层+普通油管
12	环庆92-20	环庆92	三叠系	2023/10/31	11/11	10.9/10.8	二层+普通油管
13	环庆21-23A	环庆21-24	三叠系	2023/10/31	10/10/5	9.8/9.7/4.8	三层+普通油管
14	环庆22-22A	环庆21-24	三叠系	2023/11/11	14/10	13.9/9.8	二层+内衬油管
15	环庆92-60	环庆92-23	三叠系	2023/11/10	6/12	5.9/11.8	二层+内衬油管
16	环庆92-161	环庆904	三叠系	2023/11/18	5/11	4.7/10.9	二层+内衬油管
17	环庆96-1	环庆901	三叠系	2023/11/22	10/10	9.8/9.9	二层+内衬油管
18	环庆652-1J	环庆652平台	侏罗系	2023/11/24	10/10	9.9/9.8	二层+普通油管
19	环652-19J	环庆652平台	侏罗系	2023/12/03	5/10	4.9/9.8	二层+普通油管
20	环庆652-7J	环庆652平台	侏罗系	2023/12/09	10/5	9.8/4.8	二层+普通油管

数字式无缆智能分注实施井全部实现数字化远传上线和在线测调，测调成功率达到95%以上，注水生产远传显示界面以环庆92-66为例，如图5所示。

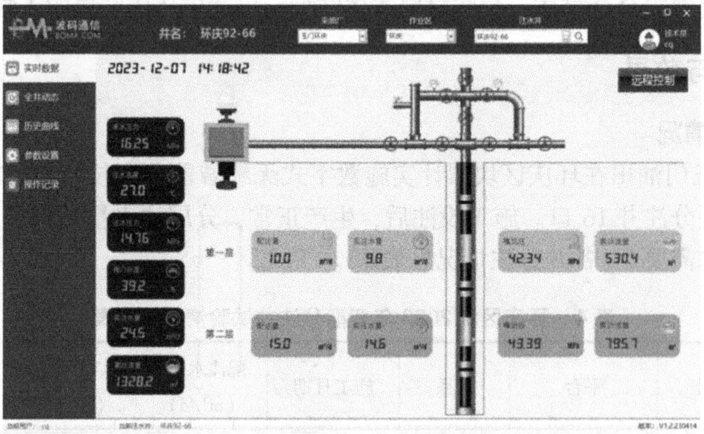

图5　HQ92-66井智能注水远程控制系统界面示意图

4.2　取得的效果

(1)数字式无缆分注工艺相较于传统的测调方式，测调效率大大提升，20口上线井测调成功率达到95%以上，有效解决了传统分注技术遇阻率高的问题。

(2)实现了远程测调，节约了测调费用(环庆分注井单井测调价格 1.15 万元，按照单井测调周期 4 次/年计，则年测调费用为 92 万元)，具有较高的经济效益。

(3)对本工艺遇到结垢问题进行分析，并针对性提出了具体防垢措施，解决了智能分注井的一般性结垢问题，有力保障了分注井的正常生产。

4.3 结论

(1)数字式无缆智能分注技术实现了注水量自动测调，分注井井下分层数据监测、注水量在线直读验封的目的，达到了分注井智能测调、远程控制、精细注水的要求。

(2) 该技术实现了地面与井下远程操控测调，同时还获取了分层流量和分层压力资料，解决了常规分注工艺测调工作量大、测调效率低、分层测调工序复杂，生产成本大的问题。

(3) 该技术解决了分注井受注水水质、井斜等因素的影响，导致测试仪器下井遇阻的问题。为加强储层认识、套损监测与预防具有重要的指导意义。

参考文献

[1]王伟，徐敏，杨晔，等. 罗 1 区块波码分注技术研究与应用[C]// 第十六届宁夏青年科学家论坛石化专题论坛.

[2]中国石油生产与勘探分公司. 油田注水管理规定[Z]. 2011

[3]宋祖厂，刘扬，盖旭波，等. 波码通讯数字式分注技术研究与工业应用[C]// 第十七届 宁夏青年科学家论坛论文集.

[4]张科，张长津，陈红梅，等. 远程无线智能分注技术在老君庙油田应用[J]玉门石油科技动态，2018.2.

有缆测控注采技术在胜利油田某区块调整中的应用

张凯　刘晋伟　暨梦琪　王聪　孟永　罗杨

（中国石油化工股份有限公司胜利油田分公司石油工程技术研究院）

摘　要：胜利油田某区块为单斜构造，三角洲前缘沉积，属于岩性－构造油藏。油藏埋深1980～2360m，含油层系为沙二段2、4砂组，地质储量约260×10^4t，综合含水87.9%，采出程度30.5%。区块经历了弹性开发、注水开发、滚动扩边加密井网调整等三个阶段，目前处于规律性递减阶段。受历史注采影响，剩余油高度分散，平面和纵向上产液能力、吸水能力存在差异，常规挖潜措施和注水井调整受工艺和经济效益的限制，进一步提高波及体积难度大。为了挖掘区块砂层组、小层和平面潜力，借助有缆测控技术实时监测、动态调控功能，制定了分区调整、细分增注、完善井网的治理对策，目前已实施有缆测控分注井5口，有缆测控分采井1口，通过油水井轮采轮注，调整流线，完善注采井网等措施累增油超8000t，发挥了工程技术对开发的支撑作用。

关键词：有缆测控；平面矛盾；纵向矛盾；动态调控；流线调整

1　有缆式智能注采技术

胜利油田2014年开始进行有缆式智能注采技术的攻关，智能分注技术已推广应用145井次。该技术通过电缆将井下智能配水器采集到的分层流量、压力、温度等数据上传到地面，地面控制柜通过无线网络将数据传输给远程计算机终端，工作人员对各层的实际注水量与配注量进行对比，如果实际注水量与配注量偏差不超过20%，则不对智能配水器进行调控；若偏差超过20%，工作人员远程发送调控指令，对智能配水器进行调配，直至满足配注要求。

有缆式智能分注技术构成如图1所示，包括有缆智能配水器、过电缆封隔器、电缆、井口电缆穿越装置和控制柜等。有缆智能配水器采集井下分层压力、温度、流量等数据，并控制各注水层的注入量，过电缆封隔器将不同的注水层段进行封隔。有缆智能配水器采集的各层数据通过电缆以直流载波通信的方式上传到地面控制柜。

为了实现井下精准测控，智能配水器中选用了进口电机和温度、压力传感器，各层配水器均具有数据(温度、压力、流量)采集，流量调配和通信功能。配水器耐温125℃，耐压60MPa，流量测量范围0～300m^3/d，误差≤2%FS。

有缆式智能分采技术构成如图2所示，井下测控配产器实时获取各层动态数据，并通过电缆传输至地面控制系统，过电缆封隔器将不同油层进行封隔，杆式泵将采出液举升到地面。地面控制系统控制井下测控配产器，进行分层液量调控，实现实时优化生产。配产

第一作者简介：张凯(1987—)，男，山东德州，中国石油化工股份有限公司胜利油田分公司石油工程技术研究院，高级工程师，智能注水。E－mail：zhangkai637.slyt@sinopec.com。

器具有压力、温度、流量测试功能，可以对各层流量进行精确控制，耐温125℃，流量测量范围≤30m³/d，误差≤5%FS。

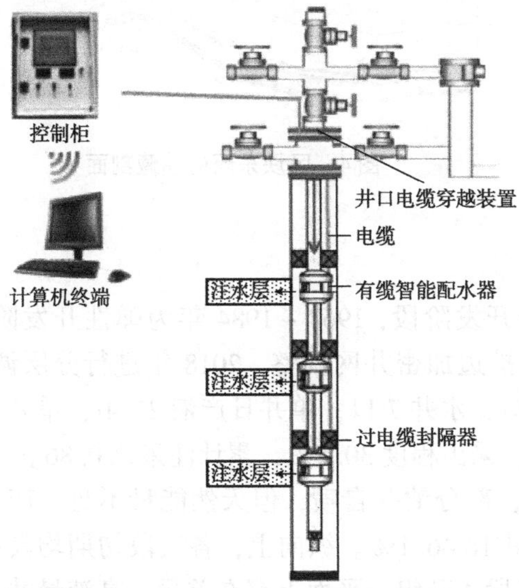

图1　有缆式分注技术构成

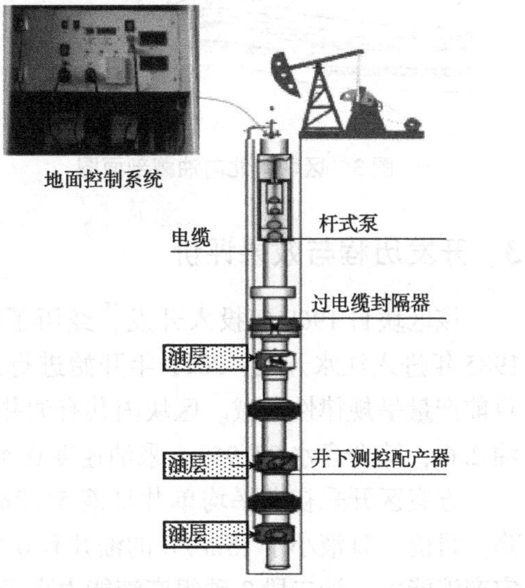

图2　有缆式分采技术构成

2　区块油藏概况

胜利油田某区块油藏埋深1980~2360m，含油面积1.95km²，地质储量260×10⁴t。方案区沙二段分为4个砂组，主力砂层组为沙二段2砂组和沙二段4砂组，共有28个小层，共有主力含油小层6个。区块整体为小型单斜构造，东高西低，有局部小高点。构造简单，区块内发育三级、四级断层各一条，五级断层六条。构造发育具有继承性，2砂组与4砂组构造形态基本一致。

沉积特征为三角洲前缘沉积，物源方向为西北方向，主力砂组发育水下河道、河口坝、席状砂等微相，砂体全区分布。纵向上，沙二段2砂组平均砂厚6m，沙二段4砂组砂厚10m，呈东厚西薄的特点。平面上，主力小层砂体全区分布，沙二段2砂组厚度中心在中、西部；沙二段4砂组厚度中心在东部。非主力小层砂体小范围分布。2砂组满块含油，沙二段2砂组上6($Es_2 2^{上}6$)为主力小层，平均油层厚度4m，沙二段2下($Es_2 2^{下}$)包含两个主力小层，平均油层厚度5m，纵向叠合性较差。沙二段4上($Es_2 4^{上}$)有三个主力小层，平均油层厚度10m，纵向叠合性较好。

纵向上，沙二段属于高孔、中渗储层，储层平均孔隙度为27.7%，渗透率为$432 \times 10^{-3} \mu m^2$。由储层渗透率分布图可知，沙二段2上含油小层渗透率较高，其次为沙二段2下，沙二段4上较低。主力小层间渗透率变异系数0.69，渗透率级差1.6。平面上，受沉积影响，物性差异大。区块原油为低黏度轻质稀油，地层水型为$CaCl_2$型，地层水总矿化度17800~65000mg/L，为常温常压系统。

由油藏剖面(图3和图4)可以看出，沙二段2砂组受断层及构造控制，基本满块含油；沙二段4砂组具有边水，受构造控制，故油藏类型为岩性-构造油藏。纵向上储量分布不均，集中于6个主力小层，储量均在$30 \times 10^4 t$以上，占总储量94.3%。

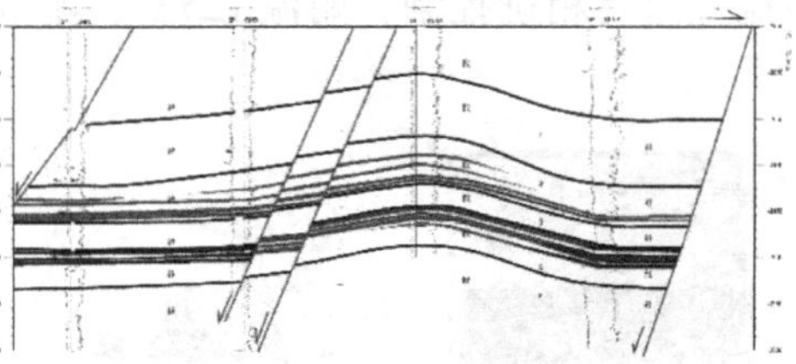

图 3　区块南北向油藏剖面图

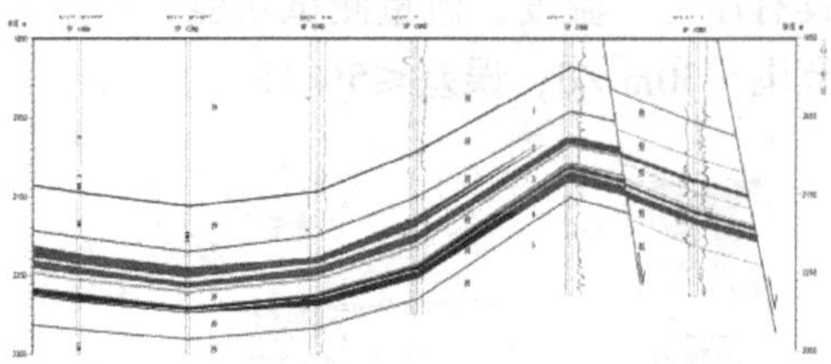

图 4　区块东西向油藏剖面

3　开发历程与效果评价

该区块自 1968 年投入开发，经历了四个开发阶段，1968～1984 年为弹性开发阶段，1985 年进入注水开发，2011 年开始进行滚动扩边加密井网调整，2018 年进行分层调整，目前产量呈规律性递减。区块内共有油井 13 口，水井 7 口，单井日产液 21.4t，单井日产油 2.6t，综合含水 87.9%，采油速度 0.49%，采出程度 30.5%，累计注采比 0.86。

方案区开采初期平均单井日液 51.8m^3/d，部分油井自喷，但天然能量不足，产量下降。目前，日液小于 15m^3/d 的油井有 6 口，占比 46.1%。纵向上，各层段初期均具有一定产液能力，沙二段 2 砂组产液能力高于沙二段 4 砂组，平面上存在差异，高液量井主要分布在中部，边部局部井区受物性、注采见效影响液量较高。

方案区开水井 7 口，平均注水压力 16.8MPa，平均单井日注 70m^3/d。注入水矿化度 13000～29000mg/L，水质达标率 100%，满足油藏注入需求。受储层物性、纵向继承性不同的影响，平面、纵向吸水能力存在差异。

针对层内、层间、平面矛盾突出、储层动用不均衡、部分油井水淹水窜的开发难题，近 5 年通过降低配注、油井提液、不动管柱酸化等方式调整流场 21 次，调整后日增液量 189.1t/d，增油 2.2t/d，有一定增产效果，但实施工作量大，频次高，影响注水时率。目前地层压力保持水平低，仅为 56.4%，地层压降 9.8MPa。平面上受物性、注采见效影响，压力差异较大，中部、边部见效井区压力较高。

近年来，区块水驱效果有所下降。平面上，方案区强弱流线差异大，见效油井含水上升快，不见效油井能量得不到补充。如图 5 所示，物性好、厚度大区域注水好，形成主流线。受储层物性、厚度影响，纵向储量动用不均衡，中西部井区主要分为沙二段 2 上和 2 下，2 上吸水好于 2 下，动用较好；东部井区，纵向分为沙二段 2 上、2 下、沙二段 4 上，沙二段 4 上动用较好。

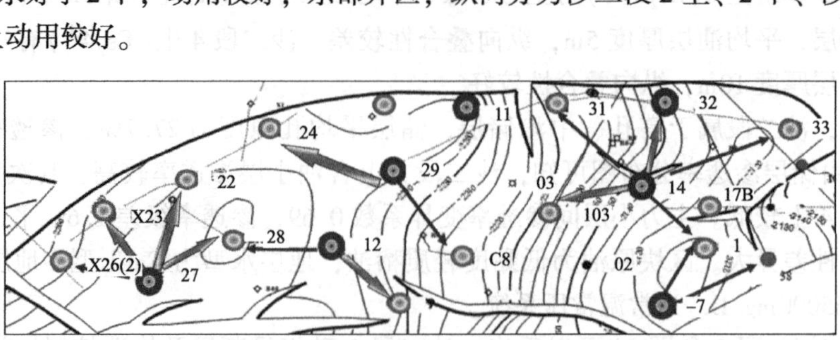

图 5　区块流线分析图

4 区块潜力分析

区块水驱理论采收率为42%，具有分采分注调整的潜力。3个砂层组中，由于2砂组下和4砂组物质基础大，剩余可采储量占总剩余可采储量的78.7%，如表1所示。

表1 区块沙2段2砂组油层厚度图

砂层组	地质储量/10^4t	采出程度/%	采收率/%	剩余可采储量/10^4t	剩余可采储量占比/%
2砂组上	73.6	29.0	42	9.6	21.2
2砂组下	92.4	23.9	42	16.7	36.9
4砂组	91.6	21.4	42	18.9	41.8

对2017年后2砂组上、2砂组下、4砂组不同部位的新井多功能解释统计分析，2砂组上油井钻遇油层及弱水淹层厚度19.5m，占总钻遇储层的62.3%。2砂组下油井钻遇油层及弱水淹层厚度31.9m，占总钻遇储层的69.7%，4砂组油井钻遇油层及弱水淹层厚度30.2m，占总钻遇储层的51.3%，开发潜力大。

从平面上分析，投产较早的中部、东部区域含水级别相对较高，后期扩边的区域含水级别较低。利用油藏工程方法模拟标明，平面上剩余油主要分布在东、西部井区，剩余油呈普遍分布、局部富集的特点。

5 工艺配套

区块水井实施有缆智能分注技术，进行实时监测、动态调控；配套镀渗钨防腐油管，关键工具进行镍磷镀，采用低伤害解堵复合体系，保证智能分注管柱寿命。根据统计分析，区块注水压力16.5MPa，选择KZ25/65型注水井口，井口需要电缆穿越，配套电缆穿越井口套件(图6)。

图6 过电缆悬挂器和上法兰

注水井套管内径121.36mm，根据油管强度设计理论、电缆接箍保护、管柱下入安全性等要求，采用73mm、N80钢级镀渗钨防腐油管。针对斜井、结垢腐蚀等因素，配套长寿命定压沉砂洗井阀、扶正器、反扣式安全接头等工具。

举升工艺配套方面，有杆泵举升方式的冲程、冲次、液量满足现场需求。考虑到区块矿化度高，存在结垢、腐蚀等情况，配套包覆杆和防腐抽油泵，延长工具在井工作寿命。

根据油层中深、地层保持压力、生产压差、液体密度、沉没度等参数，设计下泵深度为1400～1600m。根据5年开发指标预测和配产情况，单井日液量17～40m^3/d，选用Φ44/56/70mm抽油泵，冲程6m，冲次2～3min^{-1}工作制度满足设计产量要求。根据油管强度设计理论、电缆接箍保护、套管安全间隙、管杆防偏磨等，泵上采用84mm、N80单级油管，泵下选用73mm、N80单级油管。根据抽油杆强度参数，采用H级多级组合抽油杆。配套外径110mm井下测控配产器、Y441、Y341液压封隔器和扶正器、拔断式安全接头形成有杆泵井智能分采管柱(图7)。

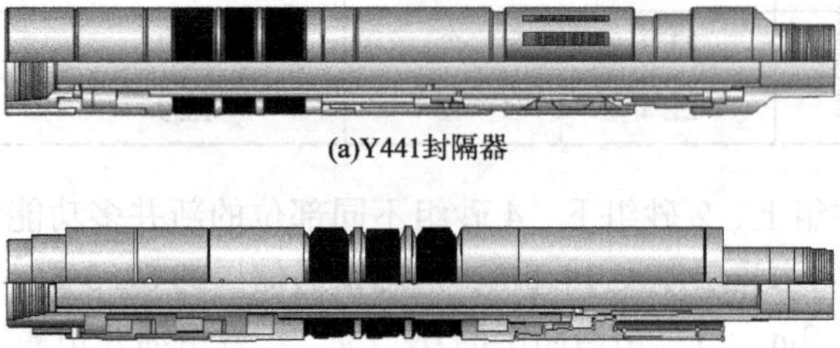

(a)Y441封隔器

(b)Y341封隔器

图7　封隔器

6　方案部署及取得的效果

针对区块潜力层注采不均衡、能量下降的特点，制定了分区调整、细分增注、完善井网的治理对策。全区水井增加注入量，提升地层能量，东、西边部的低动用区通过油井轮采，次流线油井提液引效，调整流线，提高低动用井区动用程度。中部高动用区主要作为配合调整流线的井区，借助分层注采技术，通过层间轮采轮注，优先生产低动用层，实现控主流线突进、扩弱流线波及，提高水驱波及效率。另外通过补孔、细分完善注采井网，提高储量动用程度。

区块部署2层智能分注井3口，3层智能分注井3口，对7口油井实施补孔，3口实施解堵，10口井实施智能分采。

采用轮采轮注的思路，通过层间立体耦合，弱化主流线5条，强化次流线4条，建立新流线3条，达到平面调流线，纵向提高低动用层的动用程度的目的(图8)。

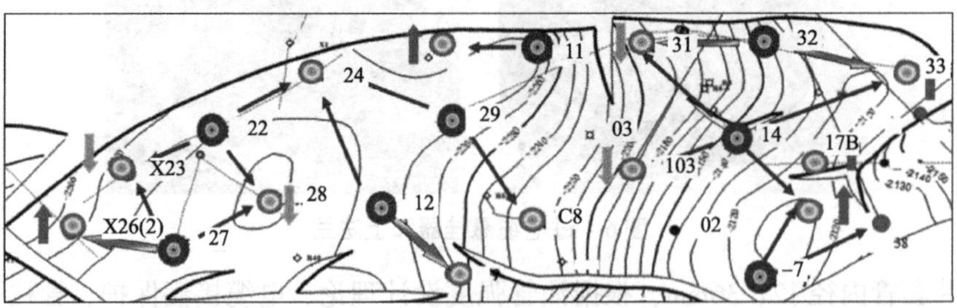

图8　区块调整后流线分析图

水井X27井上层沙2上吸水较好，主流线方向对应油井X23、X28。调整对策分沙2上、沙2下两段开发，轮采调流线。沙2上对应次流线方向油井X26拉流线，油井－22进行补孔；沙2下主流线方向井优先采沙2下，提高沙2下的动用程度，油井X23井补孔，提高储量控制程度。水井 X27 井分沙 2 上 4、沙 2 上 5 +6、沙 2 下三段注水，提配注，强化上下段注水。井组中油井 X23 补孔 15、16#小层，分沙 2 上、沙 2 下两段采油，先采新补孔层；X26 井分沙 2 上、沙 2 下两段采油，含水低，能量差，通过拉流线进行引效。X28 井分沙 2 上 4 +5、沙 2 上 6、沙 2 下三段采油，其中沙 2 下为主出水层，先采沙 2 上4 +5。利用智能注采技术，实时监测、远程调控功能，第一周期配产配注实施 2 个月，层系轮换，第二周期实施 2 个月，完成一次层系轮换后，预测地层压力恢复至 16. 8MPa(压力保持水平 75%)(图 9)。

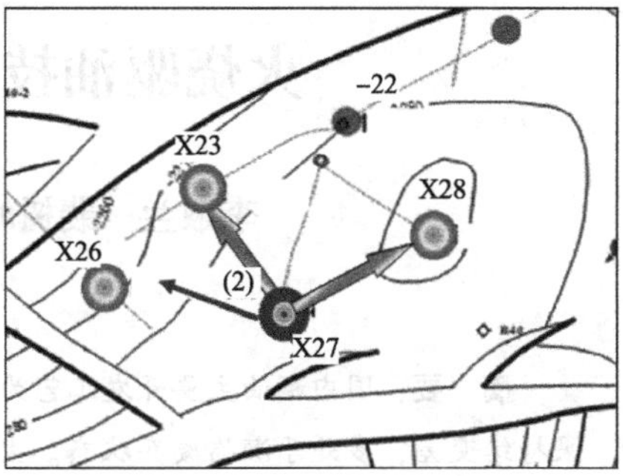

图 9　*27 井组井位图

实施后，弱流线方向对应油井 X26 井日增油 5t，累增油 1605. 4t。截至目前，区块共实施水井调配 18 次，油井换层 3 次，日油峰值 11. 5t，累增油 3100t。

7　结论

(1)分析了滨南油田某区块的沉积、砂体展布、油层特征、储层物性、油藏特点等，明确了开发矛盾，分析了区块潜力。

(2)为了挖掘剩余油潜力，制定了分区调整、细分增注、完善井网的治理对策，部署了智能注采、补孔、酸化等措施和配产配注方案。

(3)有缆测控技术可以实时监测分层数据，及时进行调控，满足该区块动态调控需求。已实施智能分注井 5 口，智能分采井 1 口，油井换层 3 次，水井调配 18 次，累增油超 3100t，发挥了工程技术对油藏开发的支撑作用。

参考文献

[1]孙金峰，张学超，李勇，等．免投捞实时测控精细注水技术［J］．石油机械，2017，45(1)：81 - 84，119.

[2]贾庆升．无线智能分层注采技术研究［J］．石油机械，2019，47(7)：99 - 104.

[3]任从坤．井下信号电缆二次对接技术研究与应用［J］．石油机，2019，47(01)：111 - 114.

[4]霍爱民．油藏动态分析与分层注水技术在利 8 区块的综合应用研究[J]．长江大学学报(自科版)，2015，12(14)：71 - 73 +7 - 8.

[5]邓彬．水驱油藏多约束分层注采优化模型及算法研究［D］．大庆：东北石油大学，2023.

[6]刘香山，宋辉辉，张福涛等．海上油田智能注采工艺技术研究与应用［J］．石油工程建设，2020，46(S1)：237 - 241.

[7]钱程．胜坨油田坨 128 块周期注水技术研究［D］．中国石油大学(华东)，2017.

火烧驱油技术点火参数模拟研究

李淑兰　裴树峰　李友平　蔡文斌　陈丽媛

摘　要：国内稠油主要开发工艺为注蒸汽，历经40余年的开发，老油田蒸汽吞吐开发效果持续变差，多处于濒临废弃状态。火烧驱油是提高稠油油藏采收率、有效动用难采储量的有效开采工艺，是老油田进一步挖潜增油的技术手段，国内的新疆油田、华北油田都在老油田火驱取得了较好的增油效果，火烧油层点火工艺是火烧驱油技术的关键。本文以点火器结构、井筒条件为基础，在分析传导、对流、辐射换热原理的基础上对点火参数进行了详细、深入的理论计算模拟，可以针对不同井身特点、原油点燃温度设计点火期间的井口电压分布、加热功率、供给风量，有效地提高火烧驱油注气点火井的点火成功率。

关键词：火烧驱油；点火器；计算模拟

国内稠油注蒸汽动用储量约 21×10^8t，年产油 1300×10^4t，其中，蒸汽吞吐近 1000×10^4t，开发效果持续变差，多处于濒临废弃状态，但仍有 60% ~70% 剩余资源滞留地下，该类油藏有效接替技术是业内攻关的重点。

新疆红浅 1 井区为浅层砂砾岩稠油油藏，具有“薄、差、稠、杂”特点，原油黏度 25000mPa · s，剩余油饱和度 45%，高渗通道发育。先导试验区块 1991 年投入注蒸汽开发到 1998 年结束，采出程度 28.9%，停产 10 年，属于注蒸汽废弃后的高黏稠油油藏。2009 年，新疆油田在红浅 1 井区开展了火驱先导试验和工业化试验，目前火驱累计产油 60×10^4t，取得了显著的增油效果。

2022 年，在蒙古林砂砾岩普通稠油油藏水驱后开展了火驱重大先到试验。该试验区覆盖地质储量 7256×10^4t，地下原油黏度 77.4 ~13000mPa · s，主要采取水驱开发，但随着实施轮次的增加，效果逐渐变差，为提高该类油藏的考法效果，开展了水驱后开发后期的稠油油藏火驱技术可行性研究，探索大幅度提高采收率新途径，带动华北稠油 7000×10^4t 储量高效开发。该试验区于 2022 年 7 月实现正式点火，目前试验区已经初见成效。

火烧驱油是提高稠油油藏采收率、有效动用难采储量的有效开采工艺。经过多年的火烧油层现场试验，发现火烧驱油井注气、通电点火期间功率、风量的选择与控制对点火成功起着决定性的作用。通过对点火参数进行详细、深入的理论计算模拟，开展火烧驱油注气点火井的注气、通电期间的井筒温度场、压力场模拟计算，为现场通电功率、供风量提供有效的理论指导。可以有效提高火烧驱油注气点火井的成功率，对于现场操作具有很强的指导意义。

1 电压、电流、功率的优化

大功率点火器现场供电流程如图1所示，点火器炉管排列见图2。

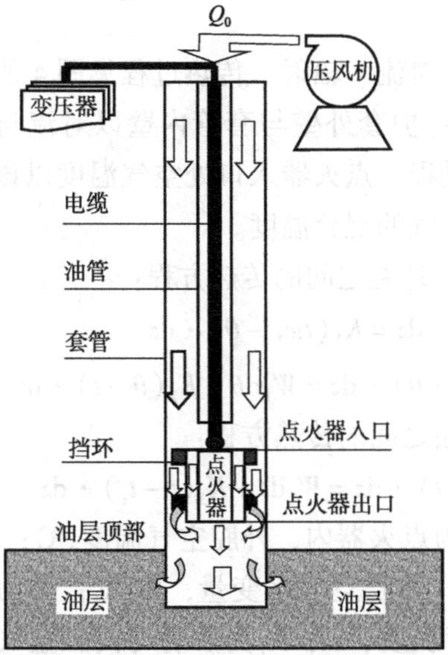

图1 火烧点火井(旧点火器)示意图

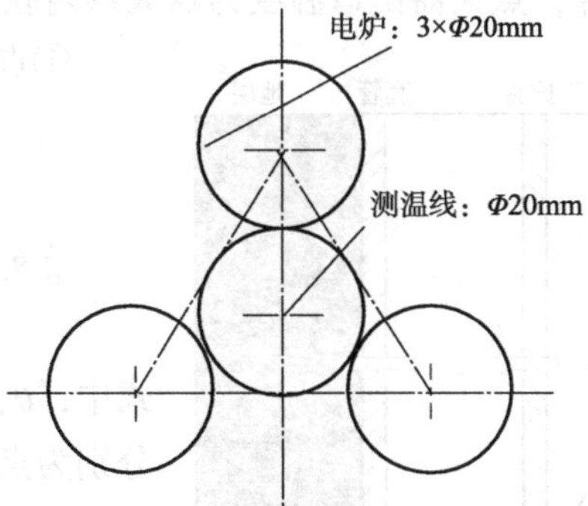

图2 DR－Ⅰ型点火器炉管排列示意图

1.1 基本参数

①电缆与电炉均采用“Y”接。

②电炉：三相交流，40kW管式电炉，单相电阻：6.74Ω。

③电缆：1200m铜芯3×16+3×2三芯双铠圆形电缆；主线芯单芯电阻：1.31Ω。

④供电：0~650V；50kV·A三相交流调压变压器。

1.2 计算结果与讨论

电压、电流、功率匹配关系见图3。

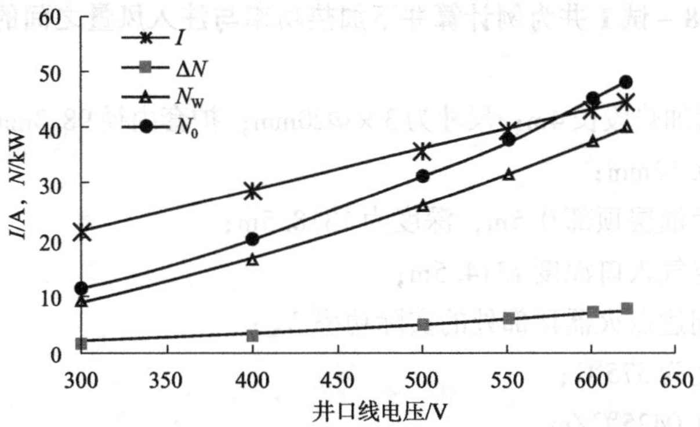

图3 电压、电流、功率分布曲线

通过调节井口三相交流调压变压器的线电压，可以得到相应的井下点火器的点火电流与点火功率。

2 功率、风量的优化

2.1 数学模型的建立：

2.1.1 点火器与地层之间的换热

点火器内部换热为复杂换热过程，包括传导、对流、辐射，传热过程见图4所示。炉管与护套内壁以辐射换热为主，传导与对流为辅；护套外壁与套管内壁以对流与传导为主，辐射为辅；套管外壁与地层之间为传导换热过程。点火器入口处空气温度以该点地层温度计算，点火器出口温度为点火器内腔与外腔空气的混合温度。

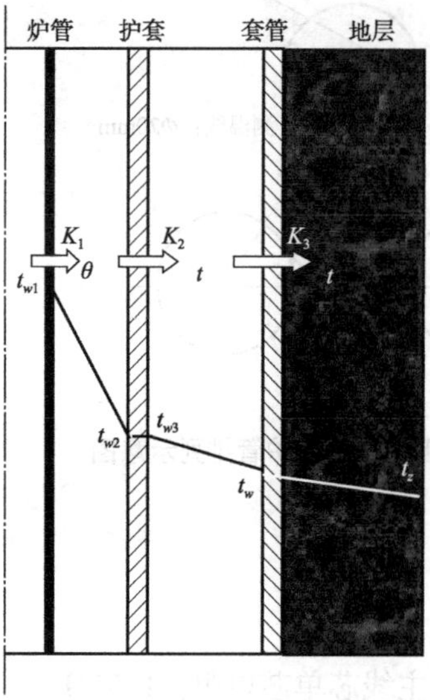

图4 点火加热段径向传热示意图

①点火器内、外腔之间的传热方程：

$$\begin{cases}(N/L)\cdot \mathrm{d}z=K_1(tw_1-\theta)\cdot \mathrm{d}z\\ K_1(tw_1-\theta)\cdot \mathrm{d}z=W_1\mathrm{d}\theta+K_2(\theta-t)\cdot \mathrm{d}z\end{cases}\tag{1}$$

②外腔与地层之间的传热方程：

$$K_2(\theta-t)\cdot \mathrm{d}z=W_2\mathrm{d}t+K_3(t-t_z)\cdot \mathrm{d}z\tag{2}$$

式中，θ、t分别为点火器内、外腔空气温度，℃；W_1、W_2分别为点火器内、外腔空气水变量，W/℃；N为电炉功率，W；L为炉管长度，m；K_1为炉管与内腔空气之间的传热系数，W/(m·℃)；K_2为内、外腔空气之间的传热系数，W/(m·℃)；K_3为外腔空气与地层之间的传热系数，W/(m·℃)。

2.1.2 点火器出口空气与地层传热方程

$$W\cdot \mathrm{d}\theta+K[\theta-(t_{z0}+m\cdot z)]\mathrm{d}z=0\tag{3}$$

式中，W为空气水变量，W/℃；θ为空气温度变量，℃；K为空气与地层之间的传热系数，W/(m·℃)；t_{z0}为地表年平均温度，15℃；m为地温梯度，℃/m；z为任意地层深度，m。

2.1.3 以郑408-试1井为例计算井下加热功率与注入风量之间的关系

(1)输入参数：

①点火器：炉管加热段长4m；尺寸为3×Φ20mm；护套内径98.3mm，外径114.3mm；

②套管内径220.52mm；

③点火器出口距油层顶部0.5m，深度为1318.5m；

④点火器顶部空气入口深度1314.5m；

⑤计算功率为到达点火器顶部处的实际功率N_W；

⑥油层点着温度为375℃；

⑦地温梯度为0.0425℃/m。

计算要求空气进入油层深度1m处(1320m)温度在375~400℃。

(2)计算结果：

①功率与风量的匹配关系，见图5。

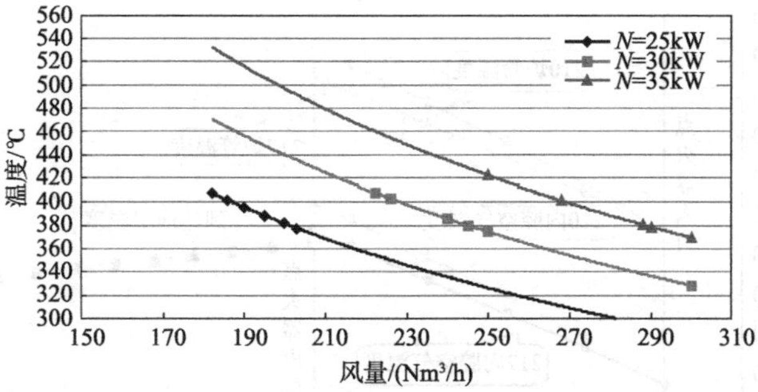

图 5　$P_0=21$MPa、挡环直径 210mm、1320m 处温度分布

数模结果表明：要保证油层下一米处空气温度达到 375～410℃，井下功率 25kW 时，注入风量应控制在 185～210Nm³/h；30kW 时风量应控制在 220～235Nm³/h；35kW 时风量应控制在 265～290Nm³/h。可以在图 5 中利用内插法计算其他不同功率所对应的注入风量。

②点火器入口沿程温度变化模拟。

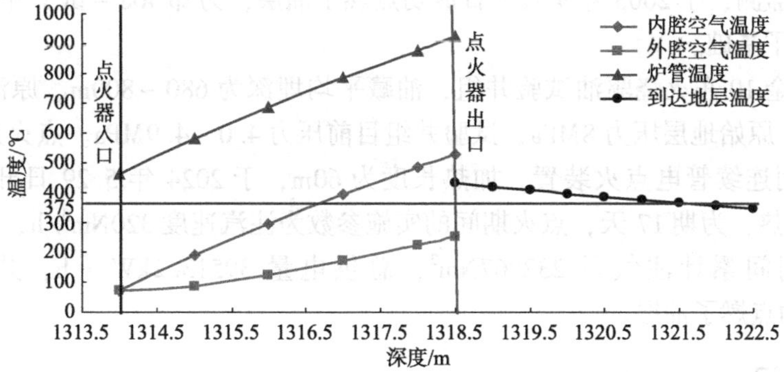

图 6　$N=35$kW、$P_0=23$MPa、$Q_0=200$Nm³/h、挡环直径 210mm 井温分布

图 6 中可以看出，油层深度 1320m 处空气温度达到 400℃时炉管最高温度为 920℃左右，可以保证炉管的安全。在调整风量的过程中，不要盲目追求温度，要考虑点火器的安全。

③不同挡环直径对温度的影响。

挡环又称套管鞋，一方面可以固定点火器，另一方面可以对进入点火器内外腔的空气进行调节，由于外腔比内腔的流通截面大，如果不加控制，大部分高压空气必然从外腔通过，不利于加热。

从图 7 中看出，改变挡环直径，即调节内外腔空气配比，仅对炉管外壁温度有一定的影响，但影响不大，挡环直径从 210mm 调到 210m，内外腔配比从 0.85：0.15 变化到 0.5：0.5炉管温度升高 50℃左右。在井口注入参数一定的条件下，挡环直径的变化对点火器出口空气温度基本无影响。

3　现场应用

郑 408－试 1 试验井组油藏平均埋深为 1326m、油层厚度 13m、试注压力高达 24MPa，

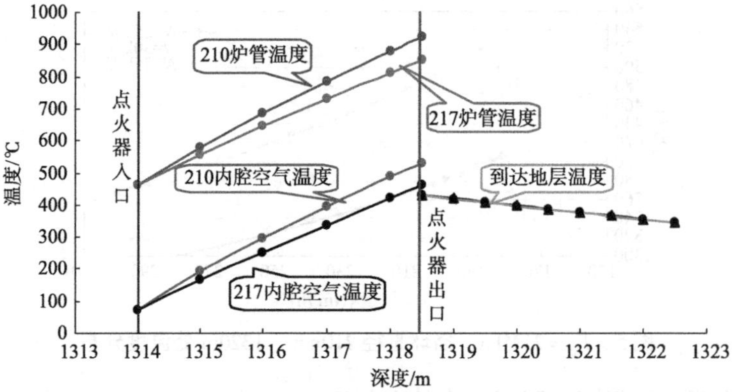

图7　$N=35kW$、$P_0=23MPa$、$Q=270Nm^3/h$ 不同挡环直径对各部位温度的影响

现场操作难度大。于2003年9月3日开始根据模拟参数通电、注气，采用大功率井下电加热设备，米功率为6kW/m，加热段长度6.7m，总加热功率40kW，实施的加热参数为加热功率35kW、注气压力23MPa、注气速度270Nm³/h，点火加热时间为15天。通过邻井气样的跟踪监测，于2003年9月7日成功点燃了油层，为郑408－试1井组火烧驱油试验的成功奠定了基础。

金家油田金10东火烧驱油试验井组，油藏平均埋深为680～800m、原油黏度5000～12000mPa·s，原始地层压力8MPa，试验井组目前压力4.0～4.9MPa。点火井为金11－试斜42井，采用连续管电点火装置，加热长度为60m，于2024年5.29日开始通电点火，6.15日停止加热，为期17天，点火期间的实施参数为注汽速度320Nm³/h，井口点火功率57kW，点火期间累计注气量232867Nm³，总供电量39513.2kW·h，井底总供热量94.06GJ，成功点燃了油层。

4　取得的认识

(1)首先要根据点火器结构与井筒、地层条件建立传热方程。点火器内部换热为复杂换热过程，包括传导、对流、辐射三大过程。

(2)既可以根据给定功率调节风量，又可以根据风量大小调节功率，使得油层达到点燃温度。但温度不宜过高，否则点火器强度会受到影响。

(3)现场风量较难控制，而且波动较大，尽量根据风量的波动情况适时调节井口线电压，达到调整功率的目的。

参考文献

[1]杨世铭．传热学[M]．北京：高等教育出版社，1993.
[2]钱滨江，伍贻文，常家芳等·传热学手册[M]．北京：高等教育出版社，1990.
[3]沈维道，郑佩芝，蒋淡安．工程热力学[M]．上海：高等教育出版社，1990.
[4]同济大学数学教研室．高等数学(下)[M]．北京：高等教育出版社，1994.

基于分布式光纤监测的油井产液剖面解释技术研究

刘明　韩艳慧　戴宇婷　裴树峰　伊兆龙　石蓬业

（中国石化胜利油田分公司石油工程技术研究院）

摘　要：老油田增产挖潜是当前我国石油产量稳定的压舱石，油井产液剖面是分析油藏产状、制定采油方案的重要依据。近年来兴起的分布式光纤监测（DAS 和 DTS）技术通过监测井下流体流动产生的声波和温度信号来解释油井产液剖面和含水分布。通过研究，设计实尺寸水平井筒流动光纤监测模拟实验系统，开展了不同流量下油气水单相、两相及三相流体流动与光纤信号响应关系试验3880组，形成了基于声波频带能量的流量解释模型和基于机器学习的含水率解释模型，实现了油井低流量（60m³/d）产液剖面监测技术，流量解释符合率＞85%。现场实施效果表明，该技术实时掌握油井井下各层段产液和含水分布对提高油井生产决策水平和老油田剩余油挖潜具有重要意义，研究成果指导了油井后续堵调、注汽等工艺措施的有效实施。

关键词：光纤监测；产液剖面；含水解释；频带能量；机器学习

油井产液剖面是跟踪油藏动态、优化油井生产、制定井下措施的重要依据，同时对于识别出水位置也具有重要意义。为了进一步提高油藏经营管理水平，掌握井下各生产层段产液分布和含水率变化对于提高现场工程师的生产决策能力变得越来越重要。近年来兴起的分布式光纤声波传感监测技术（DAS）为井下多相流体流动的连续、长距离、实时监测提供了一种新的手段。该技术目前已成功应用于注采剖面监测、水力压裂监测、智能井生产监测、蒸汽辅助重力泄油（SAGD）监测等领域并取得了良好效果。利用机器学习算法从DAS数据中提取信息已成为DAS数据解释的一种重要手段。人工神经网络（ANN）、卡尔曼滤波器（KF）、支持向量机（SVM）以及梯度提升（GB）等机器学习算法已被广泛用于井筒多相流研究。机器学习方法对DAS数据解释具有巨大优势，但目前缺乏大量井筒流体流动DAS数据的支撑，因此在油井流量和含水率解释方面仍受到极大制约。本文在实尺寸水平井筒流体流动光纤监测物理模拟实验系统上开展大量的不同流量、不同含水率下油水两相流动模拟光纤监测实验，获取大量光纤监测数据，结合机器学习建立含水率范围分类识别方法，为油藏动态分析、油井生产优化、出水位置识别提供技术支撑。

1　水平井筒流体流动光纤监测模拟实验系统

实尺寸水平井筒流体流动光纤监测模拟实验系统由水平井筒、注入系统、DAS数据采集系统和光缆组成（图1）。水平井筒总长度为20m，由5 ½in 割缝筛管放置在9 ⅝in 套管内装配而成，在9 ⅝in 套管上间隔1m布置2个对称注入孔，为流体进入/流出井筒提供通

第一作者简介：刘明（1976—），男，山东东营，中国石化胜利油田分公司石油工程技术研究院，研究员。研究方向：稠油开发。E－mail：liuming012. slyt@ sinopec. com。

道。注入系统由2台排量为15m³/d的变频柱塞泵、1台空气增压泵、液罐和汇集管组成。采用了5根钢铠光缆，各根光缆顺序串联后接入DAS采集系统。DAS解调仪采样频率为4000Hz、空间采样间隔为0.5m、空间分辨率为1m、应变灵敏度为1纳应变。本文利用该实验系统开展了3880组不同流量、不同含水率的流体流动实验。

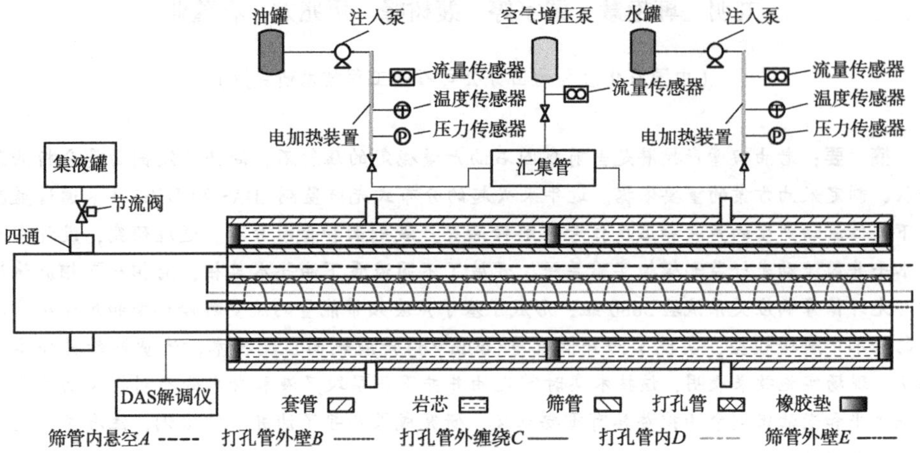

图1 模拟实验系统示意图

2 基于FBE的低流量解释技术

为量化DAS监测的流体流动产生的声波能量，对3880组实验数据利用傅里叶变换，结合加窗分频技术，得到了DAS特定频带(f_1-f_2)间的声波能量FBE，形成低流量解释图版，精度达到85%以上(图2)。

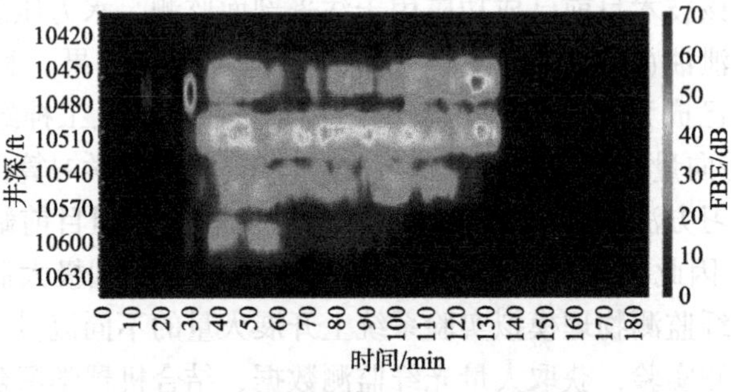

图2 DAS信号的FBE响应瀑布图

3 基于机器学习的含水率解释技术

3.1 DAS声波数据预处理

DAS原始声波数据通常含有干扰噪声，需进行滤波降噪处理，同时为降低异常值对声波数据的影响，需进行归一化处理。滤波降噪和归一化处理是常用的对声波信号进行预处理的方法。通过对比分析不同滤波器对DAS数据的滤波效果，选择巴特沃斯滤波器进行滤波。

3.2 声波特征提取

正确选择有效的声波特征参数提取方法，可提高含水率结果的准确率，减少系统的运行时间，显著提高系统的处理效率。用于含水率解释的声波特征应具有普遍性、唯一性、稳定性，以及能够进行数字量化处理，以便进行定量分析等。目前使用较为广泛的声波特征主要有时域特征、频域特征和时频域特征。本文利用时频特征提取技术提取 DAS 数据的时频特征。

3.3 含水率范围识别机器学习模型

随机森林算法的原理是通过自助法重采样技术，从原始训练样本集中有放回地重复随机抽取 n 个样本生成新的训练样本集来训练决策树，按以上步骤生成 m 棵决策树组成随机森林，随机森林集成了所有的分类投票结果，将投票次数最多的类别指定为最终的输出，提高分类准确率。利用提出的含水率范围识别模型对数据集进行识别分类，具体的识别结果呈现在图 3 的混淆矩阵中，随机森林的准确率高达 100%，可准确地识别含水率范围。

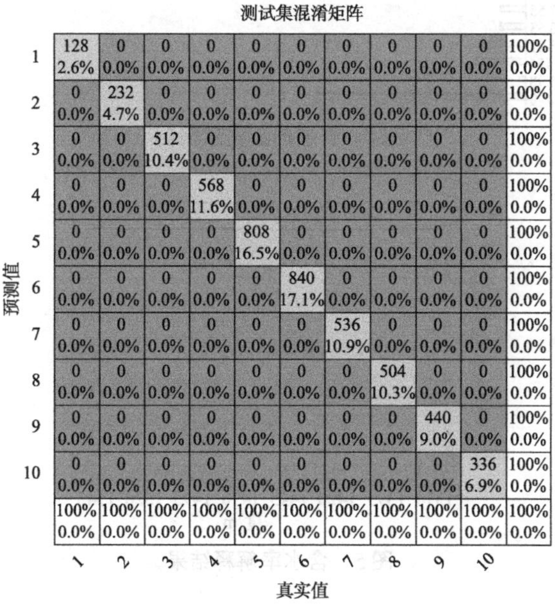

图 3　含水率范围识别结果

4　稠油热采吞吐井现场应用分析

测试井为胜利油田一口稠油热采水平井，位于陡坡构造带上，自 780m 左右造斜，1360m 左右着陆，水平段长度为 235m，完钻井深为 1592m。该油藏为高孔、高渗、稠油油藏。2023 年 7 月，测试井成功实施分布式光缆捆绑油管外测井，实现了关井、开井、稳产生产阶段的 DAS 监测。DAS 装置从关井到稳定生产阶段连续采集井下声信号 387h，采样频率为 4000Hz，空间采样间隔为 0.5m。对测试井采集的 DAS 监测数据采用本文提出的流量和含水率范围解释方法。流量解释符合率 >85%，随机森林模型取得较好结果，模型解释含水率范围为 90% ~100%（标签 10），与井口实测含水率（97.3%）一致，准确率为 98.11%（图 4 和图 5）。

根据含水率解释结果，各油层均处于高含水期。将凝胶泵入水平段，堵塞出水。如图 6 所示，堵水后 40 天内，原油产量由 2.3t/d 增加到 7.8t/d，峰值原油达到 11.4t/d，平均含水率由 95.8% 下降到 88.8%，累计原油产量达到 313.7t。

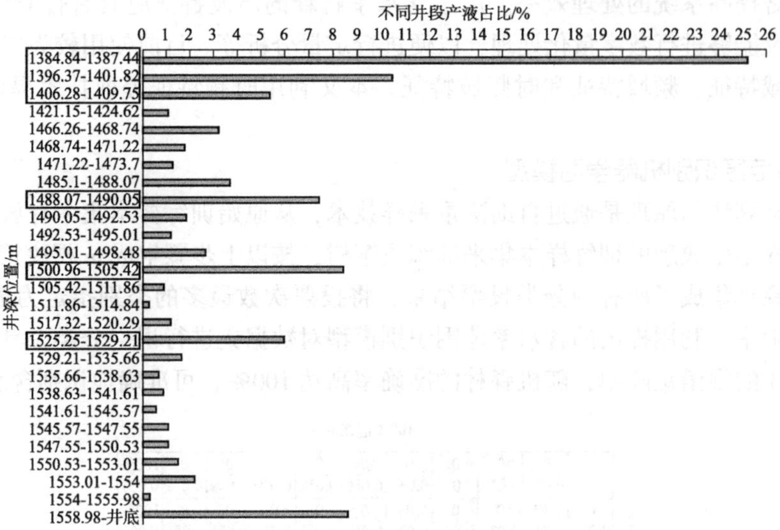

图4　各层产液贡献情况

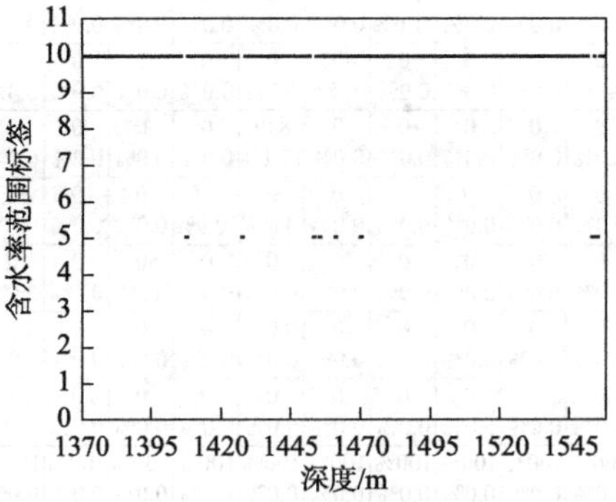

图5　含水率解释结果

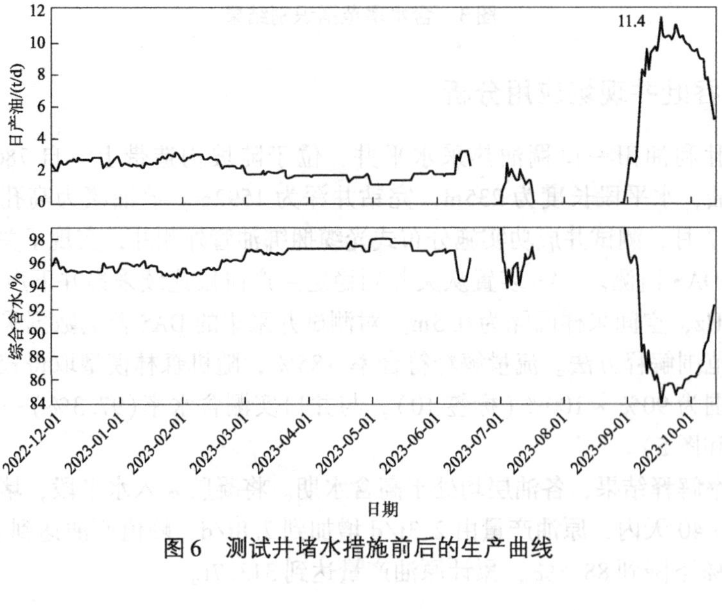

图6　测试井堵水措施前后的生产曲线

5 结论与建议

(1)研制的实验系统可以实现多种工况下的储层和井筒流体流动光纤监测模拟，获取相应的声波信号，为建设典型井下生产“声纹”数据库和研究 DAS 数据人工智能应用奠定基础。

(2)现场一口稠油吞吐井的 DAS 数据验证了本文方法的可行性，研究结果可以为油藏动态分析、油井生产优化、出水位置识别、井下措施制定等提供一种新的决策手段。

(3)下一步将开展更广参数范围的室内实验，并将可获得的现场油井实测 DAS 数据融合到现有数据库中，以进一步提高机器学习模型的分类识别结果，更好地应用于现场生产。

参考文献

[1]Alkhalaf M. , Hveding F. , Arsalan M. . Machine learning approach to classify water cut measurements using DAS fiber optic data[C]. SPE197349, 2019.

[2]Johannessen K. , Drakeley B. K. , Farhadiroushan M. . Distributed acoustic sensing – a new way of listening to your well/reservoir[C]. SPE149602, 2012.

[3]刘均荣, 史伟新, 李博宇, 等. 分布式光纤声音传感技术在油田中的应用及发展前景[J]. 地质科技情报, 2017, 36(05): 262 – 266.

[4]Arief H. A. , Wiktorski T. , Thomas P. J. . A survey on distributed fibre optic sensor data modelling techniques and machine learning algorithms for multiphase fluid flow estimation[J]. Sensors, 2021, 21(8): 2801 – 2830.

[5]李阳, 廉培庆, 薛兆杰, 等. 大数据及人工智能在油气田开发中的应用现状及展望[J]. 中国石油大学学报(自然科学版), 2020, 44(04): 1 – 11.

热采稠油油藏水平井堵调技术应用效果分析

王思猛[1]　周承诗[1]　刘冬青[2]

(1. 胜利油田鲁胜公司；2. 胜利油田石油工程技术研究院)

摘　要：多轮次吞吐后，热采水平井易发生汽窜，形成优势汽窜通道，影响水平段均衡动用程度；或边水突进导致高含水，严重影响周期采收程度。通过凝胶堵调试验发现，其一，水平井井筒内易残留或多或少堵剂结块，表面原因为顶替不到位；而结合温压剖面测试结果发现，水平生产段局部漏失严重，导致顶替液提前漏失，后端水平段堵剂残留凝结，进而影响后续注汽与产液。其二，前期挤堵剂施工管柱为注汽管柱，均匀配注器由笔尖代替，进一步影响水平段均衡动用。其三，通过优选汽窜井组，结合单井相对构造位置与堵剂流动特征，选择中部位置井进行"下堵上调"，实现多向汽窜井有效治理。通过优选堵调中心井、优化挤注工序，有效提高了热采稠油油藏水平井堵调效果。

关键词：热采水平井；汽窜；凝胶堵调

水平井蒸汽吞吐是一种高效的采油方式。构造部位的不同，对水平井的开发特征有着重要影响。构造高部位井，随着吞吐轮次增加，地层亏空不断增大，局部地层压力逐渐降低(例：尚店油田滨509区块，压降达3～5MPa)，井间易汽窜通道，导致周期热采效果逐轮变差；构造低部位井，受边底水影响，使得一线井开采区域及时得到能量补充，但也易导致生产高含水，极大影响采收程度。

随着各油田水平井的规模化应用及以上开发矛盾的逐渐显现，自2007年左右开始，水平井控水堵窜技术的研究逐渐铺展开来。从新型堵剂的不断涌现到控水堵窜技术的迭代升级，在油田开发各阶段皆取得一定效果。例如，尚店油田滨509区块发育一套疏松砂岩普通稠油油藏，其重点开发层系$Ed_2 1$、$Ng_5 5$主要采用水平井蒸汽吞吐开发，自2009年规模建产至今，依次经历氮气泡沫＋栲胶组合、热固性堵剂、冻胶、凝胶等阶段性堵窜治理，受地层开发特征、汽窜水淹程度、堵剂安全性、成本等综合因素影响而未得到规模化治理。目前开发形势下，尚需一套有效堵调方案实现热采水平井开发型老油田的增产挖潜。

本文旨在对热采稠油油藏水平井的堵窜治理进行深入探讨和分析，总结挤注方式、水平段漏失、构造位置等对水平井堵窜效果的影响，优化施工工艺，优选试验井，以提高堵调转周的开采效率和经济效益。

1　研究区域

滨509区块为一单斜构造，西北高东南低，位于尚店油田西南角。Ng组构造相对较

第一作者简介：王思猛(1992—)，男，河南濮阳，就职于鲁胜公司科研所，中级工程师，主要从事热采稠油工艺研究。E－mail：wangsimeng.slyt@sinopec.com。

缓，倾角3°~6°，向下层系构造变陡，东营组地层倾角8°~12°，两者呈不整合接触。油藏埋深910~1100m，发育一套不等粒细砂岩，胶结疏松，孔隙度30.8%，渗透率870~1200mD，地层温度下原油黏度约3400mPa·s，属于高孔高渗普通稠油油藏。该区块水平井采用精密滤砂管完井，整体处于多轮次吞吐阶段。构造高部位平均热采11周期，地层亏空大，井间汽窜方向逐渐由"单对单"发展为"单对多"，局部优势通道的形成严重影响水平段的整体均衡动用，导致吞吐效果变差；构造低部位井，受边水推进影响导致高含水，通常吞吐2~4轮次后转冷采，区块采收程度的提高受到严重制约。

自2023年伊始，该区块水平井通过开展稠油热采水平井精准堵调技术研究，细化凝胶体系配方，改善稠油热采井的开发效果。主要采用温盐响应自生纤维体+多相可控耐温凝胶组合，配合氮气泡沫调剖进行蒸汽吞吐转周。其中，纤维体堵剂可携带地层通道内流动泥粉砂并吸附地层流体中的Ca^{2+}实现大孔道远端高强度封堵，耐高温凝胶堵剂主要选择性封堵近井地带优势汽窜通道，氮气泡沫辅助封堵其余孔道并起到一定隔离作用。试验初期主要表现为含水下降显著但短期内逐渐回升，探冲砂作业显示水平段近B靶点端有残留堵剂结块(最多冲出1.4m^3)。根据注汽前温压剖面测试结果提前锁定漏失段，经过堵剂参数优化及注入方式调整，最终实现汽窜通道的有效封堵，周期日油水平由2.4t/d提升到3.7t/d，综合含水由87%降至69%，为老区增产挖潜提供有力支撑。

2 堵调应用分析

2.1 挤注工艺

该区块水平井前期主要采用均匀配注管柱注汽，以实现水平段的均衡动用。由于配注器的特殊结构，堵剂易堵塞工具，注汽管柱仅设计为隔热管底带笔尖，测试注汽前温压剖面后，通过提前下至油层上界的注汽管柱进行笼统挤堵剂施工，并按照隔热管内容积的1.5~2倍进行顶替，排量控制在20~30m^3/h，一般关井候凝6天再进行注汽。放喷后开展下泵作业，首先测试注汽后温压剖面，再下泵试抽。

以平7井为例，该井处于构造中部位置，从图1可知，1450~1510m段出液能力较差，实施堵调后，温度曲线自1370m段开始下降迅速，证明后半段吸汽能力变差，且其水平段范围明显超过注汽前，推测因前半段吸收量好，顶替液提前漏失，导致后半段顶替不到位，堵剂在井筒内及滤砂管外附着残留。后期探冲施工冲出大量暗绿色堵剂结块，直径0.2~3.0cm，大小混杂且堆积较密实，证实前期推测。开井后日液水平有小幅下降，日油水平基本与上周期持平，邻井仍有较大汽窜反应(短期内日液快速上升，含水上升达12%)，堵调效果不理想。

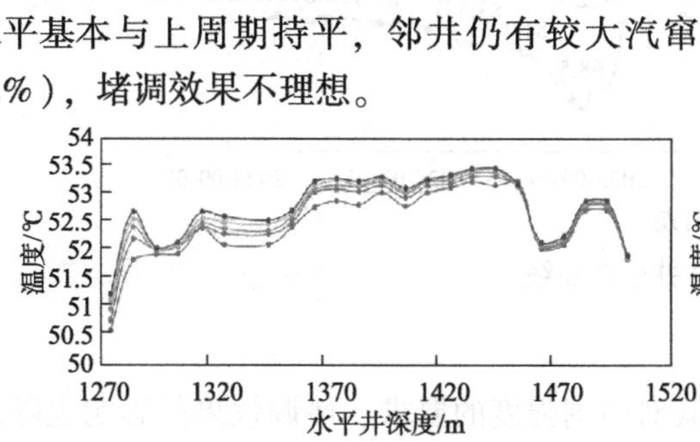

(a)注汽前

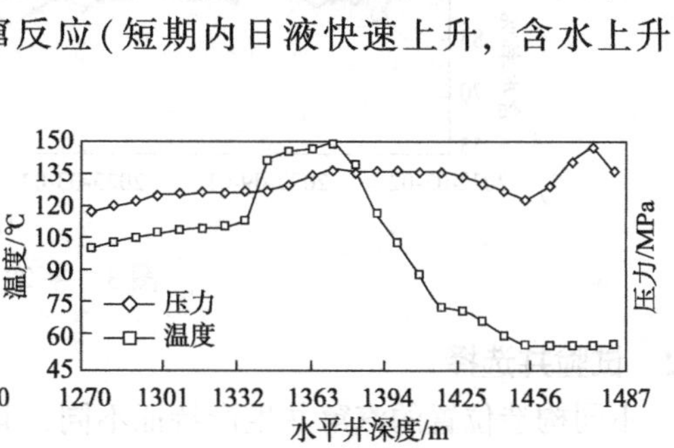

(b)注汽后

图1 平7井注汽前后温压剖面测试曲线

重点针对挤注方式和顶替量做出优化，即利用探冲管柱进行挤堵剂施工，根据温压剖面测试结果调整下入位置，局部漏失量大处先行挤入自生纤维体和氮气泡沫实现暂堵，其次挤入凝胶堵剂，全井段自动找窜封堵；然后将管柱下调至距井底约 10m 处依次进行正、反顶替约施工管内容积的 2 倍水量，尽可能避免堵剂在井筒内及精密滤砂管外近井堆积形成混浆带。

温压剖面测试成果除帮助确定注入位置及调整堵剂用量之外，还可以直观的表现堵剂在水平段内的分布状态，即选择性封堵大孔道之后，温度压力曲线变化恢复平稳，进而提高水平段均衡动用程度。

以平 22 井为例，该井位于构造高部位，2023 年温度剖面曲线显示该井局部存在一明显漏失段，优化堵调措施后，探冲验证无堵剂结块残留，汽窜通道实现有效封堵[图 2(b)]。开井后，同上周期高含水相比，本周期日液稳定，有明显峰值日油。在均匀配注器辅助转周条件下，周期热采效果显著提升(图 3)。

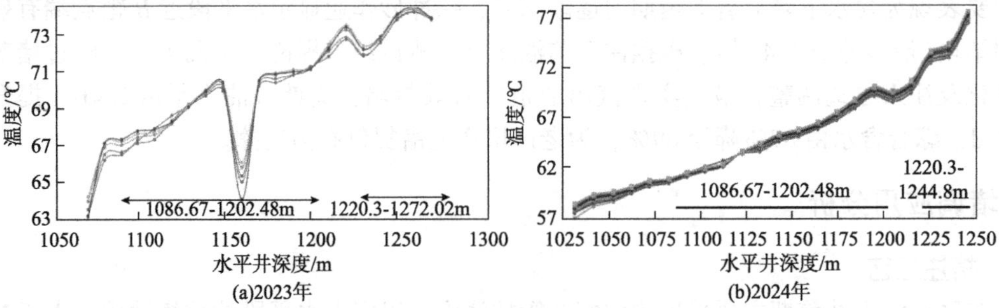

图 2　平 22 井注汽前温度剖面测试曲线

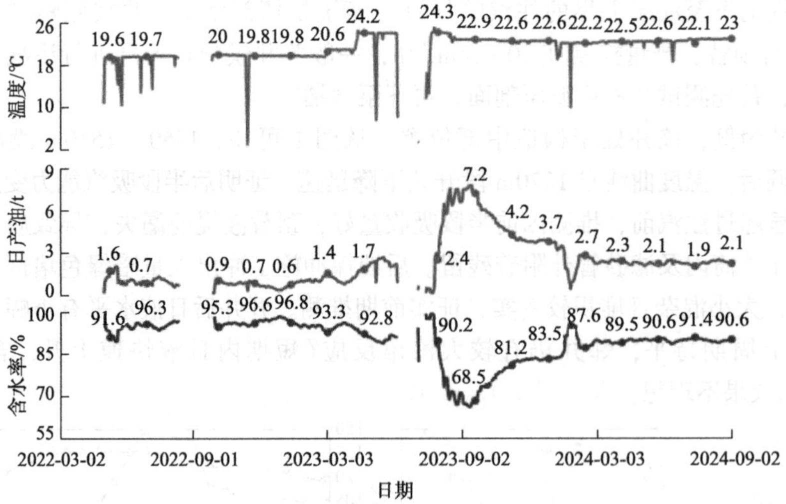

图 3　平 22 井生产曲线

2.2　试验井选择

不同构造位置的汽窜井生产特征不同，其对堵剂强度的要求、堵调效果的影响也随之不同。在同一构造剖面上同向排布的水平井，堵调要求如下：

位于滨 509 块构造顶部的水平井受蒸汽向上运移的影响，易形成优势汽窜通道。一方面，在顶部位置进行堵窜时，由于重力作用，堵剂更易向下流动，难以在顶部形成稳定的封堵屏障；另一方面，顶部地层压降大，需要更高强度的堵剂才能取得良好的封堵效果。此外，顶部位置的水平井更易受到地层应力的影响，对堵剂的稳定性要求较高。

构造低部位的水平井更易受到边水突进的影响，在底部位置进行堵窜时，需要考虑边水突进和汽窜的双重影响，堵剂的选择和施工工艺需要兼顾堵水和封堵汽窜的双重目的。同时，底部位置能力供应充足，地层压降小，此时需要考虑堵剂的抗压性能，以确保堵剂在高压环境下仍能保持有效的封堵。

而对于构造中部位置的水平井，其周围的流体流动相对均衡平稳，受双向汽窜影响，汽窜通道在水平段内分布相对均匀。受乐安稠油油藏水平井堵水调剖技术的应用启发，提出井间“下堵上调、段塞互补”理念，即选择中部水平井作为堵调中心井，根据汽窜程度合理设计堵剂组合及段塞用量，有效治理多向汽窜。同时，构造中部位置的压力和应力条件相对稳定，有利于堵剂的长期稳定驻留。

以平27井为例，该井与左上 *P*26、右下 *P*25 两口同向排布水平井汽窜皆较严重，垂深分别相差7m、9m。该汽窜井组前期主要表现为：*P*27 前期注汽时，*P*26 井含水上升明显，而 *P*25 井日油、日油上升明显，含水变化幅度较小。以平27为中心井，设计“堵剂＋氮气泡沫”组合进行复合堵调，即首先利用纤维体堵剂重点封堵与 *P*25 井的优势汽窜通道，其次挤入凝胶堵剂沿双向汽窜通道再挤入氮气泡沫(10000Nm^3氮气：10m^3高温发泡剂溶液，并添加适量稳泡剂)。后者主要发挥两方面作用：一是继续封堵与 *P*26 井之间的汽窜通道，而是将前面堵剂段塞适当推远，扩大封堵半径。这种复合堵调方式可以更好实现水平井均衡吸汽和动用。该井2024年实施转周后，初期日油水平提升2.4t/d，含水下降约4%，目前趋势平稳，取得较好堵调效果，实现了水平井蒸汽流场的高效调整(图4)。

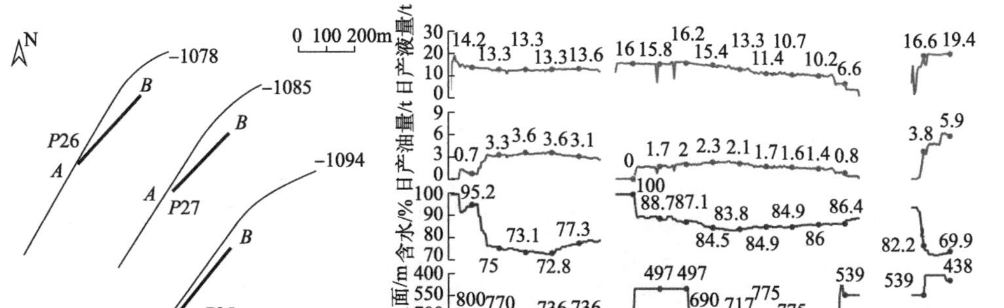

图4　滨509块 Ed_21^4 井位分布(左)与 *P*27 生产曲线(右)

3　结论与认识

稠油热水平井堵调成功率高低取决于储层开发阶段特征认识、水平段漏失量大小与堵调工艺设计、试验井的合理选择。

当水平段前端存在漏失、顶替排量低或顶替量少时，堵剂易在井筒内和滤砂管外残留形成混浆带，影响地层吸汽和供液能力。通过“温压剖面找漏＋探冲管柱挤堵剂＋均匀配注管柱注汽”模式，设计合适堵剂用量，实现定点堵调，以提高水平段的均衡动用程度。

对于存在多向汽窜的水平井井组，根据构造井位分布特点，采用“下堵上调”理念，即选择中部位置井进行“堵剂 + 氮气泡沫”复合堵调，提高汽窜井组的高效封窜治理。

滨 509 块稠油热采水平井的堵调试验可以为老区增产挖潜提供有力支撑，其经验认识可以为相似开发区块提供有益借鉴。

参考文献

[1]李宜坤，李宇乡，彭杨，于洋．中国堵水调剖 60 年[J]．石油钻采工艺，2019，41(6)：773 – 787.

[2]刘万勇，刘晶晶．热采水平井复合调剖技术研究与应用[J]．中外能源，2015，20(09)：63 – 66.

[3]李小莹．稠油热采水平井精准堵调技术研究应用[J]．中国科技纵横，2022(4)：23 – 24.

[4]翟永明，刘东亮，刘军，等．乐安稠油油藏水平井堵水调剖技术研究应用[J]．石油地质与工程，2008，22(6)：72 – 74.

[5]翟勇，梁伟，盖平原，等．胜利油田稠油热采提质增效开采技术[C]．2019 油气田勘探与开发国际会议论文集．中国陕西省西安市，2019：1089 – 1094.

“烟道气+水蒸气”混注绿色热采稠油降耗增产

房增艳　李永国　李刚　郑春盛　张明

（胜利油田鲁胜石油开发有限责任公司）

摘　要：基于“碳达峰、绿色热采、节能增产”的目的，研究“烟道气+水蒸气”混注绿色热采稠油技术，根据蒸汽锅炉产生烟道气的机理性能，捕集混合利用，成功研发国内首台LSKR烟道气辅助水蒸气稠油绿色热采一体化设备，提高烟道气捕获注入率及混注汽干度。2022年在林樊家油田“烟道气+水蒸气”混注绿色热采稠油技术试验7井次，周期增油1.7倍，节约天然气9.33%，二氧化碳赋存在地下80%~90%，大幅减少碳排放，环保节能、增产增效，推动稠油低碳绿色开发，实现碳达峰、碳中和目标。

关键词：烟道气；水蒸气；绿色热采；节能增产

1　立项背景

林樊家油田位于惠民凹陷东北部，含油面积6.1km^2，探明石油地质储量648×10^{4}t。主要含油层Ng3^{31}、Ng3^{32}、Ng3^{42}，各小层具有独立的油水系统，原油密度0.9612~0.9767g/cm^3，地面黏度1969~2868mPa·s，属稠油油藏。1999年10月投入开发，主要采用水平井热采开发，水平井多轮次蒸汽吞吐后压降速度快，地层压力4.3MPa，压降5.0MPa。目前进入开发中后期，为了提高产量，必须进行高频次高强度蒸汽吞吐开采。

在注蒸汽热采过程中，注蒸汽锅炉在生产高干度蒸汽的同时产生大量有毒有害的烟道气排放到大气中，一方面，烟道气中含有大量二氧化碳、硫化物等对环境造成严重污染的有害气体；另一方面，排放的烟气温度在160~200℃，存在大量的热能浪费，带来温室效应。

2020年油井平均含水上升至90%以上，采油速度2.0%，采出程度22.5%，注蒸汽井78井次，注蒸汽量15.6×10^{4}m^3，消耗天然气燃料1014×10^{4}m^3，产生烟道气18720×10^{4}m^3，产生CO_2 5.061×10^{4}t，产生氮气31.824×10^{4}t，烟道气温度160~200℃，产生大量烟道气排到大气中严重污染环境，浪费热能，增加开采成本。

因此，烟道气处理对环境保护至关重要，是油田实现可持续开发和提高油田经济效益节约成本的一个重要途径。

第一作者简介：李永国（1971—），男，山东省东营市利津县，胜利油田鲁胜石油开发有限责任公司，高级工程师，胜利油田鲁胜石油开发有限责任公司生产管理部。E-mail：liyongguo056.slyt@sinopec.com。

2 主要做法

2.1 理论基础

烟道气为何能变成减排增效的“香饽饽”？从理论上解释了烟道气“抑制蒸汽冷凝、强化深部换热”机理，即烟道气会抑制蒸汽在近井地带的迅速冷凝，有效提高蒸汽在油层深部的传热，扩大蒸汽热波及体积，该发现为烟道气改善注蒸汽开发效果提供了理论基础。

通过建立多相多组分渗流数学模型和油藏数值模拟，系统研究了烟气、蒸汽和原油的相变规律以及多组分体系的变相态渗流特征。注汽锅炉产生的烟气里面主要含有83%的氮气、14%二氧化碳的及硫化物、氮氧化物等成分。二氧化碳是一种在水和油中溶解度都很高的气体，当它大量溶解于原油中时，可以使原油体积膨胀，黏度下降。同时二氧化碳还可以与原油混相，抽提原油中的轻质成分使其气化，从而降低界面张力，实现混相驱；二氧化碳还有改善流度比，抽提、萃取和气化原油中的轻烃、利用分子扩散作用提高油藏渗透率等突出作用。氮气由于压缩系数和体积系数都比其他气体大，在水中溶解度小，黏度和甲烷接近，还因为是惰性气体，不燃烧，无毒无腐蚀性，与大多数流体混合时呈泡沫状态，能对流体起一定的举升作用，可利用氮气进行非混相驱、混相驱、重力驱、复合驱、水气交替驱等多种驱油方式。烟气进行合理收集处理混合蒸汽注入油层，就能发挥烟气在油藏中的溶解降黏、增能助排和扩大热波及提高采收率，节能环保增效作用。

2.2 研发情况

2020年联合中国石油大学“烟道气+水蒸气”混注绿色热采稠油技术”课题研究攻关，从驱油机理、工艺增产、环保节能入手，研究提高烟道气有效利用率，根据烟气辅助稠油蒸汽热采绿色驱油技术理论，进行在线远程控制节能环保智慧设备方案设计，才能打破瓶颈，联合中石化机械公司成功研发国内首台撬装式LSKR烟道气辅助绿色热采稠油一体化设备(1200Nm^3/h，35MPa)，在林樊家油田现场试验，喜获成功，成功入选《山东省能源领域重点技术、产品和设备目录(第一批)》，实现注汽锅炉烟道气资源化利用，提高稠油油藏采收率和环保效益双赢的重要保障。

图1 LSKR烟道气辅助绿色热采稠油一体化设备

2.3 设备构成

LSKR烟道气辅助绿色热采稠油一体化设备(图1)，由密闭捕气装置、防腐换热器、智能净化处理装置、压机装置、智慧控制中枢、增压撬等构成，烟道气处理能力提升25%，总体能耗降低12%，占地面积减少了56%。

(1)密闭捕气装置：烟道气捕气结构采用喇叭口式收集装置设计，引气管线采用不锈钢铠装软管，重量轻、耐高温、抗腐蚀，可提高烟道气捕气率及品质。

(2)防腐换热器：烟道气(160～200℃)和用水接触相互热量交换，将用水(5～20℃)变为高温锅炉用水(35～45℃)，减少天然气燃料使用量，缩短注汽周期。

(3)智能净化处理装置：集成烟气除尘除硫过滤器、除水过滤器、冷干机，去除烟气中有害物质SO_2、水汽，经净化后的烟气露点温度可降到0℃以下，确保气体干燥度。

(4)增压撬：包括压缩机、增压机，将分离出的CO_2和N_2的清洁混合气体进入压缩机、增压机，压缩成高压混合气体，以辅助高温蒸汽形式进入油层开采。

(5)智慧控制中枢：通过人工智能和人的智慧相结合的智慧模块，将各种装置协同工作运行，实现全程智慧控制，流量微调节，可视化计量分析决策，各级出口温度可控调节功能，有效提高烟气最终出口温度，形成集成化、精细化、智慧化烟气注入设备，大幅减轻劳动强度，提高注汽效率。

2.4 配套设备

2.4.1 腐蚀状况

注烟道气的腐蚀情况(表1)，实际检测(烟囱出口处)，平均腐蚀速率0.016mm/a(标准0.076mm/a)，腐蚀情况较轻。

表1 林7－平17井烟道气腐蚀速率检测数据

序号	挂片时间/d	腐蚀挂片编号	腐蚀挂片质量/g		平均腐蚀速率/(mm/a)
			安装前	腐蚀后	
1	11	813	10.5024	10.4927	0.016
2	11	873	10.5458	10.536	
3	11	973	10.6129	10.6056	
4	11	849	10.439	10.4333	

2.4.2 超高干度注蒸汽锅炉

选用超高干度注水蒸气锅炉，结构形式与水汽流程(图2)：由对流段、辐射段、蒸发段组成；5～40℃常温水经给水泵强制升压直接进入上对流段，水与低温烟道气逆向换热温度升高后进入下对流段继续吸收中温烟道气热量，从对流段出来再进入辐射段吸收火焰辐射热量汽化，汽化后的饱和湿蒸汽继续进入蒸发段吸收高温烟道气热量，出口达到干度90%～95%的饱和湿蒸汽。

锅炉蒸汽干度光谱分析在线检测仪，遵循滴定方法的基本原理，根据人工滴定程序与方法，采用高性能的控制单元，对滴定过程，实现全过程自动化，利用光谱分析法，检测滴定结果，实现无人为干扰的滴定检测过程，提高注汽锅炉干度检测连续性准确性。

2.4.3 举升配套优化

因出气多，采用气液混抽泵，提高泵效：依靠弹簧力的作用迫使阀球关闭。提完防冲距后，下死点时，柱塞底端依然位于固定阀以下，确保没有气体反复压缩的空间，防止气锁。

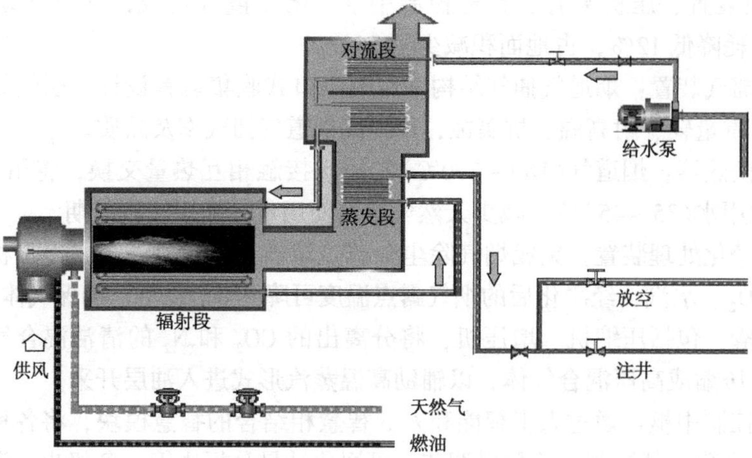

图2 结构形式与水汽流程

2.5 工艺流程

工艺流程(图3)：LSKR烟道气辅助绿色热采稠油一体化设备分别与高干度注汽锅炉和注气井口油管相连；高干度注汽锅炉包括清水入口、蒸汽出口和锅炉烟气出口；换热器包括水入口、烟气入口、水出口和烟气出口；水入口与注蒸汽用水相连，水出口与注汽水罐相连；烟道气出口与烟道气净化处理装置相连。在智慧控制中枢控制下，通过捕气装置收集烟道气，烟道气2输入换热器与用水进行热量交换后，输入净化处理装置进行除尘、除硫、除水，分离出清洁的二氧化碳和氮气混合气体，进入压缩机、增压机，压缩成高压混合气体+高温蒸汽形式注入油层，提高采收率。

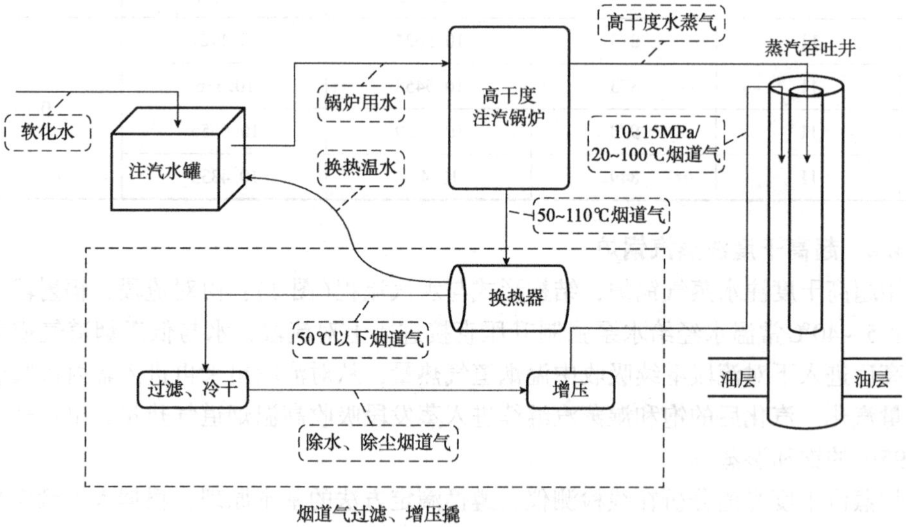

图3 工艺流程图

3 现场试验

3.1 注入量设计

通过建立多相多组分渗流数学模型和油藏数值模拟，系统研究了烟道气、水蒸气和原油的相变规律以及多组分体系的变相态渗流特征。发现烟道气聚集在主体蒸汽腔顶部，减少了向顶部盖层的热损失。其中烟道气中氮气具有良好的可压缩性和膨胀性，能够快速补充地层能量。采用套管伴注，确定地层压力、温度下，根据气体状态方程，按照注入参数优化：气汽比1∶1～2∶1(地下)(图4)，测算地面条件下的烟道气需求量，为技术用气量提供依据。

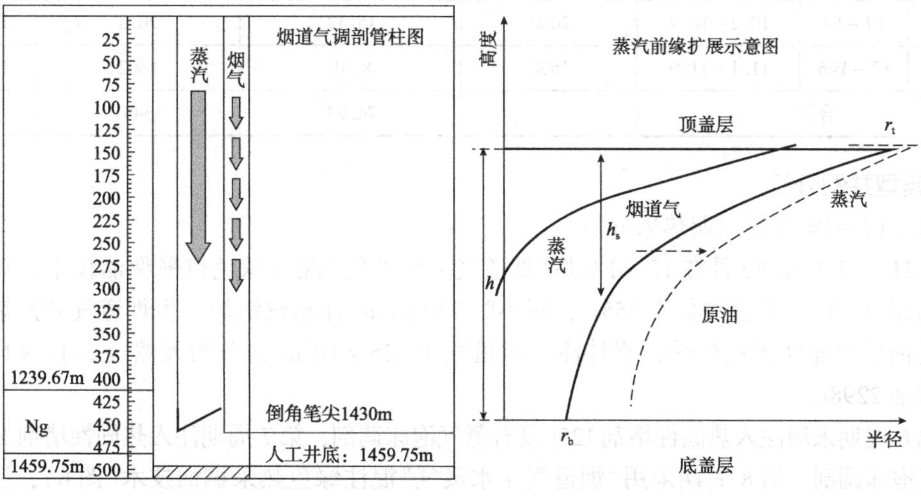

图4　注入量及方式

3.2　试验应用

2021年1月至11月"烟道气 + 水蒸气"绿色热采稠油现场(图5)，在林樊家油田稠油井L7 - P4(两次)、L7 - P3、L7 - P17、L7 - P30、L7 - GP23、L7 - P46实施了7井次现场试验统计(表2)。

图5　"烟道气 + 水蒸气"混注绿色热采稠油现场

表2　现场试验统计

序号	井号	注汽日期	设计蒸汽量/t	注入烟气量/($10^4 Nm^3$)	实际注入蒸汽量/t	开井日期
1	L7 - P4	1.3～1.10	1500	4.14	1557	1.12
2	L7 - P3	3.6～3.13	2000	11.3	2007	3.14

续表

序号	井号	注汽日期	设计蒸汽量/t	注入烟气量/(10^4Nm^3)	实际注入蒸汽量/t	开井日期
3	L7－P17	4.2～4.29	2100	11.6	2100	5.5
4	L7－P30	5.12～5.21	2100	11.3	2007	5.26
5	L7－P23	8.6～8.15	2200	12.8	2200	8.21
6	L7－P4	10.2～10.9	2000	15.12	2018	10.17
7	L7－P46	11.1～11.9	1600	8.01	1602	11.16
合计				74.27	13491	

3.3 典型井例分析

(1) L7－P4 井各周期热采分析。

2021 年 1 月至 10 月在 L7－P4 井“烟道气＋水蒸气”混注绿色热采稠油技术，现场试验两周期(图 3)，累计注蒸汽 3557t，每小时 900 标 m^3 注蒸汽锅炉产生烟道气被捕集处理后注到油层中辅助蒸汽热采，累计注入烟道气 $19.26\times10^4m^3$，节约天然气 $2.17\times10^4m^3$，周期增油 2298t。

第 6 周期采用注入热固性堵剂 125t 复合氮气泡沫调剖，第 7 周期注入热固性堵剂 110t 复合氮气泡沫调剖，第 8 周期采用“烟道气＋水蒸气”混注绿色热采稠油技术(图 6)，注蒸汽 2201t，平均注汽压力 8.4MPa；这几个没有烟气辅助周期峰值产量低，无高产期，周期内产量下降快，周期产量低。第 9 周期、第 10 周期采用“烟道气＋水蒸气”混注绿色热采稠油(图 7)，注蒸汽 1557t，伴注烟气 $4.14\times10^4Nm^3$，平均注汽压力 9.6MPa；第 10 周期加大烟气伴注量(图 7)，注蒸汽 2007t，伴注烟气 $15.12\times10^4Nm^3$，平均注汽压力 11.9MPa。

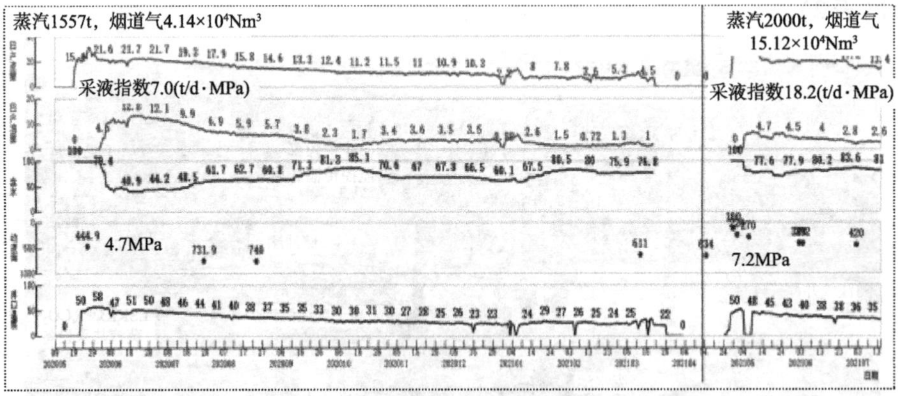

图 6　L7－P4 井日度生产曲线

试验井日产油由 3.9t/d 上升到 10.8t/d，含水由 60.9% 下降到 45.6%。增加烟道气注入量后，动液面由 445m 下降到 270m，采液指数由 7.0(t/d · MPa)上升到 18.2(t/d · MPa)，达 2.6 倍。补充地层能量，温压剖面显示地层压力由 4.7MPa 上升至 7.2MPa；氮气注入地下后，处于压缩状态，当生产过程中储层压力降低后，压缩系数较大的 N_2 会急剧膨胀，补充地层能量，增加热采动力。与注纯蒸汽或 N_2 伴注相比，烟道气辅助蒸汽热采，具有排水期短、峰值产量高、油汽比增加的初始特征。

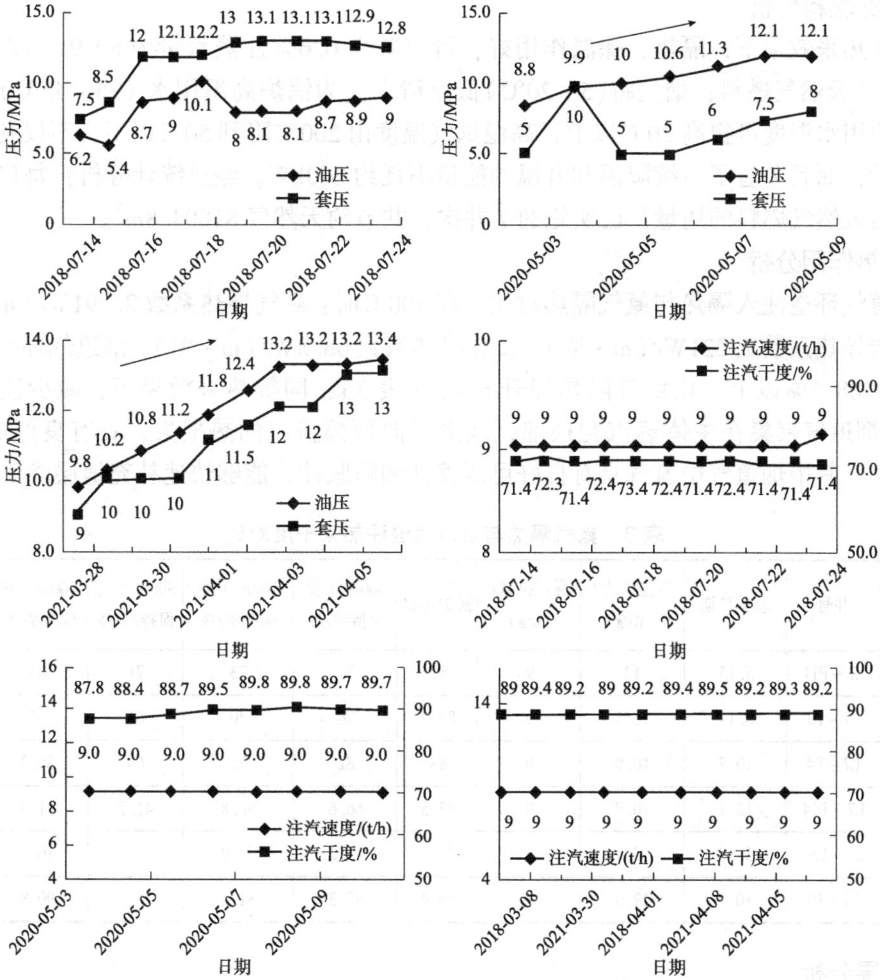

图 7　第 8 周期、第 9 周期(烟道气)、第 10 周期(烟道气)注汽曲线

(2)L7-P17 井分析。

L7-P17 井烟道气注入 9180Nm^3，根据采出气量及组分分析测算，约 2000Nm^3 逸出，烟道气进入油层后，赋存在地下 80%~90%，实现了二氧化碳地下赋存(图 8)，达到温室气体减排。

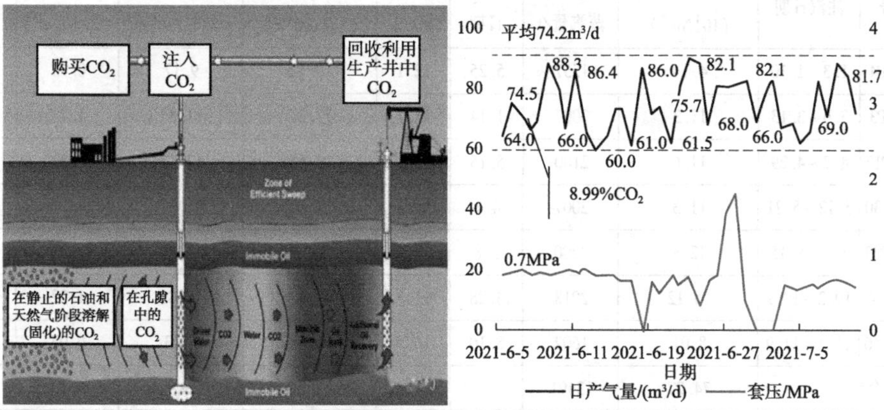

图 8　二氧化碳捕集与地下封存情况

3.4 节约燃料分析

同等热采效果下，隔热、保温作用好，可以减少 0.6% 注蒸汽量为 80.9t，注 1t 蒸汽需用 65m³ 天然气燃料；烟气将(5～20℃)低温清水变为锅炉高温用水（35～45℃）节省燃料，锅炉用水温度可提高 20℃以上，高温烟气温度由 200℃降到 50℃以下，不仅利用了烟气的热量，而且节省了后续降温和升温的能量消耗约 240kW。经过统计分析：每口井减少 9.33% 的天然气燃料的用量，已实施的 7 井次，共节约天然气 81804.8m³。

3.5 隔热作用分析

烟道气环空注入隔热与氮气隔热对比，在 100℃时：氮气导热系数 2.791W/(m·℃)；二氧化碳导热系数 2.221W/(m·℃)；H_2O 导热系数 68.3W/(m·℃)；烟道气环空注入干度保持率 88.5% 以上，比氮气隔热提升 6.1%（表 3），同等热采效果下，减少注蒸气量 0.6%。烟道气聚集在主体蒸汽腔顶部，减少了向顶部盖层的热损失，具有良好的隔热、保温作用。其中烟道气中氮气具有良好可压缩性和膨胀性，能够快速补充地层能量。

表 3　氮气隔热与烟道气混注热采干度对比

分类	井号	取样日期	混注压力/MPa	混注排量/(t/h)	锅炉出口	400m 干度保持率/%	700m 干度保持率/%	900m 干度保持率/%	700m 干度保持率/%	均值/%
氮气隔热	L7－P11	5.13	12	9	82	75	73	71	89	82.4
	L7－P3	8.11	11.5	9	83.3	74	70	66	84	
	L7－P4	10.7	10.8	9	88	82	75	68	85.2	
	L7－P14	12.1	10.8	9	82.5	66.6	58.8	41.7	71.3	
烟道气环空注入	L7－P30	5.18	12.1	9	89.2	81.2	76.9	—	86.2	88.5
	L7－P4	10.7	12.9	9	89.4	83.3	81.2	76.9	90.8	

3.6 效果分析

已实施 7 井次，效果统计(表 4)，注入烟道气量 $74.27\times10^4Nm^3$，实际注入水蒸气量 13491t，周期产油 8413t，同期对比增油 4943t，节约天然气费 $8.18\times10^4m^3$。

表 4　效果分析统计

序号	井号	注汽日期	注入烟道气量/(10^4Nm^3)	实际注入蒸汽量/t	开井日期	递减率/%	烟气前使用天然气/10^4m^3	烟气后使用天然气/10^4m^3	节省天然气/10^4m^3	周期累产油量/t
1	L7－P4	1.3～1.10	4.14	1557	5.25	12.1	10.12	9.17	0.95	1357
2	L7－P3	3.6～3.13	11.3	2007	1.14	11.1	13.04	11.83	1.22	1404
3	L7－P17	4.2～4.29	11.6	2100	5.15	11.3	13.65	12.47	1.27	844
4	L7－P30	5.12～5.21	11.3	2007	4.1	11.3	13.04	11.82	1.21	1517
5	L7－P23	8.6～8.15	12.8	2200	3.8	10.6	14.3	12.96	1.34	1411
6	L7－P4	10.2～10.9	15.12	2018	4.28	11.3	13.11	11.89	1.22	941
7	L7－P46	11.1～11.9	8.01	1602	8.10	10.9	10.4	9.43	0.97	939
合计			74.27	13491			87.68	79.5	8.18	8413

实验结果表明：混注烟道气可有效将油层中水蒸气干度提高至原来的2倍以上，烟道气溶解膨胀作用使原油降黏区域增大，同时烟道气中二氧化碳溶解有效降低油水界面张力，提高微观驱油效率；混注"烟道气+水蒸气"混注绿色热采稠油周期，累积产油量是常规水蒸气热采的1.7倍以上，周期日产油量峰值均为常规蒸汽热采的1.5倍。烟道气混注参数优化数值模拟结果表明，随着混注比的增加，周期累积产油量呈线性递增趋势，随着烟道气组分体积含量的增加，周期累积产油量递增趋势明显增大。

4 效益分析

4.1 经济效益

统计分析，周期累产油8413t，同期对比增油4943t，原油2200元/吨，增油费1087.5万元；7井次作业费、混注费合计369万元，节约天然气81804.8m^3，天然气2.88元/m^3，节约天然气费=81804.8m^3×2.88元/m^3=23.56万元；获经济效益742.03万元。

4.2 生态效益

对7井次的收集净化"烟道气+水蒸气"混合注入油藏，改善稠油运行机理，增加流动性，提高产量；烟道气进入油层后，其中二氧化碳赋存在地下80%～90%（取值85%），减少烟道气排放到大气中。烟气中二氧化碳占比14%，500m^3二氧化碳换算成1t，减少碳排放157.7t，达到温室效应气体减排，保护了环境。

5 认识与结论

"烟道气+水蒸气"混注绿色热采稠油技术，烟道气进入油层后，其中二氧化碳赋存在地下80%～90%，减少烟道气排放到大气中，达到温室效应气体减排，具有增油降耗环保的功效，保护了环境，十分适合稠油热采。烟气聚集在主体蒸汽腔顶部，减少了向顶部盖层的热损失，具有良好隔热、保温作用；烟道气溶解到稠油中降黏，增加流动性；氮气具有良好的可压缩性和膨胀性，能够快速补充地层能量，达到增油效果。优选井条件：构造位置高，含水相对较低，注汽压力低，有一定的增压空间，地层温度场已建立，井况较好，无出砂等工程问题。现场实践证明地层亏空量越大，注汽压力上升率越高，排水期、排水量呈现下降特征；地层亏空量越大，烟气辅助稠油蒸汽热采过程中，调剖作用越明显，增油越多。

"烟道气+水蒸气"混注以及配套化学剂、烟道气回收利用率、系统能耗、针对不同油藏不同开发阶段的适配性等方面尚有较大的探索研究和发展空间。现场实践对油藏和油井的针对性、工程工艺配套性和操控的合理性摸索出较成熟的经验；该项技术的机理研究、注入参数等还需要进一步试验，深入探索。"烟道气+水蒸气"混注稠油绿色热采技术，试验成功，烟气变废为宝，标志着油田烟气资源化利用取得实质性进展，大幅提高稠油热采效果，节约能源，减少成本，保护了环境。

2024年将在稠油区块进行71井次推广，深化"烟道气+水蒸气"混注绿色热采稠油技术研究、完善注采配套工艺，进一步提升烟道气捕集及利用率，使效益更大化，力争稠油热采单元早日实现"碳达峰、碳中和"，对推动稠油低碳绿色开发和提质增效具有重要意义。

参考文献

[1]卜祥福．中深稠油超临界蒸汽吞吐机理研究与应用[J]．中文科技期刊数据库(全文版)工程技术，2021年第6期0125－0126.

基于油井供排智能调参控制方法的边缘计算控制终端研究

周刚　王康任　薛心语

（鲁胜石油开发有限责任公司）

摘　要：本文研究的内容是油井智能调参控制技术，涉及一种基于油井供排协调的智能调参控制方法和边缘计算控制终端设计方法。其中包括智能调参控制终端的整体设计，和智能调参算法的设计思路。快速响应油井生产的波动变化，提高油井数字化管理水平，为综合节能降耗提供帮助。油井智能调参控制算法包括油井产量计算，油井供液能力估算，油井工况健康程度诊断，以及通过油井供液能力和产量调节的智能调参边缘计算终端的设计。该调参控制终端包括主控制电路、外围辅助电路；主控制电路中包括高算力 MCU 模块，以及分别与 MCU 模块相连接的 RS485 模块、DI 模块、DO 模块、数字量输出模块、模拟输入模块等；外围辅助电路进一步包括有外围辅助电路控制主板，外围辅助电路控制主板上设置有异步收发模块。

关键词：边缘计算；基于供排的智能调参；综合节能

近年来，物联网、云计算、大数据等信息技术的发展推动了 IT 与石油生产业务的深度融合，也改变着石油工业生产的工业控制模式，帮助石油企业应对业务挑战。随着数字油田建设的不断向前推进，油气水井的数据自动采集、生产可视化、功图量油、井底供液能力估算、注水流程自动化、抽油机自动化控制等技术逐渐普及，在一定程度上改变了传统的生产组织形式，生产工艺、生产方式也得到了改进和创新，但离智能油田的建设目标还存在差距。

为充分发挥抽油机井的生产能力，确保油井动液面及流压保持在合理范围之内，从而达到降低能源浪费、高产低耗的目的，需要技术人员对抽油机井的工作参数进行适应性调整。其中，油井供排的调参过程涉及多项工作内容，例如：受措施效果、流体性质、油层污染等诸多因素的影响，不同抽油泵对生产压差的适应性互不相同。需要技术人员根据油井状况设置相适应的合理生产压差。此外，相关研究表明，泵效与流压之间存在有较强的相关性；因此对于正常运转的抽油机井而言，为使抽油机维持高效运行，还需要保持合适的流压值。再者，还需要技术人员对调参（方向）进行预测，从而便于技术人员根据预测（产量）选择合适的工作参数，以提高抽油机井调参的准确度。

为克服上述技术问题，笔者进行了诸多尝试，拜读了多篇同类型的学术专利。例如：专利标题：一种基于动态控制图和示功图的抽油井变频控制方法；申请号：CN201611197291.3 的专利文献中记载有如下技术方案：本发明研究的内容涉及一种基于动态控制图和示功图的抽油井变频控制方法，通过对油井地面功图进行分析，结合油田实际生产数据与静态参数，计算油井上下行程的冲程比，并与之前数据进行对比，分析油井有效冲程的变化趋势，对油井进行智能变频，同时结合油井动态控制图结果，对油井变频效果进行修正。本文研究的内容改变了以往在传统模式下，油井泵效的提高依赖于维修作业、增产措施、调参优化等手段不能实现连续优化的局限，以及变频控制过于依赖人工的参与，不能实现对冲次的实时调节的缺点。最大限度发挥油藏潜力的基础上实现变频优化，降低油井开采能量消耗，提高抽油机井系统效率，实现油井产量和系统效率持续优化。

在进一步研究后发现，现有油井供排调参控制技术大多依赖于人工调试，其具体调试过程需要依靠技术人员的工作经验，费时费力且及时性较差。此外，现有油井供排调参控制过程中所使用的控制终端也较为落后，算力有限，已经无法满足油井生产动态调整的要求。结合现有计算机技术发展，本文提供了一种基于油井供排协调的智能调参控制方法及其边缘计算控制终端设计方法。其中，智能调参控制方法通过设计智能调参模型，计算并优选不同开井时间+停井时间组合下油井各项生产技术指标的参数，为油井智能调参工作提供帮助，有效地提高了油井的正常生产效率。边缘计算智能调参控制终端，具备多种可扩展的模式，可以快速响应油井生产的波动变化，为提高油井数字化管理水平，综合节能降耗提供了帮助。

1　基于地面示功图的油井产量计算

定量计算分析地面示功图得到的单井地面产液量与动液面数值，以及对油井生产状态进行分析过程得到的各项技术指标，对油井当前的生产工况进行判断，具体分析过程如下。

采集来自控制终端的油井示功图实时数据，油井示功图实时数据中包括有一一对应的一个冲程周期的位移点、载荷点数据。对油井示功图实时数据进行转换，形成一系列(x, y)散点的二维数组。采用3点曲率法公式，对上述二维数组逐点循环求取每个点的曲率，形成一个一维数组。

举例来说，具体可采用如下手段：首先，先求出3点确定的三角形的三边长度，再用余弦定理求出一个角；设这个角是$\angle A$，它的对边长度为a，那么这个圆弧的曲率半径即为$0.5a/\cos A$；也就是说，这个圆弧的曲率就是曲率半径的倒数。

然后，对上述一维数组逐点计算绝对值，并根据预设点位，求取每个预设点位附近点集的最大值。从上述点集内求取一维数组在此点集范围内的最大值，即为理论的泵开启关闭点。

假设一共有200个点，则预设点位的索引可以为15，100，185，199；预设点集的范围可以为前后10个点，则预设点集为5~25，90~110，175~185，189~9；从上述点集内求取一维(曲率)数组在此点集范围内的最大值，即为理论泵开启关闭点。需要补充说明的一点是，在得到上述4个理论泵开启关闭点后，可以根据人工经验对理论泵开启关闭点进行进一步修正处理。

具体的修正处理的结果可参考为：理论泵开启关闭点参考图1中标记的A、B、C、D四点，而人工修正后的泵开启关闭点可参考图1中标记的A'、B'、C'、D'点。

在此基础上，进一步计算得到当前地面示功图的有效冲程与悬点载荷差的数值。具体的，结合泵理论排量、抽油机悬点受力分析公式，即可计算得到单井地面产液量与动液面数值。

其中，计算过程可参考描述为：根据上述过程得到泵开启关闭点后，分别计算顶部两个有效冲程 *BC* 与底部有效冲程 *AD*，选取其中较短的有效冲程，结合泵理论排量公式计算地面产液量。泵理论排量公式为：0.25×1440×3.14×泵径×泵径×冲程×冲次。

然后，根据泵开启关闭点后，计算左下角 *A* 点与右上角 *C* 点的载荷差，记为 *F*。并结合悬点静载荷公式，计算动液面。其中动液面计算公式为：载荷差/混合液密度/泵径截面积+套压/混合液密度/泵径截面积。

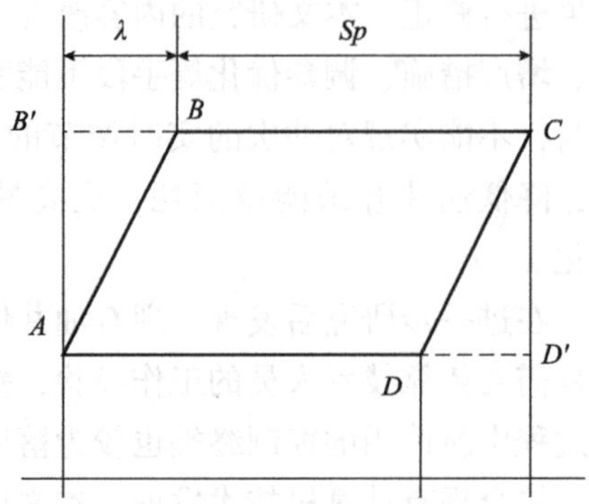

图1

值得注意的是，该上述定量分析地面示功图的过程具体用于计算得到当前地面示功图的有效冲程与悬点载荷差的数值，以及计算得到单井地面产液量与动液面数值，从而为后续的地面示功图工况诊断过程与油井生产状态分析过程提供数据基础(图1)。

2 基于地面示功图的油井工况诊断

在油井生产数据质量检查合格后，分别计算井筒内各点的温度值、井筒内各点的压力值、油井流入流出动态曲线，输出包括温度场、压力场、采液指数、最大产量在内的技术指标。

作为本文的一种较为优选的实施方式，对诊断地面示功图工况的过程具体可描述如下：

将通过专家经验总结出来的示功图工况图形模型，输入 Tensorflow 机器学习库进行工况图形识别预训练，建立工况识别模型库。利用预训练的工况图形识别模型，通过 Tensorflow 机器学习算法包，结合控制终端采集的油井实时数据，对油井当前的生产工况进行识别。

为方便技术人员的理解，下面提供一种地面示功图工况诊断过程的示例。首先，收集来自控制终端采集的油井实时数据，该油井实时数据中包括有一一对应的一个冲程周期的位移点、载荷点数据。在数据采集后，将对应数据转换形成一系列(x, y)散点的二维数组。

然后，定义一个 m 行 n 列的矩阵，将上述二维数组的(x, y)散点归一化后绘制在此 $m\times n$ 的矩阵中，即将每个散点对应到矩阵中的某一个点上；并将上述矩阵转换为一张图片，此图片上有数据点的地方填充黑色，无数据点的地方填充白色，从而形成一个灰度矩阵。

采用 Tensorflow 机器学习算法包(将该算法包拼装一个 CNN 卷积神经网络)，并导入预训练的工况图形识别模型；将前述得到灰度矩阵(图形)送入 Tensorflow 机器学习算法包形成的 CNN 卷积神经网络中进行图形识别分类，获取识别分类序号；其中，该图形识别分类的目的在于对油井当前的生产工况进行识别。

最终，将分类序号与预训练的工况图形识别模型中的工况类型名称进行对应，得到油井当前的生产工况的当前图形所对应工况类型名称。此时，结合人工经验对工况类型进行复查后，输出最终类型名称结果即可。

通过该上述诊断地面示功图工况的步骤，实现了对油井当前的生产工况的识别，具体可识别出供液不足、气体影响、泵漏失、卡泵、断脱、抽喷、正常等多类工况类型，从而为下一步进行油井生产状态分析及智能调参优化提供数据基础。

对油井生产数据进行质量检查，对其中的零值和空值进行判断。其中，油井生产数据具体包括有泵径、泵深、杆柱组合、井身轨迹、冲程、冲次、油压、套压在内的参数项目，以及来自定量分析地面示功图过程计算所得的单井地面产液量与动液面数值。

在油井生产数据质量检查合格后，分别计算井筒内各点的温度值、井筒内各点的压力值、油井流入流出动态曲线，输出包括温度场、压力场、采液指数、最大产量在内的技术指标。

在此，需要补充说明的一点是，计算井筒内各点的温度值可使用油田上常用的地温梯度计算公式，计算井筒内各点的压力值可使用油田上常用的 BeggsBrill 多相管流公式实现，计算油井流入流出动态曲线可使用油田上常用的 Petrobras 产能预测公式。

根据抽油机井悬点载荷计算相关式，结合油井生产数据中的动静态数据及压力结果，计算包括杆柱自重、杆柱浮重、摩擦载荷、惯性载荷在内的参数；并结合杆柱直径及许用应力参数，计算包括杆柱应力，输出各级杆柱载荷、应力、应力范围比在内的技术指标。

根据上述计算结果，考虑漏失、冲程损失、液体收缩、充满程度对泵效的影响，分析得到抽油机井泵效构成，输出泵效、泵出入口压力在内的技术指标；并分析得到能耗指标，输出系统效率、井下效率、地面效率、输入功率、有效功率、光杆功率在内的技术指标。

值得注意的是，通过该对油井生产状态进行分析的过程，主要对油井生产状态(尤其是指油井的供液能力及抽油泵当前工作状态)进行了描述，并输出了油井产能预测曲线(流入流出动态曲线)，工况校核结果(泵效构成、杆柱应力状态、能耗指标等)，为下一步进行智能调参优化过程提供了数据基础。

3 对油井供排过程进行智能调参

对油井供排过程进行智能调参的过程具体可描述为：

根据定量分析地面示功图过程计算得到的单井地面产液量与动液面数值，以及对油井生产状态进行分析过程得到的各项技术指标，对油井当前的生产工况进行判断；

若油井当前的生产工况为“供液不足”时，则进行间开生产优化操作，否则则进行动态调参优化分析操作。

3.1 间开生产优化操作

间开生产优化操作的过程具体可描述为：

(1)分析地层供液能力曲线。

(2)设定一系列的开井/停井时长组合；计算各开井/停井时长组合下，油井动液面变化范围、产液量及能耗指标。

(3)基于上述计算结果，与当前生产情况进行比较，选择满足要求的开井/停井时长组合。

(4)根据错峰用电原则，选择低电价时段开井生产，推送并输出对应的生产指令。

3.2 动态调参优化分析操作

动态调参优化分析操作的过程具体可描述为：

(1)设定一系列可以调整的冲次列表，计算出各冲次数值下对应的地面产液量，并预测该地面产液量下的动液面数值。

(2)根据上述冲次、地面产液量、动液面数值，计算该冲次下的各项技术指标，并与当前的生产工况所对应的各项技术指标比较；选择满足要求的冲次对应的各项技术指标并进行输出。

4 基于油井供排协调的智能调参控制终端

(1)基于油井供排协调的智能调参控制终端，所述油井智能调参控制终端中安装有主控制电路、外围辅助电路。

(2)其中，主控制电路中包括有高算力 MCU 模块，以及分别与 MCU 模块相连接的 DI 模块、DO 模块、模拟输出模块、模拟输入模块。

(3)外围辅助电路包括有外围辅助电路控制主板；外围辅助电路控制主板上设置有异步收发模块。

(4)所述主控制电路中还包括有 RTC 模块、温度传感器模块、电源模块、ZIGBEE 无线通信模块。

基于油井供排协调的智能调参控制终端，实现定量分析地面示功图；诊断地面示功图工况；对油井生产状态进行分析；对油井生产设备进行供排过程进行智能调参。外围辅助电路进一步包括有外围辅助电路控制主板，外围辅助电路控制主板上设置有异步收发模块。具有上述步骤特征的智能调参控制方法，通过抽油机井工作过程中各项技术指标的优化选择，比对计算调参前后油井产量等生产数据的变化规律，为抽油机井的技术管理提供了可行的依据，进而为提高抽油机井的开采效益提供帮助。具有上述结构的智能调参控制终端，充分发挥了边缘计算的低时延、低成本、高速率，高可用等优势，可将油井智能调参控制经验固化到终端设备之中，从而实现采油参数的柔性控制、单井单策和统一管理。

5 结束语

在抽油机井供排协调研究方面，国内外通过改进抽油机、电动机等抽油设备本身物理特性的方法，比如变频控制柜技术、间抽等各种节能设备技术的应用，取得了一些效果，但由于受流体物性、油藏动态时变性、注水变化等因素影响，油井井筒的液量会发生变化，而抽油系统物理特性一旦确定就基本保持不变，其抽汲工作参数不能随井筒的液量的变化而及时调整，不能从根本上解决油井供排协调问题。并且调参工作量大，对油井工作参数优化的需求也在不断提升，再加上电价调整和节能目标，以及提升油井工况、延长油井免修期的切实需求，有必要把油井实时数据充分利用起来，通过信息化手段实现油井自适应调参、避峰降费和智能间开，减轻前线职工劳动强度，提升劳动效率，同时为管理区油藏开发提供有力支撑。

本文提供了一种基于油井供排协调的智能调参控制方法及其边缘计算控制终端设计方法。其中，智能调参控制方法则包括有如下步骤：定量分析地面示功图；诊断地面示功图工况；对油井生产状态进行分析；对油井供排过程进行智能调参。边缘计算智能调参控制终端，通过主控制电路完成油井生产的产液量、油井健康状态的诊断，给出油井生产调整建议。外围辅助电路，通过输入输出模块与抽油机进行通信，控制抽油机进行油井生产参数调整，通过抽油机井工作过程中各项技术指标的优化选择，比对计算调参前后油井产量等生产数据的变化规律，为抽油机井的技术管理提供了可行的依据，进而为提高抽油机井的开采效益提供帮助。从而实现采油参数的柔性控制、单井单策和统一管理，为智能油田发展提供有力支撑。

数字化转型下的油藏管理创新实践与效益提升

周刚　王康任　薛心语

（鲁胜石油开发有限责任公司）

摘　要：围绕油藏经营管理目标，建设了指标巡检、配产配效、动态分析、措施管理等APP，主要实现了指标异常预警、注采调配智能化、配产方案自动推荐、多维度产量跟踪预警、动态分析场景化等功能，形成了油藏开发“发现问题－分析问题－解决问题－跟踪调整的”闭环管理。一是，实现油气藏指标智能监控，提升超前预警、超前分析、超前决策的能力，通过节省作业井次，均衡注采，降递减，实现开发效益提升；二是创新措施管理新方式，实现低效措施井变为高效措施井，无效措施井变为有效措施井，提升措施有效率，增加SEC储量，实现开发效益提升；三是年度产量配产多方案优化，产量跟踪分析到天，实现产量自动预警，产量、工作量合理匹配，自动优化，助力油藏开发价值最大化；四是应用数模成果，融合专家经验建立注采调配优化模型，精准效益配注到井层，自动推出调配方案；通过可视化图件对调配方案进行合理性和可行性分析，优化调配方案，实现低成本的控水稳油；五是油藏动态分析贯穿于油藏开发生产的全过程，针对岗位工作内容提供高效分析工具，变革了管理方式，提升了工作效率，改善了油藏开发效果。效益体现在开发指标自然递减和含水上升率的改善上。

关键词：智能油藏管理；油藏开发智能监控；开发效益提升；智能配产配效；油藏动态分析；智能注采调配；油藏经营管理

随着油藏开发规模不断扩大，面临开发异常发现不及时，一体化分析手段缺乏，专家经验传承慢，油藏模型应用不足，油藏与经营信息化管理缺失等问题。

通过对国内外石油公司的调研，各大油田在不同业务方面开展了智能化、协同一体化建设和探索，结合目前油田现状，数字化转型下的油藏管理创新主要聚焦于以下几点：

(1)注重开发预警，建立预警预测模型，及时发现问题或超前发现问题；

(2)注重一体化分析手段，将分散应用集成管理；

(3)注重模型应用，结合油藏专家经验，构建诊断模型实现智能诊断、智能决策；

(4)注重数据资产，融合全域资源，助力油田数字化转型。

总体上，以胜利油田“十四五”信息规划为指导，按照“数据＋平台＋应用”模式和“统筹规划、融合发展、集成共享、协同智能”的工作方针，通过云计算、大数据、人工智能等信息技术的融合应用，打造一套规范化、系统化、可视化、一体化的油田智能管理平台，实现以全面感知、协同协作、持续优化、科学决策为特征的智能油田建设，高效助力油田数字化转型。

以油藏井筒地面一体化模型为中心，深度挖掘数据资源，依托油气藏工程算法、大数据理论及专家经验，在可视化油藏基础上，建立油藏健康巡检预警机制，打造地上地下一体化动态分析，借助专家经验、经典案例等推送异常原因，实现油气藏由事后分析到提前预警、事前找人的转变，由主观制定措施、逐级申报向依托虚拟化、可视化工作环境的多专业精准分析、研究、决策转变，实现油藏精细开发(图1)。

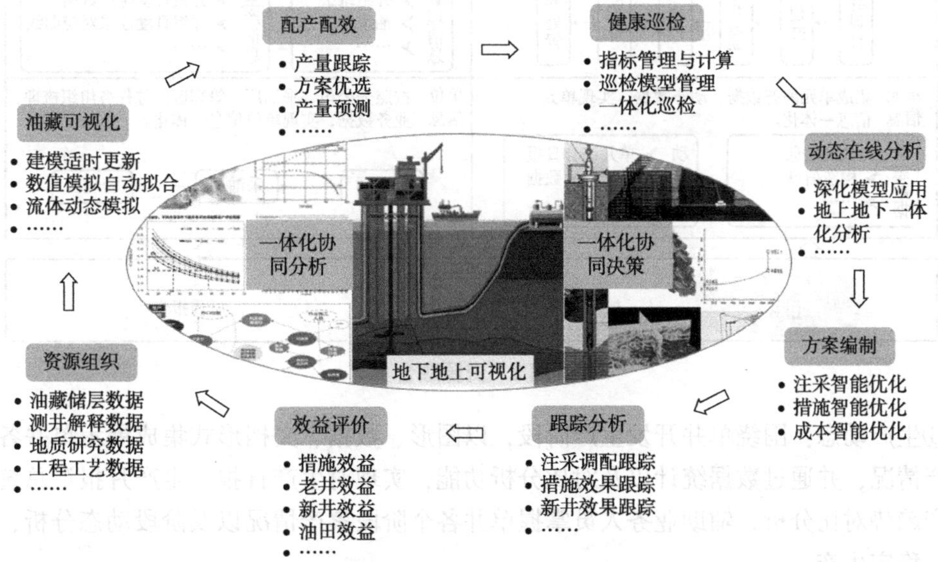

图1 智能油田管家助力油田数字化转型愿景

1 主要做法

1.1 融合全域数据资源，深度挖掘开发潜力

以统一的数据资源中心为基础，以业务场景融合为纽带，以单井、井组、单元、单位为核心，深度挖掘油气开发领域全域资源，集成地质、工程、开发、监测等数据，搭建一体化、可视化的数据展示体系，同时支持按照不同管理需要自定义报表、按照不同主题灵活配置主题数据功能，实现数据灵活定制、快捷调用、高效共享，实现数据所需及所得，为智能油田建设提供高质量数据支撑(图2)。

(1)单井信息集成。

以单井生命周期为主线，围绕勘探开发核心业务，将单井的各类信息集成在一起并以可视化的方式提供一体化查询功能为主要目标，并为业务人员提供基于信息的定制功能，数据服务和统计分析功能，为勘探开发各阶段的生产科研及管理人员提供符合其各岗位业务需求的个性化查询服务。

①单井百科：以图形、数据等可视化方式集成展示单井重点综合信息，包括单井简介、单井生命历程时间轴、钻井简况、生产简况、动态监测、作业简史、分析化验等重点综合信息，辅助开发人员快速掌握目前状况以及整个生命阶段历程。

②建井过程：集成钻井、录井、测井、试油气数据，辅助业务人员了解单井建井过程以及钻遇储层情况。

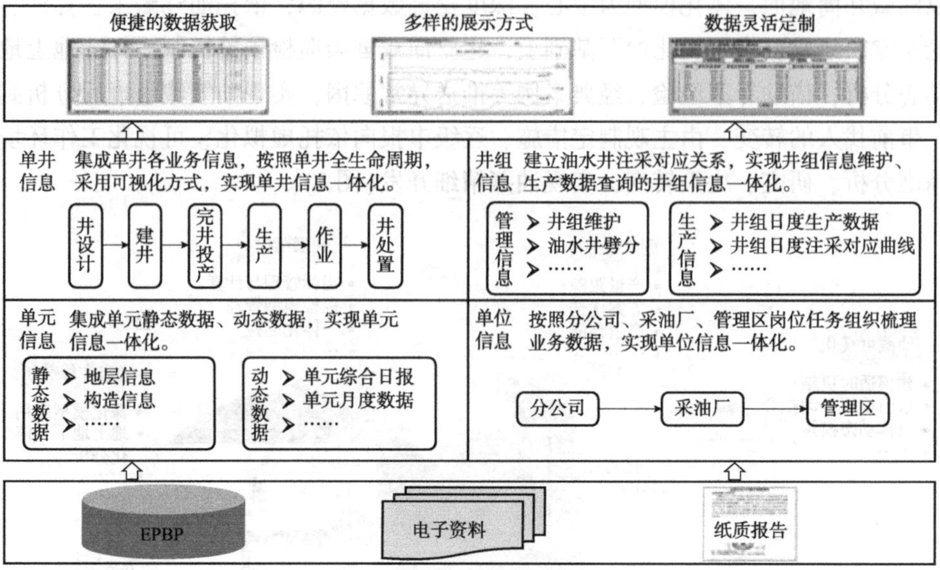

图2　资源融合

③生产动态：围绕单井开发生产阶段，以图形、数据、文档形式集成展示单井各个阶段生产情况，并通过数据统计以及对比分析功能，实现对生产日报、生产月报汇总统计以及生产趋势对比分析，辅助业务人员掌握单井各个阶段累产情况以及阶段动态分析，确保高效、稳定生产。

④动态监测：集成展示示功图、产出剖面、吸入剖面及工程测井，辅助技术人员单井工况、井况诊断、注入产出状况及潜力分析。

⑤分析化验：集成展示单井自投产以来油、气、水分析情况，为技术人员提供第一手资料，进行油田开发分析与调整。

⑥作业简史：集成展示单井自投产以来所有作业施工情况，辅助技术人员措施分析、措施效果评价。

(2)井组、单元、单位资料管理。

融合静态、生产、经营等数据，地质研究、开发方案等成果报告，构建以井组、单元、单位为核心的数据融合支撑体系。

①井组信息集成。根据井组管理分析需求，建立油水井注采对应关系，实现井组的统一管理，采出注入动态、测试成果、注采调整等数据集成和多样化展示，辅助井组动态分析、优化决策。

②单元信息集成。围绕油气田开发生产的核心业务，结合油田开发单元管理需要，集成单元静态信息、生产数据、开发指标、研究成果等资料，提供单元综合管理指标、注采对应率计算、单元储量计算等基础数据，统一主要指标的算法和展示，满足地质研究人员和开发管理人员的应用需求，提高油田开发单元信息的采集和应用水平。

③单位信息：以单元信息为基础，汇总展示单位基本信息、单位综合日报、单位日度开发曲线、单位月度开发曲线、油井措施效果统计、水井措施效果统计、新井投产情况、老井递减规律，开发调整效果。辅助管理层及决策层把握整体开发形势。

1.2 深入推进业财融合，优化配产配效方案

传统高油价下的产量规划模式是以开发规律为主，考虑油田开发工作部署，新井投入、措施潜力，综合确定产量规模，按生产能力配产，未与开发成本紧密关联，未实现产量与成本合理匹配；同时未及时自动跟踪预警产量完成情况，仅根据产量运行情况配套实施相应的调整工作量，未能实现产量与效益的最佳匹配。

在保证规模产量的前提下，为实现以最小的投入获得最大的经济效益的目标，地质、工艺、地面、财务一体化优化，业财深度融合，构建了以效定产的配产模式。根据年度产量效益目标及开发形势，提供多套新井、措施、老井产量、成本组合方案，基于产量和效益的测算模型，快速测算每套方案的效益状况，业务专家在线进行方案优选，实现产量、工作量、价值量的合理匹配，同时以最优方案制定的计划为指导线动态跟踪分构成完成情况，实时预测全年产量，持续对产量、成本及时进行优化调整，确保全年产量平稳运行和效益目标的实现(图3)。

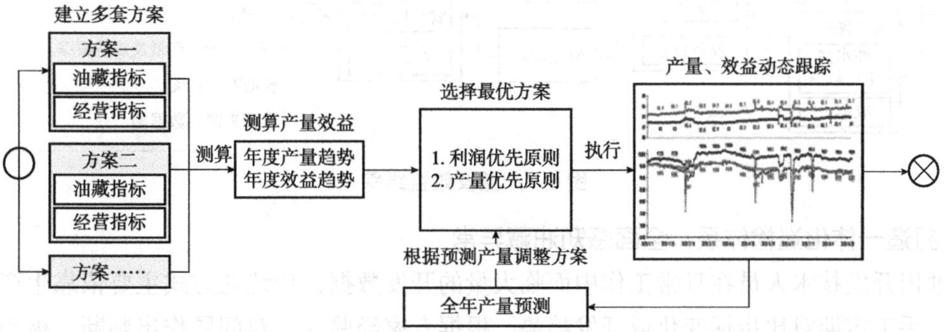

图3　配产配效业务逻辑图

(1)产量与效益预测。

基于数据准备成果，利用产量、效益预测模型，实现产量和效益快速测算(图4)。

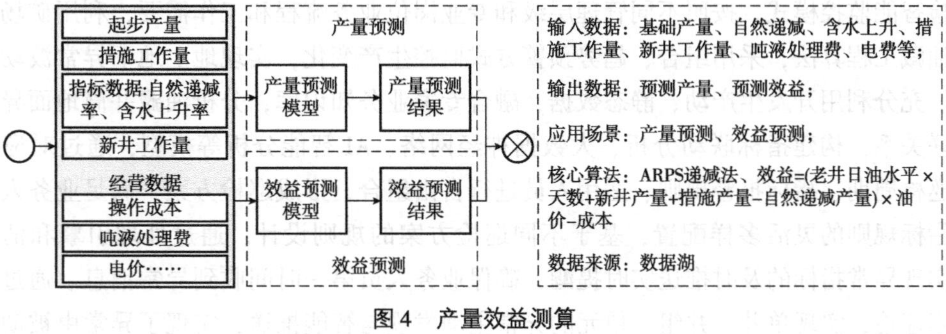

图4　产量效益测算

(2)方案优选。

建立多套方案，测算产量和效益情况，依据年度产量效益目标及政策，选出最优方案，实现产量、工作量、成本、效益的合理匹配(图5)。

(3)产量及效益跟踪。

从井口、盘库两套指标趋势和计划与完成指标趋势等2个维度跟踪预警分析，及时发现异常，精准落实到管理区、区块、单井，制定针对性措施，实现产量平稳运行(图6)。

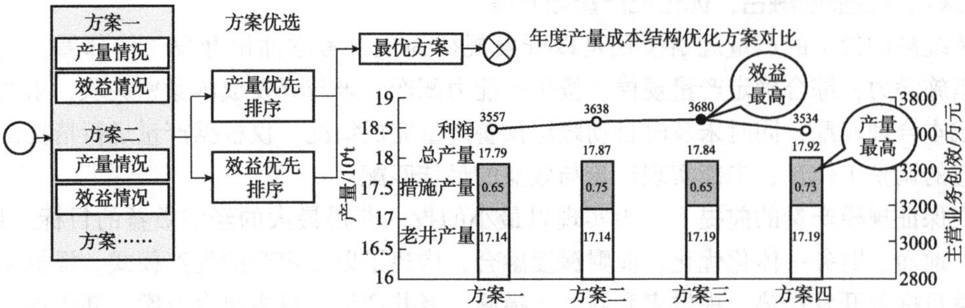

图5　方案优选

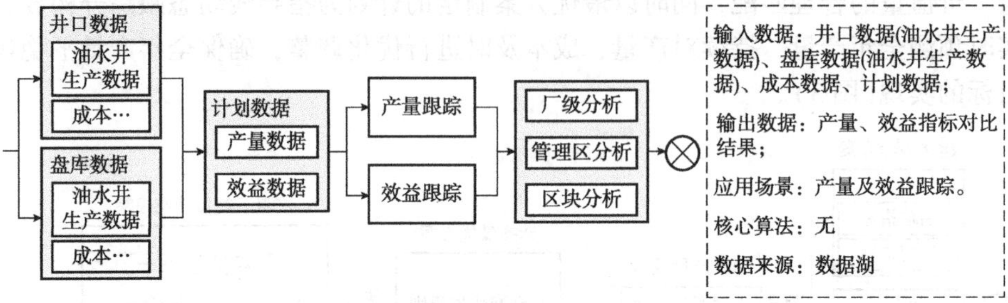

图6　产量及效益跟踪

1.3　打造一体化巡检体系，全面感知油藏异常

油田开发技术人员在日常工作中面临大量的开发数据，传统的方式主要依靠生产现场识别、手工定期对比指标变化或开发趋势，根据专家经验人工对问题作出判断，被动发现问题，存在生产中异常问题识别滞后的问题，不能及时制定对策措施，保障开发生产平稳有序运行。

为超前发现生产运行异常，实现超前分析、超前决策，建立了油藏井筒地面一体化健康巡检智能监控模式。按照不同管理层级和专业岗位业务流程和工作需要，利用矿场经验法及油藏工程算法，采用组合、趋势预警方式监控生产变化，实现地上地下异常波动联动预警。充分利用开发生产动、静态数据，融合专家业务知识库，分析油藏井筒地面异常因素关联关系，构建指标联动分析、大数据神经网络、AI智能分析等模型，通过对巡检对象、巡检周期、指标报警规则、适用人员进行自由组合，形成巡检方案，满足业务人员对巡检指标规则的灵活多样配置，基于不同巡检方案的规则设计，通过处理引擎和消息中心，实现异常指标的及时推送实时提醒，确保业务人员第一时间收到异常消息。通过一体化健康巡检，实现单井、井组、单元的异常主动发现与智能推送，实现了异常由被动人工识别到系统主动发现的转变，实现由人找事到事找人的转变，为油藏异常预警提供了全新工具，提高了问题发现的及时性，提高了油藏动态分析的及时性(图7)。

(1)指标管理。

创建业务对象作为指标载体，对巡检指标进行指标类型、时间、统计口径维度的灵活配置，目前根据海洋各业务科室需要共提出42项指标，11项巡检维度(图8)。

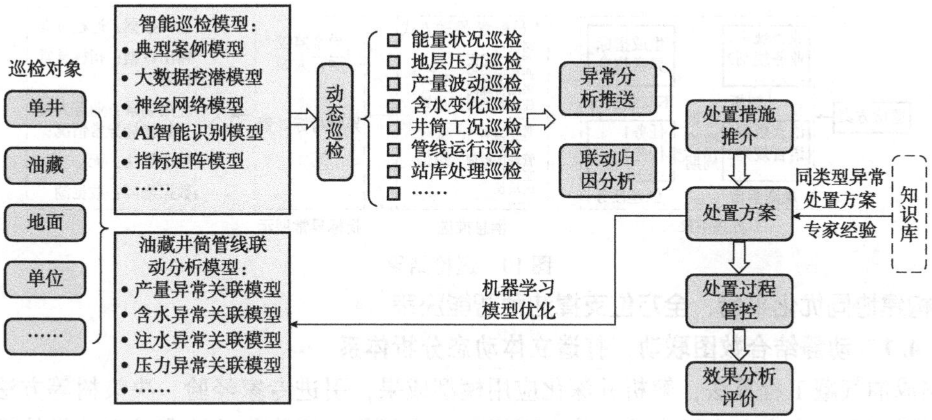

图7　指标智能巡检

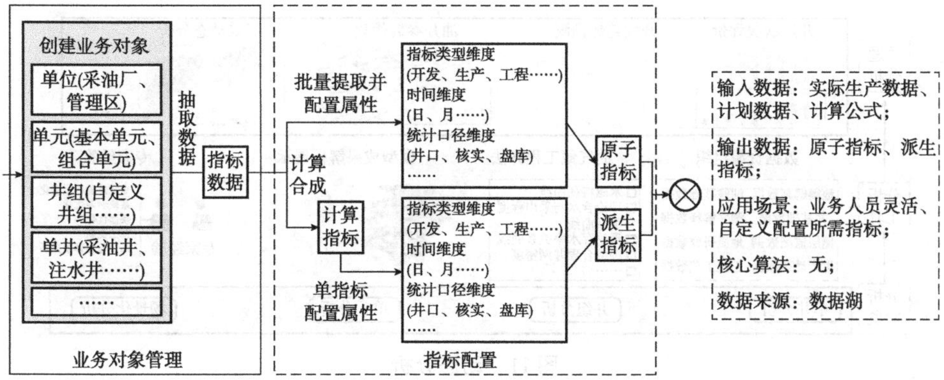

图8　指标管理

(2)巡检方案。

基于指标管理，通过对巡检对象、巡检周期、指标报警规则、适用人员进行自由组合，形成巡检方案，满足业务人员对巡检指标规则的灵活多样配置(图9)。

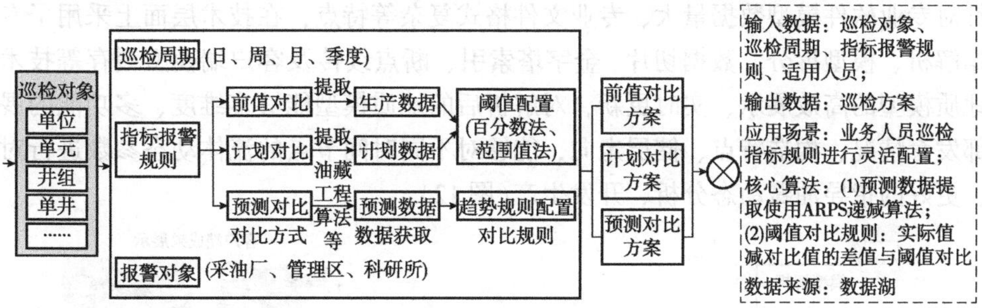

图9　巡检方案

(3)巡检结果。

基于不同巡检方案的规则设计，通过处理引擎和消息中心，实现异常指标的及时推送和多样化展示(图10)。

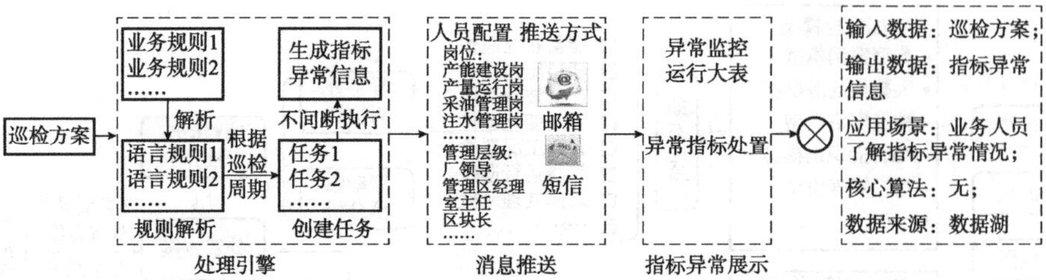

图10　巡检结果

1.4　构建协同优化平台，全方位支撑油藏智能决策

1.4.1　动静结合数图联动，打造立体动态分析体系

集成油气藏工程算法，解析并深化应用模型成果，引进专家经验、决策树等方法，并采取灵活配置、自定义主题方式，建立可视化、流程化、智能化的油藏动态分析体系，辅助业务人员快速剖析开发矛盾，高效制定挖潜措施(图11)。

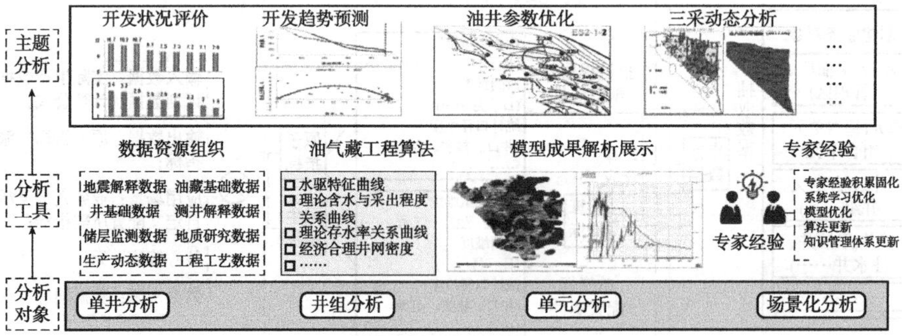

图11　动态分析

(1)深化模型应用成果。

将专业软件输出的模型成果与生产动态数据有机结合，通过对地质模型、数值模型成果，进行多维度可视化展示，辅助业务人员在可视化场景下进行开发动态分析、异常诊断及开发研究和决策。

针对专业软件模型数据量大、专业文件格式复杂等特点，在技术层面上采用了专业模型数据解析、模型拆分、数据切片、金字塔索引、断点续传及客户端模型缓存等技术，实现了地质模型的高效展示、实时更新，对解析后的地质模型能够多维度、多功能的展示储层内部发育情况、构造特点、储层走向，能够对不同时间节点的流体动态参数进行对比展示等，更好的指导油藏动态分析、开发生产(图12)。

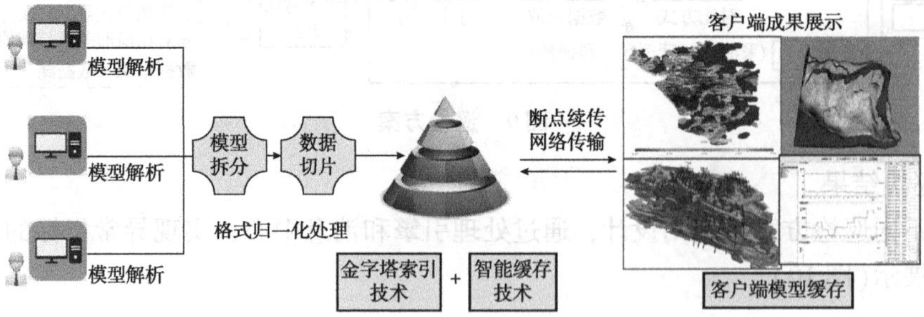

图12　专业软件数据准备与模型可视化展示

(2)强化图件动态管理。

基于小层平面图等静态图件，打通数据通道，通过格式解析、数据加载、算法处理等步骤，实现开采现状图、含水等值图、注采连通图等动态图件的在线成图、自动更新，并以时间滑块形式，展示不同时间节点储层动静态演变历程，支撑油藏分层系、数据联动、动静融合的动态分析，实现油藏精细开发(图13)。

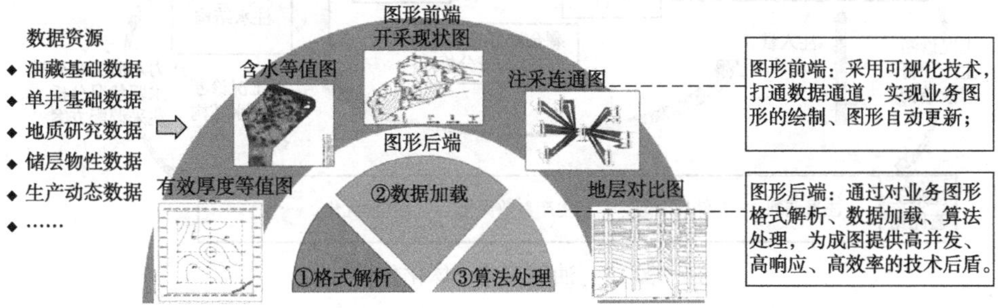

图13　自动成图原理

(3)融合油藏工程算法，传承专家经验。

将不同类型油藏、不同开发阶段等各个业务环节的指标计算方法、规律标准、经验公式等专家经验知识化、信息化，实现油藏动态管理全过程的模式匹配、自动计算、快速优化(图14)。

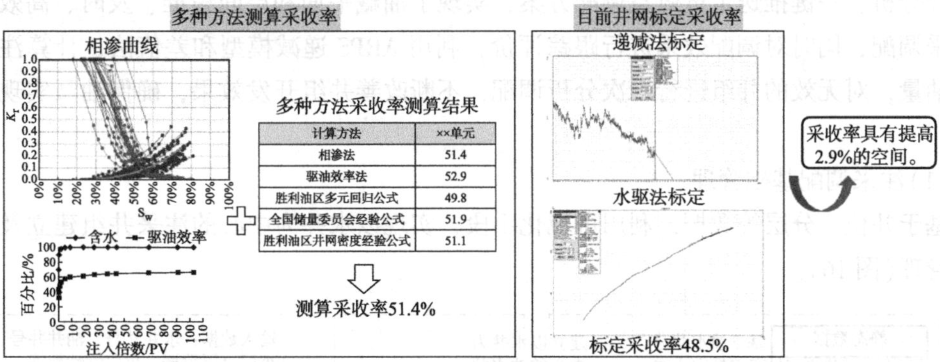

图14　油藏工程算法

(4)打造地上、地下一体化动态分析。

依据动态分析行业标准，结合油藏成果图件，围绕动态分析业务场景，采取动静融合、数图联动方式，打造地上、地下油藏、地面、工艺一体化、多因素、联合交互动态分析体系，辅助业务人员快速剖析开发矛盾，高效制定挖潜措施，实现油气藏、单井效益开发(图15)。

1.4.2　深化模型成果应用，高效推进油藏均衡驱替

目前油田已经进入特高含水开发阶段，三大矛盾进一步凸显，以液定注的传统调配模式存在着重单井轻整体、出现问题事后调配、调配定性不定量、调整有效率低等问题，尤其是对于多层合采、多向受效的油藏，依靠常规油藏工程分析手段难以快速、有效识别主要来水方向和层位，不能准确及时定量采取注采调配措施，实现油藏均衡驱替，影响了油藏潜力的进一步发挥，制约了开发效果的改善与开发效益的提升。

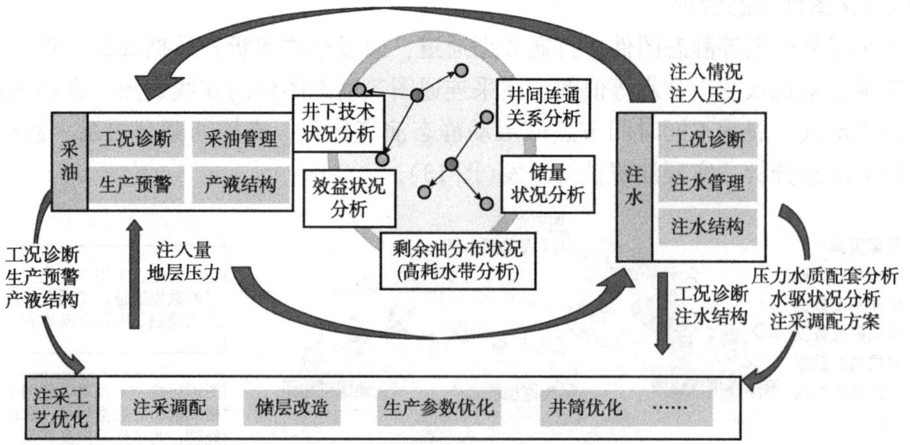

图15　油藏工艺一体化分析

为实现“让每一方水都高效”的目标，按照多产油、少产水的原则，研发智能优化算法，利用传统油藏工程的分析方法，建立调配、调参、措施作业等专家经验模型；引入“注采层井组”概念，形成了基于数模的定量效益配注方法，把注水效益单元落实到每一个“层井组”，充分发挥模型效能，应用流线法数模成果，融合专家经验建立注采调配优化模型，精准效益配注到井层，自动推出调配方案；借助可视化图件对调配方案进行合理性和可行性分析，一键推送定量效益调配方案，实现了油藏平面和层间精准、及时、高效、智能注采调配，同时对调配效果进行跟踪评价，利用ARPS递减模型和差值法，计算注采调配增油量，对无效的井组进行二次分析调配，不断改善井组开发效果，确保油藏实现均衡驱替。

(1)注采调配基础管理。

基于井位、分层等数据，利用可视化手段，实现以水井为中心的注采井组建立及连通关系管理(图16)。

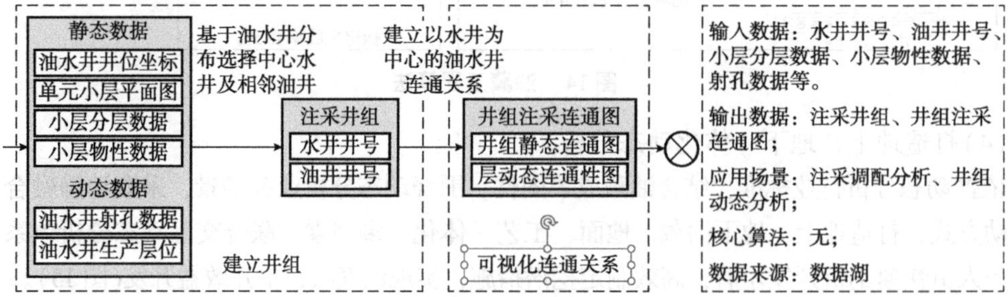

图16　注采调配基础原理

(2)注采比计算。

基于油水井物性、生产、监测等数据，建立算法模型，自动计算井及层的实际注采比；同时利用数模成果自动计算井及层合理注采比(图17)。

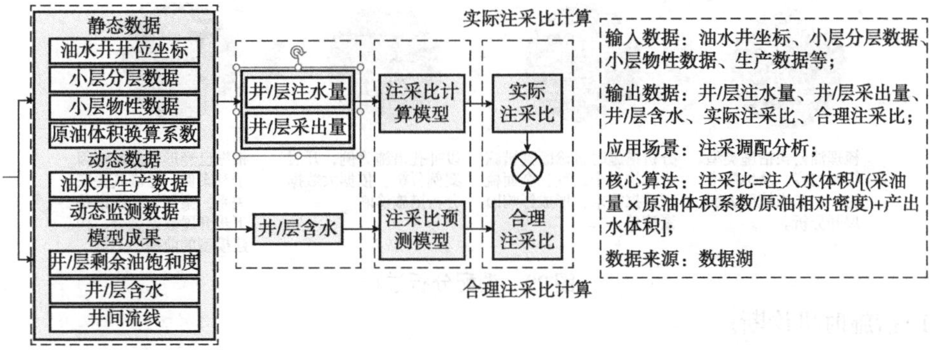

图 17　注采比计算

(3)注采调配分析。

基于含水、动态监测等数据，形成可视化的含油饱和度等图件，人机交互对注采比的合理性和可行性进行分析，确定注采调配方案(图 18)。

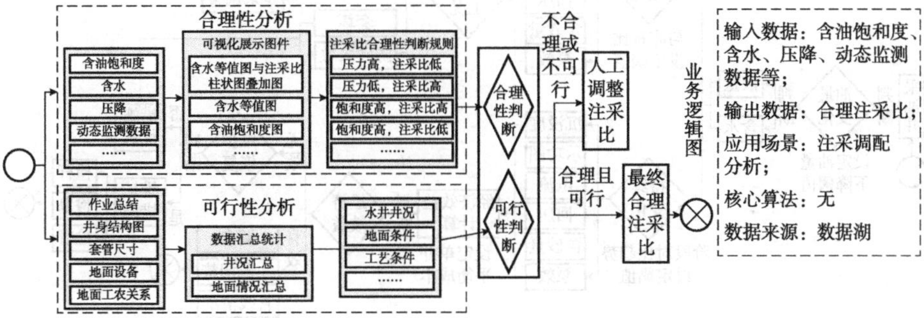

图 18　注采调配分析

(4)调配效果跟踪评价。

利用 ARPS 递减模型和差值法，计算注采调配增油量，对无效的井组进行二次分析调配，来改善井组开发效果(图 19)。

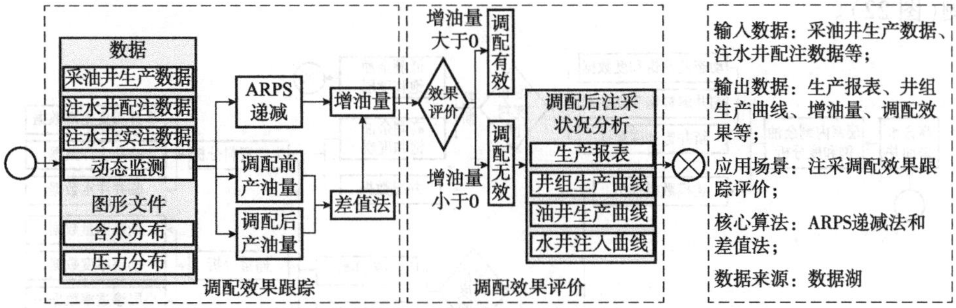

图 19　调配效果跟踪评价

1.4.3　深入应用大数据技术，智能优化开发调整措施

根据目前油藏作业历史数据，按照“相互独立、完全穷尽”的原则，从业务分析、影响因子、案例分析三个方面，挖掘、分析、构建和显示它们之间的关联关系并形成知识图谱(图 20)。

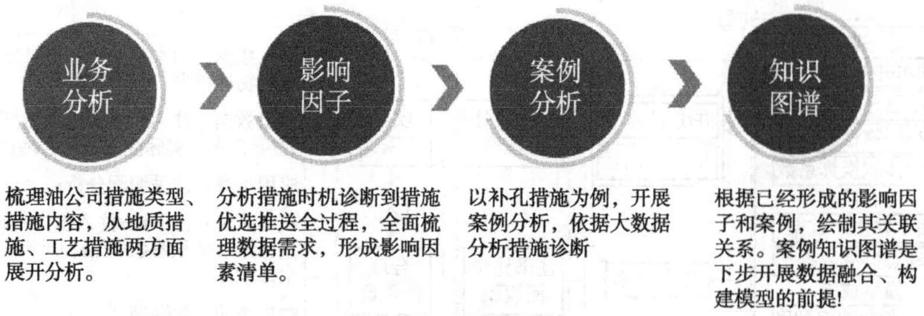

图 20　调配分析过程

(1)措施时机诊断。

模型对采油井油量变化自动预警，剖析液量、含水趋势变化情况，对沉没度、泵效、回压、电流等指标及示功图变化分析，基于经济效益测算，判断是否进行措施作业(图 21)。

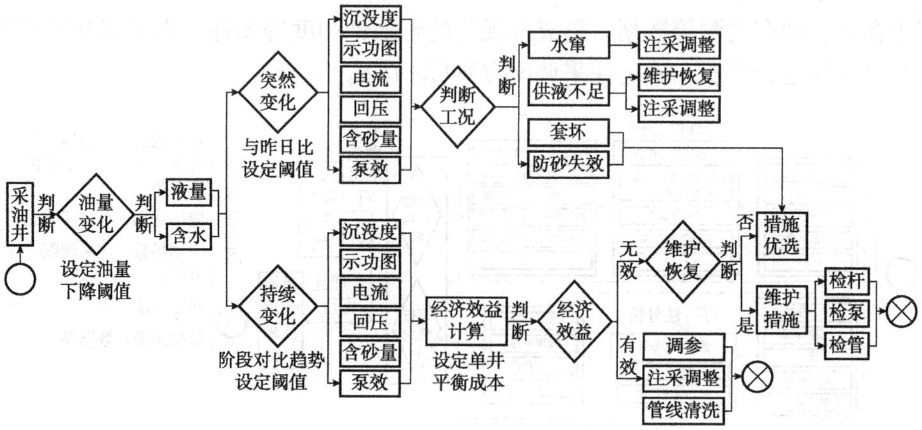

图 21　措施时机诊断流程图

(2)措施模型测算。

模型通过分析剩余油饱和度基础数据，初步锁定多个潜力层，综合生产动态数据、储量数据、动态监测数据判断井区采出程度，最终推选潜力层，优选补孔改层措施并实现产量预测(图 22)。

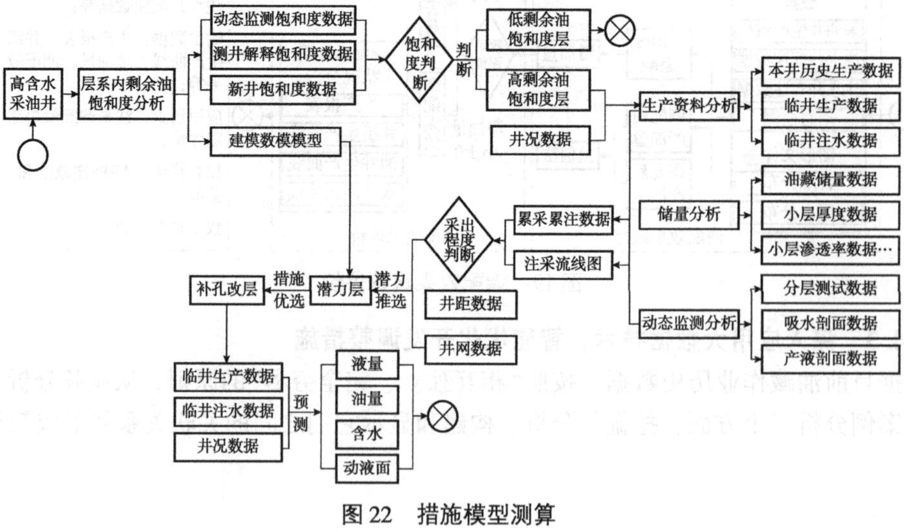

图 22　措施模型测算

(3)措施模型优化。

利用融合后的数据资源，分析大数据算法，构建客观、量化的措施时机诊断与优选模型，通过模型训练优化，自动挖潜潜力井，推送调配措施(图 23)。

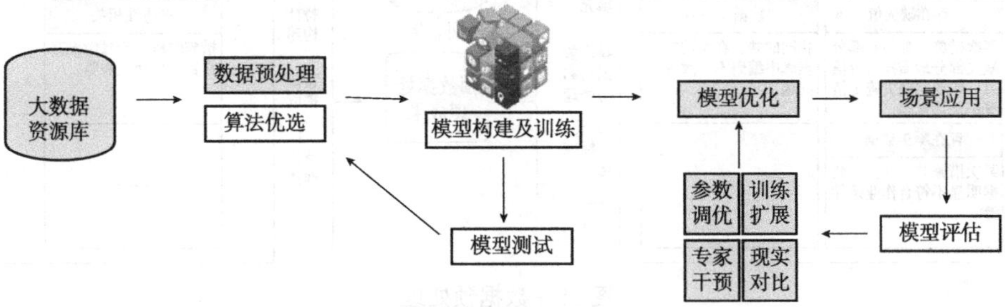

图 23　措施模型优化

1.5　关键技术

1.5.1　基于 B/S 架构的地质图件绘制技术

(1)文件高效稳定可信传输技术。

前端 WebUploader 结合后端文件微服务实现文件图件的高效稳定可信上传技术，通过分片与并发结合，将文件分割成多块，并发上传，极大地提高图件的上传速度和传输稳定；通过 MD5 多重校验、断点续传、错误自动重传三重保障，保证图件 100% 正确。

(2)图件数据安全加密处理技术。

上传后图形原始文件通过图件解析成 Web 呈现所需数据，采用 Crypto 加密库进行 AES－256 进行加密处理，从而保证图件数据在介质存储、网络传输的数据安全性。

(3)Web 呈现高效渲染处理技术。

对于复杂的重复图元，采用 Canvas 离屏渲染技术进行缓存处理，从而避免重复调用 canvas 底层 API 导致绘图性能降低的问题，实现 Web 呈现的高效渲染(图 24)。

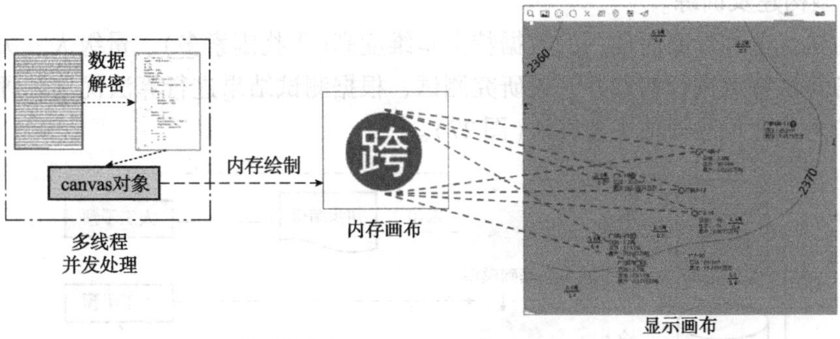

图 24　井符号的 canvas 离屏渲染技术

1.5.2　基于大数据的诊断模型技术

利用大数据技术进行数据预处理、算法优选、模型构建及训练、模型优化。

(1)数据预处理。

数据预处理是数据规范化的过程。主要通过数据清洗提高数据应用质量，通过特征工程，抽取有价值的特征值，在不丢失信息的同时，提高模型的运行效率(图 25)。

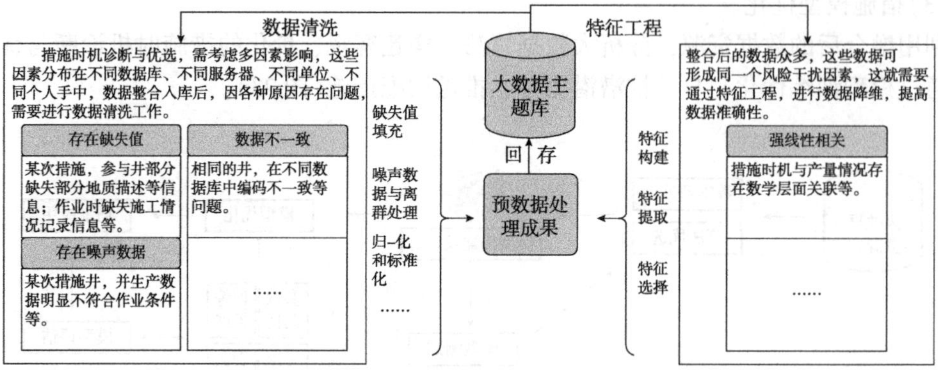

图 25　数据预处理

(2)算法优化。

目前大数据算法和工具繁多，根据井下作业数据维度高(风险因素多)、因素关联关系复杂的特点，采用算法理论分析初选，结合算法试验样例推导来筛选最优算法(图 26)。

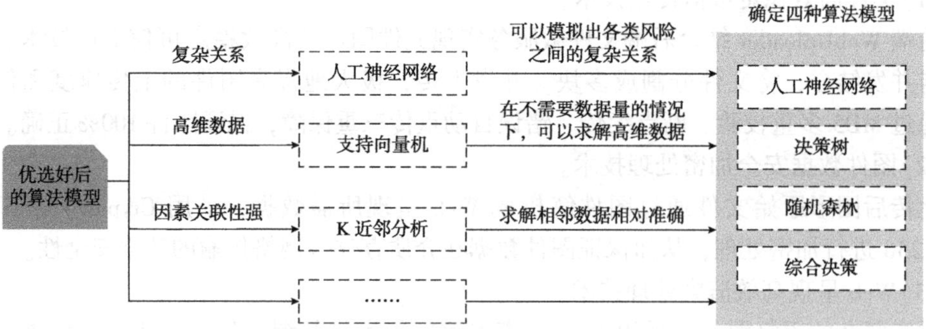

图 26　算法优化原理

(3)模型构建及训练。

措施时机优选和诊断所使用的数据特点是维度高(干扰因素多)、量级大、关联关系复杂，根据各算法特点进行初选并开展研究测试，根据测试结果进行算法优选和评估，得到多种算法作为作业风险评估主要算法(图 27)。

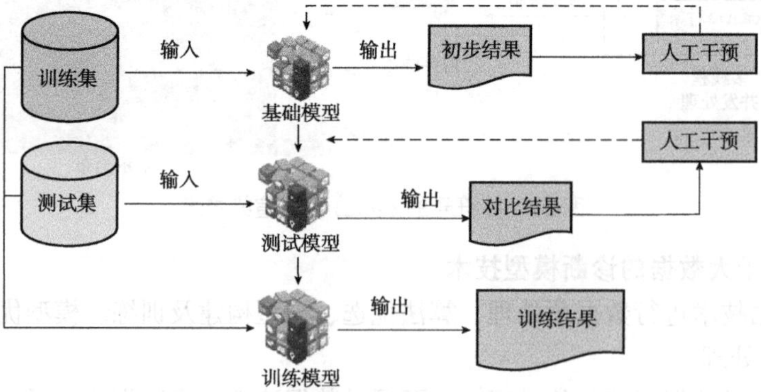

图 27　模型训练

(4)模型优化。

针对训练模型预测结果，采用专家评估方式进行验证，将验证结果反馈给训练模型，通过模型的自我学习实现迭代优化(图28)。

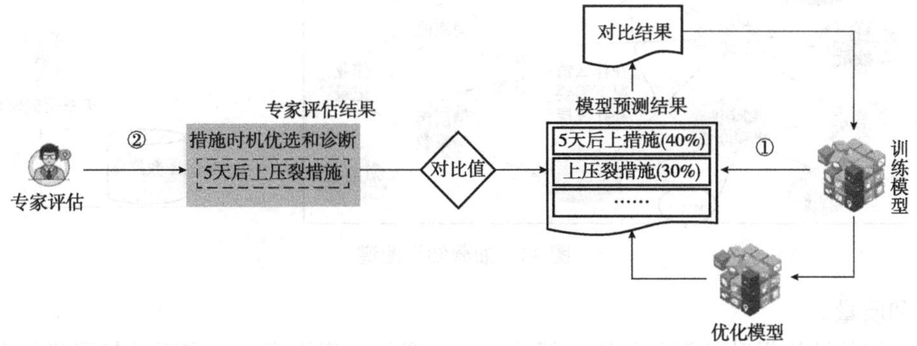

图28　模型优化

1.5.3　基于B/S架构的油藏模型轻量化处理技术

油藏数模模型的网格数据文件通常包含数十万个网格以及上百万个点，全部构造模型渲染会极大地影响运行效率。根据建模、数模在不同场景的应用特点，对模型进行三角网简化、外壳提取、移除重复点、分层化处理、模型合并、子对象拆分和操作子对象等各种自动轻量化技术，解决模型在web端显示、分析应用等方面性能瓶颈问题，从而提高模型渲染运行效率(图29)。

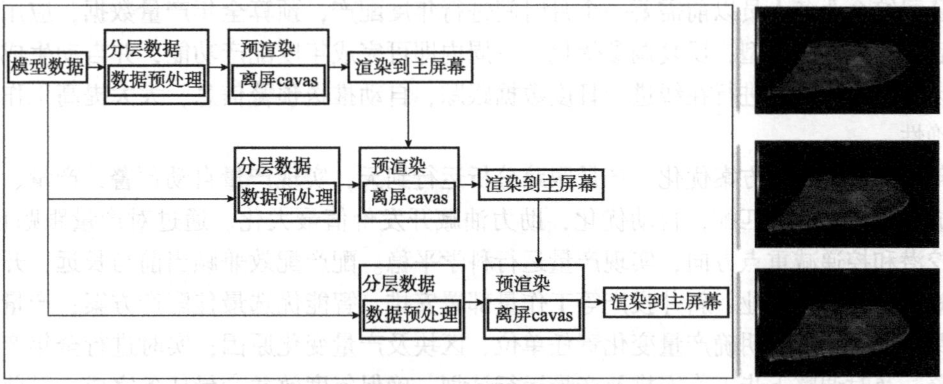

图29　模型网格分层渲染处理示意图

1.5.4　基于油藏知识库应用的自然语言解析技术

以油藏业务逻辑、对象关联关系为依据，基于数据资源和油藏知识成果，建立油田开发领域知识图谱，打通数据和工程师关联通道，实现知识的迭代更新。利用第三方自然语言识别和语音播报技术，智能提取知识内容，形成油藏知识问答体系(图30)。

2　实施效果

2.1　应用效果

目前项目进行了全面应用，各级管理人员、技术人员基于统一的智能油藏管家平台开展工作，实现了问题闭环管理，由被动的管理油藏向主动的经营油藏转变，大幅提升了工

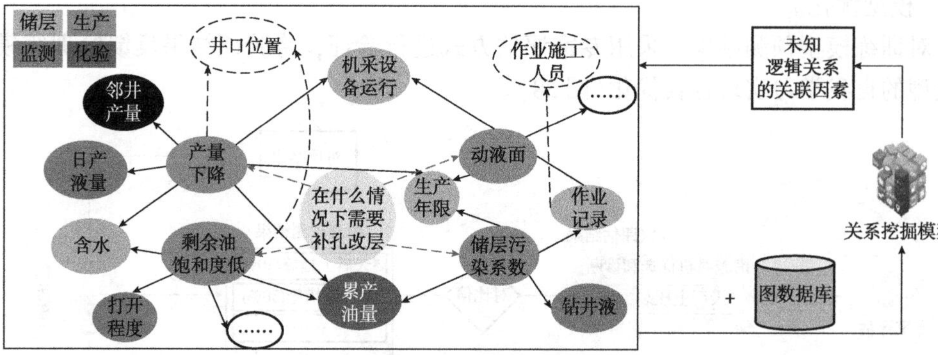

图 30　油藏知识图谱

作效率和质量。

指标智能巡检提升了超前预警、超前分析、超前决策的能力，实现油气藏指标智能监控。变革了单元生产管理方式，及时发现异常，及时调整、通过节省作业井次，均衡注采，降递减，实现开发效益提升。公司日常生产中存在大量的开发指标、生产指标，指标的健康是公司保障产量任务的关键。以前需要大量业务人员每天花 1 ~ 2 个小时去翻看各种数据，分析是否存在问题。应用指标智能巡检后，智能机器人代替人工，进行无人值守，不间断的寻找问题，利用消息中心的各种通讯载体(短信、语音电话、石化通等)，第一时间将异常信息分发到不同岗位、不同层级上，每年可节省业务人员 1 个月的时间，问题发现的及时率由 50% 提高到 95% 。

公司综合业务人员以前需要一个月时间进行年度配产，预算全年产量数据，应用配产配效后，利用算法模型，反复调参优化，一周内即可完成年度配产功能，并自动生成全年产量计划数据，可以进行在线进行日度数据跟踪，自动推送预警信息，大大提高工作效率和准确性。

年度配产配效多方案优化，产量跟踪分析运行到天，实现产量自动预警，产量、工作量、成本、效益合理匹配，自动优化，助力油藏开发价值最大化。通过对产量跟踪预测，提出挖潜和控递减重点方向，实现产量运行科学平稳。配产配效兼顾当前与长远，开展水井长效投入、油井作业、新井投产等工作量部署安排，智能优选最佳配产方案；产量趋势预警跟踪分析到天，明确产量变化责任单位、区块及产量变化原因；实时进行全年产量预测预警，及时调整下步工作安排及产量运行计划，确保年度效益产量任务完成。目前已全面应用于 2023 年至 2024 年配产及跟踪优化。在年度配产工作中，通过调整产量结构，加大水井长效投入，自然递减率减缓 1.5%，年度老井产量多增加 0.62×10^4t，多创效 658 万元；在产量跟踪预警过程中，第一时间落实变化原因，开展流线调整等措施，自然递减率得到有效控制。

动态分析贯穿于油藏开发生产的全过程，针对岗位工作内容提供高效分析工具，变革了管理方式，提升了工作效率，改善了油藏开发效果。效益体现在开发指标自然递减和含水上升率的改善上。针对水驱、化学驱等不同油藏类型建立的动态分析平台，集成了单井全生命周期资料及井组、单元动静态资料，可以快速找到、生成、分析所需的报表、曲线、图件并依靠后台智能机器人辅助分析问题，挖潜措施。该平台建成后，打破了传统的人工分析手段，借助平台提供的智能化图件分析工具和优化算法，能够快速找到油藏矛盾、辅助优化制定油水井联动的综合调整方案，分析准确性由 70% 提高到 85% 。

创新措施管理新方式，实现低效措施井变为高效措施井，无效措施井变为有效措施井，措施有效率提高到 75% 以上。通过措施效益增加 SEC 储量，实现开发效益提升。措施摸排是区块长每个月都要进行的工作，每次分析几十口井的措施潜力，应用油藏管家提供的功能后，根据措施潜力算法模型，一键推送潜力井，并结合措施影响因素智能排序，利用大数据算法，自动找出井对应的措施，每个月可节省区块长 5 天的时间。

2.2 效益分析

公司年递减率下降 1.5%，含水上升率下降 0.1%，注采调控、措施作业增油 2×10^4t。压减无效液量 4.7×10^4t。

提高油气产量总效益
- 油藏工程0.42
- 采油工程0.44
- 地面工程0.14

图 31　油气产量总效益

经济效益① = 0.65 × 分成系数(0.42) × 提高原油产量 × (原油不含税单位价格 − 原油单位成本) − 项目支出

年经济效益① = 0.65 × 0.42 × 2.62 × 10^4t(自然递减下降增油 0.62 × 10^4t + 措施增油 2 × 10^4t) × (4460 元/吨 − 571 元/吨) − 100 万元 = 2631.6 万元

经济效益② = 压减无效液量 × 吨液处理费(15 元/吨)

年经济效益② = 4.7 × 10^4t × 15 元/吨 = 70.5 万元

总经济效益 = 2631.6 万元 + 70.5 万元 = 2702.1 万元

油水井差异化解堵技术研究与应用

李子涵

（中国石化胜利油田分公司海洋采油厂）

摘　要：常见的解堵技术包括物理、化学、复合、生物酶等几大类。在胜利海上油田开发过程中，土酸、氟硼酸等传统酸液解堵体系对海上油田增产增注效果不明显，且存在施工周期长、有效率低、有效作用距离短等缺点。针对上述问题，实际应用时注重油藏、工艺、工程一体化分析决策，科学分析油水井油藏地质特征，结合储层性质以及开发状况判断堵塞原因，针对性优选储层解堵方案，达到满足油水井增产增注需求的目的。本文通过研究胜利海上油田常规稠油井、注水井和注聚井油藏地质特征和堵塞原因，优化了多氢缓速酸、螯合酶增产剂以及活性清垢剂、分流暂堵剂和聚合物解堵剂等化学解堵体系，对海上特定油藏地质特征、堵塞类型适应性良好，现场取得较好的解堵效果，有效延长油水井周期寿命，增加油井产能，提高注入能力。

关键词：油藏地质；酸化；解堵；油水井

在胜利海上油田开发过程中，针对油水井长期低液欠注的现象，采用了土酸、氟硼酸等多种传统酸化体系进行了解堵作业，从现场实施效果看，传统酸液解堵体系对海上油水井增产增注效果不明显，同时海上平台易受到空间、成本的限制。因此，非常有必要针对胜利海上油水井堵塞问题开展作业流程简单、成功率高的解堵增产增注技术研究。

1　胜利海上油田化学解堵概况

1.1　胜利海上油田油水井堵塞状况

在胜利海上疏松砂岩油藏开采的过程中，会存在长期生产微粒运移堵塞、含水上升无机垢堵塞和胶质沥青质析出有机垢堵塞，直接影响油水井产能的释放，甚至造成了部分油水井的低液欠注，液量低于60t的井数约100口，占开井数近20%。同时海上稠油油井因地层结垢堵塞、电泵机组导叶轮结垢遇卡等问题导致油井低液、电泵故障躺井，影响油井正常生产及电泵检泵周期。

1.2　海上油水井化学解堵所面临的难题

在海上油田开发的过程中，主力油田逐渐步入高含水阶段，注水开发的油田采用大泵提液后，单井配注指标提高，但由于注水层的堵塞问题，导致注入压力较高、能耗巨大、注水困难，明显制约了稳产和进一步提高采收率。

2　胜利海上油田油水井化学解堵措施

针对海上常规稠油井、注水井和注聚井不同的油藏地质特征和堵塞原因，研究优化了

作者简介：李子涵(1996—)，女，山东东营，胜利油田海洋采油厂，助理工程师，现从事海上采油油藏地质工作。E-mail：18562067283@163.com。

多氢缓速酸、中性螯合酶增产剂以及活性清垢剂、分流暂堵剂和聚合物解堵剂差异化解堵体系和措施。

2.1 多氢缓速酸解堵体系在海上油田的应用

针对常规复合酸溶蚀速度快、处理半径短、残酸造成二次污染、易乳化等问题，通过优化调整酸液酸化配方和酸化解堵施工工艺，由原来常规复合土酸的配方调整为深部缓速型酸，深部砂岩缓速酸液体系通过添加有机磷酸复合物、氟化氢铵/氟化铵等起缓速解堵作用，能够控制 H^+、F^- 在地层温度和流体性质条件下释放速度，延缓酸液与砂岩反应进行，实现地层深部酸化效果，具良好的抑制氟化物及铁质沉淀的能力，满足游离 H^+ 与 F^- 浓度低、溶蚀速度慢、处理半径大、缓慢释放形成 HF 酸、保护骨架胶结物、减少二次沉淀伤害、降低微粒运移等要求，实现解堵后无须大量返排残酸，可快速进生产流程，大幅提高解堵作业的时效性和安全性。

2.2 低伤害中性螯合解堵剂体系在海上油田的应用

海上稠油油井生产过程中的堵塞原因主要是由于地层游离砂、游离黏土、石蜡、胶质、沥青质聚集在近井地带、炮眼附近，黏附在滤砂管外，使近井地带地层渗透率降低，造成有机垢堵塞。因此，需要解除炮眼近井污染带胶质沥青质有机垢、钙镁盐无机垢及黏土微粒运移形成的油泥垢堵塞，提高近井筒附近渗流能力和油井产能，为后续高效生产提供良好基础。

针对海上酸化解堵增产在现场应用的瓶颈问题，在海上研究试用中性螯合酶增产剂新产品，该产品为非危化品，反应温和、解堵半径大，对电泵、电缆等井下工具无腐蚀，能有效处理油藏近井地带的无机垢、有机垢、原油乳化等污染堵塞，解堵后残液不需要油轮返排就可进入生产流程系统。

2.3 分流暂堵剂在疏松砂岩油藏的应用

暂堵分流剂通过化学微粒在多孔介质中的运动，实现稳定架桥和填充，形成低渗透带，依靠高渗层与低渗层天然物性的差异，在化学微粒作用下实现均匀布酸，因此应考虑采用暂堵或分流技术，为海上高效酸化解堵提供科学指导。

2.4 注聚井解堵剂在海上油田的应用

2000 年前后，注聚解堵开始引起广泛重视，相继也研究试验了很多解聚、解堵体系和方法，但是绝大多数都是“氧化剂”，随着注聚堵塞问题越来越严重，迫切需要一种安全、高效的解堵方法。

2.4.1 堵塞原因分析

注聚过程中，堵塞物形成主要由内部因素、外部因素及两者在地层中的相互作用导致的。聚合物形成堵塞物的原因可归纳为 5 个方面：(1)聚合物吸附滞留；(2)聚合物与储层孔喉尺寸不配伍；(3)聚合物溶液配制及稀释不均匀；(4)聚合物与油污等其他堵塞物缠结；(5)聚合物与多价金属离子等发生分子交联。

2.4.2 聚合物解堵剂的解堵机理和评价

常规的聚合物解堵主要采用强氧化剂类物质，辅助表活剂和酸液体系。其缺点反应速率不好控制，有机－无机垢复合效果不好，存在安全风险。

聚合物除垢剂与氧化剂相比，其优势在较宽温度范围内 0～90℃实现高分子聚合物有效降解，不需要游离原子氧。对该聚合物除垢剂进行了一系列配伍性实验、聚合物微球破胶实验、聚合物垢样降解实验和腐蚀性能等评价，得出结论该解堵剂环境友好，产品弱酸性，反应残液为中性，不伤害管柱，电泵等设施，同时不影响原油破乳脱水，残液可直接返排进流程。

3 效果评价

3.1 多氢缓速酸解堵体系的现场应用效果

目前在海上已试验应用 20 口井，平均日产油 37.3t，比作业前平均单井日增油 16.1t，残酸返排量约 3.4 倍酸液量满足进流程生产的要求。

对某井近井地带进行多氢缓速酸体系解堵施工，恢复油井产能。使用多氢缓速酸体系解堵后，解堵效果显著。

3.2 中性螯合酶解堵体系的现场应用效果

3.2.1 中性螯合酶增产剂的应用效果

中性螯合酶增产剂由于不含有机酸和无机酸组分，能有效清除地层无机垢堵塞，无须油轮排液，实现“漏失即解堵”过程，达到完井和解堵双重功能。先后在油井试验应用 13 口井，作业后平均单井比作业前日增液 17t，日增油 10.8t。

对某井实施解堵检泵作业，检查机组外壁结垢，泵吸入口有明显结垢物。检泵过程中使用中性螯合酶增产剂，作业后日增液 12t、日增油 3.3t、毛管压力增加 250 Psi，取得一定解堵增产效果。同时使用中性螯合酶增产剂解堵检泵，大大降低了油轮排液的工作量，每口井能减少油轮排液时间，极大提高解堵进流程生产的时效性。

3.2.2 活性清垢剂的应用效果

活性清垢剂溶解无机垢和螯合无机垢的效果较好，由于含有功能性表面活性剂，溶垢解堵后降低注水压力增加注水效果较明显，同时该产品为非危化产品，无强腐蚀特性，现场施工安全，解决危化品运输、使用受限问题。先后在 12 口水井应用活性清垢剂解堵，解堵后 5 天平均单井油压由 7.9MPa 降至 4.8MPa、单井日注水量由 $195m^3$ 上升至 $234m^3$。

3.3 分流暂堵剂的现场应用效果

为提高某井产能，提高解堵施工的针对性，对该井实施分流暂堵酸化解堵。酸化过程中，使用分流暂堵剂的两个段塞施工泵压稍微有些增加，说明对高渗层起到一定的暂堵用，达到了均匀布酸的目的。

通过对某井分流暂堵剂的试用参数分析可知，段塞泵入过程中压力上涨 0.8MPa，继续泵入酸液过程中压力回降，初步分析使用分流暂堵剂过程中起到了均匀布酸的效果，酸化后返排量和酸量持平，未使用分流暂堵剂返排量为 1.5 倍酸液左右，使用分流暂堵剂起到高速返排的效果。

3.4 注聚井解堵剂的现场应用效果

针对注聚井存在大量聚堵现象，通过综合考虑评价效果、现场运行可操作性、经济性，选取了聚合物除垢剂进行解堵施工，现场应用取得阶段性成果和认识。某井内管欠注严重。为确保注聚井注入量达配，保障注聚效果，决定对该井进行解堵增注施工。

选用聚合物除垢剂能够在催化剂作用下进行水解，主链断裂，实现聚合物大分子降低为单体小分子化合物，从而有效降低聚合物黏度，解除地层堵塞。该井解堵前后注压下降 0.8MPa，达到了较好的解堵增注目的，有效期超 2 个月继续有效。

4 认识及下步工作计划

多氢缓速酸体系在解堵过程中与地层反应速率低，有效解除地层堵塞的同时不会过度溶蚀近井地层骨架砂，施工过程中泵压没有明显下降，10h 后地层漏失才会明显增大，说明能够成功实现深部解堵；中性螯合酶解堵体系成功解除泵吸入口和近井带的油泥垢堵塞，解堵后产油量大幅度提高，且有效期较长，经济效益可观；通过现场疏松砂岩酸化解堵应用分析，分流暂堵剂在某井的成功应用为海上非均质性较强储层酸化提供了科学指导；注聚井解堵效果较好，聚合物除垢剂体系具有加量少、破胶率高、破胶速度快、现场操作方便、施工简单以及残液可直接返排进流程等特点，增注效果明显，为下一步注聚井的解堵增注技术提供了方向和思路。

参考文献

[1]乔英存．油田注水井堵塞机理与化学解堵研究[D]．长春：吉林大学，2016.
[2]沈文建．海上油田储层解堵技术方案探讨及应用研究[J]．中国石油和化工标准与质量，2023，43(02)：187－189＋192.
[3]杨耀宗．南海 W 油田乳化柴油暂堵分流酸化机理实验研究[D]．成都：成都理工大学，2020.
[4]胡俊卿．大庆油田萨中化学驱注入井附近地带油层堵塞机理及解堵剂配方优化[J]．大庆石油地质与开发，2023，42(02)：116－122.
[5]邹啁．海上油田低产低效井酸化解堵措施效果分析[J]．天津化工，2022，36(05)：49－53.
[6]朱艳华，刘长龙，符扬洋等．海上油田砂岩油藏解堵体系研究[J]．化学工程师，2022，36(01)：42－46.
[7]樊光梅．注水井中性解堵剂研究及应用[J]．石油化工应用，2023，42(01)：94－98.
[8]李翠，王瑞芹，闫潇涵等．海上 W 油田注水井堵塞原因分析及解堵措施研究[J]．当代化工，2022，51(06)：1447－1450.

不动管柱找漏堵漏技术在海上油田的应用

文章山　孙文波　李伟

（胜利油田海洋采油厂）

摘　要：在油井生产过程中，由于采出液含有二氧化碳以及在高氯离子介质的影响下，油井管柱点腐蚀现象突出，造成部分油井管柱漏失，举升效率下降，甚至无效。而传统的检管作业不仅费用高，而且措施周期长、产量损失大。鉴于此，现场提出了一种新的油井不动管柱找漏及堵漏方法，通过油井正洗井在井筒内形成稳定的流态，运用在线电测技术快速、准确定位到漏点，然后利用双密封堵塞器准确封堵漏点，恢复系统的正产举升，从而恢复油井的稳定的稳定生产。此技术具备较强的可操作性以及可靠性，具备应用及推广价值。

关键词：不动管柱；找漏；堵漏；双密封堵塞器

为了适应海上平台空间狭小、海上气候恶劣的条件，海上机采井通常采用电潜泵采油管柱为主要结构的举升系统，如图1所示，该举升系统由电潜泵、油管、单流阀、井下安全阀、过电缆封隔器及采油树等结构组成。具体工作原理：地层液体在地层压力的推动下，由油藏深部逐渐渗流到井筒内，然后经过电潜泵吸入口，经过油气分离器进行气液分离后，低溶解气液体在电潜泵多级叶轮的高速旋转带动下，逐级将动能转化为压能，通过电潜泵出口单流阀后进入油管，物流只能向上运动，直至克服自身重力及井筒摩阻被举升至地面采油树，最终完成油气开采工作。该类型举升系统的动力系统位于井筒内，能够节省大量的地面空间，地面结构简单便于地面维护管理且受海恶劣气象影响较小，因此在广泛应用于海上油气田的开发应用。

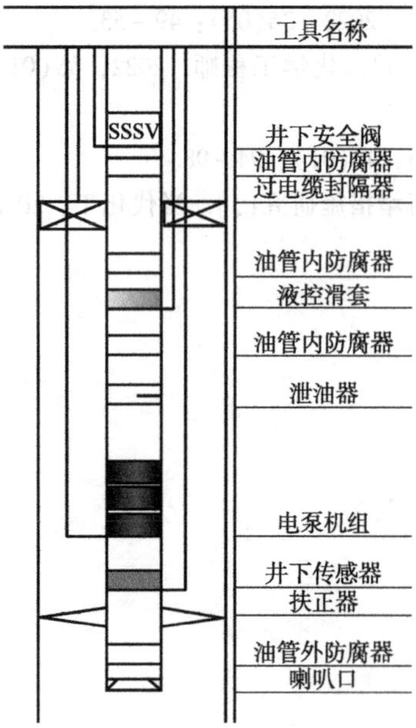

图1　电潜泵采油管柱示意图

1　海上油井管柱漏失的危害及常规治理措施

1.1　腐蚀的必然性及危害性

由于采出液中经常含有硫化氢、二氧化碳等腐蚀介质，在CO_2分压、温度、介质组成、pH值、流速、原油特性等的影响下，以及材料的成分、组织等多种因素结合下，管柱必然存在腐蚀的发生。介质中腐蚀性离子（如H^+、Cl^-等）更容易穿透破损的

第一作者简介：文章山（1986—），男，山东莒南，胜利油田海洋采油厂，工程师，主要从事海上油气水井管理及挖潜工作。E－mail：wenzhangshan.slyt@sinopec.com。

腐蚀膜或通过腐蚀膜中的孔隙到达金属基体，导致金属的腐蚀。在腐蚀膜下形成点蚀坑，并在腐蚀坑中富集，从而引起坑内金属的电极电位低于外部，形成类似闭塞电池的自催化作用，导致极高的局部腐蚀速率。随着腐蚀反应的进行，点蚀坑不断扩展，最终导致管壁腐蚀穿孔。据统计 2018 年至 2023 年海上油田发生 20 余次管柱漏失情况。

当油井管柱产生穿孔后，井筒内的高压流体在举升经过穿孔位置时，就会进入油套环形空间，然后在重力的作用下降落到井筒底部，形成无效循环，从而降低举升效率，严重的情况下造成举升完全失效，导致油井效益降低。

1.2 传统漏失管柱治理措施的优缺点

通常对于漏失管柱可以根据漏点位置采取不同的治理措施。如果漏点位于过电缆封隔器上方，可以关闭排气阀和套管阀门，封堵漏点外侧构成密闭环形空间，形成高压腔平衡管柱内的压力，从而阻止泄漏。该方法优点是见效快、无费用。缺点是仅适用于漏点位置位于过电缆封隔器上方、介质含气量不高、定期组织放空过电缆封隔器下方积聚气体等缺点。

另外的长效措施就是检管作业，即通过修井机等将失效管柱(含电潜泵等全套设备)全部提出井筒，然后下入新的举升系统。该方法优点是适用于各种漏失情况，治理具有长效性。缺点是费用高，单次检修作业 200~500 万元，治理周期长，平均 20~50 天，影响产量较高。

2 油井不动管柱找漏堵漏技术的原理

通过对举升系统失效原理的剖析，借鉴水井测试测调方法，针对井下找漏及堵漏的特点，提出了一种高效的电测找漏及堵漏技术，具有可靠性高、可操作性强及效果直观准确的优点。

2.1 找漏技术的原理

当管柱存在漏点时，举升的液体在此处进行了分流，漏点上下的流量不同。当我们电潜泵停机后，利用地面高压水从油管组织正洗井，控制洗井排量为稳定值，由于油管内部通径基本一致，洗井水在油管内的流量基本稳定，当洗井水经过漏点时，部分或者全部洗井水从漏点进入油管外侧环空，油管内部的流量就会发生变化。我们通过从清蜡阀门下入地面控制的在线超声波电磁流量计，逐渐下放流量计，拉一条流量剖面，流量变化的位置即为漏失点位置。

2.2 堵漏技术的原理

目前油管内部通径一般为 62mm，地面控制油嘴一般为 2~20mm，因此油管内部存在我们封堵仪器的操作空间。我们通过设计外径小于油管内径的小外径双密封堵塞器(自下而上：丢手头+单向卡瓦+液压封隔器+连接管+液压封隔器+单向卡瓦)，如图 2 所示，通过双级卡封封隔器和连接管将漏点段油管进行隔离，从而避免举升介质从漏点进入环空。生产时，介质通过封隔器和连接管的过流通道进行举升。

图2 海上油井气液自动计量装置图

3　找漏堵漏技术现场应用分析及改进

为了验证找漏堵漏技术的应用效果，我们在海上油田选取了某管柱漏失实验井进行现场应用。通过技术的应用对该类方法的操作性可可靠性进行验证。

3.1　应用实例

海上某漏失井正常生产时，油压7.5MPa，井温65℃，日产液量139t。2019年1月该井油压由7.5MPa快速下降至4.4MPa，液量由139t降至89t，现场检查认为该井管柱漏失，现场采取调大参数的方式维持生产，但是随着漏点的不断扩大，漏失量逐渐增多，2022年不出液关井。因此在该井实验找漏堵漏技术，为该技术的改进及推广提供客观依据。

3.2　施工过程

找漏前组织油井洗井，原油黏度高或者含水低时，采用热水加药剂的方式，通过正反洗清除环空的原油及管道内壁的杂质，避免原油影响流量计测量精度及封隔器坐封效果。

3.2.1　找漏点施工

首先按规范安装井口防喷盒，安装好溢流回收管、天滑轮、液压防喷盒等。安装地滑轮，将测井电缆穿过防喷盒后，从防喷管的底端穿出，制作好测试施工马龙头。组装测调仪器并试运行，确认仪器运行正常后将仪器连接测试马龙头，将仪器装入防喷管内，缓慢下放放置于井口清蜡闸板上，安装防喷盒，溢流管线，手压泵管线，手动将测调仪缓慢拉入防喷管内顶端，缓慢对防喷管的液压密封装置进行适当打压。调整好天、地滑轮方位，拉紧防喷管的绷绳。侧身缓慢打开清蜡阀门，待防喷管里的压力与井内压力平衡后，再全部打开，根据防喷管溢流情况，缓慢调整防喷盒的液压挤紧力，使测调仪能够顺利下行，保证不刺不漏，溢流回收至污液罐，集中收集。

继续组织油井正洗井，压力控制在3.0MPa，尽可能稳定排量。下放试仪器至50m，测试对比井口注水。然后下放仪器，通过分段测试，逐一查找漏点井段，直到泄油器。注意下方速度，防止砸开泄油器。改变井口流量，复测一次，重新确认位置，测调结束，上起仪器。

3.2.2　堵漏施工

提前组装堵漏仪器并试运行，确认仪器运行正常后将仪器连接测试马龙头，将仪器装入防喷管内，缓慢下放放置于井口清蜡闸板上，安装防喷盒，溢流管线，手压泵管线，手动将测调仪缓慢拉入防喷管内顶端，缓慢对防喷管的液压密封装置进行适当打压。调整好天、地滑轮方位，拉紧防喷管的绷绳。缓慢下放仪器至设计位置(将连接管中间点正对漏点)，组织堵漏工具坐封并丢手，完成后，起出仪器。收拾现场，恢复流程组织油井开井。

3.3　结果分析及改进建议

堵漏后开井，初期油压6.2MPa，日液150t，日油9.3t，含水94%，说明封堵效果良好。但是生产一周后再次出现管柱漏失，油压降至1.2MPa，日液降至38t，日油0.8t，含水98%。经分析失效原因为：堵漏工具坐封过程使用的为冷水(室温接近为0℃)，随着油井的生产，井温逐渐上升到65℃，堵漏工具由于温度变化在井下工作过程中出现密封性能部分失效。之后通过作业检泵作业发现，漏点位于过电缆封隔器下短节，深度117.5m，堵塞器上卡瓦深度115.1m，堵塞器上部胶筒断裂，堵塞器下卡瓦深度121.9m。说明找漏方法、堵漏方法有效，但是工具韧性不足，导致断裂。因此我们改进工具材质，提高韧性。之后我们在其他油井进行实验，取得了良好的效果。该不动管柱找漏及堵漏方法施工周期2~3天，费用35万元左右，技术成熟，不受修井力量的限制，具有良好的可操作性和可靠性。

4 结论

本文根据电泵井管柱特点，结合现场实践，总结提出了油井不动管柱找漏及堵漏技术，通过现场实践可以得出以下结论：

(1)该技术适用于泄油器和过电缆封隔器之间存在漏点的失效油井，并且具有施工周期短、操作简便的特点，具有一定的推广性。

(2)通过对管柱流量的测量可以精准的查找漏点的位置，并且可以多次测量，精确验证漏点位置。

(3)封堵漏点时，应当自下而上依次封堵，适用于存在多个漏点的失效油井。

参考文献

[1]李振宇，冯博，周洋，等．海上油气田电潜泵采油井油管漏失常见故障及预防措施[J]．西安：石油工业技术监督，2023：91-93(3).

[2]张辛，林学强，冯帆，等．胜利油田某油井油管腐蚀穿孔失效分析[J]．上海：石油化工设备，2019：6-11(5).

埕岛油田馆上段低产液井治理难点探讨

胡奇　廖月敏　李泽坤

（中国石化胜利油田分公司海洋采油厂）

摘　要：胜利海上埕岛油田中区馆上段历经多年勘探开发，低产低效井一直存在，在很大程度上影响油田的整体开发效益。为提高油田采收率，实现高效开发，在依托经济效益评价、开发规划、专业技术等多方考量，从工艺技术，油藏数据，注采对应，地面配套等出发，对具体油井规划部署和措施作业情况进行总结，进行多方面精细化剖析，综合分析治理难点。以低产低效井原因分类为基础，建立信息系统平台，使低产液井分布清晰化。利用配套差异化评价体系思路，以效益为根本开展治理规划部署，将水井治理工艺，油井治理工艺，井网完善，实现一体化治理。油井措施治理效果明显提升，单井年均累油逐年增加。

关键词：埕岛油田；低产液井；治理难点；治理部署

埕岛油田是滩浅海边际油田的代表，其含油层系多，地质构造复杂，油藏分布不均、类型多样，开发难度整体较大。埕岛油田主力生产层馆陶组历经 30 年开发，部分区域已进入开发中后期，单井、区块含水变化差异大，油井综合含水率逐年上升，部门油井产液量低、复产措施投入大、作业风险高等因素制约低产低效井综合治理工作，但低产低效井治理是增产稳产的必行实践。

为加快埕岛油田低产低效井治理技术体系的完善与发展，从油藏潜力、注采井网、工艺措施等多角度分析入手，分类探讨油藏类、工艺类两大类成因的治理方向，精细化分类评价调整低产液井治理部署方案，整体通过低产低效井原因分析和技术难点总结，系统梳理了埕岛油田馆上段治理方向及运用技术效果现状，以效果验证推动低产液井治理。

1　埕岛油田低产液井现状

低产液井主要有地层供液不足、产量低、泵效低、高含水开发等特点，由于存在地层堵塞，注采对应不完善，油藏物性差，工况复杂等多方面因素造成。

埕岛油田馆上段主力开发油井泵效低于 50% 的油井 72 口，约占开井总数的 1/5 左右，其中油井日油能力低于 10t 油井占 20 口，占低泵效井的 27. 8%。自 2014 年埕岛油田整体提液开发阶段，历经 10 年的提液开发，至今单井平均日液能力已达百吨以上，低产液井占有 16. 2%。近 4 年低产低效井区共治理 46 井次，平均单井日增液 56. 2t，日增油 6. 8t，低产低效井治理效果较为明显。

2 低产低效井治理难点分析

2.1 油藏潜力分析

研究区已实施油井措施作业145井次，以拔滤重新防砂为主，并存卡封补孔等工艺措施，基本完成区域井网加密与分层系开采。单井日增液量仍在70t以上，单井增日油能力达10t以上(表1)，低产低效井治理46口，治理后增日液56.2t，增日油6.8t，油井具有一定增产潜力，也证明地层终仍具有可观的剩余油资源。

油藏潜力层已实施卡封补孔，分层开采成型，注水强化助地层能量恢复至11.5MPa，具备提液条件。埕岛油田综合水达85%左右，馆上段埕北11井区模型显示含水80%后提液致采出率陡降，因油层水洗严重，注水效率低。因此需要控水稳油，稳老区开发，优化注采系统，确保多层开采低产井治理成效(图1)。

表1 2020～2023年海洋采油厂措施作业分类统计简表

年份	井数/井次	拔滤防砂/井次	卡封补孔/井次	提液/井次	单井日增液量/t	单井日增油量/t	低产低效治理/井次
2020年	40	6	14	20	82.1	10.6	12
2021年	42	11	15	16	78.6	12.3	11
2022年	33	6	17	10	68.3	10.7	10
2023年	30	7	12	11	69.7	11.9	13
合计	145	30	58	57	298.7	45.5	46

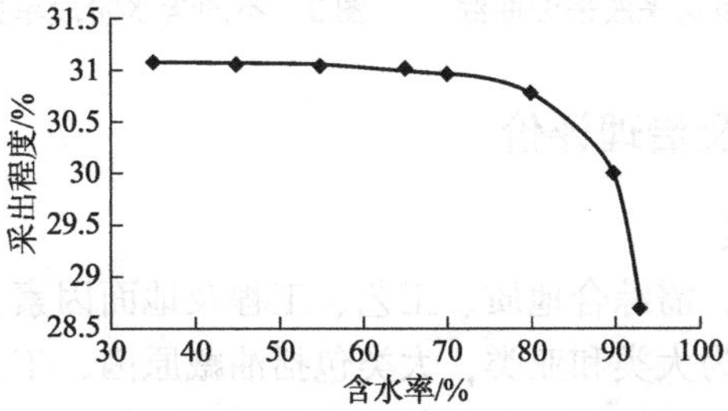

图1 埕北11井区不同提液时机与采出程度关系曲线

2.2 开发指标分析

针对低产低效井的强化治理，低产低效井从2020年占比18.4%下降至目前16.2%，开发指标趋于良性循环，采油速率保持在1.1左右，自然递减率和含水上升率控制较好。对比近几年来看：单井日液能力保持在120t左右；自然递减由8.0%下降至7.2%，含水上升率较为稳定，采油速度保持在1.1%左右，采出程度由18.7%上升至20.3%；经过连续几年低产低效井治理，增油越多综合递减率的控制就会越低(表2)。低产低效井不可能消除，会一直不断出现，新出现的部门低产低效井，治理难度也不断上升，海洋采油厂成功减少井数同时显著提升治理成效，平均单井年增油达0.55×10^4t，较2020年提升0.22×10^4t，综合递减率稳定在4.0%左右。

表2　2020～2023 年海洋采油厂开发指标统计表

年份	单井日产		综合含水/%	采油速度/%	采出程度/%	自然递减/%	综合递减/%	含水上升率	低产治理年增油/10^4t
	日液/t	日油/t							
2020	109.8	17.5	84.7	1	18.7	7.7	5.8	1.3	5.1
2021	124	18.6	85.1	1.1	19.4	8.2	4.9	1.6	5.6
2022	119.3	18.7	84.4	1.06	20.1	8.8	6.5	0.2	6.7
2023	118.9	18.1	84.9	1.02	20.3	7.2	3.8	1.3	7.1

2.3　低产低效井治理预测

埕岛油田馆上段油藏综合含水85%左右。根据无因次采液、采油指数曲线分析，无因次采液指数为2.8，相应理论日产液量应为210m^{3}左右，但单井日产液量较理论值相差较大(图2、图3)。治理低产低效井应聚焦加速、合理、有序提液，以增油为目标，整合水井治理、低液改善、井网优化及工艺技术，同步提升油田采收率与开发效率。

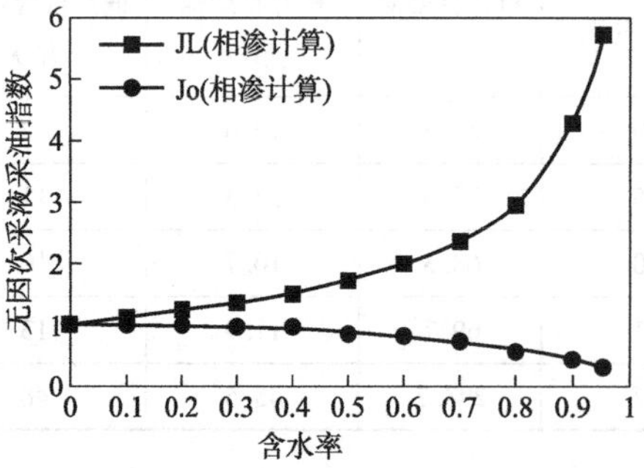

图2　埕岛油田 Ng 无因次采液采油曲线

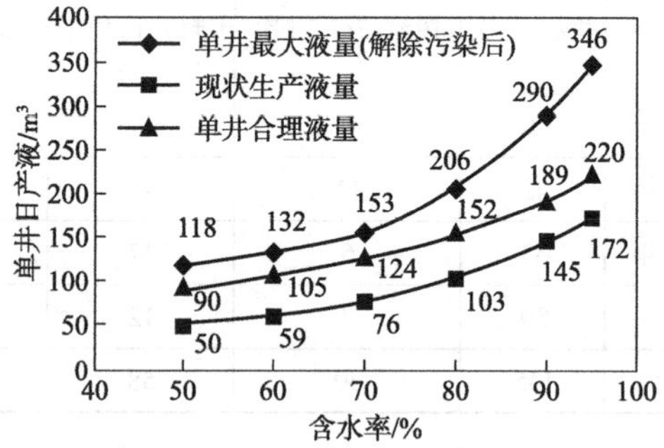

图3　不同含水阶段单井日产液与含水关系曲线

3　低产低效成因分类及治理评价

3.1　低产低效井成因分类

低产低效井成因复杂，需综合地质、工艺、工程及地面因素，通过动态与工况分析细分原因。低产低效原因分为大类和亚类，大类包括油藏原因、工艺配套、地面配套等大项原因。埕岛油田馆上段低产低效原因主要归为油藏(如物性差、注采失衡、堵塞、间开)与工艺配套(如管柱漏、出砂、泵排量不足)两大类(表3)。

表3　低产低效井原因分类统计表

大类	亚类	细分
油藏类	油层原因	油层发育差
		油层未改造
		多轮次改造污染
		近井地带堵塞
		地层压力低
	注采对应	注采井网不完善
		注采比优化

续表

大类	亚类	细分
工艺类	油井管柱	管柱漏失
		防砂管失效
		泵排量偏小
	注水工艺	管柱老化、注水细分等
		封隔器漏失、水嘴堵塞等

3.1.1 油藏地质条件分析

(1) 油层条件差以及油层污染严重的低产低效井。

部分井初期或再次作业，因注入水质、钻井、射孔、作业施工等因素对油层造成污染，导致杂质堵塞油层，降低近井地带渗流条件，易导致油井低产低效，近井地带的污染堵塞难以解除，治理难度大，多次措施效果均不明显。如在埕岛 A 区出现两口油井，投产初期日液能力较低，泵效不足 20%，生产不足 1 年出现关井，进行多轮次作业均不能恢复正常生产。

(2) 注采井网不完善，导致低产低效井存在。

研究区注采对应率达 88% 左右，其中只采不注仍有 10% 左右比例，单向受效占 27.3%，双向受效占 30.5%，三向及以上占 29.8%。井网不完善区域，注采对应率差，注采不平衡，导致地层能量不能及时有效的补充，是造成低产低效的重要因素。

(3) 层间干扰导致低产低效井存在。

埕岛油田馆上段油井多为多层合采，虽完成了分层系开采，因上层系和下层系小层发育，当油层发育，注采不平衡会产生层间干扰，导致井产液低效。对于层间干扰的低产低效井，因油层发育好，注采对应完善，进行采取注采调配，水井治理，拔滤重新防砂、卡封补孔等措施容易解决，且成功率较高，是目前海上油田比较有效的治理措施。

3.1.2 工艺配套类

(1) 注水工况差，影响地层能量补充，导致低产低效。

注水存在封隔器漏失、水嘴不吸水、洗井阀漏失、洗井不通等工况问题，影响地层能量补充，层间非均质性与差异化加剧，导致注入水向高渗透层推进，形成水淹层，出现高含水低油现象。早期水井层间吸水不均，含水 >60% 小层优势渗流通道形成，纵向矛盾显著，开发效果差。故注水层段精细划分，实施单层单段注水开发是未来开发措施调整的主要方向。

(2) 油井配套工艺跟不上，影响单井提液增产。

注采井网完善区，部分低液井地层能量已达 11.5MPa，而饱和压力在 10.12MPa，地层能量充足已经具备提液潜力。但多数低液井泵排不足，提液增油受限且效益低。建议控水稳油策略，维持生产稳定，控制含水上涨，待经济效益最大化或躺井后再行治理。

3.2 低产低效井分类治理方向

3.2.1 油藏类分类治理

(1) 针对油层条件差以及油层污染严重的低产低效治理。

油藏类包括油藏改造、油层堵塞两个亚类：①油井油层发育条件差，单层厚度小，渗透率低，地层多轮次改造无效；②由于油污，油层或近井地带造成堵塞严重，降低了渗流条件。对油藏类治理可采取拔滤重新防砂、氮气泡沫负压返排消除堵塞、补射潜力油层、分层挤压改造等措施改善油层渗流条件(表4)，对应注水井增注等措施改善单井产能。研究区已通过拔滤防砂、解堵、补孔、挤压地层改造等措施已成功治理46口井。

表4　油藏原因导致的低产低效井细分治理方向

大类	亚类	原因细分	细分治理方向
油藏类	油层改造	油层发育差	地层挤压改造
		油层未改造	拔滤泡沫酸化返排解堵
		多轮次改造污染	拔滤泡沫吞吐返排解堵
	油层堵塞	井筒堵塞	不拔滤微型泡沫酸化
		防砂管老化	拔滤重新防砂

(2) 针对注采不完善的低产低效治理。

针对注采井网缺陷，实施油井转注、补孔、细分层系等措施，优化注采关系。近几年通过转注油井，水井补孔增注，水井检修，重点细分层系50井多次，增注层99层，增加水驱储量470.3×10^4t。此举有效改善注水均衡，缓解层间矛盾，稳定油井开发，自然递减减至7.2%，日油由18.0t上升至18.5t，助力老区高效稳产。

为高效恢复地层能量并优化开发效益，对馆陶组主体实施分区块精细化的注采比调整。近几年逐步优化注采比，将注采比从2020年的0.95稳健提升至当前的1.08，有效促进了地层压力的逐年稳步回升，年均恢复到0.2MPa。馆陶组主体的平均地层压力达12MPa，并保持稳定，为整体开发进程奠定了坚实的物质基础。后期可有序开展提液工作，放大生产压差，减少低产低效井。

3.2.2　工艺配套治理

随着提液开发阶段的深入，单井的注采对应，地层条件，生产井史，油藏潜力再认识等数据，都配套下入相应的大泵，下泵排量论证是措施治理中的一项重要程序。部分井不适宜下大泵提液生产，可利用地面配套措施中变频设备，通过变频改变井下泵功率，可控制泵排量。

(1)采油工艺。

对于油层堵塞，馆上段配套氮气泡沫返排、一次管柱分层挤压改造等低液解堵工艺，可提高单井产能。针对作业井入井液漏失造成油层渗透率降低，影响产能恢复等问题，使用创新空心杆冲洗油管内死油、控泵压反洗井、快速起下作业等控漏失作业技术改善，进行增油；对于稠油产能提升，利用入井液体系优化、低伤害稠化型携砂液、大陶粒充填、全压紧混相流电泵等四项关键工艺，提高稠油流动能力，对投产的5口新井使用，平均单井日油能力36t，比计划提高10t。

(2)注水工艺。

①注水细分开采，实现精细分注，可有效补充地层能量，缓解层间矛盾。细分注水是实现纵向均衡动用，因此应立足于单层单段注水开发。目前有多口注水井存在细分潜力。如部分井注水层段由三段往更高段细分，最多目前可达6段，平均段内小层数由2.7下降

为1.3个，段内渗透率级差由11.1降至1.4，细分后不吸水层减少，注水合格层提高，油井含水下降。

②持续改进分层测调工艺，不断提高测调效率，提升层段合格率，确保精确注水。通过研制新型测试绞车、研制井口防喷、井下带压推送装置等措施，测调一体化井单井测调时间由原来的2.5天减少为1天。加大测调投入、优化施工工序，针对测调遇阻、分层欠注等问题，通过电动刮垢、大排量洗井、分层测调与酸化等措施，已将测调成功率提高至85%以上。

3.3 分类评价治理部署

从低产低效井分类，建立信息系统平台，使得低产低效井的分布清晰化。配套差异化评价体系，以效益为根本开展治理规划部署。水井治理，低液治理，井网完善三方互联有机结合，一体化治理。攻关治理工艺技术，提高低产低效井治理成功率。

3.3.1 开展油藏合理产液能力论证，建立信息系统平台

通过设计软件系统实现停产井自动提醒，操作者在客户端录入，全面实时监控低产低效井。有利于对低产低效井的分布清晰化，整体监控，及时调整；为应对长期低液低产，提供详细分析和明确选取治理措施论证；有助于实现整体规划部署，促进运行进度，提高低产低效井分类治理的效率。

3.3.2 重效益，配套差异化评价

构建精细化的成本效益评价体系，结合财务专业系统预测运行成本，精准预测治理效果。针对油藏潜力、治理风险及效益评估三大维度，实施差异化评价策略，旨在优化治理井选择。该体系旨在保障经济效益的同时，有效抵御治理风险，并推动技术升级，实现高效益、低风险与技术创新的三重提升。

(1)差异化评价体系指导低产低效治理，扩大效益评价系统应用，实现精准效益评价。在低产低效井实施治理的同时要严格控制成本，优化治理部署。遵循整体规划，效益优先，及时调整的思路。优先治理急需调整区域的低产低效井；实施“二带一”新管理模式抵御治理风险，两口效益评价高、风险小，附带实施一口高风险治理井，可抵御治理风险，也可为工艺突破试验提供保障，为难治理的低产低效井提供理论和技术参考。

(2)完善海洋采油厂地质工程研究一体化平台的应用。地质上，精细地层对比、精细砂体刻画、精细地质建模，明确剩余油富集区域；工艺上，实现了注水区块模型的全覆盖，持续推行建数模一体化运行，指导注采调配、措施优化等，提高油井治理增油效果。

3.3.3 攻关治理工艺技术，提高低产低效井治理成功率

(1) 油井治理工艺方面。

通过集成应用氮气泡沫酸化返排、氮气泡沫吞吐返排、分层挤压改造(单次管柱实施)及不拔滤微型泡沫酸化等四项馆陶低渗储层解堵技术，针对单井特性定制化组合策略，提升解堵效果与单井产能。强化油层保护，最大限度规避入井液漏失地层污染，采用低侵入性入井液，减少油层污染，优化作业流程，提高措施作业效果。

(2)水井治理工艺方面。

水井细分探讨，加强地质研究，优化细分层段，精细注水工艺，从封隔器长效、测调简便、管柱防腐、攻欠增注等方面，改进完善空心测调一体化分注工艺，开发易打捞小外径防砂管，完善精细分段增注工艺；改进长效液控封隔器，开发密闭自锁防蠕动封隔器，

优化长效防腐工艺，实现注水井良好的长效分注能力。

4 措施效益

（1）完善了海上油田一体化治理思路，促进了精细化管理

低产低效井治理体系创新管理，助力油田开发，完善海上油田一体化治理，实现精细化管理。该体系融合水井、低液、井网治理，提升治理效能。针对治理难题井，实施的工艺技术攻关中获得配套氮气泡沫返排、一次管柱分层挤压改造等四项馆陶低液解堵工艺突破，单井产能显著提升，推动海上油田高效开发。

（2）提高了海上油田开发效果

经过低产液井治理、优化解堵工艺与强化油层保护措施的实施，海上低产液井日液、日油能力得到明显提升，含水上升率明显下降，采出程度明显提升，油田开发效率显著提升。低液井占比由18.4%下降至16.2%，单井日液能力上升10t左右；自然递减由8.0%下降至7.2%，含水上升率稳定在1.3，采油速度保持在1.1%左右，采出程度逐年上升，埕岛油田馆上段开发形势逐年向好。

5 结束语

埕岛油田步入开发中后期，低产低效井问题因高含水、污染、出砂、井筒故障及油藏条件受限而凸显，阻碍增产步伐。通过科研创新，构建了涵盖高含水治理、储层改造、防砂、井筒恢复及低效治理的全方位治理体系与快速响应机制，有效应对当前挑战。然而，随着开发深入，油水关系复杂化、异常压力、薄储层等难题加剧，治理难度攀升。为应对未来增产压力，需持续深化低产低效井治理技术研发，加速新技术、工艺及工具的引进与应用，创新解决复杂难题，力求实现低成本、高效益的开发目标，为埕岛油田的可持续发展注入新动力。

参考文献

[1]邓建明．渤海油田低产低效井综合治理技术体系现状及展望[J]．中国海上油气，2020，32(3)：111－117.

[2]黄琴，张俊，刘洪洲，等．渤海L油田低产低效井潜力评价及治理对策 [J]．石油地质与工程，2024，38 (01)：95－98.

[3]张俊廷，王公昌，王立垒，等．渤海稠油油田高含水期低产低效井综合治理技术 [J]．石油钻采工艺，2021，43 (05)：687－692.

[4]马奎前，刘英宪，刘宗宾，等．海上油田加密调整采收率评价方法分析[J]．中国海上油气，2012，24(增刊1)：90－92.

[5]王欣然，王艳霞，王晓超，等．海上油田“双高”阶段低效井综合治理研究[J]．西南石油大学学报(自然科学版)，2024，46(2)：125－134.

胜利海上主体馆陶南二区长效开发对策研究

董金梦

（中国石化胜利油田海洋采油厂）

摘　要：胜利海上埕岛油田位于渤海湾南部的浅海和极浅海海域，南二区位于埕岛油田主体馆陶南区的北部，含油面积3.8km²，油气藏资源丰富，未动用储量高，具有很好的开发前景。经过多年注水开发，区块开发矛盾突出，井网、水井井况、地层能量均存在问题，油井产量低，自然递减率大。为改善区块递减趋势，提高区块产量，以南二区油藏地质和油水井开发资料等为基础，重新梳理注采对应关系，提出了井网调整、流场调整、水井治理、高效测调、升级注水系统、提参增效等对策研究，释放油藏潜力，提升区块剩余油动用，实现了区块长效开发。

关键词：注水开发；油藏地质；油水井开发；注采对应

1　油藏地质特征

南二区位于主体馆陶南区的北部，含油面积3.8km²，地质储量1452.14×10⁴t。区块构造为两高一缓两斜坡，地层平缓，倾角1°～3°左右，整体趋势由北向南逐渐变低。馆上段砂层为河流相沉积，自上而下共有5个含油砂层组，8套油水系统，6个主力砂体相对较为发育，呈条带状分布，横向连通性差；储层平均孔隙度33.8%，平均渗透率为$1980\times10^{-3}\mu m^2$（表1）；地下原油密度0.8775g/cm³，原油黏度31.2mPa·s，储层物性好，属于高孔高渗、常规稠油、岩性构造层状油藏(图1、图2)。

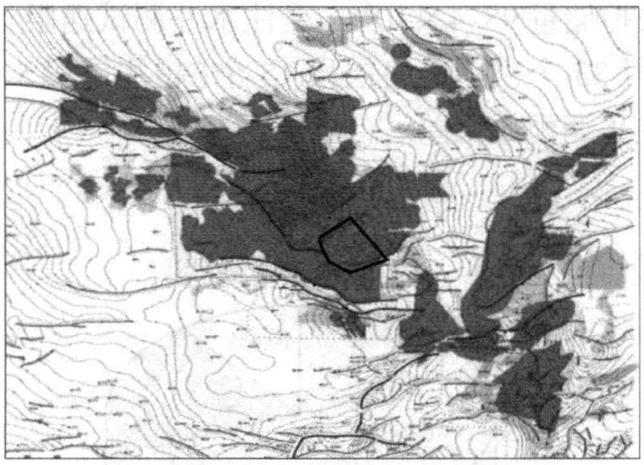

图1　南二区位置图

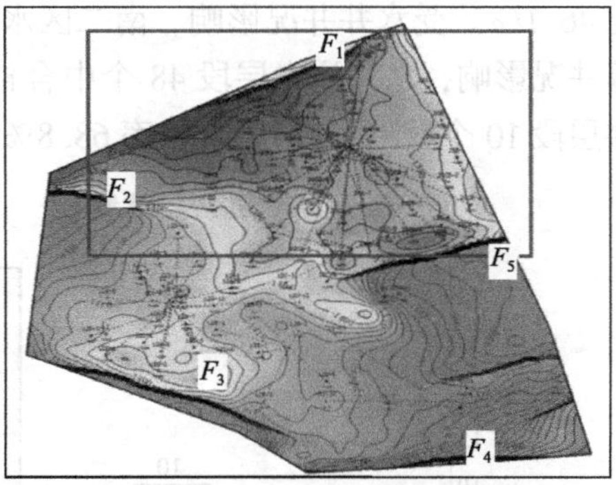

图2　南二区馆上段顶面构造图

作者简介：董金梦，女，籍贯：山西省长治市壶关县，工作单位：胜利油田海洋采油厂海二采油管理区，职称：助理工程师。E-mail：239103226@qq.com。

南二区自投产开发以来，共经历了天然能量开发、注水开发、综合调整、精细注水四个阶段。截至目前南二区共有油井 24 口，日产液量 3307t，日产油量 475t，综合含水 85.6%。水井 13 口，日配注量 $3600m^3/d$，日注水量 $3607m^3/d$，月注采比 1.07，累积注采比 0.89。

2 开发生产特征及存在问题

2.1 注采井网不完善，水驱控制程度低

南二区馆上段砂层为河流相沉积，砂体展布不连续、横向变化大，注采对应关系差，窄河道不成井网，宽河道注采井距大。从小层平面的井网部署来看，南二区部分主力层存在油多水少，注采失衡的情况。以 $Ng5^{21}$ 层为例，小层平面均为单向注采，涉及地质储量 78.6×10^4t。根据区块内对应注采流线的井网分布来看，单向注采流线占比 47.8%，无对应流线占比 21.7%，注采井网不完善，水驱控制程度低，局部储量动用差。(图 3、图 4)

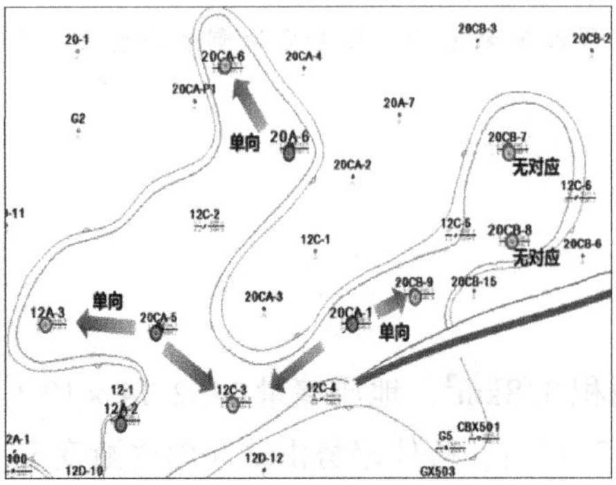

图 3 南二区 $Ng5^{21}$ 层小层平面图

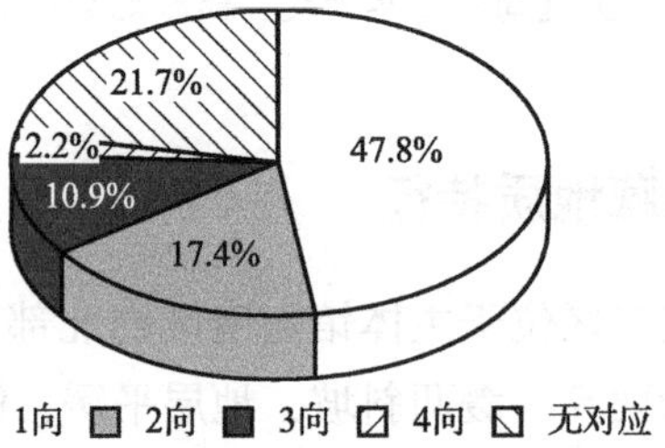

图 4 南二区注采流线占比饼状图

2.2 注水层段不合格，平面层间矛盾加剧

问题水井增多以及小层吸水差异造成注水不合格，平面层间矛盾加剧，影响油藏的开发效果。2023 年以来南二区水井不断出现问题，水井总井数 13 口，问题水井 6 口(表 1)，占比 46.1%。受水井井况影响，南二区水驱失控储量 98.4×10^4t。受注水井测试遇阻、漏失等井况影响，水井注水层段 48 个中合格层段 33 个，不合格层段 15 个(超注层段 5 个，欠注层段 10 个)，目前层段合格率 68.8%，注采调配效果差。(图 5、图 6)

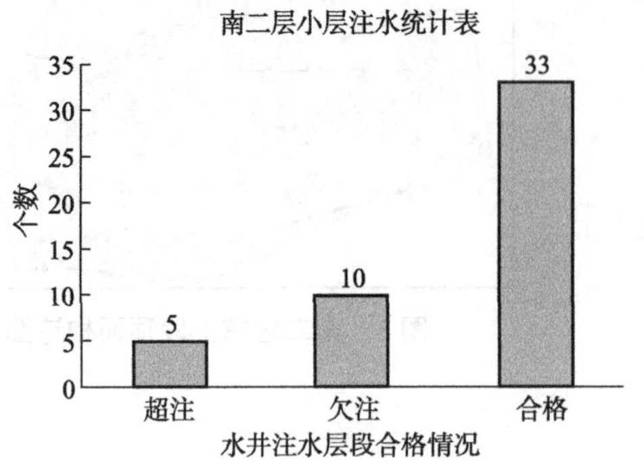

图 5 南二区小层注水统计表

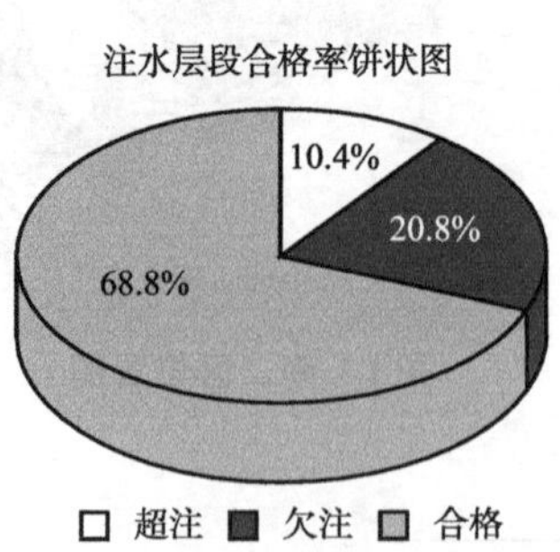

图 6 层段合格率饼状图

表1　南二区问题水井统计表

序号	井号	注水方式	注水工艺	最近作业时间	管柱在井时间/年	存在问题
1	CB20A－9	五段分注	液控测调一体	2020.1.21	2.2	油管漏失
3	CB20A－6	三段分注	液控测调一体	2015.11.2	8.5	封隔器漏失
4	CB20A－4	五段分注	液控测调一体	2021.5.24	2.8	油管漏失
5	CB20A－5	两段分注	同心双管	2021.5.14	2.9	内外管串通
6	CB20 单	五段分注	液控测调一体	2017.4.4	7.0	测调遇阻
7	20CA－1	三段分注	液控测调一体	2022.1.18	2.3	反洗阀漏失

2.3　地层压降大，稳产基础薄弱

南区受注采对应差、水井干压低等影响，自2016年以来地层压降逐年增大(图7)，压力水平总体偏低，地层能量不足。从平面上来看，因油水井分布不均匀，北部油水井数比2∶1，累计注采比高(0.92)，平均压降1.72MPa，南部断层井网不完善，油水井数比3.5∶1，累注采比低(0.62)，平均压降4.6MPa，地层压降大，整体区块稳产基础薄弱。(图8、图9)

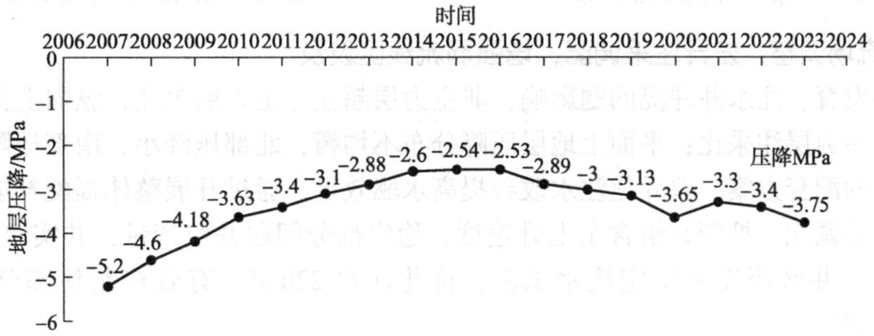

图7　南二区历年压降图

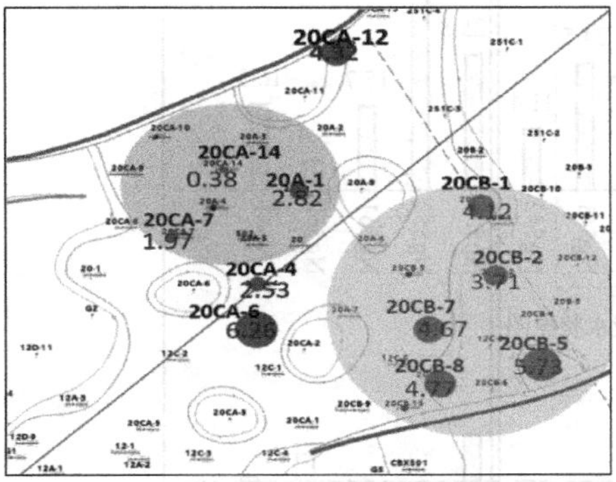

图8　南二区测压井分布图

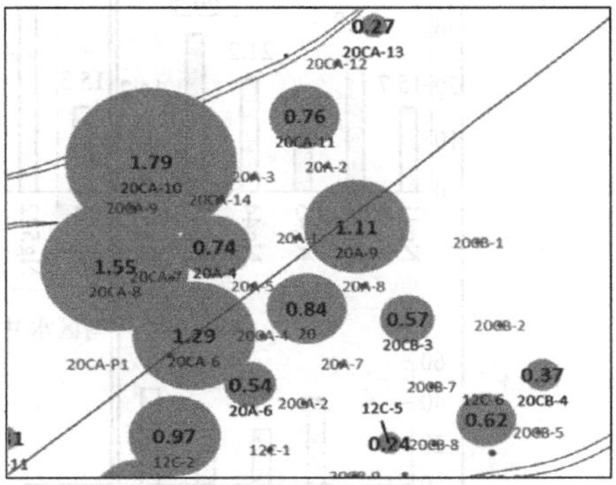

图9　南二区累积注采比分布图

3　开发技术对策研究

3.1　优化注采井网，改变固定流线，提高井间驱替效率

针对区块的油藏特征及油水矛盾，进行精细地质研究，认清砂体连通状况，重新梳理

注采对应关系，实现注采井网完善重构，扩大水井波及面积，提高水驱油效率。通过对南二区管上段 $Ng3^3$ 小层至 $Ng6^3$ 小层共 30 个层段逐层开展井网梳理以及剩余油分布特征分析，分层段实施流场调整，调整注采流线，提高南二区剩余油动用。

20A－4 井注水层位 9 层，层间矛盾突出，层段注水不合格；$Ng6^{1+2+3}$ 砂组井网固化，边部剩余油富集；结合剩余油分布，卡封 $Ng6^{1+2+3}$ 层 20A－4 由 20A－5 补孔 $Ng6^{1+2}$ 层远距离注水，优化井网井距，加快动用边部剩余油(图 10、图 11)。

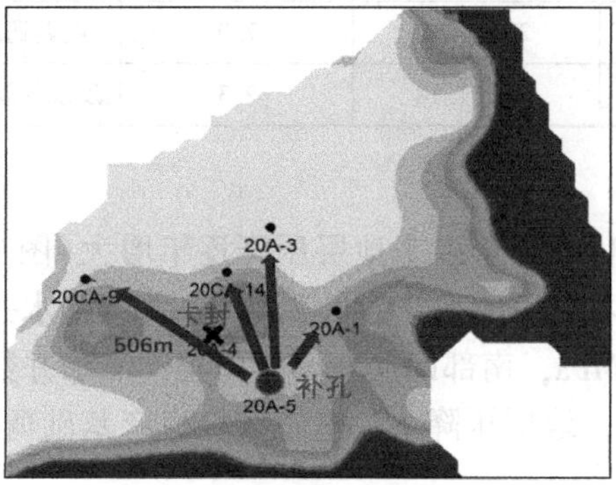

图 10　$Ng6^1$ 层流场调整方案

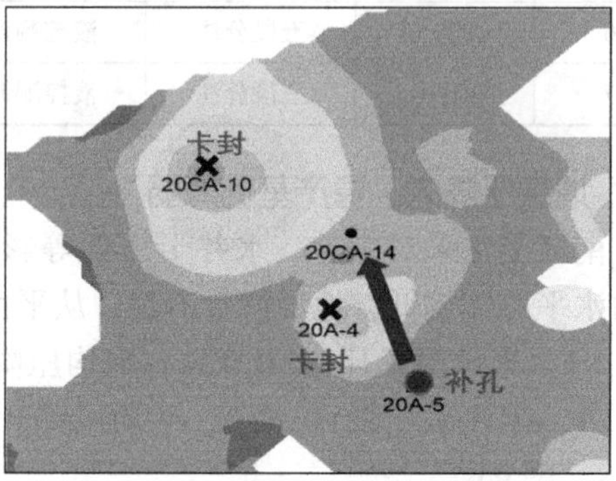

图 11　$Ng6^2$ 层流场调整方案

3.2　精准流场调整，差异注采调配，增强弱流线区波及

受储层发育、注水井井况问题影响，非主力层超注、主力层欠注，纵向上提主力层注采比，控非主力层注采比；平面上地层压降分布不均衡，北部压降小，南部压降大，实施了北控南提的配套方案，差异化注水改善提高水驱效果。通过开展整体提配补能、测算注采均衡等注采调配，抑制井组含水上升速度，稳定部分问题井组产量，共实施调配 13 井次，开展 1 个井区周期不稳定注水试验，优化注水 220m³，有效控制住部分井组递减(图 12、图 13)。

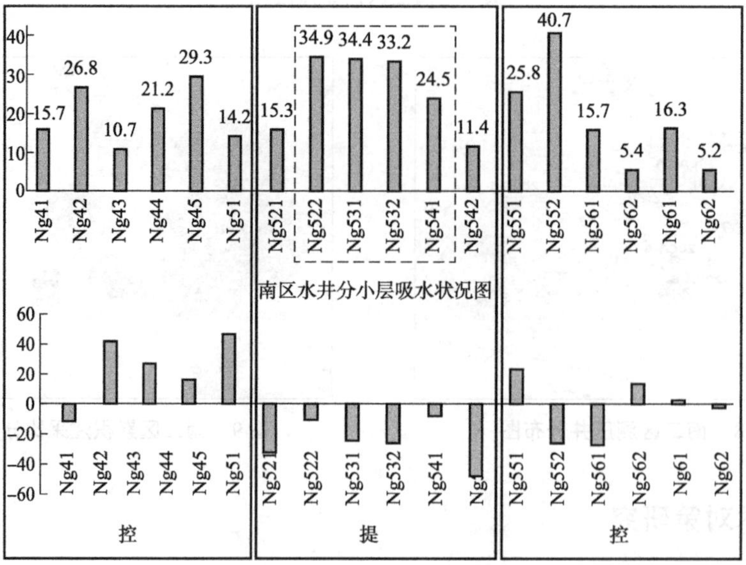

图 12　南区分小层采出程度图

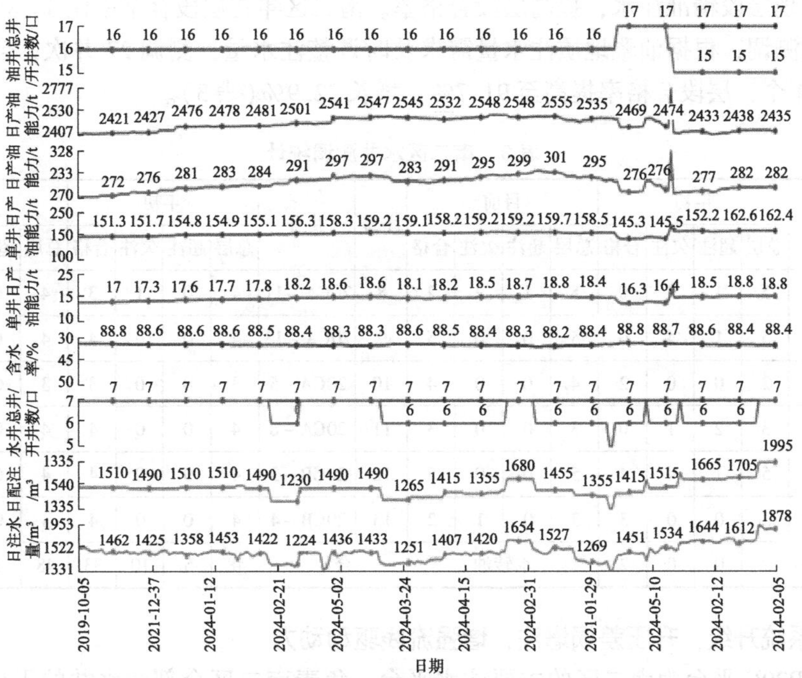

图 13　南二区注采调配井组生产曲线

3.3　强化水井治理，实施精准注水，夯实高效流场基础

南二区问题水井多，小层注水不合格导致平面内注采失衡，超注层注采比高，对应含水上升快，欠注层地层压降大，油井提液困难，导致区块产量递减。针对井况问题严重、具备完善注采井网潜力的水井，优选作业方案，实施水井检修、补孔、卡封措施 4 口，增加注水合格层段 17 个，加快恢复动态井网，恢复失控水驱储量 76.8×10^4t(表 2)。另外通过加强洗井攻欠、酸化解堵增注、封堵器堵漏技术，对水井问题进行治理，夯实高效流场基础。

表 2　南二区水井作业统计表

水井井号	注水方式	注水层位	存在问题	对应油井递减/%	对应油井压降/MPa	本次措施	恢复注采流线/条	恢复水驱储量/10^4t
20A－6	三段分注	$Ng4^{5}5^{21}5^{61}$	封隔器漏失 50m³/d	18.50	3.92	酸化检管	3	7.1
20A－9	五段分注	$Ng3^{3}4^{5}5^{22+32+32}5^{42}5^{61+6}6^{1}$	管柱漏失 300m³/d	17.40	3.85	酸化检管	7	14.5
20A－4	五段分注	$Ng^{33}4^{1}4^{2}5^{31}5^{52}5^{61+62}6^{1+2+3}$	管柱漏失 150m³/d	18.8	1.72	卡封 $Ng6^{1+2+3}$	8	25.2
20A－5	二段分注	$Ng5^{22+31}5^{52}$	内外管串通	12.0	1.27	卡封 $Ng5^{22+31}$ 补孔 $Ng4^{2}5^{62}6^{1}6^{2}$	8	30.0 （改四段分注）

3.4　细化层段测调，培育高效流线，增强单元水驱效率

在优化注采比的同时，通过测试测调、问题水井治理以及投球堵漏治理，解决水井井

况问题，实现层段精准注水，提高层段合格率。南二区年初层段合格率仅 68.8%，通过实施层段测试测调，根据油藏地质注水量需求及时调整注水量，测调 27 井次，合格层由 33 个提高到 44 个，层段合格率提高至 91.7%，增长 22.9%(表 3)。

表 3　南二区水井测调统计

序号	井号	年初				目前				序号	井号	年初				目前			
		总层	超注	欠注	合格	总层	超注	欠注	合格			总层	超注	欠注	合格	总层	超注	欠注	合格
1	20 单	5	1	4	0	5	1	2	2	8	20CA－11	4	0	1	3	4	0	0	4
2	20A－4	5	1	4	0	5	0	0	5	9	20CA－13	4	0	0	4	4	0	0	4
3	20A－5	2	0	0	2	4	0	0	4	10	20CA－5	3	0	0	3	3	0	0	3
4	20A－6	3	2	1	0	3	0	0	3	11	20CA－8	4	0	0	4	4	0	0	4
5	20A－9	5	1	0	4	5	0	0	5	12	20CB－3	4	0	0	4	4	0	0	4
6	20CA－1	3	0	0	3	3	0	1	2	13	20CB－4	4	0	0	4	4	0	0	4
7	20CA－10	2	0	0	2	水转油				合计		48	5	10	33	48	1	3	44

3.5　注水系统升级，升压差损增注，增强流线驱动动力

海上 CB20C 平台为南二区的主要注水平台，负责南二区全部注水井的干压以及注水任务。因南二区水井干压低，水井多欠注，解堵攻欠时效短，影响南二区块产量。实施 CB20C 采修一体化平台就地分水项目，采用“高频聚结油水分离器＋紧凑型密闭气浮装置＋注水泵”组合工艺流程最大限度提升就地分水的处理规模，提高水井干压，降低集输/注水能耗。

与就地分水实施前对比，CB20C/CB20A/CB20B/CB20 平台平均水井干压增加 2.5MPa，平均油压增加 0.5MPa，油干压差增加 1.8MPa，水井注水量对比增加 150m³/d，单井日注水量对比投注前后对比，增加 12.5m³/d，增强了流线驱动动力(图 14、图 15)。

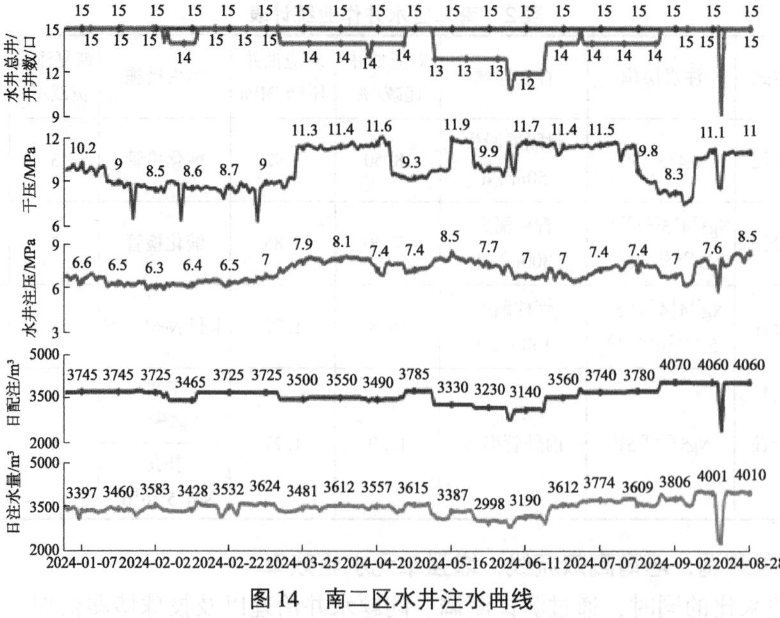

图 14　南二区水井注水曲线

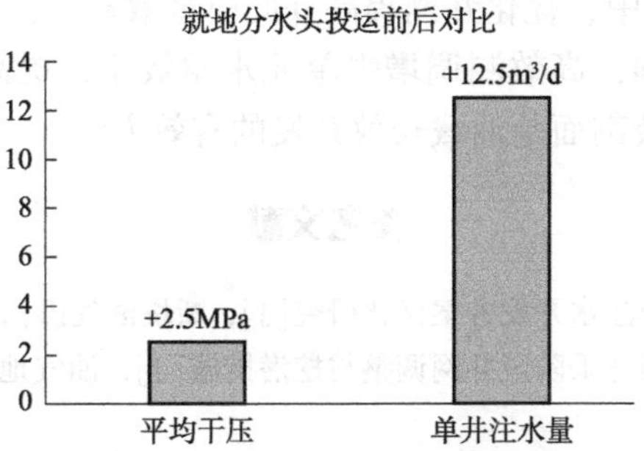

图 15　就地分水前后参数对比图

3.6　优化生产压差，释放油藏潜力，改善层间供液剖面

在优化注采比恢复地层压力的同时，通过层间注采对应关系分析，放大油井生产压差，挖潜层间低效层潜力，改善层间供液剖面，提高非主力层供液潜力，增强水驱流场由平面向纵向上的延伸，改善了低效井生产。通过调整油井生产参数实现控水增油的目的，实施调参 6 口 5 井次，日增油 104t，累增油 3862.3t(表 4)。

表 4　南二区油井参数调整统计表

序号	日期	井号	措施	调前			调后			对比	累增油/t
				日液/t	日油/t	含水/%	日液/t	日油/t	含水/%	日油差/t	
1	2024/1/4	20CA－7	频率 47Hz 上升至 50Hz	151.3	17.9	88.2	160.2	22.2	86.1	4.3	637.4
2	2024/1/4	20CA－3	油嘴 6 调 7mm	190.4	17.5	90.8	194	13.5	93	－4	64.4
3	2024/5/27	20CA－3	拔油嘴生产								
4	2024/1/4	20CA－4	油嘴 6 调 7mm	149.5	6.3	95.8	162.5	8.7	94.6	2.4	438.3
5	2024/2/29	20CA－12	油嘴 5 调 6mm	127	16	87.4	162	17.6	89.1	1.6	272.5
6	2024/7/11	251GA－P6	新井投产				99.7	99.7	0	99.7	2449.7
合计 6 井次				618.2	57.7	90.7	778.4	161.7	79.2	104	3862.3

综合以上对策研究及措施调整，主体馆陶南二区整体开发形式向好，整体来看，对比年初区块总井数增加 2 口，总日液能力增加 127t，总日油能力增加 104t，单井日油能力增加 4.8t，综合含水下降 2.7%。

4　结论及认识

(1)胜利海上主体馆陶南二区区块开发矛盾突出，存在注采井网不完善，水驱控制程度低，注水层段不合格，平面层间矛盾加剧，地层压降大，稳产基础薄弱等问题，制约区块长效开发。通过实施“井网调整、流场调整、水井治理、高效测调、升级注水系统、提参增效”等对策研究及实施调整，均衡平面流场，改善剩余油动用不均，实现区块产量提升。

(2)通过对胜利海上主体馆陶南二区开展一系列开发调整治理措施，改善油藏开发矛盾，提高油井产能，区块总日油能力增加 104t，单井日油能力增加 4.8t，综合含水下降 2.7%。

(3)油藏区块开发过程中，优化井网提高井间驱替效率，注采调配增强弱流线区波及，水井治理夯实高效流场基础，高效测调增强单元水驱效率，提高压差增强注水驱动动力，调整油井参数改善层间供液剖面是油藏长效开发的有效方法。

参考文献

[1]陈荣芹. 复杂断块油藏细分注水开发方案优化研究[J]. 断块油气田，2006(01)：29－30＋91.

[2]马洪涛. 复杂断块油藏不同开采阶段井网调整与挖潜措施[J]. 油气地质与采收率，2001(05)：56－57＋2.

[3]屈亚光，孙敬. 复杂断块油藏砂体连通性对水驱效果的影响[J]. 特种油气藏，2017，24(02)：94－98.

[4]刘淑萍. 大港油田D区块油藏动态分析与调整方案设计[D]. 中国地质大学(北京)，2020.

[5]姜雪莹. 浅析注水开发油藏动态分析[J]. 化学工程与装备，2019(03)：171＋194.

海上埕北22F井区化学驱先导试验的主要做法及效果

陈银洞

（海洋采油厂）

摘　要：化学驱是提高采收率的有效方式，胜利海上油田无论从油藏条件还是开发阶段都处于实施化学驱的有利时期，但海上油田开展化学驱面临海上采油平台空间和承重有限，采出水高含硫等难题。为此，海洋采油厂开展了地层采出水生化除硫、密闭隔氧配液等一系列技术研究，探索出适用于海上平台的采出水配聚、小型化设备、高效保黏注入的工艺模式。并强化地质油藏工程一体化运行，深入开展注入产出动态分析，坚持"内部均衡、内强外弱""先整体均衡、后个性化调整"的原则，立足于注水、注聚区联动调整，深入开展以注入端调整为主的注采优化，保障整体开发效果。

关键词：海上油田；化学驱；密闭配聚；高效保黏；注采调整

油田开采一般经历3个阶段，三次采油是二次采油后进一步提高采收率的重要阶段，利用化学、热能、物理、生物等方法改变储层岩石或驱替液的性质，从而提高波及系数和洗油效率。化学驱是通过在注入水中加入聚合物、表面活性剂、碱等化学剂，改变驱替流体及其油藏流体中间的性质，达到提高采收率的目的。海上油田通过高效水驱开发实现了长期稳产、上产，但随着海上油田开发不断深入，水驱开发面临着规模储量发现难度大、未动用储量效益动用难度大、老区效益稳产潜力下降以及海工设施支撑能力有限的不利局面，需要新的接替技术实现长期高效开发。

1　胜利海上油田化学驱概况

1.1　胜利海上油田化学驱前期实验

2012年至2014年，在海上埕岛油田CB1F平台开展二元复合驱先导实验，地面工艺借鉴陆地成熟技术，采出水配置母液、采出水稀释。运行中设计井口黏度为25mPa·s，实际仅有4mPa·s。运行过程中干粉受潮板结，无法正常下料，系统运行困难。经研究发现，胜利海上油田产出水中含有较多的二价硫离子，二价硫离子类似于氧化降解反应的催化剂，其在氧气的作用下产生自由基，造成聚合物断链降解，能够导致聚合物溶液黏度大幅下降。

1.2　海上化学驱所面临的难题

海上油田的开发存在着平台寿命期短、开发环境恶劣、地质情况复杂、投资风险性大等诸多限制，由于没有陆上油田多年开发历程所积累的实践认识，目前对海上油田的开发仍然处于边探索边实践的阶段。

作者简介：陈银洞(1989—)，男，山东东营，胜利油田海洋采油厂，工程师，现从事海上采油油藏地质工作。E－mail：chenyindongyx@163.com。

通过 CB1F 化学驱试验实践表明，海上油田开展化学驱面临难题有平台空间和寿命有限、无清水水源、采出水高含硫、建站困难、富余采出水难以处置等难题，现有的化学驱地面配套工艺无法满足技术需求，必须立足于海上平台特点，探索采出水配聚、小型化设备、高效保黏注入的工艺模式。

1.3 埕北 22F 平台海上化学驱先导试验方案

2017 年以来，海洋采油厂对标国内外先进工艺技术，推进海上油田化学驱方案实施。先后完成了配注工艺、驱油体系、长效注入等核心技术攻关和数十套方案优化论证，并编制完成 CB22F 平台先导试验方案。

1.3.1 埕北 22F 化学驱区块油藏概况

CB22F 注聚井所属埕岛油田主体构造的中部中二区块，区块储量动用程度 94.1%。其油藏特征为：倾角缓，地层倾角在 1°～2°之间；物性好，油水关系复杂，有多套油水界面，黏度小，原油地下黏度小。区块内构造比较简单，整体呈西高东低的趋势，地层平缓，倾角约 1°～2°左右，油水关系复杂，储层发育表现为高孔高渗的特征，具有强非均质性。

1.3.2 埕北 22F 化学驱工艺系统简介

埕岛油田 CB22F 平台三次采油先导试验于 2020 年 8 月份开工建造，2020 年 11 月试运行，2021 年 1 月份正式投入使用，其聚合物母液设计规模 800m³/d，配置浓度 15000mg/L，井口浓度 3000mg/L，井口黏度设计指标 >50mPa·s。

聚合物干粉通过密闭投料撬块的螺杆提升机，将干粉输送到 PSU 撬块料仓内。干粉再通过 PSU 自身携带的螺旋输送机，按照设定下料量与减压后的注入水进入 PSU 分散混合。混合液通过流程进入母液熟化罐，通过 40 分钟的充分搅拌熟化形成均匀母液，并通过提升泵和表活剂一起输送至注聚泵。增压后母液与增压采出水按照设定比例混配形成目的液，通过七台低剪切流量调配(CPR)撬块注入地层(图 1)。

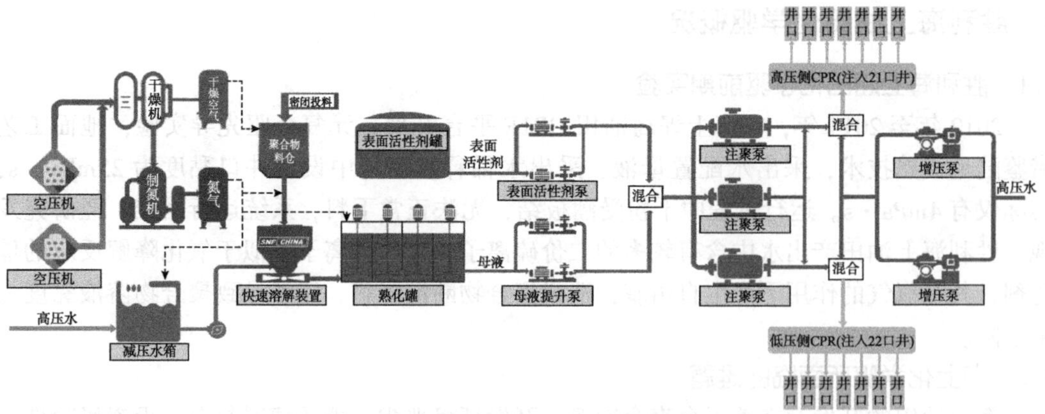

图 1　CB22F 化学驱工艺流程图

2 胜利海上油田 CB22F 化学驱提质提效主要做法

2.1 集约配套实现一体化平台规模化注聚

海上平台空间有限，先导项目采用集约化设计，将整个注聚系统整合成上料储料、密闭制氮、配置溶解和增压注入共四个功能模块、十座撬块，在不增加平台安全环保风险的前提下，利用修井甲板和预留空间完成设备安装，共建成22口井、4500m^3/d的注聚规模，占用面积仅有600m^2。首先是整合上料储料模块，实现整体运行：根据海上生产及施工特点，将聚合物干粉储料库房、上料和投料装置统一整合储、运、投功能一套的投料间，同时将表活剂储罐整合成撬。在陆地预制完成后，投料间和表活剂储罐一次性吊装完成，节约大量施工时间。

其次是设计配置溶解模块，大幅降低设备尺寸：利用PSU配置高黏度母液，设计连续熟化装置，通过延长行程使母液在四个腔室内溢出式熟化，实现仅用1座40m^3熟化罐，满足40m^3/h的母液供给量的技术需求，系统熟化时间减少50%以上，减少设备尺寸达50%到80%。

然后优化增压注入模块，实现立体化布管：海上平台甲板面积有限，为充分利用有限空间，现场将平面管网优化为立体管网，有效节约了占地面积。增压水泵设备体积大、管线复杂，因此将其撬块设计为双层结构，既能满足日常运维需要，同时减少了地面管线，保障人员巡线安全。

最后通过陆地预制、插接安装，有效提高项目建设速度：通过撬装化技术，将配聚装备整合成三座40尺标准集装箱、泵类设备集装成撬，实现集中控制、模块化管理。施工中通过陆地整体撬装预制、海上插接式安装，大幅降低施工难度，项目从可研批复到试运行，仅用时470天，创出海上大型施工新纪录。

2.2 注入井工艺优化

在理论分析基础上，开展了测调一体化配水器对聚合物室内剪切试验。室内试验结论为：水嘴全开时，黏度损失在22.9%～34.9%；水嘴半开时，黏度损失在55.9%～77.3%，黏度损失严重。结果表明：测调一体化配水管柱对聚合物剪切严重，为满足化学驱注入井低剪切注入的要求，应起出原井注水管柱，采用专用的分层注入管柱。于是我们通过技术调研，化学驱分注工艺主要有两类，同心双管分注和单管分注。

目前单管多层注聚技术尚不成熟，暂时不满足海上应用要求。陆上所用同心双管分层注聚技术地面精确调配、适用大斜度井，井口调节阀低剪切注入，可洗井，但初期成本高、地面流程复杂、无井下安全控制。密插式同心双管分注技术优点为地面精确调配、适用大斜度井、三套独立注入通道、带孔管无剪切注入，缺点为初期成本高、地面流程复杂、密插密封无法洗井、套管注水易套损、无井下安全控制。液控式同心双管分注技术有地面精确调配、适用大斜度井、地面控制封隔器密封、分层可靠、注聚筛管无剪切注入、具有井下安全控制、可洗井等优势，但初期成本高、地面流程复杂。通过综合对比现场主要应用的三种双管分注工艺的优缺点，优选海上液控式同心双管分注工艺。

2.3 全程高效保黏，实现污配污稀条件下黏度达标

2.3.1 生化除硫，实现保黏

海上产出水中有还原性二价硫离子的存在，其在氧气的作用产生自由基，造成聚合物断链降解。二价硫离子类似于氧化降解反应的催化剂，是影响聚合物溶液黏度的主要水质参数。胜利海上油田水系统除硫工艺包括物理法、化学法和生化法，其中物理法需要较多的设备和人员，不利于现场管理；化学法投入成本高，但无法将硫离子含量降到最低。因此推广应用了配聚产出水微生物除硫技术。通过生物竞争有效去除硫化物，并抑制SRB菌

不再产生新的硫化物，从而降低水中硫离子对黏度影响，投加微生物前，海三联水站来水硫化物含量在1.0～2.0mg/L之间波动，经过微生物处理后，海三联滤后水基本上稳定在0.1mg/L以下，在中心三号本地分水(含硫0.6～0.8mg/L)混合后，到CB22F平台后仍能大部分时间保持在0.1～0.2mg/L，取得良好效果。

2.3.2 密闭配聚，实现保黏

现场应用氮气密闭、隔氧配注系统，实现配聚过程中全流程绝氧，阻断了氧化还原反应，能够有效保障黏度。绝氧全密闭注入方式的优势：(1)密闭：配聚过程中全流程绝氧，从源头阻断还原性 Fe^{2+}、S^{2-} 对聚合物的降解，保持聚合物井口黏度；(2)撬装：取代传统配注站，可以重复利用；占地面积小，自动化程度高，降低成本；(3)降本：实现产出水配注，解决油田产出水消化的问题。

2.3.3 高效混配、多级调节，实现保黏

注入采用一泵多井模式，2台注聚泵对母液增压后，利用多级强化混合装置，实现母液和高压水快速混合，在30s内井口浓度偏差≤10%。根据吸水状况分高低压两路注入，注聚井应用多级孔板和低剪切调节阀(CPR)组合装置对目的液分配，实现43段同时保黏注入，井口平均黏度达到50mPa·s以上。

投产初期，因井间压力不平衡，部分井黏度损失较大。针对部分井黏度损失大的情况，通过调节前后阀门开关，使调节阀一级调节变为前后阀门多级减压，降低压差，减少了剪切造成的黏度损失。

2.3.4 利用并且优化低剪切调节阀，实现保黏

单井调配应用低剪切调节阀，低剪切的机理是在聚合物溶液的应用过程中尽量降低机械剪切速率，减小包括多孔介质高速剪切、水平摩擦机械剪切、旋转机械剪切等产生的影响，让聚合物溶液的黏损率尽量低，达到抗剪切和耐高压差的功能。低剪切调节阀利用管道缩径增阻原理、结合针型阀易于调控的结构特点，带有电动执行机构和数字调节器，可实现聚合物溶液的自动连续调节，剪切率低。但在应用过程中仍发现存在一些问题。调试初期出现6台调节阀故障，主要故障为阀杆和阀芯结合部位断裂。经解剖发现在大压差和高流量的密闭环境下，流体产生气蚀，导致阀杆出现剧烈振动，阀芯承受过量载荷发生断裂。目前通过多级调节控制减少大压差井振动，工况好转，同时对调节阀进行结构优化，加装节流孔板、增流阀、降压文丘里。新型调节阀在注聚井进行试验，目前运行正常，未出现故障、高剪切率等问题，黏度在50mPa·s以上。

2.4 攻欠增注，确保化学驱注入质量

一是注压上升，欠注井增多，及时开启增压水泵，提高干线压力，解决部分井欠注；二是采取船舶解堵、洗井、高压正挤解决欠注井8口；三是船舶解堵无效后，开展注聚井自洗井，优化施工工序，采取先关井降压，临时注水顶替井筒内聚合物，避免含聚洗井液进系统对中心平台造成冲击，多轮次大排量充分正反洗井，内外管继续注水24h恢复注聚，CB22F平台共有22口注聚井，43口生产管路，目前日配、日注。CB22F平台共自主洗井29次，共增注2186m³。

此外，由于注聚泵整体功率有限，使得高、低压测注入量不平衡，多轮次注采优化后，两台注聚泵注入量严重不均衡问题更加突出。统筹优化实施2#泵两口低注入量井和1#泵两口高注入量井倒流程，均衡注入能力，提高1#泵的注入浓度，保证注入质量。

2.5 全方位实施注采优化调整

强化油藏地质工程一体化运行，深入开展注入产出动态分析，坚持“内部均衡、内强外弱”“先整体均衡、后个性化调整”的原则，立足于注水、注聚区联动调整，深入开展以注入端调整为主的注采优化，分井组、分单井、分井层注采优化，保障整体开发效果。

调整思路为平面上外围水驱，内部化学驱，优化配产配注，重构平面流场。纵向上上层系水驱，下层系化学驱，控水提聚，控上提下，优化产液结构调整。

(1) 化学驱内部注采比 0.9 ~ 1.0，基本保持化学驱内部均衡，保障中心井注入效果；

(2)化学驱边部井注采比 1.0，水驱注采比 0.9，内强外弱，保障边部井开发效果；

(3)以化学驱为中心，向外逐渐增加水井注采比，重构平面流场，保证水驱开发效果稳定；

(4)保持合理采液强度，油井控内提外，化学驱外围油井采液强度高于内部受效油井，根据油井动态变化情况实时调整跟踪。

另外应用配注系统，优化整体方案调平衡、开展中心注聚井提注、强边动态调配、停注聚驱内部注水井、外围水井精准调配，保障聚驱水驱整体开发效果。注聚以来，共实施优化调整 6 批次，其中注聚井调整 76 井次，外围注水调配 65 井次，注聚受效油井参数优化 20 井次，加速注聚平稳受效。

通过优化调整，海上埕北 22F 化学驱先导试验见效趋势明显，平均单井日油突破 20t，油井见效率达 77.2%，采收率提高 5.1%。

3 总结

化学驱是提高油田采收率的有效方式海洋采油厂围绕埕北 22F 海上化学驱先导试验，开展了地层采出水生化除硫、密闭隔氧配液等一系列技术研究，探索出适用于海上平台的采出水配聚、小型化设备、高效保黏注入的工艺模式；同时，强化地质油藏工程一体化运行，深入开展注入产出动态分析，坚持“内部均衡、内强外弱”“先整体均衡、后个性化调整”的原则，立足于注水、注聚区联动调整，深入开展以注入端调整为主的注采优化，全力做好“降含水、保液量，增产量”的上产任务。通过狠抓注入质量管理和强化注采优化调流线工作，不断扩大化学驱见效范围和增油效果。

参考文献

[1]秦霖，汤延帅．提升采油采收率的关键技术[J]．化工管理，2021(20)：197 - 198.

[2]丁雪莹．聚合物驱提升驱油效率的机理分析及效果分析[J]．中国石油和化工标准与质量，2021，41(11)：97 - 98.

[3]王庆吉，裴艳玲，卢晓平，陈明月，韩京恩．油田采出水微生物处理橇装一体化技术研究[J]．油气田地面工程，2019，38(07)：50 - 53 + 59.

[4]吴彧．低剪切注聚泵现场试验效果分析[J]．化学工程与装备，2019(10)：62 - 63.

[5]杨承志．化学驱提高石油采收率[M]．北京：石油工业出版社，2007.

[6]沈钟，赵振国，康万利．胶体与表面化学[M]．北京：化学工业出版社，2012.

[7]赵福麟．EOR 原理[M]．东营：石油大学出版社．2001.

[8]徐彬彬．常规稠油油藏三次采油技术优选方法研究[D]．青岛：中国石油大学(华东)，2008.

胜利海上小平台整体调剖工艺研究

李丙贤　陈亮　卢晓哲　叶俊红　单蔚　郭东旭

（中国石化胜利油田分公司海洋采油厂）

摘　要：胜利海上油田即将进入特高含水开发阶段，受到油藏非均质性增大影响，水相渗透率急剧增大，高耗水带日益严重，油藏开发效益变差。受限于海工布局、投入成本及周期，无法开展规模化打新井调整流场工作，且该开发阶段注采调配效果明显变差，不能满足效益开发需要。调剖是老油田高含水期有效控水增油技术手段，在陆地油田已经得到广泛应用。海上油田近年来陆续开展海上平台调剖试验，但由于海上油田注采井距大、注水和防砂工艺复杂、平台空间小、生产运行受气象影响大以及设备配制质量等因素影响，均未达到预期效果。针对海上油田开展调剖存在的困难，从工艺设计、药剂选型、段塞组合、调剖设备以及选井依据等方面进行分析研究，确定海上注入井调剖技术思路，并编制了两座平台的整体实施方案，初步取得理想效果，为下步海上平台整体调剖指出方向。

关键词：海上油田；调剖；可控凝胶；集约化

胜利海上油田即将进入特高含水开发阶段，受到油藏非均质性增大影响，水相渗透率急剧增大，高耗水带日益严重，油藏开发效益变差。受限于海工布局、投入成本及周期，无法开展规模化打新井调整流场工作，且该开发阶段注采调配效果明显变差，不能满足效益开发需要。根据目前开发速度预测，单纯依靠水驱，海上油田的采收率预计仅能达到35%左右，资源得不到充分利用，因此有必要探索海上油田特高含水期提高开发效益的新技术。

1　胜利海上油田开展调剖背景

1.1　当前胜利海上油田水驱开发过程中主要存在问题

（1）特高含水开发期耗水急剧增加，控水稳油难度加大：主体馆陶油藏即将全面进入特高含水期，层间吸水级差达到10，部分井达到45以上，水相渗透率急剧增大，高耗水带日益凸显，常规注采调配控水稳油效果将变差。

（2）层间矛盾突出，非主力层动用差：海上油田采用水井细分、油井多层合采的开发政策，高含水后期液量大幅上升，导致层间矛盾突出，开发成本逐年增加。

（3）注采流线固化，平面矛盾增大：高耗水带的形成，流线固化加剧，平面剩余油分布极不均衡。

（4）底部水淹日益加剧，层内矛盾突出：主力层次生底水规模逐渐变大，从纯油层逐

第一作者简介：李丙贤（1982—），男，籍贯山东成武，汉族，现任中国石化胜利油田分公司海洋采油厂三采管理主管，高级工程师，主要研究方向为海上油气田提高三次采油及提高采收率。E－mail：libingxian555. slyt@ sinopec. com。

渐变为底水油藏。主力层 Ng42 层 2010 年至 2020 年共三批 43 口新井钻遇分析，水淹厚度从 26.1% 上升至 52.4%，水淹段含油饱和度从 27.7% 下降至 9.1%。

(5)海上油田注采调配手段有限：受海工布局影响，难以实施规模调流场工作量。近两年加大剩余井槽及老井侧钻局部井网完善工作，目前剩余井槽少，难以实施区块整体调流场，亟须探索低成本流场调整技术。

调剖是老油田高注水开发和注聚开发有效配套措施，在陆地油田已经得到广泛的推广和应用。针对胜利海上油田当前开发面临的形势和挑战，需要探索调剖工艺已实现老油田控水增油，提高开发效益。

胜利海上油田开发以来，先后实施各类调剖施工 44 井次，所应用工艺主要有聚合物干粉冻胶、乳液冻胶、自交联冻胶、聚合物微球等。前期单井冻胶及聚合物微球调剖取得较好增油效果，2016 年后调剖效果明显变差，通过分析认为主要原因如下：

(1)是胜利海上注水井全部为机械防砂，调剖过程中易出现滤砂管堵塞问题，影响后续注水。

(2)是无机金属交联剂成胶快、强度大，难以到达地层深部，容易在近井地带堵塞，不适合海上调剖。

(3)是常规水力喷射漏斗分散效果差，产生大量鱼眼鱼团，堵塞滤砂管和近井地带。现有设备体积大、故障率高、自动化程度低，施工质量和连续性难以保障。

(4)是小半径调剖难以达到预期效果。

调剖技术施工工艺简单、成本低、有效期长，经胜利油田 20 年的实践探索证明了其良好的实用性和适应性，具有推广应用的潜力。因此结合，胜利海上油田水驱开发需要，研发成胶时间长、强度可控的交联剂，并结合设备集约化、自动化技术开展调剖能够满足油藏需要，解决海上平台空间受限、工期紧凑的作业难题。

2 调剖药剂体系设计

2.1 药剂体系的技术要求

根据埕岛油田地层温度(65℃)和地层水矿化度($0.8\times10^4 mg\cdot L^{-1}$)条件，同时考虑海上井下防砂工艺，要求堵剂的注入初始黏度低、成胶时间和强度可控，防止堵剂堵塞筛管。具体要求如下：

(1)初始注入性要好，能够顺利进入地层；

(2)在井筒附近和近井地带不成胶，不产生堵塞；

(3)成胶时间长，能够充分进入地层深部进行堵调；

(4)材料来源广、成本较低，便于推广应用。

2.2 药剂评价试验

聚合物选用胜利油田在用Ⅱ型驱油用聚合物，交联剂则根据成胶时间可控的要求选择酚醛树脂交联剂。为验证不同交联剂成胶性能，先后海选 6 种交联剂进行对比试验。

(1)初选试验设计。

试验配方：选用海上在用爱森聚合物干粉、注入水配制 2000mg/L 聚合物溶液，分别加入 4000mg/L 交联剂。

试验方案：制备平行样，在 60℃恒温条件下，分别测试 5 天、10 天、15 天、20 天成胶黏度。

操作方法：同时制备，分别装入不同试管，密封后放入恒温箱，每支试管测试一次。

(2)初选试验结果。

根据初评结果，1#和6#成胶时间长、性能温和，满足海上平台现场使用需要(表1)。

表1　交联剂初评结果统计表

序号	使用浓度/(mg/L)	初始	5天	10天	15天	20天	评价
1#	4000	32	41.1	5100	12600	>20000	成胶和黏度上升温和、稳定性好，推荐
2#	4000	32	34	74.5	>20000	6700	成胶后黏度上升快，稳定性差，不推荐
3#	4000	32	12000	>20000	—	—	成胶快，强度大、不推荐
4#	4000	32	32	37.8	16280	12600	成胶时间较长，成胶后黏度上升快，稳定性差，不推荐
5#	4000	32	34	45.7	8800	>20000	成胶周期较长，不推荐
6#	4000	32	32.5	3800	>20000	—	成胶缓和、后期强度上升较快，稳定性好，推荐

(3)对比试验设计。

试验配方：选用注入水配制2000g/L聚合物溶液，分别加入1#、6#交联剂，制备2000mg/L、3000mg/L、4000mg/L溶液。

试验方案：制备平行样，在60℃恒温条件下，分别测试3天、5天、10天、15天、20天成胶黏度。

(4)对比试验结果。

通过对比试验，1#样品在4000mg/L浓度条件下，10天成胶，15天时黏度增加1倍，但在3000mg/L条件下不成胶。6#样品在3000mg/L条件下，10天开始成胶，15天时黏度增加6倍，在2000mg/L条件下依然成胶，因此推荐使用6#交联剂(表2)。

表2　交联剂对比试验结果统计表

样品	使用浓度/(mg/L)	初始黏度	3天成胶黏度	5天成胶黏度	10天成胶黏度	15天成胶黏度	20天成胶黏度
1#	2000	32	32.2	33.2	32	30.5	24.5
	3000	32	32.5	32.8	27.2	81.5	560
	4000	32	32	41.1	5100	12600	>20000
6#	2000	32	32.3	32.4	35.7	3200	9720
	3000	32	32	33.3	2900	19680	>20000
	4000	32	37.6	32.5	3800	>20000	>20000

(5)成胶强度试验。

进一步对6#交联剂开展不同配方成胶强度筛选试验，0.2%P+0.3%J体系在60℃条件下6天后开始成胶，满足调剖需求(表3)。

表3　交联剂体系成胶强度对比表

序号	聚合物		交联剂		成胶强度								
	编号	浓度/%	编号	浓度/%	1D	2D	3D	4D	5D	6D	15D	20D	25D
1	P1	0.2	J1	0.3	N	N	L	HL	HL +	LM	LM	LM	LM
2	P1	0.3	J1	0.3	N	N	L	HL	HL +	LM	LM	LM	LM
3	P1	0.3	J1	0.5	N	VL	L +	HL	HL +	LM	LM	M	M
4	P1	0.4	J1	0.3	N	VL	L +	HL	HL +	LM	LM	LM	LM
5	P1	0.4	J1	0.4	N	VL	HL	HL +	LM -	LM	LM	LM	LM
6	P1	0.4	J1	0.5	N	VL	HL	LM	LM -	LM +	LM +	M	M

HL：1000～5000mPa·s　HL+：5000～10000mPa·s　LM：20000～50000mPa·s

(6)温度对成胶影响试验。

测试井底温度约为50℃，考虑到随着进入地层深部温度逐渐上升情况，开展55℃条件下成胶试验，可以看出该条件下成胶性能较差，不会堵塞井底和近井地带(表4)。

表4　55℃条件下成胶试验

序号	聚合物		交联剂		成胶强度		
	编号	浓度/%	编号	浓度/%	1D	3D	6D
1	P1	0.2	4#	0.2	N	L	HL -
2	P1	0.3	4#	0.3	N	L	HL
3	P1	0.4	4#	0.4	N	HL -	HL

根据以上研究结果，筛选了胜利油田在用Ⅱ型驱油用聚合物和6#交联剂，在0.2%P+0.3%J浓度条件下实施调剖。

3　现场施工工艺设计

3.1　现场注入工艺

由于海上平台空间小、载荷有限、生产运行困难，因此借鉴胜利海上化学驱工艺特点，设计了以高效分散、连续熟化、在线溶解注入、氮气密闭为主要特点的调剖注入工艺(图1)。

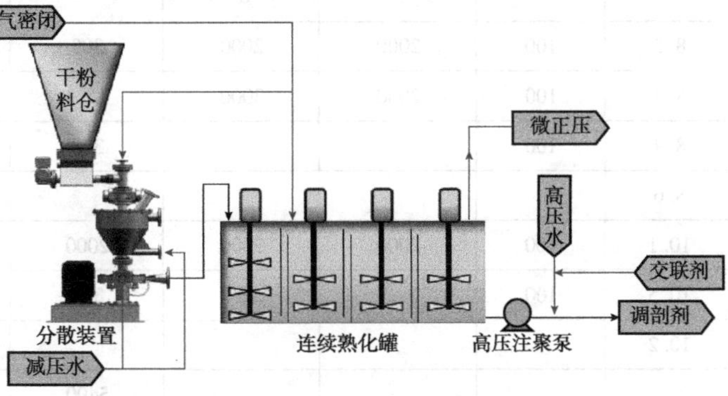

图1　海上平台现场施工工艺设计流程图

3.2 调剖施工设备

对调剖设备采用撬装化、模块化设计，按照功能整合为减压供水、分散溶解、氮气密闭、增压注入、干粉投加共5个模块，并将其分别整合至20尺标准集装箱内，所有管线、流程及电控线路全部内置，可以实现自由组合，单个集装箱重量低于9t，可利用平台吊机移动、吊装，便于快速搬迁、安装。

3.3 自动控制系统

海上平台施工受气象、海况影响大，人员施工难度大。因此海上调剖设备配套自动化控制系统，通过设定配注量和井口浓度，即可实现母液制备、聚水配比、交联剂在线投加、浓度和流量调控全过程智能化管理，有效消减操作工作量。

4 矿场试验研究

4.1 试验区块筛选

选择胜利海上油田K平台开展试验，计划实施4口井调剖施工。该区块在开发中主要存在以下问题：

(1)井普遍高含水，主力层水淹严重，油井平均含水89.3%。

(2)平面水淹程度差异大，注入水沿高渗透层突进，造成水驱效率低、含水上升快。试验井组南部区域存在优势渗流通道，对应油井米累产油相对较大，含水相对较高。

(3)层内渗透率有一定差异，存在非均质性，导致注入水驱替不均衡。

(4)海上高液量、高含水生产，给集输造成较大的压力，同时也使成本大幅提高。

4.2 段塞设计

调剖半径：调剖半径取井距1/4(50m)；

前置段塞：聚合物浓度2000mg/L、交联剂浓度2000mg/L，低强度、注入性好、成胶时间>10天，注入时间5天(表5)；

封堵段塞：聚合物浓度2000mg/L、交联剂浓度3000mg/L，中高强度，封堵能力较强；

段塞组合：分为2个主体段塞，用量比约为6：4；

关井反应：关井反应2次，每次6天。

表5 典型井段塞组合设计

序号	段塞	压力/MPa	配注	聚合物浓度/(mg/L)	交联剂浓度/(mg/L)	注入量/L	天数	压升控制/MPa
1	前置	8.3	100	2000	2000	300	3	0.1
2	主体1	8.4	100	2000	3000	2500	25	0.5
3	顶替	8.9	100		0	300	3	-0.3
4	关井反应	8.6					6	1.5
5	主体2	10.1	100	2000	3000	2000	20	0.5
6	顶替	10.5	100		0	300	3	-0.3
7	关井反应	10.2					6	0.5
合计						5400	66	2.5

4.3 实施效果

调剖施工后，注入井压降曲线和指示曲线显示启动压力明显上升，本次调剖的封堵能力满足油藏需求(图2)。

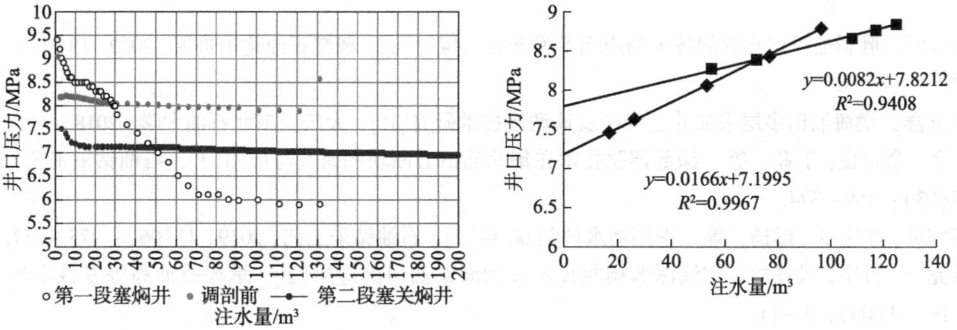

图2　典型调剖井压降和指示曲线变化图

调剖井对应油井整体开发形势向好，综合见效率80%，部分井出现含水持续下降、油量上升趋势，初步核算增油8485t(图3)。

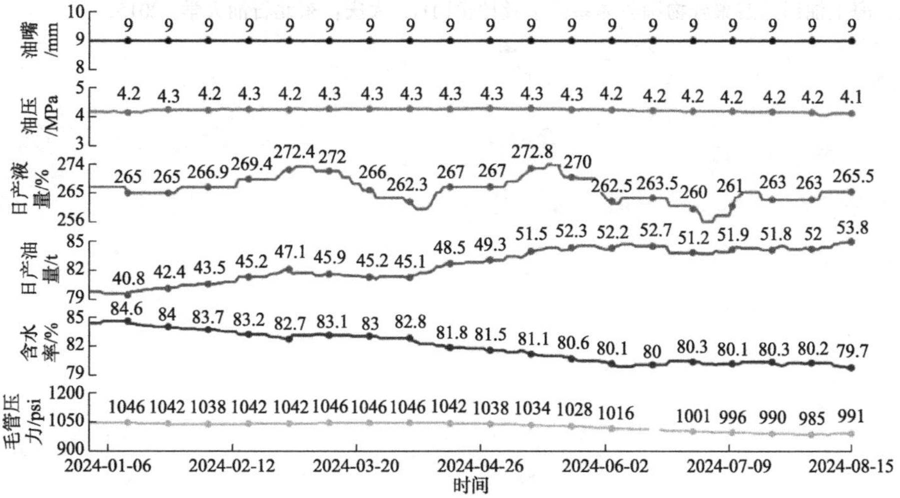

图3　典型油井见效曲线图

5　认识及下步计划

(1)胜利海上平台开展调剖可行：利用酚醛树脂交联的冻胶体系开展注入井调剖的堵塞风险可控，对后续注入能力影响较小，该技术路线可行。

(2)海上调剖能够取得降水增油效果：通过本次施工，部分油井取得含水上升速度减缓、甚至含水持续下降趋势，原油产量取得一定增量，得到较好降水增油效益。

(3)高质量设备保障施工效果：本次施工应用化学驱高效配注设备，制备聚合物溶液没有鱼眼、鱼团，降低了滤砂管和近井地带堵塞风险，使调剖剂能够进入地层深部，保障了调剖效果。

(4)自动化装备降低施工工作量：实现了聚合物的自动化配制，运行期间仅需要2人即可满足运行管理需要，大大减少现场工作量。

(5)具备进一步推广应用潜力：本次试验表明海上开展小平台调剖具备较大潜力，下步将在胜利海上全面推广应用。

参考文献

[1]陈玉丽. 胜利油田堵水调剖技术的应用及发展方向探讨[J]. 精细石油化工进展, 2012, 13(07): 35-37.

[2]王玉鑫. 渤海油田多层采油井选择性就地调堵技术研究[D]. 大庆: 东北石油大学, 2018.

[3]王玥, 余吉良, 王磊, 等. 深部调驱技术在华北油田L断块的研究与应用[J]. 石油钻采工艺, 2020, 42(03): 369-374.

[4]李宜坤, 李宇乡, 彭杨, 等. 中国堵水调剖60年[J]. 石油钻采工艺, 2019, 41(06): 773-787.

[5]孙尧尧, 肖宇, 代齐加. 在线深部调驱技术在渤海某油田的应用[J]. 承德石油高等专科学校学报, 2019, 21(06): 8-11.

[6]张艳辉, 陈维余, 孟科全, 等. 海上油田乳液聚合物冻胶在线调驱参数优化研究[J]. 当代化工, 2020, 49(05): 881-884.

[7]李妍, 侯吉瑞, 王香增, 等. 在线调驱复合体系评价及其长距离运移特征[J]. 油田化学, 2019, 36(04): 693-699.

[8]陈欣. 海上油田速溶聚合物调驱体系筛选及评价[D]. 大庆: 东北石油大学, 2015.

草 13 沙一二化学驱堵调技术的研究与应用

王美佳　石明明　许德广　周杨

（中国石化胜利油田分公司现河采油厂工艺研究所）

摘　要：草 13 沙一二属于强边水、水平井开发稠油油藏，2020 年转化学驱开发，目前 8 注 29 采。随着转驱开发的持续推进，逐渐形成聚合物窜流通道，井组注入压力下降、含水升高、产量递减，亟须开展调驱调控注采流线，改善开发效果。首先根据草 13 沙一二单元的目前窜聚情况，运用 *PI* 决策法评判调驱措施的必要性，并开展调驱井组的优选；其次结合草 13 沙一二储层物性等资料，采用“变调为堵、堵驱结合”的技术思路，从堵剂评价优选、用量精准计算、段塞组合优化三个方面入手，优化设计调驱方案；最终形成了适应于草 13 沙一二化学驱井组全开发周期长效调驱技术，在 A 井组进行现场实验，调驱后井组累增油 1870t，平均含水下降 5%。

关键词：窜聚；长效调驱；*PI* 决策；段塞组合

1　区块概况

草 13 沙一二是胜利油田第一个强边水、水平井开发稠油油藏，发育一条近东西向继承性基底大断层 - 石村断层，油藏埋深 1114 ~ 1245m，储层岩性以细 - 中粒岩屑长石砂岩为主，胶结类型以孔隙胶结为主，胶结中等 - 疏松，平均孔隙度 27%，平均渗透率 $2000 \times 10^{-3}\mu m^2$，属高孔高渗储层。沙一平均原油黏度为 2966mPa·s，沙二平均原油黏度为 2129mPa·s，原始地层温度为 52.7℃，原始地层压力为 11.3MPa，属于常温、常压油藏。

2020 年草 13 沙一二探索转化学驱开发方式，优选 A、B 两个井组率先进行化学驱先导试验。整体方案分两套层系开发，采用排状井网，注采井距 100 ~ 450m，设计油井 29 口，注入井 8 口。预计提高采收率 9.9%，累积增油 18.4×10^4t。

2022 年 2 月实现全面转化学驱。全面实施化学驱后初期见效，日油由 40t/d 升至 59t/d 左右。但随着驱替进行，注入压力下降，含水回升至 95%，产油量下降至 47t/d。

2　堵调方案

化学驱开发后期，由于存在平面上和纵向上的非均质性、油水黏度的差别和注采井组内部的不平衡，聚合物会沿高渗层突进，形成窜聚通道，注入的聚合物失去进一步扩大波及体积的能力，日油下降，含水上升，严重影响聚合物驱油质量。草 13 沙一二化学驱面临聚合物段塞整体突破，影响开发效果。根据油田开发形势，堵调措施的实施势在必行。

第一作者简介：王美佳(1994—)，女，山东东营，硕士，工程师，从事稠油堵水、蒸汽吞吐、降黏冷采、化学驱等稠油开采工艺工作。E - mail：909210182@ qq. com。

聚合物驱是主体、堵调是配套技术，如何实现有效调剖使我们亟须解决的问题。本文对堵调必要性进行论证，同时从堵剂选择、用量计算、段塞优化三个方面设计了堵调方案。

2.1 堵剂必要性

*PI*决策技术是指以*PI*值为区块整体调剖决策参数的技术。*PI*值即注水井压力指数，指由注水井井口的压降曲线与时间的微积分，由注水井井口压降曲线算得，其值与地层渗透率反相关，因此*PI*值是表征地层渗透性的重要参数。

计算公式如下：

$$PI = \frac{\int_0^t p(t)\,\mathrm{d}t}{t} \tag{1}$$

式中，*PI*为注水井的压力指数，MPa；$p(t)$为注水井关井时间t后井口的油管压力，MPa；t为关井时间，min。

2022年9月对草13沙一二的8口注水井，测井口压降数据，得$t=90\mathrm{min}$的压力指数PI_{90}。用q/h的归整值$12\mathrm{m^3/(d\cdot m)}$改正了$PI_{90}$的改正值，记为$PI_{90}{}^{10}$，进行*PI*决策(表1)。

表1 草13沙一二化学驱注水井*PI*改正表

井号	$Q/(\mathrm{m^3/d})$	h/m	$q/h/(\mathrm{m^3/d\cdot m})$	PI_{90}/MPa	$PI_{90}{}^{10}/\mathrm{MPa}$
A	50	5.3	9.4	7.3	7.7
B	100	8.3	12	4.6	3.8
C	90	5.5	16.4	2.5	1.5
D	100	13	7.7	4.6	539
E	100	6.5	15.4	3.8	2.4
F	90	6	15	4.1	2.7
G	100	7.6	13.2	3.1	2.4
H	80	13.5	5.9	4.4	7.4
平均	88.78	8.2	11.9	4.3	3.6

区块平均$PI_{90}{}^{10}$值4.3MPa，低于10MPa的调剖标准；极差为6.2MPa，超过5MPa的调剖标准。表明目前区块非均质性严重，适合区块整体调剖，具备调剖的必要性。

A井组为先导试验井组，转化学驱时间较长，注聚8个月后对应油井水窜，注入压力下降；且该井组较为简单，仅对应3口油井，井组整体生产沙一3小层，因此筛选井组作为施工对象。

2.2 堵剂优选

根据草13沙一二地质特点，选择堵剂为聚丙烯酰胺、长效有效树脂交联剂、高聚复合交联剂。另外选择地层水、水浴锅进行成胶试验。利用正交法对不同聚合物浓度、交联剂浓度、成胶时间、成胶强度进行测定，用“目视代码法”(图2)和“冻胶图版法”(图1)对成胶体系进行筛选，针对井组特点选择合理的配方。

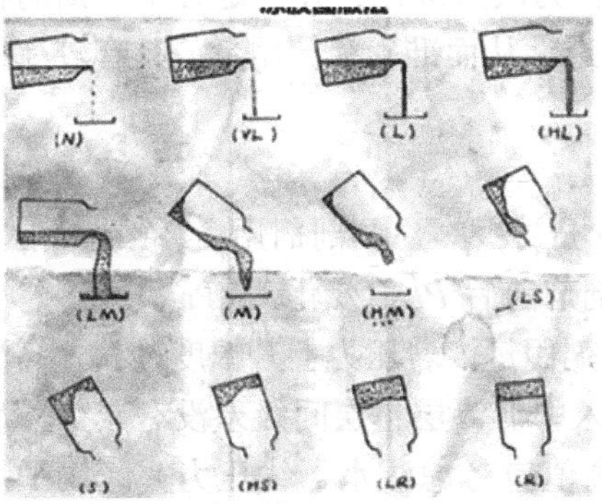

图1　冻胶图版法

强度分级	强度代码	现象
弱冻胶	A	检测不出连续冻胶形成：但体系中有时可能出现一些相互不连续的粘性很大的冻胶团体
	B	高度流动冻胶：冻胶粘度
	C	流动冻胶：将试样瓶倒置时，大部分冻胶流至瓶盖
	D	中等流动冻胶：将试样瓶垂直倒置时，只有少部分(15%~10%)的冻胶不容易流至瓶盖(通常描述为带舌型冻胶)
中强冻胶	E	难流动冻胶：将试样瓶垂直倒置时，冻胶很缓慢至瓶盖或很大一部分(>15%)不流至瓶盖
	F	高度变形不流动冻胶：将试样瓶垂直倒置时，冻胶不能流至瓶盖
	G	中等变形不流动冻胶：将试样瓶垂直倒置时，冻胶向下变形至约一半的位置处
强冻胶	H	轻微变形不流动冻胶：将试样瓶垂直倒置时，只有冻胶表面轻微发生变形
	I	刚性冻胶：将试样垂直倒置时，冻胶表面不发生变形

图2　目式代码法

物理模拟实验采用有机体系作为交联剂，该交联剂可降低地层吸附，耐温性好，稳定成胶范围50~90℃，实验结果见表2。利用正交法选择5种浓度进行实验，每个样品配置80mL。放入水浴锅前，均为溶液，反转均不挂壁。在55℃水浴锅中放置10h后，②③④号均发生一定的交联反应，①号暂未明显交联，⑤交联时间过快，半小时交联。

表2　实验浓度及成胶情况

序号	聚丙烯酰胺浓度/(mg/L)	A交联剂/(mg/L)	B复合交联剂/(mg/L)	成胶强度
①	2800		1000	部分交联
②	2800		2000	弱
③	4000		3000	弱
④	4000	4000	1200	中强
⑤	5000		4000	强

经过试验证明，随着聚丙烯酰胺、交联剂浓度增加，成胶强度有所增加。但高聚交联剂浓度过高，成胶时间过快，不适用于现场深部注入，如实验⑤；样品①交联剂浓度添加不足，无法实现交联；样品②③均为弱冻胶，样品④主体交联剂为树脂交联剂，高温下发应，低温下反应时间长，中强成胶强度，因酚醛交联剂存在，破胶时间长，适合深部调剖(图3)。

有弹性，黏性不足　　成胶，弱冻胶　　成胶，中强冻胶

图3　成胶实验图

2.3　堵剂用量计算

堵剂用量的影响因素有油层渗透率、堵剂性质、油井封堵需求等。在计算堵剂用量

时，需要明确影响堵剂用量的各个因素，将这些因素作为决策准则，并确定各个准则的权重。*PI* 决策法主要通过注水井压力变化来判断地层渗透性从而准确计算用量，具有较高的准确性和实用性。

$$W = \beta h \Delta PI' \tag{2}$$

式中，β 为用量系数，$t \cdot MPa^{-1} \cdot m^{-1}$或 $m^3 \cdot MPa^{-1} \cdot m^{-1}$；$W$ 为调剖剂用量，t 或 m^3；h 为注水层厚度，m；$\Delta PI'$为试注或前一次调剖注入调剖剂前后 *PI* 值变化，MPa。

β 值取试注时每 1m 厚度升高 1MPa 压力所用堵调剂用量。若压力上升幅度过大，高渗层封堵深度不够；调剖剂过早转向中低渗层、较多进入中低渗层；层间级差没有减少，后注入流体仍易在高渗层窜流。注水井 *PI* 值的预定提高值应考虑注水干线压力，区块平均 *PI* 值和注水井目前的 *PI* 值。一般介于 3 ~ 5MPa。由该方法计算，A 井组调驱剂用量 *Q* 为 $2148m^3$，优化为 $2000m^3$。

2.4 堵剂段塞优化

确定堵剂类型、堵调用量后，为达到较好的调剖效果，按照以下思路设计堵调段塞：①提高酚醛交联剂浓度、降低高聚复合交联剂浓度，配制低度交联体系，提高注入性；②提高高聚复合交联剂浓度、降低酚醛交联剂浓度，配制高度交联体系，提高封堵性；③弱冻胶、强冻胶交替注入，达到深部注入调剖，同时中强段塞封堵后注入弱冻胶，迫使弱冻胶转向继续封堵，从而提高封堵有效率；④调剖结束后，及时转聚合物驱，利用溶液把调剖剂推进 10 ~ 20m，避免近井地带建立高压区(图 4)。

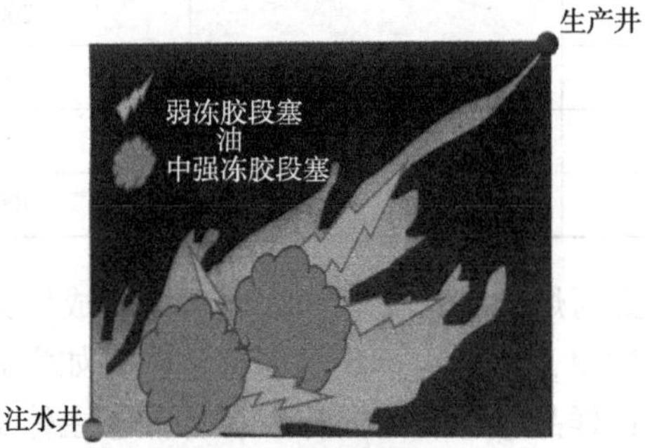

图 4　堵调示意图

A 井组整体设计 $2000m^3$，计划在不超过地层破裂压力的 80% 前提下将堵调压力在试注压力基础上提高 1 ~ 2MPa。施工过程中控制注入的速度。若堵剂注入速度过快，会污染中低渗透层，同时会堆积形成滤饼，影响堵调效果。一般建议以单井配注为标准设定施工排量，具体施工排量根据现场压力调整。

3　A 井组堵调效果

A 井组中 A1、A2 为主流线井，A3 为次流线井，均生产沙一 3 小层，其中 A1、A2 两井见聚浓度均在 300mg/L 以上，窜聚明显。2022 年 2 月采用“变调为堵、堵驱结合”的思路对其实施堵调，实现压力提升。调堵配套，调整优势通道，调整注水流线，扩大波及体积。该井于 2023 年 2 月注入聚合物和交联剂，注入排量 $2.5m^3/h$，分为四个弱 - 强段塞交替注入，实际注入 $1900m^3$，注入压力由 9.05MPa 波动上升至 10MPa(表 3)。

表3　A井组堵调段塞设计

段塞类型	用量/m^3	聚合物浓度/(mg/L)	长效有效酚醛树脂交联剂浓度/%	高聚复合交联剂浓度/%	作用
弱冻胶	500	4000	0.35		驱替、调剖
中强冻胶	200	4000		0.3	调剖
弱冻胶	300	4000	0.4	0.12	驱替、调剖
中强冻胶	1000	4000		0.35	调剖
转聚合物	调剖结束后，用溶液把调剖剂推进10~20m，避免近井地带建立高压区				

A堵调完成160天内，注水压力稳定在9.6MPa。井组日增油6.7t/d，单井平均含水下降7%，井组累增油1870t。A、B两口油井见效，均出现日油上升、含水下降、日液下降、动液面加深现象。

由图5可知，该井初期见效，日油由2.2t/d升至3t/d，但维持时间短。结合示踪剂产出浓度曲线分析，该井见效主要受堵调剂驱替波及影响，但由于该井同时受草B井驱替影响，因此见效时间短，含水短暂下降后恢复至原水平。

单井调剖不能解决聚合物驱中的聚合物窜流问题。区块整体调剖，多井调剖，解决某些生产井多个方向的窜流。

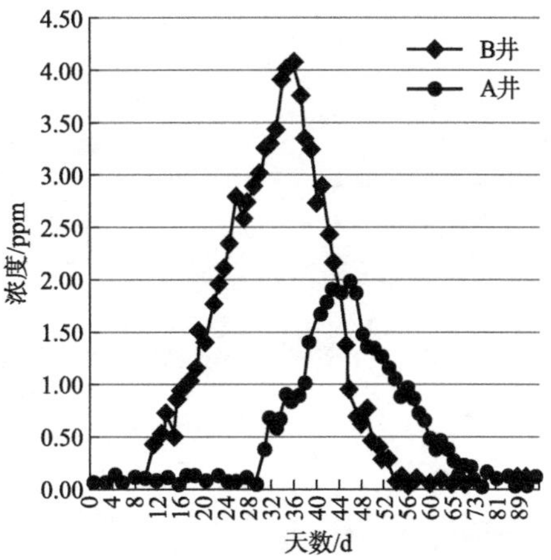

图5　A3示踪剂产出图

4　结论

通过从化学驱见效情况、窜聚情况、堵调工艺、效果评价评价入手，对化学驱井组A堵调措施进行分析调研。得到以下几点认识：

(1)对于强边水、高渗、普通稠油油藏，当前堵调思路具有可行有效，冻胶堵剂体系在55℃油藏渗流可以长期稳定，有较大的渗流阻力，具备可推广性。

(2)区块整体调剖：单井调剖不能解决聚合物驱中的聚合物窜流问题。区块整体调剖，多井调剖，解决某些生产井多个方向的窜流，后续将继续在草13沙一二选井实施堵调。

(3)在堵调方案设计上我们更应该加大监测力度，堵调前后加强对压降曲线、吸水指数、见聚浓度等指标的监测。根据分析结果边驱边调，实现压力提升，有效扩大驱油效率。

(4)长期注水的油藏直接注聚合物，聚合物的窜流是不可避免的。堵调不是一蹴而就的，多次堵调是关键，面对化学驱开发，应该注重全过程常态化堵调，采取聚合物驱+堵调+聚合物驱+堵调的方式开发，最大程度上发挥化学驱的作用，改善开发效果，提高采收率。

参考文献

[1]赵福麟等．注水井井口压降曲线在黏土调剖中的应用[J]．石油钻采工艺，1994，16(2).

[2]韩明，马杰，陈立滇．交联聚合物应用于油田开发的机理与性能评价[J]．油气采收率技术，1995，2(2)：1－4.

[3]田根林．交联聚合物剪切特性及渗流规律研究[J]．油气地描述交联聚合物冻胶类调堵剂的性能,，1997，4(4)：19－24.

[4]田喜军．三元复合驱深度调剖技术研究及其应用[J]．钻采工艺，2013，36(1)：56－58＋72.

[5]张威．深度调剖剂配方的优选与性能评价[J]．内蒙古石油化工，2014(18)：57－58.

[6]邓伟兵，潘竟军，李远林．耐高温聚合物凝胶调剖剂的实验研究[J]．新疆石油科技，2008，18(3)：31－34.

[7]梁金慧．油藏工程中深部调剖剂的问题及优化标准[J]．中国石油和化工标准与质量，2016(11)：71－72.

高温高盐油藏调驱技术研究及应用

许红涛　高文华　张俊芳

（中国石化胜利油田分公司现河采油厂工艺研究所）

摘　要：随着油藏的开发进入高含水开发期，注入水沿高渗条带突进和窜流现象明显，严重影响了水驱开发效果。高温高盐低渗透油藏水淹水窜矛盾突出，注入水无效循环，通过动态调配调整流线方式效果逐级变差，遏制油藏含水上升趋势迫在眉睫。近年来，结合储层特点，进一步细化了调驱选井依据，制定了与储层相匹配的调剖方案并开展了矿场试验，取得了良好的控水增油效果。

关键词：水淹水窜；调剖；施工参数；控水增油

低渗油藏储层非均质性强、微裂缝发育的特性，导致在注水开发过程中注入水沿高渗条带突进，造成水淹水窜，严重影响注水开发效果。针对不同水淹、水窜类型，制定相应的调驱方案，封堵高渗条带，可有效控制对应油井含水上升速率，提高注水波及系数，达到控水稳油目的。

目前常用的堵剂主要为冻胶类为主，由于溶液黏度大，交联时间短，施工难注入、耐温差，有效期短、成本高等问题，严重制约着调剖规模，未取得很好的社会经济效益。结合前人经验，由之前单纯的调剖技术向介于调剖与驱油之间的深部调驱技术转变，立足“堵、调、驱”区域整体治理，打造以提高采收率为目标主导调驱技术，形成了适合于采油厂低渗油藏水窜类型的耐温、抗盐的堵调技术系列。

1　调驱选井技术界限

影响深部调剖效果的因素有很多，其中地质因素包括渗透率级差、优势通道类型、剩余油饱和度、孔喉大小、原油黏度等，开发因素包括油井含水等级，水窜严重程度，调剖时机和封堵半径等。我们在渗流通道识别基础上，形成以注采动态分析为主，吸水剖面分析、示踪剂分析、试井分析为辅的调剖选井技术思路。

1.1　窜流通道模型

结合油藏、地质、生产动态以及测试资料等，分析窜流特征（表1）。主要分为三种类型：孔隙型、孔隙－裂缝型、裂缝型。

第一作者简介：许红涛，男，河南省周口市，胜利油田现河采油厂，中级工程师。E－mail：1394542587@qq.com。

表1　水淹水窜类型及特征表

水淹水窜类型		岩性	特征	电性特征
孔隙型	高渗层	细砂岩	物性好，Ⅰ类层	高声波（≥300μs/m）
				中高电阻率（≥10Ω·m）
孔隙＋裂缝型	大孔道	细砂岩	大段中相对物性好	自然伽马降低
				相对高声波（≥280～300μs/m）
裂缝型	裂缝	砂岩	条带状含油	微电阻率降低
	（含层理缝）			密度曲线异常峰值

2　调驱方案设计

在深入分析调驱区块油井地质因素及水窜矛盾的基础上，对不同油藏制定了不同的调驱方案。

2.1　裂缝特征水淹水窜井组，采取高强度封堵体系和调驱体系

2.1.1　油藏基本情况

A区块层间渗透率差异较大，吸水不均，存在天然裂缝。油藏温度138℃，平均孔隙度19%，渗透率$51.6\times10^{-3}\mu m^2$，矿化度99611mg/L，井组综合含水率82.8%，采出程度23.45%（图1）。

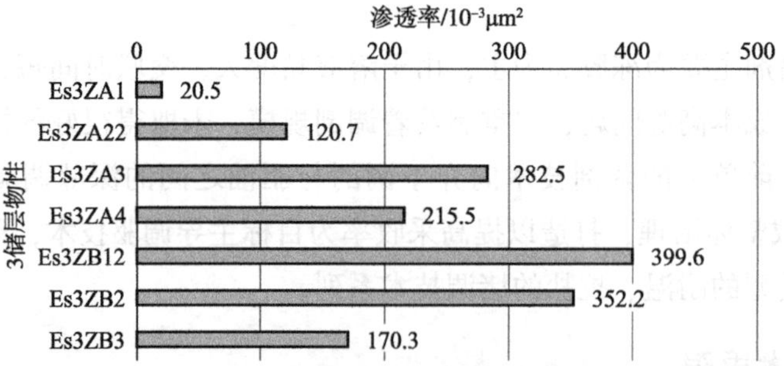

图1　区块ES3中3储层物性参数表

由图中数据可以看出，各小层之间的渗透率差异较大，层间矛盾突出。

2.1.2　对应油井生产数据

表2　A－1井组生产情况

水井	对应油井	日液/m^3	日油/m^3	含水率/%	动液面/m	备注
A－1	A－11	10.1	6.5	35.2	1576	
	A－12	5.6	2.5	54.3	1712	
	A－13	25	4.5	81.8	1192	含水相对较高
	A－14	14.9	6.7	54.4	1249	
	A－15	30.8	4.7	80.6	1008	含水相对较高
	A－16	3	1.4	53	1805	

由表2中可以看出井组内油井含水极差较大，有两口井含水已超80%，急需通过调驱手段控制含水。

2.1.3 调驱体系选择

A区块油藏温度高，矿化度高，存在天然微裂缝，部分油井中高含水，水窜严重，选用耐温耐盐的高强度体系封堵水窜通道。

(1)沥青颗粒。

目前常用的颗粒类堵剂主要靠其颗粒大小与地层孔喉的匹配进行封堵，对于低渗油藏存在高渗流通道的情况，无法准确获取其孔喉尺寸，因此无法准确选择合适的颗粒尺寸。

沥青颗粒具有极强的耐温、抗盐、抗剪切性能，地面为颗粒，注入地层中，随温度升高，变为可流动流体，可以适合任何孔喉尺寸(表3)。

表3 沥青颗粒封堵性能测试

岩心编号	有效渗透率/$10^{-3}\mu m^2$	调剖剂段塞/PV	封堵后渗透率/$10^{-3}\mu m^2$	残余阻力系数/RRF	封堵率/%
1#	287	0.05	38.31	3.46	86.65
2#	288	0.1	25.1	5.13	91.30
3#	295	0.2	20.59	6.17	93.02
4#	217	0.3	12.09	7.64	94.43
5#	318	0.4	11.38	9.09	96.42

(2)乳化沥青体系。

乳化沥青体系初始黏度低，耐温耐盐性好，沥青有效含量高，破乳时间2~100d可控，可作为大剂量深部调驱体系。

沥青体系利用颗粒本身的机械堵塞作用和地层温度条件的黏结特性，封堵孔隙，不受地层水矿化度影响耐水冲刷性能好，有效期长。

2.1.4 调驱用量剂段塞设计

按照逐级深部调剖方法，并依据室内实验结果及以往施工经验，药剂进入井距1/3位置为最佳。调驱剂用量设计公式如下：

$$V=\pi(R_2^2-R_1^2)h\phi\alpha\gamma \tag{1}$$

式中，V为调剖剂的用量，m^3；R_1、R_2为调剖剂在高渗层内外沿半径，50m；h为油层厚度，16m；ϕ为孔隙度；23%；α为高渗透层厚度占注水地层厚度的分数，取0.5；γ为调剖剂注入的方向系数，取0.6。计算调驱体系用量为2166.6m^3，设计2130m^3。

2.2 孔隙型水淹水窜井组，深部堵调效果好

2.2.1 油藏基本情况

B区块为相带窄、孔隙型渗流特征，储层条件较好、油藏温度115℃，平均渗透率(53.4~217.255)$\times10^{-3}\mu m^2$，平均孔隙度21.5%，矿化度39992~60000mg/L，井组综合含水率60.5%，采出程度20.5%，为中高含水阶段，剩余油储量丰富(表4)。

表4　B－1井组生产情况

序号	井号	层位	工作制度	日液/t	日油/t	含水率/%	动液面/m	累油/10^4t	累水/10^4m^3
1	B－11	ES2XW	44×6×1.3	10.4	2.6	75.2	1249	0.60	0.37
2	B－12	ES2X(W)	44×6×1.4	12.9	3.1	75.9	1101	0.75	0.69
3	B－13	ES2XW	44×6×8	3.3	2.5	26.2	2300	0.42	0.07
4	B－14	ES2X(W)	44×6.1×1.1	3.5	1.3	63.9	1748	0.27	0.39

该井组，2018年底开始含水上升明显，水井调配后，油井无明显效果。B－11、B－12井为井组主要水窜方向。综合考虑井组情况，该井组一方面存在平面上的注水指进突破，另一方面纵向上也存在层间明显的注水不平衡。

2.2.2　调驱体系选择

针对孔隙型窜流油藏，采用易注入、可深部运移堵剂的纳微米胶束溶液，开展“深部堵调”。

纳微米胶束溶液调驱机理：乳液膨胀后先封堵特大和大孔喉，吼道大幅度缩小，同时剥离岩石壁原油。大喉道封堵后，逼迫注入水和乳液进入小喉道，扩大驱替体积和波及体积(图2)。

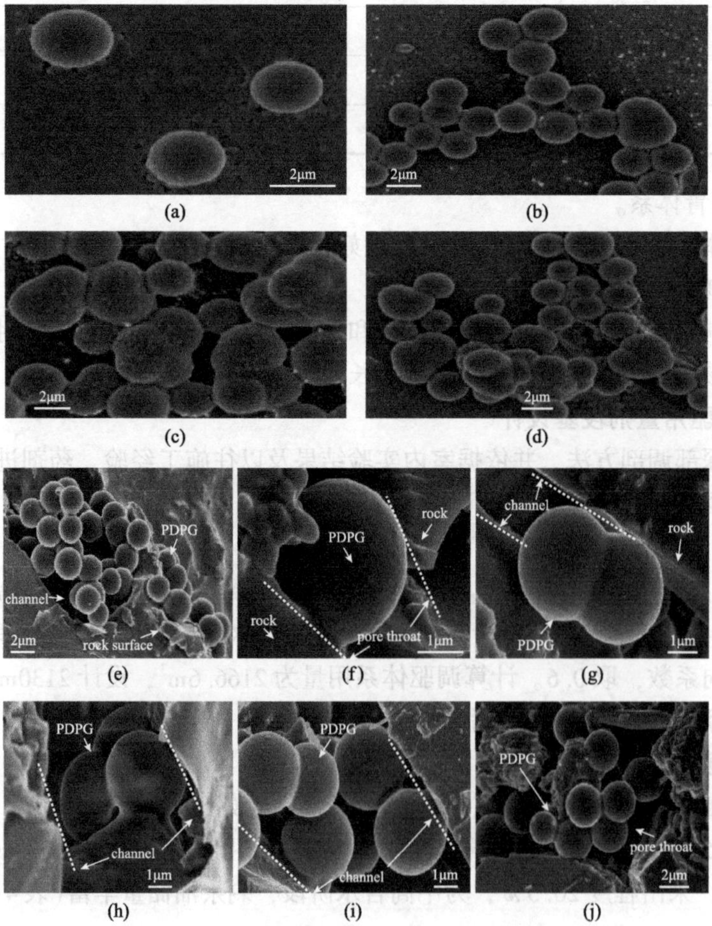

图2　纳微胶束乳液及驱油机理示意图

2.2.3 调驱用量剂段塞设计

按照逐级深部调剖方法，根据地质方案要求调剖深度大于70m进行设计。调驱剂总用量按公式(1)设计：

表5 调剖体积计算

指标	h/m	R_1/m	R_2/m	ϕ/%	α/%	γ	调剖体积/m^3
取值	11.5	5	100	18.4	17.6	0.16	1866.3

因此，现场施工调驱剂总体积为1900m^3(表5)。

2.3 高效驱油剂体系，可提高洗油效率，同时缓解平面矛盾

2.3.1 油藏概况

C区块平均渗透率13.8×10^{-3} μm^2；孔隙度19.5%，地层温度126℃，采出程度8.76%，矿化度18932mg/L。该区块油水井注采敏感，对应明确，综合含水低，采出程度低(表6)。

表6 C-1井组生产情况

序号	井号	日产液量/t	日产油量/t	含水率/%	动液面/m	累油/10^4t	累水/10^4t
1	C-10	4.2	3.9	7	1900	1.5342	0.1833
2	C-11	9.9	3.5	64	2000	2.2997	0.7597
3	C-12	8.6	3	64	2000	2.6829	1.005
4	C-13	3.4	2.7	18.5	-1	1.2402	0.1036
5	C-14	13	7.4	44	2000	3.351	1.0075
平均		7.8	3.93	49.6	1979.6	1.9744	0.8492

C-1井组因长期注水充能开采，井组综合含水49.6%，其中油井C-11、C-12含水60%以上，C-1井组与对应油井发生中度水窜，对应注采井间已形成多条水相渗透带，注水优势方向突进趋势明显。C-1井组当前存在的主要问题为井组注采不均衡，其中部分注采井间已发生相带型水窜，油井含水高，水井调配效果不明显；另外部分水井注水困难，油井产能低，整体井组采油井生产效率低，主力油层仍存在大量剩余油未得到高效动用。

2.3.2 调驱体系选择

针对注采对应好、采出程度低的油藏，采用具有洗油、扩波及的纳米调驱体系，提高油藏采收率。

片状纳米调驱剂调驱机理：纳米调驱剂与壁面动态接触，改变壁面润湿性，产生楔形渗透压，剥离壁面油滴；剥离下来的油滴形成油相聚积，增加优势渗流通道驱替压力，迫使后续流体转向进入非优势通道，进而扩大波及，达到边调边驱的目的。

2.3.3 片状纳米调驱剂用量的设计

根据调驱波及范围孔隙体积计算，片状纳米高效调驱剂注入量参考公式如下：

$$V=\pi R_1^2 h\varphi\beta \tag{2}$$

式中，C-1主力层位厚度9.4m，孔隙度为10.92%，修订系数β=0.62，为保证整体区块

内井组间均匀波及，设计调驱半径为28m，则总计需要纳米调驱剂1456.8m^3，取1400m^3。

2.3.4 段塞设计

C－1井组是压裂投产，存在一定的人工裂缝，在实施片状纳米调驱前，先对进井地带进行冻胶封堵，在注入片状纳米调驱剂(表7)。

表7　C－1井组段塞设计

段塞	名称	排量/m^3	时间/d	用量/m^3	浓度/%	压力/MPa	目的及方式
前置	冻胶	2～3	4	200	0.35	12～19	封堵优势通道
调驱主液	片状纳米	2～2.6	67	1400	1	16～18.4	间歇注入15：9，剥离原油扩大波及

3　矿场应用

2022年以来在7个区块30个井组开展了高温高盐调驱技术矿场实践，在现场施工中及时优化施工参数，同时根据油井见效情况，及时动态调整调驱方案，目前调驱效果明显。

目前调驱井组已累计增油2.1×10^4t，含水下降3%，油井有效率60%，取得了较好的经济效益和社会效益。

4　认识

(1)连续相堵剂(强冻胶、沥青颗粒)：封堵强度高，耐冲刷性能好，适用裂缝型水淹水窜。

(2)颗粒类堵剂(胶束乳液、柔性颗粒)：粒径小，易运移，注入性好，在油层深部膨胀、架桥实现远井地带的封堵，但其膨胀后易老化，耐温抗盐能力差，难驻留，该类堵剂适用于孔隙型水淹水窜。

(3)高效驱油剂(片状纳米)：以提高洗油效率为主，对不同油藏都具有较好的效果。

参考文献

[1]王翔，郭继香，陈金梅．油田深部调剖技术及其应用研究进展[J]．油田化学，2020，37(4)：738－744.

[2]赵向原，曾联波，胡向阳，等．低渗透砂岩油藏注水诱导裂缝特征及其识别方法——以鄂尔多斯盆地安塞油田W区长6油藏为例[J]．石油与天然气地质，2017，38(6)：1187－1197.

[3]李翔，瞿瑾，鞠野，等．深部调驱用纳米聚合物微球的研究进展[J]．化学工业与工程，2021，38(2)：48－54.

[4]朱秀雨，程涛，张祎，等．裂缝性砂砾岩油藏深部封窜技术的研究进展[J]．内蒙古石油化工，2020，46(9)：98－101.

[5]易雄健，郭继香，杨斋琦．耐高温油田堵水剂的研究进展[J]．应用化工，2020，49(4)：945－950，957.

低液井治理工艺技术集成探索及应用

陆子瑶　杨黎　刘芳　董泓烁

(中国石化胜利油田分公司孤东采油厂)

摘　要：长期以来，低液井治理是油藏开发的主要难点之一。由于河流相沉积砂岩油藏胶结疏松、开发方式多样以及能量状况认识的不足，一直在探索有效的低液井治理技术。因应低液井实际问题和矛盾，立足现有技术，树立"排、解、挡、防"的思路，解除近井地带堵塞物，打开导流通道；强化原层改造和井筒配套，实现长效经济防砂，充分利用地层弹性和刚性能量，提高低液单井产能。依据"地层能量有保障、剩余储量有基础、注采井网可完善"三大原则，优选出两类低液井进行治理：针对堵塞造成低液的油井，立足原层改造，分类工艺配套；因防砂问题导致低液的油井，辨识防砂失效，精准治理提液；5 口井治理后日增液 193t，日增油 12.4t。

关键词：低液井；解堵；防砂

1　研究背景

1.1　油区基础概况

采油管理二区 1986 年投入开发，管辖一区、二区、三区、六区、七区西等 13 个开发单元，含油面积 30.16km^2，地质储量 9224×10^4t。管理区目前油井开井 587 口，井口日产液量 $4.1\times10^4m^3$，井口日产油量 1000t，综合含水 97.5%。特高含水阶段老区存量体量大占比高，是实现效益稳产的压舱石(表 1)。

表 1　采油管理二区油井液量分级统计表

序号	类型	井数/口	总井			单井			平均动液面/m
			液量/t	油量/t	含水率/%	液量/t	油量/t	含水率/%	
1	液量≤20t	154	1539	205.9	86.6	10.0	1.3	86.6	910
2	液量≤20t 但控液	10	134	37.6	71.9	13.4	3.8	71.9	700
3	液量 >20t	423	39270.8	759.3	98.1	92.8	1.8	98.1	713
合计		587	40943.8	1002.8	97.6	69.80	1.7	97.6	755

从占产情况看，低液井 154 口，日液 1539t，日油 205.9t，含水 86.6%；平均单井日液 10.0t，日油 1.3t，动液面 910m；井数占开井数的 26.2%，产量占总产量的 20.5%，低液井正是存量创效突出束缚的重要一环，其控制的难动储量作为效益提升点、产量增长

第一作者简介：陆子瑶(1995—)，女，湖北天门，胜利油田孤东采油厂，助理级工程师，油藏工程，山东省东营市河口区仙河镇。E－mail：luzziyao0224@163.com。

点、价值创造点，如何变难动为可动，让每吨储量都能创效。

1.2　低液原因分析

1.2.1　出砂

孤东油田为河流相沉积的中高渗整装疏松砂岩油藏，主要含油层系馆陶组，油层埋藏浅(主力油层1200~1500m)，压实差，胶结物含量低，以接触式及孔隙-接触式胶结为主，油井防砂生产伴随始终(图1)。

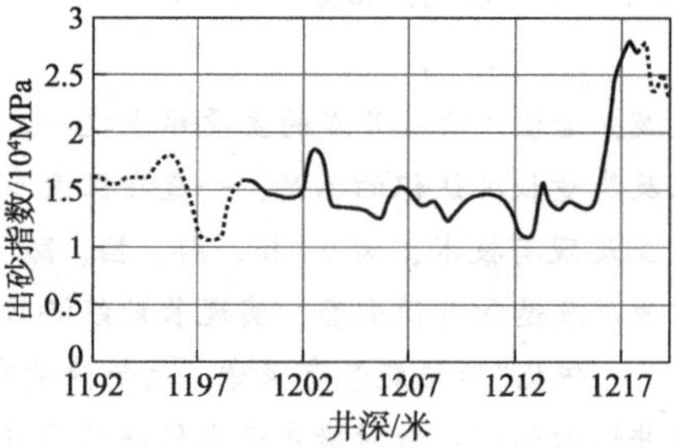

图1　出砂指数随井深变化拟合图

理论计算：孔隙度>30%、声波时差>310μs/m、出砂指数<2×10^4MPa的地层出砂较为严重。

孤东主力油藏：平均孔隙度33%、声波时差350~500μs/m、出砂指数<1.4×10^4MPa。因此，孤东油田馆上段主力油层均为极易出砂地层，出砂临界生产压差为0.24~1.8MPa。油层埋藏浅，上覆地层压实作用不强，成岩性差，胶结强度低，是油层出砂的根本原因；地层压力降低，地应力对岩石颗粒的挤压作用增强，颗粒之间的胶结被扰乱，也是引起出砂的重要原因；压差控制不当和生产作业不当均可能会引起低渗透砂岩储层出砂的现象，如酸化措施不当，过度溶蚀导致储层结构破坏就会产生储层出砂现象。

1.2.2　堵塞

储层敏感性伤害。水敏伤害通常会在黏土矿物和杂基含量相对较高的低渗透砂岩储层中发生。黏土矿物中所含的蒙脱石、伊利石等在与淡水或低盐度液体接触后，会产生膨胀、分散和运移的现象，导致储层渗透率一定程度的下降严重的时候甚至降低渗透率以上；酸敏伤害通常是由于酸液与酸敏性矿物(如绿泥石)之间作用而导致的。酸液与酸敏矿物反应时，会释放铁离子、镁离子，当氯化铁的含量大于0.6%且pH值大于1.86时，三价铁离子会水解生成凝胶状的氢氧化铁沉淀，对储层造成伤害。

油层结垢伤害。油层结垢可分为无机和有机两类。常见的无机沉淀有碳酸钙、硫酸钙、硫酸钡等，沉淀越多，对储层的伤害越严重。石蜡、沥青质及胶质通常在井眼附近地带形成有机物沉淀，堵塞渗流通道，反转储层润湿性，导致储层渗透率下降。

外来固相侵入。开发过程中，一些工作液中所念的悬浮固相会侵入储集层空隙中，堵塞孔喉导致储层伤害。这些固相可能是钻完井液中的固相颗粒或质量较差的注入水中的悬浮微粒及三次采油残留的聚合物，也可能是地层处理施工后残余的残渣。

2　研究目的

深入剖析供采矛盾，构建可持续性注采关系，让每口井发挥最大生产能力。根据采油管理二区低液井分类统计表来看，其中堵塞是导致油井低液的最主要因素，其次是由于油藏埋深较浅导致油井易出砂堵塞。

在补孔和电泵等高效工作量大幅减少情况下，低液井治理逐步成为控制存量递减、提高单井产能新的突破方向。在前期低液井治理技术经验的基础上，以技术创新为抓手，配套技术集成的多次迭代融合，进一步提高工艺配套的精准性与针对性，力求实现产能效益的双轮提升。

强化低液井治理，积极探索新工艺新技术支持，从油藏分析和工艺技术配套上入手，结合现场分析，持续扩大治理探索范围，闯出一条低液井提液增产增效之路。持续优化配套技术，做到有的放矢，提高单井措施有效率(表2)。

表2 采油管理二区低液井分类统计表(液量≤20t)

序号	类型	井数/口	总井			单井			平均动液面/m
			液量/t	油量/t	含水率/%	液量/t	油量/t	含水率/%	
1	堵塞	42	409.4	49.9	87.8	9.7	1.2	87.8	964
2	防砂失效	17	159.3	18.1	88.6	9.4	1.1	88.6	1027
3	储层差	10	77.1	11.3	85.3	7.7	1.1	85.3	1047
4	能量差	35	333.6	53.6	83.9	9.5	1.5	83.9	1002
5	其他	50	559.9	73	87.0	11.2	1.5	87.0	511
合计		154	1539.3	205.9	86.6	10.00	1.3	86.6	910

3 技术对策

低液井治理关键在于油藏认识上具备物质基础，在于多种技术可以转化为技术创效，灵活应用于不同类型的单井，方案设计一井一策力求精准，实施过程知变应变不因循守旧。根据“地层能量有保证、剩余储量有基础、注采井网可完善”的选井原则，制定低液井治理流程：油藏认识→洗井试挤→源头设计→质量监督→优化调整→长效配套。应用动静态资料+主动性验证，判定低液井产生的原因，精准制定治理方案。针对不同类型低液井，采用适应性更强的技术集成，抓好“选井、方案、质量”三大关键环节，发挥好油藏工艺协同作用，实现低液井治理量质并重和深入推进。

针对油层堵塞、污染造成的低产低液问题，深化堵塞机理研究，形成了系列化解堵工艺技术体系，满足不同油藏类型、不同压力条件下经济高效解堵需求，持续强化返排，试验新型解堵工艺，全过程现场监督，保障施工质量。

3.1 技术思路

因应低液井实际问题和矛盾，立足现有技术，树立“排、解、挡、防”的思路，首先解除近井地带堵塞物，打开导流通道；强化原层改造和井筒配套，实现长效经济防砂，充分利用地层弹性和刚性能量，提高低液单井产能，实现老区存量有序接替。因地层堵塞、防砂失效造成低液的59口油井，通过作业治理，采用喷砂射孔解堵+高强度返排技术组合疏导渗流通道；同时优选防砂方式、适配性挡砂+精准防砂做到高效长效防砂，提高供液能力。对于能量差的35口油井分类治理：针对二类油藏、砂体边部油井，通过完善井网来补充能量；针对薄差层、砂体发育差的油井，利用大排量增压注水。边部稠油井采取降黏+高温水驱油方式，通过注入高温水配套稠油降黏剂段塞，实现一注多采，提高储量动用。在储层发育差的问题上，主要以强化地层改造，结合工艺配套为重点，多方面解决供液差问题。

3.2 技术原理

水力负压复合解堵技术主要采用井下工具组合，利用高速水射流的文丘里现象，根据伯努利原理在局部形成持续性负压环境并产生局部振荡，将地层液体及固体颗粒剥落、抽汲再通过负压通道返至地面，从而达到解除地层污染。大幅度降低工具位置以下的压力，利用地层自身能量，吐出堵塞物，并利用低压动力液将其携带出井口的一种物理解堵手段。

氮气逐级返排技术，根据井深确定气举阀的级数和深度，用油管连接，下到油层部位。以每级气举阀为一个开关节点，向油套环空注入氮气，通过气举阀进入油管，逐级将井筒内液体举升到地面，使井底压力逐渐降低，返排压差逐渐增大，为解堵提供较大负压。

4 技术应用

第一批治理5口井，日增液193t，日增油12.4t。下步按照循序渐进的原则，不同类型低液井分批实施，摸索针对性更强的技术集成，抓好“选井、方案、质量”三大关键环节，发挥好油藏工艺协同作用，不断总结规律性认识，实现低液井治理量质并重和深入推进(表3)。

表3 采油管理二区低液井治理统计表

分类	序号	井号	地层静压/MPa	采出程度/%	治理前				治理后				效果对比	
					日液/t	日油/t	含水率/%	动液面/m	日液/t	日油/t	含水率/%	动液面/m	日液/t	日油/t
堵塞	1	G02-15CP51	12.58	0.91	8.3	0	98.9	938	49.1	4.1	91.5	951	40.8	4.1
	2	G06-30X2455	13.15	14.9	3.8	0.2	94	1009	35.1	3	91.4	1083	31.3	2.8
防砂失效	3	G06-27CP534	12.7	26.2	5.4	0	100	1049	15.6	2.9	81.2	901	10.2	2.9
	4	G02-20XN55	14.68	5.56	23	0.5	97.5	965	109	2.4	97.8	481	86	1.9
	5	G07-34-1415	11.57	9.1	3.9	0.7	80.6	1144	28.9	1.4	95	1068	25	0.7
合计		5口			44.7	1.4	96.9	1021	238	13.8	94.2	897	193.3	12.4

4.1 立足原层改造，分类工艺配套

G02-15CP51井于2019.11泡沫酸化返排地填下割缝管循环充填投产，套管内径99.6mm，单采45层，投产初期产量12.7/1.2/90.4%/961m。测地层静压12.58MPa(2020年5月检泵，测静压10.14MPa)，压力系数0.91(压力系数0.74)，2023年3月26日计关，关前产量11.3/0.2/98.0%/938m，累产油311t。

经过深入分析发现该井存在2个问题：(1)采出程度低，含油面积大，但投产后一直低液生产；(2)钻井液相对密度1.48，重晶石粉12.0t，地层存在一定程度的堵塞。为改善渗流通道，释放油藏弹性能量，经过多次与两所和技术管理部讨论，确定了“先排后防”方案，拔泵、拔割缝管，试挤、酸化氮气逐级返排、地填下滤D57×1000m；加强跟踪施

工前后压力，验证疏通情况进一步优化调整。解剖发现割缝管完好，探冲砂无砂，拔割缝管后试挤压力16MPa，证实地层近井地带确实存在污染堵塞，加大返排力度，注氮气13000m^3，返排10h，返排后压力降低到11MPa，降低了5MPa，恢复储层原始渗流能力。

该井2023年10月4日开井，初期产量45.3/2.4/94.7%/954m，目前产量48.0/4.3/90.9%/951m，日增液38.6t，日增油4.0t，实现累计增油820t，创效167万元。

4.2 辨识防砂失效，精准治理提液

G06－27CP534于2022年9月5日投产15#NGS5^{3}层生物酶解堵下57泵×1100m，完井方式采取复式滤砂管完井，筛管外径114mm，内径97mm，初期产量11.1/1.7/84.1%/831m，该井一直低液生产，累油0.31×10^4t。2023年9月16日出砂，产量5.4/0/100%/1019m。该井主要存在三个方面的问题：(1)井段较长(1639.8～1695.7m)，防砂难度大；(2)钻井液相对密度1.48，随钻加入重晶石粉60t；(3)试挤压力高达17MPa。结合主要问题制定治理对策：作业解剖探砂面，发现砂柱高156.5m，说明滤砂筛管防砂失效；因此作业过程中配套氮气泡沫返排(6000m^3)＋固砂液化防(11m^3)，优选高强度液态树脂固砂剂，堵住滤砂管出现的破损点，再次形成有效的挡砂屏障。

该井于2023年10月9日开井，与作业前相比，日增油5.5t，实现累计增油985t，创效203万元。

5 小结

根据剩余油“普遍分布，局部富集”的特点，立足现有井网所在井点油藏价值最大化，依托低液井液量多点提升，加快储量向产量的高效转化，开展差异化解堵防砂工艺，为流线转变，均衡驱替，差异动用创造更加有利的条件。

剩余油潜力和能量状况保持是低液井治理的前提，方案源头设计是基础，作业质量提升、严格执行方案是保障。

低液井差异化治理和油水联动培育，使注采结构更优，调整灵活性更强，储量动用更均衡，是带动井区整体效能提升的关键。

坚持地质、工艺、作业一体化决策分析，提高配套工艺适应性，开展多种形式的合作方式，是提质降本增效的有效途径。

参考文献

[1]胡卫东．低产低效井原因分析及治理措施研究[J]．中文科技期刊数据库(全文版)工程技术，2020(10)：252－253.

[2]金谷．低产液井井下故障分析及治理措施[J]．中国新技术新产品，2011(13)：1.

防砂井周期性解堵提效技术研究

纪超

（胜利油田分公司孤东采油厂工艺研究所）

摘　要：胜利油田疏松砂岩油藏开发进入中后期，含水升高，出砂程度加剧，部分油井液量下降快、防砂有效期短，低液低效现象明显，立足长寿命防砂工程，根据堵塞原因及程度，开展油井周期产液规律变化研究、维护周期优化研究、防砂井维护提效技术研究，在储层堵塞影响因素分析基础上，建立了储层损害解堵时机评判准则，综合考虑经济效益优化最佳解堵时机，配套环保型解堵液，渗透率恢复率能达到80%以上，配套射流解堵一体化管柱，可有效解除油井堵塞。该技术在孤东采油厂累计推广69井次，施工成功率98%，平均单井日产液量增加36%以上，实施后累增油1.2716×10^4t，取得了良好的经济及社会效益。该技术可有效提高疏松砂岩油藏整体开发效果，具有广阔的应用前景。

关键词：储层堵塞；解堵时机；解堵剂；射流解堵

胜利油田探明疏松砂岩油田38个，防砂工艺作为疏松砂岩油藏开发基础工艺，是确保疏松砂岩油藏正常开发的主导技术，年均施工量占油田措施工作量20%以上，对油田持续稳产发挥着关键作用。

目前孤东油田防砂井1900余口，低液低效井占到了总井数的10.3%以上，严重影响了疏松砂岩油藏整体开发效果，并且随着油田进入开发中后期，低液低效呈上升趋势。随着非主力层的不断挖潜，高泥质、粉细砂、见聚井的增多，部分油井充填防砂后油井产量下降快，提液难度大，低液现象明显。防砂后高产稳产期期短，提液难度大，例如孤东水驱油藏，6个月内产液量平均下降26.6%，初期液量越低下降幅度越大，达38.29%。

因此，有必要研究收集现场数据，通过矿场诊断和数学模型定量化诊断，确定储层损害程度，分析生产井低液原因，结合技术、经济评价，建立解堵政策开展攻关研究，形成储层损害解堵优化决策系统，满足现场大多数油气层损害的诊断。实现防砂井周期性解堵，减少防砂井作业次数，为油田低液井提液、提产提供指导。

1　油水井解堵政策界限确定方法

某待解堵井初始状态的地层渗透率为K_0，产量为Q_0，实施一次解堵前的地层渗透率为K_1、产量为Q_1，实施解堵措施后一段时间T_1的稳定产量提高至Q_2，根据Q_2可以推算出当前地层渗透率值K_2，从而预测出未来一段时间T_2的表皮系数S的变化曲线，并推算出产量Q的变化曲线，假设经过时间T_2产量降低至Q_3时，为经济最优解堵时机，需要优选解堵措施并实施解堵，二次解堵后的产量为Q_4，则确定解堵政策界限的最关键参数为

作者简介：纪超(1982—)，男，山东德州，胜利油田分公司孤东采油厂工艺研究所，高级工程师，主要研究方向为油水井解堵防砂。E-mail：jichao.slyt@sinopec.com。

确定 Q_3 及时间 T_2（图 1）。

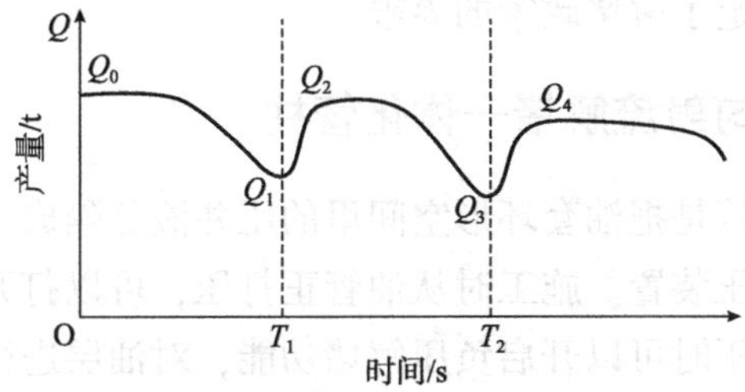

图 1　某油井产液量及解堵后产液量变化曲线

这里已知 Q 的变化曲线，则找到一点 Q_3，使得 E_w 为最大，该点对应的时间点即为最优解堵时间。依照此方法便可以确定出油水井的解堵政策界限。

设解堵后油水井的生产和压差符合：

$$Q = \frac{2\pi K_o h(p_e - p_w)}{B_o\mu_o \ln\left(\frac{r_e}{r_w} + S\right)} \tag{1}$$

其中，$K_o = KK_{ro}$ 为各项流体的相对渗透率，$K_{ro} = eS_w^f$ 为油相相对渗透率。含水饱和度可由测井法的阿尔奇公式得到：

$$S_w = \left(\frac{a R_w}{R_t \phi^m}\right)^{\frac{1}{n}} \tag{2}$$

$$K_{ro} = \frac{e(a R_w)}{R_t^{\frac{f}{n}} \phi^{\frac{mf}{n}}} \tag{3}$$

可以得到油井产量的表达式为，

$$Q_o = \frac{(p_e - p_w)e\ (a R_w)^{\frac{f}{n}} K}{\left[B_o\mu_o \ln\left(\frac{r_e}{r_w} + S\right)\right] R_t^{\frac{f}{n}} \phi^{\frac{mf}{n}}} \tag{4}$$

式中，R_w 为地层水电阻率；R_t 为地层岩石真电阻率，可反映储层的含油性；e、f 为由相渗实验确定；a、b、m、n 为阿尔奇公式中的系数，a 为与岩性有关的比例系数，一般，$a=1$；m 为胶结指数，对于砂岩胶结一般 m 可取 2，n 为饱和度指数，与岩性有关，一般 $n=2$；这些参数通常由岩电实验确定。

在一个区块，这些参数通常不变，可视为常数，因此将产量表达式转换为以下表达：

$$Q_o = \frac{(p_e - p_w)A_1 K}{\left[B_o\mu_o \ln\left(\frac{r_e}{r_w} + S\right)\right] R_t^{A_2} \phi^{A_3}} \tag{5}$$

可以发现产能是渗透率、表皮系数、孔隙度、地层岩石电阻率的函数，因此要得到解堵后的产能预测，需要知道这几个参数。搜集油田解堵资料，解堵前的渗透率、表皮系数、孔隙度、地层岩石真电阻率，以及解堵后的产能这几组数据，利用神经网络进行训练，便可在已知渗透率、表皮系数、孔隙度、电阻率的情况下，预测出不同时刻解堵后产能 Q_4 的变化曲线。然后根据上述经济评价方法，当经济效益最大时，即在假设其他解堵成本不变的情况下，前后产量增产达到最大时，Q_3 点即为最佳解堵产量点，对应的 T_2 点为最佳解堵时间点。即确定了解堵政策的界限。

2　研发了套管射孔均匀射流解堵一体化管柱

针对裸封隔器的作用就是把油套环形空间里的压井液分隔成上下两个部分。下部是射流解堵工具，上部分是负压装置。施工时从油管正打压，可以打开射流工具，从而进行射流冲洗炮眼，从套管反打压时可以开启负压解堵功能，对油层进行抽吸。

负压发生装置具有两个功能：一是隔离压井液，使负压阀上下产生压差；二是起释放油层压力的作用，油管和封隔器以下环空连通，令油层处井筒达到了较高负压值，使油层流体流入井筒，从而解除近井地带的油层污染和堵塞，恢复和提高渗透率，减小油气流动阻力，从而提高油气井产量。

3　环保型解堵液的评价

3.1　清除泥饼性能评价

根据目前常用聚合物钻井泥浆的基本组成，按以下比例配置，然后用研制环保型解堵液 SUN－X1 进行泥饼清除实验。其中 CMC 为羧甲基纤维素，PAC 为聚阴离子纤维素，XC 为黄原胶(图 2)。

1 号泥浆配比为：

4.5%膨润土＋0.3% Na_2CO_3＋0.15% XC＋0.8% LV－CMC＋2.5%改性沥青；

2 号泥浆中，把 CMC 替换为 PAC 进行试验。

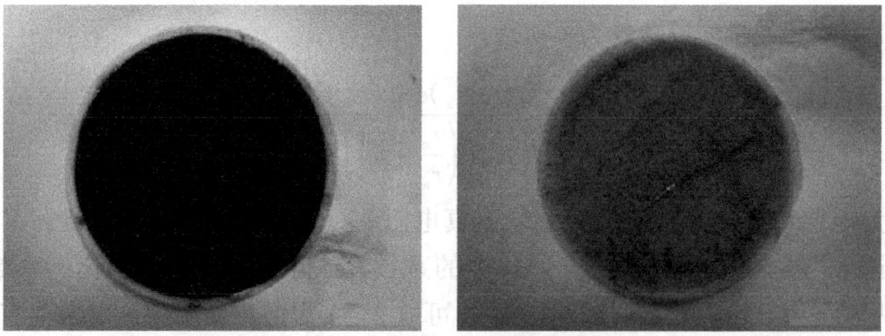

图 2　1 号泥饼降解前后实验图片

由上述实验结果可知，环保型 SUN－X1 及改进型解堵液其表观黏度、塑性黏度、动切力都适中，并且滤失量都很小在 2～3h 内完全清除，清除前后照片对比可见清除效果良好。

3.2　岩心渗透率恢复性能评价

采用岩心渗透率恢复实验来评价环保型解堵效果。试验中，对每一种配方都采用高渗和低渗两种岩心样进行实验，实验结果如表 1。

实验用钻井液配比，1 号钻井液：

4.5%膨润土＋0.3% Na_2CO_3＋0.15% XC＋0.8% LV－CMC＋2.5%改性沥青；

2 号泥浆中，把 CMC 替换为 PAC 进行试验。

表1　岩心渗透率恢复实验结果

配方	原始渗透率/$10^{-3}\mu m^2$	解堵后渗透率/$10^{-3}\mu m^2$	渗透率恢复率/%
1号	1235	1018	82.4
	121	107	88.4
2号	1159	993	85.7
	96	79	82.3

从表中数据可以看出，岩心经过聚合物钻井液污染后用研制的环保型解堵剂SUN－X1解堵后，高渗和低渗岩心的渗透率恢复效果良好，恢复率都能达到80%以上。

该技术现场实施69井次，累计增油12716t，平均单井日产液量增加36%以上，平均有效期697天，且继续有效，总利润616.83万元；平均利润308.415万元。该技术能够延长防砂井的稳产期，降低施工频次，对疏松砂岩油藏开发中后期防砂油井的提效维护提供技术手段，具有良好的社会效益。

参考文献

[1]董长银．油气井防砂技术[M]．北京：中国石化出版社，2009.

特高含水期整装油藏控水增效对策研究

董静　周超　白海涛　何吉荣

（胜利油田孤东采油厂地质研究所）

摘　要：老油田进入特高含水开发后期后剩余油极度零散分布，耗水率大幅上升，效益稳产难度大。针对特高含水后期整装单元如何控水稳油增效问题，2023 年重点针对四区 5－6 二元复合驱后固定流线高含水、平面层间能量差异大、纵向动用不均衡等问题，实施层系细分＋井网重构精细开发，通过细分层系分类治理、主力层降水降压、次主力层调水调能、非主力层增水增能等技术对策，实现特高含水后期油藏控水控耗效益稳产目标。实施后提高储量动用程度 1.2%，提高两向及以上注采率 6.9%，综合含水由 98.3% 下降至 97.9%，下降 0.4%；自然递减率由 11.8% 下降至 7.3%，下降 4.5%，现场应用效果很好，达到了特高含水后期油藏效益稳产控水增效的目的。该项研究对于特高含水油藏的高效开发具有重要意义，为该类油田的控水降耗和稳产增效对策提供借鉴。

关键词：特高含水；低采油速度；井网重构；控水增效

孤东油田四区油藏多为正韵律砂岩油藏，储层具有埋藏浅、压实差、胶结疏松、高渗透、高饱和、岩石表面亲水特征。区块内有大小 5 条断层，把区块分割得十分零散。经多年的注水开发，层间、平面能量差异大，井网流线固定，注水低效循环，针对这些问题，实施层系细分井网重构，主力层大角度转流线，精细单层开采，从而提高单元的采收率。

1　四区馆上 5－6 单元概况

孤东四区馆上单元位于孤东油田西南部，是一个西低东高的单斜构造，一个被断层自然切割成的区块。该区块自上而下共发育 23 个小层，其中主力油层 10 个。构造简单平缓，地层倾角 1°～2°，构造高点位于 22－33 井区，次高点位于 16－24 井区。内部发育 1 条断层，将该区分为南、北两部分。发育为一套紫红、灰黄色泥岩与灰褐色粉砂岩、细砂岩互层的地层，埋深浅，埋藏深度 1200～1550m，地层厚度 300～325m，具有层状分布的特点。砂体厚度横向变化大，易发生尖灭，含油面积 5.17km²，地质储量 2021×10^4t，其中明化镇组，馆陶组是主要的开发原油层系。自投产以来，分 Ng3－4 和 Ng5－6 两套层系开发，属于高孔、高渗疏松砂岩油藏。四区 3－4 发育差于四区 5－6，但 62 层以下有底水。四区馆上 5－6 单元为辫状河沉积，砂体在平面上一般呈连片席状、条带状分布，以土豆状和条带状砂体为主，单砂体平均厚度为 3.7m。四区储层主要以细砂岩、粉细砂岩为主，其次为中细砂岩和粉砂岩，Ng5－6 砂层组平均孔隙度 32.2%。渗透率平均 $1244\times10^{-3}\mu m^2$，属于高孔高渗，非均质性强储层。但在各韵律段内，表现为典型的复合正韵律特征。

第一作者简介：董静(1989—)，女，山东菏泽，胜利油田孤东采油厂地质研究所，高级工程师，油藏工程，东营市东营港经济开发区仙河镇孤东地质所。E－mail：ycdongjing@163.com。

2 四区馆上5-6单元开发现状及存在问题

2.1 单元开发历程

根据油田重大措施划分，四区馆上5-6单元1985年10月投入开发至今，主要经历了以下六个开发阶段。自1984年11月试采至今大致可分为六个开发阶段：产能建设阶段(1984.11~1987.1)、注水见效阶段(1987.2~1992.12)、井网调整阶段(1993.1~1994.11)、综合调整阶段(1994.12~2006.11)、二元复合驱阶段(2006.12~2013.1)、后续水驱阶段(2013.2至今)。初期天然能量开发，1987年2月开始注水开发，采用212m注采井距的反九点井网；1993年1月实施井网调整，采用150m×150m不规则井网。2006年10开始实施注聚前降压调整，2006年12月正式注聚，2008年8月转入二元驱，2011年6月开始逐步转后续水驱开发，2013年全部转后续水驱。孤东四区馆上5-6单元转入后续水驱阶段后，产量递减幅度逐年加大，综合含水不断上升，自然递减率逐渐攀升，地下剩余油分布情况复杂，稳产难度不断加大。

2.2 开采现状

本次调整优选位于断层夹持的相对封闭的中部区域，地质储量562×10^4t，选区目前开发现状为“三高一低”：高液量、高含水、高采出程度，低采油速度。油井开井28口，日液1861.7t，日油32.4t，综合含水98.3%，水井开井43口，日注4255m^3，采出程度44.9%，采油速度0.28%。

2.3 主要开发问题

2.3.1 层间、平面能量差异大

整体地层压力保持较好，目前地层压力13.2MPa，地层压降0.3MPa，目前平均动液面613m。分层能量有差异，主力层地层能量保持好于非主力层。地层能量不均衡平面呈现中心区域能量较高、边部能量较低的特点。

2.3.2 井网流线固定，注水低效循环

自2006年开始注聚到目前，主力井区均采用150m×150m的正对行列井网，井网流线固定，注水低效循环。近年井网调整多针对断层边角及砂体边部，主力井区变化不大。强注强采后水窜现象严重，目前水驱效率较低，选区含水≧98.5%的井17口，占开井的60.7%。

2.3.3 层间非均质性差异大，纵向动用不均衡

层间采出程度差异较大，主力层5^5、6^1层采出程度高48%，剩余油饱和度低31%；次主力层5^3、5^4，采出程度低43.1%，剩余油饱和度高41%；非主力层采出程度低37.7%，剩余油饱和度44.3%(表1)。

表1 分层统计数据表

序号	小层	平均剩余油饱和度/%	采出程度/%	相对吸水量/%
1	5^1	54	27.5	
2	5^2	53	34	
3	5^3	38	43.2	4.6
4	5^4	40	43	5.8
5	5^5	34	47.5	17.9

续表

序号	小层	平均剩余油饱和度/%	采出程度/%	相对吸水量/%
6	6^1	31	49.2	21.1
7	6^2	46	40.6	3.8
8	6^3	42	31.2	3.5
9	6^4	40	41.2	2.1
10	6^5	41	40.2	
11	6^6	43	29.1	

统计分层系采出程度、相对吸水量、压力状况差异较大，分层系开发有利于储量充分动用。下步划分为三套层系，主力层 5^5-6^1 层系、次主力层 5^3-5^4 层系、非主力层 5^1、5^2、6^2-6^6 层系。

3 后续水驱油藏剩余油分布规律研究

单元通过多年开发，目前已进入特高含水开发阶段，综合含水高达98.3%，采出程度为44.9%。面临高含水、高采出程度和采油速度低及储量失控等问题，针对以上问题，为提高方案准确性开展了地质建模数模研究，从模型上来看剩余油分布特征：中部高度水淹，剩余油整体分散、局部连片，在井网难控制区域和边部断层附近高部位富集，整体受井网和非均质性影响。

3.1 平面上砂体边部、断层附近以及非主流线剩余油相对富集

该区块构造及储层较简单，在一些砂体边界注入水波及程度较低，形成了剩余油富集区。如上图中，$Ng5^2$ 层 4－9C2022 井的西边部剩余油饱和度达 0.64，剩余油储量丰度达 $10\times10^4 t/km^2$，$Ng5^3$ 层 4－15－223 井的北边剩余油饱和度达 0.5，剩余油储量丰度达 $7.8\times10^4 t/km^2$。

3.2 层间动用差的薄差层剩余油富集

层间剩余油饱和度差异较大，主力层 5^5、6^1 层采出程度高剩余油饱和度低，剩余油饱和度31%；次主力层 5^3、5^4，剩余油饱和度相对较高 41%；非主力层剩余油饱和度44.3%。相对于非主力层来说，主力层的剩余油饱和度低，采出程度高；主力层的水淹程度较高，整体高于非主力层。虽然非主力层的剩余油饱和度较高，采出程度较低，但是因为非主力层的剩余地质储量远小于主力层，因此剩余油主要还是存在于主力层中。

3.3 层内厚层顶部，特别是在泥质夹层附近剩余油仍然较富集

统计了各地质层层内剩余油分布状况。以主力层 5^5、6^1 为代表进行分析，数模结果显示，各个地质层从上到下剩余油饱和度逐渐降低，采出程度逐渐升高。各地质层中下部剩余油饱和度较低，剩余油主要存在于各地质层的顶部。如 GO4－19－126 井的 $Ng5^5$、6^1 层，顶部剩余油饱和度是底部的 1.7 倍，GO4－9C2022 井 $Ng5^4$、5^5 层，顶部剩余油饱和度是底部的 1.8 倍。

4 调整技术思路及实施效果评价

技术思路：针对四区 5－6 聚驱后局部储量动态失控、固定流线高含水、能量不均衡

等问题，立足老井，配套长寿命、水质提升，实施层系细分井网重构，主力层大角度转流线，实施仿边水驱；次主力层转流线，小砂体完善，强化弱驱动用；非主力层高效完善；精细单层开采，一体化调整探索特高含水后期效益开发之路。

井网重构：通过模型进行研究，正对行列式井网油水井井间存在滞留区，水驱动用程度低。井排转90°后，能有效驱替剩余油。

调整思路：主力层抽稀井网，拉大井距，井排由东西向转为南北向，利用构造高差，高部位采油，底部位注水。抽稀油水井去完善次主力层，非主力层井网。

$NGS5^4$层根据砂体的展布形态，实施水井排加密，同时砂体边部完善油井，独立小砂体矢量完善井网。$NGS5^3$层根据构造高差同时结合现有井网，高采低注，实施转流线，同时配套条带砂体井网完善。

$NGS6^2$层通过实施油井措施挖潜同时配套水井完善，扩大水驱波及面积，共实施油水井工作量3口，日增油2.3t/d，恢复控制储量11.2×10^4t。

$NGS6^46^5$层在构造高部位断层边部部署一排油井，构造低部位砂体外部部署一排水井，大排量注入，实施仿边水驱。共实施油水井工作量8口，日增油4t/d，恢复水驱控制储量12.6×10^4t。根方案设计油井工作量15井次，水井工作量17井次。部署新井9口，其中，油井5口(常规井2口，侧钻井3口)，水井4口(常规井2口，侧钻井2口)。预计单井日产能力2.5t，预计调整后新增产能0.65×10^4t，新增可采储量8.4×10^4t，提高井区采收率0.98%。

实施效果：目前实施后提高储量动用程度1.2%，提高两向及以上注采率6.9%，综合含水由98.3%下降至97.9%，下降0.4%；自然递减率由11.8%下降至7.3%，下降4.5%，现场应用效果很好，达到了特高含水后期油藏效益稳产控水增效的目的。单元产量保持稳中有升的态势，累计减水无效液量1.2×10^4t，累计减少无效注水$2.3\times10^4m^3$。

5 结论

(1)后续水驱高含水单元通过细分层系井网重构确实可以达到控水控耗、提高采收率、改善油藏经营效益的目的，该项研究可适用于孤东油田10个开发单元，应用储量8326×10^4t，也可适用于胜利油田其他特高含水油藏，具有较大的推广价值。

(2)水驱开发主力单元仍是下步开发的主战场，针对水驱单元注水利用率低，整体效益差的开发现状，围绕经营油藏提质提效的工作方针，以深化地质研究为牵引，以保持地层能量为关键，通过细分层系、井网重构等技术，实现井区转流线、调流场，提高井区储量有效动用率和采收率，控制井区含水上升率和自然递减率，不断提升单元开发效果，为油田综合含水不升、自然递减持续下降提供有力支撑。

参考文献

[1]卢祥国．聚合物驱之后剩余油分布规律研究[J]．石油学报，1996.

[2]肖凤英．孤东油田四区Ng^{1+2}主力储层研究及开发对策[J]．胜利油田大学学报，2005，19(3)：34－35.

[3]杨志伟．孤东油气田三、四区浅层气藏精细地质描述研究[D]．青岛：中国石油大学(华东)，2008.

[4]赵永胜，魏国章，陆会民，等．聚合物驱能否提高驱油效率的几点认识[J]．石油学报，2001.

[5]刘仁君，戴启德，刘良叔，等．孤东油田储层研究与开发．石油工业出版社，1998.

[6]郭兰磊，李文华，张爱美，等．孤东油田三四区二元复合驱方案，2008.

桩西采油厂堵水调剖提质增效做法

傅晓升　隋清国　滕学伟　朱凡臣

（桩西采油厂）

摘　要：随着油田长期的注水开发，桩西采油厂疏松砂岩油藏平面、纵向矛盾突出，地层流体渗流场发生了变化，出现了储量动用不均衡，注采对应率低，开发效果差以及层内底部水淹严重，顶部剩余油富集等问题。研发了高稳定性、高强度的二氧化硅聚醚改性纳米乳液体系，采用“堵＋调＋驱”的总体设计思路，实现了均衡驱替。2022年以来，推广改性纳米材料乳液体系5井次，注水井平均油压上升2.4MPa，井组日增油18.8t，累增油2388t，延缓了老区递减速度。

关键词：深部调剖调驱；纳米乳液；油田稳产

桩西采油厂的LH油田属于疏松砂岩油藏，具有高孔高渗特征，开发层系以馆陶组为主，叠合性差。LH油田共三套含油层系，油藏埋深1300～3400m，馆陶组储量占89.9%。主力层馆陶组以细砂岩－粉细砂岩为主，孔隙度一般在32%～37%，平均35.4%，渗透率一般在(2000～8000)×$10^{-3}\mu m^2$，平均4392.4×$10^{-3}\mu m^2$，储层物性好，高孔高渗。地面原油黏度为345～560mPa·s，属于普通稠油。在长期注水开发过程中，储层非均质性严重，易导致注采失调。该区域5个主力小层中，只有Ng20、Ng33小层较均匀，而主力小层Ng21、Ng23、Ng32渗透率变异系数都大于0.9，突进系数大于4.0，油层非均质性十分严重，注入水易沿优势通道突进。

针对上述问题，以提高水驱波及体积为目标，以注采单元为实施对象，开展一体化差异化调剖工艺研究，形成新型二氧化硅聚醚改性纳米乳液调剖体系，解决了剩余油难动用、低效水循环严重、水窜严重等难题，减缓了老区递减速度。

1　二氧化硅聚醚改性纳米乳液体系研究

乳状液是一种多相分散体系，由一种液体以极小的液滴形式分散在另一种与其不相混溶的液体中构成。在石油开发过程中存在大量的天然或人工的乳状液体系，比如人们利用乳状液作为压裂液用于油气田增产作业，利用改性纳米SiO_2稳定的水包油乳状液用于调剖堵水，采用乳状液作为稠油油藏的驱油体系，可以看出在石油开发中乳状液展现出巨大的应用潜力。相比于传统的表面活性剂稳定的乳状液，由于纳米颗粒在油－水界面发生不可逆吸附(其脱附能可达到数千kT以上，而表面活性剂的脱附能通常不到10kT)并形成一层坚固的高弹性界面膜，因此该类乳状液具备优异的稳定性。纳米粒子具有剥离岩石表面原

第一作者简介：傅晓升(1996—)，男，山东省淄博市，胜利油田分公司桩西采油厂，助理工程师，主要研究方向为调剖调驱。E－mail：1013410283@qq.com。

油和稳定乳状液的能力，乳状液具有抑制驱油体系窜进、降低地层原油黏度，以及对储层伤害低的优点，在国内外得到一定应用。但是传统的纳米材料耐盐和耐温性能较差，对于矿化度较高的地层适用性较差，同时采用生物柴油制备的乳液体系成本较高，进一步限制了其应用规模。并且纳米流体剥离岩石表面原油的能力受到流体中纳米粒子的体积分数、粒子的尺寸、多分散度以及颗粒表面的电荷值等多种因素的影响，因此有必要对纳米材料进行改性升级，同时制备成本较低的乳液体系，为大规模矿场应用提供技术支持。纳米材料在油田应用过程中需要首先克服油田水中耐温、耐盐性差的问题，同时需要调节纳米材料表面的润湿性，从而制备出适用于油田工业化矿场应用的纳米材料强化乳状液体系。

因此，本文利用低分子量配体 2－[甲氧基(聚氧乙烯)6－9EO 丙基]三甲氧基硅烷对纳米材料进行改性，通过该配体在含有二价离子的浓盐水中被充分溶剂化，从而制备出耐温、耐盐的改性纳米 SiO_2颗粒。动态光散射实验表明改性的二氧化硅纳米粒子的流体动力学直径在 10% 盐水环境下超过 30d 基本保持恒定，以此为基础制备了纳米材料强化乳液，并进行了矿场应用。该研究为水驱油藏提供了新的提高采收率的技术思路，具有广阔的应用前景。

1.1　二氧化硅聚醚改性纳米材料的研究

利用低分子量配体 2－[甲氧基(聚氧乙烯)6－9EO 丙基]三甲氧基硅烷对纳米二氧化硅进行改性，改性前后的 TEM 图像见图 1。结果显示，改性后纳米 SiO_2粒子分散性明显提高，表明纳米 SiO_2粒子接枝配体后空间阻力大大增强，从而抵抗了粒子间的范德华引力，颗粒间的聚集减少，稳定性较高。改性后再 10% 盐水中 30 天后的粒径图见图 2，结果显示 30 天内没有出现可见的沉淀，表明改性后纳米粒子稳定性大大提高。

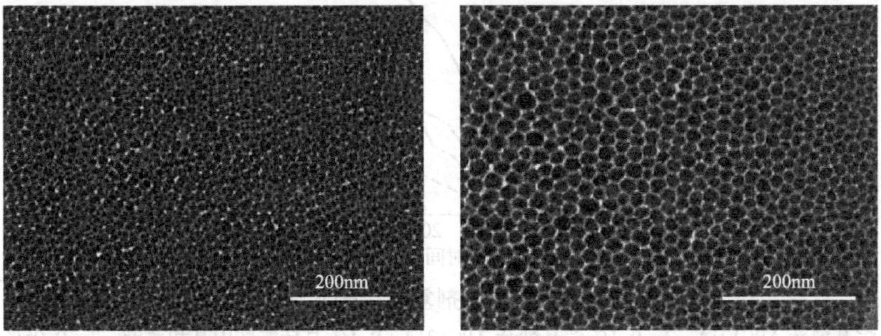

(a) 改性前　　(b) 改性后

图 1　纳米材料 TEM 图像

1.2　乳液体系的优选

由于单纯的纳米材料在油水界面上的吸附需要大量的能量，需要配置高功率乳化分散设备，因此限制了现场实施。为了简化工艺条件，降低实施成本，采用表面活性剂与纳米材料的复合体系作为乳化剂既可以提高乳化效果，同时也可以降低现场乳化配置难度。针对注水井深部调驱的需要，构建纳米材料强化水包油调驱体系，利用乳状液在地下的贾敏效应增大水窜通道水相的流动阻力，同时通过调控水窜通

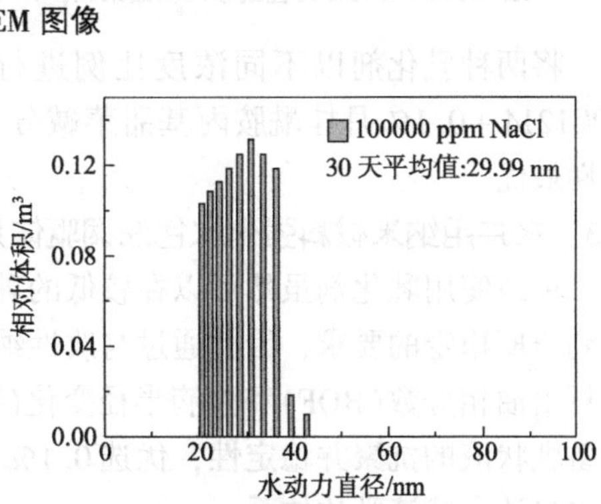

图 2　聚醚改性纳米材料在 10% 盐水中 30 天后的粒径

道含油饱和度，调控相渗曲线，从而抑制后续驱油体系的窜流。构建水包油调驱体系的关键是通过表面活性剂和纳米材料的协同作用，使得纳米材料吸附到油水界面上，强化乳状液界面的界面弹性，从而强化贾敏效应。

对比研究了七种水包油乳液用乳化剂对乳状液稳定性的影响，优选了烷基糖苷APG1214以及月桂酰胺丙基甜菜碱作为制备水包油乳状液用乳化剂(图3和图4)。

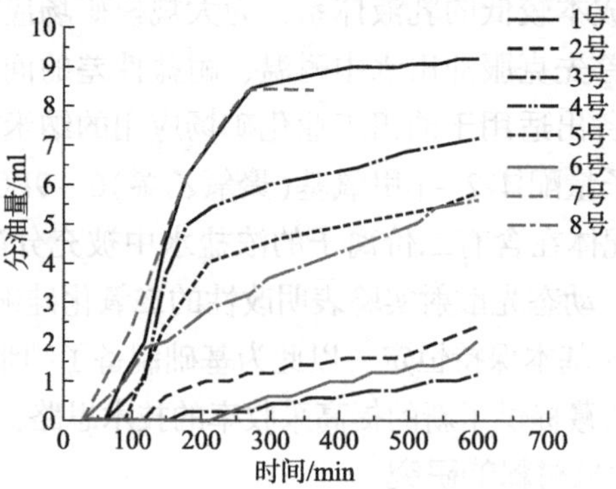

图3　不同乳化剂稳定规律

1号—SDS；2号—椰油酰胺丙基甜菜碱；3号—月桂酰胺丙基甜菜碱；4号—脂肪醇聚氧乙烯醚；5号—烷基酚聚氧乙烯醚；6号—APG1214；7号—聚醚改性纳米二氧化硅；8号—油醇聚醚20

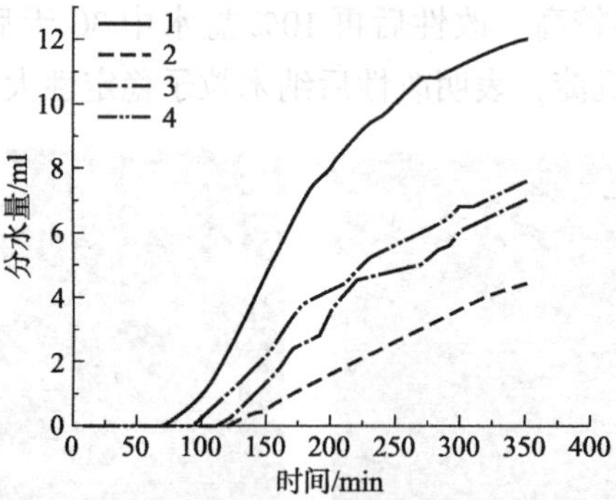

图4　不同乳化剂复配后分水速度

(1—0.2%烷基糖苷APG1214；2—0.1%烷基糖苷APG1214+0.1%月桂酰胺丙基甜菜碱；3—0.05%烷基糖苷APG1214+0.15%月桂酰胺丙基甜菜碱；4—0.15%烷基糖苷APG1214+0.05%月桂酰胺丙基甜菜碱)

将两种乳化剂以不同浓度比例进行复配，研究发现，表面活性剂0.1%烷基糖苷APG1214+0.1%月桂酰胺丙基甜菜碱分水速度最低，乳化效果最好，因此该体系乳化稳定性最优。

1.3　水井用纳米材料强化水包油调驱体系研究

单纯使用乳化剂虽然可以在较低的乳化动力下制备乳状液，但是获得的乳状液还不能达到长期稳定的要求，因此通过与改性纳米二氧化硅的复配制备的改性纳米强化乳液，通过析出油相分数(ROF)和液滴半径变化(DRC)考察了聚醚改性纳米二氧化硅与复合体系所制备乳状液的抗聚并稳定性，优选0.1%聚醚改性纳米二氧化硅+0.1%复合乳化剂为水井用水包油乳状液乳化体系。

2 矿场应用效果

实验区块背景：A 水井对应对应 B、C、D 三口油井。2021 年 9 月进行了示踪剂监测，从结果看出，两口井存在不连通或连通不好，同时渗透率突进系数大于 3.9，非均质强，纵向矛盾突出。该井注入水单向窜流明显，采用“堵＋调＋驱”的总体设计思路。“封窜”是采用满足井组条件的强化改性纳米二氧化硅乳液体系，对窜流通道实施有效封堵；“调驱”利用乳液主体段塞进行深部调驱，扩大波及体积，“驱油”是采用驱油用表面活性剂，在堵调的基础上，增加洗油效率。

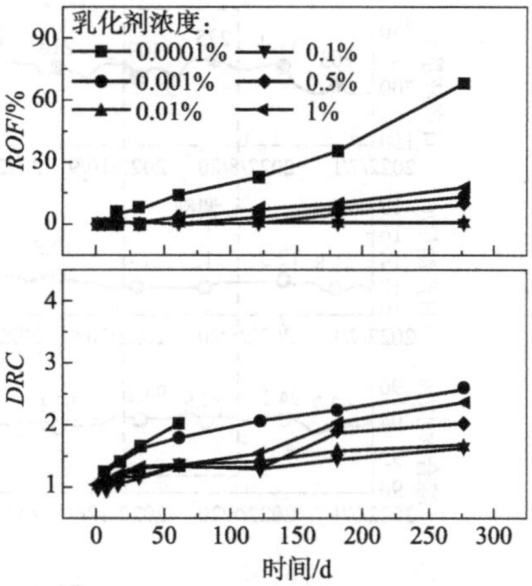

图 5　0.1% 聚醚改性纳米二氧化硅对水包油乳液稳定性的影响

现场采用多段塞式施工，第一段塞以 $5m^3/h$ 速度注入驱油用性表面活性剂，清洗井筒炮眼及近井地带死油堵塞物；第二段塞以 $1\sim3m^3/h$ 速度注入 10.0% 改性纳米二氧化硅乳液，封堵高渗水窜相带，水驱转向；第三段塞以 $2\sim5m^3/h$ 速度注入浓度为 3.0% ~6.0% 改性纳米二氧化硅乳液，均衡注入剖面和调整流线，提高波及体积。第四段塞以 $1\sim3m^3/h$ 速度注入 6.0% 改性纳米二氧化硅乳液，确保后续注水过程中耐冲刷性；第五段塞以 $2\sim5m^3/h$ 注入驱油用性表面活性剂，提高驱替效率。本次纳米乳液调驱施工有效封堵住了高渗透层，调整了吸水剖面。注水压力由 8.2MPa 上升至 13.7MPa，井组日油由 12.1t 升至 15.6t，含水由 93.9% 降至 91.7%，目前累计增油 846t，效果显著(图 5 和图 6)。

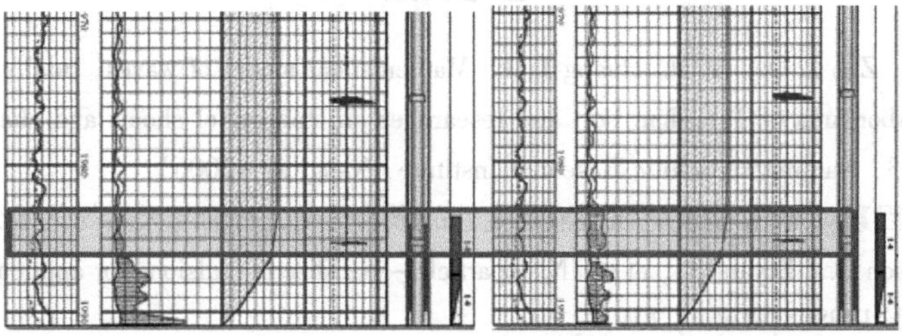

序号	层位	上界/m	下界/m	层厚/m	转向调整前		转向调整后	
					相对注入量/%	绝对注入量/(m³/d)	相对注入量/%	绝对注入量/(m³/d)
14	NG2³	1983.5	1986.3	2.8	12.3	12.3	32.4	32.4
14	NG2³	1986.3	1989.6	3.3	55.5	55.5	49.4	49.4
14	NG2³	1989.6	1990.9	1.3	32.1	32.1	18.2	18.2

图 6　A 井调剖后吸水剖面的变化

2022 年以来，推广改性纳米材料强化乳液 5 井次，注水井平均油压上升 2.4MPa，井组日增油 18.8t，累增油 2388t(图 7)。

3 结论

(1)利用低分子量配体 2－[甲氧基(聚氧乙烯)6－9EO 丙基]三甲氧基硅烷对纳米材

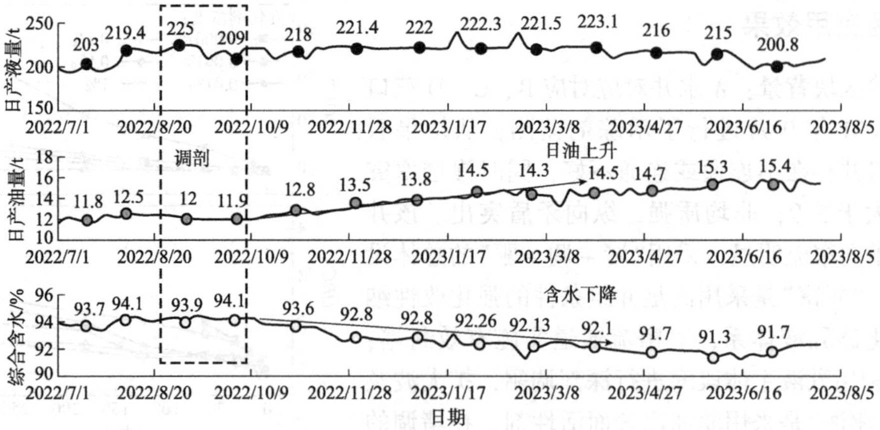

图7 A井组调剖前后生产情况

料进行改性，通过该配体在含有二价离子的浓盐水中被充分溶剂化，从而制备出耐温、耐盐的改性纳米 SiO_2颗粒，可在10%盐水中稳定30天以上。

（2）通过对七种乳化剂体系进行优选，以乳液的稳定性为指标，确定了烷基糖苷APG1214以及月桂酰胺丙基甜菜碱作为制备水包油乳状液用乳化剂。并与改性纳米材料进行复配，制备了0.1%聚醚改性纳米二氧化硅+0.1%复合乳化剂为水井用水包油乳状液乳化体系。

（3）矿场应用试验中，以采用“堵+调+驱”的总体设计思路，设置多段塞组合，纳米乳液调驱施工有效封堵住了高渗透层，调整了吸水剖面，注水压力有效上升。共试验5井次，井组日增油18.8t，累增油2388t。

参考文献

[1]Lu Y. J., Xu X., Zuo L. Q., et al. Huang J. W. Mathematical model of waves, tidal currents and sediment for Caofeidian harbor area of Tangshan Port and researches on stability of shoals and channels. Research Report, vol. H20703, Nanjing Hydraulic Research Institute, Nangjing (2006).

[2]王满学等，不同因素对W/O型乳化压裂液稳定性的影响研究．石油与天然气化工2008，37（5），423.

[3]Zhang T., Davidson D., Bryant S., et al. Nanoparticle – stabilized emulsions for applications in enhanced oil recovery[C]. SPE 129885, Tulsa, 2010.

[4]Zhang T., Roberts M., Bryant S., et al. Foams and emulsions stabilized with nanoparticles for potential conformance control applications[C]. SPE 121744, Woodlands, 2009.

[5]Kaminsky R., Wattenbarger R., Lederhos J. Viscous oil recovery using solids – stabilized emulsions[C]. SPE 135284, Florence, 2010.

[6]Teletzke G., Wattenbarger R., Wilkinson J. Enhanced oil recovery pilot testing best practices[J]. SPE Reservoir Evaluation & Engineering, 2010, 13(1): 143 – 154.

[7]Aveyard, R., Binks, B. P., Clint, J. H. Emulsions stabilised solely by colloidal particles. Advances in Colloid and Interface Science 2003, 100 – 102, 503 – 546.

[8]Binks, B. P., Particles as surfactants—similarities and differences. Current Opinion in Colloid & Interface Science 2002, 7 (1), 21 – 41.

[9]Worthen, A. J., Tran, V., Cornell, K. A., et al. Johnston, K. P. Steric stabilization of nanoparticles with grafted low molecular weight ligands in highly concentrated brines including divalent ions. Soft Matter 2016, 12 (7), 2025 – 39.

孤东油田281块超薄壁补丁补贴工艺技术应用

郭振华　宋莎莎　朱淼

（中国石化胜利油田孤东采油厂采油管理四区）

摘　要：孤东油田281区块特低渗储层自投产以来历经弹性开发、高压注水驱油后，单元缺少有效开采技术，油藏天然能量不足，部分储量未动用问题突出。对其实施井网完善提高储能动用，压驱注水补充地层能量，提高单元原油采收率，2022年对GOGD281井组进行压驱先导实验，井组日增油11.5t/d，取得阶段性成功，但随着压驱的进行，井间极易出现高渗条带，压驱期间对应邻井GOGD281X8的套压升高至31MPa，存在较大的井控及环保安全隐患，压驱水井停注后压力下降，影响压驱进度。为继续实施井组压驱，对该井进行补孔改层，由于该井为小套管，普通封隔器达不到要求，故采用新型“封堵套管补贴工艺”。本文对常规套管补贴与超薄壁补丁补贴技术进行对比，优选了适合低孔特低渗储层，高温高压深井的工艺，现场实践证明：该工艺实现了低渗压裂深井封堵层位的目的，可满足压裂井套管承压，效果良好，技术可靠，创造了良好的井筒条件，满足后续压裂作业工序，为区块后续工艺配套提供了指导，为实现压驱井组开发效益最大化，提高井组采收率提供有力支撑。

关键词：特低渗储层；压驱注水；提高采收率；超薄壁补丁补贴技术；孤东油田

油气田经过多年开发，油水井的井筒技术状况变得越来越差，导致套管变形、穿孔、破裂、错断等情况频繁发生，导致井网失控储量增加，同时生产过程中管外窜和破漏位置位于水层会导致油井含水上升，为盘活储量动用，保证油井稳产，减少经济损失，因此需要堵水、对套损井治理等。目前套损井治理常用六类技术，挤灰封堵技术、封隔器隔采技术、套管内侧钻换井底技术、取换套技术、套管补贴技术、二次固井技术，这些措施能更好地盘活地层储量，达到井筒重塑，能很好地满足单井生产的需求，使油井更好地生产，但是有些技术作业成本较高。其中套管补贴技术，成本较低，能够修复套管完善井筒以便更好地实现后续生产，常规套管补贴技术，虽然技术比较成熟，但在现场应用中都存在损失通径大，适应性差、对于高温高压深井无法达到封堵等。为解决这类问题，引入了新型超薄壁补丁补贴工艺技术，新型合金材料膨胀管采用无胀锥式径向膨胀的方式补贴，修复后井筒能够保持大通径(通径损失4mm、6mm)，为后续的生产提供有效保障。本文将通过对比常规套管与新型超薄壁补丁补贴的优缺点分析，引入到现场实际中，在GOGD281X8井上进行套管补贴技术应用，经过现场实践，该工艺实现了低渗压裂深井封堵层位的目的，可满足压裂井套管承压，效果良好，技术可靠，创造了良好的井筒条件，满足后续压裂作业工序，为后续的压裂生产提供了保障。并进行了适用性总结，为同类型套损问题提供了技术支撑。

第一作者简介：郭振华(1991—)，女，甘肃天水，中国石化胜利油田孤东采油厂，工程师，研究方向：油气田开发。E－mail：1320401914@ qq. com。

1 井筒套管的补贴技术现状

目前，针对井筒套管的补贴技术主要有衬管式加固补贴技术和实体膨胀管补贴技术。

1.1 衬管式加固补贴技术原理

内衬管两端采用专用密封接头，服务工具两端采用刚性胀锥对补贴管两端进行刚性挤压膨胀。

如图1所示，作业时，通过管柱打压，服务工具在液压作用下，通过中心杆拉动上下锥体，将上、下密封锚胀大贴在原防砂管内壁上，达到锚定密封的目的。如图2所示，优点在于密封性好，强度高，缺点仅对两端密封端进行膨胀，中间内衬管并不膨胀，存在着内通径不一致的问题。服务工具采用刚性胀锥，套管轻度变形、圆度不足的情况下，密封端贴合度不好。

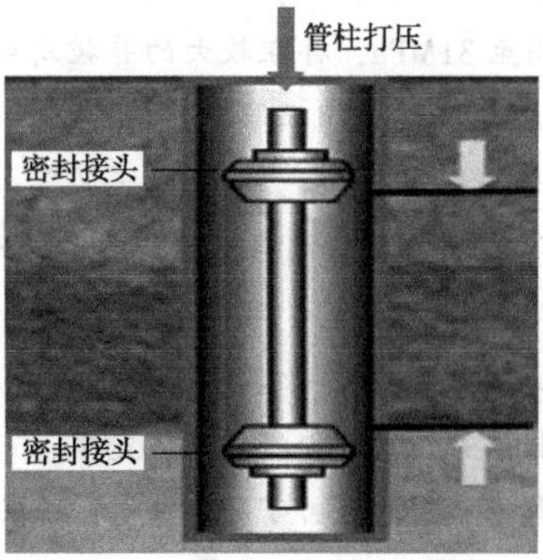

图1 套管补贴套管示意图

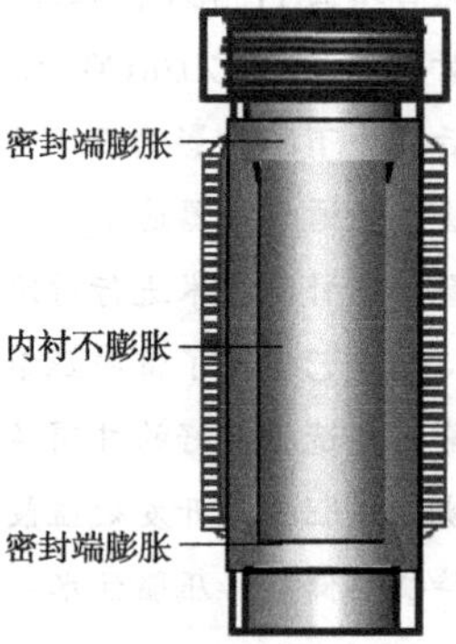

图2 套管补贴完成图

1.2 实体膨胀管补贴技术原理

该技术采用高延展性补贴管，两端敷有密封材料，服务工具采用液压刚性胀锥。

如图3所示，补贴作业时，通过井口泵注液体，液体进入服务工具胀锥底部的发射腔，在液压作用下，如图4所示，刚性胀锥从补贴管一端挤向另一端，将高延展性补贴管强行胀大、挤压在套管内壁上。补贴管两端的外敷密封材料被挤压、粘贴在套管内壁上。优点是本体通径一致，缺点补贴管两端外敷密封材料(一般为橡胶材质)影响了补贴管壁厚，无法做到更薄。服务工具采用刚性胀锥，套管轻度变形、圆度不足的情况下，密封端贴合度不好。同时，有遇卡风险，膨胀作业时，刚性胀锥从一端向另一端挤压过程中，易操作补贴管在套管内位移，补贴位置有错位风险。

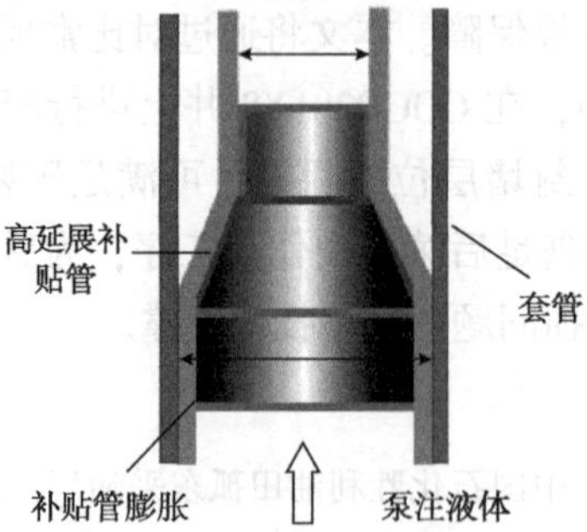

图3 套膨胀锥受力示意图

图4 膨胀锥工作示意图

1.3 新型超薄壁补丁(全通径)补贴技术

如图5所示，基于以上补贴技术特点及存在的问题，引入了超薄壁全通径机械补贴技术。该技术对比常规补贴技术，具有的技术优势有：服务工具采用无胀锥设计，泄压后自动回缩，遇卡风险低；补贴管采用全通径设计，密封端采用一体化结构，去除了外敷密封材料，使得补贴管能够更薄；采用牺牲阳极保护原理，有着更好的耐腐蚀性能；全金属材质，能够适应更高的井下温度。采用高强度液压膨胀筒，扩张力更大、对套管贴合性更好，能够在井筒轻度变形的情况下进行补贴，也可实现跨接箍补贴。

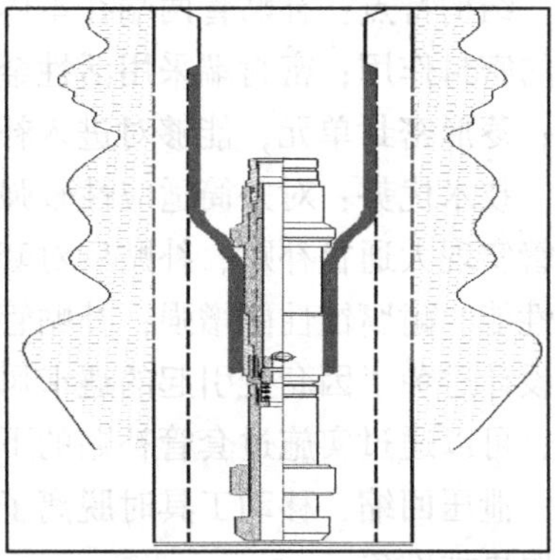

图5　膨胀套管补贴封堵后井深结构图

1.3.1 技术原理

补贴工具采用无胀锥式液压径向膨胀方式，该工具通过打压、泄压，以实现工具的膨胀、收缩；薄壁补贴管采用≥20%的高延展性合金材料，两端采用金属结构密封，活性金属防腐以最大限度地保留管内通径和延长使用寿命。

如图6所示，通过重复打压－膨胀－泄压收缩－下放行程，每个行程0.8m，直至完成整根补贴管的膨胀作业；补贴完成后，泄压归零，将工具起出井筒，工具下部携带的通井规，通过补贴管内壁，完成对补贴管的通径作业。

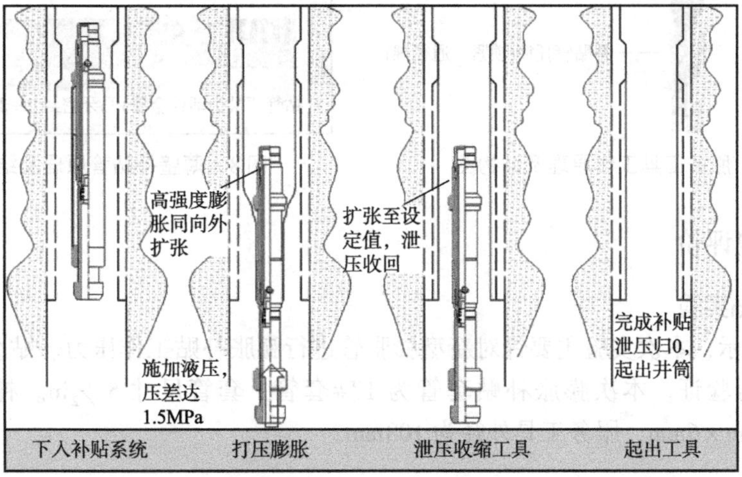

图6　膨胀补贴过程示意图

1.3.2 服务工具工作原理及结构

管内施加液压，压差达1.5MPa时，高强度膨胀筒开始向外扩张，继续升压迫使高强度膨胀筒至设定值，泄压收回。

如图7所示，工具结构主要由扶正通径规、高强度膨胀筒、锁紧通径规系统、充液滑套等组成。

1.3.3 薄壁补贴管原理及结构

如图8所示，薄壁补贴管采用高延展性合金钢材料，两端设计为新型金属密封结构，在提高密封性能，增加悬挂能力，同时为牺牲阳极端。

结构特点：补贴管两端在本体加工为马牙密封扣，该扣型为独立圆环结构，能起到单独的密封作用；密封端采用活性金属材料加工，发挥密封作用的同时，能够增加抗腐蚀作用；菱形密封单元，能够对进入补贴管外部的砂砾等杂质起到阻隔作用。

技术优势：对井筒适应性较强，在套管轻度变形的情况下依然能够实施补贴；薄壁膨胀管实现大通径补贴，补贴后对套管贴合性好；补贴管采用一体式金属密封结构，密封耐温性能、耐腐蚀性能增强；补贴管内外通径一致，减少了密封结构对管径的影响；无胀锥式设计避免了因套变引起的遇卡风险；补贴位置不受限制，可以实施"过小补大"的变径补贴；可以通过实施过套管补贴的下部井段继续补贴，实现"过套管补贴"；服务工具径向膨胀、泄压回缩，移动工具时脱离了膨胀管，避免了因管柱窜动造成膨胀管移动错位，补贴位置更加准确。

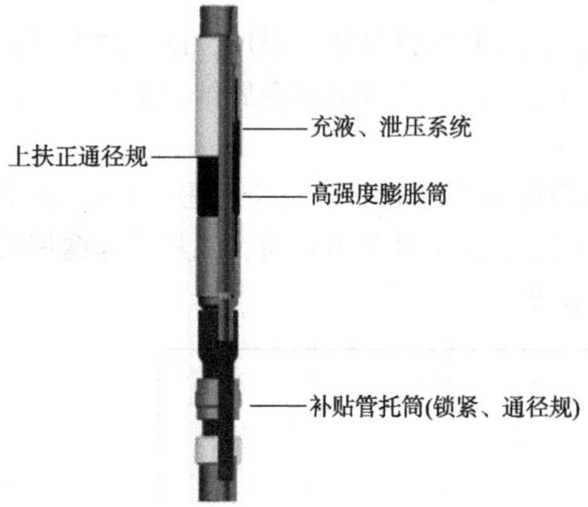

图7 服务工具工作原理及结构图

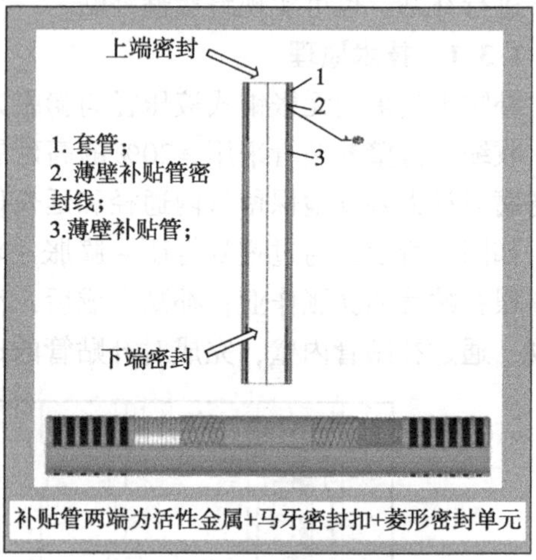

图8 薄壁补贴管原理及结构图

2 室内实验评价

2.1 套管补贴实验

如表1所示，本次实验主要针对新型膨胀管进行膨胀补贴工作压力、贴合度、补贴后的内通径进行验证。本次膨胀补贴套管为17#套管，套管尺寸5 $\frac{1}{2}$in。补贴管规格为Φ116mm×2mm×6mm，服务工具外径为108mm。

表1 套管补贴试验指标表

施工压力/MPa	修复后抗内压/MPa	修复后抗外密封压/MPa	修复抗外非密封压/MPa	悬挂力/t	工作温度/℃
≤25	≥15	≥6	≥15	≥22	≥180

如表2及图9所示，本次实验膨胀工作压力20MPa，稳压时间为2min，经过8个行程的泵注打压，完成了膨胀补贴。如图10～图13所示，补贴后的内径达到了120.26mm，5 $\frac{1}{2}$in 做10mm打孔处理，观察补贴管贴合紧密。现场用Φ120mm通径规进行了通径实验，如图11所示，通径规顺利通过补贴后的膨胀管内壁。

表2　压力实验过程与结果表

实验项目	次数/段号	试验压力/MPa	稳压时间/min	试验结果
1段压力	1－1	17	120	紧密贴合套管
1－1段压力	1－1－1	20	120	紧密贴合套管
2段压力	1－2	20	120	紧密贴合套管
3段压力	1－3	20	120	紧密贴合套管
4段压力	1－4	20	120	紧密贴合套管

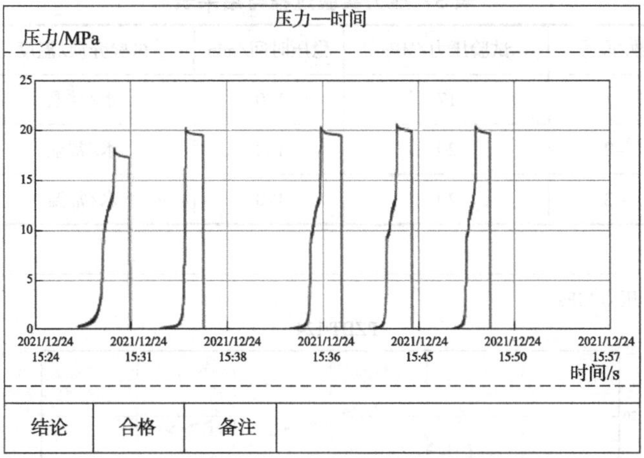

图9　套管补贴压力实验数据

图10　5½in 套管 Φ10mm 孔(补贴前)

图11　5½in 套管补贴后

图12　Φ120mm 通径规

图13　Φ120mm 通径规放入膨胀后的补贴管内

2.2 补贴后抗内压/外挤实验

对补贴完成后的补贴管及套管进行内部打压实验，检验其内压承受情况及密封性能。将补贴完的套管两端上封堵装置，套管内部注液加压，实验补贴管抗内压，共进行2组实验。

如表3及图14所示，以相同的实验压力和稳压时间进行试验，在常温下以水为介质分别进行三次打压，实验结果显示补贴合格，补贴管与套管紧密贴合，补贴管在20MPa高压下补贴密封良好。

表3　压力实验过程与结果表

实验项目	次数/段号	试验压力/MPa	稳压时间/min	试验介质/温度	试验结果
1段压力	1-1	17	120	水/常温	紧密贴合套管
2段压力	1-2	20	120	水/常温	紧密贴合套管
3段压力	1-3	20	120	水/常温	紧密贴合套管

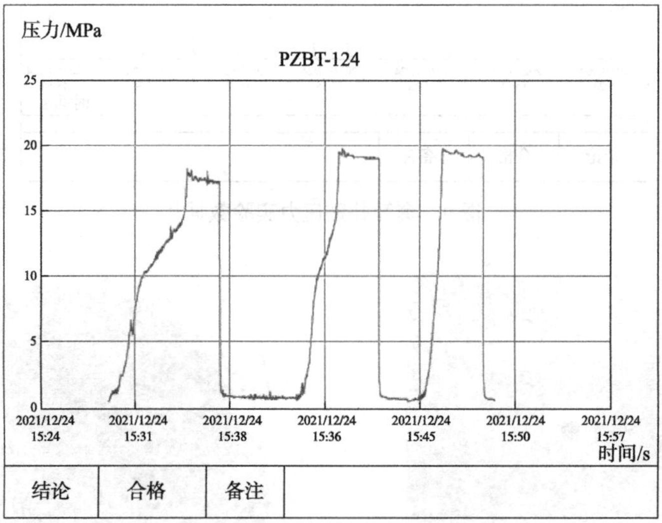

图14　套管补贴压力实验数据图

如表4及图15所示，实验压力和稳压时间逐渐上升，在常温下以水为介质分别进行三次打压，实验结果前两次显示补贴合格，补贴管与套管紧密贴合，第三次套管接箍处渗漏是由于套管锈蚀严重扣型密封不严，但不影响补贴管内压密封实验效果。

表4　压力实验过程与结果表

实验项目	次数/段号	试验压力/MPa	稳压时间/min	试验介质/温度	试验结果
1段压力	1-1	5	120	水/常温	无可见渗漏
2段压力	1-2	10	120	水/常温	无可见渗漏
3段压力	1-3	15	180	水/常温	套管接箍处渗漏

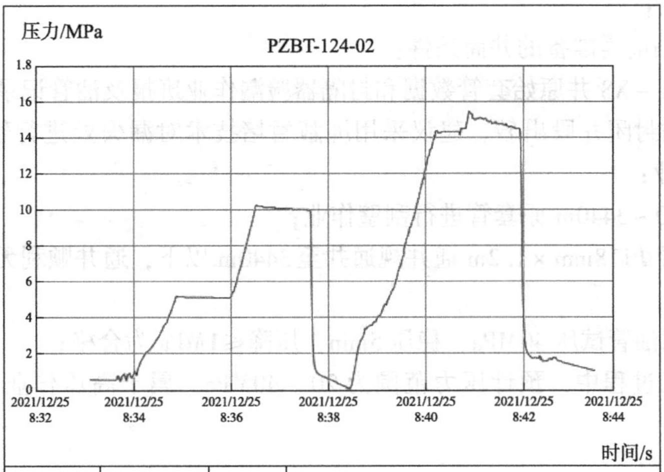

结论	合格	备注	

图15　套管补贴压力实验数据

2.3　室内实验总结评价

试验所用的 Φ116mm×2mm 补贴管性能，补贴管 15MPa 内即可完成扩张，内径 120mm，通径 118mm 以上。补贴后抗内压 25MPa、稳压 10min，压力不降，无渗漏现象。补贴后抗外压 8MPa、稳压 10min，压力不降，抗外压 16MPa，补贴管不变形，内径 Φ120mm，通径 Φ118mm。经过室内试验，补贴管与套管紧密贴合，能承受 25MPa 的压力，对于现场高压井套管补贴有一定的支撑作用。

3　现场应用

3.1　孤东281X8井概况及施工条件

如图16所示，孤东281X8井位于孤东油田281块，生产ES3Z72.2层，2011年压裂投产，正常产量5.5/1.2/77.9%，2022.5.6日为弥补老区递减大的问题，对水井GOGD281实施高压注水，对应油井GD281X8套压最高升至31MPa，存在较大的井控及环保安全隐患，后对其间关，水井停注后压力下降。由于GOGD281和GOGD281X8井间连通性较好，故补孔改层，封堵高渗条带，套管补贴封堵27#28#；补孔30#S3中74，31#S3中74，33#S3中75，34#S3中76，36#S3中77，合采30#-36#压裂。由于该井套管内径小(121.4mm)，压力高，对于补孔改层压裂的工序，普通的封隔器达不到要求，故采用“封堵套管补贴工艺”封堵原层。

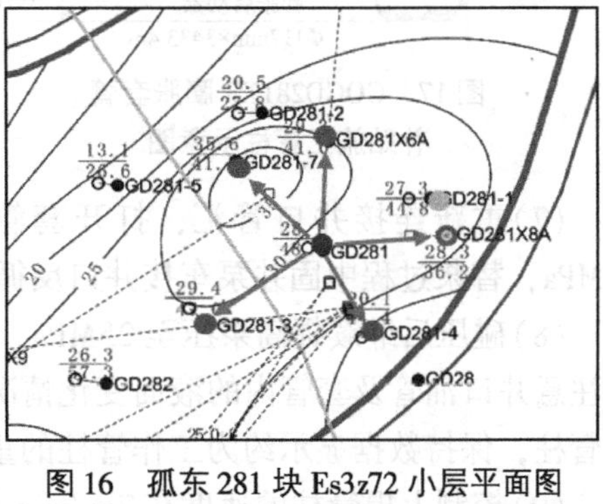

图16　孤东281块Es3z72小层平面图

针对GOGD281X8井高压，套管小的特点，优选超薄壁补丁(全通径)补贴技术封堵、贴堵S3中72、S3中73深度(3411~3425m)改层压裂生产，采用膨胀套管配合水泥浆封堵恢复井筒完整性，达到深井改层压裂的目的。

3.2 技术措施条件

膨胀套管补贴前需准备的井筒条件：

(1)GOGD281－X8 井原始套管数据和封隔器验漏作业班报及油管记录；

(2)若需补贴封闭井段出砂，建议采用屏蔽暂堵技术对漏失处进行暂堵，抑制出砂，然后进行后续作业；

(3)对补 3400～3440m 原套管进行刮壁作业；

(4)井筒需用 Φ118mm×1.2m 通井规通井至 3440m 以下，通井顺利无任何遇阻现象为合格；

(5)对施工用油管试压 40MPa，稳压 5min，压降≤1MPa 为合格；

(6)膨胀施工过程中，预计压力范围为 20～40MPa，属于高压作业，施工时应进行清场。

3.3 施工过程

如图 17 所示，为 GOGD281X8 膨胀套管补贴施工管柱示意图，该井施工过程为：

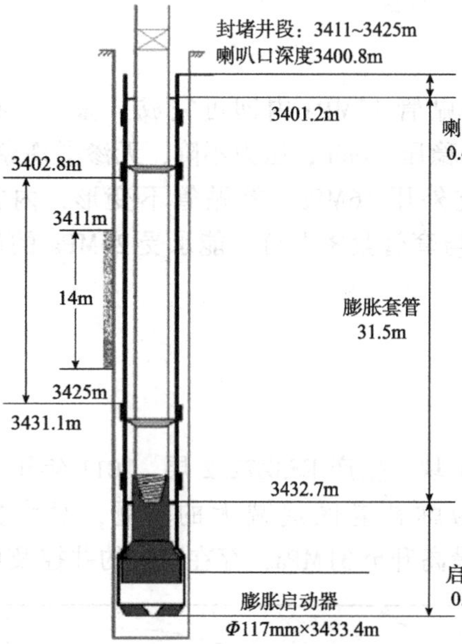

图 17 GOGD281X8 膨胀套管补贴施工管柱示意图

(1)在室内将膨胀套管及膨胀工具进行安装组合并送至井场，准确记录该组合中启动器、膨胀套管、油管等工具的长度；

(2)下入膨胀套管工具组合，启动器下井应注意避免刮伤；

(3)准确丈量 Φ73mm 平式油管的长度，并以此油管将膨胀套管组合下入并送到位，油管用液压钳上紧，要求膨胀套管组合底部位置深度为 3433.4m，建议进行 γ 校深以确保补贴深度准确；

(4)连接高压泵、高压管线、泵入接头、油管堵头，地面管线试压 40MPa，不刺不漏；

(5)油管保持上提状态，记录指重表数据，固井注水泥浆 4m^3，水泥浆稠化时间不少于 300min；

(6)关套管闸门、半封，拆井口管汇投胶塞；

(7)重新连接井口管汇，打开套管闸门、半封，700 型泵车替浆直至碰压，碰压 15MPa，替浆过程中固井泵车接井口反循环接头并在水罐内备好清水；

(8)碰压后继续提高泵压至 25MPa，膨胀过程开始，注意指重表数据的变化，同时密切注意井口油管及套管内的液面变化情况，当指重表显示管柱的重量下降时，司钻开始提升管柱，保持数据显示约为工作管柱的重量；

(9)控制上提管柱的速度在 7m/min 以内，使泵压保持在 25～30MPa；

(10)当膨胀完第一根油管时，暂时停止上提管柱，700 型泵车放压，卸油管和井口管汇重新连接于第二根油管上，关套管闸门、半封，固井泵车反挤 3m^3；

(11)反挤完，固井泵车放压，700 型泵车重新开泵，泵压提升至 25～30MPa，控制上提管柱速度，同时注意观察固井泵车泵压变化，继续膨胀下一根油管，以此类推，在膨胀最后一根油管前油管吊卡销子做好固定，按照前工序完成最后一根油管膨胀；

(12)洗出多余水泥浆；

(13)上提所有油管及膨胀工具；

(14)候凝 48h；

(15)下磨鞋，磨铣掉补贴套管组合底部的堵头，并通井到底；

(16)全井试压 50MPa(N80 139.7mm×9.17mm 套管抗内压强度 63.4MPa，考虑该井为 2006 年老井为安全考虑建议试压 50MPa)。

3.4 工艺效果评价

孤东油田 GOGD281X8 井在套管补贴后进行压裂，在压裂前，对套管进行试压，以保证压裂作业顺利进行，以 10MPa/10min 为台阶进行逐级试压，对全井筒逐级试压至 60MPa，稳压 30min 压降不超过 0.5MPa，套管试压合格，工艺效果较好，如图 18 所示，峰值产量，日产液 7.4t，日产油 5t，含水 32%，取得了良好的效果。

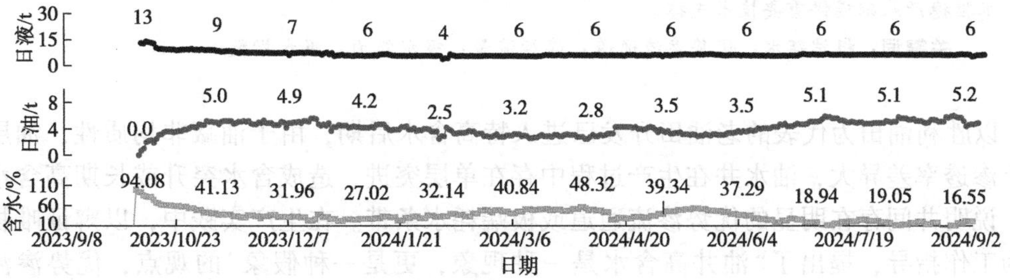

图 18 GOGD281X8 膨胀套管补贴后生产曲线图

4 结论与认识

(1)相比于常规套管补贴工艺，超薄壁全通径机械补贴技术通过超薄活性金属，采用牺牲阳极保护原理，有更好的耐腐蚀性能以最大限度地保留管内通径和延长使用寿命，遇卡风险低，适用于较小内径套管。

(2)该工艺所用贴片为全金属材质，能够适应更高的井下温度，补贴后套管抗压能力，抗内压≥50MPa，抗外挤≥35MPa，适用于高温高压深井。

(3)经过现场实践，该工艺实现了低渗压裂深井封堵层位的目的，可满足压裂井套管承压，效果良好，技术可靠，创造了良好的井筒条件，满足后续压裂作业工序。

参考文献

[1]王川．浅析两端加固密封长井段套管补贴技术在小修作业中的应用[J]．当代化工研究，2024，(08)：138-140..

[2]上海开远石油工程技术有限公司，一种全通径井筒修复装置，中国专利：CN202220085530.0[U].

[3]上海开远石油工程技术有限公司，全通径井筒修复装置，中国专利：CN202210038479.2[P].

基于连续流量测试的优势渗流通道评价技术及应用

赵洪涛　潘亚强　郭海燕　孙立霞　康凯

（中石化胜利油田分公司油藏动态监测中心）

摘　要：以胜利油田为代表的我国东部老油田开发已进入特高含水后期，由于油藏的非均质性，油层纵向上渗透率差异大，油水井在生产过程中存在单层突进，造成含水突然增高或长期高含水生产，说明井间存在明显的优势渗流通道或极端耗水条带。本文介绍了一种通过连续流量测试资料评价地层真实吸水能力、识别优势渗流通道注水井高耗水条带的技术，该技术可在作业完井前充分了解层间、层内及平面矛盾，准确定位优势渗流通道，及时制定针对性治理措施，在胜利油田东部老区得到推广应用，为识别优势渗流通道提供依据，夯实水驱稳产基础提供重要技术支撑。

关键词：极端耗水；优势渗流通道；连续流量；吸水能力；吸水指数

以胜利油田为代表的老油田开发已进入特高含水后期，由于油藏非均质性，油层纵向上渗透率差异大，油水井在生产过程中存在单层突进，造成含水突升或长期高含水生产，说明井间存在明显的优势渗流通道或极端耗水条带。在生产实践中，以辩证唯物主义为工作指导，提出了“油井高含水是一种现象，更是一种假象”的观点，优势渗流通道(高耗水条带)的存在和剩余油动用不均衡是造成油井高含水的重要原因之一。如何高效快速准确识别优势渗流通道，为开发单位制定治理措施提供依据，是油田开发中亟待解决的问题。

目前识别优势渗流通道的方法通常采用数值模拟法、油水井生产动态分析法。数值模拟法结果受初始地质模型影响较大，无法准确反映高含水后期的储层非均质特征，油水井生产动态分析法基础数据来源于生产动态数据。近年来，随着油藏动态监测技术的发展与应用，生产测井技术在油田开发中的作用越来越大，综合目前常规动态监测技术特别是流量测试技术特点，发展了一种在作业完井前通过连续流量测试，了解各层吸水能力、快速识别定位优势渗流通道，为调整层间差异、改善层间剖面、协调平面注采提供依据。

1　技术原理

目前动态监测技术中同位素示踪测井、脉冲中子氧活化水流测井、相关示踪流量测井等为主的注入剖面测井技术均可用于识别注入井的优势渗流通道，但这些技术均是在作业完井后进行测试，结果只能作为下一步通过作业措施进行酸化、封堵的措施依据。如何在作业完井前了解地层真实吸水能力，识别优势渗流通道？提出了基于连续流量测试技术的

第一作者简介：潘亚强(1988—)，男，高级工程师，主要从事测试井工艺及资料解释应用研究。E－mail：459623201@ qq. com。

优势渗流通道识别技术，该技术将测试环节前移，在下完井管柱前了解清楚地层吸水能力状况，快速准确识别优势渗流通道，便于问题早发现，早治理。

基于存在优势渗流通道地层随注入压力增大吸水量明显增加的特点，将注水井测调技术中的分层压点测试工艺与连续流量测井方法结合，在作业完井前，在套管内环境内测取不同注入压力下的连续流量资料，实现摸清层间差异性，识别层间、层内、平面矛盾，同时计算各注水层和层内韵律段不同压力下的吸水量、启动压力，为优势渗流通道调剖、欠注(不吸水)层酸化及优化注水层位提供依据，为完井后合理有效注水提供保障。

2 关键技术内容

注水井测试测调施工时，通过改变注入压力(通常称为压点)测试井下各层流量数据，基于测取的流量计算地层吸水指数与启动压力，计算得到的地层吸水能力与启动压力是在油管环境下测取的，不能反映地层真实吸水能力，同时根据水井测调资料制定治理措施一般需要进行作业施工，成本较高。基于连续流量测试的优势渗流通道评价技术借鉴了水井测调的压点测试工艺，在套管内测取不同注入压力下(一般以4个不同压力值为宜)的连续流量曲线，根据连续流量资料计算各小层及层内韵律段吸水量、绘制指示曲线、求取各小层吸水指数、启动压力，了解各层吸水能力，识别优势渗流通道，为调剖、封堵、优化注水参数提供依据，具体测试工艺见图1。

图1 连续流量法地层吸水能力测试技术工艺流程

2.1 连续流量曲线趋势判断

在流量资料解释分析中，流量曲线斜率表示流量的变化率，根据连续流量曲线的斜率变化分析地层吸水能力大小。连续流量曲线斜率没有发生变化的层位说明不吸水，流量线斜率变化越大说明对应层位或层内某段吸水性越好，随着注入压力提高，流量线斜率出现明显变化，说明该压力下优势通道特性有所显现，根据连续流量曲线变化趋势划分测量井段内的韵律层、韵律段，同时连续流量曲线趋势判断也可定性判断各层吸水能力。

2.2 连续流量取值选点读值

目前常用的流量测井技术均是基于流体流动速度计算所得，流体流动速度与管柱截面积决定了流量的大小。

$$Q = \pi \times V \times D^2 / 4 \tag{1}$$

式中，V为流量计所测流体流速，m/s，D为管柱内径，mm。

在实际施工时，由于套管弯曲变形、腐蚀等因素造成套管内径值发生变化，连续流量曲线不会保持平滑，在不同压力连续流量曲线上读值时，应选取各韵律层、韵律段上界、下界平稳段流量值。零流量值的选择是连续流量测井资料解释的关键，零流量值通常为末端层位以下静水区的流量值，末端层位不吸水的情况下，零流量值的读值位置会相应变化，可参考井温曲线确定准确读取零流量值。

2.3 流量算法

受仪器上提速度的影响，连续流量曲线上读取的流量值不是实际流量值，每个压力对应的地面实际流量是已知量，实际流量值为零时对应连续流量曲线读值为已知量，测量过程中速度保持不变，可以认为连续流量曲线上所读取的流量值与实际流量值都在斜率相等的一条直线上，采用直线斜率法在连续流量曲线上将井下不同深度的测量值还原为实际流量值。折算后的流量反映真实注入量。

根据连续流量曲线斜率变化情况对层间、层内吸水情况进行细分，定量计算出各韵律层、韵律段吸水量。用测井解释平台绘制吸水剖面图，用注水井测调分水软件分水处理后得到各韵律层、韵律段的吸水指数和启动压力。

2.4 优势渗流通道判断依据

表征地层吸水能力参数有吸水强度、相对吸水量、吸水指数等。吸水强度、相对吸水量反映的是一个压力下的地层吸水能力，优势渗流通道的特点是随着注入压力升高，吸水量明显增加，即单位有效厚度地层吸水能力明显增强，用不同压力及对应水量绘制成指示曲线，从指示曲线上计算出的吸水指数能反映一段压力范围内的地层吸水能力，所以用每米吸水指数作为界定高耗水条带的量化依据。

注水指示曲线指：在稳定流动条件下，注入压力与注入量的关系曲线(图2)。吸水指数指：注水井在单位注入压差下的日注水量。用指示曲线计算两种工作制度下日注水量之差与压之差的比值，表示地层吸水能力的强弱。每米吸水指数定义：一米厚地层在一兆帕注水压差下的日注水量。

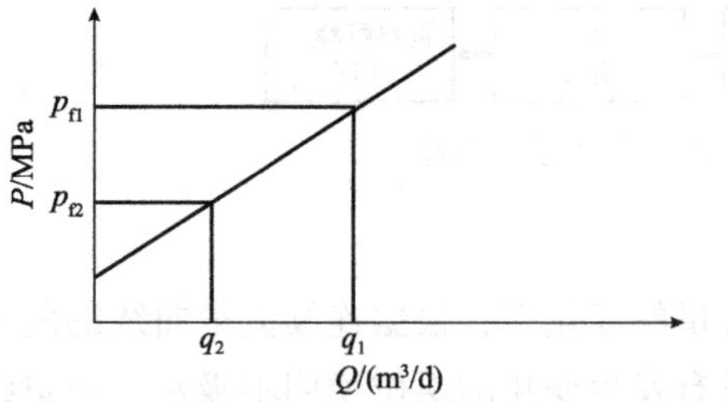

图2 指示曲线图

吸水指数：

$$K = \frac{q_1 - q_2}{p_{f1} - p_{f2}} \tag{2}$$

每米吸水指数：

$$K = \frac{q_1 - q_2}{p_{f1} - p_{f2}} / h \tag{3}$$

优势通道划分为三个级别：优势通道(高)每米吸水指数≥ $60m^3/MPa \cdot m$；优势通道(中)每米吸水指数 $30 \sim 60m^3/MPa \cdot m$；欠注层(不吸水层)每米吸水指数≤ $30m^3/MPa \cdot m$，地质、工艺部门可根据级别制定治理顺序，采取不同的调控措施。

3 现场应用实例

3.1 识别层内矛盾 准确定位优势渗流通道

A井为孤岛油田某单元一口注水井，日配注量 $60m^3/d$，生产层位为 $Ng4^2$、$Ng4^4$ 层。对应四口油井 A1、A2、A3、A4 含水均在96%以上，为提升井组开采效果，在A井作业过程中，进行连续流量测试，评价地层吸水能力。

该井在10.28MPa、9.4MPa、8.89MPa、8.25MPa四个压力下进行了连续流量测试，根据曲线流量变化趋势，判断 $Ng4^2$ 层吸水强，$Ng4^4$ 层吸水弱。注入水量主要集中在 $Ng4^2$ 层上段1206.3～1208m厚度为1.7m的井段上，计算该段每米吸水指数经为 $65.6m^3/MPa \cdot m$，判断为优势通道(高)，$Ng4^2$ 层下段1208～1212m不吸水，测试结果显示 $Ng4^2$ 层层内矛盾突出；$Ng4^4$ 层吸水差。根据测试结果，对 $Ng4^2$ 层进行调剖、重点封堵 $Ng4^2$ 层上段1206.3～1208m优势渗流通道，同时加强 $Ng4^4$ 层注水，补充其地层能量，起到抑强扶弱的作用，调整了层内矛盾，均衡了层间能量，治理后对应的 A1、A4 两口油井含水下降、日油平稳上升(图 3 和表 1)。

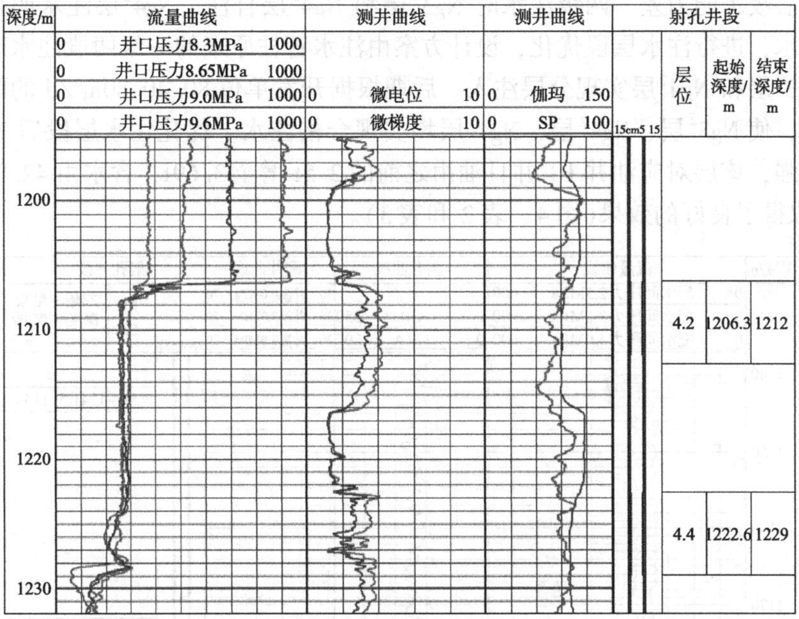

图 3　A 井连续流量测井图

表 1　A 井分层测试成果表

层段及其深度/m	启动压力/MPa	射开砂厚/m	吸水指数/(m^3/MPa)	每米吸水指数/(m^3/MPa·m)	注入压力/MPa	注入水量/(m^3/d)
Ng42 1206.3～1208	7.76	1.7	111.51	65.6	10.88	347.35
					10.58	313.9
					10.28	280.44
					9.98	246.99
					9.68	213.54
Ng42 1208～1212	—	4.0	—		10.28	0
Ng44 1222.6～1229	6.59	6.4	8.41	1.31	10.88	36.06
					10.58	33.54
					10.28	31.02
					9.98	28.5
					9.68	25.99

3.2　识别层间矛盾 优化注水层段

B 井共三个小层分两级注水，第一级配水器注 $Ng3^4$ 和 $Ng4^2$ 两个层位，第二级配水器单注 $Ng4^3$ 层。该井多次测调施工，均因井筒脏导致流量不稳或遇阻无法完成测调。因区块注水需要，进行作业更换管柱。为了解各层位吸水情况，该井在作业完井前进行了连续流量测试，共测取2.5MPa、3MPa和4MPa三个不同压力下的连续流量曲线。通过测试发现$Ng4^3$层每米吸水指数为61.3m^3/MPa·m，为主力吸水层，存在优势渗流通道，$Ng3^4$层吸水较好，$Ng4^2$层吸水能力差。两级注水时$Ng3^4$层和$Ng4^2$层合注，$Ng4^2$层注水明显不足。为实现均衡注水，进行注水层段优化，设计方案由注水管柱原来的一级两段注水改为两级三段注水，$Ng3^4$层和$Ng4^2$层实现分层注入。后期根据开发单位80/40/80m^3/d的配注要求进行分层测调，使$Ng3^4$层、$Ng4^2$层、$Ng4^3$层均实现合格注水。优化注水层段后$Ng4^2$层吸水能力得到加强，该层对应油井B1井日油由之前的2.5t增至3.69t，含水由42.86%下降至11.36%，取得了良好的效果(图4、表2和表3)。

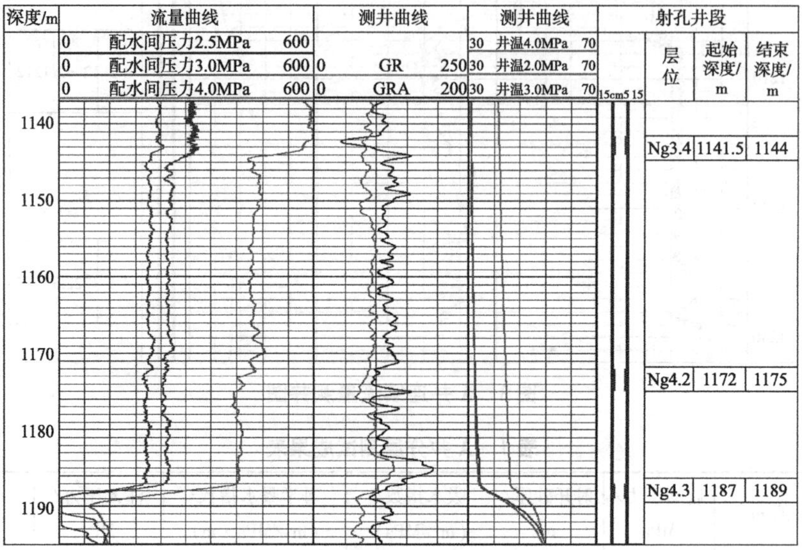

图4 B井连续流量测井图测井图

表2 优化前注水层段及配注

注水层段及深度/m	配注量/(m^3/d)	注水级段
Ng34 – Ng42	90	一级两段
1141.5 ~ 1175.0		
Ng43	80	
1187.0 ~ 1189.0		

表3 优化后注水层段及配注表

注水层位及深度/m	配注量/(m^3/d)	注水级段
Ng34	80	两级三段
1141.5 ~ 1144.0		
Ng42	40	
1172.0 ~ 1175.0		
Ng43	80	
1187.0 ~ 1189.0		

3.3 识别平面矛盾 认识平面耗水不均衡性

C1、C2 井是孤岛油田 Ng4－6 单元同一井排上的注水井，属于注聚转后续水驱区块，注水层位同是 $Ng4^2$、$Ng4^4$层，通过测试发现 C1 井 $Ng4^2$层吸水能力差，全井注入量主要集中 $Ng4^4$层中间段 1247.2～1247.8m，优势渗流通道明显，而 C2 井 $Ng4^4$层吸水差，注入水主要集中在 $Ng4^2$层上段 1228～1228.7m，存在优势渗流通道。两口井相同层位启动压力差别较大，优势渗流通道不在同层位说明 C1、C2 井在平面上吸水能力差异较大，平面耗水不均衡。

开发单位通过采取平面上转流线的方式，加强 C1 井 $Ng4^2$层配注、降低 $Ng4^4$层配注，降低 C2 井 $Ng4^2$层配水、加强 $Ng4^4$层配水，迫使液流转向，有效遏制优势通道内无效水循环(表 4)。C2 井对 $Ng4^2$层的吸水量进行控制，加强对 $Ng4^4$层的注入，随着配注的增加，$Ng4^2$层的启动压力也逐渐降低(图 5 和图 6)。

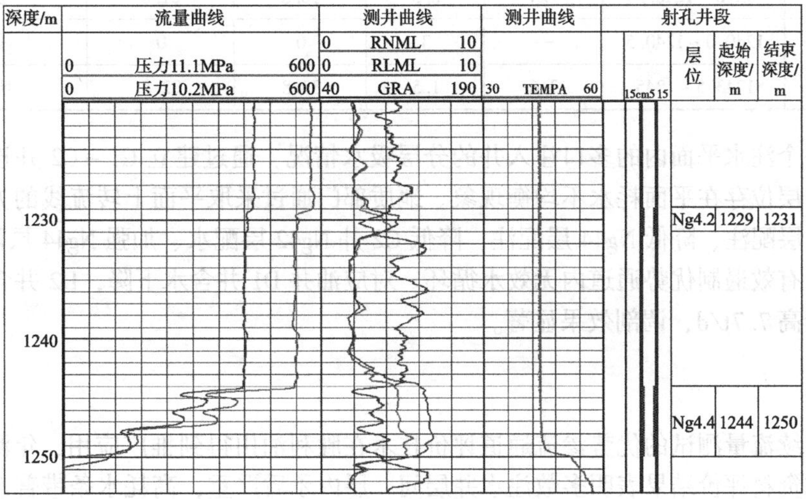

图 5　C1 井连续流量测井图测井图

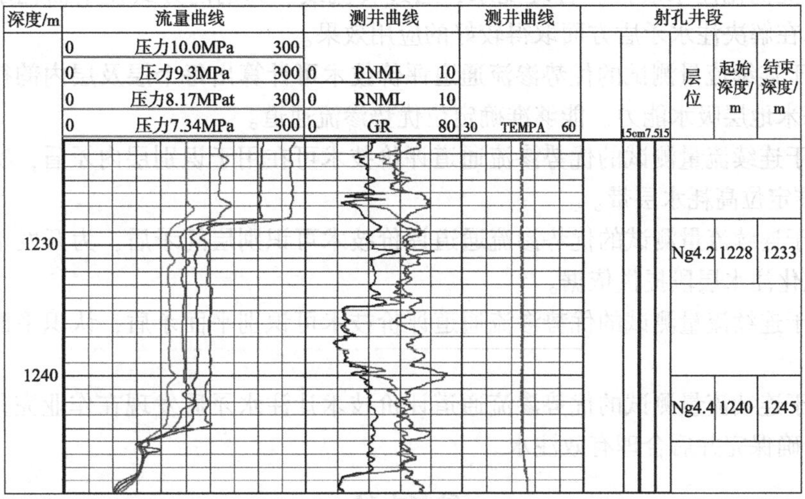

图 6　C2 井连续流量测井图测井图

表4　C1、C2 井吸水能力评价表

井号	层位	韵律层段深度/m	启动压力/MPa	射开砂厚/m	吸水指数/(m^3/MPa)	每米吸水指数/(m^3/MPa·m)	评价结果
C1 井	Ng42	1229－1229.5	9.4	0.5	13.6	27.2	吸水差
		1229.5～1231.4	9.6	1.9	7.9	4.1	吸水差
		1244～1247.2	7.9	3.2	38.91	12.2	吸水差
	Ng44	1247.2～1247.8	8.2	0.6	43.8	73	优势渗流通道(高)
		1247.8～1250	8.9	2.2	34.7	15.8	吸水差
C2 井	Ng42	1228～1228.7	6.5	0.7	84.2	120.3	优势渗流通道(高)
		1228.7～1233	—	4.3	0	0	不吸水
		1240～1240.5	7.4	0.5	10.8	21.6	吸水差
	Ng44	1240.0～1240.5	—	3	0	0	不吸水
		1243.5～1245	3.6	1.5	33.8	22.5	吸水差

根据一个注水平面内的多口注入井的分层吸水情况，通过建立 C1－C2 井连井剖面图发现相同的层位存在平面耗水不均衡现象。地质部门通过采取平面上转流线的方式，加强 C1 井 Ng42 层配注、降低 Ng44 层配注，降低 C2 井 Ng42 层配水、加强 Ng44 层配水，迫使液流转向，有效遏制优势通道内无效水循环。对应油井 D1 井含水下降，D2 井含水下降明显，日油最高 7.7t/d，调剖效果显著。

4　结论

基于连续流量测试的优势渗流通道评价技术在胜利油田得到推广应用，年测试 100 余井次，测试资料评价结果表明多数注水井层间、层内矛盾严重，高耗水条带普遍存在。开发技术人员利用评价结果，优先封堵优势渗流通道；其次酸化、解堵欠注层、不吸水层，根据测试情况优化注水层位、合理配水，通过转流线、调剖的方式使平面耗水趋于均衡性，该技术在解决注水矛盾方面取得较好的应用效果。

(1)基于连续流量测试的优势渗流通道评价技术可计算出每个层及层内韵律段吸水指数，反映每米地层吸水能力，能够准确定位优势渗流通道。

(2)基于连续流量测试的优势渗流通道评价技术可在用于识别层内矛盾，实现识别层内矛盾 精准定位高耗水层带。

(3)基于连续流量测试的优势渗流通道评价技术可识别层间矛盾，为开发单位实施酸化增注等优化注水层段提供依据。

(4)基于连续流量测试的优势渗流通道评价技术可识别平面矛盾，认识平面耗水不均衡性。

(5)基于连续流量测试的优势渗流通道评价技术让注水矛盾发现在作业完井前，早发现早治理，确保完井后合理有效注水。

参考文献

[1]刘博、张荣达，张伊琳，等．双河油田高耗水条带影响因素及治理对策可行性研究[J]．油气藏评价

与开发，2020年第6期，96－102.
[2]康玲珍，李辉，等．双河油田V上层系高耗水条带识别方法研究[J]．石油地质与工程，2017年第4期，57－59.
[3]姜汉桥．特高含水期油田的优势渗流通道预警及差异化调整策略[J]．中国石油大学学报(自然科学版)，2013年第5期，114－119.
[4]崔传智，韩兴源，等．水驱油藏高含水期耗水条带表征指标及分级方法[J]．油气地质与采收率，2022年第3期，85－91.
[5]杨勇．正韵律厚油层优势渗流通道的形成条件和时机[J]．油气地质与采收率，2008年第3期，105－107.
[6]胡永乐，王燕灵，杨思玉，等．注水油田高含水后期开发技术方针的调整[J]．石油学报，2004年第5期，65－69.
[7]王鸣川，石成方，朱维耀，等．优势渗流通道识别与精确描述[J]．油气采收率，2016年第1期，79－84.
[8]李秀兰．优势渗流通道中的高速非达西渗流动态特征分析[J]．石油地质与工程，2009年第6期，93－96.

滩坝砂油藏“超前人造高压 + 差异化压裂”典型做法及应用

孙鹏霞　冯春雷　周玉龙　赵洪涛　刘斌龙　王亚楠

（中国石油化工股份有限公司胜利油田鲁明油气勘探开发有限公司）

摘　要：利津洼陷沙四段上亚段主要沉积滨浅湖背景下的砂质滩坝相，是东营凹陷主要的油气富集区之一，上报探明含油面积约 240km^2，探明石油地质储量约 8400×10^4t。鲁明公司工区滩坝砂油藏地质储量约 1600×10^4t，前期受限于储层薄、埋藏深、物性差、非均质性强的地质特点，通过弹性开发及常规注水开发效果较差，一直未能实现有效动用。近年来“压驱”开发理念在胜利油田低渗透油藏开发取得良好实践效果，公司针对滩坝砂油藏在经济合理井距的基础上建立油水井有效驱替的问题，树立了压驱补能、压裂引效的思路，通过开展不同井距下压驱试验，逐步迭代提升工艺参数及管柱配套，实现了地层压力系数的快速提升。在压驱条件下结合井网井距、储层物性、砂体对应等因素进行油井差异化压裂方案设计，降低储层非均质性导致的裂缝不均衡扩展，提高近井地带有效缝网的复杂程度，实现了滩坝砂油藏单井产能的大幅提升。

关键词：低渗透油藏；滩坝砂；压驱；压裂；差异化设计

胜利油田低渗透资源丰富，难动用储量开发潜力大，受油藏条件、开发认识及工程技术的局限性，前期常规注水开发普遍存在注入能力低或注不进的问题，呈现出低能、低液、低采出程度、高递减率的开发特点，开发效益较低。近年来胜利油田突破传统认识，提出“压驱”开发理念，并于 2020 年开展压驱技术矿场实践，相比常规注水补能方式，压驱技术借助水力压裂设备或专用泵撬以高于或接近油层破裂压力的排量注水，单井日注达千方以上，可建立有效驱替，实现地层能量快速补充。截至 2023 年 8 年，压驱累计推广实施 600 余井组，共设计注水量达 2000×10^4m^3 以上，其中以低渗透油藏为主，占比 84.6%。压驱后井组呈现产液产油能力、动液面以及地层压力的显著上升。

鲁明公司于 2021 年开始压驱技术矿场试验，先后在滩坝砂油藏、基山砂岩油藏以及常规砂岩低渗油藏推广实施，截至 2024 年 5 月，共实施压驱注水 62 井次，其中新区实施 25 井次，累计注水 90×10^4m^3 以上，老井实施 37 井次，累计注水 90×10^4m^3 以上。通过一系列矿场试验不断推进压驱管柱迭代提升，实现了由笼统压驱走向分层压驱、由分层压驱走向压驱一体化、由多轮次压驱走向压驱同注的转变，目前正攻关试验智能压驱管柱，逐步解决矿场实践中面临的问题。同时建立“学习曲线”，探索井网井距、压驱方案及压裂方案的参数协同化设计。截至目前在滩坝砂油藏通过“先期补能、差异施策”开发模式实现了区块高产及稳产，逐步成为低渗透油藏主导开发新技术。

1 滩坝砂油藏开发特征

胜利油区东营凹陷和沾化凹陷广泛分布滩坝砂储层，主要发育沙二段和沙四段储层。公司滩坝砂油藏工区的构造位置为东营凹陷利津洼陷西斜坡，沙四上砂体分布复杂，滩砂发育居多，单层厚度一般1～3m，砂体主要集中在1、2砂组，也是开发研究的主力层。工区内储层断裂系统较为复杂，发育一系列北东向、近东西向断层，油层埋深2500～3000m，沉积亚相为滨浅湖亚相，沉积微相类型有滩砂、坝砂、湖泥，根据老区五口取心井分析，孔隙度平均14.6%、渗透率平均$6.2\times10^{-3}\mu m^2$，为低孔、低渗构造－岩性油藏。

前期滨425块老区于2005年压裂投产沙四段，实行弹性开采，由于边底水不发育，每采1%地质储量地层压力下降4.0MPa，弹性产率为1.8×10^4t/MPa，天然能量开发递减率较高。2011年起实施精细注水开发，由于注采井距较大(平均337m)以及渗透性差，油井注水见效率低。

2 滩坝砂油藏压驱－压裂矿场先导试验

公司于2021年起在老区南部滨425块南扩、西部滨450区块实践滩坝砂油藏压驱－压裂开发方式，通过"学习曲线迭代"不断优化井网井距部署、压驱－压裂实施先后顺序、压驱管柱设计及压裂参数设计等，探索新区高效建产模式。

2.1 滨425块南扩：探索小井距下压驱注水开发效果

滨425块南扩方案采用反五点法井网部署，平均注采井距为220m，初期设计常规注水开发，部分油井采用常规机械分层压裂投产后，公司以油田开展压驱试验为契机，将剩余方案优化为压驱注水开发，在区块开展先导试验探索先压裂后压驱、先压驱后压裂投产模式下油井生产特征及效果。

在压驱方案设计方面，采用笼统压驱管柱，三口井累计注水量为$8.04\times10^4m^3$，注入排量为$0.7m^3/min$，注入压力为27～38.7MPa，从注入情况看，压驱注水能有效解决低渗透油藏注不进的难题。在压驱注水后，先期压裂投产的油井中70%出现油、套压反应，平均油压上升14.4MPa，动液面上升880m，平均单井液量有5.9t/d上升至11.6t/d，证实压驱注水实现了油藏的快速补能(图1)。

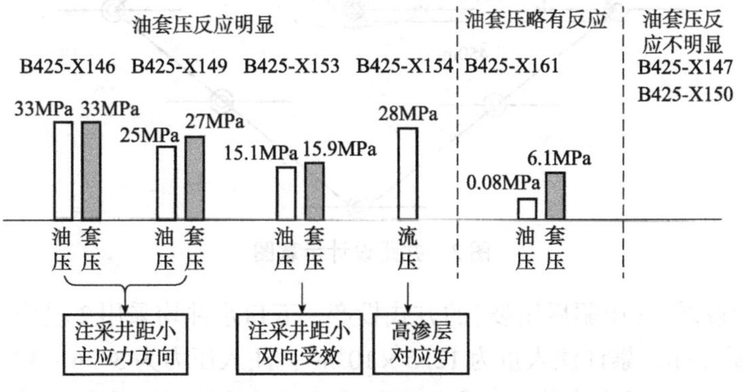

图1　滨425南扩区块压驱过程油井端压力响应情况

水井压驱结束后，第二批次油井进行套管压裂投产，通过投产后持续跟踪生产情况，得出不同井距、不同投产方式下的油井生产特征，详见表1。在大井距和小井距情况下，油井先压裂投产会形成局部压降，后大排量压驱注水均会造成严重的方向性水窜；在小井距情况下，采用先压驱后压裂模式投产，主应力方向仍存在水窜现象。

表1　滨425块南扩区块投产情况

区块	井组	投产模式	井距/m	生产情况
滨425块南扩	滨425－斜160	先压裂后压驱	220	主应力方向油井投产后即水窜
	滨425－斜157	先压驱后压裂	200	近主应力方向油井投产10个月水淹
	滨425－斜157	先压裂后压驱	450	主应力方向油井投产39天后水窜

2.2　滨450块：拉大井距、先压驱后压裂投产实践

通过前期在滨425块南扩的投产效果，取得小井距下井多、易水窜、效益差的认识，后在滨425块西部部署滨450块新区，贯彻“拉大注采井距、先压驱后压裂投产”的理念，开展井网井距优化、精细分层压驱实践以及套管规模压裂优化。

前期常规注水开发下，注采井距为220～350m，油井注水受效低，滨425块南扩平均注采井距220m，压驱－压裂投产油井含水上升较快，过早水淹。在滨450区块综合考虑压驱形成缝长、油井压裂后的裂缝长度以及油井技术极限泄油半径之间的关系确定井距，相比传统常规注水开发方式实现井距的有效放大，设计井距为350～450m(图2)。

胜利油田低渗透油藏极限控制半径经验公式：

$$r_{极限}=3.226(P_e-P_w)\left(\frac{K}{\mu}\right)^{0.5992} \tag{1}$$

式中，$r_{极限}$为极限控制半径，m；P_e为压驱压力保持水平，MPa；P_w为压驱油井井底流压，MPa；K为基质渗透率，$10^{-3}\mu m^2$；μ为地层原油黏度，mPa · s

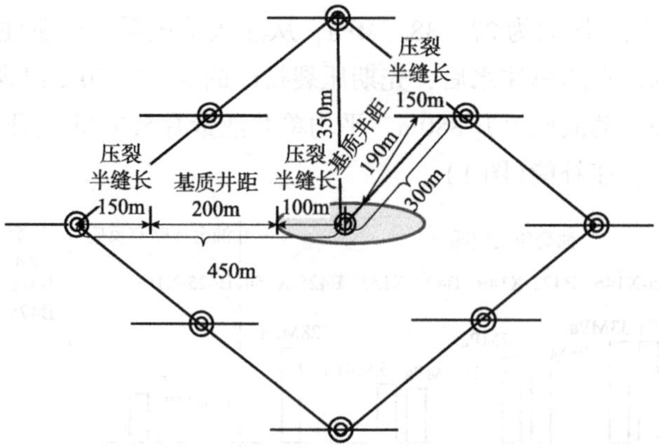

图2　井距设计示意图

拉大井距后遵循“先压驱后压裂”的方式投产，五口水井均采用2段分层压驱，注入排量为0.4～1.3m^3/min，累计注入量为12.5×10^4m^3，注入压力为34.6～42.5MPa。

在压驱管柱方面，前期在滨425南扩区块成功试验笼统压驱管柱，因滩坝砂油藏纵向多砂泥薄互层，层间差异大，为满足均衡水驱需求，通过与科研院所合作，试验由常规笼

统压驱走向多轮次分层压驱的转变，解决“分得开”的问题。主要对管柱材质及工具结构进行了升级：(1)要求分层工具耐温 150℃、耐压 50MPa，由丁腈橡胶优化为氢化丁腈橡胶材料，增强抗老化和耐温性能；(2)增加配水器孔目，满足大排量施工需求($\geq 1.5m^3/min$)；(3)分层封隔器选型由 Y341 组合优化为 Y531、Y521 组合，辅助锚定，增强承压能力，延长管柱有效期；(4)换层方式由常规测调向投捞转变，换层方式简单可靠，满足多轮次注入需求(表 2 和图 3)。

表 2　封隔器胶筒材质优化

橡胶材料	耐温/℃	抗磨	耐压	防压歪	耐油
丁腈橡胶 NBR	-25 ~ 100	一般	一般	一般	一般
氢化丁腈橡胶 HNBR	-25 ~ 150	强	强	强	强

在压裂方案设计方面，实现压裂理念从“提高裂缝导流能力”向“缝控储量”的转变，压裂方式由前期机械卡封压裂向套管压裂转变，结合井网井距、油水井对应关系及压驱水量等因素一体化设计油井改造规模，通过提高施工排量、入井液量、加砂强度等参数，有效增大储层的改造体积，形成“硬分层(桥塞封隔) + 软分割(层间暂堵)相结合”的套管精细压裂模式。

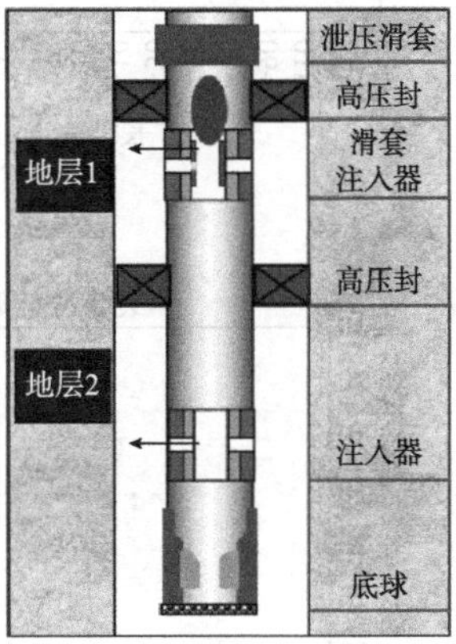

图 3　多轮次二层压驱管柱示意图

相较滨 425 块南扩，该块油井投产后日液水平增加 4.0t/d，日油水平增加 1.4t/d，实现了减少方向性水窜、提高单井产能的目标。平均单井自喷期 76 天，相较滨 425 块南扩自喷期延长 18.8%，但仍具备进一步提升地层能量、延长自喷期的潜力。

3　滩坝砂油藏“超前人造高压 + 差异化压裂”效益建产

前期滨 425 块南扩及滨 450 区块通过压驱 - 压裂投产模式取得良好开发效果后，公司在老区北部储量未动区块按照整体规划、分批建产原则，部署多期方案，以延长油井自喷期、大幅提高单井产能及降低百万吨产能投资为目标，进行精细高效开发模式的进一步迭代提升。

3.1　滨 435 块“超前人造高压”延长油井自喷期

为实现低渗透油藏油井长期高压自喷，压驱注入量及注入速度等参数是关键因素，压驱管柱的可靠性是重要保障。在滨 435 块压驱水量设计时，通过地质建模，以区块 5 年累计产油量最大化为指标，对各砂层组压驱注水量进行了优化，同时结合油藏工程方法，设计压驱后地层压力系数恢复到 1.6 以上(考虑干层有一定吸水量)，进一步优化各段注水量，18 口水井累计注入量为 $48.6\times10^4m^3$，单井最高注入量为 $9.6\times10^4m^3$，相对前期滨 425 块南扩 - 滨 450 块单井注入量[$(1.6\sim3.7)\times10^4m^3$]实现有效提升，根据油井投产后生产情况，折合地层压力系数最高升至 1.8。

为进一步实现纵向上均衡驱替，根据储层厚度和物性，水井端优化为变密度限流射孔方式，油层采取8孔/米、油干层12孔/米、干层16孔/米的射孔参数，改善层间吸水差异性。

压驱方面主要是针对压驱施工参数以及压驱管柱进行优化升级。压驱施工参数方面，前期与科研院所针对压驱注水破岩机理开展研究，研究结果表明不同排量对裂缝形态影响很大，阶梯降排量注入更有利于形成短缝，造缝体积小，阶梯升排量注入更有利于形成长缝，造缝体积大，如图4、图5所示。

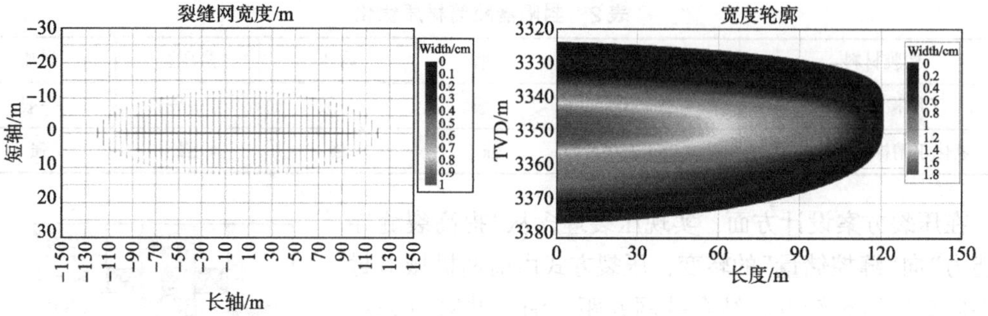

图4　阶梯升排量裂缝模拟

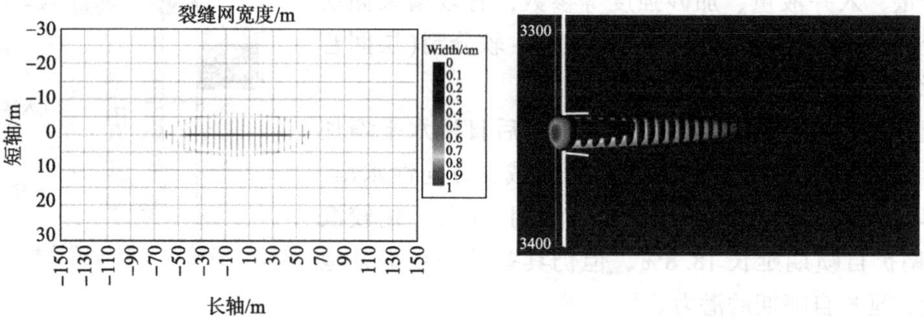

图5　阶梯降排量裂缝模拟

表3　不同排量裂缝形态

注入方式	排量/(m^3/min)	液量/m^3	合计液量/m^3	缝长/m	缝高/m	带宽/m	造缝体积/10^4m^3	井底压力/MPa
升排量	0.5	3500	10000	119.7	17	23.5	19.8	66.78
	1	3500						
	2	3000						
降排量	2	3000	10000	59.9	17	12.1	3.8	69.34
	1	3500						
	0.5	3500						

因此为促进不同尺度微裂缝形成，扩大波及面积，在注入过程开展变排量注入试验(表3)。矿场实施时注水排量先低后高，最高排量1.2m^3/min，随着累注增加井口压力增加(最高限压48MPa)，以0.1m^3/min为阶梯降低注入排量，最低下调至0.9m^3/min(图6)。

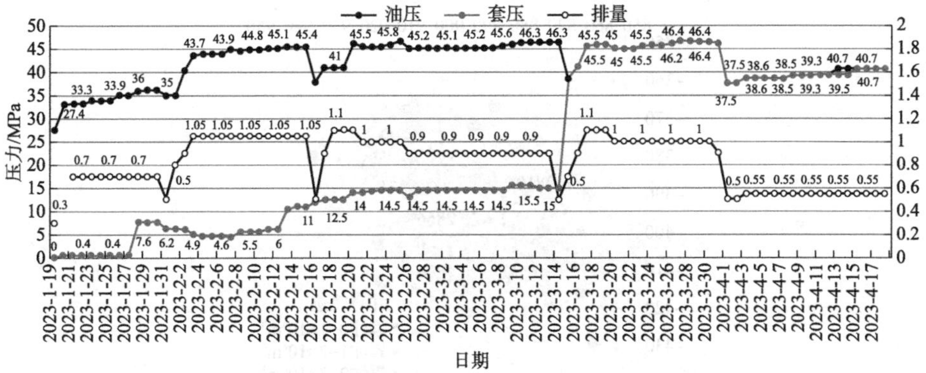

图6　滨435－斜15井压驱注水曲线图

在压驱管柱方面，根据前期滨450块矿场应用情况(图7)，水井实施压驱后压力扩散较慢，压驱结束一年后井口压力仍保持11～15MPa，作业难度大，多轮次分层压驱管柱无法满足及时转常规注水的开发需求。

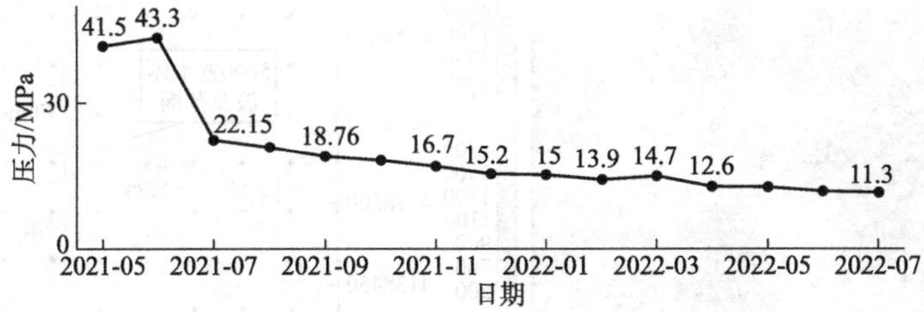

图7　滨450块压驱井压力扩散曲线

为解决一趟管柱同时满足压驱和常规注水的问题，对管柱结构进一步迭代提升，主要升级以下三个方面：(1)改用高强度低摩阻压驱配水器，实现无级调配，满足不同大小流量需求(50～1000m^3/d)；(2)采用可洗井压驱封隔器，解决测试仪器遇阻无法处理的问题，同时设计分瓣式肩部保护机构，通过48天150～160℃、40MPa高温高压老化加速试验，密封性能超越不可洗井胶筒常规胶筒；(3)换层方式改进升级，创新融合投捞杆＋后期测调的组合方式，满足后期直接转常规的同时确保首轮压驱成功率，实现可洗井分层压驱注水一体化。在此基础上为满足区块均衡注水的需求，通过优化管柱组合，成功将试验分层数由两段提高至三段。可洗井分层压驱注水一体化管柱在滨435区块成功实施1井次，累计注入4.3×$10^4$$m^3$，后期已成功实现转常规注水(图8)。

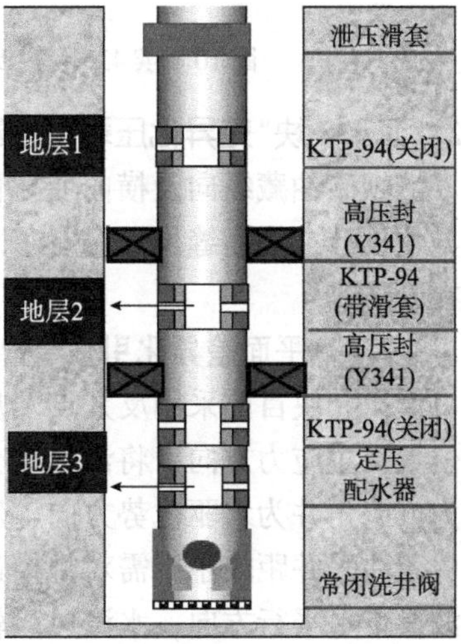

图8　压驱注水一体化管柱(带滑套)示意图

为实施掌握补能动态，在水井压驱过程中进行实时微地震裂缝监测，根据破裂事件个数及发生时间，判断水驱前缘位置、优势方位和水驱推进速度。后为实现更精确监测，优化采用电磁注水监测，通过对数据进行反演，预测注水波及范围，为后续压裂规模设计提供依据(图9和图10)。

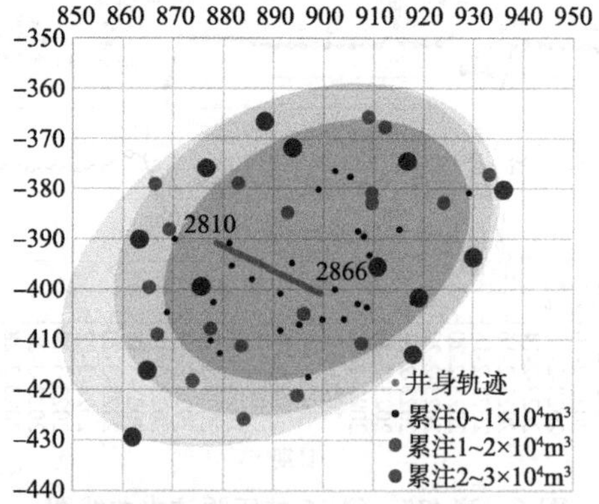

图9 滨435－斜15井地面监测微震时间位置的 $x-y$ 平面图(微地震监测)

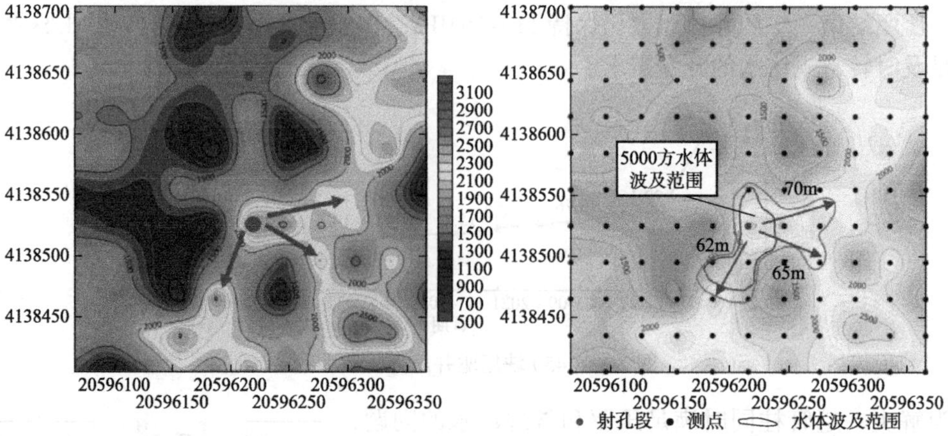

图10 滨435－斜25井注入 $10000m^3$ 时波及方位及范围(电磁监测)

3.2 滨435块“差异化压裂”提高单井产能

滩坝砂油藏纵向及横向变化快，在水井压驱快速补能的基础上，对油井压裂方案进行差异化设计，提高缝网改造体积、减少水淹水窜风险，是实现单井产能大幅提升的关键所在。

3.2.1 平面差异化引效

滨435块目前采用反九点及反七点井网，以反九点井网为例(图11)，根据油水井相对位置及主应力方向，将油井划分为主应力方向角井、垂直于主应力方向角井及边井。主应力方向角井为水驱优势方向，压裂半缝长应等于注采井距与水驱前缘、油井泄油半径之差，若注采井距较小则需对规模进行相应控制；垂直于主应力方向角井压裂裂缝方位与水驱波及带呈平行方向，水淹风险较小，不考虑后期周边新井部署的情况下以产能最大化为目标，可适当放大规模；边井与水驱优势方向呈一定夹角，以油井泄油半径为半径的圆与水井水驱前缘相切时，得到最优半缝长。

在储层发育方面，滩坝砂储层横向变化快，砂层组连通性差异大，压裂段内小层油水井均发育的以及小层物性较好的，裂缝易过度延伸，压裂规模需进行适当控制，反之则适当放大规模。

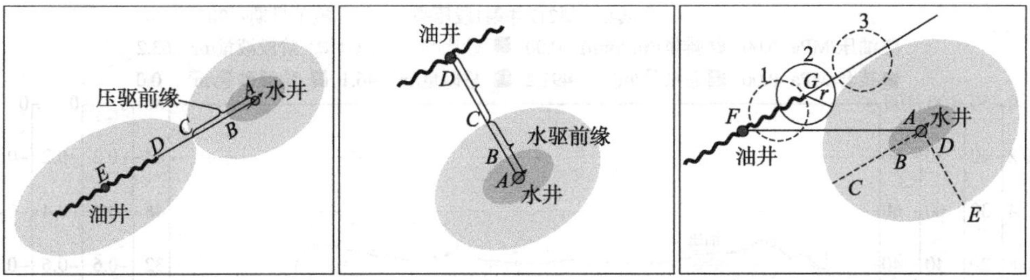

图 11　主应力方向油井、垂直主应力方向油井、边井压裂规模设计示意图

区块内小规模次级断层发育，从前期投产效果看，次级规模起不到遮挡作用，断层发育区储层微裂缝较为发育，油井规模压裂后易沟通微裂缝体系，导致压驱形成的压力场转向，形成窜流，因此断层附近油井压裂规模应适当控制，避免油井过早水淹。

除上述因素外，还要考虑水井水驱前缘监测结果，根据注水优势方向和波及范围，对油井改造规模进行相应调整。

3.2.2　纵向差异化改造

在主导工艺选择方面，根据室内岩心试验，坝砂的裂缝复杂程度系数 1.201，脆性指数为 0.475，一般形成复杂缝与劈裂缝，滩砂的裂缝复杂程度系数 1.088，脆性指数为 0.278，一般形成单剪缝与劈裂缝，因此在以坝砂为主的压裂段内，优选复杂缝网工艺，以滩砂为主的压裂段内，优选高导流通道压裂工艺。

在段内均衡改造方面，根据压裂井光纤连续产液剖面测试结果及射孔自喷井产液剖面测试结果，进行暂堵改造后层间产液差异仍较大，物性好、厚度大的坝砂储层是主力贡献层，未经压裂即可获得较高产能，厚度小、物性差的滩砂储层通过暂堵对其改造后产液能力仍较小或不产液。为避免滩砂高渗层缝长失控、加强对滩砂储层的改造，在原暂堵方案的基础上进行了针对性优化：对于含部分滩砂储层的压裂段，试验先期暂堵，在前置液加入后立即降排量投球暂堵，着重改造差储层；对于油水井小层对应好、位于次级断层发育区的油井，规模压裂后水窜风险较大，仅加入缝内暂堵剂，减少用液控制缝长；对于水窜风险小的油井，采用复合暂堵，实现均衡改造的目的(图 12～图 14)。

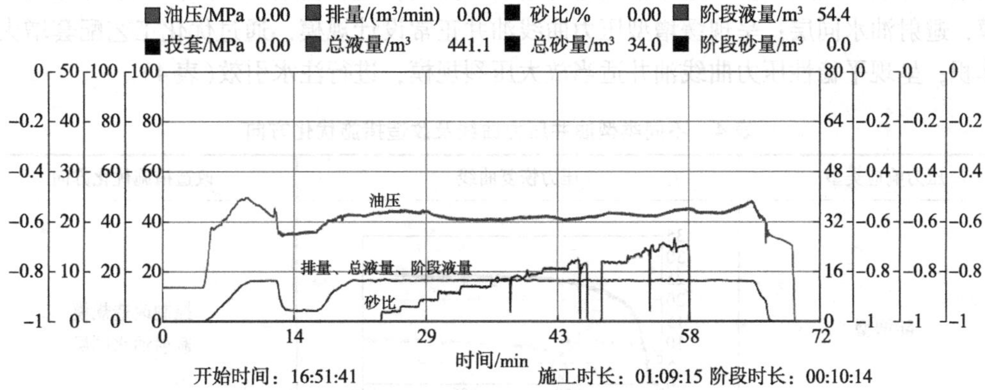

图 12　滨 435－斜 104 井压裂施工曲线(先期投球暂堵)

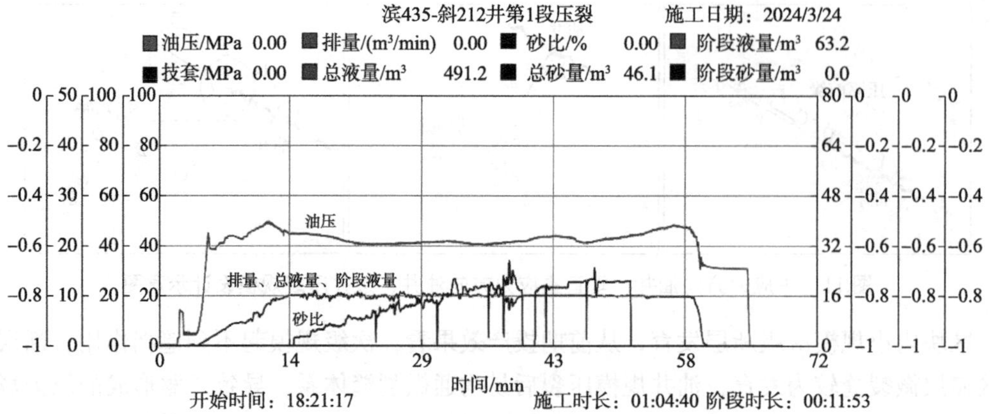

图 13　滨 435 – 斜 212 井压裂施工曲线(缝内暂堵)

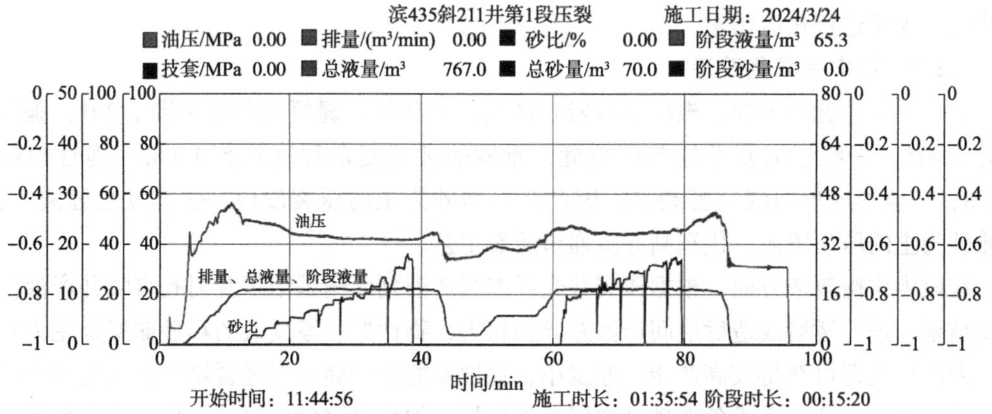

图 14　滨 435 – 斜 211 井压裂施工曲线(复合暂堵)

3.2.3　压裂方案实时调整

第一批次油井投产时，部分井射孔第一段后高压自喷，为进一步掌握油井压驱受效情况，适时调整压裂规模，后续投产时在水井压驱过程中射开油井首段观察压力恢复，根据监测结果对油井储层发育及连通情况进行判断及分类，呈现陡增型压力曲线油井适当控制规模，避射油水同层；呈现缓增型压力曲线油井正常设计规模，通过优化工艺配套增大改造体积；呈现平稳性压力曲线油井适当放大压裂规模，进行注水引效(表 4)。

表 4　不同类型油井压力曲线及改造措施优化方向

压力响应类型	压力恢复曲线	改造措施优化方向
陡增型	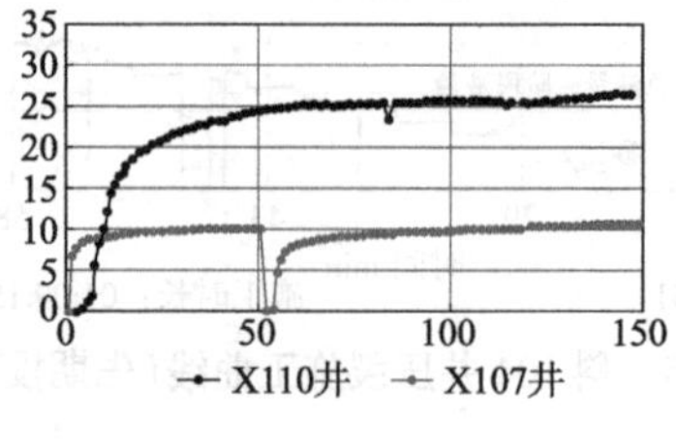	控制改造规模 避射油水同层

续表

压力响应类型	压力恢复曲线	改造措施优化方向
缓增型	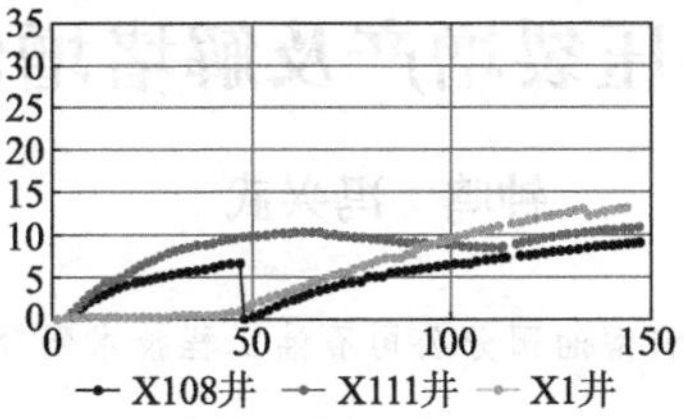	正常改造规模 采用复合暂堵 强化缝网改造
平稳型	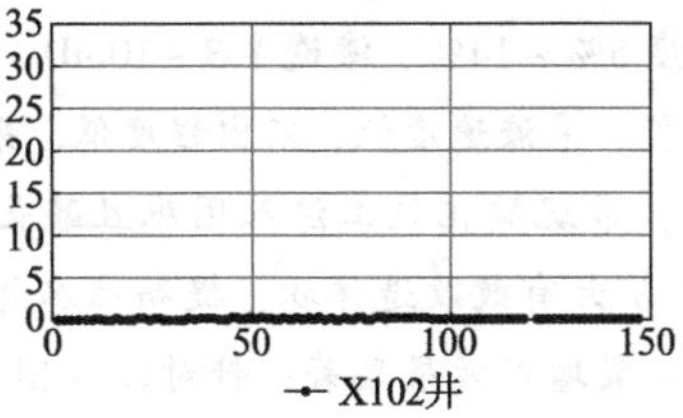	加大改造规模 进行注采引效

滩坝砂油藏成藏规律复杂，前期个别井钻探失利，在新区分批建产过程中，通过多方面开展动态监测，持续加强对储层的认识，指导投产方案优化。滨 435 块投产过程中，油、水井均加入示踪剂，通过监测水井端示踪剂判断水窜原因，通过监测油井端各段示踪剂返排情况，判断储层产液能力。

滨 435 区块目前共投产三批次，28 口油井，其中 4 口井射孔后高压自喷，24 口井压裂改造，截至目前平均单井投产 262 天，平均单井累油 1924t，平均单井自喷期 162 天，相较前期投产效果，实现了单井产能的有效提升及自喷期的大幅延长。

4 小结

公司通过“超前人造高压＋差异化压裂”的投产模式，实现了滩坝砂及基山砂岩等低品位难动用油气藏的效益建产，接下来在压驱技术方面要进一步加强管柱迭代提升，开展压驱同注及智能压驱技术攻关，提高管柱可靠性及压驱时效；针对前期水窜井组，目前加强调研，优选堵水体系对裂缝性水窜进行封堵；在压裂工艺方面，目前正开展压驱条件下“短宽缝”裂缝参数优化，加强裂缝形态与压驱参数匹配关系认识，针对滩坝砂油藏多薄层特征，继续开展均衡改造压裂工艺配套研究，提出均衡改造配套方法以及效果评价方法，并通过优化入井材料及泵注程序进一步降低压裂成本。

参考文献

[1]杨勇，张世明，曹小朋，等．胜利油田低渗透油藏压驱开发技术实践与认识[J]．油气地质与采收率，2023，30(6)：61－71.

[2]杨勇，王建，卜亚辉，等．胜利油田压驱开发技术实践与认识[J]．油气地质与采收率，2023，30(3)：87－93.

[3]马庆利．东营凹陷多薄层低渗透滩坝砂储层分层压裂工艺优化[J]．油气地质与采收率，2017，24(2)：121－126.

安棚浅中层系压裂增产及解堵增注技术研究

钟鸣　冯兴武

（中石化河南油田分公司石油工程技术研究院）

摘　要：安棚浅中层系孔隙度5%～14%，渗透率3～10mD，受储层特征影响，驱油效率低，处于“四低”状态，采油速度低、采液速度低、采出程度低、采收率低，开发效果效益差。常规压裂单一裂缝增产幅度有限，常规酸化施工注入困难且酸化效果差。储层非均质性强，针对不同类型储层，攻关形成以“扩大有效改造体积，提高注水量，增能补能”为核心的压裂增产技术，实现储层有效动用，压裂增产效果显著；针对注入困难的问题，评选出复合解堵增注剂，并配套高压增注工艺注入，降压增注效果明显。

关键词：低孔低渗；压裂增产；高压增注

1　油藏概况

安棚浅中层系前身为赵凹油田安棚东南区，构造形态为北西抬升、南东倾没的鼻状构造，含油层位为H3 Ⅰ－Ⅵ油组，39个小层，112个含油气单层，含油井段在2000～3000m，孔隙度5%～14%，渗透率3～10mD。属低渗油藏，地质储量729×10^4t。

1985年钻探泌99井、泌114井发现的该区块。先后经历了求取自然产能的试采阶段、基础井网部署和压裂求产阶段、井网综合调整阶段等，目前已进入特高含水开发后期。浅中层系共有油井62口，开井23口，注水井31口，开井12口，日产液206t，日产油35.7t，综合含水82.7%，采油速度0.178%，采出程度6.49%，目前表现为采出程度低，采液速度低，采油速度低、采收率低，综合含水高的“四低、一高”的开发现状。

2　压裂及解堵主要面临问题

（1）压前产量低，压后弹性开采产量下降快有效期短，必须增大改造体积才能达到经济开发目的。

（2）老井主力层初期压裂单一裂缝增产幅度有限，储层动用程度低。

（3）安棚地区深层系具有层多、层薄、含油气井段长的特点。有的井压裂段含有4～5层，跨距近60m，合层压裂难以保证每层均压开，对分选压要求较高，给压裂施工增加了难度。

（4）西南部储层物性差，注水井地层吸水能力低，同时由于地层温度高，地层碳酸岩含量及敏感性矿物含量高，酸化增注措施的难度大。

第一作者简介：钟鸣（1989—），男，河南驻马店，河南油田石油工程技术研究院，工程师，主要从事油水井酸化解堵和压裂工作。

3　不同类型储层压裂增产技术优化研究

3.1　厚层混合水体积压裂技术优化研究

3.1.1　建立可压性多因素综合评价方法，明确储层具备形成复杂缝的条件

(1)储层可压性单因素分析

裂缝发育情况：裂缝整体较发育，以高角度缝和垂直缝为主，裂缝有效性较好；脆性矿物含量：较高，56%～87.8%；岩石力学参数：水平应力差小(5～9MPa)，差异系数小(0.08～0.13)；断裂韧性：小(0.5～3MPa·$m^{1/2}$)。通过单因素分析储层天然裂缝发育、脆性特征较强、水平应力差异系数小、有利形成复杂缝网。

(2)建立了基于测井数据可压性多因素综合评价方法

可压性综合评价模型：$FI = \sum_{i=1}^{n} S_i W_i$，$FI$为可压性指数；$S(i=1, 2, 3, 4)$为各影响因素的标准化值；$W(i=1, 2, 3, 4)$为各影响因素的权重系数。计算了安棚浅中储层综合可压性，形成复杂缝 FI≥0.5。

3.1.2　构建砂砾岩储层裂缝动态扩展模型，确定砾岩储层水力裂缝扩展主控因素。

(1)裂缝扩展模拟取得主要认识。

水力裂缝以绕砾为主进行扩展，砾径变化不会对水力裂缝延伸方向产生较大影响；在水平井筒附近易形成复杂裂缝网络，扩展到远井端后以简单缝为主(图1)。

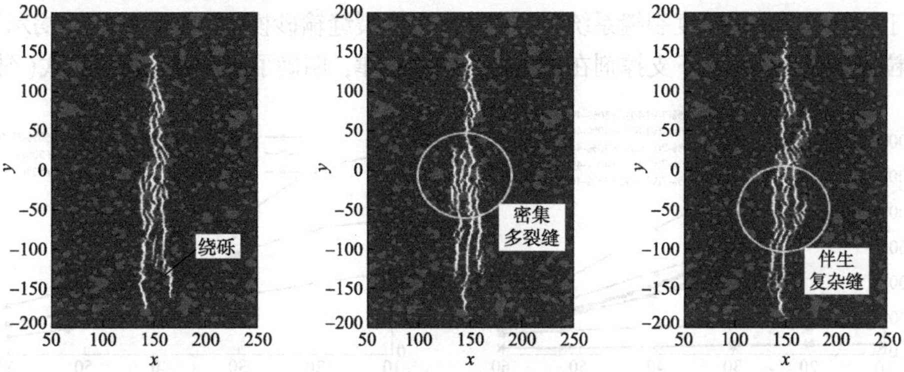

图1　砾岩裂缝扩展形态

(2)基于灰色关联法，确定了影响砾岩储层裂缝扩展形式和裂缝宽度的主控因素(图2和图3)。

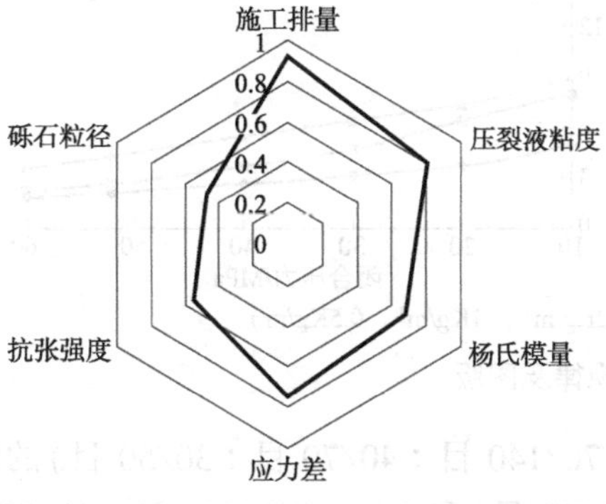

图2　不同因素对水力裂缝扩展影响程度分析

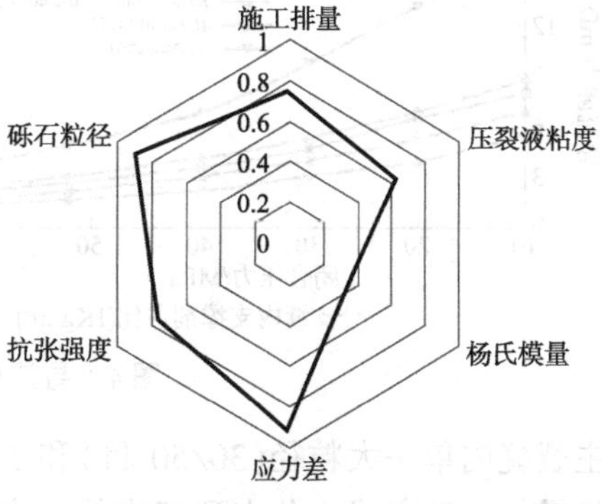

图3　不同因素对水力裂缝宽度影响程度分析

水力裂缝延伸方式影响因素：水平应力差＞砾石粒径＞抗张强度＞施工排量＞压裂液黏度＞杨氏模量

水力裂缝宽度影响因素：施工排量＞压裂液黏度＞水平应力差＞杨氏模量＞抗张强度＞砾石粒径

3.1.3 混合水体积压裂技术优化研究

针对安棚浅中层系厚油层隔层厚度薄、应力差小的特点，常规压裂单一裂缝增产效果差的问题，通过低成本滑溜水压裂液、HPG压裂液配方评选，组合方式优化，实现控缝高造长缝及复杂缝网，配套组合粒径支撑剂，实现不同尺度裂缝的有效支撑。

(1)混合水体积压裂工艺

通过变黏滑溜水造缝、冻胶携砂的液体模式进行压裂，实现体积改造，增大了泄油体积，有效提高了储层平面及剖面上储量动用程度。同时能够改善渗流状况，建立有效驱替压力系统，促使油井见效。主要增产机理一是形成“主裂缝＋微缝”扩展形态；二是裂缝发生剪切破坏、错断、滑移；三是有效流动的驱动压力大大降低。

压裂液室内评价变黏滑溜水平均伤害率8.9%，滑溜水在流量为18～22L/min时，降阻率可达73.3%，可满足大排量压裂施工要求；瓜胶压裂液破胶液平均最终伤害率11.1%，满足现场施工要求。

(2)多元组合加砂

对于压裂形成的多尺度裂缝系统，开展了多尺度裂缝输砂模拟和导流实验，揭示了不同排量、粒径和黏度等条件下支撑剂在裂缝内的运移规律，明确了多元组合加砂方式(图4)。

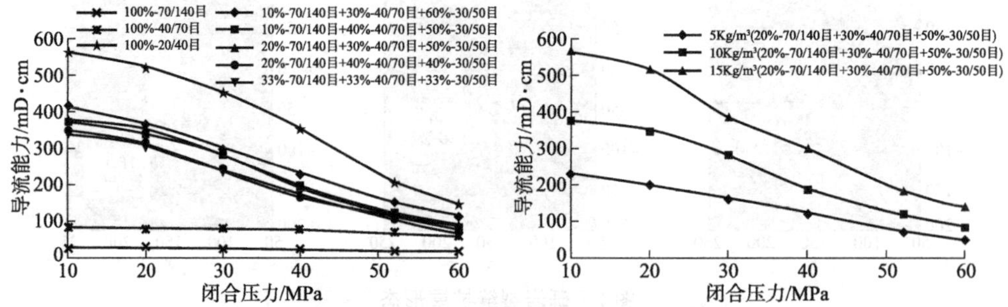

主裂缝内支撑剂占比(10Kg/m³)、铺砂浓度(15Kg/m³、10Kg/m³、5Kg/m³)

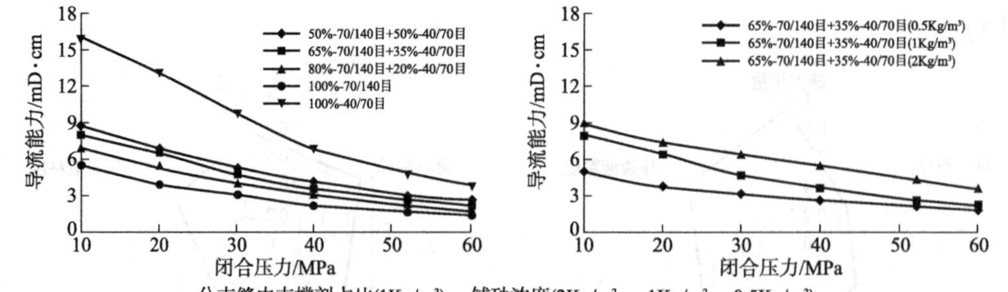

分支缝内支撑剂占比(1Kg/m³)、铺砂浓度(2Kg/m³、1Kg/m³、0.5Kg/m³)

图4 导流能力变化规律及图版

主裂缝内单一大粒径(30/50目)和2∶3∶5(70/140目∶40/70目∶30/50目)的组合加砂是最佳加砂方式；分支裂缝内单一中粒径(40/70目)和1∶1(70/140目：40/70目)

的组合加砂是最佳加砂方式；裂缝内支撑剂铺置砂浓度越高，导流能力越高；随闭合压力增大，高浓度铺砂与低浓度铺砂条件下导流能力差距逐渐变小。

(3)精细控缝高工艺。

前置液扩缝阶段采用低黏复合液体 + 低排量或变黏度变排量施工进行控缝高造缝，能够控制裂缝在有限储层范围内充分延伸。

压裂液黏度是影响缝高控制的第一工程因素，其次是压裂施工排量、压裂液液量；压裂液黏度越高，缝高越难控，采用低黏压裂液造缝能有效控制裂缝高度的延伸；施工排量越大，缝高控制越难，低排量造缝施工可有效控制缝高，变排量压裂可兼顾造缝控缝高及加砂要求；施工液量越大，缝高纵向延伸高度增加，且表现出阶梯性增加，在保证加砂规模的情况下，尽量减少压裂液用量。

3.2 老井暂堵重复压裂工艺优化

针对投产初期，主力层常规压裂单一裂缝储层动用程度低，研究采用层间或层内暂堵重复压裂工艺，促使裂缝转向，提高储层改造程度，更大范围地沟通老裂缝未动用的剩余油区，扩大油井泄油面积，提高单井产能，并对其用量和加入时机进行优化。

3.2.1 暂堵剂优选

通过对三种暂堵剂室内评价，结果表明：PGA2 溶解性能远优于传统可降解材料 PLA 和 PBST；PGA2 暂堵剂在 30℃下，30min 水溶解率 9.35%；在 120℃下，48h 的水溶解率 90.9%。

暂堵强度评价：20% PGA2 暂堵剂用 0.4% HPG 基液驱替，厚度 7.5cm，承压 39.09MPa，能够满足暂堵转向压裂需要。

3.2.2 暂堵剂用量设计

暂堵剂用量首先模拟计算确定压裂施工参数，得出暂堵前压裂裂缝形态参数；然后计算暂堵剂用量，根据裂缝封堵的暂堵剂、裂缝滤失的暂堵剂和近井筒滤失的暂堵剂计算。

$$V_{暂堵剂} = V_{裂缝} + V_{裂缝滤失} + V_{近井筒滤失} = (h_i \times L_i \times W_i \times 1/2) \times 2 + (h_i \times L_i \times x_i \times 1/2) \times 2 + \pi(R_{22} - R_{12}) \times H_i \times \Phi_i (\mathrm{m}^3)$$

暂堵剂的投加方法是加入前降低排量至 1.5 ~ 2m³/min，在混砂罐中人工快速加入，比例 10% ~20%，加入后提高排量至设计排量。

3.3 多层细分压裂工艺优化

为充分挖掘不同特点储层的增产潜力，针对不同区域储层隔夹层发育不均、油层厚度、数量差异大的特征，开展细分压裂等工艺研究，以满足在采出端提高产油能力的需求。

3.3.1 多元控缝高工艺

(1)变黏度变排量控缝高。

采用低黏液体低排量造缝可有效控制缝高，后期提高黏度排量有效加砂；二是人工隔层控缝高：携带液加入上浮剂或者下沉剂，阻止裂缝进一步垂向延伸。

(2)细分压裂工艺。

不动管柱机械分层压裂工艺：跨度大，隔层厚度 >10m；限流分层压裂工艺：未射孔，层与层应力差异小多薄层，隔层厚度 <5m；投球分层压裂工艺：跨度小，不能采用机械分层的井，隔层厚度 5 ~ 10m；复合分层压裂工艺：机械分层 + 限流分层、机械分层 + 投

球分层、机械+限流+投球分层。

4 水井复合解堵增注剂配方和工艺优化研究

针对长期注水造成深部堵塞及低渗储层物性差启动压力高的问题，评选出复合解堵增注剂为低伤害缓速酸及表活剂 TG－3，室内岩心驱替实验使渗透率增大倍比为 2.0 以上，降压增注效果明显；完善配套高压酸化等增注工艺，达到解除储层深部污染堵塞，降低注水压力的目的。

4.1 储层特征分析

针对安棚浅中层系储层物性差，油井产能低，注水困难的问题，开展储层特征分析。储层碳酸盐含量较高(0.9%～13.6%)，可采用酸化提高渗透性；黏土含量在 4.9%～9.3%，不含蒙脱石；敏感性较弱(弱—中速敏、弱—中盐敏、中等偏弱水敏、弱偏中等碱敏、弱酸敏)。

4.2 水井复合解堵增注剂配方评选

4.2.1 欠注原因分析

通过对欠注井层分析，欠注井主要分别在区块西南部扇根，相比于扇中和扇前缘，泌 301 井区所在的扇根亚相注入压力高，注入量低，长期注水后易堵塞地层引起压力上升欠注。通过注入水岩心驱替实验，长期注入后渗透率下降 1/3，综合分析认为注入水污染是造成注水压力上升引起欠注的主要因素。

4.2.2 酸液配方评选

(1)主体酸液配方评选。

通过土酸及配方缓速酸对安棚岩心渗透率改善对比实验表明：土酸对安棚岩心渗透率改善效果较差，缓速酸改善效果较好，渗透率增大倍比达 2.5 倍以上；因此选用配方为 X% 有机磷酸＋Y% 氟化氢铵的缓速酸。

(2)降压增注剂配方评选。

通过七种表面活性剂张力测试，TG－3 表界面张力最优，岩心流动实验结果表明，用 tg－3 处理后的岩心注入压力平均降幅 30%，降压效果明显。

(3)复合增注配方岩心流动实验。

针对安棚注入水对储层污染大(渗透率下降 1/3)，造成注水压力上升引起欠注的问题，通过前期实验优选的酸液配方和降压增注剂形成复合增注配方。该配方岩心流动实验结果表明，复合增注液渗透率增大倍比达 2 倍以上，且解堵后注水岩芯渗透率可保持原始渗透率的 1.5 倍以上。

(4)复合增注液注入工艺优化。

针对长期注水造成深部堵塞应用有机磷酸＋氟化氢铵缓速酸体系；针对低渗储层物性差启动压力高的问题，配套高压增注产生微裂缝，再酸化刻蚀表活剂降压，达到解除储层深部污染堵塞，降低注水压力的目的。

5 现场应用效果

针对不同类型储层，共完成 19 口井压裂方案设计，已实施 16 口，工艺成功率 100%，平均加砂符合率 100.2%，压后阶段增油 8866t，有效率 100%，平均单井阶段增油 554t。

参考文献

[1]田浩．压裂支撑剂组合性能实验研究[J]．中外能源，2020，25(12)：43－46.
[2]温庆志，张士诚，李林地．低渗透油藏支撑裂缝长期导流能力实验研究[J]．油气地质与采收率，2006，13(2)：97－99.
[3]杜冬冬．支撑剂充填层短期导流能力影响因素试验研究[J]．煤炭技术，2016，35(4)：22－24.
[4]金智荣，郭建春，赵金洲，等．支撑裂缝导流能力影响因素实验研究与分析[J]．钻采工艺，2007，30(5)：36－38.
[5]谈士海．低渗透砂岩油藏暂堵重复压裂技术研究[J]．石油实验地质，2006，28(3)：111－114
[6]张敬春，任洪达，俞天喜，等．压裂支撑剂研究与应用进展[J]．新疆石油天然气，2023，19(1)：27－34.

稠油油藏高轮次蒸汽吞吐多向汽窜特征研究

郝亮　方舒　贾喻博　孙璐

(中石化河南油田分公司工程技术研究院)

摘　要：稠油油藏经过高轮次吞吐后，地层压力保持水平降低，注汽井间发生多井蒸汽窜流现象，导致蒸汽波及范围受限，降低开发效果。通过开展二维以及三维可视化实验，研究了汽窜通道的平面以及纵向扩散特征，分析了汽窜通道扩展的形态以及大小；基于物理模拟的结果，开展了多向汽窜通道量化数学模型的推导与研究；在确定汽窜通道发育特征的基础上，开展了多向汽窜通道量化数值模拟研究，分别研究了高轮次吞吐过程中汽窜通道条数以及储层参数的变化特征，并分析了变储层参数下，汽窜通道的发育特征。为稠油蒸汽吞吐后期汽窜井的组合吞吐与调剖封窜提供了重要的理论依据。

关键词：稠油油藏；高轮次；蒸汽吞吐；物理模拟；汽窜特征

河南东部稠油目前蒸汽吞吐开发已进入高周期吞吐阶段(平均单井吞吐周期16个)，油井汽窜频繁，平均年汽窜超500井次，年影响产量达到3800t，但汽窜区域地质储量1633.3×10^4t，采出程度仅21.3%，仍具有较大潜力。近年来经过技术发展，区域组合治理技术已成为稠油热采开发主导技术。但目前仍存在以下问题：一是薄互层油藏受面积汽窜、高采出程度、地层亏空等多重影响，措施效果不明显。二是泌浅57、泌浅67等边水油藏随区域治理轮次增加，边水沿汽窜通道突进，控递减难度加大。因此，需开展多向汽窜通道特征研究，进一步指导调剖封窜工艺参数优化。

1　多向汽窜特征及窜流通道分布描述

本研究通过二维可视化实验，研究了注蒸汽过程中汽窜通道的平面扩展以及纵向扩展特征，分析了汽窜过程中汽窜通道的形状、通道个数以及汽淹范围的演变规律。采用三维物理模式实验开展了立体多向汽窜三维相似物理模拟，研究分析了不同汽窜条数对于开发效果的影响，采用荧光剂显色以及显微镜开展了汽窜通道形态及汽窜通道大小的量化研究。

1.1　二维可视化实验结果及分析

利用如图1所示二维可视化物理实验装置，实时观测高轮次蒸汽吞吐过程中汽窜通道的形状结构和分布特征，从而明确注汽过程中和生产过程中剩余油形成的过程和分布特征。

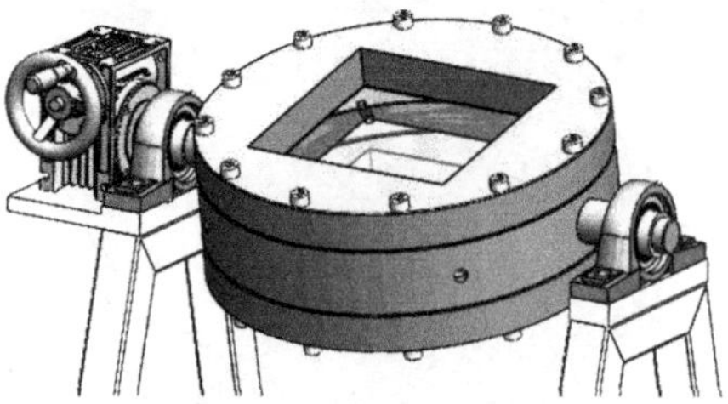

图1　可视化模型外观图

第一作者简介：郝亮(1991—)，男，河北高碑店，中石化河南油田分公司石油工程技术研究院，采油工程师，主要致力于稠油开发工艺研究。E-mail：1085324923@qq.com。

1.1.1 汽窜通道的平面扩展现象

(1)汽窜通道的宏微观特征

蒸汽注入过程中，通过高清照相机可拍摄到如图 2 所示的可视化模型中流体流动状态。

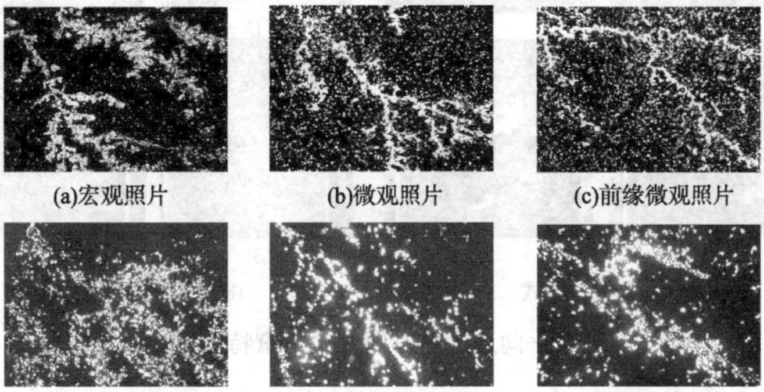

(a)宏观照片 (b)微观照片 (c)前缘微观照片

(d)注汽井附近 (e)相邻井间 (f)窜通井附近

图2 蒸汽突进过程图

由图 2 可知，由于油水间较大的流度差异以及注采端的压力差异，蒸汽在模型中除了向注入井周围扩散外还存在明显的向生产井突进的现象。由(a) ~ (c)所给出的变化情况可看出，在注汽波及的过程中，注入的蒸汽以弯曲形态的根系状逐步向前移动；前缘处呈明显的扩散状态发育，主要沿低渗流阻力方向扩展；一旦窜流通道形成，弱窜流通道基本不再发育。分析(d) ~ (e)中所给出的不同位置出的汽窜特征可以发现：吞吐井近井地带汽窜通道发育程度高，连通性强，尺寸大；井间区域汽窜通道连通性仍较强，但出现了不再发育的通道；窜通井附近(前缘处)汽窜范围明显减小。

(2)原油的分布及流动特征

蒸汽注入过程，通过进一步放大倍数的高清照相机还可以拍摄到玻璃珠及粒间原油微观分布图像，图 3 中圆球形颗粒即为玻璃珠，黑色液体为残留在玻璃珠粒间空隙内以及附着在玻璃珠表面的原油，而黄色区域为注入的高温蒸汽和热水，因玻璃珠表面还残存少量原油，而使得该区呈现黄色。

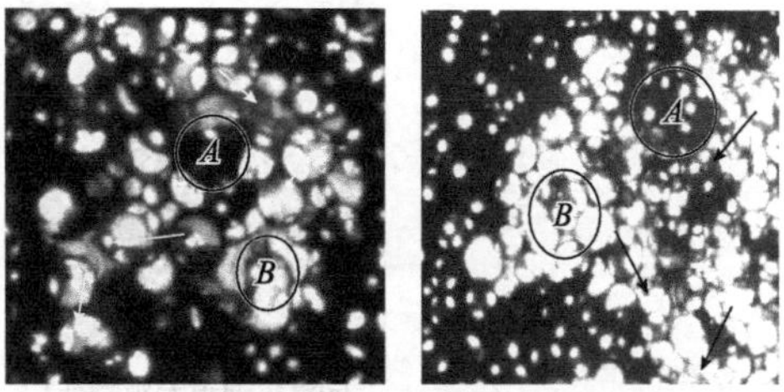

图3 原油、蒸汽及玻璃珠微观分布图

由原油微观分布高清图像可知，蒸汽吞吐过程中地层中的剩余油大致可以分为两类，分别为绕流油和残余油。绕流油指绕过渗流阻力较大的小孔隙而沿着大孔隙或大孔道流动的原油。残余油是指蒸汽吞吐过程中，由于玻璃珠表面长时间与原油接触而表现为亲油性，使得原油牢牢吸附固体颗粒表面，即使蒸汽波及这些区域也很难将这些区域内的原油彻底剥离，原油直滞留在颗粒表面形成残余油。

1.1.2 汽窜通道的垂向扩展现象

在确定平面条件下汽窜通道的发育特征之后，开展了垂直方向的二维可视化注汽模拟实验。分别开展了笼统注汽方式和中低部注汽方式，两种蒸汽注入方式。图 4 给出了两种不同注汽方式下蒸汽的扩散特征。

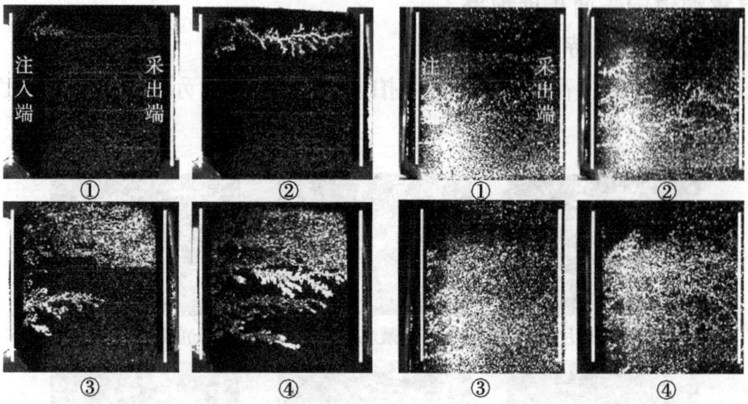

(a)笼统注汽方式　(b)中低部注汽方式

图4　垂向注汽下不同方式汽窜特征对比

通过图4可以得到，采用笼统注汽的方式，垂向上注汽容易出现蒸汽超覆运移的现象，从而导致顶部更容易发生汽窜。可以看出，采用中低部注汽的方式，虽然油藏底部的波及范围有了一定幅度的提升，但是油藏中仍出现了蒸汽超覆的现象，且反韵律的油藏由于上部渗透率相对于下部要高，更会进一步加剧这一现象的出现。

1.2　三维物理模拟实验结果

本节利用相似准则，将现场参数转化为实验参数，开展立体多向汽窜的三维物理模拟研究。通过分析不同汽窜通道条数对开发效果的影响，进行汽窜通道形态及汽窜通道大小的量化。

通过采用荧光灯对实验后的油层进行照射，可以得到如图5所示的汽窜通道分布特征。可以看出，在波及范围内，窜流通道呈现根系状分布特征。

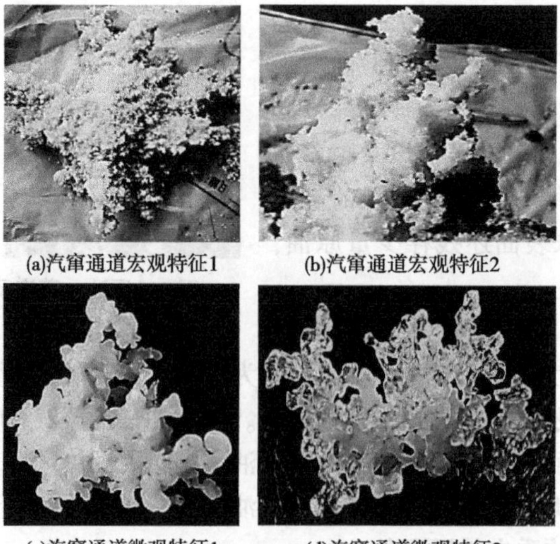

(a)汽窜通道宏观特征1　(b)汽窜通道宏观特征2

(c)汽窜通道微观特征1　(d)汽窜通道微观特征2

图5　汽窜通道分布特征

通过显微镜观察所形成的汽窜通到的尺寸，并计算尺寸大小特征，得到了汽窜通道的微观尺寸情况。统计得出，汽窜通道的尺寸大致在0.22~0.46mm，平均值约为0.34mm。

2　多向汽窜通道量化数学模型研究

基于二维可视化实验结果可知，蒸汽吞吐过程中两井间将形成如图6(a)所示的楔形加热范围。图6(b)为楔形加热范围的－简化模型，简化模型的几何特征如下：从图6(b)左侧汽窜井向图6(b)右侧注汽井圆形加热区域做切线所围成的封闭区域即为楔形汽淹范围简化模型。本章将基于能量守恒、渗流方程、管流方程等理论公式计算汽窜前圆形加热区域几何参数、汽窜后楔形汽淹区域几何参数和渗透率以及汽窜通道几何参数的计算方法。

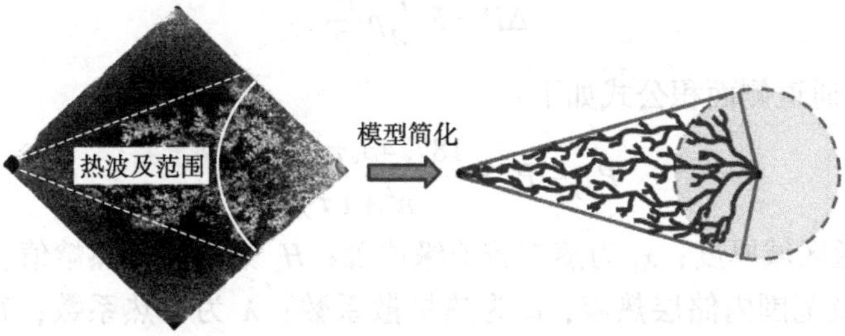

图6　蒸汽吞吐井间汽窜通道物理模型简化示意图

2.1　蒸汽窜流通道定量计算

在汽窜通道形成之前，在不考虑地层渗透率非均质性的情况下，蒸汽腔及热水前缘将近似呈圆形向外均匀扩展，但在蒸汽窜通形成之后，由于汽窜通道内流体渗流阻力远远低于普通油层，热流体将沿汽窜通道直接窜入生产井底，此时圆形的加热范围将保持稳定不在向外扩展，而热流体将沿着图7中蓝色的楔形区域流入生产井底。楔形的扇形即可表征为汽窜过程中的汽窜通道，因此建立了一套蒸汽吞吐多向汽窜通道的定量计算理论模型，便于现场进行汽窜通道的计算。

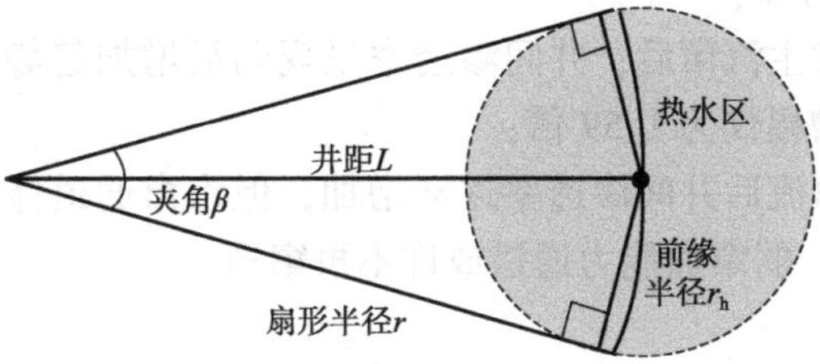

图7　汽窜波及范围基本情况

(1)热水区加热半径计算公式：

$$r_h = \frac{-b' + \sqrt{b'^2 - 4a'\left(c'\frac{A'}{2\pi}\right)}}{2a'} \tag{1}$$

$$a' = \frac{1}{6}T_s - \frac{1}{2}T_i + \frac{1}{3}T_f \tag{2}$$

$$b' = \frac{1}{6}(T_s - T_f)r_s \tag{3}$$

$$c' = \left(\frac{1}{2}T_i - \frac{1}{3}T_s - \frac{1}{6}T_f\right)r_s^2 \tag{4}$$

$$A' = \frac{i_s(L_{ws} - L_{wr}M_R h\alpha_r)}{4\lambda_r^2} \cdot \left[e^{t_D}\mathrm{erfc}\left(\sqrt{t_D}\right) + 2\sqrt{\frac{t_D}{\pi}} - 1\right] \tag{5}$$

(2)通道宽度计算公式：

$$h_f \cdot x_f = \frac{H_s i_s M_s \alpha}{4\lambda^2 (T_s - T_i)} t_f \left[e^x \mathrm{erfc}\left(\sqrt{x}\right) + 2\frac{\sqrt{x}}{\sqrt{\pi}} + 1\right] \tag{6}$$

(3)管流公式如下：

$$\Delta P = F\frac{L}{d}\rho\frac{u^2}{2} \tag{7}$$

(4)单根汽窜通道侧面积公式如下：

$$P_{inj} - P_w = \frac{187.4\rho_S \pi^5 L^8 Q_1^2}{n^2 A(\tau)^7} \tag{8}$$

式中，h_f 为热窜通区域厚度；x_f 为蒸汽腔前缘位置；H_s 为蒸汽的热焓值；i_s 为蒸汽的质量流量；M_s 为热波及范围内储层热容；α 为热扩散系数；λ 为导热系数；T_s 为蒸汽的温度；T_i 为地层的温度；t_f 为热窜通区的宽度；x 为无因次时间；ΔP 为汽窜通道两端压差，Pa；F 为摩阻系数，是雷诺数的函数，无因次；ρ 为流体密度，kg/m^3；u 为通道内流体的流动速率，m/s。

2.2 应用实例与分析

井楼一区Ⅲ5－6、Ⅲ8－9 因储层孔渗性好，经过高周期吞吐后，已形成复杂的井间窜通规律。该井区Ⅲ5 与Ⅲ6 层间隔层厚度 1.0～4.0m，Ⅲ8 与Ⅲ9 层间隔层厚度 1.0～2.0m，Ⅲ5、Ⅲ6、Ⅲ8、Ⅲ9 层内夹层厚度一般 0.2～1.0m，无法细分单采，故该井区大部分油井采取Ⅲ5－6 层合采、Ⅲ8－9 层合采的方式生产，目前可根据各单层孔渗性、采出状况、温度场及沉积微相判断出汽窜通道是沿高渗段及高渗条带呈现面积汽窜的特征。

根据以上计算结果可知：

(1)蒸汽吞吐井间发生汽窜后，井间渗透率呈现明显增加趋势，最大渗透率增幅达到 74.25 倍，最小渗透率增幅仅为 1.59 倍；

(2)同一井对多次窜流后井间渗透率逐渐增加，但汽窜通道体积不一定增加，说明个别通道渗透能力增强后，弱窜通能力通道或许不再窜通。

3 结论与认识

3.1 多向汽窜特征及窜流通道分布描述

(1)平面上，汽窜通道的发育将会以弯曲的根系状逐步移动且具有与明显的方向性特征；在吞吐井附近汽窜通道发育程度高，具有较强的连通性；井间汽窜通道的连通性也较强，但相对不容易再发育通道；当汽窜的窜流通道一旦形成，弱的窜流通道也将不在发育(表 1)。

(2)纵向上，注汽过程中将会存在明显的蒸汽超覆的现象，使得顶部容易发生汽窜，特别是反韵律油藏，该现象会进一步得到加剧。

(3)荧光剂实验以及汽窜通道刻画实验表明，汽窜通道的扩展具有明显的根系发育特征，汽窜通道的尺寸约在 0.22～0.46mm，平均尺寸约为 0.34mm。

表 1　模拟井区井间汽窜特征量化分析

注汽井	窜通井	注汽温度/℃	注汽压力/MPa	蒸汽流量/（t/d）	蒸汽干度	窜通井流压/MPa	井距/m	有效厚度/m	汽窜通道宽度/m	汽窜天数/d	汽腔前缘位置/m	单根管道直径/mm	大孔道体积/m^3	加热半径/m	原始孔隙度/%	原始渗透率/μm^2	目前孔隙度/%	目前渗透率/μm^2
LJ1518	LJ1616	260	1. 50	118	0. 7	1. 42	98. 66	11. 6	0. 950	2. 7	70. 71	0. 278	485. 6	25. 63	30. 16	3. 2622	37. 22	13. 67
LJ1516	LJ1616	260	1. 50	118	0. 7	1. 42	98. 66	11. 6	0. 950	2. 7	70. 71	0. 278	485. 6	25. 63	30. 16	3. 2622	37. 22	13. 67
L1715	L1618	242	2. 40	78	0. 7	1. 68	54. 79	3. 4	3. 323	1. 7	48. 07	0. 075	251. 4	17. 55	26. 41	0. 7925	33. 85	8. 090
L1715	L1618	235	1. 50	86	0. 7	1. 46	54. 79	11. 4	1. 740	3. 1	45. 75	0. 243	475. 1	21. 15	29. 28	2. 467	36. 43	7. 633
LJ17161	L1715	250	2. 00	184	0. 7	1. 96	68. 03	14. 2	2. 425	3. 2	58. 43	0. 291	1213. 7	24. 14	36. 10	3. 884	42. 56	11. 72
L1814	L1715	242	2. 50	184	0. 7	1. 96	153	4. 0	3. 102	2. 7	130. 2	0. 189	984. 29	32. 50	36. 82	4. 307	43. 21	18. 97
L1717	L1715	236	2. 00	97	0. 7	1. 89	63. 12	10. 4	0. 940	1. 7	49. 89	0. 214	316. 45	18. 74	36. 30	0. 996	42. 74	2. 796
L1816	L1715	235	2. 30	178	0. 7	1. 96	91. 37	3. 8	4. 900	1. 9	82. 10	0. 139	920. 30	29. 62	38. 90	7. 348	45. 08	14. 425
L1814	L1715	235	2. 50	187	0. 7	1. 96	153	4. 0	2. 760	1. 9	133. 6	0. 230	895. 72	37. 25	37. 92	5. 580	44. 20	18. 235
L1618	L1715	237	2. 30	178	0. 7	1. 88	54. 79	3. 4	4. 370	1. 8	50. 15	0. 098	697. 0	19. 89	30. 92	1. 553	37. 90	8. 310

3.2 多向汽窜通道量化数学模型研究

(1)蒸汽窜通后，在假设楔形汽淹区域地层内流体整体呈现高速非达西渗透的前提下，可利用非达西渗流公式求解楔形汽淹区域地层绝对渗透率。

(2)蒸汽窜通后，在假设单根汽窜通道内的流体流动为管流的前提下，可利用管流公式及能量守恒方程求解楔形汽淹区域内汽窜通道的个数及单根汽窜通道直径。

参考文献

[1]刘文章. 中国稠油热采现状及发展前景[M]. 世界石油工业，1998：14(5)，15－18

[2]李景营. 注氮气技术在稠油油田的研究及应用　硕士学位论文，2006，5

[3]刘文章. 稠油注蒸汽热采工程[M]. 北京：石油工业出版社，1997

[4]黄鸥，黄忠廉译. 油田稠油热采技术综述[M]. 国外油田工程，1997：1(6)

[5]李睿姗. 稠油油藏氮气辅助蒸汽增产机理试验研究[J]. 石油天然气学报，2006，28(1)

[6]庞占喜，程林松，李春兰. 热力泡沫复合驱提高稠油采收率研究[J]. 西南石油大学学报，2007，29(6)：71－74

大通径热洗清蜡防漏失双封丢手堵水技术

孙同明　王琳　宋萍萍

（中石化河南油田分公司石油工程技术研究院）

摘　要：为解决封堵层、生产层跨距大，低产油井封上采下双封丢手堵水技术抽油泵下入深度受限，影响生产层产能发挥和热洗清蜡漏失严重，油井产能恢复期长而采用 Y211 封隔器 + 抽油泵机械堵水技术，存在无法热洗清蜡，蜡卡频繁问题，研究开发了大通径热洗清蜡防漏失双封丢手堵水技术；堵水管柱配套偏心单向阀，避免热洗清蜡热流体进入油层，缩短清蜡排水期；优化了管、杆柱组合，配套了 $\Phi 60.3mm$ 油管 $\Phi 70mm$ 小直径接箍，改进了抽油泵固定阀总成，形成了过堵水管柱采油技术，提高了油井产能，现场应用成效显著，实现了大跨距封上采下低产油井正常生产，提高了开发效益。

关键词：低产油井；封上采下堵水；大通径；热洗清蜡；防漏失；过堵水管柱采油

油田开发后期，控水措施面临新的阶段矛盾，部分封上采下机械堵水井，生产层产能较低，采用 Y211 封隔器 + 抽油泵机械堵水技术，油井结蜡严重，存在无法热洗清蜡，蜡卡频繁问题；双封丢手封堵技术因封堵层、生产层跨距大，抽油泵下入深度受限，影响生产层产能发挥，且热洗清蜡地层漏失严重，油井产能恢复期长，造成无效举升。目前的机械堵水工艺技术已不能完全满足地质需要，面临新的阶段矛盾，急需发展完善相应机械堵水技术，满足开发需要。

利用双封丢手封堵技术在堵水方面的优势，结合油井存在的各种问题，研发了 5 ½in 套管井大通径双封丢手堵水技术，堵水管柱配套偏心单向阀，避免热洗清蜡热流体进入油层，缩短清蜡排水期；优化了管、杆柱组合，配套了 $\Phi 60.3mm$ 油管 $\Phi 70mm$ 小直径接箍，改进了抽油泵固定阀总成，形成了过堵水管柱采油技术，提高了油井产能，缩短了热洗清蜡排水期，现场应用成效显著，实现了大跨距封上采下低产油井正常生产，提高了开发效益。

1　5 ½in 套管井封上采下机械堵水工艺技术现状

机械堵水是使用封隔器及其配套的控制工具来封堵高含水层，阻止水流入井内。堵水主要有四种方式，即封上采下、封下采上、封中间采两头、封两头采中间，适用于多油层开采时，暂时封堵高含水层，生产低含水层油层，并且被封堵的油层在条件许可时解封后可继续采油。5 ½in 套管井封上采下机械封堵技术主要有 Y211 封隔器 + 抽油泵机械堵水技术、Y445 封隔器 + Y341 封隔器双封丢手堵水技术两种。

第一作者简介：孙同明(1970—)，男，山东鄄城人，中石化河南油田分公司石油工程技术研究院，高级采油工程师，井筒工艺，河南省唐河县油田基地唐河采油工程所。

1.1 Y211 封隔器 + 抽油泵机械堵水技术

管柱结构主要由 Y211 – 114 封隔器、抽油泵、筛管、丝堵组成。堵水管柱与生产管柱合为一体，下部为堵水管柱，上部为采油管柱，堵水管柱与生产管柱一同下入，换封或检泵一同起出，工艺简单、施工方便。不足之处是无法实现热洗清蜡、检测动液面(图 1 和图 2)。

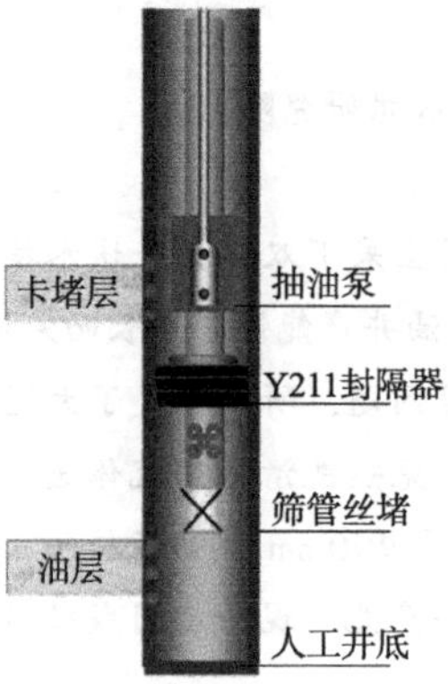

图 1 Y211 封隔器 + 抽油泵机械堵水管柱图

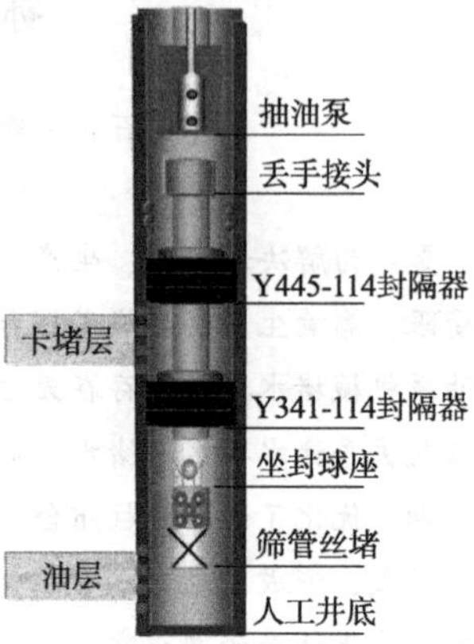

图 2 双封丢手堵水技术管柱图

1.2 双封丢手堵水技术

堵水管柱与生产管柱脱开，封隔器处于自由悬挂状态，由 Y445 – 115 封隔器 + Y341 – 115 封隔器 + 坐封球座等配套工具组成，管柱下至预定位置后，通过水力实现坐封、丢手。采油生产和检泵作业对堵水管柱无影响。优点是可热洗清蜡，检测动液面，有效期长。适应于地层供液能力充足的油井。

2 大通径热洗清蜡防漏失双封丢手堵水技术

2.1 大通径热洗清蜡防漏失双封丢手堵水技术

(1)管柱组成及工作原理

管柱由大通径 Y445 – 115 封隔器 + 安全接头 + 大通径 Y221 – 115 封隔器 + 偏心单向进油阀 + 尾管 + 丝堵组成，中间连接及尾管采用 Φ89mm 油管。现场实施按设计要求下至预定位置，打压丢手，实现对封堵层封堵及生产层单向封堵，即地层原油可以通过丢手管柱进入管柱上部，实现正常生产，而热洗清蜡流体因偏心进油阀单向阀的特殊结构无法进入地层，从而解决了热洗清蜡流体漏失问题。采油管柱采取 Φ73mm N80 平式油管与 Φ60.3mm N80 平式小直径接箍油管组合，在堵水管柱下入井段采用 Φ60.3mm N80 平式油管，其余采用 Φ73mm N80 平式油管。管柱主要用于大跨距封上采下低产热水清蜡排水期长的采油井。堵水管柱也可以单独应用(图 3)。

(2)管柱特点

①堵水管柱与偏心单向进油阀组合，形成大通径热洗清蜡防漏失双封丢手堵水管柱，可缩短热洗清蜡排水期；堵水管柱也可单独使用。

②洗井彻底：洗井时能够清洗抽油泵吸入口。

③管柱合理：可以检测动液面。

④内通径大：抽油泵可以下入管柱内，解决了双封丢手堵水技术抽油泵下入深度受限

问题。

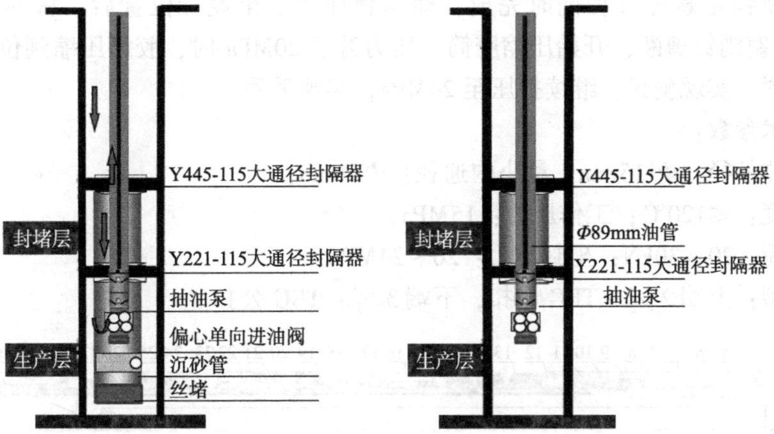

图3　大通径热洗清蜡防漏失双封丢手堵水管柱

(3)主要工具配套

①下封隔器

下封隔器为Y221－115封隔器，是压缩式封隔器，内通径为74mm，上端3 $\frac{1}{2}$in TBG母扣，下端3 $\frac{1}{2}$in TBG公扣，便于连接3 $\frac{1}{2}$in油管，主要有上接头、胶筒、隔环、锥体、卡瓦、扶正体、轨迹套等组成，其结构如图4所示。

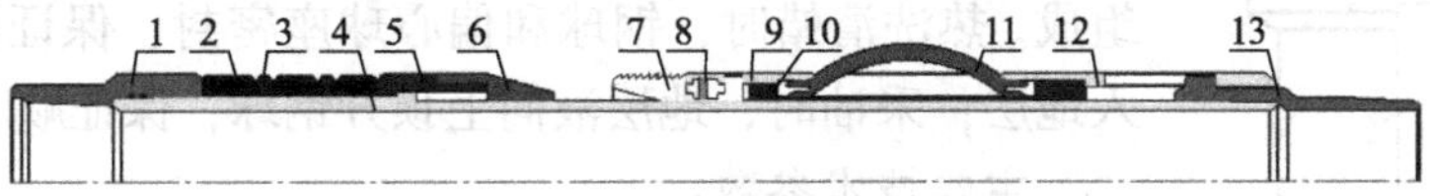

图4　Y221－115大通径封隔器结构图

1—上接头；2—胶筒；3—隔环；4—内管；5—挂套；6—锥体；7—卡瓦；8—卡瓦弹簧；9—卡瓦罩；10—扶正体；11—弹簧弓片；12—轨迹套；13—销套

坐封方式：封隔器下井到位后，上提管柱，此时换向销钉处于“J”形槽上止点，正转油管旋转，换向销钉从“J”形槽滑出，再下放管柱，扶正片在套管内壁制动，锥座进入卡瓦，将卡瓦锚在套管上形成坐封支点，再继续下放管柱即压缩密封胶筒，加压(6～8t)使封隔器坐封。

主要技术参数：

最大刚体外径：Φ115mm；内通径：Φ74mm。

工作温度：≤120℃；工作压力：15MPa。

解封载荷：20～30kN；坐封载荷：60～80kN 。

联接扣型：上端3 $\frac{1}{2}$in TBG母扣，下端3 $\frac{1}{2}$in TBG公扣。

②上封隔器

上封隔器为Y445－115封隔器，是液压水力式丢手封隔器，主要由密封部分、坐封部分、锁紧部分、压差平衡部分、解封部分等六部分组成。内通径74mm，最上端为喇叭口结构，可以方便生产管柱或冲砂管柱顺利通过，采用分瓣抱紧锁定装置，前行容易，止退可靠。锚定装置为双向卡瓦结构，锚定可靠。丢手结构采用弹簧爪装置，销钉控制，在管柱起下过程中，销钉不直接受力，避免出现中途丢手坐封现象(图5)。

坐封方式：Y445－115丢手封隔器利用液压坐封，丢手结构与坐封结构结合为一体，丢手、密封及锚定悬挂过程同时完成，即当管柱串下至设计位置后，从油管内憋压达8MPa时，活塞销钉剪断，开始压缩胶筒，压力升至20MPa时，胶筒压缩到位，同时爪簧与锁紧套锁紧，实现坐封，继续打压至24MPa，实现丢手。

主要技术参数：

最大刚体外径：Φ115mm；最小内通径：Φ74mm；

工作温度：≤120℃；工作压力：15MPa；

解封载荷：20～30kN；坐封压力：20～24MPa；

联接扣型：上端2½in TBG母扣，下端3½in TBG公扣。

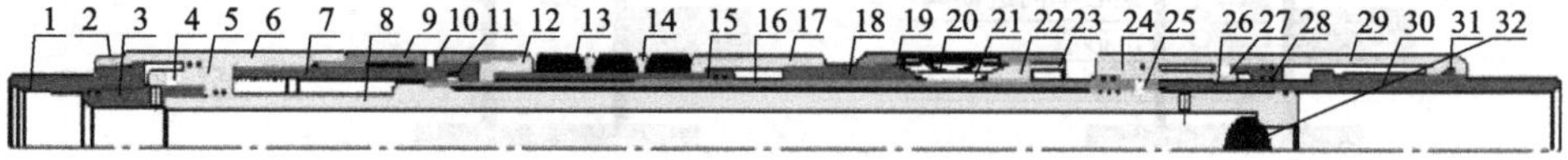

图5　Y445—115大通径封隔器结构图

1—上接头；2—缸套备帽；3—互接；4—活塞剪钉；5—活塞；6—缸套；7—打捞鱼顶；8—中心管；9—提解套；10—解封剪钉；11—锁簧；12—胶筒上压帽；13—胶筒；14—隔环；15—胶筒套；16—锁定套；17—挂套；18—上锥体；19—卡瓦罩；20—卡瓦弹簧；21—卡瓦；22—下锥体；23—卡瓦罩备帽；24—密封套；25—丢手剪钉；26—连接套；27—活塞启动剪钉；28—增力活塞；29—增力套缸；30—下接头；31—锁簧；32—坐封球

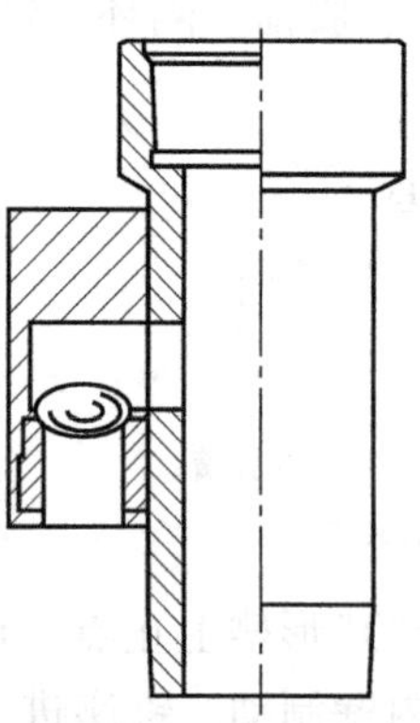

图6　偏心进油阀示意图

③偏心单向进油阀

主要由上接头、下接头、偏心主体、偏心球座和密封钢球组成。热洗清蜡时，钢球和偏心球座密封，保证清蜡流体不进入地层；采油时，地层液向上顶开钢球，保证顺利出液(图6)。

主要技术参数：

过流通道：Φ26mm；

内通径：Φ55mm；

开启压力：0.02MPa。

2.2　过堵水管串采油工艺管柱技术

大跨距封上采下油井，若油井产能低，为解决泵挂受限问题，采油管柱必须下入堵水管柱内部，常规井下工具无法正常下入，必须采用特殊的管、杆、泵组合，在查阅相关资料的基础上，对常规井下工具进行了改进，对管、杆、泵进行了合理配置，完成了采油管柱优化设计。

2.2.1　管柱组合

为了满足油管通过堵水管柱要求，需对井下管柱进行优化配置。因堵水管柱内通径为74mm，Φ73mm油管无法通过，可选择的油管只有规格为Φ60.3mm油管，其内径为50.9mm。为加大抗拉安全系数，减少断脱事故，选用钢级为N80平式油管，丝扣抗拉负荷达20.38t(在安全系数1.5的情况下，最大下入深度为1981m)。

为提高安全使用系数，我们对管柱组合进行了优化配置，采取Φ73mm N80平式油管与Φ60.3mm N80平式油管组合，在堵水管柱及以下井段采用Φ60.3mm N80平式油管，其余采用Φ73mm N80平式油管。

Φ60.3mm油管接箍外径为73mm，为便于管柱顺利通过封堵管柱，对Φ60.3mm油管将接箍进行改造，外径由 73mm 缩小到 70mm。通过校核，外径缩小后接箍抗拉强度由 649kN 降至 459kN，螺纹连接强度 320kN 不变，组合管柱按 Φ60. 3mm 油管下深 200m 计算，接箍本体受力 14kN，管柱是安全的。

2. 2. 2 抽油泵技术改进

该技术主要用于产能较低的油井，对 Φ38mm、Φ44mm 常规管式泵进行了改进。

固定阀改造：将其固定阀总成和接箍外径由 Φ89mm 缩小至 Φ70mm，以适应通过堵水管柱要求。

连接扣型改进：将抽油泵上下连接扣型均改为 Φ60. 3mm N80 平式油管扣，以满足上下连接 Φ60. 3mm N80 平式油管要求。

2. 3 实施操作流程

①通井、刮削、管柱试压：工具下井前先进行通井、刮削、洗井，保证井内通畅，无油污、无杂质，打压验管，打压压力略高于丢手压力。

②组配、下管柱：按设计要求组配堵水管柱，中间连接 Φ89mm 油管长度根据封堵段长度决定，用油管输送至设计位置，反洗井。

③坐封下封隔器：上提管柱，顺时针旋转一周以上，边旋转边下放，加压使下封隔器坐封。

④坐封上封隔器：管柱带负荷(保证下封隔器坐封)投入 Φ40 钢球，油管打压，当达到 20MPa 时，工具坐封完成，继续打压至 24MPa 送封工具分离。如未实现正常丢开，稳压 24MPa 上提管柱丢开，然后起出送封工具，下生产管柱。

⑤ 组配、下采油管柱：按设计要求组配采油管柱，Φ73mm 油管下入深度距 Y445 - 115 大通径封隔器顶部 20m，其余油管为 Φ60. 3mm 油管。

3 现场应用及效果评价

现场实施 36 井次，有效率 83%，阶段增油 1.06×10^4t，降水 $6.9\times10^4m^3$。有效的 29 口井中，措施前日均产液 12. 4t，日均产油 0. 3t，含水 97. 6%，措施后日均产液 11. 6t，日均产油 0. 9t，含水 92. 2%，累计增油 1.06×10^4t。

4 结论及认识

(1)通过配套大通径封隔器，解决了双封丢手常规机械堵水管柱抽油泵下入深度受堵水管柱限制的问题，实现了采油管柱可下至堵水管柱内部；配套了偏心单向进油阀，解决了热洗清蜡流体漏失问题。

(2)对 Φ60. 3mm 油管接箍外径由 73mm 缩小到 70mm，通过对抽油泵外径和连接扣型进行改进，对管柱组合进行了合理组合配置，解决了采油管柱下入堵水管柱内部问题。

(3)该技术仅用于直井或小斜度定向井，适用于大斜度定向井的大通径热洗清蜡防漏失双封丢手堵水技术需进一步研究。

参考文献

[1]张毅，王治国，于百勤．缩小接箍外径对油管抗滑强度影响的试验分析[B]．试验与研究，2000，29(6)：19 - 22.

水敏砂岩油藏在线增注技术研究应用

裴铁民　王端哲　张淳茜　李艺佳　吕永帅

（中石化河南油田分公司石油工程技术研究院）

摘　要：针对水敏砂岩油藏欠注井注水压力接近地层破裂压力，常规增注技术现场可操作压力范围受限，易造成地层破裂损伤，且常规基质酸化技术解堵半径小、费用高、特车等停时间长，增加了施工工期和作业占产。连续在线降压增注技术是基于储层水敏性黏土矿物在长期注水后的水化膨胀及运移导致的注水压力上升，采取小排量连续泵注施工工艺，复合应用缩膨、防膨技术，实现对水敏砂岩油藏高压欠注井层的及时治理，可不动管柱施工，降低措施成本，为水敏砂岩储层低成本开发提供技术支撑。

关键词：在线施工；降压增注；水敏；缩膨；防膨；润湿性

水敏型砂岩油藏在长期开发注水后注水压力上升，重要因素之一就是地层中水敏黏土矿物发生水化、膨胀，导致地层渗透率下降。当注入压力接近地层破裂压力后，采用常规基质酸化增注技术存在现场可操作压力范围受限，高压泵注下易造成地层破裂损伤，并且存在酸液有效处理半径小，不能解除地层深部因水敏型黏土矿物水化、膨胀、运移造成的渗透率下降问题。为此开展了利用注水系统，在注水井口采用小排量连续泵注施工的工艺技术，复合应用缩膨、防膨技术，实现对地层的深部解堵。

目前缩膨剂使膨胀黏土脱水缩膨的机理主要有以下 4 种：(1)缩膨剂所带的阳离子电荷能够与带负电荷的黏土颗粒发生中和作用，从而压缩其双电子；Zeta 电位降低，使晶层收缩，从而黏土体积收缩。(2)具有强极性氧化性的缩膨剂可以使黏土晶格松动，将晶格所吸附的水分子脱出，从而使黏土体积收缩，形成毛细通道，恢复储层的渗透率。(3)缩膨剂阳离子的水化能低于 Na^+、Ca^{2+} 等阳离子的水化能，因此与 Na^+、Ca^{2+} 等阳离子相比会更容易吸附到黏土上，常见黏土的水化膨胀往往是由于 Na^+、Ca^{2+} 等阳离子进入到晶层之间造成的，而由于缩膨剂阳离子的水化能较低，能够使薄水化膜的离子置换较厚水化膜的 Na^+、Ca^{2+} 离子，从而收缩膨胀体积，而对于没有水化的黏土颗粒，缩膨剂阳离子会优先吸附到表面及其晶层间，从而起到防膨作用。(4)缩膨剂可通过多点吸附在黏土表面，通过发挥其架桥作用，能够防止黏土的分散、运移，从而改善渗透率。

目前根据文献调研发现缩膨剂主要以阳离子聚合物为主，根据其结构特点可以将缩膨剂分为季铵盐类、糖苷类以及复配类。我们选取了国内某化工研究院复配的缩膨剂并对其性能进行评价

第一作者简介：裴铁民(1974—)，男，河南南阳，中石化河南油田分公司石油工程技术研究院，高级工程师，主要研究油水井酸化压裂及储层保护。E－mail：301085172@ qq. com。

1 缩膨剂性能评价

1.1 防膨剂性能评价

将0.50g钠膨润土、10mL一定浓度的缩膨剂水溶液加入离心管中，混合均因后静止4h，在1500r/min转速下离心15min，测定处理后的黏土体积为 V_1，在相同条件下将缩膨剂水溶液换成等体积的水，离心得到的黏土体积为 V，防膨率的计算公式如下：

$$(V-V_1)/V\times100\% \tag{1}$$

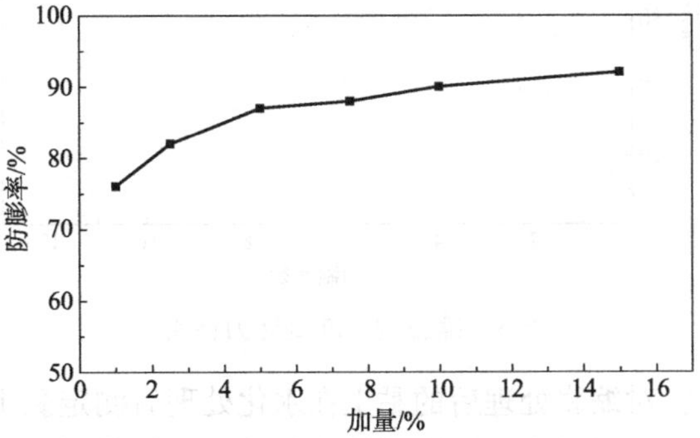

图1 缩膨剂用量对防膨率的评价

通过图1可以看出，随着缩膨剂浓度的增大，防膨率不断增大，浓度为1%时，防膨率仅为76%，浓度为5%时，防膨率为88%，防膨率最高可达到92%。

1.2 缩膨剂性能评价

将0.50g钠膨润土、7.5mL水加入离心管中，混合均匀后静置4h，随后取不同浓度2.5mL的缩膨剂加入离心管中，混合均匀后静置4h，在1500r/min转速下离心15min，测定处理后的黏土体积为 V_2，在相同的情况下作对照试验，将2.5mL的缩膨剂换成水，离心得到的黏土体积为 V_0，缩膨率的计算公式如下：

$$(V_0-V_2)/V_0\times100\% \tag{2}$$

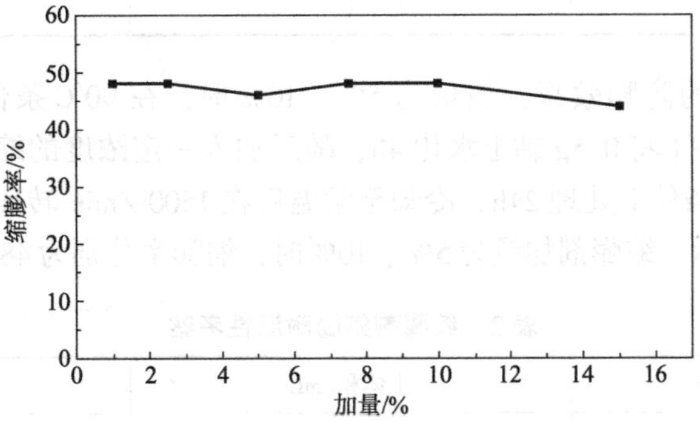

图2 缩膨剂用量对缩膨率的评价

通过图2可以看出，缩膨剂浓度对缩膨率影响较小，缩膨剂浓度为1%时，缩膨率达到48%，随着缩膨剂浓度的增大，缩膨率保持稳定，保持在40%~50%范围内小幅波动。

1.3 耐冲刷能力评价

缩膨离心后测定缩膨率，随后吸出上层清液，在离心管中加入等体积的水，混合均匀后水化静置 1h，在 1500r/min 转速下离心 15min，测定处理后的黏土体积，计算缩膨率，并将上层清液吸出，进行重复试验。

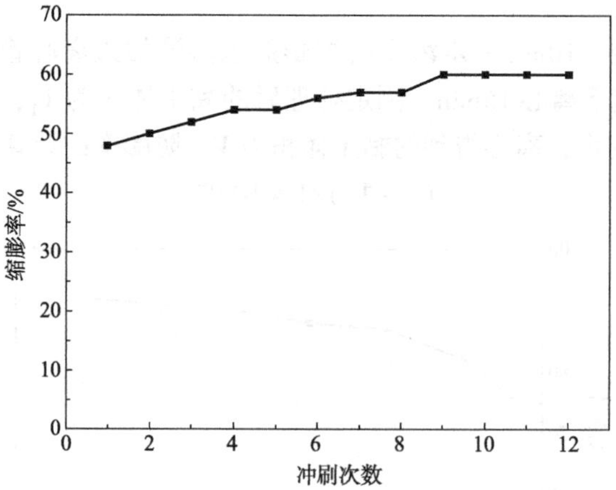

图 3　缩膨剂耐冲刷能力评价

通过图 3 可以看出，对缩膨处理后的黏土在水化处理后测定黏土的缩膨率，发现随着冲刷次数的增加，缩膨率不断增大，这说明缩膨剂具有良好的耐冲刷性能，缩膨处理后的黏土具有一定的抑制水化能力，缩膨率不断增大可能是由于在离心后吸出上层清液时，携带出了少量黏土。

1.4　耐温性能力评价

将 0.5g 钠土、10mL 一定浓度的缩膨剂水溶液加入高压釜中，在 90℃条件下防膨处理 24h，冷却至常温后在 1500r/min 转速下离心 15min 测量防膨率(表 1)。

表 1　缩膨剂防膨耐温性考察

加量/%	土体积/mL	防膨率/%
5	1.5	85
10	1	90

结果表现出较好的防膨效果，加量为 5%、10% 时，在 90℃条件下的防膨率分别为 85%、90%，常温条件下将 0.5g 黏土水化 4h，随后加入一定浓度的缩膨剂，混合均匀后加入高压釜中，在 90℃条件下处理 24h，冷却至常温后在 1500r/min 转速下离心 15min 测量缩膨率。结果如下表所示，缩膨剂加量为 5%、10% 时，缩膨率分别为 48%、48%(表 2)。

表 2　缩膨剂缩膨耐温性考察

加量/%	土体积/mL	缩膨率/%
5	5.2	48
10	5.2	48

由上面的结果可知缩膨剂具有良好的耐温性能，在 90℃条件下处理后依然具有较高的防膨率和缩膨率。

1.5 加量对防膨率和缩膨率的影响

从图 4 左图可以看出，随着加量的增加，防膨率不断增大。加量为 0.5% 时，防膨率为 54%。加量为 1% 时，防膨率增长至 76%。随着加量增加，防膨率增长幅度减缓。加量为 10% 时，防膨率为 94%。从图 4 右图可以看出，加量为 0.5% 时，缩膨率仅为 5%，加量为 1% 时缩膨率达到 50%，随后随着加量的增加，缩膨率略有降低，加量为 10% 时，缩膨率为 45%。

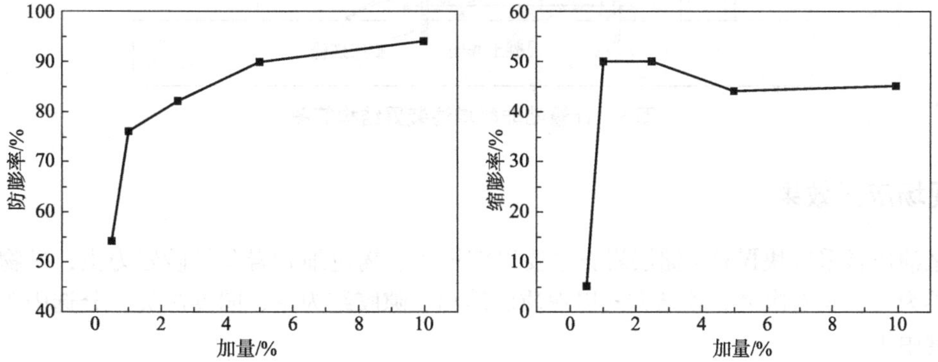

图 4 加量对防膨率、缩膨率的影响

综合评价结果可以看出该缩膨剂具有良好的缩膨、防膨能力，90℃温度范围内，采用 1% 加量应用即可。

2 现场应用工艺

计量站增注装置采用注聚站注表活剂的计量泵利旧改造。主要用于计量站内在注水系统混注非酸性药剂，对欠注层实施降压增注。

主要由计量泵(带底座、电机)1 台，储液罐 1 套，快速连接管汇(接头)等附件构成，主要参数如下：

2.1 计量泵(带底座、电机)

额定压力：25MPa，对于低压(16MPa)、中压(21MPa)系统欠注井可直接单井增注，对于大于 25MPa 的欠注井可在站内增压泵前端混注。

排量范围：3 ~ 30L/h，非酸性药剂按照 1% 注入浓度，可以满足 3.6 ~ 72m³/d 的欠注井，基本全部满足需求。

额定电压：交流 380V，利用站内用电。

注入介质：非酸性药剂等液体。

重量及尺寸：重量 133kg，4 人可方便搬运；尺寸 0.8m × 0.7m × 1.0m，站内、站外都可以放置。

固定方式：混凝土底座(1.0m × 0.8m × 0.2m)与地面膨胀螺栓固定。

2.2 储液罐

罐体选择：采用 200L 容积的塑料罐，按照欠注井 10m³/d、表活剂 1% 注入浓度测算，2 天才加注一次非酸性药剂，劳动强度低。

连接管汇：与计量泵采取 6in(1in = 3.33mm)软管连接。

2.3 管汇(接头)等附件

6in 高压管线，采取快速连接接头连接，改造工作量小(图 5)。

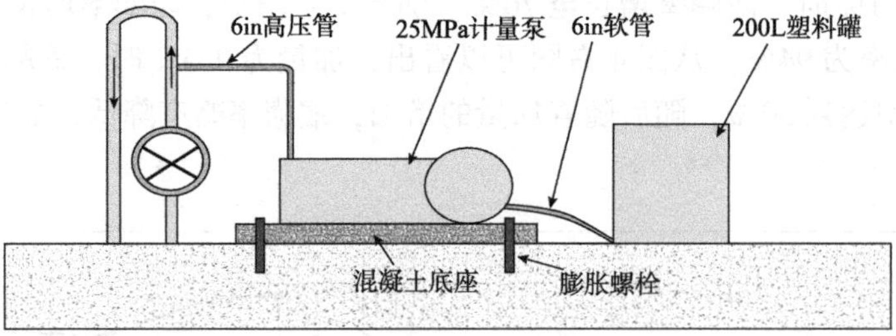

图 5　计量站非酸增注装置结构简图

3　现场应用效果

某油田常采区块Ⅳ5^3层储层岩石主要以棕褐色、褐色细砂岩及粉砂岩为主，矿物成分以石英为主，长石次之。胶结方式以泥质胶结和孔隙胶结为主，园度次尖，分选中等，风化程度中等。

该区全岩分析结果石英含量达到 34.65%，斜长石含量达到 21.51%，钾长石含量为 15.25%，黏土矿物含量为 16.65%。

该区黏土矿物成分伊蒙混层占黏土矿物成分的 59.18%，其次是伊利石(17.47%)、高岭石(11.94%)、绿泥石(10.24%)。

该区块地层胶结较为疏松，黏土矿物水敏矿物含量较高，采用常规的基质酸化技术效果差，有效期短。为此在该区块实施了连续在线降压增注措施。

项目实施 4 口井，处理半径均超过 15m，措施后均有效，平均降低注水压力 3.8MPa，阶段累计增注 44513m^3(表 3)。

表 3　现场试验效果

序号	井号	处理半径/m	措施前注水情况			措施后注水情况			有效期/d	累计注水/m^3	累计增注量/m^3
			套压/MPa	油压/MPa	日注/m^3	套压/MPa	油压/MPa	日注/m^3			
1	JL838	16	14.2	14.5	0	6.8	7.8	30	527	12710	12710
2	JL828X1	18	14.8	15	2	12.6	12.7	18	635	10516	9246
3	JL812	16	12.6	12.3	15	8	10.7	48	528	23617	15697
4	JL18X1	15	14.2	14.2	0	9	9.6	19	361	6860	6860
合计										53703	44513

4　认识

对因水敏型黏土矿物水化膨胀运移造成的水井欠注，需要解决地层深部(处理半径 > 10m)堵塞，缩膨防膨技术复合连续在线降压增注工艺为解决这一问题提供了解决思路。

参考文献

[1]薛婷；肖波；刘云飞；林鑫；白景彪；褚会丽．姬塬油田黄3长8油藏欠注井治理对策[J]；石油钻采工艺；2014年03期．

[2]张召召；董学文；常旭轩；关克明；景文杰；张玉秋；高洁；于丹丹；杨亚少．地面在线增压增注技术在C1油藏中的适应性评价[A]；第十四届宁夏青年科学家论坛石化专题论坛论文集[C]；2018年．

[3]戚晶新．在线酸化技术在江苏油田高压欠注井的应用与研究[J]．《科学与技术》2021年第4期．

[4]孟令浩；郑艳芬；张娟；陈立；郑伟．注水井微弱酸在线酸化增注技术研究[J]．石油化工应用，2013.1月第32卷第1期．

[5]邓志颖；王伟波；宋邵杰；王伟珍；吴文超．高压致密砂岩油藏螯合酸在线酸化增注技术[J]．油田化学，2019年3月25日第36卷第1期．

某区块中低渗储层气水交替驱增注技术研究

吕永帅　裴铁民

[中石化河南油田分公司石油工程技术研究院(技术监测中心)]

摘　要：某区块储层为非均质中低渗储层，由于注采井距大，注采见效不明显，注入端注水困难，常规基质酸化技术仍难以解决欠注问题；另一方面，由于该区块采用油田净化水回注，注入水中携带的固相悬浮颗粒、油污等容易在储层中形成堵塞。结合该区块油藏特征和开发特征，开展二氧化碳气水交替驱研究，探索二氧化碳－水溶液对机杂及黏土矿物的溶蚀规律；二氧化碳气水交替驱过程引起的微粒运移堵塞规律及解决措施研究；二氧化碳驱后有机垢的堵塞机理及解决对策研究；二氧化碳驱后油水相渗曲线变化对注水能力的影响评价研究，以此为基础，进一步开展了二氧化碳增注工艺施工参数优化技术研究，明确了该区块二氧化碳增注影响因素及解决对策，为欠注水井增注技术提供依据。

关键词：微粒运移；气水交替；油水相渗；施工工艺

长期注水对储层会造成一定程度上不可逆的伤害：一方面，该区块储层具有一定程度的非均质性、渗透率与孔隙度较低，这些特点使注水驱油过程中随时间积累注水能效降低，对于注采井距大，注采见效不明显的欠注水井，采用常规基质酸化技术仍难以解决欠注问题；另一方面，油田多采用清水、回注水混注，注入水中携带的固相悬浮颗粒、油污等容易在储层中形成堵塞，而注入水与地层流体相遇时，由于离子种类的差异化、矿化度不同等原因，易产生不配伍现象而生成无机垢引起堵塞。注入 CO_2后，CO_2溶于水后形成的碳酸逐渐解离出的 H^+，不仅可以溶蚀各种垢和堵塞物、降低注入压力，而且 CO_2混相驱和非混相驱均可以提高油藏采收率，通过采用 CO_2复合降压增注技术现场试验，也取得了一定效果。

1　区油藏地质特征

1.1　构造及储层岩石特征

区块地层倾角 11°，倾向东南，区内发育三条断层，①、②号两条边界大断层为向北西倾斜北东走向的正断层，其中②号断层为油层边界的主控断层，共有 27 口井钻遇，最大落差 345m；③号断层为向北倾斜近东西走向的正断层，倾角 70°～80°，落差 78m。区块主力油层有三个物源、四个砂体，三套沉积体系组成，由于砂体交互，部分区域泥质含量重、物性差、油水井动态、静态连通差。

砂体较薄，分布范围广且连续，该层含油性较好，一般只要砂体存在，基本上都含油，因此，主力油层含有面积大且连续，但厚度薄。据测井资料统计，油层孔隙度 16.51%～36.67%，平均 24%，渗透率 66～7935mD，平均 1339mD。不同砂体及同一砂体

第一作者简介：吕永帅(1988—)，男，河南驻马店，河南油田石油工程技术研究院，工程师，主要从事油水井酸化解堵、细分注水等工作。

不同位置物性差异大，非均质性严重。

储层岩石主要以棕褐色、褐色细砂岩及粉砂岩为主，矿物成分以石英为主，长石次之。油层胶结方式以泥质胶结和孔隙胶结为主。圆度次尖、分选中等、风化程度中等。从全岩分析的情况来看，石英含量达到34.65%，斜长石含量达到21.51%，钾长石含量为15.25%，黏土矿物含量为16.65%。

1.2 压力系统与流体性质

该区块地温梯度3.256℃/100m，压力梯度0.94427MPa/100m；原始油层压力在8.15MPa，原始油层温度48.9℃。地面原油密度高、黏度高、胶质沥青含量高、含蜡低、含硫及凝固点低，地面原油密度0.8956～0.9314g/cm^3，70℃时地面脱气原油黏度21.71～83.14mPa·s，胶质沥青含量14.81%～36.39%，含蜡10.98%～32.14%，含硫0.03%～0.22%，凝固点－5～27℃。

1.3 开发现状

区块于1987年7月投入开发，采用规则井网注水开发，目前经历了试采、滚动评价、注水开发、综合调整和滚动完善共五个开发阶段。现有其中采油井65口。注水井40口，有28.8%的油井液量低于5t/d。累计注水151.54×$10^4$$m^3$，累积核实产液97.68×$10^4$t，累积核实产油45.35×$10^4$t，综合含水53.6%，累积注采比1.29。2019年12月区块核实日产液377.5t，核实日产油95.6t，含水74.6%，平均单井核实日产油1.5t；日配注625m^3，实注525.3m^3，月注采比1.25，采出程度24.92%。

区块采用净化污水注入水，水质较差，多项指标超标，特别是悬浮固体含量及含油超标严重。7口井取样化验结果显示，平均含油9.5mg/L，总铁0.22mg/L，硫化物7.01mg/L，溶解氧0.01mg/L，悬浮物固体含量25.43mg/L，粒径中值0.95μm。

1.4 开发中存在的主要问题

一是注采井网不完善。区块反七点井网，300m井距注水开发，现有采油井74口，注水井41口，注采井数比为1∶1.8，注采井网相对完善，开发效果较好，但东南部L1井区注采对应程度低，局部井网不完善。L1井区地质储量44.99×10^4t，区域采出程度仅24.9%，同时由于该区域注水受效不均，LZ1井注水优势方向为LC1、LC2、LC3井，进而导致其南部楼L1区域，水驱控制程度低，储量未得到有效动用。虽然2017年上半年部署了2口注水井、1口采油井，但目前部署两口采油井仍未转注，同时注采井网仍有调整完善的空间，目前该井区H3Ⅳ5^3层未控制面积0.35km^2，未控制储量10.71×10^4t，占区域总储量的23.8%。

二是主力层受平面非均质性影响，平面受效差异大。受开采状况及平面物性差异，南、北部整体注水、受效差异均较大，主要表现南部各井组由于开发较早且物性较好，井组受效方向多、历史窜流严重；北部受开发较晚且物性相对较差，各井组主要以单向受效为主，多数油井表现为见效差或不见效。造成南部区域窜流严重的主要原因是：平面非均质性强，南部区域最大渗透率为1671mD、最小渗透率87mD，级差为19.21，非均质性严重；该区块南部区域的合理采液强度为4.4m^3/m·d，部分位于优势方向的采油井采液强度过高，更加加剧了注入水沿优势方向的窜流。中、北部水井注入困难、动态连通性差，油井受效差，多以单向见效为主。相对南部来说，中、北部在相对较弱的注水强度下，注入油压高于南部1.4MPa。主要因中、北部区域主力层共有三个砂体，纵向上叠合程度差异较大，大部分区域存在薄夹层，且油层物性差，平均渗透率仅为450mD，并且区块泥质

含量高，最大为36.6%，最小为6.2%，平均为20.84%，北部泥质含量相对较高不有利于注水开发，造成采油井能量补充不足，采油井处于低能量生产。

三是非主力层动用程度较低。区块北部区域目前生产利用的非主力层主要有Ⅲ8层、Ⅳ3层、Ⅳ4^1层和Ⅳ4^2层。受含油面积小制约，注采井网完善程度相对较差，多为单向对应，油井能量相对较低，总体动用程度较低。

四是井下技术状况持续恶化。受区块物性影响，区块北部注水压力长期偏高，造成长期超破裂压力注水，井下故障发生率较高，截至2016年底共发生各类井下故障41井次，其中油井故障仅10井次，水井故障高达31井次，多集中在中、北部注水压力偏高区域。

2017年，井下技术状况进一步恶化，截至2017年7月，新增井下故障6井次，其中水井故障5井次，油井故障1井次。其中LZ2井、LZ3X1井已修复，其余油水井待修复。

因此，为改善该区块注水现状，需针对楼八区开展CO_2降压增注技术研究，明确CO_2增产增注机理、使用技术界限、施工工艺及参数，为解决欠注水井增注技术提供依据。

2 CO_2驱油机理及提高采收率技术现状

2.1 CO_2驱油机理

CO_2有气、液、固3种相态，在温度、压力条件下，其相态和性质都会发生变化。CO_2在原油中的溶解度是在水中的3～9倍，故在油藏中CO_2更倾向于在油中溶解。由于CO_2具有相态易随温度和压力变化、油藏中易溶于原油的性质，因此在油藏开发时，CO_2可作为一种高效的驱替剂进行驱油。CO_2驱油机理可以分为一次接触混相、多级接触混相和非混相三种。

2.1.1 混相机理

混相是指当两种或更多种流体按任何比例混合时，没有流体间的相界面形成，所有的混合物都保持单一均质相时，则称这些流体是混相的。反之，若有流体相存在，则认为这些流体是不混相的。混相驱替是提高原油采收率的重要方法之一，它的基本机理是驱替剂(注入的混相气体)和被驱剂(地层原油)在油藏条件下形成混相，消除界面，使多孔介质中的毛细管力降至0，从而降低因毛细管效应产生毛细管滞留所圈闭的石油。

(1)一次接触混相

最常用的混相剂一般是中等分子量的烷烃(C_2～C_6)，如丙烷、丁烷或液化石油气等。

如图1所示，用拟组分C_2～C_6来代表LPG，所有的液化天然气和原油的混合物都位于单相区。要想使得注入的溶剂与原油之间能够顺利达到一次接触混相，所提供的驱替压力就必须要位于p－X图临界凝析压力之上，因为只有满足这样的条件，注入的溶剂与原油的混合物才能符合单相的标准和定义。

液化天然气是与油藏流体发生初接触混相的溶剂，如果连续注入，费用太高，代替的方法是注入一定体积的液化天然气溶剂或溶剂段塞，其体积只是油藏孔隙体积的一部分，并用费用较低的流体如天然气或烟道气或CO_2混相驱替溶剂段塞。对于一次接触混相驱来说，中间相对分子质量的烃注入溶剂将会从沥青基原油中沉淀出某些沥青。沉淀的趋势随着烃溶剂相对分子质量的增加而减弱，严重的沥青沉淀可降低渗透率，并影响井的注入能力和产能，还可以在生产井中引起堵塞。

(2)多级接触混相

在注入气体后，油藏原油与注入气之间出现就地的组分传质作用，形成一个驱替相过渡带，其流体组成由原油组成变化过渡为注入流体的组成，这种原油与注入流体在流动过程中重复接触而靠组分的就地传质作用达到混相的过程，称为多级接触混相。

多级接触整个流程可以这样描述：我们假设总组成为 O_1，这主要是由注入气体以及未受驱替而残余的原油组成，则此刻油藏中处于平衡状态液体为 N_1和气体为 M_1，随着注气进程的不断推进，会使平衡状态下的气体 M_1更加深入储层内部，进而与原油发生接触，不可避免地，液体 N_1会残留在后侧，这样，经过第二次接触，总组成 O_1就会发生转变形成总组成 O_2，其对应的平衡状态的气体和液体也会同步转变为 M_2和 N_2。此时，气体的注入仍然在持续进行，会推动气体 M_2继续向前流动，接触原油，如上过程不断循环重复。当地层压力大于 CO_2混相压力，小于地层破裂压力时，为 CO_2混相驱。CO_2混相驱中 CO_2与原油实现混相，消除了两相之间原本存在的界面张力。其主要机理有降低原油黏度、降低油水界面张力、使原油体积膨胀、酸化解堵、改善油水的流度比及萃取和气化原油中的轻质烃类等。由于其提高采收率的程度比非混相驱好，因此国外油田的试验和开发多数均采用 CO_2混相驱模式，截至 2014 年，美国的 CO_2混相驱项目已达 128 个，年产量达 1264×10^4t。据统计，CO_2混相驱的原油最终采收率可达 60% ~70% 。

2.1.2 非混相机理

对于 CO_2混相驱来说，最重要的提高采收率机理是 CO_2抽提或汽化原油中的轻质组分，降低原油黏度，使原油与二氧化碳之间的界面张力降低并达到混相。从混相原理上可知，随着压力增加，即使是用贫气驱动含中间烃较少的重油，它们之间也有可能达到混相，但要求的混相压力极高，这在油藏注气方案中会明显提升工程成本而难以实现，此时注气只能是非混相驱替。由于烃气在原油中有一定溶解度，一定压力下溶解气可以改变原油流动特性，同时非混相的气 - 液之间存在传质作用，因此，非混相驱替也会使原油采收率提高。CO_2非混相驱的主要驱油机理是注入的 CO_2能使原油的黏度降低，使原油的体积发生膨胀，使界面张力减小，以及汽化或抽提原油中的轻烃组分。主要包括以下方面：

(1)萃取和汽化作用。CO_2在一定压力下能萃取和汽化原油中不同组分的轻质烃。国外学者 F · S · Palmer 和 S · B · Mikael(2005)通过分析 CO_2驱油藏的采出油样认为二氧化碳确实可以萃取和汽化油藏原油中的不同组分。并且发现 CO_2先是萃取和汽化原油中的轻质组分，然后原油中的较重质组分也会被汽化产出，最后达到一个稳定的状态。萃取和汽化作用能够降低原油的相对密度，改善原油的流动状态，进而提高原油采收率。

(2)改变流体黏度，改善流度比。相关实验表明，CO_2在原油中的溶解度一般是在油田注入水中的 3 倍(质量)。注入的二氧化碳会大量溶解于原油中，使原油碳酸化的同时使原油体积膨胀，降低了原油的黏度，使原油的流度得到了提高，原油流动能力增加。

(3)降低界面张力效应。Rao(2003)、姬泽敏(2014)的研究成果中，不仅对原油中不同 CO_2注入量条件下的油藏流体间的界面张力进行了实验测定及模型预测，而且对其影响因素也进行了分析。研究结果表明：随着原油中 CO_2注入量的增加，油藏流体/地层水、油藏流体/CO_2界面张力不断减小；相同注入量下，随温度、压力、分子间作用力的降低，界面张力均降低，且分子间作用力对界面张力的影响尤为明显。

(4)原油体积膨胀作用。由于原油中溶解了大量 CO_2气体，会使原油体积产生大幅度的膨胀，原油内部的动能和地层的弹性能量得到了增加，从而使驱油效率升高，最终提高原油采收率。

(5)酸化解堵作用。CO_2与水接触会发生化学反应，生成呈现弱酸性的碳酸，这会使整个水溶液也表现为酸性，存在于碳酸岩和砂岩中的碳酸化的地层水会与地下储层矿物发生反应，从而使油层中的碳酸盐发生部分溶解，生成一定量的碳酸氢盐，这些盐类物质较易溶于水，对于改善储层的渗透率有非常显著的作用效果，由于注入的CO_2气体会产生弱酸化作用，从而导致油层的渗透性获得显著提高，与此同时，在一定压差的作用下，部分游离气所具有的冲刷作用会顶替出部分堵塞物，改善储层渗透率。

有机溶剂如苯、甲苯、二甲苯以及石油产品等来自石油的加工产物，与沉积蜡具有相容性，量取10mL溶剂中加入0.2～0.3g蜡置于40℃振荡水浴中恒温不同时间进行单一溶剂溶蜡实验。实验结果表明，苯、甲苯的初始溶蜡速度高，但后期溶解能力下降；重芳烃与甲苯混合有较强的溶解能力。重芳烃在2h和4h的溶蜡率分别为70.14%和75.19%，高于苯和甲苯的溶蜡率，甲苯与二甲苯在2～8h的溶蚀率较高。考虑到芳烃毒性问题和溶蜡率问题，选取甲苯和重芳烃作为清洗复合溶剂。选用表面活性剂溶液对高凝沉积蜡油的清蜡、分散性能及乳化体系进行测试筛选。综合清蜡、分散、乳化性能以及表面活性剂的来源问题，选择混合芳烃为溶剂、二元复配表面活性剂为乳化剂的乳液型清洗剂KC8，组成为：30%芳烃+8%活性剂(OPT/CDA)+10%丁醚+52%水。清洗剂洗油率测试结果表明，在清洗1次后油砂上基本无残留原油，洗油效率达到99%左右，完全用活性水和清水清洗后只有少量油浮出。清洗剂中的有机溶剂可将油砂上附着的油溶解，同时活性剂将其分散于水中，达到很好的清洗效果。

2.2 CO_2驱提高采收率技术现状

CO_2注入储层的方式主要包括：CO_2吞吐、连续注入、水气交替注入(WAG)、重力稳定驱、水和CO_2分开但同时注入(SSWG)，其中水气交替注入和CO_2吞吐是最为常用的两种注入方式。CO_2驱油过程中所需的注入压力较小，然而黏度差异和重力分异机制会引发过早的CO_2突破，实际储层中是由一系列不同渗透率的薄层组成，在高渗层易过早的发生CO_2突破，低渗层却难以被波及，导致较低的CO_2利用率和大量未动用的剩余油。CO_2-WAG注入是最常用的CO_2-EOR方法，与持续CO_2驱油技术相比，它能一定程度同时兼顾微观驱油效率和体积波及效率，有效提高CO_2驱油效果。CO_2-WAG是将CO_2和地层水以一定的比例交替注入储层中驱替原油，能够减小CO_2相对渗透率，改善油气流度比，提高注入流体的体积波及效率。此外注入地层水能维持地层压力，有利于CO_2和原油的混相。最早采用水气交替注入开发的油田是加拿大Alberta州的North Pembina油田，其在1957年开始实施水气交替注入开发方式，并取得了很好的效益。

2.3 水驱转CO_2驱研究

对于注采关系差的高压欠注水井，前期开展了CO_2增注试验，认为该技术具有可行性。为进一步指导现场操作，开展了CO_2增注机理的实验研究。

2.3.1 水驱转CO_2驱增注机理实验

在岩芯水驱至含水达到80%左右时转CO_2驱实验，测定不同注入孔隙体积倍数条件下的驱油效率及压差，实验结果表明：

(1)不同渗透率岩心均反映出转注CO_2后，采收率均可进一步提高，且注采压差大幅度降低，说明转注CO_2后，利用CO_2的增溶、扩散等作用，注入的CO_2可溶解到原油中，提高原油膨胀能力，降低原油黏度，同时CO_2的黏度远小于注入水的黏度，相同注入速度条件下，注入压差变小，有利于油田实现降压增注。

(2)结合微粒运移和有机垢堵塞实验结果，在长期进行 CO_2 驱替过程中容易引起微粒运移和无机垢生成，并在抽提作用下发生沥青质沉积，提高了微粒运移和无机垢的堵塞的发生概率，在此基础上，虽然产生这些堵塞，但在连续注入 CO_2 过程中并未发现该堵塞对 CO_2 产生较大的影响，因此，实际实施过程中主要影响的是后续水驱，且在实际生产过程中可采取定期注入有机垢解堵剂减小有机垢的堵塞和对微粒运移及无机垢堵塞的影响。

(3)随液测渗透率的增大，水驱转 CO_2 驱后驱油效率可较水驱有一定的提高作用，主要是 CO_2 的溶解、降黏作用，后期 CO_2 还起到一定的抽提作用，这些作用均可起到提高驱油效率的作用，同时，原油被驱出，可动低黏流体的空间增大，从而扩大了微观波及体积，也可以达到降压增注效果。

2.3.2 工艺施工参数优化实验结果分析

由于实际获取的天然岩心数量有限，因此，工艺施工参数优化实验采用填砂管完成，其实验结果见图 1。从实验结果中可以看出：

(1)转气水交替驱比转连续 CO_2 驱效果更好。实验结果表明，在水驱基础上转注 CO_2 或 CO_2 - 水气交替驱后，均可起到提高采收率的作用且 CO_2 - 水交替驱效果要优于 CO_2 驱，主要是因为 CO_2 水交替驱过程可有效减缓 CO_2 从优势渗流通道的突破，提高 CO_2 与原油的接触机会和作用时间，同时，CO_2 水交替过程中 CO_2 与水发生作用产生弱酸性流体，可进一步溶蚀岩石，提高流体流动空间。

(2)段塞用量为 0.05HCPV 和 0.1HCPV 效果更好。以气水比为 0.2HCPV : 0.2HCPV 驱替时，效果较前两种段塞用量效果低 4% 的采收率。但考虑到以 0.05HCPV 为周期进行转注，加大了工艺施工过程的难度，因此，建议采用 0.1HCPV 进行交替注入。

(3)气水比为 2 : 1 时效果更好。气水比为 2 : 1 时填砂管采收率较气水比 1 : 1 和 1 : 2 的采收率分别高出 5.63% 和 9.85%。

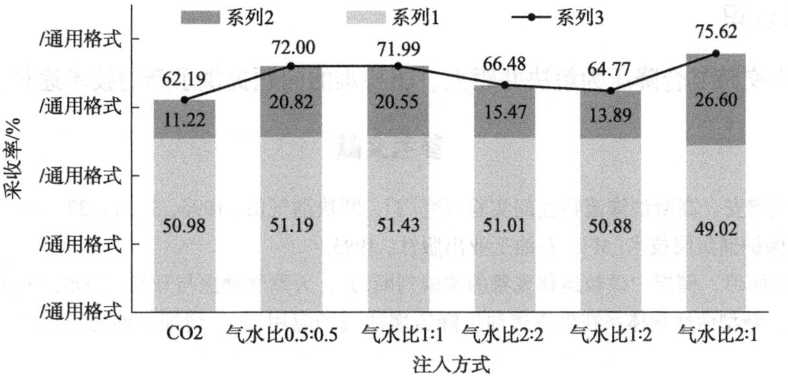

图 1 水驱转 CO_2 驱和水气交替驱采出程度对比柱状图

2.3.3 工艺施工参数优化效果分析

通过天然岩心开展上述优化后的提高采收率及降压增注效果评价，其实验结果见图 2。从实验结果中可以看出，水驱至含水率达到 80% 后转气水比为 2 : 1 的 CO_2 水交替驱，其岩心驱油效率可达 71.58%，比转连续 CO_2 驱驱油效率高出 7.59%。同时，注采压差也有明显下降，但注气压差明显小于注水压差，说明在提高采收率的同时还可以实现降压增注

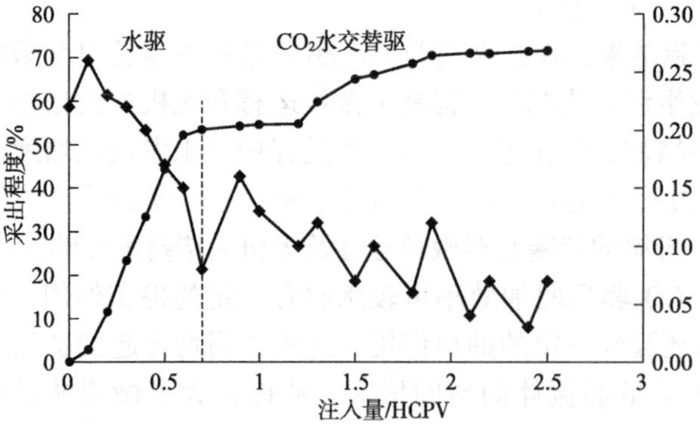

图2 水驱转气水比为2∶1CO_2水交替采出程度和压差随注入量的变化关系曲线图

作用。CO_2增注工艺放工参数中最佳组合方式为以0.1HCPV为周期段塞用量条件下2∶1的气水比气水交替效果最优，较连续转CO_2驱采出程度增大7%以上(实验室效果)。

3 现场应用效果

3.1 总体实施效果

实施3口井，可对比1口井(LZ2、LZ3因井况问题未实施完)，阶段累计注水5923m³；阶段累计增注5053m³，井组日产油由6.0t/d上升至6.6t/d(表1)。

表1 措施效果统计

序号	井号	配注/m³	措施前注水情况			措施后注水情况			措施后累计		
			套压/MPa	油压/MPa	日注/m³	套压/MPa	油压/MPa	日注/m³	时间/d	累计注水/m³	增注/m³
1	LZX1	20	14.8	15	2	12.6	12.7	18	435	5923	5053
2	LZ2	15	14.3	18.2	7	16.5	16.5	12			
3	LZ3	15	14.7	14.7	0	14.8	14.8	5			
合计		50	14.6	16.0	9	14.6	14.7	35		5923	5053

4 结论与认识

CO_2气水交替复合降压为解决井距大、驱替难的问题提供了新的技术途径。

参考文献

[1]田乃林，范增安．高凝油渗流特性的实验研究[J]．断块油气田，1996，3(3)：33－37.
[2]张绍槐．保护储集层技术[M]．石油工业出版社，1993.
[3]景岷雪，罗丽琼．储层中微粒运移现象的实验判断[J]．天然气勘探与开发，2005，28(2)：50－53.
[4]崔长海等．新型活性剂体系在低渗透油田降压增注现场应用[J]．精细石油化工进展．2004，5(1)：7－12.
[5]刘继军．低张力驱油体系对中低渗透油层适应性研究[C]．大庆石油学院，2008.
[6]李瑞冬，王冬梅，张子玉著．复合表面活性剂提高低渗透油田采收率研究[J]．油田化学，2013，30(2)：221－225.
[7]．魏振国 裴铁民 陈义发 贾喻博 张利乐，CO_2驱微粒运移堵塞机理及解堵技术研究[J]．石化技术，2023，10.

同心可调分注技术与测调配套技术

谢青松　张立　夏幼红　徐菲　张宇豪　范家旺

（中国石化中原油田分公司石油工程技术研究院）

摘　要：中原油田作为老区油田已经进入高含水开采期，主力油藏属于多层砂岩油藏，层内非均质性强，层间渗透性差异大。深度水驱开发后，层间矛盾进一步加剧。注水井各层吸水能力差异大，水驱动用不均衡，导致纵向上注水波及体积小，水驱效率低，依靠水驱动用开发还有一定的潜力，为进一步挖掘层间剩余油潜力，需要更加精细的注采调整和挖潜。目前同心分注工艺是分注井配注的主要手段，受制于桥式配水器设计缺陷、测调仪扭矩过小不具备通用性以及油管结垢等一系列问题，同心分注测试与调配工作进展困难，成为制约有效注水的现场难题。通过运用创新性设计的低成本盘式配水器、高扭矩兼容型测调仪、油管疏通装置，针对性地解决了深层高压分注、小井眼分注、大斜度分注、小间距细分的分层注水难题，达到了有效注水目的，极大地降低了生产成本，促进了油田分注工艺的提升。

关键词：精细分注；测试与调配；配水器；测调仪；油管疏通

中原油田目前已经进入高含水开采期，近三年吸水剖面统计资料表明：油田注水吸水层数占比为31.07%，吸水厚度占比为37.0%，剩余油分布以层间差异型为主，二、三类层剩余油占65.1%，依靠水驱动用开发还有一定的潜力(图1)。

为进一步挖掘层间剩余油潜力，需要更加精细的注采调整和挖潜，对分层注水工艺及测调技术提出了更高的要求。“十二五”“十三五”期间通过技术引进和攻关，形成了常规同心分注工艺。在低成本形势下受制工具成本较高、特殊油藏及复杂井况下的分注工艺难题以及测调配套技术不完善的制约，同心分注工艺未能实现规模化的应用。

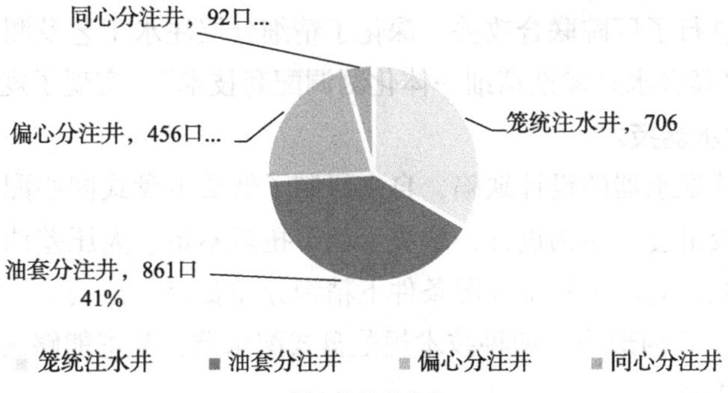

图1　2023年油田注水井分注情况

第一作者简介：谢青松，助理工程师，中原油田分公司石油工程技术研究院。E－mail：463783562@qq.com。

同心分注工艺推广应用过程中发现主要存在下面几个方面的问题：

(1)深层高压油藏细分注水率低。

井深大于3200m、注水压力大于30MPa、大井斜20°～50°等复杂井况条件下的分注工艺实施难度大。

(2)层间压差>10MPa的分注井配水调节难度大。

(3)由于井况不断恶化，5½in套井转4in套注水井日益增多，4in套注水井分级注水需求大。4in套井配注使用的同心配水器内通径较小，导致测调遇阻概率较高。

(4)高含水井组地质要求开展注入水线和压力场调整，需频繁实施周期调水、脉冲注水，分层调控需要高效的调配工艺。目前同心测调施工采用吊车+测调车组合，施工时间长(5～8h)，测试成本高，一体化测调施工成本1.66元/井次。

(5)引进的同心配水器工具费用高，功能单一，分注实用性差。引进的同心配水器水嘴开度调节采用轴向调节方式，调节丝杠筒易受腐蚀、结垢影响导致调不动；水嘴为矩形设计(5×20mm)，大压差下水量精准调节困难，在层间矛盾突出井中难以实现精准调配，不能满足地质要求。同心配水器单套费用为1.3万～1.6万元/套，成本较高不利于现场规模化应用。

(6)现有TPC测调仪器采用单电机控制定位爪和调节头，导致调节扭矩小(40N·m)、老化严重、故障率高、返修周期长、延缓现场施工进度。而且仪器不具有通用性，存量的多种结构配水器调配需配备多种测调仪，后勤维护成本高。

(7)测调遇阻井偏多，前期测试遇阻率达到21.43%，且缺乏有效的井筒疏通手段。

统计历年施工井一次测调成功率为71.43%，在测调过程中遇阻井偏多，测试遇阻率21.43%，严重影响了有效注水。主要体现在：工具处遇阻，工具处变径造成的死油聚集或杂质堆积结垢。油管内遇阻，油管发生腐蚀、结垢或堵塞物堆积，形成桥堵。

1 同心可调分注工艺与测调配套技术

针对油藏注水开发需求和同心分注工艺面临的问题，2023年至2024年石油工程院依托厂院结合项目，进行了厂院联合攻关，深化了精细分层注水工艺及测试技术研究，形成了具有自主特色的“高含水开发期精细一体化测调配套技术”，实现了规模化应用。

1.1 低成本盘式配水器技术

针对引进的桥式配水器的设计缺陷，自主研制了低成本盘式同心配水器，采用盘式调节、燕尾形出水口及滑套式结构设计，解决了调节扭矩不足、大压差调节困难，实现了水量精细调节及防反吐，满足了复杂井况条件下精细分注要求，拓展了工具内通径，降低了测调遇阻(卡)风险，目前形成了两种技术规范盘式配水器，基本能够满足东濮老区特殊油藏及井况应用场景需求。

1.1.1 盘式结构设计

引进的桥式配水器水嘴采用轴向调节方式，调节阻力大，且存在调节丝杠筒易受腐蚀、结垢影响导致调不动的问题。桥式同心配水器的本身调节性能还与所使用环境压差有关关，配水器内外压差越大，调节阻力越大，其中扭矩最大时刻为配水器水嘴调节套由关死到打开时产生。

新型同心配水器采用盘式结构，水嘴对接方式采用平台对接，调节方式由轴向调节改进为平面调节，调节阻力降低30%。金属接触面采用表面喷涂处理技术，增强金属闭合密封效果和防腐、防结垢能力。形成两个技术系列：PSTX－94mm/48mm 和 PSTX－80mm/42mm，耐压80MPa、150℃。能够满足$5\frac{1}{2}$in 和4in 套管精细分注需求(图2和图3)。

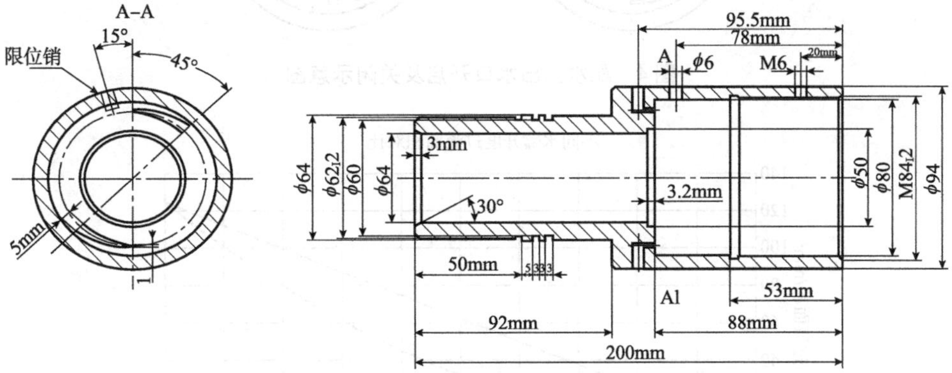

图2　固定阀体设计

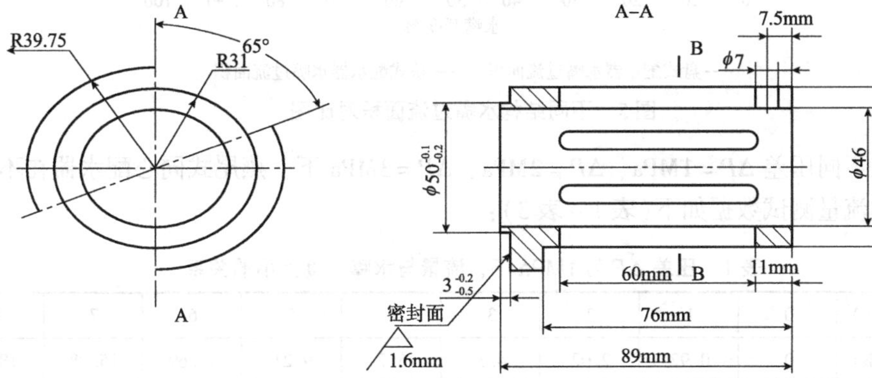

图3　调节阀体设计

1.1.2　燕尾形出水口结构

桥式配水器出水口为矩形设计(5mm×20mm)，大压差下水量精准调节控制困难，大压差条件下，针对小流量注水要求，对出水结构进行重新设计。在排水压差不变的情况下，注水量的大小主要取决于出水口的有效节流面积。

按薄壁孔模型计算流量，流量与孔面积、水嘴压损关系及曲线如下：

$$Q = C \times S \times (\Delta P) 1/2$$

式中，C 为流量系数，注水时一般取该系数值为1；S 为水嘴截流面积，mm^2；ΔP 为配水器压差，MPa。

设计新型配水器出水口为燕尾型结构，顶部宽度1mm，尾部宽度5mm，弧长25mm；调节幅度65°，具有锁定机构；适应大压差及水量精准调节；最大过流面积125mm^2，当量通径14mm水嘴(图4和图5)。

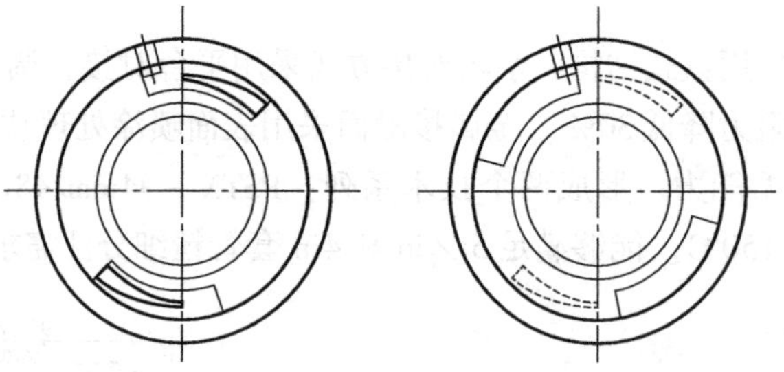

图4　配水器出水口开启及关闭示意图

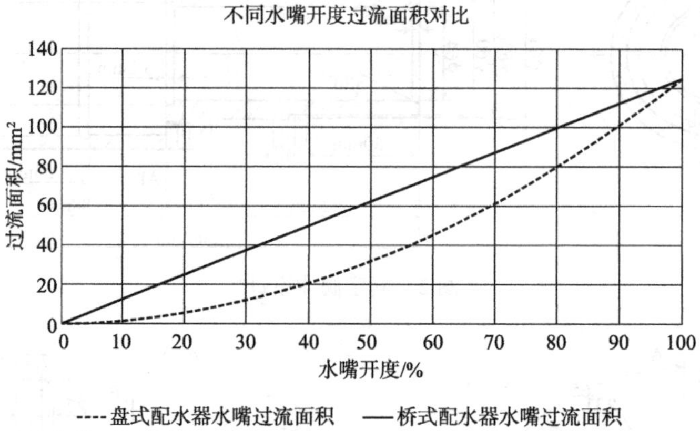

图5　不同结构水嘴过流面积对比图

分别在不同压差 $\Delta P=1$MPa、$\Delta P=2$MPa、$\Delta P=3$MPa 下，燕尾式同心配水器在不同水嘴开度下的流量测试数据如下(表1～表3)：

表1　压差 ΔP 为 1MPa 下，流量与水嘴开度大小的关系

水嘴开度 L/(°)	0	1	2	3	4	5	6	7	8
流量 Q/(m^3/h)	0	0.92	2.02	4.3	6.7	9.21	11.69	15.08	18.65

表2　压差 ΔP 为 2MPa 下，流量与水嘴开度大小的关系

水嘴开度 L/(°)	0	1	2	3	4	5	6	7	8
流量 Q/(m^3/h)	0	1.65	3.78	6.35	9.40	12.70	11.67	21.08	25.90

表3　压差 ΔP 为 3MPa 下，流量与水嘴开度大小的关系

水嘴开度 L/(°)	0	1	2	3	4	5	6	7	8
流量 Q/(m^3/h)	0	2.00	4.62	7.75	11.40	15.60	20.45	25.75	31.66

1.1.3　防返吐结构

桥式配水器采用球座式结构防返吐设计，当注水井油管内水压大于地层压力时，在管内水压的作用下，推动防反吐组件金属球向外移动，油管内的水从出水口注入地层。当地层压力大于注水井油管内水压，防反吐中金属球复位，阻止地层水或油进入油管内。停注或压力波动时，可有效防止污垢、沙砾等堵塞配水器(图6)。

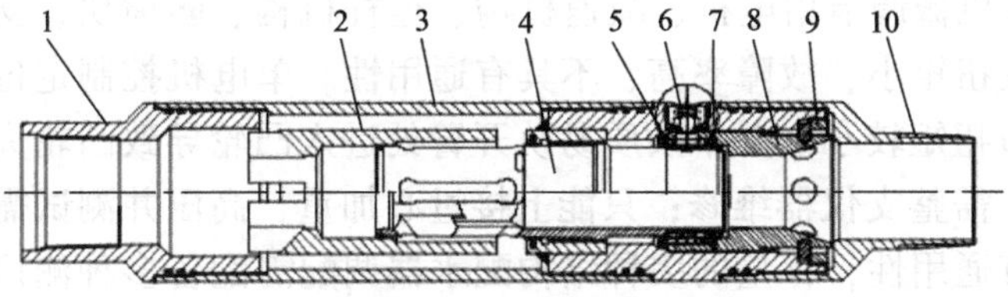

图6　桥式配水器防返吐结构

1—上接头；2—本体；3—外护筒；4—调节套；5—活动水嘴；6—防反吐组件；
7—固定水嘴；8—固定水嘴座；9—螺环；10—下接头

球座式防返吐设计，占用内部通道空间大，测试遇阻率较高。为避免上述问题，盘式配水器采用滑套式结构防返吐结构，实现防返吐功能时能够提供更大的内通径，提高测试仪器串的通过性，降低遇阻概率(图7和表4)。

滑套式防返吐结构需要反洗井时，洗井水不会从同心配水器短路，保证了洗井效果。改进后的同心配水器形成了新的配水器规范。

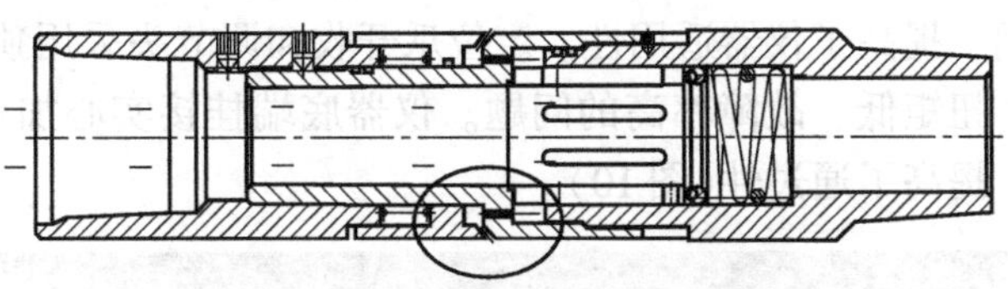

图7　盘式配水器滑套结构图

表4　桥式－盘式配水器技术规范对比表

规范	桥式95型	盘式94型	桥式78型	盘式80型
最大外径/mm	95	94	78	80
最大内通径/mm	46	48	40	42
总长度/mm	640	850	610	720

(1)配水器技术指标：

(2)工作温度范围：－30～＋150℃；

(3)工作压力：≤80MPa；

(4)流量调节范围：(2～150)m^3/d。

同时利用滑套式防返吐结构的特点，水流出口为上出水方式，减小杂物在水嘴处堵塞，出水口与上部滑套配合，形成环形伞状出水流，减缓了对套管的点状射流冲蚀(图8)。

图8　配水器环形伞状出水图

1.2　高扭矩、兼容型测调仪

新型测调仪采用分体式及双电机动力源结构设计，实现了大扭矩、高稳态调节；同时通过改进机械调节模块，能够兼容测调多种结构配水器，解决了一体式测调仪扭矩小、不具有通用性的难题，降低了维护保养成本，提高了测调仪使用效率。

TPC 测调仪的机械调节由电机、减速机构、连杆机构、防撞块、支撑臂和调节头等组成。TPC 测调仪扭矩小、故障率高、不具有通用性。单电机控制定位爪和调节头，传动结构较长，调节扭矩较小。井中杂质易从开臂处进入凸轮导致凸轮失灵，仪器故障率高，一体化设计，需整支仪器维修；只能上接过心加重，高压井测试需配接较长的加重(4～5m)。不具有通用性，存量的多种结构配水器调配需配备多种测调仪，后勤维护成本高(图 9)。

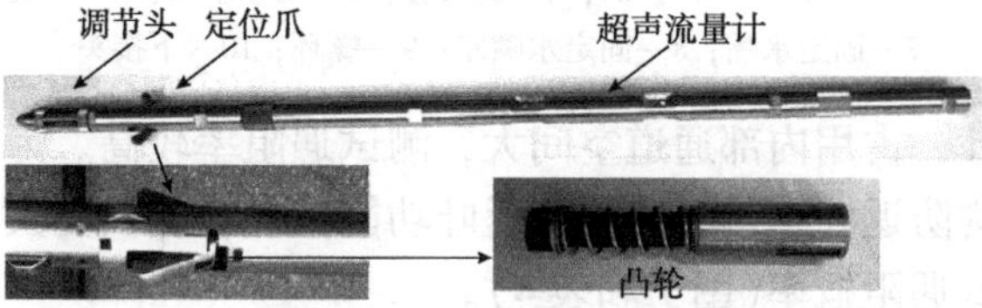

图 9　TPC 测调仪结构

新型测调仪采用分体式及双电机动力源结构设计，机械调节模块和流量短节分体式设计，可自由组合使用，提高了仪器适用性。定位爪开收和调节头采用独立电机控制，解决了单电机长轴传动，扭矩低、故障率高的问题。仪器底端挂接实心加重杆，同等配重下，缩短了仪器串长度，提高了通过性(图 10)。

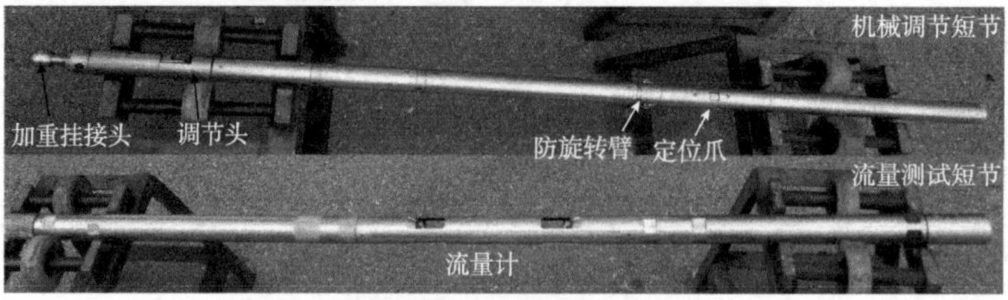

图 10　新型测调仪结构

目前井下在用的配水器结构有多种结构，在新型测调仪器基础上设计减速短节，增加仪器调节扭矩的同时，可实现多种结构配水器的调节，简化仪器配套维护，降低生产成本(图 11～图 13)。

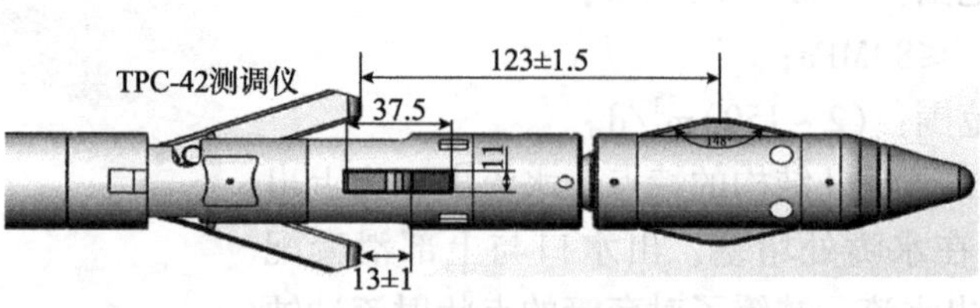

图 11　TPC－42 测调仪调节臂结构图

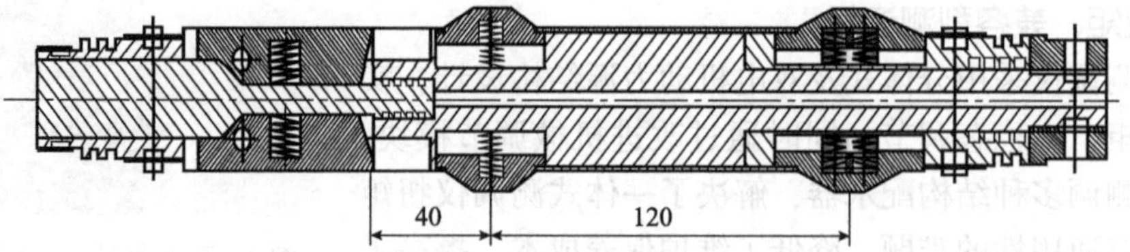

图 12　新型测调仪兼容设计图

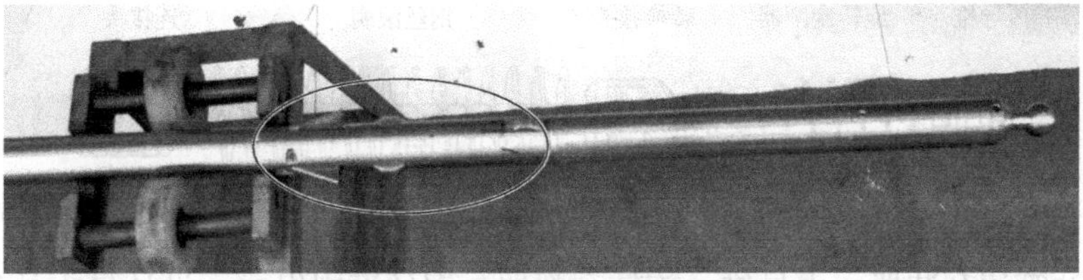

图 13　新型测调仪兼容短节图

分体设计：流量测试短节和机械臂组合安装；

过芯加重杆直连，改为挂套加重杆，有利于仪器串顺利通过工具段；

将原小直径仪器外径 38mm 优化为 36mm，降低测试遇阻风险，进一步提升测调成功率，截至目前 4in 套井测试遇卡零事件；

测调仪改进为双电机机构，增大调节扭矩，降低故障率；

原有测调仪支撑臂和调节臂的调节采用单电机控制，导致仪器设计结构较长，同时采用了凸轮结构设计，凸轮在实际应用中，受到井中杂质进入以及自身磨损的影响，容易导致转不动或者空转等故障；

新仪器支撑臂和调节臂的调节各采用独立电机控制，取消了凸轮传动设计，故障率较低。在现有测调仪器基础上设计减速短节，增加仪器调节扭矩。仪器调节头扭矩从 20～40N·m 提升到 80～120N·m(表 5)。

表 5　新旧测调仪设计参数对比表

名称	老式测调仪	新式测调仪
结构	一体式、单电机	分体式、双电机
调节扭矩	20～40N·m	80～120N·m
定位爪开臂方式	凸轮支撑斜开式	电机直推式
定位爪长度	8cm	3cm
加重挂接方式	上连过心加重	下挂实心加重

改进仪器承压外壳材料，耐压能力提升，满足了高压深度井的测试需求。

新型测调仪接头、外护筒、调节臂等零件采用 42CrMo 或 35CrMore 加工，表面镀镍处理，关键重要部件采用 17－4PH 材料。以上所采用材料均为不锈钢防腐材料，经过长期现场使用验证可达到使用要求。采用新型密封材料，提升了耐压等级，耐等级从 50MPa 提升至 65MPa，能满足高压注水井的测调要求。

1.3　测调保障技术

1.3.1　通刮装置研制

针对测试遇阻难题，研发了油管清刮除垢装置。

由于化学除垢，施工过程中易损坏管道，污染环境且时间长、成本高；高压水力除垢，装机容量大，耗水多，存在水处理等问题；声波除垢，只适用于较松散的垢物，对致密坚硬的垢物效果甚微。通过分析注水井结垢成因以及各种除垢方法，针对中原油田注水井结垢特点，设计研制了一种螺旋式油管清刮装置(图 14)。

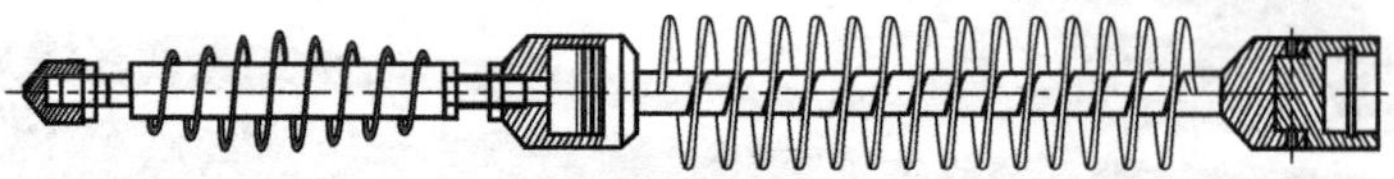

图 14 油管螺旋式清刮装置设计图

螺旋式油管清刮装置，由导锥、旋转刮削器、钢丝滚刷组成，设计最大外径≥测试仪器外径，遇阻后在加重杆重力作用下产生自旋转钻进通过遇阻位置，并有效清理疏通测试通道，确保顺利开展测试施工。

旋转刮削器采用纺锤体设计，刮片外径 28mm－32mm－36mm－42mm 由两端向中间逐级过度，遇阻后能在井下产生自旋转，同时实现分级刮削(图 15)。

图 15 旋转刮削器实物图

钢丝滚刷采用 2.5 丝钢丝束集成后螺旋盘绕，具有较大的柔软性，旋转刮削器打开通道后，能有效清理工具内壁附着物。尤其是偏心配水器换向滑轨和同心配水器提篮槽(图 16)。

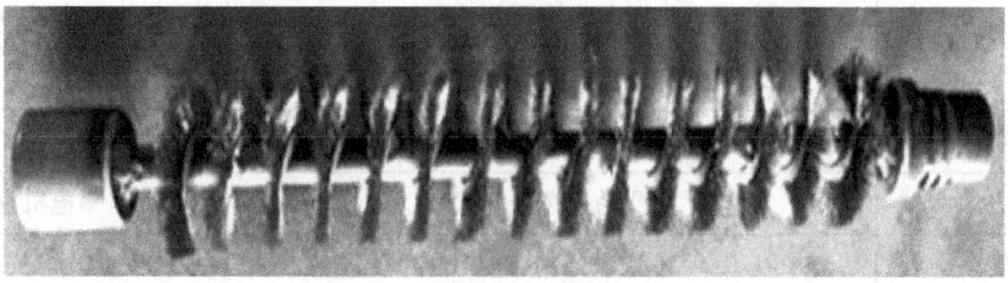

图 16 旋转钢丝滚刷实物图

设计了 $\Phi36$ 和 $\Phi42$ 两种疏通工具组合，满足油田 $2\frac{1}{2}$in 和 2in 油管通井需求(表 6)。

表 6 油管疏通装置技术指标表

工具	钢丝滚刷	加重杆	螺旋刮片	导锥
外径/mm	40/46	36/38	36/42	25

1.3.2 强力疏通工艺研究

采用 3.2mm 钢丝作业方式，通过加重杆＋滑杆式震击器＋螺旋式清刮装置组合，进行油管通井，工具遇阻后在加重杆重力和下放速度冲击作用下，螺旋式清刮装置产生自旋转通过遇阻位置，同时钢丝滚刷清理工具内壁附着物，达到疏通测试通道的目的。实现测试通道有效疏通，保障测调顺利，提高了测调成功率。

根据不同遇阻情况和工具串长度要求，设计了管式震击器和内滑杆式震击器。遇阻时上提和下放工具串，加重杆借助震击器震击清刮装置螺旋钻进和清刮(图 17 和图 18)。

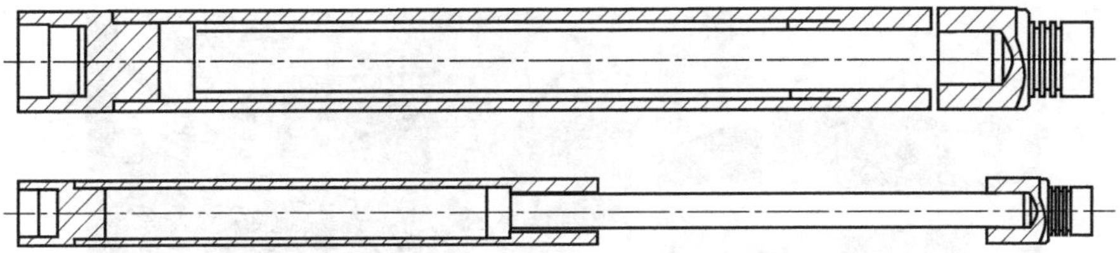

图 17　管式震击器

图 18　杆式震击器

杆式震击器连接在油管清刮装置与加重杆之间，助力清刮装置上下反复刮削。下放过程中：震击器处于拉开状态，遇阻时，依靠加重杆重力借助震击器向下行程滑行震击清刮装置向下钻进；上提过程中：依靠震击器向上行程敲击清刮装置向上清刮。

1.3.3　疏通工艺技术

根据撞击力 $F=mv/t$，通过室内实验模拟螺旋式油管清刮装置在不同撞击速度下钻进程度，当测试速度大于110m/min，才能起到通井效果(表7)。

表 7　电缆与钢丝测速对比表

作业方式	最大测速/(m/min)
电缆	80
钢丝	200

通过试验得出，电缆测试速度不能满足通井测速要求，需采用钢丝作业方式进行清刮测试(图19)。

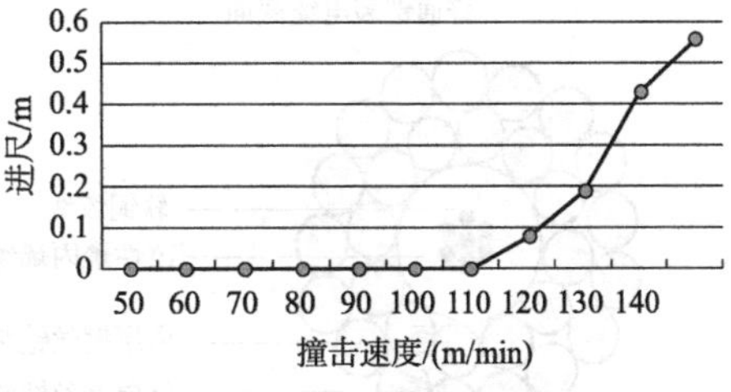

图 19　冲击速度和进尺关系

针对不同遇阻情景，设计三种疏通工艺：

普通疏通：Φ2.4mm 钢丝 + 1.0m 加重杆 + 螺旋清刮器；

强力疏通：Φ2.8mm 钢丝 + 1.0m 加重杆 + 1.2m 管式震击器 + 螺旋清刮器；

强制疏通：Φ3.2mm 钢丝 + 梨形绳帽 + 1.6m 加重杆 + 2.4m 滑杆震击器 + 1.6m 加重杆 + 钢丝滚刷 + 螺旋清刮器。

1.3.4　测调工艺优化改进

引进双滚筒测调车 Φ2.4mm 钢丝滚筒 4500m + Φ3.5mm 电缆滚筒 4500m，实现通井 + 测调施工一次完成，配装了异形电缆提高了密封性，降低了摩阻(图20)。

图 20　双滚筒测调车

异型铠装层钢丝截面积大于圆钢丝截面积，不仅电缆抗拉强度大幅提升，钢丝硬度相较于普通电缆有很大提高，下井使用时不易打扭，降低了电缆井口缠绕的发生，提高测井效率。圆钢丝铠装电缆，钢丝与钢丝之间的接触形式为点接触，受力易松散；异型钢丝铠装电缆，钢丝与钢丝之间的接触形式为面接触，抵抗变形的能力大，受力不易松散(表 8 和图 21)。

表 8　各种规格电缆溢流截面对照表

序号	规格型号	外径/mm	圆钢丝电缆溢流截面		异形钢丝电缆溢流截面		差额面积/ mm^2	溢流量降低比/%
			面积/ mm^2	百分比/%	面积/ mm^2	百分比/%		
1	W1B－3.5	3.5	0.80	8.28	0.012	0.0012	0.78	98.49
2	W1B－5.6	5.6	1.91	7.77	0.014	0.0006	1.90	99.27
4	W3B－5.6	5.6	1.86	7.56	0.017	0.0007	1.84	99.09
3	W1B－8.0	8.0	4.03	8.02	0.018	0.0004	4.01	99.55
5	W3B－8.0	8.0	3.75	7.46	0.020	0.0004	3.73	99.47
6	W3/7B－11.8	11.8	6.84	6.25	0.024	0.0002	6.81	99.65

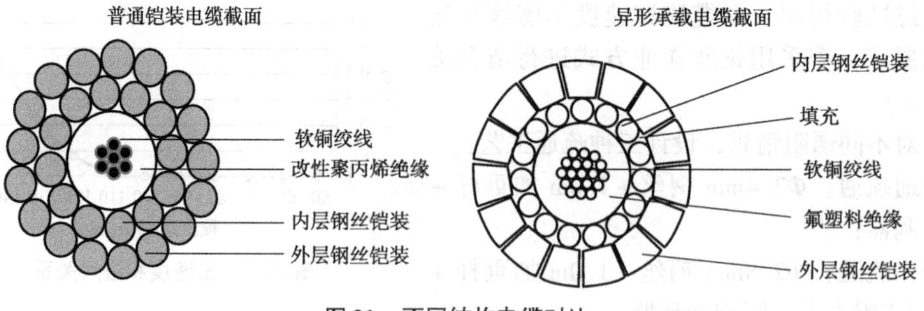

图 21　不同结构电缆对比

测试工具串：马龙头＋测调仪器＋悬挂接头＋加重杆＋清刮装置，实现通井、测调一趟完成，取代之前先通井，在测调的测试方案，提高了测调效率。

配套液压举升防喷装置，取代吊车，单井测调费用下降 0.3 万元，最大施工压力 33.0MPa；配套溢流回收箱，做到井口不滴漏，满足环保要求。液压举升防喷装置：最大举升力 1.2kN，长度 4.5m(图 22)。

图 22　液压举升防喷装置

2　现场应用

2.1　同心分注工艺

2023 年项目运行以来，自主研制的低成本盘式同心配水器，为规模化应用奠定了基础。共实施可调同心分注 103 井次，其中 4in 套分注井 57 井次，同心分注工艺占井下分注总井数比例由 12.2% 提高到 27.38%。针对性地解决了特殊油藏和井况条件下的分层注水难题，如：深层高压分注、小井眼分注、大斜度分注、小间距细分，促进了油田分注工艺的提升(表 9)。

表 9　同心分注工艺实施工作量统计表

年度	2023 年存量							2024 年增量			合计
采油厂	行业公司		工程院					工程院			
类型	94 型	80 型	ST95 型	ST78 型	PS94 型	PS80 型	小计	PS94 型	PS80 型	小计	
文留	6	1					7		3	3	10
文卫	14	7	6	1	2	2	32	9	17	26	58
濮东	10	1	25	2	2	2	42	5	5	10	52
濮城	3	7		5	2	4	21	14	21	35	56
合计	33	16	31	8	6	8	102	28	46	74	176

从配水器应用分布情况来看：由大套管向小井眼转变，新增 80 型配水器占比由 37.9% 上升至 62.3%，小井眼同心分注工艺日趋完善。

从分注级段情况来看：以一(两)级两段为主，共 74 井次，占比 89.2%，两级三段 9 井次，占比 10.8%，说明细分注水还有一定的潜力。

从分注效果来看：可对比 46 口井，新增吸水层数 76 个，新增吸水厚度 224.7m，增加水驱动用储量 102.3×10^4t，增加有效水量 13.7×10^4m^3，对应井组累计增油 1.82×10^4t。

同心分注工艺实现了深层 3700m、高压 33MPa、井下分层工具最小间距 1.4m、最大斜度 55.9°、4in 套井三级三段细分等特殊油藏及复杂井况下的应用(图 23)。

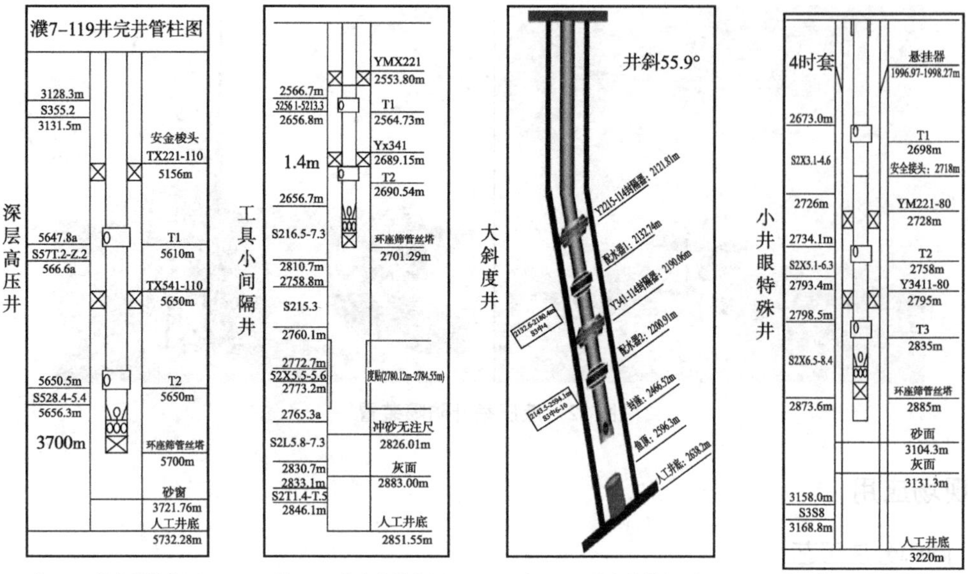

濮7-119井完井管柱圈　　濮3-354井完井管柱图　　胡5-195井完井管柱图　　濮5-侧119井完井管柱图

图 23　同心分注工艺典型应用井例

2.2　一体化测调技术

2023 年以来实施同心一体化测调 280 井次。测调一次成功率 91.1%，测调总层段 175 个层，合格 162 层，层段合格率 92.6%。平均单井测调时间 3.0h，与常规偏心投捞测调相比，测调效率提升 73.4%。减少低无效注水量 $4.3\times10^4 m^3$（表 10 和表 11）。

表 10　测调工作量统计表

采油厂	2023 年测调井次	2024 年测调井次	合计
文卫采油厂	49	113	162
文留采油厂	1	24	25
濮东采油厂	23	64	87
濮城采油厂	19	5	24
合计	74	206	280

表 11　测调不成功井统计表

序号	井号	不成功原因
1	卫 147	封隔器通径 40mm，结垢严重，Φ38mm 工具通不过
2	卫 2－70	封隔器变径位置结垢严重，仪器无法通过
3	马 1	水质较差，测调过程中杂质堆积在工具顶部，造成遇卡
4	濮 1－侧 102	封隔器下深位于最大井斜处，仪器在变径位置无法通过
5	开 37－侧 2	封隔器通径 40mm，Φ38mm 测调仪通不过
6	庆 85－12	封隔器通径 40mm，Φ38mm 测调仪通不过，换 36 测调仪成功
7	濮 3－侧 26	Φ38mm 通井成功，测调仪通不过，换 36 测调仪成功

续表

序号	井号	不成功原因
8	濮3－侧226	坐封后，测调仪通不过顶封
9	明222H	Φ38mm通井成功，测调仪通不过，换36测调仪成功
10	卫22－30	坐封后，测调仪顶封遇阻
11	新胡5－侧15	上配打不开，仪器大电流

2.3 疏通技术

通过加重杆＋震击器＋螺旋式清刮装置组合，进行油管疏通，打通测试通道，解决由于死油、结垢导致测试遇阻和嘴子拔不动的问题。2023年以来共进行分注疏通工艺26口，32井次，疏通成功21口，疏通工艺成功率80.7%，打通测试通道，为后续投捞测试提供保障。避免作业治理测调问题(表12)。

表12　测调遇阻井疏通工艺实施工作量统计表

序号	井号	遇阻原因	疏通方式	备注
1	明369	完井后投捞，油管死油遇阻	热注＋螺旋清刮	成功
2	明368	投捞油管死油遇阻	螺旋清刮	成功
3	明497	测调工具段	螺旋清刮	成功
4	明125侧	完井油管内死油多	强制疏通	成功
5	卫22－70	通井封二遇阻	螺旋清刮	失败
6	卫153	通井遇阻	强制疏通	成功
7	卫22－30	注不进水	强制疏通	失败(垢堵)
8	濮3－347	偏心投捞遇阻	螺旋清刮	成功
9	濮3－377	偏心投捞，下配遇阻	螺旋清刮	成功
10	濮3－283	投捞调配，封隔器遇阻	强制疏通	失败(返工未发现异常)
11	濮138－5	多次投堵失败	螺旋清刮	成功
12	文25－98	完井通井遇阻	强制疏通	成功
13	濮3－319	多次投堵失败	螺旋清刮	成功
14	卫新22－7	测调工具段遇阻	螺旋清刮	成功
15	卫147	测调顶封遇阻	螺旋清刮	失败(结盐、垢)
16	新卫74	测调工具段遇阻	螺旋清刮	成功
17	胡10－21	测调工具段遇阻	螺旋清刮	成功
18	卫153	测调工具段遇阻	螺旋清刮	成功
19	卫2－70	测调工具段遇阻	螺旋清刮	成功
20	胡5－195	测调工具段遇阻	螺旋清刮	成功
21	新胡12－177	测调工具段遇阻	螺旋清刮	成功

续表

序号	井号	遇阻原因	疏通方式	备注
22	新胡 7 – 71	测调工具段遇阻	螺旋清刮	成功
23	卫 22 – 68	测调工具段遇阻	螺旋清刮	成功
24	明侧 62	测调工具段遇阻	螺旋清刮	成功
25	文侧 131	测调工具段遇阻	螺旋清刮	成功
26	马 11 – 25	油管内 20 ~ 1194m 遇阻	螺旋清刮	失败(垢皮脱落)

3 典型井例

3.1 深层高压、小卡距分注——濮 6 – 23 井

濮 6 – 23 井是濮城采油厂采油管理一区的一口注水井，2024 年 3 月作业完井，采用两级两段同心分注。2024 年 03 月 29 日至 30 日进行开注调配。

该井最大工具深度 3217m，注水压力 30.0MPa，受井深结构限制最小工具间隔 2.17m。项目试验团队，采用液压举升防喷装置、3.5mm 异形电缆、井口溢流回收等配套装备，一次测调成功。

3.2 高频次变压力场调节控水 – 明 498 井

明 498 井是文卫采油厂采油一区的一口重点注水井，498 井位于文明寨油田明 6 块北部的一口注水井，注水层位沙三上 1，29.9 米/16 层，二级二段注水，卡顶封堵沙二下 2 – 4 (图 24 和图 25)，1891.3 ~ 2048.0m，12.1 米/8 层，偏 1，沙三上 1，2110.9 ~ 2127.3m，7.0 米/4 层；偏 2，沙三上 1，2139.0 ~ 2155.5m，10.8 米/4 层。该井 2023 年 7 月 26 日细分后，采用两级两段同心分注。2023 年 09 月 05 日进行调配测试各层段注水基本合格。2024 年根据注采关系调整方案，需要实施高频次压力场控制，需要精准调节配注水量，应用小直径测调仪，具备高稳态双动力源的调节效果，采用边测边调的方式进行测试与调配。通过地面仪器监视流量压力曲线，根据实时监测到的流量曲线调整注水阀水嘴大小，直至达到预设流量，依据这种技术通过高频次、短周期调节，有效实现控水增油，同时相较于之前的技术做到了免投捞。

依据地质方案配注需求，2024 年以来实施了 8 次测试与调配：

2024 年 2 月 21 日进行油管疏通后检配测试：20/30 调配 20/20；

2024 年 3 月 10 日进行调配：20/20 调配 15/25；

2024 年 4 月 14 日进行调配：15/25 调配 10/10；

2024 年 5 月 09 日进行调配：10/10 调配 15/15；

2024 年 5 月 22 日进行检配测试：15 /15 检配 15/15；

2024 年 6 月 10 日进行调配：15/15 调配 10/10；

2024 年 7 月 1 日进行调配：10/10 调至 5/5；

2024 年 7 月 15 日进行调配：5/5 调至 5/10。

通过高频次变压力场调节，井组对应油井：明 6 侧 1 见效日增油 4.5t，明 487 侧 1 见效日增油 2.2t，达到了控水增油的目的。结合 7 月份吸水剖面测试资料，上调注水量增注

提压后，明 487 侧 1 井启动新层(31 – 32#)，通过高频次变压力场调节，明 487 侧 1 井组达到了控水保油的目的(图 26 ~ 图 28)。

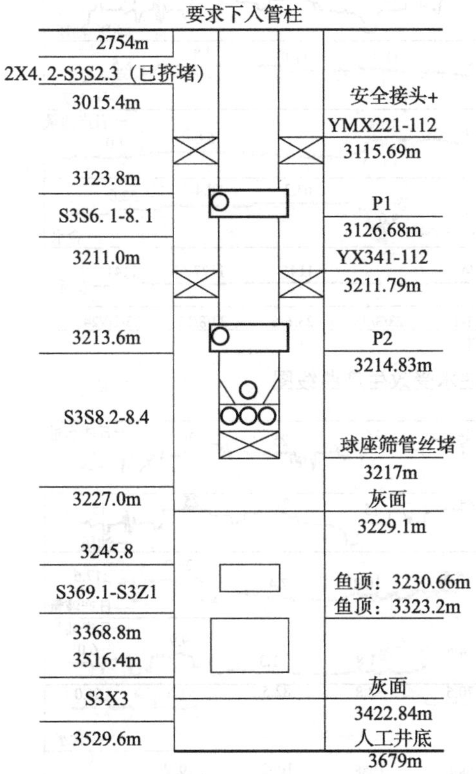

图 24　濮 6 – 23 井管柱图

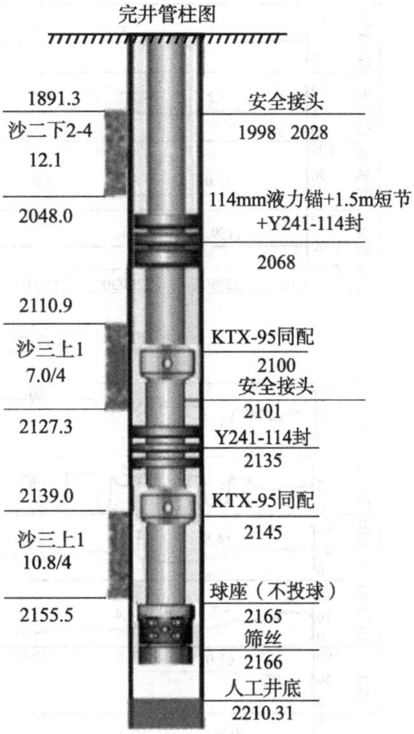

图 25　明 498 井完井管柱图

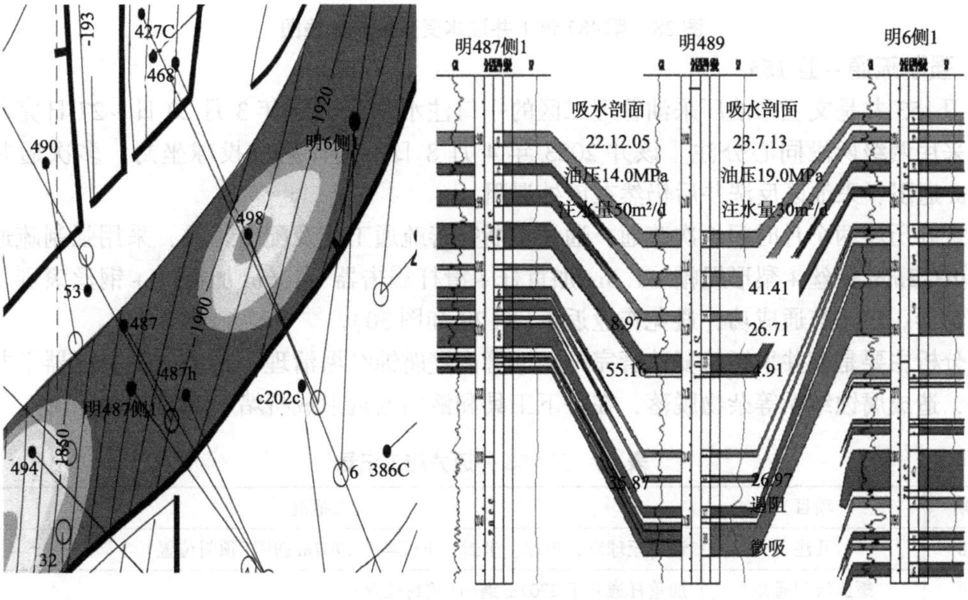

图 26　明 498 井组构造井位及连通图

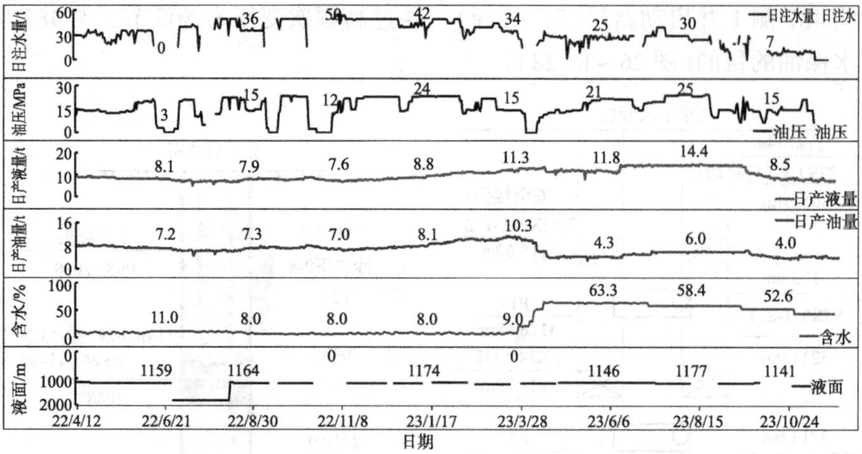

图27　明6侧1井注水受效生产曲线图

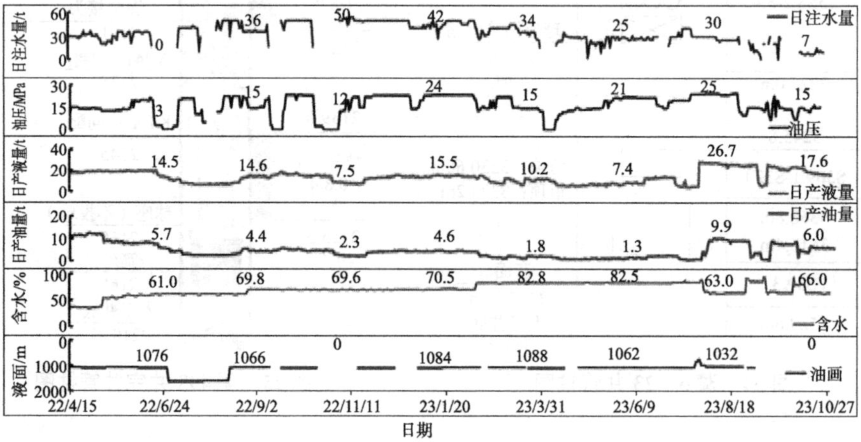

图28　明487侧1井注水受效生产曲线图

3.3　强制疏通－卫153

卫153井是文卫采油厂采油管理二区的一口注水井，2023年3月20日～27日完井作业，采用两级两段同心分注。该井2023年4月8日～9日完成投球坐封，多次通井在2707m遇阻，采油区反洗井后仍然在该处遇阻。

该井历经两个月时间6次疏通，通过不断完善疏通工艺及配套工具，采用强制疏通工艺：Φ3.2mm钢丝＋梨形绳帽＋1.6m加重杆＋滑杆震击器＋1.6m加重杆＋钢丝滚刷＋螺旋清刮器。终于疏通成功，避免作业返工(图29和图30)。

分析主要是该井采用修复油管完井，油管内壁腐蚀结垢清理不彻底，工具仪器下井过程中，造成腐蚀结垢等杂物脱落，在井下工具和液面附近形成桥堵(表13)。

表13　卫153井通井施工记录

日期	项目	施工概况
4.8	开注	通井至球座，投球，坐封，下仪器于2707m遇阻(顶封位置)
4.9	螺旋清刮通井	加重杆通井于2707m遇阻(顶封位置)
4.13	强力疏通	除垢器＋震击器＋加重杆，于1050m遇阻(液面位置)

续表

日期	项目	施工概况
5.13	强力疏通	返洗井成功后采用加重杆通井于1050m遇阻(液面位置)
5.17	强制疏通	螺旋清刮装置+强力震击器+加重杆，配合返洗井通井至球座
5.20	开注	仪器打开偏1，能恢复注水
6.8	测调	关闭T1、开注T2，完成调配

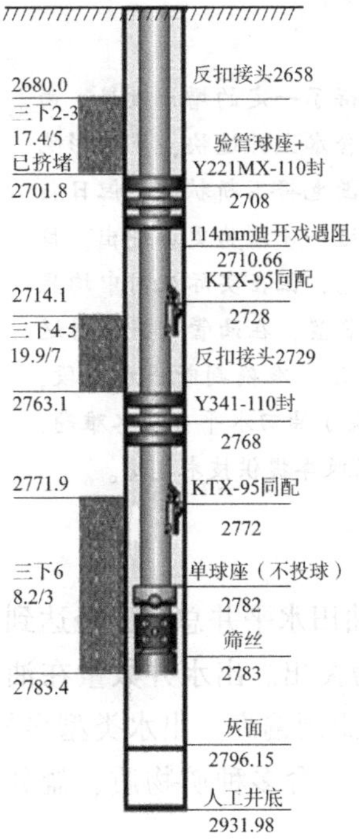

图29　卫153井完井管柱图

图30　卫153井强制疏通现场施工图

4　结论与认识

4.1　结论

(1)自主研发的盘式同心配水器成本低、实用性强，能够实现大压差条件下的精细注水及防返吐要求，具有大规模推广应用的基础和前景。

(2)研发的分体式、双电机、兼容性测调仪，具有大扭矩、高稳态特性，能够兼容两种结构配水器调节，提高了测调效率，实现了油田一体化测调业务外委转自营，极大地降低了生产成本。

(3)创新设计了疏通工具，形成了具有自主特色的油管疏通工艺，有效解决测试遇阻问题，提高测调成功率，避免了作业治理，进一步降低了生产成本，有力地支撑了一体化测调技术的规模化应用。

4.2　认识

随着同心分注工艺的规模化应用的扩大，目前的测试队伍在满负荷的运行情况下仍不能及时根据地质要求进行现场测试任务，下一步需要加大对同心分注测试队伍的建设，满足现场测试需求。

水平井找水技术

谢青松　夏幼红　罗代亮　张宇豪　强彦龙　刘安

（中国石化中原油田分公司石油工程技术研究院）

摘　要：近几年水平井技术得到了快速发展，在油田开发中取得了一定的增产效果。由于完井方式相对简单，不能有效延缓边、底水的锥进，导致水平井含水上升过快，严重影响了水平井的开发效果。随着油田开发的不断深入，水平井的应用范围也将不断扩大，但日益严重的出水问题制约了水平井的高效开发，随着开采时间的延长，这一矛盾将更加突出。目前针对测井仪器在水平井段的输送方式，已研制出多种生产测井工艺，但在实际应用中均显示出不同程度的缺陷和不足，通过创新性研发水平段测试仪器推送装置，在油管内将仪器送至井底，配套氮气气举工艺，进行动态找水测试，优化解释评价方法，准确判断出水井段，在文 90 - 平 1 井中完成了现场实验，准确找到了出水层，针对性解决了油田水平井找水难题，达到了有效注水目的，提高水驱动用储量，为老油田水驱开发提高采收率提供技术支撑。

关键词：水平井；氮气气举；推送装置

中原油田在油气开采中，水平井技术应用广泛，目前中原油田水平井总数已经达到了 71 口井，且数量还在持续不断提升。目前水平井出水问题较为突出。出水井数量在油田各区块均有分布，部分复杂地质且开采年限长的区块，出水井比例偏高。出水类型多样，边水侵入、底水锥进以及注入水窜流较为常见，水质成分复杂，含多种矿物质、盐分与油污。

水平井出水对生产影响显著。从产量看，含水率上升致使原油产量大幅递减，部分严重出水井产量下降超 90%。开采成本也因为日益严重的出水问题持续不断地提升。

造成这一问题的原因主要有三方面。地质上，油藏非均质性强，渗透率差异大，水流易沿高渗通道突进，且部分区块断层裂缝发育，为水侵提供便利；开发方面，开采速度不合理致油藏压力失衡，以及注水开发不当，如注采井网不完善、注水压力不合理等引发水窜；工程上，完井方式若未有效防砂防水、管柱密封性差或生产中管柱磨损破裂，都会导致地层水进入井筒。

针对现状，在水平井段内能够高效找到出水段成为重点关注问题，为提升油田开发效益与采收率，保障可持续发展做贡献。

1　技术现状

在油气田开发中，针对水平井段测井仪器的输送方式，已研制出多种生产测井工艺。

第一作者简介：谢青松，助理工程师，中原油田分公司石油工程技术研究院。E - mail：463783562 @ qq. com。

但在实际应用时，这些工艺均有一定的优点和缺点，影响了对油藏的准确评估与开发决策，给油气田高效开发带来阻碍，根据调研，目前的主要输送方式分为三种，分别是湿接头式钻杆、连续油管、爬行器，下面将详细展开讲解三种输送方式的优缺点。

首先是湿接头式钻杆，其优点在于成功率高，但是其缺点也很明显，主要是施工工艺十分复杂、易损坏测井仪器、不适用于带压测井；其次是连续油管，连续油管有个特性在于性能十分可靠，但是缺点也很明显，连续油管的强度十分有限，因此仪器串不能太重，还有就是测量井段的长度也很有限；最后一个是爬行器，其优点在于工艺简单可靠，缺点是对井眼的条件要求很高。

综合来看，目前主要存在的问题有三个，分别是投资大、工序复杂、测试风险高。根据现场难点分析，目前的技术卡点在于测井仪器不能准确到达水平段，缺乏低成本水力推送装置，因此设计一种低成本水力推送装置，利用泵车和水力推送装置综合作用产生推力将测井仪器推送至井底，满足低成本水平井测试的需求。

2 水平井找水测试工艺

针对油田水平井找水、找漏的难题，开发了一套水平井氮气气举+氧活化协同测试工艺。在测试水平井中，先下入气举找水测试管柱。利用水平井测井推送装置，通过泵车对油管正注打水，在水力冲击力作用下将仪器输送到水平井段；然后配套氮气气举工艺，模拟水平井生产状态，气举产出稳定后，采用氧活化测井技术进行动态找水测试(图1)，其作业过程为：

(1)先下入带筛管、气举阀和缓冲工作筒的测试管柱。(2)地面泵车大排量注水，使水平井测井推送装置产生的推力，推送仪器在水平段移动至井底。(3)对井筒实施氮气气举，使其达到自喷状态，模拟水平井生产。(4)电缆上提仪器，根据层位卡点进行氧活化水流测试。

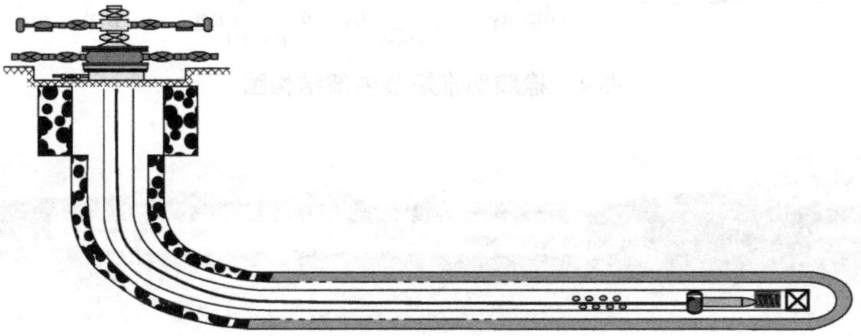

图1 水平井样式

2.1 水力推送装置

针对油田实际测试需求，设计了一套水平井测井推送装置。该装置可靠性高且成本低，主要由锥形扶正外套与橡胶助推短节组成。锥形扶正外套确保装置在井内居中，减少井壁碰撞摩擦；橡胶助推短节为装置推进提供动力，保障测井仪器到达预定位置获取数据，满足油田开发需求(图2)。

图2　水力推送装置

2.2　锥形扶正外套

该装置套于仪器外壳，主要采用聚四氟乙烯材料加工，聚四氟乙烯材料加工，在井中承担多重关键作用。它精准扶正仪器，保障测量精确性。借由减少仪器串与管柱接触面积，有效削减滑动阻力，降低磨损，延长仪器与管柱使用周期。且在水流冲击下，能产生辅助推送力，为仪器在井内移动增添助力，尤其在复杂井况或长距离测量时，可大幅提升作业效率，推动井下作业顺利进展(图3)。

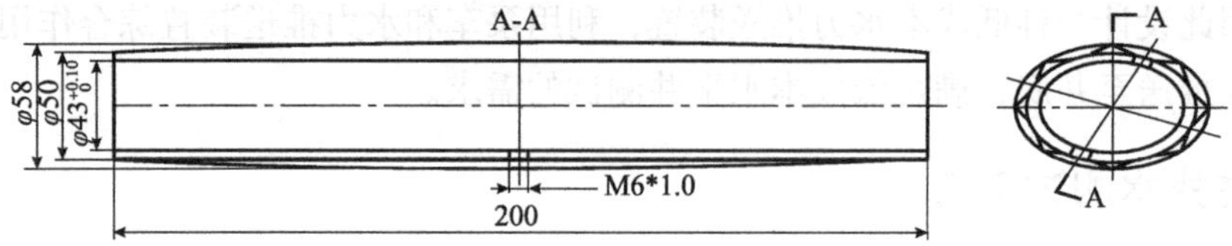

图3　锥形扶正外套

2.3　橡胶助推短节

连接于仪器串尾端，借助较大橡胶外径在水流冲击下产生推送力。可以达到耐温125℃，耐压60MPa，橡胶膨胀外径可在52～60mm调节，能依不同工况灵活适配，保障仪器串在特殊环境稳定运行，提升整体适应性与可靠性，于作业流程至关重要(图4和图5)。

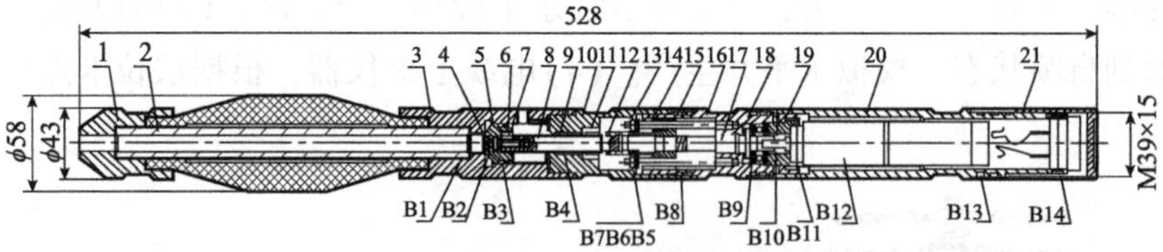

图4　橡胶助推短节内部结构图

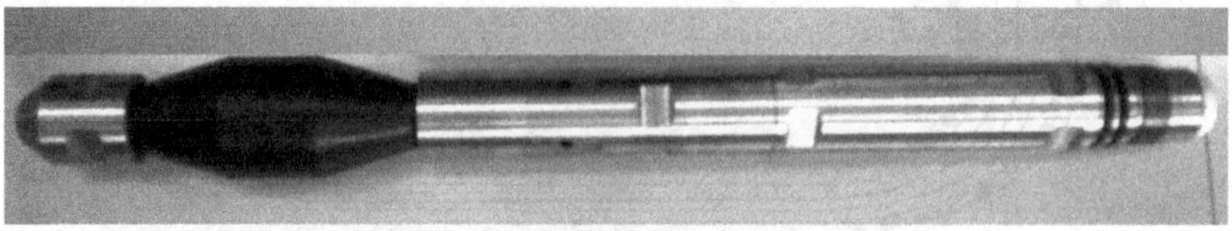

图5　橡胶助推短节实际图

3　文90－平1井现场应用情况

该井于2023年10月投产，初期产液量33m³，产油量0.9t。现产液量偏高，高含水，矿化度(15～18)×10⁴，怀疑管外窜。确定主要产水层及验证有无窜漏，根据找水结果定下步措施，2024年1月下入气举阀氮气气举管柱进行测试。

现场采用泵车打压注水通过推送装置将仪器推送到油管底部。氮气开始气举，待地层返排出稳定后，此时油压为 6MPa，然后从井筒底部向上测氧活化。测试资料显示：该井有油管内总计返排流量为 48.5m³/d，2973～2988m 监测到管外下水流谱峰，分析 13～15 号小层出水经套管外封隔器窜至生产层位。达到测试施工目的(图 6 和图 7)。

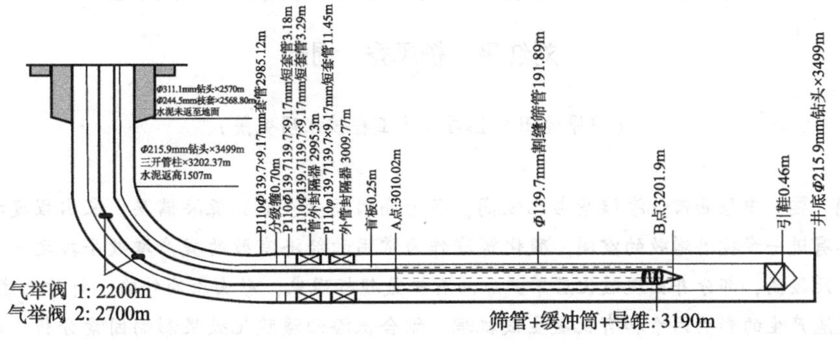

图 6　文 90－平 1 井下结构图

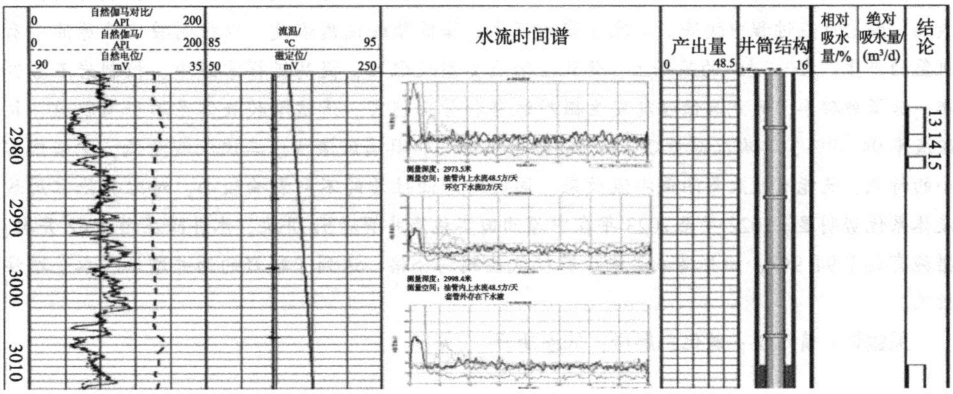

图 7　文 90－平 1 现场测井曲线图

4　认识

水平井水力输送法生产测井技术具有施工简单，方便实用的优点，它只需在测井仪器串下端接 1 个扶送装置。由地面向井筒泵入水流，即可推送测井仪器至水平井段，进行生产测试。实际应用表明，这项技术的研究开发是成功的。水平井水力输送法找水测试技术，解决了水平井中的测井仪器的下入问题，在高含水的水平生产井中，解决了找水的问题。在大斜度井和水平井的 动态监测中具有广阔的应用前景。

低渗油藏清洁型酸化解堵体系研究

刘红星　杨风香　周迅

（中原油田分公司石油工程技术研究院）

摘　要：中原油田低渗储量占比较高，多为高温高盐、低孔低渗储层，采出程度相对较低，具有进一步挖潜增效的空间。酸化解堵作为常用的经济有效的提产增效手段之一，无效井次占比较高，部分井出现酸化后单井原油有机氯超标现象，影响原油外输。针对上述问题，根据酸渣产生的影响因素和有机氯生成机理，结合低渗油藏酸化效果影响因素分析，建立以三控（酸渣、有机氯、二次沉淀），三率（溶蚀率、破碎率、溶垢率）为核心的清洁型酸液设计方法。研发的新型清洁型酸液体系，主酸液选用多元弱酸和有机酸组合，添加抗酸渣剂控制酸油、酸岩反应过程中酸渣、二次沉淀的产生；降低盐酸使用浓度，以控制酸化后原油中有机氯的产生；在"三控"的基础上，优化主酸液类型及配比，提高垢样溶解率、控制岩石溶蚀率、降低破碎率，避免溶蚀过度发生微粒运移和骨架伤害。清洁型酸液体系不含有机氯，抗酸渣率94.19%，二次沉淀量0.2%，破碎率9.45%，具有酸渣少、二次沉淀量低，骨架伤害小的特点，既能有效改善油藏渗流效果，同时对原油性质的不利影响较小，对比其他常用酸液体系优势明显。2022年至2023年在中原油田实施油井解堵57井次，水井降压增注62井次，措施有效率94.9%，油井措施实施后有机氯检测均合格，达到了较好的油井增油、水井增注效果。

关键词：清洁型；酸化；解堵；低渗油藏

中原油田低渗地质储量21091×10^4t，占中原油田的40.8%，可采储量5078×10^4t，平均渗透率21.74×$10^{-3}\mu m^2$，平均孔喉半径2.48μm，平均埋藏中深2994m，部分区块采出程度不高，还有挖潜增效空间。酸化是一种有效的油水井增产增注措施，也是目前改造油气储层、强化采出程度的最有效措施之一。随着开发深入，采出程度越来越高，油层中轻质组分逐渐减少，重质组分相对增加。酸化过程中，酸与原油中的重质组分接触反应形成酸渣等二次伤害，部分井出现酸化后单井原油有机氯超标现象，影响原油外输，导致低、无效井次较多。

1　清洁型酸液设计思路

文南油田位于东濮凹陷中央隆起带文南构造地堑带中，属典型高温、高盐、低孔、低渗、非均质复杂断块油气田。地层温度在100～120℃，地层水矿化度（23～27）×10^4mg/L。储层胶结物的成分以方解石、白云石、铁方解石、铁白云石为主，黏土矿物中成分含量按伊利石、绿泥石、高岭石、绿蒙、伊蒙混层次序依次递减（表1、表2）。地层原油密

第一作者简介：刘红星（1980—），女，硕士，高级工程师，2008年毕业于西华师范大学，现从事酸化解堵、降压增注等方面的研究工作。E－mail：liuhx.2005@163.com。

度为0.81～0.92g/cm³，含硫占0.39%，胶质沥青质含量占15.6%，属多胶、含硫原油。根据酸液对原油性质的影响机理研究结果，该类储层酸化时易产生酸化淤渣和有机氯。

表1 全岩矿物组成

成分	石英	钾长石	斜长石	方解石	铁方解石	白云石	铁白云石	菱铁矿	黄铁矿	石膏	硬石膏	黏土矿物
含量/%	42.4	1.5	14.4	8.4	0.9	1.1	2.6	0.1	0.4	1.6	0.5	26.3

表2 黏土矿物含量

成分	伊利石	绿泥石	高岭石	绿蒙混层	伊蒙混层
含量/%	58.8	21.6	13.1	4.4	2.1

1.1 酸油反应对酸化效果的影响

油井酸化过程中，在酸液与原油接触后，体系中产生体系中产生以胶质、沥青质为主要成分的软固体，称为酸化淤渣，会严重堵塞地层渗流孔隙，使残酸返排困难，影响酸化效果。实验选用不同酸液与原油各50mL在90℃下反应4h，比较不同酸液与原油产生的酸渣量，实验结果见表3。

表3 不同类型酸液与原油反应后酸渣量

酸液	12% HCl +3% HF	15% HCl	12% H_3PO_4	20% HCOOH	20% CH_3COOH
酸渣量/g	0.95	0.84	0.31	0.27	0.22

可以看出，土酸、盐酸、磷酸、甲酸、乙酸与文72－92井原油混合后，都会形成酸化淤渣。同样条件下，强酸产生的酸渣量高于弱酸，随着酸强度的降低，酸渣产生量降低。酸渣不溶于水、酸，难溶于有机溶剂，一旦形成就很难解除，导致措施井的产量降低。

根据调研资料发现，酸渣的产生是由于H^+、Fe^{3+}的存在，引起原油中胶质沥青质的聚并、沉降，形成酸渣。而胶质、沥青质是必不可少的原油组分，是影响酸渣产生量的内因。为保证酸化效果，酸化时采用表面活性剂等抗酸渣剂，减少酸与原油的接触，阻止酸液与原油中胶质、沥青质等形成酸渣。

根据酸化后原油有机氯的来源及生成机理研究，盐酸的存在会引起原油中的含硫物质在高温下发生取代反应而产生新的有机氯物质。由于有机氯不带电，常规电脱盐装置不易脱除，会随着原油进入生产加工装置，在高温区时分解产生HCl，造成原油加工设备严重腐蚀和催化剂中毒，对炼油装置的平稳运行及安全生产构成严重的威胁。因此，对原油硫含量较高的高温油井，酸化时应严格控制盐酸使用浓度，降低酸化对原油品质的不良影响。

1.2 酸岩反应对酸化效果的影响

砂岩组分通常由骨架颗粒和填隙物组成，骨架颗粒多为石英和长石，填隙物包括杂基和胶结物。胶结物质含量增加，岩石的储油能力和渗透能力变差。为了提高储层渗流能力，需要通过酸化溶解填隙物和垢物堵塞，疏通流体渗流通道，从而达到增产增注的目的。

根据垢样组分分析(表4)，多以酸溶性垢为主。储层矿物中组成胶结物的成分以方解石、白云石、铁方解石、铁白云石为主，黏土矿物含量相对较高，以伊利石为主，其次为绿泥石和高岭石。方解石、白云石与氢氟酸反应后会生成 CaF_2沉淀；含铁矿物与酸反应溶解后产生的铁离子，在残酸 pH 值升高时，会生成氢氧化铁凝胶絮状沉淀；黏土矿物颗粒或微细岩石颗粒在流体冲刷作用下，膨胀运移堵塞油气渗流通道，降低储层绝对渗透率。

不同粒径、不同固相颗粒含量对岩心绝对渗透率的影响如图1所示。随着颗粒含量升高、粒径增大，岩心伤害率变大。因此，在酸化时需要选用合适的酸液抑制微粒膨胀运移，同时避免酸岩反应产生二次沉淀。

表4　垢样组分分析

成分	碳酸钙	碳酸镁	碳酸亚铁	硫化亚铁	有机附着物	其他
含量/%	58.4	12.8	5.2	16	2.2	5.4

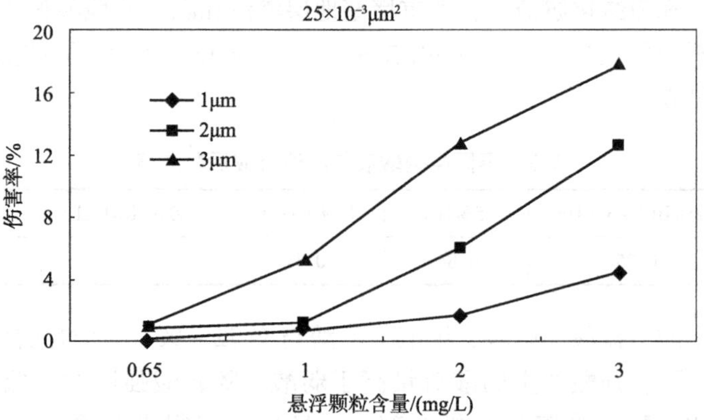

图1　随不同粒径悬浮物含量变化岩心伤害趋势图

1.3　酸液设计思路

油井酸化解堵液必须与地层流体和储层岩石矿物组分相适应，才能达到较好的解堵效果。储层岩石含多种敏感性矿物，依据酸渣、有机氯生成机理和绝对渗透率影响因素，该类储层在酸化时易产生酸渣、有机氯和二次沉淀。因此，清洁型酸液设计的基本原则是减少酸渣、控制有机氯、避免二次沉淀。

地层岩石的化学成分常常是酸岩反应的决定因素，岩石成分和垢样组分决定着酸液的溶蚀量。但过度溶蚀，会破坏岩石骨架，造成微粒运移，严重的会引起近井地层坍塌。因此，在控制溶蚀率，避免溶蚀过度发生微粒运移的前提下，提高溶垢率，解除污染，降低破碎率，避免破坏岩石骨架。

根据不同矿物的溶解性，为溶蚀黏土，主酸液中应含有一定量的氢氟酸(HF)，但为避免产生氟硅酸盐和氟铝酸盐沉淀，氢氟酸应采用较低浓度；在酸液中复配氟硼酸(HBF_4)，可使氟硅酸盐和氟铝酸盐沉淀转化为可溶的氟硼酸盐，减少二次沉淀的生成，同时氟硼酸水化分解生成的氢氟酸耗尽时，又有不断从氟硼酸中分解的氢氟酸补给，直到氟硼酸耗尽为止，氟硼酸的加入起到了缓速的作用，并能进一步固化黏土，扩宽孔隙度，为此主酸液中应含有氟硼酸；为保持酸液较低的 pH 值，以有机酸作为缓冲剂，在常用的有机磷酸(HEDP)、甲酸(HCOOH)、乙酸(CH_3COOH)中筛选合适的能与氢氟酸及氟硼酸复配的有机酸。由于较高浓度盐酸与地层原油反应会产生有机氯物质，影响原油品质，因此主酸液中应控制盐酸(HCl)的使用浓度。

2　清洁型酸液性能评价

2.1　清洁型酸液体系研发

根据清洁型酸液设计思路，优化配比，形成了不同的酸液配方，实验结果如表5所示。综合对比溶蚀率、破碎率、成本和盐酸浓度对原油有机氯含量的影响，采用磷酸取代部分盐酸控制有机氯，低浓度的氢氟酸和氟硼酸组合减少水化硅、氟硅酸盐、氟化钙二次沉淀和稳定黏土、抑制速敏，复配弱电离的乙酸缓速阻垢并保持酸液pH值，最终确定2% HCl +7% H_3PO_4 +1% HF +0.5% HBF_4 +5% HAc为主体酸液，同时添加抗酸渣剂、螯合分散剂、表活剂、黏土稳定剂、缓蚀剂等，形成清洁型酸液，其对岩屑的溶蚀率为34%，破碎率为9.45%，溶垢率96.5%。

表5　不同类型酸液效果(90℃，4h)

序号	酸液体系	溶蚀率/%	破碎率/%	溶垢率/%	优缺点
1	12% HCl +3% HF	42.44	39.03	86.2	二次沉淀多
2	10% HCl +0.5% HF +0.5% HBF_4 +5% HAc	37.44	11.28	96.1	易产生有机氯
3	10% H_3PO_4 +0.5% HF +0.5% HBF_4 +5% HAc	34.98	9.24	90.4	缓速、清洁
4	2% HCl +7% H_3PO_4 +1% HF +0.5% HBF_4 +5% HAc	34.01	9.45	96.5	
5	0.5% HF +0.5% HBF_4 +5% HAc	15.69	6.79	84.2	溶蚀率低
6	0.5% HF +3% HBF_4 +5% HAc	38.05	14.85	86.6	添加剂成本高

2.2　对岩石矿物的溶解性

将天然岩屑与清洁型酸液在90℃下反应4h，过滤并洗涤至中性、烘干，采用X衍射仪分别对反应前后岩屑进行矿物组分分析，结果见表6。清洁型酸液中氢氟酸浓度较低，对石英、长石等构成岩石骨架的主要矿物没有强烈的溶解。酸液中的HCl、H_3PO_4、HAc溶解矿物中的方解石、白云石，HF和HBF_4溶蚀黏土矿物，利用不同的酸溶蚀岩石颗粒间的填隙物，从而使岩石内部孔道的连通性得到改善。

表6　文140井岩心与清洁型酸液反应前后全岩分析

成分	石英	钾长石	斜长石	方解石	白云石	黏土矿物
反应前/%	55.2	1.5	17.9	4.8	1.7	18.9
反应后/%	67.6	1.4	19.7	0.1	0.5	10.7

2.3　岩石骨架伤害评价

将天然岩屑洗油、烘干后，粉碎至20－12目，在90℃下与酸液反应4h，过滤并洗涤至中性、烘干。将烘干后的岩屑再次过筛，计算破碎率，并观察是否有沉淀生成。

破碎率的计算公式：

$$P = \frac{m_2 - m_3}{m_2} \times 100\%$$

式中，P 为破碎率，%；m_2为反应后岩屑的质量，g；m_3为将反应后岩屑过筛后剩余岩屑的质量，g。

关于破碎率的计算目前没有统一的标准，文献中一般将反应后岩屑过 30 目筛后计算破碎率。目标区块油藏岩心粒度中值分布于 0.073 ~ 0.087mm(170 ~ 200 目)，因此将反应后岩屑分别过 170 目筛和 30 目筛后计算不同目数下的破碎率。实验结果如图 2、表 7 所示。

表 7　破碎率实验结果

酸液	30 目破碎率/%	170 目筛破碎率/%
12% HCl + 3% HF	44.09	31.75
	39.03	31.02
2% HCl + 7% H_3PO_4 + 1% HF + 0.5% HBF_4 + 5% HAc	9.48	7.03
	9.43	5.79

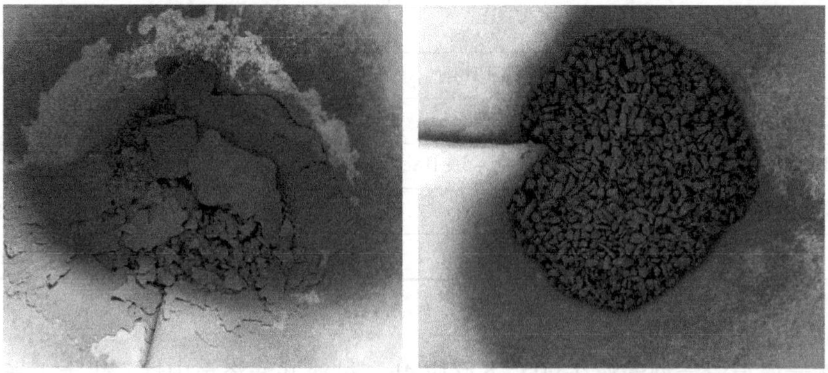

(a)土酸溶蚀后岩屑　　(b)清洁型酸液溶蚀后岩屑

图 2　岩屑颗粒酸溶蚀后外观

由实验结果可以看出，土酸反应后的岩石颗粒中碎屑较多，存在大量细粉状颗粒，过筛后筛下产物较多，破碎率较高，30 目破碎率平均达到 41.56%，170 目破碎率 31.39%。清洁型酸液反应后岩屑颗粒均匀，筛下产物较土酸明显减少，30 目破碎率平均 9.45%，170 目破碎率 6.41%，对岩石骨架伤害较小。

2.4　二次沉淀定量评价

采用 X 衍射仪对反应后的二次沉淀类型及数量进行测定，实验结果如表 8 所示。由图 2 的静态溶蚀可以看出，土酸反应后的岩屑中有大量灰白色氟化钙沉淀，导致过滤时速度较慢，而清洁型酸液反应后的岩屑中则未见明显的二次沉淀。酸岩反应二次沉淀 X 衍射测定结果显示，土酸反应产生的二次沉淀分别是氟化钙、氟铝酸钾和少量氟硅酸钠，总量为 2.6%，清洁型酸液产生的二次沉淀为氟铝酸钾，总量为 0.2%，清洁型酸液可显著减少酸岩反应后的二次沉淀生成量，有效控制二次沉淀对储层的伤害。

表8　酸岩反应产生的二次沉淀类型与数量

酸液类型	沉淀类型与数量/%									
	H_4SiO_4	CaF_2	Na_2SiF_6	Na_3AlF_6	K_2SiF_6	K_3AlF_6	$CaSiF_6$	AlF_3	$Al(OH)_3$	$Fe(OH)_3$
常规土酸	0	1.2	0.2	0	0	1.2	0	0	0	0
清洁酸	0	0	0	0	0	0.2	0	0	0	0

2.5　岩心渗透率改善效果

将烘干的文140井岩心装入岩心饱和装置，在10MPa的压力下用8% KCl盐水饱和70h，称重并计算孔隙度与孔隙体积，然后驱替不同的酸液，对比岩心渗透率变化情况，实验结果如表9所示。在初期两种酸液体系都可提高渗透率。随着反应进行，土酸体系的岩心渗透率开始下降，且低于反应前的岩心渗透率，表明土酸未能提高岩心的渗透率，反而减小了渗透率，对储层造成了损害。采用清洁型酸液体系岩心渗透率提高幅度平均155.21%，说明清洁型酸液能有效提高油藏渗透率，具有较好的解堵效果。

表9　常规土酸与清洁型酸液体系动态实验数据

主体酸液类型	岩心号	渗透率/$10^{-3}\mu m^2$		渗透率提高率/%
		酸前	酸后	
常规土酸	140-11-1	0.923	0.513	-44.42
清洁型酸液体系	140-11-2	1.513	3.873	155.98
	140-11-3	1.275	3.368	164.16
	140-11-4	1.624	3.987	145.50

图3　土酸反应后岩心端面

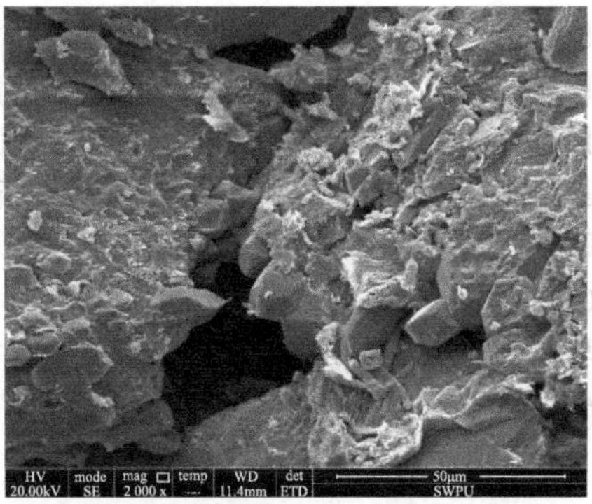

图4　清洁型酸液反应后岩心端面

通过岩心端面电镜扫描结果(图3和图4)可以看出，土酸反应后的岩心端面由于反应强度大，溶蚀过度，造成岩心端面颗粒胶结疏松，出现明显的颗粒脱落和坍塌现象，岩心端面已受到一定程度的破坏，且岩石表面有反应后生成的二次沉淀附着，对地层岩石骨架和渗透率存在不利影响。清洁型酸液反应后，岩心端面形成比较明显的酸溶蚀孔洞，且未发生岩石骨架垮塌，岩石表面没有二次沉淀颗粒附着，使得孔隙之间的连通性得到改善，在提高储层渗透率的同时，保护储层不被二次伤害。

3 现场应用

2020~2022年，低渗油藏清洁型酸化解堵技术在中原油田共实施119井次，工艺成功率100%，措施有效率均为94.9%。油井累计增油9360t，累计增气292490m^3，水井累计增注234584m^3，达到增产增注的效果。

4 结论

(1)设计了以三控(酸渣、有机氯、二次沉淀)，三率(溶蚀率、破碎率、溶垢率)为核心的清洁型酸液设计方法，科学指导酸液设计优选。

(2)开发的清洁型酸液体系骨架伤害小、二次沉淀量低、能够有效疏通油气渗流通道，矿场试验效果显著。

参考文献

[1]陈祖林，朱扬明，陈奇. 油层不同开采时期原油组分变化特征[J]. 沉积学报，2002，20(1)：169-173.

[2]刘晓艳，李宜强，冯子辉，等. 不同采出程度下石油组分变化特征[J]. 沉积学报，2000，18(2)：324-326.

[3]许志赫. 酸渣的形成及抗酸渣体系的研究[D]. 中国地质大学(北京)，2003.

[4]马凤. 酸渣形成机理与抗酸渣剂配方优化[D]. 中国石油大学(北京)，2016.

[5]刘红星. 油井酸化后原油有机氯的生成机理及其控制[J]. 精细石油化工，2020，37(6)：59-60.

[6]饶翔，汪晋，袁用波. 外输原油中有机氯超标问题的来源与分析[J]. 海洋石油，2015，35(3)：51-56.

[7]王振宇，王征，沈明欢，等. 塔河原油中有机氯来源分析和脱除[J]. 石油炼制与化工，2013，44(4)：86-90.

[8]葛际江，赵福麟. 酸化淤渣的生成、防止和清除[J]. 油田化学，2000，17(4)：378-382.

[9]葛际江，张贵才，赵福麟. 酸化淤渣的研究[J]. 油田化学，2000，17(4)：303-306.

[10]孙天男. 油田化学剂有机氯含量测定方法优化[D]. 东营：中国石油大学(华东)，2016.

[11]冯萍. 胜利油田原油有机氯含量及影响分析[D]. 济南：山东大学，2007.

[12]段永锋，彭松梓，于凤昌，等. 石脑油中有机氯的危害与脱除进展[J]. 石油化工腐蚀与防护，2011，28(2)：1-3.

[13]马锐，朱建华，武本成，等. 原油/馏分油中有机氯化物的分布及危害[J]. 炼油技术与工程，2016，46(4)：60-64.

缝洞型油藏氮气泡沫驱技术研究与现场实践

荣根

（中国石油化工股份有限公司西北油田分公司；
中国石油化工集团公司碳酸盐岩缝洞型油藏提高采收率重点实验室）

摘　要：针对碳酸盐岩缝洞型油藏强非均质性以及油气流度比差异大导致氮气在大尺度空间极易窜进的问题，开展缝洞型油藏氮气泡沫驱替技术研究，以聚合物、高温交联体系为稳泡剂，研发了一种耐温130℃、抗盐20×10^4mg/L的冻胶泡沫体系，其配方为0.6% TF-3聚合物+0.4%交联剂A+0.4%交联剂B+0.6% S1起泡剂，在130℃、5MPa下发泡体积320mL，析液半衰期为75min。明确了缝洞型油藏水气驱后剩余油主要分布在中下部以及次级通道，在裂缝尺度下，氮气泡沫可改变泡沫质量、注入速度来充分动用次级裂缝通道屏蔽剩余油，随着裂缝开度的增加，泡沫的封堵能力逐渐减弱，只能以驱替的方式进行；在缝洞尺度下，泡沫利用自身密度和稳定性可以有效驱替中下部剩余油。在101井组进行先导试验，增油1203t且继续有效，为后期氮气驱增效提供了技术支撑。

关键词：缝洞型油藏；高温高盐；注氮气；氮气泡沫

塔河油田是典型的受岩溶作用控制的缝洞型油藏，储集空间以“缝洞体”为主，空间叠置、分布形式多样，尺度从几微米到几十米，非均质性极强；在缝洞尺度下毛细管力逐步减弱，重力置换占据主导作用。塔河油田自2012年在TK404井开展注氮气先导试验以来，已经累计实施1642井次，累计增油360×10^4t，注气成为缝洞型油藏水驱后提高采收率的主导技术。随着注气量的增加以及缝洞油藏本身非均质强的特点，加快了缝洞油藏油井的气窜，目前塔河油田注气低无效井组达到75井组，占比23.4%，极大影响塔河油田的稳产。泡沫是一种防止气窜的主要手段。曹飞等人基于可视化缝洞模型，开展氮气泡沫驱替物理试验，研究表明：泡沫具有极好的流度控制能力和高渗通道封堵能力，充填介质的存在有利于扩大泡沫波及范围，提高微观驱油效率；但相比砂岩，在碳酸盐岩缝洞油藏，氮气泡沫很少能剪切再生，加上常规泡沫的不稳定和强度有限，很难封堵气窜通道，导致现场停注泡沫后效果变差。目前亟须研发发泡性能好、封堵强度大的氮气泡沫体系，明确氮气泡沫在缝洞油藏驱替机理及防窜分流能力。

本文针对缝洞型油藏注氮气规模化应用后出现的氮气驱效果变差问题，研发了耐温、抗盐冻胶泡沫体系，通过典型裂缝和缝洞模型开展驱替试验，明确了缝洞型油藏气驱特征及泡沫运移展布规律，重点研究氮气泡沫在裂缝中分流能力，探讨了泡沫质量、开度比、泡沫运移速度对分流和封堵能力的影响，在101井组开展了现场试验，试验效果显著，为缝洞型油藏氮气驱后期增效提供了技术支撑。

作者简介：荣根（1997—），男，湖北仙桃，中国石油化工股份有限公司西北油田分公司石油工程技术研究院，助理工程师，提高采收率方向。E-mail：771704828@qq.com。

1 耐温抗盐胶体泡沫体系研发

1.1 耐温抗盐起泡剂体系优选与评价

本实验采用短链和长链的甜菜碱相复配的方式，获得最优的耐温抗盐配方，利用自研150℃、50MPa泡沫性能评价仪对研发的S1起泡剂和现场常用起泡剂进行搅拌发泡，搅拌速度3000r/min，搅拌时间3min，其起泡性能和高温老化性能结果如表1和表2所示。

表1 高压和低压下模拟盐水中起泡性能对比

起泡剂	浓度/%	130℃、2MPa			130℃、30MPa		
		起泡体积/mL	析液半衰期/s	消泡半衰期/min	起泡体积/mL	析液半衰期/s	消泡半衰期/min
S1	0.6	390	390	116	450	2460	5650
S2	0.5+0.1	385	390	61.5	445	2280	585
S3	0.5+0.1	385	350	99	450	2370	1985
S4	0.6	390	360	54	420	1440	750
S5	0.4+0.1	375	840	72	460	3120	240
S5	1+0.1	375	780	43	450	3780	257

表2 老化前后130℃、30MPa起泡性能对比

起泡剂	热处理时间/d	起泡体积/mL	消泡半衰期/min
S1	0	450	5650
S1	7	450	2290
S1	30	450	2580

从表1和表2中可以看出，耐高温、抗高盐羟磺基甜菜碱起泡剂S1在130℃、30MPa实验条件下发泡率>400%，消泡半衰期94h，30d高温老化后消泡半衰期在43h，性能高于目前在用起泡剂，满足130℃、矿化度220000mg/L的油藏条件。

1.2 耐温抗盐稳泡用冻胶体系研发与评价

针对塔河油藏的高温高盐条件(130℃，220000mg/L)，采用目视法观察冻胶成胶性能以及长期稳定性的影响。

(1)耐温抗盐冻胶体系研发

本次选用耐温抗盐聚合物TF-3、TF-9，通过在聚合物中添加AMPS抗高温组分提高聚合物的抗高温能力，本次设置了6种冻胶体系来观察耐温抗盐聚合物成胶性能的影响(表3)。

表3 130℃条件下不同配方体系冻胶在不同时间的成胶强度

体系	序号	w(聚合物)/%	w(交联剂A)/%	w(交联剂B)/%	w(S1)/%	成胶时间/h
TF-3	1	0.6	0.1	0.1	0.6	48h未成胶
	2	0.6	0.2	0.2	0.6	48h未成胶
	3	0.6	0.4	0.4	0.6	6h

续表

体系	序号	w(聚合物)/%	w(交联剂 A)/%	w(交联剂 B)/%	w(S1)/%	成胶时间/h
TF-9	1	0.6	0.1	0.1	0.6	7d 未成胶
	2	0.6	0.2	0.2	0.6	6h
	3	0.6	0.4	0.4	0.6	4h

从表3实验结果可以看出，当交联剂浓度低时，起泡剂的加入会影响成胶性能，但交联剂质量分数达到0.4%时，起泡剂的加入对起泡性能没有明显影响，但是成胶时间相对于不添加起泡剂的相应延长。相比TF-9聚合物，TF-3体系具有较好的耐温抗盐能力，在130℃下老化60d仍然不脱水，具有较好的稳定性能，故选择TF-3冻胶体系作为稳泡用成胶体系。

(2)冻胶泡沫体系性能评价

由于基液黏度较高，采用搅拌+气流法结合的方式起泡，利用电镜观察泡沫粒径随时间的变化如图1所示。

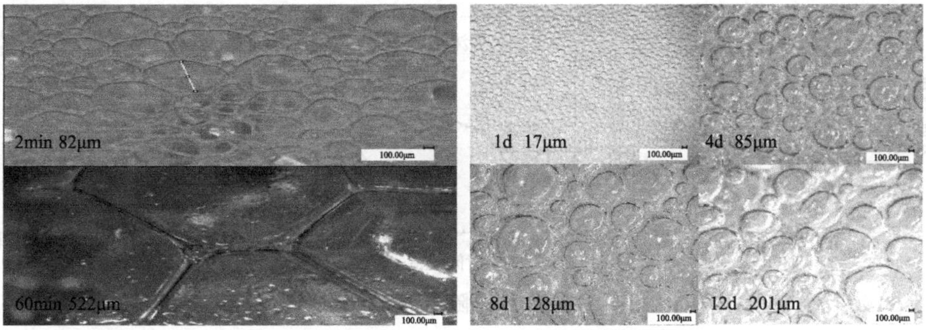

图1 130℃条件下常规泡沫和冻胶泡沫粒径变化(左图为常规泡沫、右图为冻胶泡沫)

冻胶泡沫在130℃、5MPa下发泡体积320mL，析液半衰期为75min。图1对比可看出，普通泡沫稳定性差，气泡聚并液膜变薄，不到一小时泡沫直径从82μm增加至522μm，泡沫尺寸衰变了84.3%；胶体泡沫有更厚的液膜厚度，胶体液膜强度更高不易变形，使气泡均匀分散不易聚并，泡沫的粒径变化缓慢，能够保持较长时间的稳定性。

2 缝洞型油藏氮气泡沫驱替特征研究

2.1 缝洞型油藏氮气驱特征研究

采用亚克力板制作了由上到下0.2mm、0.6mm、1mm、2mm不同尺寸的缝管模型以及典型缝洞模型，开展水、气驱试验，明确缝洞型油藏水气驱后剩余油分布特征。

结合图2和图3分析，在裂缝模型气体驱替过程中，存在竞争与屏蔽现象，驱替初期气体同时动用大小尺度剩余油，当优势气窜通道的出现，气体不在动用小尺度裂缝剩余油，在缝洞模型水驱过程中水优先动用模型底部缝洞原油，底部溶洞中的油全部被水置换，剩余油主要分布在模型中上部；气驱过程中气体首先进入模型顶部缝洞，同时沿水平方向和垂向推进，部分中间溶洞的剩余油进入底部溶洞，导致油水重新分布，最终剩余油以油气方式存在于中下部。

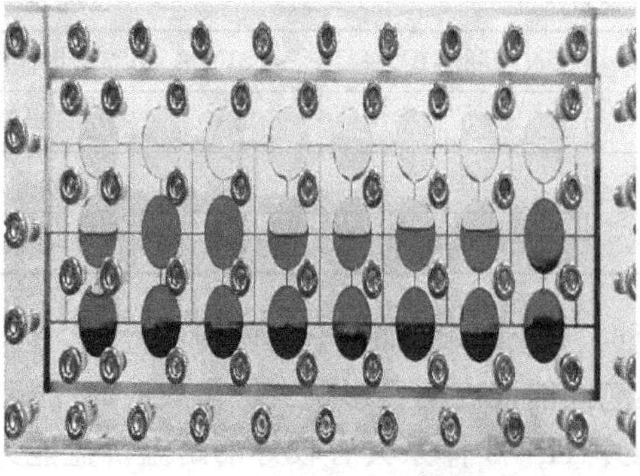

图 2　裂缝可视化气驱流动

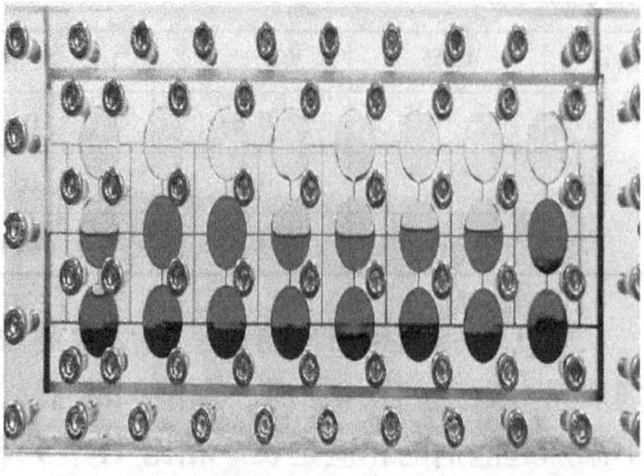

图 3　缝洞可视化水－气驱后剩余油分布

2.2　裂缝模型中泡沫驱替特征研究

选取 0.4mm、0.8mm、1.2mm 三种不同开度的裂缝相互并联进行气、泡沫分流实验，调整表面活性剂和气体流速控制预生成泡沫质量在 60%～80%，设定泡沫流速范围为 1～4mL · min^{-1}，认识泡沫在非均质裂缝的分流特征及其影响因素。

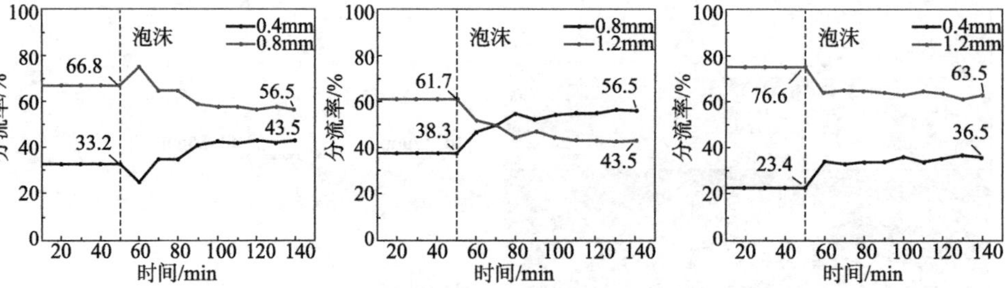

图 4　裂缝分流率随裂缝开度的变化

由图 4 可知气对裂缝开度敏感性较强，当并联裂缝开度大于 100μm 且开度级差不大于 3 时，气驱阶段在各组实验中分流率比例均与裂缝开度比值相近。氮气泡沫可以增大窄缝的分流率，随着裂缝开度比越大，泡沫的封堵能力逐渐减弱，分流效果逐渐变差，只能以驱替的方式进行。

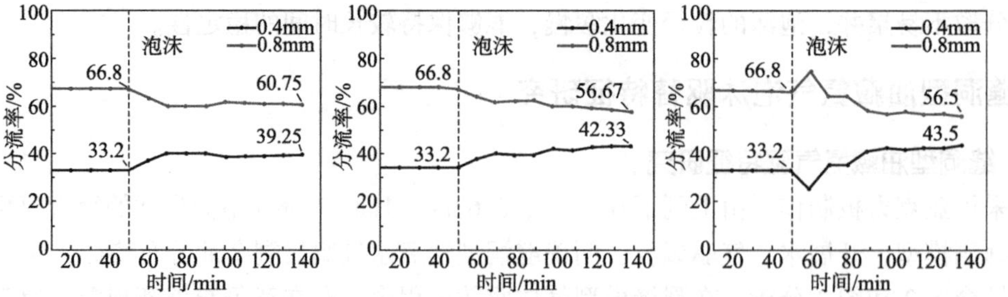

泡沫质量60%　　泡沫质量70%　　泡沫质量80%

图 5　裂缝分流率随泡沫质量的变化

由图 5 可得，随着泡沫质量由 60% 增加至 80%，泡沫封堵能力变大，0.4mm 裂缝分流率由 19.25% 上升至 43.5%，主要原因是泡沫中气相含量增加导致泡沫中大气泡数量增加，大气泡通过裂缝引起的附加阻力增大，同时泡沫表观黏度升高，泡沫流动的黏滞阻力增大，使泡沫的封堵能力增强，对窄裂缝的分流率较高。然而泡沫质量对泡沫调剖能力的提升并非没有极限，随着泡沫质量的进一步增大，气泡的形状越来越不规则，液膜变薄，泡沫表观黏度下降，使泡沫的调剖能力减弱。

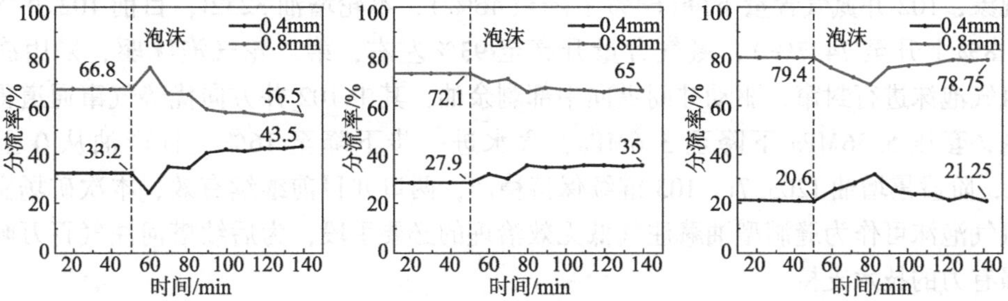

图6　裂缝分流率随流速的变化

综合分析图6可得，泡沫流速越大，分流稳定时窄裂缝分流率越低，泡沫流速增大至 $4mL \cdot min^{-1}$时，泡沫驱的窄缝分流率与气驱的窄缝分流率相近。由达西公式可知，增大流速会有效增大驱替压差，此时壁面效应和贾敏效应的叠加阻力远小于高流速带来的驱动力。同时由于泡沫剪切变稀的特性，较高流动速度使泡沫在裂缝中流动时表观黏度降低，对裂缝的封堵能力减弱，降低泡沫体系的调剖能力。

2.3　缝洞模型中泡沫驱替特征研究

开展普通泡沫与冻胶泡沫在缝洞中的运移实验，明确缝洞模型中氮气泡沫驱替特征。

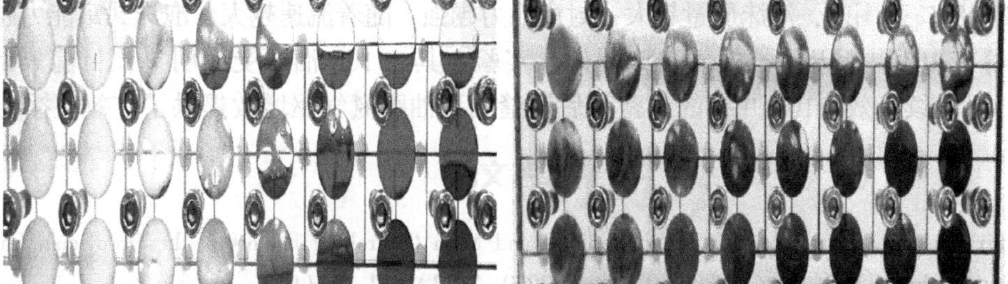

图7　1PV 泡沫缝洞模型中的运移过程

由图7可知普通泡沫稳定性差，运移前缘与油接触，不断的析液，底部液相不断增多，使得采出端产水量比溶洞中原有水含量多，在油水占据溶洞中，泡沫主要分布在溶洞上部；冻胶泡沫由于泡沫黏度和密度较大，泡沫比较稳定，遇油几乎不析液，主要分布在中下方的溶洞中；在注入过程中随着注入量的不断增大，能够将油和水大量采出，胶体泡沫的波及程度比普通泡沫的波及程度更大，能够动用更远距离的油。

3　缝洞型油藏氮气泡沫现场实践

3.1　选取塔河油田101井组开展氮气泡沫试验

101井组位于断控岩溶区，发育断控岩溶储层，平面上井区位于东西向断裂，井间断裂连通好，剖面上显示该井组为是低注高采井组，井间阁楼储集体发育，井组地质储量

358.1×10^4t，标定采收率13.94%，可采储量49.9×10^4t，累产28.7×10^4t，剩余可采21.2×10^4t，井间阁楼剩余油富集；101井注气，102井和103井受效明显，井组注气2411×$10^4$$m^3$，增油4.8×$10^4$t，方气换油率0.6。第一轮次氮气泡沫驱有效改善102方向气窜现象，102井氮气含量下降(64%下降至46%)，本轮增油3232t，目前102井含水上升(22.8%上升至74.7%)，氮气含量升高至93%左右，第二轮气泡沫驱，采用冻胶泡沫+氮气泡沫进行封窜，驱动井间纵向中部剩余油，其中102井方向优势气窜通道得到有效抑制，套压5.56MPa下降至3.6MPa，含水进一步下降至16%，日产油从0上升至27.63t，阶段累增油1203.7t，103继续保持稳产，两口井目前继续有效，本次矿场实验验证了氮气泡沫可作为缝洞型油藏注气低无效治理的必要手段，为后续塔河注气百万吨稳产提供强有力的技术支持。

4 结论

(1)在缝洞模型中，大尺度裂缝易屏蔽小尺度裂缝，导致无法充分动用与小尺度连接的储集体；断控油藏由于储集体沿断裂发育，竖直放置时，由于重力分异，注入氮气极易沿断裂上沿窜进导致受效井气窜，剩余油主要分布在中下部。

(2)优选了耐温130℃、抗盐20×10^4mg/L的起泡剂体系，以聚合物、高温交联体系为稳泡剂，研发了冻胶泡沫体系，冻胶泡沫在130℃、5MPa下发泡体积320mL，析液半衰期为75min，冻胶泡沫成胶后8d泡沫尺寸才衰变86.39%，具有良好稳定性。

(3)泡沫在裂缝中具有良好的封窜作用，随着裂缝尺度开度越大，泡沫封窜作用越弱，最终只能以驱替的形式驱油，其拐点出现在裂缝开度为0.5mm~0.8mm，在同一开度比下，在60%~80%范围内，泡沫质量越大；封窜能力越强，随着流速越大，泡沫封窜能力越弱。

(4)在101井组开展了氮气泡沫驱先导实验，其中102油井受效明显，目前累计增油1203t，且继续有效。101井组的试验为后期缝洞型油藏氮气驱增效提供了有效支撑。

参考文献

[1]Qi Lixin, Yun Lu, Development Characteristics and Main Controlling Factors of the Ordovician Carbonate Karst in Tahe Oilfield[J]. Oil & Gas Geology, 2010, 31(1), P1-12(Ch).

[2]Zhai Xiaoxian, Yun Lu, Geology of Giant Tahe Oilfield and a Review of Exploration Thinking in the Tarim Basin[J]. Oil & Gas Geology, 2008, 29(5), P536-541(Ch).

[3]杨学文，汪如军，邓兴梁，等．超深断控缝洞型碳酸盐岩油藏注水重力驱油理论探索[J]．石油勘探与开发，2022，49(01)：116-124.

[4]袁飞宇，王鸿鹏，乐平，等．缝洞型碳酸盐岩油藏单井注气影响因素模拟分析[J]．非常规油气，2023，10(04)：86-94.

[5]惠健，刘学利，汪洋，等．塔河油田缝洞型油藏单井注氮气采油机理及实[J]．新疆石油地质，2015，36(1)：75-77.

[6]张慧，鞠斌山，刘中春，等．缝洞型油藏氮气辅助重力驱可行性分析[J]．断块油气田，2022，29(03)：399-403.

[7]曹飞，侯吉瑞，闻宇晨，等．缝洞型油藏泡沫驱效果及缝洞结构动用机理[J]．科学技术与工程，2022，22(29)：12813-12825..

[8]陈维．塔河缝洞型碳酸盐岩油藏泡沫调驱机理及效率研究[D]．西南石油大学，2019.

塔河碳酸盐岩油藏堵水模型构建及工艺配套

肖春燕　杜红雷

(中石化西北油田分公司 采油二厂)

摘　要：针对塔河碳酸盐岩油藏复杂的缝、孔、洞不规则组合储层结构，极强的非均质性，苛刻的油藏条件，堵水工艺配套不完善，堵水效果差的问题，结合油藏地质背景，总结堵水实践数据资料，建立断裂破碎带型、缝网型、缝洞型、溶洞型四大类堵水油藏模型，并细分为九个亚类模型，根据模型特点，匹配相应的堵水工艺。矿场应用实践证明，堵水油藏模型与堵水工艺匹配性较好，对后期缝洞型油藏堵水工艺技术具有指导意义。

关键词：油藏模型；堵水；工艺配套；井储类型；含水特征

塔河碳酸盐岩缝洞型油藏，是由不同时期碳酸盐岩经过多期构造运动、岩溶作用和成岩作用形成发育程度不同的裂缝、孔缝、孔洞以及大溶洞等复杂通道组合而成的油藏，具有很强的非均质性。随着塔河缝洞型油气田的不断开发，地层油藏压力逐渐衰减，含水不断上升，屏蔽了剩余油，使油田采收率不断下降。塔河缝洞型油藏堵水技术已经成为阻碍油田采收率提高的一大重要难题，主要的难点在于，第一是油藏具有强非均质性，储集体形态复杂多样，大小不一，油水关系分布无法测算，堵水位置无法明确，导致常规砂岩堵水技术很难适用于缝洞型油藏；第二是缝洞型油藏地层油水流动主要以管流为主，水系发育程度高，油藏均在地层6000m以下，具有高温高盐[温度为120～150℃，矿化度为$(22 \sim 24) \times 10^4 mg/L$]的特点，很多堵水工艺与堵剂难以与油藏条件匹配；第三是油井之间连通关系复杂，井与井之间的油藏背景具有很大的差异，没有具体的油藏模型，工艺难以配套。

本文根据油藏储层类型、井储关系以及出水特征，结合实践经验和油井静态和动态基础资料，分析归纳，建立一套堵水油藏模型，并根据油藏模型配套堵水工艺技术体系，以期为油气田堵水工艺技术的发展提供思路。

1　堵水模型思路构建

油田堵水技术主要解决两个层面的问题。第一个问题是须明确“堵什么”？塔河油田油藏储层类型较为复杂，主要有裂缝型，缝洞型和溶洞型以及孔、缝、洞间的复杂组合，在堵水工艺中必须明确是堵裂缝还是堵孔洞，这关系到堵剂类型的选取和堵剂的用量设计。第二个问题是“堵哪里”？由于油藏储层的复杂性，导致油水关系和上水路径也复杂，只有明确了出水点的位置，才能设计堵水施工工艺。

1.1　储层类型

根据溶蚀程度和储集空间大小，可将储层分为：溶洞、缝洞、裂缝和溶蚀控分四大类。地质背景对储层类型起着重要作用。根据断裂级别可分为三种地质背景：主干断裂、次级断裂和微小断裂。主干断裂在覆盖区破碎程度高，断裂面宽，但溶蚀程度低，主要形成溶蚀孔缝和少量洞穴，在暴露区溶蚀高，形成大量洞穴和缝洞以及少量孔缝；次级断裂破碎程度较低，断裂面窄，在溶蚀高的暴露区主要以裂缝－缝洞为主，小规模洞穴为辅；在覆盖区主要以裂缝和少量缝洞为主，微小断裂主要以大量裂缝储集体为主。

1.2 井储结构

井储结构是指井筒与储层的相对位置和组合关系，主要有井连孔洞、井连裂缝、井连洞穴三类(图2)。井连孔洞主要是在钻井过程中有小量漏失，以小规模酸压或酸化沟通储层方式完井。此类井无水采油期短，但累产高。井连裂缝是指钻井过程中漏失量较大，但无放空，或酸压曲线显示有明显压开储层的井，该类井储层主要以缝洞串联、多缝并联为主，均为高累产井，多缝并联井缝网结构复杂，水易形成优势通道，因此此类井见水快。井连洞穴类是在钻完井过程中有大漏失或钻遇放空井，或酸压有压开溶洞显示的井，主要表现为缝洞并联或串联为主，缝洞并联井见水快，水沿优势通道快速上升形成暴性水淹(图1和图2)。

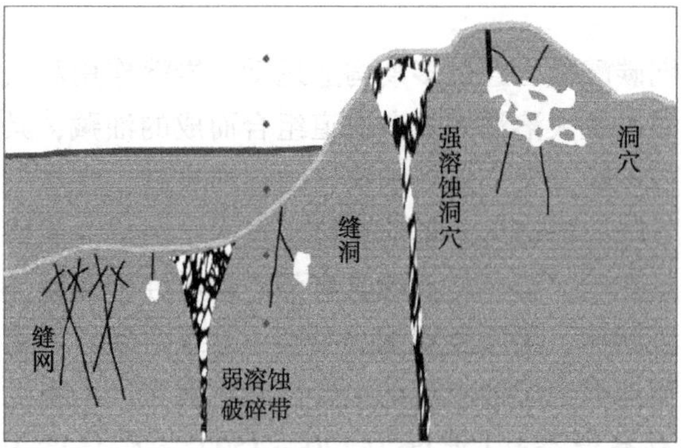

图1　储层类型形成示意图

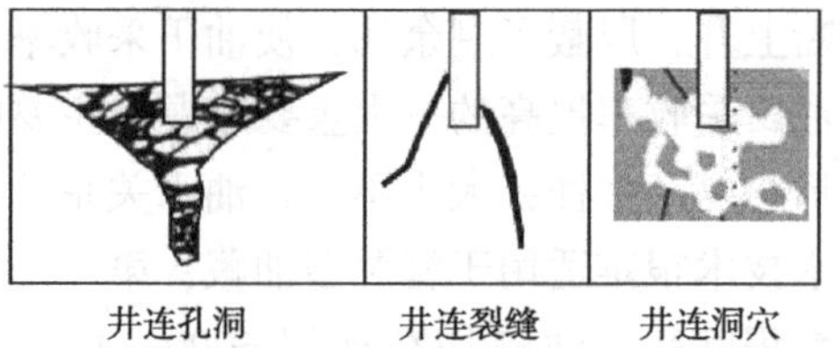

图2　井储结构模型

1.3 油水分布

含水上升是油水分布模式的外在表现，但又非一一对应关系，对分析油井出水位置和井储关系有重要的参考意义。油井产水主要分为高导流通道锥进、裂缝窜进和局部封存3种类型，含水上升类型主要分为缓慢上升型、波动型、台阶上升型和暴性水淹型(图3)。

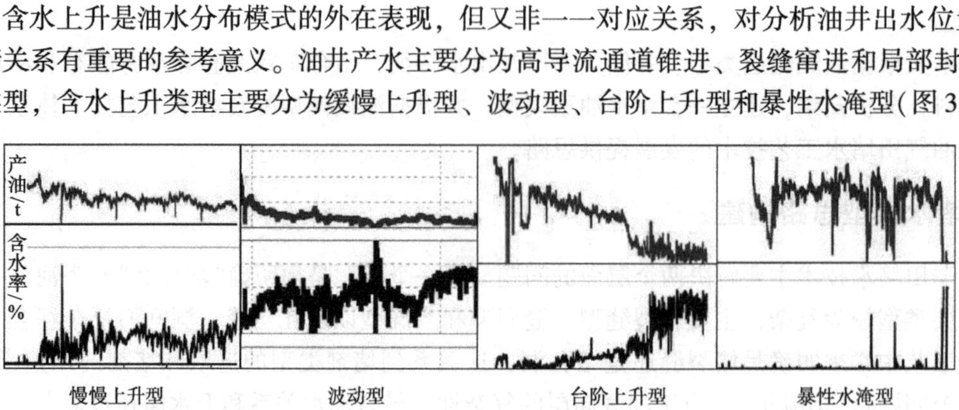

图3　油井含水特征模型

2 堵水模型及工艺配套

根据储层类型，以油藏储层地质背景及井储关系为基础，充分利用油井静态和动态资料，结合五项基础综合分析法，对单井含水变化、堵水工艺及效果进行分析总结，将油藏堵水模型分为缝网模型、断裂破碎带模型、缝洞模型和溶洞模型四大类，划分9个亚类(图4)。

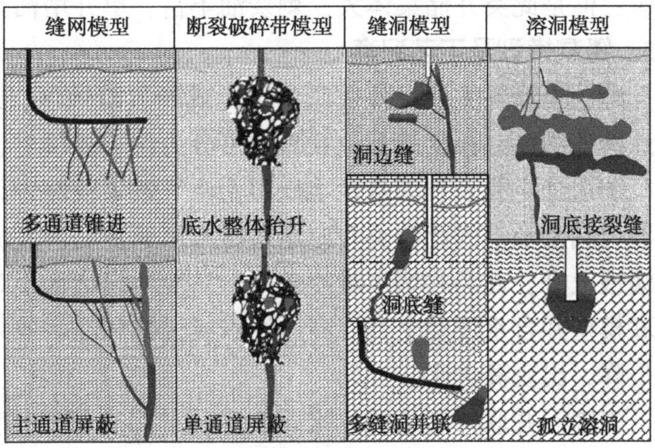

图4　油藏堵水模型

2.1　缝网模型及工艺配套

缝网模型区域背景主要为覆盖区的微小裂缝发育区，地震显示弱反射或杂乱反射，钻完井长井段小漏失，或酸压无沟通缝洞显示。该类模型井堵水后含水出现明显下降，但因储层发育尺度较小，因此增油效果相对较弱。根据出水点主要可分为多通道锥进和单通道屏蔽模型。

多通道锥进一般特征为含水波动或台阶上升型，注气效果较好，但不存气，易沿裂缝窜进，与连通井组形成气窜，有连通井组堵水时需要考虑井组连通关系，需要采用调剖+封堵工艺。堵水工艺一般采用胶体类化学堵剂，胶体类化学堵剂注入性好，能够挤入裂缝井网，对上水优势通道进行深部封堵，然后由能量较强的底水驱替被屏蔽的其他缝网中的剩余油，但由于上水通道较多，堵水工艺属于盲堵，因此需要多轮次封堵。调剖工艺一般是采用橡胶颗粒(粒径为2～3mm)，橡胶颗粒进入缝网后堆积，改变底水的锥进优势通道的渗透率，从而改变锥进方向，达到调堵的目的。

主通道屏蔽模型主要表现为暴性水淹，这是因为油、水在地层中的流动度差异较大，底水容易沿着最强的优势通道窜进，分散了其他缝网的能量，注气能够压制底水，但有效期不长。该类井堵水较为容易，优势通道较大，采用胶体类化学堵剂或有机胶体堵剂与无机类硅酸盐堵剂复合，或采用新型的无机矿粉凝胶堵剂(固含量高、密度可调、成胶性能稳定、成胶后体积不收缩、成本低)，多段塞复合工艺，能够有效封堵上水通道，降低含水率。

2.2　断裂破碎带模型及工艺配套

断裂破碎带模型井主要为次级断裂储层，具有地震剖面显示杂乱反射，钻完井底部有小漏失，累产高等特征，主要包含底水整体抬升模型和单通道屏蔽模型。

底水整体抬升模型井含水率主要呈波动型或台阶状上升型。断裂破碎带的上水通道复杂且不规则分布，选用易注入的胶体类堵剂，分多级段塞。但如果选用双液法成胶的胶体堵剂，需要采用多级引发，且施工排量需要适当提高，以保证胶体成胶性能以及井筒安全性。

单通道屏蔽模型井含水率主要呈暴性水淹型，储层水体能量强，沿主缝上水，堵水位置明确，但由于断裂破碎带储集空间展布较广，主缝尺度大，因此堵水难度也较大。一般采用大剂量固含量较高的无机矿粉凝胶类堵剂，对主缝大尺度通道进行预垫封堵，再复合胶体类堵剂在上部进行增强封堵工艺。此工艺施工有效率为54%，所施工井含水率仅降低

50%，但是此类井储集体大，剩余油丰富，单井增油量较高。

2.3 缝洞模型及工艺配套

缝洞模型井主要发育在风化壳区或断裂溶蚀区，地震剖面为强串珠反射或河道显示，酸压沟通明显。根据缝洞位置具体可分为洞边缝模型、洞底缝模型和多缝洞并联模型。

洞边缝主要表现为暴性水淹型，注气效果较好，无水采油期短，水易沿边缝窜进，抑制洞内剩余油，因此该类井应堵边缝水窜通道。洞底缝模型井无水采油期长，累产高，含水缓慢上升，此类井堵水难度较大，一般常规堵剂很难绕过顶部油层进入洞底部。多缝洞并联模型井含水波动上升，高压注水或过饱和注水效果较好，但是长期注水后增油效果逐渐下降，出现高含水。

多缝洞并联井堵水层位难以明确，选用胶体类堵剂，采取多轮次、多段塞封堵工艺，封堵后配合注气，或采用无机类堵剂，如矿粉凝胶、触变凝胶等笼统封堵配合酸化，构造新的通道，改变储层渗透率。洞边缝出水层位结构清晰，采用胶体类堵剂或与无机硅酸盐类堵剂复合，多段塞多轮次封堵工艺。而洞底缝模型需要穿过洞堵缝，此类井堵水难度最大，基本没有一种有效的工艺能够与之匹配，我们曾以胶体类堵剂与无机硅酸盐类堵剂复合，多段塞工艺尝试，均无效。

2.4 溶洞模型及工艺配套

溶洞模型井特点为剩余储量丰富，钻完井过程中遇放空或大漏失，主要包含洞底接裂缝和孤立溶洞两个亚类模型。

洞底连接裂缝井无水采油期长，含水缓慢上升，前期注气效果较好，该类井堵水难度在于化学类堵剂强度不能够有效封堵大尺度缝洞，甚至高强度水泥上返堵水效果也较差，因此该模型储层井应采用水泥堵水加酸化造缝，将其改造成缝洞模型，再配合胶体类化学堵剂进行裂缝封堵工艺。

孤立溶洞型井主要特点为能量不足，注水压力高，注气效果差。该类井溶洞与井筒直接连通，直接注堵剂会污染储层，一般有两种堵水工艺，一种是采用水泥在井筒留塞加酸化工艺，造缝洞结构，再注水替油；另一种是采用密度选择性高分子树脂（$1g/cm^3 < \rho < 1.14g/cm^3$），该类树脂抗水稀释，与油不容，原料为可流动性液体，易注入，施工采用不动管柱，能够降低成本，注入地层后由于密度选择性自动在油水界面形成隔板，在地层高温下固化成胶，封堵底水。但是，这种密度选择性高分子树脂价格昂贵，如果储层溶洞较大，所需树脂量就多，成本太高。

3 堵水工艺应用效果及评价

根据建立的堵水模型以及配套的堵水工艺，塔河油田采油二厂近三年累计施工 46 口井，进行 69 轮次堵水，有效井 22 口，有效井次 28 井次，井数平均有效率为 48%（表 1）。总体来看，断裂破碎带模型与封网模型堵水工艺有效率较高，缝洞模型由于缝洞结构复杂，堵水工艺有效率较差，但是缝洞模型与断裂破碎带模型井单井平均增油量较大，说明次类型井一旦封堵成功，将取得很好的增油效果。溶洞型井堵水工艺匹配程度较好，但是溶洞型井水体被堵后，溶洞内能量就会减弱，导致增油效果较差。

表1　堵水模型与堵水效果评价

类型	实施井数	有效井数	有效率/%	平均单井增油/t
断裂破碎带	11	6	54.5	1657
缝网型	7	4	57.1	646
缝洞型	16	6	37.5	1144
溶洞型	12	6	50.0	451
合计	46	22	47.8	1010

4　结束语

塔河碳酸盐岩缝洞型油藏堵水技术已经成为采油井控水提采的重要手段之一，进过多年发展和实践研究，已经形成成熟的堵剂体系和有效的选井方法。对强非均质性油藏储层的精细刻画研究，综合分析油水关系，出水目标层位，结合矿场实验数据分析，建立了堵水油藏模型，并针对模型匹配有效的堵水工艺，在现场实施效果较好。堵水油藏模型与配套工艺对今后堵水技术发展具有重要指导意义。

参考文献

[1]鲁新便，蔡忠贤．缝洞型碳酸盐岩油藏古溶洞系统与油气开发——以塔河碳酸盐岩溶洞型油藏为例[J]．石油与天然气地质，2010，031(001)：22－27.

[2]荣元帅，胡文革，蒲万芬，等．塔河油田碳酸盐岩油藏缝洞分隔性研究[J]．石油实验地质，2015，000(005)：599－605.

[3]李正民．塔河油田缝洞型油藏分隔性研究[J]．石化技术，2016，23(006)：154－155.

[4]修乃岭，熊伟，高树生，等．缝洞型油藏储集空间连通关系和开发特征初探[J]．中国西部油气地质，2007(01)：109－111.

[5]吕爱民，姚军，郭自强．塔河油田奥陶系缝洞型底水油藏典型相渗关系及水驱曲线[J]．油气地质与采收率，2010，017(002)：101－104.

[6]常宝华，熊伟，高树生，等．大尺度缝洞型碳酸盐岩油藏含水率变化规律[J]．油气地质与采收率，2011，18(02)：80－86

[7]季晓靖，蒲万芬，金发扬，等．缝洞型油藏提高"阁楼油"采出程度物理模拟实验[J]．断块油气田，2016，023(003)：375－379.

[8]荣元帅，高艳霞，李新华．塔河油田碳酸盐岩缝洞型油藏堵水效果地质影响因素[J]．石油与天然气地质，2011，32(006)：940－945.

[9]鲁新便．岩溶缝洞型碳酸盐岩储集层的非均质性[J]．新疆石油地质，2003(04)：360－362.

[10]荣元帅，赵金洲，鲁新便，等．碳酸盐岩缝洞型油藏剩余油分布模式及挖潜对策[J]．石油学报，2014，35(006)：1138－1146.

[11]李丹．高低质量浓度段塞组合聚合物驱提高采收率实验[J]．大庆石油地质与开发，2018，37(06)：124－127.

[12]胡广杰，杨庆军．塔河油田奥陶系缝洞型油藏连通性研究[J]．石油天然气学报，2005.27(2)：227－229.

[13]吴文明，秦飞，欧阳冬，等．塔河油田碳酸盐岩缝洞型油藏堵水技术[J]．油气地质与采收率，2013.20(06)：104－107.

[14]刘中春．塔河缝洞型油藏剩余油分析与提高采收率途径[J]．大庆石油地质与开发，2015(2期)：62－68.

MCHR 型封隔器注气管柱打捞实践

岳鹏　宋正聪　刘牟伟　蔡璐

（中石化西北油田分公司）

摘　要：塔河油田在氮气驱提高采收率过程中，为避免套压超过井控安全限制，在7in套管内下入MCHR封隔器。在后续检修管柱或利用原井裸眼侧钻作业中常遇到封隔器上提解封失败，主要原因：封隔器实际解封吨位超过油管理论抗拉强度或修井机提升能力；MCHR封隔器水力锚卡瓦因氧腐蚀结垢通道堵塞难以正常回缩；管串结构带抽稠泵或因腐蚀结垢缩径变形，切割油管受阻。针对上述问题，通过优化倒扣打捞作业工序、提高套铣筒切削能力、优选径向切割工艺等保证封隔器落鱼的完整性，提高打捞作业的成功率。以TH－2、TH－3井的成功应用为例，介绍了径向切割法、倒扣打捞法两种处理封隔器上部管串的处理方法，并对这两种方法的优缺点进行了对比分析，为MCHR封隔器解卡修井提供了宝贵的经验。

关键词：MCHR封隔器；卡钻；解封；套铣；打捞

塔河油田碳酸盐岩缝洞型油藏具有埋藏深(5000～7500m)、矿化度高(21×10^4mg/L)、非均质强、流体流动规律符合管流、空腔流、耦合的特征。氮气非混相驱具有增压补能、抑制底水锥进，驱替阁楼油的优点，2012年在TK404井开展注氮气先导试验，随后进行了大规模推广，截至2023年底，塔河油田缝洞型油藏注氮气累计超过1200口井次，年增油量达到了107×10^4t。目前氮气来源主要由制氮车获得，注入氮气中氧气含量0.05%～1%，这使得氮气注入井在注入、焖井、生产过程中，井下管柱在高温、溶解氧、高矿化度环境下产生腐蚀结垢。塔河油田部分油井为四级结构，套管头安全承压28MPa，为保证井控安全，注气井在约5000m下入MCHR型封隔器阻止井底注气高压传递至井口。由于腐蚀结垢，MCHR型封隔器水力锚、猫爪不能正常回缩造成解封失效。据统计，2015年以来，MCHR型封隔器入井76井次，不能正常解封38井次，占比42.1%，因此，研究MCHR封隔器解卡工艺技术，不仅能避免井下作业复杂化，而且能够大幅提高修井时效，降低作业费用，具有重要的推广应用价值。

1　工艺难点分析

1.1　MCHR型封隔器结构及原理

MCHR型封隔器由上接头、中心管、水力锚机构、剪切销钉、密封胶筒、卡瓦机构、下接头等部件组成。封隔器坐封前投球，通过油管打压使液压装置下移切断坐封销钉，挤压胶筒密封环形空间、撑开卡瓦坐封在套管上，同时棘轮锁环装置将锁紧和保持坐封力，以使卡瓦和胶筒坐封有效。解封时上提中心管剪断的解封销钉(解封力约12.7t)，水力锚

第一作者简介：岳鹏(1987—)，男，河南省太康县，中石化西北油田分公司，高级工程师，主要从事井下工程技术研究工作。E－mail：1318426790@qq.com。

总成下内密封圈与活塞芯轴密封面脱离，锁键滑至凹槽，释放卡瓦总成，胶筒回缩，从而释放油管解除封隔。

1.2 MCHR 卡钻原因分析

注气过程中由于封隔器腐蚀结垢，封隔器与套管环空间隙、水力锚卡瓦回缩孔被腐蚀垢堵塞，上提拉力完全作用于上部水力锚，下部剪切销钉由于中心管无位移而难以被剪断，造成封隔器无法解封。

1.3 打捞难点分析

目前 MCHR 型封隔器常用解封方法有活动解卡法、憋压解卡法、悬吊解卡法、震击器解卡法、套铣倒扣解卡法等，受油藏工艺因素限制，单一解卡均难以有效实现封隔器解卡。

1.3.1 管柱自重大，活动解卡吨位受限

封隔器管柱下深约 5500m，$3\frac{1}{2}$in P110 油管本体附加封隔器理论解封吨位合计约 90t，油管自身安全抗拉强度约 105t，上下活动解卡提升安全负荷受限。

1.3.2 封隔器双向锚定活动困难

MCHR 封隔器采用双向锚定设计，水力锚卡瓦牙齿朝上，锚定管柱上移；下卡瓦牙齿朝下，锚定管柱下移。使活动解卡、悬吊解卡、上/下震击器均难造成大距离位移促使封隔器解卡。

1.3.3 封隔器硬度大套铣进尺难

为提高封隔器坐封抗压稳定性，封隔器采用硬质不锈钢铸造，套铣封隔器时铣鞋上的硬质合金齿会因产生冲击、震动、蹩跳现象而破碎、断落，失去切削能力。

1.3.4 管柱腐蚀结垢缩径切割油管难

氧腐蚀结垢使油管内壁缩径，部分管柱经多臂井经探测，油管内径最大油 76mm 下降至 42mm，缩径率高达 44.7%，又因为氧腐蚀产生的氧化亚铁、四氧化三铁垢质地坚硬，造成切割工具难以通过造成油管切割失败。

2 工艺方案优化

2.1 前期打捞实践

TH－1 井管柱于 2017 年 5 月入井，管串下深 5509m，MCHR 封隔器坐封位置 5403m，CYB－70/44 型抽稠泵下深 2220m，期间注气 $578\times10^4m^3$，注水 $1.1\times10^4m^3$。2023 年 2 月上提 110t 解封失败，因管串抽稠泵内径 44mm，切割工具无法通道。采取倒扣作业带出封隔器上接头，套铣进尺 0.7m，起钻套检查铣头磨损约 1.8cm，打捞杯带出结垢物、铁屑、胶皮与钢带碎块。采用母锥、捞筒、公锥工具等打捞 5 趟均未捞获封隔器。分析认为封隔器上接头出井后，封隔器各部件串联在中心管上，封隔器结构被套铣筒套散，钢带松散落井，后续打捞作业无法入鱼导致打捞作业失败。

2.2 工艺优化改进

2.2.1 倒扣工艺改进

倒扣作业若从封隔器上接头处倒开，直接套铣易将封隔器套散，刚性弹片、密封胶筒、卡瓦等组件一起滑落井底，散落的刚性弹片有卡住下部管柱的危险，增加下步打捞的作业难度。打捞工艺改为在封隔器上接头连接安全丢手对扣，对扣成功后起出安全丢手上

部钻具，下入套铣工具套铣打捞井下封隔器落鱼。

2.2.2 切割工艺改进

针对射孔弹切割存在切口扩径影响后续打捞作业的问题，优选径向切割工艺，铝热剂在600℃下被点燃，发生剧烈但可控的氧化还原反应，产生高温(3300℃)等离子体由喷嘴通道形成径向聚焦等离子射流将油管软化切割。工具外径小(46mm)通过性强，切口平整无变形，易于后期打捞作业。

2.2.3 套铣工具改进

MCHR封隔器水力锚金属材质强度高，考虑到在套铣封隔器时会产生冲击、震动、蹩跳现象易使铣鞋上的硬质合金齿破碎、断落而失去切削能力，因此，铣鞋选择碳化钨合金，同时脊镶式布齿方式提高铺设厚度，提高铣鞋耐冲蚀、抗压性能。套铣参数按照“低钻压、高转速”的原则，建议套铣技术参数钻压：5~20kN，转速：50~80r/min，适当提高排量和钻井液的携带能力。

3 封隔器解卡打捞工艺在TH-2井的应用

3.1 TH-2井修井前情况

TH-2井于2007年11月2日完钻，完钻井深6538m，完钻层位O_{1-2y}，钻井过程无放空、漏失，留塞至6420.0m酸压完井。本趟管柱于2017年3月入井，MCHR封隔器坐封位置5403m，CYB-70/44型抽稠泵下深1814m，期间注氮气$300\times10^4m^3$，注水$4627m^3$，阶段产油1.45×10^4t，产水$2.73\times10^4m^3$。2023年4月钻塞合采起原井管柱，封隔器解封遇卡。

3.2 TH-2井修井工艺过程

(1)活动管柱解封：悬重在50~105t上提下放活动解封，最大上提负荷105t，每次悬吊30min，管柱恢复疲劳30min，多次上提下放活动管柱解封3天，未成功。分析认为由于该趟管柱入井时间长，期间注采量大，造成MCHR封隔器因腐蚀结垢遇卡。

(2)倒扣打捞：倒扣起出封隔器上部管柱3½in JC油管短节3根+3½in JC油管196根+5½in套管3根(内接双公短节+70/44抽稠泵)+3½in JC油管418根+变扣+注气单流阀+变扣+3½in JC油管5根，带出MCHR封隔器上接头。

(3)对扣打捞：考虑直接套铣封隔器水力锚，封隔器散开增加打捞难度的风险大，采用安全接头对扣，一是保证封隔器完整性；二是提高管柱抗拉能力后尝试活动解卡。对扣成功后，钻杆自重101t，采取78-138t活动、震击器震击、140t悬吊等措施均解卡失败。

(4)套铣封隔器水力锚：因水力锚腐蚀垢“锁死”，活动难以有效解封，决定套铣解除水力锚铆钉作用。在安全接头处断开，下入高强度合金铣鞋，以钻压5~15kN，转速60~70r/min套铣水力锚，套铣深度：5701.42~5701.83m，累计进尺0.41m，起出套铣筒合金齿磨损脱落，套铣鞋本体磨损0.06m，分析认为水力锚卡瓦已全部清除。

(5)对扣打捞封隔器：对接安全接头，上提封隔器至135t，封隔器未解封。在悬重135~85t(自重101t)上提下放钻柱，配合悬重由135t下降至105t，判断封隔器成功解封，起钻捞获井内全部落鱼管串。出井MCHR型封隔器整体完好，腐蚀结垢严重，水力锚上卡瓦被铣鞋清除，套铣进入0.23m。因铣鞋合金齿被完全磨损，未将水力锚(长0.32m)完全套铣，造成套铣工序后封隔器需配合上下活动才得以解封。

3.3 TH－2 井修井成果

在 TH－2 井 MCHR 型封隔器遇卡解封作业 21 天，施工中应用了活动解卡、循环解卡、悬吊解卡、震击解卡、对扣更换鱼头、倒扣套铣解卡等目前所有封隔器解封工艺技术手段，避免了封隔器解体造成修井复杂化，最终成功打捞出井内所有管串，但由于套铣筒合金耐磨性不足，仅将封隔器水力锚上卡瓦锚定清除，下卡瓦未能有效套铣，下步从合金齿的选择、铺设焊接方式等方面优化套铣筒，提高套铣筒的强度和套铣效率。

4 封隔器解卡打捞工艺在 TH－3 井的应用

4.1 TH－3 井修井前情况

TH－3 井 2011 年 10 月 25 日完钻，完钻井深：5685m，完钻层位：O1－2y，T_7^4：5557.5m，进山深度：127.5m，11 月 13 日对下部储层 5618.0～5685.0m 井段卡封酸压完井。2017 年更换 MCHR 封隔器管柱，管柱下深 5159.51m，封隔器坐封位置 5100.68m，期间注氮气 $150\times10^4m^3$，注水 $10.65\times10^4m^3$。2023 年 2 月实施更换管柱作业，以 5t 为基准逐级增加负荷，悬重由 60t 上升至 95t，封隔器未解封，封隔器解封遇卡。

4.2 TH－3 井修井工艺过程

(1)活动解封：管柱计算悬重 68t，上提 105t/下放 58t 活动解封，每活动 1h，恢复管柱疲劳 1h，解封未成功，分析认为该管柱入井时间长，注水规模大，封隔器因水力锚卡瓦腐蚀结垢严重，在修井机允许范围内，以及管柱的抗拉强度内难以解卡，下步就先切割起出封割器上部油管串，在套铣解封封隔器。

(2)模拟通井至 5124.5m。

(3)切割油管：对封隔器上部 5098.56m 处点火切割，上提管柱悬重 63t，无挂卡，切割成功。

(4)套铣封隔器水力锚：组下带震击器套铣管柱，正循环套铣，泵压 12MPa，排量 550L/min，转速 45～50r/min，钻压 1～2t，套铣 29h，套铣套铣进尺：0.4m，出口返出少量细沙及垢物约 60L，用磁铁观察有少量铁屑，认为封隔器水力锚卡瓦已清除。

(5)打捞封隔器落鱼管串：采用 Φ143mm 卡瓦打捞筒，内置 Φ86mm 篮瓦，打捞落鱼油管外径 88.9mm。初始悬重 106t，泵压 9MPa，开转盘，转速 15～20r/min，下放钻具方入 9.77m 遇阻，加压 4t，遇阻深度：5102.91m，泵压由 9MPa 上升至 11MPa，判断落鱼已入打捞筒，上提钻具悬重由 106t 上升至 110t，以 10t 为基准逐级上提至 140t，静止 10min，悬重由 140t 突降至 106t，继续上提无挂卡，判断封隔器成功解封，起钻捞获全部落鱼管串。起出封隔器整体完整，磨铣深度 0.18m，封隔器上卡瓦被铣鞋磨掉。

4.3 TH－3 井修井成果

TH－3 井 MCHR 型封隔器遇卡解封作业 14 天，起出全部封隔器管柱。本井作业有两大特点，一是采用 RCT 定点切割起出封隔器上部管柱，相比 TH－2 井倒扣作业，减少起下钻 2 趟，大幅缩短了作业周期；二是提高硬质合金齿强度，套铣鞋合金铺设厚度由 3cm 增加至 8cm，套铣鞋耐磨性大幅增加，出井铣鞋虽有部分磨损，但整体完好。

4.4 打捞效果对比

打捞工艺方案的选择不仅影响作业时效，而且关系到封隔器打捞作业的成败。RCT 切割打捞法的优点是作业时间短、修井效率高，缺点是费用高，单井次切割约 50 万元，若前期通井失败，存在目标靶点难以切割的问题；改进后倒扣打捞法能够保证封隔器完整出井，避免封隔器解体造成修井作业复杂化。

5 结论

（1）塔河油田 MCHR 封隔器解封失效主要原因为氧腐蚀结垢导致水力锚卡瓦不回缩造成解封装置失效；

（2）MCHR 封隔器解封遇卡后，需要上下活动解卡、震击器解卡、循环憋压解卡、套铣解卡等工艺复合应用；

（3）相比倒扣套铣解卡，切割套铣解卡具有定点起出封隔器上部油管串、作业周期短的优点，管柱结构若满足切割条件应优先选择切割套铣解卡工艺；

（4）套铣鞋的性能直接关系到封隔器水力锚卡瓦套铣作业的成功与否，套铣鞋设计参数要提高套鞋鞋合金的硬度和耐磨性能，增加套铣鞋的铺设厚度，满足套铣封隔器水力锚合金作业的要求。

参考文献

[1]荣元帅，胡文革，蒲万芬，等．塔河油田碳酸盐岩油藏缝洞分隔性研究[J]．石油实验地质，2015，000(005)：599－605.

[2]修乃岭，熊伟，高树生，等．缝洞型油藏储集空间连通关系和开发特征初探[J]．中国西部油气地质，2007(01)：109－111.

[3]惠健，刘学利，汪洋，等．塔河缝洞型油藏注气替油机理研究[J]．钻采工艺，2013，36(02)，55－57.

[4]梁尚斌，邓媛，周薇等．塔河油田缝洞型油藏单井注 N_2 替油的注气量优选[J]．钻采工艺，2016，39(054)，60－61.

[5]郭玉洁、文泽宇、孙海礁，等．除氧剂的添加对注气井油管管材腐蚀行为的影响 [J]．材料保护，2019(01)：18－21.

[6]任爱军、王莎、贾超，等．塔河油田注气井腐蚀规律与防腐技术应用[J]．勘探开发，2012(09)：133－134.

[7]殷仕清，范小波，高智，等．封隔器解卡打捞工艺技术在川西气井中的应用[J]．西部探矿工程，2012(07)：71－74.

[8]李晓胜、宋萍萍．超深井封隔器解封失效原因分析及打捞实践[J]．勘探开发，2016(02)：199－200.

[9]付建华、邓乐、陈国庆，等．深井裸眼封隔器分段酸压管柱打捞实践[J]．钻采工艺，2023，43(02)：91－96.

[10]沈力娜、孙贵生、张纯峰，等．高效金刚石铣鞋的研制与应用[J]．探矿工程，2017(44)：327－329.

[11]郭科佑、李宁、项春芬，等．大尺寸套管套铣鞋结构优化设计与应用[J]．钻采工艺，2022(05)：109－113.

[12]高如军、何世明、补成中，等．塔河油田深井封隔器打捞难点及对策[J]．勘探开发，2016(02)：199－200.

塔河油田S单元井区剩余油分布数值模拟研究

杨彪　宋正聪　石锐　魏宏洋

（中国石化西北油田分公司）

摘　要：塔河油田S单元井区储层受风化壳岩溶、断裂，暗河复杂岩溶影响，开发后期剩余油挖潜效率低下，注水、注气驱窜进严重，为了摸清剩余油分布规律和井组连通状况，通过数值模拟的方法，对S单元井区油藏储集体和储层进行三维物理建模，并对含水率变化、产液量、产油量等进行历史拟合，模拟结果显示：储层剩余油主要以阁楼油、非均质储层封隔油、井间剩余油分布为主，综合地质及生产状况分析，储层非均质性为影响剩余油分布主要因素，后期开发对策与剩余油分布情况不匹配、高导流通道为次要因素。

关键词：数值模拟；塔河油田；风化壳岩溶；剩余油分布

塔河油田S单元井区属缝洞型碳酸盐岩油藏，区域地质主要以风化壳岩溶发育为主。经过油田开发后期注水、注气驱替治理，目前单元中部连通井组边底水持续锥进，水驱效果变差，气驱有效期短，吨油成本高，多轮次注气后出现气窜现象；单元边部井出现供液不足。且井间连通关系复杂，一次采收率只有10%～13%，二次采收率也只有20%左右，储层残留大量剩余油未能有效动用，具有后期开发潜力。

1　油藏地质特征概况

塔河油田S单元井区位于塔里木盆地沙雅隆起中段阿克库勒凸起北东部，构造上呈现南东向北西方向倾斜。区块地震反射特征以串珠状为主，地质背景以风化壳岩溶为主，具有暗河、断裂、构造复合地质背景。S单元位于残丘构造高部位，属于典型的风化壳岩溶，二级地貌单元属于丘丛垄脊沟谷，井区深部发育一条东西向的暗河，表层水流方向主要受构造形态控制。

2　数值模拟建模

缝洞型油藏并没有成型的建模思路，对于该类油藏，通过像常规碎屑岩利用随机建模的方法是行不通的，必须寻找更好的建模思路。本次建模主要采用井点储层控制，井间地震约束，最后通过动态修正的方法得到最终准确的三维储层地质模型。

2.1　储集体模型建立

2.1.1　数值准备及选取

该井区建模的主要数据包括单井储层类型数据、层面数据和地震属性数据。

首先通过成像测井资料对储集体及致密段进行识别，得到五类储层在常规测井上的响

第一作者简介：杨彪(1993—)，男，甘肃，中石化西北油田分公司，工程师，主要从事油田化学，提高采收率技术相关工作。E－mail：1511609028@ qq. com。

应特征，并对全区进行储层类型划分。在 T74 面以下解释一个层面 Fzc3，通过井点致密段顶底面控制，Fzc3 作为趋势面插值计算得到两个致密段顶底面，以及致密段的厚度分布。RMS 数据体的值大于 40 时能够反映溶洞储集体，所以通过 RMS 数据体得到了溶洞发育的概率体。溶洞的发育接近断裂的发育，所以通过断裂数据得到了溶洞发育概率体。用以上两个概率体对溶洞类储集体发育进行约束，溶蚀孔缝类储集体通过随机模拟得到。利用地震重采样技术将蚂蚁体裂缝提取技术提取的裂缝融入地质模型，得到概率体控制下的三维储层地质模型。通过对井间连通性和生产动态的分析，对上述建立的三维地质模型进行修正，得到最终的三维储层地质模型(图 1)。

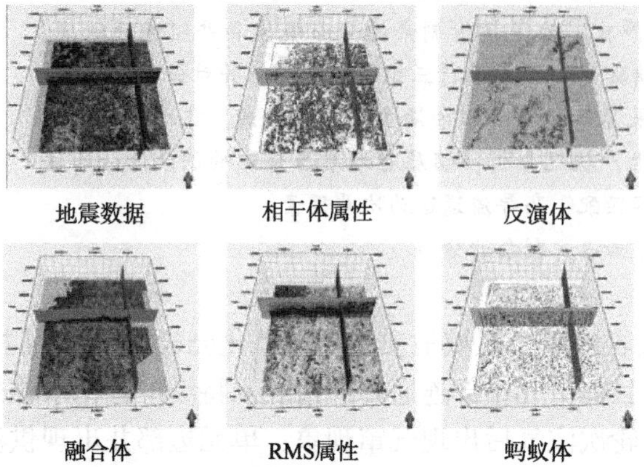

图 1　S 单元部分地震数据体展示图

选取六个层面将三维地质模型分为 5 个层段。即 T74 作为模型的顶面，Z1 顶底面、Z2 的顶底面作为对 C1、Z1、C2、Z2、C3 五段的分隔面，Z3 的顶面作为模型的底面。利用均方根振幅对地震段垂向平滑处理，进一步清晰刻画溶洞的平面分布边界。最后通过“蚂蚁追踪”算法，增强边界特征续性，预处理地震资料，生成蚂蚁追踪立方体，提取、校验断层，突出特殊的地层不连续性，创建最终断层解释模型。

2.1.2　网格选取

在计算机资源允许的情况下，建立储层分布模型和储层参数模型的三维网格数尽可能多，以提高建模的精度。本次建模网格的设计综合考虑地质因素和地球物理特性，平面上设计网格的大小为 30m，垂向上 Z1、Z2 作为单独的一层，所以只需要分配 1 个网格，对于 C1、C2、C3 三个储层段则需要能够描述储层的展布特征，选择 2m 一个网格。

2.1.3　随机模型

通过对前面地震数据体的优选，发现 RMS 数据在大于 40 的范围的值与单井钻遇溶洞储集体具有很好的吻合性，所以在随机建模过程中，采用 RMS 数据体作为对溶洞储集体发育展布的约束条件，即将 RMS 数据体的值大于 40 的网格发育溶洞的概率定为 1，其他部分的网格发育溶洞的概率为 0，通过对 RMS 数据体的运算，得到 S 单元溶洞发育概率体。

2.2　储层类型模型的建立

根据 S 单元井区储层类型的统计，C1、C2、C3 三个层段为主要储层。C1 段单井钻遇储层的钻遇率为 75%，储层类型以溶洞类为主，溶蚀缝储层次之；C2 段钻遇储层的钻遇率为 91.67%，储层类型以溶蚀缝为主，溶洞类储层次之。随着深度的增加，溶蚀作用减弱，C3 段钻遇储层的钻遇率只有 33.3%。收集目标区块 2020 年 5 月至 12 月油水井生产资料，开展了跟踪数值模拟及历史拟合，建立能够反映目标区块最新开发动态的油藏数值模拟模型。网格数量为 118 × 184 × 79，模型平均渗透率为 50.789mD，平均孔隙度为 0.086。孔渗饱模型见图 2，相渗曲线见图 3。

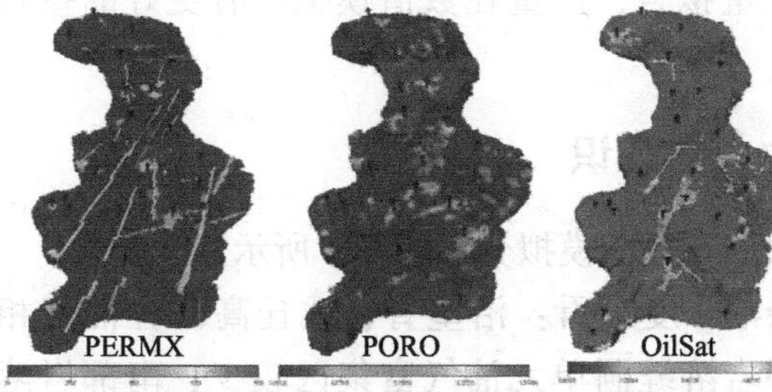

图2 S单元孔渗饱模型图

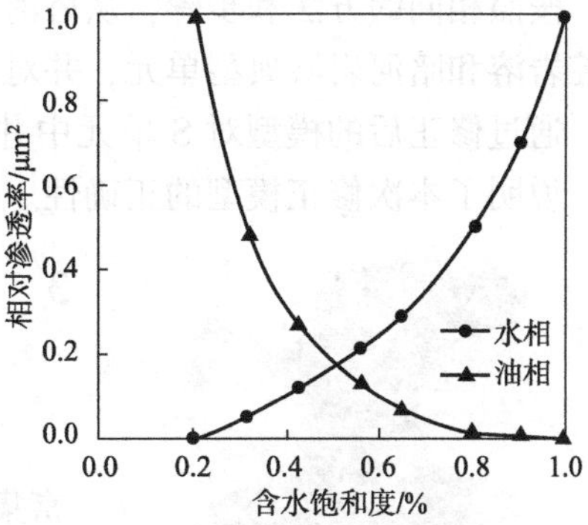

图3 S单元相渗曲线

2.3 历史拟合

缝洞型碳酸盐岩油藏由于储层空间分布的不确定性，不能保证建立的地质模型一开始就与油藏实际相符，通过历史拟合，可以发现模型中大的误差，继而进行修正再运算，直至地质模型及数值模拟模型无限近似，达到较好的拟合效果。

本次建模中通过用“剖面产量”“临井对比”和动态监测资料结合来对原始模型进行了多次修正，使存在于井周围的溶洞和裂缝被刻画出来，大大提高了模型的准确度和精度。采用修正后的地质模型进行数值模拟，修正完善后产量与含水率等油水指标拟合结果如图4～图6所示：

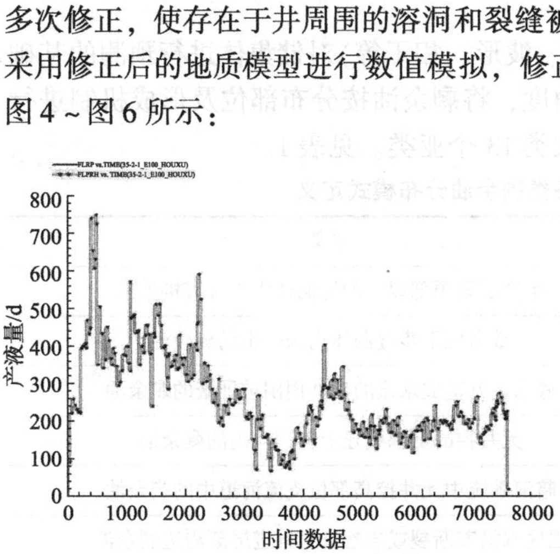

图4 S单元产液量拟合结果

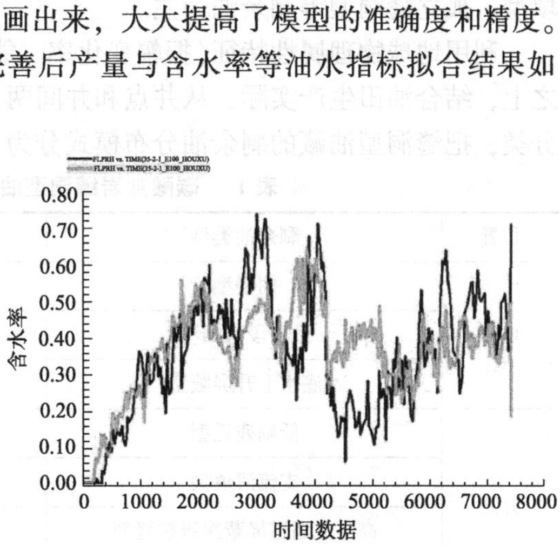

图5 S单元含水率拟合结果

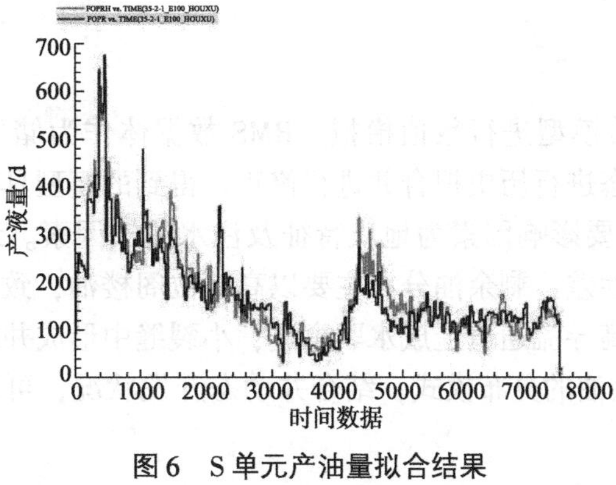

图6 S单元产油量拟合结果

按照相同的方法和步骤，从塔河 S 单元已建立好的三维可视化地质模型中分别提取出段控岩溶和暗河岩溶典型单元，并对每个典型单井进行精细化，最终得到修正完善后的模型，通过修正后的模型对 S 单元中井进行产量拟合，产量在数值模拟中有更好的拟合结果，说明了本次修正模型的正确性。

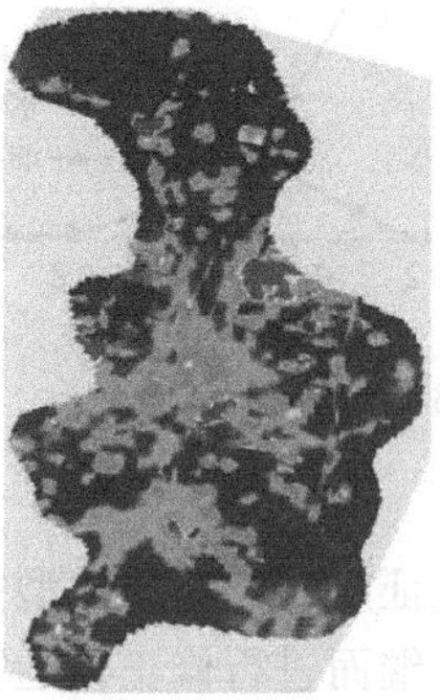

图 7　S 单元剩余油分布图

3　剩余油分布认识

剩余油分布数值模拟分布如图 7 所示。

从剩余油丰度来看：沿垄脊、残丘高部位油气相对富集；北部岩溶缝洞单元油气富集区较少；南部岩溶缝洞单元剩余油相对富集，尤其以中部地下暗河附近剩余油富集程度高。

纵向剩余油分布：表层风化壳连通性差，驱替不充分，油气富集程度高，剩余油连片分布；井间剩余油富集程度高，主要分布在浅层通道高部位，以浅层未井控型、井间阁楼型、断裂控制型、暗河高部位型、盲端充填型、孤立缝洞型等剩余油为主。

利用地球物理属性特征(振幅变化率、能量、波形、相干等)对储集体进行预测的基础之上，结合油田生产实际，从井点和井间两个角度，将剩余油按分布部位及形成机制进行分类，把缝洞型油藏的剩余油分布模式分为 7 大类 13 个亚类。见表 1。

表 1　碳酸盐岩缝洞型油藏各类剩余油分布模式定义

位置	剩余油类型	定义
单井	阁楼型	生产层段顶部以上的缝洞体中无法直接采出
	致密段遮挡型	致密段下步缝洞体内未采出的剩余油
	底水上升屏蔽型	底水上升造成水淹的油井周围被屏蔽的剩余油
井间	低幅残丘型	无井控的低幅残丘上缝洞体内的剩余油
	支流河道型	暗河系统中无井控高部位支流河道中的剩余油
	高导流通道屏蔽次级裂缝型	强底水沿着断裂或岩溶管道锥进屏蔽周边剩余油
	封隔缝洞型	双缝洞体之间有封隔性或连通性不畅，二套体内剩余油

4　结论

(1)通过建立的地质模型进行数值模拟，RMS 数据体作为储集体发育展布的约束条件，对 S 单元井生产状态进行历史拟合并进行修正，得到的模型具有更高的精确度。

(2)S 单元剩余油主要影响因素为地质特征及注水注气因素。地质上该区主要为风化壳溶洞发育，表层连通性差，剩余油分布主要以高部位阁楼油，致密层封隔、底水屏蔽等形成井点剩余油；井间高导流通道造成水驱窜进，小裂缝中形成井间剩余油。

(3)根据 7 大类剩余油的分布模式，结合井动态开发状况，可以有效制定剩余油挖潜对策，提高储量动用。

参考文献

[1]柳洲，康志宏，周磊，等．缝洞型碳酸盐岩油藏剩余油分布模式——以塔河油田六七区为例[J]．现代地质，2014，28(2)：10.

[2]季晓靖，蒲万芬，金发扬，等．缝洞型油藏提高“阁楼油”采出程度物理模拟实验[J]．断块油气田，2016，23(3)：5.

[3]王敬，刘慧卿，徐杰，等．缝洞型油藏剩余油形成机制及分布规律[J]．石油勘探与开发，2012，39(5)：585－590.

[4]康志江，崔书岳．塔河油田缝洞型碳酸盐岩油藏剩余油分布特征[J]．大庆石油地质与开发，2012，31(6)：5.

[5]周芸，张烈辉，罗建新，等．M油藏剩余油分布数值模拟研究[J]．非常规油气，2017，4(2)：5.

[6]赵艳艳，崔书岳，张允．基于流线数值模拟精细历史拟合的缝洞型油藏剩余油潜力评价[J]．西安石油大学学报：自然科学版，2019，34(5)：8.

[7]汪耀宗，康波，何洁，等．特高含水油田剩余油分布与挖潜技术研究[J]．石油化工应用，2021，40(10)：5.

[8]李春磊．数值模拟技术在塔河油田缝洞型碳酸盐岩油藏剩余油分布中的研究[J]．石化技术，2019，26(8)：2.

[9]靳彦欣，林承焰，贺晓燕，等．油藏数值模拟在剩余油预测中的不确定性分析[J]．石油大学学报(自然科学版)，2004.

[10]ZHOU Wei. Study on remaining oil distribution by using numerical simulation technology[J]. Fault－Block Oil &Gas Field, 2010, 17(3): 325－329.

[11]YANG Chenglin. Residual oil distribution in complex fault－block reservoirs using numerical simulation method[J]. Fault－Block Oil&Gas Field, 2007, 14(2): 36－38.

[12]JIANG Hanqiao, GU Jianwei. Fine numerical simulation of residual oil distribution[J]. Journal of Petroleum University (Science&Technology Edition), 1999, 23 (5): 31－34.

塔河油田地层采出物固结堵剂研究与性能评价

李生林[1,2]　钱真[1,2]　张雯[1,2]　甄恩龙[1,2]　瞿博超[1,2]　徐学成[1,2]

(1. 中国石油化工股份有限公司西北油田分公司；
2. 中国石油化工集团公司碳酸盐岩缝洞型油藏提高采收率重点实验室)

摘　要：针对油田水采出物中组成复杂，含有原油、固体悬浮物、酚类等，部分物质具有致癌、致突变作用，导致处理成本高、环境污染严重。通过室内实验，分析油田水采出物组成单一，主要以碳酸钙为主，占比 91.65%，粒径较细 D90 8.63μm，利用碳酸钙与铝酸三钙、硅酸三钙反应形成水化碳铝酸钙、水化硅酸钙凝胶等机理，在油田水采出物中加入固化剂(主要成分 CaO、硅酸三钙、铝酸三钙、粉煤灰)，激活剂(氢氧化钠)，自主研制出油田水采出物固结堵剂。结果表明：40% 油田水采出物 +9% 固化剂 +0.2% 激活剂，成胶时间 6h，抗压强度为 0.85MPa，老化 90 天强度保持率 98%，封堵强 10.85MPa/m，表明该固结堵剂具有较好的耐温和耐盐性，封堵强度高。该堵剂的研发对提高油田最终采收率和经济效益具有重要意义。

关键词：油田水采出物；固结堵剂；资源化；耐温抗盐；封堵率

原油开采过程中钻井、管线穿孔、采油污水处理等过程均会产生固体废物。目前处理技术主要包括焚烧处理技术、热裂解处理技术、微生物降解法、溶剂萃取技术和固化处理技术等，存在处理费用高、污染环境等问题。通过研究废弃物资源化利用，用于深部堵水调流的油田废弃物原位处理与应用技术，为油田综合治理、降低生产成本提供了一种新手段。其中油田水采出物源于油藏，用其研发的可固结堵调体系可耐温抗盐，与地层有良好的配伍性。在砂岩油藏中，吕柏林等在油藏采出砂中加入固化剂、分散剂、促凝剂研发了耐温 350℃、抗压强度 6MPa 的复合型 KWF 复合堵剂；才力等在稠油含油污泥中添加污泥凝固剂研发了岩心封堵率在 98%、突破压力 20MPa 的含油污泥凝固剂。目前碳酸盐岩油藏油田水采出物资源化利用研究尚属空白，因此本文以塔河油田碳酸盐岩油藏油田水采出物为对象，研发新型油田采出物固结堵剂，为油田绿色高效开发提供技术支撑。

1　实验部分

1.1　材料与仪器

1.1.1　材料

塔河油田油田水采出物：激活剂(氢氧化钠)；固化剂(主要成分 CaO、硅酸三钙、铝酸三钙、粉煤灰)。

第一作者简介：李生林(1995—)，男，甘肃省武威市，助理工程师，硕士学位，现从事提高采收率工艺技术研究。E－mail：lishl9083. xbsj@ sinopec. com。

1.1.2 仪器

电热鼓风干燥箱，CS101－1E 型；电子天平，AB204－N 型；马尔文 3000 激光粒度仪，Mastersizer 3000；六速旋转黏度计，ZNN－D6；电动搅拌机，S8401；数显式液体密度计，YMS0.1－5.0；增压稠化仪单缸，DFC－0710B；高温高压养护釜单缸，DFC－0720；抗压强度试验仪，4207D 型；缝洞型储层驱替设备，FDQT－1 型。

1.2 实验方法

1.2.1 密度性能评价

采用李氏密度瓶法、YMS 型数显式液体密度计，按照 GB/T4472—2011《化工产品密度、相对密度测定》方法对油田水采出物、油田水采出物固结堵剂的密度进行评价。

1.2.2 黏度性能评价

采用六速旋转黏度计 ZNN－D6，在常温下评价油田水产出物固结堵剂的黏度。

1.2.3 粒径性能评价

在常温常压下，选用 MS3000 激光粒度仪测量油田水产出物粒径。

1.2.4 油田水产出物固相矿物成分分析

脱油后的油田水产出物样品洗净烘干，利用 X 射线衍射分析仪参照 SY/T 5163—2018《沉积岩中黏土矿物和常见非黏土矿物 X 射线衍射分析方法》测定其矿物成分。

1.2.5 悬浮稳定性

静态悬浮性评价方法参考了部颁标准 JB/T5107—1991“砂型铸造用涂料实验方法”(JB/T 是指“推荐性行业标准”)，采用相对高度沉降法测定油田水采出物的悬浮稳定性。将配置好的油田水采出物固结堵剂倒入 100mL 量筒中，并在常温下分别静置 30min、2h 后测量堵剂体系的析水体积。析水体积越少，油田水采出物固结堵剂的悬浮稳定性越好。

1.2.6 稠化性能评价

使用 SX－0710 型增压稠化仪对油田水采出物固结堵剂的稠化性能进行测试，参照 GB/T 19139—2012《油井水泥试验方法》第 9 节中规定的水泥浆稠化试验测定方法进行。

1.2.7 抗压强度性能测定

参考 GB/T 19139—2012《油井水泥试验方法》评价油田水采出物固结堵剂抗压强度。

1.2.8 堵剂封堵性能评价

利用 FDQT－1 缝洞型储层驱替设备，选用直径 1mm，长度 1m 钢制细管模拟缝洞模型，在 130℃下注入堵剂，候凝 24h 后用地层水进行驱替，用突破压力梯度表征堵剂体系的封堵强度，突破后持续水驱，依据压力降表征堵剂的调剖能力。

2 结果与讨论

2.1 油田水采出物基础性质

2.1.1 油田水采出物密度、组成

将脱水后的油田水采出物样品洗净烘干，烘干后的油田水采出物样品呈棕色粉末状，密度 2.12g/cm^3，利用 X 射线衍射仪测定其矿物成分，结果见图 1。油田水采出物分为有机和无机两部分，其中 NaCl 由地层水结晶形成，非地层产出，因此油田水采出物组成为：有机 2.09%，碳酸钙 91.65%，地层砂(SiO_2、$KaAlSi_3O_8$)6.26%(表 1)。

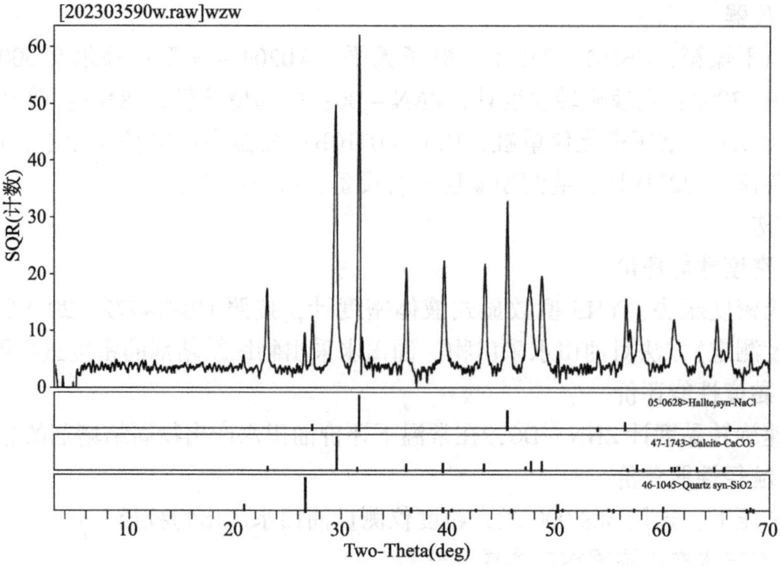

图1 X－射线衍射仪分析谱图

表1 油田水采出物组成

名称	有机部分	无机部分		
		$CaCO_3$	NaCl	地层砂（SiO_2、$KaAlSi_3O_8$）
检测含量/%	1.2	52.7	42.7	3.6
实际含量/%	2.09	91.65	—	6.26

2.1.2 油田水采出物粒径分布

将油田水采出物进行充分分散后，采用MS3000激光粒度仪在30℃、超声分散下测量粒径分布，进行平行样3组，测量结果见表2，其中D10为0.75μm；D50为3.42μm；D90为8.63μm（表2）。

表2 粒径大小及分布

样品名称	粒径累积分布		
	D10/μm	D50/μm	D90/μm
平行样1	0.696	3.18	8.39
平行样2	0.730	3.11	6.59
平行样3	0.810	3.96	10.9
平均	0.75	3.42	8.63

2.2 油田水采出物固结堵剂体系研发

油田水采出物主要成分为碳酸钙，利用碳酸钙化学特性，与铝酸三钙反应形成水化碳铝酸钙，利用碳酸钙晶核作用，加速硅酸三钙水化，生成更多的水化硅酸钙凝胶，研发油田水采出物固结堵剂。

油田水采出物固结堵剂是由油田水采出物为主剂，添加固化剂、激活剂等形成的固结堵剂，以悬浮性、固结时间、抗压强度等性能指标对油田水采出物、固化剂、悬浮剂、激活剂加量进行优化，研发形成了具有“进得去堵得住”等特点的油田水采出物固结堵剂。

2.2.1 油田水采出物加量优化

油田水采出物固结堵剂是由油田水采出物为主剂，使用钠基膨润土为悬浮剂，其主要作用是将固化剂、油田水采出物等组成的混合体系悬浮起来，使其在堵水剂中分散更为均匀，有利于扩大接触面积，提高封堵效率。因此，在常温下考察加量对体系黏度、悬浮稳定性的影响。

从图2可以看出，随着固体膏状油田水采出物含量增加，黏度呈现上升趋势，析液体积呈下降趋势，当加量由10%增加至40%时，2h析液体积从24%下降至4%，随后趋于稳定，黏度从6.5mPa·s提高至11mPa·s；加量在40%上升至60%，2h析液体积从4%降至2%，降低幅度较小，黏度从11mPa·s提高至14mPa·s，从密度和2h析液体积来看，因此优选固体膏状油田水采出物含量范围40%~60%，具有悬浮稳定性好。

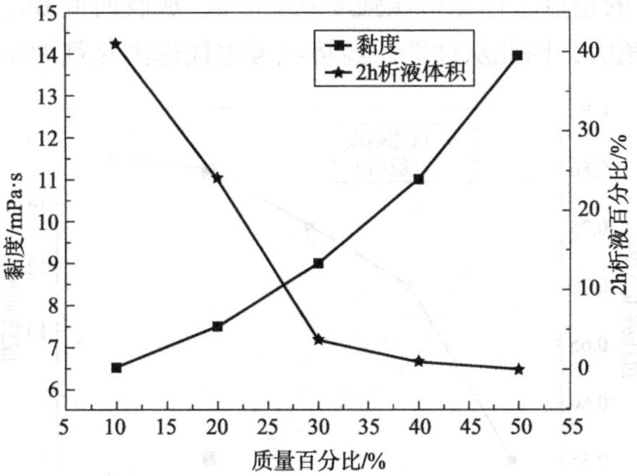

图2　固体膏状油田水采出物加量对黏度、悬浮稳定性影响图

2.2.2 固化剂的加量优化

通过添加固化剂为采出物固结堵剂提供支撑骨架，以固化强度为评价指标，在130℃下考察固化剂加量对堵剂性能的影响。

从图3可以看出，随着固化剂加量增加，成胶时间缩短、抗压强度升高。这是由于用

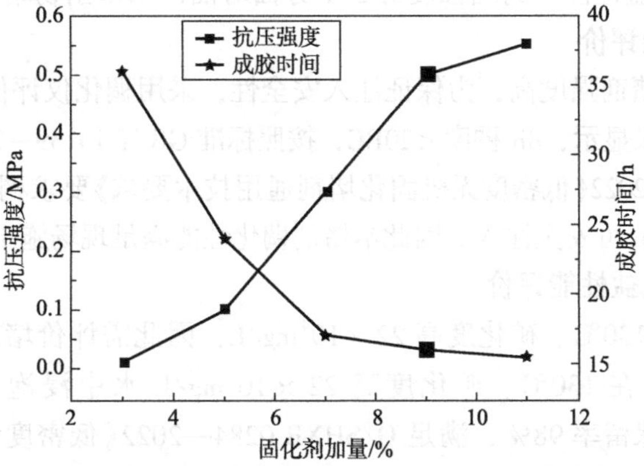

图3　固化剂加量对堵剂抗压强度、成胶时间影响

量增加，分子碰撞加剧导致成胶时间缩短，以化学键相结合的结晶体网状结构骨架密度增加，强度上升；加量9%为抗压强度升高的拐点，该点抗压强度0.55MPa，成胶时间16h，加量大于9%，抗压强度、成胶时间变化减缓，因此从性能、经济性考虑优选固化剂加量为9%。

2.2.3 激活剂的加量优化

激活剂激发固化剂中钙、硅、铝等元素溶剂，使其晶格活化，增强反应能力，起到增溶、络合、固化的作用，生成更多的水化产物。因此以固化强度为评价指标，考察固化剂加量对凝胶性能的影响。

从图4可以看出，随着激活剂加量增加，成胶时间缩短、抗压强度升高。这是由于固化剂中 SiO_2、Al_2O_3 组分需要碱性条件激活为硅铝酸盐，提高反应活性，使得固化剂反应速度加快，成胶时间缩短，更多的固化剂参与反应形成致密网状骨架，强度上升；加量0.2%为抗压强度升高的拐点，该点抗压强度0.8MPa，成胶时间6h，加量大于9%，抗压强度、成胶时间变化减缓，因此从性能、经济性考虑优选固化剂加量为0.2%。

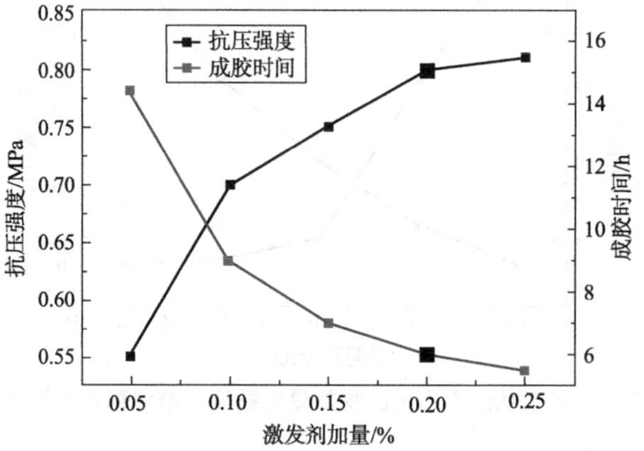

图4 激活剂加量对堵剂抗压强度、成胶时间影响

2.3 油田水采出物堵剂性能评价

按照优化形成配方：油田水采出物40%、固化剂9%、激活剂0.2%配制堵剂基液，从稠化性能、耐温抗盐性能、封堵强度等3个方面对油田水采出物堵剂进行性能评价。

2.3.1 稠化性能评价

考虑无机类固化堵剂强度高，为保证注入安全性，采用稠化仪评价130℃、70MPa下动态成胶时间。实验结果显示，8h稠度<20BC，按照标准GB/T 19139—2012《油井水泥试验方法》、Q/SHXB 0284—2022《低密度无机固化堵剂通用技术要求》要求稠度小于100BC为未固化指标，稠化时间≥8h可安全注入。因此本堵剂稠化性能满足现场施工需求。

2.3.2 耐温、抗盐性能评价

塔河油田温度高130℃、矿化度高 22×10^4mg/L，因此需评价堵剂耐温抗盐性能。实验结果显示，该堵剂在130℃、矿化度高 22×10^4mg/L 水中浸泡90天，抗压强度>0.83MPa，抗压强度保留率98%，满足Q/SHXB 0284—2022《低密度无机固化堵剂通用技术要求》恒温7d抗压强度保留率≥90%，表明该堵剂稳定性好，满足塔河油田长期堵水需求(图5和图6)。

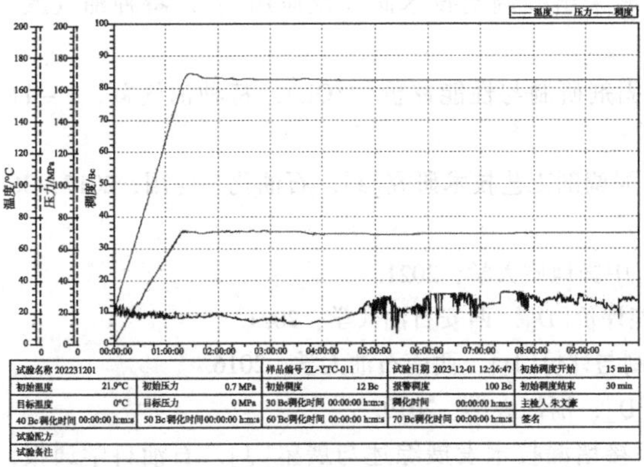

图 5　动态稠化曲线

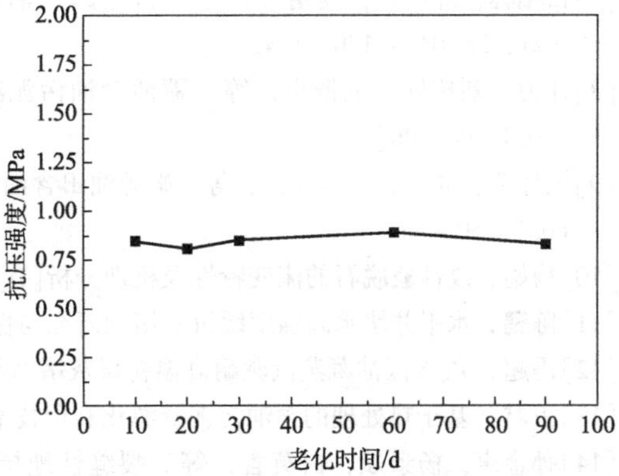

图 6　老化稳定性评价结果

2.3.3　堵剂封堵强度性能评价

实验结果见图 7，突破压力 10.85MPa/m，持续用水冲刷 10PV，封堵强度依然保持在 4.14MPa/m。表明该堵剂封堵强度高、耐冲刷性好。

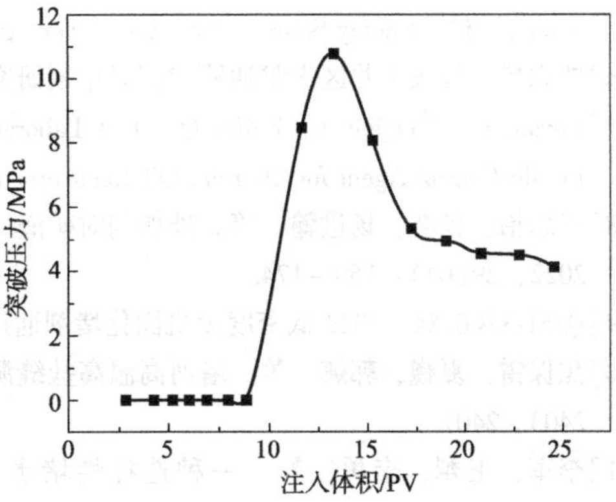

图 7　封堵效果图

3　结论

油田水采出物密度为 2.12g/cm^3；组成物由有机无机 2 部分组成，无机部分占 91.96%；粒径 D10 为 0.75μm，D50 为 3.42μm，D90 为 8.63μm，粒径小，注入性优。

堵剂最佳配方为 2wt% 油田水采出物 + 9wt% 固化剂 + 0.2wt% 激活剂，在 130℃条件下，成胶时间 6h，抗压强度为 0.85MPa。

以 2wt% 油田水采出物、9wt% 固化剂、0.2wt% 激活剂为配方配制堵剂，稠化时间 > 8h，封堵强度 10.85MPa/m；具有注得进、堵得注的优点。

参考文献

[1]刘盈，黄雪莉，呼天航，等．高温高盐油藏堵剂研究及堵调工艺进展[J]．应用化工，2024，53(02)：368－373＋378.

[2]李娇，岳清政，郭继香，等．含油污泥处理资源化处理及利用研究进展[J/OL]．应用化工：1－7[2024－06－19].

[3]Zhao S J，Xu Q Z，Shen N L．Experimental Study of High Temperature Profile Control Agent for Oily Sludge[J]．Advanced Materials Research，2012，1914(550－553)：603－606.

[4]Zhu Y，Liang X，Tian Y，et al. Study on profile control system containing oily sludge produced from polymer flooding[J]．Energy Sources Part A Recovery Utilization and Environmental Effects，2020，1－14.

[5]滕立勇，宋华，蒋肇标，等．污油泥在地层中运移规律研究[J]．特种油气藏，2018，25(06)：159－164.

[6]滕立勇，王尧，赵永鸿，等．辽河油田稠油污油泥调剖技术[J]．特种油气藏，2016，23(05)：134－137＋158.

[7]吕柏林，邢向荣，樊靖文，等．新疆超稠油油藏采出砂调剖技术研究及应用[J]．特种油气藏，2021，28(04)：170 - 174.
[8]才力，刘庆旺，范振忠，等．稠油含油污泥凝固剂研制与性能评价[J/OL]．特种油气藏，1 - 11[2024 - 04 - 06].
[9]闫怀荣，蒲三龙，魏江伟，等．姬塬油田含油污泥调剖工艺技术研究[J]．石油化工应用，2017，36(03)：50 - 56.
[10]梅娟．改性蒙脱石的流变特性及机理分析[D]．中国地质大学，2021.
[11]陈鹏．水平井堵水高强度缓沉封堵剂研究与性能评价[D]．西安石油大学，2021.
[12]冯超．九_6 区油藏蒸汽驱耐高温粉煤灰堵剂研制与评价[D]．西南石油大学，2016.
[13]王君．基于热处理的含油污泥资源化利用技术[D]．浙江大学，2019.
[14]孙金声，杨景斌，白英睿，等．裂缝性地层桥接堵漏技术发展综述与展望[J]．石油科学通报，2023，8(04)：415 - 431.
[15]Zhu Y，Liang X，Tian Y，et al. Study on profile control system containing oily sludge produced from polymer flooding[J]．Energy Sources Part A Recovery Utilization and Environmental Effects，2020，1 - 14.
[16]贾志伟．红浅 1 井区火驱油藏耐高温堵剂研究[D]．西南石油大学，2015.
[17]Keyang C，Yongjian L，Zhilin Q，et al. Laboratory Evaluation of the Plugging Performance of an Inorganic Profile Control Agent for Thermal Oil Recovery[J]．Energies，2022，15(15)：5452 - 5452.
[18]王思怡，杨浩，杨世翰，等．外加剂对矿渣 - 粉煤灰地聚合物固井水泥浆的影响[J]．特种油气藏，2022，29(04)：169 - 174.
[19]Q/SHXB 0284 - 2022 低密度无机固化堵剂通用技术要求[S].
[20]焦保雷，夏巍，郭娜，等．塔河高温高盐缝洞型油藏堵剂性能评价[J]．当代化工，2022，51(10)：2403 - 2407
[21]李军，王犁，李勇，等．一种选择性堵水界面凝胶的研制[J]．特种油气藏，2023，30(03)：155 - 160.

致密-裂缝性油藏调剖堵水工艺研究

任恒　王伟　黄浩　杨哲

(中国石化华北油气分公司采油一厂)

摘　要：红河油田位于鄂尔多斯盆地天环向斜南部，以水平井压裂开发为主，地层非均质性强，天然裂缝发育，埋藏深度大，地层温度高，矿化度较高，是典型的裂缝-孔隙型油藏。2014年以来开展注水开发试验，在注水开发过程中逐步形成微裂缝型水窜通道，渗透率变大，注入水沿裂缝、大孔道指进，注水水窜严重，调剖剂难以进入地层深部，注入水容易绕过近井堵塞屏障而导致调堵失效，调剖有效期短。针对以上问题，采用复合调驱体系有针对性地解决两方面问题：针对堵不住的问题，采用小段塞多轮次调剖封窜工艺，深部调剖加驱油技术；针对堵剂不能有效滞留的问题，采用增加前置屏障段塞的方法，更换新型高强度堵剂。通过调剖建立有效、可持续的注采对应关系，对于进一步扩大致密-裂缝性油藏注水有效开发具有重要现实意义。

关键词：特低渗透；裂缝-孔隙型；调剖堵水

红河油田位于鄂尔多斯盆地天环向斜南部，属典型的低孔特低渗油田，经过10年的弹性能量开发，普遍存在地层能量不足的问题，进行注水补充能量又存在注入水沿裂缝窜流、注水开发效果差的问题。为改善裂缝-孔隙型油藏注水开发效果差，开展了调剖封窜提高采收率工艺技术试验。

通过分析裂缝发育特征和水窜特征，结合地质断缝认识、压窜关系、水窜动态响应结果，将水窜裂缝划分为贯通型大尺度裂缝、非贯通型中小尺度裂缝、高压开启贯通型裂缝三级水窜裂缝。针对前期调剖封窜试验存在的大尺度裂缝封堵率低、封堵有效期短，中小尺度裂缝封堵中开启新的大裂缝的问题，明确了小段塞、多轮次调剖封窜工艺思路。

1　研究区域简况

1.1　储层地质特征

红河油田位于鄂尔多斯盆地天环向斜南部，北西向倾斜，局部发育小型低幅度鼻状隆起，其长8储层动用面积291.2km^2，动用储量7774×10^4t，包括10个开发单元，其中A37井区位于油田中部，是注水试验的主要单元，注水试验区内平均孔隙度为10.5%，平均渗透率为0.31×$10^{-3}\mu m^2$，属于低孔特低渗储层。平均孔隙半径33μm，喉道中值半径0.21μm，喉道类型以缩颈型、片状和弯片状为主，孔喉组合为中孔微喉，配位数0.59，连通性差。储层的非均质程度一般在中等—较强。根据多口井岩心裂缝分析，其裂缝倾角

第一作者简介：任恒(1989—)，男，工程师，中石化华北油气分公司采油一厂，从事采油技术研究，陕西省咸阳市周陵镇采油一厂。E-mail：renheng.hbsj@sinopec.com。

大于80°占49%，大于60°占77%，以高角度缝为主；裂缝长度集中分布在10～20cm、20～30cm；原始地层压力为17～21MPa，压力系数为0.9，属于正常压力系统；地层温度为64～71℃，地温梯度为2.6℃/100m，属于正常温度系统。裂缝宽度分布主要在0.3mm以下、0.4～0.5mm、0.7～0.8mm、0.9～1mm内，其中泥质岩类裂缝张开度低，砂岩类中裂缝张开度高，半充填和充填裂缝为主，结合地质认识、压窜关系、水窜动态响应结果，将水窜裂缝划分为常压开启贯通型大尺度裂缝、高压开启贯通型裂缝、非贯通型中小尺度裂缝三级水窜裂缝(图1和图2)。

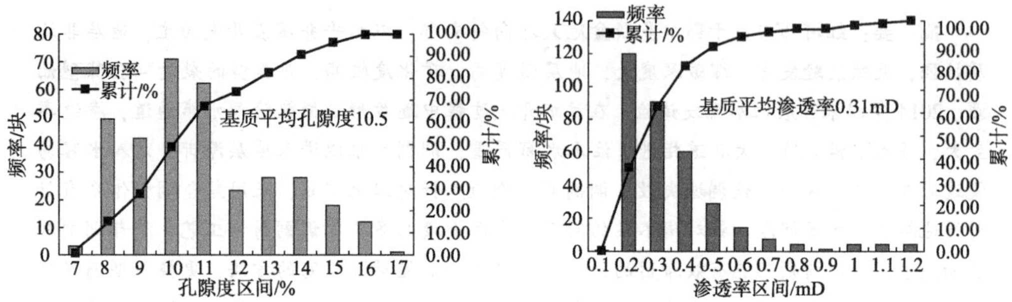

图1　研究区内孔隙度、渗透率直方图

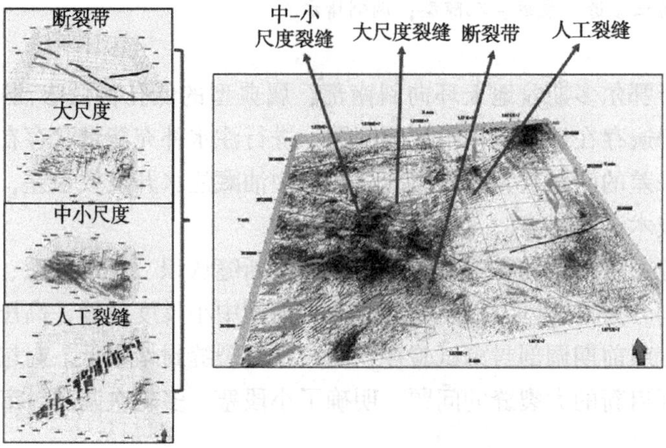

图2　多尺度天然裂缝与人工裂缝分布图

地面原油分析结果表明该储层原油为低含硫、轻质的常规原油，密度0.81～0.83g/cm³，地层原油密度0.79g/cm³，地层原油黏度3.2mPa·s，饱和压力为6.5MPa，气油比39.9m³/m³(生产气油比32m³/m³)。

1.2　水窜情况

红河油田长8油藏于2014年1月开始注水能量补充试验。有2个直注平采、5个端点注水、2个平注平采等3种注采模式，共9个井组。其中，采油井33口，见效井8口，水窜井18口，未见效井11口，整体表现为：水窜井比例大，占54.5%，直注平采井组全部油井水窜，平注平采井组66.7%油井水窜，端点注水井组31.5%油井水窜，水窜成为了制约红河长8油藏增能开发的主要问题(表1)。

表1 红河油田长8油藏注水总体效果统计分析表

序号	效果	直注平采		平注平采		端点注水		合计	
		井数/口	比例/%	井数/口	比例/%	井数/口	比例/%	井数/口	比例/%
1	见效	1	20	4	33.3	3	18.75	8	24.2
2	水窜	5	100	8	66.7	5	31.25	18	54.5
3	未见效			3	25	8	50	11	33.3

针对以上情况，进行了5口井7井次调剖施工，共采用冻胶+颗粒、常规酚醛树脂冻胶、低黏酚醛树脂冻胶三类堵剂体系进行封堵，堵剂平均注入量651m³。试验结果显示井组封堵有效率为57.1%、大裂缝封堵率14.3%，小裂缝封堵率41.7%，调剖后部分井注入压力高，大于17MPa井数占比57.1%，大于20MPa井数占比28.6%，调剖后部分油井封堵有效期仅34d。整体表现为大裂缝封堵成功率低、部分井封堵有效期短，调剖后压力高再次调剖压力窗口窄的问题，且大剂量使用堵剂会使堵剂窜入对应油井，分析认为一方面堵剂注入过程中运移方向不受控，当施工压力达到裂缝重张压力时，堵剂会进行转向，此时大尺度裂缝方向进入堵剂量不够，堵剂沿高角度裂缝下部窜入油井，造成堵不住；另一方面冻胶堵剂封堵强度随裂缝尺度的增大而降低，导致大尺度裂缝封堵强度不够，造成强度低(表2)。

表2 红河长8油藏水窜井组调剖封堵后油水井情况

井组	调剖堵剂	堵剂用量/m³	调剖前后注水压力/MPa	油井	有效期/d	增油/t	封堵评价	裂缝类型	方向封堵率/%	大裂缝封堵率/%
A37–1	冻胶+颗粒	563	18↑20.5	A37–13	—	—	无效	大裂缝	33.3	0
				A37–39	34	25.2	无效	小裂缝		
				A37–14	169	153.8	有效	小裂缝		
A12–1		576	15.2↑18.9	A12–12	—	—	无效	小裂缝	50	
				A12–135	241	178.3	有效	小裂缝		
				A12–134	—	—	无效	小裂缝		
				A12–13	222	113.2	有效	小裂缝		
A12–2(1轮)		503.3	1.5↑5.2	A12–6	—	—	无效	大裂缝	0	0
				A12–11	—	—	无效	小裂缝		
A12–2(2轮)		189	5.8↑7.3	A12–6	—	—	无效	大裂缝	50	0
				A12–11	125	55	有效	小裂缝		
A12–2(3轮)	聚合物+酚醛交联剂+预交联颗粒	1089	14↑17	A12–6	—	—	无效	大裂缝	0	0
				A12–11	144	12.96	无效	小裂缝		
A12–3		950	12.5↑15.7	A12–11	—	—	无效	小裂缝	0	0
				A12–132	—	—	无效	小裂缝		
A37–52	低黏酚醛树脂冻胶	690	10.4↑20.5	A37–38	—	—	无效	大裂缝	66.7	50
				A37–39	290	23.2	有效	小裂缝		
				A37–16	286	165.9	有效	大裂缝		

2 调剖影响因素研究

通过前期注水试验可以发现裂缝有效调堵的关键在于堵剂的性能以及堵剂调堵参数的设定。国内外对于裂缝的封堵主要采用水泥、颗粒和聚合物冻胶等堵剂，但水泥难携带进入地层深部，颗粒类堵剂难对大裂缝形成有效封堵，聚合物冻胶类堵剂目前应用最为广泛，但对于致密油藏来说，聚合物冻胶的强度低，优选热固性树脂为研究方向，固化后强度高，固化时间可控，注入性良好。致密-裂缝性油藏主要的封堵目标为不同尺度裂缝，在优选堵剂的基础上采用不同的封堵施工思路，其中大尺度裂缝采用“小段塞、多轮次”，中小尺度裂缝采用“多轮次、深部堵”的设计思路，确定不同尺度裂缝堵剂用量、封堵后水驱流线变化及扩大的波及体积。

2.1 堵剂与裂缝的匹配性研究

2.1.1 超高强度堵剂成胶机理

以热固性树脂为主剂的超高强度堵剂成胶机理是苯酚和过量甲醛在碱性条件下发生缩聚反应可得到线型结构产物，碱性条件下制得的热固性主剂结构式如图3所示。

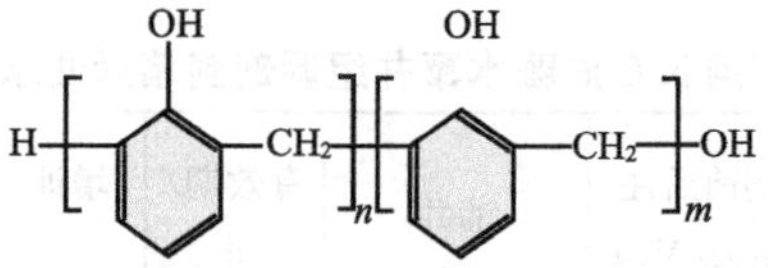

图3 热固性主剂结构

在发生缩聚反应的同时伴随有水的产生，会导致热固性主剂固化后体积产生收缩，为避免这一情况，在热固性主剂的合成中加入偏硅酸钠，偏硅酸钠发生水解，生成偏硅酸，硅酸羟基与酚羟基发生交联反应，堵剂结构由线性结构变为三维网状结构，在改善固化后的体积收缩问题的同时，可增强堵剂固化后的弹性变形能力(图4和图5)。

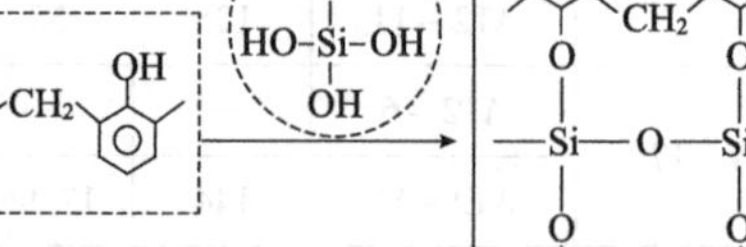

图4 偏硅酸钠水解示意图

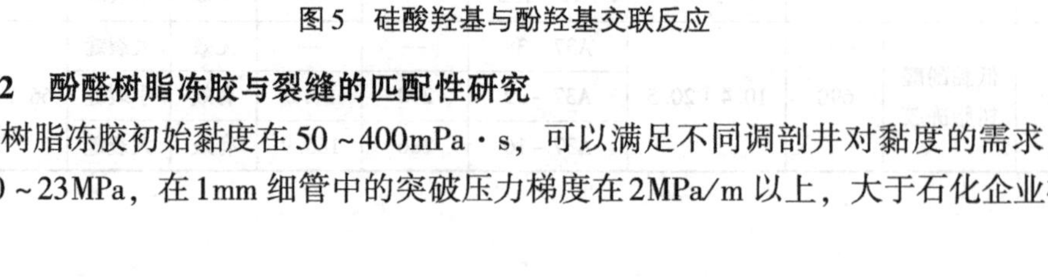

图5 硅酸羟基与酚羟基交联反应

2.1.2 酚醛树脂冻胶与裂缝的匹配性研究

酚醛树脂冻胶初始黏度在50~400mPa·s，可以满足不同调剖井对黏度的需求；弹性模量在10~23MPa，在1mm细管中的突破压力梯度在2MPa/m以上，大于石化企业标准中强冻胶的强度(弹性模量＞10Pa，突破压力梯度＞1.5MPa)；成胶时间在24～72h范围内，可根据现场实际作业情况进行调整。整体而言，酚醛树脂冻胶堵剂体系具有黏度可调、强度较高、成胶时间可控的优点，可用于中小尺度裂缝深部及较大剂量封堵(图6和图7)。

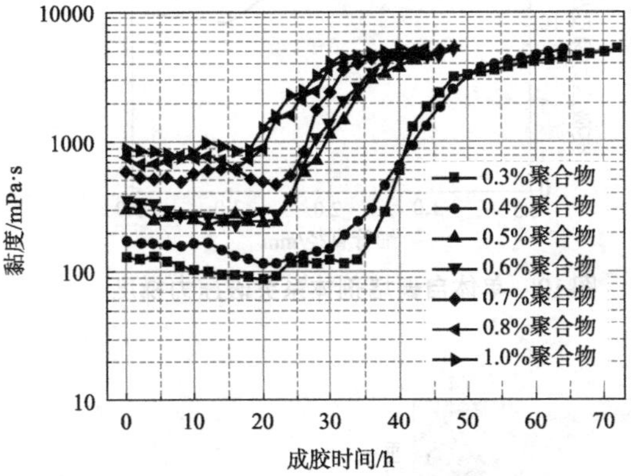

图6　不同浓度酚醛树脂冻胶的黏度随时间的变化

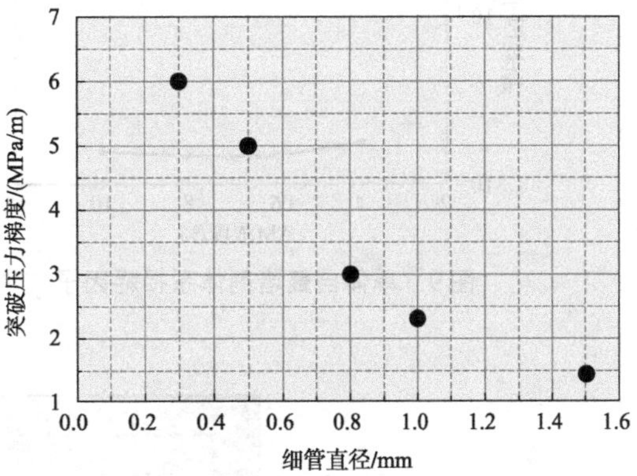

图7　酚醛树脂冻胶在不同细管中的突破压力梯度

2.1.3　单体自聚堵剂体系与裂缝的匹配性研究

单体自聚堵剂体系初始黏度在40～180mPa·s，可以满足不同调剖井对堵剂黏度的需求；弹性模量在(1～10)×10^3Pa范围，黏性模量在1～1000Pa范围，在2mm细管中的突破压力梯度可达到10～20MPa/m，远大于石化企业标准中强冻胶的强度(弹性模量＞10Pa，突破压力梯度＞1.5MPa)；黏附性为1×10^{-2}～3×10^{-1}，而一般冻胶普遍损耗因子在0.1左右，相较而言，单体自聚堵剂体系黏附性有大幅度提升。此外，单体自聚堵剂体系还具有较强的触变性，能够更好地充填大尺度裂缝。

整体而言，单体自聚堵剂体系由于黏度可调、封堵强度高、黏附性好、触变性好，在小剂量下就可满足对堵剂封堵强度的要求，因此比较适合大尺度裂缝封堵。但由于单体自聚堵剂体系成胶时间段，一般不超过6h，且开始成胶黏度就上升非常快，因此，为避免在现场施工过程中因堵剂成胶过快造成施工事故，建议将单体自聚堵剂体系用于近井地带大尺度裂缝封堵(图8～图11)。

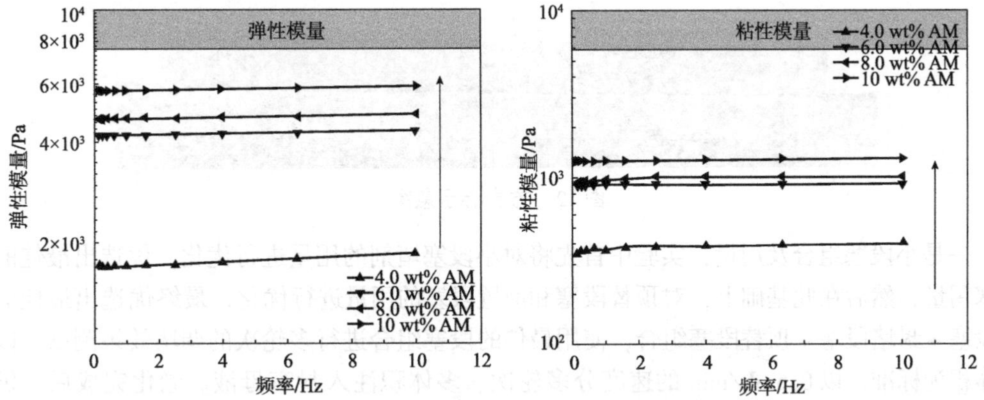

图8　单体自聚堵剂体系弹性模量及黏性模量

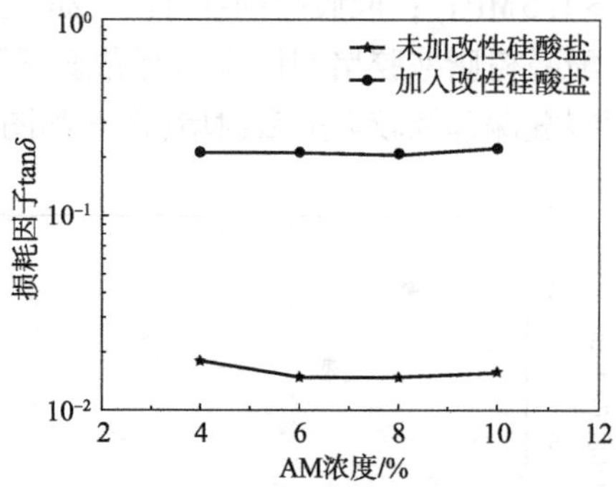

图9 单体自聚堵剂体系损耗因子

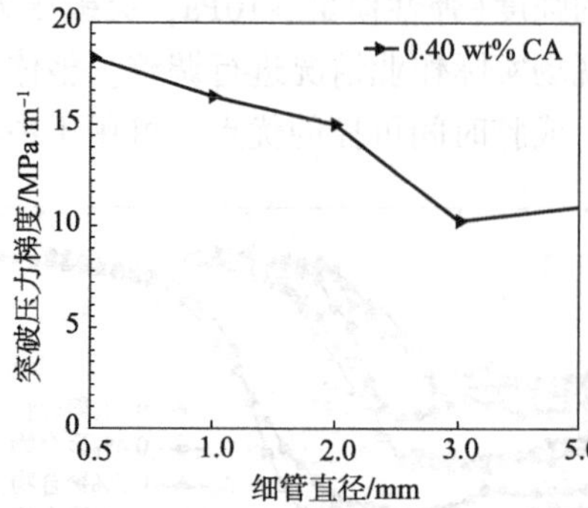

图10 单体自聚堵剂体系突破压力梯度

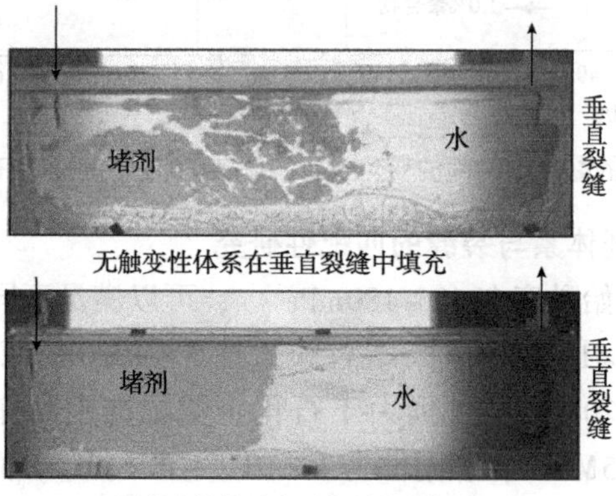

图11 普通冻胶/单体自聚堵剂体系在垂直裂缝中的充填状态

2.2 裂缝封堵施工工艺参数研究

2.2.1 大尺度裂缝，“小段塞、多轮次”实验

实验使用方岩心开展，尺寸规格为长×宽×高=4.5cm×4.5cm×30cm。将岩心沿着轴线方向对称切割成两部分，然后充填垫片并用AB胶将垫片和岩心胶结在一起，模拟大尺度裂缝(图12)。

图12 方岩心示意图

一是小段塞组合及用量，实验中首先将对小段塞堵剂的用量进行优化，优选出最佳的小段塞用量，然后在此基础上，对顶替段塞和前置段塞的用量进行优化，最终优选出最佳的前置段塞+封堵段塞+顶替段塞组合，使用最佳的段塞组合进行多轮次的调堵效果测试。以裂缝体积为标准，以0.5mL/min的速度分多轮次、多体积注入封窜母液。老化完成后，仍以0.5mL/min的注入速度，再次水驱至含水率达到90%以上，并计算最终的采收率(表3)。

表3　小段塞封堵测试结果

段塞大小	注入压力/MPa	采收率/%	含水率/%
0.3FV	1.3	21.3	94.3
0.5FV	2.1	26.7	92.5
0.7FV	3.5	36.3	90.5

根据不同大小的段塞封堵效果可以看到，段塞越大封堵强度越高，注入压力下降得越慢，更多的注入水就会转向进入基质中，最终采出的原油就会更多，采收率更高。说明段塞的大小与封堵效果成正比，优选的段塞大小为0.7FV。同理，在最佳封堵段塞的基础上，优选最佳的前置段塞和顶替段塞组合，最佳顶替段塞大小为0.15FV、前置段塞大小为0.10FV。

二是多轮次调堵测评，在以上实验基础上，根据不同轮次调堵后的采收率明确最佳调堵轮次(图13和表4)。

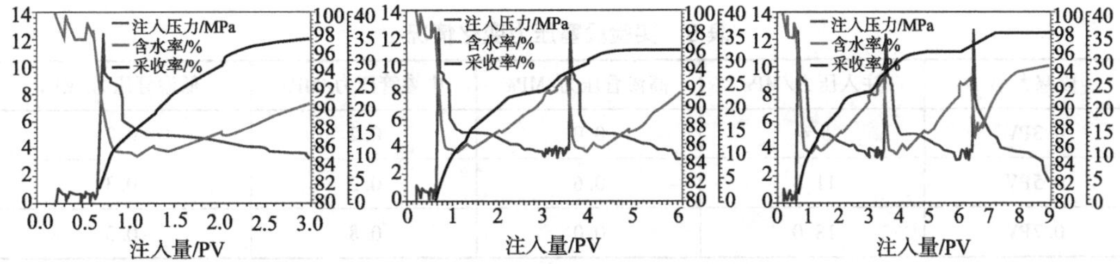

图13　一轮、二轮、三轮次测试结果

表4　多轮次封堵测试结果

测试轮次	注入压力/MPa	采收率/%	含水率/%
一轮次	3.21	34.6	90.5
二轮次	3.05	47.2	91.3
三轮次	1.87	53.5	94.3

通过一轮次、二轮次和三轮次的调堵效果测试，可以看到进行第一轮次调堵后最终的采收率为34.6%，进行第二轮次后最终的采收率为47.2%，相较于一轮次提高了12.6%，再进行第三轮次调堵后，采收率为53.5%，相较于第二轮次采收率提高了6.3%。说明进行多轮次调堵的效果比较明显，从采收率提高的程度来看，进行多轮次调堵的驱油潜力比较大。

2.2.2　中小尺度裂缝，“多轮次、深部堵”实验

利用不同渗透率极差填砂管并联模拟多尺度裂缝，采用三根填砂管并联，每根填砂管中部设置1个压力监测点。三根填砂管渗透率分别模拟高、中、低渗流尺度，其中低渗管基础渗透率大约为50mD左右，中渗管基础渗透率大约为500mD左右，高渗管基础渗透率大约为3000mD左右(图14)。

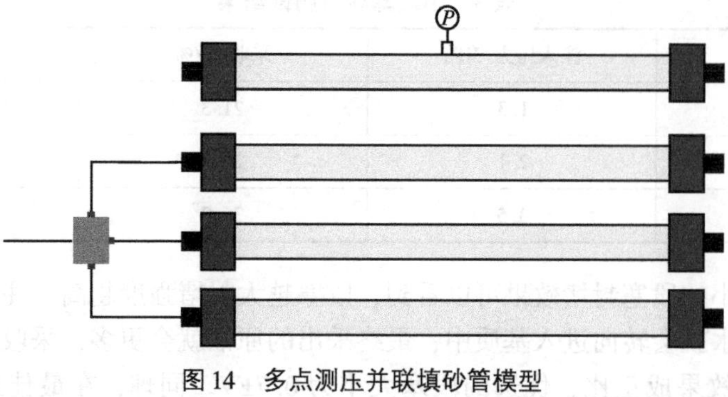

图14　多点测压并联填砂管模型

一是段塞组合优化，实验对封堵段塞、顶替段塞和前置段塞的大小进行优化，优选出最佳的段塞组合。以最高渗填砂管孔隙体积为标准，以1.0mL/min速率注入0.3PV、0.5PV、0.7PV超高强度封窜剂，老化完成后，再次水驱至4.0PV，计算最终的采收率、含水率，并记录压力变化情况(表5和表6)。

表5　实验段塞压力变化情况

段塞大小	注入压力/MPa	高渗管压力/MPa	中渗管压力/MPa	低渗管压力/MPa
0.3PV	5.4	0.0	0.2	0.2
0.5PV	11.3	0.6	0.2	0.3
0.7PV	18.0	0.0	0.8	0.3

使用0.3PV、0.5PV、0.7PV封堵段塞进行封堵测试后，根据上表对注入压力以及三根填砂管中部的压力记录数据可以看到。封堵段塞越大，注入压力越高，高渗管被封堵以后，注入水才能更多的流向中、低渗透率的填砂管中。

表6　含水率和采收率情况

段塞大小	采收率/%			含水率/%		
	高渗	中渗	低渗	高渗	中渗	低渗
0.3PV	12.4	10.2	5.3	0.0	91.3	79.9
0.5PV	19.2	13.8	7.0	0.0	93.5	77.8
0.7PV	23.5	15.3	7.7	0.0	90.7	74.1

使用0.3PV、0.5PV、0.7PV封堵段塞进行封堵测试后，根据上表对三根填砂管的采收率和含水率记录数据可以看到。封堵段塞越大，越有利于中、低渗透填砂管中采出更多的原油。这是因为封堵段塞越大，对高渗管的封堵强度越高，注入压力更高，更多的注入水就会转向进入中、低渗透率的填砂管中，驱替出更多的原油。

二是多轮次调堵测评，以最高渗填砂管空隙体积为标准，水驱1.0PV，第一轮次注入0.7PV的超高强度封窜剂封堵段塞，老化后水驱至4.0PV；第二轮次同样注入0.7PV的超高强度封窜剂封堵段塞。对比采收率变化情况(图15、图16和表7)。

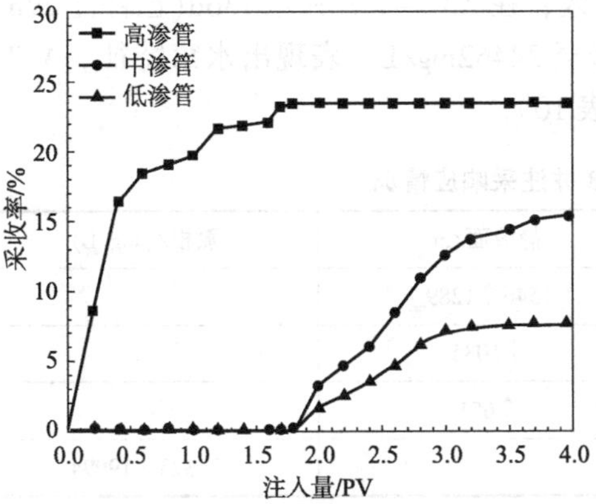

图15　一轮次采收率变化测试结果

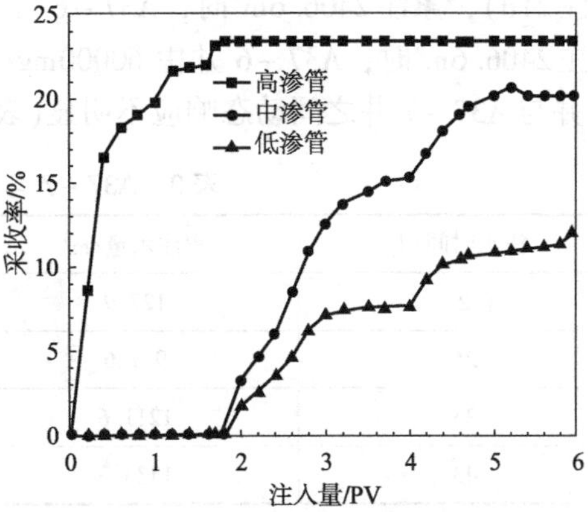

图16　二轮次采收率变化测试结果

表7　压力情况

测试轮次	注入压力/MPa	高渗管压力/MPa	中渗管压力/MPa	低渗管压力/MPa
一轮次	18.02	0	0.82	0.26
二轮次	18.12	0	0	0.5

在一轮次封堵中，封堵段塞进入高渗管，固化后对高渗管形成了有效的封堵，所以高渗管最终压力始终为零，说明封堵段塞成功将高渗管封堵，没有注入水在流经高渗管。再次注水，注入水会进入中渗管和低渗管中；二轮次封堵中，封堵段塞固化后再次水驱，中渗管的测压点没有压力，说明中渗管被成功封堵，注入水进入低渗管中，所以低渗管测压点最终的压力为0.5MPa(表8)。

表8　含水率和采收率情况

测试轮次	采收率/%			含水率/%		
	高渗	中渗	低渗	高渗	中渗	低渗
一轮次	23.5	15.3	7.7	0.0	90.7	74.1
二轮次	23.5	20.2	12.1	0.0	0.0	87.1

和一轮次封堵相比，二轮次封堵后，高渗管的采收率没有变化，这与高渗管的测压点压力为零相印证，说明高渗管被成功封堵；而二轮次封堵后，中、低渗透管的采收率都明显增加，说明二轮次封堵有利于提高中、低渗透管的采出程度。

3　矿场试验及效果评价

3.1　试验方案

3.1.1　A37-7井第一轮次调剖前油水井动态响应情况

A37-7井在第一轮次调剖之前，在A37-7井注水2d、累注120m³时，油井A37-8井液面由1546m上升到1289m；在A37-7井注水43d、累注1430m³时，油井A37-8井氯根由30000mg/L下降到20000mg/L，表现出水窜特征。在A37-7井注水41d、累注1380m³时，油井A37-6井开始见效，日产油由0上升到0.6t；在A37-7井注水136d(已停注21d)，累注2406.6m³时，A37－6井开始失效；在A37－7井注水136d(已停注29d)，累注2406.6m³时，A37－6井由60000mg/L下降至34462mg/L，表现出水窜特征。A37－41井与A37－7井之间动态响应不明显(表9和表10)。

表9　A37－7与A37－8井注采响应情况

注水时间/d	累注水量/m^3	静液面/m	氯根/(mg/L)
2	122.9	1546↑1289	
26	917.6	↑1035	
33	1211.6	↑651	
43	1433.3		33323↓19994

表10　A37－7与A37－6井注采响应情况

注水时间/d	累注水量/m^3	油井响应
41	1380	开始见效日产油上升到0.6t
136(停21)	2406.6	开始失效，日产油下降到0
136(停29)	2406.6	水窜氯根降至34462mg/L

3.1.2　A37－7井调剖封窜思路

从油水井动态响应情况可以看出，A37－7井与A37－8井间的渗流通道为在现有生产情况下的主要渗流通道；注量对A37－7井注入压力影响较大，且A37－7井整体注水压力较高。为避免调剖过程中由于堵剂注入量太大堵剂窜流进油井且调剖后注水井注水压力太高再次调剖压力窗口窄的问题，A37－7井整体采用“小段塞多轮次”封堵工艺，先封堵A37－7井与A37－8井主要渗流通道，驱替次级通道中的原油，后续再根据生产情况对次级通道进行封堵以驱替更小孔道中的原油，进而实现逐级扩大波及体积、逐级驱替原油的目的(表11)。

表11　A37－7井注水参数变化情况

注水时间/d	累注水量/m^3	注水压力/MPa	日注水量/(m^3/d)
23	793	0↑4.2	35.9
33	1173.1	↑10.7	48
38	1296.5	↓1	6.8
78	2269.2	↑6.2	20.1

3.1.3　A37－7井第一轮次调剖施工参数设计

综合堵剂强度、储层的最小启动压力及调剖井注水压力情况，优选成胶强度好、成胶时间可控、初始黏度低的低黏堵剂体系作为调剖堵剂。

主体封堵堵剂用量按最初油井见水时注水量，按见效方向批分后的一半设计，取整为360m³，具体计算过程如下：

$$Q=(V/\theta)/2=(1433.3/2)/2=358.3 \tag{1}$$

式中，Q为主体封堵堵剂用量，m³；V为A37－8井发生水窜时的注水量，1430m³；θ为见效方向数，2(A37－8井与A37－6井方向)。

最大施工压力设计按施工压力不超过地层最低破裂压力的90%，A37-7井水平段最低破裂压力为19MPa，设计A37-7井最大施工压力不超过17.1MPa。

为确保封堵效果，A37-7井设计了4个段塞组合方式，具体如表12所示。

表12　A37-7井组第一轮次调剖段塞组合设计

段塞组合	堵剂配方及使用浓度	用量/m^3	施工排量/(m^3/h)	最大施工压力/MPa	备注
保护段塞	聚合物(中等浓度)	30	0.5~2.5	15	在地层水与封堵段塞之间起隔离保护作用，避免后续主体封堵段塞被地层水稀释过快影响成胶效果
封堵段塞	酚醛树脂冻胶	150	1~4	17	封堵储层裂缝
	酚醛树脂冻胶	110			
	酚醛树脂冻胶	100			
隔离段塞	聚合物(高浓度)	30	0.5~2.5	17	避免后续顶替段塞过快突破堵剂，影响主体段塞封堵效果
	聚合物(低浓度)	20	0.5~2.5	17	
顶替段塞	清水	80	0.5~2.5	17	顶替前面段塞进入地层，避免堵塞井筒，保证水井的正常生产
合计		520			

3.1.4　A37-7井第二轮次调剖施工参数设计

A37-7井第一轮次调剖之后，A37-41井首先见到增油效果，在A37-7井调剖后注水401.8m^3之后，A37-41井氯根由30175mg/L下降到27156mg/L，含水由87.8%上升到94.9%，发生明显水窜；另外两口油井A37-8井及A37-6井持续见效增油。为提高井组整体开发效果，需要开展第二轮次调剖封窜，第二轮次调剖封窜以封堵A37-41井方向窜流通道为主(图17)。

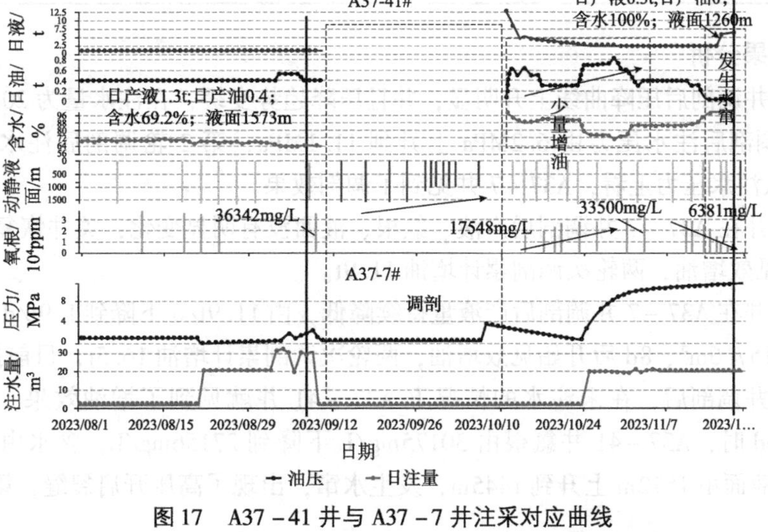

图17　A37-41井与A37-7井注采对应曲线

为了在保证封堵效果的同时避免调剖压力过高，主体封堵堵剂选用基液黏度低的高强度堵剂体系。堵剂用量设计主要参考调剖后 A37 -41 井水窜时对应注水井 A37 -7 井的注水量 401.8m³，取整为 400m³。最大施工压力参考第一轮次。封堵段塞设计 4 个段塞(表 13和表 14)。

表 13　A37 -7 井第二轮次调剖高强度堵剂体系性能指标

堵剂类型	基液黏度/mPa·s	成胶时间/h	耐温/℃	耐盐/(mg/L)	稳定性/d
高强度堵剂	40 ~70	20 ~50	60 ~70	10000 ~100000	>180

表 14　A37 -7 井第二轮次调剖段塞组合设计

段塞组合	配方	用量/m³	施工排量(m³/h)	最大施工压力/MPa	备注
保护段塞	聚合物(中等浓度)	40	0.5 ~2.5	14	在地层水与封堵段塞之间起隔离保护作用，避免后续主体封堵段塞被地层水稀释过快影响成胶效果
封堵段塞	聚合物(高浓度)+铬交联剂	50	0.5 ~3	16	封堵储层裂缝
	聚合物(高浓度)+交联剂+增强剂+调整剂	300	0.5 ~3	17	
	聚合物(高浓度)+交联剂+增强剂+调整剂	50	0.5 ~3	17.1	
隔离段塞	聚合物(高浓度)	30	0.5 ~2.5	17.1	避免后续顶替段塞过快突破堵剂，影响主体段塞封堵效果
	聚合物(低浓度)	20	0.5 ~2.5	17.1	
顶替段塞	清水	50	0.5 ~2.5	17.1	顶替前面段塞进入地层，避免堵塞井筒，保证水井的正常生产
合计		540			

3.2　调剖效果分析

A37 -7 井调剖后压降曲线上升明显，并且压降趋势变缓，在注水量为 20m³/d 的情况下，第 1 轮调剖后注水压力由 6.2MPa 上升到 11.1MPa，第 2 轮调剖后注水压力上升至 13.5MPa，从注水压力上看，A37 -7 井见到了调剖效果。

A37 -6 井在 A37 -7 井调剖后产液、氯根、液面没有明显变化，关井恢复能量一段时间后，开始见效增油，两轮次调剖累计增油 11.9t。

A37 -8 井在 A37 -7 井调剖后产液量持续降低，由 11.9t/d 下降到 1.9t/d，液面稳定；调剖后注水 157.6m³、8d 后开始见效增油，两轮次调剖累计增油 16.5t，目前持续有效。

A37 -7 井调剖后，在未注水的情况下 A37 -41 井就见到了增油效果，调剖后注水 401.8m³、20d 时，A37 -41 井氯根由 30175mg/L 下降到 27156mg/L，含水由 87.8% 上升到 94.9%，液面由 1572m 上升到 1445m，发生水窜，出现了高压开启裂缝。第 2 轮调剖后

A37－41 井日产液由 11t/d 下降为 2.1t/d，日产油由 0 上升为 0.5t/d，含水率最低下降至 77%，累计增油 38.5t。

整体而言，A37－7 井调剖对 A37－8 井前期水窜通道产生了明显的封堵，封堵后注入水沿含有一定油的次级非直通型裂缝中渗流，驱替了缝中的原油，扩大了注入水的波及范围。随着注水压力升高，A37－41 井方向有裂缝开启，驱替了重张裂缝中的原油，使得油井见到增油效果，但由于该压力下的重张裂缝中原油较少，增油效果不佳，很快发生水窜，调剖效果受地质影响因素大(图 18～图 22)。

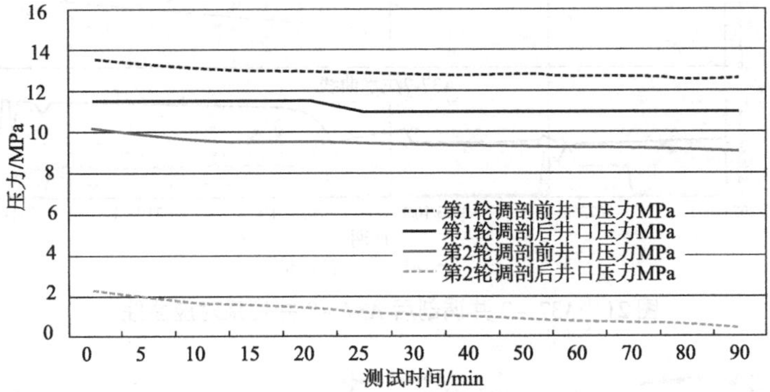

图 18　A37－7 井调剖前后压降曲线

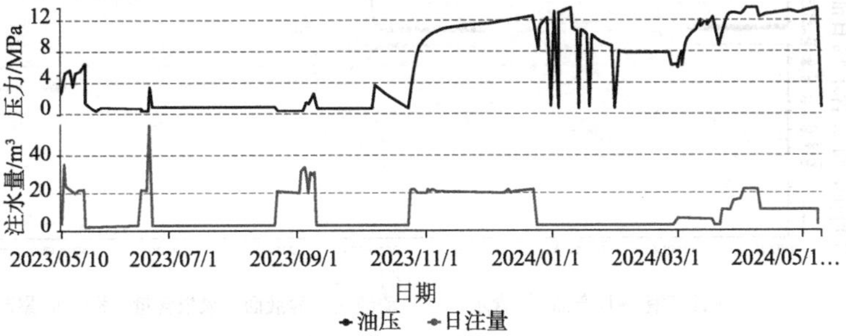

图 19　A37－7 井调剖前后注水曲线

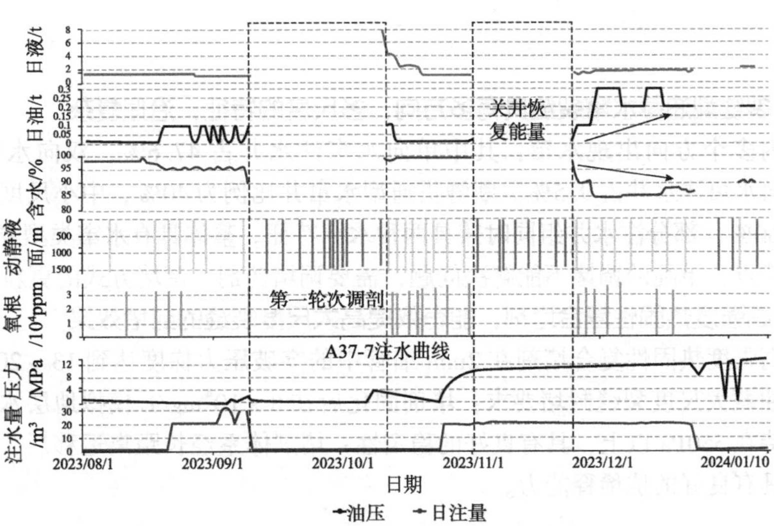

图 20　A37－7 井调剖后 A37－6 井注采对应曲线

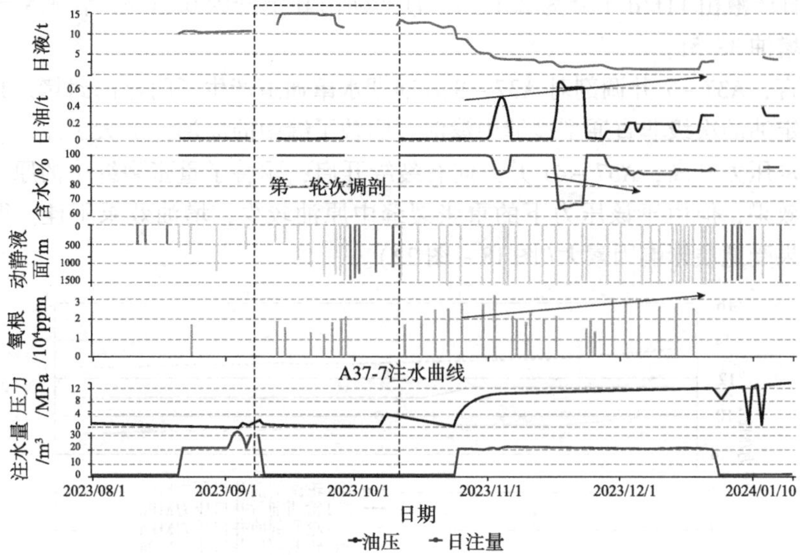

图 21　A37－7 井调剖后 A37－8 井注采对应曲线

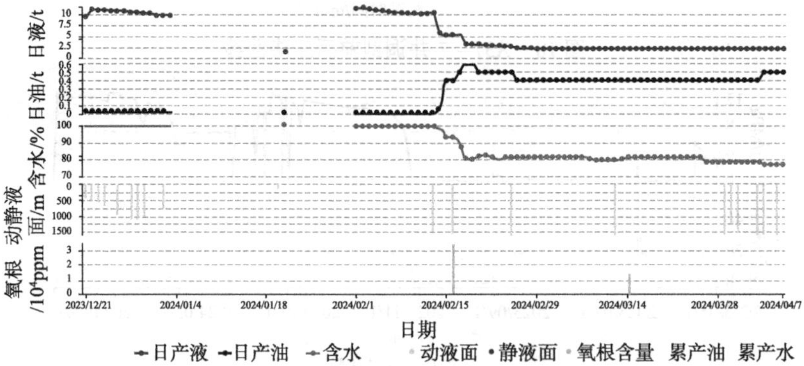

图 22　A37－7 井调剖后 A37－41 井注采对应曲线

4　结论

4.1　致密－裂缝型油藏水窜裂缝具有多方向、多尺度的特征，治理复杂

研究区内多个方向出现水窜，其中单向水窜注水井占 47.6%，双向水窜注水井占 42.9%，三向水窜注水井占 9.5%。断缝贯通型水窜井比例为 40%，中小尺度非贯通型水窜井比例为 60%，部分注水井组同时兼具两种水窜特征。整体具有水窜类型复杂、水窜方向多样化的特点，单纯的调堵不能解决问题，需要调堵药剂、调堵方式的更新迭代。

4.2　研发的高强度热固性复合堵剂，能有效提高大尺度裂缝的封堵效果

研发的高强度热固性复合堵剂在 2mm 细管中的突破压力梯度达到 13～20MPa/m，能够满足长 8 油藏大尺度裂缝封堵要求；堵剂固化后在 8×10^4mg/L 模拟地层水中老化 3 个月后强度保持在 550Pa 以上，具有良好的稳定性；堵剂体系经长距离运移后，仍能呈现段塞式前进，具有良好的抗稀释能力。

4.3 形成的小段塞、多轮次、深部堵工艺，能够满足不同裂缝封堵需求

小段塞多轮次封窜工艺对断缝贯通型水窜通道起到了一定程度的封堵，调剖后压降曲线明显抬升，示踪剂见剂时间明显变缓、由7d延长至30d；对高压开启贯通型裂缝取得较好封堵效果，A37－7井第二轮次针对A37－41井方向的高压开启裂缝进行调剖，调剖后压降曲线上升明显，注水压力上升到了13.1MPa，A37－41井日产液由11t/d下降为2.1t/d，日产油由0上升至0.5t/d，含水率最低下降至77%，多轮次调剖取得较好效果。对非贯通型中小尺度水窜裂缝调剖效果最佳，A37－57井与A37－38井间为非贯通型中小尺度水窜裂缝，调剖后A37－38井日产油由0.2上升至1.8t/d，含水率最低下降至89.6%，阶段增油197t。

参考文献

[1]韩杰，张丽庆．高温油藏条件下聚合物驱油效率实验—以泌阳凹陷双河油田为例[J]．石油与天然气地质，2009，30(6)：797－800.

[2]张桂意．耐温抗盐预交联水膨体调剖剂ZL－1的合成与评价[J]．精细石油化工进展，2003，4(9)：1－4.

[3]熊春明，唐孝芬．国内外堵水调剖技术最新进展及发展趋势[J]．石油勘探与开发，2007(01)：83－88.

[4]何佳，贾碧霞，徐海涛等．调剖堵水技术最新进展及发展趋势[J]．青海石油，2011(03)：59－63.

[5]纪朝凤，葛红江．调剖堵水材料研究现状及发展趋势[J]．石油钻采工艺，2002，24(1)：54－57.

[6]杨鸿剑．聚丙烯酰胺－酚醛树脂复合交联体系的研究[J]．新疆石油学院学报，2000，12(4)：29－31.

[7]李宇乡，刘玉章，白宝君等．体膨型颗粒类堵水调剖技术的研究[J]．石油钻采工艺，1999(03)：65－68.

[8]刘向君，熊健，梁利喜，等．基于微CT技术的致密砂岩孔隙结构特征及其对流体流动的影响[J]．地球物理学进展，2017，32(3)：1019－1028.

[9]唐洪明，张亚琦，王俊杰，等．克拉玛依油田七东1区砂砾岩油藏聚合物驱实验评价[J]．新疆石油地质，2016，37(5)：549－555.

[10]韩学强．国外高含水油田堵水、调剖、封堵大孔道配套技术及应用[M]．北京：石油工业出版社，1994.

[11]Delamaide E，Tabary R，Renard G，et al. Field Scale Polymer Flooding of Heavy Oil：the Pelican Lake Story [C]//21st World Petroleum Congress. World Petroleum Congress，2014. WPC－21－085

基于布谷鸟算法的气井压裂方案优化

王春秋　杨雪风

（中国石油化工股份有限公司东北油气分公司）

摘　要：气井压裂方案优化对提高采收率具有重要作用。该文针对压裂方案难以确定、优化效果难以预测等问题，利用SN区块气井的样本数据，建立了基于布谷鸟算法的压裂方案的优化模型，并利用基于极端梯度提升（XGBoost）算法的代理模型模拟真实环境。该模型以不定步长的方式优化了每口井的压裂液用量、支撑剂用量和排量，从而实现气井压裂方案的自我优化。对气井进行了压裂方案优化试验，气井产气量提高了19.7%。结果表明：布谷鸟优化模型具有不定步长搜索和多变量同步优化的优点，能够对气井进行压裂方案优化，为现场压裂方案设计提供指导。

关键词：气井压裂；方案优化；布谷鸟算法

气藏压裂后形成的复杂裂缝网络可以提高储层中气体的渗流能力。为了获得更好的裂缝几何形状和最佳的增产效果，在进行水力压裂之前，对压裂方案进行优化并预测储层性能是相当必要的。然而，由于储层裂缝网络错综复杂、裂缝动态变化等原因，气井产量无法准确预测，使得后续开发方案的设计和优化极具挑战性。

数值模拟作为一种传统方法被广泛应用于多相复杂油藏的动态评价。Li等人建立了考虑地应力对湍流过程响应的水力压裂模型，以优化增产设计。Wang等人提出了一个通用的全耦合数值框架来模拟水力压裂诱导裂缝扩展和压裂后气井的性能，以评估压裂设计参数，如不同的支撑剂、压裂液、压力。然而，由于有些模型是建立在理想假设的基础上，数值模拟并不能准确反映压裂后裂缝扩展的真实情况。此外，油藏模拟需要大量的现场数据来支持连续的模型验证过程，耗时长，在实际应用中不够灵活。近年来，机器学习方法因其从大量可用数据中提取信息的能力开始受到越来越多的关注，并在油气开发中得到了广泛的应用。

气井产量预测属于带数据标签的监督学习问题。因此，通常采用监督学习算法进行产量预测，主要有神经网络、随机森林、支持向量机等。Han等人建立了基于递减曲线分析的人工神经网络模型，可以预测页岩井在暂态渗流状态下的未来产量。Liang等人通过结合岩石物理、完井变量和空间信息，应用随机森林算法预测页岩气采收率。Yan等人分别利用深度神经网络（DNN）、支持向量机（SVM）和极端梯度提升（XGBoost）建立了从储层参数和运行参数到页岩气采收率的预测模型。Guo等人利用支持向量机优化支撑剂用量。Tan等人提出了基于PCA和贝叶斯神经网络的回归模型，优化了压裂砂量、压裂段数等压裂作业参数。

第一作者简介：王春秋（1997—），女，吉林长春人。工作单位：中国石油化工股份有限公司东北油气分公司。职称：主管师。主要研究方向：气藏工程。E－mail：wangchunqiu99@163.com。

以上基于数据驱动的方法利用了气井生产积累的大量历史数据，通过挖掘数据隐藏的规律指导生产。然而气井压裂方案参数较多，包括压裂液用量、支撑剂用量和排量等，且各因素对压裂产能的影响权重也不相同，基于预测模型的压裂方案优化方法局限于难以同时优化多个变量。布谷鸟算法是一种基于群体的优化算法，它以其快速的收敛速度和较高的计算效率而被广泛应用于各种优化问题。本文应用布谷鸟算法优化气井压裂方案，对方案优化过程进行建模，并以 SN 区块的气井数据为案例进行实验分析。

1　气井压裂方案代理模型

为建立最优的气井压裂方案代理模型，本文首先采用多元线性回归、随机森林和 XGBoost 3 种机器学习算法建立气井产量预测模型，对比分析这 3 个模型的预测效果，从而优选出最佳模型。

1.1　机器学习算法原理

多元线性回归是研究一个因变量和多个自变量间的线性关系方法，利用线性来拟合多个自变量和因变量的关系，从而确定多元线性回归模型的参数。随机森林算法是是一种集成学习方法，其基本单元是分类回归决策树，由多个决策树构成“一片森林”的集合。当输入一组数据集参与训练时，随机森林算法随机建立多棵决策树，经过训练后产生决策树的组合，随机森林算法输出的结果是由决策树多数投票决定的。XGBoost 是优化后的分布式梯度提升树，其算法思想是通过特征分裂来生成多棵形式差异的树模型，通过训练使决策树不断地加入模型中，去减少之前预测的误差，达到提高预测精度的效果。

1.2　代理模型优选

本文的样本数据来自 SN 区块 30 口气井压裂井。数据分布如表 1 所示。

表 1　SN 区块基础数据表

参数	平均值	最小值	最大值
垂深/m	4381.31	1415	5673
全烃值/%	17.41	5.64	25.1
孔隙度/%	5.11	2.67	8.15
渗透率/mD	0.20	0.01	1.71
气体饱和度/%	63.49	41.67	89
压力系数	1.25	1.19	1.35
气层厚度/%	92.41	11.13	172
压裂液用量/m^3	6985.47	6952	23863
支撑剂用量/t	408.57	485	1448
排量/(m^3/min)	10.99	8	18
首年平均日产气量/($10^4 m^3$/d)	1.92	0.13	6.57

地质参数包括垂深、全烃值、孔隙度、渗透率、气体饱和度、压力系数、气层厚度，压裂作业参数包括压裂液用量、支撑剂用量、排量，首年平均日产气量是预测指标。在模型训练前先将 SN 区块数据库中的数据按照 7 : 3 的比例分成训练集和测试集，代理模型的

输入参数包括地质参数、压裂作业参数，模型输出值是首年平均日产气量，预测结果如图1所示。从图中可以看出XGBoost的训练集和测试集的拟合效果最好，因此本文选择用XGBoost来构建气井压裂方案代理模型。预测效果评价指标为MSE(均方误差)，计算公式如下：

$$MSE = \frac{1}{N}\sum_{i=1}^{N}(\hat{y}_i - y_i)^2 \tag{1}$$

式中，N为气井样本数，个；$\hat{y}_i$为首年平均日产气量真实值，$10^4m^3/d$；y_i为首年平均日产气量预测值，$10^4m^3/d$。

*MSE*的值越小代表模型预测精度越高。XGBoost模型采用了五折交叉验证方法进行了超参数调优，经过训练和调试，模型的最终均方误差小于0.03。未来随着气井生产数据的积累，数据库的气井样本量将逐渐增加，代理模型的参数也将进行调整以提高准确性和适应性。

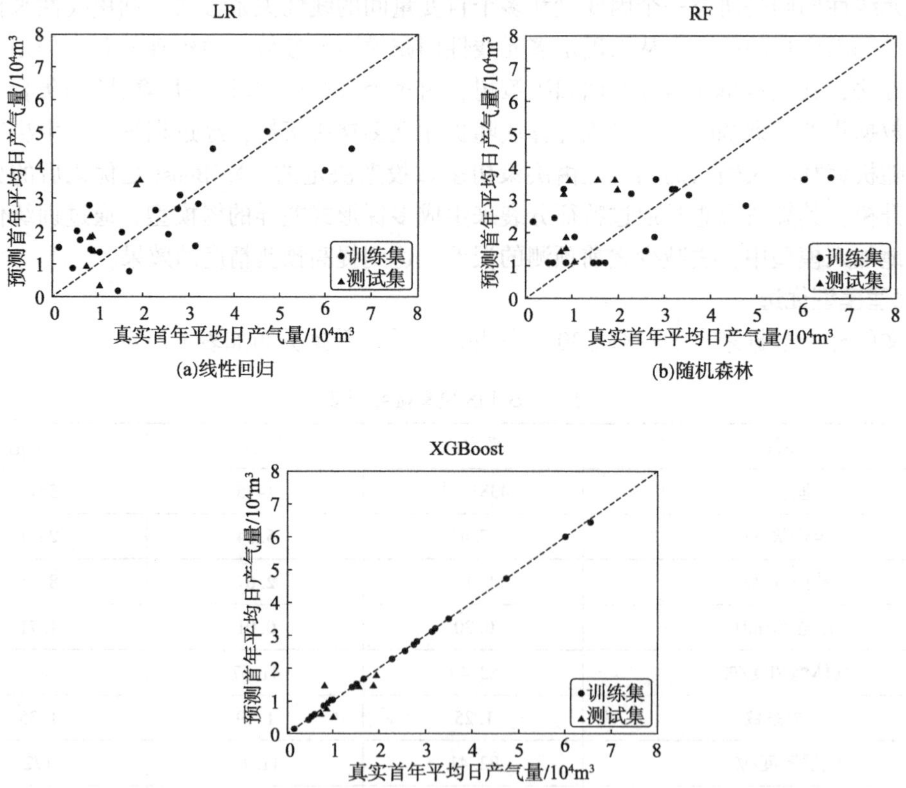

(a)线性回归
(b)随机森林
(c)XGBoost

图1　全样本预测结果对比图

2　基于布谷鸟算法的压裂方案优化

本文将XGBoost压裂方案代理模型作为布谷鸟算法的目标函数，XGBoost压裂方案代理模型包括可控参数和不可控参数。布谷鸟算法旨在搜索目标函数的最大值以反演可控参数的值，其中可控参数包括压裂剂用量、支撑剂用量和排量。本研究通过布谷鸟算法的优化过程，反演出最优的压裂方案参数，以实现气井产量最大化的目标。

2.1 布谷鸟算法原理

布谷鸟算法是一种模拟布谷鸟寄生繁殖行为的群体智能优化算法，通过随机选择鸟巢(潜在解)并利用莱维飞行策略进行全局搜索，结合以一定概率遗弃和替换适应度较低的解，以模拟宿主鸟发现并抛弃外来鸟蛋的行为，从而在迭代过程中不断更新种群，寻找到问题的最优解。基于以上规则，布谷鸟通过莱维飞行寻宿主的鸟巢位置，其表达式如下：

$$x_i^{(t+1)} = x_i^{(t)} + \alpha \otimes L(\lambda) \tag{2}$$

式中，$x_i^{(t)}$ 为第 i 个鸟巢在第 t 轮迭代的位置；α 为步长因子；$L(\lambda)$ 为莱维随机搜索路径。

2.2 优化模型应用效果

本文的优化目标函数包含 10 个变量，其中有 7 个为不可控变量，3 个为可控变量。在优化过程中，不可控变量取值固定不变，可控变量通过搜索目标函数的最大值来确定其值。约束条件为 3 个可控变量，即压裂方案参数的施工区间。为实现优化过程的高效性，采用布谷鸟算法进行优化，其内部参数设置如表 2 所示。

表 2　布谷鸟模型参数值

迭代次数	鸟巢数量	搜索空间上界	搜索空间下界	问题维度	发现外来鸟巢的概率
500	25	1	0	3	0.25

布谷鸟算法目标函数可表示为：

$$find\ u_*\ as\ arg\ max\ J(u) \tag{3}$$

$$u_{i,\min} \leqslant u \leqslant u_{i,\max} \tag{4}$$

式中，u 为压裂方案参数；$u_{i,\min}$ 为变量 u 的下限，由现场施工约束得到；$u_{i,\max}$ 为变量 u 的上限，由现场施工约束得到；J 为目标函数，即 XGBoost 模型预测的首年平均日产气量。

本文选择了该区块 1 口压裂气井进行优化，布谷鸟算法的适应度值设置为目标函数的负值。气井基于布谷鸟模型的适应度值变化曲线如图 2 所示。模型在迭代次数 20 左右收敛，此时适应度值为 -0.54。优化前压裂液用量为 6123m^3，支撑剂用量为 409m^3，排量为 10m^3/min，首年平均日产气量为 $2.79 \times 10^4 m^3$；优化后压裂液用量为 22597m^3，支撑剂用量为 709m^3，排量为 8.6m^3/min，首年平均日产气量为 $3.34 \times 10^4 m^3$，气量提高了 19.7%。验证了该模型在优化压裂方案参数方面可取得不俗效果，且具有较强的泛化能力。

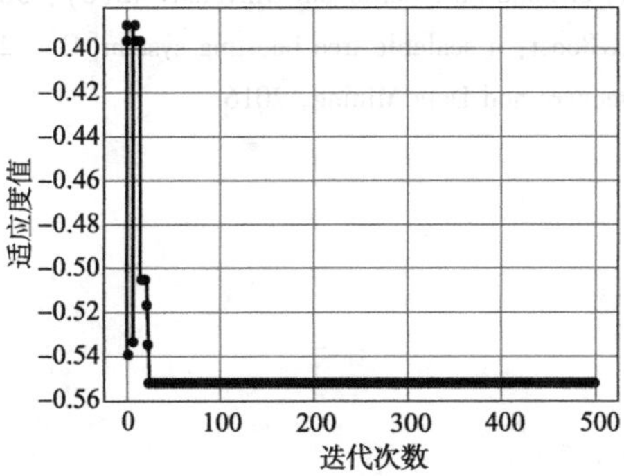

图 2　气井基于布谷鸟模型的适应度值变化曲线

3 结论

本文建立一种基于布谷鸟的压裂方案优化模型，利用 XGBoost 算法建立压裂方案代理模型，并以 1 口压裂气井的资料进行验证。对气井进行优化后，首年平均日产气量提高 19.7%。实验结果表明以数据驱动方式构建代理模型，并利用布谷鸟算法进行优化，在复杂工程场景中有较强的适应性、灵活性高的优点，提供了一种在利用数值模拟构建仿真环境外的新思路，同时，验证了布谷鸟算法可以实现变步长搜索，多变量同步优化，达到压裂方案的自寻优目的，证明了布谷鸟算法在压裂方案优化设计中的优势。

参考文献

[1]Velasco, R. , Panja, P. , and Milindm, D. 2016. New Production Performance and Prediction Tool for Unconventional Reservoirs. Paper presented at the SPE/AAPG/SEG Unconventional Resources Technology Conference, San Antonio, Texas, USA, 1 – 3 August.

[2]Li, Y. , Wei, C. , Qin, G. et al. 2012. Optimizing Hydraulic Fracturing Design for Shale Gas Production through Numerical Simulations. Paper presented at the SPE International Production and Operations Conference & Exhibition, Doha, Qatar, 14 – 16 May.

[3]Wang, X. , Winterfeld, P. , Ma, X. et al. 2014. Simulation of Coupled Hydraulic Fracturing Propagation and Gas Well Performance in Shale Gas Reservoirs. Paper presented at the SPE Unconventional Resources Conference, The Woodlands, Texas, USA, 1 – 3 April.

[4]Han, D. , Kwon, S. , Son, H. et al. 2020. Comprehensive Analysis for Production Prediction of Hydraulic Fractured Shale Reservoirs Using Proxy Model Based on Deep Neural Network. Paper presented at the SPE Annual Technical Conference and Exhibition, Virtual, 26 – 29 October. SPE – 201267 – MS.

[5]Liang, Y. and Zhao, P. 2019. A Machine Learning Analysis Based on Big Data for Eagle Ford Shale Formation. Paper presented at the SPE Annual Technical Conference and Exhibition, Calgary, Alberta, Canada, 30 – 2 September.

[6]Yan, Z. , Wang, T. , Liu, Z. et al. 2021. Machine Learning Based Prediction Methods on Shale Gas Recovery. Chinese Journal of Solid Mechanics 42(03): 1 – 18.

[7]Guo, J. , Zou, Y. , Deng, Q. et al. 2009. The study on optimizing the proppant quantity in fracturing by SVM. Journal of Southwest Petroleum University 31(5): 79 – 82.

[8]Tan, C. , He, J. , Zhou, T. et al. 2020. A Study on the Optimization of Fracturing Operation Parameters Based on PCA – BNN. Journal of Southwest Petroleum University 42(6): 56 – 62.

[9]T. Chen and C. Guestrin, XGBoost: a scalable tree boosting system[C]. 22nd ACM SIGKDD International Conference on Knowledge Discovery and Data Mining, 2016.

渤海稠油热采热-气-剂复合增效技术研究与应用

刘昊　张华　曹子娟　王成

[中海石油(中国)有限公司天津分公司]

摘　要：渤海稠油探明储量占总探明储量56%，历经十余年技术攻关与矿场实践，构建了包括热力吞吐/热力驱等海上稠油热采开发关键技术系列。随着热采开发不断深入，蒸汽吞吐井存在含水率上升、吸汽剖面不均、原油黏度增大影响举升效率问题；稠油冷采井存在高黏度、高含水、低采出问题。为进一步保障热采效果，开展热气剂复合增效技术研究：通过数值模拟和物理模拟，明晰海上稠油热气剂复合增效机理，创新形成海上稠油热气剂复合增效表征方法；创新研发针对蒸汽吞吐、稠油冷采井的热气剂复合增效体系，解决蒸汽吞吐井初期注汽困难问题、保障生产阶段井筒流动能力、延缓边底水突进、实现协同降黏、堵水压锥，保障稠油冷采低产井实现热采有效动用。技术研究成果已累计实施16井次，截至2024年3月，旅大21-2油田已实现热采累产油超70×10^4t，在南堡35-2、旅大5-2N等油田进行推广应用，为渤海油田稠油热采规模化开发提供技术支撑。

关键词：海上稠油热采；热气剂复合增效；机理表征；蒸汽吞吐；稠油低产井；强化泡沫

渤海油田稠油资源丰富，历经十余年技术攻关与矿场实践，构建了包括海上热力吞吐/热力驱等海上稠油热采开发关键技术体系。蒸汽吞吐是目前海上稠油热采油田应用最多的技术，贡献产量最大。但是随着蒸汽吞吐轮次增加，蒸汽与稠油之间不利的流度比、蒸汽本身的重力超覆、油藏的非均质性等因素的影响下，地层对蒸汽的吸汽剖面不均衡，热利用率大大降低，部分生产井水窜及汽窜现象加剧，显著降低热采井采收率。针对注蒸汽采油方法中存在的问题，出现了一种新的稠油开采方法—热/化学复合开采技术，即在注入蒸汽的同时，有目的地加入一些化学剂，改善热力采油的效果。刘慧卿等阐述了3种典型的稠油热复合开发提高采收率技术，包括蒸汽—非凝析气、蒸汽—化学剂及蒸汽—溶剂复合技术，总结了不同热复合技术的作用机理及应用效果。胡成亮等主要从地层条件下自动生成CO_2气体，起到既能降低原油黏度又有溶解气驱替原油的作用，同时与化学降黏剂复合，提高降黏和驱替协同效应，能有效改善稠油在地层中的流动性。

以渤海旅大21-2油田为例，该油田位于辽东湾南部海域，主要含油层系为馆陶组，块状边、底水构造油藏，部署16口水平井，采用蒸汽吞吐开发，目前处于第二、三轮次周期生产，开发过程中面临多轮次吞吐含水上升、蒸汽腔扩展不均匀、热量在顶底油层散失等问题，而氮气泡沫在多孔介质中具有堵大不堵小、堵水不堵油的选择性封堵特性，可有效封堵高渗层、扩大蒸汽波及体积、提高驱油效率、补充地层能量。为进一步扩大蒸

第一作者简介：刘昊，中海石油(中国)有限公司天津分公司渤海石油研究院，高级工程师，从事海上稠油热采技术研究与现场实践。E-mail：liuhao28@cnooc.com.cn。

汽/热有效利用率，提高单井产量开发效果，结合海上稠油热采少井高产需求，渤海油田开展蒸汽吞吐复合增效技术研究与应用。

1 油田概况

旅大21－2油田位于辽东湾南部海域，油田范围内平均水深约23m，主要发育馆陶组，油藏类型为块状边底水油藏，水体倍数10～60倍，呈现中等～大水体特点，平均埋深1500m，平均油层厚度为38m，储层岩性以长石砂岩为主，孔隙度平均值34.2%，渗透率平均值3268mD，具有特高孔渗储层特征。原油性质表现为重质原油，地面原油黏度3500～10100mPa·s，具有黏度高、胶质沥青质含量高、含蜡量低、含硫量低、凝固点中等的特点。

2020年投产后，部分井第一周期末出现含水快速上升，含水量最高升到89%，产量递减幅度达80%，最低降至8m^3/d，油田面临多轮次吞吐含水上升、蒸汽腔扩展不均匀、热量在顶底层散失问题，为提高单井产量，改善油田整体开发效果，开展蒸汽吞吐复合增效技术研究。

2 蒸汽吞吐复合增效研究

目前海上蒸汽吞吐复合增效试验均为高温泡沫辅助蒸汽吞吐，以蒸汽携带热量为基础，充分利用高温泡沫体系的特性，优先进入水窜通道，产生“贾敏效应”，实现封堵，使蒸汽转向进入高含油饱和度区域，改善注汽剖面，提高热利用率和波及范围，进而提高蒸汽吞吐开发效果。

2.1 高温泡沫体系

通过在主碳链上嫁接磺酸基等官能团的工艺，研发耐温350℃、耐矿化度50000mg/L的高温泡沫体系。将体系经过350℃老化处理后，进行性能评价，评价结果见表1，经过350℃老化后，不同浓度的起泡剂依然具有良好的起泡性能。随着起泡剂浓度从0.5%增加至2.5%，起泡体积不断增大、析液半衰期不断延长和泡沫综合值不断增大，原因是起泡剂主要富集在溶液的表面，形成致密的液膜，泡沫表面强度增大，液膜破裂所需能量较大，大幅度提升了泡沫的稳定性。但是当起泡剂浓度增加至1%时，各项指数增加趋势明显变缓，原因为溶液中表面活性剂浓度存在一个临界点，在临界点之前，随着浓度增大，起泡体积、析液半衰期、泡沫综合值迅速上升，临界点之后，变化幅度变小。图1为高温泡沫体系的扫描电镜形貌分析，从图中明显看出，泡沫形状趋于球状，直径约为250μm，边界明显。

表1 不同浓度下起泡剂的起泡性能

起泡剂浓度/%	起泡体积/mL	析液半衰期/s	泡沫综合值/L·s
0.5	410	458	187.8
1	450	510	229.5
1.5	470	524	246.3
2	480	520	249.6
2.5	480	528	253.4

图2为350℃老化后不同浓度下高温起泡剂的阻力因子曲线。由图中曲线可知，当起泡剂浓度大于0.5%时，泡沫体系的阻力因子均大于65，比常规高温起泡剂的阻力因子提升100%，且常规起泡剂一般只能耐温到300℃，起泡剂浓度越大，阻力因子越大，浓度超出1%后，阻力因子增长变缓，直至相对平稳。

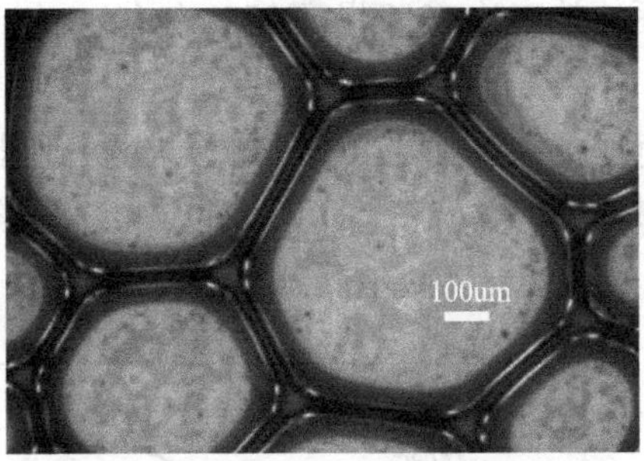

图1　高温泡沫体系的扫描电镜形貌分析

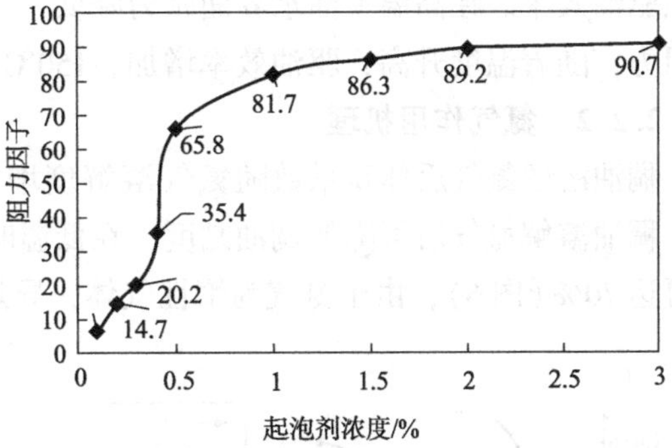

图2　不同浓度起泡剂阻力因子

为验证该体系在渤海旅大21－2油田生产水中的起泡能力，利用渤海旅大21－2油田实际生产水进行性能评价实验，表4为渤海旅大21－2油田生产水的离子组成，总矿化度33045mg/L、Ca^{2+}/Mg^{2+}浓度2732mg/L。加入起泡剂后，溶液澄清透亮、无杂质产生，且发泡体积较大(图3)，说明高温起泡剂与渤海旅大21－2油田生产水配伍性良好，不发生反应，同时也说明高温起泡剂在总矿化度30000mg/L、Ca^{2+}/Mg^{2+}浓度3000mg/L条件下依然具有良好的起泡性能(表2)。

图3　高温起泡剂在X油田生产水中的起泡能力

表2　渤海旅大21－2油田生产水离子组成

离子组成	Na^+/K^+	Ca^{2+}	Mg^{2+}	CO_3^{2-}	HCO_3^-	SO_4^{2-}	Cl^-	总矿化度
生产水/(mg/L)	8784	2356	376	0	233	219	21077	33045

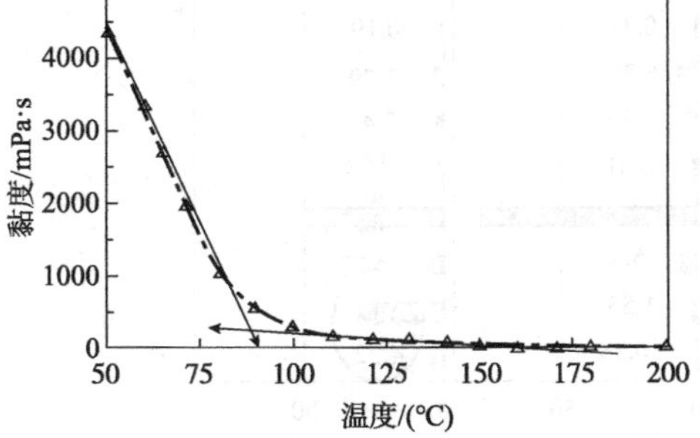

图4　渤海旅大21－2油田原油黏度与温度的关系

2.2　机理研究

2.2.1　热作用机理

向油层注热后，波及范围地层温度升高，原油黏度将大幅度下降，改善原油流动性。以渤海旅大21－2油田为例，根据室内实验结果(图4)表明：稠油拐点温度为88℃，当温度从50℃提高至88℃时，降黏率达到90%以上，随着温度继续增加，降黏幅度减小。这一黏温敏感特性是热作用的主要机理；在高温下，油层对油与水的相对渗透率起了变化，当温度从80℃升至150℃，等渗点向右偏移，残余油饱和度降低15%。这是砂粒表面的沥青胶质极性油膜破坏，润湿性改变，在同样水饱和度条件下，油相渗透率增加，水相渗透率降低，束缚水饱和度增加，而热水会进入低渗透率油层，替换其中的油、水，增加了流向井筒的可动油，增强驱油效率。在高温下油水界面张力降低，一定程度改善贾敏效应，从而降低原油的流动阻力，随着温度升高，驱油效率增加，150℃下驱油效率比50℃提高32%左右。

2.2.2 氮气作用机理

稠油溶解氮气后体积系数随氮气溶解度增加而增加(图5)，氮气可增加近井地带压力，稠油溶解氮气后可降低稠油黏度，在低温时，降黏效果较好，油层条件50℃下，降黏率可达70%(图6)，由于氮气为惰性气体，导热性差，可大幅减小储层热损失。

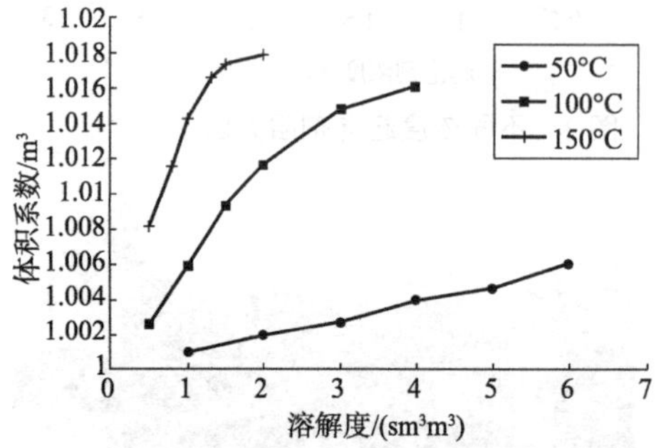

图5　不同温度下氮气溶解度与体积系数关系曲线

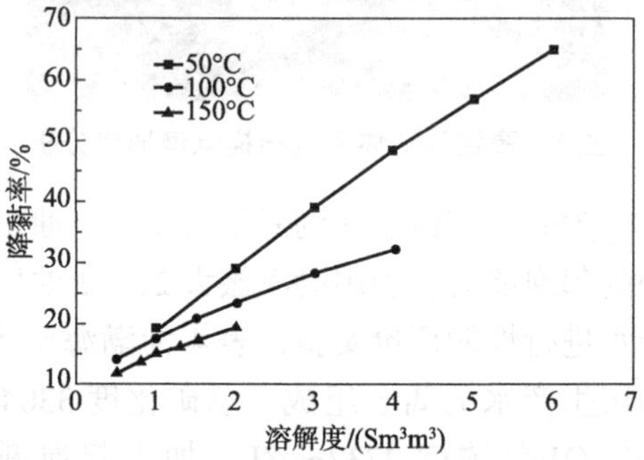

图6　不同温度下氮气溶解度与降黏率关系曲线

2.2.3 泡沫作用机理

起泡剂其堵水控水、改善热流体剖面的作用机理用在驱油具有良好的应用前景。以室内实验和渤海旅大21－2油田实际地质模型为基础，将蒸汽、泡沫和氮气协同作用机理在数模中进行表征，通过数值模拟软件进行模拟研究，实施蒸汽吞吐复合增效后，第二周期注热吸汽剖面较第一周期明显改善，水平段加热范围增加，温度扩展更均匀(图7和图8)。

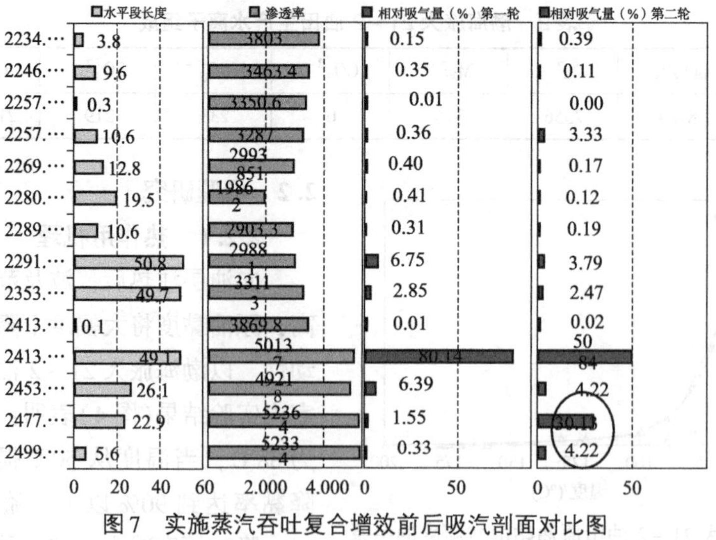

图7　实施蒸汽吞吐复合增效前后吸汽剖面对比图

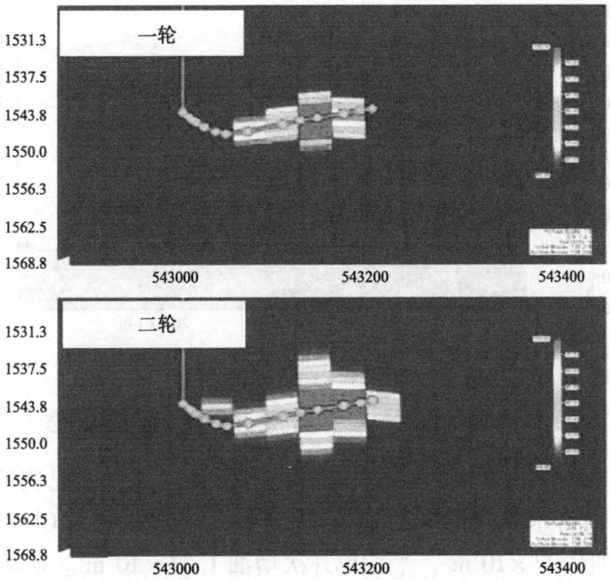

图8　实施蒸汽吞吐复合增效前后温度场对比图

为了明晰蒸汽吞吐复合增效中各组分作用贡献占比，通过设计冷采、冷采＋泡沫、蒸汽吞吐、蒸汽吞吐＋泡沫四种情况，计算得到各组分作用在蒸汽吞吐复合增效中的贡献占比，根据图9模拟结果显示，蒸汽吞吐的热作用能在冷采基础上增油 $1.38\times10^4m^3$，泡沫的堵调作用能在冷采基础上增油 $0.30\times10^4m^3$，而蒸汽吞吐＋泡沫的复合增效能在纯注蒸汽、纯注泡沫的基础上增油 $0.62\times10^4m^3$，其中热降黏起主导作用占比60%，泡沫堵调作用占比13%，热与泡沫协同增效作用占比27%，实现一加一大于二的协同增效。

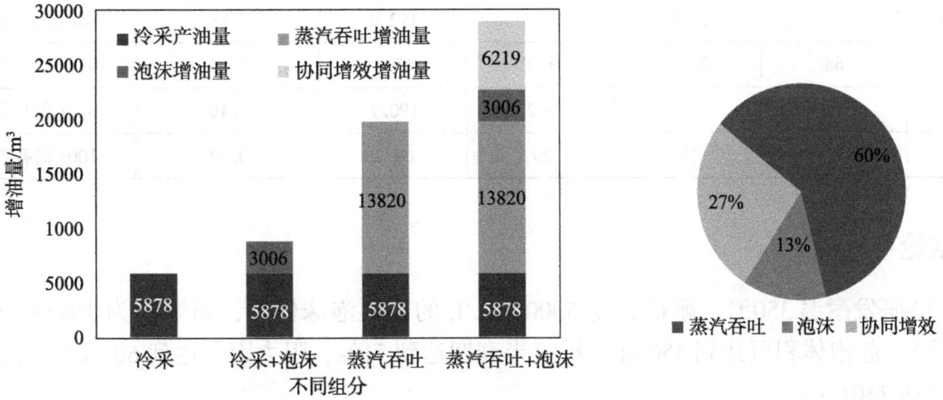

图9　蒸汽吞吐复合增效各组分增油量及贡献占比

3　蒸汽吞吐复合增效矿场应用

2022年7月，渤海旅大21－2油田首次在A8井试验蒸汽吞吐复合增效，方案设计高温泡沫注入量25t，蒸汽注入量7460t，降水增油效果显著，如图10所示，措施后含水率由82%降至25.6%，日产油由 $25.6m^3$ 升至 $76.2m^3$，阶段增油 $2.4\times10^4m^3$，有效期200天以上(图10)。

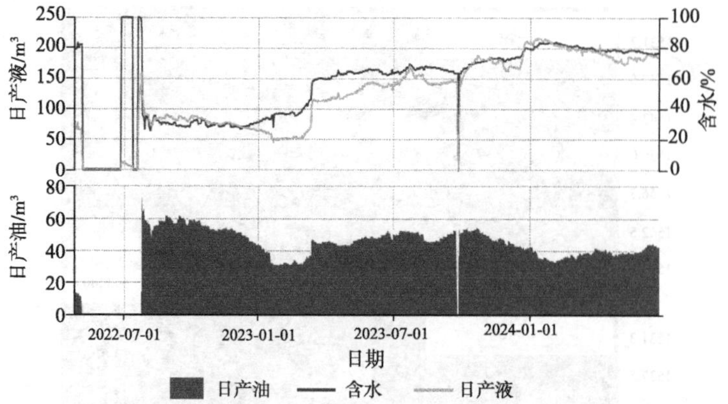

图10　渤海旅大21－2油田A8井措施前后生产动态

截至2024年，蒸汽吞吐复合增效技术在渤海旅大21－2油田已实施6井次(表3)，成功率100%，主要在高含水井(≈85%)试验，实现累产油13.9×10^4m^3，平均单井次累产2.31×10^4m^3，累增油9.27×10^4m^3，平均单井次增油1.33×10^4m^3。矿场应用结果表明，高温泡沫体系辅助蒸汽吞吐的增效方式，在渤海旅大21－2油田蒸汽吞吐井中能够起到封堵高渗通道，改善吸汽剖面，提高蒸汽热利用率，均衡蒸汽波及面积，最终实现降水增油。

表3　渤海旅大21－2油田蒸汽吞吐复合增效井效果统计

井号	措施前		措施后		阶段累增油/10^4t	有效期/d
	含水率/%	日产油/m^3	含水率/%	日产油/m^3		
A8	82	11.9	25.6	76.2	2.40	702(仍有效)
A9	89	7.9	17.2	59.2	1.94	613(已转三轮)
A13	82	23.6	22.5	142.9	2.88	458(仍有效)
A5	68	25.7	8.7	65.2	0.64	191(已转三轮)
A1	76	45	6.2	190.7	1.10	313(仍有效)
A5	73	17	29	66.2	0.32	100(仍有效)

4　结论

(1)研发耐温350℃、耐矿化度50000mg/L的高温泡沫体系，当浓度为1%时(350℃老化后)，起泡体积可达到450mL，析液半衰期达到510s，阻力因子达到60以上，泡沫综合值可达230L·s；

(2)数值模拟研究表明，高温泡沫体系辅助蒸汽吞吐的复合增效方式能在纯注蒸汽、纯注泡沫的基础上增油0.62×10^4m^3，其中热降黏起主导作用占比60%，泡沫堵调作用占比13%，热与泡沫协同增效作用占比27%，实现一加一大于二的协同增效；

(3)蒸汽吞吐复合增效技术在渤海旅大21－2油田已实施6井次，成功率100%。矿场应用结果表明，高温泡沫体系辅助蒸汽吞吐的增效方式，在渤海旅大21－2油田蒸汽吞吐井中能够起到封堵高渗通道，改善吸汽剖面，提高蒸汽热利用率，均衡蒸汽波及面积，最终实现降水增油。

参考文献

[1]文权，戎凯旋，岳明，等．边水稠油油藏蒸汽吞吐泡沫堵水研究与应用[J]．石油化工应用，2023，42(5)：37－43.

[2]张义堂．热力采油提高采收率技术[M]．北京：石油工业出版社，2006：207－214.

[3]曾玉强，刘蜀知，王琴，等．稠油蒸汽吞吐开采技术研究概论[J]．特种油气藏，2006，13(6)：5－9.

[4]白斌杰，李亚滩，华玉军，等．泡沫堵调体系治理稠油油藏边底水的研究[J]．内江科技，2013，4：132－135.

[5]常运兴，张新军．稠油油溶性降黏剂降黏机理研究[J]．油气田地面工程，2006，25(4)：8－9.

[6]徐家业，张群正，吴复雷，等．稠油热采添加剂现场蒸汽吞吐试验[J]．西安石油学院学报，1998，13(6)：25－27.

[7]王玉斗，周彦煌，陈月明，等．热－化学复合采油技术研究现状与进展[J]．南京理工大学学报：自然科学版，2001，25(4)：444－448.

[8]陈艳玲，胡江，张巧莲．垦西特稠油化学降黏机理的研究[J]．地球科学—中国地质大学学报，1998，23(6)：605－609.

[9]陈秋芬，王大喜，刘然冰．油溶性稠油降黏剂研究进展[J]．石油钻采技术，2004，26(4)：45－48.

[10]朴弼善，孙加元，陈俊．多功能复合化学剂在蒸汽吞吐中的应用[J]．石油钻采工艺，2003，25(z1)：16－18.

[11]刘慧卿，东晓虎．稠油热复合开发提高采收率技术现状与趋势[J]．油气田地面工程，2022，7(2)：174－184.

[12]胡成亮，魏玉莲，熊英，等．稠油复合吞吐开采技术[J]．油气田地面工程，2007，26(10)：21－22.

[13]陶磊，王勇，李兆敏，等，张继国．CO_2/降黏剂改进超稠油物性研究[J]．陕西科技大学学报：自然科学版，2008，26(6)：25－29.

[14]杨胜来，王亮，何建军，等．CO_2吞吐增油机理及矿场应用效果[J]．西安石油大学学报：自然科学版，2004，19(6)：23－26.

渤海高含水油田区块整体调驱技术研究及实践

吕金龙　庞长廷　宋鑫　肖丽华　李彦阅　薛宝庆　吕鹏　鲍文博　王楠

［中海石油(中国)有限公司天津分公司渤海石油研究院］

摘　要：渤海老油田进入高含水阶段后，三大开发矛盾(平面、层间、层内)愈加突出，剩余油分布更加复杂，常规单井组调剖/驱技术治理效果逐渐变差。为此，渤海油田开展区块整体调驱技术攻关，创新形成了注采井间优势通道识别与量化技术，研发了适用于海上油田的在线组合调驱体系及其配套注入工艺，现场配液效率提升60%，为渤海高含水油田规模化与整体化治理提供了新方法。近年来，区块整体调驱技术在渤海油田应用规模不断扩大，目前已在渤海油田完成81井次现场实施，增油降水效果显著。

关键词：高含水油田；区块整体调驱技术；在线组合调驱体系；配套注入工艺；现场应用

渤海主力油田经过长期注水开发后，目前已经整体步入双高阶段，迫切需要有效的稳油控水技术改善注水开发效果。调剖调驱技术能有效改善层内、层间非均质性，改善水驱效果，达到延缓油层水淹速度和控制油井含水上升速度的目的。目前高含水油田注入水窜流前缘已至油藏深部，孔隙结构发生重要变化，区块平面发生多方向窜逸，常规单井组调剖/驱技术治理效果逐渐变差。为此，针对海上平台的特点及油藏变化特征，渤海油田开展区块整体调驱技术攻关，创新形成了注采井间优势通道识别与量化技术，研发了适用于海上油田的在线组合调驱体系及其配套注入工艺。

1　井间优势通道识别与量化技术

优势通道研究是调剖/驱技术实施的关键。国内外水驱油藏优势通道刻画相关研究已经开展了三十多年，期间经历了多次指导观念的转变。研究过程中，由于油藏特点、基础资料、研究方法的局限性，目前很多研究进展不大。现有静态法窜流通道识别技术过于片面，而动态法只是一时之见，失之准确，因此必须从岩心、静态、动态、测试资料综合识别，建立优势通道多信息综合反演技术，实现地质、油藏、动态、测试等多种信息的四维分析，针对调剖渗流特征主控因素分析，形成一套兼顾静态、动态和监测的优势通道识别技术，实现调堵方案设计的针对性、时效性、高效性和精准性。

1.1　技术原理

构建三个核心模块有机组合的技术方法体系，实现优势通道与窜流通道的识别和量化，详细设计流程如图1所示。

第一作者简介：吕金龙(1992—)，男，黑龙江省肇源县，硕士研究生，现就职于中海石油(中国)有限公司天津分公司，注水工程师，主要研究提高采收率方向。E－mail：lvjl6@cnooc.com.cn。

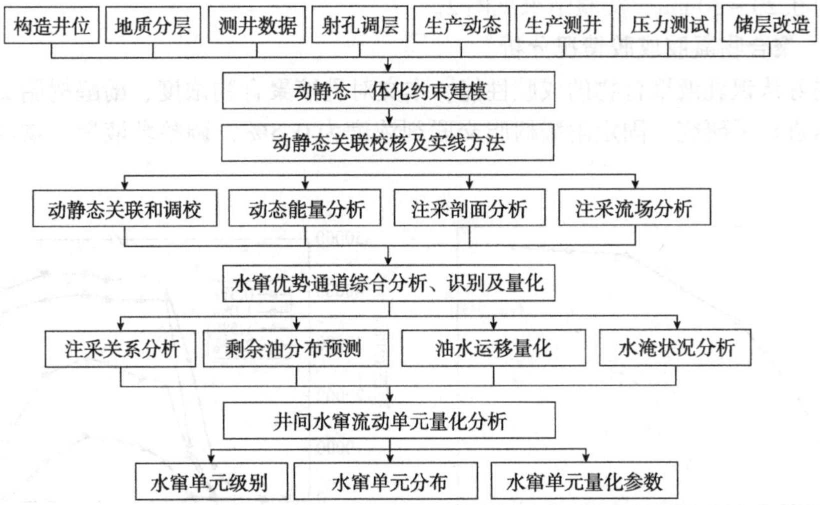

图1　优势通道多信息反演方法设计流程

(1)动静态一体化约束校核，构建了基于连续动态数据反演的动静态参数校核技术，实现了地质信息与趋势性动态信息的统一，作为优势通道研究的油藏基础。

(2)井间优势通道综合分析、识别及量化方法，实现了油藏基础上的单一阶段流场追踪、历史阶段流场量化，作为优势通道识别的依据，完善了非稳态流场计算方法，提出了历史流场的概念，建立了以 u、$\sum_{n} u_n \Delta t_n$ 为核心参数的追踪方法，得到了历史流场，为水窜通道量化奠定基础。

(3)井间水窜流动单元量化分析，建立考虑层内窜流通道发育的分流量方程，提出了一套基于传质扩散理论的井间窜逸通道分析拟合方法，实现了基于开发动态历程的优势通道内窜流通道的拟合和识别。

1.2　技术应用

将该技术方法进行编程形成多信息反演软件，其兼容性好，真正实现了动静态资料的实时约束校正，给出了历史流场及阶段优势通道相关结果，最终可以给出注采井间优势通道相关参数，为调剖调驱体积用量等参数设计提供了依据，单井组计算简捷快速(1～2天)。

2　在线组合整体调驱体系研究

基于优势通道识别与量化结果，需采取调剖及调驱体系实现窜流通道封堵及微观剩余油启动，由于海上油田采油平台空间小和常规调剖设备占地空间大的矛盾，常规聚合物溶解速度慢，无法匹配在线调剖设备，因此研究了能够快速溶解、黏度低，满足在线调驱设备要求的乳液聚合物体系、速溶干粉类聚合物及非连续性调驱体系，下面以乳液聚合物及非连续性调驱体系为例，对相关性质进行评价。

2.1　乳液聚合物凝胶室内评价

2.1.1　聚合物溶解性能

研究了乳液聚合物溶解性和黏浓关系，配制浓度为1.5%的乳液聚合物。在70℃室温条件下，匀速搅拌，每搅拌一定时间测量样品的黏度，直到黏度不再变化或变化很小，完全溶解时间在20～30min，实验结果见图2。

2.1.2 聚合物凝胶成胶情况分析

为了更好认识乳液聚合物的成胶性能，本文对乳液聚合物浓度、酚醛树脂交联剂浓度等关键因素进行了研究。固定酚醛树脂交联剂浓度为0.5%，调整乳液聚合物浓度，实验结果见图3。

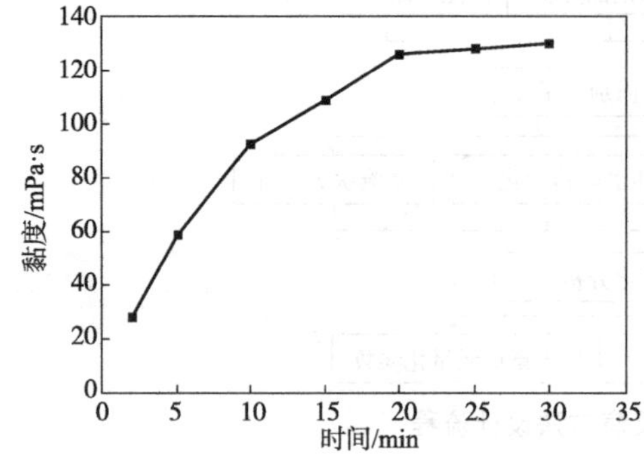

图2 乳液聚合物溶解性

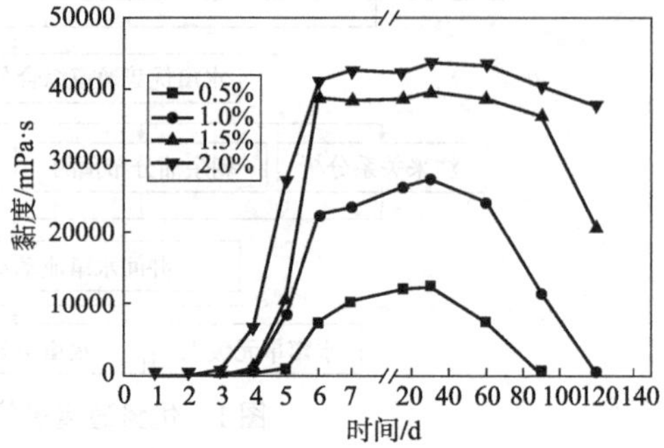

图3 不同聚合物浓度凝胶成胶情况

从图中可以看出，随着聚合物浓度增加，凝胶体系成胶时间越来越短，成胶黏度越来越大。由于聚合物浓度增加，聚合物分子链上可交联的羧酸根基团数量增加，羧酸根基团交联密度增加，使得凝胶体系成胶时间减少，成胶强度增加，最终成胶强度超过10000mPa·s。

2.1.3 聚合物凝胶注入性及封堵性能实验

为了明确在线调驱体系的注入性及封堵性能，本部分开展乳液聚合物凝胶体系物理模拟实验。

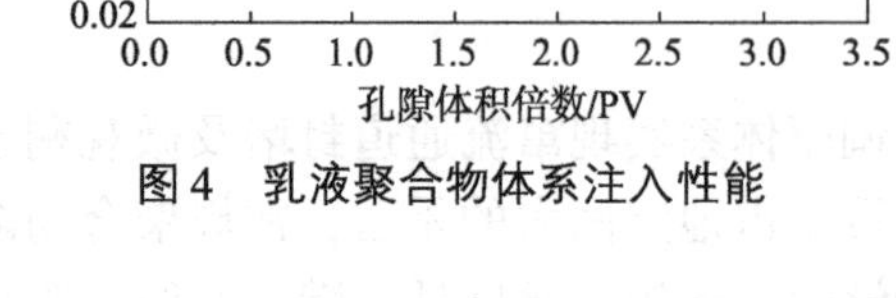

图4 乳液聚合物体系注入性能

(1)注入性能

向渗透率为500mD岩心中注入3PV乳液聚合物体系，实验结果见图4。从图中结果可以看出，当水驱1.5PV后，注入压力平稳且处于较低水平，因此体系注入能力较好。

(2)封堵性能

在70℃下向模型中注入0.3PV乳液聚合物凝胶体系，体系封堵情况见表1。从表1可知，在不同渗透率条件下，凝胶体系对填砂管模型的封堵率均在90%以上，具有较好的封堵性能。

表1 乳液聚合物体系封堵能力

堵前渗透率/mD	堵后渗透率/mD	封堵率/%	残余阻力系数
278	26.41	90.5	10.5
566	45.28	92	12.5
1032	51.6	95	20.0

2.2 非连续性调驱体系室内评价

2.2.1 非连续性调驱体系水化膨胀性评价与分析

将非连续性调驱体系放置在70℃的地层水中浸泡，通过粒度仪对样品的尺寸测量，观察体系的膨胀性能，并通过透射电镜观察不同水化时间下体系的微观形状，结果如图5及图6所示。

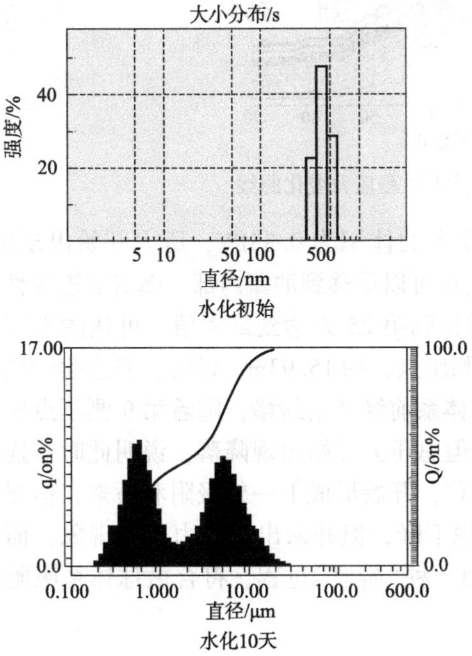

图5 非连续性调驱体系粒度扫描结果

通过粒度仪对样品的尺寸测量可以看出：本次所选非连续性调驱体系初始平均粒径在300～600nm，水化10～20天后发生了明显的膨胀，平均粒径增大到10μm左右。由于粒径较小可以使其顺利地通过狭窄较小的孔喉，进入到地层深部，保持良好的注入性能。

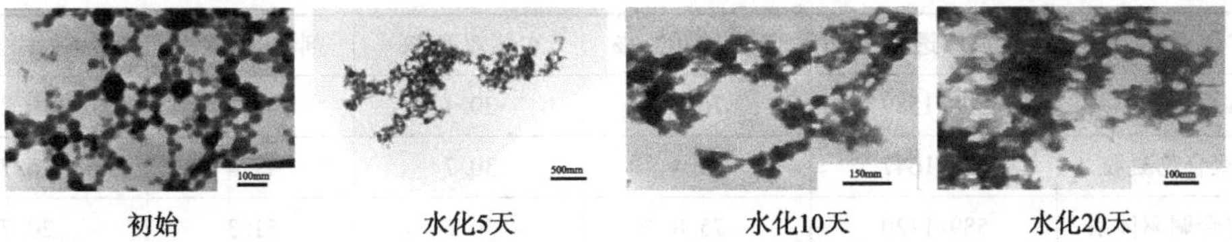

图6 非连续性调驱体系不同水化时间下透射电镜照片

由透射电镜照片可以看出，非连续性调驱体系初始为球状，随着时间的增长，非连续性调驱体系的水化程度明显的增大，表面的云雾状区域也有很大程度的扩大。水化20天后，非连续性调驱体系的核心严重地水化，在表面云状区域颜色也相对于初、中期要更加接近于核心部分，说明非连续性调驱体系已经充分的膨胀，形成比较柔软的溶胶。这样的形态有利于非连续性调驱体系在油藏深部变形和突破，实现逐级深部调驱。

2.2.2 非连续性调驱体系运移封堵性能评价

采用30m填砂管超长岩心开展物理模拟实验，分析非连续性调驱体系在地层条件下的传质与运移封堵性能，岩心渗透率为2000mD，注入浓度为2000ppm，总量为0.3PV。实验过程中，在30m填砂管超长岩心上，从注入端到采出端分别优选出16个压力检测点，检测注入非连续性调驱体系过程中各个位置压力变化规律，实验结果如图7所示。

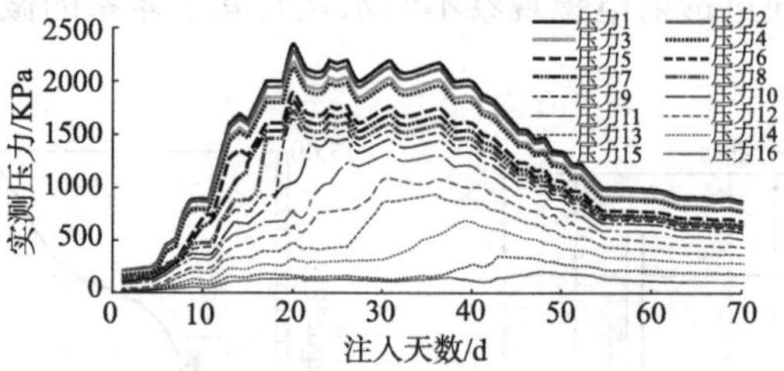

图7 非连续性调驱体系注入过程压力变化曲线

由上图可以看出，体系注入第4天后，注入的体积为0.35PV，压力开始出现增长，压力增长位置为10m处，说明体系随着注入过程可以运移到油藏内部。随着非连续性调驱体系吸水膨胀后，开始出现吸附沉积；压力增长到第25天达到最大值，可达注入压力的10倍左右，但有压力增幅的位置仅在1~9号测压点，约15.93m。说明在非连续性调驱体系膨胀吸水后，随着沉积和吸附作用的显现，体系前缘开始封堵；随着第9测压点压力出现压力增幅后，后续测压点开始启动并增长，但总压力开始出现降落，说明此时非连续性调驱体系在后续水冲刷的作用下，体系继续运移，开始形成下一轮吸附和桥架，但强度开始减弱；第30天后，靠近注入端压力开始出现下降，但并未出现压力骤降现象，而是出现“脉冲式”降落。压力增长和压力降落均呈现一种“阶段”过程，符合微球体系吸附聚团后运移封堵的特点。

2.2.3 在线组合调驱体系驱油效果实验

采用高低渗透率分别为1500mD/500mD的岩心，注入量0.4PV，分别开展非连续性调驱体系、乳液聚合物凝胶及在线组合调驱体系（非连续性调驱体系与乳液聚合物凝胶组合）驱油实验，各体系之间的增油效果如表2所示。

表2 不同药剂增油效果实验数据

体系	低/高渗透率/mD	含油饱和度/%	水驱效率/%	剂驱效率/%	驱油效率增值/%
非连续性调驱体系	508/1589	76.1	30.1	40.3	10.2
乳液聚合物凝胶	575/1647	76.4	30.7	47.4	16.7
在线组合调驱体系	589/1720	75.8	30.6	51.3	20.7

通过实验认为，在线组合调驱体系能够在运移过程中形成封堵压差，有效封堵大孔道，同时由于在线组合调驱体系能够实现深部封堵，驱油效率比乳液聚合物凝胶高出3%。通过对比在线组合调驱技术与单一段塞调剖/驱技术，在线组合调驱技术通过两种体系协同作用，能够达到1+1>2效果，最终实现堵剂注得进、堵得住、深部液流转向的目的。

2.3 在线组合整体调驱配套注入工艺

由于海上平台作业空间有限，渤海油田实现在线调剖/驱注入之前，受到常规调剖体系溶解时间长、调剖/驱设备占地面积大等限制，往往只能采取单井调剖，无法满足油藏作业需求，且调剖施工后难以与其他作业兼容，影响现场整体施工进度。通过体系研究与优化，形成了熟化速度更快的乳液聚合物、干粉聚合物等在线体系实现注采井间水窜通道封堵，与常规干粉聚合物相比，现场配液效率提升60%，同时研发形成了适用于海上油田的小型化在线调剖装备，节省施工占地面积80%，同平台可同时开展3井次调剖调驱作业，为实现区块整体调剖调驱奠定基础。

2.4 现场应用

自区块整体调驱技术在渤海油田开始实施以来，通过油藏分析及精细方案设计，在秦皇岛32-6、渤中25-1南等油田共实施81井次，累计实现增油$40\times10^4m^3$以上，取得了显著的经济效益与社会效益。

3 结论

(1)建立了一套注采井间优势通道多信息综合反演方法，实现注采井间水窜单元的级别、分布、体量等参数的定量化描述。

(2)研发了乳液聚合物、干粉聚合物及非连续性调驱体系等在线调驱药剂体系，解决常规干粉聚合物熟化时间长的问题，现场配液效率提升60%。

(3)区块整体调驱技术已在渤海油田应用81井次，实现增油$40\times10^4m^3$以上，增油降水效果十分显著。

参考文献

[1]徐文江，丘宗杰，张凤久．海上采油工艺新技术与实践综述．中国工程科学，2011，13(5)：52-57.

[2]陈月明等，区块整体调剖的RE决策技术．97油田堵水技术论文集．北京：石油工业出版社．

[3]刘义刚，王传军，孟祥海，等．基于传质扩散理论的高渗油藏窜流通道量化方法[J]．石油钻采工艺，2017，39(4)：393-398.

[4]张宁，阚亮，张润芳，等．海上稠油油田非均相在线调驱提高采收率技术——以渤海B油田E井组为例[J]．石油钻采工艺，2016，38(3)：387-391.

[5]刘文铁，魏俊，王晓超，等．海上油田非均相在线驱先导试验[J]．科学技术与工程，2015，15(30)：110-114.

[6]孙明，李治平．注水开发砂岩油藏优势渗流通道识别与描述[J]．断块油气田，2009，16(3)：50-52.

[7]刘月田，孙保利，于永生．大孔道模糊识别与定量计算方法[J]．石油钻采工艺，2003，25(5)：54-59.

[8]谢晓庆，赵辉，康晓东，等．基于井间连通性的产聚浓度预测方法[J]．石油勘探与开发，2017，44(2)：263-269.

[9]刘同敬，姜宝益，刘睿，等．多孔介质中示踪剂渗流的油藏特征色谱效应[J]．重庆大学学报，2013，36(9)：58-63.

[10]刘文辉，易飞，何瑞兵，等．渤海注水开发油田示踪剂注入检测解释技术研究与应用[J]．中国海上油气，2005，17(4)：245-250.

渤海油田有缆智能注采及远程通讯技术创新与实践

张璐　张乐　黄泽超　徐元德　蒋少玖　宋鑫　张云鹏

[中海石油(中国)有限公司天津分公司]

摘　要：随着渤海主力油田开发进入中后期，平台作业量逐步加大，常规分注分采技术钢丝测调效率低，难以满足油藏高效开发需求。针对上述问题，渤海油田结合油水井大井斜、大排量、小通径等特点，通过对工作筒机械结构、流量测试、电路组成、密封保护等开展重点设计，实现将整套数据通讯装置集成于井下智能工作筒中，并借助单芯电缆与地面控制系统建立实时通讯，实现平台中控对井下温度、压力、流量等分层数据的实时读取和高效调控。在此基础上，进一步研发陆地远程通讯系统，最终实现对海上平台油水井的远程监测与控制。试验表明，该技术不受井斜和注采层数限制，测调效率相比常规分注分采工艺提升96%，单层最大排量可达800m^3/d，可满足渤海油田大排量、小通径需求。渤海油田有缆智能注采技术累计应用300余井次，助力精细注水和稳油控水各项指标大幅提升，为推动渤海油田智能化、数字化进程和智能油田建设提供了有力技术保障。

关键词：渤海油田；有缆；智能注采；远程通讯

渤海油田以注水开发为主，随着注水工作的深入开展，渤海油田注水井层间矛盾日益突出。为实现精细注水目的，渤海油田自2001年起开始研发适用于海上油田的大排量分层注水工艺，形成了以一投三分、空心集成和同心分注为代表的常规分注技术。常规分注技术虽然建立了渤海油田分层注水基础，但其以钢丝作业配合测调为主要测调方式，测调效率偏低，平均单井次测调占用平台时间约为4天，已经无法满足渤海油田日益增长的测调作业量需求。为进一步提高渤海油田分注井测调效率，2015年起渤海油田开展了有缆智能分注技术研究，通过集成化设计，将用于测试温度、压力、流量的测试传感器安装在井下配水器中，并通过井下预置的单芯电缆传送信号，实现了地面控制井下配水器开度调节、实时监测井下数据。经过多年实践优化，有缆智能分注技术形成了较为成熟的技术产品并在现场完成128口井成果转化，减少占用平台时间3500余天，节省测调费用1.2亿元。有缆智能分注技术成功规模推广后，为进一步促进"油水井智能注采联动"目标的实现，在有缆智能分注技术基础上研发设计了有缆智能分采配产器，并在现场成功应用1口井。有缆智能分注技术与有缆智能分采技术在渤海油田的成功应用表明，有缆智能注采技术可以有效提高现场作业效率，为渤海油田持续稳产上产提供有力的技术支持。

第一作者简介：张璐(1988—)，女，中海石油(中国)有限公司天津分公司注水工程师，主要从事分层注水等相关采油工艺技术研究。E－mail：zhanglu25@cnooc.com.cn。

1　渤海油田有缆智能注采关键工具研究

1.1　有缆智能分注系统及关键工具研究

(1)有缆智能分注系统原理

有缆智能分注系统主要由指令发送系统、信号传输处理系统以及井下测调系统3部分组成。其中，指令发送系统主要包括地面终端计算机，主要实现指令发送、数据回读显示、数据存储等功能；信号传输处理系统主要包括地面控制器、地面线缆及井下永置电缆，主要实现地面终端计算机与井下配水器间信号的传输与格式转换；井下测调系统主要包括井下有缆智能分注配水器，主要实现井下数据采集、水嘴开度调节等功能。

有缆智能分注技术测调时，首先在地面终端计算机上点击相关命令按钮，指令信息通过地面线缆传送至地面控制器。地面控制器将指令信息转换为井下有缆智能分注配水器可识别的电信号，并通过井下永置电缆传送至井下有缆智能分注配水器。井下有缆智能分注配水器收到信号后根据信号信息识别命令并做出相应动作，完成动作后将结果信息以电信号的形式返回给地面控制器。地面控制器接收到返回信号后对信号进行处理，然后传输至地面终端计算机进行显示。

(2)有缆智能分注关键工具

有缆智能分注配水器集数据测试、井下水嘴开度调节等功能于一身，是有缆智能分注系统中最关键的工具，其结构如图1所示，主要由上接头、外护管、中接头、下接头、螺环组件、流量计、压力计、水嘴、电路短节、中心管等部分组成，工具最大外径116mm，最小内径44mm，整体最大耐温120℃，整体最大承压60MPa，单层最大注入排量为800m³/d。

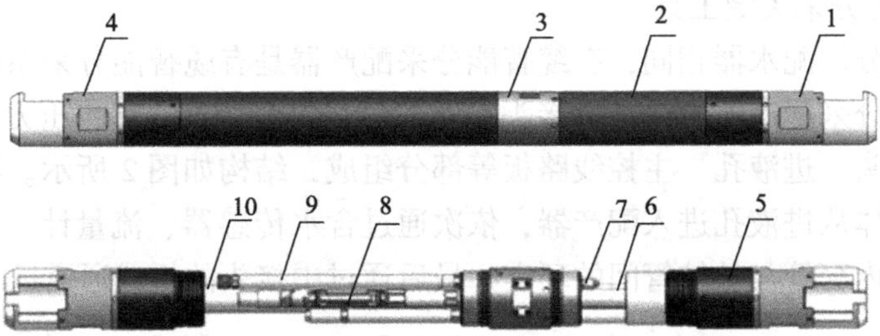

图1　有缆智能分注配水器结构示意图

1—下接头；2—外护管；3—中接头；4—上接头；5—螺环组件；6—流量计；7—压力计；8—水嘴；9—电路短节；10—中心管

有缆智能分注配水器电路板组件设计于独立的电路短节中，电路短节整体布置于中心管与外护管间的环空内，插接于中接头上。电路短节内线路板采用双排并列排布方式，与单排排布方式相比节约空间30%以上。有缆智能分注配水器采用双流量计结构设计，流量计采用纯机械结构的压差式流量计，两个流量计分别布置于两个不同的测控通道内，其中大流量测控通道内流量计负责完成30～200m³/d排量区间的流量测试，小流量测控通道内流量计负责完成180～800m³/d排量区间的流量测试。通过两个测控通道内流量计的协同配合，单一有缆智能分注配水器可以实现30～800m³/d排量范围内的流量测试，能够满足渤海油田分注井大排量注入要求。有缆智能分注配水器通过短节模块化结构设计，节省了大量的空间尺寸，使得中心管内径可以达到44mm，可以保证氧活化测试工具串的下入。

有缆智能分注配水器水嘴采用一体化结构设计，插接于中接头上，选用进口 Maxon 高温电机和减速器组，电机扭矩可达 6N · m。调节水嘴开度时，电机与减速器组旋转带动阀杆旋转，阀杆旋转带动阀芯运动，最后通过改变阀芯与水嘴阀套间的重合面积达到调节层段注入量的目的。当水嘴处于全关状态时，阀芯处于阀套中间位置，可通过调整电机旋转的方向控制阀芯运动方向，从而实现大、小测控通道的选择。在水嘴设计时，采用了平衡压设计，以保证水嘴在井下承压状态下可以顺利打开、关闭，同时，水嘴阀芯与阀套优选陶瓷材料加工而成，以保证水嘴整体具有较好的耐冲蚀性能。

有缆智能分注配水器共有4个压力传感器，2个压力传感器安装在电路短节底部，通过丝扣连接固定在中接头内，分别负责完成管外压力及流量计孔板前压力的测试，另外2个压力传感器安装在中接头流量计一侧的端面上，分别负责完成两个测控通道内流量计孔板后压力的测试。有缆智能分注配水器内所有压力传感器均采用高精度压力传感器，测量范围为0~60MPa，测试精度可达0.1%。井下层位验封时由有缆智能分注配水器采集井下压力数据，并将处理后的数据通过信号电缆传送给地面控制器，地面控制器对信号进行处理后返回地面终端计算机显示结果，从而完成地面直读验封。

1.2 有缆智能分采系统及关键工具研究

(1)有缆智能分采系统原理

有缆智能分采系统采用与有缆智能分注技术相同的系统设计，可以实现在地面调节井下有缆智能分采配产器油嘴开度。受电缆对接技术水平的限制，目前渤海油田有缆智能分采技术主要用于“Y”型分采管柱生产井中。有缆智能分采配产器最大外径114mm，未保留中心通道，整体最大耐温120℃，整体最大承压60MPa，单层最大注入排量为500m³/d。

(2)有缆智能分采关键工具

与有缆智能分注配水器相同，有缆智能分采配产器是有缆智能分采系统中最为关键的工具。有缆智能分采配产器主要由上接头、外护管、内套管、油嘴、压力计、流量计、含水传感器、中接头、进液孔、主控线路板等部分组成，结构如图2所示。有缆智能分采配产器生产时，流体从进液孔进入配产器，依次通过含水传感器、流量计、油嘴，并从油嘴处的过流孔流入内套管与外护管间的环空，最后通过中接头的桥式通道进入上部油管。

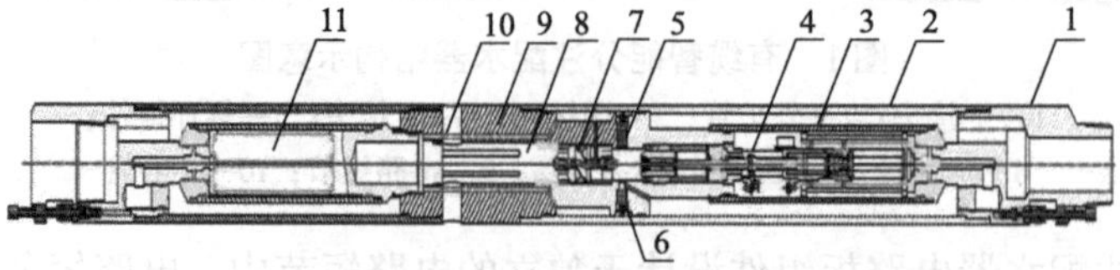

图2 有缆智能分采配产器结构示意图

1—上接头；2—外护管；3—内套管；4—油嘴；5—外压压力计；6—内压压力计；7—流量计；8—含水传感器；9—中接头；10—进液孔；11—主控线路板

与有缆智能分注配水器相比，有缆智能分采配产器测试流量为油、气、水三相混合流体流量，且流体混合比例不唯一，这造成不同油嘴开度下排量与压力之间线性关系具有不确定性，因此有缆智能分采配产器不适宜采用压差式流量计。因涡轮流量计对各种流体介质具有相对较好的适应性，所以流量计选型时选择涡轮流量计作为有缆智能分采配产器的流量计。受涡轮流量计尺寸限制，有缆智能分采配产器无法保留足够的中心过流通道，因此有缆智能分采配产器整体上采用桥式通道结构设计。有缆智能分采配产器具有含水率测试功能，含水传感器采用灵敏度高、稳定性好的射频含水传感器，放置于中接头内部的过流通道内，通过测试过流流体的介电常数从而计算确定过流流体含水率。有缆智能分采配产器设计有两个高精度压力传感器，对称布置于流量计与油嘴之间的内过流通道两侧，分别负责完成管外压力及管内压力的测试。

有缆智能分采配产器油嘴设计为一体化结构，阀芯与阀套选用陶瓷材料，阀杆上安装有角度传感器，可通过角度传感器计算得到油嘴开度。考虑到生产井流入流体与注入水相比流动性较差，有缆智能分采配产器油嘴电机选择大扭矩电机，额定扭矩可达 12N · m。

2 远程监控技术

2.1 技术组成及原理

远程监控技术主要由边缘一体机、安全防护设备和远程监控系统组成。该技术以平台有缆智能注采井为基础，通过边缘一体机将采集到的有缆智能注采井实时数据远传上云端，远程监控系统实现从云端调用数据，安全防护设备用于保障数据采集和传输网络安全，最终实现陆地办公室对海上平台油水井数据的远程监测与控制。

边缘一体机是远程监控系统的核心设备，主要用于有缆智能注采井实时数据采集，并将数据上传至云端，设备通过安全网闸与生产网连接，通过防火墙与办公网连接，从而建立生产网和办公网之间的数据通信。内部工控机部署有数据采集、数据远传、系统运行监控、采集监控、数据接入等程序，实现实时数据采集及远程传输功能。

2.2 远程监控系统

远程监控系统包括电脑端和移动端，具备井下实时数据监测、流量远程控制、故障预警、生命周期管理等功能。

(1)实时数据监测

实时显示有缆智能注采井分层数据，支持单井或多井实时数据滚动查询，监测参数包括工作电流、工作电压、水/油嘴开度、各层流量、嘴前压力、嘴后压力等。

(2)远程控制

远程控制功能包括水/油嘴开度控制和地面控制器停止控制两部分。水/油嘴开度控制实现对井下工作筒各层水/油嘴的开度调节，在调节过程中时，如果发现电流急速上升或其他异常情况，可按下“停止”按钮，切断地下所有层工作筒的电源，保障设备安全。

(3)故障预警

基于建立的工作筒故障预警模型和实时运行分析监测得到的数据，可自动评价工作筒当前运行状态是否正常，实现对工作筒运行工况异常的及时预警，包括电机运行状态预警、流量计准确度预警、水/油嘴运行工况预警等。

(4)生命周期管理

生命周期管理功能可将边缘一体机采集到的历史数据进行汇总展示，分析工作筒历史运行记录及当前参数状态，具备图表转换功能，可对单井运行曲线进行实时展示及滚动更新，满足用户对数据精准、快捷、完整的精细化管理需求。

3 渤海油田有缆智能注采现场应用

渤海油田某注水井 A 井，最大井斜 69. 32°，井深 2948m，分两个层段进行注水，第一

层段配注量设计为 $50m^3/d$，第二层段配注量设计为 $160m^3/d$。2017 年下入有缆智能分注管柱，随后在地面终端计算机发送指令完成地面直读验封，各层段分层验封合格，随后发送指令测试各层注入流量，并根据各层实际注入量进行调配，最终第一层段实际注入量为 $53m^3/d$，第二层段实际注入量为 $155m^3/d$，该井调配合格。自下入有缆智能分注管柱后，该井共通过地面终端计算机实现远程测调 6 次，均调配合格，截至目前正常运转已超过 3 年，且目前仍在正常工作。

截至 2024 年 9 月，截至目前有缆智能注采现场应用 300 余井次，累计节省作业窗口 7200 天，节约测调费用 2.4 亿元，助力渤海油田注水三率达历年最好水平。

4 结论

(1)有缆智能分注技术可实现不占用平台作业窗口远程测调，单层最大注入排量可达 $800m^3/d$，可实时监测井下温度、压力、流量等数据，可为海上油田精细注水提供数据支持；

(2)有缆智能分采技术可实现远程操控，可有效验证各层段产液情况并实现层段控水；

(3)有缆智能分注技术与有缆智能分采技术在渤海油田的现场应用表明，两项技术可适应海上油田井况工况需求，可以为海上油田数字化管理水平提升提供技术支持。

参考文献

[1]程心平，王良杰，薛德栋．渤海油田分层注水工艺技术现状与发展趋势[J]．海洋石油，2015，35(2)：61－65，81.

[2]郭雯霖，白健华，沈琼，等．渤海油田分层注水管柱防卡及洗井工艺[J]．石油机械，2013，41(9)：56－58.

[3]Liu Y，Chen Z，Meng X，et al. Overview the 5 Years Experience of Intelligent Separate－Layer Injection Technology in B Offshore Oilfield[C]．International Petroleum Technology Conference，2021.

[4]罗昌华，程心平，刘敏，等．海上油田同心边测边调分层注水管柱研究及应用[J]．中国海上油气，2013，25(4)：46－48.

[5]王立．分层注水技术的发展前景[J]．石油仪器，2013，27(2)：57－61.

[6]刘义刚，陈征，孟祥海，等．渤海油田分层注水井电缆永置智能测调关键技术[J]．石油钻探技术，2019，47(3)：133－139.

[7]刘颖，刘友，李明平，等．斜井分层注水工艺研究与应用[J]．石油机械，2014，42(2)：84－87.

[8]贾德利，赵常江，姚洪田，等．新型分层注水工艺高效测调技术的研究[J]．哈尔滨理工大学学报，2011，16(4)：90－94.

[9]徐国民，苗丰裕．注水井高效测调技术的研究与应用[J]．科学技术与工程，2011，11(5)：958－963.

[10]高智梁，郑旭，任宜伟，等．海上 X 油田水平井智能分采管柱卡堵水潜力井筛选及应用效果分析[J]．石油钻采工艺，2017，39(1)：88－91.

渤海油田中低渗储层长效解堵增注技术研究与应用

安琪　陈华兴　符扬洋　潘定成　朱艳华　刘玥　刘畅

[中海石油(中国)有限公司天津分公司]

摘　要：渤海油田中低渗储层油气资源丰富，但受限于较差的储层物性和薄互层结构，注水开发过程中易受复杂因素污染，导致注水压力上升较快，能量补充困难，采收率难以提升。常规酸化解堵措施因效果不佳且有效期短，无法根本解决注水难题。针对这一挑战，本研究从储层特性出发，明确了中低渗储层注水困难主要受到物性差、敏感性强及润湿性等因素影响，因此针对性开展"高效解堵"和"长效增注"两项技术攻关，形成了中低渗储层长效解堵增注工艺。其中改性酸液体系对岩屑溶蚀率大于40%，同时具有较好的缓速和抑制二次沉淀的效果；长效增注体系可显著改善岩石表面润湿性，岩心渗透率得到明显改善，注入压力下降35.9%，且具有高效防膨性能。新技术累计应用25井次，措施后注入压力平均下降66.3%，注入量增加2.7倍，阶段累增注超$130\times10^4m^3$，平均有效期20个月以上，有效解决了中低渗储层注水困难的难题。后期计划每年推广应用十五井次以上，助力中低渗油藏注水开发效果的提升。

关键词：中低渗储层；润湿性；高效解堵；长效增注；工艺优化

目前海上中低渗油气资源丰富，但其地层孔喉尺寸小，孔隙度低，储层非均质性强且存在大量薄层，相比高渗油藏，在注水开发过程中低渗、中低渗油藏更容易污染，导致注水压力上升较快，能量补充困难，采收率难以提升。为解决实际生产中注水压力高的问题，一般采用酸化常规解堵措施，但由于储层敏感性或解堵机理不匹配的原因往往出现酸化效果差，有效期甚至无效的情况，并不能从根本上解决注水井注水困难的问题。

针对中低渗储层注水困难的问题，国内外众多学者从储层特征出发开展了大量研究工作。2012年，李志鹏、林承焰等人认为在地质因素中孔喉小、非均质性严重会导致注入水突进或注水压力升高；夹层的影响有两面性，少量且发育规律的夹层有利于开发效果，大量且杂乱的夹层不利于开发效果。2019年，康万东研究西峰油田储层敏感性对注水开发的影响，结果表明储层物性差、黏土矿物含量高等地质因素是造成注水井压力上升的根本因素，而水敏、盐敏等敏感性损害是油田注水开发过程中造成注水井压力上升的直接因素。2020年，Tangparitkul从微粒运移角度对开发过程中的储层损害进行了分析，认为衰竭式开发过程中，上覆岩层应力的增加会导致储层内部出现微裂缝和孔隙尺寸减小，引起悬浮微粒的堵塞问题，注水开发后，随着注入水矿化度降低，黏土矿物膨胀后，孔隙会进一步缩小，引起储层有效孔隙和流通通道的减小，导致储层渗透率降低，注水受限。为了解决

第一作者简介：安琪(1997—)，男，河北衡水，中海石油(中国)有限公司天津分公司，增产措施助理工程师，主要从事油田增产措施相关工作。E－mail：anqi6@cnooc.com.cn。

海上中低渗油田注入井注水困难、注入压力过高的问题，通常采用酸化解堵技术。2011 年张顶学等人针对低渗透油藏注水井高压欠注问题和常规酸化工艺作用半径小的问题，开发了一种新型具有深穿透功能的缓速有机酸体系。通过控制反应速度，酸液可以到达储层深部，作用半径增大，可以有效提高酸化效果，并且酸液敏感性小，对储层伤害小，对低渗透储层具有较好的适应性。现场应用结果表明，该体系可以有效地起到降压增注效果。2012 年肖啸等人对低渗透油藏表面活性剂降压增注机理展开研究，研究认为表面活性剂的驱油机理主要包括降低油水界面张力，降低残余油饱和度，聚并形成油带，并且能够通过吸附在边界层，使边界层流体的剥落功减小，边界层厚度减小，提高油水相的渗流能力，还可改变岩石表面的润湿性，降低油滴在岩石表面的黏附功。2019 年彭冲等人研制得到了与地层水配伍性良好的阳离子－双子表面活性剂复配体系，可吸附在亲油固体表面后亲水性增加，同时该体系可以明显降低油水界面张力，注水压力下降接近 50%，驱油效率提高 6.4%。

通过调研发现，常规的单一解堵体系往往措施前期效果较好，但是恢复注水后注水压力上升较快，有效期较短，不能从根本上解决注水困难的问题；部分新型的增注体系可以有效改善注水困难的问题，但受限于成本及工艺的问题未能规模化应用。因此，本文在调研的基础之上，通过室内实验等多种手段，创新中低渗储层长效解堵增注体系，并根据储层特征和实践经验，不断从体系优化和工艺调整等方面进行精细化设计，逐步建立起适用于各中低渗储层的长效解堵增注工艺技术。

1　中低渗储层注水困难影响因素研究

1.1　储层物性特征

通过调研发现渤海 K 油田大部分属中低渗储层，通过对 k 油田的储层物性进行分析，发现其沙三段岩心孔喉平均半径为 0.9～3.0μm，如图 1、图 2 和表 1 所示。孔喉半径均值偏小，连通性差(点/片状喉)，如图 3 所示，注入水中固相颗粒和黏土颗粒易对孔喉发生桥堵，引起伤害。且中低渗储层结构复杂、层多、厚度薄，且储层非均质性强，注入水纵向、平面驱替不均衡，层间矛盾较大，平均渗透率极差 >70；纵向低渗(<50mD) 小层多，平均占比 41.5%；中深薄互层发育，小于 2m 薄层平均占比 24.6%，物性差，导致注水困难。

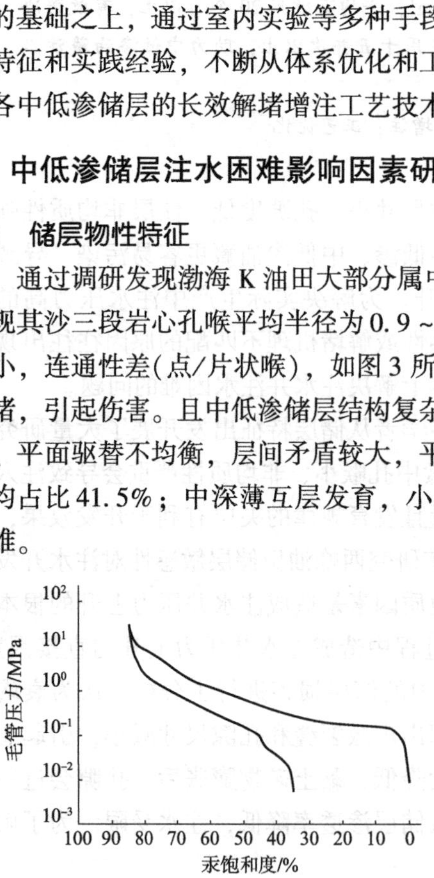

图 1　压汞法毛管压力曲线

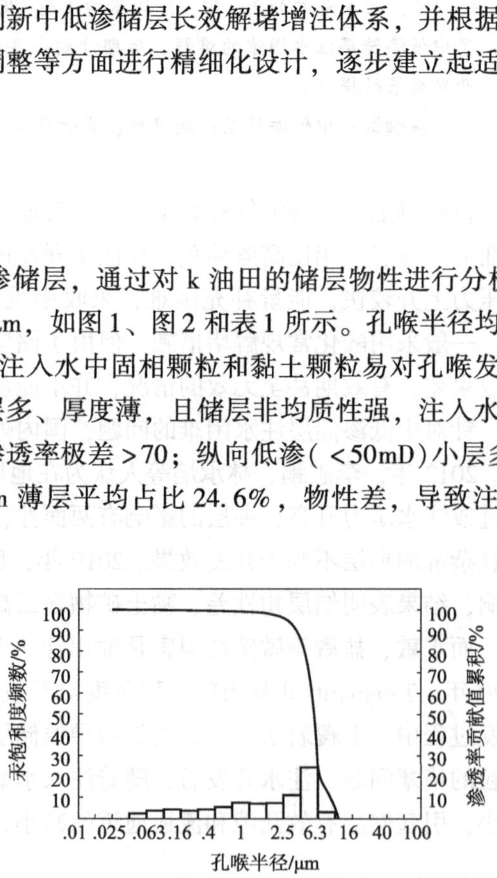

图 2　汞饱和度柱状图及涉透率贡献值累积曲线

表1　岩心特征参数

排驱压力/MPa	0.06893	最大孔喉半径/μm	10.6702
汞饱和度50%时压力/MPa	0.64210	汞饱和度50%时孔喉半径/μm	1.1455
孔喉半径平均值/μm	2.6229	均质系数	0.2421
变异系数	0.8578	岩性系数	3.1918
最大汞饱和度/%	82.43	退汞效率/%	60.245
结构系数	0.2502	特征结构系数	4.6585
偏态(歪度)	0.5549	峰态	2.3447

图3　岩心扫描电镜

1.2　储层岩性特征

通过铸体薄片和扫描电镜图片可以发现，K油田储层岩心中黏土矿物以伊利石，高岭石和伊/蒙混层为主，如图4、图5所示，在水驱开发过程中，存在微粒运移及水化膨胀的物质基础。

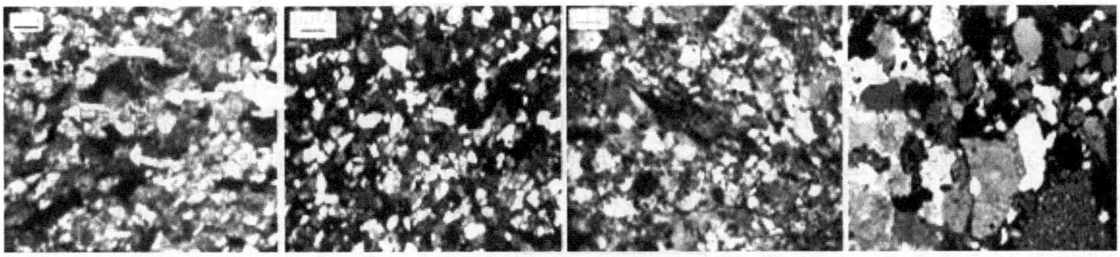

图4　储层不同深度岩心铸体薄片

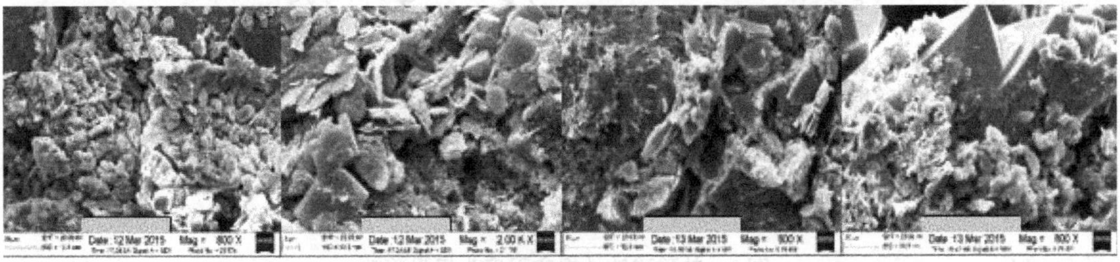

图5　储层岩心扫描电镜(黏土矿物以伊/蒙混层、伊利石等为主)

1.3 储层敏感性分析

在水驱过程中，注入水与岩心发生水敏反应，颗粒的运移以及黏土矿物的膨胀，使小孔隙堵塞，导致渗透率降低。当流体流速过高或波动过大，使岩石内固有的各种固体微粒脱落并随流体运移，堵塞孔隙通道而导致岩石渗透率下降。通过调研储层速敏和水敏实验报告，发现该储层临界流速为0.5mL/min，临界盐度80000mg/L，如图6、图7所示，储层均表现出强速敏和水敏的特点。

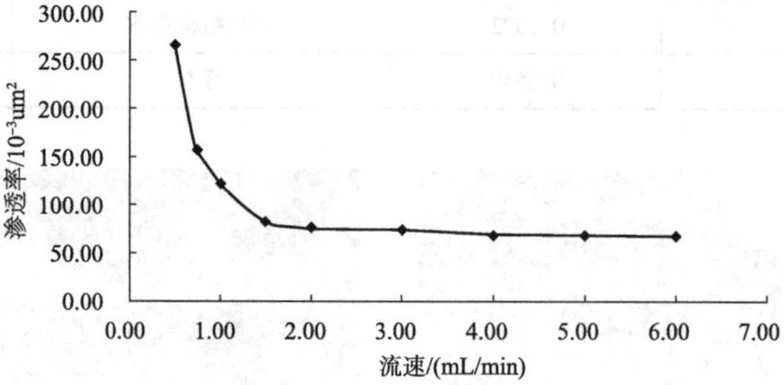

图6 储层速敏实验(强速敏，临界流速0.50mL/min)

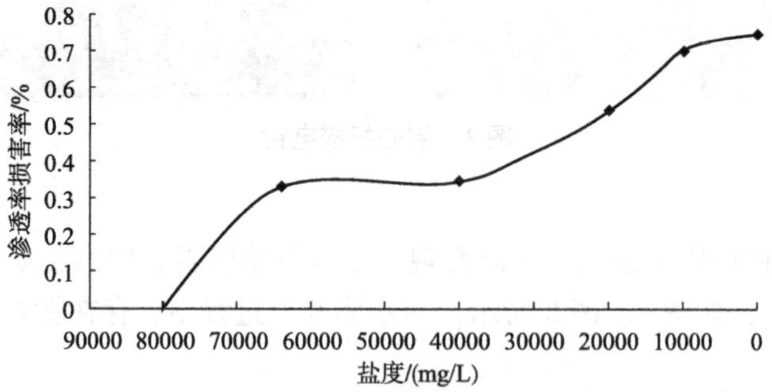

图7 沙三段储层水敏实验(强水敏，临界盐度80000mg/L)

同时，该储层具有极强酸敏的特点，常规盐酸与土酸与矿物反应后释放出的大量金属离子(Fe^{3+}和Al^{3+})，随pH值变化产生二次沉淀；另一方面酸液与矿物过度溶蚀产生微粒运移堵塞孔隙喉道，造成堵塞。通过计算盐酸酸敏型引起的渗透率损害率，可以得出其损害率为95.38%，如图8所示，盐酸敏感性损害程度为极强酸敏。

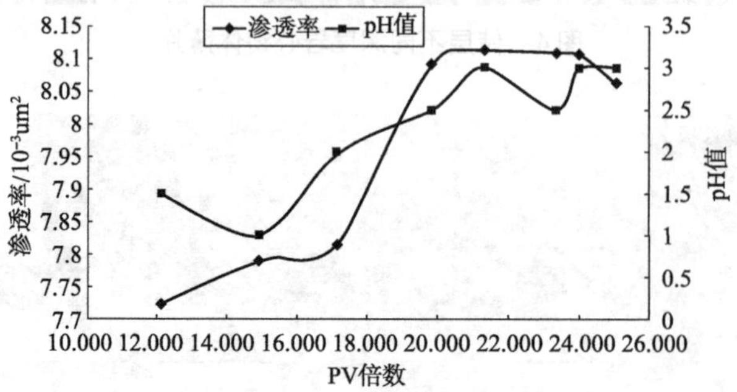

图8 盐酸酸敏性损害程度为极强酸敏

1.4 润湿性

在注水开发过程中，储层岩石润湿性会变得更加亲水疏油。在21世纪初，李军等学者都印证了储层岩石润湿性的变化，这些变化因素直接导致储层水相渗透率、水驱油启动压力增大，如图9、图10所示。

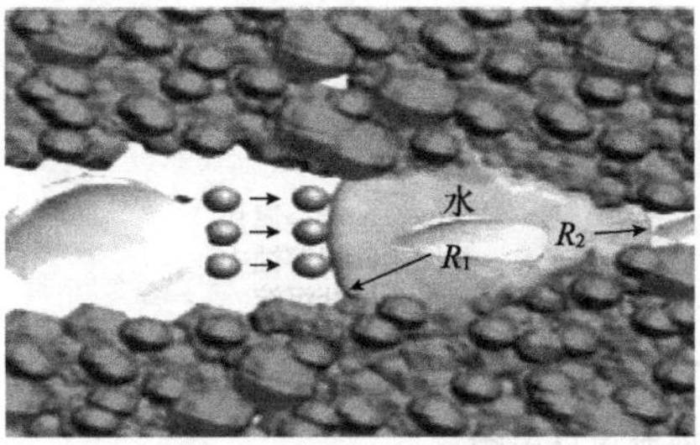

图9 贾敏效应示意图

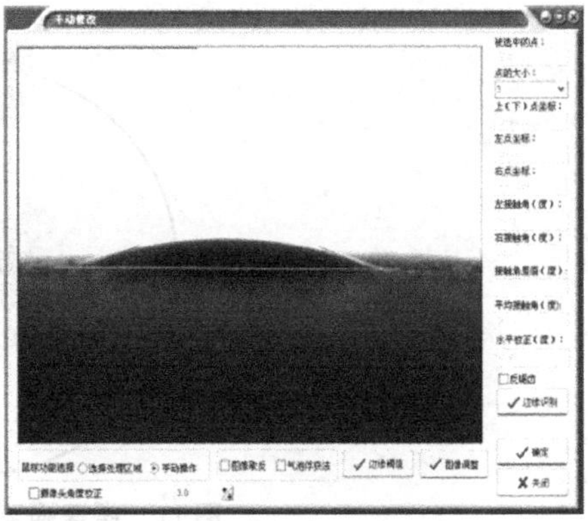

图10 岩石表面呈亲水性

综上所述，渤海中低渗储层注水困难的根本原因在于储层物性差，在开发过程中极易受到各种复杂因素伤害，同时储层敏感性较强、岩石亲水性进一步提高了水相流动阻力，也导致常规酸化解堵效果差、有效期短等问题的出现。因此，中低渗储层长效解堵降压增注技术应从高效解堵和长效增注两方面进行协同攻关，提高中低渗储层解堵效果和有效期。

2 实验方法

2.1 实验仪器及材料

实验仪器：岩心驱替装置、恒流泵、光学接触角测量仪、电子显微镜、扫描电镜、电子天平、烧杯、量筒等。

实验材料：低渗油藏天然岩心、人造中低渗岩心、盐酸(工业)、氢氟酸(分析纯)、缓速强溶酸(自行研制)、长效增注剂(自行研制)、玻璃薄片、岩心切片、膨润土等。

2.2 实验方法

缓速强溶酸体系性能评价实验：溶蚀性能、缓速性能评价采用溶蚀实验；抑制沉淀能力测试采用沉淀法；渗透率改善性能研究采用岩心驱替实验。

长效增注体系性能评价实验：润湿翻转性能评价采用润湿角测试实验；渗透率改善效果性能评价采用岩心驱替实验。

3 缓速强溶酸体系研发及性能评价

3.1 技术原理

中低渗储层高效解堵体系是在强溶蚀酸A的基础之上通过引入缓速酸B和络合剂C，增强体系的缓速性能和抑制二次沉淀的能力，形成中低渗缓速强溶酸，具有高效溶蚀、缓速、深穿透、抑制二次沉淀的特点，其设计思路如图11所示。其中强溶蚀酸A具有溶蚀碳酸盐岩等灰质和黏土矿物等作用，保证体系的溶蚀效果；缓速酸B可以多级电离释放

H^+，避免酸液过多消耗在近井地带，具有较好的缓速、深穿透的效果；络合剂C可以与金属离子发生配位作用，生成具有环状结构配体物质的络合物，可以溶解砂岩组分中的金属盐，并抑制砂岩溶蚀中产生金属盐沉淀，对于土酸酸敏的岩心能够起到有效的改善作用。

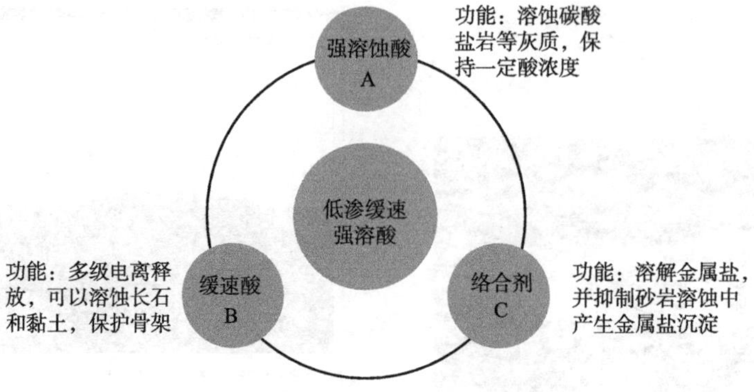

图11　缓速强溶蚀酸液体系设计思路

3.2　体系性能评价

3.2.1　体系配方优化

开展正交实验优化体系配方，设计浓度为6%～12%的A剂、浓度为4%～8%的B剂、浓度为2%～4%的C剂，通过配制不同浓度组合的高效解堵体系分别与岩屑在65℃条件下反应4h，实验结果如表2所示。

表2　岩屑溶蚀正交实验结果

所在列	1	2	3	4	溶蚀率/%
因素	A	空列	B	C	
实验1	1(6%)	1	1(4%)	1(2%)	33.55
实验2	1(6%)	2	2(6%)	2(3%)	40.65
实验3	1(6%)	3	3(8%)	3(4%)	44.59
实验4	2(9%)	1	2(6%)	3(4%)	45.77
实验5	2(9%)	2	3(8%)	1(2%)	31.86
实验6	2(9%)	3	1(4%)	2(3%)	37.61
实验7	3(12%)	1	3(8%)	2(3%)	35.57
实验8	3(12%)	2	1(4%)	3(4%)	43.69
实验9	3(12%)	3	2(6%)	1(2%)	30.74
均值1	39.60	38.29	38.29	32.05	
均值2	38.41	38.73	39.05	37.94	
均值3	36.67	37.65	37.34	44.68	

实验结果表明：不同浓度组合的高效解堵体系对岩屑的溶蚀率均在30%以上，综合使用浓度和溶蚀效果，最终确定高效解堵体系设计为：9%A+6%B+4%C，体系对岩屑溶

蚀率大于40%。

3.2.2 溶蚀性能评价

进一步开展缓速强溶酸体系溶蚀实验，用100mL酸液体系分别与5g岩屑在65℃条件下反应4h，实验结果如图12所示。

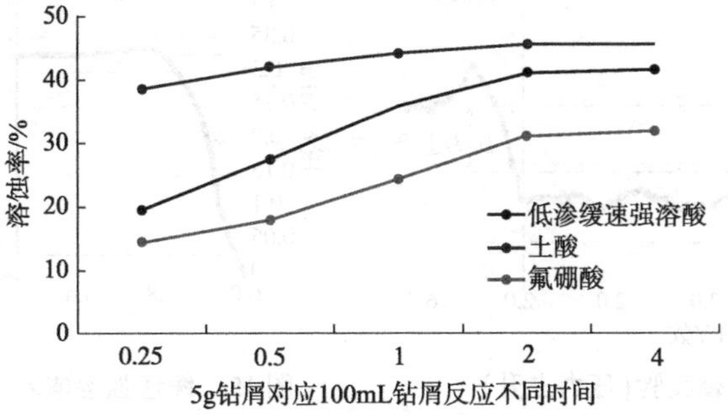

图12 不同反应时间岩屑溶蚀率曲线

实验结果表明：缓速强溶酸体系溶蚀性能优于砂岩储层常用的氟硼酸解堵体系，证明该体系具备优良的矿物溶蚀能力；同时通过溶蚀曲线可以发现该体系具有较好的缓速效果。

3.2.3 二次沉淀抑制性能评价

进一步开展体系二次沉淀抑制率性能评价实验，首先配制缓速强溶酸、标准土酸各100mL，分别取10mL于不同塑料烧杯中，分别称取0.75g碳酸钙，缓慢放置于上述酸液中，待反应1h，过滤，称量沉淀物质量，计算样品酸氟化钙沉淀抑制率，实验结果如下表3所示。

$$氟化钙沉淀抑制率 = (CaF_{土酸} - CaF_{样品酸}) / CaF_{土酸} \times 100\% \qquad (1)$$

表3 氟化钙抑制率实验数据

序号	酸液	反应前碳酸钙质量/g	滤纸质量/g	反应后总质量/g	氟化钙质量/g	氟化钙沉淀抑制率/%
1	多元螯合缓速酸	3.0056	1.9712	2.762	0.7908	71.94
2		3.015	1.9477	2.397	0.4493	
3	土酸	3.018	1.968	4.2375	2.2695	
4		3.0189	1.9391	4.0887	2.1496	

实验结果表明：缓速强溶酸的氟化钙沉淀抑制率达到了71.94%，可以高效抑制二次沉淀，避免酸化后出现二次伤害等问题。

缓速强溶酸中的络合剂C能与金属离子发生配位作用，生成具有环状结构配体物质的络合物，如图13所示。因此，络合剂C能够溶解砂岩组分中的金属盐，并抑制砂岩溶蚀中产生金属盐沉淀，对于土酸酸敏的岩心能够起到有效的改善作用。

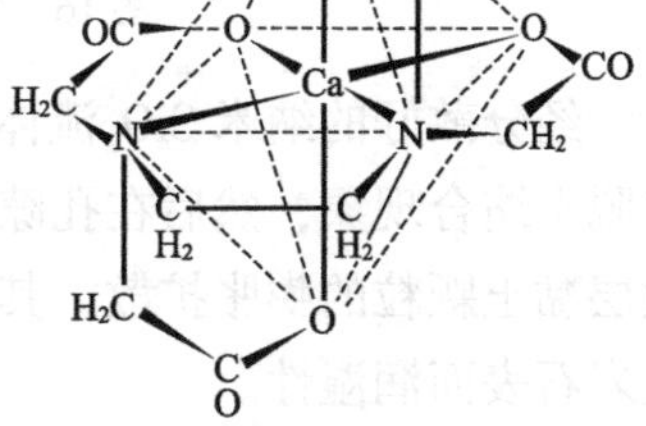

图13 环装结构络合物

3.2.4 岩心流动实验

在90℃条件下，用常规土酸体系及缓速强溶酸体系开展岩心流动实验，岩心选用渤海中低渗储层天然岩心，流动实验结果如下图14、图15所示。

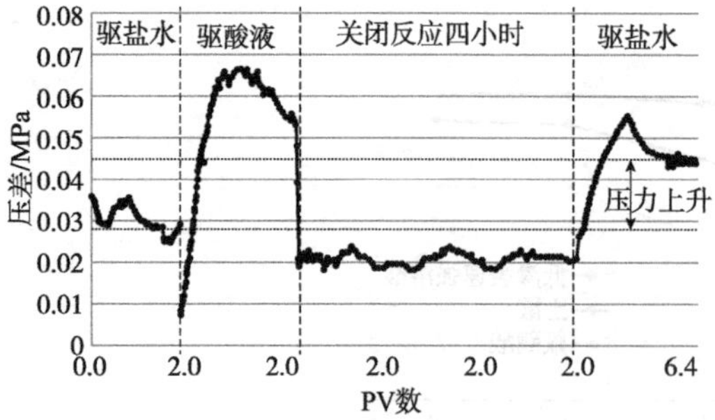

图14 土酸岩心驱替实验(压力上升)

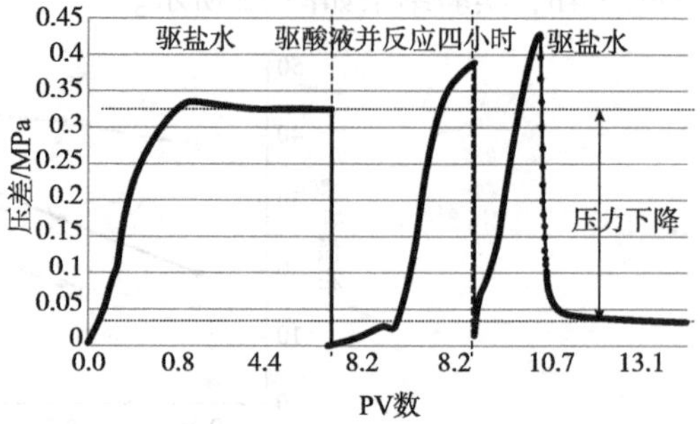

图15 缓速强溶酸岩心驱替实验(压力下降)

实验结果表明：通过对比土酸岩心驱替，可以明显发现在土酸驱替过程中出现压力上升情况，此时二次沉淀物质对岩心造成了二次伤害，反观缓速强溶酸在驱替过程中出现压力下降情况，酸液持续改善岩心渗流能力，几乎没有出现二次伤害的情况。

4 长效增注体系研发及性能评价

4.1 技术原理

长效增注技术是针对中低渗油藏注水困难、解堵有效期短而提出的一种降低注入压力的新技术。长效增注体系是利用改性技术将纳米颗粒进行表面改造，得到适合油田增注增产纳米产品。前人对纳米颗粒增注机理的研究认为，纳米颗粒能将吸附在储层孔隙表面的水膜赶走，改变岩石的润湿性，有效地扩大储层孔径；还能大幅度降低注入流体在孔隙中的流动阻力，如图16所示。纳米聚硅材料一般是强憎水亲油以及强吸附能力。通过添加纳米聚硅可以有效地扩大储层孔隙半径，减小注入水在储层孔隙中的流动阻力。

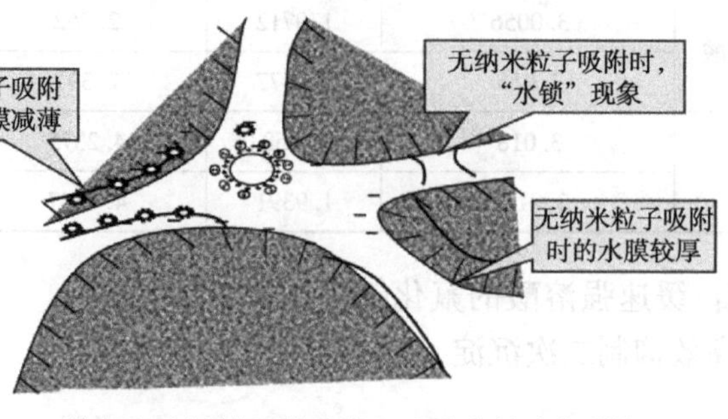

图16 纳米聚硅材料吸附后岩石孔隙有效直径增加

经分散好的纳米SiO_2流体进入地层后，在高温高压作用下，纳米SiO_2表面的羟基会发生脱水缩合现象，然后在孔隙表面形成纳米厚度的疏水膜。这一层疏水膜能够有效地防止地层黏土颗粒的膨胀扩散，其防膨机理如图17所示。当吸附发生在固液表面时，可以改变岩石表面润湿性。

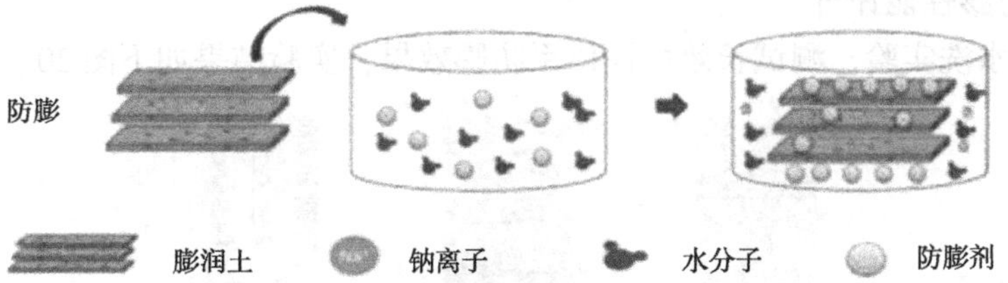

图 17　纳米增注材料防膨机理

4.2　体系性能评价

4.2.1　润湿翻转效果评价

利用长效增注体系处理亲水玻璃表面及岩心薄片，使用针管吸入纯净水，滴定到玻璃表面，选择合适的方法测量润湿角；岩石切片烘干后，用电镜扫描观察处理前后的岩心片表面围观变化。实验结果如图 18、图 19 所示。

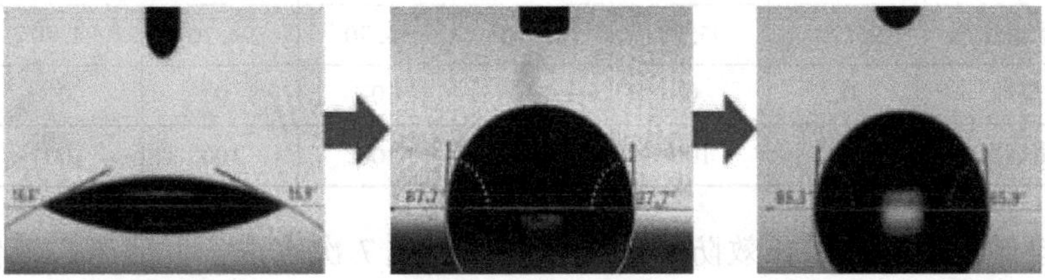

处理前　　长效增注体系浸泡24h　　淡水浸泡3天后

图 18　润湿翻转实验效果

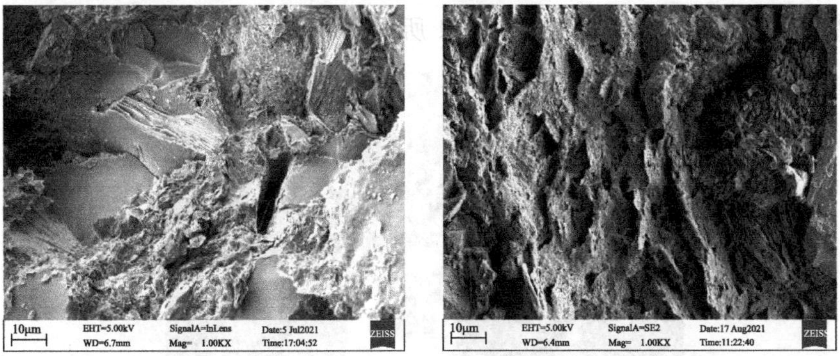

处理前岩石表面　　处理后岩石表面

图 19　吸附纳米材料的岩心片

实验结果表明：玻璃表面经过长效增注体系处理过后水相接触角由 16.9°转为 87.7°，润湿反转效果显著，且经过淡水浸泡 3 天后，仍然具有较强的疏水效果，说明体系具备较强的吸附性，可以长时间改善润湿性。从吸附前后的岩石切片的扫描电镜图片可知，岩石中存在一定量的石英、黏土等强亲水的矿物，因此润湿性为强亲水，这种岩石表面能小，当水滴滴在上面时，易被矿物以及黏土吸附，迅速润湿，很难形成接触角；长效增注体系处理后岩石中黏土矿物表面被疏水性纳米颗粒覆盖，因为覆盖的纳米颗粒表面为疏水性，其表面能增加，当水滴滴在上面时，通过能量最小化及重力作用下呈球形，岩石表面润湿性转变为疏水。

4.2.2 防膨性能评价

通过开展水洗实验，测试长效增注体系防膨效果，实验结果如下图20、表4所示。

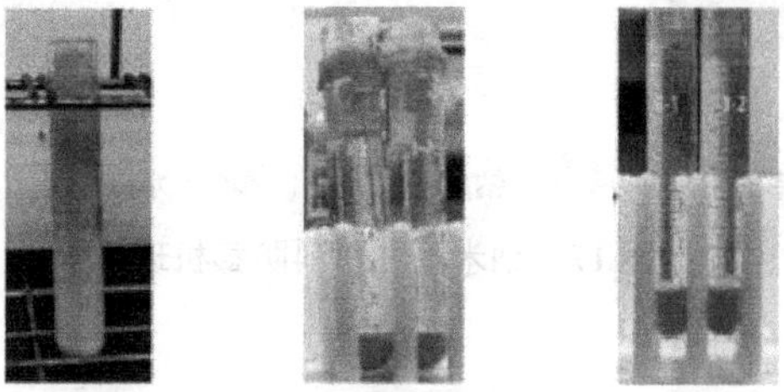

蒸馏水处理　　长效增注体系处理　　水洗7次

图20 防膨对比实验

表4 水洗实验结果

冲洗次数		0	1	2	3	4	5	6
防膨率/%	纳米增注剂	95.70	95.70	95.70	95.70	94.70	94.70	94.70
	煤油	0	0	0	0	0	0	0
	蒸馏水	100	100	100	100	100	100	100

可以发现纳米增注体系长效防膨效果较好，经过7次水洗，上部离心液体仍保持清澈，防膨率大于90%。

4.2.3 渗透率改善效果分析

选用不同渗透率的人造岩心，使用岩心驱替装置对岩心注入长效增注体系和地层水，测试岩心渗透率变化情况，实验装置如图21所示。

图21 岩心驱替实验装置

(1) 对岩心渗透率及注入能力的影响

经不同流速增注体系处理后的岩心渗透率变化趋势如图22所示。通过实验可以发现，地层水处理的岩心渗透率基本不变，而注入纳米溶液的岩心渗透率有明显增加，且流速越高渗透率提高得越多，但存在一个临界流速，超过临界流速后渗透率降低。对于中渗和低渗岩心，纳米溶液均能有效改善渗透率。并且统一流速下经过长效增注体系处理前后岩心注入压力的变化情况如图23所示，岩心的注入压力明显下降，下降幅度约为35.9%。

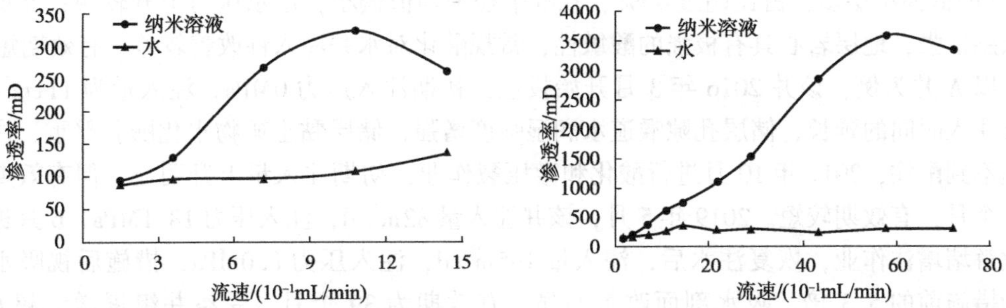

增注体系与水对低渗岩心渗透率影响　　增注体系与水对中渗岩心渗透率影响

图22　不同流速纳米溶液与水对岩心渗透率及改善倍速图

（2）地层水冲刷对储层渗透率的影响

低渗岩心冲刷模拟实验数据如表5所示，实验前用纳米增注体系以1mL/min的流速对其驱替0.3PV，停止注入后静置1h，之后对岩心进行三轮不同程度的冲刷模拟实验，从图24中可以看出，岩心经过纳米增注体系驱替之后渗透率提高至150%以上，经过三轮不同流速的水驱之后，岩心渗透率从4.3mD下降到3.6mD，说明地层水在这一过程中不会产生严重的堵塞，具有较好的耐冲刷效果(图23、图24)。

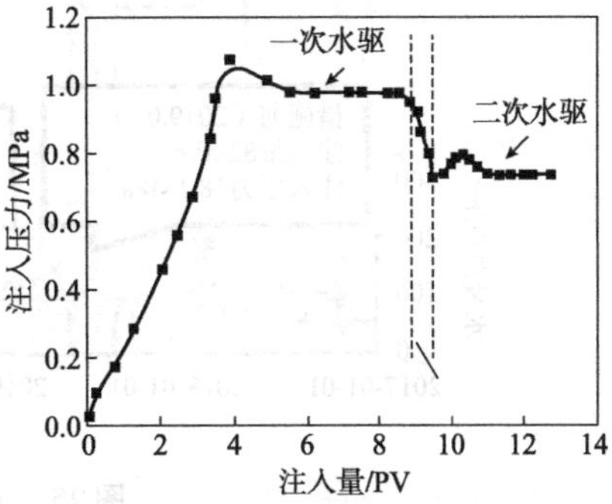

图23　长效增注剂处理前后水驱压力变化情况

表5　岩心水驱实验数据

措施前/mD	措施后/mD	第一轮水驱		第二轮水驱		第三轮水驱	
		流速/(mL/min)	PV	流速/(mL/min)	PV	流速/(mL/min)	PV
2.8	4.3	0.5	50	0.8	80	1.2	100
		时间/h		时间/h		时间/h	
		12		12		12	

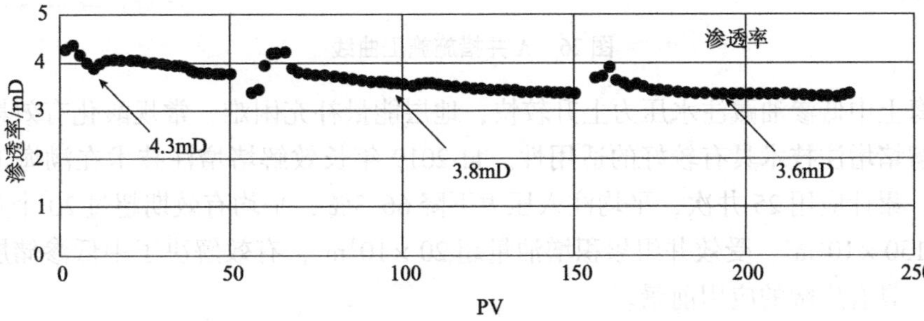

图24　岩心渗透率变化曲线

5　现场应用

渤海油田某区块储层伤害因素复杂，注入水纵向、平面驱替不均衡；纵向上小于

50mD 的低渗小层多，占比超过 40%，孔喉半径平均值偏小，注水压力上升较快；储层矿物敏感性强，地层岩心具有极强的酸敏性，常规酸化对水井注入性改善较差，有效期短。

以 A 井为例，该井 2016 年 3 月开始投注，初期注入压力 0MPa，注入量为 111m³/d，随着注入时间的延长，储层孔隙喉道水润湿强度增强，储层黏土矿物水化膨胀严重，注水量达不到配注，2017 年 10 月进行酸化和微压裂作业，初期注入量上升明显，但有效期仅为 7 个月，有效期较短。2019 年 5 月，该井注入量 82m³/d，注入压力 18.1MPa，6 月进行长效解堵增注作业，恢复注水后，注入量 195m³/d，注入压力 8.0MPa，措施后视吸水指数为措施前的 5.3 倍，吸水剖面改善明显，有效期为 39 个月，受益井组累增油超 6×10⁴m³。A 井注入动态曲线以及施工曲线如图 25 与图 26 所示。

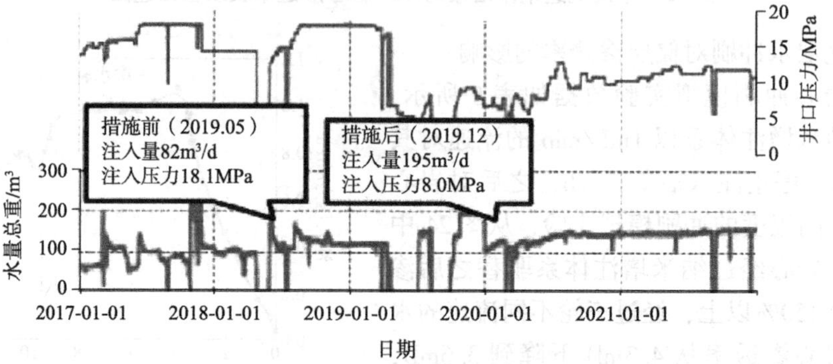

图 25　A 井注水历史动态曲线

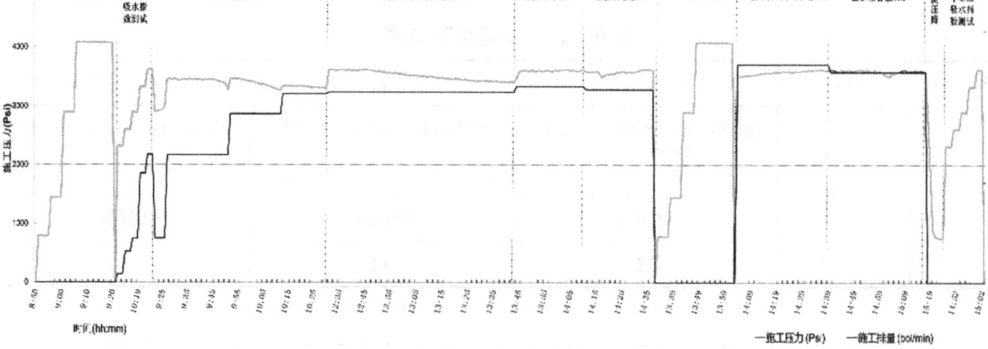

图 26　A 井措施施工曲线

针对海上中低渗油藏注水压力上升较快，地层能量补充困难，常规酸化有效期短的问题，长效解堵增注技术具有较好的适用性。自 2019 年长效解堵增注技术在渤海油田投入应用至今，累计应用 25 井次，平均注入压力下降 66.3%，平均有效期超过 20 个月，累计增注量超 130×10⁴m³，受效井组累积增油量超 20×10⁴m³，有效解决了中低渗储层注水困难的难题，具有广阔的应用前景。

6　结论与建议

(1)中低渗储层注水困难、压力上升较快，常规解堵效果差、有效期短，主要受储层物性较差、孔喉尺寸小、储层敏感性矿物含量高、岩石表面亲水性等因素影响。

(2)针对中低渗储层孔喉半径小、敏感性强、易产生二次伤害等储层特点和污染原因，创新研发了中低渗储层高效解堵体系，通过引入缓速酸B和络合剂C，增强体系的缓速性能和抑制二次沉淀能力，形成中低渗缓速强溶酸。体系对岩屑溶蚀率大于40%，同时具有较好的缓速效果；体系中的络合剂C能与金属离子发生配位作用，可以溶解砂岩组分中的金属盐，并抑制砂岩溶蚀中产生金属盐沉淀(二次沉淀抑制率>70%)。

(3)针对中低渗储层由于长期注水，岩石表面呈现亲水性，水相流动阻力变大，注入压力高的问题，创新研发的长效纳米增注体系会改善岩石表面的润湿性，体系由纳米聚硅材料组成，岩心经过纳米溶液驱替后，岩心渗透率得到明显改善，岩心注入压力下降35.9%，且经过多次冲刷岩心渗透率不会有明显降低，同时具有高效的防膨作用。

(4)形成了中低渗储层长效解堵增注工艺技术，在矿场试验取得了良好的措施效果，现场累计实施25井次，措施后注入压力平均下降66.3%，注入量增加2.7倍，阶段累增注超$130\times10^4m^3$，平均有效期20个月以上，有效解决了中低渗储层注水困难的难题。

参考文献

[1]张虎．低渗透油田开发的难点和主要对策[J]．科技与创新，2014，(22)：33+35.

[2]白雪峰，何蓉，张静，等．长庆超低渗透油田开发的难点和主要对策[J]．化工管理，2014，(33)：195.

[3]聂新村，许大星．渤南低渗透油田注水井欠注层损害研究[J]．油气地质与采收率，2004(03)：66-67+85.

[4]毛源；杨年文；唐存知；黄松林；许大星．渤南低渗油田注水井欠注层伤害机理研究[J]．断块油气田，2006(02)：45-47+92.

[5]李志鹏；林承焰；董波；卜丽侠；崔玲．影响低渗透油藏注水开发效果的因素及改善措施[J]．地学前缘，2012，19(02)：171-175.

[6]康万东．西峰油田储层敏感性特征及对注水开发的影响[D]．西安石油大学，2019.

[7]Tangparitkul S，Saul A，Leelasukseree C，et al. Fines Migration and Permeability Decline during Reservoir Depletion Coupled with Clay Swelling due to Low-Salinity Water Injection：An Analytical Study[J]．Journal of Petroleum Science and Engineering，2020.

[8]张顶学；廖锐全；杨慧．低渗透油田酸化降压增注技术研究与应用[J]．西安石油大学学报(自然科学版)，2011，26(02)：52-55+119-120.

[9]肖啸；宋昭峥．低渗透油藏表面活性剂降压增注机理研究[J]．应用化工，2012，41(10)：1796-1798.

[10]彭冲；李继彪；郑建刚；付文耀；高嘉珮；李稳宏．双子表面活性剂复配体系性能评价及在陇东油田的应用[J]．油田化学，2019，36(04)：657-661.

[11]石立华，王卫忠，张亮，等．海上稠油砂岩油藏剩余油微观机理实验研究[J]．新疆石油天然气，2016，12(01)：54-9+3-4.

[12]李军，蔡毅，崔云海．长期水洗后储层孔隙结构变化特征[J]．油气地质与采收率，2002，9(02)：68-70+1.

[13]徐守余．渤海湾盆地胜坨油田二区储层微观渗流场演化研究[J]．石油实验地质，2003，04)：381-4.

[14]单华生，姚光庆，周锋德．储层水洗后结构变化规律研究[J]．海洋石油，2004，3(01)：62-6.

海上P油田修井作业期间进攻型油保技术研究及实践

庞铭　方涛　崔宇　王宇飞　尚宝兵　耿森

[中海石油(中国)有限公司天津分公司]

摘　要：海上P油田部分稠油井由于生产过程的微粒运移、无机垢沉淀和低温海水修井引起的冷伤害等，造成产量非正常下降、电泵机组故障停产，而常规修井液体系和洗井工艺只能预防储层伤害。为了利用修井作业窗口解除储层伤害，提升油井产量，开展修井作业期间进攻型油保技术研究。针对当前P油田稠油井主要储层伤害机理，通过室内实验优选了稠油解堵工作液和缓速复合解堵修井液，前者主要解除乳化堵塞，提升油相渗透率；后者主要解除有机质、无机垢和黏土堵塞。同时，通过井筒多相流非稳态模拟，精细表征循环洗井过程井筒温度和压力场，设计小排量正循环为主的洗井方式，入井液温度控制在60℃以上，减少漏失和预防冷伤害，并采用高速冲洗管柱对防砂段进行冲洗、挤注解堵修井液。该技术在P油田应用12井次，平均单井日增油7.3m³/d，相较于常规修井加解堵模式平均节省费用30万元/井次，节省工期2天，降本增效效果显著，具有较好的推广应用价值。

关键词：稠油；有机质沉积；乳化；无机垢沉淀；修井液

中国海上稠油资源丰富，以渤海油田为主的海上稠油开发不断深入，稠油油田生产、作业过程中面临的诸多问题也逐渐暴露。由于胶质、沥青质等重质组分含量高、原油黏度大，导致部分稠油井在生产过程中受到有机质沉积、原油乳化等影响产量逐渐下降，部分中高含水稠油井还叠加无机垢沉淀等堵塞，严重影响稠油高效开发。同时，存在储层伤害的稠油井通常伴随井筒举升问题，出现电泵机组故障的概率较大，修井作业频率高。尽管前人针对稠油井修井储层保护工作液、解堵体系方面已开展过系列研究，但常规修井作业过程主要考虑恢复油井正常生产，避免作业过程储层污染，对于已经存在储层伤害的井则无法解除或缓解。为利用修井作业窗口解除已有储层污染，充分释放稠油井产能，减少后期专门进行酸化解堵作业的成本，开展了稠油井进攻型修井液体系研究。

1　稠油井储层伤害机理分析

1.1　有机质沉积和原油乳化伤害

在50℃条件下，地面原油黏度：535.00～1387.00mPa·s、含硫量：0.395%～0.402%、含蜡量：2.12%～3.13%、胶质沥青质：17.53%～18.61%。原油黏度大，胶质沥青质等重质组分含量较高，在油井长期生产过程中容易发生重质有机质沉积与地层泥质混合堵塞近井孔喉或筛管；同时，随着含水升高，由于稠油中含有大量的胶质、沥青质等天然表面活性剂，在油水混合流体在流经地层孔喉或电泵过程中容易受到剪切作用形成

第一作者简介：庞铭(1990—)，男，四川南充人，中海石油(中国)有限公司天津分公司，高级工程师，主要从事采油工艺相关研究。E－mail：pangming3@cnooc.com.cn。

乳状液，造成地层流体流动阻力增大、电泵举升困难等问题。如图1所示，为P油田原油在不同温度和含水率条件下测试的乳状液黏度。随着含水率升高原油黏度呈先增后降的趋势，当含水率达到30%左右时达到最大值，乳状液由“油包水”乳化转变为“水包油”乳化，反相点对应的乳状液黏度可达到纯原油黏度2倍以上。在含水率低于50%范围内，当温度从60℃下降至40℃，原油黏度增大5~8倍，说明P油田修井过程中外来工作液漏失储层可能引起严重的乳化伤害和冷伤害，导致油井作业后产量下降。

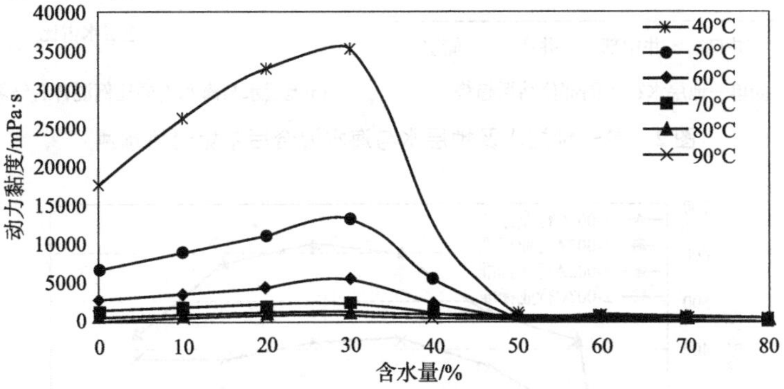

图1　P油田原油不同含水率及温度下动力黏度测试曲线

1.2　油田水结垢

如表1所示，P油田由于长期注海水，目前地层水矿化度较高，达到26180mg/L，钙镁离子和硫酸根等成垢离子含量较高。修井配液用水为过滤海水，矿化度30363mg/L，与地层水均为氯化镁水型。

表1　P油田地层水与海水离子组成

水样	K^+/(mg/L)	Na^+/(mg/L)	Mg^{2+}/(mg/L)	Ca^{2+}/(mg/L)	Cl^-/(mg/L)	SO_4^{2-}/(mg/L)	HCO_3^-/(mg/L)	CO_3^{2-}/(mg/L)	pH值	总矿化度/(mg/L)	水型
地层水	366	8534	234	607	13585	1267	1581	0	7.6	26180	$MgCl_2$
海水	465	9833	290	797	17353	1468	142	0	7.6	30363	$MgCl_2$

利用OLI-scalechem软件对P油田单一地层水、地层水与海水混合后的结垢趋势进行了预测，结果如图2所示，单一地层水在井口到储层段不同位置均存在结垢，在井底条件下最大结垢量320mg/L，结垢产物为碳酸钙垢。而在储层条件下，地层水与海水混合后，随着地层水占比降低，结垢量也逐渐下降。说明修井过程海上漏失引起近井地带结垢风险较小，油井生产过程地层水自结垢能力较强。

1.3　储层敏感性伤害

储层黏土含量较高，平均14%。通过扫描电镜可以观察到黏土矿物主要为丝絮状、丝片状和蜂窝状伊/蒙混层，在注水开发过程中易引起水敏伤害；其次是高岭石，多呈蠕虫状或书页状集合体充填孔隙；同时含有少量绿泥石和丝缕状或丝片状伊利石，在注水开发过程中易引起速敏伤害。

如图3所示，按照行业标准对P油田4块岩心进行了速敏损害评价。结果显示，四块实验岩心速敏损害程度均达到强损害程度，速敏临界流速为0.5~1mL/min。

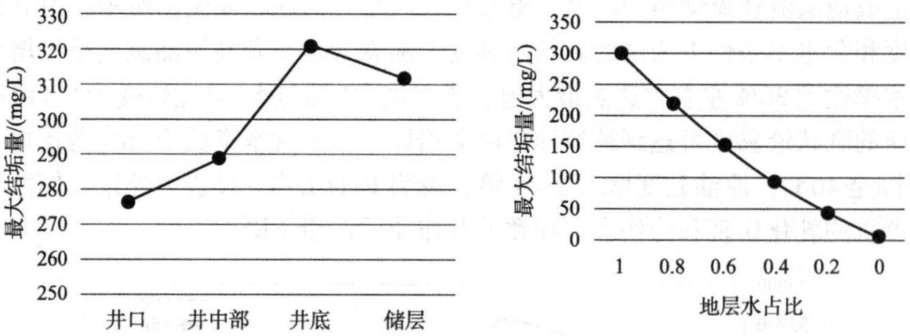

(a)单一地层水在不同部位结垢趋势　　(b)地层水与海水不同比例混合后结垢趋势

图2　单一地层水及地层水与海水混合后结垢趋势预测

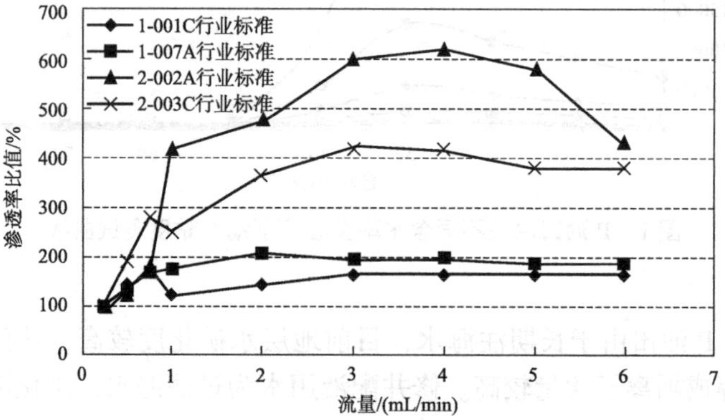

图3　P油田储层岩心速敏评价实验曲线

对P油田储层段不同层位的4块岩心开展了水敏实验，结果显示水敏程度为中等偏弱到中等偏强。如图4所示，渗透率最高的L50小层岩心1－015A为中等偏弱水敏，而其余三块L50和L82小层的岩心均为中等偏强水敏。1－015A号岩心的临界矿化度为75%的地层水矿化度，即15000ppm，2－015A号岩心、1－003A号岩心和1－003A号岩心的临界矿化度为地层水矿化度，即20000ppm。

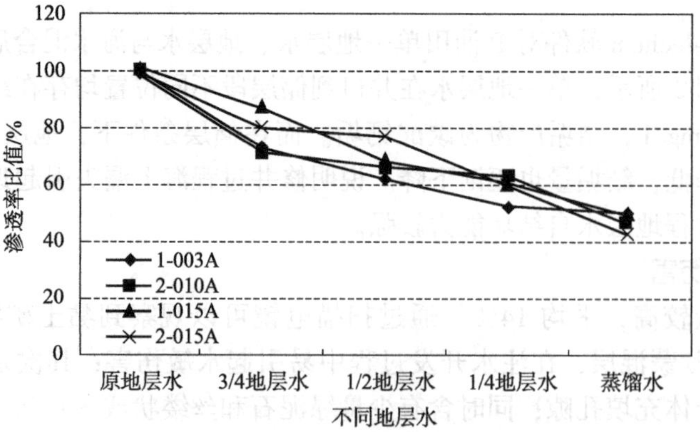

图4　P油田储层岩心盐敏评价实验曲线

2 进攻型修井液体系研究

2.1 稠油解堵工作液

针对重质稠油中沥青、胶质、蜡质成分高，油井长时间生产可能发生重质有机质沉积、原油乳化堵塞，引起油井产量的下降。开发了由有机溶剂、非离子表面活性剂、助排剂、螯合促进剂等组成的稠油解堵工作液。工作液具有低界面张力、腐蚀速率低、油砂清洗效果好及流程配伍良好等特点，可有效对有机质沉积和乳化伤害进行解除。

稠油解堵工作液与乳化稠油接触后，有效成分在油－水界面作定向吸附极性基伸向水相，非极性基伸向油相，这样，不仅可以降低乳状液的界面张力，破坏油水界面，使原油破乳脱水。脱出的水成为水套或浮油剂或连续的外相，水的黏度非常小，因而使整个体系的黏度降低。原油乳状液具有塑性流体的性质，一旦乳状原油在修井前置液的作用下因脱水和溶剂稀释而降低了屈服值，就容易流动。同时稠油与地层长期接触，岩石表面形成亲油性，修井前置液能够使其表面润湿反转，变为亲水性，形成一层连续的水膜，减少原油在孔隙的流动阻力，改善稠油的流动性。防水伤害前置液的性能评价指标，保证工作液性能稳定，并确保现场作业效果；具体指标见如表2所示。

表2 稠油解堵工作液性能指标

项目	指标
密度/(g/cm^3)	1.00±0.05
有机垢溶解率/%	≥65
界面张力/(mN/m)	0.029
渗透提高率(与2% KCl相比)/%	≥20
与水质配伍性	溶于地层水、海水、卤水
工作液腐蚀速率/(mm/a)	<0.06
油砂洗油率/%	≥90

2.2 缓速复合解堵工作液

针对稠油井近井地带重质有机质沉积堵塞、碳酸该镁垢等无机垢沉淀堵塞和黏土矿物微粒运移等伤害，开发了由有机溶剂、螯合解堵剂、表面活性剂、防膨剂等组成的高效清洗工作液。高效清洗工作液适用于解除在油井生产过程中重质有机组分沉积导致的有机堵塞伤害和近井眼地层孔隙内、炮眼及筛管段形成的钙镁垢、地层微粒堵塞，具有渗透性强、分解速度快、无沉淀等优点。体系中的特种添加剂使其具备长效防膨、防垢作用，解除堵塞伤害的同时，可实现对油气层防护，具体指标如表3所示。

表3 稠油解堵工作液性能指标

项目	指标
密度/(g/cm^3)	1.00~1.10
pH值	≥1
腐蚀速率(4h，90℃)/$g/(m^2 \cdot h)$	≤1.5

续表

项目	指标
破乳率/%	≥95
铁螯合值/(mg/g)	>200
防膨率/%	>90
黏度/mPa·s	<5
膨润土溶蚀率(24h)/%	25~35
碳酸钙溶蚀率/%	98.7
溶蜡率/%	100
沥青质溶解率/%	35.2%

利用P油田现场作业过程取得的有机垢和无机垢复合堵塞物，测试缓速复合解堵工作液对现场垢样溶解性能。图5(a)为两块现场垢样与缓速复合解堵工作液反应前状态，黄绿色工作液与黑色垢样明显分层。图5(b)为反应2h后的状态，部分黑色垢样已溶解分散在工作液中，通过测试反应前后固体重量，得到缓速复合解堵工作液对P油田现场垢样溶解率在46%~58%。溶解率的差异主要受垢样表面油相覆盖程度、无机垢致密程度和垢样中黏土微粒含量影响。

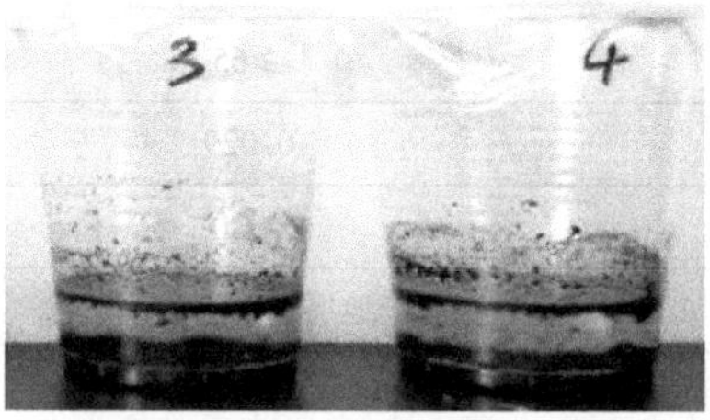

(a)反应前垢样与缓速复合解堵工作液状态

(b)反应2h后垢样与缓速复合解堵工作液状态

图5 缓速复合解堵体系对P油田现场垢样溶解效果

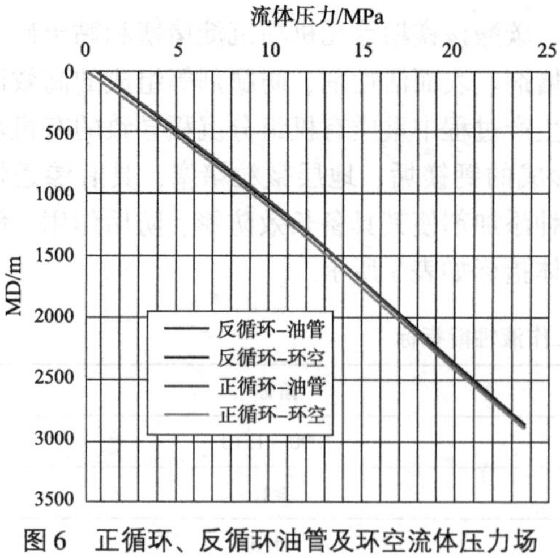

图6 正循环、反循环油管及环空流体压力场

3 洗井工艺优化研究

3.1 洗井循环方式

如图6所示，利用井筒多相流非稳态模型模拟20m^3/h条件下正循环、反循环油管及环空流体压力场。模拟结果表明，在顶部封隔器带孔管处，正循环比反循环压力低0.4MPa，漏失风险较反循环低。建议采用“先反后正”的洗井循环策略，先采用反循环将有机堵塞清除，避免反堵地层，后采用正循环，降低修井液漏失，在提升洗井效率的同时可大大降低修井工作液的漏失。

3.2 循环排量

如图7所示，分别模拟量循环排量10m³/h和60m³/h条件下油管、环空处的流体压力。模拟结果表明，排量越大，顶部封隔器带孔管处压力越高，漏失风险越大。建议在保证清洗效果的情况下，尽量以较小的排量循环洗井，降低修井液漏失。但在下入冲洗管柱，挤注稠油解堵工作液和无机垢清洗工作液等解堵体系，对冲洗防砂段、筛管堵塞物进行冲洗时应采用较大排量，以达到冲洗解堵效果。

3.3 入井液温度

如图8所示，模拟了入井液温度从0至60℃对井筒温度场的影响，模拟循环洗井时间为12h，排量为30m³/h。在冬季作业时，采用过滤海水修井，入井过滤海水实际温度在0℃甚至更低，循环洗井过程中入井液温度受地温梯度加热逐渐上升，井底温度为31℃，即使在夏季环境下作业，入井过滤海水温度也不会超过20℃，此时对应井底温度39℃。结合图1所示的P油田原油黏温曲线，无论是冬季还是夏季作业过程，采用过滤海水修井均会导致原油黏度大幅增加，降低洗井效率、甚至产生冷伤害。只有当入井液温度在60℃以上时，井底温度在50℃以上，能够预防冷伤害、提升洗井效率。

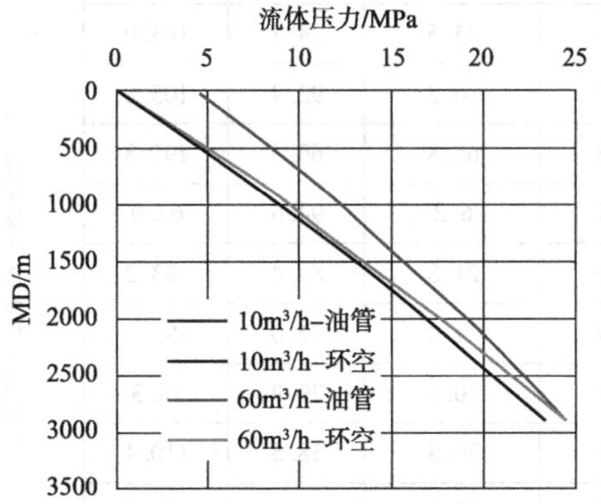

图7 不同洗井排量条件下油管及环空流体压力场

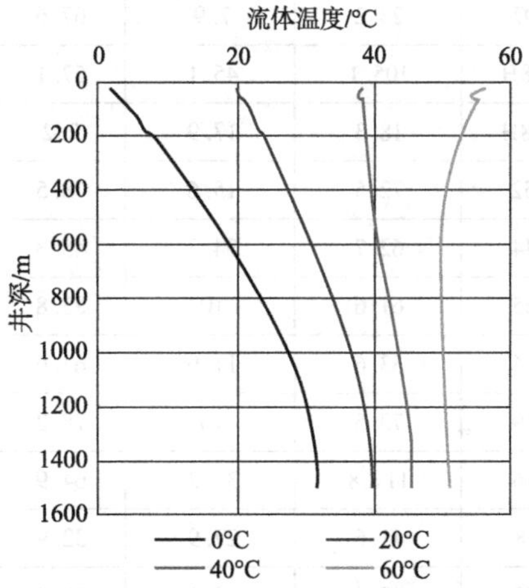

图8 不同入井液温度对井筒温度场影响

4 现场应用效果

针对P油田稠油井修井过程面临的冷伤害、原油乳化、无机垢和速敏等储层伤害，采取了不同的储层保护对策。对于中低含水阶段油井，生产、作业过程可能存在有机质沉积、原油乳化和速敏损害，采用加热车循环洗井，保证入井液温度≥60℃，下入冲洗管柱至防砂段高速冲洗后挤注稠油解堵工作液和高效清洗剂，解除有机质、乳化堵塞、无机垢沉淀和黏土微粒堵塞。对于高含水阶段油井，生产、作业过程储层伤害以无机垢沉淀和速敏损害为主，加热车循环洗井后下入冲洗管柱挤注高效清洗剂，解除无机垢沉淀和黏土微粒堵塞。进攻型油保技术在P油田检泵作业应用12井次，除L35和L16井由于作业后含水突破，产油下降外，其余10井次作业后产油量增加，单井日均产油量增加7.3m³/d。而在技术应用前作业6井次，受冷伤害、原油乳化和无机垢沉淀等影响，仅1井次产油量恢复，单井平均损失原油9m³/d。从进攻型储保技术应用前后作业井的产能恢复数据来看，修井作业期间进攻型储保技术不仅能够预防修井过程储层伤害，还能通过对防砂段和近井地带冲洗解堵在一定程度上起到增产效果。与常规修井作业后再单独进行解堵模式相比，利用修井作业窗口采取进攻型油保措施的模式平均节省费用30万元/井次，节省工期2天，具有较好的降本增效优势(表4)。

表4 P油田作业井储层保护技术应用效果

井号	作业前稳定时期产量			作业后稳定时期产量			产油恢复率/%	储层保护措施
	日产液/(m^3/d)	日产油/(m^3/d)	含水/%	日产液/(m^3/d)	日产油/(m^3/d)	含水/%		
J15	71.3	7.6	89.3	76.7	6.4	91.7	84.2	储层保护措施优化升级前
F36M3	36.9	36.3	1.6	73.3	44.5	39.3	122.6	
J51H	131.1	44.6	66.0	228.8	34.3	85.0	76.9	
J10	72.8	8.4	88.5	83.6	7.2	91.4	85.7	
L01	95.1	76.1	19.8	77	30.4	60.5	39.9	
F07	24.2	7.9	67.6	56.3	4.5	92.0	57.0	
G48H	105.1	45.1	57.1	163.8	51.2	68.7	113.5	储层保护措施优化升级后
G18H	18.3	17.9	2.2	33.8	25.6	24.2	143.0	
G52	72.5	15.6	78.5	229.2	16.2	92.9	103.8	
L44	62.7	34.3	45.3	165.8	65.8	60.3	191.8	
L35	61.6	10	83.8	115.7	6.2	94.6	62.0	
L04	33.6	11.9	64.6	172.6	21.8	87.4	183.2	
L39	73.5	16	78.2	112.7	31.2	72.0	195.0	
L16	111.8	39.2	64.9	152.3	30.7	79.9	78.3	
J38	41.6	27.9	32.9	74.3	30.8	58.5	110.4	
G07	48.4	19.1	60.5	208.4	29.9	86	156.5	
J37H	52.4	28.7	45.2	56.2	26.2	53.4	91.3	
L02	41.4	25.1	39.4	125.9	42.6	66.2	169.7	

5 结论与认识

(1)P油田原油乳化反相点在30%左右，处于中低含水阶段的油井易发生乳化伤害；当温度由60℃下降至40℃，原油黏度增大5~8倍，低温过滤海水修井会引起冷伤害；地层水与过滤海水混合后结碳酸钙垢，最大结垢量320mg/L，同时P油田储层岩石存在强速敏损害。

(2)针对P油田稠油井生产及作业过程存在的储层伤害，通过室内实验优选了稠油解堵工作液，界面张力低至0.029mN/m，油砂洗油率≥90%，可有效预防或解除原油乳化伤害，提升油相渗透率；缓速复合解堵修井液，对碳酸钙垢溶垢率98.7%、膨润土溶解率31.2%、石蜡溶解率100%、沥青质溶解率35.2%，可解除近井地带复合堵塞。

(3)通过井筒多相流非稳态模拟，精细表征循环洗井过程井筒温度和压力场，设计小排量正循环为主的洗井方式，入井液温度控制在60℃以上，减少漏失和预防冷伤害，并采用高速冲洗管柱对防砂段进行冲洗、挤注解堵修井液，解除筛管和近井地带堵塞。

(4)进攻型油保技术在P油田检泵作业应用12井次，单井日均产油量增加7.3m^3/d。现场实践表明修井作业期间进攻型储保技术不仅能够预防修井过程储层伤害，还能通过对防砂段和近井地带冲洗解堵在一定程度上起到增产效果。与常规修井作业后再单独进行解堵模式相比，利用修井作业窗口采取进攻型油保措施的模式平均节省费用30万元/井次，节省工期2天，具有较好的降本增效优势。

参考文献

[1]孙鹏霄，刘英宪．渤海稠油油藏开发现状及热采开发难点与对策[J]．中国海上油气，2023，35 (02)：85 -92.

[2]彭洪军．敏感性稠油油藏工艺技术研究[J]．断块油气田，2010，17 (05)：621 -623.

[3]杨东明，李葵英，蒋淑婷，等．疏松砂岩油藏油层保护技术综述[J]．石油天然气学报，2010，32 (03)：295 -299 +311.

[4]周伟强，郑继龙，赵军，等．海上底水稠油油藏油水相渗特征实验及影响因素研究[J]．精细石油化工进展，2023，24 (02)：35 -38.

[5]赵霞，韦敏，沈飞，等．海上稠油低伤害中性解堵剂体系研究和应用[J]．应用化工，2020，49 (S01)：54 -57.

[6]林辉，孙君，孙艳萍，等．海上稠油热采储层黏土稳定技术[J]．山东石油化工学院学报，2023，37 (01)：72 -76.

[7]许定达，任坤峰，赵林，等．海上稠油区块高效复合酸化解堵技术研究与应用[J]．科学技术与工程，2016，16(27)：4.

[8]罗咏涛，李本高，秦冰．塔河油田稠油井解堵抑堵剂研制[J]．石油炼制与化工，2015，46(2)：1 -6.

海上低产井小排量低成本无杆采油技术研究与应用

曾润　于法浩　喻小刚　李海涛　黄荣贵　何亚其　夏宏泽

[中海石油(中国)有限公司天津分公司]

摘　要：渤海油田日产液低于30m³ 的生产井140口，72%的井采用电潜泵生产，相比渤海油田平均检泵周期1600余天，低产井电潜泵平均检泵周期仅为813天，存在检泵周期短、故障率高等问题。针对此，通过梳理低产井各井况特点，锚定电潜泵故障原因，研究并形成了以潜油螺杆泵、潜油往复泵以及液力投捞射流泵为代表的无杆举升技术体系。针对稠油冷采井，形成了潜油永磁螺杆泵举升技术，取消原螺杆泵减速器，改为由永磁电机转子通过柔性轴直接驱动螺杆泵进行采油，极大提高了螺杆泵运行寿命和运行效率；针对储层物性差，地层供液不足的井，形成了潜油永磁往复泵技术，利用柱塞泵往复运动的特点进行间歇式采油，实现地层－井筒的稳定供液与长效采出；针对出砂、结蜡和结垢等复杂流体井，形成了套管式液力投捞式射流泵举升技术，无须动用修井机即可实现检泵作业，极大降低了检换泵作业成本和躺井时长。目前，该技术体系已累计在渤海油田运用330余井次，相比原电潜泵平均运行寿命提高20%，极大提高了低产井的开发效益，为渤海油田低产井的长效举升开拓了新途径。

关键词：低产井；小排量；无杆采油

渤海油田生产井总井数超3000口，受海上平台狭窄空间和深井安全阀限制，90%以上的井采用电潜泵生产。在生产井中，日产液低于30m³ 的生产井140口，72%的井采用电潜泵生产，其平均检泵周期仅为813天，故障率高达17.2%，相比渤海油田平均检泵周期1600余天，低产井检泵周期急剧下降，故障率也存在较高情况，严重制约了低产井的生产时效。

为了解决电泵故障率高的问题，系统梳理了低产井电潜泵故障原因，发现故障主要集中在流体黏度大、出砂、结蜡和结垢井况，此外，储层物性差导致地层供液不足的井也是重要影响因素。

针对以上情况，通过技术攻关，结合不同井况特点，研发了适应于不同井况下的举升技术。

1　潜油永磁螺杆泵举升技术

1.1　工艺原理

针对地层黏度小于350mPa·s的稠油冷采低产井，海上前期主要以陆地成熟电潜螺杆

第一作者简介：曾润(1995—)，男，四川内江，工作单位：中海石油(中国)有限公司天津分公司渤海石油研究院，采油采气工程师，主要研究方向：人工举升。E-mail：zengrun@cnooc.com.cn。

泵技术进行现场应用，如图1(a)所示。由于电潜泵定子采用的是不耐磨的橡胶，在实际应用由于螺杆泵在井下的高速转动，极大加剧了定子橡胶的磨损，同时受电潜螺杆泵本身工作特性影响，螺杆泵在运转时会产生较大的震动，进一步了加剧了定子橡胶脱胶的风险。

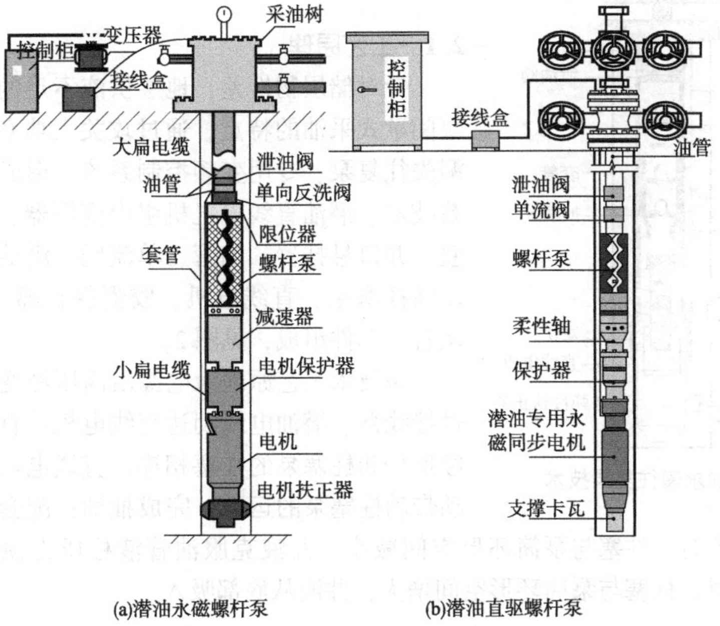

图1　潜油永磁螺杆泵举升技术

根据现场实践，减速器导致电潜螺杆泵故障的主要原因之一，为了解决传统电潜螺杆泵技术定子橡胶磨损严重以及震动剧烈问题，通过攻关无减速器柔性轴，形成潜油直驱螺杆泵举升技术，如图1(b)。

潜油直驱螺杆泵采油技术利用动力电缆将电力传送给井下潜油电机，电机通过柔性联轴器直接驱动螺杆泵转子转动，井液经过螺杆泵增压后，被举升到地面。

1.2　工艺特点

相比传统电潜螺杆泵采油技术，潜油直驱螺杆泵采油技术取消了减速器，有效延长了机组使用寿命，同时利用永磁电机节能降耗的特点，采用永磁转子驱动螺杆泵进行采油，极大降低了电潜螺杆泵采油的能耗，具体特点如表1所示。

表1　潜油直驱螺杆泵与电潜泵螺杆泵对比

结构	潜油直驱螺杆泵	电潜螺杆泵
电机	永磁同步伺服电机	三相异步感应电机
保护器	相同	
传动机构	柔性轴	减速器+联轴器
泵	相同	
地面控制设备	需专用控制程序	—

1.3 现场应用

研发的潜油直驱螺杆泵技术已在渤海油田试验2井次，稳定运行1000余天，试验情况良好。

2 潜油永磁往复泵技术

2.1 工艺原理

针对储层物性差，地层供液不足的井，结合柱塞泵间歇式采油的特点，通过攻关大功率直线电机、防漏失往复泵、专用变频控制系统，形成潜油永磁往复泵技术。潜油直线电机机组由变压器、控制柜、接线盒、井口悬挂器、油管、单流阀、潜油电缆、下拉式动筒柱塞泵、直线电机、胶囊保护器、弹性扶正器、尾管等部件组成，见图2。

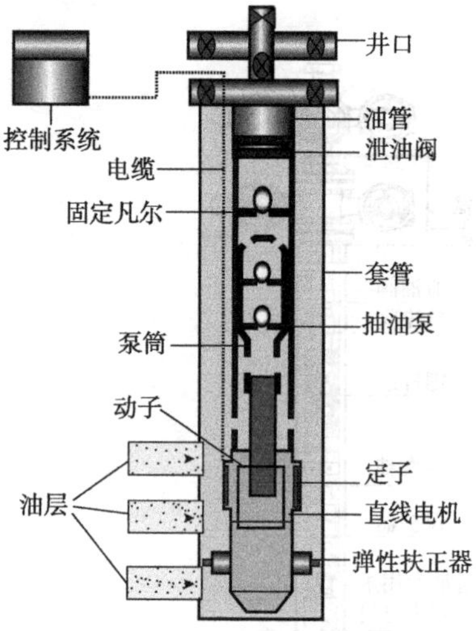

图2　潜油永磁往复泵技术

该技术工艺原理为电源由高压经变压器变压后通过接线盒、潜油电缆到达直线电机；直线电机的动子经推杆和柱塞泵的柱塞相连，直线电机的上下往复运动带动柱塞泵的运动，完成抽油；配套的柱塞泵为动筒式，推杆下行时，柱塞与泵筒环形空间减小，井液克服油管液柱压力顶开上部凡尔排出，推杆上行时，柱塞与泵筒环形空间增大，井液从底部吸入。

2.2 工艺特点

通过开发143系列直线电机，在泵筒阀在复位的设计上加装复位弹簧及导向轨，可满足海上深井大斜度低产井的生产(表2)。

表2　海上电潜往复泵技术优化内容

类别	海上油田特点	技术改进
产液量/(m^3/d)	大(0~50)	开发143系列直线电机，电机功率至80kW，推力增至6t
杨程/m	高(大于1500)	
功率/kW	高(大于50)	
井斜	大(多为斜井)	泵筒阀在复位的设计上加装复位弹簧及导向轨
地面控制	严格(防护等级、机组振动控制)	程序重新设计：(1)上行程末端：24Hz斩波50%送三相电五个周期；(2)下行程末端：15Hz斩波30%送三相电一个周期

此外，结合该技术工作原理，还具有如下优势和特点：

(1)间歇式采油，对于储层物性差、地层供液不足井适应性强；

(2)地面占用空间小，井口无泄漏、无噪音、便于地面管理；

(3)电机本身的功率因数高，无须任何补偿措施；

(4)调速容易，可根据产量调节冲次，实现产能/能耗最优化；

(5)不存在发电现象，不会对运行电网产生影响。

2.3 现场应用

截至目前，该工艺应用了18井次，单井最长运转周期超1000天，节能60%，保证了海上低产井高效采出。

3　套管式液力投捞式射流泵举升技术

3.1　工艺原理

套管式液力投捞射流泵是利用射流原理将注入井内的动力液的能量传递给井下油层产出液的无杆采油设备，与常规钢丝投捞射流泵不同，液力投捞射流泵通过液力循环的方式实现泵芯的起出。具体原理为通过井口倒流程，使动力液从油套环空进入，返出液从油管内返出，在这个过程中泵芯随油管内的返出液一起向井口移动，通过井口捕捉装置自动抓取泵芯，实现泵芯的起出。

(1)井下管柱及工艺原理

井下管柱主要由$9\frac{5}{8}$in 套管和$3\frac{1}{2}$in 油管组成，$9\frac{5}{8}$in 套管主要由$9\frac{5}{8}$in 管柱、生产封隔器、深井安全阀、定位密封和悬挂封隔器组成；$3\frac{1}{2}$in 油管主要由$3\frac{1}{2}$in 管柱、液力投捞射流泵工作筒、单流阀和滑套等组成。

生产时，关闭采油树主阀门，从井口防喷短接油管内投入射流泵泵芯，安装井口捕捉器到防喷短接油管顶端，然后打开采油树主阀门，使泵芯落到射流泵工作筒内坐封，然后油管打压，使射流泵芯工作，达到抽吸井底液体的目的，如图3(a)所示。

起泵时，井口倒流程，使动力液从油套环空进入，返出液从油管内返出，在这个过程中泵芯在返出液的过程中脱离射流泵泵筒，随油管内的返出液一起向井口移动，当射流泵泵芯到达井口时，井口的捕捞器就能自动抓紧射流泵泵芯上部的打捞头，完成整个射流泵泵芯的投捞过程，如图3(b)所示。

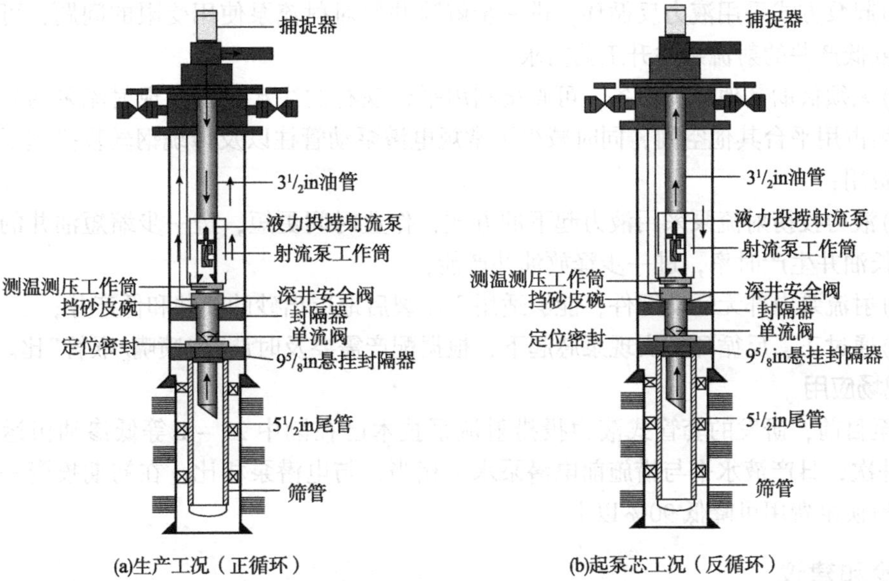

图3　套管式液力投捞射流泵示意图

(2)地面设备及工艺原理

地面设备主要由动力液注入端和混合液产出端组成，如图4所示。动力液注入端主要由注入水管汇和注水泵等组成，来自其他平台或水源井的水经过处理，通过平台自带的注水增压泵对动力液进行增压，根据不同的压力调节注入量，从而调节动力液的排量，实现控制井底流压和产液量的目的；混合产出液直接进入平台流程进行处理。对于具备油水处理的平台，分离后的水可直接作为动力液继续循环使用，对于不具备油水处理的平台，混合产出液可直接通过混输海管输送到其他平台进行处理。

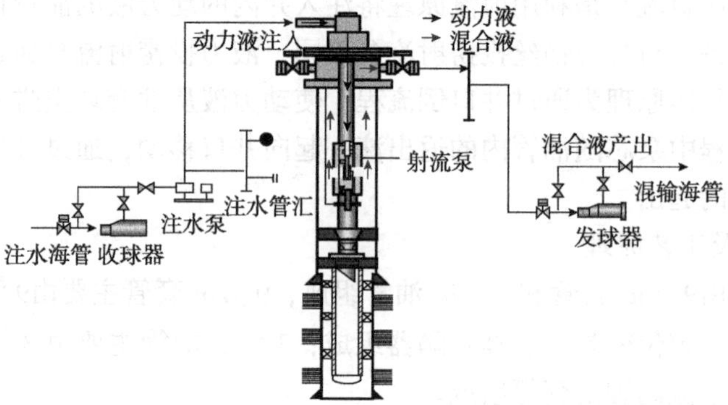

图4　套管式液力投捞射流泵示意图

3.2　工艺特点

套管式液力投捞射流泵工作时，以高压水为动力液，驱动井下泵芯工作，以动力液和产出液之间的能量转换达到举升的目的。在产出液的举升过程中，由于动力液的加入、喷嘴和喉管对产出液的搅动作用，使混合液形成水为连续相，油为分散相的水包油乳状液，其产出液黏度大幅度降低，摩阻变小，有利于举升。

套管式液力投捞射流泵技术具有以下优点：

(1)起泵方式采用液力反循环，进一步解除井斜对射流泵使用受限的问题，可满足海上大斜度低产井的射流泵举升工艺需求；

(2)无须借助其他辅助设备，可直接利用平台现有的注水设备实现射流泵的起出和下入，无须占用平台其他空间，同时减少了常规电潜泵动管柱以及传统钢丝投捞起下射流泵的作业费用；

(3)液力投捞射流泵采用液力起下的方式，作业时间更短，进一步缩短油井的躺井时长，延长油井生产时率，进一步释放油井产能；

(4)射流泵内部无运动部件，能够适用于压裂后地层出砂的油井和低产井；

(5)通过正、反循环，实现泵芯起下，根据配产需要及时调整“喷嘴/喉管”比。

3.3　现场应用

截至目前，研发的套管式液力投捞射流泵技术已在渤中 25－1 等低渗油田运用 6 口井、9 井次，日产液水平与措施前电潜泵水平相当，与电潜泵相比，在初期投资一致的前提下，检换泵费用可降低 90% 以上。

4　结论和建议

(1)创新形成了低产井小排量低成本无杆采油技术系列，包括潜油永磁螺杆泵举升技术、潜油永磁往复泵技术和套管式液力投捞射流泵技术及配套关键工具、装备及工艺的研发，满足海上平台环境、低产井复产及安全作业等需求。该技术系列的创新研发与成功实践，解决了电潜泵修井频繁、费用高、修井影响生产时效等一系列问题，形成了不动井况下适宜的电潜泵举升技术，有效助推了海上低产井的经济有效开发；

(2)室内和现场试验表明了柔性轴驱动螺杆泵、套管式射流泵、直线电机运行良好，具备在现场推广应用的条件；

(3)基于低产井小排量低成本无杆采油技术系列，以该技术系列现场应用为目标，配套安全作业施工指南，制定风险预案，保障现场作业顺利实施及长效稳定运行。

参考文献

[1]刘锦，李剑平，赵鹊桥．垦东12块油藏采油方式优选及工艺研究[J]．特种油气藏，2006，13(6)：77－79.

[2]蔡淑兰．潜油电机驱动采油技术的发展[J]．化学工程与装备，2014，6(10)：157－158.

[3]田芳勇，刘净，陈传东，等．潜油电泵智能控制技术研究[J]．钻采工艺，2014，37(2)：83－85.

[4]胡书勇，张烈辉，刘祥康，等．潜油电泵采油技术在低孔低渗油田的应用[J]．钻采工艺，2006，29(5)：48－50.

[5]李令喜，李彭年．渤海油田大排量潜油电泵的开发及应用[J]．石油钻采工艺，2012，34 (z1)：55－58.

[6]李东．潜油电泵机组振动检测与故障诊断[J]．设备管理与维修．2020(10)：154－155.

[7]姜建平，谢双喜，王亚慧．渤海油田潜油电泵散热问题及改进措施[J]．长江大学学报(自然科学版)，2010，7(3)：258－260.

[8]王永慧，檀朝东，田旭庆，张雪松，薛兴艳．潜油电泵系统发热对稠油黏度的影响[J]．石油矿场机械，2011，40(8)：58－61.

[9]沈琼，余丹，李昂，阚唱轩，李静嘉，檀朝东．海上潜油电泵井温度场计算及影响因素研究[J]．数码设计，2017，6(3)：69－73.

[10]杨万有，郑春峰，李昂，王磊．海上电泵结蜡井热循环洗井工艺参数优化设计[J]．西南石油大学学报(自然科学版)，2019，41(1)：129－136.

[11]朱广海，刘章聪，熊旭东，宋洵成，王军恒，翁博．电加热稠油热采井筒温度场数值计算方法[J]．石油钻探技术，2019，47(5)：110－115.

垦利A油田混积岩储层酸压改造工艺研究与应用

王子权　张丽平　陈华兴　符扬洋　潘定成　张云鹏　敬季昀　董宝柱

[中海石油(中国)有限公司天津分公司]

摘　要：垦利A油田沙河街组是海上首个大型砂岩、碳酸盐岩混积低渗储层，由于其岩性分布复杂、连通性差、薄互层发育，投产后产能递减快，目前超过60%的井处于低产或停井状态，亟须开展增产工艺研究。通过室内实验和数值模拟相结合，开展岩矿分析、机理探索、体系研发及工艺研究，形成混积岩储层高效增产改造工艺。研究结果表明：酸蚀蚓孔是改善混积岩储层的最优溶蚀模式，并明确蚓孔形成机制及蚓孔扩展规律；基于此创新研发盐酸+蚀孔液酸液体系，协同作用下增强非均匀刻蚀，相比常规解堵渗透率提升180%；优化形成多级交替注入工艺、酸压酸化一体化工艺以及多分支蚓孔+尾追强酸工艺，相比单级导流能力提升27%，工期缩短30%，既能增大改造范围，也能提升导流能力，产能效果最优，最优排量3~4m^3/min，最优浓度20%~25%。目前应用2井次，日增油超20m^3，有效期超200天，累增油超4000m^3。该成果突破成功常规解堵效果差难题，填补海上同类油藏增产技术空白，为该油田规模有效开发提供技术保障。

关键词：混积岩；酸岩反应机理；酸蚀蚓孔；蚀孔酸；增产改造工艺

垦利A油田沙河街组是海上首个大型砂岩、碳酸盐岩混积低渗储层，其成藏条件优越，地质储量丰富，拥有巨大开采潜力。但由于其储层的特殊性，开发过程中面临多个难点：岩性分布复杂，非均质性强；纵向上薄互层发育，难以实现充分动用；平面上孔隙连通性复杂，渗流能力差，生产间歇出液严重；泥质含量、铁矿物含量高，储层敏感性强，易受到二次伤害；原油含蜡量高，易堵塞井筒等，同时目前海上尚无同类储层可供参考。投产后虽然初期产能较高，但递减较快，仅半年多口井日产油低于20m^3，初期对6口井进行常规解堵，解堵后增产效果均不理想，目前超过60%的井处于低产或停井状态，增产技术需求迫切，并且目前海上暂无成功经验可供借鉴，其复杂的储层特征给增产改造工艺带来了前所未有的挑战，亟须开展适用于混积岩储层的增产改造工艺研究。

近年来国内外学者提升了对储层岩性酸化压裂效果影响的认识，李凌川总结了针对大牛地气田非均质性储层类型划分而形成的差异化分段酸压技术，并模拟了不同施工条件下的酸蚀缝长和酸液分布形态；H. Mehrjoo等通过实验研究了盐酸浓度、岩石强度、注入速率、酸类型和岩石类型对裂缝导流能力的影响，建立了3种不同酸类型的酸压模型；Y. J. Wang等建立了考虑方解石和白云石酸岩反应速率和顺序的基质酸化模型，研究了温度、白云岩形态特征和分布方向对蚓孔扩展和酸化效率的影响。目前针对碳酸盐岩储层酸

第一作者简介：王子权(1996—)，男，增产措施助理工程师，2018年毕业于中国石油大学(华东)石油工程专业，2021年毕业于中国石油大学(华东)油气田开发专业，获工学硕士学位，现从事酸化压裂相关工作。工作单位：中海石油(中国)有限公司天津分公司。E-mail：wangzq28@cnooc.com.cn。

化工艺的研究已经成熟，但针对砂岩、碳酸盐岩混积储层的酸岩作用机理、酸液体系及增产改造工艺鲜有研究，由于酸岩作用机理不明确、酸液体系缺失、缺乏针对性增产改造工艺，严重影响油田开发效果，后续需要进一步探索混积岩酸岩反应动力学研究方法，揭示混积岩储层多矿物与酸竞争反应机理，明确混积岩储层酸蚀蚓孔扩展规律，并对酸液体系、施工排量、酸液浓度等工艺参数进行针对性优化。

针对垦利 A 油田砂岩、碳酸盐岩混积油藏，借助室内试验和数值模拟相结合的手段，剖析常规解堵效果差原因，针对性地开展岩矿分析、机理探索、体系研发及工艺研究，形成适用于混积岩储层的高效增产改造体系及配套工艺，突破混积岩储层常规解堵效果差的技术瓶颈，为该类储层规模有效开发提供技术保障。

1　混积岩储层特征及增产改造难点

1.1　砂岩、碳酸盐岩混积，海上无成熟经验借鉴

渤海油田酸压仍处于探索阶段，曾在 JZ25－1、BZ19－6 等油田开展过酸压试验，但实际增产效果一般，相比于其他以砂岩或片麻岩为主的储层，砂岩与碳酸盐岩混积储层更适合采用酸压技术进行改造，但该油田岩石脆性一般，岩性上更加复杂，需要根据实际优选酸液组合，控制酸岩反应速度、酸液律师特性，从而增大酸液作用距离，实现储层深部改造。

1.2　施工井段长，薄互层发育，均匀改造难度较大

沙三下段储层以薄互层为主，厚度小于 2m 储层占比 70%，平面上连通性非常复杂，纵向上岩性差异大，孔隙度 17.3%～33.1%，渗透率 23.1～311.8mD，具有中孔、中渗储层特征，纵向上均匀改造难度较大，考虑采用大排量分段酸压工艺，对井下工作液体系降阻性能提出了较大考验。

1.3　泥质含量与铁含量高，储层敏感性强

储层黏土含量较高(15%～48.7%)，以伊蒙混层、高岭石为主，矿物敏感性强，外来流体入侵容易造成二次伤害，盐酸溶蚀后表面残留黏土矿物，后续流动过程中堵塞孔喉。储层中含铁矿物含量较高(1%～9%)，矿物酸敏性强，常规酸液反应后释放出的大量 Fe^{2+}，当溶液的 pH＞2 时，Fe^{2+} 会氧化成 Fe^{3+}，容易形成 $Fe(OH)_3$ 沉淀。

2　混积岩储层酸化溶蚀模式及蚓孔扩展规律

基于室内溶蚀实验研究发现，酸化过程中储层有多种溶蚀模式，只有蚓孔溶蚀模式下才能有效改善储层连通性，因此形成酸蚀蚓孔是改善混积岩储层的最优溶蚀模式，但并不是所有的条件均能形成酸蚀蚓孔，随着注入条件的改变，溶蚀模式也在不断变化。进一步研究发现，孔隙介质的非均质性和蚓孔扩展竞争性溶蚀是形成酸蚀蚓孔的关键，通过研究酸液类型、注入速度、酸液浓度三个主控因素，进一步明确各溶蚀形态间控制界限，将溶蚀模式控制在蚓孔溶蚀的范围内。

蚀孔液主要通过多级电离和螯合作用，对岩屑中碳酸盐组分进行溶解，岩屑中碳酸盐岩含量越高，溶蚀效果越好(图 1 和图 2)。

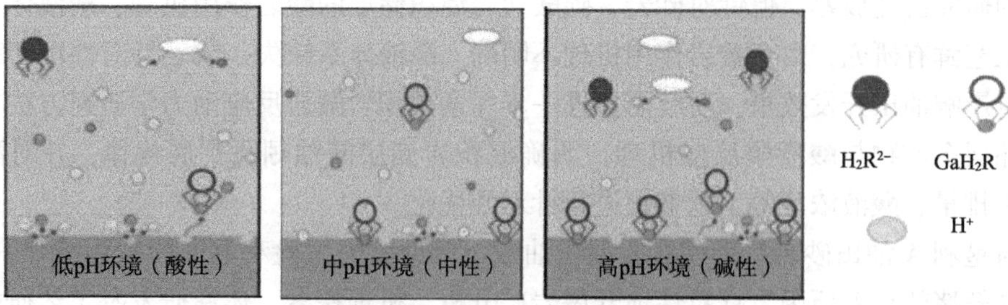

图1　蚀孔液分子电离与螯合示意图

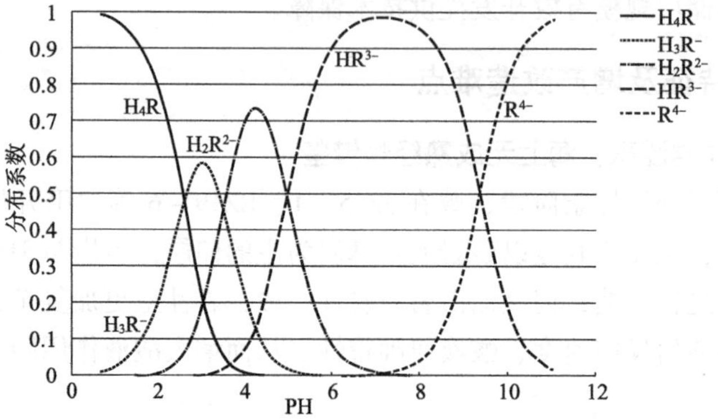

图2　蚀孔液多级反应分布系数

第一阶段(酸性)：碳酸盐岩储层，H^+与碳酸盐岩矿物发生反应，对致密储层进行H^+处理，形成后续体系的作用通道；

第二阶段(中性)：H^+激活螯合体系，pH增加，二、三级反应被不断激活，提升螯合能力；

第三阶段(碱性)：pH在11～12，以螯合作用为主，金属螯合物性能更加稳定。

岩屑溶蚀实验表明，单独使用蚀孔液对岩屑溶蚀率较低，不易形成有效酸蚀蚓孔实现良好的渗透率改善效果；盐酸或土酸均具有较好的溶蚀性，但溶蚀残留颗粒会堵塞部分孔隙降低渗透率改善效果，综合考虑溶蚀率及二次沉淀风险，选择盐酸与蚀孔液组成蚀孔酸体系，提高溶蚀能力形成有效酸蚀蚓孔，同时螯合金属离子降低二次沉淀伤害。

3　混积岩储层酸液体系解堵性能分析

垦利A油田平均泥质含量较高，地层敏感性较强，常规酸液体系酸化后可能引起二次伤害，导致解堵效果差，针对常规酸液体系存在的不足，研究形成适用于该类储层的蚀孔酸体系，通过室内实验对体系解堵性能进行评价。

3.1　岩屑溶蚀性

采用垦利A油田A－1井岩屑，通过模拟实际地层温度，对不同酸液体系进行溶蚀试验，对比分析不同酸液体系对岩屑的溶蚀能力。

由于垦利A油田A－1井储层岩性差异大，酸液对不同层段岩屑的溶解能力差距较大(图3)，盐酸溶蚀率在17%～24%，土酸溶蚀率在35%～55%，蚀孔液溶蚀率在3%～11%。

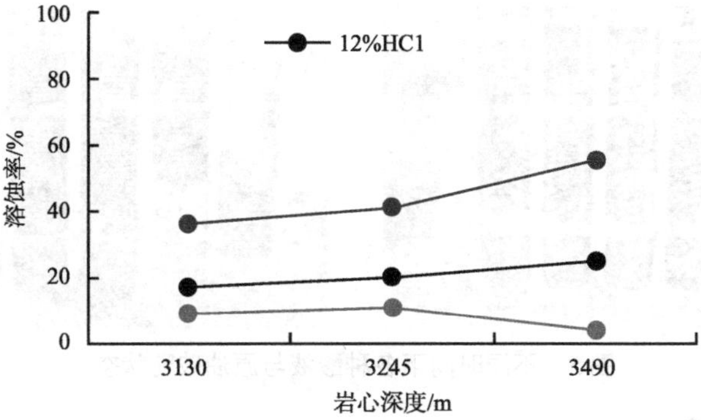

图3　不同酸液体系对A-1井岩屑的溶蚀率

3.2　岩心渗透率改善性

采用垦利A油田A-1井岩心，通过模拟实际地层温度，采用不同酸液体系进行岩心流动试验，对比分析不同酸液体系对岩心渗透率的改善能力(图4)。

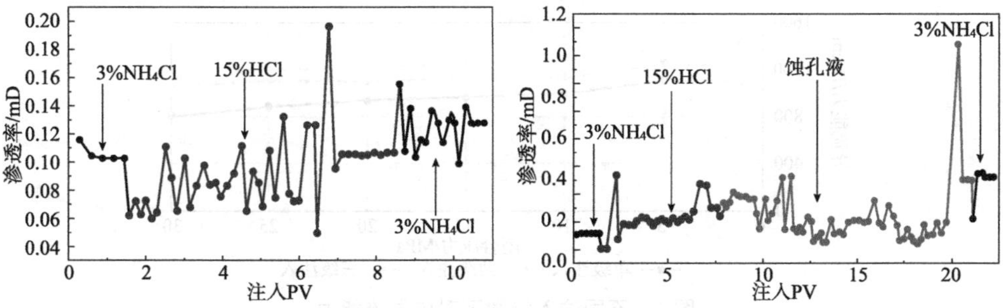

图4　岩心流动实验-盐酸/盐酸+蚀孔酸

A-1井岩心较为致密，液测渗透率为0.1mD，盐酸与矿物反应速度较快，以面溶蚀为主，对岩心渗透率改善效果较差，驱替后渗透率恢复率为120%；由于蚀孔液体系溶蚀能力较弱，单纯依靠蚀孔液体系难以有效形成酸蚀孔道，将盐酸作为引发剂，蚀孔液作为处理剂，协同作用下可增强非均匀溶蚀，驱替后岩心渗透率恢复率为293%，能够明显提高近井端储层渗流能力。

4　混积岩储层增产改造工艺研究

4.1　蚓孔酸解堵工艺

针对储层有一定渗流能力，目前产能较低的井，提出蚓孔酸解堵技术，通过近井溶蚀有效改善渗流能力，恢复储层产能，由于原油乳化严重，对液体性能进行优化，进行乳化破乳实验表明：1h左右破乳率均能达到90%以上(表1和图5)。

表1　脱水原油破乳率(1h)

酸液	滑溜酸	蚀孔液	闭合酸	处理液1	处理液2
破乳率/%	98	96	94	98	96

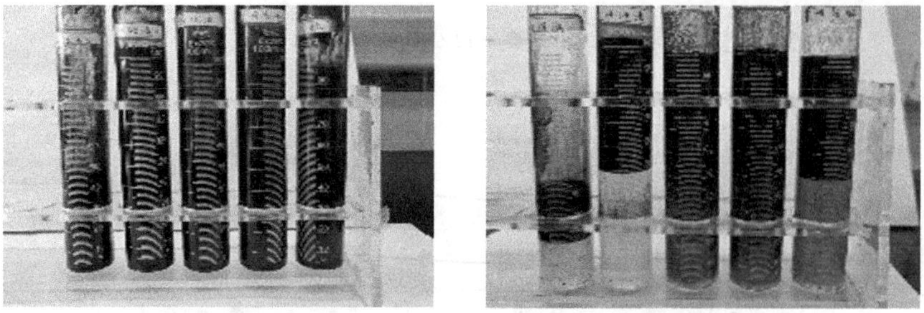

图5　不同时间下各种酸液与原油破乳状态

4.2　高通道酸压工艺

针对储层渗流能力差，目前几乎无产能的井，创新提出高通道酸压技术，通过大规模酸压在储层形成多分支酸蚀孔道，大幅提高导流能力，并优化形成多级交替注入工艺及酸压酸化一体化工艺，相比单级注入下导流能力提升27%，相比酸压酸化单独施工工期缩短30%，费用降低40万元(图6和图7)。

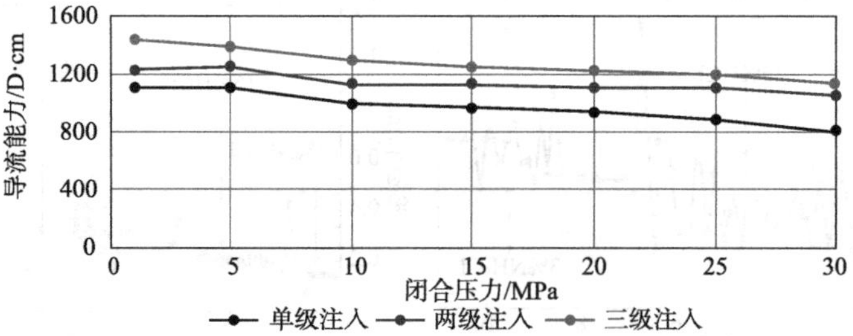

图6　不同注入级数下对应导流能力

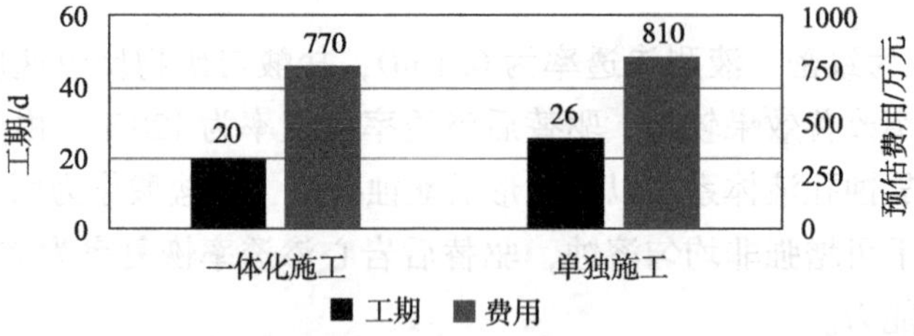

图7　不同注入级数下对应导流能力

4.3　多分支蚓孔+尾追强酸工艺

增产改造的核心是提高导流能力以及增大改造范围，仅提高导流能力初期日产能更高但累产低，仅增大改造范围初期日产能低但累产高，两种模式下产能均受限，创新形成多分支蚓孔+尾追强酸工艺，既能增大改造范围，也能有效提升主蚓孔导流能力，产能效果最优(图8和图9)。

图8　不同改造目标下对应溶蚀模式

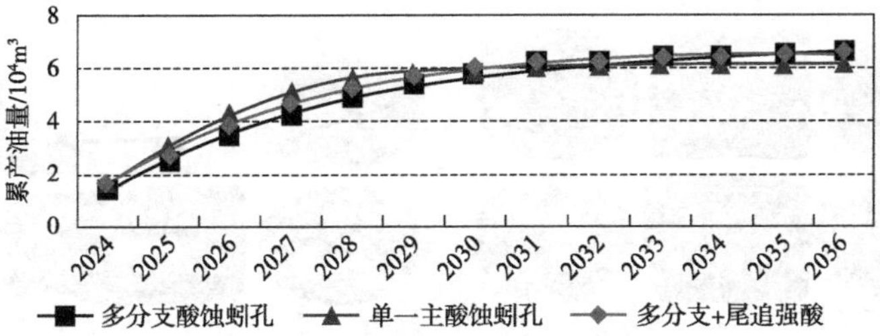

图 9 不同溶蚀模式下对应产能情况

4.4 工艺参数优化

酸化作业过程中施工排量、施工液量以及泵注压力等工艺参数会直接影响解堵效果，蚀孔酸作业过程中，合理的施工排量才能形成有效的酸蚀蚓孔，通过替代岩心劈裂缝流动实验模拟不同施工排量对蚀孔液解堵效果的影响(图 10)。

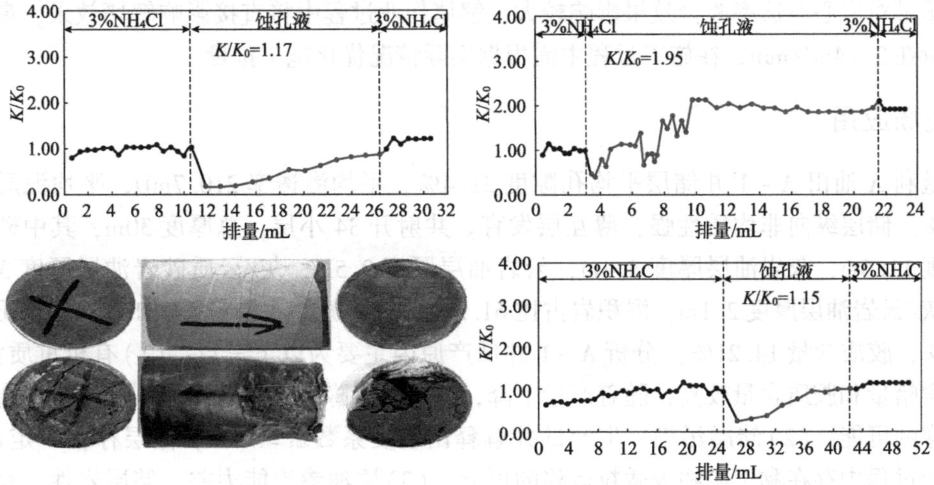

图 10 不同排量下蚀孔液的解堵效果 - 替代岩心劈裂缝(2mL/min、3mL/min、4mL/min、5mL/min)

由替代岩心劈裂缝流动实验结果可知，驱替速度为 3mL/min、4mL/min 时，蚀孔液与岩石反应速度小于流速，有效形成了单条酸蚀蚓孔穿透整个岩心，酸化效果显著，增产倍比高达 1.95 ~ 1.99，其中 4mL/min 驱替速度最优；2mL/min 下没有形成明显的蚓孔，酸化效果不明显；随着驱替速度的增加，5mL/min 形成多分支蚓孔，但由于蚀孔液与岩石反应的时间减少，刻蚀程度降低，增产倍比下降。

通过垦利 A 油田 A - 1 井岩心流动实验模拟不同施工排量对蚀孔液解堵效果的影响，进一步优化施工排量(图 11 和图 12)。

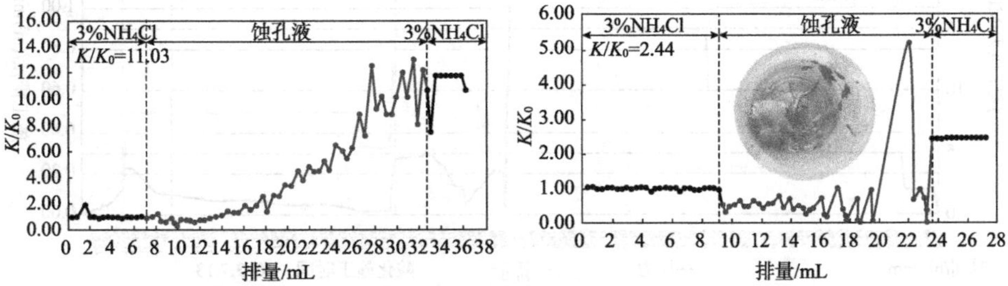

图 11 不同排量下蚀孔液的解堵效果 - A - 1 井岩心(3mL/min、5mL/min)

图 12　不同排量下蚀孔液岩心溶蚀形貌 - A - 1 井岩心(3mL/min、5mL/min)

垦利 A 油田 A - 1 井岩心胶结疏松，驱替速度为 3mL/min 时，岩心破坏程度小，蚀孔液缓慢溶蚀岩心矿物，形成大裂缝，酸化效果显著，增产倍比高达 11. 03；驱替速度为 5mL/min 时，岩心出泥严重，出口端破坏程度高，增产倍比 2. 44。

综合替代岩心劈裂缝驱替实验结果以及垦利 A 油田 A - 1 井岩心驱替实验结果可知，施工排量对岩心渗透率改善效果影响较大，解堵作业过程中将直接影响解堵效果，最优施工排量在 3 ~ 4m^3/min，在施工过程中需根据实际情况优化施工排量。

5　现场应用

垦利 A 油田 A - 1 井储层平均孔隙度 21. 4%，平均渗透率 210. 7mD，平均泥质含量 17. 3%。储层纵向非均质性强，薄互层发育。共射开 34 小层，总厚度 30m，其中砂岩油层厚度 11. 6m，灰岩油层厚度 3. 4m，云岩油层厚度 9. 5m，灰/云质砂岩油层厚度 3. 4m，砂质灰/云岩油层厚度 2. 1m，混积岩占比 61. 3%。该井原油含蜡量 14. 81%，沥青质含量 6. 87%，胶质含量 14. 21%。分析 A - 1 井低产原因主要为以下三点：(1)有机重质污染，原油含蜡量和胶质含量较高，随着产量下降，井口温度降低，存在蜡质、胶质析出造成有机堵塞的可能；(2)储层污染，生产试井解释出表皮系数 S = 4. 25，储层存在一定污染，在生产过程中存在黏土矿物等微粒运移的可能；(3)原油渗流能力差，储层岩性、物性变化大，薄互层发育，孔隙构造与连通性复杂，原油渗流能力差。

垦利 A 油田 A - 1 井于 2023 年 7 月进行了蚀孔酸化作业，泵注程序设计为“有机清洗液→前置液→蚀孔液→顶替液”，蚀孔液进入地层后，形成酸蚀蚓孔，伴随颗粒运移和生成气体引起的贾敏效应，造成压力持续上升，与室内实验结果一致。该井解堵后初期日增油超 20m^3，稳定生产 3 个月，累增油超 1700m^3，蚀孔酸化工艺在 A - 1 井先导试验的成功为混积岩储层增产措施工艺方向提供了重要指导(图 13)。

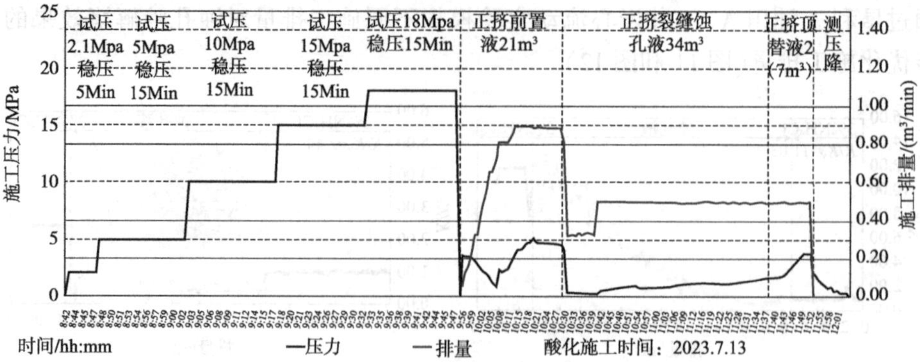

图 13　A - 1 井蚀孔酸化作业施工曲线

6 结论

(1)形成酸蚀蚓孔是改善混积岩储层的最优溶蚀模式，孔隙介质的非均质性和蚓孔扩展竞争性溶蚀是形成酸蚀蚓孔的关键，高排量更有利于形成蚓孔溶蚀，高浓度更容易产生单一主蚓孔；

(2)创新研发盐酸+蚀孔液酸液体系，其螯合钙镁离子能力强，通过螯合反应进一步促进酸蚀孔道形成，稳铁能力超过500mg/L，有效减少二次沉淀伤害，协同作用下可增强非均匀刻蚀，相比常规解堵渗透率提升180%；

(3)优化形成多级交替注入工艺、酸压酸化一体化工艺以及多分支蚓孔+尾追强酸工艺，相比单级注入下导流能力提升27%，相比单独施工时工期缩短30%，既能增大改造范围，也能有效提升主蚓孔导流能力，产能效果最优，最优注入速度为3~4m^3/min，最优酸液浓度为20%~25%。

(4)目前在垦利A油田实施2井次，单井日增油超20m^3，有效期超200d，阶段累增油超4000m^3。该项目成果突破了混积岩储层常规解堵效果差的难题，填补海上混积岩油藏增产改造技术空白，为垦利A油田规模有效开发提供技术保障。

参考文献

[1]刘平礼，黄晶，幸雪松等．超高温裂缝性变质片麻岩凝析油气藏缝网酸压改造技术——以海上A气田太古界潜山储层为例[J]．天然气工业，2021，41(12)：73-80.

[2]陈祥，赵立强，李小凡，胡兵华，胡忠太，姚锋盛．海上致密砂岩气藏体积酸压技术研究[J]．油气藏评价与开发，2020，10(05)：120-126.

[3]范白涛，陈峥嵘，姜浒，吴怡，李斌，杨琦，李亮．中国海油非常规和海上低渗储层压裂技术现状与展望[J]．中国海上油气，2021，33(04)：112-119.

[4]王元庆，林长志，王连生，等．低渗碳酸盐岩储层深度酸化酸液体系优选与评价[J]．地质科技情报，2014，33(1)：100-105.

[5]李宪文，侯雨庭，古永红，等．白云岩储层酸蚀裂缝导流能力实验研究[J]．油气地质与采收率，2021，28(1)：1-7.

[6]王玉芳，杜建军，牛新年．碳酸盐岩酸压裂缝导流能力随缝长变化规律研究[J]．地质力学学报，2015，21(4)：546-554.

[7]王明星，吴亚红，孙海洋，等．酸液对酸蚀裂缝导流能力影响的研究[J]．特种油气藏，2019，26(5)：153-158.

[8]冯炜，杨晨，陶善浔，等．碳酸盐岩酸蚀裂缝表面形态特征的实验研究[J]．岩性油气藏，2020，32(3)：166-172.

[9]张磊，赵凤兰，舒俊峰，等．碳酸盐岩油藏用新型乳化酸酸岩反应研究[J]．钻井液与完井液，2013，30(1)：63-65，68.

[10]赵立强，陈祥，山金城，等．注水井螯合酸复合解堵体系研究与应用[J]．西南石油大学学报(自然科学版)，2020，42(3)：123-131.

海上疏松砂岩稠油油藏稳砂技术研究

曾旭　陈华兴　张丽平　符扬洋　代磊阳　牟媚

[中海石油(中国)有限公司天津分公司]

摘　要：渤海B油田为稠油油藏，储层具有高孔高渗的储集物性特征，砂岩储层胶结疏松、稠油的高黏度以及高产液量导致目前一些油井存在出砂情况，造成井底沙埋、砂堵卡泵。针对疏松砂岩稠油油藏在生产井出砂治理问题，研制出适合疏松砂岩稠油油藏的稳砂体系PM－1，提出一种新的治砂理念，具有不动管柱快速作业，施工周期短的特点。PM－1稳砂剂以“挤注”模式注入地层，迅速在岩石表面覆盖0.2～1.0μm水基薄膜，稳定井筒周围砂粒、黏土，从而减少未固结或不良的黏土发生膨胀和细微迁移。通过开展室内实验测试新型稳砂体系对油相渗透率保留率、静态固砂和动态冲砂性能，结果表明新型稳砂体系对油相保留率良好，油相渗透率保留为95.83%。

关键词：稳砂；稠油油藏；疏松砂岩；出砂治理

疏松砂岩稠油油藏由于地层胶结较弱，稠油密度大、黏度大，易产生出砂问题，造成井底沙埋、砂堵卡泵、严重影响泵工况。国内采取的防砂方法主要分为机械、化学、压裂及复合防砂四种防砂方式。化学防砂是向地层挤入一定量的化学剂充填于地层孔隙中，以达到充填和固结地层，提高地层强度的目的。一般分为人工胶结地层和人造井壁两种防砂方法。化学法防砂适用于渗透率相对均匀的薄层段地层防砂，而层内差异大的厚层化学防砂施工由于注入剂锥进不均和重力作用易造成固结不均，影响防砂效果。化学防砂优点是施工后井内无遗留物，并可用于异常高压井层的防砂，缺点是对地层渗透率有一定伤害，特别是重复施工时。另外注入剂存在老化现象，使其有效期有限，成功率不如机械防砂，化学防砂不适用于裸眼井防砂。

对于地层出砂治理方面，针对目前化学防砂的局限性，为了满足不动管柱，快速作业，施工周期短的要求，提出一种新的治砂理念，疏松砂岩大液量油藏稳砂技术。

1　稳砂剂PM－1作用机理

PM－1稳砂剂分子结构中的侧链功能基团中含有大量的有机硅氧基团，每个有机硅氧基团的硅原子上有3个高活性的乙氧基，能够与疏松砂岩表面大量的羟基发生化学反应，通过Si－O－Si以及C－O－C的共价化学键方式，将无机相二氧化硅与有机相稳砂剂分子连接起来，从而达到将疏松砂岩中的细小砂粒固结在一起，使细粉砂岩稳定化，控制油井出砂的目的。不仅减少了对地层的伤害程度，同时具备较强稳砂能力。

在实际生产应用中，当PM－1稳砂剂以“挤注”模式注入地层后，迅速在岩石表面覆

第一作者简介：曾旭(1998.4—)，女，四川省，中海石油(中国)有限公司天津分公司，助理工程师，现从事油田增产措施相关研究工作。E－mail：zengxu3@cnooc.com.cn。

盖0.2~1.0μm水基薄膜，稳定井筒周围砂粒、黏土，从而减少未固结或不良的黏土发生膨胀和细微迁移。这种薄膜足够坚固以抵抗高速通过孔道的油、水、气流苛刻的流体动力学条件。由于具有RPM(相对渗透率改性)特性，因此，对油、气渗透率的影响很小，且兼有控水作用。高吸附能力能够将周围的细粉砂“絮凝”在一起，并在其表面形成“韧而坚”的薄膜。一方面使细粉砂粒径增大，增大临界流速，起到稳砂作用，另一方面，形成的薄膜具有在水相中分子结构舒展、在油相中分子结构弯曲的特性，起到亲水疏油作用，对水表现出一定阻力。

2 亲水疏油型稳砂剂PM－1体系

2.1 溶液黏度评价

分别配制500ppm、750ppm、2500ppm、5000ppm、10000ppm、30000ppm、50000ppm浓度的稳砂剂溶液，用DV－Ⅲ布氏黏度计测试溶液黏度，测得数据如下表1和图1。

表1 PM－1稳砂剂黏度随浓度变化数据

浓度/%	黏度/mPa·s(60℃)	黏度/mPa·s(60℃，老化24h)
0.05(500ppm)	1.5	1.5
0.075(750ppm)	2	2
0.25（2500ppm)	7	7
0.5（5000ppm)	20	20
1（10000ppm)	195	180
3（30000ppm)	9580	9820
5（50000ppm)	>10000	>10000

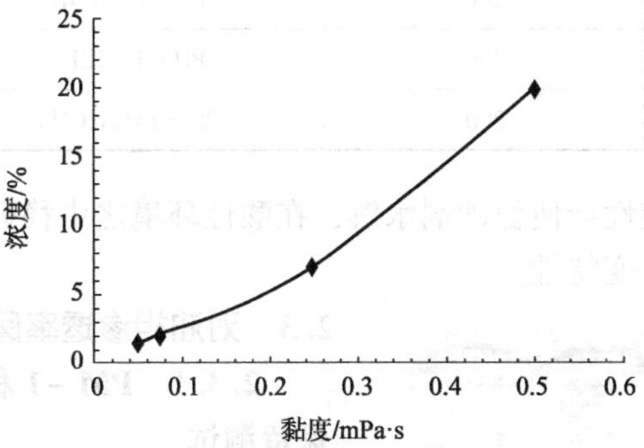

图1 PM－1稳砂剂黏度随浓度变化曲线

PM－1稳砂剂黏度呈现一定线性，随着浓度升高，黏度增加，0.5%时黏度达到20mPa·s，1%时黏度达到195mPa·s。

2.2 耐盐耐酸碱性能评价

2.2.1 耐盐性能评价

称取一定质量的稳砂剂，分别置于矿化度6000ppm、12000ppm、18000ppm、24000ppm、30000ppm的模拟水中，用布氏黏度计测定溶液的黏度率(图2和表2)。

表2　2500ppmPM－1稳砂剂随矿化度变化关系

矿化度/ppm	6000	12000	18000	24000	30000
黏度/mPa·s	30	12	8	6	4

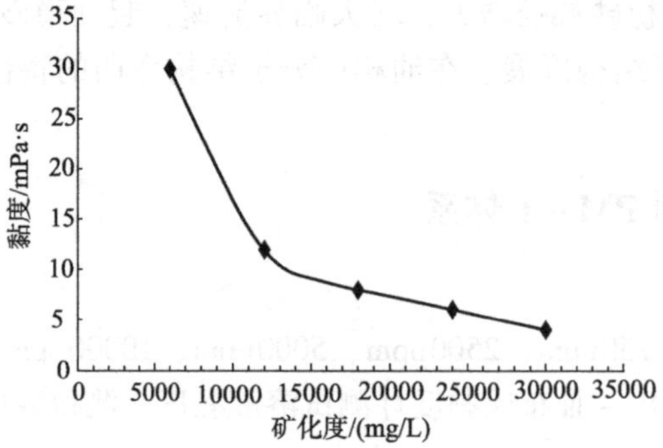

图2　稳砂剂黏度随矿化度变化

2.2.2　耐酸碱性能评价

配制浓度为2500ppm的稳砂剂溶液，分别加入一定浓度的HCl和NaOH溶液，测定溶液的黏度变化(表3)。

表3　PM－1稳砂剂与酸碱度关系(100℃，24h)

PM－1稳砂剂浓度/ppm	黏度/mPa·s	加入酸碱量/h	黏度/mPa·s
2500	7	PH＝1(HCL)	2
	7	PH＝14(NaOH)	6
5000	30	PH＝1(HCL)	10
	30	PH＝14(NaOH)	30
10000	200	PH＝1(HCL)	100
	200	PH＝14(NaOH)	210

从表2可以看出，酸性会使稳砂剂水解，在酸性环境之中稳砂剂黏度会降低；在碱性环境之中，黏度表现出不变特性。

(1) 0min　　(2) 30min

图3　PM－1稳砂剂对油水相过流能力保留测试

2.3　对油相渗透率保留测试

2.3.1　PM－1稳砂剂对油水相过流能力保留测试

左侧分液漏斗中石英砂和PM－1稳砂剂充分混合，右侧分液漏斗中为石英砂＋PM－1稳砂剂充分混合，24h之后。左侧之中加入煤油，右侧之中加入模拟水，分别打开旋塞阀30min(图3)。

打开旋塞阀左侧中煤油漏失量多于模拟水量，表明PM－1稳砂剂在砂粒表面形成的薄膜具有在水相中分子结构舒展、在油相中分子结构弯曲的特性，起到亲水疏油作用，对水表现出一定阻力。

2.3.2 PM-1 稳砂剂对油相渗透率保留测试

(1)驱替实验过程

a)取一定目数砂样压制填砂管；

b)水驱测渗透率；

c)将煤油与原油按一定比例互溶，制作用于饱和油样，测定黏度；

d)60℃恒温填砂管充分饱和油样，并测定油相渗透率；

e)填砂管反转，1mL/min 注入 2500ppm 浓度稳砂剂 2PV，60℃ 静置 24h；

f)填砂管反转，上述油样测油相渗透率；

g)计算油相渗透率保留率。

(2)驱替曲线及结果

油测渗透率前后对比，油相渗透率恢复值 95.83%，对比油水相渗透率，有一定控水作用(表 4、图 4 和表 5)。

表 4 驱替油样

油样	黏度/mPa·s(60℃)
B 油田综合原油：煤油 = 1 : 1 混合	15

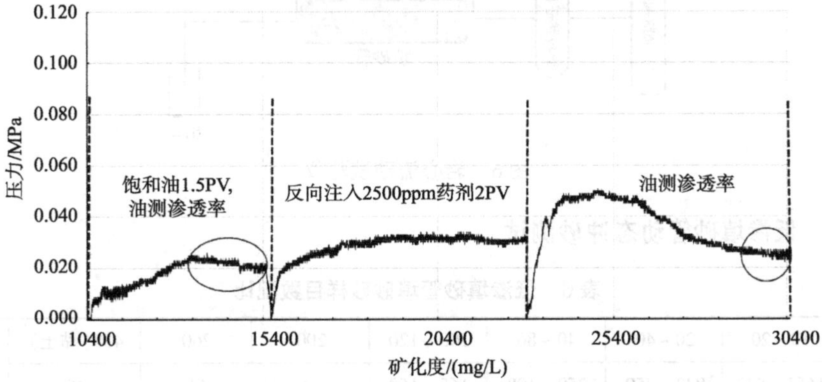

图 4 PM-1 稳砂剂对油相渗透率驱替数据

表 5 压力数据

注入稳砂剂前油测压力/MPa	注入药剂/MPa	注入稳砂剂后油测压力/MPa	注入稳砂剂前后油测压差/MPa	注入药剂前油测渗透率/mD	注入药剂后油测渗透率/mD	渗透率保留率/%
0.023	0.031	0.024	0.003	6642.99	6366.20	95.83

2.4 静态固砂测试

分别在分液漏斗中加入 50.0g 石英砂，左侧加入 50g (2000ppm) PM-1 稳砂剂，右侧加入 50g 石英砂和 50g 模拟水，静置 24h，打开旋塞阀。

左侧加入PM-1 稳砂剂，砂粒不漏出，右侧加入砂粒在 5min 之内全部漏出，表明 PM-1 稳砂剂起到良好稳砂作用(图 5)。

图5　PM－1稳砂剂静态固砂测试

2.5　动态冲砂测试

采用岩心流动实验仪器，测试稳砂剂动态冲刷性能。压制1根填砂管，水驱测渗透率，模拟水驱填砂管，测定填砂管出砂的临界流量；压制2根填砂管，水驱测渗透率，分别注入500ppm稳砂剂2PV，60℃静置24h；填砂管反转，去掉出口端金属筛网，以排量1mL/min驱替1PV，若不出砂，以2mL/min驱替1PV，排量依次递增1mL/min，直到端口出砂，记录端面砂粒脱落临界流量(图6～图8和表6)。

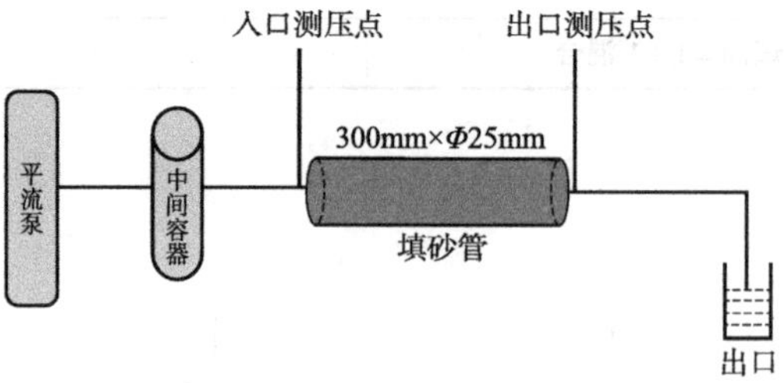

图6　岩心流动试验仪

2.5.1　低渗填砂管动态冲砂测试

表6　低渗填砂管填砂砂样目数配比

目数	10～20	20～40	40～80	100～120	200	260	400(黏土)	1500(黏土)
粒径/μm	1651～833	833～350	350～198	165～150	74	61	40	10
占比/%	2	22	34	16	13	8	4	1

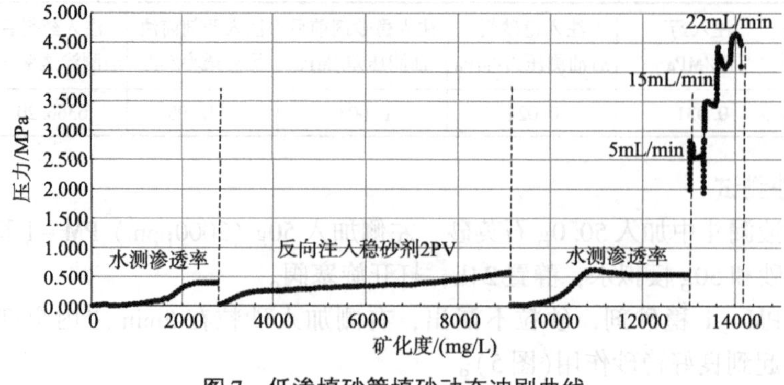

图7　低渗填砂管填砂动态冲刷曲线

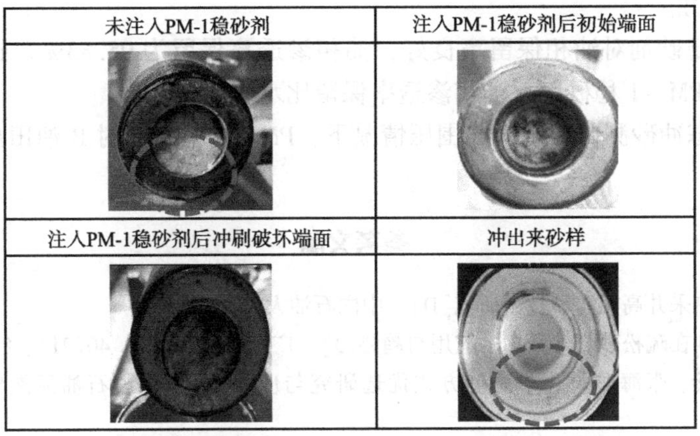

图8　低渗填砂管填砂动态冲刷端面

未注入 PM－1 稳砂剂出砂临界流量 0.1mL/min，出砂临界流量为 20mL/min，临界流量提升 200 倍(表 7)。

表 7　高渗填砂管填砂砂样目数配比

目数	20～40	40～80	100～120	400(黏土)
粒径/μm	833～350	350～198	165～150	40
占比/%	20	44	33	3

2.5.2　高渗填砂管动态冲砂测试

未注入 PM－1 稳砂剂出砂临界流量 0.075mL/min；出砂临界流量为 12mL/min；出砂临界流量提升 160 倍(图 9)。

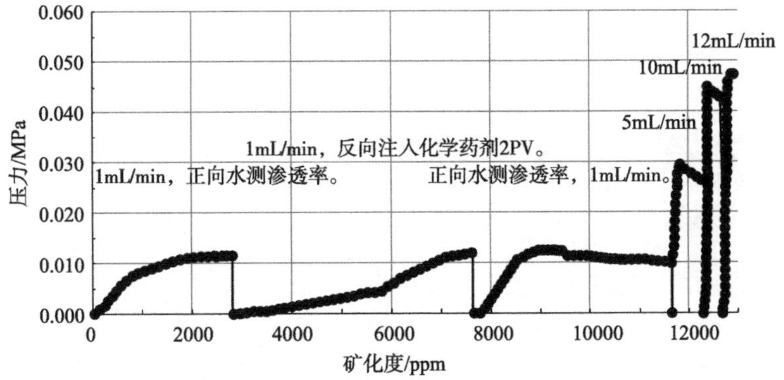

图9　高渗填砂管填砂动态冲刷曲线

3　结论

(1)PM－1 稳砂剂是以聚合物基团修饰，让稳砂剂岩石孔喉表面镀膜的方式，吸附储层之中游离的细粉砂、黏土及水垢颗粒。

(2)PM－1 稳砂剂的黏度呈随浓度呈现线性变化；稳砂剂的黏度会随着矿化度增加而降低；酸性会使稳砂剂水解，在酸性环境之中稳砂剂的黏度会降低；在碱性环境之中，黏度表现出不变特性。

(3)PM－1稳砂剂对油相保留率良好，油相渗透率保留为95.83%。通过对煤油和模拟水过流实验，PM－1稳砂剂对油相渗透率保留比水相高。

(4)通过动态冲砂测试，未施加围压情况下，PM－1稳砂剂对B油田出砂临界流量为12～22mL/min。

参考文献

[1]耿娜娜．稠油热采井高温防砂技术研究[D]．中国石油大学，2007.

[2]王杰．化学防砂在疏松砂岩油藏中的应用与趋势[J]．广东化工，2013，40(21)：82－85.

[3]朱春明，王希玲，张海龙．化学防砂方式优选研究与应用[J]．新疆石油天然气，2012，8(04)：77－80.

[4]郭茂野．油田化学防砂技术研究探讨[J]．当代化工研究，2019(15)：3－4.

[5]柯耀斌，杨旭，赵建华．化学防砂技术的综述[J]．化学工程与装备，2009(12)：141－142.

[6]朱杰，刘玉兰．油田化学防砂技术研究进展[J]．广东化工，2015，42(16)：119－120.

[7]胡玉国，邓大智，宿辉等．我国化学防砂工艺技术现状和发展趋势[J]．精细与专用化学品，2002(23)：14－16.

[8]曾俊峰．油井防砂技术及化学固砂剂治砂体系研究[D]．长江大学，2012.

[9]潘一，杨尚羽，杨双春，等．化学防砂剂的研究进展[J]．油田化学，2015，32(03)：449－454.

[10]徐立清．锦州油田化学防砂技术综述[J]．油田化学，2006(01)：96－98.

[11]许声瑞．海上A气田出砂井化学防砂技术研究[D]．西南石油大学，2018.

[12]汪庐山，梁伟，王勇，等．非均质砂岩油藏分层化学防砂技术[J]．石油钻采工艺，2019，41(01)：121－124.

渤海无修井机平台低成本长效举升技术研究及应用

尚宝兵　方涛　孙超　戚亚东　周玉刚　庞铭　王宇飞

[中海石油(中国)有限公司天津分公司]

摘　要：电潜泵是渤海油田最重要的人工举升方式，约96%的油井采用电潜泵举升。但对于无修井平台，常规换泵作业需要钻井船实施，修井费用高，且由于修井资源不确定等因素导致油井躺井时间延长。以“延长电潜泵运转周期、降低修井费用、减少躺井时间”为目标，研究并形成了适用于渤海无修井机平台的低成本长效举升技术，主要包括：(1)双电潜泵举升技术，当一套电潜泵故障后启用另一套举升，该技术已在无修井机平台广泛应用，与单电潜泵举升相比检泵周期约延长30%，全生命周期可减少检泵作业1.5次；(2)投捞电潜泵举升技术，电潜泵故障后通过钢丝作业等即可完成换泵作业，不再需要动用钻井船。该技术在现场累计应用13井次，单次检泵可节省作业费用80%。技术研究成果在海上油田具有较大应用潜力，对于类似油气田开发具有良好指导意义。

关键词：无修井机；人工举升；双电潜泵；钢丝投捞

目前，渤海新发现的油田中，储量规模小、常规模式开发难度大的边际油田越来越多。为了提高经济效益，这类油田通常采用无修井机、无人平台的开发模式。针对这类无修井机平台，油井采用电潜泵举升，当电潜泵故障后，借助钻井船或修井船实施检换泵作业，以恢复油井的正常生产。渤海边际油田生产实践表明，用钻井船或修井船检换泵方式存在作业费用高、油井躺井时间长、滑移威胁平台安全等问题。为了解决无修井机平台常规检泵作业模式存在的问题，以“延长电潜泵运转周期、降低修井费用、减少躺井时间”为目标，研究应用了双电潜泵举升技术、钢丝投捞电潜泵举升技术，并在渤海无修井机平台推广应用。

1　双电潜泵举升技术

电潜泵本身具有一定的运转寿命，当井下的电潜泵故障后，需要通过作业更换新的电潜泵系统。但是无人平台检泵作业不便，其作业费用以及检泵作业期间造成的产量损失往往是电潜泵本身价值的几十倍。为了尽量减少电潜泵井的检泵作业天数，提出了双电潜泵采油系统，即在1口油井中安装2套电潜泵，先使用第一套机组进行生产，在第一套机组出现故障无法正常工作时无须修井，可启用第二套机组继续进行生产。该工艺的主要目的是要延长电潜泵在油井中的工作寿命，延长井的检泵周期，提高生产时率，减少检泵作业的次数和费用。同时，该工艺可根据井况需求配置不同排量的电潜泵系统，以充分利用油藏的产能。

第一作者简介：尚宝兵(1988—)，男，山东青岛人，中海石油(中国)有限公司天津分公司，高级工程师。主要研究方向为海上油田人工举升工艺、采油工程方案设计。E－mail：shangbb@ cnooc. com. cn。

1.1 双电潜泵管柱结构

根据海上油田生产井管柱特点，研发了两种双电潜泵管柱结构，以满足不同井况需求，包括双 Y 接头和单 Y 接头管柱。

双 Y 接头双电潜泵管柱结构如图 1(a)所示。该系统的上、下电潜泵出口上方均需安装单流阀，这种单流阀具有良好的反向密封性能，从而避免倒流现象。当上电潜泵运行时，下电潜泵上方的单流阀密封下电潜泵支路，下电潜泵旁通管上安装的坐落接头的堵塞器关闭，密封该旁通支路。当下电潜泵运行时，上电潜泵上方的双单流阀体密封上电潜泵支路，下电潜泵旁通管上安装的坐落接头的堵塞器关闭，密封该旁通支路。这种管柱结构可以满足油井分采、后期生产测试等的需求，但缺点是切换电泵时操作相对复杂，需要钢丝作业捞、投堵塞器，增加了无修井机平台的作业量。

为了解决部分大排量井双 Y 接头电潜泵系统尺寸过大、难以入井的问题，对双 Y 接头管柱结构进行了优化，设计出了双电潜泵系统单 Y 接头管柱。常规的单 Y 接头管柱示意图如图 1(b)所示，两个泵的出口位置仍需要按照单流阀，因此上下泵转换时还需要投捞一次上泵处的 Y 堵。为进一步简化作业程序，在 Y 接头内部设计了转换阀体。当上电潜泵工作时，转换阀借助泵的出口压力将阀心推到下电潜泵一端，并将该旁路密封，反之密封上电潜泵支路，由此在电泵切换时不需要钢丝作业捞堵塞器。但是该种管柱结构由于下泵采用的是合采管柱形式，因此无法满足油井分采、测试的需求。

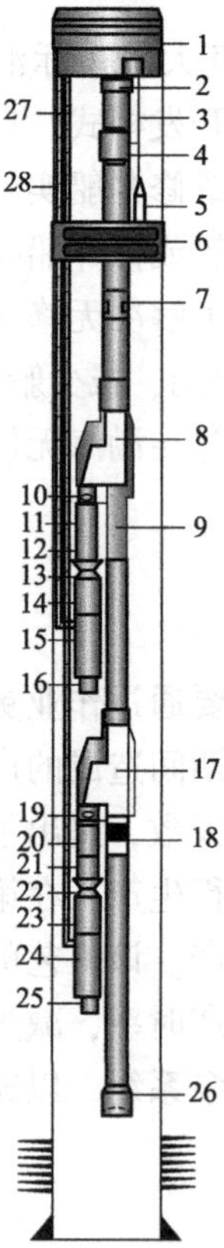

序号	名称
1	油管挂
2	双公短节
3	液控管线
4	井下安全阀
5	环空放气网
6	过电缆封隔器
7	坐落接头
8	Y形接头
9	密封筒
10	单流阀
11	泵头
12	电泵
13	油气分离器
14	保护器
15	电动机
16	泵工况
17	Y形接头
18	密封筒
19	单流阀
20	泵头
21	电泵
22	油气分离器
23	保护器
24	电动机
25	泵工况
26	引鞋
27	电缆
28	电缆

(a)双Y接头双电潜泵管柱结构示意图

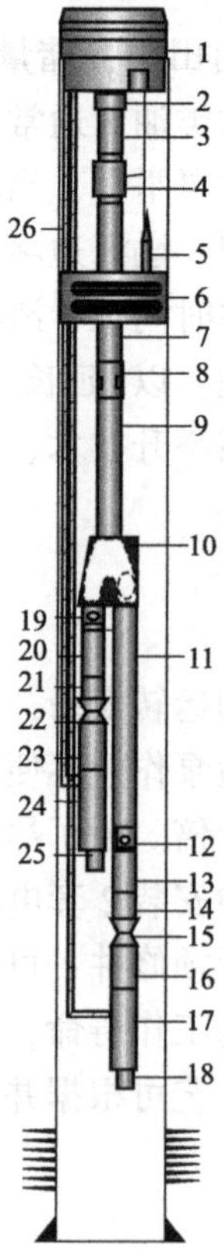

序号	名称
1	油管挂
2	双公短节
3	液控管线
4	井下安全阀
5	环空放气网
6	过电缆封隔器
7	油管
8	坐落接头
9	油管
10	Y形换向阀
11	油管
12	单流阀
13	泵头
14	电泵
15	油气分离器
16	保护器
17	电动机
18	泵工况
19	单流阀
20	泵头
21	电泵
22	油气分离器
23	保护器
24	电动机
25	泵工况
26	电缆

(b)单Y接头双电潜泵管柱结构示意图

图 1　双电潜泵管柱结构示意图

1.2 无修井机平台电潜泵控制方式

根据电压大小，目前无修井机平台电潜泵变频控制方式可分为低压变频和中压变频控制。其中目前最常规的应用方式是常规低压变频，此种方式需要将变频器、变压器等设备安装在本平台上，需登陆平台手动调整参数，操作不便。为此研究形成了中压变频控制方式。中压变频将变频器、变压器等设备安装在依托平台上，在依托平台即可实现远程控制，通过长电缆，对无人平台井下的电潜泵机组进行启停、调频等控制，如图2所示。该技术的实施要满足两个条件：①依托平台变频器控制间空间充足，能够满足地面控制设备摆放要求；②地面控制设备选择合理，长电缆驱动与控制模式下，电压降、谐波畸变度是影响井下电潜泵机组平稳运行的关键指标，两者是否符合要求由地面控制设备决定。目前，这项技术已在渤海四个边际油田成功应用，技术具有较高的可靠性。

图2 电潜泵长电缆驱动与控制技术示意图

目前双电潜泵举升工艺在渤海无修井机平台广泛应用，效果明显。与常规电潜泵系统相比，检泵周期延长1.3倍左右。以单井25年的寿命计算，采用双电潜泵系统全生命周期可减少钻井船作业1.5次，在节省检泵作业费用的同时，有效减少躺井时间，实现了油井产量最大化。

2 钢丝投捞电潜泵举升技术

无人平台因为不配备单独的修井机，当电潜泵失效后，需要专门的修井船来进行换泵作业。而采用修井船作业，一方面费用极高，增加了生产成本；另一方面，还需要根据修井船的作业安排等待较长时间，造成产量损失。同时压井作业易造成储层污染，使得换泵作业后油井产量难以恢复至初始水平。为解决这一问题，在海上油田探索应用了无修井机检泵技术，换泵作业时不再需要将整个油管柱取出，只需要通过钢丝作业或连续油管作业将井下电泵取出即可，因此不需要借助修井机即可完成，一次作业2天左右即可完成，大大提高作业效率，降低油田生产成本。此外，采用此种工艺不需要压井，因此可避免储层污染，有利于油井产能恢复。

2.1 钢丝投捞电潜泵管柱结构

钢丝投捞电潜泵技术应用时，第一次作业需要动用模块钻机/修井机，之后在比较长周期内均只需要利用电缆设备即可实现电潜泵检泵作业。此工艺首次作业时利用修井机或者钻井船将外层生产油管下入，将动力电缆固定在生产油管外部，湿接头外筒及悬挂系统外筒随大通径外层生产油管下入井筒内设计的泵挂位置，井筒及井口大通径采油树构成该

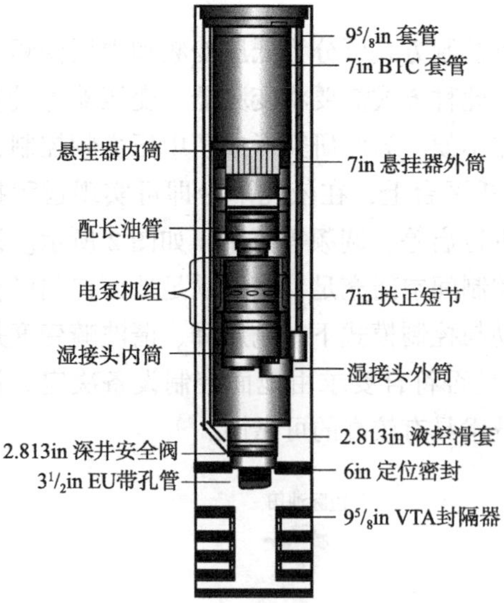

图3 钢丝投捞电潜泵投捞电潜泵管柱

工艺系统的外部结构；在此之后修井机或者钻井船将不再需要，生产时利用测井电缆将电潜泵生产系统携带悬挂系统内筒通过采油树、生产油管投入至外层生产管柱内设计的泵挂位置而进行生产；检泵或者更换大泵作业时，用测井电缆将电潜泵机组从生产油管内捞出，更换新的电潜泵机组，再用测井电缆投进去，可以实现不压井重复检泵作业，其管柱结构如图3所示。

该电潜泵系统的管柱结构主要由井下永久管柱和可回收中心管柱组成，如图4所示。其中，井下永久管柱主要包括油管、悬挂器外筒总成、扶正器、电缆、电缆护罩、湿接头外筒总成、液控滑套、深井安全阀、底部封隔器等。井下可回收中心管柱主要包括湿接头内筒总成、电泵机组、悬挂器内筒总成等。

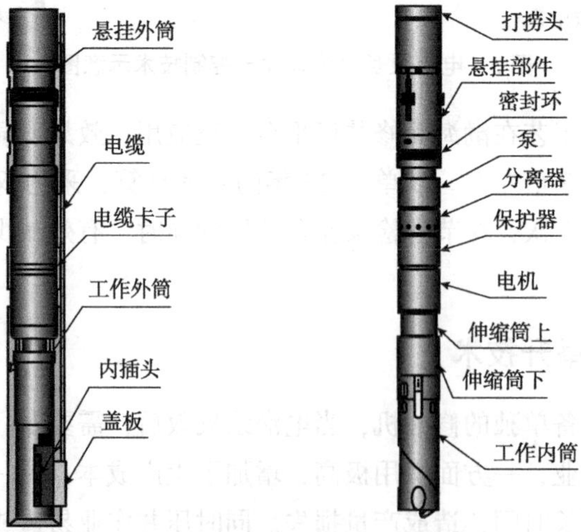

图4 永久管柱和可回收中心管柱

2.2 井下关键工具

2.2.1 电气湿接头系统

该接头原理类似三相插座，由湿接头外筒的公插头和湿接头内筒的母插头组成，如图5所示。通过内、外筒上的定位导向装置，确保公母插头在下入过程中能准确连接。在湿接头内筒的母插头内设有密封，该密封系统可在公母接头连接时有效防止井底流体进入到插头内部影响电气绝缘。

电气湿接头系统中设计有湿接头锁止机构。当湿接头内筒坐落井底后，为确保公母插头不会因其他原因发生位移导致公母接头松脱而引起电气事故，在湿接头系统中设置了锁止机构。当湿接头正确连接后，锁止机构的锁止销钉能顺利坐落到内筒销钉槽，限制电气湿接头的轴向和径向位移，保证其稳定连接。如需解锁只需通过钢丝作业上提剪切锁止销钉即可。

2.2.2 伸缩筒系统

在湿接头内筒中心管柱上设有伸缩筒，该装置可自由旋转和伸缩，能有效补偿电泵机组运行过程中管柱的伸缩，同时消除电泵运转过程中产生的震动对湿接头内外筒电缆连接的影响(图5和图6)。

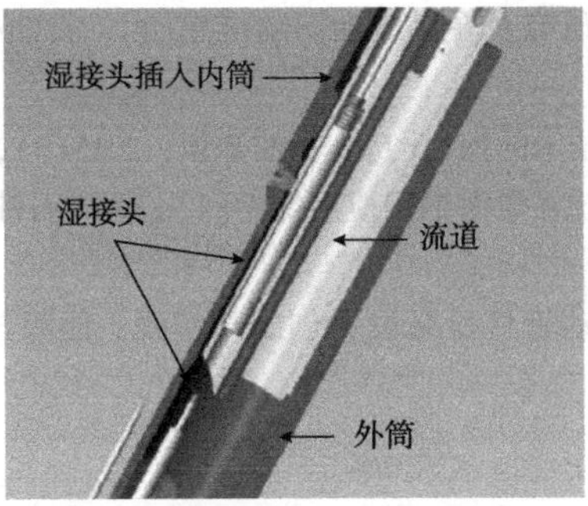

图5　电气湿接头偏心设计

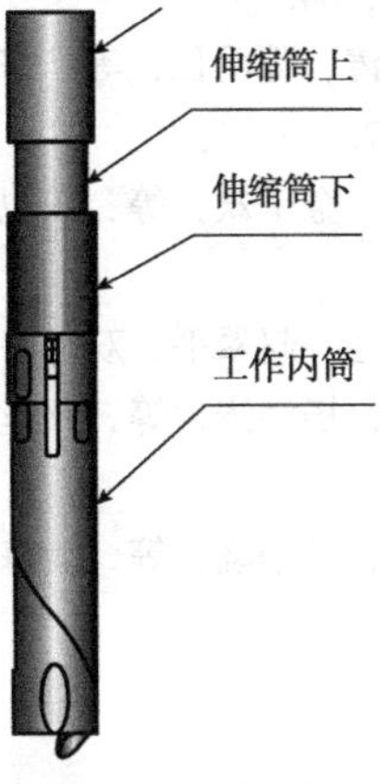

图6　伸缩筒系统

2.2.3 悬挂密封系统

悬挂系统主要作用是悬挂湿接头内筒泵组中心管柱，并支撑中心管柱的重量。其能有效防止电泵运转过程中带来的径向旋转和受流体压力变化带来的轴向窜动的影响。而密封系统则将湿接头内、外筒环空分成上下两个腔室，防止井液在永久式生产管柱内循环而影响电泵举升效率。该系统设计有轴向向上锁止装置，防止悬挂系统在地层压力下上窜而破坏密封。

2.2.4 井下高边定位仪

为避免永久式生产管柱下入过程中电缆受到挤压，在下管柱时会在湿接头外筒内临时下入高边定位仪，该装置可在永久管柱下入过程中实时监测下入电缆的相间直阻和对地绝缘。同时在高边定位仪内部安装了一个偏心监测仪，利用桥式电路，借助动力电缆作为信号传输线，通过实时监测及井口旋转机构的调整，确保电缆在下入过程中始终处于永久式管柱的高边位置而不被挤压。

针对该工艺的技术特点，其主要适用于9 $5/8$in套管井，适用最大排量达3000m^3/d。且由于后期需钢丝或电缆投捞，因此泵挂处井斜不能超过60℃。目前，钢丝投捞电潜泵技术在渤海油田累计应用了20井次，验证了此种工艺对于无修井机平台的适用性。但是对于该工艺，仍需进一步优化以解决电潜泵气锁、对出砂井适用性差等问题。

3 主要结论

(1)目前，双电潜泵系统已经成为渤海无修井机平台主要的人工举升方式，各项运行指标基本达到设计要求，各井的双电潜泵系统运行状况良好，达到了延长检泵周期、降低作业费用的目标。

(2)根据海上无修井机平台的需求，创新形成具有边际油田特色的不动管柱检泵工艺技术，与传统钻井船检泵方案相比，能够大幅提高油田开发经济效益、提高油井生产时率。

参考文献

[1]朱学海，纪树立，潘贵荣，等．双电潜泵系统的研究及在渤海油田的应用[J]．石油机械，2007(10)：60－63，84.

[2]陈胜宏，范白涛，邵明仁，等．海上无人简易平台双电潜泵完井技术[J]．中国海上油气，2009，21(5)：335－337.

[3]白玉湖，张磊，金千欢，等．双电潜泵系统的研究及在渤海油田的应用[J]．石油机械，2020(10)，20－25.

[4]孙广君，杜孝兰，赵翠平．双电潜泵系统采油技术的探讨[J]．石油知识，2015(3)，56－57.

[5]赵杰，陈秋月，杨洪涛，等．钢丝投捞电泵系统在渤海油田应用探索[J]．海洋石油，2019，39(4)：85－88.

[6]于法浩，李越，吴华晓，等．渤海边际油田不动管柱检泵设计创新与实践．能源与环保，2020，42(11)：145－149.

海上油田“堵调驱”综合改善水驱技术研究与应用

鲍文博 庞长廷 宋鑫 吕鹏 王楠 黎慧 李彦阅 肖丽华 赵鹏 薛宝庆

[中海石油(中国)有限公司天津分公司渤海石油研究院]

摘 要：渤海油田属于常规稠油油藏，具有丰富的稠油资源。近年来，在水驱开发过程中，由于驱替流度比大、洗油效率低、渗透率高等原因，导致大部分储层非均质性逐年加剧，优势通道逐年发育，导致注入水低效循环。针对上述问题，形成了以凝胶封堵剂、微球调驱剂、高效驱油剂为主的“堵调驱”综合改善水驱技术，开展了相关性能评价，并采用核磁共振手段进行作用机理分析。物理模拟结果表明，采用凝胶封堵剂先对优势通道进行治理有助于发挥“微球/高效驱油剂”协同效应，室内实验条件下采收率增幅为15.37%。核磁共振测试结果表明，“堵调驱”改善水驱技术可以有效治理高渗层优势通道，进一步扩大对中低渗层不同尺寸孔隙中剩余油动用程度。目前，该技术已在渤海油田累计应用20余井次，实现递减增油超$10\times10^4m^3$，取得了良好的增油降水效果。

关键词：稠油油田；堵调驱；核磁共振；改善水驱；采收率

渤海油田属于常规稠油油藏，稠油储量占比高达70%。近年来部分水驱稠油油田由于原油黏度高、油水流度比大、洗油效率低等原因，加之储层本身平均渗透率高、非均质性强等特点，导致水流优势通道不断发育，储层非均质恶化程度进一步加剧，严重影响了稠油油田的水驱开发效果。

为此，科研工作者针对稠油油田调剖调驱技术进行了大量的研究与应用。单景玲等采用非均质双管物理模拟实验评价了封窜剂＋驱油剂组合调驱提高蒸汽驱采收率效果；魏超平等人通过填砂驱油模型和微观玻璃刻蚀模型开展了稠油降黏剂提高采收率机理研究；王凯等人研制了一种适用于海上稠油油田的盐敏自增稠型聚合物；刘延民等人通过复配聚合物与常规泡沫得到适用于海上非均质稠油油藏的新型强化氮气泡沫体系。

基于上述研究基础，结合渤海油田实际问题和调堵技术应用情况，提出“封堵无效水循环、调控低效水循环、提高波及区驱油效率”的“堵调驱”治理思路，构建了以凝胶封堵剂、微球调驱剂、高效驱油剂为主的“堵调驱”综合治理体系，并以物理模拟和核磁共振技术手段，开展了“堵调驱”改善水驱技术增油效果及作用机理研究，并对矿场应用效果进行了分析，为其他同类油藏的矿场实践提供了宝贵经验。

第一作者简介：鲍文博(1995—)，男，黑龙江省海伦市，中海石油(中国)有限公司天津分公司渤海石油研究院，工程师，海上油田采油工程技术研究与应用。E－mail：baowb2@cnooc.com.cn。

1 实验部分

1.1 实验材料

实验药剂包括凝胶封堵剂、微球调驱剂、高效驱油剂。以上三种药剂均为中海油天津分公司提供。实验用油为煤油与脱气原油按固定比例配制而成，油藏温度下黏度为70mPa·s，实验用水为地层模拟水。实验岩心为石英砂环氧树脂胶结人造非均质岩心，外观尺寸：宽、高、长分别为4.5cm、4.5cm、30.0cm，高中低三小层渗透率分别为10000mD、3000mD和500mD，其中高渗层厚度0.5cm，其余两层厚度为2cm。

1.2 实验步骤

利用Quanta FEG450场发射扫描电子显微镜测试凝胶封堵剂；利用MALVERN ZETASIZER 3000HSA粒径分析仪测试微球调驱剂粒径分布；利用TX－500C旋滴界面张力仪测试高效驱油剂与原油界面张力。

核磁共振实验研究：岩心饱和油后，在三种不同渗透率小层的采出端，分别截取相同尺寸岩心样品[$(0.5\times1.8\times3.0)cm^3$]，浸入一定浓度二价锰离子溶液中，使锰离子扩散进入岩心水相中以屏蔽水中H元素信号，然后开展核磁共振实验，测试不同渗透率层位油相的信号幅度。注入不同体系，后续水驱至98%后，再次以相同方法对岩心取样，浸入二价锰离子溶液后，测试不同渗透率层位油相的信号幅度。对比前后油相信号差异，分析不同渗透率小层中剩余油的动用程度。岩心及核磁测试样品如图1所示。

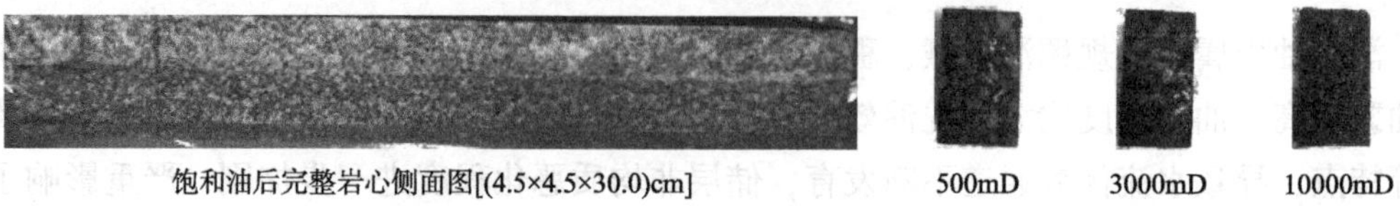

图1 饱和油后岩心切割图片

2 结果与讨论

2.1 体系性能评价

凝胶封堵剂扫描电镜测试结果见图2。微球调驱剂配制浓度3000mg/L，其初始和老化20天后粒径测试结果如图3所示。

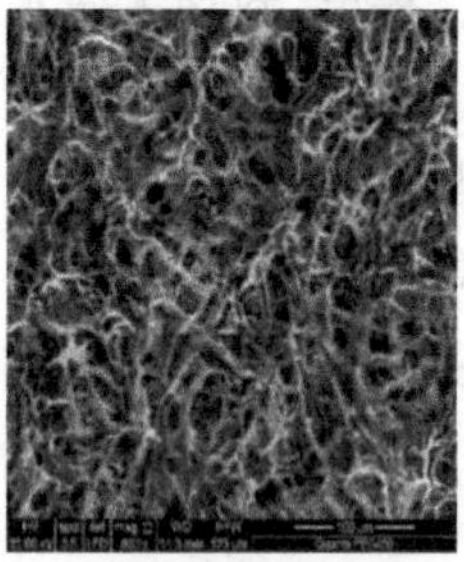

图2 凝胶形貌扫描电镜

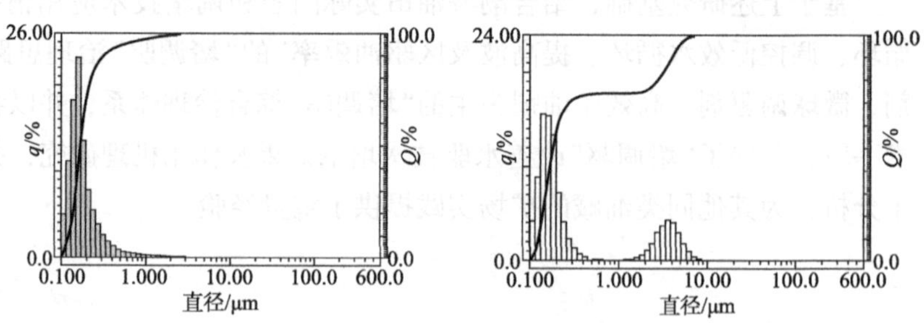

图3 微球调驱剂粒径测试结果

从图2可以看出，凝胶形貌呈现出一定孔洞形态，凝胶结构由无机凝胶的密实堆积结构和有机凝胶的“孔－网”空间结构相互穿插构成，整体表现为“高致密度、多层次性”空间网状结构。从图 3 可以看出，微球调驱剂具有良好的水化膨胀性能，老化 20d，平均粒径由 0.2μm 膨胀至 1.1μm，具备架桥封堵和深部运移能力。

采用模拟水配制高效驱油剂溶液，其与原油间界面张力测试结果见表 1 所示。

表 1　界面张力测试结果

表面活性剂浓度/(mg/L)	界面张力/(mN/m)
400	2.56×10^{-1}
600	1.62×10^{-1}
800	1.03×10^{-1}
1000	9.15×10^{-2}
1200	8.66×10^{-2}
1600	7.27×10^{-2}

从表 1 可以看出，随高效驱油剂浓度增大，与原油间界面张力都呈现下降趋势。进一步分析发现，在浓度大于 800mg/L 时，界面张力下降趋势趋于平缓，因此高效驱油剂浓度并非越大越好，处于经济性考虑，选用浓度在 800～1200mg/L。

2.2　增油效果实验研究

不同注入体系的增油效果如表 2 所示。

表 2　增油效果实验结果

方案	方案组成	水驱采收率/%	最终采收率/%	化学驱采收率增值/%
1	水驱对照实验	13.08	13.08	—
2	水驱 + 高效驱油剂 + 后续水	13.34	17.25	3.91
3	水驱 + 微球调驱剂 + 后续水	13.78	19.31	5.53
4	水驱 + 凝胶封堵剂 + 后续水	12.81	22.28	9.47
5	水驱 + 凝胶封堵剂/微球调驱剂/高效驱油剂 + 后续水	13.27	28.64	15.37

从表 2 可以看出，在小层渗透率级差较大，非均质性较强的情况下，水驱开发时主要对高渗层中原油进行驱替，因此 5 组实验中水驱采收率均较低。从采收率增值来看，对于非均质性严重的储层条件，单独调剖调驱措施效果有限。相比之下，凝胶封堵剂/微球调驱剂/高效驱油剂的综合治理效果较好，采收率增幅为 15.37%，说明采用凝胶对优势通道进行治理有助于“微球/高效驱油剂”发挥协同效应。

2.3　核磁共振测试结果

通过借助核磁共振技术，可以对比测试方案 1 和方案 5 的剩余油信号幅度，从微观角度分析“堵调驱”后，不同孔隙中剩余油含量的变化情况，进而帮助研究“堵调驱”改善水驱技术的作用机理。

“堵调驱”措施与水驱对照组各小层核磁共振实验结果如图 4～图 6 所示。核磁共振 T2 图谱通常是一条双峰曲线，流体在大孔隙中受作用力较弱，弛豫时间较长，因此双峰曲线中间的凹点即为大小孔隙的临界值，右侧代表大孔隙，左侧代表小孔隙。“堵调驱”各层核磁共振测试的原油信号值如表 3 所示，根据措施前后不同层位不同孔隙中原油信号变化，可以判断剩余油动用程度。

表3　核磁共振测试结果

原油信号峰值		水驱			堵调驱		
		高渗层	中渗层	低渗层	高渗层	中渗层	低渗层
小孔隙	饱和油	1163	1383	1414	1235	1338	1403
	水驱至98%	1152	1359	1329	945	1084	1213
	差值	11	24	84	290	254	190
大孔隙	饱和油	1214	904	1080	1033	1025	1028
	水驱至98%	0	847	1000	0	394	706
	差值	1214	57	80	1033	631	322

2.3.1　高渗层

由图4可以看出，水驱后高渗层大孔隙中几乎检测不出原油信号，说明大孔隙中原油得到充分动用，而小孔隙中原油信号幅度几乎没变，相比之下，采取综合治理措施后，小孔隙中原油信号幅度有一定程度下降，说明凝胶封堵剂有效封堵了高渗层中大孔道，后续流体在微观上发生液流转向，扩大了对中小孔隙的波及效果。

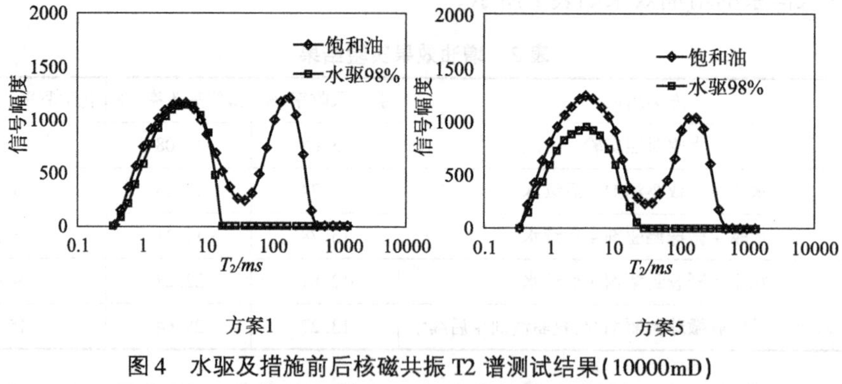

图4　水驱及措施前后核磁共振T2谱测试结果(10000mD)

2.3.2　中渗层

如图5所示，由于纵向非均质性严重，水驱开发难以启用中渗层，水驱前后中渗层剩余油信号幅度保持一致。采取“堵调驱”综合治理措施后，中渗层大孔隙中原油信号幅度大幅下降，中小孔隙中信号幅度也有一定程度下降。说明“堵调驱”治理效果显著，与水驱相比，能更加充分地动用中渗层剩余油，在缓解层间间孔隙矛盾的同时，也改善了层内微观非均质性，使大小孔隙均受到波及，极大限度地提高了原油采收率。

2.3.3　低渗层

由图6可以看出，措施后低渗层中原油信号幅度有所下降，说明该技术可以有效动用低渗层剩余油，提高低渗层动用效果。总体来看，“堵调驱”改善水驱技术宏观上可以对不同渗透率层进行逐级治理，微观上可以改善对小孔隙的波及效果，与单一调剖调驱体系相比能发挥体系间的协同作用，具有较大优势和应用潜力。

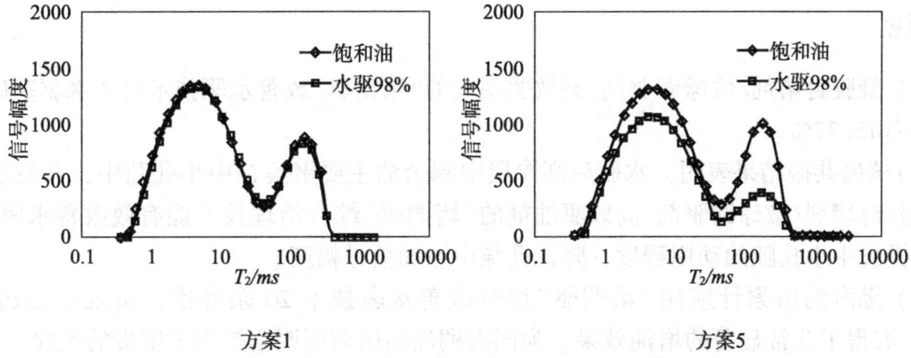

图5　水驱及措施前后核磁共振 T2 谱测试结果(3000mD)

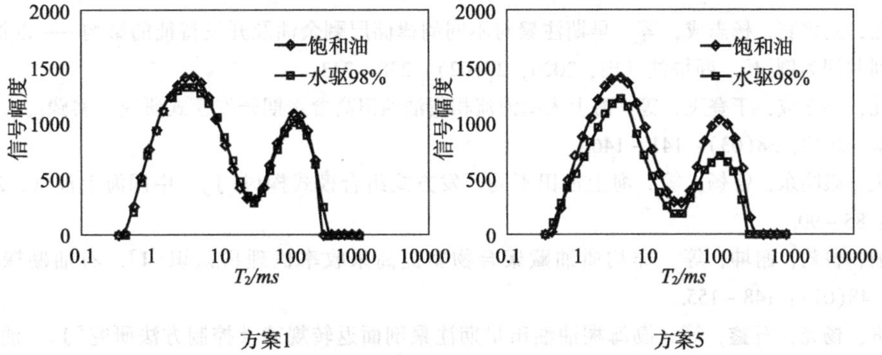

图6　水驱及措施前后核磁共振 T2 谱测试结果(500mD)

2.4　现场应用

该项技术近年来共在渤海油田实施20余井次，累计增油超$15\times10^4m^3$，取得了良好的经济效益。以 S 油田 C 区为例，该区属于高孔高渗油藏，地层原油黏度在 37.4 ~ 154.7mPa·s，平均为95.5mPa·s。2019年9月底，C区综合含水85.1%，随后开展了“堵调驱”区块整体综合治理。措施后净增油$1.2\times10^4m^3$，递减增油$1.8\times10^4m^3$，井组生产曲线如图7所示。

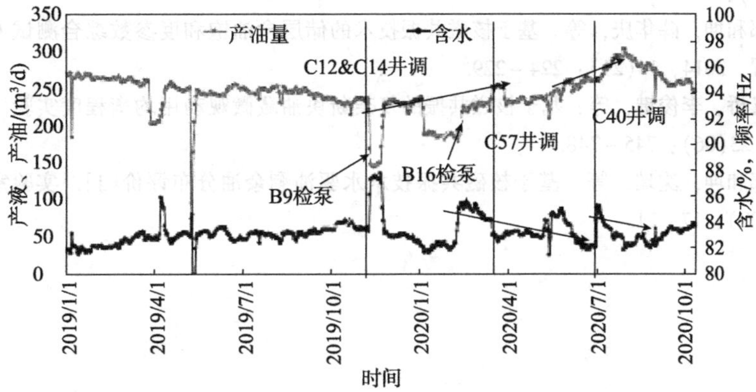

图7　井组生产曲线

3 结论

(1) 凝胶封堵剂/微球调驱剂/高效驱油剂的“堵调驱”改善水驱技术可在水驱基础上提高采收率15.37%。

(2)核磁共振结果表明，水驱后高渗层中剩余油主要聚集在中小孔隙中，开发潜力有限。凝胶封堵剂/微球调驱剂/高效驱油剂的“堵调驱”综合治理技术能有效改善水驱剖面，微观上提高中小孔隙的动用程度，降低孔隙中原油信号幅度。

(3) 渤海油田累计应用“堵调驱”综合改善水驱技术20余井次，实现增油超 $15\times10^4m^3$，取得了非常显著的增油效果，为同类稠油油田调剖调驱提供了宝贵的经验。

参考文献

[1]王欣然，刘宗宾，杨志成，等. 早期注聚对不同韵律储层剩余油及开发特征的影响——以锦州Z油田行列井网为例[J]. 断块油气田，2020，27(02)：238-243.

[2]李廷礼，刘彦成，于登飞，等. 海上大型河流相稠油油田高含水期开发模式研究与实践[J]. 地质科技情报，2019，38(03)：141-146.

[3]谢晓庆，康晓东，曾杨，等. 海上油田不同开发方式组合模式探讨[J]. 中国海上油气，2017，29(04)：85-90.

[4]卢祥国，曹豹，谢坤，等. 非均质油藏聚合物驱提高采收率机理再认识[J]. 石油勘探与开发，2021，48(01)：148-155.

[5]陈明贵，杨光，石鑫，等. 渤海稠油油田早期注聚剖面返转规律及控制方法研究[J]. 油田化学，2017，34(02)：278-284.

[6]单景玲，裴海华，郑伟，等. 稠油蒸汽驱封窜剂/驱油剂组合调驱技术[J]. 油田化学，2022，39(01)：87-92.

[7]魏超平，李伟忠，吴光焕，等. 稠油降黏剂驱提高采收率机理[J]. 油气地质与采收率，2020，27(02)：131-136.

[8]王凯，周文胜，刘晨，等. 海上稠油油藏用自增稠聚合物的室内性能评价[J]. 油田化学，2019，36(01)：102-106.

[9]刘延民，章杨，王玉婷，等. 海上稠油油藏强化N_2泡沫调驱实验研究[J]. 科学技术与工程，2017，17(29)：80-87.

[10]周尚文，郭和坤，薛华庆，等. 基于核磁共振技术的储层含油饱和度参数综合测试方法[J]. 科学技术与工程，2014，14(21)：224-229.

[11]马康，姜汉桥，李俊键，等. 基于核磁共振的复杂断块油藏微观动用均衡程度实验[J]. 断块油气田，2016，23(06)：745-748.

[12]张新旺，郭和坤，沈瑞，等. 基于核磁共振技术水驱油剩余油分布评价[J]. 实验室研究与探索，2017，36(09)：17-21.

海上油田水平井新型高效找控水复合工艺研究

刘畅　代磊阳　张丽平　符扬洋　朱艳华

［中海石油(中国)有限公司天津分公司渤海石油研究院］

摘　要：海上油田水平井多数采用筛管防砂完井，随着生产时间变长，筛管与井壁间轴向窜流，导致此类水平井后期生产中难以实现高效找水和分段控堵水。通过室内水平井控堵水模拟装置，采用电控阀控水管柱的开展找水、控水试验研究，结果表明：筛管外环空化学封隔器(ACP)环空抗压强度 $P > 2$MPa/m，可以有效封堵筛管外环空，抑制轴向窜流，有助于实现高效找水；凝胶堵剂封堵率 f 为 95.79%，封堵后，高、低渗透层出现“剖面反转现象”，使原来产液少的低渗透管分流量 Q 由封堵前的 9% 上升至 80%，低渗透管得到了较好动用，起到了良好的控水效果。目前已经完成 8 井次的现场应用，累计增油超 $5.5 \times 10^4 m^3$，平均含水率下降 10%。

关键词：水平井；筛管完井；电控阀；筛管外环空化学封隔器；凝胶堵剂；梯度智能找控水

水平井由于生产井段长、泄油面积大、单井产能高等优势，近年来，逐步得到推广与应用，以渤海油田为例，现有水平井 800 余口，多采用筛管完井方式进行防砂，筛管与井壁之间存在 30mm 左右的环空，存在轴向窜流，此类水平井在找水、分段堵水等方面，难度较大。目前，水平井堵控水主要集中在智能找水开关井筒控水、基于桥塞的化学分段堵水、化学暂堵—强堵剂联合堵水、ICD 分段完井控水、AICD 自动控水等技术研究。电控阀作为一种新型找控水工具，能够在地面通过控制柜、电缆对井下电控阀的开度进行无限调节，适用于射孔完井或存在筛管外封隔器的水平井，目前已在部分油田进行了先导性试验，取得了成功，但该技术还不能解决海上油田常规筛管完井(无管外封隔器)水平井的找控水问题。

本文针对上述问题，借助电控阀技术优势，提出渤海油田筛管完井水平井梯度智能控堵水技术，即：通过 ACP 对筛管外环空进行化学封隔，实现水平井筛管外环空分段，在此基础上，通过电控阀找控水管柱，确定出水位置，然后根据生产需要，调整各段电控阀的开度，进而实现井筒控水目标。如果井筒控水效果理想，可按此制度进行生产(第一阶段：井筒控水)；如果控水效果不理想或控水一段时间后，效果变差，可打开对应出水段的电控阀，关闭其他段电控阀，将化学堵剂从电控阀注入出水地层，实施地层的定位深部封堵，进一步增强堵水效果(第二阶段：地层深部堵水)，进而实现梯度智能堵控水目标。室内试验研究表明：ACP 筛管外轴向封隔强度 $P > 2$MPa/m，借助电控阀找控水管柱作为定位注入管柱，凝胶堵剂对高渗出水管封堵率 f 为 95.79%，封堵后，高、低渗透管出现

“剖面反转现象”，低渗透管得到了较好的动用。

1 试验条件

1.1 试验材料及条件

1.1.1 试验材料

管外化学封隔器(ACP，中石油勘探院)、引发剂为过硫酸盐(自备)。

凝胶堵剂：聚合物(北京恒聚化工集团有限责任公司)，有效含量 C_1 为 88%；交联剂(山东丰泰化工科技有限公司)固含量 C_2 为 30%。

陶粒(河南天祥新材料股份有限公司)。

1.1.2 试验条件

试验用水：渤海某油田注入水，矿化度为 6223mg/L，水型为 $NaHCO_3$ 型。

试验温度：60℃，电加热带控制。

1.2 试验设备

1.2.1 ACP 筛管外封隔试验

全尺寸筛管外环空抗压模拟装置(天津万钧海洋工程技术有限公司制)。

备注：外管管径 $D_{外}$ 为 $8\frac{1}{2}$in；筛管管径 $D_{筛}$ 为 $5\frac{1}{2}$in，筛管缝宽 d 为 120μm，注入管管径 $D_{注}$ 为 $2\frac{7}{8}$in，模型有效长度 $L_{模}$ 为 1.5m

其他设备：氮气瓶(出口压力 $P_{出}$ 为≤20MPa)、中间容器(容积 V 为 12L)、填砂管($d_{端} \times L_{管}$ = 2.5cm × 80cm)、电加热套及配套管阀等。

1.2.2 定位注入堵剂试验

氮气瓶(出口压力 $P_{出}$ 为≤20MPa)、中间容器(容积 V 为 12L)、电控阀(自主设计)、简易膨胀式封隔器及配套液控管线(自主设计)、填砂管($d_{端} \times L_{管}$ = 2.5cm × 80cm)、管线短节及阀门等。

1.2.3 堵剂封堵测试试验

平流泵、中间容器(容积 V 为 12L)、填砂管($d_{端} \times L_{管}$ = 2.5cm × 80cm)及配套管阀。

1.3 试验方案

1.3.1 ACP 筛管外封隔试验

试验流程图见图 1。

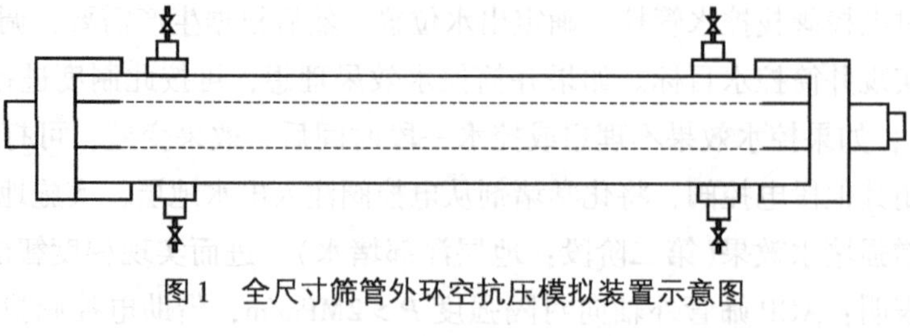

图 1 全尺寸筛管外环空抗压模拟装置示意图

(1)组装试压工装及验封，确认工装合格；

(2)将筛管与外管之间的环空装入陶粒，模拟砾石充填筛管完井；

(3)连接电控阀控堵水管柱，并连同注入系统一起连入工装中，调整开关，确保电控阀2关闭，电控阀1打开；

(4)依次将氮气瓶、12L中间容器(装注入液体用)与电控阀控堵水管柱连接，配制40L前置液($C_{聚}$为0.3%)和20L ACP；

(5)先将自来水、前置液依次通过注入装置，对工装进行预处理至四个阀门均有水、前置液流出为止，然后将14.95 L ACP与29.88 g引发剂(按50cm长度设计)混匀后，注入工装，最后用平台水将电控阀控堵水管柱中的ACP驱替干净，工装套上加热套，设定温度60℃，保温10h，待其固化，待用(图2)。

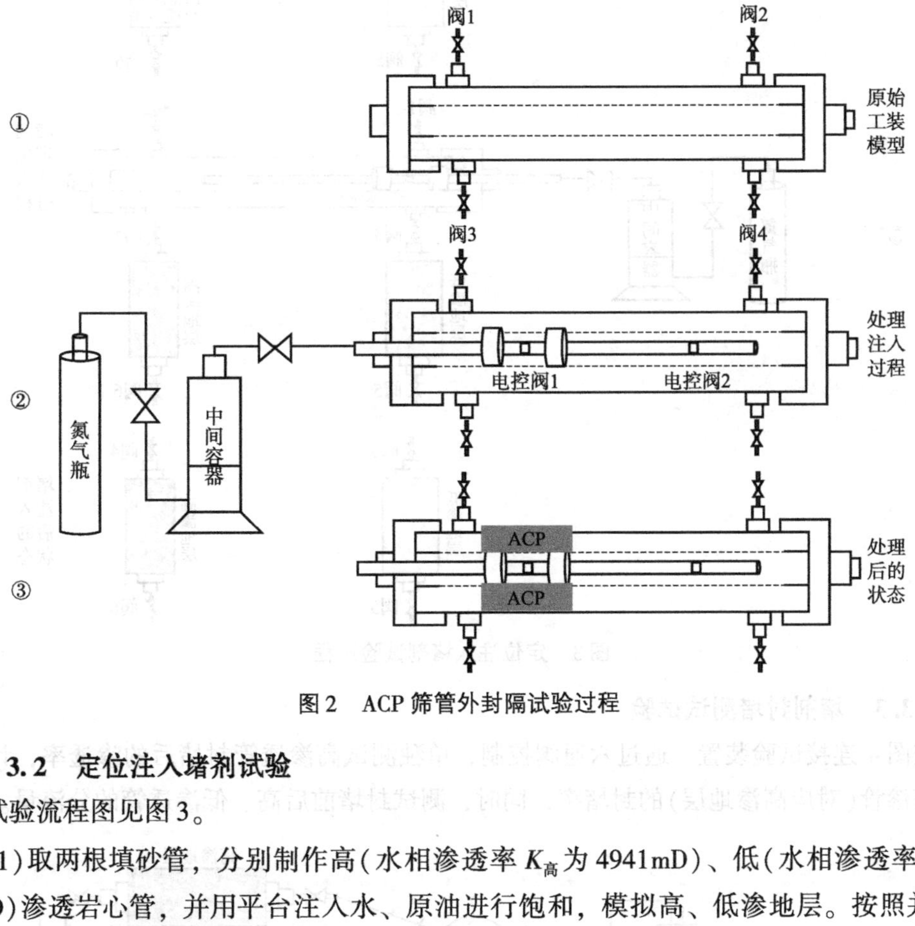

图2　ACP筛管外封隔试验过程

1.3.2　定位注入堵剂试验

试验流程图见图3。

(1)取两根填砂管，分别制作高(水相渗透率$K_{高}$为4941mD)、低(水相渗透率$K_{低}$为776mD)渗透岩心管，并用平台注入水、原油进行饱和，模拟高、低渗地层。按照并联方式，进行水驱至产出液含水不变时，停止水驱，关闭前后阀门，待用；

(2)调整电控阀控堵水管柱开关，确保电控阀1关闭，电控阀2打开；

(3)按照堵剂配方，采用现场平台注入水配制凝胶堵剂；

(4)将阀1、阀2连接压力表，阀3、阀4(两阀均朝上)打开，开始注入凝胶堵剂，待阀3、阀4见到凝胶堵剂后，关闭阀门；

(5)将低、高渗透岩心管按照图示位置，连接到阀3、阀4上，模拟低、高渗透地层，将阀3、阀4 、阀5、阀6 全部调至打开状态；

(6)采用电控阀控水管柱，继续定位注入0.5PV 堵剂(PV 指的是高渗管的岩心孔隙体积)后，关闭阀3、阀4、阀5、阀6；

(7)将高、低渗透管置于60℃烘箱中，保持3d，待其成胶，待用。

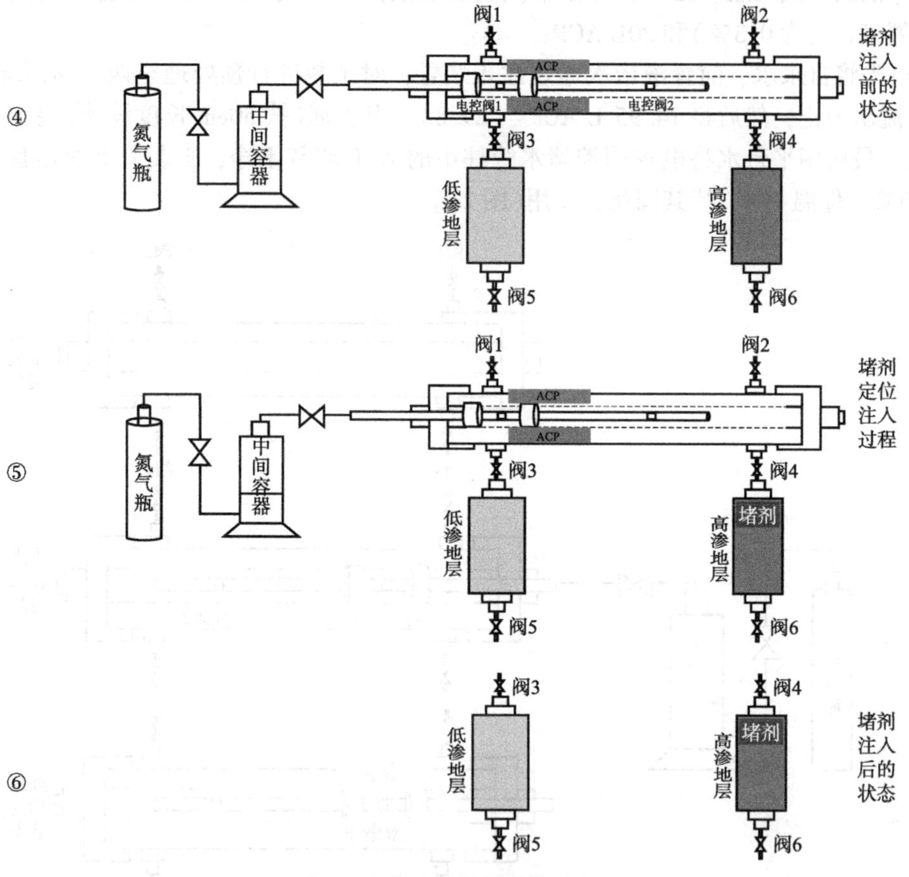

图3　定位注入堵剂试验过程

1.3.3　堵剂封堵测试试验

按图4 连接试验装置，通过六通阀控制，单独测试高渗透管封堵后的渗透率，计算堵剂对高渗管(对应高渗地层)的封堵率，同时，测试封堵前后高、低渗透管的分流量。

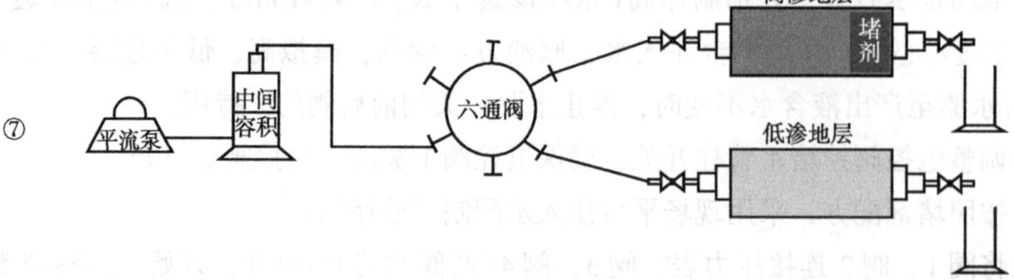

图4　堵剂封堵测试试验流程

2 结果分析

2.1 ACP 筛管外封隔试验

关闭阀 1，打开阀 2、阀 4，采用试压泵与阀 3 连接，并进行注水，对筛管外环空 50cm 长度的 ACP 胶塞进行试压，当压力 P_{50} 达到 1MPa 时，压力 5min 保持不降，且阀 2、阀 4 没有刺漏现象，说明 ACP 胶塞耐压 P_{50} 在 1MPa 以上，按理论计算，ACP 在砾石充填筛管完井水平井环空中轴向抗压强度 $P > 2MPa/m$。

在全部试验完成后，对全尺寸筛管外环空抗压模拟装置进行了切割，切割剖面见图 5。可以看出，切割截面整齐、完整，说明 ACP 在砾石充填的筛管外环空中形成了坚硬的胶塞环，具有较高的抗压强度。

图 5　ACP 管外环空封隔后的截面

2.2 定位注入堵剂试验

在"ACP 筛管外封隔试验"形成的 ACP 胶塞基础上，将低、高渗透管依次接入阀 3、阀 4，分别模拟水平井对应的低、高渗透段，然后，调整电控阀控水管柱，打开电控阀 2，关闭电控阀 1，实现堵剂对高渗管的定位注入。整个注入过程中，阀 1、阀 2 对应压力见表 1。可以看出，高渗段注入凝胶堵剂压力 $P_{凝胶}$ 为 0.5MPa，而低渗段没有压力显示，说明 ACP 管外封隔效果好，电控阀 1 完全关闭。电控阀控水管柱能够实现堵剂的定位注入。

表 1　堵剂注入过程中的压力变化

注入量 $Q_{注}$/PV	阀 1 处压力 $P_{阀1}$/MPa	阀 2 处压力 $P_{阀2}$/MPa
0	0	0
0.5	0	0.5

2.3 堵剂封堵测试试验

将"定位注入堵剂试验"中已处理好的低、高渗透管按照并联方式接入物模试验装置中（图 4），测试封堵后的渗透率，计算封堵率，同时，根据低、高渗透管产出情况，计算分流量。

封堵率测试结果见表 2。高渗透管渗透率 $K_{高}$ 由封堵前的 4941mD 降至封堵后的 208mD，封堵率为 95.79%，低渗透管封堵前后渗透率基本保持不变，说明电控阀控水管柱具有较好的定位注入效果，并且进入高渗透管的凝胶堵剂起到了明显的封堵作用。

表2　高、低渗透管的封堵率

岩心		岩心管长 $L_{管}$/m	端面直径 $d_{端}$/m	注入排量 V/(mL·min^{-1})	注入压力 P/MPa	渗透率 K/mD	封堵率 f/%
高渗透管	封堵前	0.8	0.025	2	0.011	4941	95.79
	封堵后	0.8	0.025	2	0.261	208	
低渗透管	封堵前	0.8	0.025	2	0.07	776	1.41
	封堵后	0.8	0.025	2	0.071	766	

高、低渗透管封堵前后的分流量见图6。由图可以看出，封堵前，91%以上的产出液由高渗透管产出，封堵后出现“产液剖面反转”现象，即：原来产液少的低渗透管产出也由封堵前的9%大幅上升至80%，超过了高渗透管的产出，这种“产液剖面反转”现象促使了原来低渗透管得到更大程度的动用，进而使采出程度得到有效提高。

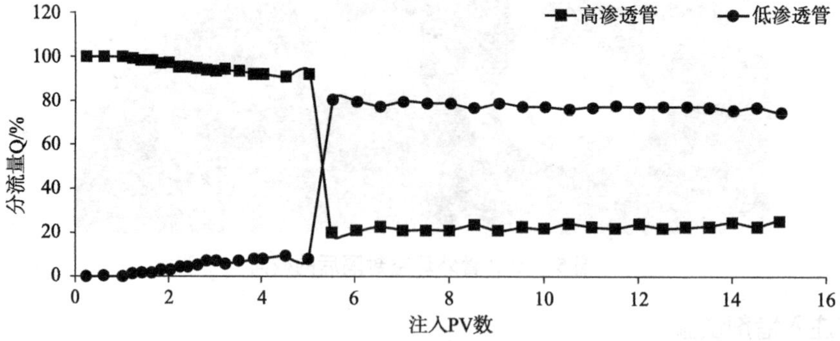

图6　高、低渗透管封堵前后的分流量变化

3　结论

(1)ACP具有较好的筛管外封隔作用，电控阀具有找水、井筒控水功能，还可以作为定位注入管柱，实施后续化学堵剂的定位注入，实现地层深部堵水目标。

(2)基于ACP、电控阀控水管柱、凝胶堵剂各自特点，形成的梯度智能控堵水技术具有可行性，该工艺具有找水、井筒控水、地层定位深部堵水的多重优点，且可以根据实际措施效果，梯度开展，具有较强的可操作性。

参考文献

[1]袁淋，李晓平，延懿晨，等．底水油藏水平井临界产量确定新方法[J]．天然气与石油，2015，33(1)：65－68.

[2]屈亚光，安桂荣，周文胜，等．底水油藏水平井开发效果影响因素分析[J]．科学技术与工程，2013，13(12)：3406－3409.

[3]李传亮，朱苏阳，柴改建，等．直井与水平井的产能对比[J]．岩性油气藏，2018，30(3)：12－16.

[4]周代余，江同文，冯积累，等．底水油藏水平井水淹动态和水淹模式研究[J]．石油学报，2004，25(6)：73－77.

[5]史进．疏松砂岩水平井分段筛管完井研究[J]．科学技术与工程，2014，14(23)：43－45.
[6]龙明，何新容，王美楠，等．渤海底水油藏水平井合理生产能力研究[J]．天然气与石油，2018，36(4)：79－83.
[7]张厚青，刘冰，徐兴平，等．底水油藏水平井最优避水高度及合理长度的研究[J]．科学技术与工程，2012，12(4)：774－778.
[8]朱立国，王秀平，黄晓东，等．渤海油田筛管完井水平井分段堵水室内实验研究[J]．石油化工应用，2015，34(3)：41－43.
[9]于蓬勃．底水稠油油藏水平井见水特征及影响因素[J]．天然气与石油，2015，33(5)：36－40.
[10]魏发林，刘玉章，李宜坤，等．割缝衬管水平井堵水技术现状及发展趋势[J]．石油钻采工艺，2007，29(1)：40－43.
[11]张国文，任家萍，张卫平，等．水平井筛管完井找堵水工艺技术研究[J]．石油机械，2012，40(12)：10－12.
[12]甄宝生．井下智能找水、堵水技术在渤海油田水平井中的应用[J]．油气井测试，2016，25(4)：56－57.
[13]赵吉成．辽河油田稠油油藏筛管完井水平井分段化学堵水技术研究[J]．石油钻采工艺，2014，36(6)：90－93.
[14]闫海俊，胡书宝，谢刚，等．基于改性氰凝的水平井定点堵水技术[J]．石油钻探技术，2018，46(2)：98－102.
[15]杜勇．底水油藏水平井配套暂堵实现强凝胶堵水技术研究[J]．钻采工艺，2017，40(1)：51－53.
[16]高智梁，郑旭，任宜伟，等．海上X油田水平井智能分采管柱卡堵水潜力井筛选及应用效果分析[J]．石油钻采工艺，2017，39(1)：88－91.
[17]左立娜．应用电控配产技术控制无效循环[J]．石油石化节能，2018；8(5)：32－35.
[18]周赵川，陈立群，高尚，等．CESP水平井环空化学封堵工艺在渤海油田的应用[J]．断块油气田，2013，20(3)：400－402.
[19]商乃德，邹明华，魏发林，等．水平井环空化学封隔材料—MMH/MT/AM体系的流变性能研究[J]．油田化学，2016，33(4)：589－593.
[20]贾虎，蒲万芬．有机凝胶控水及堵水技术研究[J]．西南石油大学学报(自然科学版)，2013，35(6)：141－149.
[21]陈曦，谭国锋．油田堵水复合铝凝胶制备及性能评价[J]．精细石油化工进展，2012，13(2)：8－10.

海上油田稳砂控水一体化技术研究与实践

张晓封　代磊阳　陈华兴　牟媚　符扬洋　潘定成　冯阳　刘棚

［中海石油（中国）有限公司天津分公司］

摘　要：海上主力油田目前面临高含水期的挑战，油井出砂和高含水问题严重，导致部分油井生产中断，造成巨大经济损失。为解决这一问题，开发了一种新型的稳砂控水一体化体系，该体系利用MS分子动力学模拟软件进行分子设计，由丙烯酰胺、阳离子单体和疏水单体组成，具备吸附、疏水缔合和桥联作用，能够有效稳定砂粒并选择性堵控水。通过水溶液自由基聚合方法，将丙烯酰胺（AM）、阳离子单体甲基丙烯酰氧乙基三甲基氯化铵（DMC）和疏水单体苯乙烯（EB）合成为AM/DMC/EB共聚物，其结构通过核磁氢谱和红外光谱得到双重验证。实验评价表明，该体系具有多项优势：易于注入、稳砂强度高、对储层伤害小（渗透率保持率高）、选择性封堵效果好（对水层的封堵率高，对油层的封堵率低）、耐冲刷性能强，完全符合海上疏松砂岩油藏在高渗透率和高产液强度下的控水与稳砂技术需求。该体系在海上油田应用了16井次，平均稳砂有效期达到580d，有效降水率在2%至14%，累计增油量达到$21\times10^4m^3$。通过这种协同作用的稳砂和控水技术，有效解决了海上油田高含水油井的出砂问题，释放了油井的生产潜力，节约了检泵和修井成本。这一成功经验为海上油田高含水油井出砂治理提供了有效的解决方案，并展现出广阔的应用前景。

关键词：海上油田；出砂；高含水；分子模拟；稳砂控水一体化

海上疏松砂岩油藏地层非均质性较强，注入水易沿着高渗层突进。由于储层胶结疏松、原油黏度较高、流体携砂能力强等原因，导致在长期的注水开发过程中，高渗层冲刷出了大孔道，大量注入水沿着大孔道突进，造成了无效循环，不仅驱油效率低，浪费了大量能源，也给油田的注水、脱水、堵水等带来了很大困难。同时，在油田的高含水中后期开发中油水井出砂愈来愈严重，造成大量油井限液生产甚至关停，严重制约了油田的高产稳产。因此有必要开展稳砂控水一体化体系构建及性能测试等研究，形成适用于海上疏松砂岩油田生产井稳砂控水一体化技术，最终改善海上疏松砂岩油藏高含水井出砂问题。

1　稳砂控水一体化体系设计

通过大量文献调研及前人研究的基础上，拟采用丙烯酰胺（AM）、阳离子单体和疏水单体制备稳砂控水一体化体系，具备吸附、疏水缔合和桥联作用，能够有效稳定砂粒并选

第一作者简介：张晓封（1996—），男，工程师，2018年毕业于西南石油大学石油工程专业（第一学历），2021年毕业于西南石油大学油气田开发工程专业（最高学历），获硕士学位。E－mail：zhangxf73@cnooc.com.cn。

择性堵控水。运用MS分子动力学模拟软件，根据分子结构设计的原则，设计具有分子自组装功能的稳砂控水一体化体系，其中阳离子单体主要包括：甲基丙烯酰氧乙基三甲基氯化铵(DMC)、丙烯酰氧乙基二甲基苄基氯化铵(DBC)、二甲胺基丙基甲基丙烯酰胺(DMAPMA)、丙烯酰氧乙基三甲基氯化铵(DAC)、二甲基二烯丙基氯化铵(DMDAAC)，疏水单体主要包括：丙烯酸十二酯(LMA)、丙烯酸十八酯(SMA)、4-乙烯基联苯(BA)、1-十二烯(C12)、苯乙烯(EB)(图1)。

图1　砂水双控体系分子动力学模拟

对每个体系进行精确度确认、优选力场、能量优化、结构优化、动力学计算，最终计算得到体系总能量，最终确定AM/DMC/EB为砂水双控最优体系(表1和表2)。

表1　阳离子单体能量计算

阳离子单体	总能量	非键相互作用	范德华相互作用	静电相互作用
DMC	93.2059	102.582	7.78	94.802
DMAPMA	37.931	49.246	9.302	39.943
DBC	-26.9612	12.831	4.122	8.709
DAC	82.6936	88.224	6.577	81.647
DMDAAC	71.2751	77.167	6.626	70.54

表2　稳砂控水一体化体系能量计算

体系	总能量	加入砂水后总能量	非键相互作用
AM-DMC-BA	25.4815	-1839.2196	-1900.693
AM-DMC-C12	35.6743	-2094.6952	-2139.459
AM-DMC-EB	37.7836	-2177.6232	-2238.118
AM-DMC-LMA	43.6109	-2006.3359	-2096.663
AM-DMC-SMA	25.3554	-1966.3598	-1999.856

2　稳砂控水一体化体系合成及表征

通过水溶液自由基聚合方法进行稳砂控水一体化体系合成，合成步骤如下：将AM、

DMC、EB溶于去离子水中，调节溶液pH至中性，氮气除氧30min，将溶液转移至三颈烧瓶并处于10℃以下(冰水浴)，加入H_2O_2和$NaHSO_2 \cdot CH_2O \cdot 2H_2O$，低温反应6h，升温至50℃，加入偶氮类引发剂V50，反应2h，得到凝胶状产物，真空冷冻干燥，碾磨成粉末，即为目标产物。合成路线如下(图2)：

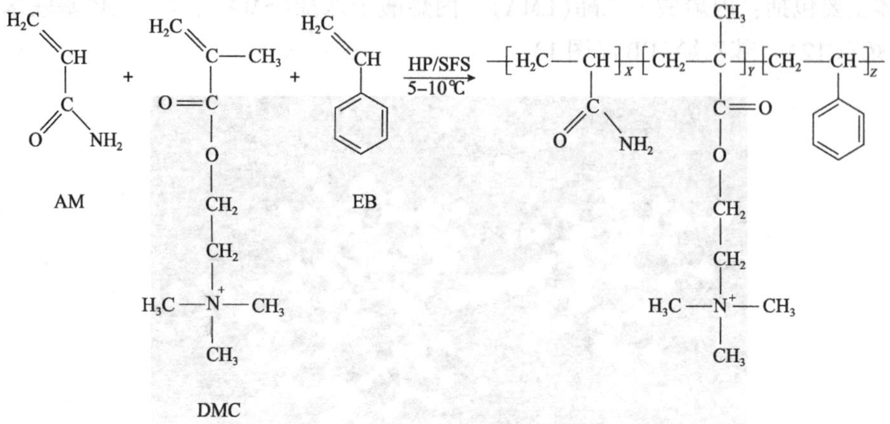

图2　砂水双控体系合成路线

通过核磁氢谱可见，7.3ppm处为苯环骨架的吸收峰；4.7ppm处为重水的吸收峰；4.0、3.4ppm为DMC侧链上的亚甲基吸收峰；3.2ppm为季铵基的吸收峰；2.1ppm和1.6、1.2ppm为聚合物主链上次甲基、亚甲基和甲基的吸收峰。由此可见，DMC和EB成功接枝到聚合物骨架上(图3)。

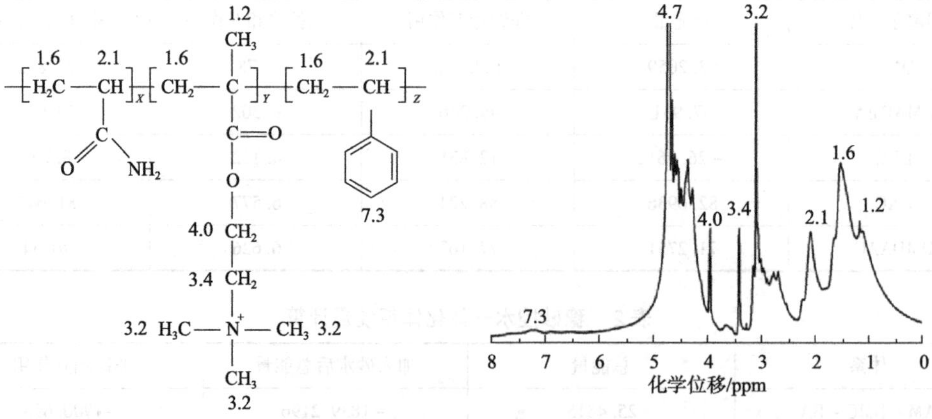

图3　砂水双控体系的核磁氢谱

通过红外光谱可见，3339.95cm^{-1}、1655.91cm^{-1}处的吸收峰和伸缩振动峰代表了酰胺基和酰胺羰基；2925.15cm^{-1}为甲基和亚甲基的吸收峰，1415.53cm^{-1}处为甲基的变形振动吸收峰；1450.08cm^{-1}处为和季铵基相连亚甲基的吸收峰；1132.12cm^{-1}处为酯基的碳氧单键吸收峰；952.81cm^{-1}处为季铵基的吸收峰；694.76cm^{-1}和1473.94cm^{-1}处为苯环的吸收峰。因此聚合物为AM/DMC/EB的共聚产物(图4)。

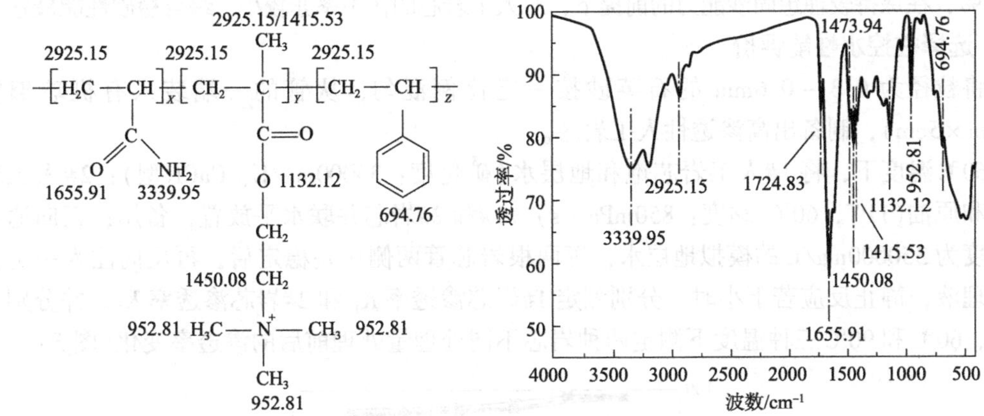

图4 砂水双控体系的红外光谱

3 性能评价实验

3.1 黏－浓性能评价

用 Brookfiled 黏度计测定不同浓度下稳砂控水一体化体系的黏度(表3)。

表3 不同浓度砂水双控体系的黏度测试

浓度/%	0.1	0.2	0.3	0.4	0.5
黏度/mPa·s	6.4	11.2	23.1	35.2	58.3

随浓度升高，体系的黏度增加，浓度低于0.5%时，黏度不超过60mPa·s，具有较好的注入性。

3.2 稳砂性能评价

将粒径为0.4~0.8mm 的石英砂40g 和粒径为0.01~0.05mm 的地层砂40g，混匀后从管的一端装入有机玻璃管(2.5cm×10cm)，填入时边装边用有机玻璃棒压实，两端分别用出口孔径为0.5cm 的金属帽封住，保证每次试验条件相同。以流量为3mL·min^{-1}正向注入煤油100mL，测定岩芯的油相渗透率 K_o；正向注入清水100mL，然后分别反向注入15g(约2PV)的各种防砂剂，反应24h；正向注入煤油100mL，测定岩芯被伤害后的油相渗透率 K_o'；以流量为10mL·min^{-1}正向注入清水1000mL，收集流出物，并测定总质量，分出其中固体物质，烘干后测定其质量，计算出砂率(表4)。

表4 不同控砂体系性能对比(60℃)

控砂剂代号	1	2	3	4
初始渗透率 K_o/μm^2	1.280	1.310	1.195	1.300
稳砂后渗透率 K_o'/μm^2	1.197	0.223	0.185	1.040
渗透率保持率/%	93.52	17.02	15.48	80.00
出砂率/%	0.0013	0.0364	0.0267	0.2391

在相同条件下，稳砂控水一体化体系(1#)稳砂后出砂率0.0013%，渗透率保持率为

93.52%，在保持较理想固砂能力的前提下，对人工岩芯的伤害率亦较小，综合稳砂性能最好。

3.3 选择性控水性能评价

将粒径为0.3～0.6mm的石英砂按一定比例混匀，从管的一端装入有机玻璃管(80cm×5cm)，制备出高渗透性人工岩芯。

60℃温度下，将1#人工岩芯饱和地层水(矿化度：35000mg/L、$CaCl_2$型)；2#人工岩芯饱和原油(1PV，60℃ 黏度：850mPa·s)。1#和2#岩芯并联水平放置，备用；正向通入矿化度为350000mg/L的模拟地层水，等两根岩芯管两侧压差稳定后，再反向注入一定量的处理液，静止反应若干小时，分别测定1#岩芯渗透率K_1和2#岩芯渗透率K_2。并分别于30℃，60℃和90℃三种温度下测定两种岩芯不同处理量处理前后的渗透率变化(图5)。

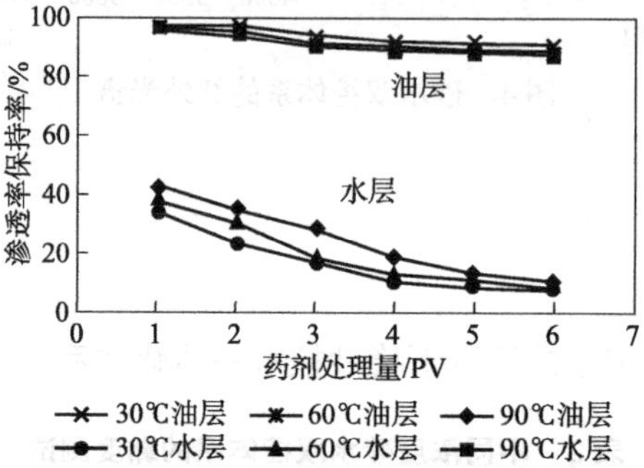

图5 不同温度下体系选择性控水效果

稳砂控水一体化体系对油层和水层均存在一定程度的封堵，且存在明显的差异性，水层封堵率均在60%以上，最高达到93%，而油层封堵率最高值仅达到12.5%，对比结果表明砂水双控体系具有极强的选择性封堵能力。

3.4 耐冲刷实验

将粒径为0.3～0.6mm的石英砂按一定比例混匀，从管的一端装入有机玻璃管(80cm×5cm)，制备出高渗透性人工岩芯。60℃温度下，将人工岩芯饱和地层水(矿化度：35000mg/L；$CaCl_2$型)。正向通入矿化度为350000mg/L的模拟地层水，等两根岩芯管两侧压差稳定后，再反向注入一定量的处理液，静止反应2天。正向通入矿化度为350000mg/L的模拟地层水，分别以1000mL·h^{-1}、2000mL·h^{-1}、3000mL·h^{-1}、4000mL·h^{-1}、5000mL·h^{-1}、6000mL·h^{-1}、7000mL·h^{-1}的注入速度驱替处理后的人工岩心。收集流出物，并测定总质量，分出其中固体物质，烘干后测定其质量，计算出砂率(表5和表6)。

表5 药剂耐冲刷能力

序号	石英砂粒径/mm	渗透率/μm²	刚出砂时泵流量/(mL·h^{-1})	大量出砂时泵流量/(mL·h^{-1})
1	0.1～0.2	1.63	3000	6000
2	0.2～0.4	2.41	4000	6000
3	0.4～0.8	3.29	4000	6000
4	0.1～0.4	2.24	3000	6000
5	0.1～0.8	1.77	3000	6000

表6 室内测定流量与现场产液强度对应关系

室内流量/($mL \cdot h^{-1}$)	2400	3000	4000	4800	6000	7200	9000
折合现场产液量/($m^3 \cdot d^{-1} \cdot m^{-1}$)	147.5	184	245	295	368	442	553

实验结果显示刚出砂时的泵流量为 $3000mL \cdot h^{-1}$，大量出砂时的泵流量为 $6000mL \cdot h^{-1}$。将室内流速折合成 现场产液强度后，刚出砂时的产液强度为 $184m^3 \cdot d^{-1} \cdot m^{-1}$，大量出砂时的产液强度为 $368m^3 \cdot d^{-1} \cdot m^{-1}$。稳砂控水一体化体系的耐冲刷性能满足海上疏松砂岩油藏高渗透率、高产液强度的需要。

4 现场应用

通过梳理当前防砂技术和控水技术的发展脉络，针对当前技术发展中存在的痛点，攻关形成了稳砂控水一体化技术，在试验中进一步优化改进，最终提升措施的成功率和效果。该技术体系在海上累计应用 16 井次，平均稳砂有效期 580d，最长稳砂有效期 1604d (目前仍有效)，平均降水 2%，最大降水 14%，累计增油 $21 \times 10^4 m^3$。

5 结论

(1)利用 MS 分子动力学模拟软件进行分子设计，最终确定 AM/DMC/EB 为砂水双控最优体系，具备吸附、疏水缔合和桥联作用，能够有效稳定砂粒并选择性堵控水。通过水溶液自由基聚合方法，将 AM、DMC 和 EB 合成为 AM/DMC/EB 共聚物，其结构通过核磁氢谱和红外光谱得到双重验证。

(2)稳砂控水一体化体系在保持较理想固砂能力的前提下(出砂率为 0.0013%)，对人工岩芯的伤害率亦较小(渗透率保留率为 93.52%)。

(3)稳砂控水一体化体系具有良好的油水选择性封堵能力，水层封堵率最高达到 93%，而油层封堵率最高达 12.5%。

(4)刚出砂时的泵流量为 $3000mL \cdot h^{-1}$，大量出砂时泵流量为 $6000mL \cdot h^{-1}$。稳砂控水一体化体系的耐冲刷性能满足海上疏松砂岩油藏高渗透率、高产液强度的需要。

(5)稳砂控水一体化技术在海上累计应用 16 井次，平均稳砂有效期 580d，最长稳砂有效期 1604d(目前仍有效)，平均降水 2%，最大降水 14%，累计增油 $21 \times 10^4 m^3$。

参考文献

[1]麻路，张译，任杨，孙林，李志臻，朱立国．化学堵水在海上油田的应用与发展[J]．化学工程与装备，2023(01)：119－121.

[2]巩磊．高含水油井化学堵水技术的开发与应用[J]．化学工程与装备，2022(10)：51－53.

[3]曹泰承．油田化学堵水技术[J]．化学工程与装备，2021(08)：49＋58.

[4]王伟东，吴刚，李迎．南海西部油田堵控水工艺措施探讨[J]．中国石油和化工标准与质量，2020，40(06)：235－236.

[5]彭正强，华泽君，李勇等．新型化学固砂技术研究及在渤海油田的应用[J]．辽工，2022，51(07)：1026－1029＋1033.

[6]詹宁宁，张丽锋．油田化学防砂技术综述[J]．当代化工研究，2021，No.101(24)：11－13.
[7]王增林，李鹏，魏芳等．胜利油田特高含水期化学防砂技术进展[J]．油田化学，2021，38(03)：560－563.
[8]石洪，郑继龙，陈立群等．渤海水平井环氧树脂泡沫化学防砂体系配方研究及性能评价[J]．精细石油化工进展，2019，20(05)：14－17.

火成岩侵入储层缝控压裂技术研究与应用

李乾　张丽平　敬季昀　张云鹏　陈旭　牟媚

[中海石油(中国)有限公司天津分公司]

摘　要： 火成岩发育储层完整性低，局部发育岩墙，影响井间连通性，形成了一批火成岩侵入特征型低产低效井，但当前海上火成岩侵入储层压裂经验较少，因此以渤海某油田为例采用压裂诊断方法进行压后分析，分析发现，该储层具有相对较好的可压性，砂泥互层且泥岩隔层遮挡性较好，但受火成岩影响，储层物性差于压前认识，并具有形成复杂裂缝的潜力。鉴于此，创新研究缝控压裂技术，针对性调整火成岩侵入储层压裂改造思路，由造短宽缝的设计思路调整为大规模压裂改造，采用多级加砂压裂方式，增加投入暂堵球，应用延迟破胶压裂液体系并采用一趟多层压裂管柱。该研究成果已进行压裂现场实践，压后日产油量由 $20m^3$ 提升至 $80m^3$，目前已增油 $1.55\times10^4m^3$ 且持续有效，实现了良好增产效果的同时降低作业成本 32%，为火成岩侵入储层的高效开发提供了新思路。

关键词： 火成岩侵入；缝控压裂；压后分析；二次加砂；延时破胶

随着渤海油田油气勘探开发程度的不断深入，受火成岩影响的油气藏逐渐成为勘探开发的主要目标。火成岩作为一种非正常沉积的特殊性岩体，因其成因类型复杂，展布形态多样，制约了渤海油田与火成岩相关油藏的勘探成效和高效开发。火成岩发育储层完整性低，局部发育岩墙，影响井间连通性，形成了一批火成岩侵入特征型低产低效井，适宜进行水力压裂改造，但当前海上火成岩侵入储层压裂经验较少，需要通过压后分析等手段对储层进行再认识，以针对性调整火成岩侵入储层压裂方案，达到更好的压后效果。

1　渤海火成岩侵入储层概况

1.1　储层基本特征

1.1.1　岩性与物性

渤海某油田东三段、沙河街组零星钻遇火山岩，单层厚度小于 30m，岩性主要为以中、细粒岩屑长石砂岩为主，矿物成分主要为石英、长石、岩屑，碎屑颗粒分选中等~好，磨圆度次圆~次棱状为主要储层段。其中沙河街组储层具有中孔、中渗的物性特征，测井解释孔隙度范围 17.0%~20.7%，渗透率范围 130~350mD，层间非均质性中等；东三段储层具有中孔、中~高渗的物性特征，测井解释孔隙度范围 16.4%~22.0%，渗透率范围 208.6~1589.6mD，层间非均质性中等。

1.1.2　流体性质

渤海某油田古近系油藏地面原油为轻质原油，具有黏度低、胶质沥青质含量中等、含

第一作者简介： 李乾(1996—)，男，河北省沧州市，中海石油(中国)有限公司天津分公司渤海石油研究院，增产措施工程师，研究方向为油气田增产改造理论技术研究与现场应用。E－mail：liqian38@cnooc.com.cn。

蜡量高、含硫量低、凝固点高等特点；地层原油具有原油黏度低，地饱压差大、溶解气油比高等特点；馆陶组水型为碳酸氢钠型，氯离子含量为1202.1mg/L，矿化度为4034.9mg/L。地面、地层流体性质与埋深的变化关系较好，表现为随深度增加，流体性质变好的特点。

1.1.3 火成岩对储层影响

主要储层段发育了火山通道相及伴生次火山岩相，其岩性致密，占据有效储层空间，影响东三段和沙河街组含油面积范围；但火成岩厚度较薄，所占地层的比重低，油气主要集中于砂岩储层区域内，总体来说火成岩对砂岩储层影响不大，但影响储层含油面积及连通性。

1.2 压裂可行性

1.2.1 岩石矿物分析

沙河街组储层孔隙主要发育溶蚀粒间孔，其次发育粒间孔和溶蚀颗粒孔，局部连通性较好，接触类型主要为点~线接触，黏土矿物以伊利石为主，平均含量44%~49%，其次为伊/蒙混层、高岭石和绿泥石；东三段储层孔隙主要发育粒间孔，其次发育溶蚀粒间孔和溶蚀颗粒孔，连通性好，接触类型主要为点~线接触，黏土矿物以伊/蒙混层为主，平均含量40.2%，其次为伊利石、高岭石和绿泥石。

1.2.2 岩石力学特征分析

计算渤海某油田储层动态岩石力学参数，再根据区域单轴岩石力学实验进行校正，得储层平均静态杨氏模量7.5GPa，平均静态泊松比0.26，为低模量储层；脆性指数0.24~0.47，平均0.37，岩石脆性整体较差；断裂韧性指数0.54~0.89，平均0.69，储层整体断裂韧性较好。因此预计人工裂缝较易在缝宽扩展，但在缝长方向也具有一定的延伸能力。

2 储层压裂改造特征分析

2.1 初期设计思路

渤海火成岩侵入储层初期压裂改造经验较少，按照形成较短缝长及较高导流能力人工裂缝思路进行压裂设计，设计缝长50m，设计裂缝导流能力1000~1300mD·m，设计加砂强度0.59~0.75m^3/m。

2.2 储层压后再认识

利用前期压裂后压降曲线，结合 FracPro PT 软件，采用压裂诊断方法进行压后分析，总结出该油田火成岩侵入储层主要表现为以下四方面典型特征(图1~图3)：

(1)储层具有相对较好的可压性

根据压后G函数曲线分析得，目标井延伸净压力为3.0~4.5MPa，表明东三段储层的裂缝延伸能力较好，有利于形成较长裂缝沟通远井储层；与前期岩石力学分析中岩石脆性整体较差、断裂韧性较好相符合。

(2)砂泥互层，泥岩隔层遮挡性较好

G函数曲线分析发现未表现出明显的缝高沟通泥岩特征，说明纵向上泥岩遮挡性较强，缝高难以实现纵向贯通，大段储层笼统压裂不利于实现纵向均匀改造。为提高储层纵向上的改造程度，若储层间有较厚泥岩分隔则可采用分层压裂工艺；若储层间泥岩隔层较薄则可采用投球暂堵压裂工艺。

(3)储层物性差于压前认识

储层物性是影响滤失的重要因素，较差的储层物性将降低滤失，提高液体效率。分析东三段Ⅱ油组海水注入测试拟合得储层有效渗透率为 14mD，明显低于该段测井渗透率 353.8mD；且通过压后分析得小型压裂测试的液体效率为45.8%，液体效率高，储层滤失较小，与分析所得的储层低渗特征相符。

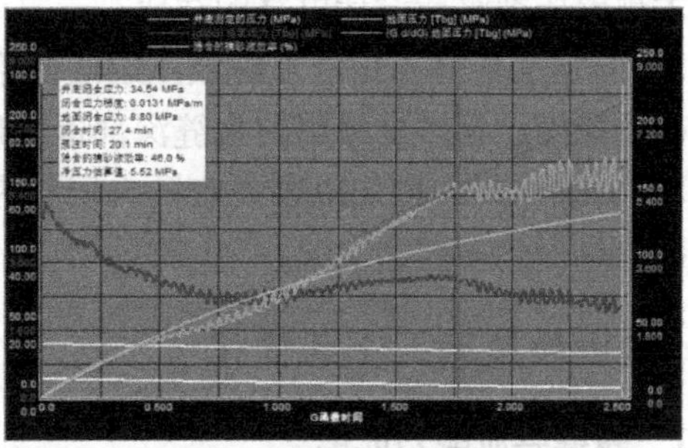

图1　压后G函数曲线

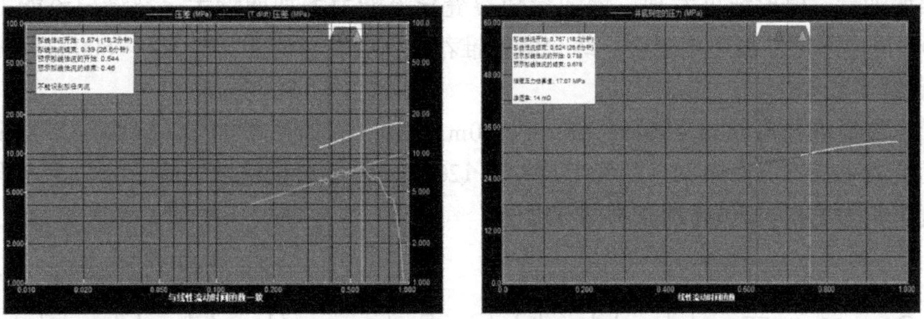

图2　拟线性流分析曲线

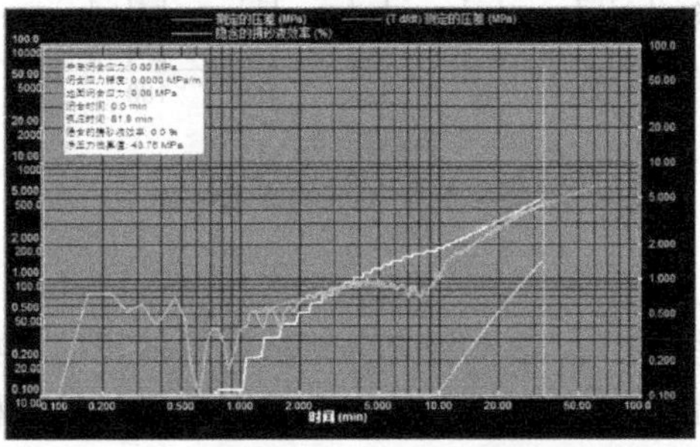

图3　双线性流分析曲线

(4)储层具有形成复杂裂缝潜力

根据双对数曲线分析，目标井出现相对复杂的裂缝形态特征，说明储层水平主应力差较小，有利于形成复杂裂缝。分析认为储层上、下隔层遮挡性较好，储层适宜进一步提高施工排量及加砂量，采用大规模改造的设计思路，具备形成复杂形态裂缝的潜力。

2.3　缝控压裂思路

基于渤海某油田火成岩侵入储层压裂改造特征的认识，对该类储层压裂改造思路进行针对性调整，具体调整如下：

(1)设计思路：由造短宽缝的设计思路调整为大规模压裂改造，从压后分析中可以得储层物性大幅差于预期，说明因火成岩侵入，火成岩边部储层实际物性可能受到数量级的影响，且该类储层具有形成复杂裂缝的潜力，宜进行大规模压裂改造；

(2)压裂工艺：由常规压裂工艺调整为多级加砂压裂工艺，针对部分砂泥互层、巨厚储层、层内隔夹层不满足分层压裂储层，采用多级加砂工艺，在加大施工规模的同时提高储层纵向改造程度；

(3)压裂管柱：由逐层填砂压裂管柱调整为一趟多层投球压裂管柱，简化作业流程的同时降低作业工期，实现压裂作业降本增效；

(4)压裂工艺参数：提高施工排量至 4.0m^3/min 以上，提高加砂强度至 2.5m^3/m 以上，提高前置液比例，降低最高砂比，增加中低砂比砂量，利于支撑剂向远处运移，以配合大规模压裂改造设计思路的达成；

(5)压裂液体：由常规破胶压裂液体系调整为延迟破胶压裂液体系，降低高温下压裂液破胶速度，促进支撑剂向裂缝深部运移形成长支撑裂缝；

(6)暂堵球：储层纵向发育隔夹层，为提升裂缝纵向改造程度，增加投入暂堵球以实现裂缝纵向均衡改造。

3 缝控压裂施工工艺优化

3.1 裂缝导流能力优化

模拟裂缝导流能力为300mD·m、400mD·m、500mD·m、600mD·m、700mD·m时的累增油量，模拟结果发现，增油量随裂缝导流能力增加而增大，裂缝导流能力大于500mD·m时累增油量递增减缓，综合考虑推荐最优裂缝导流能力为500~600mD·m。

3.2 裂缝半长优化

模拟裂缝半长为60m、90m、120m、150m、180m时的累增油量，模拟结果发现，增油量随裂缝半长增加而增大，裂缝半长大于120m时累增油量递增减缓，综合考虑推荐最优裂缝半长为120~150m(图4和图5)。

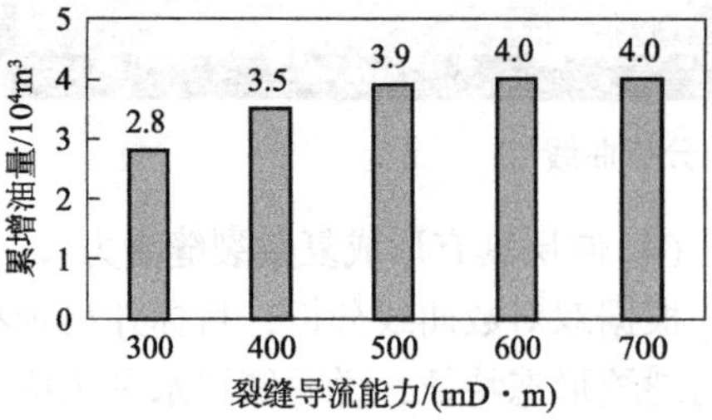

图4 不同裂缝导流能力下的累增油量

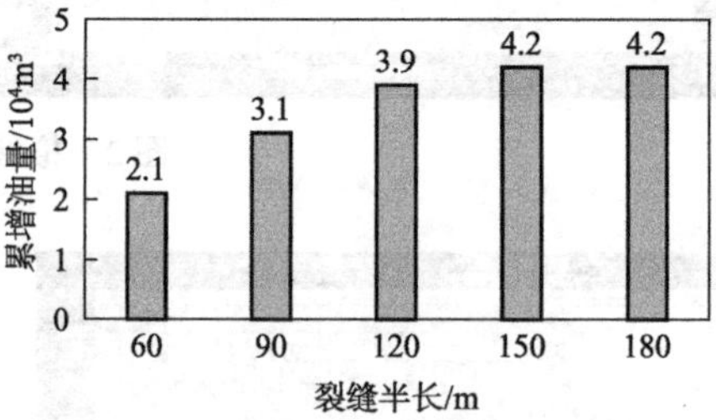

图5 不同裂缝半长下的累增油量

3.3 加砂级数优化

加砂级数是多级加砂工艺的关键参数，如果级数少，达不到充分改造油层的目的；如果级数多，则成本上升。油层厚度越大、渗透率越低，需要注入的级数越多。通过软件模拟方法，对注入级数与油层厚度、渗透率之间的关系进行模拟，可知渤海某油田储层厚度大多在15~30m，宜采用二级加砂方式(表1)。

表1 注入级数和油层厚度、渗透率关系

油层厚度/m	不同渗透率下的压裂级数/mD				
	10~30	30~50	50~100	100~150	150~200
5	1	1	1	1	1
10	1	1	1	1	1
15	2	2	1	1	1
20	2	2	2	2	2
25	2	2	2	2	2
30	3	2	2	2	2
35	3	3	3	2	2

续表

油层厚度/m	不同渗透率下的压裂级数/mD				
	10~30	30~50	50~100	100~150	150~200
40	3	3	3	2	2
45	3	3	3	2	2
50	3	3	3	2	2

3.4 延时破胶剂优选

合理提高基液黏度(50~70mPa·s 提高至 80~100mPa·s)并引入高温缓释型胶囊破胶剂有效降低压裂液滤失系数($\leqslant 3\times10^{-3}m/min^{0.5}$)，提高泵注期间携砂能力(图6)。

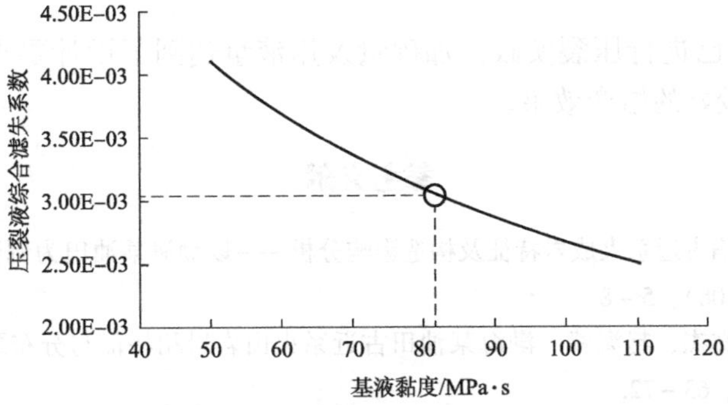

图6 30MPa 滤失压差下压裂液基液黏度与综合滤失系数

4 现场应用效果

A井压裂目标层位为东三段，垂深2897.9~2944m，有效垂厚46.1m，采用两级加砂方式进行压裂施工，压裂施工作业累计加砂81.1m³，入井净液量784m³，加入暂堵球200个，前置液比例40.5%/36%，平均砂比21.6%/11.2%，最高砂比32%，基本按照设计完成现场施工作业。从生产特征来看，A井压前产量较低，压后日产油量由20m³提升至80m³，目前已增油1.55×10⁴m³且持续有效，实现了良好的增产效果的同时降低作业成本32%(图7)。

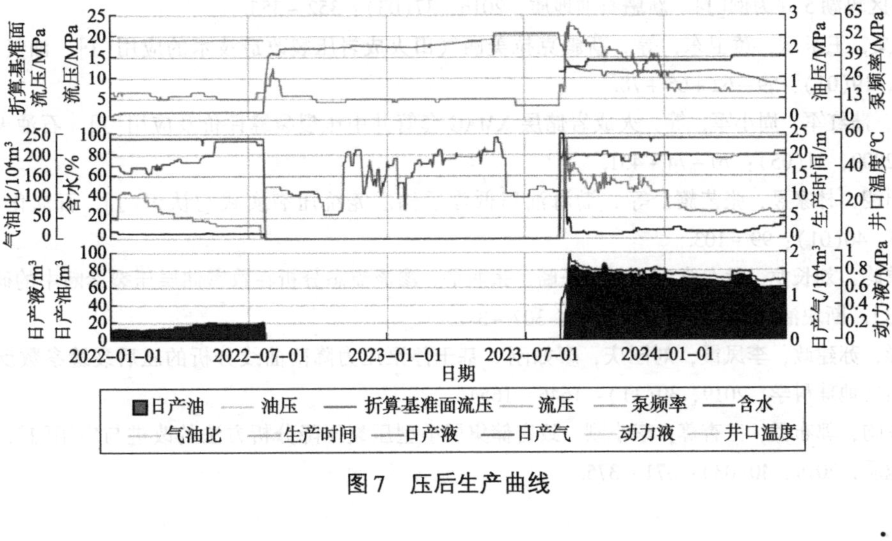

图7 压后生产曲线

5　结论

(1)渤海某油田属于火成岩侵入储层，物性条件中等，原油轻质，可压性较好，但火成岩影响储层含油面积及连通性，当前该区块压裂实践较少，储层认知尚不十分清晰。

(2)利用前期压裂后压降曲线，采用压裂诊断方法进行了压后分析，对火成岩侵入储层进行再认识，发现该类储层具有相对较好的可压性，砂泥互层且泥岩隔层遮挡性较好，受火成岩影响，储层物性差于压前认识，并具有形成复杂裂缝的潜力。

(3)对火成岩侵入储层压裂改造思路进行了针对性调整，由造短宽缝的设计思路调整为大规模压裂改造，由常规压裂工艺调整为多级加砂压裂工艺，适当调整压裂工艺参数，并由常规破胶压裂液体系调整为延迟破胶压裂液体系，增加暂堵球促进裂缝纵向充分改造。

(4)该研究成果已进行压裂实践，加砂量及用液量达到了设计要求，从压后效果看，本压裂认识实现了较好的增产效果。

参考文献

[1]张立安．黄河口凹陷古近系火成岩特征及构造影响分析——以渤海某油田为例[J]．广东石油化工学院学报，2022，32(06)：5－8.

[2]尹志军，李超，吕文杰，赵海峰．渤海某油田古近系火山岩岩相特征与分布预测[J]．中国海上油气，2020，32(05)：63－72.

[3]胡志伟，杨海风，韩自军，李果营，黄志．渤海海域渤海某油田火山岩特征及其对油气成藏的控制作用[J]．地质科技情报，2019，38(03)：208－218.

[4]崔名喆，李超，袁勋，等．渤海南部渤中34－9油田发现的勘探开发启示[J]．中国石油勘探，2023，28(02)：57－69.

[5]樊鹏飞，王旭东．压裂作业在渤海油田火成岩储层的探索应用[J]．石化技术，2024，31(03)：168－170.

[6]刘彝，杨辉，吴佐浩．强变形暂堵转向压裂技术研究及应用[J]．钻井液与完井液，2022，39(01)：114－120.

[7]庞德新，郭新维，赵签，等．连续油管环空压裂在深部火成岩储集层的应用——以克拉玛依油田克81井区玛湖5井为例[J]．新疆石油地质，2016，37(03)：352－355.

[8]许江文，王玉斌，黄卫东，等．新疆克拉美丽气田火成岩压裂改造技术的应用[J]．油气井测试，2010，19(01)：59－62＋65＋78.

[9]林勇，蒲红军，周小军，等．火成岩储层XMAC套管井中压裂裂缝评价及应用[J]．石油天然气学报，2009，31(05)：70－74＋431.

[10]谭绍栩，林家昱，张艺耀，等．渤海油田低渗透储层笼统压裂实践与认识[J]．石油化工应用，2021，40(01)：99－103.

[11]敬季昀，刘长龙，兰夕堂，邹剑，张璐，张丽平．渗流流态分析在致密储层压裂诊断中的研究与应用[J]．断块油气田，2022，29(03)：307－312.

[12]周彤，苏建政，李凤霞，刘国庆，廖如刚．基于停泵压力降落曲线分析的压后裂缝参数反演[J]．天然气地球科学，2019，30(11)：1646－1654.

[13]敬季昀，郭布民，王杏尊，李小刚．致密储集层小型压裂压降分析方法的改进与应用[J]．新疆石油地质，2019，40(03)：371－375.

[14]郭大立，唐乙芳，李曙光，张天翔，康芸玮．基于 BP－PSO 的致密气压裂施工参数优化[J]．科学技术与工程，2022，22(19)：8304－8312.

[15]李凌川，刘威，张永春，姚昌宇．东胜气田锦 58 井区压裂施工参数优化[J]．大庆石油地质与开发，2020，39(02)：48－55.

[16]檀朝东，贺甲元，周彤，刘健康，宋文容．基于 PCA－BNN 的页岩气压裂施工参数优化[J]．西南石油大学学报(自然科学版)，2020，42(06)：56－62.

[17]陈学江，马宇奔，袁征，等．考虑支撑剂嵌入的裂缝参数优化方法[J]．石油化工应用，2024，43(02)：54－58＋81.

[18]李庆庆，王国丞，孙爽，等．应用裂缝－油藏耦合技术的油藏水井压裂参数优化数值模拟[J]．化工机械，2023，50(05)：692－697.

[19]张启龙，黄中伟，谭强，等．疏松砂岩压裂充填裂缝扩展与参数优化研究[J]．石油机械，2023，51(05)：67－75.

[20]张磊，刘安邦，钟亚军，等．大规模滑溜水压裂参数优化研究与应用[J]．非常规油气，2022，9(02)：112－118.

疏松砂岩油藏螯合解堵体系研制与现场应用

刘棚　潘定成　陈华兴　代磊阳　冯阳　张晓封　曾旭

[中海石油(中国)有限公司天津分公司]

摘　要：渤海油田以疏松砂岩油藏为主，常规酸液解堵易造成储层岩石骨架破坏，二次伤害以及酸化返排液影响平台生产流程等问题，为此，本文研制了一种兼顾油层解堵、储层保护以及井筒和地面保护的多功能螯合解堵体系。该体系由多种羧基螯合剂组成，通过持续稳定的释放质子、螯合基团和多齿配体等方式实现油层解堵和储层保护，其中，螯合基团能够与金属离子形成多元环状螯合体，多齿配体与晶核反应使其发生畸变，进而具备持续防垢性能。实验评价结果表明，该体系膨润土24h溶蚀率为42%，较土酸表现出高效缓速性，有利于有效保护岩石骨架；渗透率恢复率为127%，较土酸提高了7.6%；二次沉淀抑制率为93%，较常规阻垢剂提高3倍以上，大幅降低二次伤害；无机复杂垢溶蚀率超90%，返排液接近中性，可直接进入平台处理流程。该体系在渤海油田累计现场应用130余井次，累计实现增油超$28\times10^4m^3$，取得了显著的解堵增产效果。

关键词：油井酸化；螯合解堵；返排；复杂垢；多齿配体

渤海油田多数区块属于疏松砂岩油藏，储层具有高孔高渗且胶结疏松的典型特征，采用常规酸液在解除油井黏土矿物污染的同时酸岩过度反应会导致岩石骨架造成破坏，加剧微粒运移和出砂等潜在风险。此外，砂岩储层常规酸化过程中，随着酸液与地层矿物发生反应，酸液浓度的降低，储层中的硅、铝、钙等金属离子与酸液中的自由氟离子形成含氟化合物以沉淀形式析出，形成二、三次沉淀产生储层伤害影响酸化效果。受海上平台作业时间与空间限制，酸化返排液无法在短时间得到有效处理，返排液在进入流程时，残液中氢离子、铁离子和固体悬浮物含量较高，致使油水分离系统无法破乳，电脱水器跳闸，严重影响了含残酸原油的后处理，导致平台油水处理流程无法正常运转，一定程度上制约了油井酸化工艺的现场应用。

渤海油田部分区块在前期注水开发过程中，通过注入海水维持地层能量，由于注入海水中的硫酸根含量高，与钡、锶、钙等阳离子含量高的地层水不配伍易形成硫酸钡锶等无机复杂垢污染，该类型垢非常致密，不溶于酸、碱，处理难度大，导致现场大面积躺井。

为此，笔者所在研究团队针对渤海油田油井酸化现状，为解决残酸返排和溶解复杂垢的难题，开展了螯合解堵体系及其工艺技术的探索与研究。该技术兼顾油层解堵、储层保护以及井筒和地面保护等功能，具备缓速、缓蚀、有效处理复杂垢、残液电导率低、不影响油水破乳等优点，该技术在现场已大规模推广应用，创造了巨大的经济与社会效益。

第一作者简介：刘棚(1998—)，男，2023年毕业于中国石油大学(华东)，硕士，中海石油(中国)有限公司天津分公司，助理工程师，现从事油田增产措施相关研究工作。E－mail：liupeng56@cnooc.com.cn。

1 实验部分

1.1 试剂与仪器

试剂：盐酸(工业，浓度31%)、氢氟酸(分析纯，浓度40%)、碳酸钙(分析纯)、硫酸钡(分析纯)、硫酸钙(分析纯)、阻垢剂PBTCA、阻垢剂HEDP、二氧化硅(分析纯)、氯化钙、氯化铁、氢氧化钠(分析纯)、钙-羧酸指示剂、乙二胺四乙酸二钠、石油醚、丙酮、煤油、螯合解堵体系、膨润土、渤海油田天然岩心等。

仪器：烧杯、恒温水浴锅、岩心驱替装置、CT扫描仪、电子天平、漏斗、滤纸、烘箱、电导率仪。

1.2 实验方法

缓速和溶解复杂垢评价采用溶蚀和岩心驱替实验；抑制沉淀能力测试采用沉淀法及浓缩法；缓蚀性能评价采用腐蚀速率测定方法；残酸性能研究采用电导率测试法和油水破乳法。

2 结果与讨论

2.1 溶蚀性能评价

2.1.1 膨润土溶蚀实验

通过对膨润土和黏土矿物不同组分的溶蚀效果，分析螯合解堵的缓速性能。反应温度为65℃，实验结果如图1和图2所示。

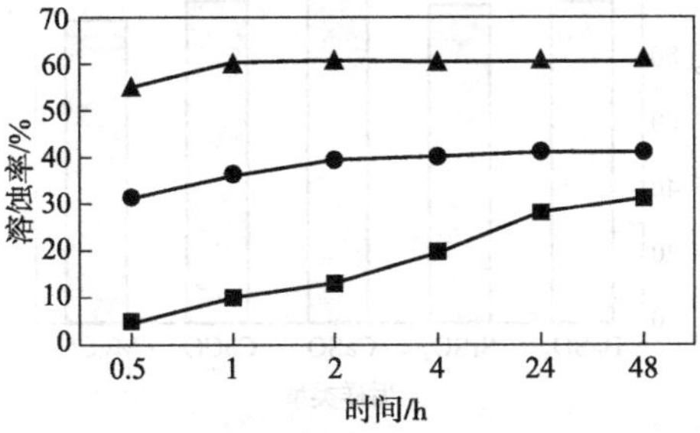

图1 酸液对膨润土溶蚀率

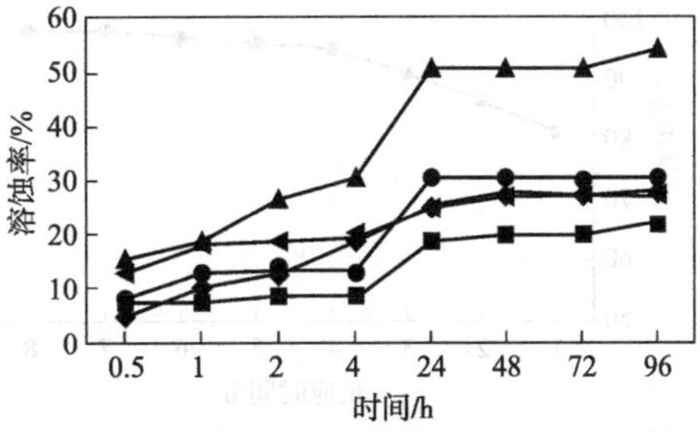

图2 螯合解堵体系对黏土矿物不同组分溶蚀率

通过溶蚀实验结果表明，土酸与膨润土反应较快，在反应1h后溶蚀率为61%，接近反应平衡；氟硼酸与膨润土反应有一定的缓速效果，反应24h后溶蚀率为42%，接近反应平衡。对比土酸和氟硼酸，螯合解堵体系缓慢释放出质子与螯合体，与膨润土发生反应，最终溶蚀率在20%~35%。具有良好的缓速效果，在具备解除油井黏土矿物污染的同时有利于降低由于过度溶蚀造成储层岩石骨架破坏的风险。以螯合解堵体系与蒙脱石反应为例，通过体系中的羧基基团缓慢释放H^+对蒙脱石八面体结构进行侵蚀，并与矿物中Fe^{3+}、Al^{3+}、Mg^{2+}等金属离子发生置换反应，再通过R-N-COO-与金属离子发生螯合反应，生成稳定的螯合物，达到缓速溶解蒙脱石的效果，反应变化如图3所示。

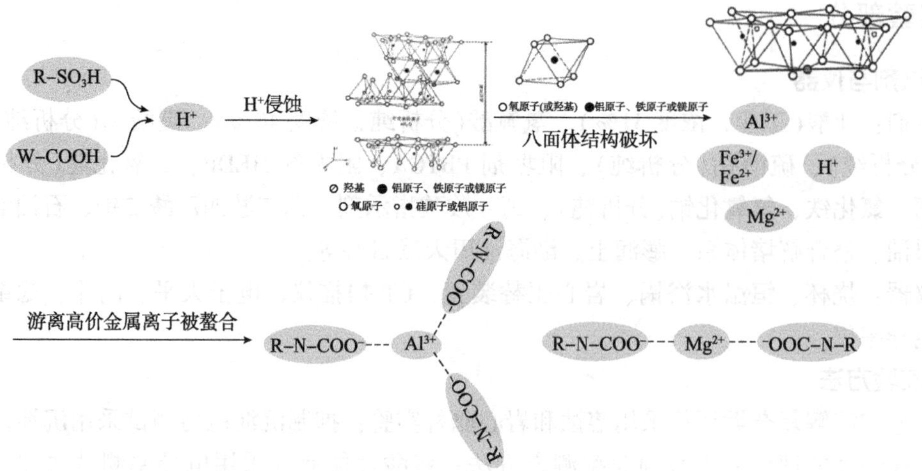

图3　螯合解堵体系与蒙脱石晶体反应变化示意图

2.1.2　复杂垢溶蚀实验

受注水开发影响，由于注入水质与地层水不配伍，导致部分油井在近井地带、管柱和电泵处存在钙镁钡锶垢污染，影响油井正常生产，常规酸液体系无法实现解堵。通过对DTPA和EDTA进行改性处理形成螯合解堵体系，提升对复杂垢的反应速率和溶解能力，反应温度为90℃，实验结果如图4和图5所示。

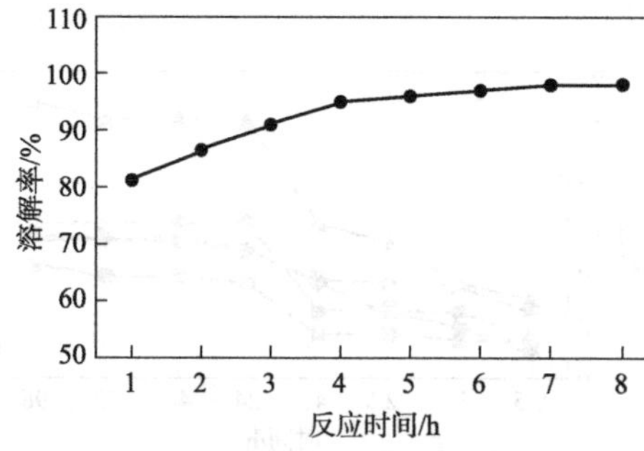

图4　螯合解堵体系溶解硫酸钡效果

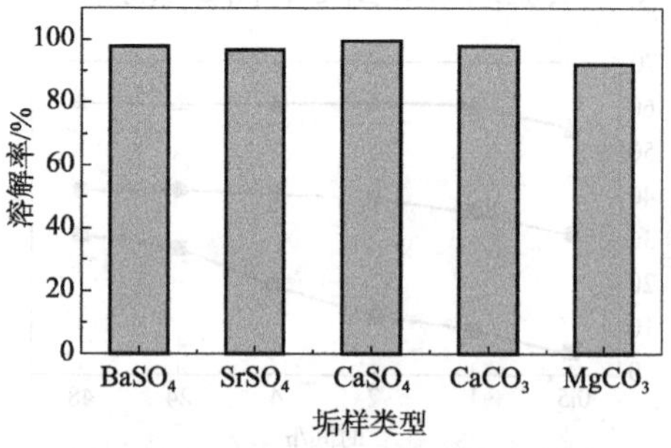

图5　螯合解堵对无机复杂垢不同组分溶解效果

通过复杂垢溶蚀实验结果表明，螯合解堵与硫酸钡反应初期，溶解速率较快，反应进行0.5h，溶解率便达到了82.4%；反应进行6h，硫酸钡完全溶解。对于井筒和近井地带常见的硫酸钡、碳酸钙和硫酸钙等无机垢均具有高效的溶蚀能力，溶蚀率超过90%。

改性后螯合解堵体系释放的多齿配体对 Ca^{2+}、Mg^{2+}、Ba^{2+}、Sr^{2+} 具有很强的敏感性，能与金属离子形成稳定的多元环状螯合体，使无机复杂垢不断电离溶解。

2.1.3　岩心流动实验

应用渤海疏松砂岩储层天然岩心，选用常规土酸体系及螯合解堵体系分别开展岩心流动实验。实验步骤如下：

(1)正驱煤油测定岩心初始渗透率；

(2)反驱解堵液(土酸体系/螯合解堵体系)测定渗透率变化；

(3)关闭阀门，土酸体系与岩心反应2h，螯合解堵体系与岩心反应24h；

(4)正驱煤油，观察岩心渗透率恢复情况。

流动实验结果如图6、图7所示，螯合解堵体系岩心驱替前后三维孔隙网络结构模型变化如图8所示。

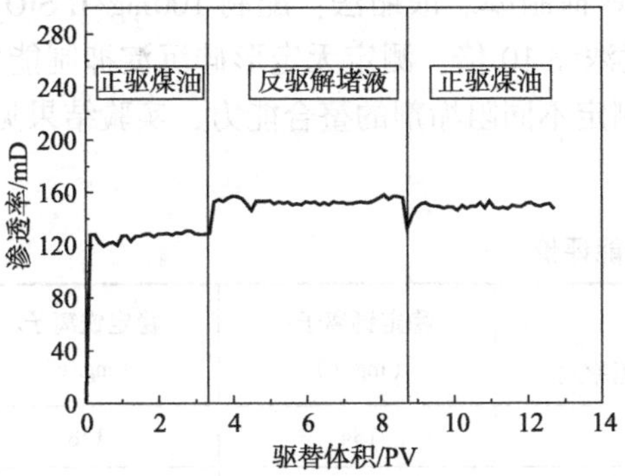

图6　土酸岩心流动实验

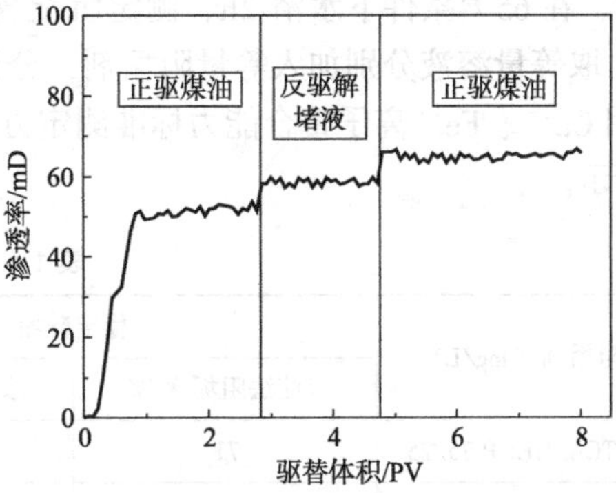

图7　螯合解堵体系岩心流动实验

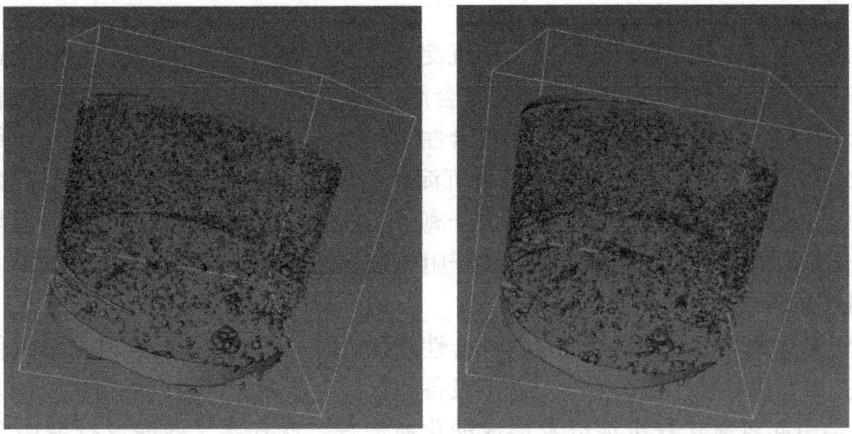

图8　螯合解堵体系岩心驱替前后三维孔隙网络结构模型(左为驱替前，右为驱替后)

岩心流动实验结果表明，土酸体系驱替前岩心初始渗透率为126mD，反驱酸液后岩心渗透率得到明显改善，渗透率为153mD，反应2h后，岩心渗透率降为149mD，说明土酸与岩心过度反应后产生二次沉淀导致岩心渗透率有所下降，岩心整体恢复率为118%。而螯合解堵体系驱替前岩心初始渗透率为51mD，反驱酸液后岩心渗透率得到改善，渗透率为58mD，反应24h后，岩心渗透率进一步上升为65mD，说明螯合解堵体系与岩心为缓速释放反应，反应时间越长对渗透率改善效果越好，岩心渗透率恢复率为127%，较土酸体系改善效果较好。

岩心驱替前后CT扫描三维孔隙网络结构模型说明，螯合解堵体系与岩心反应后，孔隙结构有所增加，并且分散均匀，螯合解堵体系通过缓慢释放质子与螯合体，对地层岩石矿物缓速均匀溶蚀，有效改善渗流通道，同时能够保证岩石骨架的完整性，降低储层伤害。

2.2　抑制二次沉淀性能评价

采用沉淀法和浓缩法分别对螯合解堵体系与常用两种阻垢剂(PBTCA、HEDP)进行对比实验。沉淀法：配制浓度为500mg/L SiO_2、300mg/L $CaCl_2$、300mg/L $FeCl_3$，按照等比例加入形成混合溶液并分成3等份，3份溶液中分别加入等量阻垢剂(100mg/L 螯合主处理液、100mg/L PBTCA、75/25mg/L PBTCA/HEDP)，应用100mg/L NaOH溶液调节pH值至8，在65℃条件下水浴2h，测定沉淀含量计算抑制率。浓缩法：配制100mg/L SiO_2溶液，取等量溶液分别加入等量阻垢剂，分别蒸发浓缩10倍，测定无定形硅沉淀抑制能力。采用 Ca^{2+}、Fe^{3+}离子螯合能力标准测定方法，测定不同阻垢剂的螯合能力，实验结果见表1所示。

表1　稳垢性能评价

阻垢剂/(mg/L)	稳定硅垢		稳定钙离子/(mg/g)	稳定铁离子/(mg/g)
	沉淀法阻垢率/%	浓缩法阻垢率/%		
PBTCA/HEDP 75/25	71	53	154	178
PBTCA 100	53	27	110	142
螯合主处理 100	105	93	218	244

实验结果表明，螯合剂对硅沉淀、钙沉淀、铁沉淀的抑制能力均好于PBTCA及PBTCA/HEDP阻垢剂。螯合剂为复合多羧基螯合剂，具有多对孤对电子，是典型多齿配位体，能够形成环状稳定结构，表现出更优的螯合性能。体系通过螯合作用与金属离子结合，导致其晶体结构出现严重的畸变现象，打乱沉淀物晶体正常的生长发育，抑制清除无机垢，并稳定多价金属离子，由于螯合键作用大于离子间作用力，因而体系同时具备除垢和阻垢的功效，体系对钙、铁及硅垢稳定性能优于阻垢剂PBTCA和HEDP。

2.3　缓蚀性能评价

螯合解堵体系对钢材的腐蚀性是其综合性能评价的一项重要指标，常规酸液体系通过添加缓蚀剂减缓腐蚀性，但仍然会对井下设备和管柱会造成一定程度的伤害，同时腐蚀产生的 Fe^{3+}会引起氢氧化铁沉淀以及形成酸化淤渣等二次伤害。残酸返排液中含有大量 Fe^{3+}会提升油水乳状液的稳定性，导致油水分离困难，影响油水处理流程的正常运转。缓蚀性能评价采用静态腐蚀速率测定方法，研究在不加缓蚀剂的情况下进行静态腐蚀实验，选用N80钢片，水浴恒温65℃，反应4h，实验结果见表2和图9。

表2　钢片腐蚀评价实验

处理液名称	钢片编号	钢片前重/g	钢片后重/g	失重/g	腐蚀速率/($g/m^2 \cdot s$)	平均腐蚀速率/($g/m^2 \cdot s$)	现象
螯合解堵剂	869	10.8698	10.8696	0.0002	0.037	0.056	无点蚀
	811	11.0181	11.0177	0.0004	0.074		

实验结果表明，螯合解堵体系处理后，钢片仍保持金属色泽，腐蚀速率远低于常规酸液，具备较强的缓蚀性能，基本不会对井下管柱和设备产生腐蚀伤害，也不会产生大量的 Fe^{3+}引起二次伤害。螯合解堵体系中含有羟基和羧基基团，能够与铁原子相结合形成配位键，吸附在金属表面，有效抑制电化学腐蚀。

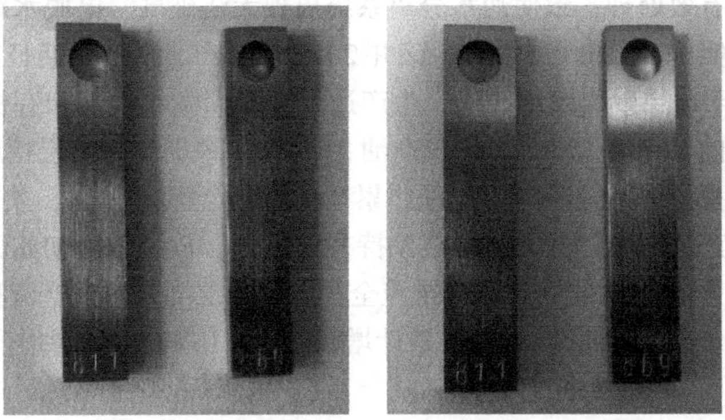

图9　钢片腐蚀前后外观对比(左为腐蚀前，右为腐蚀后)

2.4　残酸性能评价

油井酸化施工后，为防止对储层产生伤害进行反应残液返排处理，返排残液 pH 值较低、铁离子含量高，并含有一定量固相颗粒、悬浮物和原油，返排液成分复杂，多因素协同作用影响油水破乳效果，往往在油水处理过程中出现因电流过大而导致电脱掉电设备无法正常运转的问题，海上油田酸化返排液处理难的问题已经影响到油井酸化作业的有效实施。为此，通过室内电导率仪和电脱破乳法分别测定了螯合解堵体系以及对比酸液的反应残液电导率和破乳效果，实验结果如表 3 和表 4 所示。

表3　螯合解堵反应残液电导率测定

样品体系	离子浓度/(mol/L)	电导率(25℃)/(ms/cm)
螯合解堵体系	0.87	48.63
12%盐酸残液	6.58	193.2
12%盐酸 +3%HF 残液	9.58	226.5

表4　螯合解堵反应残液油水破乳测定

反应残液编号	脱水率/%					油水界面	水相颜色
	15min	30min	60min	90min	120min		
1	88	92	92	96	100	齐	清
2	88	90	92	96	100	齐	清

实验结果表明，螯合解堵体系具备较低的离子浓度及电导率，其残液的离子浓度远低于常规残酸的离子浓度，约为常规残酸体系的25%左右。较低的电导率基本不会导致因短路造成的跳闸现象，可实现反应残液直接进入平台流程就地、高效的处理。螯合解堵体系与地层堵塞物和矿物反应后，由于未破坏岩石骨架结构，残液中固体悬浮颗粒较少，反应后金属离子也以螯合态的形式存在，对油水界面膜的稳定性影响较小，反应残液 pH 值偏中性，不会导致酸化淤渣的析出，因此，螯合解堵反应残液对油水破乳几乎不造成影响，电脱水率达到100%，没有乳化中间层存在，大大降低了平台油水处理流程的负荷。

3　现场应用

渤海油田某区块平台生产流程电脱曾因海上平台作业时间及空间有限，酸化返排液无法在短时间内得到有效处理，致使油水分离系统出现无法破乳、电脱水跳闸等问题，限制了油井解堵措施的实施。以 B9 井为例，该井 2015 年投产，投产初期日产液 $447m^3/d$，日产油 $107m^3/d$，由于地层砂岩胶结疏松，生产过程中受到微粒运移和有机堵塞伤害导致产能下降较快，措施前日产液 $156m^3/d$，日产油 $23m^3/d$。根据本井储层特点和受平台油水处理流程限制，采用螯合解堵体系进行处理，累计注入螯合解堵 $60m^3$，关井反应 48h。解堵后返排液直接进生产流程，返排液 pH 值保持在 3 以上，Fe^{3+} 浓度初始为 350mg/L，后降至 100mg/L 以下。返排化验数据显示返排液全程无乳化层，未对生产流程造成冲击。措施后，日产液 $458m^3/d$，日产油 $56m^3/d$，累计增油 $1.5\times10^4m^3$，解堵增产效果显著，生产曲线如图 10 所示。

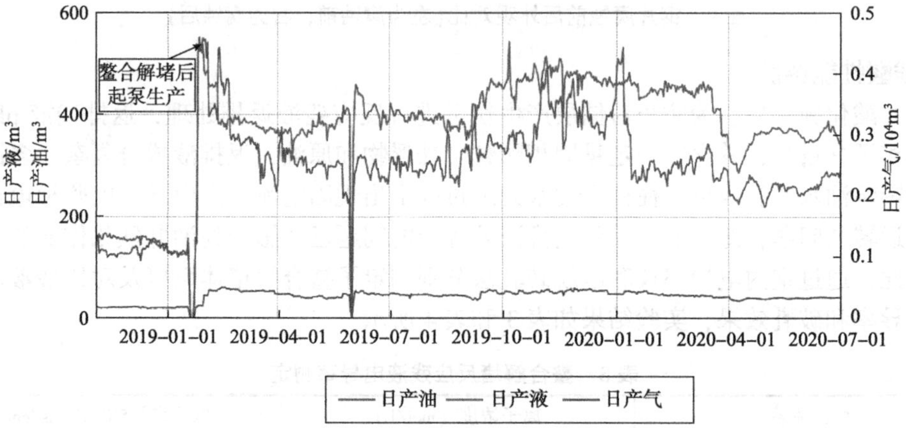

图 10　B 平台 B9 井螯合解堵前后生产曲线

另一区块 B11 井于 2015 年 11 月投产，受注水开发影响，11 井及附近邻井均存在结垢井史，导致该区块大面积躺井。通过现场取样分析，结垢以钙、镁、钡、锶、铁等复杂无机垢为主。由于酸液体系对硫酸盐无机垢溶解效果有限，针对本井存在的污染，采用螯合解堵体系进行处理。解堵后，通过返排液取样分析，反应残液中含有大量处于螯合态的金属元素，说明螯合解堵体系对复杂垢堵塞物进行了充分溶解。措施后，日产液 $95m^3/d$，日产油 $89m^3/d$，累计增油超 $1.5\times10^4m^3$，解堵增产效果显著(图 11)。

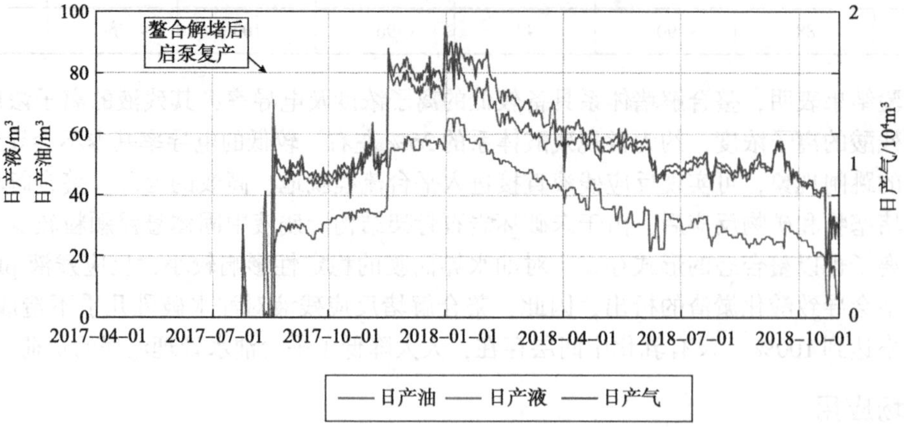

图 11　B 平台 B11 井螯合解堵前后生产曲线

针对渤海油田疏松砂岩油藏储层特点、油井典型复杂无机垢污染和海上平台油水处理流程脆弱等问题。螯合解堵体系能够解除油井污染、保护地层岩石骨架、减少二次沉淀、降低流程冲击、处理难溶复杂垢等，具有很好的适用性。自2017年螯合解堵技术在渤海油田投入应用至今，累计应用130余井次，实现增油超 $28\times10^4m^3$，创造了巨大的经济与社会效益，已成为渤海油田解堵增产主流技术之一。

4 结论

(1)螯合解堵体系由多种羧基螯合剂组成，缓慢释放质子与螯合基团，与堵塞物、岩石矿物中的金属离子发生置换和螯合反应，具有良好缓速性，具备适当的溶蚀黏土和复杂垢的能力，在保证有效解堵的同时避免对储层骨架造成伤害。

(2)螯合解堵体系通过释放多齿配体，螯合硅、钙和铁等离子，使晶核发生畸变，阻止晶体变大，有效抑制二次沉淀；同时体系中羟基和羧基基团能够与铁形成稳定配位键，吸附在金属表面，有效抑制金属表面腐蚀。

(3)螯合解堵体系反应残液具备低离子浓度及电导率、低铁离子含量、低氢离子含量和低固体悬浮物含量，对油水乳液的电脱水不造成影响，降低了对平台油水处理流程的冲击。

(4)螯合解堵体系兼顾油层解堵、储层保护以及井筒和地面保护等功能，针对渤海油田疏松砂岩油藏、油井复杂无机垢污染和油水处理流程脆弱等特点，螯合解堵体系表现出较好的适用性，现场已大规模推广应用，增产效果显著。

参考文献

[1]苏崇华．疏松砂岩储层伤害机理及应用——以HND－1/2为例[D]．成都：西南石油大学，2011.

[2]徐加放，李小迪，孙泽宁，等．疏松砂岩储层敏感性评价方法[J]．中国石油大学学报(自然科学版)，2014，5(38)：130－134.

[3]田野．高升油田多氢酸酸化技术研究及应用[D]．大庆：东北石油大学，2016.

[4]汪本武，刘平礼，张璐，等．一种单步法在线酸化酸液体系研究及应用[J]．石油与天然气化工，2015，3(44)：79－83.

[5]胡文丽，汪伟英，于洋洋，等．残酸返排液对原油乳状液破乳效果的影响[J]．断块油气田，2007，4(14)：78－80.

[6]阮少阳，于兵川．酸化返排液对原油破乳脱水的影响研究[J]．石油天然气学报，2014，12(36)：253－257.

[7]郭海军，段明，张健，等．酸化返排液对原油乳化液稳定性的影响[J]．油田化学，2008，2(25)：130－133.

[8]Nasr－El－Din，H. A.；Al－Mutairi，S. H.；Al－Hajji，H. H.；Evaluation of a new barite dissolver：lab studies[J]．SPE International Symposium and Exhibition on Formation Damage Control，Lafayette，Louisiana，USA，2004，1(2)：18－20.

[9]刘平礼，兰夕堂，王天慧，等．砂岩储层酸化的新型螯合酸液体系研制[J]．天然气工业，2014，4(34)：72－75.

[10]Cao Ying－xia，Yang Jian，Li Jie. Study of Inhibition HEDP and PBTOA[J]．Journal of TONGJI University，2004，32(4)：556－560.

[11]陈凯，潘定成，陈军．酸渣的形成及抗酸渣剂的性能研究[J]．当代化工，2020，6(49)：

1127－1130.
[12]马跃，黄晓东，唐晓旭，等．渤海油田油井酸化返排液对原油脱水的影响[J]．油气田地面工程，2015，11(34)：61－62.
[13]龚俊．海上油田酸化返排液对原油脱水性能的影响[J]．石油化工应用，2020，2(39)：23－28.
[14]张丽平，张璐，兰夕堂，等．非酸解堵技术在渤海油田的应用[J]．钻井液与完井液，2018，3(35)：116－121.
[15]潘定成，冯浦涌，王贵，等．硫酸盐垢除垢剂 BSSR 除垢反应机理与矿场应用，[J]．精细石油化工，2023，3(40)39－42.

疏松砂岩油藏过筛管压裂造缝规律及增产机理研究

张云鹏　张丽平　张璐　陈华兴　敬季昀　符扬洋　代磊阳　牟媚

［中海石油(中国)有限公司天津分公司］

摘　要：为探索渤海油田疏松砂岩油藏过筛管压裂裂缝起裂延伸规律及增产机理，开展了室内岩石力学实验、真三轴物理模拟实验及现场压裂施工数据分析。研究结果表明：在起裂规律方面，疏松砂岩具有多种破坏模式，低围压下塑性显著，出现剪胀扩容，高围压下出现塑性硬化，以压实破坏为主，破裂过程容易出现拉伸破坏与剪切破坏相互竞争的形式。裂缝延伸规律方面，压裂物理模拟实验发现中高渗疏松砂岩储层能够形成压裂拉伸裂缝，起裂扩展的关键是压裂液造壁性，尤其高渗－特高渗储层，压裂液滤失对裂缝延伸规模影响更为敏感。现场停泵压降曲线有明显裂缝主裂缝闭合特征，也证明了疏松砂岩压裂能够有效起裂延伸。增产机理方面，研究发现液体效率、岩石胶结程度以及纵向储层数量等与增产效果有一定正相关性，表明疏松砂岩储层同样需要造一定规模裂缝来实现，突破深部污染，沟通更多非均质油气富集区，压裂增产的关键是要有效造缝。研究成果为后续过筛管压裂选井选层及压裂工艺参数优化提供了理论依据与技术指导，对渤海油田过筛管压裂技术发展具有重要意义。

关键词：疏松砂岩；过筛管压裂；起裂延伸规律；增产机理

渤海油田以疏松砂岩油藏为主，生产过程需要下筛管防砂。经过多年的开发，储层非均质性、油藏深部复杂堵塞等导致部分油井产液能力下降严重，常规解堵措施已难以有效解决。为此，渤海油田提出了先对筛管射孔再加砂压裂最后化学固砂封堵射孔孔眼的过筛管压裂工艺，并进行了21口井的现场试验，取得了较好的增产效果。然而，针对过筛管压裂工艺，疏松砂岩储层岩石疏松、塑性强，裂缝起裂及扩展机理尚不明确，且目标区块为中高渗疏松砂岩，储层自身渗流能力好，压裂增产机理及增产效果主控因素尚未认识清楚，导致压裂设计过程缺乏有效理论指导。室内实验是认识疏松砂岩破坏机理的有效手段，国内外学者开展了典型物模实验，研究结果表明，疏松砂岩裂缝起裂延伸行为受注入液体的流变性、造壁性、注入速率，储层孔渗及围压影响显著。Pater指出剪切破坏是疏松砂岩裂缝起裂和延伸的主要原因；疏松砂岩裂缝起裂的条件是注入流体要具备良好的造壁性，注入牛顿流体很难产生裂缝，注入交联瓜胶时，裂缝较容易产生，且相比于弹性裂缝，延伸压力更大。曲连忠通过实验发现岩石胶结程度较弱时，在岩样中形成明显的椭圆形渗滤带，而随着岩石胶结程度增加，压裂形成宏观裂缝的能力越来越强。常琨、杨志成

第一作者简介：张云鹏(1987—)，男，河南南阳人，中海石油(中国)有限公司天津分公司渤海石油研究院，高级工程师，主要从事油气田增产改造理论技术研究与现场应用相关工作。E－mail：zhangyp33@cnooc.com.cn。

针对高泥质含量、低渗透率疏松砂岩的压裂物理模拟实验结果显示低渗疏松砂岩中水力裂缝能够起裂并延伸，但裂缝形态较为不规则。然而，现有的真三轴压裂模拟实验中施加的地应力普遍较低，难以反映真实疏松砂岩油气藏的地应力水平。国内外对疏松砂岩压裂增产规律有一定的研究，但文献中主要关注压裂裂缝参数对导流能力的影响从而达到增产目的，对压裂后油水运移规律和产能影响认识不足。

针对疏松砂岩储层具有较高的孔隙度和渗透率，胶结差、强度低、塑性变形能力强、容易压实，其裂缝起裂、延伸及增产机理更为复杂等问题。通过数据统计、室内实验、数值模拟结合理论分析，开展疏松砂岩储层压裂造缝规律、增产机理及增产效果主控因素研究，为后续过筛管压裂工艺参数优化提供借鉴。

1 疏松砂岩压裂裂缝起裂延伸规律

1.1 疏松砂岩变形破坏特征

岩石破坏模式直接关系到造缝并最终影响压裂改造效果，通常低渗储层形成较为规则的单一裂缝，然而疏松砂岩压裂在国内外仍处于零星探索阶段，仍以压裂充填防砂完井为主。

通过取芯开展岩石力学实验，揭示疏松砂岩变形破坏特征。结果表明，由于疏松砂岩储层胶结疏松，表现出弱胶结的特征，甚至部分储层颗粒表现出接触、黏附等微弱连接特征，压裂过程疏松砂岩岩石应力状态不同，应力路径方向不同，在不同应力路径下疏松砂岩表现出多种破坏形式：①在低围压状态下塑性特征显著，存在剪切溶胀，以剪切破坏为主；②增大围压轴压增量比，岩样压实明显，不存在剪切破坏特征；③定围压加载岩样先压实后剪切，整体岩心表现出膨胀特征；④增大围压表现出塑形硬化，在高围压下始终压缩，以压实破坏为主，难以达到剪切状态。

低围压下，疏松砂岩发生剪切扩容，渗透率逐渐增大，对于剪胀导致的渗透率增加，可由 Touhidi – Baghini 针对疏松砂岩提出的经验关系式进行描述。高围压下，疏松砂岩发生剪切压实，渗透率逐渐降低，Kozeny – Carman 方程能够较好地描述由于剪切压实导致的渗透率降低(图 1 和图 2)。

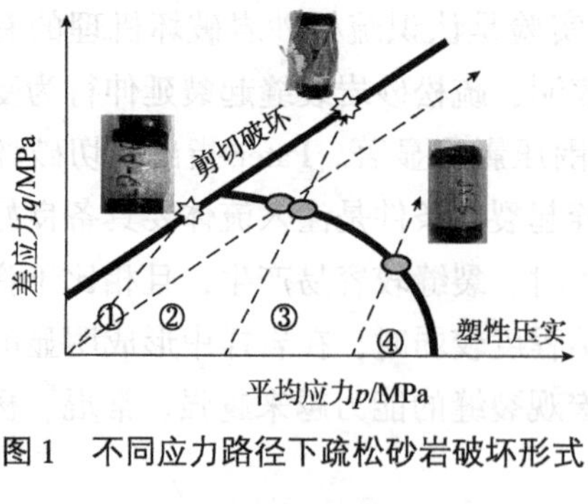

图 1 不同应力路径下疏松砂岩破坏形式

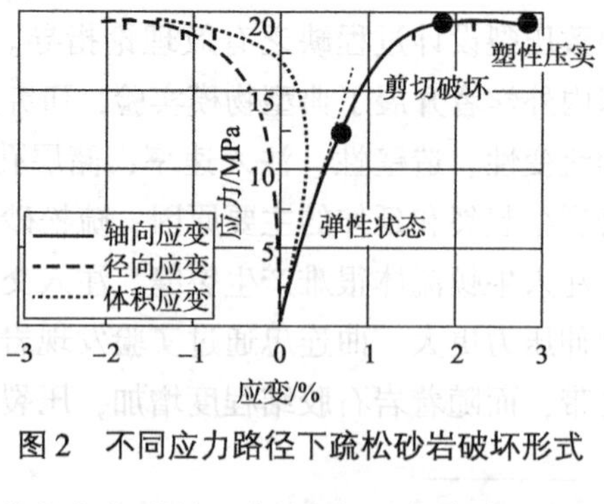

图 2 不同应力路径下疏松砂岩破坏形式

疏松砂岩存在多种破坏形式，水力破岩可形成水力裂缝，但是岩石在应变过程中不仅存在拉伸破坏也存在剪切破坏及压实作用，因此对于疏松砂岩压裂形成水力主裂缝的同时，裂缝周围存在剪切带及压实带。国外学者开展的室内实验表明，疏松砂岩压裂过程，裂缝尖端前方由于液体滤失孔隙压力升高常发生剪切破坏，产生塑性变形，随后在拉应力作用下裂缝开始扩展延伸(图3)。

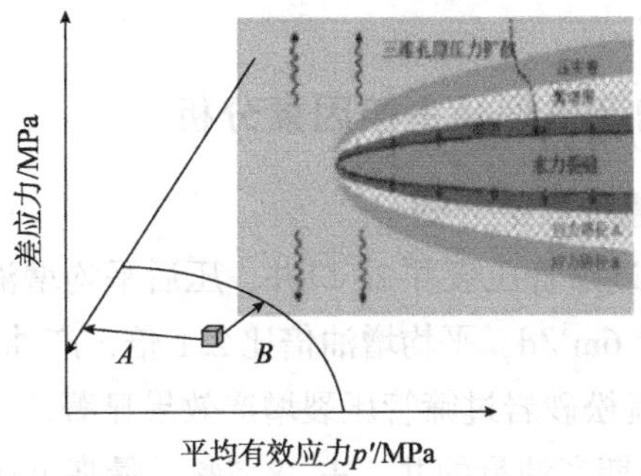

图3　不同应力路径对应的裂缝条带

1.2　疏松砂岩储压裂物模实验研究

行业内普遍认为疏松砂岩储层胶结差、塑性强、强度低、可压性差，难以有效造缝。同时疏松砂岩储层通常为高孔高渗特征，产量高，往往不会采用压裂改造，疏松砂岩压裂相关理论研究较少。

为研究疏松砂岩压裂过程能否形成有效裂缝，采用大物模实验开展疏松砂岩储层可压性研究。结果表明，压裂液滤失性能对造缝影响较大。高孔高渗疏松砂岩压裂过程始终伴随大范围滤失，甚至完全滤失无法形成裂缝。只有压裂液滤失降低到一定程度才能形成较大规模裂缝。当污染区存在时，压裂液滤失在污染带与外部岩样存在明显界限，高渗区域污染后裂缝起裂更容易，裂缝规模更大。裂缝突破污染带后滤失增大，延伸困难(图4和图5)。

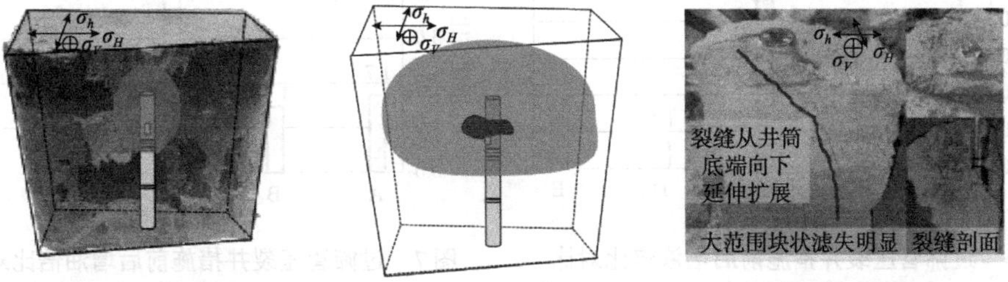

(a)压裂液完全滤失，未见裂缝　(b)大范围块状滤失小规模裂缝　(c)大范围块状滤失明显

图4　高孔高渗疏松砂岩在不同滤失系数压裂液下的裂缝规模(高→低)

(a)中-高渗透率岩石实验　(b)高-特高渗透率岩石实验

图5　高孔高渗疏松砂岩污染岩心在压裂液下的裂缝规模(高→低)

疏松砂岩储层压裂裂缝起裂延伸规律复杂，受液体性能等施工参数影响较大。压裂液滤失小、液效高有利于形成简单平整的张性裂缝，反之则容易形成剪切裂缝为主的复杂形态裂缝。

2　疏松砂岩储层压裂增产机理及主控因素分析

2.1　已施工过筛管压裂井增产效果分析

统计了渤海油田已施工过筛管压裂井21口井，压后平均增液倍比3.2倍，产液量从压前平均99.1m^3/d提高到249.6m^3/d，平均增油倍比2.1倍，产油量从压前平均15.5m^3/d提高到41.5m^3/d。整体上，疏松砂岩过筛管压裂增产效果显著。

压后产油量高于投产初期产油量的井，占38.5%，最高可达3.5倍，平均1.9倍，由此可见，过筛管压裂不仅具有解堵恢复产能的作用，同时具有改造储层增产的效果。分析油藏资料发现，压后产油量高于投产初期的井储层类型大多属于砂体厚度大、夹层发育、纵向各小层物性差异较大。由此可见，水力裂缝突破污染带，解除深部储层堵塞，沟通纵向非均质油富集区，增大泄油面积是疏松砂岩压后增产的重要原因。

考虑到不同油田储层条件有差异，而且压后效果也不尽相同，分析对比了不同油田过筛管压裂的增产效果。从压后日产液量、日产油量、增液倍比、增油倍比综合分析，C油田增产效果最好，D油田增产效果最差。以增产倍比为例，不同油田增液倍比：C > B > E > A > D；增油倍比：C > E > A > B > D，为分析不同油田增产效果差异原因，取芯开展了室内岩石力学实验(图6和图7)。

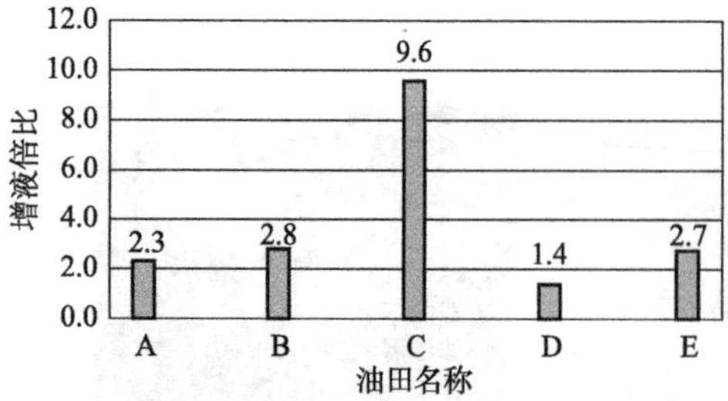

图6　过筛管压裂井措施前后增液倍比对比

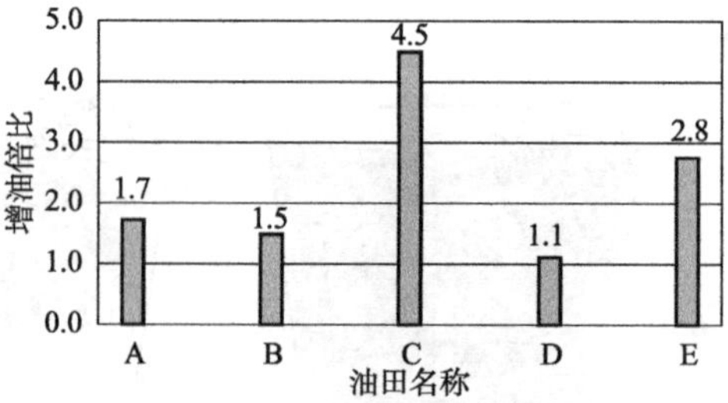

图7　过筛管压裂井措施前后增油倍比对比

2.2　疏松砂岩典型储层压裂增产效果模拟研究

根据目标油田部分井压恢试井分析，疏松砂岩储层污染半径可达到30m，相比于中低渗储层，相同污染率条件下，高渗储层的抗污染能力较强。采用油藏数值模拟方法模拟了不同半缝长、不同污染程度条件下的产量变化情况。根据模拟结果，较为低渗储层裂缝未突破污染带时改造效果不明显，裂缝突破污染带后增产显著，当裂缝长度达到一定值后再增加裂缝长度，对产能影响不大，而对于高渗储层裂缝突破污染带后效果最佳。但是，随着污染带范围的增大和污染程度的加剧，虽然压裂能够增产，但是严重污染条件下的压裂的效果也会下降(图8)。

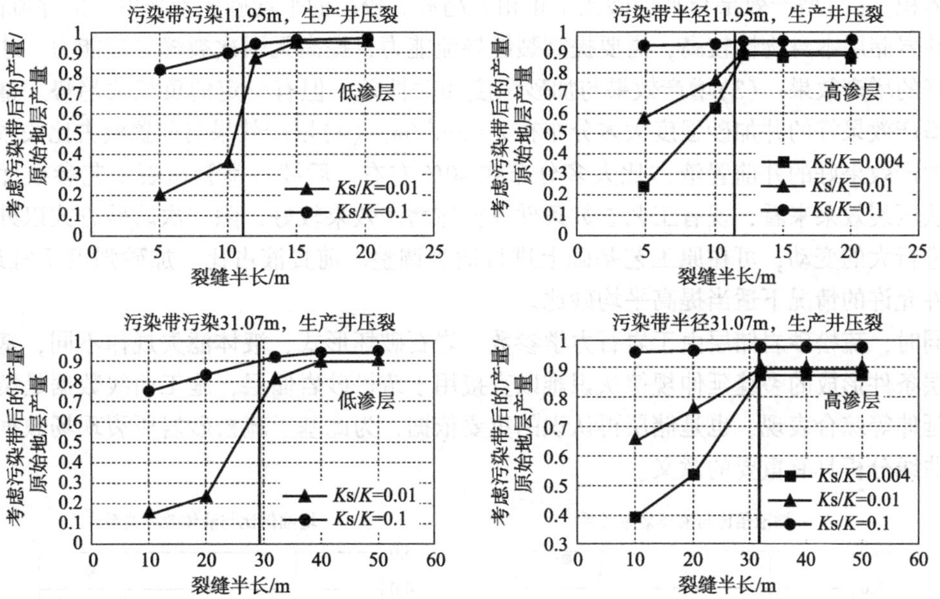

注：污染程度 Ks/K，K—原始地层渗透率；Ks—污染后地层渗透率

图8　疏松砂岩压裂产量数值模拟

2.3　过筛管压裂井增产主控因素分析

统计分析了已施工井的平均有效厚度、渗透率、孔隙度、泥质含量、Kh 等储层参数与增产效果的关系，增产效果与部分储层参数存在一定关联性。根据统计结果，整体上增产效果与储层参数相关规律不明显，分析原因主要是数据样本有限，另外已施工井大多采用分压合采，相关参数都是平均后的结果，导致规律不明显，但仍存在一定相关趋势。得到认识如下：(1)增产效果与平均有效厚度呈正相关趋势，疏松砂岩压裂段往往厚度较大，压裂过程会解除近井及深部复杂堵塞，同时裂缝会沟通纵向非均质油气富集区，扩大供油面积。(2)增产效果与测井渗透率呈先升高后降低的趋势，增产效果好的井测井渗透率主要在 2000～3000mD，当渗透率超过 3000mD 后增产效果反而变差，分析原因主要是物性过高，岩石胶结变差，压裂过程难以有效造缝，D 油田 C8 井压裂曲线就表现为施工压力异常高，即便施工后期压力明显下降，分析停泵后净压力仍高达 13MPa，说明裂缝未有效延伸甚至未有效形成裂缝。(3)增产效果与测井孔隙度趋势不明显，但增产效果好的井，孔隙度分布在 25% 左右。目前，已施工井整体孔隙度主要分布在 25% 左右。(4)泥质含量 20% 以内，增产效果与泥质含量呈正相关趋势。原因可能是随着泥质含量升高，胶结程度更好，更有利于造缝。(5)增产效果与地层系数 Kh 相关性较差，无明显趋势。根据以上认识，后续过筛管压裂选井建议：储层有效厚度相对较大，建议 10m 以上；选择岩石胶结程度更高的储层，尽量避免选取不胶结岩石储层。针对不同胶结程度的储层，优化压裂工艺参数，提高造缝效率。

为此，进一步研究了液量、平均砂比、加砂强度、前置液占比等压裂施工参数与增产效果的关系，根据统计分析结果，整体上增产效果与压裂施工参数相关规律不明显，同样存在数据样本有限，分压合采等因素影响，但仍存在一定相关趋势，认识如下：(1)增产效果与与液量呈一定的正相关趋势。分析认为液量增大，裂缝波及体积变大更大，增大了改造体积。(2)增产效果与平均砂比呈正相关趋势。较高的平均砂比带来更高的导流能力，疏松砂岩储层本身物性较高，需要提高裂缝导流能力，提高无因次裂缝导流能力，才能带来更好的增产效果。(3)增产效果与加砂强度相关性差，但有一定的负相关趋势。整体来看，增产效果好的井加砂强度大多分布在2～3m^3/m。(4)增产效果与前置液占比关系不明显。增产效果好的井前置液占比大多分布在40%左右。后续过筛管压裂工艺参数优化建议：从压裂效果来看，现有工艺参数条件下整体增产效果较好，除二次防砂方式以外，不建议进行大的变动，可在原工艺基础上进行适当调整。前置液占比、加砂强度不宜过高，在条件允许的情况下适当提高平均砂比。

同时，疏松砂岩储层由于岩石力学参数、岩石破坏形式、液体滤失规律不同，基于低渗储层条件形成的裂缝延伸规律认识难以直接用于疏松砂岩储层，施工曲线数据是裂缝起裂及延伸等综合表现，也是储层再认识的重要依据，为此基于疏松砂岩压裂现场数据开展压降曲线分析具有重要的意义。

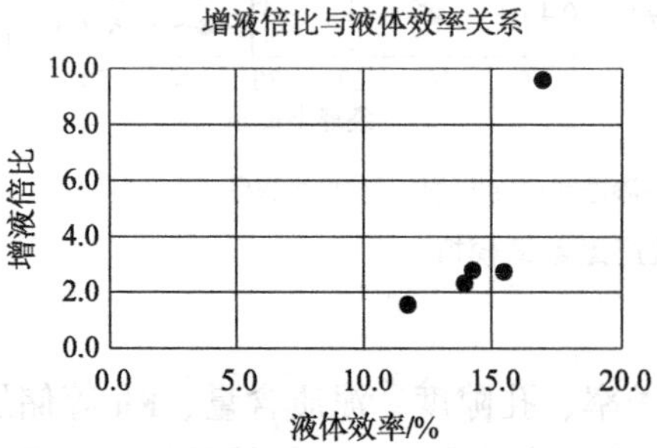

图9　不同油田增液倍比与液体效率关系

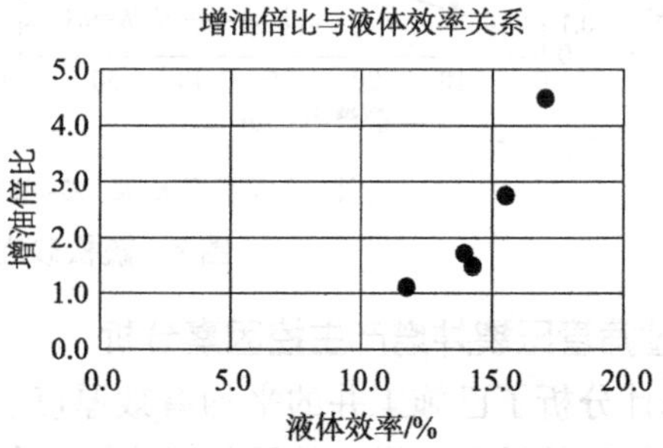

图10　不同油田增油倍比与液体效率的关系

不同油田压裂工艺相同，施工参数接近，液体效率反应造缝能力。根据统计结果，不同油田平均增液与增油倍比与液体效率有明显正相关关系(图9和图10)。分析认为疏松砂岩油藏压裂除了解堵作用外，也具有改造增产效果，液体效率高，裂缝规模大，改造范围更大。通过压后分析，得到疏松砂岩压裂增产机理：G函数叠加导数曲线多以PDL或Storage滤失，较少出现基质滤失模式，表明裂缝形态复杂，缝高容易突破隔层。整体微裂缝开启压力较低，一定程度增加了裂缝复杂程度。液体效率对疏松砂岩增产效果影响较大，疏松砂岩增产仍然需要一定规模的裂缝，提高近井导流能力，解除近井地带储层污染，沟通非均质油气构造富集，增大泄油区域。

3　结论

(1)大物模实验能观察到明显的张性裂缝，停泵后压降曲线有明显的裂缝闭合前后地层线性流特征。疏松砂岩压裂通过控制液体滤失能够有效形成主裂缝。

(2)通过数值模拟与压后生产动态分析，疏松砂岩过筛管压裂可有效解除储层深部污染，同时能够实现纵向上非均质油气富集区的改造，动用新层，增大泄油区域，从而实现增产改造。

(3)岩石胶结程度高、物性好的储层，裂缝起裂延伸更容易，压裂增产效果整体更好。增产效果与液体效率呈明显正相关关系，表明疏松砂岩压裂同样需要造一定规模的裂缝突破污染带，改造非均质储层，从而获得更好的改造效果。

(4)疏松砂岩压裂微裂缝易开启，缝高容易延伸，裂缝形态复杂，裂缝延伸后期大多表现为脱砂充填，短宽缝特征。

(5)过筛管压裂增产效果与液体效率成正相关关系，可通过提高液体造壁性、施工排量等方式，更有效造缝，提升改造效果。

参考文献

[1]王坤，吴增智，邹鸿江．海上中高渗储层压裂工艺技术研究与实践[J]．钻采工艺，2016，39(6)：54－57.

[2]马英文，邓建明，赵少伟．海上老油田增产的工程技术发展方向探讨[J]．钻采工艺，2019，42(04)：110－111.

[3]徐文江，肖茂林，孙兴旺，王永刚，贾云林，姜安，杜景锋，姜维东．海上低渗透油田水平井多级压裂先导试验[J]．中国海上油气，2017，29(06)：108－114.

[4]龚宁，李进，陈娜，张启龙，徐涛．渤海油田水平井出水特征及控水效果评价方法[J]．特种油气藏，2019，26(05)：147－152.

[5]梁丹，康晓东，何春百，王旭东．海上三低油田开发难点及有效开发策略分析[J]．石油地质与工程，2019，33(01)：72－75.

[6]卢大艳，孟祥海，吴威，周际永．渤海注聚油田堵塞井堵塞机理分析及复合解堵工艺设计[J]．中国海上油气，2016，28(05)：98－103.

[7]杨子，刘国振，王万鹏．过筛管压裂增产防砂技术在海上油田的应用[J]．辽宁化工，2021，50(04)：569－571.

[8]陈勇军，郑旭，郭秩瑛，李彪，王曼依．过筛管压裂技术在海上油田的应用[J]．石化技术，2019，26(09)：3－4.

[9]王绪性，郭布民，徐延涛，袁文奎，李湾湾．海上过筛管压裂工艺研究及应用[J]．钻采工艺，2022，45(02)：56－60.

[10]张丽平．渤海油田疏松砂岩压裂起裂参数影响因素分析[J]．石油化工应用，2021，40(09)：81－85.

[11]DE PATER C J，DONG Y. Experimental study of hydraulic fracturing in sand as a function of stress and fluid rheology；proceedings of the SPE Hydraulic Fracturing Technology Conference，College Station，Texas，USA，F，2007 [C]. Society of Petroleum Engineers.

[12]曲连忠．疏松砂岩脱砂压裂实验与数值模拟研究[D]．中国石油大学，2009.

[13]常琨．疏松砂岩人工裂缝起裂及延伸规律研究[D]．中国石油大学(华东)，2013.

[14]杨志成．泥质疏松砂岩水力压裂裂缝起裂与扩展模型研究[D]．中国石油大学(华东)，2014.

[15]lrwin P G. Analysis of stress and strains near the end of a crack extension force[J]. Journal of Applied Mechanics，1957，24：361－364.

[16]TOUHIDI－BAGHINI A. Absolute permeability of McMurray Formation oil sands at low confining stresses [D]. Edmonton：University of Alberta，1998.

[17]KOZENY J. Ueber kapillare Leitung des Wassers im Boden. Sitzungsber Akad[J]. Wiss，Wien，1927，136(2a)：271－306.

[18]CARMAN P C. The determination of the specific surfaces of powders，[J]. Journal of the Society of Chemical Industry. 1938，57(27). 225－234.

[19]CARMAN P C. Flow of gases through porous media[M]. New York：Academic Press，1956：38－53.

[20]PATER D，DONG Y. Experimental study of hydraulic fracturing in sand as a function of stress and fluid rhe-

ology[C]. SPE Hydraulic Fracturing Technology Conference, 2007, SPE 105620.

[21]BOHLOLI B, DE PATER C. Experimental study on hydraulic fracturing of soft rocks: influence of fluid rheology and confining stress[J]. Journal of Petroleum Science and Engineering, 2006, 53(1): 1-12.

[22]KHODAVERDIAN M, MCELFRESH P. Hydraulic fracturing stimulation in poorly consolidated sand: mechanisms and consequences[C]. SPE annual technical conference, 2000, SPE 63233.

[23]GERMANOVICH L N, HURT R S, AYOUB J A, SIEBIITS E, NORMAN D, & ISPAS I. Experimental study of hydraulic fracturing in unconsolidated materials[C]. SPE International Symposium and Exhibition on Formation Damage Control, 2012, SPE151827.

[24]张卫东，杨志成，魏亚蒙．疏松砂岩水力压裂裂缝形态研究综述[J]．力学与实践，2014，36(4)：396-402.

[25]范白涛，邓金根，林海，吴锐，刘伟，谭强．疏松砂岩油藏压裂裂缝延伸规律数值模拟[J]．石油钻采工艺，2018，40(05)：626-632.

新型低初黏延缓交联凝胶体系运移封堵性能研究

赵鹏　李彦阅　韩玉贵　曹长霄　吕鹏　鲍文博

[中海石油(中国)有限公司天津分公司]

摘　要：针对常规凝胶初始黏度高，易造成近井堵塞以及难以深部运移与封堵的问题，研制了一种低初黏可延缓成胶的凝胶体系，该体系初始黏度小于5mPa·s，成胶时间在10～20d，成胶强度在5000～30000mPa·s可控。通过人造均质岩心、非均质岩心，利用物理模拟实验，对比研究了新型低初黏可延缓成胶的凝胶与常规凝胶体系的注入性能、深部运移性能、封堵性能以及对高低渗透率层的剖面改善性能。结果表明，与常规凝胶相比，新型低初黏可延缓成胶凝胶深部运移距离可提高20%以上、剖面改善改善率提高10%以上，在岩心渗透率$4000\times10^{-3}\mu m^2$下，封堵效率大于94%。该体系良好的注入性能以及深部运移与封堵性能，为进一步提高高含水油藏采收率具有较大的应用前景。

关键词：凝胶体系；低初黏；注入性能；封堵性能；剖面改善

对于非均质性严重的砂岩油藏，经过长期的注水开发，地层受到长期注水冲刷后，导致储层渗透率加大、孔隙喉道半径增大，后续的注入水及驱油体系的注入，主要沿高渗流通道窜流，形成低效或无效循环，驱油体系在中低渗透率储层难以波及，而剩余油潜力基本聚集在中、低渗透层，严重影响了油田开发采收率及开发效益。近年来，油田现场针对高含水油田优势通道的封堵，在药剂体系上，主要通过应用不同的调剖体系进行调剖封堵，而调剖体系也主要为不同类型的凝胶、冻胶、颗粒类调驱体系组成，对于常规的凝胶、冻胶类调剖体系，其初始黏度一般大于30mPa·s，成胶时间较短，注入地层后压力上升较快，仅封堵近井地带，无法实现油层深部调堵需求，难以有效提高油藏的最终采收率，因此，有必要研制一种低初黏、成胶黏度较高且成胶时间延缓可控的凝胶体系，可以降低对近井地带的堵塞，进入油层深部，实现对高渗透层深部有效封堵。

本文以渤海某一油藏为研究对象，研制了一种低初黏、黏度可延缓释放的新型凝胶体系，该凝胶体系以包覆性乳液聚合物作为主剂，与交联剂进行交联反应。初始阶段，聚合物受水溶型外壳包裹，不与交联剂产生反应，随着注入地层，受地层温度、矿化度以及注入剪切的影响，水溶性外壳破裂，再与交联剂反应生产凝胶体系从而达到低初黏延缓增黏的效果，体系初始黏度小于5mPa·s，成胶时间在10～20d，成胶强度在5000～30000mPa·s可控。

第一作者简介：赵鹏(1986—)，男，籍贯江苏省淮安市，中海石油(中国)有限公司天津分公司，高级工程师，主要研究方向提高采收率及采油工艺技术。E－mail：zhaopeng8@cnooc.com.cn。

1 实验部分

1.1 实验材料

实验试剂主要有：低初黏延缓增黏凝胶主剂，常规聚合物，酚醛树脂类交联剂，实验用油，渤海某一油田脱水原油与煤油混配而成的模拟油，模拟油黏度为70mPa·s(70℃)；实验用水为现场注入水，矿化度为5700mg/L，水型为$NaHCO_3$型。

实验岩心：带测压点填砂管，直径2.5cm，长度100cm，中间布置5个压力监测点，用于开展凝胶体系的深部运移性能评价；人造均质岩心，岩心尺寸4.5cm×4.5cm×30cm，渗透率为$4000\times10^{-3}\mu m^2$，用于注入封堵性评价；人造并联质岩心，岩心尺寸4.5cm×4.5cm×30cm，渗透率分别为$1000\times10^{-3}\mu m^2$和$4000\times10^{-3}\mu m^2$，用于开展凝胶体系的剖面改善性能。

实验仪器：体系黏弹性能评价仪器为RS6000型流变仪、磁力搅拌器、物理模拟注入及驱油实验装置主要由驱替系统(ISCO高压高精度柱塞泵)、加热保温系统(DY-3型恒温箱)、压力采集系统(高精度压力传感器，精度0.0001MPa)和液量采集系统组成。

1.2 实验方法

(1)成胶性能评价。将配制好的新型低初黏延缓交联凝胶体系(下面简称新型凝胶)与常规凝胶体系，用RS6000型流变仪，测量其初始黏度。再将两种凝胶体系封瓶后，置于温度为70℃恒温箱里，分别在第1d、3d、5d、7d、10d、13d、15d、20d后，每5天测一次黏度，用于评价凝胶的成胶时间及热稳定性。

(2)深部运移性能评价。配制目标浓度下的2种凝胶体系，主剂溶液浓度6000mg/L，交联剂溶液浓度3000mg/L，采用长填砂管岩心进行实验，先水驱，岩心水驱压力稳定后，注入0.5PV凝胶体系，候凝20d，再后续水驱至压力稳定，监测长岩心各测压点压力变化，对比常规凝胶与新型低初黏延缓交联凝胶体系在岩心内运移规律。

(3)注入封堵性能评价。配制目标浓度下的新型低初黏延缓交联凝胶体系与常规凝胶体系，主剂溶液浓度4000mg/L、6000mg/L，交联剂溶液浓度3000mg/L。进行注入封堵性实验，先水驱，岩心水驱压力稳定后，注入0.3PV凝胶体系，候凝20d，再后续水驱至压力稳定，记录每个阶段的压力及流量，考察不同配方体系在目标渗透率岩心中的注入封堵性能。驱油体系在储层中的注入封堵性能主要通过阻力系数、残余阻力系数及封堵效率进行评价，封堵效率可以通过岩心经驱油体系后渗透率的变化进行计算得到。不同体系对岩心阻力系数和封堵效率计算公式分别如下：

$$F_R=\frac{\lambda_w}{\lambda_P}=\frac{\Delta P}{\Delta P_w} \tag{1}$$

$$\eta=\frac{K_w-K_P}{K_w}\times100\% \tag{2}$$

式中，F_R为阻力系数；λ_w和λ_P分别为水和调驱剂的流度；ΔP_w和ΔP分别为调驱剂注入前后的稳定压力，MPa；η为调驱剂的封堵效率；K_w和K_P分别为调驱剂注入先后水驱渗透率。

(4)剖面改善性能。配制目标浓度下的2种凝胶体系，主剂溶液浓度6000mg/L，交联剂溶液浓度3000mg/L。采用双管并联岩心开展剖面改善性能实验，岩心渗透率分别为$1000\times10^{-3}\mu m^2$和$4000\times10^{-3}\mu m^2$。岩心先水驱，水驱压力稳定后，注入0.3PV凝胶体系，候凝20d，再后续水驱至压力稳定，记录每个阶段的压力以及高、低渗透率管出液量。

2 结果与分析

2.1 成胶性能

常规凝胶体系与新型低初黏延缓交联凝胶体系成胶性能对比如下表1与图1所示。常规凝胶体系其具有较高的初始黏度，在浓度6000mg/L时，黏度达到了35.5mPa·s，具有较高的初始黏度，而对于新型凝胶体系，其浓度达到9000mg/L时，黏度小于2.0mPa·s，体系出了较好的低初黏特性。新型凝胶体系的成胶时间均大于10d，成胶时间的延缓，保证了新型凝胶体系可以维持较长时间的低初黏特性，有利于凝胶体系在地层的运移，实现深部封堵的效果。对比常规凝胶体系与新型凝胶体系的成胶强度，两种凝胶体系的最大成胶强度接近，但新型凝胶体系的长期热稳定性强度优于常规凝胶体系，有利于凝胶体系在进入地层深部后，对高渗层实现长期有效的封堵。

表1 常规凝胶体系与新型凝胶体系成胶性能对比

凝胶体系	主剂浓度/(mg/L)	交联剂浓度/(mg/L)	初始黏度/mPa·s	成胶时间/d	180d强度/mPa·s
常规凝胶	6000	3000	35.5	5	15500
	9000	3000	52.4	3	21200
新型凝胶	6000	3000	1.5	11	18100
	9000	3000	1.6	13	24300

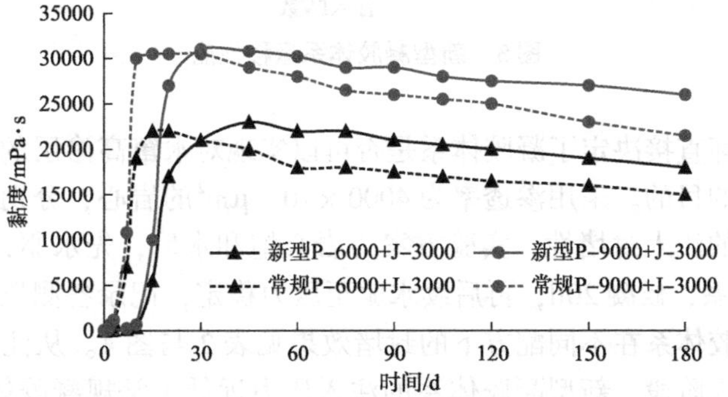

图1 常规凝胶体系与新型凝胶体系成胶性能

2.2 深部运移性能

对于调剖调驱体系，能否满足注入以及在岩心中深部运移与深部封堵的要求，是影响其调驱能力与调驱效果的关键。采用100cm长带测压点填砂管，分别考察了常规凝胶体系与新型凝胶体系在长填砂管内的运移性能，实验方案为填砂管饱和水后，先水驱，水驱压力稳定后，注入0.5PV凝胶体系，候凝20d，再后续水驱至压力稳定，监测长岩心各测压点压力变化，实验结果见图2、图3所示。对比长填砂管各测压点压力，对于常规凝胶体系，入口端P1、P2点压力起压较高，P3点压力压降明显，P4点压力较低，P5点、P6点未明显起压。表明凝胶体系主要集中在P3点前，少量运移到P4点位置处。而对于新型低初黏凝胶体系，运移过程中，P3、P4压力起压明显，P5点有压力。对比两种体系的深部运移性能，通过运移起压点距离计算，新型低初黏凝胶体系其深部运移距离比常规凝胶体系可提高20%以上，可以更好地实现深部封堵。

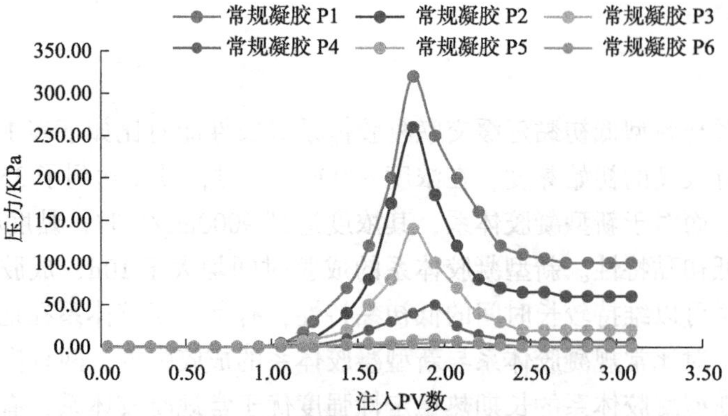

图 2　常规凝胶体系运移性能

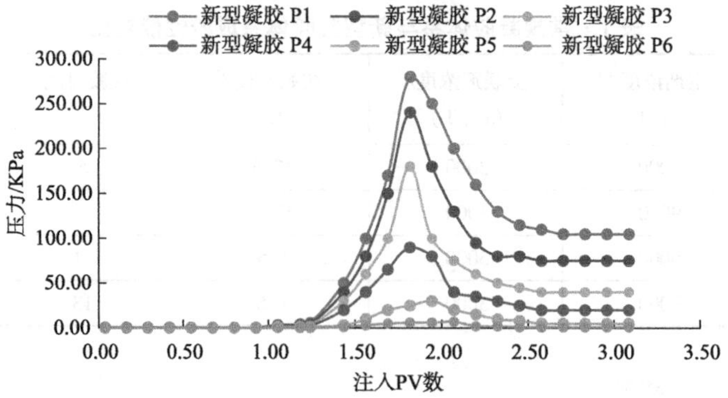

图 3　新型凝胶体系运移性能

2.3　注入封堵性能

封堵性能的好坏直接决定了凝胶体系是否可以实现对水窜高渗层的封堵，达到液流转向启动中、低渗层的目的。采用渗透率为 $4000\times10^{-3}\mu m^2$ 的岩心，分别考察了常规凝胶体系与新型凝胶体系的注入封堵性，实验方案为岩心饱和水后，先水驱，水驱压力稳定后，注入 0.3PV 凝胶体系，候凝 20d，再后续水驱至压力稳定，记录各测压点压力变化，常规凝胶体系与新型凝胶体系在不同配方下的封堵效果见表 2 与图 4。从注入压力曲线可以看出，在凝胶体系注入阶段，新型凝胶体系的注入压力远低于常规凝胶体系，凝胶封堵后，后续水驱稳定后，新型凝胶体系的压力略高于常规凝胶体系，其两种凝胶体系，最终的封堵率均超过了 90%，表明对于新型凝胶体系，其在有更好的注入性能条件下，其封堵性能依然可以达到常规凝胶体系的封堵效果，体现出易注入，堵得住的性能。

表 2　常规凝胶体系与新型凝胶体系封堵性能对比

方案	凝胶体系	主剂浓度/(mg/L)	交联剂浓度/(mg/L)	水驱平稳压力/MPa	后续驱平稳压力/MPa	封堵率/%
1	常规	4000	3000	0.0065	0.12	94.58
2		6000	3000	0.0072	0.16	95.50
3	自调控延缓	4000	3000	0.0081	0.14	94.21
4		6000	3000	0.0072	0.17	95.76

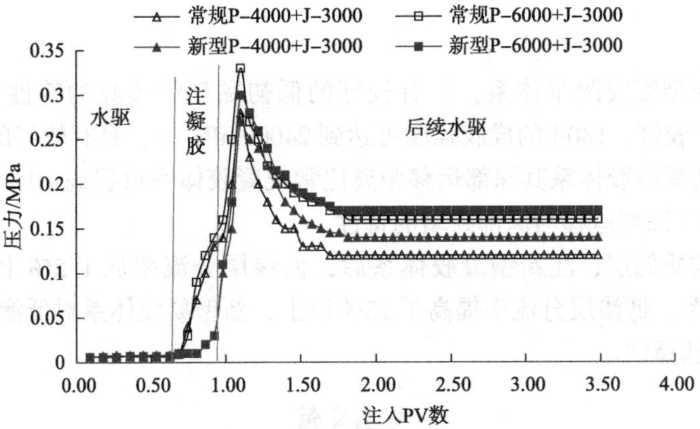

图4　常规凝胶体系与新型凝胶体系注入性能

2.4　剖面改善性能

封堵性能的好坏直接决定了凝胶体系是否可以实现对水窜高渗层的封堵，而凝胶体系的剖面改善性能代表了凝胶体系对高渗层实现封堵后，对中、低渗透率层动用的效果，直接确定了最终的采收率。采用渗透率分别为 $1000\times10^{-3}\mu m^2$ 和 $4000\times10^{-3}\mu m^2$ 的双管并联岩心开展剖面改善性能实验，岩心先水驱，水驱压力稳定后，注入 0.3PV 凝胶体系，候凝 20d，再后续水驱至压力稳定，通过高、低渗透层出液量的对比，评价对非均质储层的剖面调整效果，实验结果见下图 5 所示。注体系后，对于常规凝胶体系，高渗透率管的封堵响应要早于新型凝胶体系，其主要原因是，新型凝胶体系低初黏的特性运移至了岩心深部，而常规凝胶体系主要集中在岩心前端。凝胶在岩心内部成胶后，水驱时，两种凝胶体系均出现较快的剖面反转现象，但水驱稳定后，新型凝胶的剖面改善性能明显好于常规凝胶体系，注新型凝胶体系后，高渗层分流率从注体系前的 98.5% 下降到 8.2%，低渗层分流率从 1.5% 上升到了 91.8%，而常规凝胶体系，低渗层分流率只有 65.7%，说明常规凝胶体系调驱后，并未完全的封堵高渗层，导致剖面改善性能一般。因此，在非均质条件下，新型凝胶体系对低渗层污染小，对高渗层具有更好的选择性。

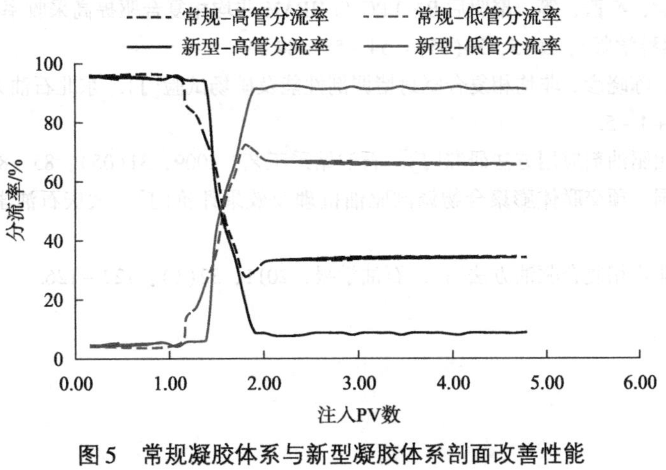

图5　常规凝胶体系与新型凝胶体系剖面改善性能

3 结论

（1）研制的新型凝胶调驱体系，具有较好的低初黏延缓增黏的特性，初始黏度小于2.0mPa·s，且成胶好，180d的成胶强度可达到24000mPa·s，具有较好的热稳定性能。

（2）新型低初黏凝胶体系其深部运移距离比常规凝胶体系可提高20%以上，其封堵率大于90%，兼具了深部运移与深部封堵的特性。

（3）对于非均质储层，注新型凝胶体系后，低渗层分流率从1.5%上升到了91.8%，相比常规凝胶体系，低渗层分流率提高了25%以上，新型凝胶体系对低渗层污染小，对高渗层具有更好的选择性。

参考文献

[1]王桂珠，吴家全，张永康，等．低温时间可控冻胶堵水调剖剂的制备[J]．应用化工，2020，49(09)：2229-2232.

[2]郑金定，敖文君，黎慧，等．渤海S油田聚合物驱注采特征分析[J]．石油地质与工程，2021，35(06)：52-55.

[3]王伟航．大孔道高效深部调剖剂的制备及性能研究[D]．西安石油大学，2020.

[4]刘向斌，尚宏志．凝胶调剖剂在地层深部动态成胶性能评价[J]．大庆石油地质与开发，2020，39(01)：86-90.

[5]王桂珠，吴家全，张朋旗，等．新型复合凝胶堵水调剖剂制备与评价[J]．精细石油化工，2019，36(06)：44-47.

[6]郃婧文，曹伟佳，卢祥国，等．三相纳米泡沫起泡性能影响因素与封堵调剖效果[J]．油田化学，2019，36(01)：83-89.

[7]韩培慧，苏伟明，林海川，等．聚驱后不同化学驱提高采收率对比评价[J]．西安石油大学学报，2011，26(5)：44-48.

[8]张宁，阚亮，张润芳，等．海上稠油油田非均相在线调驱提高采收率技术——以渤海B油田E井组为例[J]．石油钻采工艺，2016，38(03)：387-391.

[9]敖文君，阚亮，王成胜，等．适合海上B油田聚驱后非均相在线调驱性能评价[J]．科学技术与工程，2019，19(31)：134-139.

[10]任亭亭，宫厚健，桑茜，等．聚驱后B-PPG与HPAM非均相复合驱提高采收率技术[J]．西安石油大学学报(自然科学版)，2015，30(05)：54-58+84+9.

[11]张莉，刘慧卿，陈晓彦．非均相复合驱封堵调剖性能及矿场试验[J]．东北石油大学学报，2014，38(01)：63-68+4-5.

[12]陈晓彦．非均相驱油剂应用方法研究[J]．石油钻采工艺，2009，31(05)：85-88.

[13]石志成，卢祥国．预交联体膨聚合物调剖驱油机理及效果评价[J]．大庆石油学院学报，2007，31(3)：28-31.

[14]崔晓红．新型非均相复合驱油方法[J]．石油学报，2011，32(1)：122-126.

压裂液长期滞留对储层的伤害研究及降低伤害对策

刘玥　张璐　代磊阳　符扬洋　潘定成

[中海石油(中国)有限公司天津分公司]

摘　要：针对渤海油田过筛管压裂井储层改造压裂施工周期长、压裂液长时间滞留储层的问题，以海水基胍胶压裂液为研究案例，使用激光粒度仪探究了破胶过程中胍胶的尺寸变化，同时运用凝胶渗透色谱仪研究了破胶过程中胍胶分子量及其分布的变化，对压裂液长期滞留对储层的残渣伤害及影响因素进行系统性的实验评价和研究。实验结果表明，胍胶破胶液长时间滞留后对低渗储层与疏松砂岩储层的渗透率伤害均较大。考虑采用前置酸压裂工艺、优化施工时间等措施降低压裂液残渣的伤害。

关键词：压裂液滞留；胍胶破胶液；分子粒径；残渣伤害

渤海油田从2015年开始不断开展压裂改造技术，其中过筛管压裂工艺增产效果显著、切实提高老井产能，但同时也伴随多种问题如控水、防砂等，这些问题都已开展了许多相关研究。海上平台其作业空间有限、连续多次起下管柱，作业工期长，这导致了压裂液在储层中需长期滞留。对于分段压裂井，早期压裂的储层会长时间浸泡在未返排的压裂液中，压裂液在储层中的长时间滞留给储层带来较大的伤害，如水锁损害及残渣伤害，严重影响储层改造效果。目前鲜少有研究学者对压裂液长期滞留储层而导致的伤害进行深入研究分析，学者张海龙等人通过室内实验分析认为压裂液残渣含量越高，对储层的伤害越大，高渗储层压裂液残渣伤害程度大于低渗储层。压裂液残渣易在低渗储层表面形成滤饼，可能导致压裂液返排困难，也会储层造成伤害。然而当前大部分研究是基于行业标准对破胶液进行性能评价，很少有考虑海上压裂由于施工周期长导致的破胶液长期滞留储层带来的伤害，因此本文对不同pH条件下的胍胶破胶液开展微观研究与伤害机理分析，进行不同类型储层的岩心长期流动实验，并在此基础上评价胍胶压裂液对不同储层的伤害程度，最后从不同角度提出降低伤害的对策。

1　问题的提出

当前广泛使用的海水基压裂液的主要成分是胍胶，用过硫酸铵对其进行破胶实验发现，破胶过程中初期澄清的破胶液放置一段时间后出现大量絮状的残渣(图1)，测量其黏度为3.5mPa·s满足行业标准，但残渣含量明显增加。有学者提出酸液可以溶解冻胶，酸的加入

图1　破胶液放置几天后产生絮状沉淀

第一作者简介：刘玥(1995—)，女，天津市，中海石油(中国)有限公司天津分公司，增产措施工程师，从事酸化压裂方向。E-mail：liuyue22@cnooc.com.cn。

减少压裂液对储层的残渣伤害。在前人研究基础上，通过微观实验表征了在不同 pH 条件下破胶过程中胍胶分子的粒径变化、分子量变化、残渣含量变化；通过岩心流动实验进一步验证胍胶分子的微观变化对疏松砂岩储层与低渗储层渗透率的伤害程度。

2 实验材料及方法

2.1 实验材料

(1)主要药剂与设备

药剂：胍胶、pH 值调节剂、杀菌剂、破乳助排剂、交联剂、破胶剂过硫酸铵。

仪器：ZNN－D6 型六速旋转黏度仪、激光粒度仪、凝胶渗透色谱仪、岩心流动仪。

(2)实验岩心

取某低渗储层油田天然岩心 10 块，渗透率为 $61\times10^{-3}\sim94.3\times10^{-3}\mu m^2$；孔隙度为 11.5% ~13.27%。疏松砂岩储层天然岩心 10 块，渗透率为 $450\times10^{-3}\sim3000\times10^{-3}\mu m^2$；孔隙度为 19.1% ~26.7%。

2.2 实验方法

2.2.1 压裂液的配置与破胶

(1)取去离子水 1000mL 于烧杯中，搅拌状态下依次缓慢加入 0.35% 羟丙基瓜尔胶、0.2% 杀菌剂、0.4% 破乳助排剂、0.5% pH 值控制剂。继续搅拌至均匀后，将烧杯置于 30℃水浴内恒温静置 4h，即得压裂液基液；

(2)取去离子水 100mL 于烧杯中，搅拌状态下加入 0.8% 交联剂，搅拌均匀即得交联液；

(3)搅拌状态下将交联液加入压裂液基液中，制得交联胍胶压裂液；

(4)加 0.5% 破胶剂后放置于 60℃水浴锅内进行破胶。

2.2.2 黏度测定

(1)取 350mL 基液用常压同轴圆筒黏度计测定转速为 100r/min(剪切速率为 170s－1)下的表观黏度；

(2)测定基液黏度；

(3)测定破胶 2h、24h、10d 后破胶液黏度。

2.2.3 粒度测定

(1)测 3 种压裂液基液的粒径；

(2)向压裂液(3 种)中加入破胶剂(0.5% 过硫酸铵)，60℃条件下破胶 2h、24h、10d、20d，分别测出 3 种破胶液 破胶 2h、24h、10d、20d 后的分子粒度。

2.2.4 分子量测定

利用凝胶渗透色谱仪测试得到从色谱柱淋洗出的溶液的体积 V_e 和浓度，把 V_e 换算成分子量 M 就可以得到分子量分布曲线。主将破胶液经过过滤和脱气处理后，置入样品瓶。启动浓度检测器，等待系统稳定后即可开始测试。使用注射器将样品缓慢注入样品管道，然后在计算机上监测凝胶渗透色谱(GPC)曲线，完成测试后将数据导出。

2.2.5 残渣含量测定

(1)测基液残渣含量；

(2)测破胶 2h、7d、15d 后的破胶液残渣含量；

(3)量取定量体积 50mL 的压裂液，装入密闭容器中加热恒温 60℃破胶，室温用毛细管黏度计测定黏度，破胶液黏度低于 5mPa·s 即可视为彻底破胶。将破胶液倒入已烘干的离心管中，确保完全破胶。然后将离心管放入离心机，以 3000r/min 的速度离心 30min。接着缓缓倒出上层液体，往里加入 50mL 蒸馏水，取玻璃棒搅拌清洗留在容器底部的残留物，将混合物放入离心机离心 20min，然后将上层澄清液倾倒，之后把离心管放入恒温电热干燥箱中进行烘烤处理。在温度为 105℃ ± 1℃的环境中将物品烘干至稳定状态。

残渣含量计算公式：

$$\eta_3 = \frac{m_3}{V_0} \times 1000 \tag{1}$$

式中，η_3为压裂液残渣含量，mg/L；m_3为残渣质量，mg；V_0为压裂液用量，mL。

2.2.6 压裂液渗透率伤害实验

首先应用4% NH_4Cl(模拟地层水)进行驱替待稳定测得岩心原始渗透率 K_1，随后应用不同压裂液的破胶液进行岩心伤害驱替实验，最后应用 4% NH_4Cl(模拟地层水)进行驱替待稳定测得压裂液伤害后渗透率 K_2，岩心基质渗透率伤害率按式(1)计算：

$$\eta_d = \frac{K_1 - K_2}{K_1} \times 100\% \tag{2}$$

式中，η_d 为岩心基质渗透率伤害率，%；K_1为伤害前岩心渗透率，$10^{-3}\mu m^2$；K_2为伤害后岩心渗透率，$10^{-3}\mu m^2$。

3 结果与讨论

3.1 长期滞留后破胶液的黏度变化

表 1 实验结果表明，酸性条件下的破胶液黏度比碱性条件的破胶液黏度略低，而随着时间的延长，长时间滞留的破胶液黏度基本不变。

表 1 不同 pH 的破胶剂破胶后黏度表

压裂液	60℃下破胶液放置时间	破胶液黏度/mPa·s
常规压裂液 pH 值为 8	4h	3.0
	3d	3.5
	10d	3.5
加盐酸调 pH 至 6	4h	2.0
	3d	3.0
	10d	3.5
加盐酸调 pH 至 4	4h	2.0
	3d	3.0
	10d	3.0

3.2 长期滞留后破胶液分子粒径变化

破胶液中聚合物分子的粒度大小，能直接表征聚合物分子的尺寸。应用激光粒度仪对压裂液基液及不同破胶时间下破胶液中胍胶分子粒度的测试结果如图 2 ~ 图 5 所示。

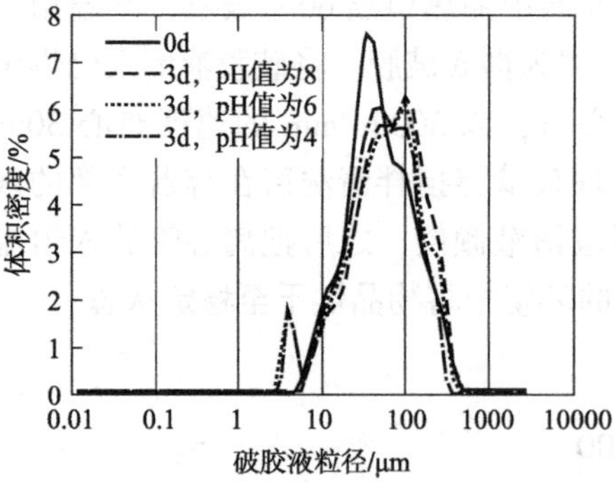

图2　不同 pH 破胶 3 天后
破胶液粒度与第一天对比

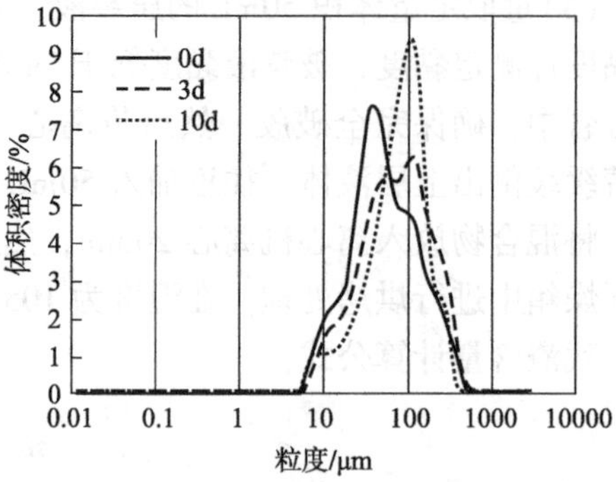

图3　pH 为 8 的破胶液随滞留时间的
延长粒径变化

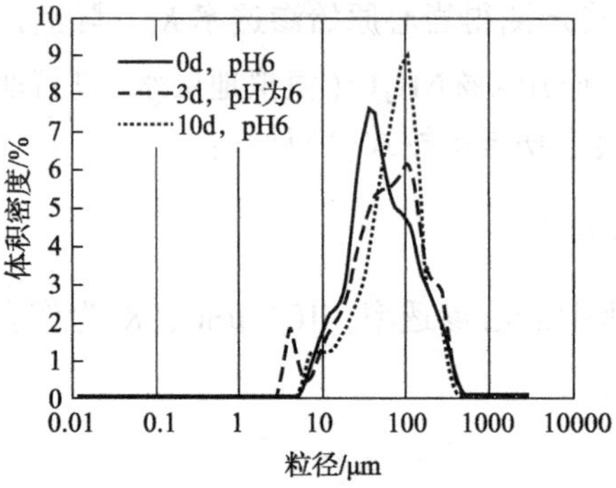

图4　pH 为 6 的破胶液随滞留时间的
延长粒径变化

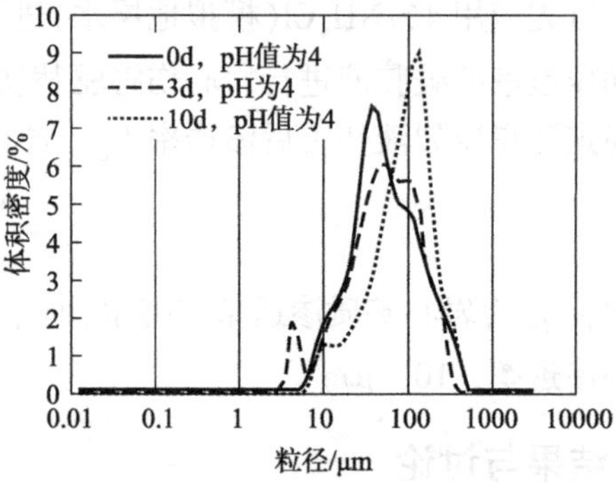

图5　pH 为 4 的破胶液随滞留时间的
延长粒径变化

表2　不同 pH 的压裂液、破胶不同时间后的中值粒径

pH　中值粒径/μm　破胶时间	4h	3d	10d
原始 pH 为 8	52.5	72.6	81.1
盐酸调 pH 至 6	47.2	63.5	78.7
盐酸调 pH 至 4	40.8	51.9	75.4

表2 测试结果表明，随着破胶时间的延长，破胶后聚合物的分子尺寸有一定的增加。将通过对不同 pH 的压裂液体系进行粒径尺寸的测试结果明显观察到，压裂液随着破胶时间的延长均出现了絮凝的现象。在酸性环境下，小粒径分子含量显著增加，中值粒径变小，破胶后胍胶分子尺寸降低幅度较大，说明酸液的存在可以极大程度降低胍胶压裂液分子尺寸，促进胍胶分子降解。

3.3　长期滞留后破胶液分子量变化

从分子量变化方面分析，胍胶原始重均分子量为 214.4×10^4，破胶 4h 后的胍胶重均分子量为 151.9×10^4，破胶 24h 后胍胶重均分子量为 124.2×10^4，短期内破胶液滞留，胍胶分子量的降低程度有限。在破胶反应的初期胍胶分子量降低较快(胍胶黏度下降较快)，后来分子量变化减缓(黏度变化较小)。而长时间滞留后，分子量逐渐小幅度变大。破胶剂可以有效降低压裂液黏度，但对降低胍胶分子量的效果较差。从图 6 可以看出，随着破胶时间的增大，胍胶分子量的分布逐渐变宽。

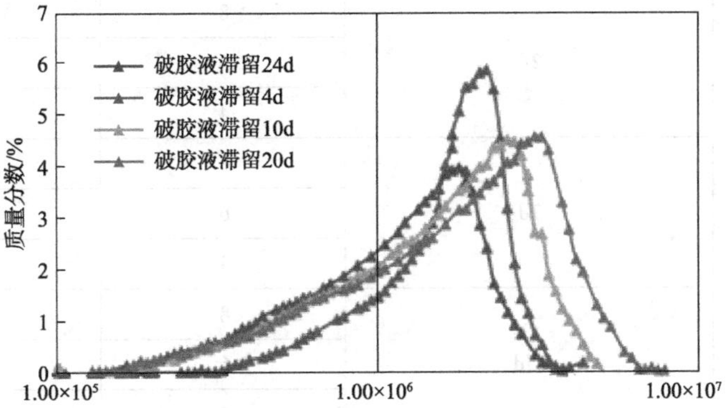

图 6　破胶液分子量随滞留时间的变化

3.4　长期滞留后破胶液残渣含量分析

三种 pH 的破胶液随破胶时间的延长残渣含量变化见表 3。

表 3　破胶液长时间滞留后残渣含量变化

破胶时间	4h	7d	15d
原始破胶液 pH 为 8	575	688	702
pH 调为 6	426	463	481
pH 调为 4	398	415	423

表 3 测试结果表明，pH 为 8 的破胶液比加盐酸后的破胶液残渣含量高，随着破胶液滞留时间的延长，残渣含量变大。

3.5　破胶液长期滞留对储层渗透率的伤害

随着滞留时间的延长，破胶液对低渗储层和疏松砂岩储层的伤害均有增加；相同滞留时间下，pH 值低的破胶液对储层的伤害率小；相同 pH 值条件下，破胶液对低渗储层的渗透率伤害大于对高渗储层的渗透率伤害(表 4 和图 7)。

表 4　不同滞留时间对储层的伤害率

储层类型	破胶液滞留时间	pH 值	伤害率/%
疏松砂岩	2d	8	8.8
		6	6.9
		4	4.8
	7d	8	12.5
		6	9.1
		4	7.6
	15d	8	13.2
		6	10.5
		4	8.1

续表

储层类型	破胶液滞留时间	pH值	伤害率/%
低渗储层	2d	8	15.8
		6	12.9
		4	9.8
	7d	8	18.5
		6	14.9
		4	12.2
	15d	8	19
		6	16.4
		4	13

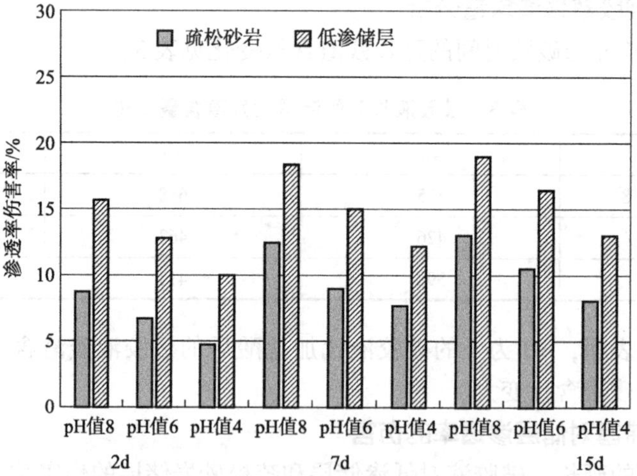

图7 随滞留时间延长不同pH值的破胶液对不同储层的伤害率

4 降低破胶液对储层伤害对策

(1)酸处理解除压裂液滞留伤害

由实验得出pH值显酸性时破胶液对储层的伤害率要比常规碱性破胶液伤害低，故可以通过酸预处理或后置液加酸来降低伤害率。实验表明低pH条件下，破胶液中胍胶分子尺寸大幅降低，且酸性环境可以消除部分滤饼与残渣，并能够溶蚀孔道，提高储层渗透率，提高压裂效果。

(2)优化施工作业时间

由于海上增产作业时第二段压裂时需要重复填砂(下桥塞)、射孔、下压裂管柱，工期约占总工期的6%~11%，可考虑采用一趟管柱工艺节省相应的时间；另外，钻塞冲砂时间普遍较长，占整个工期的7%~16%，后期可考虑如何进一步优化研究适合海上油田的分层压裂管柱，比如一趟管柱桥塞坐封+射孔+压裂管柱、一趟管柱+投球喷压一体滑套+扩张式封隔器多层压裂管柱，水力喷射对筛管的适应性及如何后续防砂需要进一步研究。

5 结论

(1)胍胶破胶液对低渗储层与疏松砂岩储层均存在较为严重的伤害，长期滞留伤害较常规压裂伤害要严重，胍胶对储层的长期滞留伤害率比短时间伤害率增加4% ~7%。

(2)对高渗储层，由于孔喉半径相对较大，残渣可以顺利进入喉道，但喉道内部尺寸变化导致部分残渣会滞留其中，当滞留的残渣聚集到一定程度将会堵塞储层，进而引起渗透率的下降；对于低渗储层，孔喉半径相对较小，破胶液残渣很难进入喉道，而在储层岩心表面形成滤饼。

(3)岩心渗透率伤害与破胶液分子尺寸密切相关，分子粒径越小，对储层渗透率伤害影响越小。酸性环境对破胶后胍胶分子尺寸的降低有很好的效果，酸性条件下破胶液对储层的伤害要低于常规碱性破胶液对储层的伤害。

参考文献

[1]卢拥军，陈彦东．硼交联羟丙基瓜尔胶压裂液的综合性能[J]．钻井液与完井液，1997，14(4)：10-11.

[2]朱天寿，徐永高．超低渗透油藏压裂改造技术[M]．北京：石油工业出版社，2012：269-276.

[3]王成旺，陆红军．超低渗透储层小型压裂测试方法改进与应用[J]．油气井测试，2011，20(5)：49-50.

[4]卢拥军．压裂液对储层的损害及其保护技术[J]．钻井液与完井液，1995，12(5)：36-38.

[5]Samarth A，Mukul M Sharma. Impact of Liquid Loading in Hydraulic Fractures on Well Productivity[C]. SPE 163837，2013.

[6]刘平礼，张璐，邢希金，兰夕堂，李年银，罗志峰．胍胶压裂液对储层的伤害特性[J]．油田化学，2014，31(3).

[7]刘艳艳，刘大伟，刘永良．水力压裂技术研究现状及发展趋势[J]．钻井液与完井液，2011，28 (3)：75-78.

[8]刘易非，黄海．压裂液滤液对特低渗透储层驱油效率的影响[J]．油气地质与采收率，2007，14(1)：94-97.

[9]王丽伟，蒙传幼．压裂液残渣及支撑剂嵌入对裂缝伤害的影响[J]．钻井液与完井液，2007，24(5)：59-61.

[10]刘建坤．低渗透砂岩气藏压裂伤害机理研究[D]．北京：中国科学院研究生院，2011.

[11]庄照锋，赵贤，李荆等．HPG 压裂液水不溶物和残渣来源分析[J]．油田化学．2009，26(02)：139-141.

[12]Erwin M D，Pierson C R，Bennion D B. Imbibition Damage in the Colville River Field，Alaska，S P E 84320，Presented at the SPE Annual Technical Conference and Exhibition in Denver，Colorado，USA，2003.

[13]Parekh B，Sharma M. M. Cleanup of Water Blocks in Depleted Low-Permeability Reservoirs. SPE 89837 presented at the Annual Technical Conference and Exhibition，2004，26-29.

[14]贺承祖，华明琪．压裂液对储层的损害及其抑制方法[J]．钻井液与完井液，2003，01：52-56+71-72.

[15]刘平礼，兰夕堂，李年银，等．酸预处理在水力压裂中降低伤害机理研究[J]．西南石油大学学报(自然科学版)，2016，38(3)：150-155.

渤海湾强底水油藏开发中后期精细挖潜技术研究

郭敬民　杨威　彭琴　马佳国　孙恩慧

［中海石油（中国）有限公司天津分公司］

摘　要：强底水油藏开发的关键是抑制底水突破速度，常规策略是寻找构造高部位，增加水平采油井避水高度，而开发中后期，由于布井高度的逐年降低，新井面临避水高度降低、含水上升快、产量递减快的难题，亟须开展精细的调整挖潜研究。以渤海湾C油田为例，该油田为典型强底水油藏，经过20年的开发，油田剩余未动用储量均位于低油柱区域，平均油层厚度不足5m，后续挖潜难度极大。围绕油田核心矛盾，充分结合测井、地震及动态资料，从微构造、夹层分布及开发策略三个方面开展研究。通过对导致微构造的小尺度构型的刻画，实现了对局部微构造变化的快速追踪；利用调谐振幅方法改进了储层井震响应关系，提高了夹层分布预测的精度；通过总结不同地层原油黏度下水平井的含水上升特征的研究，提出了一套强底水油藏水平井开发策略。通过以上研究成果在C油田的应用，有效提高了油田的开发效果，该研究成果对强底水油藏特高含水期调整挖潜具有重要意义。

关键词：强底水油藏；渤海湾；小尺度构型；夹层刻画；水平井开发策略

底水油藏开发过程中，新井投产后含水上升速度快、产油量递减快，尤其在底水水体大、能量充足的强底水油藏，生产井避水效果直接决定了井位开发效果的好坏。针对这一类型的油藏，学者做了大量研究工作，喻高明等利用数值模拟对影响底水油藏开发效果的各类因素进行了分析，并提出有针对性的开发策略，陈志海通过对比水平井与直井在底水油藏的开发效果，提出水平井更适合底水油藏的高效开发，郭长永等通过实钻地质数据结合数值模拟分析了水平井底水水侵的过程，并结合地质因素提出了有针对性的封堵底水思路，近年，结合底水油藏的开发效果，学者及油田研究人员针对底水油藏开发做了大量结合油田实际的研究工作，戴建文等阐述了围绕"寻夹避窜"的规避气窜、水窜开发思路，张东等通过数值模拟结合实例提出了针对不同底水厚度设计油层避水高度下限的开发策略，李向平等阐述了低渗情况下底水油藏依靠聚合物微球调驱及封堵底水的研究效果。

本文以渤海湾C油田为例，阐述了C油田在进入特高含水期后，通过精细挖潜研究提出了一套底水油藏高效开发技术，该技术系列有效指导了C油田近年的剩余油挖潜与调整研究，在特高含水期收获20余口百吨以上高产井，助力油田日产油再创高峰，实现了底水油藏特高含水期的高效开发。

第一作者简介：郭敬民（1986—），男，黑龙江省五大连池市，中海石油（中国）有限公司天津分公司，副高级工程师，主要研究方向为河流相构型解剖、三维地质建模及底水油藏开发等，E－mail：guojm6@ cnooc. com. cn。

1 油田概况

渤海湾C油田位于沙垒田凸起中部，为发育于古基底之上的披覆背斜构造，圈闭幅度低，背斜两翼地层倾角约为3°，断层不发育。油田主力含油层段为明化镇组，曲流河相沉积砂体分布广泛且连片发育。该油田主力砂体内部水体能量大，一直依靠天然能量开发，因此，C油田一直采用水平井大泵抽的开发模式，并取得了很好的开发效果。随着油田开发阶段的推进，剩余油柱高度逐年降低，水平井邻近避水高度下限，新井对构造变化变得极为敏感，2m左右的构造变化即可导致井位低效，如何延缓底水锥进锥进速度是油田当前面临的核心问题。

针对C油田剩余油柱高度低、厚砂体夹层刻画难、水平井开发效率等一系列难题，近年开展大量技术攻关，形成了一套特高含水期加密调整技术，为油田双高阶段的高效开发提供了技术支持。

2 河流相小尺度构型单元追踪技术

在低幅底水油藏开发过程中发现，小尺度构型单元对水平井影响极大，串沟、小型河道等小尺度构型单元会导致水平井避水高度下降或钻遇率降低，导致含水上升加快，产量降低，而晚期上覆叠置小条带砂可提高水平井避水高度，实现对低油柱区域储量的动用。小尺度构型单元刻画当前难点在于其尺寸小、分布不连续、地震剖面上不宜识别。通过分析不同小尺度构型单元的地震相特征，剖析地震segy资料，实现小尺度构型单元的追踪识别，指导水平井部署，对油田后续低油柱储量挖潜具有重要意义。

2.1 研究方法

通过对C油田测井、地震资料的摸排，研究区范围内普遍发育宽度小于30m的小尺度构型单元，主要成因为河流相沉积的局部相变，多为偶发性沉积事件形成，常见有串沟、晚期条带状河道等，其尺寸普遍较小，其地震剖面特征如图1，由于地震资料平面尺寸较大，单个地震剖面普遍在500m以上，这类小尺度构型单元特征通常只有1~2个地震面元(15~30m)的宽度，因此，常常不易被发现；另一方面，C油田为曲流河沉积，这类小尺度构型类型较多，且地震相特征多样，给批量识别带来了一定的困难。

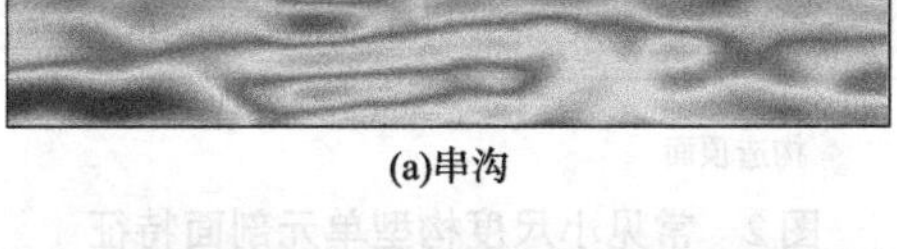

(a)串沟

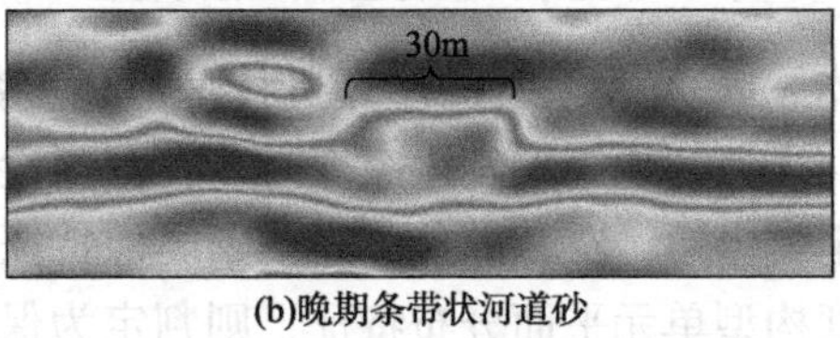

(b)晚期条带状河道砂

图1 小尺度构型单元在90°相移地震剖面中的特征

本次研究将地质认识、物探特征与计算机方法深入结合，实现了对C油田小尺度构型单元的追踪识别。首先，在现代沉积理论的指导下，通过对大量地震剖面的研究，对各类地震轴突变的情况开展地质分析，划分了5种常见的河流相小尺度构型单元，并总结了各种类型的地震相及典型识别特征(图2)：

(1)串沟型，主要为点坝形成后，洪水事件来临时在点坝上冲刷而成的水道，一般跨度较窄，不超过30m，串沟的深度较浅，一般为点坝厚度的1/3～1/4，地震属性上，可见振幅同相轴向下小幅凹陷，在平面上，凹陷呈条带状展布；

(2)坝缘型，为两侧点坝边缘，不同于串沟型与废弃河道型，地震轴存在明显间断位置，平面呈连片分布，部分坝缘间发育溢岸砂，地震属性上可见振幅较弱的地震轴；

(3)废弃河道型，由于河道改道或沉积后期水动力减弱，导致河床内部沉积细粒泥质沉积，研究区废弃河道宽度在70～120m，地震同相轴向下凹陷，一般地震轴无间断，河道中部振幅较弱，在平面上，凹陷区域成条带状展布；

(4)河道叠置型1，主体连片砂体形成后，水动力逐渐减弱，开始发育大范围泥岩，常有短期水动力回升，携带大量砂岩形成小规模的条带富砂沉积，该类型为富砂的条带河道与主体区沉积相接触，地震剖面上，晚期河道地震轴顶面与主体沉积高程差小于单期点坝厚度；

(5)河道叠置型2，河道叠置型1的主要区别为，地震剖面上，晚期河道地震轴顶面与主体沉积高程差大于单期点坝厚度，富砂的条带河道与主体区沉积无接触。

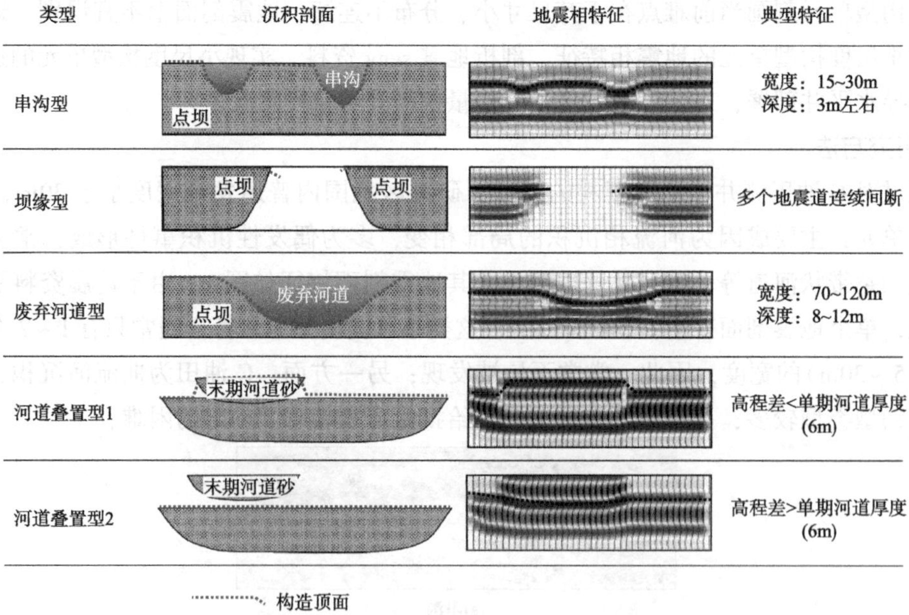

图2　常见小尺度构型单元剖面特征

研究从地震原始数据体segy入手，通过计算机技术对地震数据体segy进行拆解，在地震资料特定范围内搜索，当遇到地震轴发生突变时，根据预设的各类小尺度构型单元的地震相特征进行判别，确定类型后，在相邻地震道搜索类似特征，若识别到连续分布的突变特征，且符合特定小尺度构型单元平面分布特征，则判定为保留，否则作为异常点，不做保留处理。

该方法根据原始数据进行追踪，逐个地震道搜索信息，可以实现地震面元级大小的小尺度构型单元的识别，在常规地震追踪解释的基础上，根据不同类型小尺度构型单元特征完成了进一步的地质加密解释。

2.2 研究应用效果

以C油田J39H井为例，研究初期认为该井目标区域最大油柱高度临近布井下限，水平井实施存在风险。通过本次研究，在常规地震解释构造图(下图左)的基础上加密识别出小尺度构型单元(图3)，并将分辨率提高了25倍。加密地质识别后在目标砂体东北部识别到河道叠置型1的晚期叠置条带砂体(图3中J39H区域位置)，依托该小尺度条带砂体部署J39H井水平段，使避水高度整体抬高1~2m。J39H实钻结果证实，依托该研究有效提高了避水高度，J39H井初期获得日产超过300t，取得了较好的研究效果。

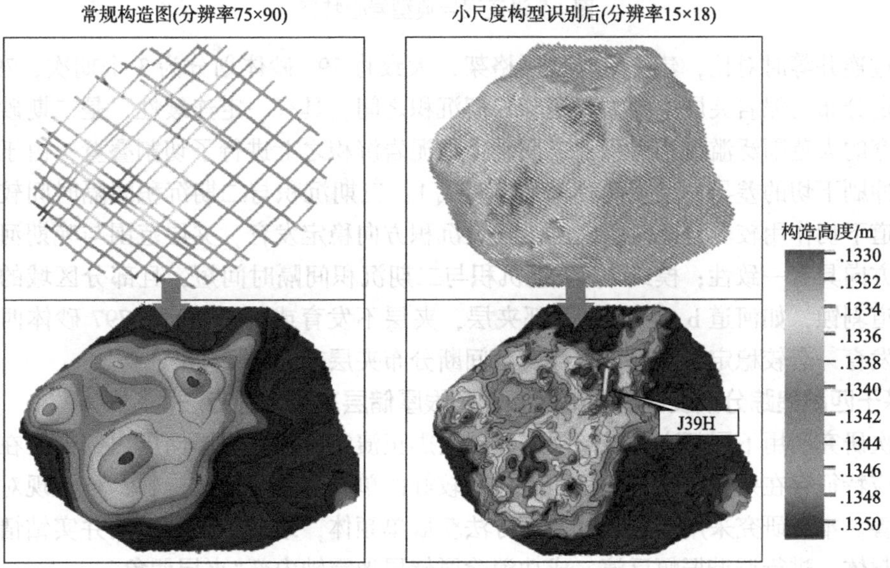

图3 微构造追踪与人工追踪对比

3 基于“沿河刻画”理论及调谐振幅的厚储层夹层刻画技术

C油田主力砂体多发育曲流河多期叠置砂体，储层具有砂岩百分含量高(55%~80%)、砂体厚度大(平均厚度22m)的特点，具有典型的“富砂型”储层特征，受储层厚度厚影响，地震资料无法反映储层内部结构特征。当砂体厚度超过地震资料1/2波长时，地震资料出现严重失真，地震同相轴会出现明显的“分叉”现象，地震剖面上可见“夹层假象”，此时，有夹层与无夹层位置的储层地震剖面特征相似，亟须通过井震结合进行地震资料分析，改善地震资料，指导夹层刻画。

3.1 基于“沿河刻画”的河流相多期叠置砂体夹层分布规律分析

本次研究以797典型曲流河超限厚砂体为例，通过岩心、测井等资料，确定了对底水起遮挡作用的主要夹层类型为期次间泛滥泥岩(图4)。结合露头分析及现代沉积理论，分析夹层分布控制因素，提出了“沿河刻画”的夹层刻画技术思路。

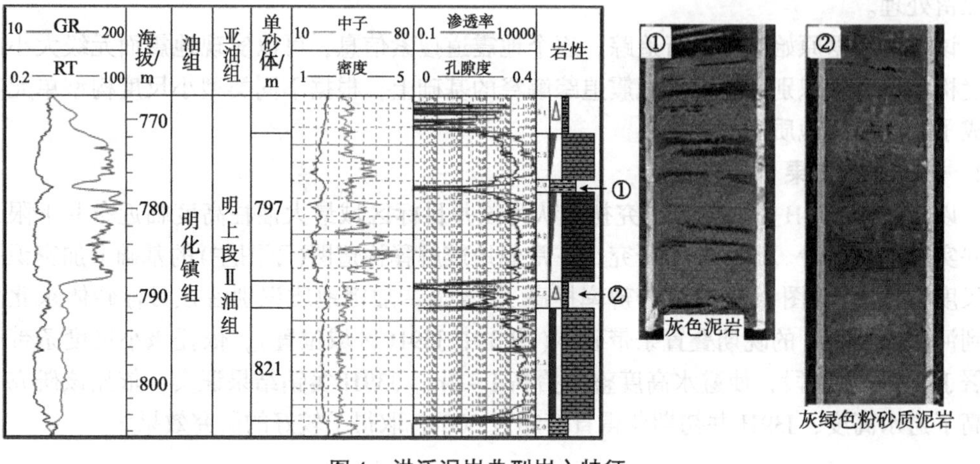

图4　洪泛泥岩典型岩心特征

通过连井等时对比，建立等时地层格架，大致将797砂体划分为3个期次，797砂体内较稳定分布的泥岩夹层主要为三期与二期沉积之间，具有一定连续性，是二期砂体沉积末期发育的大范围泛滥泥岩沉积，三期砂体在泥岩沉积之上进行了切割叠置，由于河道不同区域冲刷下切的差异，呈现两种模式。模式1：三期沉积与二期沉积间隔时间较长，且三期河道下切作用较弱，此时，夹层沿河道沉积方向稳定发育，夹层范围与晚期河道沉积带延伸方向具有一致性；模式2：三期沉积与二期沉积间隔时间短，且部分区域的夹层被三期河道剥蚀，如河道b、河道c下部夹层，夹层不发育或间断发育。797砂体西侧沿河道方向发育一套较稳定的夹层，东侧发育间断分布夹层或无夹层。

3.2　基于匹配追踪分频及调谐振幅反演的超限厚储层夹层刻画方法

本次研究利用不同频率开展超限厚储层地震正演实验，发现厚储层内部夹层在不同频率下响应特征存在差异，优选部分匹配效果较好的单频体重构地震资料，可实现对地震资料的改善。本次研究采用匹配追踪分频方法获取单频体，结合各区域过路井实钻情况选取不同单频体，进行调谐振幅反演，成功消除厚储层地震轴内部“夹层假象”。

(1)不同频率下夹层正演响应特征

根据探井测井资料，给定泥岩层纵波速度为2500m/s，砂岩的纵波速度设为2240m/s，泥岩密度设为2.4g/cm^3，砂岩密度设为2.2g/cm^3。根据797砂体实钻井统计，设定储层厚度25m，包含夹层厚度为3m，根据第三期沉积砂岩平均厚度，夹层位于储层顶之下10m位置。建立两组模型，第一组模型有夹层，第二组模型无夹层。

正演结果反映出：当频率低于25Hz时，地震波形与储层整体匹配效果较好，地震波形厚度接近储层厚度，模型一、二的地震波形相似；当频率升高时，地震波形出现复波特征，地震波形形态为偏态，30Hz时，模型一、二均出现复波特征，模型一中夹层位置形成一定的反射轴，但反射轴与夹层匹配较差，模型二中存在振幅较弱反射轴；当频率到达50Hz时，模型一中顶部第三期沉积砂体与地震轴匹配效果较好，夹层反射轴厚度依然匹配较差；当频率继续升高，复波特征逐渐加强，当频率达到75Hz时，地震波与夹层匹配效果最好，超过75Hz以后，地震波与储层匹配效果愈发变差。

研究发现，随着频率的升高，地震波形出现复波现象时，当储层内发育夹层时，多个地震波形的振幅均较强，而无夹层发育的储层地震波形仅第一个波形振幅较强，之下的波形振幅均较弱，证实了储层发育夹层时地震波形与无夹层时地震波形存在明显差异。另一方面，在不同频率下，部分频率与储层单一特征匹配较好，如上述实验中，20Hz 时地震波形与整套砂体匹配较好，50Hz 时地震波形与夹层上砂体匹配较好，75Hz 时地震波与夹层匹配效果较好，而其他频率的地震波形与储层整体匹配效果均较差，研究表明，通过剔除与储层匹配效果较差的频率，挑选与储层特征相似的部分频率重新组成地震波可实现改善地震资料的目的(图 5)。

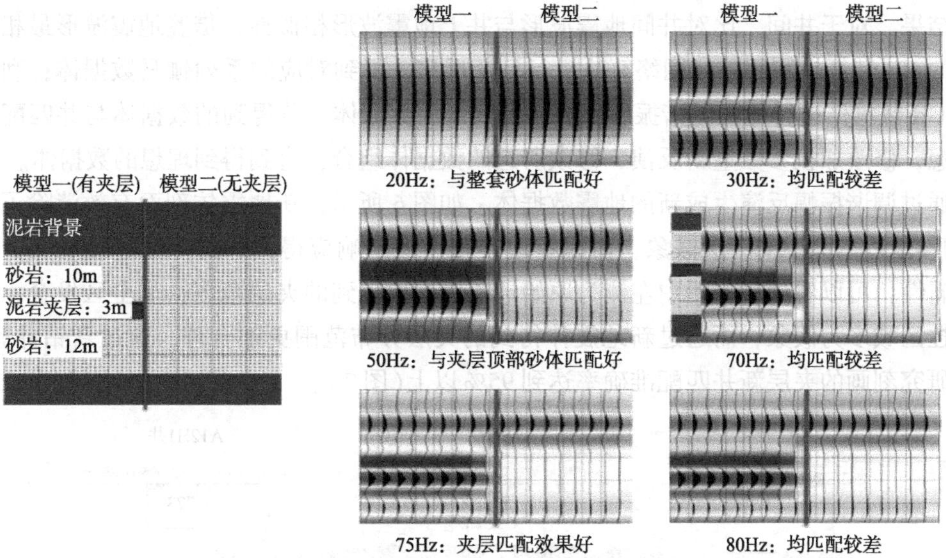

图 5　不同频率下地震正演实验结果

(2)匹配追踪分频方法

基于上述地震正演实验，开展地震资料分频处理。常用的分频方法主要有：短时傅里叶变换、小波变换、S 变换、匹配追踪。傅里叶变换速度快，但提取的频率容易受到窗函数的影响，小波变换和 S 变换不能自适应窗函数，分辨率不够，无法真正获得任一采样点的瞬时频率特征。而本次研究采用的匹配追踪分频方法克服了以上问题，它具有较高的时频分辨率及局部自适应性，能同时在时间域和频率域获得较准确的定位。

匹配追踪分频方法的技术核心是：将信号变为一系列与信号局部结构特征最佳匹配的时频原子的线性组合，计算获取地震数据的局部瞬时属性，再选出匹配最佳的时频原子进行叠加重构。基于雷克子波的匹配追踪分频方法引入了信号的瞬时特征，通过对信号的复分析可以得到瞬时振幅、瞬时相位和瞬时频率，将瞬时振幅最大处对应的时间作为延时的初始值，继而获得延时处的瞬时相位和瞬时频率，由于控制参数的初始值通过信号的瞬时特征给出，无须搜索整个子波库，缩小了过完备子波库的搜索范围，从而加快了匹配追踪的计算效率。匹配追踪时频谱的解析表达式：

$$f(t) = \sum_{n=0}^{N-1} \langle R^n f(t), g_n(t) \rangle g_n(t) + R^N f(t) \tag{1}$$

(3)调谐振幅反演方法

阻抗剖面与子波褶积过程中，受子波分辨率影响，超分辨率的厚储层仍然无法有效刻画，导致厚储层刻画仍然存在一定困难。调谐振幅反演方法，通过分频目标曲线迭代的方法有效解决了子波分辨率不够带来的储层刻画效果不佳的难题。

调谐振幅反演算法的核心步骤是：首先分析地震资料频带宽度，若地震资料频宽不满足目标储层厚度要求，需要拓宽频带宽度；分析目标储层结构，导入匹配追踪算法得到的一系列连续离散频率体，利用频率与厚度的关系式计算出对应的频率范围，优选合适的调谐单频体组合；以 GR 曲线为目标曲线，充分结合地震数据，对于井上，GR 体参照井上实钻结果，对于井间，比对井间地震波形与井上地震波形相似性，借鉴地震波形最相似的井上的 GR 特征，利用神经网络算法进行目标反演，得到对应的系列伽马数据体；利用得到的 GR 数据体进行加权调谐振幅反演，得到新的数据体，若得到的数据体与井匹配效果不理想，修改加权参数重新反演，修改所选的数据体组合，直到得到理想的数据体。

通过调谐振幅反演生成新的地震数据体，如图 6 所示，新地震体剖面有效消除了常规 90°相移地震剖面中的夹层假象，而原本地震轴中夹层响应得到保留。通过提取 797 砂体夹层属性，可以看到，下图中左侧为原始地震体提取得到的夹层范围，呈全区发育，外围无井控区域多为假象，而通过新地震体得到的夹层分布范围更加合理，通过新钻井验证，本次研究刻画的夹层新井匹配准确率达到 95% 以上(图 7)。

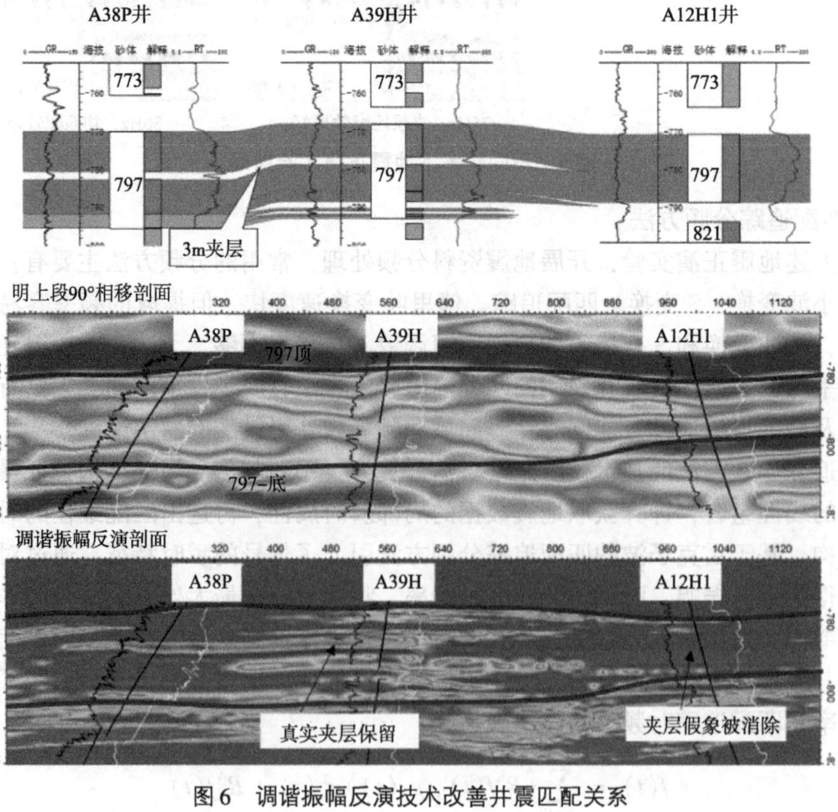

图 6　调谐振幅反演技术改善井震匹配关系

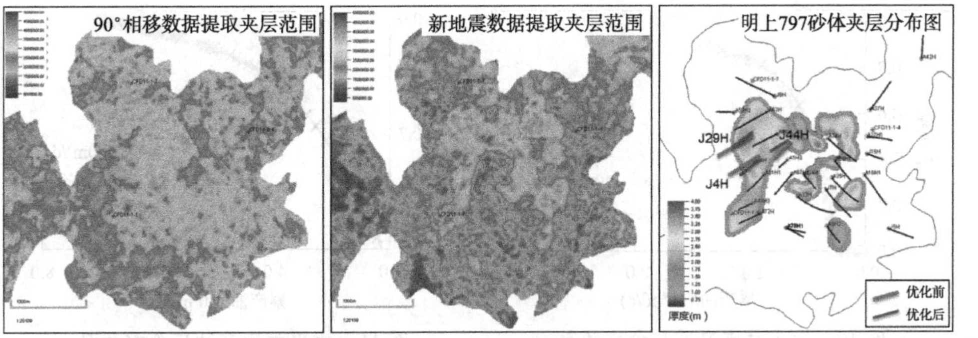

图7　基于新地震资料的夹层分布刻画

4　底水油藏水平井高效开发技术

4.1　早期生产阶段开发策略

C 油田以底水油藏为主，含水上升快，生产井投产后初期生产阶段，采用大液量还是小液量生产，进而提高底水油藏水平井早期(含水 90% 以内)的累产油，对生产影响至关重要。

为了研究不同油柱高度下的开发策略，开展数模驱油机理分析。图 8、图 9 为地层原油黏度为 350mPa · s 时，不同油柱高度下的驱油效率图。研究结果显示，当油柱高度为 8m 时，水平井的初期含水上升快，驱油效率低，增加产油量主要通过增大累产液量来提高驱油效率实现的。当油柱高度为 20m 时，水平井的初期含水上升快，驱油效率高，早期靠扩大波及实现增油。

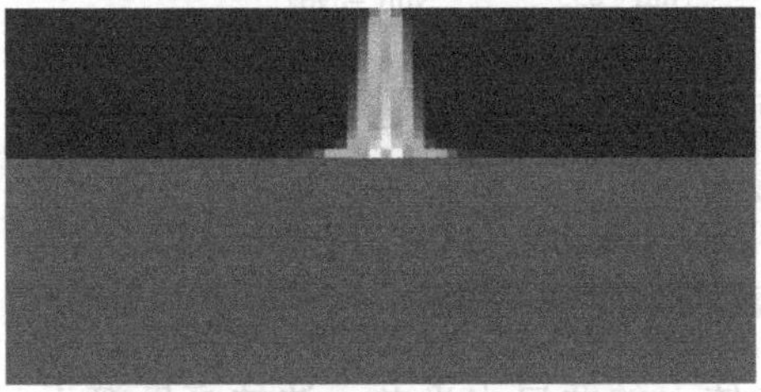

图8　不同油柱高度下的驱油效率图
(油柱高度 8m)

图9　不同油柱高度下的驱油效率图
(油柱高度 20m)

通过数模研究不同油柱高度对采液速度的敏感性，地层原油黏度取 350mPa · s，日产液量分别取 $50m^3/d$、$400m^3/d$、$2000m^3/d$，图 10 为油柱高度 12m 时水平井累产油与含水关系图，图 13 为油柱高度 30m 时水平井累产油与含水关系图，从两个图中的对比曲线看出，当油柱高度较小时，累产油对采液速度不敏感，当油柱高度较大时，初期采液速度越小，累产油越高，累产油对采液速度较敏感。

建立数模机理底水油藏模型，模型采用 200 × 200 × 20 的网格，网格长度：10m × 10m × 1m，原油黏度分别选取 3mPa · s、30mPa · s、142mPa · s、350mPa · s，油柱高度分别选取 4m、8m、12m、16m、20m、30m，初期液量分别选取 $200m^3/d$、$400m^3/d$、$800m^3/d$、$1200m^3/d$，水平井布置在模型的正中间，关井条件为水平井低于 $10m^3/d$ 关井(图 10 和图 11)。

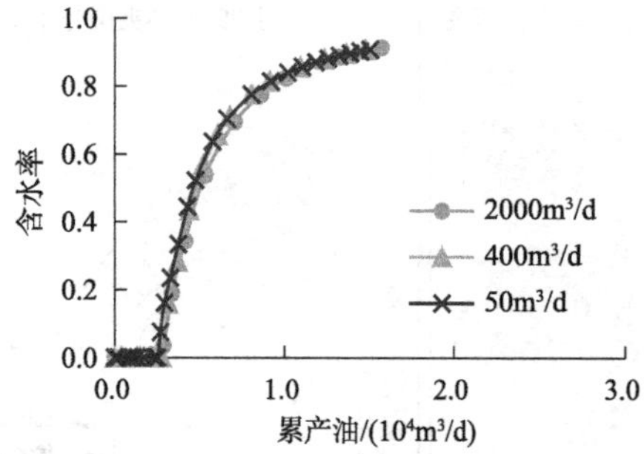

图 10 水平井累产油与含水关系
（油柱高度 12m）

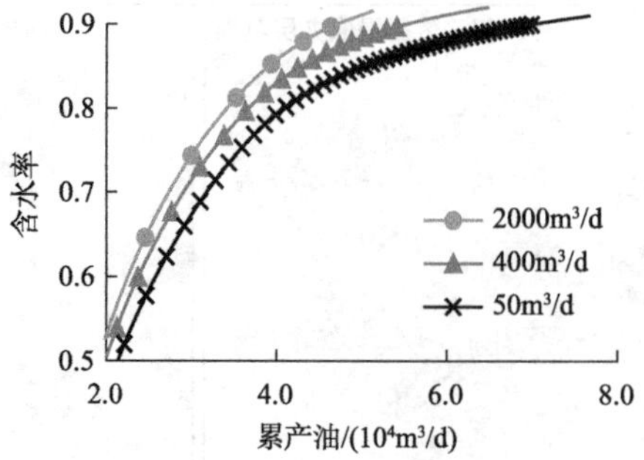

图 11 水平井累产油与含水关系
（油柱高度 20m）

基于机数模理研究结果，得到不同类型不同底水油藏早期生产阶段开发策略图版，如图 12 所示。从图中可以看出，对于稠油低油柱的油藏，常规液量生产难以有效动用该类储量，早期适合大液量强采生产可以保障油井产能，提高储量动用，对于油柱高度较大的油藏，早期宜控液生产控制水平井初期含水上升速度。根据这个开发策略图版，可以指导水平井早期阶段高效开发。

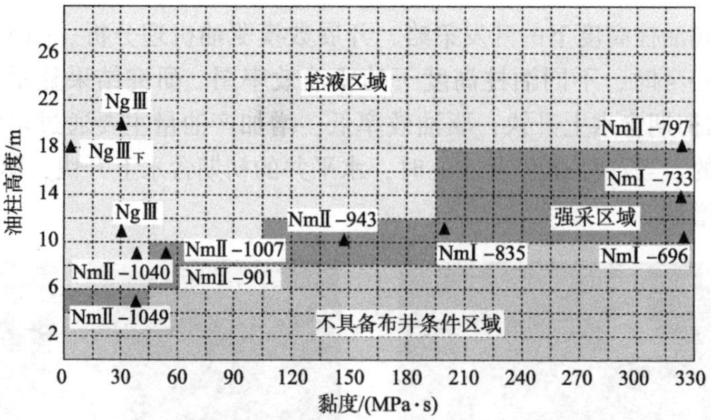

图 12 不同类型不同底水油藏早期开发策略图版

以 797 砂体为例，A1H3 和 A67H1 为 797 砂体上的两口水平井，油柱高度接近，为 12m。A1H3 和 A67H1 的日产液量对比，A1H3 井初期日产液量为 400m³/d。A67H1 井初期日产液量为 900m³/d，对于低油柱的水平井，不同液量对水平井的累产油影响较小。

A31H 和 A68H 为 797 砂体上的两口水平井，油柱高度 20m，A31H1 和 A68H 的日产液量对比，A31H1 井初期日产液量为 400m³/d，A68H 井初期日产液量为 1000m³/d，对于高油柱的水平井，不同液量对水平井的累产油影响较大，初期日产液量越低，累产油量越大。

4.2 油田开发后期不同驱动类型油藏的高效开发模式

C 油田进入特高含水期，剩余油分布较复杂，根据不同的驱动油藏类型，依托剩余油富集区，部署生产井进行高效开发至关重要。依托储层精细描述，基于差异驱替波及分析，形成稠油底水油藏不同驱动类型 4 种剩余油分布模式，创新性建立了“分类调整、均衡挖潜”的整体加密调整挖潜模式，给出了不同驱动类型油藏的开发特征及高效开发模式，如图 13 所示：

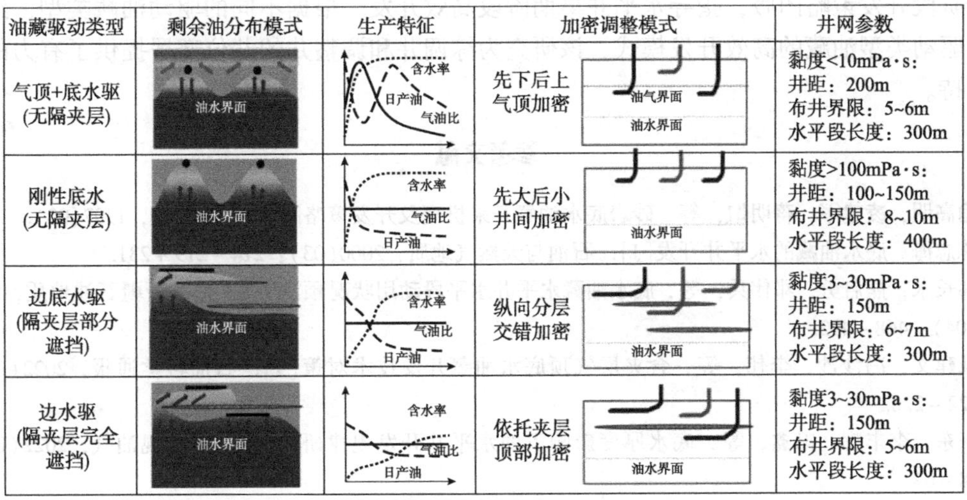

图 13　底水油藏高效开发模式

(1)气顶 + 底水驱动：开发生产初期生产井布井位于油层的中部(上避气、下避水)，生产动态显示初期气油比高、含水上升快、产量递减快；开发中后期动用区域油气界面整体抬升。加密模式采用先下后上，气顶加密的开发模式。

(2)刚性底水驱动：开发生产初期生产井布井位于油层的中上部(避水)，生产动态显示初期含水上升快、产量递减快，后期日产量平稳；开发中后期动用区域油水界面整体抬升。此类油藏井控之外剩余油富集，加密模式主要采用先大井距后小井距，井间加密的方式开发。

(3)边底水驱动：开发砂体整体为刚性底水油藏，受隔夹层影响(局部发育)呈现含水缓慢上升的特点，递减相对缓慢，含水率上升较缓；开发中后期动用区域油水界面呈现差异抬升特点。此类油藏受隔夹层遮挡、老井未动用区域剩余油富集，加密模式为纵向分层，交错加密方式开发。

(4)边水驱动：开发砂体整体为刚性底水油藏，受隔夹层影响(发育方位广泛)呈现含水缓慢上升、持续低含水的特点，递减相对缓慢，开发中后期动用区域油水界面抬升范围小。此类油藏受隔夹层强遮挡、老井未动用区域剩余油富集，但井距应在 300m 以上，加密模式为采用依托夹层，顶部加密方式开发。

5　结语

(1)针对 C 油田剩余油柱低、水平井避水高度不足的问题，从原始地震资料分解入手，挖掘地震资料细节，开展小尺度构型单元追踪研究，并依托小尺度构型动用低油柱储量，指导井位优化取得了较好的效果。

(2)针对河流相厚储层夹层刻画难度大的问题，提出了沿晚期河道沉积带追溯夹层范围的夹层刻画思路，针对多期叠置厚储层井震匹配效果差的问题，通过匹配追踪精细分频方法结合调谐振幅反演技术改善地震资料，有效去除了厚储层地震剖面中的“夹层假象”，指导了夹层范围的精细刻画，为依托夹层布井抑制底水锥进提供了有力的技术支持。

(3)针对水平井早期阶段如何高效开发问题，开展数模机理研究，得到底水油藏早期生产阶段开发策略图版，指导水平井早期阶段高效开发。根据不同的驱动油藏类型，给出不同驱动类型油藏的高效开发模式，该研究为综调井和调整井的井位部署提供了有力的技术支持。

参考文献

[1]喻高明，凌建军，蒋明煊，等．砂岩底水油藏开采机理及开发策略[J]．石油学报，1997(02).

[2]陈志海．底水油藏的水平井开发[J]．石油与天然气地质，2000(03)：214－219＋231.

[3]郭长永，熊启勇，邓伟兵，等．底水油藏水平井水平段动用状况预测方法[J]．新疆石油地质，2019(04)：468－472.

[4]戴建文，冯沙沙，李伟，等．含夹层气顶底水油藏开发技术对策[J]．石油科学通报，2022(02)：222－228.

[5]张东，李丰辉，冯鑫，等．底水厚度影响下的水平井开发规律研究[J]．非常规油气，2022(02)：58－64.

[6]李向平，段鹏辉，汪澜，等．低渗透底水油藏剩余油分布规律及挖潜措施研究——以长庆油田 Y19 井区为例[J]．西安石油大学学报(自然科学版)，2022(04)：69－75＋126.

筛损井人工井壁防砂技术方案参数设计及应用

尚建佳[1]　张帅[1]　刘国振[1]　姜雨省[2]　朱橙[2]

［1. 中海石油(中国)有限公司天津分公司；2. 中海油能源发展股份有限公司工程技术分公司］

摘　要：人工井壁防砂技术作为渤海油田筛管破损井出砂治理的一种井筒快速复产工艺，现场试验取得了一定的应用效果，但仍存在选井原则、施工参数不明确等问题。结合以往现场施工经验和效果评估，对人工井壁防砂技术方案涉及参数如涂敷砂粒径、充填砂量、施工排量、泵压等设计方法进行优化，提升方案设计水平，提高作业成功率。

关键词：筛损井；人工井壁防砂；涂覆砂；参数优化

渤海油田历经四十年跨越式发展，普遍进入到中高含水期。尤其疏松砂岩储层，普遍面临大泵提液增油、采液强度日益增大，层间、层内非均质性日益突出。液流携带弱胶结砂及自由砂不断冲蚀筛管，叠加油水井逐渐进入防砂寿命末期，造成筛管穿孔、破损、防砂失效，甚至油井因出砂关停。统计显示，渤海油田因出砂造成的大修作业占每年大修井总数的10%左右。

为了解决水平井筛管破损出砂问题，渤海油田相继采取打捞、小筛管砾石充填、筛管找漏卡封、同层侧钻等措施工艺。尚建佳等从作业风险、成本、难度等维度对水平井筛管破损治理措施适应性分析，优选出经济有效的井筒快速复产治理措施即人工井壁防砂技术。人工井壁防砂是采用笼统挤注的方式将涂覆砂从筛管破损点充填到油层亏空部位堆积、压实，在固化剂和温度作用下，颗粒表面的树脂软化粘连并固结，在套管外近井地带形成具有良好渗透性和一定强度的人工井壁。刘国振等对人工井壁防砂工艺在渤海油田的研究和应用进行了介绍。现场试验取得了一定的应用效果，但仍存在选井原则、施工参数不明确等问题。袁伟伟等研究了人工井壁防砂在渤海油田适应性分析，针对储层泥质含量大于20%应慎重选择，作业建议以小排量低砂比进行。本文结合现场施工需求和以往施工经验，分别对涂敷砂粒径、充填用量、施工排量、泵压等人工井壁防砂技术方案中的施工参数设计方法进行优化，从理论方面优化防砂参数设计方法，为安全施工指导原则，从而提高施工成功率。

1　防砂参数设计及优选

1.1　涂覆砂粒径

从生产流程取样或修井冲砂作业得到地层砂，利用筛析法对地层砂粒径进行分析，得出地层砂粒度中值 d_{50}，作为选择充填用涂敷砂尺寸的依据。常用砾石尺寸选择方法为

第一作者简介：尚建佳(1982—)，男，山西交城，中海油(中国)有限公司天津分公司，高级工程师，目前主要从事海上油气田修井作业工作。E－mail：shangjj@ cnooc. com. cn。

Saucier 方法。人工井壁防砂采用涂敷砂，施工过程中存在一个热固化涂覆砂粒粘连的过程，涂覆砂堆积相对普通陶粒将会更紧密，参考以往的施工井控砂效果及生产能力，涂覆砂粒径可以为地层砂粒度中值的5~6倍，计算方法如下：

$$D_{50} = (5 \sim 6) \times d_{50} \tag{1}$$

式中，D_{50}为砾石层粒度中值，mm，d_{50}为地层砂粒度中值，mm。

渤海油田常用的涂敷砂粒径规格分别为0.3~0.6mm和0.4~0.8mm，具体粒径选择根据公式(1)并结合涂覆砂岩样固结后抗压强度试验进行优选，要求岩样强度必须满足最大生产压差的需求。

1.2 充填砂量

设计充填砂量计算公式如下：

$$V = n(V_i + V_o) \tag{2}$$

式中，V为充填总砂量，m^3；V_i为筛套环空体积，m^3；V_o为管外充填体积，m^3；n为经验系数，取值1.2~1.5。

管外充填体积V_o是炮眼容积V_p与地层累计出砂量V_g之和：

$$V_o = V_p + V_g \tag{3}$$

$$V_p = \pi r_p^2 H_p \mu \tag{4}$$

式中，V_p为充填井段炮眼容积，m^3；r_p为设计地层预充填半径，m；H_p为充填井段射孔层厚度，m；μ为地层充填系数一般取0.3~0.5。

地层累计出砂量V_g通过冲洗井筒作业地面收集统计，返出砂量务必精准。实际充填过程中涂覆砂从筛管破损点进入地层，H_p不一定是整个防砂筛管长度，依筛管破损点位置而定。

1.3 施工排量

人工井壁防砂作业施工排量，为确保施工安全，以不形成砂桥为必要条件。即：

$$Q > Q_1 + Q_2 \tag{5}$$

式中，Q施工排量，m^3；Q_1不产生砂桥临界排量，m^3；Q_2井筒漏失量，m^3。

为确保充填防砂过程中，携砂液能够携带充填砂进入地层，施工排量就必须确保在炮眼附近携砂液的流速大于充填砂进入炮眼携砂液的最小流速。根据环空液固两相牛顿流体紊流临界流速模型确定最小临界流速如下：

$$V_c = 1.566\ (1 - C_v)^{0.543 n_v} \gamma^{-0.09} d_p^{0.18} \left(\frac{\Delta\rho g}{\rho_1}\right)^{0.543} [0.8156(D_o - D_i)]^{0.457} \tag{6}$$

式中，V_c为临界流速；C_v为颗粒平均浓度；n_v为颗粒沉降受阻指数；γ为动力黏度；g为重力加速度，m/s^2；d_p为颗粒平均直径，m；$\Delta\rho$为颗粒与液体之间的密度差，kg/m^3；ρ_1为液体密度，kg/m^3；D_o为套管内径，m；D_i为油管外径，m。

以渤海油田7in套管井井筒为例，选用0.3~0.6mm粒径涂敷砂，根据《中海油充填模拟设计软件》模拟计算形成砂桥的概率：

在充填前求取储层的吸液能力，测试井筒漏失量。通过砂桥风险评估，地面施工排量建议选择在1.0m^3/min以上满足安全条件(图1)。

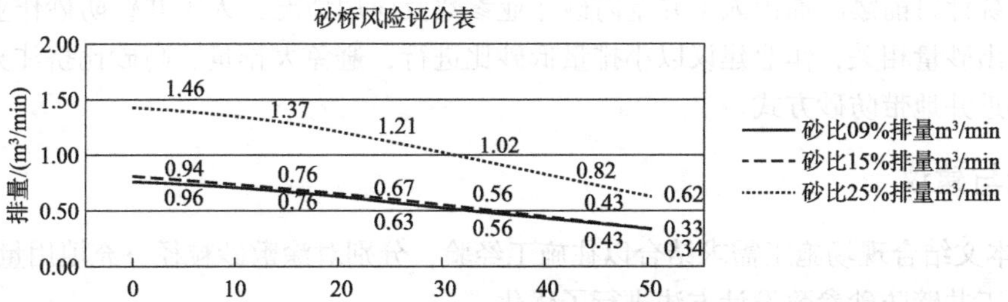

图1 不同砂比排量条件下砂桥风险评价表

1.4 施工压力

对于胶结强度较差的疏松砂岩储层，在高压挤注条件下，当井底压力达到某一临界值后，岩石不是发生开裂而是整体发生塑性压缩变形。如塑性挤压充填结束后不停泵，继续施工就会出现憋压造缝和裂缝充填。人工井壁防砂以不压裂地层为必要条件，充填施工地面压力表示为：

$$P_w = P_f + P_p + P_e - P_h \tag{7}$$

式中，P_w为泵压，MPa；P_f为管汇、管柱、工具摩阻，MPa；P_p为射孔眼摩阻，MPa；P_e为油层阻力，MPa；P_h为液柱压力，MPa。

油管摩阻 P_f和射孔眼 P_p可通过相关曲线和理论公式计算得出，油层阻力 P_e由于流体阻力影响因素较多，如稠油和油层污染等，致使 P_e常随井的不同而不同。应用时泵注前期清洗剂的压力即代表正常情况下各类压力值的总和 P_w。

渤海油田人工井壁防砂作业，视充填测试时排量与泵压的变化情况，设定施工最高限压，通常设置35MPa为阈限值。施工时密切关注各参数变化，若泵压等参数超出设计范围，及时上提管柱，大排量反洗井。

2 现场应用

渤海油田于2017年开始应用人工井壁防砂技术解决水平井筛管破损导致出砂问题，已累计作业近30井次，施工成功率85%，作业后产液量，产油量达到设计要求，平均有效期40个月，最长控砂有效期近72个月，取得了良好的经济效益和社会效果。以某区块近些年的应用井情况统计如表1所示：

表1 某区块人工井壁防砂技术应用井施工参数统计

序号	井号	储层	平均渗透率/$10^{-3}\mu m$	油层长度/m	排量/(m^3/h)	泵压/MPa	砂比/%	充填砂量/m^3	充填液量/m^3
1	X-A6H	东三Ⅲ	800~1987	285	1.1~2.1	6.9~20.3	3~10	18.75	678
2	X-A40H	东二Ⅴ	340~820	220	1~1.8	5.6~14.4	3~20	22	486
3	X-A1	东三Ⅰ\Ⅲ	—	250	1.0~2.0	14.3~18.6	3~15	14	245
4	X-N8h1	东Id	—	260	1.0~2.2	6.9~13.2	5~20	20	344
5	X-G54	东Iu	704~3100	299	1.3~2.2	15.1~25.9	3~8	17	580
6	X-D33	东Id	—	340	1.1~2.2	17~21.3	3~12	15.6	484
8	X-A2s	东二Ⅰ\Ⅲ	215~486	54	0.6~1	17.2~22.9	3~5	9.3	278

通过统计目前渤海油田人工井壁防砂作业参数及应用情况，人工井壁防砂作业规模与地层累计出砂量相关，作业建议以小排量低砂比进行，避免大排量、高砂比挤注充填会破坏原井筒近井地带防砂方式。

3 结论与建议

(1)本文结合现场施工需求结合以往施工经验，分别对涂敷砂粒径、充填用量、排量、泵压等人工井壁防砂参数设计方法进行了优化。

(2)现场应用结果表明，人工井壁防砂技术可以对破损筛管井进行二次防砂完井，产量无明显减产现象且防砂效果良好。

(3)人工井壁防砂技术可以应用到水平井筛管破损出砂快速治理上，但防砂有效期需要进一步验证。

(4)人工井壁防砂用涂敷砂充填用量与累计地层出砂量有密切关系，建议在修井期间需重点关注出砂量。人工井壁防砂作业施工排量控制最低排量，防止产生砂桥。

参考文献

[1]尚建佳，朱橙，马金祥等．渤海油田水平井筛管破损治理措施适应性分析［J］．中小企业管理与科技(中旬刊)，2019(02)：149－150

[2]李怀文，孙涛，王超等．超低温新型树脂涂敷砂及人工井壁防砂技术[J]．石油学报，2016，37(增刊2)：112－116，149.

[3]范明福．低温油井覆膜砂人工井壁防砂技术与应用[J]．科学技术与工程，2017，17(12)：168－172

[4]刘国振，罗少锋，高永华等．人工井壁防砂工艺在海上油田的研究和应用[J]．辽宁化工，2018，47(06)：590－592

[5]袁伟伟．张启龙．贾立新．人工井壁防砂在渤海油田适应性分析及效果评价[J]．石油机械，2021，49(9)：92－99，104.

海上强底水油藏水平井控堵水技术创新与实践

刘洪杰[1]　张东[1]　刘春志[1]　张忠哲[2]　王芳[1]

［1. 中海石油(中国)有限公司曹妃甸作业公司；2. 中海油能源发展股份有限公司工程技术分公司］

摘　要： C油田为渤海海域迄今为止投入开发规模最大的底水油田，油井生产具有“初期见水早、含水上升快、产量递减大”的特征。目前，油田特高含水期面临综合含水高、单井日产液量大、高含水油井占比高、稳油控水手段少等严峻挑战。为此，通过油藏数值模拟手段，开展了强底水油藏水平井开发规律研究，确定了水平井含水上升的主控影响因素。在此基础上，通过底水油藏动用半径规律研究，创新提出新井多级完井压锥轮采技术，实现“一槽多用”；开展了主控因素下水平井早期均衡流入控水效果数值模拟研究，通过在完井阶段实时优化控水设施设计方案，可有效实现水平段均衡产出；针对老井水平段普遍存在动用不均问题，创新提出水平井分舱开采技术，为控制底水锥进实现水平段均衡产出、提高水平段储量动用程度提供重要技术支撑。以上技术的现场实践，均取得了良好的措施降水增油效果，对于底水油藏的高效开发具有重要的指导意义。

关键词： 底水油藏；特高含水期；水平井；控水稳油；挖潜策略

C油田为渤海大型亿吨级底水油田，主要采用水平井天然能量开发，经过近二十年的开发，油田综合含水已达95%，已进入特高含水阶段，底水油藏水平井特高含水期控水稳油难度大、规模性控水稳油手段少，油田控水稳油面临严峻挑战，主要表现为以下三个方面：(1)油田的综合含水高、单井日产液量大，目前设备设施处理能力满负荷运转，油田重回限液生产阶段，老区产液结构精细化调整难度大；(2)底水油藏的地质油藏特征导致油井含水上升快、高含水油井占比超过76%，特高含水期油井产液量高、能耗大，效益挖潜难度大；(3)强底水油藏高含水期主要通过实施调整井维持稳产，底水油藏经济有效控水稳油手段少。针对C油田的特点及开发过程中存在的主要矛盾，重点以控水稳油为目标，结合底水油藏水平井生产特征，在强底水油藏水平井开发规律研究的基础上，重点开展多级完井压锥轮采新模式、早期均衡流入控水新应用、分舱控水新探索等技术攻关与实践，形成了曹妃甸强底水油藏特高含水期控水稳油创新模式，进一步提高底水油藏开发水平，持续改善特高含水油田开发效果。

1　区域概况

C油田位于渤海西部海域，构造基本特征是一个小型潜山背斜构造，为古近系超覆及新近系披覆，构成了顶薄翼厚的背斜构造。C油田构造分布受基底古地貌的控制，主要发育深浅两期断裂带，深层断裂较少，浅层断裂发育，分布在构造的南北两侧。C油田整体上表现为受基底古地貌和断裂系统影响的披覆背斜、半背斜构造特征，深层构造圈闭面积较小，幅度较大，浅层圈闭面积较大，闭合幅度较低。该油田含油井段长760m，主要包括明上段、明下段和馆陶组三个含油层段，且各自分为三个油组。沉积特征方面，明化镇组为曲流河沉积，馆陶组为辫状河沉积。储层具有高孔高渗的特征，明化镇组储层平均孔隙度32.7%，平均渗透率2600mD；馆陶组平均孔隙度29.3%，平均渗透率1600mD。整体受构造和储层的双重制约，油水系统复杂。主要表现为构造背景下的岩性构造油藏和块状油藏，次为岩性油藏。从边底水类型来看，主要发育底水油藏，次为以底水为主的边水油藏，主要采用水平井分单砂体开发方式。油田群开发具有底水能量充足，地层压力保持相对稳定，底水锥进快，含水上升快，油井无水采油期短等多个特征。

2 强底水油藏水平井开发规律研究

海上边底水油藏由于储层边底水丰富，水体能量充足。在生产过程中油井一旦见水，含水率快速上升，迅速进入到高含水阶段。油井进入高含水阶段会导致地下形成复杂的水淹通道，不仅损害油井、增加耗费，还会影响油井的产能和采收率。油田每个含水阶段的主要工作任务不同，低含水阶段为增产增注，高含水阶段则为稳油控水。水平井开发边底水油藏初期优势较为明显，但中后期优势逐渐减弱，含水上升速度大于常规井，易底水锥进，严重影响油田开发效果。目前从渗流力学和油藏工程理论上研究水平的底水水脊水锥方面已有的大量研究，针对实际研究区储层非均质性数值模拟是行之有效的方法之一(图1)。

图1 底水油藏三维油藏模型

利用数值模拟软件，建立强底水油藏开采机理模型，采用平均水平段长度和砂体大小，分别研究不同流体性质(黏度)与油藏物性(水平段分段物性)、油井最大产液等参数对油井含水上升规律，砂体开发效果的影响，如图1所示。该研究模拟采用了C油田明化镇组油藏归一化相渗曲线，各参数取值尽量接近实际区块地质参数条件，如表1所示。油藏数值模拟研究结果表明，储层非均质性和地层原油黏度是影响储层动用程度最敏感因素，原油黏度加大了非均值性的敏感性。

表1 油藏模型基本参数

模型参数	模型大小/(m×m×m)	高渗带渗透率/mD	网格水体渗透率/mD	平均孔隙度/%	原油黏度/mPa·s	净毛比	原油密度/(kg/m^3)	水密度/(kg/m^3)
数值	600×400×30	1000~3000	2000	25	30~300	1	849	1000

一般含水率$f_w=98\%$时，油田开发效益极差，油井关井或者油田废弃，因此称$f_w=98\%$为油田开发的极限含水率，设置生产井含水达98%时关井。结合实验研究结果分析高低渗级差较小，中等产液量和较小的油水黏度或流度比，可延缓生产井含水上升，单井稳产时间延长，开采效果好，采出程度最高达34.5%。存在优势通道时，原油黏度和液量越大，含水在短时间内会迅速增大，导致油井过早水淹，采出程度低；当流度比较小时，说明驱替液的流动能力比原油流动能力小，波及体积更大，采出程度高，若高低渗级差越

小，则纵向驱替越均匀，油井见水时间晚，含水上升越慢。因此较小的原油黏度和高低渗级差对开发效果更为敏感，可以延缓含水上升速度，提高采出程度。强底水油藏水平井含水上升影响因素影响程度大小排序为：黏度 > 低渗级差 > 高渗条带比例 > 最大产液 > 高渗段渗透率，如图 2 所示。

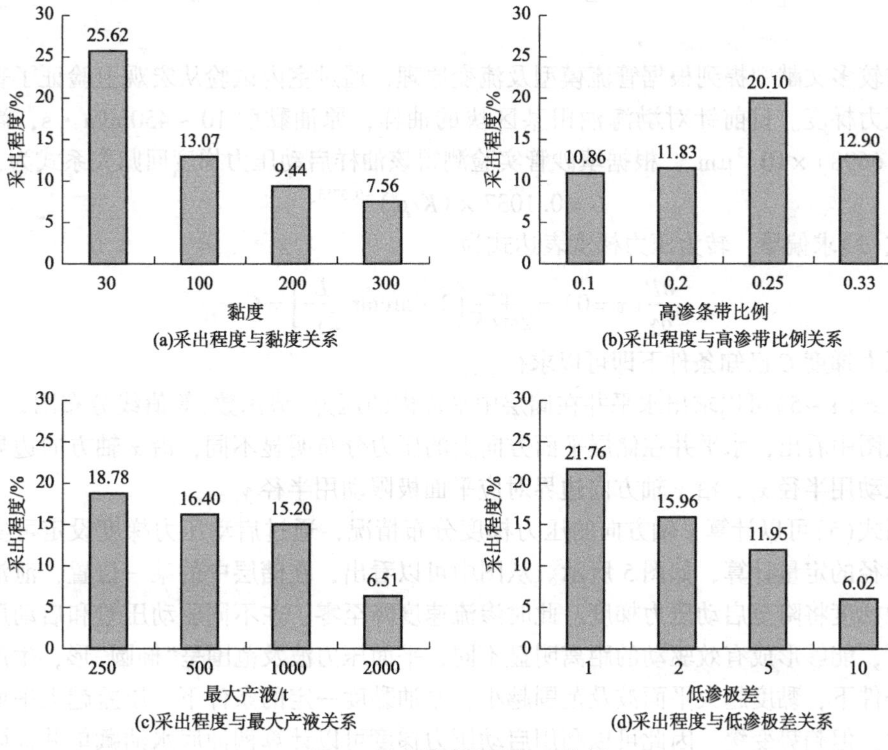

图 2　采出程度因素敏感分析

3　底水油藏水平井多级完井轮采模式创新

C 油田特高含水油井占比全油田的 64%、液量占比全油田的 90%。随着油田开发深入，特高含水期油井产液量需求高与油田处理能力有限的矛盾越发突出。油田液量满负荷运转、无剩余井槽、底水稠油油藏难动用，油田调整挖潜面临严峻挑战。

3.1　底水油藏水平井极限动用半径油藏工程方法研究

对于无限大地层中，位于原点的直井相应的势函数为：

$$\Phi = \frac{q}{2\pi}\ln\sqrt{x^2+y^2}+C \tag{1}$$

如图 3 所示，把水平井分成 n 份长为 dx 的微元，其中长为 dx 的微元可看成单口直井。根据势的叠加原理，得到如下积分表达式：

$$\Phi = \int_{-L/2}^{L/2}\frac{q}{4\pi L}\ln[(x-x_0)^2+y_0{}^2]\,dx + C \tag{2}$$

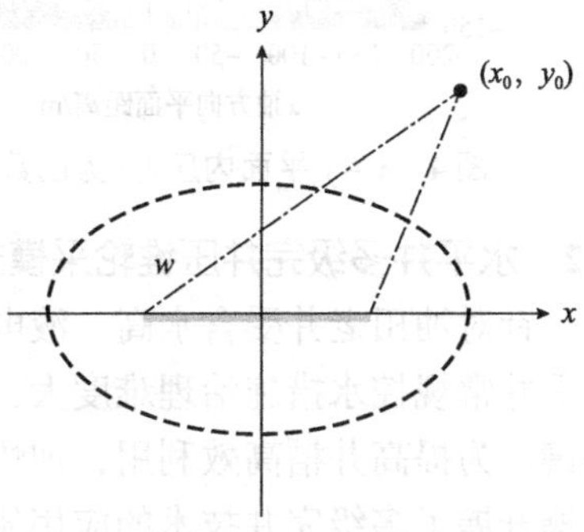

图 3　水平井平面渗流场示意图

积分后将 (x_0, y_0) 换成地层任意一点 (x, y) 势即

可得到水平井在 $x-y$ 平面的任意一点的势函数：

$$\Phi(x,\ y)=\frac{q}{2\pi L}\left[\begin{array}{l}-L+y\cdot\arctan\dfrac{L/2-x}{y}+y\cdot\arctan\dfrac{L/2+x}{y}+\\ \dfrac{(L/2+x)\cdot\ln((L/2+x)^2+y^2)}{2}+\dfrac{(L/2-x)\cdot\ln((L/2-x)^2+y^2)}{2}\end{array}\right]+C \tag{3}$$

目前较多文献中提到根据管流模型及流变原理，通过室内试验从宏观上验证了普通稠油存在压力梯度。目前针对渤海油田某区块的油样，原油黏度 10～450mPa·s，渗透率 $(186.4\sim6698)\times10^{-3}\mu m^2$，根据填砂管实验测得该油样启动压力梯度回归关系式为，

$$G=0.1037\times(K/\mu)^{-0.5753} \tag{4}$$

对式(3)求偏导，转为压力梯度表达式为

$$\frac{\partial P}{\partial y}(x=0)=\frac{q\mu}{2\pi LK}\left[2\cdot\arctan\frac{L}{2y_e}\right]=G \tag{5}$$

在压力梯度 G 已知条件下即可以求得 y_e。

基于式(1～5)可以求出水平井在储层中平面内的压力(势函数)等值线分布图，如图4所示。从图中看出，水平井在储层平面方向上的压力分布明显不同，沿 x 轴方向边界对应平面极限动用半径 x_e，沿 y 轴方向边界对应平面极限动用半径 y_e。

利用式(5)可以计算 y 轴方向的压力梯度分布情况，通过启动压力梯度设定可实现极限动用半径的定量计算，如图5所示。从图中可以看出，在储层中的某一位置，泄油区域内的压力梯度将降至启动压力梯度，此时渗流速度降至零；在不同驱动压差和启动压力梯度条件下，能够形成有效驱动的距离明显不同，平面压力波及范围呈“椭圆”形，生产压差一定的条件下，黏度越大平面波及范围越小，原油黏度一定的条件下，压差越大平面波及范围增大，但趋势变缓。因此可以利用启动压力梯度可以计算稠油底水油藏单井极限泄油半径，进而确定井网部署的合理井距 $2y_e$。

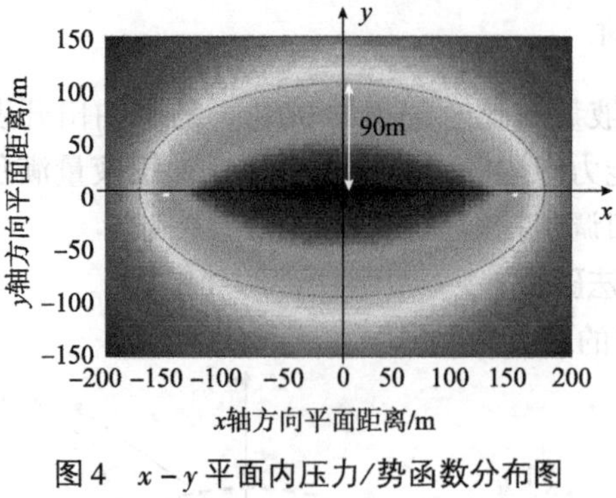

图4　$x-y$ 平面内压力/势函数分布图

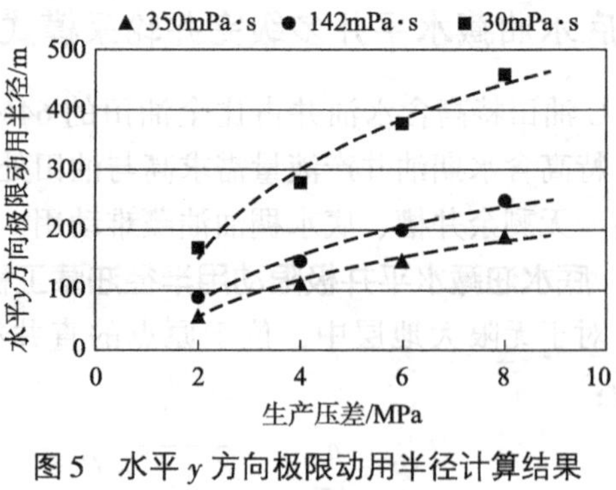

图5　水平 y 方向极限动用半径计算结果

3.2　水平井多级完井压锥轮采模式应用

针对油田老井受含水高、液电受限无法大幅提液且长期处于低产的现状，由于高含水水平井常规控水措施治理难度大，在平台井槽资源有限情况下，加快地下挖潜快速提产是关键。为提高井槽高效利用，加快推进调整井，主动寻求开发方式新突破，推陈出新在原井槽开展了多级完井技术的应用研究，如图6所示。首先在目标井的选取上，研究原层位井的可采潜力确定是否保留，匹配目标井位的实施难度，优选目标井侧钻，为节约成本通

过中短半径侧钻，同时下入多级完井工具保留老井眼，地面扩容后满足实现多层合采或分采模式，提高老井眼利用率。

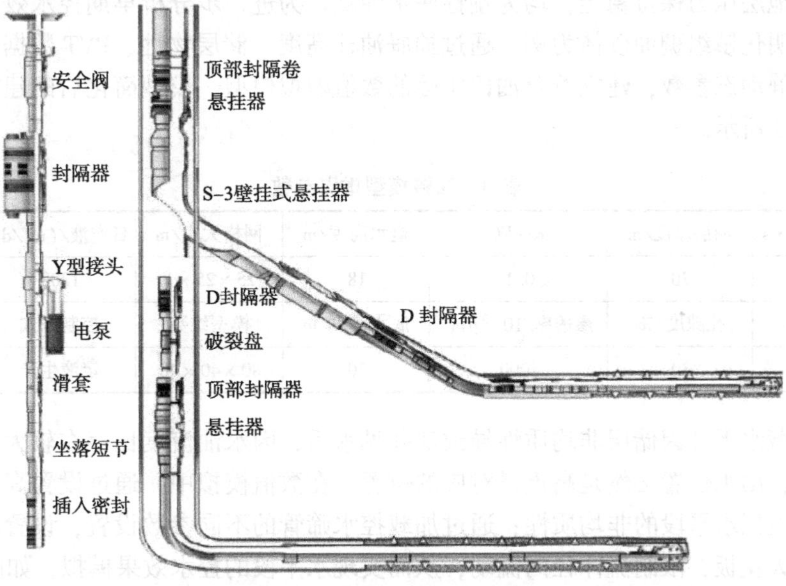

图6　多级完井方式示意图

通过采用多级完井方式实现“一槽多用”，保留原井眼、侧钻新井眼进行生产，待新井眼高含水以后通过打开暂堵阀实现关新层、开原层生产，从而实现新、老井眼的压锥轮采。渤海油田首次在C油田底水油藏应用多级完井压锥轮采3井次，目前已全部实现新老层互换，开原层后相比于老井眼侧钻前合计日增油80m^3，平均含水下降5.6%，井槽利用和控水增油效果显著。3口井返回原水平段后累产已达4.76×10^4m^3，开启了底水油藏多级完井压锥轮采新模式，如表2所示。

表2　多级完井开关层压锥效果对比

井号	原井眼		侧钻支		返回原井眼		合计/10^4m^3
	时间	累产油/10^4m^3	时间	累产油/10^4m^3	时间	累产油/10^4m^3	
A71H/A71H1	2013/7/7	4.60	2019/6/18	1.71	2022/11/1	0.24	6.55
A73H/A73H1	2013/8/3	5.45	2019/6/11	2.19	2022/8/14	2.68	10.32
A74H/A74H1	2013/9/7	5.75	2019/4/16	1.56	2021/3/28	4.76	12.07
合计/10^4m^3		15.80		5.45		4.76	28.95

4　底水油藏水平井早期均衡流入控水技术研究

底水油藏水平井含水突破后控水难度大，目前针对底水油藏水平井控水主要存在以下几方面难点：水平井找水“下不去、用不起、找不准”、出水成因复杂，目标井含水上升差异明显、老井后期“被动式”控水技术局限性凸显。为进一步提高底水油藏水平井低含水期产能贡献，需要针对新实施的调整井，充分结合水平段储层钻遇情况，在完井阶段及时采取控水措施，实现早期源头控水。

4.1 底水油藏水平井早期均衡流入数值模拟表征

C油田底水油藏生产动态表明，无论馆陶组厚层底水油藏还是明化镇组底水油藏天然能量充足，地层压力保持稳定，均为刚性底水油藏。为进一步分析早期控水效果及影响主控因素，以明化镇组稠油砂体为例，通过抽屉油柱高度、储层物性、PVT数据、相渗数据等地质油藏静动态参数，建立符合油田实际的数值模拟模型。模型简化后的建模所需关键参数，如表3所示。

表3　油藏模型重点参数

原油黏度/mPa·s	油层厚度/m	Kv/Kh	避水高度/m	网格大小/m	日产液/(m^3/d)	水体类型
350	20	0.1	18	25×25×1	1200	C-T水体
水平段长度/m	孔隙度/%	渗透率/$10^{-3}\mu m^2$	底水厚度/m	模型维数	控制方式	位置
400	30	4000	20	80×40×40	定液生产	模型底部

底水油藏水平井因储层非均质性导致油井见水后，因水油流度比存在较大差异，很长一段时间内，出水位置必然是高流量对应的位置。在数值模拟中，通过设置高渗条渗透率不同数值，模拟水平段的非均质性；通过加载控水筛管的不同参数设置，设置不同分段条件下的流量天花板，限制流体径向流动，从而实现水平段的控水效果模拟，如图7所示。

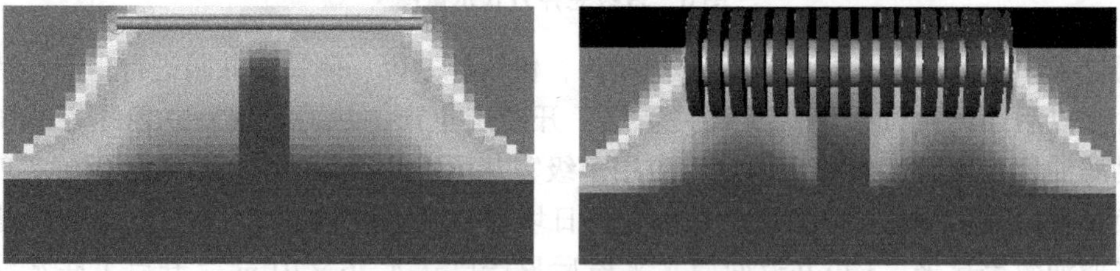

图7　底水油藏水平段早期控水油藏数值模拟

模拟结果表明，对于稠油底水油藏且非均质性较强的井，早期控水完井相比于常规完井能显著改善水平井的生产动态，能有效抑制高渗带产出，且提高了非高渗带产出，从而使水平段产液剖面更加均匀。对于不同非均质条件的地层，非均质性越强的地层，堵水增油效果越显著，如图8所示。通过设置不同原油黏度数模模型计算表明，原油黏度越大，控水增油幅度越大。

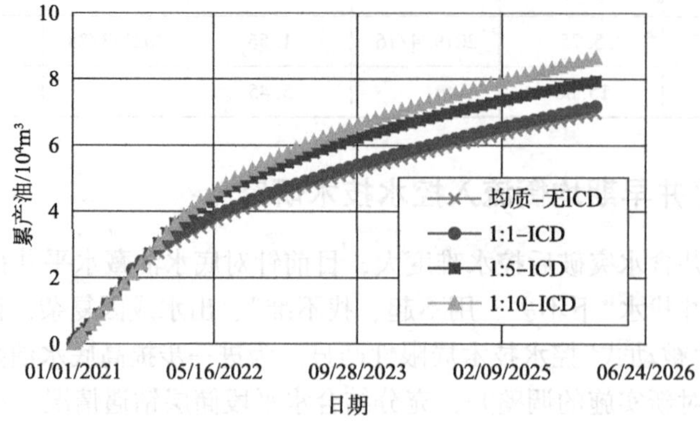

图8　不同储层非均质性条件下控水效果对比

4.2 水平井早期均衡流入控水实施效果

在水平井控水筛管实时优化方面，进一步结合水平井钻遇的储层非均质性、钻遇率、避水高度、井轨迹等实际情况，对控水筛管进行不同程度的控流强度分布设计，以达到水平段均匀产出的目的，如图9所示。优化原则主要为，结合电阻率及GR曲线，综合分析储层物性情况，设置目标井物性相对差的储层控流弱；考虑避水高度影响，轨迹位置高井段相对轨迹位置低井段控流弱。

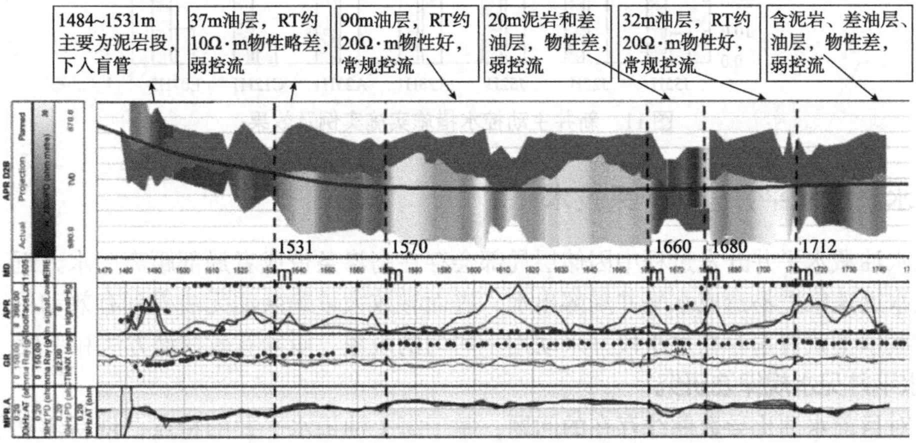

图9 水平段控水方案设计优化

底水油藏水平井含水突破后控水难度大，为避免后期"被动式"控水，有必要开展早期源头控水。结合底水油藏水平井沿程见水机理研究成果，针对稀油渗透率级差大于5倍、稠油渗透率级差大于3倍水平井，优选控水工艺抑制含水上升速度。完井阶段在常规ICD控水技术的基础上，用由轻质颗粒组成的连续封隔体充填至井筒与完井管柱的环空，用以取代封隔器，地层流体沿井筒与完井管柱之间环空的轴向流动通过连续封隔体进行限制，核心部件主要包括控流过滤器、封隔体颗粒和顶部封隔器及充填工具。通过有效抑制含水上升速度，实现均衡水平段内生产压差，控水增油效果更加显著如图10所示。

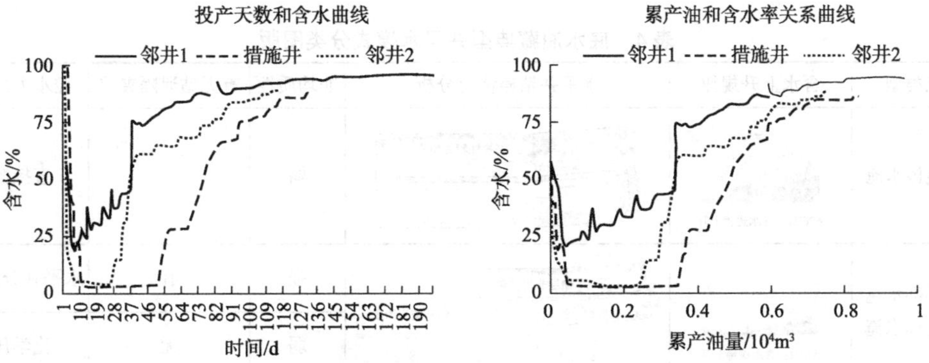

图10 某新井主动控水措施实施实例及效果

结合底水油藏精细地质油藏研究成果，在钻完井实施过程中，结合水平段实钻情况，实时优化水平段控水方案设计，7口调整井实施"连续封隔体防砂+ICD控水"措施，实施后平均单井含水相比邻井下降近30%，新井投产后1年内均未出现出砂问题，如图11所示。

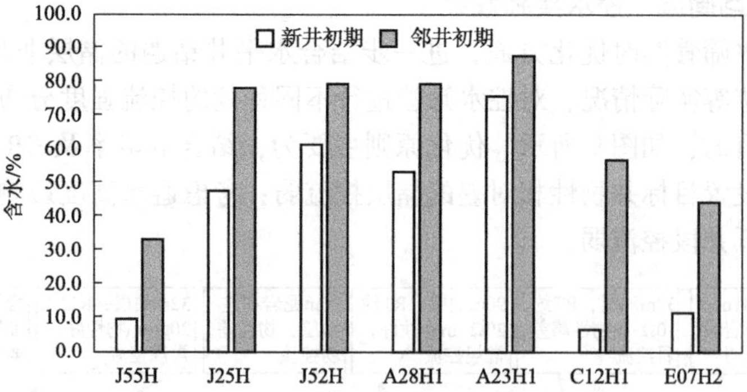

图 11　新井主动控水措施实施实例及效果

5　底水油藏水平井分舱开采技术

底水油藏水平井开发过程中因储层局部会存在高渗条带或者局部距离底水太近，就会导致底水迅速锥进易造成水平井局部出水，进而导致大量剩余油无法得到有效动用。这也就导致底水油藏普遍存在水平段开采动用不均匀的现象，亟须有效挖潜方法和手段。

5.1　水平井见水规律油研究

针对目前水油比导数曲线存在的问题，基于海上油田水平井的特点，创新建立了含水率二次导数曲线图版，通过机理模型总结多段出水模式特点，实现水平井出水模式的快速定性判断。该方法对传统的水油比及水油比导数曲线识别水平井出水模式的方法进行了改进，通过对含水率曲线进行二次求导解决了传统识别模式受数据采样密度影响，曲线变化幅度大、曲线受生产制度调整影响大、曲线特征不能与出水模式有效对应等诸多问题。

水平井见水模式大致可分为 3 种：线状见水全面水淹、点状见水局部水淹和多点见水全面水淹。其中线状见水全面水淹和多点见水全面水淹不适宜分段开采，点状见水局部水淹可以采用分段开采以抑制高含水，提高产油。基于沿程见水演化规律认识及出水模式识别方法，建立全油田特高含水油井的见水模式分类图版，为后续底水油藏水平井控水稳油技术推广应用奠定理论基础，如表 4 所示。

表 4　底水油藏典型井见水模式分类图版

水淹类型	含水上升规律	水平井钻遇情况分析	非均质性	有无钻遇隔夹层	控水方式建议
线性整体水淹	 A26H1：含水逐步上升	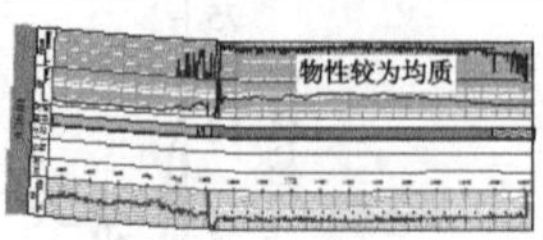	弱	—	直接侧钻
多点局部水淹 多点整体水淹	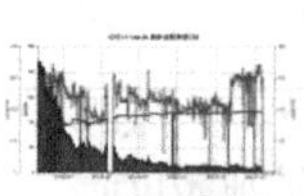 A61H：含水缓慢上升	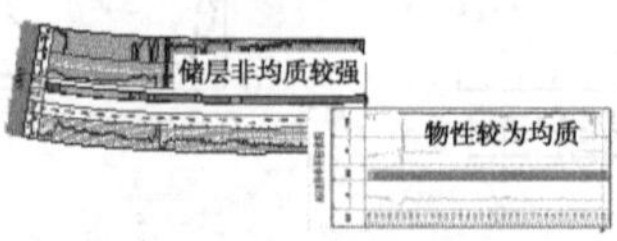	强	有	水平井分舱开采
			弱	无	化学压锥
局部水淹	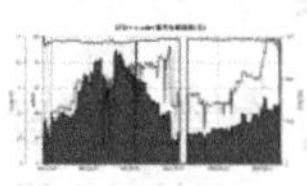 J48H：初期即高含水	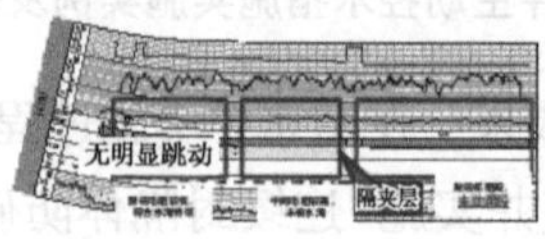	强	有	水平井分舱开采
			弱	无	化学压锥

5.2 水平井分舱控水技术应用

针对底水油藏水平井特高含水期水平段动用不均的问题，结合地质油藏静动态资料，通过动态分析方法与油藏数值模拟方法相结合，综合分析水平段跟端、中部、趾部储量动用程度差异。同时，结合精细储层研究，根据段内泥质隔夹层位置及物性差异区域，设计水平井的分段方案。在此基础上，重点开展底水油藏水平井分舱控水工艺研究，主要是通过管外 ACP 化学封隔工艺实现水平段分舱，通过管内液控分舱开采管柱实现各个舱室独立生产，如图 12 所示。

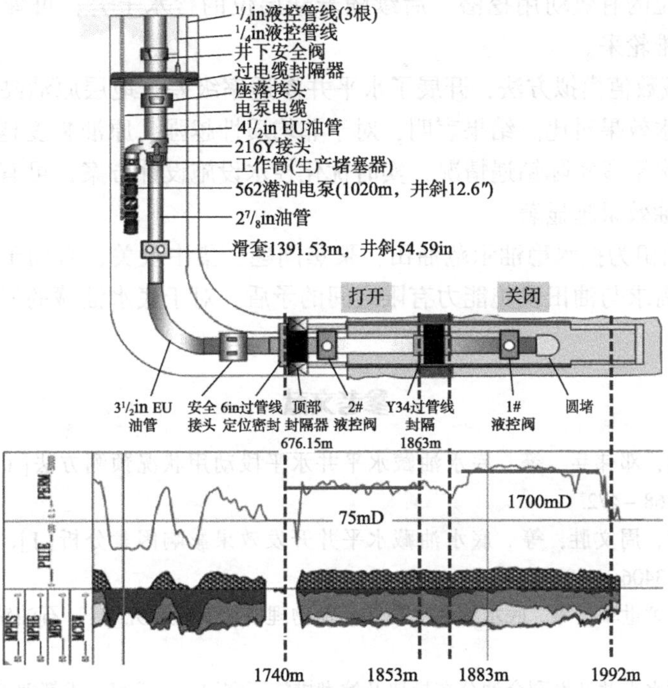

图 12 水平井分舱开采策略及管柱配套工艺

按照技术“保成－完善－推广”的思路逐步实施，目前已累计实施水平井分舱开采措施 5 井次。结合油藏精细动态认识，以泥岩/低渗层为界将水平段进行分段；通过工艺创新和管柱优化，实现了水平井分舱＋液控远程调控工艺技术的现场良好实践。措施实施后，实现了平均单井日产液量降低 1000m^3 以上，单井含水降低 4%～20%。较大程度上缓解了特高含水期高液量需求与设施能力有限之间的矛盾，为控制底水锥进实现水平段均衡产出、提高水平段储量动用程度提供重要技术支撑，如图 13 所示。

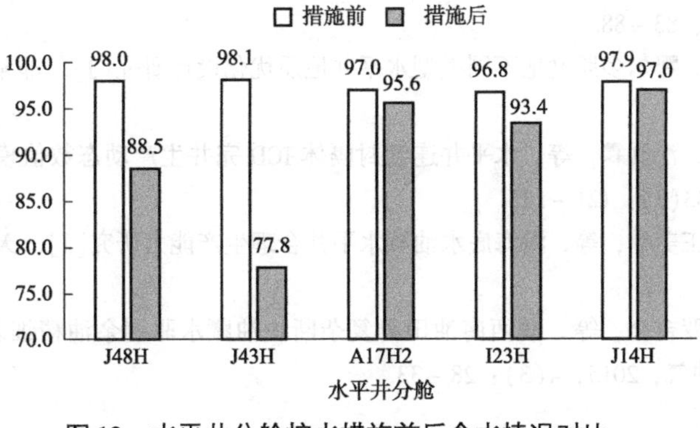

图 13 水平井分舱控水措施前后含水情况对比

6 结论

(1)强底水油藏水平井开发规律研究成果表明，强底水油藏水平井含水上升的影响因素敏感性大小排序为：黏度 > 低渗级差 > 高渗条带比例 > 最大产液 > 高渗段渗透率。

(2)结合油藏工程及数值模拟方法，开展了底水稠油油藏水平井动用半径分析研究，在此基础上创新性提出了水平井多级完井压锥轮采新模式，既保留剩余潜力较大的老井眼，又实现新层位的有效动用挖潜，后续随着新层位的含水上升，可择机开原层，实现新、老层位的压锥轮采。

(3)结合油藏数值模拟方法，开展了水平井渗透率级差、地层原油黏度等主控因素下早期均衡流入控水效果对比。结果表明，对于非均质性越强、原油黏度越大的储层，在完井阶段紧密结合水平段实际钻遇情况，实时优化控水设施设计方案，可有效均衡水平段生产压差，堵水增油效果越显著。

(4)以底水油田为控水稳油示范油田，聚焦问题，集中攻关，有助于解决油田特高含水期高液量产出需求与油田设施能力有限之间的矛盾，对于底水油藏的经济高效开发具有重要的指导意义。

参考文献

[1]郭长永，熊启勇，邓伟兵，等．底水油藏水平井水平段动用状况预测方法[J]．新疆石油地质，2019，40(4)：468－472.

[2]曲亚光，安桂荣，周文胜，等．底水油藏水平井开发效果影响因素分析[J]．科学技术与工程，2013，13(12)：3406－3409.

[3]刘佳，程林松，黄世军，等．底水油藏水平井开发物理模拟实验研究[J]．石油钻探技术，2013，41(1)：87－92.

[4]朱凯．底水油藏水平井开发剩余油分布规律及挖潜措施研究[D]．成都：成都理工大学，2012.

[5]程林松，郎兆新，张丽华．底水驱油藏水平井锥进的油藏工程研究[J]．石油大学学报：自然科学版，1994，18(4)：43－47.

[6]辛翠萍．底水油藏水锥定量描述技术及水平井井网配置优化研究[D]．山东：中国石油大学(华东)，2011.

[7]石洪福．稠油底水油藏水平井分段完井方法及应用[J]．新疆石油地质，2020，41(2)：232－236.

[8]张芨强，雷昊，于成超，等．南海西部底水油藏水平井含水上升规律分析及定量表征[J]．复杂油气藏，2020，13(4)：51－56.

[9]张东，孙恩慧，侯亚伟，等．基于启动压力的水平井动用半径预测方法研究及应用[J]．非常规油气，2019，12(6)：83－88.

[10]谢利成，杨红新．鄂尔多斯盆地不同类型水平井地质优化设计研究[J]．非常规油气，2018，5(5)：49－57.

[11]张俊斌，安永生，汪红霖，等．水平井连续封隔体 ICD 完井生产动态数值模拟方法研究[J]．非常规油气，2021，33(3)：121－125.

[12]龙明，何新容，王美楠，等．渤海底水油藏水平井合理生产能力研究[J]．天然气与石油，2018，36(4)：79－84.

[13]雷霄，张乔良，罗吉会，等．涠西南油田群复杂断块油藏水驱剩余油精细表征技术及其现场应用[J]．中国海上油气，2015，4(3)：28－33.

水平井长效化学堵水技术在 X 油田的应用

王晨　王升东　黄军立　李海龙　汪洋　郭晓东

［中海石油(中国)有限公司深圳分公司］

摘　要：针对海上油田水平井机械控、堵水成本高，化学堵水成功率低，有效期短，部分油井堵水作业后产能受限等问题，提出了一种基于聚合物自乳化进行化学堵水的方法。通过保护液的注入对含油储层进行保护，避免后续堵剂污染含油储层，实现选择性堵水，通过利用聚合物和交联体系聚合物相互融合作用，建立互穿或半互穿网络凝胶体系可提升对调堵剂强度、耐温耐盐、稳定性的需求，使水平井实现长效堵水的目的。与传统化学堵水技术相比，该技术无须找水作业、现场施工工艺简单，凝胶强度较常规体系增加一倍，通过药剂性能及施工参数控制，堵水体系可定向封堵出水层位，有效提高化学堵水的成功率并降低作业成本。考虑物质基础、隔夹层、剩余油等多方面因素，最终选定在南海东部 X 油田 16H 井进行现场应用并取得成功。

关键词：化学堵水；保护液；水平井；自乳化；凝胶；控水稳油

油田堵水技术经过多年发展，形成了较为完善的找水技术、堵水药剂体系、堵剂放置技术等一系列技术体系，目前主要以机械堵水和化学堵水为主，其中以 ICD、AICD 等技术为主的机械控水技术在海上油田已广泛应用，现场应用效果良好。但该技术需下入特殊的控水管柱，新投产油井可初期下入，老井通常需要动管柱作业，作业成本高，因此需要进一步研究适合老井控水的经济、简单的堵水技术。化学堵水技术因现场施工简单，体系封堵强度可控等优势，成为适合海上油田老井稳油控水措施的重要方向之一。但目前化学堵水技术成功率不高，主要原因一是难以准确获得主要出水层位导致封堵准确性不佳；二是受生产管柱及施工工艺限制，常需要动管柱作业，作业成本高；三是堵剂强度及注入工艺设计与储层匹配性差，造成井筒或中、低渗透层污染，堵水后油井产液量大幅降低，堵水效果差，因此需要开展适合于海上油田水平井不动管柱的化学堵水技术研究，提高堵水作业成功率及经济效益。本文提出了一种基于自乳化保护的水平井长效化学堵水技术，利用自乳化保护液与施工工艺相结合的方式，实现在保护含油储层条件下对高含水层进行封堵，有效增加化学堵水作业的成功率，提高油井开发效果。研究成果成功应用于南海 X 油田水平井稳油控水作业。

1　基于自乳化保护的化学堵水技术体系的建立

化学堵水技术的关键点之一是如何确保堵水体系进入目的层位封堵而不污染含油储层，提高堵水作业的成功率。为解决这一关键问题，本文建立了一套基于自乳化保护的不找水化学堵水技术，主要包括含油储层保护技术、堵水体系的选择设计和堵水体系储层放置工艺技术。该技术利用保护液体系对含油储层进行保护，通过后续堵剂放置工艺参数及性能设计，避免堵水体系污染含油储层，从而大幅提高堵水作业成功率。与传统化学堵水技术相比，该技术无须找水作业，堵剂对含油储层污染小，堵水后油井可正常生产，堵水效果好。

1.1 堵水保护液选择

本文提出的基于自乳化保护的选择性堵水技术中，保护液的主要作用是对含油储层进行保护，避免后续注入的堵水体系进入含油储层，造成含油储层污染，降低油井产量。因此，保护液的性能对含油储层的保护效果十分重要，需要结合工艺设计和堵水体系性能两方面选择保护液性能。

1.1.1 实验部分

(1)实验药剂与仪器

自乳化保护液，工业品；氯化钠、氢氧化钠、氯化钙、氯化镁、碳酸氢钠、硫酸钠，均为分析纯；主要仪器：Brookfield DV3 黏度计，上海沪析高速乳化机和岩心驱替实验装置。

(2)实验条件

实验用水为南海 X 油田模拟生产水，总矿化度为33741mg/L，离子组成详见表1；实验温度为目标油田储层温度 80℃；本文后续实验如无特殊说明均在此条件下开展。

表1 模拟注入水离子组成

离子组成	含量/($mg \cdot L^{-1}$)
$K^+ + Na^+$	11096
Ca^{2+}	1510
Mg^{2+}	308
HCO_3^-	301
SO_4^{2-}	362
Cl^-	20164
总矿化度	33741

(3)实验方法

自乳化保护液性能测试按如下方法开展：配制目标浓度保护液样品并将原油放入80℃恒温箱中预热1h，将配制好的保护液样品按比例与原油混合(油水比分别为9：1、8：2 和7：3)，并用乳化机在250r/min 搅拌乳化 2min，测试油水乳状液黏度。

1.1.2 堵水保护液体系浓度选择

选择一种具有乳化能力的聚合物，该聚合物在一定油水比条件下可以与原油乳化，形成油包水乳状液，增加油相黏度，体系性能测试实验结果见表2。从表2可知，在一定浓度及油水比条件下，自乳化保护液体系可以与目标油田原油形成油包水乳状液，提高油相体系黏度；随保护液体系浓度增加，乳化增黏效果增强。同时，随油水比的降低，乳化增黏效果逐渐降低，但在油水比不低于7：3 的情况下，自乳化保护液均可与现场原油形成油包水乳状液，从而增加油相黏度，降低油相渗透率。

表2 自乳化保护液乳化性能测试

自乳化保护液浓度/%	剪切后初始黏度/mPa·s	原油黏度/mPa·s	乳状液黏度/mPa·s		
			油水比9:1	油水比8:2	油水比7:3
0.2	24.2	143	587	517	476
0.3	41.5		918	848	696
0.4	58.3		1487	1417	1116

表3为岩心渗透率变化情况。从表3可以看出，保护液注入岩心中后，与储层原油接触后形成油包水乳液，进一步提高含油储层流体黏度，降低油相渗透率，增大后续流体进入油层的渗流阻力，而饱和水岩心渗透率降低有限，仅因注入的自乳化保护液在岩心表面吸附，产生的附加渗流阻力导致储层渗透率的降低，因此自乳化保护液体系的注入可以增加后续注入流体进入含油储层渗流阻力，使得后续更低压力下注入的堵水体系因含油储层渗流阻力的增加而难以进入含油储层，从而起到保护含油储层的作用。考虑现场应用时地层水对自乳化保护液的稀释作用以及对后续堵水体系段塞的保护隔离作用，现场用自乳化保护液体系浓度选择0.4%。

表3 岩心渗透率变化

保护液浓度/%	渗透率降低率百分比/%	
	饱和水岩心	饱和油岩心
0.2	8.45	52.64
0.3	13.55	74.59
0.4	19.51	78.31

1.2 化学堵水体系选择

1.2.1 实验部分

(1)实验药剂与仪器

聚合物，工业品；酚醛交联体系用交联剂，工业品；氯化钠、氢氧化钠、氯化钙、氯化镁、碳酸氢钠、硫酸钠，均为分析纯；主要仪器：Brookfield DV3 黏度计，岩芯驱替实验装置。

(2)实验方法

①堵水体系成胶及老化性能评价实验方法

配制5000mg/L聚合物母液，用模拟盐水稀释至目标浓度，并测试目标聚合物溶液黏度（聚合物质量浓度分别为0.3%、0.4%和0.5%）；加入交联剂，在400r/min的搅拌速度下搅拌15min后放入80℃恒温箱中。分别在0d、0.5d、1d、2d、3d、5d、10d、30d、45d、90d从恒温箱中取出样品用黏度计测试样品黏度，样品黏度达到稳定的时间为成胶时间，测试样品共3个浓度，分别为0.3%聚聚合物+0.2%交联剂A+0.1%交联剂B、0.4%聚合物+0.3%交联剂A+0.2%交联剂B、0.5%聚合物+0.4%交联剂A+0.2%交联剂B。

②堵水体系封堵性能测试实验方法

人造岩心抽真空饱和模拟水后，放入80℃恒温箱中预热4h，水测渗透率后以1mL/min

的速度注入1.2PV堵剂，关闭岩心两端阀门后凝24h后，以1mL/min的速度进行后续水驱，测试堵剂对岩心的封堵率。

1.2.2 化学堵水体系选择

以南海东部油田为代表的海上底水油藏普遍具有油藏温度高、地层水矿化度高，油田开发主要以水平井开发为主，水平段长度大(超过350m)等特点，因此堵剂的选择需要与油田生产条件相匹配。针对目标油田南海东部X油田的油藏条件，要求堵剂应具有良好的抗温抗盐性能，在80℃温度、矿化度33741mg/L条件下具有良好的成胶性能与老化稳定性。同时为保证注入的安全性，避免水平段及近井地带成胶造成井筒及近井地带堵塞，体系成胶时间不能太快，保证体系可安全进入封堵位置，因此要求堵剂成胶时间不低于1d。针对上述问题，选择酚醛凝胶体系，该体系初始黏度低(100mPa·s以内)、成胶时间可控(选择的体系成胶时间超过2d)，老化稳定性好(老化90d后黏度保留率超过50%)，封堵性能好，满足堵水技术对堵水体系性能的要求(表4、表5)。

表4 堵水体系成胶及老化性能

时间	时间/d									
	0	0.5	1	2	3	5	10	30	45	90
堵水体系1 (0.3%聚+0.2%交A+0.1%交B)	47.7	89.3	215	2138	12649	21531	21131	20215	16218	14156
堵水体系2 (0.4%聚+0.3%交A+0.2%交B)	63.1	399	746	5889	41521	41218	42153	40151	35756	22215
堵水体系3 (0.5%聚+0.4%交A+0.2%交B)	96.2	832	5241	41528	52151	53119	53541	53267	50154	28446

表5 堵水体系封堵性能

聚合物浓度/(mg·L^{-1})	交联剂浓度A+交联剂B/(mg·L^{-1})	最终成胶强度/mPa·s	岩心封堵率/%
3000	2000+1000	21325	60.0
4000	3000+2000	41564	85.3
5000	4000+2000	53541	99.9

从实验结果来看，堵水体系初始成胶时间超过2d，完全成胶时间均高于3d，现场堵水作业过程中具有良好的注入性与安全性，不会因成胶过快导致水平段或近井地带堵塞的风险，矿场试验也进一步验证了体系注入的安全性，堵水作业7d注入压力上升不超过0.5MPa，现场注入性良好。同时，基于自乳化保护的堵水技术因前期保护液注入，后续堵水体系初始黏度的选择十分重要，根据非牛顿流体渗流运动方程，为保证保护液体系在储层中的渗流能力高于堵剂的渗流能力，要求堵剂初始黏度不低于保护液的黏度，因此体系2和体系3初始黏度均高于现场应用的0.4%浓度的保护液体系黏度58.3mPa·s，可有

效避免堵水体系进入含油储层造成储层污染，结合体系的封堵性和老化性能及后续工艺设计要求，因此选择体系2开展现场试验。体系最终成胶强度适中(40000mPa·s左右)，即可对高渗透层形成有效封堵(封堵率85%左右)，又可有效避免完全封堵中、高渗透层导致产液量大幅降低，满足堵水技术对药剂体系性能的要求。

1.3 基于自乳化保护的化学堵水技术室内堵水效果

1.3.1 实验方法

岩心模型饱和水，饱和油；水驱油至含水90%(水井注入，注入速度1.4mL/min，油井生产)；油井注0.05PV保护液(高渗透层部分体积即$8000\times10^{-3}\mu m^2$对应岩心体积，下同，注入速度5.0mL/min)+0.3PV堵剂+15mL顶替液(聚合物溶液，浓度与强凝胶聚合物浓度相同，注入速度1.4mL/min)，关闭阀门候凝2d后水井注水，油井生产，直至油井含水达到95%。

1.3.2 实验结果分析

以南海X油田为目标油田，开展基于自乳化保护的化学堵水技术的效果评价实验。本文自主设计南海X油田堵水用二维平板实验模型，模型尺寸为60cm×60cm×4.5cm，分为上下两层，下层渗透率1000mD，预埋水平段注水管线用于模拟无限大底水，上层沿水平段分别设置低、中、高渗透率储层，并预埋生产水平管线，模拟水平井采油，具体模型如图1所示。

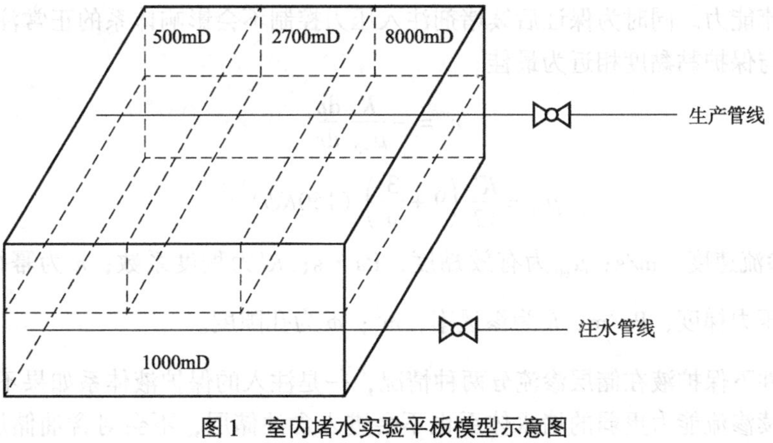

图1 室内堵水实验平板模型示意图

从实验结果可知，因水平段存在高渗透层段，单纯依靠天然底水开采时，底水沿高渗透层段快速脊进，导致初期采收率相对较低，不超过10%，储层存在大量剩余油。后续采用基于保护液的水平井堵水技术对水平井高渗透储层进行封堵，候凝后，生产压差明显增加，底部水平注水井注入压力由0.07MPa提高到0.53MPa，说明高渗透层渗流阻力增加，堵剂对高渗透层形成有效封堵，底水绕流至中低渗透层，扩大底水波及体积。从采收率结果可知，因高渗透储层被有效封堵，扩大底水波及体积，油井采收率大幅提高，与措施前相比，两套方案提高采收率幅度均超过15%。同时高强度体系(方案1-1)与低强度体系(方案1-2)相比，高强度体系对高渗透储层封堵效果更强，提高采收率幅度更大，堵水效果更明显(表6)。

表6　采收率实验数据

方案编号＼参数	含油饱和度/%	采收率/%		
		水驱	最终	增幅
堵水体系方案1-1（0.4%聚+0.3%交A+0.2%交B）	61.3	6.88	36.46	29.58
堵水体系方案1-2（0.3%聚+0.2%交A+0.1%交B）	62.4	9.17	24.58	15.42

2　基于自乳化保护的堵水技术工艺设计原理

基于自乳化保护的堵水技术中使用保护液对含油储层进行保护，如何实现保护液的保护效果，避免后续注入的堵水体系污染含油储层，现场施工工艺参数设计同样至关重要，需要对各段塞注入工艺参数进行详细设计，确保现场施工工艺可实现技术设计理念。本文根据非牛顿流体渗流运动方程，提出了施工工艺参数的设计原理。

据非牛顿流体渗流运动方程(式1)，为使现场注入的保护液体系可以对含油储层进行保护，需要控制保护液和堵剂的初始黏度和注入压力。当堵剂的注入压力不高于保护液的注入压力且保护液的黏度不高于堵剂的初始黏度时，才能确保保护液在储层的渗流能力高于堵剂的渗流能力。同时为保证后续堵剂注入压力控制不会影响体系的正常注入，堵剂体系初始黏度与保护黏黏度相近为最佳。

$$v^{n} = -\frac{K}{\mu_{\mathrm{eff}}}\frac{\mathrm{d}p}{\mathrm{d}r} \tag{1}$$

$$\mu_{\mathrm{eff}} = \frac{K'}{12}\left(9+\frac{3}{n}\right)^{n}(150K\phi)^{\frac{1-n}{2}} \tag{2}$$

式中，v 为渗流速度，m/s；μ_{eff}为有效黏度，Pa·s；K'为稠度系数；n 为幂律指数，$0<n<1$；$\frac{\mathrm{d}p}{\mathrm{d}r}$为压力梯度，Pa/m；$K$ 为渗透率，m^2；ϕ 为孔隙度。

在此条件下保护液在储层渗流分两种情况，一是注入的保护液体系如果不会进入含油储层，则后续渗流能力更弱的堵水体系也不会进入含油储层，不会对含油储层造成污染。二是注入的保护液体系如果进入到含油储层，通过保护液体系与原油的乳化增黏作用，提高含油储层流体的渗流阻力，同时通过降低后续注入堵剂的注入速度，控制堵剂注入压力不超过保护液的注入压力。通过降低含油储层流体渗流能力及注入流体驱替压力的协同作用，实现后续注入的堵剂不会污染含油储层，从而提高堵水成功率。

依据上述设计原则，针对南海X油田开展自乳化保护的堵水体系工艺设计。首先注入自乳化保护液体系，根据室内实验结果，体系浓度选用0.4%，初始黏度为58.3mPa·s，用量以处理近井地带3m范围内的用量为宜。随后注入堵水体系段塞，为保证堵水体系不会进入中低渗透含油储层，要求堵水体系初始黏度近似等于自乳化保护液体系黏度，因此选用体系2的初始黏度为63.1mPa·s，与0.4%保护液的黏度58.3mPa·s相近；同时体系注入速度不能高于保护液的注入速度，保证堵水体系的储层渗流能力低于自乳化保护液的渗流能力，现场设计保护液注入速度25m³/h，堵剂注入速度20m³/h，并在实际施工时严格控制堵剂注入压力，不得高于保护液的注入压力。实现在设计注入参数条件下，保护液的储层渗流能力大于堵剂的渗流能力，从而对中、低含油储层实现保护，避免储层污染，最终实现不找水的自选择化学堵水，提高堵水作业成功率。

3 现场应用

南海 X 油田于 2024 年 3 月开展 1 口井矿场试验，采用基于自乳化保护的堵水技术，首先注入 950m^3 自乳化保护液体系对目标井水平段含油储层进行保护，提高含油储层的渗流阻力，注入压力 1.2MPa；随后按设计注入 1500m^3 堵水体系对出水层位进行封堵，注入时间 3.2d，注入压力 1.5MPa；最后注入 500m^3 顶替液将堵水体系顶替出近井地带，保证近井地带的渗流能力。候凝 5 天后，于 2024 年 3 月 18 日开井生产，通过控制产液量的方式，避免因生产压差大导致含水率的快速回返，开井生产按 250m^3/d 的液量生产；2024 年 3 月 19 日，返排 350m^3 液量后开始见油，随后含水率逐渐下降至 65% 后，含水率开始缓慢回返，截至 2024 年 8 月 31 日，该井测试含水 95.4%，日产液 1681m^3/d，日产油 77.4m^3/d，累计增油 2391m^3，有效期已达 166d，目前仍持续见效中。矿场试验的成功，进一步验证了水平井长效化学堵水技术在海上油田水平井控水的适用性(图 2)。

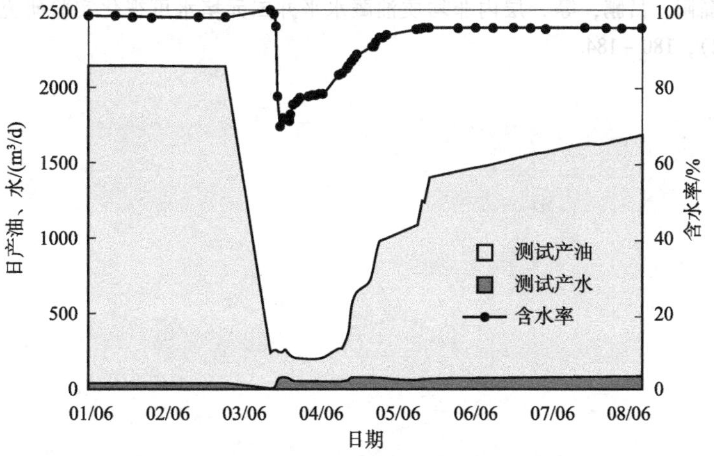

图 2 堵水作业前后油井生产动态曲线

4 结论

(1)提出了一种基于自乳化保护的水平井长效化学堵水技术，该技术通过自乳化保护液与近井地带含油储层的乳化增黏作用对含油储层进行保护，避免后续堵剂对含油储层的污染，提高化学堵水的成功率。

(2)提出了水平井长效化学堵水技术药剂选择方法及工艺参数设计原则，堵剂初始黏度不低于保护液初始黏度且二者相近最佳，注入速度低于保护液的注入速度，实现保护液体系对含油储层的保护。

(3)室内平板物理模拟实验表明，采用水平井长效化学堵水技术后，室内采收率提高 29.58%，油井产液能力无明显降低。

(4)南海 X 油田矿场应用效果良好，堵水作业后含水最大降低 32%，累计净增油 2391m^3，持续有效中。

参考文献

[1]刘怀珠，李良川，梁超．水平井选择性化学堵水技术在高尚堡油田浅层油藏的应用研究[J]．油田化学，2010，27(4)：428－430.

[2]胡振超，周泓宇，万小进，等．南海西部油田高含水水平井控堵水工艺矿场应用及展望[J]．新疆石油天然气，2020，16(4)：100－104.

[3]何龙．南海西部油田堵水技术研究[D]．东营：中国石油大学(华东)，2009.

[4]王汝倩．水平井综合调堵技术[J]．化学工程与装备，2020(7)：101，109.

[5]潘豪．海上油田水平井稳油控水技术现状与发展趋势[J]．石油矿场机械，2020，49(3)：86－93.

[6]李宜坤，李宇乡，彭杨，等．中国堵水调剖60年[J]．石油钻采工艺，2019，41(6)：773－787.

[7]刘帅．水平井找水技术研究与实践[J]．中国石油和化工标准与质量，2019，39(2)：222－223.

[8]张莹辉．水平井堵剂及堵水工艺研究[J]．石油化工应用，2021，40(10)：9－12，33.

[9]杨艳，王业飞，张鹏，等．选择性堵水剂的作用机理及应用影响因素[J]．油田化学，2012，29(4)：502－512.

[10]冉从俊．氮气泡沫复合体系在底水油藏水平井堵水中的应用[J]．云南化工，2022，49(4)：95－97.

[11]魏发林，刘玉章，唐孝芬，等．新型选择性堵水剂的研究与应用进展[J]．油田化学，2007，24(1)：93－96.

[12]薛宝庆，代磊阳，吕鹏，等．层内非均质油藏水平井二元堵水可视化实验研究[J]．中国矿业，2020，29(S2)，180－184.

射流泵返排技术在海上特低渗注水井的研究与应用

王维锋　杨勇　谢雄　陈维华　冯缙

［中海石油（中国）有限公司深圳分公司陆丰油田作业区］

摘　要：为减少完井液对产层的污染，注水井在交井后需要清井返排后再投注。如使用常规电潜泵返排后再投注，势必会导致作业工期长，成本高。通过人工举升方式比选和计算，选择钢丝投捞射流泵不动管柱作业的方式对注水井实施返排，及极大减少了清井返排作业工期和费用。

关键词：射流泵；不动管柱；返排；注水井；特低渗油田

南海东部海上油田传统的清井返排需要下入电潜泵来举升返排，返排结束后再生产。注水井由于不采油，如使用电潜泵返排不仅操作成本高昂，而且施工周期较长，影响油田的整体开发效率。为解决这一系列问题，通过对油田注水系统和注水井管柱调研，提出了射流泵不动管柱返排的思路。射流泵也称水力喷射泵，是利用射流原理将注入井内的高压动力液的能量传递给井下油、气层产出液的无杆水力排采设备。地面注入低速高压动力液，高压动力液通过油管进入到达水力射流泵泵体，经泵体内部流道进入泵体的喷嘴，动力液通过喷嘴后由低速高压液体转换成高速低压液体，形成了高速低压区，从而产生抽吸作用。泵体底部的单流阀受到抽吸作用及地层压力的影响而打开。地层液在抽吸作用的影响下进入高速低压区，并与动力液在喉管中充分混合。高速低压混合液进入扩散管，流动截面积扩大，转为低速高压流体，通过泵体流道及大小油管环形空间或者油管和套管的环形空间举升至地面，进入地面管网过滤、收集。使用钢丝投入射流泵到注水管柱工作筒位置，通过平台注水泵为射流泵提供工作的动力液，形成负压，返出混合液体在进入设施开排罐，返排见油后再导入测试系统。通过对射流泵的结构及型号的优化，使用钢丝作业投捞射流泵的方式，成功实现了注水井的不动管柱返排、和射流泵的回收利用。提高了返排效率，降低作业成本。

1　油田概况

1.1　油藏概况

L油田主力油层W组为辫状河三角洲前缘和滨浅湖沉积，储层岩性为岩屑石英砂岩、其次为长石石英砂岩、少量岩屑砂岩。W组整体测井解释油层孔隙度10.2%～14.9%（平均孔隙度12.6%），油层渗透率2.4mD～52.6mD，总体上文昌组储层属于低孔、特低～低渗储集层，该油田为典型的特低渗油田。地层原油黏度：0.46～0.54mPa·s，原始溶解气

第一作者简介：王维锋，男，湖北潜江人，中海油深圳分公司采油工艺资深工程师，从事采油工艺和油田生产研究工作。

油比：76～85m^3/m^3，地层水密度为1.028～1.054t/m^3，总矿化度为39541～119287mg/L，pH值7.19～7.46，属$CaCl_2$水型。油田设计采油井三口，注水井三口。油井设计产能100～250m^3/d，注水井设计配注量100～200m^3/d。

1.2 注水工艺

为提高油田的产能和提高采收率，由于整体开发方案设计有注水井3口，为3口采油井补充能量。设施配有一套纳滤海水注水系统，见图1，纳米膜过滤技术(NF)是一种介于反渗透和超滤之间的新型膜分离技术，又称为“低压反渗透”或“疏松反渗透”。膜孔径约为1nm左右，具有选择性过滤的特点，纳滤膜能够截留分子量大于100的有机物、二价及多阶离子，但允许水和低价位、低半径的离子盐通过。该技术的特点主要截留二价以上离子，对SO_4^{2-}有较强的针对性，注入水经纳滤处理后硫酸根离子去除率超过99.9%，固相过滤精度0.001μm。

经过纳滤膜纯物理离子去除方法后，海水中有害的化学离子与处理前相比，大幅下降，参表2，尤其是SO_4^{2-}含量低于15mg/L、Ca^{2+}含量低于40mg/L、Mg^{2+}含量低于40mg/L，从而从根本上解决了注水水质与地层水不配伍的问题。

注水系统最大注入压力23MPa，最大注水量6960m^3/d，注水井单井配注量为100～300m^3/d。

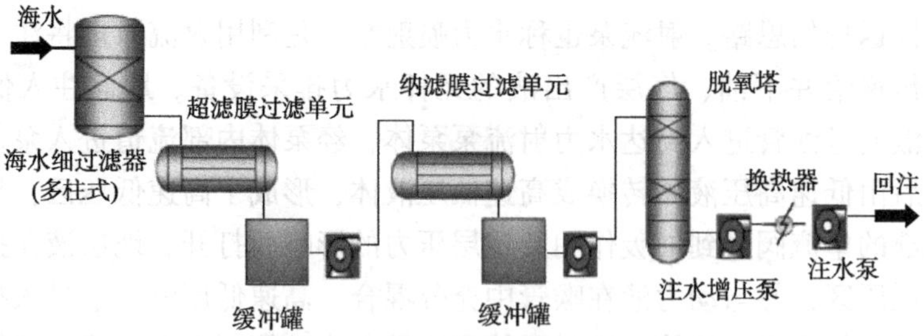

图1　纳滤海水水质预处理示意图

2 返排工艺

射流泵不动管柱返排技术是一种在注水井返排清井过程中，通过对射流泵选项，结合钢丝作业投捞方式，使射流泵能够在不动管柱的情况下实现有效的返排操作。其核心原理在于射流泵内部结构的改良，使其具备更强的自清洗能力和耐腐蚀性，从而能够适应不同工艺条件下的返排需求。在返排操作中，通过合理的水力设计，利用射流泵自身的动力，将井底的沉积物和杂质顺利排除，确保井底清洁，为后续注水操作创造良好条件。相较于传统的返排方式，射流泵不动管柱返排技术具有诸多优势。首先，由于无须将专用返排管柱下入井中，减少了管柱的起下作业，降低了人工操作的难度和风险。其次，采用钢丝作业投捞方式，实现射流泵的返排和不动管柱的转注，避免了传统方式中电潜泵长时间置于井下的情况，极大节约了成本。

2.1 设计原则

射流泵设计应满足以下要求：

(1)射流泵吸入压力高于流体饱和蒸气压时；

(2)泵挂深度应满足不同排液时期的需求；

(3)具有较高的泵效(尽量在28%以上)；

(4)下泵深度处井斜应小于60°以保证钢丝投捞射流泵成功率(图2)。

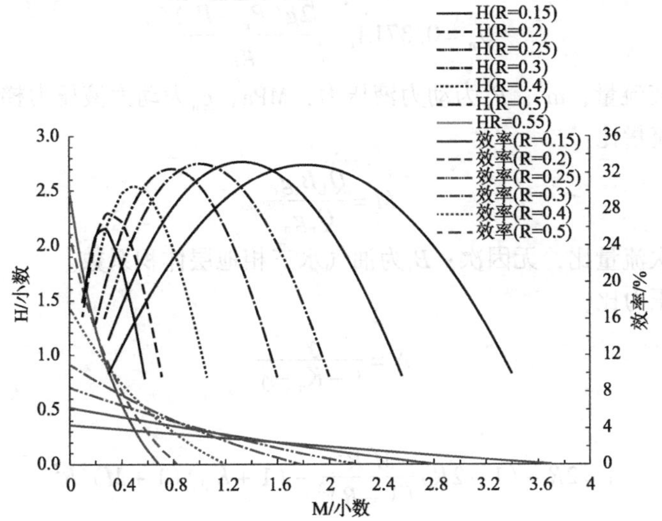

图2　射流泵泵效图版

2.2　泵效计算

为满足射流泵设计要求，需确定射流泵泵效，计算流程如图3所示。

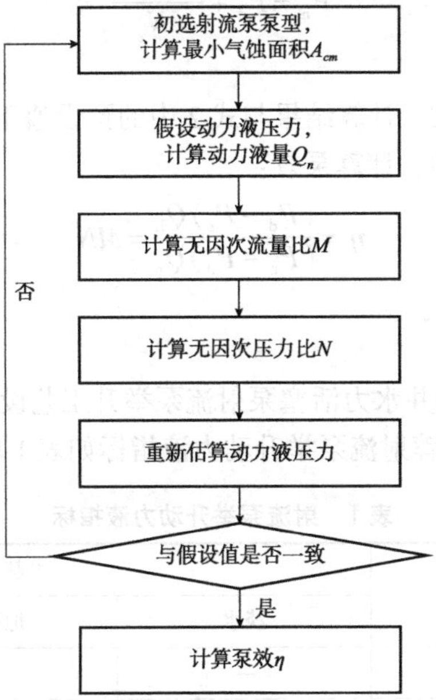

图3　泵效计算流程

初选射流泵泵型，计算最小气蚀面积：

$$A_{cm}=3.24Q_L\sqrt{\frac{g_s}{p_s}} \tag{1}$$

式中，A_{cm}为最小气蚀面积，m^3；Q_L为井液流量，m^3；g_s为吸入液压力梯度，MPa/m；p_s

为吸入压力，MPa。

假设动力液压力值，计算动力液量：

$$Q_{n} = 0.371 A_{n} \sqrt{\frac{2g(P_{n} - P_{s})}{g_{n}}} \tag{2}$$

式中，Q_n为动力液流量，m^3；P_n为动力液压力，MPa；g_n为动力液压力梯度，MPa/m。

计算无因次流量比：

$$M = \frac{Q_{L} B_{t} g_{s}}{Q_{n} g_{n}} \tag{3}$$

式中，M 为无因次流量比，无因次；B_t为油气水三相地层体积系数。

计算无因次压力比：

$$N = \frac{y}{1 + K_{n} - y} \tag{4}$$

其中：

$$y = 2R + (1 - 2R)\frac{M^{2} R^{2}}{(1 - R)^{2}} - (1 + K_{td})(1 + M)^{2} R^{2} \tag{5}$$

式中，N 为无因次压力比，无因次；R 为为喷嘴与喉管面积比；K_n为喷嘴损失系数，一般取值 0.03；K_{td}为喉管和扩散管综合损失系数，一般取值 0.2。

将无因次压力比代入，重新估算动力液压力：

$$P_{n} = P_{d} + \frac{P_{d} - P_{s}}{N} \tag{6}$$

式中，P_d为排出压力，MPa。

根据迭代优化原理，若式 6 计算结果与式 2 中的预设值不同，则更新预设值，并重新计算动力压力。直至二者相同，计算泵效：

$$\eta = \frac{(P_{d} - P_{s}) Q_{L}}{(P_{n} - P_{d}) Q_{n}} = MN \tag{7}$$

式中，η 为泵效。

2.3 动力液选择

根据 SYT 6694—2007《油井水力活塞泵射流泵举升工艺设计》和《海上采油工程手册 - 射流泵采油》动力液标准，推荐射流泵举升动力液指标如表 1 所示：

表 1 射流泵举升动力液指标

项目	水基动力液		
	淡水	地层水	海水
黏度/mPa · s	—	—	—
含水率/%	—	—	—
机械杂质含量/(mg/L)	<2	<2	<2
砂/%	—	—	—
含氧/(mg/L)	<1	<0.5	<0.5

续表

项目	水基动力液		
	淡水	地层水	海水
腐蚀速率/(mm/a)	<0.02	<0.05	<0.05
结垢速率/(mm/a)	<0.02	<0.02	<0.02

要求：机械杂质粒径小于喷嘴内径；平台的注水泵介质为纳滤海水，满足动力液的要求(图4)。

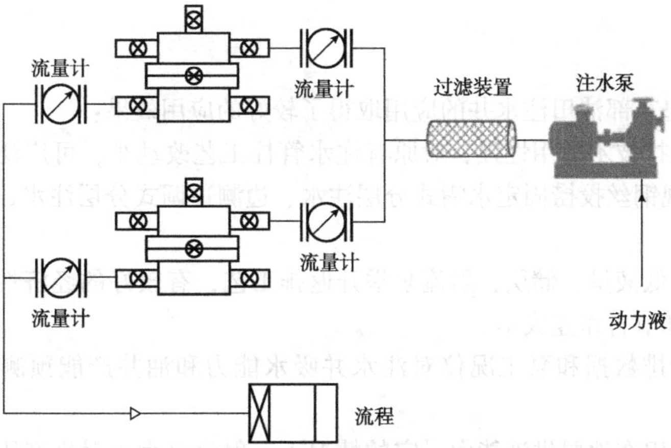

图4　射流泵返排流程

3　现场应用

3.1　返排设计

分别对L油田的3口注水井进行了射流泵返排，返排设计数据如表2～表4所示：

表2　注水井返排表

井号	生产压差/MPa	采液指数/(m^3/d/MPa)	推荐配产/(m^3/d)
L-A11	8～10	18.8～23.1	185
L-A14	8～10	14～17.5	140
L-A16	8～10	7.5～9.4	75

3.2　射流泵选型

表3　射流泵选项

井号	产液量/(m^3/d)	生产压差/MPa	喷嘴直径/mm	喉管直径/mm	动力液量/(m^3/d)	注入压力/MPa	效率/%
A11	185	10	6.09	8.89	550～570	16.5～17	28
A14	140	8～10	3.81	5.59	210～230	14.5～16	28
A16	64	8～10	4.45	6.09	275～280	12.5～14	26

3.3 注水井动态

表4 吸水指数

井号	注水压力/MPa	视吸水指数/(m^3/d/MPa)	注水量/(m^3/d)
L-A11	2	125	250
L-A14	14	10	140
L-A16	14	10.7	150

3口井返排时间为5~7d，注水井见油时间返排结束后试生产

4 结束语

射流泵在南海东部油田注水井的应用取得了较好的应用效果：

(1)射流泵返排技术适用性强，对原有注水管柱工艺改动小，可广泛适用于油田常用的笼统注水、常规钢丝投捞固定水嘴式分层注水、边测边调式分层注水、智能测调式分层注水等注水工艺。

(2)对低渗、低液量、储层，射流泵举升返排工艺，有较好的经济性、操作性，可大幅降低作业时间和节省作业成本。

(3)射流泵返排数据和泵工况仪对注水井吸水能力和油井产能预测具有一定的参考意义。

(4)对注水油田在地层供液能力一定的情况下，射流泵大小对生产压差及产液指数预测没有太大的影响，均有参考意义。

参考文献

[1]李军．负压射流返排技术在注水井中的应用研究[J]．石化技术，2023，30(04)：119-121.
[2]赵扬，席莹本，许莉．纳米过滤技术及其在我国的发展与展望[J]．流体机械，2003，(05)：25-28+46.
[3]王平双，郭士生，范白涛，等．海洋完井手册[M]．北京：石油工业出版社，2019.

低渗油藏岩石扩容酸化和增产技术挖潜技术

王维锋　杨勇　谢雄　陈维华　冯缙

[中海石油(中国)有限公司深圳分公司陆丰油田作业区]

摘　要：LD－5 井所在低渗油田已进入双特高开发后期，亟须低成本储层改造措施释放低渗油藏产量，但是水力压裂等大规模储层改造措施投资高，无经济性。为提高低渗油藏采收率，深入分析低渗油藏动态和水驱特征以及储层岩石力学条件，优选适合层位，利用土力学中岩石在应力偏量作用下由于内部产生微裂隙而出现的非弹性体积应变这一现象实现岩石扩容，并辅以低渗储层的强溶蚀耐高温酸液体系，其中酸液溶蚀率可达 25%～38%，实现有效溶蚀扩缝。该技术通过在 LD－5 井现场应用，设计扩容半径为 10～12m，地层孔隙度增加约 1.6%～2%，日产液量由 213.7m^3 增加至 405.2m^3，其增产效果显著。结果证明，水力扩容酸化技术具有良好的联合增益效果，为低渗油藏储层改造技术提供了新思路。

关键词：低渗油藏；岩石扩容；酸化；低成本储层改造

鉴于海上平台受限于有限的作业空间、高昂的操作成本以及水源供应等条件，当前广泛应用的酸化技术作为一种小型化且高效的增产手段，在中国海上油田中占据了主导地位，其年度作业量高达约 600 井次，显著促进了油田产量的提升。然而，随着海上油田勘探与开发活动的持续深化，一系列特低渗(5～10mD)至低渗(10～50mD)级别的砂岩储层相继被发现，如南海东部油田的古近系储层，其探明储量已突破 $5\times10^7m^3$，其中特低渗至低渗砂岩储层的储量占比高达三分之一。

针对这些储层实施酸化作业时，普遍面临着泵注压力急剧上升、排量受限、施工压力传递缓慢等挑战，这直接导致了增产效果的不尽如人意，特别是在特低渗砂岩储层中，这些问题尤为突出，传统酸化技术遭遇了显著的技术障碍和瓶颈。因此，探索更加适应低渗、特低渗砂岩储层特性的新型增产技术，已成为当前海上油田增产增效的重要研究方向。

岩石扩容技术是一种利用岩石在特定应力偏量作用下的非弹性体积应变特性，即岩石内部因应力作用而产生的微裂隙扩展现象的储层改造措施。这一过程促使地层岩石形成具有高垂向渗透率和孔隙度的扩容带，从而实现增产增注的效果。

水力扩容实验最早由 Wong 等学者在加拿大阿尔伯塔地区完成，验证了岩石扩容技术的可行性。YUAN、XU 等研究者通过进一步研究，并结合数值模拟方法，阐明了水力扩容技术的机理并将其应用于油砂储层的开发当中，拓宽了油砂蒸汽注入的作用范围。

鉴于该技术在稠油油藏良好的增产增注效果，国内在 2012 年开始在新疆风城油田进行应用，目的为提升井间连通性，提升蒸汽注入能力和注入效果。同时林伯韬等团队自

第一作者简介：王维锋，男，湖北潜江人，中海油深圳分公司采油工艺资深工程师，从事采油工艺研究和油田生产管理工作。

2016 年起不断优化和完善该技术体系，从数值模拟、现场工艺流程等方面进行了针对性研究。至今该技术已累计应用超 120 井次，体现了该技术是一项低成本的储层改造技术。

前期水力扩容技术局限于注蒸汽稠油井的开发，也取得了良好的应用效果，但是该过程中采用热水(一般为 60 ~ 80℃左右的热水)在注入井中实施，但在生产井，特别是海上油田采用电泵管柱的油井中的应用尚属新领域。孙林等通过对海上油田的油藏地质条件进行综合分析，对水力扩容在常规砂岩储层的应用开展了进一步研究，并于 2020 年成功将水力扩容技术应用至常规砂岩储层油井当中，取得了显著的应用成果，拓宽了岩石扩容技术的应用边界(图 1)。

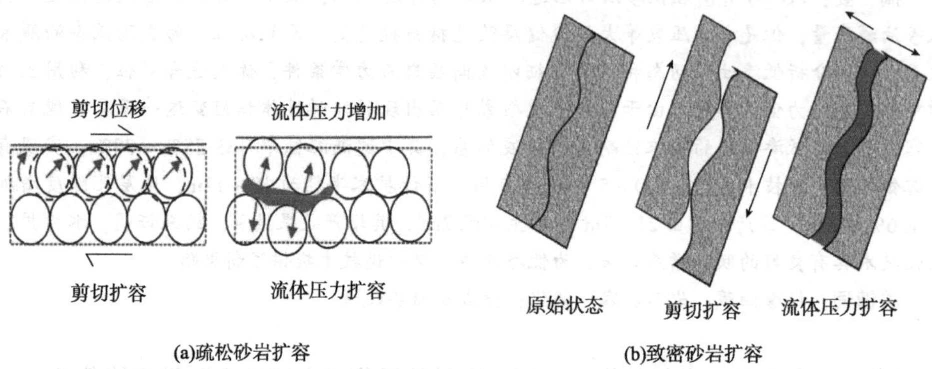

图 1　岩石水力扩容示意图

通过结合水力扩容和酸化解堵技术，创新性地实现了低渗储层的近井地带解堵及储层改造的效果，通过扩容改善近井地带储层物性，提升扩容区域内的有效孔隙度及渗透率，再利用酸化解除近井地带堵塞，消除表皮影响，实现了联合增益的效果。但是扩容过程中通过现场实时反演实现扩容半径为 10 ~ 12m，地层孔隙度增加约 1.6% ~2%，但注入压力过高和排量偏低的问题也暴露了剪胀扩容在低渗储层应用的局限性，为技术改进提供了新思路。

1　单井存在问题

1.1　单井情况

该井储层油层埋深 -2358 ~ -3032m(表 1)。

表 1　储层物性参数表

类别	埋深/m	油藏类型	储层特征
浅层	-2358.3 ~ -2505.1	底水	中 - 高孔(19.4% ~22.2%)、 中 - 特高渗(1616.9 ~2100md)储层
深层	-2532.3 ~ -3032.7	边水、底水、岩性	低 - 中孔(11% ~ -17%)、 低 - 中渗(2.8 ~164.8md)储层

LD -5 井 2015 年 2 月投产，初期正常产量 400 ~500stb 左右，不含水。随后打开上部滑套，全井合采，产量上升为 1060 ~1670stb 左右，不含水。见水后，含水快速上升，产液量提升至 2700stb 左右。2021 年 3 月 28 日，该井相间不平衡关停，关停前，日产液

2953stb，日产油61stb，含水率97.92%。累计产油57.7223×10^4stb(图2)。

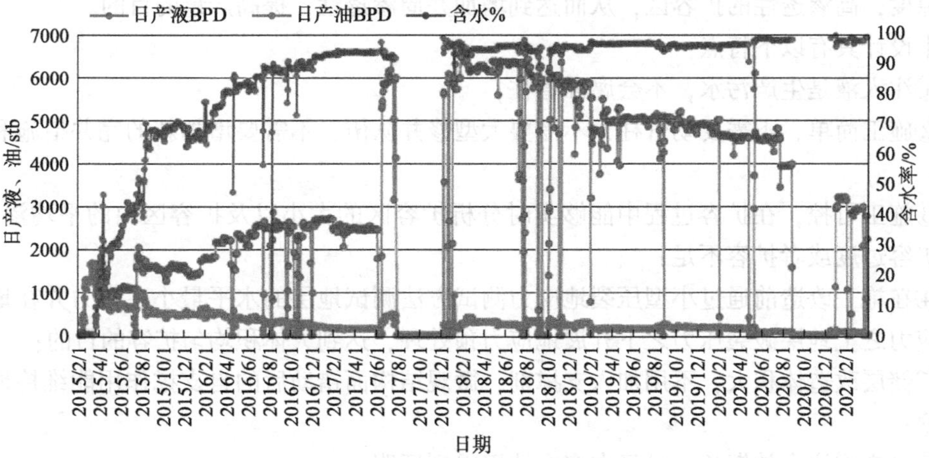

图2　LD-5井生产曲线

1.2　存在问题分析

目前储层已超强水淹，生产含水率为97.92%，生产含水率过高。

(1)储层除部分小层可再补孔动用外，增产改造措施的潜力较小。

储层主要为底水油藏，长期大排量生产，井区底水上锥，增产措施潜力较小。上、下两段(3000~3200m、3250~3450m)储层物性、含油特征都存在差异。上部储层物性好，层厚，底水特征明显，供液能力强，但油柱较小10m左右，容易油水界面上升，水进被淹；下部储层物性略差，层相对薄一些，钻井井段没有见到明显水层，推测远处带有边水，供液能力差，常规射孔采出程度低。

(2)储层物性较差，合采层间干扰，动用较差。

该井2015年2月投产，初期关闭上部第一个滑套，打开下部3个滑套生产正常产量400~500stb左右，不含水。

(3)储层单层含油面积小，地质储量较小，但目标储层仍具有增产潜力。

2　措施思路及工艺设计

2.1　措施思路

(1)解堵体系选择

选用能缓速酸体系，扩大渗流通道；解除泥质/固相堵塞；保护骨架；储层保护的“缓速强溶酸”体系，释放井段潜能。

(2)解堵工艺选择

选用岩石力学扩容技术与复合解堵技术联作，增强对地层的改造力度。

LD-5井具有生产潜力，但由于储层在近井地带污染导致该井产量偏低，同时历史数据表明该井生产的含水量较高。为此，通过岩石力学扩容技术来改善近井地带砂岩的孔隙特征，增加有效孔隙度，提高储层到井筒的导流能力，能有效解决该井的井周污染问题，同时避免扩容过程中联通底水层。

该井属于较疏松砂岩岩石力学扩容改造，为此提出采用地应力测试+地应力预处理+

水力扩容改造的思路。该技术可以沿着水平段均匀扩容，并且在井周产生大体积，均匀，高孔隙度，高渗透性的扩容区，从而达到增加井周渗透性，提高产量的目的。

本设计具有以下特点：

①注入液是生产污水，不会腐蚀管柱；

②施工简单，不需要动管柱，不需要大型修井队伍，不需要增加新的完井措施和地面措施；

③施工可控，在扩容过程中能够实时分析扩容区的大小以及扩容区内的平均渗透率，防止扩容过度或者扩容不足；

④在施工改造前通过小型压裂地应力测试方法测试地层的水平最小主应力并在地层最小主应力之上地层破裂压力之下开展地应力预处理，达到大体积均匀扩容的目的；

⑤储层改造体积大，不用加入支撑剂，微观结构面错动后的自支撑作用能维持地层的渗透率；

⑥增产增注有效期长，已经在多个油田得到证明。

此外复合解堵技术采用投球滑套分层工艺。

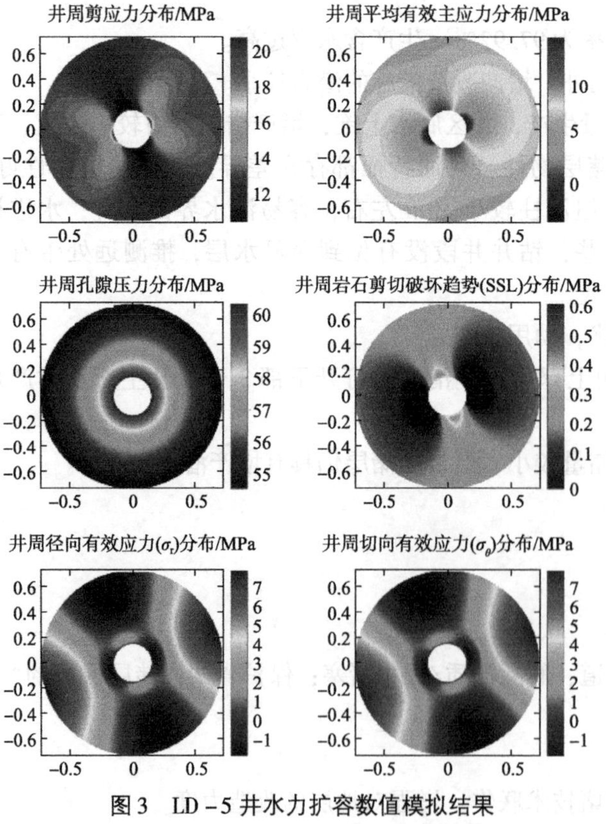

图3 LD－5井水力扩容数值模拟结果

2.2 工艺措施设计

(1)水力扩容工艺设计

注水扩容的改造压力采用阶梯压力的方式施工，施工压力控制在地层破裂压力之下。其目的是在砂岩中制造剪切扩容区的发展。本设计提出地应力测试＋地应力预处理＋水力扩容改造的岩石力学扩容改造方式。施工过程中采用扩容实时分析软件，实时分析扩容区的半径和平均渗透率。本施工采用从下至上的改造方式，采用分段投球封隔器封隔改造层位(图3)。

对于电泵生产井来说，扩容工艺中主要的扩容施工参数为选择合适的注入压力，即扩容压力。首先该压力应选定一个合适区间范围，按照常规增产措施计算方法，根据储层地应力、破裂压力梯度值，以及不同排量下电泵生产井的管柱摩阻，计算一个注入压力，该压力满足于在井下介于储层最小主应力和地层破裂压力之间，地层破裂压力下的注入压力为最大扩容压力(表2)。

表2 岩石扩容泵注设计及施工参数

施工步骤	施工步骤、液量和时间	成功标志
地面管线试压	关闭井口，地面管线试压到40MPa	在10分钟内，压力下降小于5%
改造扩容段1	地应力测试+地应力预处理+水力扩容改造的岩石力学扩容改造方式，液量：568m³；设计时间：22.5h，限压25MPa	扩容区半径大于12m
改造扩容段2	地应力测试+地应力预处理+水力扩容改造的岩石力学扩容改造方式，液量：748m³；设计时间：24.0h，限压25.5MPa	扩容区半径大于12m
改造扩容段3	地应力测试+地应力预处理+水力扩容改造的岩石力学扩容改造方式，液量：663m³；设计时间：23.4h，限压26.5MPa	扩容区半径大于12m
结束施工	关闭井口，总液量：1979m³；总施工时间：70h	扩容区扩展和压力消散

(2)酸化工艺设计

对储层的三个层段进行酸化，本次酸化以溶蚀泥质、长石以及钻完修过程中可能侵入地层的固相颗粒等，实现清洗岩石扩容裂缝、沟通渗流通道、增强物理效果的目的(表3)。

表3 酸化工艺施工参数表

步骤	工作内容	压力/Psi	排量/(bbl/min)	注入量		累计注入量	
				/m³	/bbl	/m³	/bbl
1	正挤前置液	≤3915	1.2~6.3	10	62.9	3	62.9
2	正挤主体酸		1.2~9.4	15	94.35	13	157.25
3	正挤后置液		1.2~6.3	5	31.45	15	188.7
4	正挤顶替液		1.2~9.4	60	377.34	28	566.04

3 现场情况分析

在扩容作业过程中(图4)，首先，以特定的作业流程向储层内高压注入140m³的生产水，随后，紧接着注入58m³的酸液，用以进一步作用于岩层并可能提升渗透性。最终，通过注入54m³的顶替液及额外的扩容生产水，完成整个扩容准备阶段。

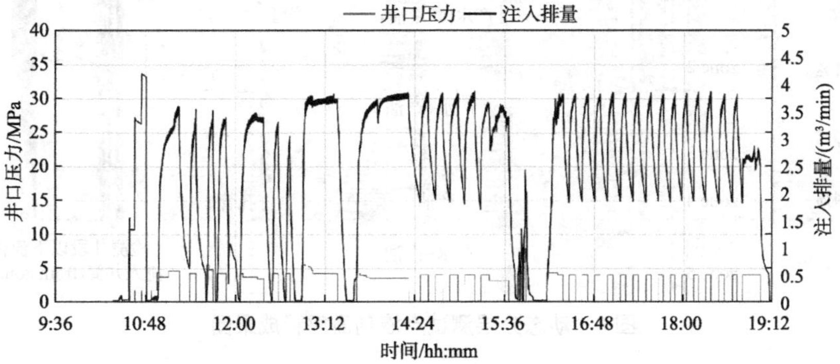

图4 LD-5井扩容阶段施工曲线

此扩容处理以最高压力达31MPa，流量速率控制在每分钟0.5m^3的速度，对储层实施多次(超过20个周期)的反复高压冲击。这一系列操作后，共计注入了140m^3的生产水。利用扩容模拟软件的精确分析，结果显示该储层的孔隙度显著增加了0.8%，而对应的扩容影响半径扩展至11.5m，有效地扩大了储层的储存和流通能力(图5)。

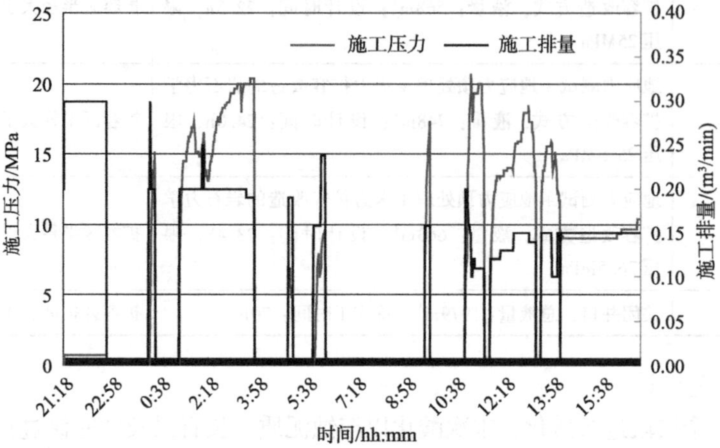

图5　LD－5井酸化阶段施工曲线

在酸化扩容阶段(图6)，操作过程保持排量在0.15～0.20m^3/min的稳定范围内，同时泵注压力经历了一个显著的下降过程，从初始的20.69MPa逐渐降低至8.97MPa并维持稳定，这一变化清晰地体现了降压处理的有效性。与先前的试挤注测试数据相对比，固井泵在19.31MPa下以0.159m^3/min的排量进行试挤注，而到了最终阶段，泥浆泵则在8.97MPa下以0.15m^3/min的排量进行挤注，这一对比凸显了地层对液体的吸收能力得到了显著提升。

2021年7月29日，扩容酸化作业结束后，该井含水从93%降至45%，目前稳定在69%。该井所有动用层位合采，措施后动态测试(SNL)结果如图6所示。

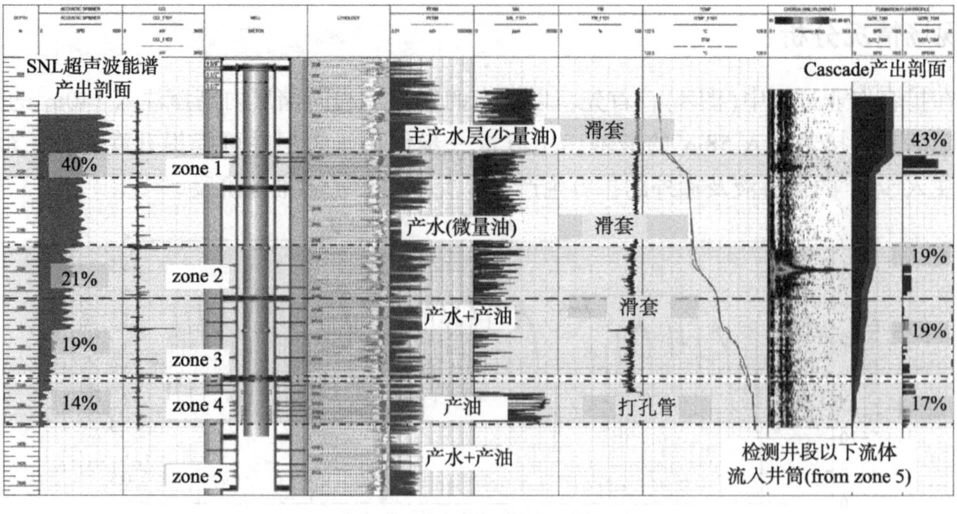

图6　动态分层测试产液剖面解释成果图

如图6所示，从测试结果中可以看出，扩容酸化措施之后目的储层的zone1至zone4均有产能贡献，产能贡献也更为均匀，产液量也得以提升。

特别地，该井措施后增产倍比达到了2.03，意味着产能得到了大幅提升。同时，地层平均渗透率也相应提升至原储层渗透率的约2.03倍，进一步证明了酸化扩容措施的有效性。与常规的笼统酸化方法相比，本次措施所展现的效果更为突出。

施工完成后，该井的产液量稳定维持在每日125m³的高水平，这一实际增产结果与先前的模拟预测结果高度吻合，充分验证了施工方案的准确性和有效性。

4 结论及认识

(1)海上平台由于平台空间受限导致措施工艺受限的问题，创新性地引入了海上电泵生产井的岩石扩容技术，该技术显著特点在于无须移动井内管柱，从而大幅简化了作业流程，降低了操作成本。同时，该技术能够实现大规模的改造效果，工艺设计既简便又高效，为海上油田的开采效率与经济效益提升提供了有力支持。

(2)该井目标储层为低－中孔、低－中渗储层，采用常规扩容过程中易出现扩容压力高、稳压难、注入排量低等问题，需要采用提压碎胀扩容或者结合小型压裂的方式进行，能够取得更好的扩容效果。但是高压作业对井下管柱及工具的安全性要求较高，最好能够配合动管柱作业进行。

(3)水力扩容结合酸化进行，能够实现增益的效果，增加单项措施的效果。运用创新的岩石扩容技术，我们能够实现对地层进行深度改造，影响范围横跨十几米至数百米之广。随后，通过注入酸液实施溶蚀作用，进一步扩大岩石缝隙，此举显著增强了低渗透性砂岩储层的酸化效果，促进了流体流通与油气采收率的提升。

(4)本井为海上油田第一口低渗储层的水力扩容井，通过水力扩容酸化联作技术，解决了常规酸化压力过高等问题，在实施过程中，成功地将施工扩容半径扩展至10～12m，这一操作直接导致地层孔隙度显著提升了1.6%～2%。随之而来的是，日产液量实现了大幅提升，从原先的213.7m³增加至405.2m³，改造效果极为显著。

参考文献

[1]孙林，徐斌，邹信波，等．海上油田电泵生产井储层岩石扩容增产实践[J]．大庆石油地质与开发，2022，41(01)：77－83.

[2]张金庆，杨凯雷，梁斌．我国海上低渗油田分类标准研究[J]．中国海上油气，2012，24(6)：25－27.

[3]孙林，宋爱莉，易飞，等．爆压酸化技术在中国海上低渗油田适应性分析[J]．钻采工艺，2016，39(1)：60－62.

[4]WONG R C K，BARR W E，KRY P R. Stress－strain response of cold lake oil sands[J]．Canadian Geotechnical Journal，1993，30(2)：220－235.

[5]WONG R C K. Mobilized strength components of Athabasca oil sand in triaxial compression [J]．Canadian Geotechnical Journal，1999，36(4)：718－735.

[6]YUAN Y，YANG B，XU B，et al. Fracturing in the oil sand reservoirs[R]．SPE 149308，2011.

[7]YUAN Y，XU B，YANG B. Geomechanics for the thermal stimulation of heavy oil reservoirs－canadian experience[R]．SPE 150293，2011.

[8]邓志颖，张随望，宋昭杰，等．超低渗油藏在线分流酸化增注技术研究与应用[J]．石油与天然气地

质, 2019, 40(2): 430 - 435.
[9]侯海峰, 毛志高, 崔建军, 等. 酸化解堵技术在特低渗透油藏的应用[J]. 石油化工应用, 2010, 29(1): 47 - 48 + 53.
[10]周俊杰. 延长油田坪北区长8储层孔隙结构特征及其对水驱油微观特征的影响[J]. 大庆石油地质与开发, 2017, 36(5): 68 - 75.
[11]林伯韬, 金衍. 新疆风城油田SAGD井挤液扩容效果影响因素评价[J]. 石油钻探技术, 2018, 46(6): 71 - 76.
[12]林伯韬, 陈森, 潘竟军, 等. 风城陆相超稠油油砂微压裂扩容机理实验研究[J]. 石油钻采工艺, 2016, 38(3): 359 - 364.
[13]LIN B, CHEN S L, JIN Y. Evaluation of reservoir deformation induced by water injection in SAGD wells considering formation anisotropy, heterogeneity and thermal effect[J]. Journal of Petroleum Science and Engineering, 2017, 157: 767 - 779.
[14]孙林, 熊培祺, 朱海涛, 等. 海上油田低渗储层岩石扩容低效原因及储层改造工艺[J]. 中国海上油气, 2024, 36(03): 151 - 158.
[15]XU B. Consideration of geomechanics for in - situ bitumen recovery in Xinjiang, China[R]. SPE 165414, 2013.
[16]杨洪, 陈森, 张玉凤, 等. 风城SAGD微压裂扩容启动数值模拟及应用[J]. 新疆石油天然气, 2017, 13(2): 38 - 42.
[17]闫永萍, 马兵, 杨晓刚, 等. 姬塬长8油藏泡沫酸酸化技术研究及应用[J]. 科学技术与工程, 2014, 14(9): 175 - 179.
[18]刘晶. 文东油田特低渗储层酸化增注体系的研究与应用[J]. 精细石油化工进展, 2016, 17(2): 6 - 11.
[19]王国壮, 梁承春, 孙招锋, 等. 红河油田长6特低渗油藏多元复合酸降压增注技术[J]. 石油钻探技术, 2016, 44(4): 96 - 101.
[20]顾燕凌, 陆红军, 李建山, 等. 超低渗透油藏活性酸酸化增注技术研究[J]. 西安石油大学学报(自然科学版), 2012, 27(4): 50 - 53 + 116.
[21]高彦芳, 陈勉, 林伯韬, 等. 稠油油藏SAGD微压裂阶段储层压缩系数研究: 以新疆风城陆相储层重1区齐古组为例[J]. 石油科学通报, 2017, 2(2): 240 - 250.

海上老油田油井出砂问题的综合防治策略

高翔　马永凯　熊相军

[中海石油(中国)有限公司湛江分公司]

摘　要：海上油井出砂问题对石油开采的稳定性和安全性构成了重大威胁。它不仅对井下和地面设备造成严重磨损，降低生产水处理效率，还可能引起产量减少甚至油井停产。特别是在涠洲海域的部分油田，随着开发进入后期高含水阶段，地质疏松的生产层使得出砂问题变得更加频繁和难以应对。为了有效应对这一挑战，海上老油田采取了一系列综合防治措施，包括井下防砂工艺、智能出砂监控、地面除砂技术以及精细化管理策略，构建了一个全面的防治体系。这些措施的实施不仅有效遏制了油井出砂现象，还显著提升了油田的生产效率，为油井的长期稳定运行提供了坚实的保障。

关键词：油井出砂；井下防砂；出砂监测；地面除砂；精细管理

海上油井出砂问题是石油开采过程中常见且极具挑战性的问题。油井出砂不仅影响油井的正常生产，还可能对油井设备和海洋环境造成损害。因此，分析海上油井出砂的影响因素，探讨有效的防砂方法，对于保障海上油井的安全生产具有重要意义。

1　海上油井出砂影响因素分析

1.1　地质因素分析

地质条件是海上油井出砂的关键影响因素。油藏的地质特性，如储层的岩性、渗透率、孔隙度等，都会对油井出砂产生影响。此外，油藏的地质构造和应力分布也会对油井的稳定性产生影响，进而可能导致出砂现象的发生。例如，在涠洲地区的一些老油田，由于构造埋藏较浅，加之砂岩含油层胶结物含量低，随着资源的持续开采，地层应力可能超过其强度，导致出砂现象。

1.2　工程因素分析

工程操作对海上油井出砂同样具有显著影响。钻井过程中的技术选择，如钻头类型、钻进速度和泥浆性能，均会影响井壁的稳定性；不恰当的酸化处理可能破坏岩石胶结，进而诱发出砂。此外，油井开采策略中的生产速率、注水压力等参数，也会对出砂情况产生直接影响。在涠洲海上油田的后期高含水阶段，采取以水换油的策略，多次提液增加流体流速和生产压差，这可能导致岩石承受的应力超过其承受极限，使得骨架砂转变为松散砂，并随流体流失，引发大量出砂。

2　海上油井出砂的危害分析

海上油井出砂对油田开发和运营构成了重大挑战，其负面影响主要表现在以下几个关

第一作者简介：高翔(1991—)，男，中海石油(中国)有限公司湛江分公司，职称：采油中级工程师，主要研究方向：油气处理地面工艺。E-mail：gaoxiang13@cnooc.com.cn。

键领域：

（1）降低油田采收率：若在油田开发初期未能实施有效的防砂措施，出砂问题将逐渐加剧，严重威胁油田的持续稳定生产和高产能力；

（2）增加维护工作：油井一旦发生出砂，将导致部分油井停工，这不仅增加了油井的维护工作量，也提升了维护工作的复杂性和难度；

（3）设备磨蚀与安全隐患：出砂对井下和地面设备造成的磨蚀会降低设备运行效率，同时增加设备故障的风险，从而带来安全隐患；

（4）增加环保风险：油井出砂物质进入生产系统，不仅影响生产水的处理效果，还可能增加环境污染的风险，对环境保护构成挑战。

3 海上油井出砂综合防治

3.1 井下防砂工艺

3.1.1 机械防砂

机械防砂技术是一种在油田开发过程中，用于防止地层砂粒随流体进入井筒并堵塞井筒的技术。主要分为两大类：

(1)下入机械管柱的防砂方法：包括绕丝筛管、割缝衬管、各种滤砂管等。这种方法施工简单，成本较低，但容易被地层砂堵塞，有效期短，适用于中、粗砂岩地层，油砂中值大于0.1mm的情况；

(2)管柱砾石充填防砂方法：在机械管柱与套管的环形空间内充填砾石或其他材料，并挤入井筒周围地层，形成多级滤砂屏障。这种方法设计和施工较为复杂，成本较高，但挡砂效果好，有效期长，成功率高，适用性广，可用于细、中、粗砂岩地层以及垂直井、定向井、热采井等复杂条件。

同时选择防砂策略时，需综合考虑地层的泥质含量和不均匀系数(d_{40}/d_{90})。泥质含量是设计防砂方案的关键因素，直接影响产能。经验表明，泥质含量低于5%时，筛管不易堵塞；而高于10%时，不宜采用致密筛网结构。以涠洲某油田A5井为例，测得泥质含量为12.9%至33.3%，不均匀系数为3，且泥质具有强吸水膨胀性。根据防砂图版，推荐采用砾石充填防砂。考虑到控水需求，进一步推荐使用轻质颗粒充填防砂。

地层油井防砂区域不均匀系数计算公式：

$$C_U = d_{40}/d_{90} \tag{1}$$

式中，C_U为地层油井防砂区域不均匀系数；d_{40}为地层油井防砂区域累计百分含量为40%的粒径，mm；d_{90}为地层油井防砂区域累计百分含量为90%的粒径，mm。

3.1.2 化学防砂

油井化学防砂是一种通过使用化学方法来防止油井出砂的技术。这种技术的目的是通过化学手段增强地层的稳定性，减少或避免在油气开采过程中地层砂粒的流动和携带。以下是一些化学防砂的常见方法和原理(图1)：

（1）化学固结：使用化学剂(如树脂、凝胶、交联聚合物等)来固结地层中的松散颗粒，形成一种坚固的地层结构，从而防止出砂；

（2）颗粒悬浮剂：通过化学剂使地层中的细颗粒悬浮，防止其在流体流速作用下进入井筒；

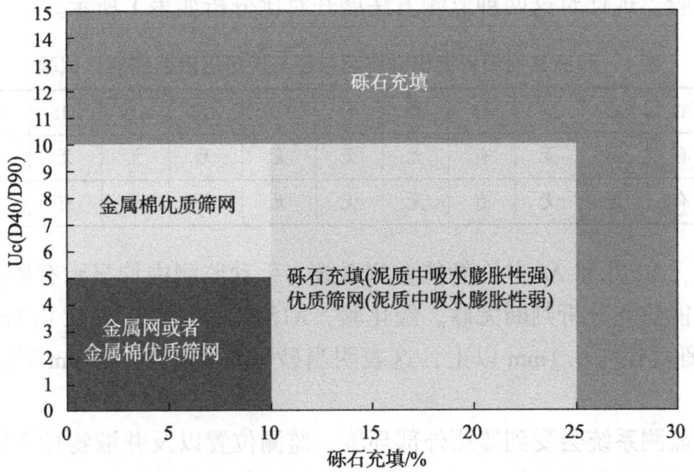

图1　防砂方式选择图版

(3) 泡沫防砂：利用化学剂生成泡沫，泡沫在井筒中形成屏障，减少流体携带地层颗粒的能力；

化学剂的选择：根据地层的具体条件(如温度、压力、化学性质等)选择合适的化学剂，以确保化学防砂的效果。

3.2　油井智能出砂监控

油井出砂智能监控系统是一种关键技术设备，旨在实时监测油气井的出砂状况。该系统对于优化疏松砂岩油藏的防砂策略和提升油井生产管理效率至关重要。智能出砂监控系统采用非侵入式加速度传感器捕捉砂粒与管道碰撞产生的振动信号。通过先进的信号处理技术，包括滤波、时域分析、频谱分析和功率分析，系统能够精确识别出砂情况(图2)。

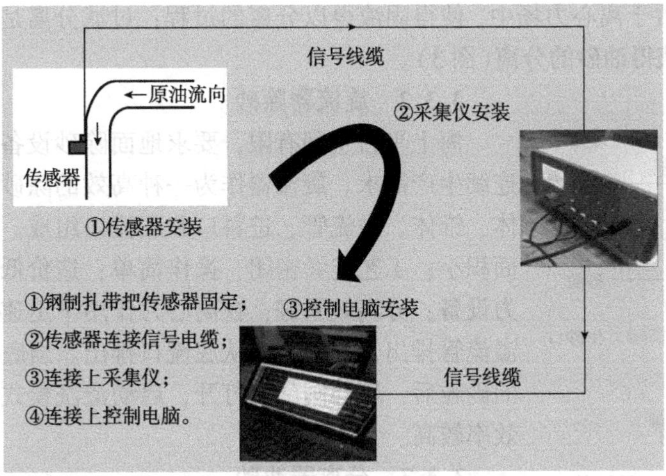

图2　智能出砂监控系统组成

智能监控系统于油气井生产中起着至关重要的作用。为了验证其准确性，在涠洲某油田的A平台展开试验，对13口油井分别采用智能监测与现场监测的方式进行对比。现场监测的具体操作是：使用取样桶提取15L生产井液，静置1h后，排去上方液体，将底部样品留存进行化验。现针对这两种监测方法展开对比分析如表1所示。

表1 涠洲某油田智能出砂监测系统与现场出砂监测对比试验

井号	A2	A3	A4	A5	A8	A9	A10	A13	A14	A15	A16	A17	A21
智能监测	有	无	无	有	无	无	无	无	无	无	无	无	无
手动监测	有	无	无	有	无	无	无	无	无	有	无	无	无

由上表可得，A2井和A8井在智能监测系统与手动监测中均显示有砂。A15井手动检验出砂，然而智能监测分析判断无砂。经化验，A15井的砂砾直径在0.1mm以下，而A2井和A8井的砂砾直径在0.1mm以上，这表明当砂砾直径小于0.1mm时，智能监测的效果欠佳。

其次，智能监测系统会受到监测外部环境、监测位置以及井液物性等因素的影响。在此次试验中，由于油田井液物性良好，对智能监测设备未产生影响，且外部环境和检测位置均处于可控状态，所以此次试验并没有考虑以上因素。由于直径在0.1mm以下的细微颗粒对油田生产处理的影响较小，总体而言，智能监测设备能够满足日常出砂监测的需求。但是，为了增强智能监测设备的稳定性和准确性，可以采取以下措施对油井智能检监测系统进行优化：采用抗干扰能力强、精度高的传感器，以提高监测精度；优化数据处理算法，排除环境干扰；加强系统的日常维护保养等。

3.3 地面除砂工艺

3.3.1 除砂原理

地面除砂实质是固液分离，把砂从产液中分离出来。目前国内外除砂工艺主要有自然重力除砂、水洗－沉降除砂、化学－水洗－沉降除砂、射流除砂、旋流除砂等，都是基于以下三类原理：重力沉降是利用固液两相的密度差在重力场中进行固液分离的过程；离心分离是把悬浮液置于离心力场中，使得固液得以分离的过程；过滤分离是使原油通过能截留砂粒的介质，获得油砂的分离(图3)。

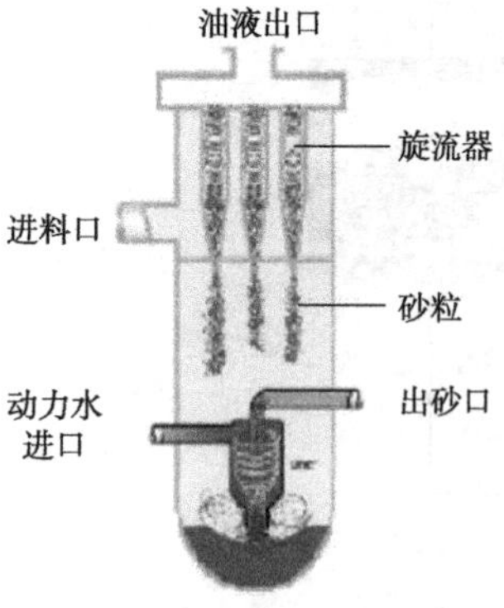

图3 旋流器除砂器结构

3.3.2 旋流器除砂

海上平台空间有限，要求地面除砂设备结构紧凑，适应连续生产需求。旋流器作为一种高效的除砂设备，主要由柱体、锥体、溢流管、进料口和底流口组成。结构紧凑、占地面积小；工艺连续密闭、操作简单；造价低廉、无须外加动力设备；分离效果好，在离心力作用下迅速分离，油液通过溢流管排出，而砂粒则从底流口排出。当底流口积聚一定量的砂粒后，底部阀门将打开，启动清洗模式，对细砂的分离效率较高。

3.3.3 分离器冲砂

海上油井出砂主要堆积于分离器罐体底部。为降低积砂对分离器的不良影响，在罐体底部设置冲砂管与排砂管。冲砂管采用射流除砂方法，由一条主管线及多个扁平水力喷嘴组成，状如蜈蚣腿。水力喷嘴与罐体底部流体方向所成角度大于油田分离器积砂静止角。冲砂时，借助外部高速水流从冲砂管喷出，对沉降在分离器底部的油砂予以扰动，并携带其流出罐外，随后通过分离器底部的多个排砂口进行排砂及回收处理工作，从而实现在线冲砂的目的。

涠洲某油田通过对现场冲砂工艺参数进行反复优化，成功摸索出了最佳的冲砂水流压力与时间。在确保生产系统稳定的前提下，实现了冲砂量的最大化。每次冲砂后，分离器水出口含油量显著下降，同时也减少因积砂而导致生产系统停车清罐次数，这一成果有利于分离器的长期稳定运行，为油田的高效生产提供了有力保障(图4)。

图4　海上分离器冲砂管线结构

3.4　出砂井精细化管理策略

为了应对涠洲海上老油田的油井出砂问题，油田现场依托深厚的油井管理经验，精心提炼出一套名为“TASK”的油水井质量管理策略。该策略旨在实现油井问题的早期发现、早期干预和早期处理，以提高油井运行的稳定性，延长检泵周期，减少油井故障，确保油田的高效生产。

3.4.1　油井故障处理与分析(Trouble Shooting & Analyse)

油井故障处理与分析方面，制定针对油田现场问题的快速处理办法，确保问题及时发现和响应。建立包含压力、温度、产液量、含水率等参数的油井出砂问题模型；采取油井取样、出砂排查、油井测试、动态分析、历史故障处理等手段，提高故障分析和处理的效率。

同时，采用四步分析法，结合数据、工具、应用和总结形成系统流程。创建油井画像，利用智能数据库实现自动数据管理和对比以确保数据完整性；运用思维导图、鱼骨图等分析工具进行故障分析；定期召开生产分析会实现跨部门联动确保分析结果的实时性和应用性；建立总结平台记录故障井资料和处理措施以便于经验传承和问题检索。

3.4.2　人员技能与作业关键点管理(Skill & Keypoint)

技能提升通过自主学习、专题培训、技能大赛等形式提升油井管理和故障处理技能；建立故障处理、总结、分享和复盘循环学习模式即“三有”模式，沉淀经验提升技能。

在作业关键点管理方面，对修井作业过程的关键点进行跟踪确保作业质量和效率；遵循“四在场”原则，在重大风险把控、材料工具验收、资源协调、油井交接等关键环节确保人员到位；指派专人跟踪作业全流程，制定检查表格，协调资源确保修井工作高效完成。

4　结束语

针对油井出砂现象，海上老油田采取了一系列综合防治措施，通过井下防砂工艺、智能出砂监控、地面除砂技术以及精细化管理策略，构建了一个全面的防治体系。这些措施的实施不仅有效遏制了油井出砂现象，还显著提升了油田的生产效率，为油井的长期稳定运行提供了坚实的保障。这不仅对涠洲海域的油田具有重要意义，也为其他面临类似挑战的油田提供了宝贵的经验和参考。

参考文献

[1]王德新，侯明勋．油层出砂预测模型研究[J]．石油大学学报(自然科学版)，2000，24(5)：17－19.

[2]朱彩虹．胜利油田永八块地层出砂机理及预测[J]．石油钻探技术，2002，30(2)：66.
[3]何生厚，张琪．油气井防砂理论及其应用[M]．北京：中国石化出版社，2003.(机械).
[4]胡玉国，邓大智，宿辉等．我国化学防砂工艺技术现状和发展趋势[J]．精细与专用化学品，2002，10(23)：4.
[5]耿瑞平，李相方，潘新伟．油气井出砂信号的动态监测与处理[J]．计算机测量与控制，2003，11(9)：3.
[6]王利君，张建，林玉兰．水力旋流器在油田地面集输系统原油除砂中的应用[J]．过滤与分离，2003，11(13)：37-39.
[7]陈涛平．分离器冲砂系统的设计与运行[J]．国外油田工程，1994，10(1)：64-68.

海上低效气井“四段式”储层保护技术研究及应用

田中原　郑华安　曾倩宜　周玉霞　宋吉锋

[中海石油(中国)有限公司海南分公司]

摘　要：随着南海西部老气田能量衰竭及储层水淹问题的出现，为实现老气田挖潜，计划对L气田低压低效井上返补孔潜力层。根据储层物性分析，作业期间将面临水敏及新旧储层压力系数差异大的储保难题。针对上述难点，采用“防治结合”的思路，建立了一套“物理”与“化学”相耦合的多压力系数储层保护技术方案，以同时达到井控、油藏目标及修井效果三重目的。该技术首次采用高分子酸敏型暂堵剂与机械卡堵结合的方式对新旧储层进行有效封堵，暂堵剂在18MPa下岩心封堵率达96.76%；压井液首次采用新型有机醇类气井储保剂，气井储保剂加量控制在5%～10%时，表面张力可以降低到20mN/m，防膨率可到达90%以上；修井后首次采用非氟类复合有机酸产能释放体系，改变微观孔道，使“液珠”动起来，有效解除水侵伤害。该技术已在南海西部L气田应用6井次，产气量均超过油藏预期，预计累增气$3.36\times10^{8}m^{3}$。

关键词：储层保护；老气田挖潜；水侵伤害；压井液

南海西部L气田原始压力系数较高，随着生产开发地层压力系数快速降低，下层系先后投产7口井，其中6口井相继水淹停喷，无水采气期仅1a，无水采出程度7%，因此经油藏分析，计划对见水井进行上返补孔作业，以实现低效井治理及增产的目的。针对多压力系数储层的修井作业，储层保护是修井成功的关键因素，本文以实际问题为导向，建立一套适用于南海西部L气田多压力系数储层修井的储保技术。

1　储层物性

L气田位于南海西部海域莺歌海盆地，地层原始压力系数1.01～1.09，目前压力系数低至0.4～0.8，且新旧不同层位间压力系数差异大；气藏温度80～90℃。不同气组的储层物性差异较大，其中孔隙度在22.0%～32.2%，渗透率在21.8～2400mD，低渗和高渗并存，修井过程中易产生漏失或地层堵塞的风险。L气田储层段岩石以石英为主，黏土矿物的含量较高(在16.7%～39.5%)，并且黏土矿物组成中以伊蒙混层和伊利石为主，液相长期浸泡容易分散运移。

2　研究思路

根据L气田储层物性分析，储层保护的核心有两个方面，一是减少漏失，二是漏失后的有效返排。因此本文从防和治两个方面进行分析研究，通过物理+化学组合的储保方案

第一作者简介：田中原(1994—)，男，黑龙江省肇东市，中海石油(中国)有限公司海南分公司，中级工程师，主要研究方向为采油工艺。E-mail：tianzhy7@cnooc.com.cn。

以同时达到井控、油藏目标及修井效果三重目的。

3 技术方案研究

3.1 化学封堵

3.1.1 体系构建思路

为减少暂堵剂固相污染，采用低固相暂堵液体系，成分主要由增黏剂、降失水剂和暂堵剂等处理剂构成。增黏剂选择快速弱凝胶聚合物，它与常规聚合物的作用机理不同，是利用物质之间的协同效应，无须使用交联剂，具有以下特点：(1)具有独特的流变性；(2)凝胶强度具有无时间依赖性；(3)低剪切速率黏度高；(4)成胶温度低，成胶时间短；(5)抗温、抗盐性能很好，易维护。降滤失剂为改性淀粉类聚合物，能够有效降低体系滤失量，减少地层液相浸入。暂堵剂为可酸溶碳酸钙，粒径大小匹配储层孔喉大小，提供暂堵骨架材料。

3.1.2 体系配方

过滤海水 +0.8 ~1% 增黏剂 DVIS +2% 降滤失剂 ZC－LS +5% 气井储保剂 GPA +4% 碳酸钙(150 目) +4% 碳酸钙(325 目)。

3.1.3 性能评价

(1)实验步骤

岩心选择圆柱形人造岩心，尺寸均为直径 2.5cm，长度 8cm。其中岩心 1#的孔隙度 37.8%，渗透率 2510mD；岩心 2#的孔隙度 23.4%，渗透率 679mD。实验步骤按石油天然气行业标准 SY/T 6540—2002《钻井液完井液损害油层室内评价方法》中关于工作液评价部分执行。

(2)结果分析

表 1 岩心承压封堵性能评价

污染流体	入口压力/MPa	稳压时间/min	岩心 1#		岩心 2#	
			漏失总量/mL	出口流速/(mL/min)	漏失总量/mL	出口流速/(mL/min)
地层水	3.5	10	38.2	3.82	21.6	2.16
暂堵液	3.5	10	2	0.20	1.1	0.11
	4	10	3.4	0.14	0.8	0.08
	5	10	4.8	0.14	0.7	0.07
	7	10	7.4	0.13	0.7	0.07
	10	10	11.0	0.12	0.6	0.06
	13	10	14.6	0.13	0.6	0.06
	15	10	17.4	0.15	0.7	0.07
	16	10	19.8	0.24	0.6	0.06
	18	10			0.7	0.07

由表 1 中实验数据可以看出，岩心封堵后承压能达到 16MPa 以上，低渗岩心在 18MPa

下岩心封堵率达96.76%。

3.1.4 工艺方案

(1)现场配制工艺

①在泥浆池中按设计量加入生产水或海水，开启搅拌；②加入增黏剂DVIS，搅拌2h；③加入降滤失剂ZC-LS，搅拌2h；④加入暂堵剂，搅拌均匀；⑤加入气井储保剂GPA，轻微搅拌，备用；⑥配制过程中充分搅拌，确保聚合物材料完全溶解，肉眼观测不到“鱼眼”。

(2)现场替入程序

①根据漏速的大小，地面按照配方加量调整材料范围，配置好足够的暂堵液；②注入管柱下入到暂堵层底部，将暂堵液正替至暂堵层段，并覆盖暂堵层以上150m左右；复核漏失数据，确保暂堵液对暂堵层段进行覆盖；③静止堵漏，期间井筒小排量灌液，直到有返出，停泵观察，液面基本稳定或者是漏失量减少到可以正常作业即封堵成功；④如果封堵不成功，考虑提高暂堵液中暂堵剂的加量，进行再次封堵。

3.2 物理封堵

在多压力层系气井修井作业中，利用化学法进行储层保护，不可避免会造成一定量的漏失。根据《海上油气田修井液设计与效果评价规范》，考虑气井附加量0.075~0.15g/cm³，兼顾海水密度，为保证高压层井控安全，L气田修井液密度需达到1.10~1.20g/cm³。若保持全井筒上述高比重修井液，压差达10MPa，低压力系数(0.5~0.8)储层漏失将十分严重。因此，针对各射孔层距离较远的非水平井，可利用防砂封隔器及管柱滑套对最下层进行封堵，极大减少后续压井液储层保护难度。但物理法仅适用于特定层位的非水平井，实际作业可根据井型、管柱结构、层位分布评估作业难点，以决定是否进行物理储保。

3.3 储层保护(压井液)

3.3.1 体系构建思路

压井液是最先接触储层的，同时也是水侵伤害的主要来源。针对多压力系数储层中不可避免的修井液漏失，如何尽可能减少压井液对储层的伤害则是本技术的核心要点。本技术方案首次选择有机醇键合剂、季铵阳离子和双子表面活性剂作为原料，研究一种针对气田修井的低伤害储保剂GPA。

3.3.2 体系配方

过滤海水+5%~10%气井储保剂GPA+(氯化钾加重)。

3.3.3 性能评价

(1)表面张力

对气井储保剂GPA不同加量下的表面张力和防膨率进行了实验评价，由图1实验结果可以看出，气井储保剂GPA加量控制在5%~10%，表面张力可以降低到20mN/m，极大减少压井液返排难度。

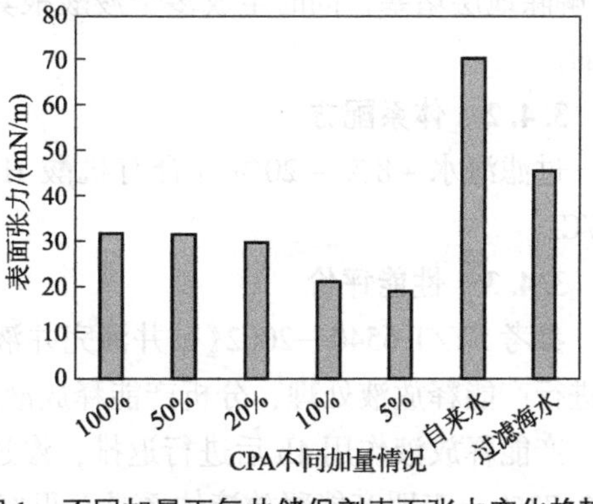

图1 不同加量下气井储保剂表面张力变化趋势

(2)防膨性

取储层岩屑或膨润土12g，用岩心压制装置在12MPa稳定压力下稳定300min压制成岩心片，测定岩心片的厚度，然后用高温高压膨胀仪测定岩心片在80℃下的膨胀率。从表2岩屑膨胀性测试结果来看，在压井液的作用下储层岩屑的膨胀率较低，防膨率可达90%以上，造成黏土水化膨胀伤害可能性小，表明气井储保剂GPA能够有效地抑制黏土水化膨胀。

表2 压井液对储层岩屑膨胀率实验结果

井号	井段/m	气组	样品质量/g	压制压力/MPa	压制时间/min	浸泡流体	膨胀率/%
探井1	995～1012.2	乐二段Ⅱ气组	12	12	300	压井液	4.15
探井2	1589～1597.5	莺一段Ⅱ气组	12	12	300	压井液	3.18

3.3.4 工艺方案

(1)现场用量计算原则

压井液配方相对简单，在现场使用时根据气井的压力系数，确定压井液的密度；根据储层物性确定气井储保剂GPA的加量，对于物性较好的储层，气井储保剂GPA加量选择下限，即5%；对于储层物性较差的储层，气井储保剂GPA加量选择上限，即10%。

(2)现场配制方法

压井液用量设计考虑井筒容积和循环量，同时考虑地层漏失，多备处理剂。现场配制时，将气井储保剂GPA抽入泥浆池，轻微搅拌防止起泡。

3.4 产能释放

3.4.1 体系构建思路

L气田修井过程的主要问题为修井过程中进入地层的液相、聚合物和固相导致储层的伤害，低压气井的生产压差不足以将储层的污染物快速带出，从而导致气井修井后不能快速地恢复产能或产能达不到预期。基于此，针对L气田修井的产能释放液体系必须具备以下功能：①酸性体系，能够解除修井过程中进入储层的聚合物、固相等污染物；同时对储层矿物有一定溶蚀，解除因为黏土水化分散运移带来的储层自身堵塞。②优良的“带”水功能，能够将修井过程中近井地带储层的水相有效带出，解除和防止液相伤害。因此，产能释放液以双效孔道疏通剂HWCP和气井储保剂GPA为主要处理剂来构建修井产能释放液体系。

HWCP是一种多元弱酸，其电离过程是分多步进行的，在地层温度条件下，电离出H^+解除地层堵塞，同时生成多个羧酸根具有螯合金属离子的作用，达到防止二次沉淀的目的。

3.4.2 体系配方

过滤海水+8%～20%复合有机酸HWCP+5%～10%气井储保剂GPA+3%缓蚀剂HWCI。

3.4.3 性能评价

参考SY/T 6540—2002《钻井液完井液损害油层室内评价方法》，对暂堵液污染后的岩心进行产能释放液处理，分析产能释放液加注前后岩心伤害率的变化，实验结果见表3。

产能释放液作用4h后进行返排，渗透率恢复值由77.56%提升至97.27%，伤害率降至2.73%，表明产能释放液体系具有很好的储层保护效果和改造储层效果。

表3 流体作用后岩心渗透率恢复情况

工作液	静置时间/h	返排时间/h	返排压差/MPa	初始 K_{g0}(污染前)/mD	返排后 K_{g1}(污染后)/mD	K_{g1}/K_{g0}/%	伤害率/%
暂堵液	4	3	0.5	462.52	358.72	77.56	22.44
暂堵液-产能释放液				485.64	472.38	97.27	2.73

暂堵液：海水+2%降滤失剂+0.8%增黏剂+5%超细碳酸钙；
产能释放液：海水+8%复合有机酸 HWCP+5%气井储保剂 GPA+3%缓蚀剂 HWCI。

3.4.4 工艺方案

(1)现场配制工艺

①在带搅拌的配液罐中按设计要求加入一定量的淡水或过滤海水，开启搅拌；②按设计量加入缓蚀剂 HWCI，循环搅拌 30min；③按设计量依次加入复合有机酸 HWCP，搅拌溶解 1h；④按设计量气井储保剂 GPA，循环搅拌 30min；④配制完成，备用。

(2)返排工艺要求

①油管笼统注入产能释放液，关井反应 3~5h 后，连续油管下入到一定位置，气举反排，为提高气举反排效果，可以考虑加入适量泡排剂；

②预先在酸化罐 1#中配制一定浓度的碳酸钠溶液，气举返排，残酸经过油气水三相分离器后，气体进入火炬流程，凝析油进生产流程(需要作业开始前与平台沟通确认可进入生产流程)，残酸直接进入酸化罐 2#，根据酸化罐 2#中和液的 pH 情况，泵注碱液至酸化罐 2#中和至 pH≈6~7，返排液处理合格后排海或运回陆地处理。当地层返出液 pH≥6~7 时转入气田返排流程，试生产，交井。

4 现场应用

本技术方案先后在 L 气田 4 口井作业中得到成功应用，预计累增气 $3.36\times10^8m^3$。其中 X1 与 X2 井措施前均已水淹停产，措施后产气量均超油藏预期(表4)。

表4 现场应用效果

井号	措施	措施前		措施后		预计累增气/(10^8m^3)
		气/($10^4m^3/d$)	水/(m^3/d)	气/($10^4m^3/d$)	油/(m^3/d)	
X1	补孔	—	—	11.3	0.88	0.83
X2	补孔	—	—	11.1	0.4	0.69
X3	补孔	3.00	103.00	10.9	1.7	1.07
X4	解堵	3.63	1.08	7.6	6.9	0.77
总计						3.36

5 总结

针对 L 气田低效井挖潜作业中的两大储保问题，从防治两方面创新物理与化学耦合的储层保护技术，该技术体系在室内性能评价中表现了良好性能，并在实际应用中取得显著成效，为后续南海西部老气田挖潜奠定了储层保护技术保障。

参考文献

[1]李蔚萍，舒福昌，向兴金，等．东方1-1气田络合水水凝胶暂堵修井液技术研究与应用[J]．石油天然气学报，2014，36(3)：142-146.

[2]洪舒娜，秦峰，陈斯宇，等．海上生产气井动态产能评价新方法[J]．非常规油气，2021，8(6)：60-67.

[3]张崇，任冠龙，靳书凯，等．海上低孔低渗气田抗高温完井产能释放液的研究[J]．钻井液与完井液，2018，35(6)：126-130.

[4]毕晓明．火山岩气藏驱动类型特征新认识[J]．非常规油气，2021，8(3)：10-16.

[5]关闻．基于SEC储量评估的气井措施评价模型与应用[J]．非常规油气，2023，10(3)：112-120.

[6]罗刚，任坤峰，邢希金，等．低孔低渗储层完井改造一体化工作液的研究与应用[J]．钻井液与完井液，2017，34(3)：117-121.

[7]包凯．页岩气井变流压—变产量递减模型及应用[J]．非常规油气，2022，9(6)：81-86.

[8]张绍彬，任山，向丽．低压气井低伤害修井液的应用研究[J]．天然气工业，2002，22 (3)：25-28.

[9]许园，唐永帆．酸性气田暂堵压井体系的研制与应用评价[J]．油田化学，2022，39(3)：381-386.

海上L气田出水井综合治理技术

姚欢迎　张崇　王闯　侯志新　宋吉锋　穆永威

[中海石油(中国)有限公司海南分公司]

摘　要：南海西部L气田无修井机，出现见水积液、污染储层的问题。利用“液压举升装置”进行堵水作业，有效节约修井费用，堵水过程中使用过油管膨胀封隔器封堵主力产层，做到零污染储层。常规强酸易过度溶蚀造成出砂，存在酸敏造成二次伤害。针对性开展L气田酸化解堵技术研究，研发非氟类复合有机酸作为主体酸，适度溶蚀、螯合离子无沉淀。研发有机醇类降压助排剂，键合水分子，延长自由水的迁移时间，改变近井地带润湿性，降低气液表面张力，促进返排。酸化解堵目标井治理后产气量由 $3.4\times10^4 m^3/d$ 增长为 $9.1\times10^4 m^3/d$，并长期稳定生产，出水井综合治理作业获得圆满成功。

关键词：南海西部气田；液压举升装置；过油管膨胀封隔器；酸化解堵

南海西部L气田无修井机，部分气井已产水，产出水倒灌污染同井低压力系数主力气层，需进行堵水、细分层系控水、解堵等增产措施作业，作业过程中需加强储层保护。液压举升装置修井费用低、扶井时效快，为海上无修井机油气田稳产增产提供了新的技术手段。过油管膨胀封隔器是在修井时从井口下入，穿过油管，在下部生产套管内坐封，封堵下部产层以达到储层保护、降低井控风险的目的。酸化解堵作业占地面积小、不动管柱易施工，为中国海上油气田的重要增产措施。油气藏矿物组成及地层温度压力等条件不一，对酸化解堵液体系组成及性能要求不同。利用“液压举升装置”进行堵水作业，有效节约修井费用，堵水过程中使用过油管膨胀封隔器封堵主力产层，做到零污染储层。开展L气田酸化解堵技术研究，优选主体酸、降压助排剂、防水锁剂、黏土稳定剂。通过针对性研究，形成L气田出水井综合治理技术。

1　海上无修井机平台液压举升装置修井技术研究及应用

1.1　液压举升装置工作原理

液压举升装置主要包括举升装置、循环系统、井控系统、液压动力源等，修井时临时安装在套管头或甲板面导轨上，利用液压推动4个液压杆上下运动，配合游动卡瓦和固定卡瓦来实现起下管柱。

1.2　L气田液压举升装置修井技术研究及应用

结合L气田载荷、场地、环境风速等生产平台条件，根据作业过程中实际需要，进行装置改造(添加补芯装置、多点位监控及报警系统等)、平台强度校核和抗风载能力安全校核，形成南海西部无修井机平台液压举升装置修井技术，成功应用于A9H井堵水、A11

第一作者简介：姚欢迎(1989—)，男，河南商丘人，就职于中海石油(中国)有限公司海南分公司，采气工艺工程师，主要从事采气工艺、井下作业研究。E-mail：yaohy10@cnooc.com.cn。

井细分层系、A16H 井机械二次防砂动管柱修井作业中，及时满足 L 气田增产措施作业需求，大幅降低作业费用。

由于固定卡瓦和游动卡瓦间活动距离为 2~5m，下入多尺寸工具时，需要反复拆卸卡瓦，影响时效。针对该装置的固有缺点，并结合现场作业实际需求，在工作篮下部配备一套全通径尺寸补芯，配合手提卡瓦使用，增加卡瓦使用的灵活性，提高了作业效率。

添加多点位监测及报警系统，对泥浆池液位、管柱悬重、扭矩、液压值、泵压、硫化氢及可燃气体实现全覆盖监测并具备报警功能，监测数据可同步传输到上部工作篮操作台和值班房，保证修井作业安全可控。

液压举升修井作业设备多、作业载荷大，应力集中易导致平台结构损伤，利用专业软件建模，完成平台强度校核和抗风载能力安全校核，形成井口平台强度校核和抗风载能力的安全校核方法。

2 过油管膨胀封隔器技术

2.1 过油管膨胀封隔器工作原理

过油管膨胀封隔器主要由内部胶筒、刚性筋条、外部胶筒、心轴、上下接头等组成，如图 1 所示。从井口下入，穿过油管坐封在下部生产套管内时，地面高压泵向内胶筒注入高压流体，内胶筒膨胀，推动刚性筋条向外扩张，起到锚定作用，同时带动外胶筒膨胀，起到密封作用；解封时，通过专用打捞工具泄放内胶筒压力，封隔器回缩，起出至井口。过油管膨胀封隔器需具备高膨胀比，技术难度大。

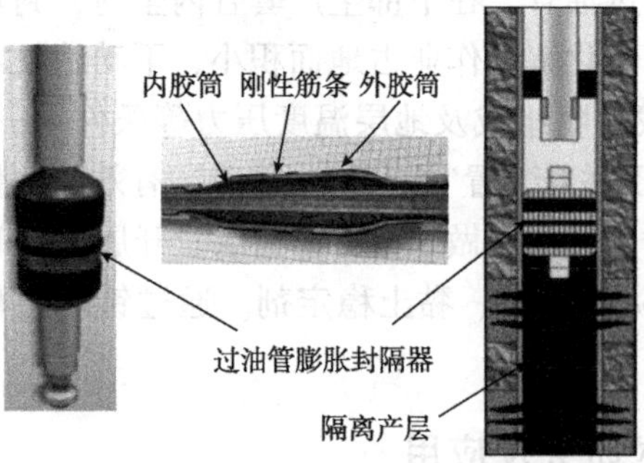

图 1　过油管膨胀封隔器示意图

2.2 过油管膨胀封隔器回收工具优化设计

过油管膨胀封隔器回收工具是一种与封隔器鱼头配套的打捞工具，它的作用是将过油管膨胀封隔器回收至地面，恢复井筒流道。回收工具需穿过油管抓取过油管膨胀封隔器鱼头，因此尺寸有限，实际作业中鱼头抓取困难。设计加工一款带辅助引入功能的液压辅助爪，在入井过程中，将辅助爪束集在回收工具内部，在抓捞时，通过打压张开辅助爪，紧贴套管内壁，覆盖鱼头，实现一次抓捞。对回收工具扶正器及封隔器鱼头进行了优化设计，使扶正器距离回收工具更近，保障居中性，去除鱼头台阶，降低抓取前遇阻风险。

2.3 过油管膨胀封隔器现场应用情况

A9H 井是一口水平生产井，生产层位为 L$_2$Ⅰ$_{下}$、L$_2$Ⅱ$_{下}$、L$_2$Ⅲ气组，三层合采，2016 年 10 月见水，2022 年 8 月，对 A9H 井进行堵控水作业，采用液压举升装置修井，封堵 L$_2$Ⅰ$_{下}$高产水层，合采 L$_2$Ⅱ$_{下}$、L$_2$Ⅲ气组，堵水效果好，产水量从 108m^3/d 减少至 2.3m^3/d。堵水作业全程使用过油管膨胀封隔器(TTI)封堵下层，下入新生产管柱后回收 TTI，堵水过程零污染下部 L$_2$Ⅱ$_{下}$、L$_2$Ⅲ储层(图 2)。

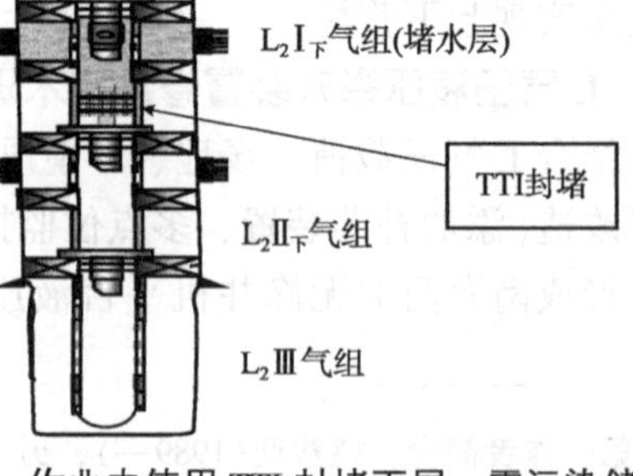

图 2　作业中使用 TTI 封堵下层，零污染储层

3　L 气田酸化解堵技术研究与应用

3.1　储层潜在伤害研究

3.1.1　L 气田储层特点

L 气田储层为中高孔中高渗的常温储层，目前生产层位压力系数约为 0.4～0.9，压力系数低、差异性强，修井易漏失、难返排，多层合采出水井，生产水易倒灌污染低压力系数储层。

选取气田 4 口井不同层段岩心，对岩心进行全岩分析和黏土矿物 X 衍射分析，如表 1、表 2 所示，结果显示储层黏土矿物含量高（16.7%～39.5%），以伊利石和伊蒙混层为主。

表 1　储层岩屑全岩矿物分析结果

井号	气组	矿物含量/%						
		石英	钾长石	斜长石	方解石	白云石	石膏	黏土矿物
井 1	$L_1V_上$	44	9	5	7	10	0	25
	L_2 Ⅰ	73.5	3.4	3.4	0.9	1.9	0.2	16.7
	L_2 Ⅱ	40.9	1.9	7.1	5.6	4.8	0.2	39.5
井 2	L_2 Ⅲ	52.6	1.2	7.9	4.9	3.5	0.3	29.6
	L_3 Ⅲ	53.7	1.8	5.1	3.7	6.9	0.3	28.5
井 3	Y_1 Ⅰ	56.4	4.1	9.4	2.3	3.6	0.4	23.8
井 4	Y_1 Ⅱ	49.6	1.6	6.9	2.9	2.8	0.4	35.8

表 2　储层岩屑黏土矿物 X－射线衍射分析结果

井号	气组	黏土矿物相对含量/%			
		I/S	It	K	C
井 1	$L_1V_上$	19	44	19	18
	L_2 Ⅰ	31	38	14	17
	L_2 Ⅱ	21	46	9	24
井 2	L_2 Ⅲ	28	37	14	21
	L_3 Ⅲ	23	37	18	22
井 3	Y_1 Ⅰ	16	42	17	25
井 4	Y_1 Ⅱ	34	35	11	20

I/S：伊蒙混层；It：伊利石；K：高岭石；C：绿泥石。

3.1.2　水敏实验

选取储层岩样，处理成过 5～10 目规格的岩样若干，将岩样置于盛有 350mL 的清水热滚罐中，80℃条件下滚动 16h，冷却后过 40 目筛，将筛析的岩样冲洗并于 100℃下烘干，计算岩样回收率。$L_1V_上$、L_2 Ⅰ$_上$、L_2 Ⅲ、Y_1 Ⅰ储层岩心水化分散后呈细粉状，滚动回收率均为 0，水化分散现象明显。

选取储层岩样，处理成过100目规格的岩粉，压制四组泥饼，每组10g岩粉10MPa条件下压制5min，采用泥页岩膨胀仪，进行水化膨胀特性测试，实验数据取四组平均值。L_1Ⅴ$_{上}$、L_2Ⅰ$_{上}$、L_2Ⅲ、Y_1Ⅰ岩样清水水化膨胀率分别为23.7%、15.4%、14.0%、2.3%，地层水水化膨胀率分别为20.0%、12.6%、13.6%、2.0%，水化膨胀特性强。

3.1.3 水锁伤害评价

水锁伤害预测采用水锁指数APTi模型：

$$APTi = 0.25\lg Ka + 2.25S_{Wi} \tag{1}$$

式中，APTi为水锁指数；Ka为气体渗透率，D；S_{Wi}为储层原始含水饱和度。

根据气田测井解释数据计算主要生产气组水锁指数，其中23.8%小于0.8，存在明显水锁伤害，45.2%为0.8~1，存在潜在水锁伤害，38.1%大于1，水锁伤害不明显(表3)。

表3 水锁严重程度评价标准

水锁指数APTi	水锁损害程度
≥1	不明显
0.8~1	潜在水锁效应
≤0.8	会出现明显水锁效应

3.2 L气田酸化解堵技术研究

3.2.1 酸化解堵主体酸优选

含氟酸溶蚀能力强，易产生CaF_2等二次沉淀，造成储层伤害。HWCP是一种非氟类多元复合有机酸，适度溶蚀，防止过度溶蚀出泥砂，其电离过程是分多步进行的，电离出的H^+可解除地层堵塞，同时生成多个羧酸根配位键，具有螯合金属离子的作用，达到防止二次沉淀的目的。不同加量复合有机酸HWCP对储层岩屑溶蚀率为8%~16%之间，具有适度溶蚀的特点。

参照行标SY/T 6571—2003《酸化用铁离子稳定剂性能评定方法》及SY/T 5672—93《油田用防垢剂性能评定方法》络合滴定法，对HWCP复合有机酸的螯合能力进行评价。分别选取对Fe^{3+}具有强螯合能力的柠檬酸、对Ca^{2+}具有强螯合能力的EDTA-2Na作为对比。从表4和表5中实验数据可以看出，复合有机酸HWCP具有很强的螯合铁/钙离子能力。

表4 复合有机酸HWCP螯合Fe^{3+}能力评价

酸液体系	质量/g	滴定体积/mL	螯合Fe^{3+}值/($mg \cdot g^{-1}$)
2.5% HWCP	5.0030	4.50	358.9
5% HWCP	5.0021	5.53	441.1
10% HWCP	5.0002	12.41	990.3
柠檬酸			780

表5 复合有机酸HWCP螯合Ca^{2+}能力评价

酸液体系	质量/g	滴定体积/mL	螯合Ca^{2+}值/($mg \cdot g^{-1}$)
2.5% HWCP	5.0030	2.10	84.0

续表

酸液体系	质量/g	滴定体积/mL	螯合 Ca^{2+} 值/(mg·g^{-1})
5% HWCP	5.0021	6.51	260.6
10% HWCP	5.0002	16.6	664.6
EDTA-2Na			750

3.2.2 降压助排剂优选

有机醇键合剂是一种含大量能与水分子键合的多官能团的有机处理剂，有机醇与水分子间由于化学键合作用使水分子内和水分子间形成网络结构成为键合水，使体系中自由水不能随意运动，降低自由水的扩散趋势。有机醇键合剂可以有效提升重质烃和水的蒸发能力，在修井结束后把进入地层的水带出来，降低近井地带含水饱和度。低分子有机醇能显著降低气-液表面张力，增强体系的防水锁、助排等储层保护能力。

3.2.3 酸化解堵现场实施效果

A9H井堵水作业前后，产气量未有明显变化，未达油藏预期，综合分析认为 $L_2 Ⅰ_下$ 储层见水后，井筒积液，地层水倒灌，污染主要产层 $L_2 Ⅲ_上$ 气组，需进行解堵作业，释放气井产能。

现场作业限压(低于地层破裂压力)不限排量从井口连续注入酸化解堵液，反应4h后开井返排。降压助排剂配合防水锁剂，有效促进了解堵液残夜返排，此井未使用连续油管气举等协助返排措施，开井返排即实现自喷排液，保证措施效果的同时节约了工期费用。返排液返出井口时呈泡沫状，易返排，静置后逐渐消泡，干净无杂质。酸化解堵作业后产气量为 $9.1\times10^4 m^3/d$，是该井原产气量的2.8倍，酸化解堵作业获得圆满成功。

4 结论

南海西部L气田生产平台无修井机，储层易受水侵污染，部分生产井见水，需进行动管柱控堵水及解堵作业，作业过程中应注意储层保护。开展针对性研究，形成L气田出水井综合治理技术，现场应用效果良好：

(1)液压举升修井装置可实现无修井机平台动管柱作业，机动灵活，及时满足无修井机平台增产措施作业需求，相比钻井船作业，大幅降低作业费用。南海西部气田首次进行液压举升装置修井作业，无经验借鉴，通过装置改造、载荷模拟计算及校核，形成南海西部气田无修井机平台液压举升装置修井技术。

(2)过油管膨胀封隔器具备高膨胀比，可穿过油管，坐封在下部生产套管内，封堵下部储层，实现动管柱作业下部储层零污染的同时，降低了井控风险。

(3)L气田储层泥质胶结、黏土矿物含量高，常规强酸易过度溶蚀造成出砂，绿泥石含量高、存在酸敏沉淀，造成二次伤害，优选出非氟类复合有机酸HWCP作为主体酸，适度溶蚀、螯合金属离子无沉淀。

(4)小分子低碳醇降压助排剂HWDA，键合水分子，延长自由水的迁移时间，减少漏失；有效提升了重质烃和水的蒸发能力；改变近井地带润湿性，降低气液表面张力，增强体系的助排、防水锁等储层保护能力。

参考文献

[1]朱虎军，段春阳，谭峻松，等．JK－120 型液压举升器在海上修井作业中的应用[J]．石油钻采工艺，2008，(03)：139－141.

[2]韩树杰，王超，高永华，等．液压举升修井技术研究及在渤海油田的首次应用[J]．海洋工程装备与技术，2020，7（04）：251－256.

[3]韩佳隽．过油管封隔器胶筒膨胀分析与结构优化[D]．武汉：长江大学，2021.

[4]宁宇航．过油管封隔器结构设计及仿真分析[D]．西安：西安理工大学，2016.

[5]张崇，任冠龙，靳书凯，等．海上低孔低渗气田抗高温完井产能释放液的研究[J]．钻井液与完井液，2018，35（06）：126－130.

[6]孙林，杨万有，黄波，等．海上油田水力冲击压裂酸化技术研究与试验[J]．石油机械，2021，49（06）：36－42.

[7]江怀友，李治平，卢颖，等．世界海洋油气酸化压裂技术现状与展望[J]．中外能源，2009，14（11）：45－49.

[8]许定达，任坤峰，赵林，等．海上稠油区块高效复合酸化解堵技术研究与应用[J]．科学技术与工程，2016，16（27）：157－160.

[9]张宁，黄志明，刘常清，等．渤海 K 油田电潜泵化学解卡技术研究与应用[J]．科学技术与工程，2022，22（14）：5601－5607.

致密气藏气井初期产能主控因素分析

江锚[1] 姜浒[1] 王黎[1] 杨琦[2] 杨帆[2] 白玉湖[1]

（1. 中海油研究总院有限责任公司；2. 中联煤层气有限责任公司）

摘 要：鄂东盆地气藏2015年开始部署探井并揭示出砂岩含气层位、2019年至2021年进入勘探开发一体化阶段，2021年至今进入大规模开发建产阶段，T1、T2层位累计压裂投产直井定向井数量超过80口。在气藏投产阶段，已试气投产的定向井压后无阻流量及产气量总体差异较大，亟须开展初期产能主控因素分析，逐步识别出高产井控制因素，指导鄂东盆地气藏后续调整井方案部署工作。在对目标层位已测试定向井进行无阻流量分类后，通过对气层厚度、孔隙度、渗透率、含气饱和度、地层系数、泥质含量及地层特征参数共7个地质参数和加砂量、入井液量、液氮体积、返排率、返排氯根含量5个工程参数与单层平均产气量进行相关性研究，研究表明各单因素与产能具有一定正相关或负相关性，但相关性不明显；运用灰色关联分析方法，得到12个地质、工程影响因素与单层平均产气量的关联度，从而明确了气井初期产能的主控因素，并根据主控因素关联度，建立了气藏产能综合指标评价方法，可以在气藏早期评价阶段快速定性地对气井产能进行评价，进而指导调整井设计方案部署工作，促进鄂东盆地增储上产。

关键词：初期产能；无阻流量；灰色关联；主控因素；产能综合指标

我国陆相致密气田分布范围广泛，但致密气田储量品质非均质性强，进而导致钻遇优质砂体厚度差异明显，气井初期产能差异偏大且主控因素分析较粗略，没有形成较为清晰的规律性认识，这种情况对于目标区块下一步调整井建产稳产带来较大的挑战。针对上述问题，整理气井地质参数、工程参数、初期产量及无阻流量数据，开展气井初期无阻流量与各地质、工程因素相关性分析，运用灰色关联分析确定气井初期产能主控因素，根据主控因素关联度，建立气井初期产能指标评价方法，能够在气藏初期生产阶段或未取得气井产能试井等测试数据的情况下快速评价气井产能，指导鄂东盆地调整井设计方案部署工作。

1 气藏概况

鄂尔多斯盆地东缘拥有较大规模的天然气储量，整体走势较平缓，储层内部发育超过10条规模较小的断层，气层从下至上可划分为B2段、B1段、T2段及T1段；含气砂体整体属三角洲前缘沉积体系，平面上自西向东，滨线北移，三角洲能量减弱，储层条件也变差。结合储层岩心资料分析，渗透率孔隙度由上至下逐渐变差，从地层物性参数变化趋势分析出T1段及T2段物性较好，属于开发方案的主力气层。主力气层大部分区域沉积水动

第一作者简介：江锚(1994—)，男，湖北潜江人，工作单位中海油研究总院有限责任公司，压裂工程师，主要从事致密油气地质工程一体化及压裂工艺研究，获得过局级科技进步二等奖2项。E－mail：jiangmao@ cnooc. com. cn。

力条件较强，砂岩叠置或切叠、储层厚度较大、气层发育。该区块含气层位渗透率总体低于1mD，太原组平均渗透率0.74mD，平均孔隙度8.77%，平均含水饱和度45.5%，不采取压裂施工方法无法获得工业气流。主力气层所处的埋深1780～1950m，气层厚度总体分布在4～11m范围内，局部区域气层厚度0.5～2m，气层厚度较大的区域大部分位于水下分流河道主体。因此，水下分流河道主体是气层发育的主要部位。该区块累计压裂直井定向井超过50口，部分直井定向井实际产量低于配产要求，未达到预期，相同层位开发的致密气井无阻流量及产气量差异较大。

2　产能影响单因素分析

结合陆上非常规储层改造经验，致密储层气井初期产能的变化规律主要受到地质、工程多因素影响，进而从储层物性、压裂施工参数、压后返排参数这三大方面分析与无阻流量的关系，从而研究影响气井产能的因素。将鄂东盆地T1段及T2段气藏49口气井初期产能及地质、工程数据统一分析统计，进行产能影响因素的研究。

2.1　储层物性

2.1.1　气层厚度

根据矿场经验，测井解释的气层是指赋存天然气储量的优质砂岩储集层段，差气层代表砂岩质量较差或含气性较差的层段，总气层厚度包含优质砂岩储集层段及含气性较差层段的纵向垂直厚度，优质砂岩储集层段的发育是目标区块气井产能大小的地质基础。结合实际测试情况，并通过相关性分析绘制出无阻流量与气层厚度及总气层厚度的散点图，如图1及图2所示，图表中反映了无阻流量与气层厚度成呈现较强正相关，相关系数0.6519；无阻流量与总气层厚度相关性较差，相关系数仅为0.141。

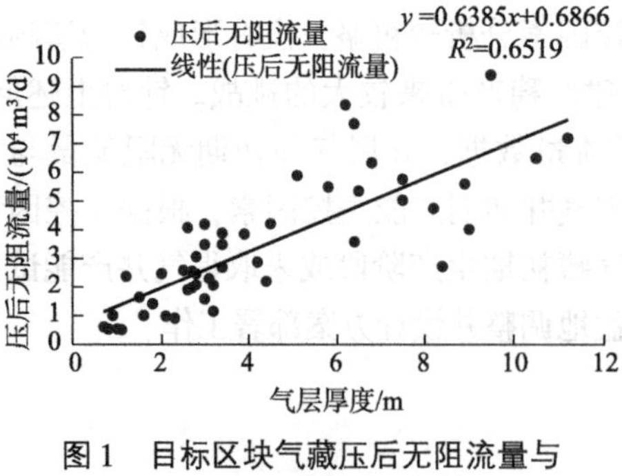

图1　目标区块气藏压后无阻流量与气层厚度关系

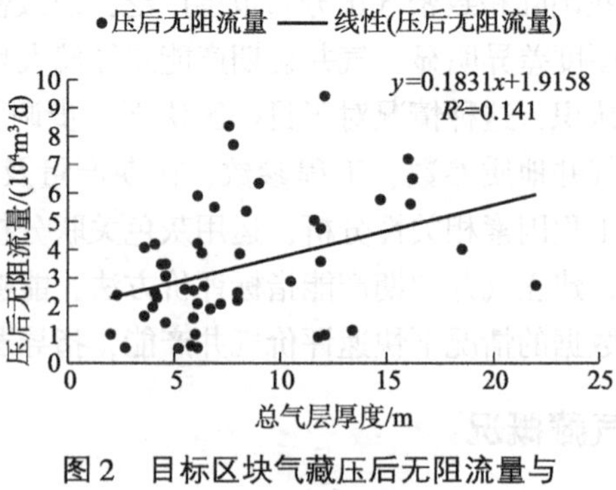

图2　目标区块气藏压后无阻流量与总气层厚度关系

2.1.2　孔隙度

孔隙度是致密储层孔隙体积与岩石总体积的比值，孔隙度反映了储存油气，而且可以允许油气在其中渗滤的空间占比情况，属于评价地层产气能力的重要参数。通过绘制相关性分析散点图，可总结出无阻流量与孔隙度存在一定的相关性，相关系数0.1949，如图3所示。

2.1.3　渗透率

渗透率是指在一定压差下，岩石允许流体通过的能力，属于评价油气储量及地层物性的重要参数。通过绘制相关性分析散点图，可总结出无阻流量与渗透率存在一定的相关性，相关系数0.1949，如图4所示。

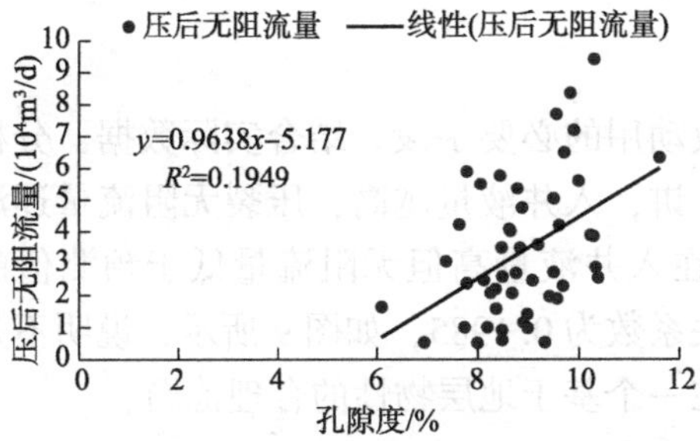

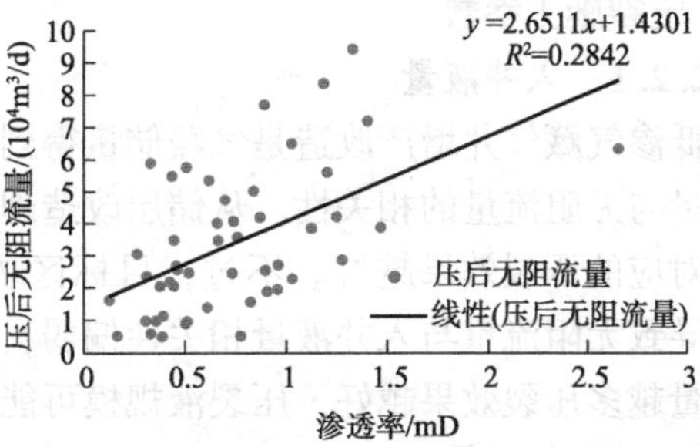

图 3　目标区块气藏压后无阻流量与孔隙度关系　图 4　目标区块气藏压后无阻流量与渗透率关系

2.1.4　含气饱和度及泥质含量

含气饱和度是指在原始状态下，储层内天然气体积占连通孔隙体积的百分数。通过绘制相关性分析散点图，可总结出无阻流量与含气饱和度相关性极低，相关系数 0.0511，如图 5 所示。

泥质含量是指岩石中颗粒很细的细粉砂、黏土及其所含水的体积占岩石体积的百分数。通过绘制相关性分析散点图，可总结出无阻流量与泥质含量相关性极低，有负相关的趋势，相关系数 0.01，如图 6 所示。

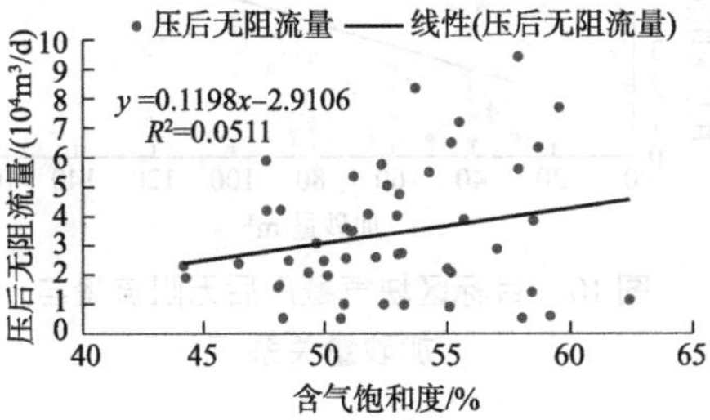

图 5　目标区块气藏压后无阻流量与含气饱和度关系

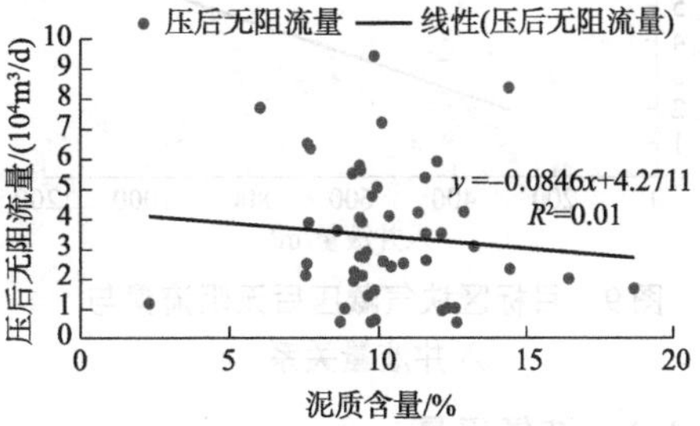

图 6　目标区块气藏压后无阻流量与泥质含量关系

2.1.5　地层系数及地层特征参数

地层系数是气层厚度与渗透率的乘积（KH），地层特征参数是气层厚度、渗透率、孔隙度与含气饱和度的乘积（$KHS_g\Phi$）。由于无阻流量与气层厚度相关性系数大于 0.6，进而提高了无阻流量与地层系数及地层特征参数的相关性，无阻流量与地层系数相关性系数 0.5527（图 7），无阻流量与地层特征参数相关性系数 0.4958（图 8）。

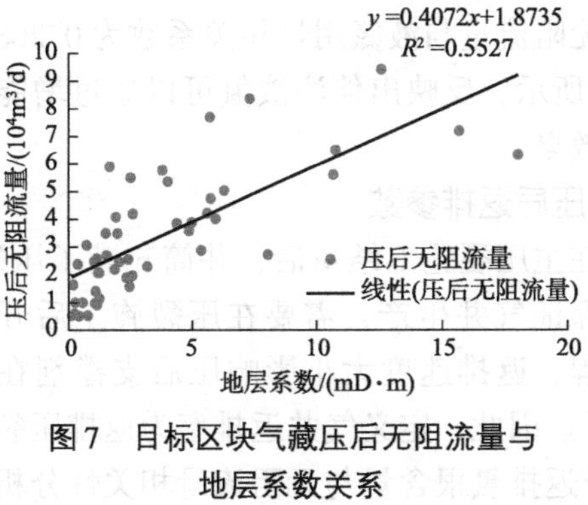

图 7　目标区块气藏压后无阻流量与地层系数关系

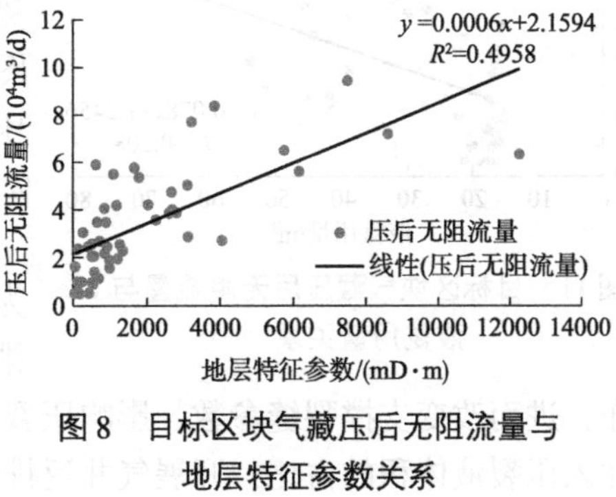

图 8　目标区块气藏压后无阻流量与地层特征参数关系

2.2 压裂施工参数

2.2.1 入井液量

低渗气藏气井增产改造是气藏储量得到有效动用的必要手段。结合实际数据，分析入井液量与无阻流量的相关性。从储层改造理论上讲，入井液量越高，压裂无阻流量逐渐上升，对应的压裂效果越好。不过，目标区块存在入井液量高但无阻流量低于预测值的气井，导致无阻流量与入井液量相关性偏弱，相关系数为0.1985，如图9所示，说明不是压裂液量越多压裂效果越好，压裂液规模可能存在一个基于地层物性的合理范围。

2.2.2 加砂量

从储层改造理论上讲，加砂量越高，压裂无阻流量逐渐上升，对应的压裂效果越好。不过，目标区块存在支撑剂体积偏高但无阻流量低于预测值的气井，导致无阻流量与加砂量相关性偏弱，相关系数为0.2015，如图10所示；说明不是加砂规模越大压裂效果越好，目标地层加砂规模可能存在一个基于地层物性的合理范围。

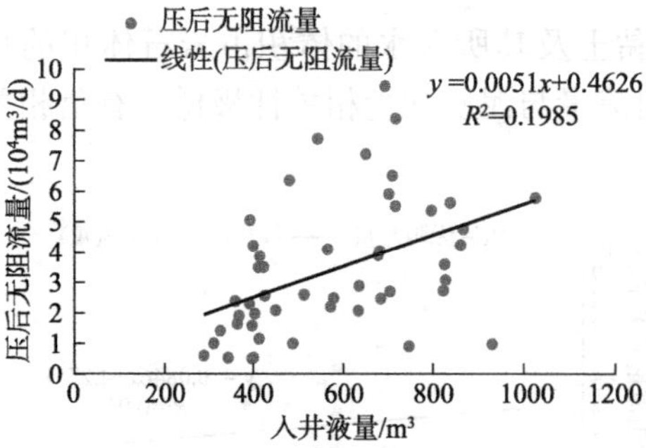

图9 目标区块气藏压后无阻流量与入井液量关系

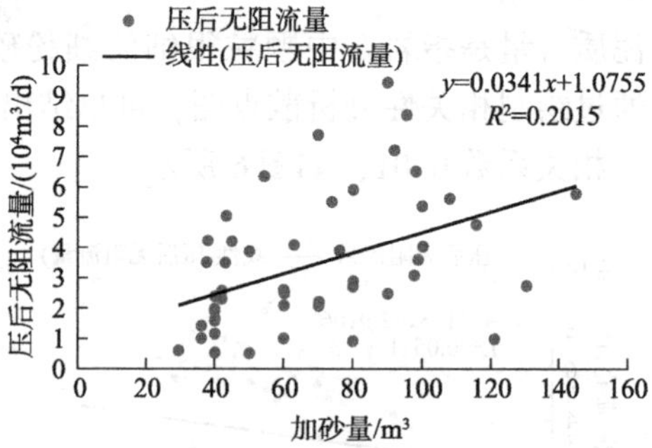

图10 目标区块气藏压后无阻流量与加砂量关系

2.2.3 液氮用量

根据地质特征分析，目标区块存在较强的水锁伤害。解除水锁除了优选表面活性剂(化学方法)方法外，液氮伴注(物理方法)也是最有效的措施，液氮伴注措施在国内各大致密气田应用。目前液氮用量比例总体低于5%，并且液氮用量偏低的气井，无阻流量偏低的概率越大，因此需要分析液氮用量对气井产能的影响。

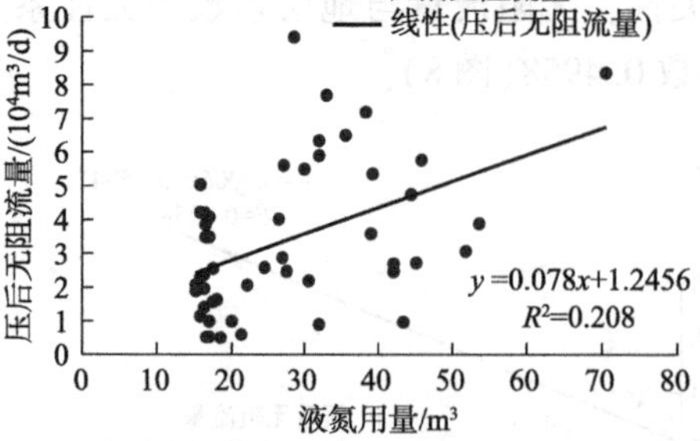

图11 目标区块气藏压后无阻流量与液氮用量关系

利用实际测试数据，绘制出了气井无阻流量与液氮用量的相关性图表，分析出随着液氮用量的增加，无阻流量呈现逐渐上升的总体趋势，无阻流量与液氮用量相关系数为0.208，如图11所示，反映出伴注液氮可以通过增能改善压裂效果。

2.3 压后返排参数

在主压裂施工结束后，井筒充满了压裂液，为了保证气井生产，需要在压裂施工后开始返排流程，返排速度大小影响压后支撑剂在地层的分布，进而改变支撑裂缝参数，影响压裂效果。因此，定义气井返排率为返排压裂液体积与注入压裂液体积的占比，开展气井返排率及返排氯根含量与无阻流量相关性分析，绘制出的无阻流量与气井返排率散点图如图 12 所示，无阻流量与返排氯根含量如图 13 所示。从图表可以看出，无阻流量与气井返排率、返排氯根含量存在一定的负相关性，说明气井返排率越高或氯根含量越高，压裂效果越差。无阻流量与返排率的相关系数达到 0.2347，无阻流量与返排氯根含量的相关系数仅为 0.1419。

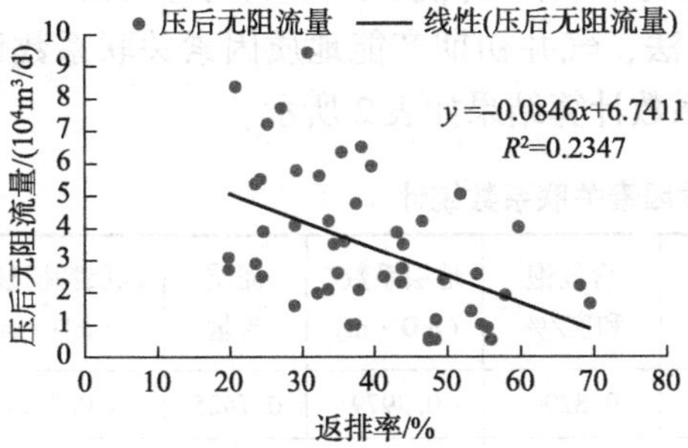

图 12　目标区块气藏压后无阻流量与返排率关系

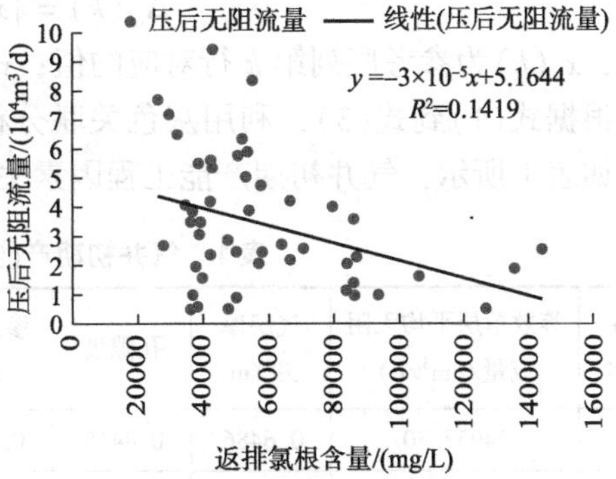

图 13　目标区块气藏压后无阻流量与返排氯根含量关系

3　气井初期产能灰色关联分析

灰色关联分析法是一种多因素统计分析方法，它以各种要素的样品数据为依据，表现要素间关系的强弱、大小和顺序，如样品数据反映的两个因素变化趋势基本一致，则二者的关联性较大，反之，关联性较小。

选取了目标区块 49 口已测试气井的气层厚度、孔隙度、渗透率、含气饱和度、泥质含量地层系数及地层特征参数 7 个地质参数和入井液量、加砂量、液氮用量、返排率及返排氯根含量 5 个工程参数，共计 12 个参数进行灰色关联分析，气井开发层位数量 1 ~ 3 层，钻遇砂体数量 1 ~ 9 个，气井无阻流量变化范围 $0.5 \sim 9.4 \times 10^4 m^3/d$，具有代表性。

由于气井开发层位数量 1 ~ 3 层，无阻流量差异大无法量化地质工程参数对压裂效果的影响，因此无阻流量需要结合气井钻遇气层的物性进行加权平均，形成等效单层无阻流量，同时由于入井液量、加砂量及液氮用量涉及多层开发，由于每一层压裂工艺及施工用量均一致，需要将施工参数统一为单层用量，因此工程参数进一步优化为单层平均入井液量、单层平均加砂量及单层平均液氮用量。将 49 口井平均单层无阻流量作为参考序列，12 个地质工程参数形成的指标序列作为比较序列，形成 13 × 49 矩阵，为便于各个参数之间进行比较，地质工程参数变换为无量纲数据的计算公式如下：

$$b_{ij} = \frac{a_{ij} - \min\{a_{ij}\}}{\max\{a_{ij}\} - \min\{a_{ij}\}} \tag{1}$$

式中，b_{ij}为无量纲数据；a_{ij}为比较序列数据；$\min\{a_{ij}\}$为比较序列的最小值，$i = (1, 2, \cdots, 13)$，$j = (1, 2, \cdots, 49)$；$\max\{a_{ij}\}$为比较序列的最小值，$i = (1, 2, \cdots, 13)$，$j = (1, 2, \cdots, 49)$。

某个比较序列对参考序列的关联系数计算公式如下：

$$\varepsilon_{oi}(k) = \frac{\Delta\min + \rho\Delta\max}{\Delta_{oi}(k) + \Delta\max} \tag{2}$$

式中，$\varepsilon_{oi}(k)$为第 k 个比较序列对参考序列的关联系数；Δmin 为两个序列绝对差值的最小值；Δmax 为两个序列绝对差值的最大值；ρ为分辨系数，变化范围 0～1，通常取值 0.5；$\Delta_{oi}(k)$为比较序列与参考序列的差值的绝对值。

比较序列与参考序列的差值的绝对值计算公式如下：

$$\Delta_{oi}(k) = |x_o(k) - x_i(k)| \tag{3}$$

式中，$x_o(k)$为参考序列第 k 行对应的值；$x_i(k)$为第 i 个比较序列第 k 行对应的值。

根据式(1)到式(3)，利用灰色关联分析方法，气井初期产能地质因素关联系数计算结果如表 1 所示，气井初期产能工程因素关联系数计算结果如表 2 所示。

表 1　气井初期产能地质因素关联系数统计

气井名称	等效单层平均无阻流量/(m^3/d)	气层厚度/m	孔隙度	渗透率/mD	含气饱和度/%	地层系数/(mD·m)	泥质含量	地层特征参数/(mD·m)
Y1	24957.70	0.6486	0.8415	0.7988	0.8290	0.3979	0.7425	0.3774
Y2	15833.33	0.5569	0.9144	0.9142	0.9080	0.5838	0.9451	0.6591
Y3	29069.25	0.6043	0.7233	0.9053	0.7066	0.4232	0.6070	0.4347
Y4	4233.20	0.9517	0.6490	0.8491	0.5991	0.8932	0.6468	0.8894
Y5	20032.45	0.7813	0.9896	0.7858	0.8345	0.9363	0.8171	0.8089
Y6	16486.87	0.8306	0.8988	0.7458	0.9685	0.9376	0.6582	0.8673
Y7	13128.40	0.9883	0.8604	0.7467	0.8757	0.9562	0.8501	0.8997
Y8	10147.76	0.4839	0.7235	0.6220	0.7474	0.3996	0.7921	0.4260
Y9	1539.86	0.9132	0.6144	0.7920	0.5938	0.9988	0.5396	0.9881
Y10	3710.00	0.9887	0.6985	0.9779	0.6515	0.8916	0.6752	0.8819
Y11	7245.82	0.9841	0.7390	0.9240	0.7019	0.8598	0.6256	0.8321
Y12	11530.02	0.8256	0.9647	0.7443	0.8272	0.6982	0.8057	0.6882
Y13	13864.53	0.6344	0.8566	0.9192	0.8648	0.7226	0.7874	0.8264
Y14	32655.18	0.5288	0.6161	0.6421	0.6203	0.5286	0.6269	0.5056
Y15	5123.84	0.7794	0.7093	0.9353	0.6683	0.9653	0.5708	0.9136
Y16	10632.79	0.8921	0.7589	0.8239	0.7176	0.8493	0.7915	0.8409
Y17	8771.57	0.8314	0.7203	0.9468	0.6548	0.9403	0.7378	0.9433
Y18	19611.54	0.7306	0.9137	0.7597	0.9366	0.6511	0.9672	0.6291
Y19	28057.90	0.6135	0.7069	0.6897	0.6984	0.5930	0.7606	0.5647
Y20	11396.44	0.6990	0.8438	0.8935	0.8287	0.9332	0.7140	0.8320
Y21	35223.56	0.5190	0.6075	0.6557	0.5623	0.5450	0.6132	0.5157
Y22	5033.89	0.7772	0.6417	0.6337	0.6647	0.7803	0.7436	0.8359
Y23	15854.05	0.8620	0.9613	0.8478	0.8846	0.7359	0.9050	0.7093
Y24	52634.13	0.5403	0.4209	0.4386	0.4118	0.5958	0.4079	0.5510
Y25	4348.43	0.8522	0.6644	0.7269	0.6615	0.9371	0.6208	0.9980

续表

气井名称	等效单层平均无阻流量/(m^3/d)	气层厚度/m	孔隙度	渗透率/mD	含气饱和度/%	地层系数/(mD·m)	泥质含量	地层特征参数/(mD·m)
Y26	28564.28	0.6952	0.7640	0.8461	0.7310	0.9148	0.6748	0.8431
Y27	46931.38	0.7933	0.4827	0.6567	0.4725	0.4858	0.4497	0.4316
Y28	19233.33	0.6532	0.9236	0.7983	0.9537	0.9009	0.8987	0.9376
Y29	21042.70	0.7882	0.8843	0.7237	0.8976	0.6664	0.8503	0.6418
Y30	3901.06	0.9852	0.6150	0.5988	0.6000	0.9773	0.6454	0.9799
Y31	3653.94	0.9589	0.6564	0.7915	0.6363	0.9533	0.5650	0.9296
Y32	2450.00	0.7875	0.6034	0.6916	0.6031	0.8664	0.6475	0.8920
Y33	16977.97	0.6712	0.9569	0.7293	0.9620	0.6196	0.9456	0.6082
Y34	29360.59	0.8950	0.7223	0.9520	0.6905	0.6528	0.8590	0.6829
Y35	53890.00	0.4934	0.4444	0.3969	0.4180	0.3746	0.3748	0.3573
Y36	11109.98	0.8761	0.7123	0.4740	0.7494	0.5788	0.8140	0.5642
Y37	36184.20	0.5534	0.6142	0.7723	0.6016	0.6881	0.5156	0.7391
Y38	21196.48	0.7148	1.0000	0.9237	0.8690	0.7695	0.8805	0.7565
Y39	12787.44	0.7894	0.8971	0.5541	0.8638	0.5534	0.7096	0.7327
Y40	15658.66	0.8422	0.8624	0.7573	0.9844	0.9202	0.9813	0.8229
Y41	10133.39	0.5838	0.7372	0.7173	0.7653	0.5748	0.8272	0.6377
Y42	41192.39	0.8997	0.5064	0.5005	0.5131	0.7761	0.4946	0.6558
Y43	42090.69	0.8067	0.5248	0.8049	0.5129	0.4585	0.4990	0.3335
Y44	27205.32	0.6562	0.7092	0.6066	0.7165	0.5667	0.8053	0.5432
Y45	23546.46	0.8638	0.8569	0.9811	0.8896	0.7219	0.6518	0.6972
Y46	4369.60	0.6260	0.6562	0.7848	0.6235	0.7906	0.6721	0.8391
Y47	3725.01	0.7083	0.6336	0.8012	0.6454	0.8832	0.6515	0.9356
Y48	11926.19	0.6525	0.8430	0.9736	0.7809	0.9030	0.8542	0.9860
Y49	1625.92	0.7466	0.6066	0.6796	0.5818	0.8277	0.5501	0.8569

表2 气井初期产能工程因素关联系数统计

气井名称	等效单层平均无阻流量/(m^3/d)	平均单层入井液量/m^3	平均单层加砂量/m^3	平均单层液氮用量/m^3	压后返排率	返排氯根含量/(mg/L)
Y1	24957.70	0.7844	0.8470	0.7629	0.7066	0.6781
Y2	15833.33	0.8828	0.9556	0.8645	0.9451	0.9080
Y3	29069.25	0.6408	0.7002	0.6241	0.6783	0.5617
Y4	4233.20	0.7426	0.7754	0.7634	0.5785	0.7527
Y5	20032.45	0.8925	0.8587	0.9408	0.9996	0.7614

续表

气井名称	等效单层平均无阻流量/(m³/d)	平均单层入井液量/m³	平均单层加砂量/m³	平均单层液氮用量/m³	压后返排率	返排氯根含量/(mg/L)
Y6	16486.87	0.9552	0.9516	0.8797	0.9347	0.8441
Y7	13128.40	0.8511	0.9199	0.9557	0.9930	0.9810
Y8	10147.76	0.7555	0.6218	0.7472	0.7081	0.7048
Y9	1539.86	0.8214	0.8193	0.7993	0.5063	0.7039
Y10	3710.00	0.6365	0.6763	0.7045	0.5663	0.3975
Y11	7245.82	0.6317	0.6075	0.7277	0.7089	0.5181
Y12	11530.02	0.8461	0.8659	0.8855	0.5422	0.5216
Y13	13864.53	0.8726	0.8235	0.9202	0.8893	0.9908
Y14	32655.18	0.7511	0.7367	0.8668	0.5559	0.5273
Y15	5123.84	0.6511	0.6418	0.6020	0.8578	0.7697
Y16	10632.79	0.8699	0.8859	0.9016	0.6359	0.5915
Y17	8771.57	0.7224	0.7880	0.7667	0.6418	0.5753
Y18	19611.54	0.8970	0.8817	0.9861	0.8729	0.8967
Y19	28057.90	0.7060	0.6752	0.6299	0.7549	0.6081
Y20	11396.44	0.8598	0.8624	0.9368	0.7799	0.8115
Y21	35223.56	0.6671	0.6167	0.6729	0.6363	0.5258
Y22	5033.89	0.7092	0.6658	0.6669	0.6337	0.6438
Y23	15854.05	0.8639	0.7744	0.9991	0.9847	0.9165
Y24	52634.13	0.5147	0.4814	0.4443	0.4561	0.4030
Y25	4348.43	0.7453	0.7726	0.7782	0.7783	0.6764
Y26	28564.28	0.9686	0.9253	0.7867	0.5772	0.6424
Y27	46931.38	0.4321	0.4479	0.4267	0.4245	0.4209
Y28	19233.33	0.8494	0.9680	0.8454	0.8070	0.8855
Y29	21042.70	0.7126	0.7191	0.6471	0.6703	0.6644
Y30	3901.06	0.6847	0.6800	0.7153	0.5256	0.6825
Y31	3653.94	0.6380	0.6099	0.6790	0.5708	0.7550
Y32	2450.00	0.7583	0.7271	0.7916	0.6263	0.4918
Y33	16977.97	0.8465	0.9919	0.8520	0.8077	0.8725
Y34	29360.59	0.7177	0.8696	0.9749	0.5501	0.6706
Y35	53890.00	0.4236	0.4215	0.4649	0.3915	0.3926
Y36	11109.98	0.8673	0.8773	0.6927	0.9911	0.8006
Y37	36184.20	0.6947	0.6481	0.6986	0.5965	0.4967
Y38	21196.48	0.9041	0.8246	0.9876	0.8696	0.8260

续表

气井名称	等效单层平均无阻流量/(m^3/d)	平均单层入井液量/m^3	平均单层加砂量/m^3	平均单层液氮用量/m^3	压后返排率	返排氯根含量/(mg/L)
Y39	12787.44	0.8011	0.8136	0.8272	0.8996	0.7444
Y40	15658.66	0.9830	0.9837	0.9174	0.6884	0.4682
Y41	10133.39	0.7537	0.7356	0.8079	0.7922	0.5841
Y42	41192.39	0.6797	0.8898	0.7471	0.6377	0.6030
Y43	42090.69	0.4644	0.4960	0.5166	0.4422	0.4250
Y44	27205.32	0.7354	0.6525	0.9643	0.6804	0.6063
Y45	23546.46	0.8916	0.9169	0.8843	0.6861	0.6134
Y46	4369.60	0.7061	0.7287	0.7227	0.4729	0.5911
Y47	3725.01	0.7050	0.7152	0.7264	0.6385	0.5128
Y48	11926.19	0.7645	0.8445	0.7906	0.9695	0.9859
Y49	1625.92	0.6519	0.6666	0.6794	0.5032	0.6282

各单井关联系数较高的因素，其数值的高低决定每口井等效单层平均无阻流量的高低，如Y43井等效单层平均无阻流量超过40000m^3/d，关联系数高的为气层厚度、渗透率，是其他因素的1.53~2.45倍，而Y43井气层厚度也是49口井中的最大值，达到11.2m，并且渗透率1.4mD也是最大值，反映出气层厚度及渗透率决定了Y43井的等效单层平均无阻流量较高。Y9井等效单层平均无阻流量仅为1539.86m^3/d，关联系数高的为气层厚度、地层系数及平均单层入井液量，其平均单层入井液量仅为155.65m^3，气层厚度0.9m，地层系数0.27mD·m，这些参数决定了Y9井等效单层平均无阻流量较低。

根据关联系数统计情况，因每口井的关联系数值存在多个，所以取各参考序列关联系数的平均值代表参考序列的关联度，具体计算公式如下：

$$r_{oi} = \frac{1}{n}\sum_{k=1}^{n} \varepsilon_{oi}(k) \tag{4}$$

式中，r_{oi}为比较序列与参考序列的关联度；$n=1, 2, 3, \cdots, 49$。

从地质因素及工程因素的关联度可以分析出，单层平均液氮用量、单层平均加砂量、渗透率、单层平均入井液量、气层厚度这五个参数的关联度均大于0.75，因此单层平均液氮用量、单层平均加砂量、渗透率、单层平均入井液量、气层厚度是决定气井初期产能达到高产标准的关键因素(表3)。

表3　目标区块气井初期产能影响因素关联度排序

影响因素	关联度	关联度排序
单层平均液氮用量	0.775	1
单层平均加砂量	0.762	2
渗透率	0.76	3
单层平均入井液量	0.753	4

续表

影响因素	关联度	关联度排序
气层厚度	0.752	5
孔隙度	0.74	6
地层系数	0.738	7
地层特征参数	0.731	8
含气饱和度	0.724	9
泥质含量	0.71	10
压后返排率	0.697	11
返排氯根含量	0.666	12

4 气井产能快速评价

根据灰色关联方法计算的5个主控因素的关联度，建立了T1段至T2段气藏产能综合评价模型，气藏产能综合评价指数具体计算公式如下：

$$Q = \sum r_{oi} \times b_{ij} \tag{5}$$

式中，Q为气藏产能综合评价指数；r_{oi}为主控因素与等效单层平均无阻流量的关联度。

根据目标区块实际测试情况归纳总结，等效单层平均无阻流量≥40000m^3/d属于高产井，无阻流量介于11600～40000m^3/d之间属于中产井，无阻流量≤11600m^3/d属于低产井，形成了目标区块致密气井无阻流量分类标准。通过计算的产能综合评价指数与等效单层平均无阻流量关系图建立了气井初期产能指标评价综合图版，如图14所示。气井初期产能指标快速评价初期产能的定量标准：$Q \leqslant 0.9$属于低产井，$Q \geqslant 2.0$属于高产井，$0.9 < Q < 2.0$属于中产井。

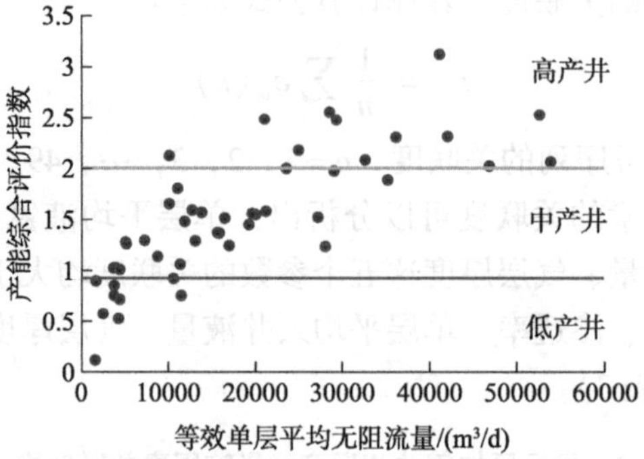

图14 目标区块气井初期产能指标评价综合图版

运用所建立的T1段至T2段气藏产能综合评价模型，对3口2024年新投产井(Y50井、Y51井和Y52井)进行初期产能评价，3口新投产井均为两层压裂开发，通过对比实际无阻流量、等效单层平均无阻流量及投产1个月内平均单层产气量，验证综合评价模型的适用性。评价结果表明气井产能综合评价指数与初期产能具备较好的相关性(表4)，反映出2口气井Y50、Y51能够在一定产量下稳定生产。

表4　新投产气井初期产能与综合评价指数

气井编号	无阻流量/(m^3/d)	等效单层平均无阻流量/(m^3/d)	投产1个月内平均单层产气量/(m^3/d)	产能综合评价指数	气井分类
Y50	66000	30265	21500	3.24	高产井
Y51	36500	15200	8200	1.41	中产井
Y52	11000	4300	2600	0.68	低产井

5　结论

(1)由于地层纵向及平面地层物性非均质性强，不同气井压裂施工参数各异，导致目标区块砂岩层位单井无阻流量差异较大；

(2)单层平均液氮用量、单层平均加砂量、渗透率、单层平均入井液量、气层厚度是目标区块砂岩层位压裂气井成为高产井的关键因素，与初期产能呈现较强的正向相关性；

(3)建立的T1段至T2段气藏产能综合评价模型能够在生产资料缺乏的条件下，对气井产能进行快速定性评价，指导气藏下步勘探开发部署工作。该产能综合评价模型对处于早期钻遇勘探开发评价井的气藏，地质、开发资料较少的气藏单井产能评价具有一定参考意义，并且该模型结合实际数据拟合具有一定的适用性。

参考文献

[1]冯建伟，赵力彬，王焰东．库车坳陷克深气田超深层致密储层产能控制因素［J］．石油学报，2020，41（04）：478－488.

[2]蒙晓灵，兰义飞，张宏波，等．鄂尔多斯盆地南部深层致密砂岩气藏成藏特点及产能主控因素［J］．西安石油大学学报(自然科学版)，2020，35（05）：9－13＋23.

[3]郑超，魏林芳，王贤成，等．川东石炭系气藏气井产能影响因素分析及产能预测［J］．天然气工业，2002，(04)：106－107.

[4]郭晶晶，张烈辉，涂中．异常高压气藏应力敏感性及其对产能的影响［J］．特种油气藏，2010，17（02）：79－81＋124.

[5]胥洪俊，范明国，康征，等．考虑渗透率应力敏感的低渗气藏产能预测公式［J］．天然气地球科学，2008，(01)：145－147.

[6]张小龙，杨志兴．启动压力梯度对低渗气藏不稳定渗流特征的影响［J］．油气井测试，2018，27（03）：7－13.

[7]王宇航，程时清，符浩，等．考虑应力敏感性的低渗透气藏气井产能分析［J］．油气井测试，2017，26（01）：6－9＋75.

[8]唐林，郭肖，苗彦平，等．非达西渗流效应对低渗气藏水平井产能的影响［J］．断块油气田，2013，20（05）：607－610.

[9]董文浩．苏里格致密气藏水平井产能主控因素分析与评价——以苏53区块为例[C]// 中国石油学会天然气专业委员会，中国石油学会石油工程专业委员会，中国石油勘探开发研究院，低渗透油气田勘探开发国家工程实验室．第二届中国天然气开发技术年会论文集．中国石油集团长城钻探工程有限公司苏里格气田分公司，2023：39－56.

[10]董琪．致密气藏气井产能地质主控因素研究[D]．长江大学，2023.

[11]潘福友．临兴气田二叠系盒2段气井产能特征及主控因素［J］．石油地质与工程，2023，37（01）：

56 –60.
[12]徐明星，任洪明，胥伟冲，等. 川东北地区沙溪庙组致密砂岩气井产能主控因素探讨 [J]. 天然气勘探与开发，2022，45 (04)：103 –110.
[13]李建忠，郭彬程，郑民，等. 中国致密砂岩气主要类型、地质特征与资源潜力[J]. 天然气地球科学，2012，23(04)：607 –615.
[14]赵靖舟，付金华，姚泾利，等. 鄂尔多斯盆地准连续型致密砂岩大气田成藏模式[J]. 石油学报，2012，33(S1)：37 –52.
[15]肖寒，周莲莲，周旻昊，等. 龙女寺龙王庙组气藏气井初期产能主控因素分析 [J]. 复杂油气藏，2023，16 (03)：335 –342.
[16]强贤宇，侯大力，向雪妮，等. 一种新的多因素压裂水平井产能评价方法 [J]. 科学技术与工程，2023，23 (10)：4168 –4175.
[17]韦波，马君慧，胡永，等. 大倾角储层煤层气多层合采产量控制地质与工程因素 [J]. 科学技术与工程，2023，23 (31)：13350 –13360.
[18]卫弘媛，谢然红，郭江峰，等. 致密砂岩储层产能主控因素分析及预测方法[C]// 中国地球物理学会. 2023 年中国地球科学联合学术年会论文集——专题二十八 水资源地球物理精细探测与多场数据融合、专题二十九 油藏地球物理. 中国石油大学(北京)，2023：1527 –1529.
[19]杨占伟，赵志明，钱琳琳. 致密砂岩气藏采收率影响因素灰色关联分析 [J]. 北京石油化工学院学报，2024，32 (02)：25 –30.
[20]张聪，李可心，贾慧敏，等. 郑庄北中深部煤层气水平井产能影响因素及开发技术优化 [J]. 煤田地质与勘探，2024，52 (06)：21 –32.

BAS复合堵水体系及其应用

徐谦　冯轩　王晓龙　郭永华

（中海油田服务股份有限公司）

摘　要：南海部分高孔高渗油田，经过长期注水开发，含水率已超过98%，为满足提高油井剩余油动用程度需求，选择使用一种BAS复合堵水体系对油井出水段进行深部封堵，提高储层剩余油动用程度。根据室内实验评价，该堵水体系能够在60～120℃范围内成胶，成胶时间相差较大，可根据不同储层温度条件对体系配方进行相应调整。堵水体系在60～120℃条件下老化240d，胶体的强度不会下降，长期热稳定性较好，同时具有良好的耐盐性（在高矿化度的水中，胶体不会出现脱水情况，且强度有所增加）。堵剂注入性良好（初始黏度3～5mPa·s），成胶后封堵率较高（大于98%），同时具有较好的耐冲刷性，可承受较大生产压差。该堵水体系在南海E油田A井成功应用，施工作业后，该井含水率最高下降5.8%，措施有效期超过12个月，井组累计增油超过10000m^3。

关键词：堵水体系；海上油田；注入性；封堵性

南海高孔高渗油田，在长期高强度注采下，已形成渗流优势通道，部分油井含水率已达98%以上，随着进一步高含水开发，储层非均质性加重，剩余油难以开采。目前高含水油井出水类型普遍较为复杂，影响因素较多，采用裸眼+筛管完井的方式导致无法进行分段控水，针对以上问题，研发使用一种BAS复合堵水体系，可以有效解决常规HPAM体系笼统控水技术无法进行高效控水的难题。

BAS复合堵水体系具有初始黏度低、成胶时间可控、成胶强度大、耐温性能强以及稳定性好等特点，可以有效封堵油井高渗水窜带，改善油井产液剖面，解决近井地带水窜问题，达到恢复油井产能的目的。本文通过室内实验评价及现场应用情况，对BAS复合堵水体系相关技术特点及应用效果进行介绍。

1　BAS复合堵水体系介绍

1.1　BAS复合堵水体系特点

BAS复合堵水体系遇油不成胶，遇水成胶，黏度低利于注入的同时能保持较高的成胶强度，同时成胶时间可控，其主要特点如下：

（1）体系初始黏度低，易注入，能够实现深部注入；

（2）体系具有较好的渗透率选择性；

（3）成胶时间长且可控，施工较为安全；

第一作者简介：徐谦（1997—），男，四川遂宁人，就职于中海油田服务股份有限公司，采油工程师，目前从事提高采收率技术研究工作。E－mail：xuqian14@ cosl. com. cn。

(4)该体系为水基堵剂，不溶于油，在油中不成胶，如部分堵剂进入油层通道，有充足的时间沉降至底部；

(5)成胶后具备足够高的强度，确保堵水的有效性以及有效期；

(6)该堵水体系能应用于30～350℃范围的储层，适应温度范围广；

(7)体系性能稳定，配伍性好，可与海水、生产水、注入水、清水进行配制。

目前的应用情况显示，该复合堵水体系能够应用于高中低渗油藏的高含水井、高温高盐井以及层间层内非均质性严重油井，也适合于注水井调剖。

1.2 BAS复合堵水体系封堵机理

该堵剂主剂是由多电荷有机和无机非金属、金属等多组分组成，堵水剂在反应之前的黏度低。成胶过程为两种反应过程：

(1)多电荷有机和无机非金属、金属聚合体中主要成分经过耦合反应，慢慢生成低分子初聚体。初聚体的分子量较低，由几个分子组成，表现为一种分散的多电荷体。

(2)分散多电荷体再进一步发生水化反应，形成多结晶水的稳定的不溶于水的多水化合物，在油层中起到堵塞水流通道的作用。

多电荷体形成后整个体系表现出一个稳定的状态，多电荷体由于电荷的作用，凝胶反应速度受到了很大的限制，这样有利于控制进一步的整体成胶反应速度，为安全施工提供足够的时间，确保高温条件下足够长的凝固时间，也确保了堵剂在泵送动态过程中不会成胶，该理论可称为电荷初级反应控制理论。由于体系初始黏度低，堵剂在进入储层后会优先进入大孔道(含水通道)，并经过一定的时间在大孔道内反应生成凝胶，原水流通道被堵塞，未被波及和未动用的储量从而得到有效动用，油井产水通道得到抑制，油井开发效果得到改善。

1.3 BAS复合堵水体系性能评价

1.3.1 实验材料及设备

实验材料：BAS复合堵水体系、模拟地层水、模拟海水、自来水、填砂管。

实验设备：烧杯、电子天平、搅拌器、黏度计、水浴锅、烘箱、复合凝胶调驱装置。

1.3.2 实验方法

(1) BAS复合堵水体系溶解性评价

①准备1个烧杯，倒入200mL模拟地层水；

②将烧杯放入60℃水浴锅中进行加热，直至液体温度达到60℃；

③按照20%浓度要求，称取一定量堵水体系，边搅拌边缓慢加入烧杯中；

④搅拌3min后，将烧杯取出，置于黏度计下进行黏度测定；

⑤按照①～④的步骤再依次进行模拟海水及自来水条件下的堵水体系溶解性实验。

(2) BAS复合堵水体系成胶性能评价

①利用烧杯和模拟地层水，分别配制不同浓度的复合堵水体系，共4种配方(A剂20%、B剂2%；A剂20%、B剂2.5%；A剂20%、B剂3%；A剂15%、B剂1%)。

②将以上四种配方的溶液放入60℃烘箱中进行加热，记录体系成胶时间，并测定其针入程度。

③按照①～②的步骤依次配制四种配方的复合堵水体系，分别放入80℃、100℃以及

120℃的烘箱中进行加热，记录成胶时间，测定针入强度。

(3) BAS 复合堵水体系耐温耐盐稳定性评价

①利用烧杯和模拟地层水(14691mg/L)，配制配方为 A 剂 20%、B 剂 2% 的复合堵水体系。

②将上述堵水体系分别放入 60℃、100℃以及 120℃的烘箱中进行老化实验，记录堵水体系在 250d 内的黏度变化情况。

③另配制 A 剂 20%、B 剂 2% 的复合堵水体系，成胶后，分别放入不同矿化度的模拟水中(0mg/L、2400mg/L、33300mg/L、73000mg/L)，浸泡 3d 后，测定其针入深度，记录成胶强度变化情况。

(4) BAS 复合堵水体系渗透率选择性评价

①准备 3 个不同渗透率的填砂管，分别测试其封堵前渗透率。

②配制 A 剂 20%、B 剂 2% 的复合堵水体系。

③在不同的渗透率中向并联的 3 个填砂管同时注入 1PV 的堵剂。

④候凝后分别测试封堵后 3 个填砂管的水相渗透率，并记录实验结果。

(5) BAS 复合堵水体系注入性及封堵性评价

①将石英砂装入填砂管(50cm)中压实(填砂渗透率 3200mD)，然后将填砂管抽至真空，饱和模拟地层水，求孔隙体积。

②将实验装置连接好，对整个流程进行密封性检测。

③在 1.5mL/min 的流速下，将模拟地层水注入填砂管(水的黏度视为 1mPa·s)，驱替至注入压力稳定时(渗透率稳定)，测填砂管模型的水测渗透率。

④在 65℃下，以 1.5mL/min 的流速注入 1PV 的 A+B 堵水体系，候凝。

⑤以 1.5mL/min 的流速注入 1PV 的模拟地层水。

⑥观察并记录各个过程的压力变化，处理数据，计算体系封堵性能。

1.3.3 结果及分析

(1) 溶解性

由表 1 可见，BAS 复合堵水体系在不同溶液中都具有良好的溶解性，且黏度在 3～5mPa·s，具有较低的黏度。该结果表明：BAS 复合堵水体系溶解性好，只需搅拌即可完全分散溶解，不需熟化，在实际应用时，用现场泥浆池即可实现配制；堵水体系配伍性好，清水、盐水、海水、污水均能进行配制，对配制用水要求不高。

表 1 溶解性实验结果

浓度	密度/(g/cm^3)	黏度/mPa·s	溶解时间	配制用水
20%	1.05～1.1	3～5	搅拌状态下 3min	地层水/海水/自来水

(2) 成胶性能

由表 2 可见，BAS 复合堵水体系在 60～120℃范围内均能有效成胶，且温度越高，堵水体系成胶时间越短，同时成胶强度下降。因此在实际矿场应用中，可以根据储层温度，选择合适的配方，成胶时间、强度均能得到有效控制。

表2 不同配方堵水剂成胶实验结果

试剂浓度	实验内容	不同温度下胶凝情况			
A：20% B：2.0%	温度/℃	60	80	100	120
	凝固时间/h	144	38	14	–
	针入深度/mm	5	4	3	–
A：20% B：2.5%	温度/℃	60	80	100	120
	凝固时间/h	120	26	10	–
	针入深度/mm	4	3	3	–
A：20% B：3%	温度/℃	60	80	100	120
	凝固时间/h	96	22	6	–
	针入深度/mm	2	2	2	–
A：15% B：1%	温度/℃	60	80	100	120
	凝固时间/h	—	92	48	36
	针入深度/mm	—	4	3	2

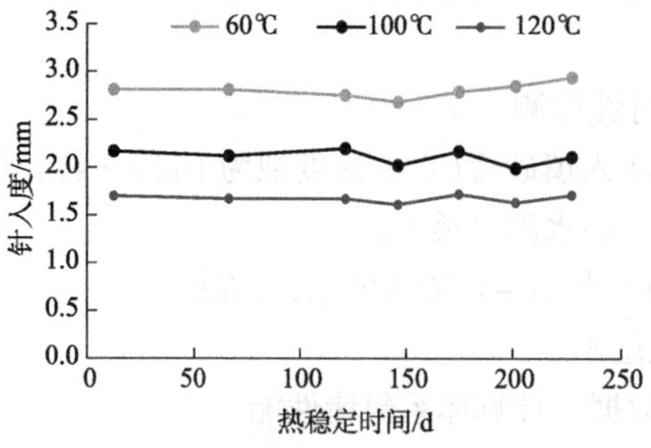

图1 复合堵水体系耐温性能实验结果

(3)耐温耐盐稳定性

由图1、表3可见，配方为A剂20%、B剂2%的复合堵水体系，不论是在60℃、100℃还是120℃的条件下，均能实现250d内成胶强度无明显下降，耐温性能良好；该配方下的堵水体系，在0～73000mg/L矿化度的水中浸泡3d后，仍能保持较好的成胶强度，体系耐盐性能良好。

表3 复合堵水体系耐盐性能实验结果

配制水矿化度/(mg/L)	浸泡时间/d	针入深度/mm	
		浸泡前	浸泡后
0	3	2	2
2400	3	2	2
33300	3	2	2
73000	3	2	1

(4)渗透率选择性

由表4可见，在不同注入压力下，堵剂均优先进入高渗层，对高渗透率填砂管的封堵率均在95%以上。当注入压力较小时(0.1at、0.5at)，堵剂主要进入高渗透层，部分进入中渗透层，不会进入低渗透层，即使提高注入压力至1at，堵剂仍主要进入中高渗透层，仅有少部分进入低渗透层，实验结果表明BAS复合堵水体系具有良好的渗透率选择性。

表4　复合堵水体系渗透率选择性实验结果

填砂管	压力/at	原始渗透率/D	堵后渗透率/D	封堵率/%	备注
1	0.1	15.0	0.24	98.2	
	0.1	5.2	4.3	17.3	
	0.1	1.2	1.2	0	未进入填砂管
2	0.5	15.6	0.31	98.0	
	0.5	4.8	3.08	35.8	
	0.5	1.4	1.4	0	未进入填砂管
3	1	14.5	0.32	97.8	
	1	4.9	3.13	36.1	
	1	0.9	0.88	8.9	稍有进入填砂管

(5)注入性及封堵性

由图2、图3可见，BAS复合堵水体系初始黏度较低，在注入填砂管的过程中，注入压力上升平缓，注入结束时压力在0.02MPa左右；堵剂候凝后，进行后续水驱，注入压力快速上升并稳定在3.7MPa左右，堵剂对填砂管的封堵率超过98%。实验结果表明，BAS复合堵水体系具有良好的注入性及封堵性。

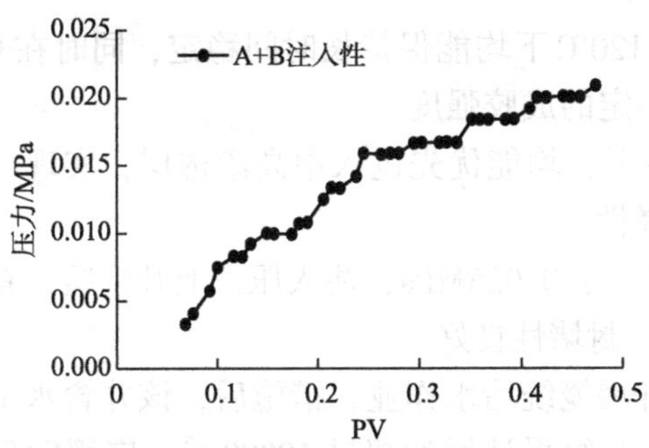

图2　复合堵水体系注入性实验结果

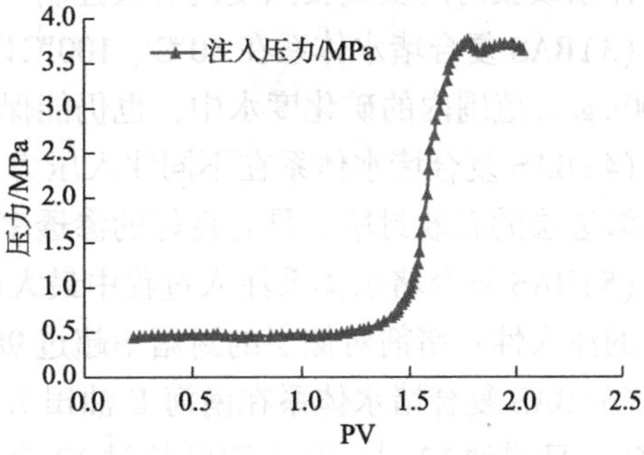

图3　复合堵水体系封堵性实验结果

2　应用案例介绍

南海E油田属于边水油藏，经过长期注水开采后，油井含水率呈台阶式上升，呈边水突破特征，措施前含水率已达94%，含水率较高。该油田中的A油井为一口水平井，所在储层非均质性强，水平段渗透率差异大，平均54mD，但水窜方向所在的水平段渗透率达到2653mD，出水部位相对明确。

基于A井地质概况及生产概况，选择使用BAS复合堵水体系对该井出水段进行笼统堵水作业，以实现对水平段出水位置的有效封堵。针对A井储层情况，开展室内实验及用量计算，确定复合堵水体系注入方案，即采用“试注段塞+封堵段塞+顶替段塞”的注入方案，设计BAS－A剂浓度15%；BAS－B剂浓度2%；设计堵剂注入量250m^3；注入排量10~20m^3/h(表5)。

表5 段塞设计

序号	段塞	BAS－A剂浓度/%	BAS－B剂浓度/%	注入量/m^3	排量/(m^3/h)	目的
1	试注段塞（淡水＋1% KCL）	—	—	60	5～20	试注＋清洗井筒
2	封堵段塞	15	2	250	10～20	封堵出水通道
3	顶替段塞（淡水＋1% KCL）	—	—	80	10～20	顶替堵剂至地层
4	合计	—	—	390	—	—

A井在作业结束重新开井，该井含水率由94%下降至88%，日增油12m^3，截至目前，堵水措施的有效期已超过12个月，井组累计增油超过10000m^3，BAS复合堵水体系对该井出水段进行了有效封堵。

3 结论

(1)BAS复合堵水体系性能稳定，配伍性好，可与海水、生产水、注入水、清水进行配制。

(2)BAS复合堵水体系在60～120℃的范围内均能成胶，且可通过调整体系配方，实现对体系成胶时间及成胶强度的有效控制。

(3)BAS复合堵水体系在60℃、100℃以及120℃下均能保持长时间稳定，同时在0～73000mg/L范围内的矿化度水中，也仍能保持一定的成胶强度。

(4)BAS复合堵水体系在不同注入压力条件下，均能优先进入中高渗透层，实现对储层高渗透层的有效封堵，具有良好的渗透率选择性。

(5)BAS复合堵水体系注入过程中最大压力小于0.025MPa，注入压力上升平缓，具有良好的注入性；堵剂对储层的封堵率超过98%，封堵性良好。

(6)BAS复合堵水体系在南海E油田A井开展笼统堵水作业，措施后，该井含水率下降6%，日增油12m^3，有效期已超过12个月，井组累计增油超过10000m^3，应用案例表明，该堵水体系具有良好的封堵性能。

参考文献

[1]麻路，张译，任杨，等．化学堵水在海上油田的应用与发展[J]．化学工程与装备，2023(01)：119－121.

[2]山金城，李保振，张延旭，等．海上油田化学驱技术研究与应用进展[J]．科技导报，2020，38(17)：127－133.

[3]刘新锋，费建杰，陈学江，等．海上高含水油田稳油控水技术研究及应用[J]．特种油气藏，2018，25(03)：166－169.

[4]黄晓东，董海宽，邓永祥，等．海上油田高含水油藏水平井堵水实验研究[J]．科学技术与工程，2014，14(25)：202－205.

[5]熊春明，唐孝芬．国内外堵水调剖技术最新进展及发展趋势[J]．石油勘探与开发，2007(01)：83－88.

[6]巩权峰，魏学刚，辛懂．油田堵水调剖剂的研究进展[J]．石油化工应用，2021，40(01)：10－13.

[7]买尔当·吐尔逊，帕提古丽·麦麦提，阙庭丽，等．油田堵水调剖技术研究进展与发展趋势探析[J]．中国石油和化工标准与质量，2013，33(14)：21.
[8]张义萍．老区油田堵水技术研究机理[J]．内蒙古石油化工，2013，39(07)：121－122.
[9]何欣，卢祥国，刘进祥，等．复合凝胶成胶机理分析及封堵效果评价[J]．石油化工，2020，49(02)：170－176.
[10]徐昆，李达，郭玉杰，等．DMF新型超分子暂堵剂研发及性能评价[J]．油气藏评价与开发，2019，9(01)：51－55.

海上老油田控水压裂技术及应用

徐延涛[1,2]　曲喜墨[1,2]　郭布民[1,2]　王绪性[1,2]　张雯[1,2]

（1. 中海油田服务股份有限公司；2. 天津市海洋石油难动用储量开采企业重点实验室）

摘　要：老油田人工注入水、边底水的锥进，水的“超前”流动等挤压了油流通道，严重影响油气井产能。含水率升高成为开发开采的主要矛盾，目前常用的控水技术往往主要关注于井筒内找水、堵水、卡水，是一种被动的控水方法，并且水平井的找水难度较大，精准堵水的难度更大，而且这种方法在低含水阶段比较有效，到中高含水阶段，有效期限会越来越短，常规压裂工艺可能压穿水层、增加压后高含水的风险。为了解决这一问题，提出了“老油田精细分层控水压裂技术”。将钻时以及录井全烃相结合，形成了一套海上低渗储层地质工程甜点预测方法，实现储层纵向甜点识别及压裂层位划分；通过管柱优化设计，形成了多封隔器投球滑套、封隔器＋桥塞分层为主的机械硬分层技术；通过优选暂堵材料及暂堵优化设计，形成了低、中、高温系列暂堵球为主的暂堵转向软分层技术；针对老油田高含水储层，形成一套控水压裂工艺实现老油田控水压裂开发；老油田精细分层控水压裂技术实现了纵向储层有效改造，该技术现场应用14口井，增产效果显著，为海上老油田高含水储层有效开发提供了技术支撑。

关键词：控水压裂；长射孔段；甜点识别；分层压裂；暂堵转向

水力压裂技术作为低渗、非常规储层改造的主要技术手段已经在国内外得到广泛应用。海上从2006年开始水力压裂现场试验，主要技术以直/定井单层压裂为主，部分为水平井分段压裂，取得了一定的增产效果，为海上低渗储层勘探开发做出了一定贡献。海上低渗储层按照物性可以划分为3类，见表1，近年来开发下探5～20mD低渗油藏，该类油藏跨度大，薄互层发育；且井斜大、射孔段长，常规笼统压裂改造不充分，纵向动用程度差，见表2。

表1　海上低渗油田分类标准及开采策略

分类	渗透率/mD	开采方式
常规低渗	20～50	常规注水/注气 适当规模压裂增产（后期）
低渗	5～20	注气/注水开采大型压裂
特低渗	<5	注气/注水开采整体规模压裂

表2　大斜度井统计表

井号	生产套管程序/m	井深/m	最大井斜/(°)	狗腿度/(°)	地层温度/℃
A－A9	9 5/8in 3207.70 7in 3726.00	3759.00	37.22	—	120～130
A－A32	9 5/8in 2900.00 7in 3461.00	3465.00	9.56	—	121
B－A23	10 3/4in 724.04 7in 2964.85	2971.00	72.4	4.76°/30m	78.7
C	9 5/8in 2470.00 7in 3452.00	3868.36	89.45	3.60°/30m	135
D－A18	13 3/8in 1838.77 9 5/8in 3580.00	3620.00	41.83	6.08°/30m	136.4
D－A21	9 5/8in 3489.00 7in 4249.88	4256.00	55.72	3.96°/30m	136.6
E－A18S1	9 5/8in 3616.39 7in 4116.73	4120.00	42.82	3.53°/30m	131.1

随着油田开发的不断深入，薄差油层、高含水、注水等油藏压裂增产的需求越来越大。水力压裂技术要求裂缝在储层内延伸以形成具有高导流能力的裂缝进而提高产量。针对薄油藏或上下隔层应力遮挡较弱的储层，压裂裂缝易穿透隔层、沟通水层造成储层水淹；随着储层持续生产，因注水作业见水、底水边水锥进，部分层位含水会逐渐升高，压裂后易出现增水不增油的情况。

针对上述问题，结合陆地高含水储层压裂工艺应用情况，笔者提出了一套老油田精细分层控水压裂技术，首先，建立了一套地质工程一体化甜点评价方法，实现纵向甜点识别；然后，在储层划分基础上，采用“机械封隔硬分层＋暂堵转向软分层”工艺实现了储层纵向精细分层改造，大幅度改善了压后效果，最后，针对老油田高含水储层，形成一套控水压裂工艺实现老油田控水压裂开发，推动了海上低渗储层经济有效开发。

1　地质工程一体化甜点识别

海上低渗储层厚度大，非均质性强并且射孔段长，找到纵向储层上的优质甜点，对其进行改造可以获得更好的产能。基于对钻井机械比能方法的研究，与录井全烃相结合，形成了地质工程一体化甜点预测方法，对储层纵向甜点进行识别；同时结合压裂裂缝高度控制影响因素分析，进行储层段划分，既满足储层纵向甜点均匀改造，又保障了裂缝高度控制在储层段，避免压裂穿层造成砂卡管柱等井下事故。

1.1　甜点识别

在钻井过程中，在一定的钻压下钻头旋转运动破碎岩石，钻进单位体积岩石所做的功定义为机械比能。机械比能将钻压、转速、扭矩、钻时、钻头尺寸和水力参数等整合成一个综合参数，综合反映了地层的基本物性和钻井工况。研究发现机械比能尤其是钻时能够真实反映岩石强度、天然裂缝、脆性矿物、渗透率等，既反映了地质特性，更反映了工程特性，将钻时与结合录井全烃所反映的储层地质甜点相结合，建立了地质工程一体化的甜点预测方法。

$$K_{tr} = \exp\left[0.7\lg\left(\frac{R}{R_0}-1\right)+0.2\lg\left(\frac{T_g}{T_{g0}}-10\right)\right] \tag{1}$$

式中，K_{tr}为甜点识别参数；R、R_0 分别为邻近非储层段的钻时和砂岩段的钻时基线值；T_g、T_{g0}分别为砂岩段全烃最大值和邻近非储层段的全烃基线值。

利用公式(1)计算储层的K_{tr}值综合反映了储层的工程属性以及地质属性，可以更加真实地反映出地层甜点，通过计算全井段剖面图，如图1所示，选取K_{tr}值大的层段进行压裂改造，可以获得更好的压后产能。

1.2 压裂层段划分

海上低渗储层主力层位厚度大，射孔段长，压裂层位划分及裂缝高度控制难度较大。综合考虑储层厚度、隔层厚度、储隔层应力差等地质因素，结合施工排量及加砂规模优化，通过数值模拟方法研究了隔层厚度、储隔层应力差、储隔层自然伽马差对裂缝高度的影响，并结合裂缝监测及现场施工数据，建立了压裂层位划分图版，由图2可知：泥岩隔层厚度大于5m、储隔层伽马差值大于15。

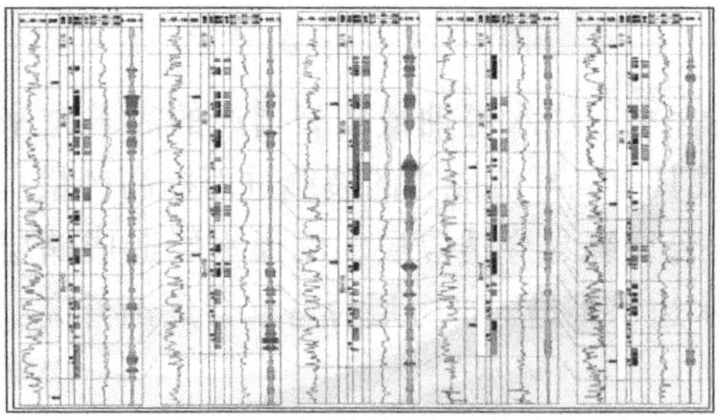

图1 地质工程一体化甜点预测图

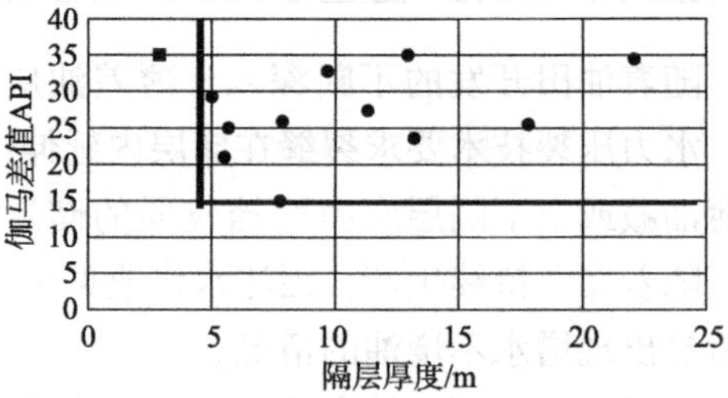

图2 压裂层位划分图版

2 机械封隔器分层压裂工艺

目前陆地油田普遍采用不动管柱分层压裂工艺：Y344封隔器或者K344封隔器+投球滑套，该工艺关键技术为封隔器性能，常用封隔器性能参数如表3所示。海上低渗储层埋藏深、地层温度高、井斜大且老井套管腐蚀严重，现场应用过程中易出现砂卡管柱、封隔器失封等问题，严重影响压裂施工效率及地层产能释放。

表3 常用封隔器性能参数对比表

对比项	对比		备注
	Y344封隔器	K344封隔器	
坐、解封方式	节流坐封、泄压解封	节流坐封、泄压解封	
工作压差/MPa	70	70	K344直径越大耐压越低
工作温度/℃	>150	<150	K344封隔器钢丝和胶料硫化胶结影响
胶筒护肩	有	无	
工作后塑料变形	<3%，肩部变形小	>5%，肩部变形大	

续表

对比项	对比		备注
	Y344 封隔器	K344 封隔器	
工作后密封胶筒	不易损坏	易脱胶	K344 受胶筒结构钢丝和胶料硫化胶结易脱胶
结构	适合于强制解	强制解封易造成脱胶	K344 强制解封容易造成卡钻

针对上述问题，形成了 2 套大斜度井分层压裂工艺管柱，既提高了储层纵向动用程度，又幅度降低了井下事故概率。一套为封隔器＋桥塞一体化分层压裂工艺管柱；另一套为多封隔器投球滑套分层压裂工艺管柱。

2.1 封隔器＋桥塞一体化分层压裂工艺

封隔器＋桥塞一体化分层压裂工艺管柱：4in 钻杆＋变扣＋$3\frac{1}{2}$in 油管校深短节＋安全接头＋反循环阀＋水力锚＋Y341 封隔器＋坐封滑套＋一体化桥塞。主要工序：(1)下压裂管柱、校深；(2)投球，送球至一体化桥塞，加压 10MPa 坐封桥塞；(3)坐封后放压，上提管柱 20t 丢手，下放 1～2t 探塞面；(4)上提管柱 Y341 封隔器坐封位置，投球坐封封隔器；(5)加压 20～25MPa 逐段加压坐封封隔器，提高压力至 30MPa 以上打开坐封滑套，开始施工；(6)压裂完成后，返排，上提管柱解封 Y341 封隔器，起出压裂管柱；(7)再次下入一体化桥塞压裂管柱进行下一层施工；(8)至最后一层施工完，起出压裂管柱，下入钻塞管柱，钻塞、通井。

封隔器＋桥塞一体化分层压裂工艺管柱通过一趟管柱完成了封隔上、下隔层的目的，相比常规下桥塞、填砂分层压裂工艺大幅度提高了施工效率。具体工具性能参数表见表 4，管柱图见图 3(a)。

表 4 封隔器＋桥塞一体化分层压裂工具参数表

名称	外径/mm	内径/mm	温度级别/℃	压力级别/MPa
安全接头	114	58	150	70
反循环阀	140	76	120	
水力锚	152	76	150	
Y341 封隔器	152	76	150	
坐封滑套	110	76(非球座尺寸)	150	
一体化桥塞	144	—	150	

2.2 多封隔器投球滑套分层压裂工艺

常规多封隔器投球滑套分层压裂管柱，上部封隔器反复扩张次数多，封隔器性能及密封效果受到影响；另外，滑套喷砂口和封隔器距离长，喷砂口和封隔器之间沉砂易导致砂卡管柱。多封隔器投球滑套分层压裂工艺管柱通过一趟管柱完成封隔、多层压裂。与比常规多封隔器投球滑套管柱相比，上部封隔器避免反复坐封，提高了封隔效果；并且可通过环空压力监测判断压裂是否穿层，又降低了砂卡风险。具体工具性能参数表见表 5，管柱图见图 3(b)。

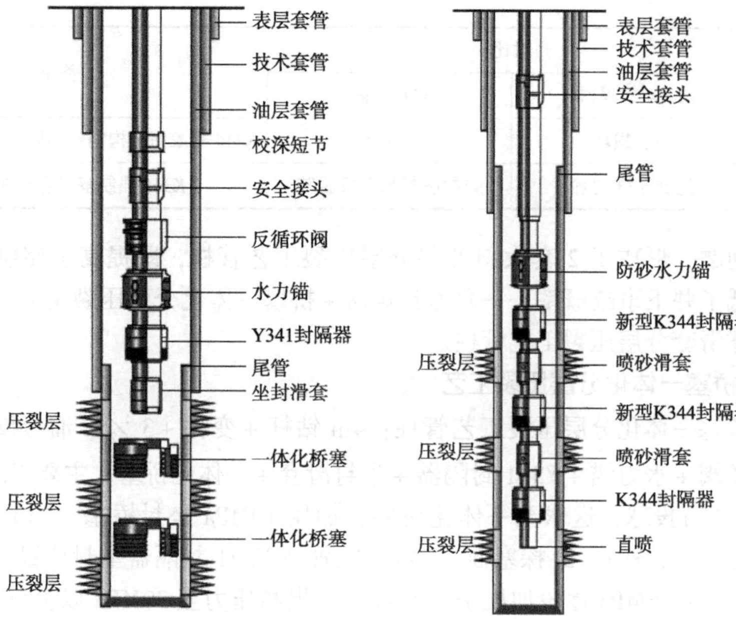

(a)封隔器+桥塞一体化分层压裂管柱　　(b)多封隔器投球滑套分层压裂管柱

图3　分层压裂管柱示意图

表5　多封隔器投球滑套分层压裂工具参数表

名称	外径/mm	内径/mm	温度级别/℃	压力级别/MPa
安全接头	115	58	150	
反循环阀	140	76	120	
水力锚	148	76	150	70
新型 K344 封隔器	148	76	150	
喷砂滑套	115	41	150	

3　暂堵转向分层压裂工艺

海上部分低渗储层厚度超过60m，大段笼统射孔，层段内隔层薄、层间应力差小，采用机械封隔器分层压裂易串层，因此，提出采用化学暂堵方式封堵已压开层段射孔孔眼，可溶性暂堵球或者暂堵颗粒通过压裂液携带至已压开裂缝的孔眼，在孔眼处形成桥堵，井筒中的净压力升高，从而在破裂压力更高的孔眼处产生新的水力裂缝，根据储层条件可多次投入暂堵材料，从而实现储层纵向上充分改造，施工结束一段时间后，暂堵材料在压裂液或者地层水中自然降解，见图4层间暂堵转向压裂原理图。

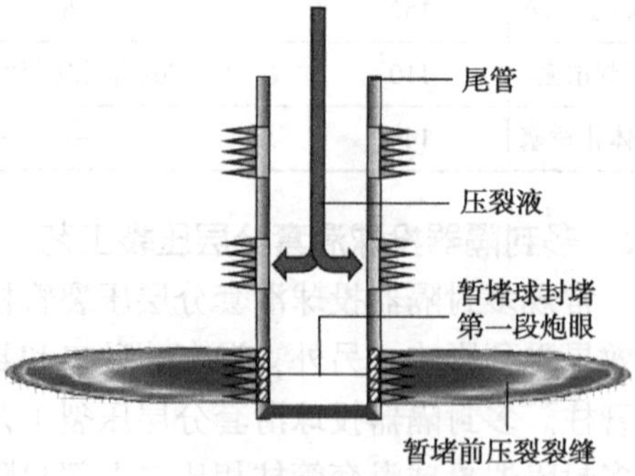

图4　暂堵转向压裂原理图

通过实验优选出合适的暂堵材料，施工时具有足够的承压能力，施工结束后一段时间内可以自然降解，对地层没有污染。按照适应储层温度不同，形成了低、中、高温系列化产品，详细参数见表6。

表6 可溶性暂堵球性能参数表

类型	适应温度/℃	暂堵球直径/mm	承压能力/MPa	溶解时间
低温	30～90	定制尺寸：5～22 常规尺寸： —5.5—9—11 —13—15—22	50	定制化，可调 长效：1～2d 短效：4～24h
中温	90～120			
高温	120～150			

50MPa恒定压差下可溶性暂堵球的承压效果如图5所示，可以看出，该条件下暂堵剂承压效果无降低趋势，完全满足现场施工要求。

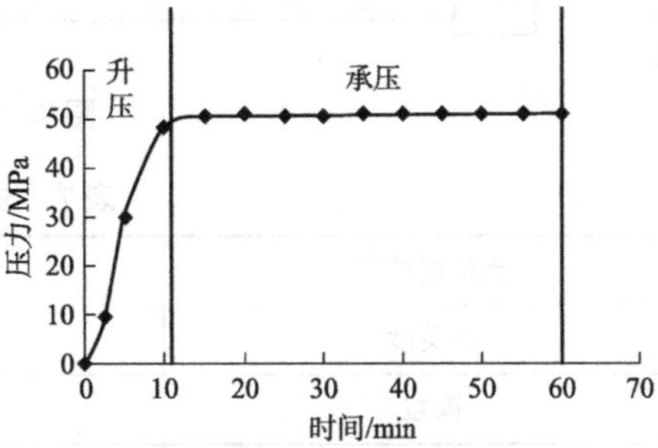

图5 暂堵球承压能力曲线

4 控水压裂工艺

油气田开发进入中后期，由于人工注入水、边底水的锥进，水的“超前”流动等挤压了油流通道，严重影响油气井产能。含水率升高成为开发开采的主要矛盾，目前常用的控水技术往往主要关注于井筒内找水、堵水、卡水，是一种被动的控水方法，并且水平井的找水难度较大，精准堵水的难度更大，而且这种方法在低含水阶段比较有效，到中高含水阶段，有效期限会越来越短。

针对上述问题，形成一套控水压裂工艺技术。控水压裂是将水力压裂与控水技术相结合的一种“进攻性”“前置型”的控水方法。通过在油层中建造一条高导流能力的裂缝，在裂缝中加入一定量的控水支撑剂，建立一道的“防水墙”，实现地层深部控水，能够选择性堵水、通油/气，相对增加油气的渗流速度，在提高油气产量的同时降低含水率。

控水压裂技术按照控水位置分为井筒和层内两种类型，井筒控水工艺包括补孔卡水、水力喷射精准压裂。井筒控水不能用于油水同层，更无法实现储层深部选择性控水(图6)。

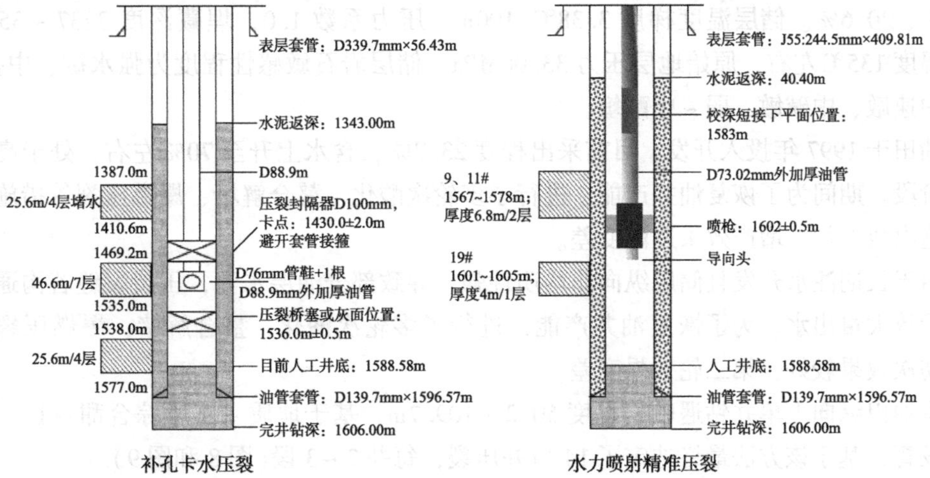

图6 井筒控水压裂原理图

层内控水主要通过控水支撑剂实现(图7)。控水支撑剂保留了常规支撑剂良好的导流能力，通过特殊的表面处理，具备了常规支撑剂没有的选择性控水能力；控水支撑剂能在压裂裂缝中长期保持稳定，具有有效期长的优点。控水支撑剂和常规支撑剂润湿性实验结果见表7。

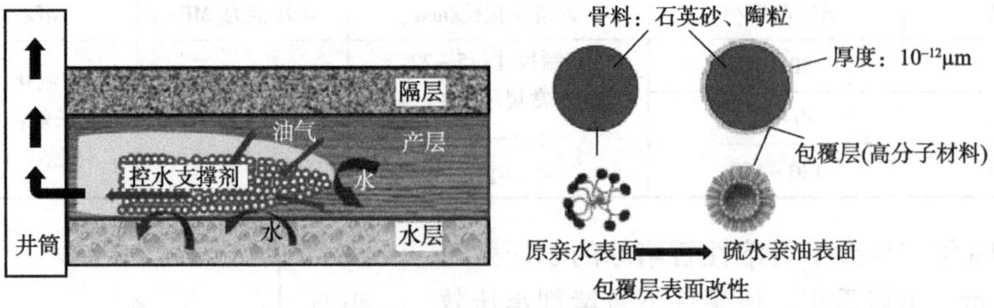

图7　层内控水压裂原理图

表7　支撑剂表面润湿性对比

支撑剂种类	水相接触角/(°)	原油接触角/(°)
石英砂	64	65
陶粒	82	67
控水支撑剂	119	26

5　现场应用

渤海区域某油田断层发育，断裂系统复杂，形成众多的断块及断背斜圈闭。含砾砂岩、砂岩、粉细砂岩等各种粒级的砂质岩与泥岩不等厚互层，磨圆及分选差，胶结物以泥岩为主；孔隙度分布在10%~18%，平均11.0%，渗透率主要分布在(10~100)×$10^{-3}\mu m^2$，平均15.7×$10^{-3}\mu m^2$，中低孔、中低渗储层。储层泥质含量：0.3%~27.0%，平均9.19%；碳酸盐含量：0.3%~44.0%，平均9.98%；胶结物总量：2.5%~44.5%，平均14.61%。黏土矿物以伊利石为主，含量高于52.5%；高岭石和伊蒙混层含量分别为24.1%、20.6%。储层温度梯度3.38℃/100m，压力系数1.0，埋藏深度3237~3587m，地层温度135℃左右，原始地层压力33.06MPa。储层岩石敏感性程度为强水敏、中盐敏、弱~中速敏、中碱敏、弱~中酸敏。

油田于1997年投入开发，目前采出程度23.7%，含水上升至70%左右，处于高含水生产阶段。期间为了恢复油井产能，进行了多轮次酸化、螯合解堵、爆燃压裂等措施，随着措施次数增加，增产效果逐渐变差。

由于长期注水开发且储层纵向非均质性强，导致部分油层水淹，压裂裂缝若沟通强水淹层导致大量出水。为了恢复油井产能，进行了多轮次酸化，螯合解堵，爆燃压裂等措施，初次效果较好，第二轮效果变差。

本油田纵向上单井钻遇砂岩厚度50.2~109.7m，基于地质-工程综合甜点识别井段甜点发育，基于该方法最终选定了14口井压裂，每井2~3段(图8和图9)。

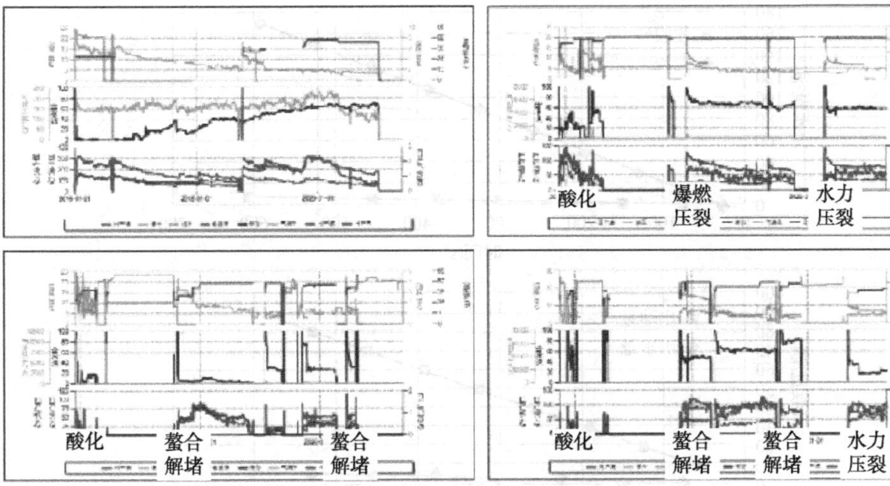

图 8　多口井产量分配曲线

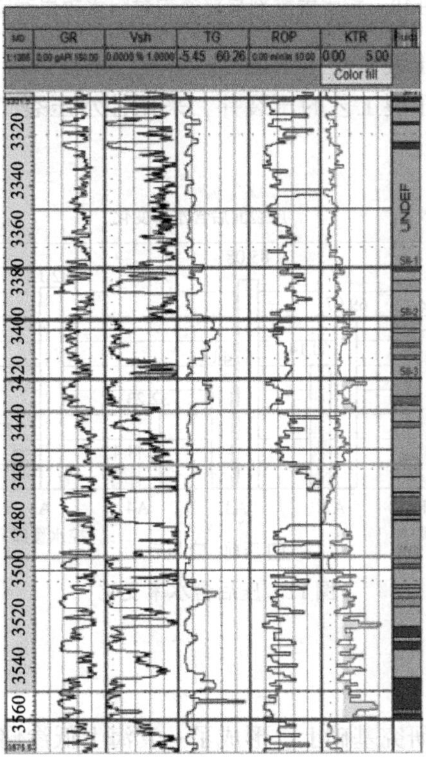

图 9　地质 – 工程甜点预测

由于长期注水开发且储层纵向非均质性强，导致部分油层水淹，压裂裂缝若沟通强水淹层导致大量出水。为控制压后产水，依据储层特征，通过数值模拟及室内实验，提出了高含水储层控水压裂技术，该技术通过准确分析储隔层应力差、精细压裂层位划分控制裂缝高度避免沟通强水淹层，同时采用控水覆膜砂实现对油水流动能力的选择控制层内产水（图 10）。

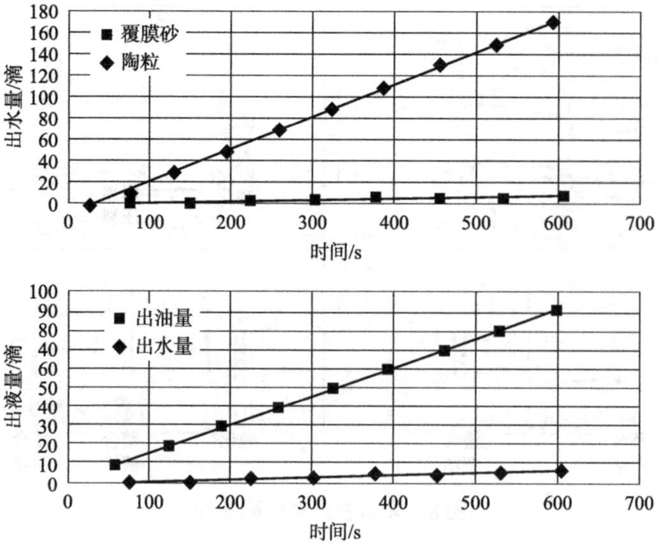

图 10　控水支撑剂与普通陶粒阻水效果对比

油田已经压裂 14 井次压裂作业，压裂之后增液、增油效果十分显著，累计增油约 $6\times10^4m^3$。相比于未采用控水压裂工艺的压裂井，采用控水压裂工艺的压裂井压后含水降低（图 11）。

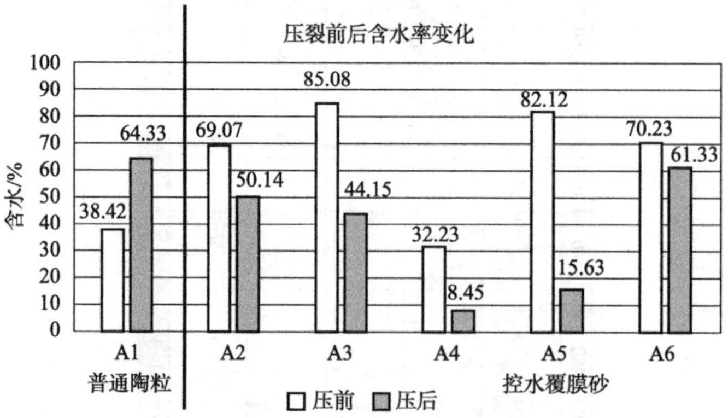

图 11　压后含水率变化

6　结论

（1）在钻时、录井全烃研究基础上，形成了一套海上低渗储层地质工程甜点预测方法，并结合裂缝监测及现场施工数据，建立了压裂层位划分图版：泥岩隔层厚度大于 5m、储隔层伽马差值大于 15。

（2）为了最大程度实现储层纵向均匀改造，同时降低多封隔器入井卡管柱风险，通过优化多封隔器管柱配置、优选暂堵材料组合，提出了“机械封隔器硬分层 + 暂堵转向软分层”精细改造技术，大幅度改善了压后效果。

（3）为了解决常规压裂工艺可能压穿水层、增加压后高含水的风险，通过补孔卡水和水力喷射精准压裂等工艺方法实现层间控水，通过控水支撑剂实现层内控水，形成一套针对高含水老油田的精确控水压裂工艺技术。应用该工艺已开展 14 井次压裂作业，压裂之后增液、增油效果十分显著，累计增油约 $6\times10^4 m^3$。相比于未采用控水压裂工艺的压裂井，采用控水压裂工艺的压裂井压后含水显著降低。

参考文献

[1]王欣，才博，李帅，等．中国石油油气藏储层改造技术历程及展望[J]．石油钻采工艺，2023，45(1)：67 –75.

[2]雷群，管保山，才博，等．储集层改造技术进展及发展方向[J]．石油勘探与开发，2019，46(3)：580 –587.

[3]孙福街，徐文江，姜维东，等．中国海油低渗及非常规油气藏储层改造技术进展及展望[J]．中国海上油气，2024，36(1)：109 –116.

[4]范白涛，陈峥嵘，姜浒，等．中国海油非常规和海上低渗储层压裂技术现状与展望[J]．中国海上油气，2021，33(4)：112 –119.

[5]刘义刚．渤海油田低渗储层开采技术研究进展与展望[J]．中国海上油气，2024，36(1)：117 –124.

[6]陈书豪．薄油层或底水油藏控水压裂技术现状[J]．中国石油和化工标准与质量，2024，44(08)：196 –198.

[7]李嘉瑞，邱小庆，姚宇科．控水压裂工艺方法及效果分析[J]．重庆科技学院学报(自然科学版)，2014，16(04)：51 –53 +83.

[8]王旭．浅谈控水压裂的应用[J]．石化技术，2016，23(03)：191.

[9]霍明宇．F 油层中高含水期控水压裂技术与应用[J]．化学工程与装备，2021(08)：175 –176.

[10]郝晨西，杜志栋，张嵩．致密砂岩气藏控水压裂工艺效果分析及应用[J]．辽宁化工，2021，50(10)：1548 –1550.

[11]刘子雄，李啸南，王金伟，等．致密气藏水平井甜点段识别方法研究[J]．中国石油勘探，2021，26(3)：117 –125.

[12]胡宗敏，袁伯琰，张立刚，等．基于随钻录井资料的标准化机械比能魔性研究及应用[J]．录井工程，2020，31(4)：29 –35.

[13]王克林，张波，李超，等．库车山前深层高温高压气井多封隔器分层压裂工艺[J]．石油钻采工艺，2021，43(2)：239 –243.

[14]张华光，桂捷，张丽娟，等．苏里格气田机械封隔器连续压裂技术[J]．石油钻采工艺，2013，35(4)：85 –87.

[15]张文星，张华光，任国富，等．套管滑套分层压裂工具[J]．石油矿场机械，2016，45 (3)：81 –82.

[16]王万鹏，石张泽，贾奔．海上油田压裂管柱遇卡原因分析与探索[J]．石化技术，2022，29(12)：105 –107.

[17]周福建，袁立山，刘雄飞，等．暂堵转向压裂关键技术与进展[J]．石油科学通报，2022，03：365 –381.

[18]熊春明，石阳，周福建．深层油气藏高效改造增产技术及应用[J]．石油勘探与开发，2018，45(5)：888 –893.

[19]路智勇．转向压裂用暂堵剂研究进展与展望[J]．科学技术与工程，2020，20(31)：12691 –11.

基于多场耦合的复杂缝网压裂参数优化方法研究

樊爱彬　王涛　王飞　张亚飞　王金伟　郝鹏灵

（中海油田服务股份有限公司油田生产事业部）

摘　要： 复杂缝网能够大大提高压裂改造体积，低渗潜山储层提高单井产量需采用复杂缝网压裂方式，如果准确优化压裂参数形成复杂缝网是提高单井产量的关键。本研究基于室内实验与油藏模拟相结合，通过建立多层耦合人工缝网模型，充分考虑储层非均质、应力各向异性、应力阴影效应及天然裂缝与人工裂缝耦合关系，表征压裂复杂缝网主控因素及其影响规律。并基于多层耦合人工缝网模型，优化出目标区最优排量、最优净液量、最优砂比、最优前置液比例以及最优射孔厚度。建立全三维油藏数值模拟模型，通过对比，相同储层复杂缝网压裂后两年累产比常规压裂增加80%，验证了复杂缝网压裂的增产效果，为后续低渗潜山储层开发提供技术指导。

关键词： 低渗潜山；多场耦合；复杂缝网；压裂参数优化

随着中国海油“七年行动计划”的逐渐深入，越来越多的海上潜山油藏被发现。这些潜山油藏具有埋深藏、物性差等特点，常规DST测试手段无法获得高产，良好的储层改造有望大幅度提高产能。海上潜山储层改造作业经验少，部分井压裂后产能并不理想，主要原因是裂缝形态比较单一，没有形成复杂缝网，改造效果有限。为了实现海上潜山储层经济有效开发，必须提高单井初产和单井累产，复杂缝网压裂是提高单井产量的主要途径。

1　多层耦合人工缝网模型建立

常规的模型只能表征简单的双翼裂缝，无法表征复杂裂缝网络。通过研究，建立了多层耦合人工缝网模型，充分考虑储层非均质、应力各向异性和应力阴影效应，模拟复杂缝网形态。不但能够模拟裂缝扩展机制和支撑剂运输过程，而且还能有效模拟水力裂缝和天然裂缝的相互作用，表征压裂复杂缝网，并实现与数值模拟无缝衔接。

对比常规三维压裂和多层耦合人工缝网模型的一体化真三维压裂模拟结果，可以发现常规压裂模型模拟的人工裂缝近椭圆形，且为对称缝，这是因为受其属性体的限制，只使用了单井的测井值，无法考虑地层属性的非均质性和各向异性，无法考虑天然裂缝及多级人工裂缝的交互作用。而一体化真三维压裂继承了三维地质模型和三维力学模型的数据体，考虑了地层属性的非均质性和天然裂缝等因素，模拟的人工裂缝为非对称缝，裂缝形态为非规则形状(图1)。

第一作者简介： 樊爱彬(1988—)，男，汉族，河北省衡水市人，高级工程师，工程硕士学位，在中海油田服务股份有限公司从事低渗油气藏储层改造相关地质油藏综合研究工作。E-mail：1051516661@qq.com。

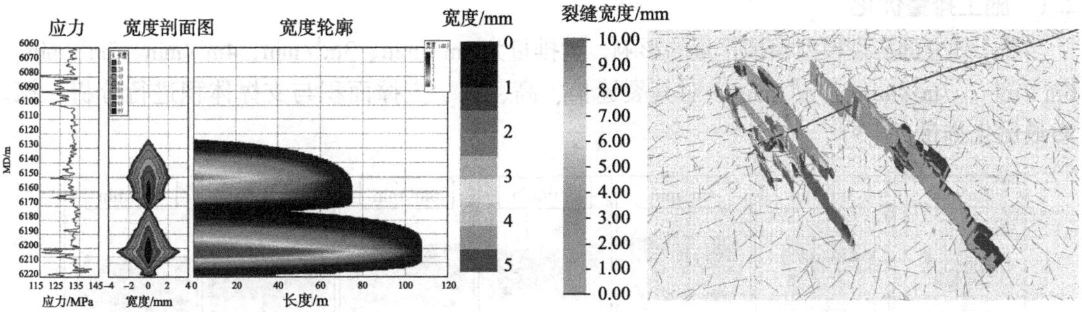

(a)常规压裂模拟结果

(b)一体化真三维压裂模拟结果

图1　模拟结果对比图

一体化真三维裂缝模拟针对压裂设计未考虑储层在三维空间的展布情况的问题，构建基于三维地质模型和三维地质力学模型的压裂设计方法。即构建三维地质模型和三维地质力学模型中，充分考虑油藏在空间展布上的非均质性，完善以往仅考虑二维平面非均质性(即轨迹沿程的非均质性)的不足，在油藏空间中进行数值模拟，进一步深化认识三维空间中人工裂缝展布形态、导流能力等关键参数对单井初期产能、递减规律及井间干扰等的影响，优化分段分簇、改造规模、施工参数等参数，实现更精确、更具针对性、更高效的压裂设计(图2)。

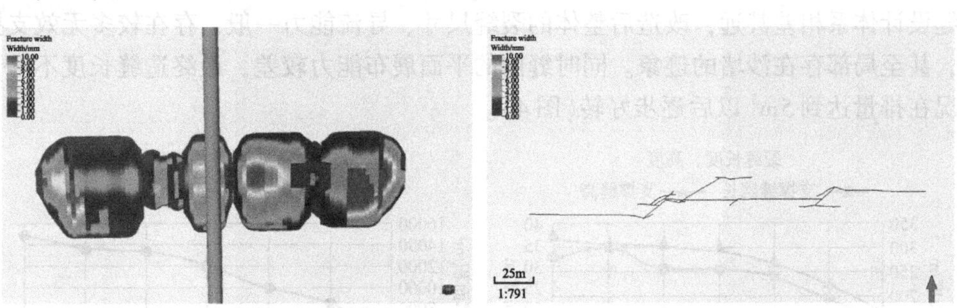

图2　一体化真三维人工裂缝模拟3D、2D图

2　复杂缝网压裂参数优化

基于建立的地质模型和三维地质力学模型，建立了N潜山B井两个层位的一体化真三维人工裂缝模型，并对其压裂施工参数进行了优化研究(表1)。

表1　人工裂缝参数模拟范围

工程参数	模拟范围
排量/(m^3/min)	2～8
液量/m^3	350～750
砂比/%	4～23
前置液比例/%	30～70
射孔厚度/m	3～20

2.1　施工排量优化

基于建立的压裂模型模拟排量的影响，设排量为2m^3/min、3m^3/min、4m^3/min、5m^3/min、6m^3/min、7m^3/min、8m^3/min，对其裂缝长、高、宽、支撑面积与支撑体积进行分析，探索最优化排量(图3)。

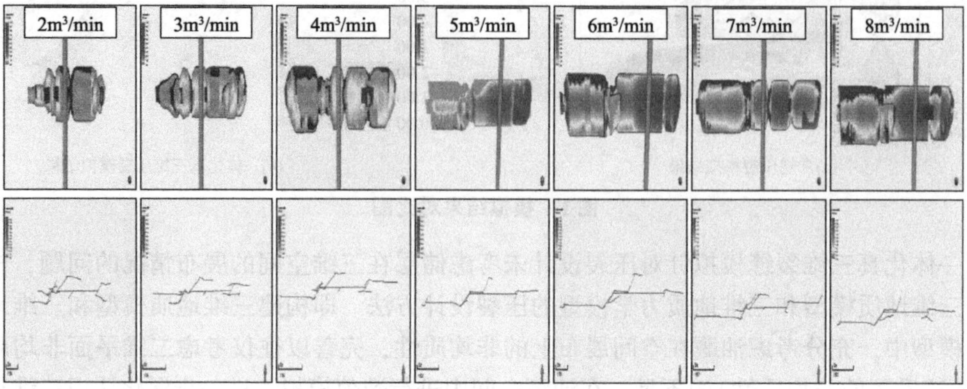

图3　不同排量下的人工裂缝形态

从排量影响因素模拟图可以看出，在现有储层地质、力学特征分布条件下，2～4m^3的排量较难应对多裂缝体系的有效支撑，缝长和缝高由于裂缝网络的发散受到限制，与单一裂缝设计体系相差甚远，改造后整体的裂缝尺寸、导流能力一般，存在较多无效支撑的情况，甚至局部存在沙堵的迹象。同时缝网的平面展布能力较差，最终造缝长度不够，这种情况在排量达到5m^3以后逐步好转(图4)。

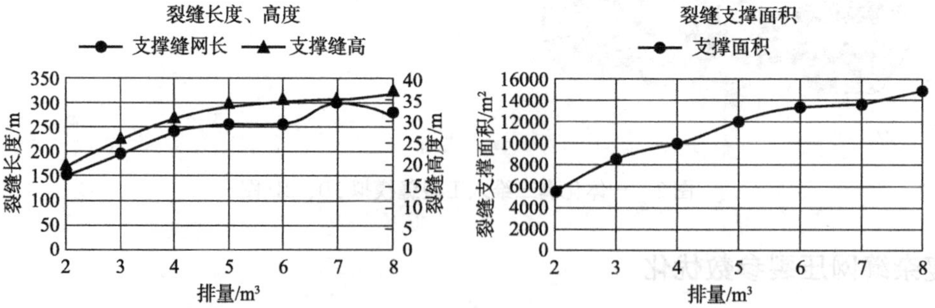

图4　不同排量下的人工裂缝长度、高度、支撑面积

从排量影响因素模拟图也可以看出，随着排量的增加，裂缝长度、高度、支撑面积和改造体积有效增加，但是当排量达到6m^3以后，增加幅度明显减缓，最优化排量参数设计在5～6m^3左右，具体需要根据实际设计井储层情况进一步模拟论证。对不同排量的裂缝长度、高度、宽度以及支撑面积、支撑体积进行分析研究，人工缝网主要考虑裂缝长度和支撑面积，因此认为排量最优为5～6m^3/min。

2.2　净液量优化

基于建立的压裂模型模拟净液量的影响，设液量为350m^3、400m^3、450m^3、500m^3、550m^3、600m^3、650m^3、700m^3、750m^3，对其裂缝长、高、宽、支撑面积与支撑体积进行分析(图5和图6)。

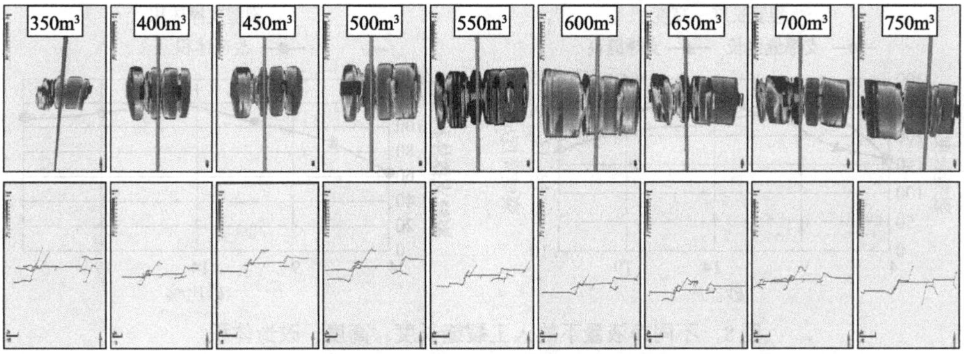

图5　不同净液量下的人工裂缝形态

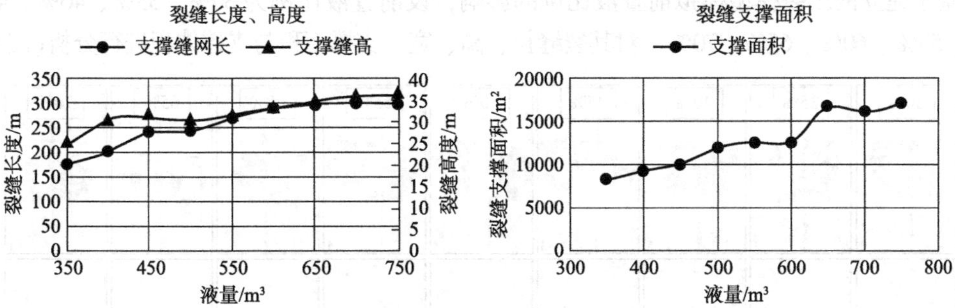

图6　不同净液量下的人工裂缝长度、高度、支撑面积

对不同净液量的裂缝长度、高度、宽度以及支撑面积、支撑体积进行分析研究，人工缝网主要考虑裂缝长度和支撑面积，因此认为液量最优为600～650m³。由于潜山储层多裂缝高滤失的存在，此类储层的用液量明显高于常规砂岩储层。

2.3 砂比优化

基于建立的压裂模型模拟砂比的影响，设砂比为4%、7%、11%、15%、19%、23%，对其裂缝长、高、宽、支撑面积与支撑体积进行分析(图7)。

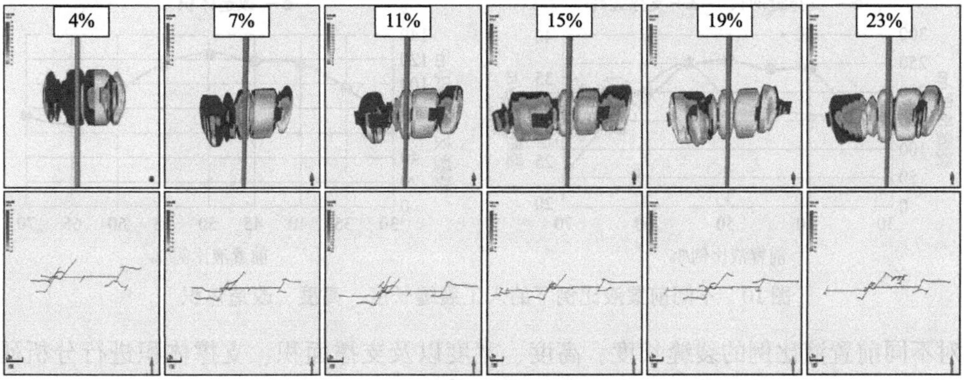

图7　不同砂比下的人工裂缝形态

对不同砂比的裂缝长度、高度、宽度以及支撑面积、支撑体积进行分析研究，人工缝网主要考虑裂缝长度和支撑面积，因此认为砂比最优为15%～20%(图8)。

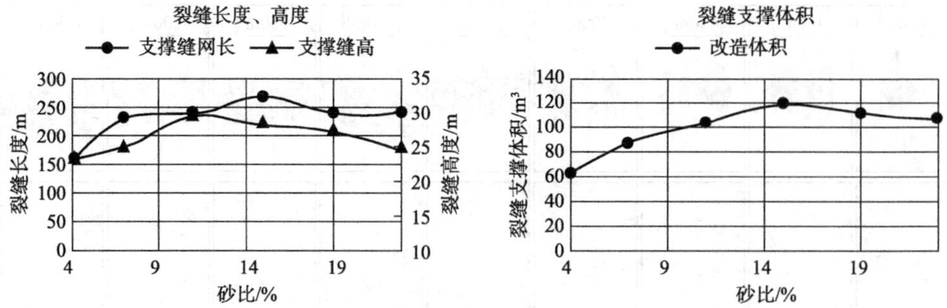

图 8　不同净液量下的人工裂缝长度、高度、改造体积

2.4　前置液比例优化

基于建立的压裂模型模拟前置液比例的影响，设前置液比例为 30%、35%、40%、45%、50%、55%、60%、65%、70%，对其裂缝长、高、宽、支撑面积与支撑体积进行分析(图 9)。

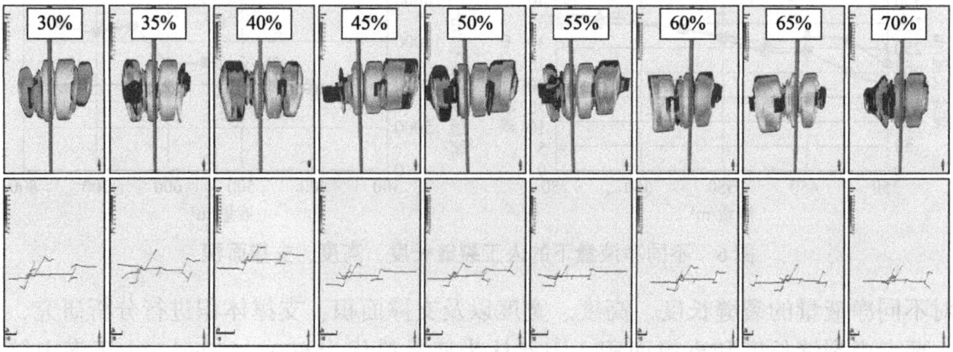

图 9　不同前置液比例下的人工裂缝形态

由于潜山储层的特殊性，有多裂缝的存在，前置液造缝难度更大，需要通过增大前置液比例和在前置中打段赛封堵近井多裂缝的方式来提高前置液造缝能力。

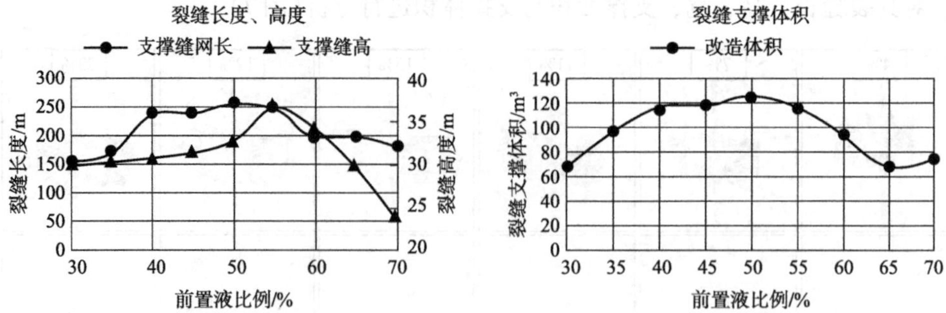

图 10　不同前置液比例下的人工裂缝长度、高度、改造体积

对不同前置液比例的裂缝长度、高度、宽度以及支撑面积、支撑体积进行分析研究，人工缝网主要考虑裂缝长度和支撑面积，因此认为前置液比例最优为 50% ~60%(图 10)。

2.5　射孔厚度优化

基于建立的压裂模型模拟射孔厚度的影响，设射孔厚度为 3m、5m、8m、11m、14m、17m、20m，对其裂缝长、高、宽、支撑面积与支撑体积进行分析(图 11)。

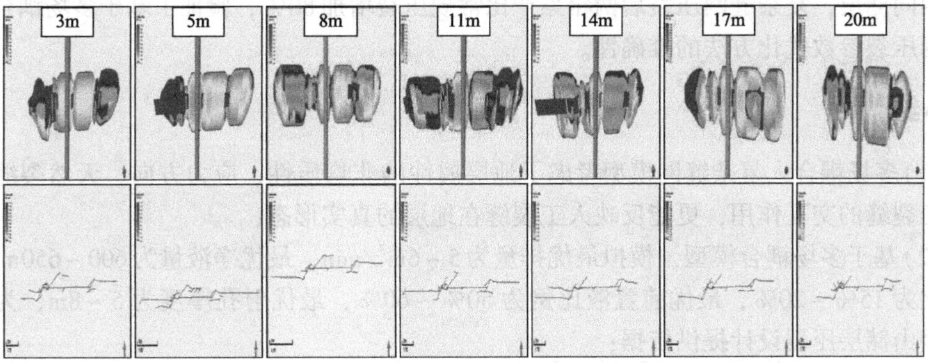

图 11　不同射孔厚度下的人工裂缝形态

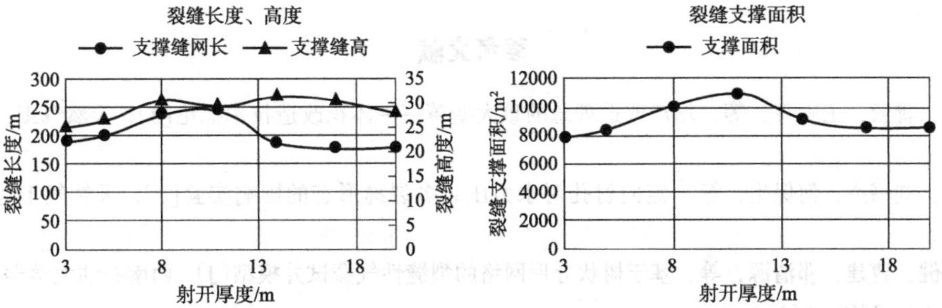

图 12　不同射孔厚度下的人工裂缝长度、高度、支撑面积

对不同射孔厚度下的裂缝长度、高度、宽度以及支撑面积、支撑体积进行分析研究，人工缝网主要考虑裂缝长度和支撑面积，因此认为射孔厚度最优为 5 ~ 8m(图 12)。

由于海上油田排量提升能力有限，而单段裂缝实际有效储层厚度并不大，需要造缝高度较小，从前面论证可以看出，储层对于裂缝纵向穿层能力的控制能力并不高，因此有必要考虑控制单段裂缝的射孔厚度，控制初期人工裂缝纵向进液量，从而改善人工缝网平面布缝能力。

2.6　效果应用

根据建立的压裂缝网模型，生成非结构化网格模型，利用一体化油气藏数值模拟器对上述参数下形成的裂缝网络进行数值模拟分析(图 13)。

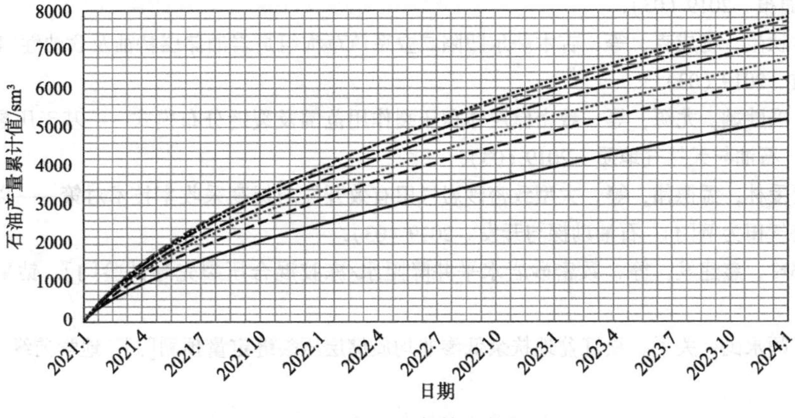

图 13　最优压裂参数产能对比

相同储层，复杂缝网压裂后两年累产比常规压裂增加80%，验证了基于多场耦合的复杂缝网压裂参数优化方法的准确性。

3 小结

(1)多场耦合人复杂缝网模型考虑了地层属性的非均质性、应力方向、天然裂缝及多级人工裂缝的交互作用，更能反映人工裂缝在地层的真实形态；

(2)基于多场耦合模型，模拟最优排量为5～6m^3/min，最优净液量为600～650m^3，最优砂比为15%～20%，最优前置液比例为50%～60%，最优射孔厚度为5～8m，为后续低渗潜山储层压裂设计提供依据；

(3)根据模拟，相同储层复杂缝网压裂后两年累产比常规压裂增加80%，验证了复杂缝网压裂的增产效果。

参考文献

[1]吴奇，胥云，王腾飞，等．增产改造理念的重大变革——体积改造技术概论[J]．天然气工业．2011 (04)．

[2]姜浒，刘书杰，何保生，等．定向射孔对水力压裂多裂缝形态的影响实验[J]．天然气工业．2014 (02)．

[3]张本健，曹建，邓清源，等．基于树状分形网络的裂缝性气藏试井模型[J]．西南石油大学学报(自然科学版)．2018 (06)．

[4]武治岐，王厚坤，王睿．裂缝性致密油藏体积压裂水平井压力动态分析[J]．新疆石油地质．2018 (03)．

[5]欧阳伟平，孙贺东，张冕．考虑应力敏感的致密气多级压裂水平井试井分析[J]．石油学报．2018 (05)．

[6]孙贺东，欧阳伟平，张冕，等．考虑裂缝变导流能力的致密气井现代产量递减分析[J]．石油勘探与开发．2018 (03)．

[7]万义钊，刘曰武，吴能友，等．基于离散裂缝的多段压裂水平井数值试井模型及应用[J]．力学学报．2018 (01)．

[8]曾联波，吕鹏，屈雪峰，等．致密低渗透储层多尺度裂缝及其形成地质条件[J]．石油与天然气地质．2020 (03)．

[9]陈志明，陈昊枢，廖新维，等．基于试井分析的新疆吉木萨尔页岩油藏人工缝网参数反演研究[J]．石油科学通报．2019 (03)．

[10]许琳，常秋生，杨成克，等．吉木萨尔凹陷二叠系芦草沟组页岩油储层特征及含油性[J]．石油与天然气地质．2019 (03)．

[11]牛小兵，冯胜斌，尤源，等．致密储层体积压裂作用范围及裂缝分布模式——基于压裂后实际取心资料[J]．石油与天然气地质．2019 (03)．

[12]冀光，贾爱林，孟德伟，等．大型致密砂岩气田有效开发与提高采收率技术对策——以鄂尔多斯盆地苏里格气田为例[J]．石油勘探与开发．2019 (03)．

[13]刘琦，邱玲，慈建发，等．致密砂岩水平井降阻水/冻胶混合压裂先导试验[J]．钻采工艺．2019 (01)．

[14]杜书恒，师永民，关平．松辽盆地扶余低渗非均质储层压裂缝定量预测[J]．地学前缘．2017 (06)．

新型旋流式井上防垢工具结构设计与性能分析

霍寒旭　秦小飞　程文佳　葛垣　孟令坤　赵双兰

（中海油田服务股份有限公司天津分公司）

摘　要：油气田开发过程中，高含水采出液或高矿化度地层水导致井下管柱和地面集输系统产生腐蚀、结垢等问题，造成管路堵塞和产量下降，严重影响了油气井高效生产。基于防垢合金材料研制防垢工具成为解决管路结垢问题的重要方法。为增加流体与防垢合金材料接触时间，充分发挥防垢合金性能，研制了一种旋流式井上防垢工具。基于导流叶片准线方程，确定导流叶片三维模型。利用计算流体力学仿真对导流叶片的数量、螺旋角及防垢片的数量、厚度等结构参数进行优化设计，并通过工业污水水循环试验验证新型旋流式井上防垢工具的防垢性能。试验结果表明，旋流式井上防垢工具防垢效果良好，阻垢率达76%。新型旋流式井上防垢工具为油气田高效防垢提供了方案参考。

关键词：结垢；旋流式井上防垢工具；计算流体力学；接触时间；阻垢率

在油气田开发过程中，从钻采、开采、集输到储运等生产环节，腐蚀结垢无处不在，成为制约和影响油气田生产的主要因素之一。目前常用防垢方法为化学法和超声波防垢法，化学法因管内流体流速差异，除垢剂用量难以控制，限制其大范围应用；超声波防垢容易受到信号传输波动和干扰的影响，除垢效果欠佳。防垢工具凭借其防垢效率高，生产成本低等优势，逐渐在石油化工等领域得到应用。

诸多学者对相关结构和工具性能进行研究，马粤等对导叶式液－液旋流器进行数值模拟分析，研究了流场中湍流强度与油滴破碎的关系；周发戚等比较了不同进气量、相同入口面积的 Stairman 型和轴流导叶式旋风分离器的压降、分离效率和内部流场；宋民航等介绍了一种新型导叶式水力旋流器，通过数值模拟验证其良好的分离效果；徐静等发明了一种逐层平行累加的通用型防垢器；鲁礼民，刘寺意设计了一种铜基触媒合金井下防垢器，管内布有扇形和圆形防垢片；张荣克，廖仲武对多管三旋的正交直母线导向叶片进行了叶片准线方程的推导及主要参数计算等；方燕等通过将磁性材料加入反渗透设备研制一种自动除垢装置。

本文设计一种旋流式井上油田防垢器结构，通过导向叶轮使内部流体产生旋流，增大与防垢工具的接触面积和有效作用时间。基于有限元仿真，分析压力、速度以及粒子的轨迹和碰撞次数等，优化结构设计，通过水循环试验验证工具的有效性。

第一作者简介：霍寒旭（1997—），男，河北省石家庄人，中海油服油田生产事业部，工程师，主要从事完井工具设计相关工作。E－mail：huohx@ cnooc. com. cn。

1 井上防垢工具结构设计

1.1 导流叶片参数方程

在直角坐标系下建立叶片准线方程，叶片结构示意图如图1所示，涉及的结构参数如表1所示。

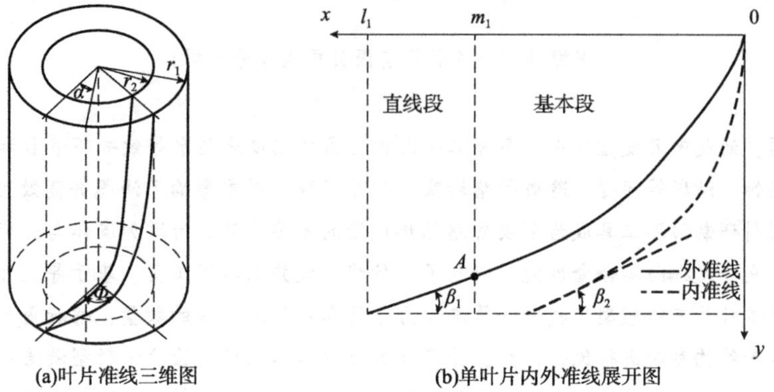

图1 叶片结构示意图

表1 叶片参数

参数	名称
Φ	叶片内外准线包角/(°)
α	叶片内外准线中直线包角/(°)
β_1、β_2	叶片外、内准线出口角/(°)
h	叶片准线高度/(°)
r_1、r_2	叶片外、内准线半径/mm
l_1、l_2	叶片外、内准线包弧长/mm
m_1、m_2	叶片外、内准线基本段包弧长/mm
n_1、n_2	叶片外、内准线直线段包弧长/mm

由图1可得，叶片外准线包弧长为 $l_1 = \frac{\Phi r_1 \pi}{180}$，叶片外准线基本段长度为 $m_1 = \frac{(\Phi - \alpha) r_1 \pi}{180}$，叶片外准线直线段长度为 $n_1 = \frac{\alpha r_1 \pi}{180}$。利用椭圆方程将外准线基本段在直角坐标系下表示为

$$\frac{(x-a)^2}{a^2} + \frac{y^2}{b^2} = 1 \qquad (0 < x < m_1) \tag{1}$$

对于叶片外准线，当叶片外准线出口角度β_1和叶片高 h 固定后，可求出基本段和直线段的交点坐标 A[图1(b)]为：$\left(\Phi - \alpha\frac{r_1\pi}{180},\ h - \alpha\frac{r_1\pi}{180}\tan\beta_1\right)$。结合式(1)，得外准线基本段方程为

$$y_{外基} = \frac{b}{a}\sqrt{(2a - x)x} \qquad (0 < x < m_1) \tag{2}$$

式中，$a=\dfrac{m_1^2\tan\beta_1-(h-n_1\tan\beta_1)m_1}{2l_1\tan\beta_1-n_1\tan\beta_1-h}$，$b=\dfrac{a(h-n_1\tan\beta_1)}{\sqrt{(2a-m_1)m_1}}$。由 A 点坐标可得外准线直线段方程为

$$y_{外直}=k_1x+c \qquad (m_1<x<l_1) \tag{3}$$

式中，$k_1=\tan\beta_1$，$c=h-l_1\tan\beta_1$。由于内、外准线所对应包角均相等，可得$\dfrac{l_1}{l_2}=\dfrac{r_1}{r_2}$，则外准线出口角$\beta_1$和内准线出口角$\beta_2$的关系为

$$\tan\beta_2=\frac{r_1}{r_2}\tan\beta_1 \tag{4}$$

同理可得内准线基本段和直线段方程为

$$y_{内基}=\frac{b}{a}\sqrt{\left(2a-\frac{r_1}{r_2}x\right)\frac{r_1}{r_2}x} \qquad \left(0<x<\frac{r_1}{r_2}m_1\right) \tag{5}$$

$$y_{内直}=k_2x+c \qquad \left(\frac{r_1}{r_2}m_1<x<\frac{r_1}{r_2}l\right) \tag{6}$$

式中，$k_2=\tan\beta_2$，将内、外准线方程化作极坐标形式建立叶片三维模型。

1.2 导流井上防垢工具结构设计

建立防垢工具三维结构如图 2 所示，由导流叶片、防垢合金片、轴芯和壳体等组成。新型旋流式防垢工具通过导流叶片令腔内产生旋流，增大液体与防垢器接触面积和有效作用时间。

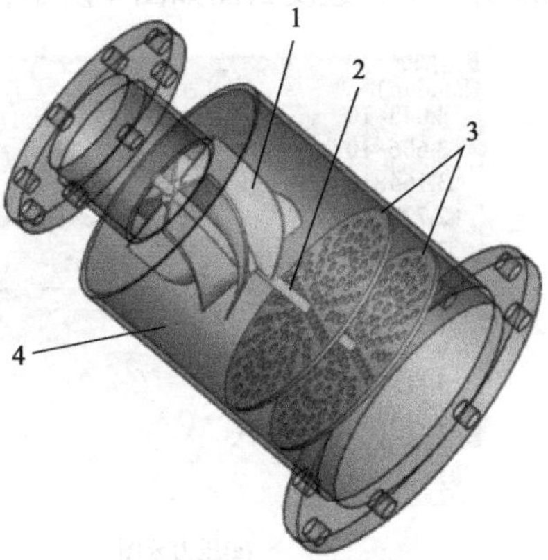

图 2 导流防垢器三维结构图

1—导流叶片；2—轴芯；3—防垢片；4—壳体

2 防垢器参数确定

2.1 有限元模型的建立

基于 Fluent 19.0 抽取模型的流体域如图 3(a)所示，基本结构参数如表 2 所示。采用六面体网格进行模型划分，初始边界条件设置为 10m/s，进出口压差 $P_4=4\text{MPa}$。

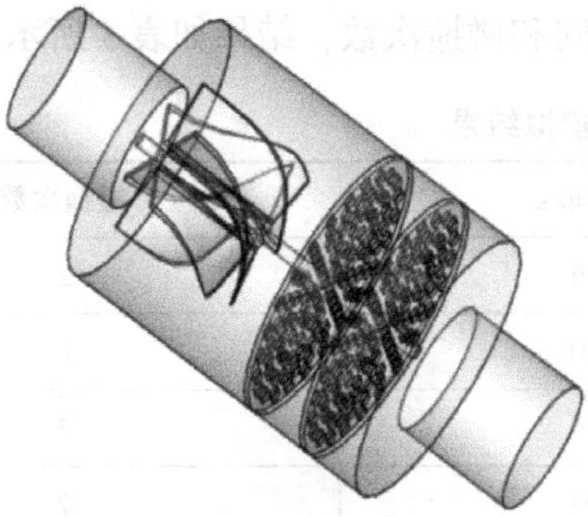

(a)流体域抽取

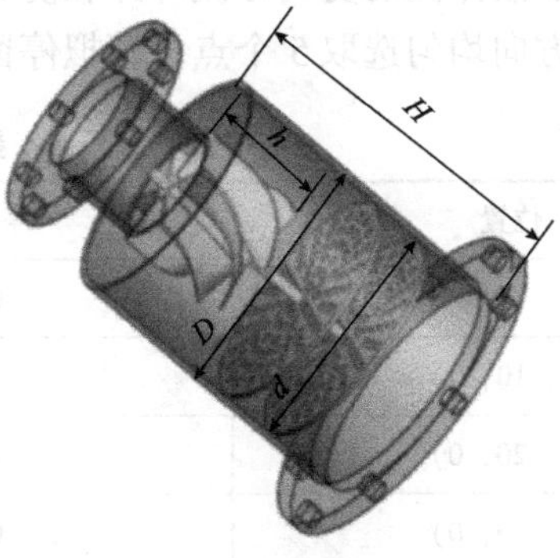

(b)参数图

图 3 防垢器示意图表

表 2　基本结构参数

参数	数值/mm
外径 D	215
筒高 H	280
导流叶片高 h	100
防垢片直径 d	210

2.2　防垢工具关键参数设计

以压降、速度及腔内碰撞次数和停留时间为评价标准，孔倾斜度为 30°时，对防垢片厚度和孔直径进行模拟。

2.2.1　防垢片结构参数设计

(1)防垢片厚度有限元模拟

令孔直径为 10mm，选取防垢片厚度为 4mm、6mm、8mm、10mm 进行模拟。厚度为 4mm 的压力、速度云图如图 4 所示，其他厚度以数值分析为主。

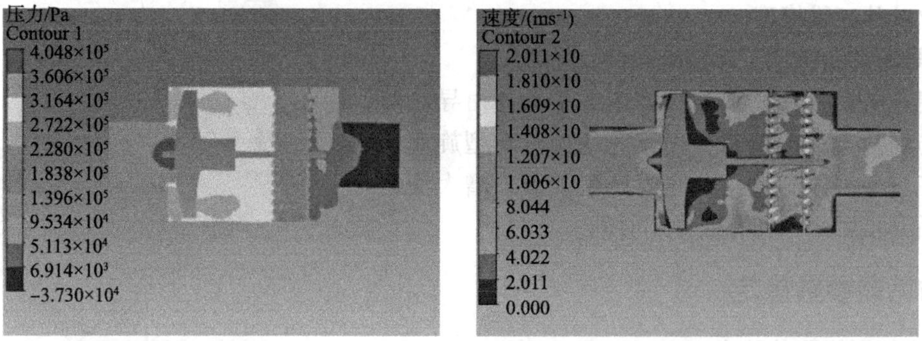

(a)压力云图　　(b)速度云图

图 4　防垢器模拟分析云图

由图 4 可知，防垢器最大压力为 0.4048MPa，最大流速为 20.11m/s，最大压力主要分布在进口。由于液体流入时与上方芯轴碰撞，较高流速使碰撞点压力升高；最大流速在出口附近。由于液体流动受到导流叶片和防垢片阻碍，在出口压力得到释放，速度达到最大值。沿直径方向均匀选取 5 个点，模拟停留时间和碰撞次数，结果如表 3 所示。

表 3　数值模拟结果

位置	停留时间/s	碰撞次数
(0, 0, 0)	0.0896	2
(0, 10, 0)	0.1520	0
(0, 20, 0)	0.0934	3
(0, 30, 0)	0.0804	2
(0, 40, 0)	0.0729	1

由表3可知，当径向距离为10mm时，停留时间为0.152s，粒子未与防垢器碰撞；当径向20mm时，粒子碰撞次数最多。由此可知，停留时间与碰撞次数无直接关系。4mm、6mmm、8mm和10mm的分析结果如图5和表4所示。

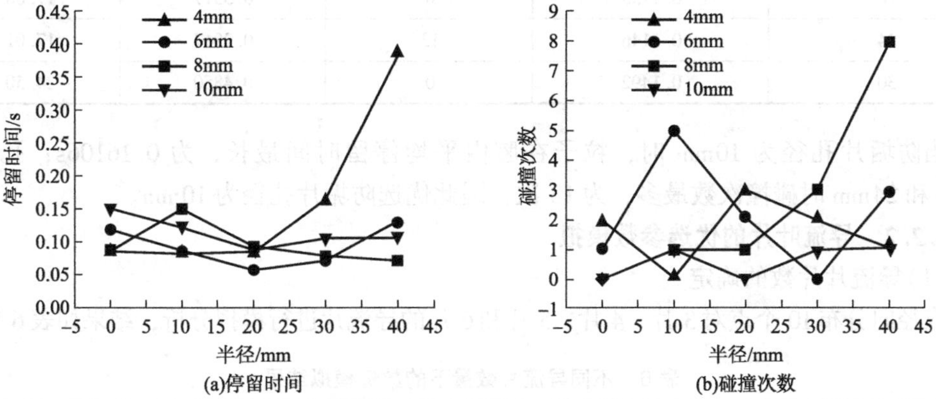

图5 停留时间和碰撞次数图

表4 不同厚度防垢片模拟结果

防垢片厚度/mm	平均停留时间/s	总碰撞次数	最大压力/MPa	最高速度/(m/s)
4	0.09766	8	0.4048	20.11
6	0.09328	11	0.4736	21.79
8	0.16106	13	0.4810	22.30
10	0.11558	3	0.485	24.50

由表4可知，防垢片厚度为8mm时，平均停留时间与总碰撞次数最佳。

(2)防垢片孔径有限元模拟

孔径大小直接影响流体与防垢器作用时间。图6和表5为防垢片厚度为8mm，孔直径分别为10mm、16mm、24mm和30mm时的数值模拟结果。

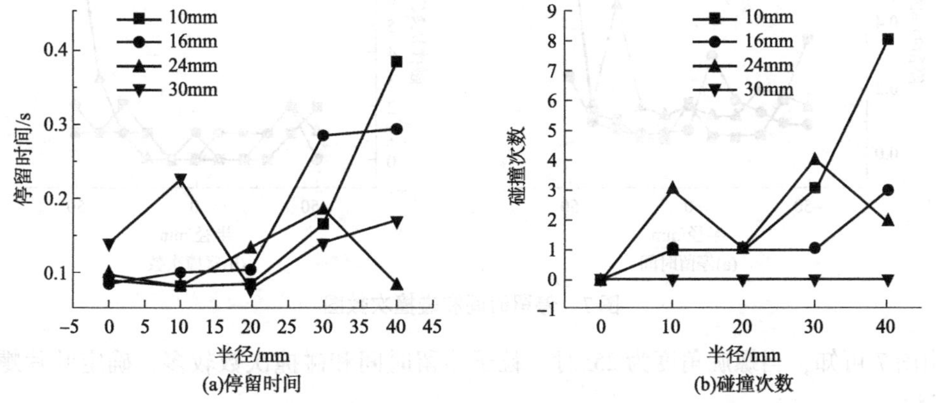

图6 停留时间和碰撞次数图

表5　不同孔径防垢片模拟结果

防垢片孔径/mm	平均停留时间/s	总碰撞次数	最大压力/MPa	最高速度/(m/s)
10	0. 16106	13	0. 4810	22. 3
16	0. 1735	6	0. 3517	17. 06
24	0. 1146	13	0. 2917	17. 01
30	0. 1492	0	0. 4850	24. 50

当防垢片孔径为 10mm 时，粒子在腔内平均停留时间最长，为 0. 16106s；孔径为 10mm 和 24mm 时碰撞次数最多，为 13 次，因此优选防垢片孔径为 10mm。

2. 2. 2　导流叶片的优选参数模拟

(1)导流片片数的确定

取径向分布 10 个点对 3 片、4 片、5 片和 6 片的导流片进行模拟分析，结果如表 6 所示。

表 6　不同导流片数量下的数值模拟结果

导流片片数	最大/最小压力/MPa	最大流速/(m/s)	平均停留时间/s
3	0. 3526/ －0. 04947	20. 01	0. 1108
4	0. 3647/ －0. 04767	20. 11	0. 0853
5	0. 3679/ －0. 04030	19. 97	0. 0947
6	0. 3934/ －0. 05538	20. 86	0. 1269

由表 6 可知，当导流片为 6 片时，粒子平均停留时间最长，为 0. 1269s，导流片数确定为 6 片。

(2)导流片螺旋角度的确定

取径向分布 10 个点对角度分别为 15°、20°、25°的导流片进行模拟，结果如图 7 所示。

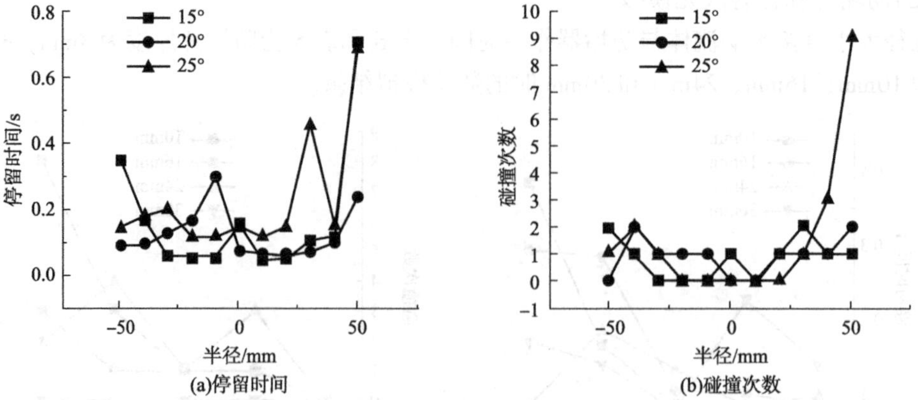

图 7　停留时间和碰撞次数图

由图 7 可知，当螺旋角度为 25°时，粒子停留时间和碰撞次数较多，确定叶片螺旋角度为 25°。

3　室内测试

以工业污水进行室内水循环测试，试验装置如图 8 所示。试验主管道为 DN150，在管道上分出两条 DN80 对比管线，一条管线安装一套合金防垢工具，另一管线未安装。

(a)室外试验装置图

(b)室内试验装置图

图 8　旋流式合金防垢器试验图

从运行 5 个月的数据来看，安装合金防垢器支线存在轻微结垢，管线内壁和挂片增厚程度在 0.01 ~0.03mm；未安装工具的增厚程度在 0.09 ~0.13mm。两支线上 1m 对比短节的称重计算显示，合金防垢器阻垢率(结垢减少率)达 76%。

4　结论

本文研究一种新型旋流式防垢器，结构设计采用叶轮和防垢合金片相配合的方式，通过模拟分析和室内试验得到如下结论：

(1)基于叶片内、外准线方程构建了叶轮结构的参数化模型，建立了旋流式防垢工具三维模型，利用有限元数值模拟方法，分析了防垢片厚度、防垢片孔径大小、叶片数量和叶片螺旋角对合金防垢工具的压力和流速的影响，通过模拟直径方向上多个均匀分布流体粒子的碰撞次数和平均停留时间，得出当防垢片厚度为 8mm，防垢片孔直径为 10mm，叶片为 6 片，螺旋角度为 25°时，合金防垢工具的防垢效果最好；

(2)进行了水循环试验，安装防垢工具的管线内壁和挂片增厚程度在 0.01 ~0.03mm，未安装合金防垢工具的增厚程度在 0.09 ~0.13mm，管线阻垢率可达 76%，证明旋流式合金防垢工具的有效性。

参考文献

[1]姜秉辰．超声波原油管道除垢防垢技术研究[D]．哈尔滨工业大学，2016.
[2]马粤．导叶式水力旋流器流场分布与分离效率研究[J]．石油机械，2018，46(08)：101－106.
[3]周发戚，孙国刚，韩晓鹏，等．两种不同入口形式的旋风分离器分离性能的对比研究[J]．石油学报(石油加工)，2018，34(04)：665－672.
[4]宋民航．新型导叶式水力旋流器设计与结构优选[D]．大庆：东北石油大学，2013.
[5]徐静，才小丽，李野，等．一种通用型防垢器：中国，210610330652.0[P]．2016.
[6]鲁礼民，刘寺意．酮基触媒合金井下防垢器：中国．200820228365.X[P]．2009.
[7]张荣克，廖仲武．多管第三级旋分器导向叶片参数的计算[J]．石油化工设备，1987(03)：17－22.
[8]方燕，孙莉，王应平．永磁除垢器在反渗透设备中的应用[J]．甘肃科技，2015，31(05)：42－44＋124.

适合地热水驱用聚合物增效体系评价研究

陈士佳[1,2,3]　陈斌[1,2,3]　季闻[2,3]　王成胜[1,2,3]　张强[2,3]　阚亮[2,3]

（1. 海洋油气高效开发全国重点实验室；2. 中海油能源发展股份有限公司提高采收率重点实验室；3. 中海油能源发展股份有限公司工程技术分公司）

摘　要：本文结合地热水驱过程中原油黏度高，热水驱油效率较低的问题，针对性地开发了适合的耐温耐盐聚合物产品，并进行了黏浓关系、老化稳定性、驱油性能评价，评价结果表明，在110℃条件下，地层水38000mg/L的条件下，3000mg/L聚合物溶液黏度为22mPa·s，老化15d后黏度为7.9mPa·s。驱油实验结果表明，70℃条件下，聚合物提高采收率的幅度为35.8%，110℃条件下，聚合物提高采收率的幅度为24.0%，具有良好的应用潜力。

关键词：地热水驱；聚合物；驱油；黏度

随着全球石油资源的日益枯竭和环境保护意识的提升，石油开采技术的持续创新成为石油工业发展的重要方向之一。地热水驱油作为一种新兴的增油技术，以其环境友好和高效能的特点，引起了广泛关注和研究。其基本原理是通过注入高温地热水，利用热能改变原油的流动性及降低油黏度，从而提高采收率。但在实际应用中，单纯依靠热能驱油可能存在效率不高的问题。为了克服这一局限，开始探索地热水驱油与化学增效剂相结合的可能性。聚合物作为稠化剂在多个油田应用，并取得了良好的增油效果。本文针对南海N油田高温、高盐储层环境，对多种聚合物产品进行了系统评价，评选出了适合的聚合物产品。

1　实验

1.1　实验材料

国内南海N油田原油、模拟地层水，水质组成见表1。聚合物产品见表2，部分实验室自制，烧杯，填砂管等。

表1　模拟地层水水质组成

离子种类	K^+、Na^+	Mg^{2+}	Ca^{2+}	Cl^-	SO_4^{2-}	HCO_3^-	TDS
组成/(mg/L)	13398.37	150.29	1336.05	23474.51	348.89	571.87	39280.48

表2　聚合物产品信息

代号	类型	化学式/分子式	分子量/10^4
37(自制)	含N-乙烯基吡咯烷酮	$C_6H_9NO_4$	1500
恒聚526	聚丙烯酰胺(PAM)	$(C_3H_5NO)_n$	2100~2500

第一作者简介：陈士佳（1981—），男，天津中海油能源发展股份有限公司工程技术分公司，高级工程师，主要研究提高采收率相关方向。E-mail：chenshj2@cnoocn.com.cn。

续表

代号	类型	化学式/分子式	分子量/10^4
恒聚 720	聚丙烯酰胺(PAM)	$(C_3H_5NO)_n$	1800～2000
光亚乳液	低缔合抗盐聚合物	$(C_3H_3NaO_2)_x$ $(C_3H_5NO)_y$ $(C_7H_{12}NSNaO_4)_z$ $(C_3H_5R)_m$	1500

1.2 实验仪器

黏度计(Brookfield DV3T)、精密电子天平(FX－0.0001)、恒温箱(UV－2000)、多功能化学驱物理模拟装备(HXQ－01)、恒温水浴、磁力搅拌器等。

1.3 实验方法

参照 SY/T 5862—2018 与海洋石油企业标准 Q/HS 2032—2018 标准中相关方法执行。

2 实验结果与讨论

2.1 聚合物在不同温度条件下黏度测试

在地层温度与地热水温度范围内，分别选择了 70℃、80℃、90℃、100℃、110℃等几个温度点，测试不同聚合物在不同温度条件下的黏度，实验结果见表 3。

表 3 不同温度条件下聚合物黏浓关系数据

黏度/mPa·s 温度/℃	聚合物黏度			
	37(自制)	恒聚 720	恒聚 526	光亚乳液
70	26.3	19.3	25.2	5.4
80	24.1	15	19.3	4.3
90	24.1	11.8	15	5.1
100	23.1	9.5	12.5	4.1
110	22.4	7.9	10.7	3.7

实验结果表明，不同聚合物在模拟地层水条件下，随着温度的升高，黏度都会降低，其中 37(自制)聚合物产品黏度从 26.3mPa·s，降低至 22.4mPa·s，有较好的抗温性能。在相同的温度条件下，不同温度条件下 37(自制)聚合物产品黏度都高于其他聚合物产品。

2.2 聚合物在不同温度条件下老化实验

聚合物溶液的长期老化性能是评价聚合物性能的主要指标之一，本项目聚合物主要用于地热水增效，因此需要有较高的稳定性，分别测试了聚合物溶液 70℃至 110℃温度下 3d、7d、15d 的黏度，结果见表 4～表 6。

表 4 聚合物溶液老化 3d 黏度

黏度/mPa·s 温度/℃	聚合物黏度			
	37(自制)	恒聚 720	恒聚 526	光亚乳液
70	15.0	8.0	12.3	2.7

续表

温度/℃ \ 黏度/mPa·s	聚合物黏度			
	37(自制)	恒聚720	恒聚526	光亚乳液
80	12.9	5.9	10.2	1.6
90	12.3	4.3	5.9	1.4
100	11.8	3.4	4.2	1.4
110	11.2	2.5	3.2	1.3

表5 聚合物溶液老化7d黏度

温度/℃ \ 黏度/mPa·s	不同聚合物黏度			
	37(自制)	恒聚720	恒聚526	光亚乳液
70	13.4	7.1	9.6	1.9
80	10.7	4.6	7.0	1.6
90	10.2	3.1	4.3	1.4
100	9.6	2.3	3.0	1.4
110	8.6	1.8	2.1	1.2

表6 聚合物溶液老化15d黏度

温度/℃ \ 黏度/mPa·s	聚合物黏度			
	37(自制)	恒聚720	恒聚526	光亚乳液
70	11.8	6.4	4.3	1.6
80	10.7	3.2	1.6	1.4
90	9.1	2.1	1.1	1.4
100	8.4	1.9	1.0	1.3
110	7.9	1.6	1.0	1.2

由表4~表6中可以看出随着温度的升高，四种聚合物的黏度均呈现下降的趋势，型号为37(自制)在老化3d、7d和15d后的性能明显好于其他三种聚合物，其次为恒聚720和恒聚526，而光亚乳液聚合物经过3d的高温老化后已基本丧失增黏的性能。分析主要原因自制聚合物37在聚丙烯酰胺主链上增加了AMPS等耐温抗盐基团，因此该聚合物具有较好耐温抗盐性能，作为后续驱油性能测试的主要研究对象。

2.3 聚合物的驱油性能评价

2.3.1 实验条件

分别测试了在70℃与110℃的条件下，聚合物37(自制)的驱油实验，实验填砂管基本参数见表7。

表7 填砂管物性参数

温度/℃	渗透率/mD	注入量/PV	孔隙度/%	初始含油饱和度/%
70	339.7	0.7	28.5	76.4
110	276.0	0.7	27.4	77.2

2.3.2 驱油实验结果

从图 1 中可以看出在 70℃条件下，自制 37 聚合物提高采收率的幅度为 35.8%，最终采收率为 87.5%。110℃条件下，自制 37 聚合物提高采收率的幅度为 24.0%，最终采收率为 89.4%。

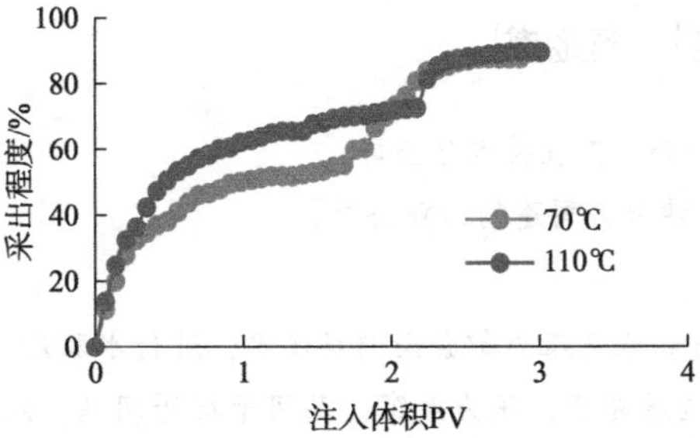

图 1 不同温度条件采出程度与注入量关系

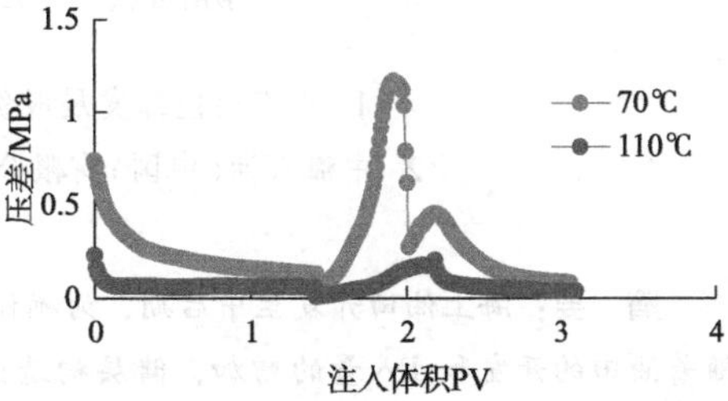

图 2 不同温度条件注入压差与注入量关系

从图 2 中可以看出在 70℃条件下，自制 37 聚合物驱替压差变化明显，注聚时最大压差为 1.2MPa。110℃条件下，自制 37 聚合物在 1.5MPa 回压下的驱替压差变化较为明显，注聚时最大压差为 0.21MPa。

3 结论与认识

(1)在模拟地层水条件下，聚合物溶液在 70～110℃，37(自制)、恒聚 720、恒聚 526 都有较好的增黏能力，其中增黏能力 37(自制)最优。

(2)37 聚合物(自制)、恒聚 720、恒聚 526 三种聚合物在 70℃条件下，15d 内有较好的稳定性，在 110℃条件下，37 聚合物(自制)稳定性更优的性能。

(3)37 聚合物(自制)70℃条件下，聚合物提高采收率的幅度为 35.8%，110℃条件下，聚合物提高采收率的幅度为 24.0%，具有作为地热水化学增效的药剂体系的潜力。

参考文献

[1]王学忠，王建勇，等．利用地热资源进行热水驱油的技术研究[J]．中国地质，2009，36(4)：885－890.

[2]张民，王增林，杨勇，等．稠油热水驱微观驱油效果影响因素分析[J]．特种油气藏，2015，22(3)：89－92.

[3]朱立国，李勇锋，陈维余，等．闭式注水油藏自分散型耐高温高盐调驱剂[J]．油田化学，2024，41(1)：47－50.

[4]宁凯，李奇，陈士佳，等．渤海 S 油田在线调驱乳液聚合物凝胶体系筛选与性能评价[J]．当代化工，2024，53(3)：656－659.

[5]孔丽萍，陈士佳，敖文君，等．不同类型聚合物对稠油油藏适应性研究[J]．石油化工应用，2022，41(8)：39－42.

海上老油田超压预测与钻井配套技术

陈国宏[1]　王海更[2]　窦金虎[1]

[1. 中海油能源发展股份有限公司工程技术分公司；
2. 中海石油(中国)有限公司天津分公司蓬勃作业公司]

摘　要：海上油田开发至中后期，为确保产能和地层压力都会向储层注水，进行水驱油。随着油田的开发和注入量的增加，储层构造出现地层超压、压力互窜、层间干扰等问题，尤其在井控、井身结构设计和井漏方面带来巨大挑战。个别区块因超压严重，甚至出现无法动用的情况。因此，为了降低作业风险和开发超压死油区储量，利用现有海上平台钻井机具，针对压力窗口窄、压力不确定等因素，打破常规思路建立了一套全新的逻辑决策体系，并采用VSP压力前探、近钻头伽马和精细压控钻井技术一一破解了以上难题，并最终成功探明地层压力，释放了油田产能。

关键词：超压地层；VSP压力前探；精细压控

油藏开发生产实践表明：油田地层压力低于饱和压力时，天然气会逐渐从原油中分离出来，并占据部分孔隙空间，使油相渗透率大幅度下降，采油指数下降，同时含水率上升速度加快；油田开发过程中，地层压力比饱和压力低的越多，地层脱气越严重，采油指数下降幅度越大，含水上升速度越快，中低含水期也就越短，最终导致油田采收率的下降。为提高采收率和防止严重脱气，油田有时会采用强注强采来应对油田的高含水，从而导致压力异常，其中地层破裂压力和孔隙压力举发生了较大的变化。

另部分油田储层薄厚层发育，层间物性、流体差异明显，纵向非均质性较强，注水开发过程中存在诸多问题，主要表现为：(1)地层亏空大，层间存在差异；(2)储层非均质性强，注采不均衡；(3)层间跨度大，吸水能力差异大；(4)完井管柱设计和注水方式不匹配，采用统注未进行分层注水；(5)水质不达标和地层发生强水敏反应，产生微粒膨胀和运移堵塞地层。注水导致地层超压的因素有诸多，但注水提高产能、水洗油的开发理念，已成各油田的主要挖潜手段。因此打破常规思维采用新思路、新工艺摸清异常压力分布规律成为关键，也是油田可持续发展的有效措施。

1　油田超压现状及预测

在海上某油田开发过程中，由于储层非均质与注采关系复杂，使得常规的地层压力预测方法不能够适用于现阶段的地层孔隙压力计算。根据随钻测压结果，现阶段该油田大部

第一作者简介：陈国宏(1979.10—)，男，陕西，中海油能源发展股份有限公司工程技术分公司工程师，高级工程师，主要从事海上油田钻完井技术支持和研究工作。E－mail：chengh2@ cnooc. com. cn。

分地区属于正常压力体系，局部地区存在亏压或超压情况，如图1所示。针对已发现的超压情况，通常采取边停注边泄压的方式降低地层压力，经泄压处理后，局部超压会得到改善，但个别区块超压情况仍无法准确获得，只能通过井口压力监测和物质平衡法等手段进行压力预测。

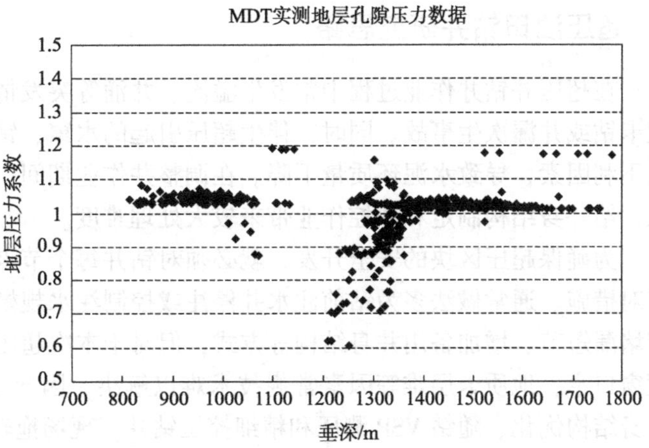

图1　某油田随钻测压压力分布图

在应用物质平衡法进行压力预测时，其所需三大数据是：流体注入体积、注入流体响应的平均油藏压力增加量、系统可压缩性，计算等式如下：

总注入体积 = 压力增量 × 总体积压缩系数 × 总有效孔隙体积

式中，总体积压缩系数 = 孔隙体积压缩系数 + 水的体积压缩系数；孔隙体积压缩系数为 3.0×10^{-5}，水的体积压缩系数为 3.0×10^{-6}。

通过上式估算有效油藏体积时，注入体积较易确定，其次是关井之后的压力测定(一般通过井口压力反算出井底压力)，系统的可压缩性假定与油藏模型所用一致，孔隙体积压缩系数 3.0×10^{-5}，水的压缩系数 3.0×10^{-6}。表1为超压区块A井利用物质平衡法预测储层压力数据，最高压力系数为1.64。

表1　A井油层压力预测数据表

井号	层位	深度(海拔)/m	原始地层压力/MPa	预测目前地层压力/MPa	压力系数	预测目前地层压力变化/MPa
A	L10	-989	10.1	10.1	1.00	原始地层压力
	L20	-1023	10.4	10.4	0.99	原始地层压力
	L30	-1056	10.7	10.7	0.99	原始地层压力
	L40	-1090	11	8.5	0.76	亏压2.5MPa
	L50	-1121	11.3	10.8~11.3	0.94~0.99	亏压0.5MPa~原始地层压力
	L60	-1188	12	11.5~12.0	0.95~0.99	亏压0.5MPa~原始地层压力
	L70	-1240	12.5	12.0~12.5	0.95~0.99	亏压0.5MPa~原始地层压力
	L80	-1296	13	12.5~13.0	0.95~0.99	亏压0.5MPa~原始地层压力
	L90	-1346	13.5	12.5~13.0	0.92~0.95	亏压1.0MPa~亏压0.5MPa
	L100	-1389	13.9	23.1	1.64	超压9.2MPa
	L110	-1457	14.6	23.8	1.62	超压9.2MPa

2 超压油田钻井研究思路

在超压井钻井作业过程中常发生溢流、井涌等突发情况，为此加入大量加重材料而引起卡钻或井漏次生事故。同时，伴生超压引起的水窜、钻井液矿化度增高给固井作业也带来不利因素，导致水泥环质量下降。在调整井作业期间，同一井段经常出现喷、漏同存现象，给井身结构制定和井控作业带来较大处理难度。

为确保超压区块的安全开发，就必须对钻井每个节点进行过程控制，采取有针对性的应对措施。通常做法多为钻前注水井停注或控制注水规模，生产井返排泄压、钻具组合携带堵漏短节、增加备用井身结构等方式，但对于本次超压严重区块，压力预测不确定、密度窗口窄、地质卡层难等因素常规技术难以解决。因此必须打破传统做法，从井槽优选、井身结构优化、随钻 VSP 测压和精细控压钻井，现场拖轮输重浆和井控演练全方位构建一套新的钻井思路，完成该区块压力和储量的评价。

2.1 井槽选择

海上油田开发受环境条件制约均在一个平台布置多个井槽，采用丛式定向井从不同方位集束钻井可大大降低开发成本。对于长期注水超压老油田，利用现有井槽和机具设备评价、动用高压地层，井槽的选择至关重要。简单可行的轨迹不仅可以使钻井作业规避许多地质和工程灾害，还可防止钻高压层时发生连环事故。其槽口选择和轨迹设计考虑地质和工程因素。

2.1.1 工程因素

(1)选择外、边排的剩余空井槽或仅存在表层套管井槽，以便于定向井浅层防碰造斜；

(2)选择井筒完整性良好，隔水导管和套管无破损变形、环空无带压、固井质量好的老井进行侧钻；

(3)利用老井槽生产井侧钻时，选择拔套管浅层侧钻，以便从上到下大尺寸井筒作业和在高压层井段预留一层套管；

(4)优化靶点，轨迹尽量简单化设计为二维 J 形井，以利于下套管和防止形成岩屑床；

(5)按轨迹自然方位分布，避免井眼轨迹在水平面上的投影于其他井相交；

(6)选用低狗腿度造斜，减少防碰饶障井段，设计轨迹足够平滑，并进行摩阻扭矩计算，最大值不超过设备能力的 80%。

2.1.2 地质因素

(1)应避免新钻轨迹钻遇埋藏于浅部地层的气层和古河道等不稳定地层；

(2)优化轨迹绕开开深、浅部断层，尤其风险较大的走滑和通海底断层；

(3)尽量避让存在蠕变或者应力较大岩性地层，避免后期生产后套管变形。

2.2 井身结构设计

井身结构设计是钻井工程的基础，其主要内容是确定套管的下入层次，深度、水泥浆返高、水泥环厚度、生产套管尺寸及钻头尺寸。对于超压区井身结构设计应采取偏保守的原则进行，除常规井的条件外，还应满足以下要求：

(1)严格按照孔隙压力、坍塌压力、破裂压力三压力曲线确定每层套管的下深；

(2)潜在的高压层和薄弱地层不应在同一裸眼段；

(3)对于不确定的高压层宜有备用套管层次；

(4)根据可能出现的不确定和风险制定决策树，以确保作业有章可循。

本次超压区井因压力预测存在不确定性，且经过多年注水开发，地下孔隙和破裂压力均已发生改变，考虑作业安全和井控规范按照预测最大孔隙压力和允许溢流量反算出高压层盖层所需地层破裂压力，并以此为基础制定井身结构决策树，从而提高现场作业的灵活性和应对性，具体计算详见下表2和图2。

表2　高压盖层破裂压力反算结果表

井段	$8\frac{1}{2}$in					
最大孔隙压力系数	1.64					
压井排量/(L/min)	600					
上层套管鞋深度/m	(MD1590/TVD)1415.33					
完钻深度/m	(MD1740/TVD)1514.97					
钻井液密度/(g/cm³)	1.69	1.70	1.71	1.72	1.73	1.74
溢流原因	抽汲溢流					
溢流流体类型	气体					
地层承压能力要求/(g/cm³)	1.77	1.78	1.79	1.80	1.81	1.82

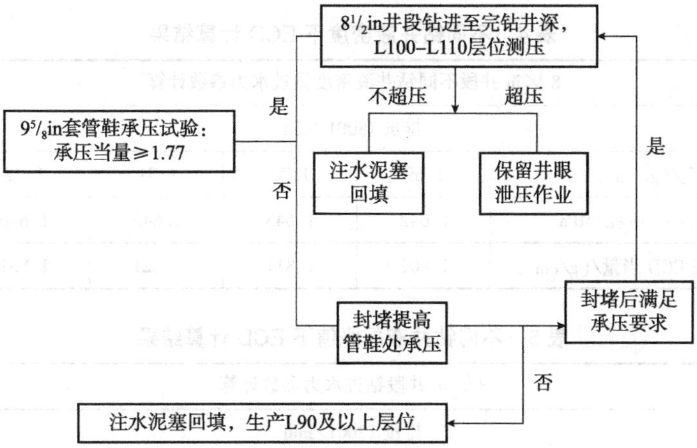

图2　超压井井身结构决策树示意图

2.3　随钻压力预测

由于地层超压数据均为油藏部门通过井口压力读数推导和利用物质平衡法估算而来，不确定性较大，为降低井控风险，本次作业钻达超压层盖层后采用VSP(垂直地震剖面测井)技术对将钻遇的未知地层进行压力探测。它与通常地面观测的地震剖面相对应，一般是用平台吊车悬吊地震波源放置于海水中，在井筒不同深度布置多个检波器进行声波接收。在垂直地震中，因为检波器通过井置于地层内部，所以不仅能接收到自下而上传播的上行纵波和上行转换波，也能接收到自上而下传播的下行纵波及下行转换波，甚至能接收到横波。所以垂直地震能探测到井底以下几百米的地层信息，如图3所示。

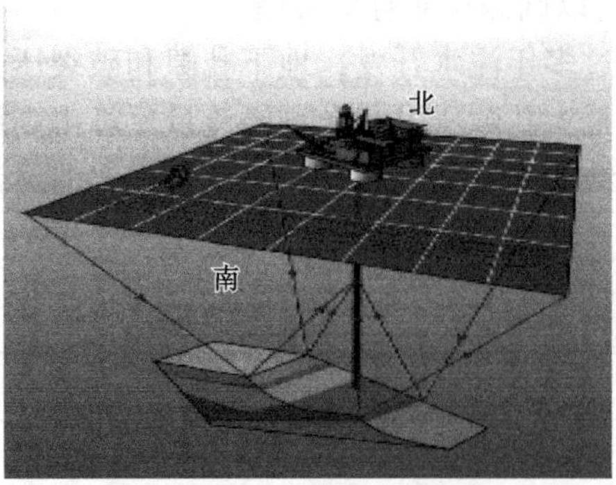

图3　海上VSP测井示意图

2.4 钻井工艺优化

面临超压和窄密度窗口问题带来的井控、井漏等复杂问题，不仅会引起工期费用的增加，还会污染海洋环境。为此，本次方案设计中采取了常规与压控钻井对比优化的思路，优选出适合该区块、作业模式和设备能力的钻井方式。整个优化过程，以井底ECD介于孔隙压力和破裂压裂之间为恒量作为指导思想，对钻具组合、钻井液性能、泥浆泵循环排量进行类比分析。见下表3～表5。

表3　不同钻具组合下ECD计算结果

钻杆尺寸	使用钻井液密度1.69g/cm³时不同排量下井底处ECD(g/cm³)						
	最小排量/(L/min)	排量/(800 L/min)	排量/(1000 L/min)	排量/(1200 L/min)	排量/(1400 L/min)	排量/(1600 L/min)	排量/(1800 L/min)
5in	1043	1.977	1.804	1.794	1.794	1.797	1.801
5in(500m)+4in	1110	1.897	1.78	1.779	1.78	1.781	1.784
5in(500m)+3½in	1144	1.893	1.776	1.775	1.775	1.777	1.779

表4　不同钻井液密度下ECD计算结果

8½in井段不同钻井液密度钻进水力参数计算						
排量1800L/min						
钻井液密度/(g/cm³)		1.69	1.70	1.71	1.72	1.73
井底	环空压耗/MPa	1.642	1.643	1.645	1.646	1.647
	井底ECD当量/(g/cm³)	1.801	1.811	1.821	1.831	1.841

表5　不同钻井液屈服值下ECD计算结果

8½in井段钻进水力参数计算							
排量1200L/min							
钻井液密度/(g/cm³)		1.69					
钻井液流变模型		赫巴模型					
钻井液流变参数		R600	R300	R200	R100	R6	R3
		122	72	55	38	6	5
井底	环空压耗/MPa	1.225					
	井底ECD当量/(g/cm³)	1.769					

通过以上分析可见，当钻井液密度为1.69g/cm³(预测最大压力系数1.64g/cm³，钻井液附加值0.05～0.1g/cm³)时，井筒内处于过平衡状态，采用多种方式优化后井底ECD仍大于或近似等于地层破裂压力1.77g/cm³，作业中易引起井漏或井控事故。因此窄密度超

压井钻井作业必须探索出一套低密度、低事故率和井控能力强的压力控制钻井技术。

压控钻井理念为，当钻异常压力地层时采用低于正常钻井液密度进行近平衡钻井。当井筒内建立循环后井底压力等于钻井液静液柱压力加上流体与井壁产生的环空压耗；当接钻具、停泵后，需及时在井口附加回压在井底产生过平衡，理想状况是停泵静止时井口加载回压与循环时的环空压耗(AFP)相等，其原理如图4所示。

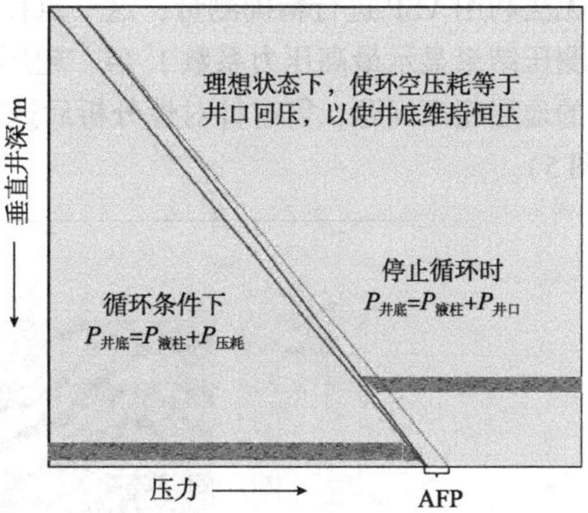

图4　压控钻井原理示意图

压控钻井的核心关键在于压力控制工艺的实现。尽管控压钻进、接单根、起下钻、换胶芯等作业流程完全不同，其本质也是由开泵、循环、停泵和停止循环4个单一程序组合，弄清4个基本程序，对掌握控压钻井的压力控制方法至关重要。

3　现场应用

3.1　基础情况

渤海某油田A井因出砂和高含水而关停，现需处理回收244.5mm和339.73mm两层套管后侧钻新井位，使其复产。在老井起出生产管柱弃井后注水泥塞至隔水管内。待水泥塞候凝合格后，钻水泥塞从508mm隔水管鞋下侧钻出新轨迹，井身结构设计为：406.4mm(表层井段)+311.15mm(非目的层井段)+215.9mm(超压目的层井段)，超压井段备用152.4mm小井眼。215.9mm井段中完时下入近钻头伽马进行地质卡层，其目的为防止提前揭开超压层。在311.15mm井段下入244.48mm套管固井结束后，井底下入VSP电测仪器对下部未钻开超压层进行测井作业。在215.9mm超压层作业前井口安装、调试好压控设备，运行正常后超压层进行钻井作业。

3.2　应用效果

(1)近钻头伽马使用效果。

本次A井311.15mm非目的层井段中完时利用近钻头伽马实时跟踪卡层，在发现稳定泥岩标志层缺失后及时停钻，卡层准确，既保证了技术套管的地层承压能力，也降低了提前揭开高压层风险。在下一开钻穿盖层后的砂描中再次证明地层层位、岩性、压力过渡带分界面深度误差均控制在标准要求的10m以内。近钻头伽马技术的使用，为异常压力井作业大大降低了作业风险。

(2)VSP技术使用效果。

由下图5中VSP测井结果解释可见，根据VSP走廊叠加在井底以下200m范围内，无明显阻抗异常显示，因此没有指示压力出现异常抬升现象。超压区块地层受回注流体影响，可能会产生非均质性局部变化，是否发生总体破坏目前无数据支撑判断。地震与VSP受分辨率影响，难以分辨局部变化，存在无法排除异常压力变化可能性。导致VSP难以判断的原因可能与地层形成超压机理有关，VSP通常主要用来测量因地质构造活动和泥质沉积物作用形成的异常高压地层，如是因压力传递即地下剩余孔隙压力的重新分布导致的，则无法利用 VSP 进行精确测量，这一点在本次作业中也得到了印证，A 井超压井段最终随钻测压结果显示最高压力系数 1.14，超压约 2MPa。因此在今后海上老油田因注入流体引起的地层超压问题，需有针对性分析后选取科学、有效的方法和仪器进行地层属性的探测（图 5）。

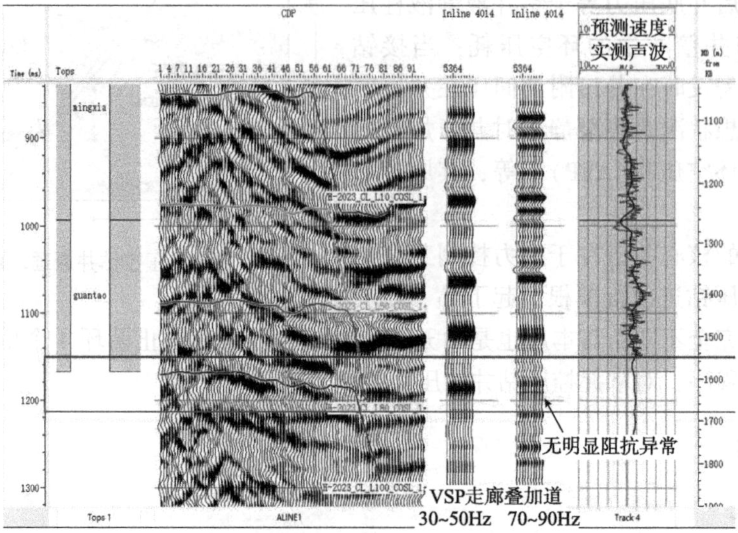

图 5　A 井 VSP 测井解释成果图

(3)压控钻井使用效果。

由压力预测知，最高地层空隙压力系数为 1.64，假设钻进钻井液密度 1.60g/cm^3，停泵维持井底 ECD 1.66g/cm^3（附加 0.02g/cm^3）恒定，通过水力模拟出井口控压值不大于 0.84MPa；不同密度相应的井口控压值如表 5 所示。

表 5　现场压控钻井停泵井口回压计算表

钻井液密度 g/cm^3	停泵井口控压值/MPa	
	1588m ⊥1414m	1740m ⊥1515m
1.60	0.83	0.89
1.62	0.56	0.59
1.64	0.28	0.30
1.66	0.00	0.00

本次 A 井的压控钻井作业总体较为成功，钻井全过程井筒内压力剖面均在受控范围内，未发生地层流体井漏、井侵事故；因采用压控允许范围的低密度钻井液作业，在压控设备配合下避免了井涌、溢流并提高了储层保护；尤其在停泵情况下进行接单根、起钻，控压设备的应用保证了井筒静止下的井控安全；本次超压层井段作业未发生压力系统引起的复杂情况，因此未启用备用井身结构。最终本井顺利完钻，完成了压力和储量求产评价任务。

A 井采用配套超压钻完井作业技术，完全依托原平台模块钻机和低效井老槽口，相比采用钻井平台在该超压区以探井模式作业仅拖航和机具费节省约 1450 万元（模块钻机日费

15 万元/天，钻井平台 45 万元/天，拖航费 1000 万元/天，工期 15 天），且在探明地下压力分布后即投入生产，为该平台增加一口生产井，节约钻完井投资 5000 万元。

A 井的成功实施落实了老区 64×10^4t 地质储量，并计划后期在建造一座 18 口井槽的无人平台，为渤海油田上产 4000×10^4t 夯实了基础。同时也为注水老油田增加了一种完善、安全的开发技术，在四海具有很好的推广价值。

4 结论

(1)利用海上平台现有井槽和设备进行超压井进行评价井作业，不仅节约了钻井平台资源，还摸索出了一套符合标准、技术可行的作业模式。

(2)本次超压层 VSP 技术的使用虽未取得预期效果，但从另一方面证实了非地质条件下异常压力无法通过常规声波技术测量，对今后类似情况给出了参考和指导。

(3)对比物质平衡法压力预测与随钻测压结果看，前后差异较大，从而说明地下注入流体是动态的，压力是传递的，地层孔隙度是非均质的，也非刚性密闭的。

(4)压控钻井技术的成功应用，有效缓解了海上老油田注采矛盾的难题，为降本增效和挖潜增储提供了一种新的手段，积累了作业经验，可在四海大力推广。

参考文献

[1]陈玉超．调整井钻井过程中受注水井的影响及预防对策[J]．中国石油和化工标准与质量，2013，34(05)：179.

[2]陈璐瑶．注水井异常产生的原因及治理措施[J]．化学工程与装备，2021，10(2)：159－161.

[3]李凤颖，等．利用物质平衡法分析小层注水量[J]．海洋石油，2021，41(03)：37－41.

[4]贾柯．莺歌海盆地超高温高压探井钻井技术应用与实践[J]．石化技术，2023，30(11)：193－196.

[5]王占领，等．渤海油田侧钻井槽口优选设计方法[J]．海洋石油，2021，41(01)：83－86.

[6]陈鹏，等．国内复杂结构井井身结构优化技术及应用现状．化学工程与装备，2023(10)，91－93.

[7]张东清，等．高温高压深井井身结构的优化计算．化学工程与装备，2021(03)，128－129.

[8]刘劲省，等．井间地震 VSP 技术在渤海油田的首次应用[J]．化工管理，2021，(01)：187－188.

[9]王果，等．控制压力钻井技术应用研究[J]．石油钻探技术，2009，37(01)：34－38.

[10]熊方明，等．近钻头伽马钻井技术与应用[J]．钻采工艺，2016，39(06)：100－102.

[11]张春阳，等．海上高温高压井钻井、完井及测试指南．中国海油企业标准，2018，04：1－2.

[12]黄熠，等．海上控压钻井技术规范．中国海油企业标准，2023，04：1－13.

[13]石希天，等．精细控压钻井技术在塔中地区的应用及评价[J]．钻采工艺，2010，33(05)：32－34.

水平井智能分舱控水在渤海老油田的应用

鲍锦祥

（中海油能源发展股份有限公司工程技术分公司）

摘　要： 渤海油田是中国海上最大的油田，随着油田的持续开发，很多老油井含水率非常高。目前很多老井含水高达90%以上，有的甚至高达98%，单纯以液带油，又增大了油田水处理成本。因此油田控水成为近几年研究的重点。目前渤海油田几种典型的控水方法分为：连续封隔体控水、水平井智能分舱控水、轻质覆膜颗粒防砂控水。这里主要介绍水平井智能分舱控水，通过地质油藏分析，选择性注入ACP控水段，利用ACP分将水平段分为几个舱室，以减少水锥突进，同时通过有缆智能管柱，分别对不同舱室进行开采或者合采，以控制油井含水率，提高油井采收率。老井智能分舱控水目前得到了较好的应用，控水效果也得到了认可。

关键词： 含水率；控水；分舱；有缆智能

渤海油田开发至今，在产油井约2100多口，含水90%占总井数的35.8%。油井长久高含水生产加剧了油田水处理成本，至油田流程长期处于满负荷运转。针对老井高含水情况，设计研发水平井智能分舱控水技术，通过油藏分析针对油井单点局部水淹油井，同时带有泥岩隔板夹层的井，通过管柱在设计注入点注入ACP（化学封隔器），实现水平井分舱，管内通过有缆智能管柱对各舱室分层开采，以实现控水目的。

1　水平井水淹模式及危害

水平井较直井而言，井眼穿过油层的长度较长，大大增加井眼与油层的接触面积，从而能够有效提高单井产量，对于高投入的海油石油来讲，水平井在渤海油田应用非常广泛。在水平井生产过程中，水淹形式主要分为底水锥进和裂缝突进。根据水淹区域在水平段的展布情况，底水锥进可以分为点状、线状和曲面状等形式。底水一旦突破，含水上升特别快，导致产油量大大下降，影响水平井采收率，同时也大大增加地面设备处理负担，降低人工举升效率，加剧设备及管线腐蚀、结垢，产出水若不及时回注或者处理，也将增加对环境污染。由于水层的能量大于油层的能量，底水的体积大于油藏的体积，且同样的地层中水的渗流能力大于油的渗流能力，因此针对底水油藏中的点状见水，采用智能分舱控水能够降低油井出水情况。

2　分舱控水选井原则

（1）具备控水增油潜力；

作者简介： 鲍锦祥（1986—），男，河北沧州，中海油能源发展股份有限公司工程技术分公司，中级支撑，主要从事海上修井作业。E－mail：baojx@cnooc.com.cn。

(2)具备剩余经济可采储量;
(3)具备阻止层间、层内窜流的隔夹层;
(4)套管完井要求固井质量良好;
(5)见水认识明确;
(6)完井方式为筛管完井;
(7)原井无分层封隔器或分层封隔器失效;
(8)出水模式为局部水淹。

3 ACP 堵剂要求

(1)堵剂应满足海上环保要求。安全等基本要求;
(2)堵剂应具备触变性、满足完井填充水平或垂直环空;
(3)堵剂固化时间宜控制在6~12h，且固化时间能够根据需求进行调整;
(4)固化后段塞承压能够满足目标井生产需求。

4 ACP 段塞设计要求

(1)应具备良好隔夹层的位置设计段塞;
(2)堵剂注入过程中存在前缘稀释、坍塌等问题，定向井单个段塞设计长度宜为10~15m，水平井单个段塞设计长度宜为20~30m。

5 ACP 堵剂性能

5.1 ACP 的强度和浸入性能

骨架材料直接影响固化后的强度，骨架材料浓度大，固化强度高，当小于7%时，触变性一般，达到10%时，过于黏稠，影响注入性能。因此，作为ACP骨架材料(强度控制剂)，浓度推荐范围为7%~9%。骨架材料浓度为9%时，强度更大，浸入深度小一些。

5.2 ACP 的触变性

材料具备剪切变稀、静止后能够迅速恢复强度的高触变特性，将其注入管外环空，进行有效封隔，抑制水流轴向窜动。

5.3 ACP 的环控抗压

原尺寸砾石充填完井条件下，ACP单位承压强度2.0MPa/m；原尺寸裸眼完井条件下，ACP单位承压强度0.8MPa/m。

5.4 ACP 长期稳定性

配制ACP材料，加压至15MPa，置于烘箱中，长时间观察，明确地层条件下的ACP长期稳定性能(表1)。

表1　ACP 稳定性能测试(不同温度、时间下的针入度 mm)

实验温度/℃	1/d	30/d	60/d	90/d	120/d	150/d	180/d	360/d	540/d
100	25.7	25.8	25.6	26.8	27.1	27.9	27.8	28.1	27.9
110	25.7	25.9	26.1	27.0	27.6	28.4	28.5	28.9	28.9

6 水平井智能分舱控水现场应用

6.1 A1H 井应用情况

6.1.1 油藏情况

A1H 井井控地质储量 $26.2\times10^4m^3$，采出程度 13.8%，油柱高度 6m，实钻水平段长度 353m，其中油层 166.2m，强水淹层 55.1m，弱水淹层 70.0m，泥岩 61.7m，优质储层钻遇率 82.5%。

水平段位于 NgⅡ1 砂体顶部，中间段钻穿上部泥岩隔层 4 段；水平段电阻显示，趾端电阻(23.7Ω·m)高于跟端(13.0Ω·m)，表明趾端含油性相较于跟端较好；本井无渗透率数据，根据 2 口临井判断，该井渗透率在 4500~6600mD。

6.1.2 A1HH 井生产情况

A1H 井生产 NgⅡ1 油组，油层厚度 9m，水平段长度 353m。下入 $9\frac{5}{8}$in 普通合采管柱，采用裸眼+优质筛管砾石充填防砂方式。启井前静压 11.7MPa，生产初期最高日产液 $134m^3$，日产油 $134m^3$，不含水，之后含水快速上升，投产半个月含水升至 50%，投产 3 个多月含水达 90%，投产 10 个月含水达 98%。2022 年 9 月实施换大泵作业，2023 年 2 月日产液 $2608m^3$，日产油 $28.5m^3$，含水 99%，生产压差 1.5MPa，累产油 $3.61\times10^4m^3$。

6.1.3 控水分析

根据实钻测井解释分析，储层水淹程度由根端向中部逐渐变强，水平段趾端轨迹垂深更深(低 1.8m)，但电阻明显较前面高，基本未水淹。分析水淹主要受临井，临井水脊半径影响，A1H 井实钻水淹较严重。

数模结果表明，NgⅡ1 小层底部和水平井井筒附近水淹严重；油层中上部、高部位未控制区水淹较轻，剩余油相对富集；A1H 井水平段跟端及中部水淹严重，趾端部分井段水淹较轻，具有剩余油挖潜潜力。

A1H 井投产后无水采油期仅 3d，含水快速上升，呈厂字形。目前邻井 F02H 井累产油 $18.1\times10^4m^3$，而该井目前累产油仅 $3.62\times10^4m^3$，井区采出程度较低(13.8%)，预测剩余可采储量为 $3.6\times10^4m^3$。因此，分析认为 A1H 井跟端及中部水淹，趾端具有剩余挖潜潜力。

6.1.4 分段及 ACP 用量设计

根据该井测井资料及生产情况，结合 A1H 井水平段动用情况及工艺可行性，将水平段分为四段。第一段、第三段和第四段为生产段，第二段为封堵段。生产建议，分段后建议初期关闭第一段，打开第三、四段生产，后期根据生产情况再进行开关层调整。

A1H 井裸眼段为 $8\frac{1}{2}$in 井眼，考虑井眼扩径 10%，ACP 进入地层 30mm 的直径约为 267.6mm，ACP 设计长度 30m，该井为砾石充填，孔隙度按照 40% 计算，环空体积 $0.46m^3$；封隔器卡距 10m，封隔器内径封隔器内径 124.3mm，$2\frac{7}{8}$in 油管外径 73mm，封隔器卡间距环空体积：$0.08m^3$；ACP 管内预留长度 50m，油管内径 62mm，管柱内体积 $0.15m^3$，工艺保障系数 1.8，合计用料 $1.24m^3$；考虑地面管线以及配液灌损耗 $0.5m^3$，ACP 总计用量 $1.74m^3$。

6.1.5 施工作业

管外 ACP 注入管柱可以用注入验封一体化管柱实现，一趟管柱可多次验封，多次挤注 ACP。

ACP 挤注管柱：2 $^7/_8$in EU 带孔圆堵 +2 $^7/_8$in EU 倒角油管 + 单流阀 +2 $^7/_8$in EU 倒角油管及短节 + K344 封隔器 +2 $^7/_8$in EU 倒角油管短节 +2 $^7/_8$in EU 压力平衡短节 +2 $^7/_8$in EU 倒角油管短节 + 注入阀 +2 $^7/_8$in EU 倒角油管短节 + K344 封隔器 +2 $^7/_8$in EU 倒角油管及短节 + K344 封隔器 +2 $^7/_8$in EU 倒角油管及短节 + 变扣(2 $^7/_8$in EUP ×3 $^1/_2$in EUB) +3 $^1/_2$in EU 卸油阀 + 变扣(2 $^7/_8$in EUB ×3 $^1/_2$in EUP) +2 $^7/_8$in EU 倒角油管及短节 +6in 定位密封 +2 $^7/_8$in EU 油管及短节 + 变扣(2 $^7/_8$in EUB ×3 $^1/_2$in EUP) +3 $^1/_2$in EU 安全接头(投球式) +3 $^1/_2$in EU 油管及短节

下入 ACP 挤注管柱，管柱进入放防砂段后，将三个 K344 封隔器至于盲管段，进行挤注之前的功能实验。用清水缓慢打压 2MPa ×15min，检查 K344 封隔器密封效果良好，停泵放压，继续下钻。下至顶部封隔器，插入定位密封，环空试压 7MPa ×15min，稳压合格。起 ACP 注入管柱至第一层 ACP 挤注位置，连接挤注管线并试压 5MPa × 5min、10MPa ×5min、15MPa ×5min、21MPa ×5min，稳压不降合格。试挤注测试，泵压/排量：7m^3/h ×1.5MPa、10m^3/h ×2.1MPa、12m^3/h ×2.7MPa、18m^3/h ×4MPa、24m^3/h ×6.4MPa。(挤注测试期间地层静漏失小于 5m^3/h)。

第一阶段：注入清洗剂 20m^3，排量/泵压：18m^3/h ×4MPa；第二阶段：注入隔离保护液 0.75m^3，排量/泵压：15m^3/h ×(1.8 ~2)MPa；第三阶段：注入 ACP 堵剂 1.74m^3，排量/泵压：18m^3/h ×(4 ~4.2)MPa；第四阶段：注入隔离液 0.75m^3，排量/泵压：19.8m^3/h ×4.2MPa；第五阶段：关闭 BOP，注入顶替液 17m^3，排量/压力：21m^3/h ×4.9MPa，压力最高涨至 9.5MPa 后逐渐降至 6MPa；第六阶段：排量 12.6m^3/h ×6MPa，ACP 到位后，停泵放压，待压力降至 0MPa，待 K344 封隔器胶皮完全回收。

挤注结束后，控速起出防砂段，反循环将管柱残余 ACP 循环出井，候凝 24h。候凝结束下放管柱至 ACP 挤注位置，正打压 2MPa ×5min，环空无返出合格，停泵放压后待 K344 封隔器胶皮回收完全，调整管柱位置，再次打压 2MPa，验证 ACP 承压情况。

其余几层 ACP 挤注验封等与第一层一致。整体 ACP 挤注结束后，管柱下至防砂段将井内剩余的 ACP 全部循环出井。

6.1.6 智能生产管柱设计

2 $^7/_8$in EU 圆堵 +2 $^7/_8$in EU 倒角油管 + 配产器 +2 $^7/_8$in EU 倒角油管短节 + Y341 过电缆封隔器 +2 $^7/_8$in EU 倒角油管及其短节 + 安全接头 +2 $^7/_8$in EU 倒角油管及其短节 + 配产器 +2 $^7/_8$in EU 倒角油管短节 + Y341 过电缆封隔器 +2 $^7/_8$in EU 倒角油管及其短节 + Y341 过电缆封隔器 +2 $^7/_8$in EU 倒角油管及其短节 + 安全接头 +2 $^7/_8$in EU 倒角油管短节 + 配产器 +2 $^7/_8$in EU 倒角油管短节 +6in 定位密封 +3 $^1/_2$in EU 油管及其短节 +3 $^1/_2$in EU 安全接头(投球式) + 变扣(2 $^7/_8$in EUB ×3 $^1/_2$in EUP) +2 $^7/_8$in EU 倒角油管 +2.313in 滑套(打开下入) + 变扣 +2 $^7/_8$in Hydril511 P110 油管 + 变扣 + 工作筒 +216Y 接头 + 变扣 +4 $^1/_2$in EU 渗氮油管及其短节 +3.813in X 坐落接头 +4 $^1/_2$in EU 渗氮油管及其短节 +9 $^5/_8$in 过电缆封隔器 +4 $^1/_2$in EU 渗氮油管及其短节 +3.813in 井下安全阀 +4 $^1/_2$in EU 渗氮油管及其短节 +4 $^1/_2$in EU 双公短节 + 油管挂

泵工况 + 电机 + 保护器 + 吸入口 + 潜油泵 + 泵头 + 泵工况传压短节 + 单流阀 +2 $^7/_8$in

EU 双公短节及变扣

A1H 井有缆智能分舱控水，管外实行 ACP 化学封割，管内实行有缆智能分采，通过电缆控制开度实现各层段油层的控水生产，同时能够在生产初期监测各层产能情况，方便落实后续生产制度，对含水率低的层位，配产器油嘴可以调大；对含水率高的层位，配产器油嘴可以调小甚至关闭。有缆智能配产器可随时根据生产情况调节油嘴开度，实时监测井下各层产液量、温度以及压力等参数。

6.1.7 A1H 井生产情况

A1H 井有缆智能分舱作业结束后，生产初期含水量下降超过 3 个百分点，单井日降水超过 $1600m^3$，每年大约可以节省用电 500×10^4kW·h，相当于每年节省 595t 标准煤。截至 2024 年 6 月底，该井增油控水 397d，含水率较措施前仍低于 1.25 个百分点，累计增油 $9854m^3$，累计降液 $887000m^3$。

6.2 B1H 井应用情况

6.2.1 油藏情况

B1H 井探边测井图显示水平段位于 NmⅠ3 砂体顶部，地震剖面表明水平段存在明显变化带，跟端和趾端分属于不同的单砂体；沉积相图表明 NmⅠ3 砂体为曲流河沉积，中间有明显废弃河道，跟端和趾端位于不同的点坝砂体；测井成果分析水平段中间段有 70m 泥岩，跟端和趾端电阻差异大，岩性有明显差异。

通过与周边邻井对比分析，该井投产后低含水采油期仅 5d，含水快速上升呈厂字形，主要受前期邻井 D1H 注入水影响，趾端水淹严重。数模结果表明 B1H 井水平段的趾端水淹严重，跟端及中部水淹较轻，剩余油相对富集。

6.2.2 B1H 井生产情况

B1H 井生产 NmⅠ3 小层，作业前产液 $905m^3/d$，产油 $21m^3/d$，含水 97.6%，生产压差 1.37MPa。B1H 井投产仅 76d 含水迅速上升至 94% 后期含水，后期含水逐步上升至 97%。邻井 C5 井累产油 $13.0\times10^4m^3$，而该井目前累产油仅 $2.1\times10^4m^3$，井区采出程度较低(6.0%)，预测剩余可采储量为 $6.5\times10^4m^3$。

6.2.3 控水分析

通过油藏工程综合方法，结合数值模拟研究成果，针对 B1H 井水平段钻遇及动用情况分析，建议开展水平井分段分舱控水试验，进一步有效控制底水锥进，以达到水平段的均衡开采，延缓底水油藏水平井产量递减，同时有助于解决油田特高含水期高液量产出需求与油田设施能力有限之间的矛盾。

以跟端电阻变化界面、岩性变化带(2290m)为界，以泥岩段后差油层(2490m)为界，将水平段分为三段。分段后建议初期关闭第三段，打开第一、二段生产，同时向下调整 D15 和 D19 井配注量，后期根据生产情况再进行开关层和注水井配注量调整。

6.2.4 B1H 井措施后生产情况

B1H 井有缆智能分舱控水投产至 2024 年 6 月底，含水较作业前降低 2.44 个百分点，累计增油 $6535.7m^3$，累计降液 $126734m^3$。

7 水平井智能分舱控水应用总结

针对老井而言，水平井智能分舱控水能够有效降低老井高含水情况，增加油田采收率，同时通过降液也可为其他高产井提供提液空间。在渤海油田老井控水领域，水平井智能分舱控水目前应用了12口井，控水增油效果明显，12口井目前累计增油50035m^3，累计降液3381949m^3。在实际应用过程中存在以下问题：

(1)ACP用量设计：ACP价格较贵，目前ACP用量设计需要进一步优化，既能满足作业要求，又能降低成本。

(2)K344封隔器在盲管段进行验封期间，部分井发现无法稳压，起出管柱检查K344封隔器封隔器有少许划痕。更换K344封隔器后下井，仍存在违法稳压现象(更换验封位置)，需考虑是防砂段管柱内部问题还是其他问题，防砂段通经可能无法满足作业需求。

(3)部分井控水效果达不到预期，需要从综合因素上分析，未达标的原因。

(4)对于修井机而言，需要严格控制选泵设计(Y分)，泵机组总长不能大于井架大勾最大提升高度，否则无法固定电泵机组对应深度处配产器电缆，配产器电缆存在挤损风险。

(5)水平井分舱控水后期随着生产不断进行，底水锥进情况会越发严重，合理控制水平井产能，争取有效的稳产期。

(6)控水措施综合运用，例如通过找水、堵水等措施，在分舱控水前期出水严重的点或者段进行封堵，有效延长稳产时间。

参考文献

[1]李宜坤，胡频，冯积累，等．水平井堵水的背景、现状及发展趋势[J]．石油天然气学报，2005，27(3)：757-760.

[2]刘帅．水平井找水技术研究与实践[J]．中国石油和化工标准与质量，2019，39(2)：222-223.

[3]王嘉淮，谢斌，等．水平井出水机理研究进展[J]．特种油气藏，2010，17(1)：6-11.

[4]颜明，田艺，宋立志，等．海上油田筛管完井水平井分段控水技术研究与先导实验[J]．中国海上油气，2013，25(5)：57-60.

海上油田高承载动力电缆投捞电泵技术研究与实践

黄新春　赵仲浩　路宇翔　付军　史轩玮　何超　李继承

（中海油能源发展股份有限公司工程技术分公司）

摘　要：海上油田电潜泵井超4200口，年故障或措施检泵400口以上，单井检泵作业人员33人，单井作业周期5～6d，年作业费用6亿元以上，同时渤海油田无修井机平台年检泵作业20井次以上，且需钻井船支持作业，年作业费用2.5亿元，因此降低检泵修井成本需求迫切。受工程、作业、井筒等因素影响，现有快速检泵作业应用限制多，钢丝投捞电泵井下湿接头长效可靠性有待验证，连续复合管缆投捞电泵现场适用性差，存在技术要求高和实施难度大问题。在总结现有快速检泵工艺技术优缺点基础上，研发了高承载动力电缆投捞电泵技术，实现了海上油田低成本高可靠的快速检泵作业。2023年度现场应用1口井，复产成功，作业人员减少39%，作业周期缩短33%，作业费用降低32.5%。

关键词：海上油田；高承载动力电缆；投捞电泵；快速检泵；低成本

海上油田潜油电泵井超4200口，产量占比高达98%，随着油井数量增多，年故障或措施检泵400口以上，渤海油田无修井机平台年检泵作业20井次以上，然而常规检泵作业程序复杂，施工周期长，复产时效低、修井费用高，已不能满足低成本快速检泵需要。目前国内外快速检泵技术受工程、作业、井筒等因素影响应用限制较多，诸如钢丝投捞电泵技术采用钢丝在油管内投捞电泵实现湿接头内、外筒对接，但电缆固定在管柱外壁易磨损，且井下湿接头长效可靠性有待验证；连续油管复合缆投捞电泵技术管缆成本高，设备体积重量大，对平台作业空间和吊机能力要求高；智能敷缆管投捞电泵技术作业设备较大，智能敷缆管耐温等级低且强度低。

基于上述技术现状和需求，本文介绍适用于海上油田开发的高承载动力电缆投捞电泵新技术原理、配套技术及现场应用，为海上油田电泵井快速检泵技术发展提供新思路，同时也为无修井机平台检泵技术发展奠定基础。

1　高承载动力电缆投捞电泵技术

1.1　技术组成

高承载动力电缆投捞电泵新技术管柱由外管生产系统、投捞举升系统和井口悬挂穿越系统3部分组成（图1），其中外管生产系统从上至下依次连接套管、深井安全阀、液控滑套、定位密封、油管和带孔管；投捞举升系统从上至下依次连接钢丝潜油动力电缆、桥式防转悬挂封隔系统和潜油电泵机组；井口悬挂穿越系统包括井口装置和电缆穿越装置。

第一作者简介：黄新春（1981—），男，江苏南通，中海油能源发展股份有限公司工程技术分公司，高级工程师，主要研究方向为采油工程。E－mail：huangxch@ cnooc. com. cn。

1.2 技术原理

施工作业时，首先利用钻修机将外管生产系统下入至顶封位置，然后通过地面收放设备将投捞举升系统投放入外管生产系统内部，到达设计泵挂位置后安装井口悬挂穿越系统，恢复井口。地面液压控制桥式防转悬挂封隔系统启动坐封，验封合格后启泵生产。

检修泵作业时，不需压井起外管生产系统，只需利用地面收放设备将投捞举升系统捞出，更换潜油电泵机组后继续投放即可。在正常生产过程中，井下流体进入管柱后依次经过带孔管、液控滑套、深井安全阀等进入泵入口，在潜油电泵增压作用下通过桥式防转悬挂封隔系统进入套管并最终举升至地面(图1)。

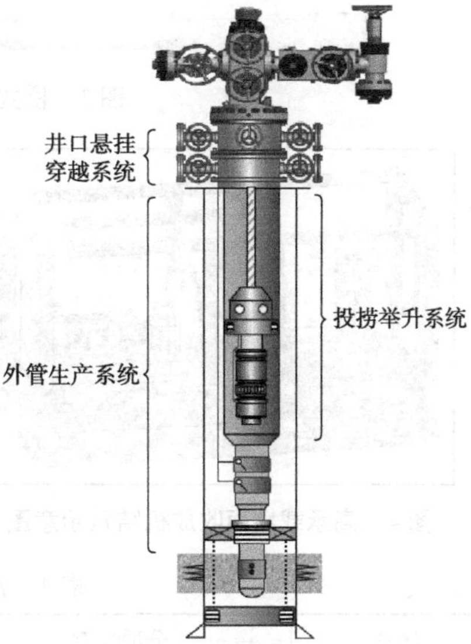

图1　高承载动力电缆投捞电泵新技术管柱组成

1.3 适用条件

新技术适用条件如下：(1)作业平台满足作业设备摆放要求；(2)井斜60°以下；(3)排量范围50～800m^3/d；(4)泵挂深度2500m以下；(5)适用于Φ244.5mm套管。

1.4 技术特点

(1)投捞过程不间断连续作业，作业时效高，全程仅需电泵人员操作，精简作业参与人员。

(2)投产恢复快，最大程度减小储层伤害，提高油井产能。

(3)具备地面收放设备摆放空间即可满足作业条件，适合于无修井机平台检泵作业。

2 配套技术

2.1 高承载钢丝电缆技术

高承载钢丝电缆其结构如图2所示，包括导体、绝缘层、护套层、液压管线和铠装钢丝，三芯电缆与液压管线绞合成缆后外层铠装钢丝。铠装钢丝采用双层镀锌高碳钢丝，抗拉承载力24t。高承载钢丝电缆的三相缆芯提供电力传输，内嵌$^1/_4$in液压管线为桥式防转悬挂封隔系统提供液压通道，钢丝铠装层承受轴向载荷。

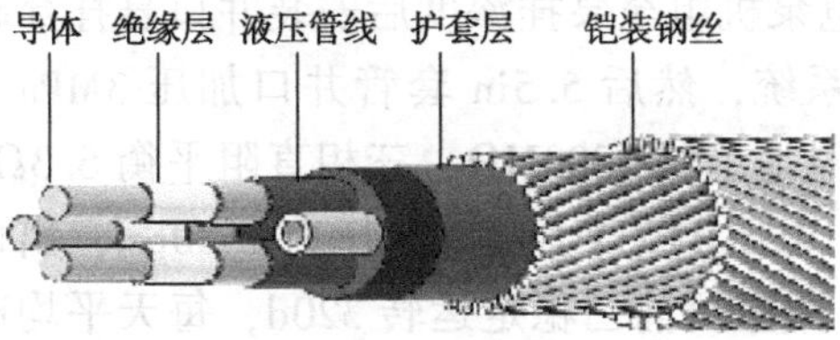

图2　钢丝潜油动力电缆结构示意图

2.2 桥式防转悬挂承载技术

桥式防转悬挂承载系统其结构如图3所示，采用液压封隔与悬挂卡瓦集成设计，其下端连接潜油电泵机组，上端连接高承载钢丝电缆，可实现悬挂潜油电泵载荷、密封举升通道和电泵防转。其主要技术参数为：外径115mm，坐封压力21MPa，抗拉载荷50t，耐温等级150℃，压力等级35MPa。

图 3　桥式防转悬挂承载系统结构示意图

图 4　高承载地面收放机结构示意图

2.3　高承载地面收放技术

定制化设计开发配套高承载地面收放机(图4)，采用主流防爆变频船用电机直驱设计实现超大载荷有效工作，远程智能测控宽幅调速提高设备工况适应能力，高/低速制动与程控液压柱销制动设计实现三级安全制动保障了作业安全性，最大实现30t载荷收放，其性能参数详见表1。

表 1　高承载地面收放机性能参数

序号	分项性能	参数指标	备注
1	额定拉载/kN	300	1.5 倍安全系数
2	调速范围/(m/min)	0\2\4\6\8\10\12	七档调速
3	有效容绳量/M	2200	绕径 44 圈
4	驱动电机功率/kW	55	绝缘等级 F

3　应用实例

截至目前，该技术海上油田现场成功应用1井次，平均作业时间由6d缩短至3d，单井作业人员平均减少50%，应用效果良好。这里以渤海某油田A井为例，介绍高承载动力电缆投捞电泵技术的现场应用。

渤海某油田A井为5.5in筛管裸眼砾石充填完井，最大井斜92°/1413.64m，设计泵挂深度1350m，最大井深2180m。该井生产无须分层，设计泵挂处井斜49.75°，无较大狗腿度，技术套管尺寸为Φ244.5mm，满足高承载动力电缆投捞电泵技术的各项要求，按照地质要求设计产液量200m^2/d。

(1)施工与生产描述。按照设计要求，投放电泵机组至泵挂深度后安装井口悬挂穿越系统，井口加压20MPa坐封桥式防转悬挂承载系统，然后5.5in套管井口加压3MPa×15min压力不降。接电缆至接线盒，测电泵系统对地绝缘1000MΩ，三相直阻平衡6.3Ω。30Hz启泵，稳定后逐渐提频至35Hz，电流21A，电压1193V，吸入口压力1530psi，出口压力1908psi，井口见液后计量产量为210m^3/d。截至目前已稳定运转320d，每天平均产液量258.7m^3/d，累计产液8.28×10^4m^3，累计产油3218.7m^3，图5为A井生产曲线。

(2)经济效益分析。某油田A井高承载动力电缆投捞电泵新技术的成功实施，使得该井后续检换泵作业只需进行电缆投捞作业，单次作业费用仅是利用修井机修井的67%。传统的修井模式需按作业资源和材料准备制定作业计划，停产时间长，平均作业时间6d，作业人员需40人，而新技术使用地面收放机直接投捞，作业工期仅需3d，作业人员需20人，可及时复产，产量损失小，极大提高了油井的生产时率，经济效益巨大(图5)。

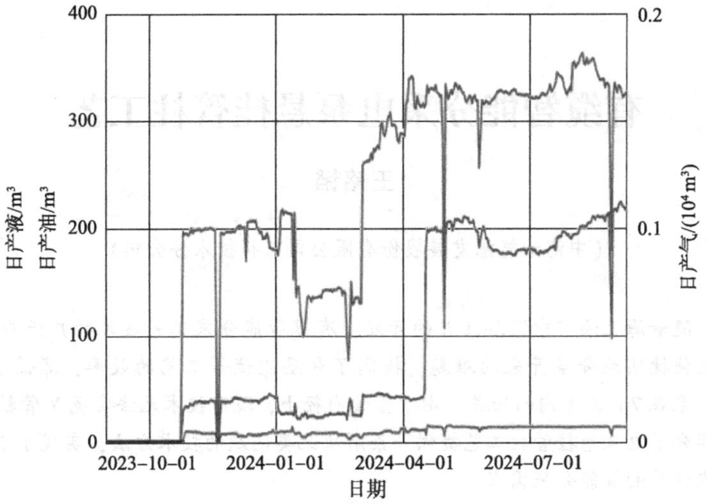

图5 A井生产曲线

4 结论

(1)高承载动力电缆投捞电泵新技术是针对海上油田快速检泵需要而提出的，其创新研制的钢丝电缆投捞举升系统可以实现免修井机检泵作业，省去了油管起下和管外电缆捆绑。

(2)在不压井修井情况下最大程度减小储层伤害，同时作业人员减少50%，作业时间缩短50%，作业费用降低30%，实现快速复产和降本增效，具有很强的技术优势。

(3)该技术为海上油田无修井机平台检泵技术提供了新方向，将极大推动海上边际油田的开发，具有较好的推广应用价值。

参考文献

[1]梅思杰，邵永实，刘军．潜油电泵技术：下册[M]．北京：石油工业出版社，2001：76－188.

[2]徐文江、牛洪彬，吴刚，等．海上机采井运维数字化转型与故障预警方法的研究与应用[J]．中国海上油气，2022，10(5)：141－148.

[3]吴志怀，吴昊．关于海上采油工艺发展的思考[J]．中国海上油气，2012，24(1)：79－81.

[4]徐文江，丘宗杰，张凤久．海上采油新技术与实践综述[J]．中国工程科学，2011，13(5)：53－57.

[5]杨子，贺智杰，刘国振，等．缆式投捞电泵技术及在海上平台的应用[J]．钻采工艺，2021，44(6)：129－131.

[6]赵杰，陈秋月，杨洪涛，等．钢丝投捞电泵系统在渤海油田应用探索[J]．海洋石油，2019，39(4)：85－87.

[7]于志刚，宋立志，范远洪，等．无修井机投捞式潜油电泵技术研究与应用[J]．特种油气藏，2021，6(3)：157－161.

[8]李登，崔国亮，郭雯霖，等．海上无修井机平台连续管缆传输电泵井口装置研制与试验[J]．天津科技，2020，6(6)：55－57.

有缆智能分采电泵悬挂管柱工艺

王铭韬

（中海油能源发展股份有限公司工程技术分公司）

摘　要：随着海上油田中深层油井的开发，有缆智能分采工艺技术的广泛应用，解决了部分油井无法便捷实施分层开采的难题，提高了分层测试等工艺的效率，降低了作业成本，但是对于在电泵在7in套管内的油井，由于套管内径小，现有技术无法实现Y管柱智能分采工艺，有缆智能分采电泵悬挂管柱工艺提供一条解决此类问题的技术方法，实现了7in套管及以下尺寸套管内油井的智能分采需求。

关键词：有缆智能分采工艺；电泵悬挂管柱工艺；7in套管

1　概述

随着海上油田中深层油井的开发，层间矛盾日益突出，部分层位含水突增导致油井生产效率降低，关闭高含水层来提高油井产量的需求日益迫切。目前，海上智能完井已经逐步形成测调一体分注技术、无线智能注采技术、液控智能注采技术和有缆智能注采技术等4大体系。有缆智能分采工艺技术的广泛应用，解决了部分油井无法实施分层开采的难题，提高了分层测试等工艺的效率，降低了作业成本，但是对于电泵在7in套管内的油井，由于套管内径小，现有技术无法实现Y管电泵分层开采工艺，限制了智能分采工艺的应用。根据现有7in套管分采工艺的基础上，创新性提出了有缆智能分采电泵悬挂管柱工艺，该工艺利用电泵悬挂分采段生产管柱，结合智能分采工艺提供一种解决小尺寸套管内智能分采问题的技术方法，实现了7in套管及以下尺寸套管内油井的智能分采需求。

2　技术方案

有缆智能分采电泵悬挂管柱工艺主要针对7in套管及外径小于7in套管的油井，能够实现油井的智能分层开采，达到精细化生产的目的，防止层间干扰。该管柱结构创新点为电泵机组下部通过定制工具转换成油管扣与分采部分油管、过缆定位密封、过缆插入密封和配产器等分采工具连接，通过过电缆定位、过电缆插入密封与防砂管柱分层封隔器内部密封筒配合使用，达到分层生产的效果，从而实现一趟管柱满足智能分采工艺的下入和后期调配的需求，对比井下电缆湿式对接装置的方式，具有更高的可靠性和成功率（图1和图2）。

作者简介：王铭韬（1991—），男，山西，中海油能源发展股份有限公司工程技术分公司，中级工程师，从事海洋石油井下作业现场施工及技术研究。E－mail：wangmt6@cnooc.com.cn。

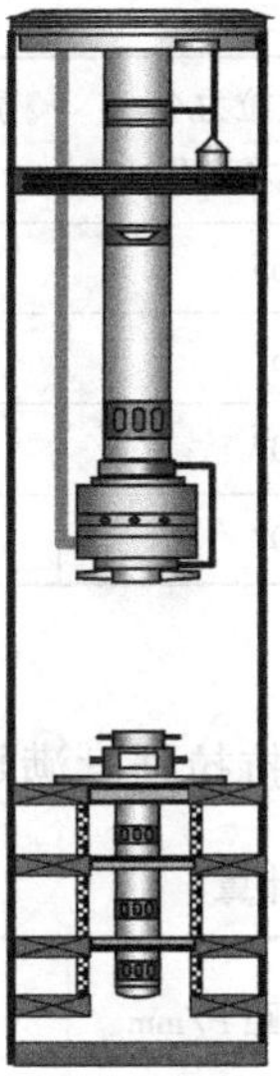

图1　丢手分采管柱

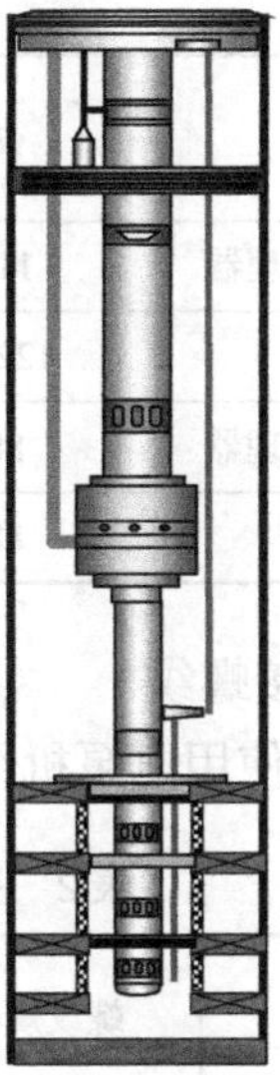

图2　有缆智能分采电泵悬挂管柱

2.1　数据计算

2.1.1　吊卡承重

为满足电泵悬挂管柱要求，根据海上油田常规定向井防砂段长度不超过500m，防砂段内使用$2\frac{3}{8}$in NU油管(N80 4.6ppf)，防砂段内油管重量3.4t，携带井下工具不超过4t，考虑井内管柱上提过程中存在一定摩阻，综合考虑，设计电泵机组吊卡承重至少需要满足5t要求。

2.1.2　安全接头拉力

随着油井生产时间的增加，存在油井出砂等情况，需要进行修井作业时，可能会存在井内管柱无法提活的复杂情况，此时井内不只有电泵机组，同时存在电泵电缆、井下智能工具电缆，电泵护罩，液控管线等异形落物，导致打捞作业难度大，打捞工期不可控，作业成本无法有效控制，影响油井复产，影响油田经济效益。针对这种可能出现的情况，本管柱工艺在过电缆定位密封上部增加安全接头。

考虑井内分采管柱薄弱点为$2\frac{3}{8}$in NU油管(N80)，接箍连接处抗拉强度为32.01t，设计安全接头拉断力26.84t，设计机组抗拉强度满足30t。

2.1.3　机组受力分析

根据电泵机组的受力工况分析，其强度薄弱点为：

(1)壳体

常规540电机配套使用电泵机组壳体抗拉强度满足要求(表1)。

表1　机组壳体强度计算

序号	壳体	壳体内外径	壳体抗拉力/t 许用应力/MPa	壳体拉应力/MPa (30t)	结论
1	540电机	123.876/138.18	168	99.9	√
2	513保护器	115.16/130.2	165	101.5	√

续表

序号	壳体	壳体内外径	壳体抗拉力/t 许用应力/MPa	壳体拉应力/MPa (30t)	结论
3	513 吸入口/气体处理器	114.986/130	165	101.8	√
4	538 泵	122.25/136.65	167	100.5	√
5	400 吸入口/气体处理器	88.9/101.6	107	154.8	√
6	400 泵	88.9/101.6	107	154.8	√

(2)壳体与头座连接螺纹

常规 540 电机配套使用电泵机组头座和壳体连接螺纹抗拉强度满足要求(表 2)。

表 2　壳体与头座连接螺纹强度计算

序号	连接螺纹位置	螺纹规格	小径 d_1/mm	螺距 P/mm	抗拉力/t 许用应力/MPa	结论
1	540 电机	18NF	122.68	1.41	130	√
2	513 保护器	14UNF	114.89	1.81	137	√
3	513 吸入口/气体处理器	14UNF	114.89	1.81	137	√
4	538 泵	12BUTT	122.66	2.12	172	√
5	400 吸入口/气体处理器	16N	88	1.59	68	√
6	400 泵	16N	88	1.59	68	√

(3)连接螺栓

8 颗$^5/_{16}$in 螺栓抗拉强度无法满足要求，12 颗$^3/_8$in 螺栓，11 颗$^7/_{16}$in 抗拉强度满足要求(表 3)。

表 3　连接螺栓强度计算

序号	连接位置	螺栓规格	螺栓抗拉力/t 标准屈服强度	螺栓抗拉力/t 实际屈服强度	结论
1	400 吸入口/处理器 - 400 泵 - 400 泵 - 400 泵出口接头	$^5/_{16}$in ×8	11.1	13.5	×
2	400 吸入口/处理器 - 400 泵 - 400 泵 - 400 泵出口接头	$^3/_8$in ×12	25.3	30.9	√
3	540 电机 - 513 保护器 - 513 吸入口/处理器 - 538 泵 - 538 泵 - 538 泵出口接头	$^7/_{16}$in ×11	32.8	44.7	√

2.2　陆地试验

在地面车间进行 456 系列机组、540 系列机组拉力试验、压力试验及拉力破坏试验，试验结果如下：

(1)456 系列机组($^3/_8$in ×8 螺栓)、540 系列机组($^7/_{16}$in ×11 螺栓)在 30000 磅(13.6t)的压力下，螺栓和螺纹连接处完好无裂纹；

(2)456 系列机组($\frac{3}{8}$in ×8 螺栓)、540 系列机组($\frac{7}{16}$in ×11 螺栓)在 45000 磅(20.4t)的拉力下，螺栓和螺纹连接处完好无裂纹；

(3)456 系列机组($\frac{3}{8}$in ×8 螺栓)的拉断拉力为 87700 磅(39.78t)；

(4)540 系列机组($\frac{7}{16}$in ×11 螺栓)的破断拉力大于 166500 磅(75.52t)。

根据试验数据也证明了使用的机组和螺栓的可靠性，综上，机组的壳体、螺纹、螺栓均满足后续现场作业的要求。

2.3 结构优化

由于传统的泵工况强度无法满足抗拉要求，目前的有缆智能分采电泵悬挂管柱工艺在电机尾部不安装泵工况，所以无法读取泵工况数据，后续会针对这种情况进行改进。

原电机尾扣为 2 $\frac{7}{8}$in NU 法兰端面，因管柱结构需求，在电机尾部安装短节，一端为 540 法兰端面，连接电机尾部，另一端为 2 $\frac{7}{8}$in EUB 扣型，连接电缆保护器或 2 $\frac{7}{8}$in EU 油管，短节内设置盲板。此结构便于机组下井作业过程中调整机组方向，便于现场施工。

吊卡调整：常规吊卡为摩擦式吊卡，承重为 5t，为保证机组吊卡承重满足要求，吊卡结构均改为卡槽式吊卡，并对吊卡进行拉力试验，测试在 10t 的拉力条件下，满足强度需求。

3 现场应用

3.1 现场操作注意事项

(1)需要注意安装信号电缆保护短节朝向电缆滑轮方向，保证电缆入井时的安全；

(2)电缆保护短节连接前，将井内管柱下放至距离钻台面最低位置，便于电缆保护短节连接操作；

(3)在电缆保护器与电机尾部之间加装 2m 长的 2 $\frac{7}{8}$in NU 过度短节，偏心电缆保护器短接至电机尾部之间过度，便于电泵机组的下入；

(4)加强泵电机尾部注意电缆保护，连接时注意电缆槽方向；

(5)电缆沿电泵表面入井，每节电泵中部需要玻璃丝带或钢制绑带固定电缆，对于通过小扁电缆护罩中的钢管电缆需要对表面进行处理后入槽。

3.2 现场应用情况

目前已经应用了 4 井次，作业顺利，均正常入井投入生产，在生产过程中，通过关闭高含水层，含水从 97% 降低到 85%，产油从 $59m^3/d$ 上升到 $87m^3/d$，取得了良好的作业效果，后续根据油井的开采情况，可以随时调整配产器开度，达到增产、稳产的状态，提高油井的开采周期。

4 结论

(1)建立了一套针对 7in 套管及外径小于 7in 套管的智能分采的管柱工艺。

(2)通过有缆智能分采电泵悬挂管柱工艺，降低了油井的含水率，提高了产油量，降低了油田对水处理能力的要求，降低了海管的输送压力，达到了降本增效的目的。

(3)该工艺避免了动管柱开关层作业，或者使用连续油管开关层作业，降低了油井作业费用的支出，减少了油井趟井周期，降低了作业成本，减少了潜在的安全风险。

(4)随着后期油田的开发，根据井内智能分采工具所提供的压力数据，可以及时调整生产制度，延长油井的开采周期。

(5)针对泵工况抗拉强度弱的问题，可以在后续工艺实施的基础上，增加泵工况材质的强度或者对泵工况外侧增加工装，使泵工况能投入使用，达到更好的监测油井生产数据的目的。

参考文献

[1]毕闯，等．海上水平裸眼井分舱防砂与智能分采完井技术[J]．石油机械，2024，52(3)：10－17.

[2]山金城，等．一种新型井下电缆湿式对接装置的研制与应用[J]．钻采工艺，2021，44(1)：99－101.

化学切割技术在管柱解卡作业中的应用

齐恒之

（中国海洋石油集团公司咨询中心）

摘　要：在修井作业中起井内生产管柱时经常遇到管柱遇卡现象，在解卡无效的情况下通常需要采取管柱切割作业。介绍了化学切割的工作原理和在E21井电泵管柱解卡打捞作业中的应用，对切割失败的原因进行分析总结，从而对未来化学切割在电泵管柱解卡打捞作业有重要的指导作用。

关键词：化学切割；管柱；解卡

油气水井井内的生产管柱由于出砂、结垢等原因，在修井作业中起井内生产管柱时经常遇到管柱遇卡现象，在解卡无效的情况下通常采取管柱切割作业。目前普遍采用的油管切割方式有化学切割和聚能切割，化学切割是迄今为止最有效的切割方法之一。

1　化学切割原理

化学切割仪具有独特的设计，用它进行管柱切割，快捷、干净、安全。它由以下几部分组成：点火接头适配器，气体发生器短节，安全压力释放短节，锚定机械短节，化学药筒，化学切割头。当切割头对准切割位置后，给电缆通电引爆发火管，发火管又引燃下面的推进火药，推进火药迅速使火药筒内产生高温、高压气体，压力达到172MPa。气体使锚体锚爪迅速张开，固定在管柱内壁上，这时，如果切割工具有任何移动都会影响切割效果。推进火药产生的压力使化学药筒上端破裂盘压破，推动化学药剂向下又使药筒下端破裂盘压开。化学药剂经过催化剂时产生反应，反应产生的高温、高压推动切割头内的小活塞向下移动，打开切割头孔眼，使化学药剂以高温、高压的形式喷向管柱内壁，又和管柱产生强烈的反应使管柱切断，整个过程只需要125～175ms。管柱内必须有水使反应物不断和水溶解，这样才能使反应继续下去使管柱切断。当切割工具压力下降到达井液压力时锚爪自动收回，就可以把工具提出。

化学切割仪不会破坏被切割管柱附近的管材，不会在井中留下残余物。化学切割仪可用于各种管材的回收。它的设计只用于切割管体，不可切割接箍处。化学切割仪为特定的管柱尺寸及重量而设计，为了达到最好的切割效果，必须根据切割管柱的实际情况，严格按照说明书来选取切割头、化学药筒、锚定机械装置等配置。

作者简介：齐恒之(1973—)，男，陕西，中国海洋石油集团公司咨询中心，高级工程师，主要从事油气田钻完井技术与管理。E-mail：qihzh@cnooc.com.cn。

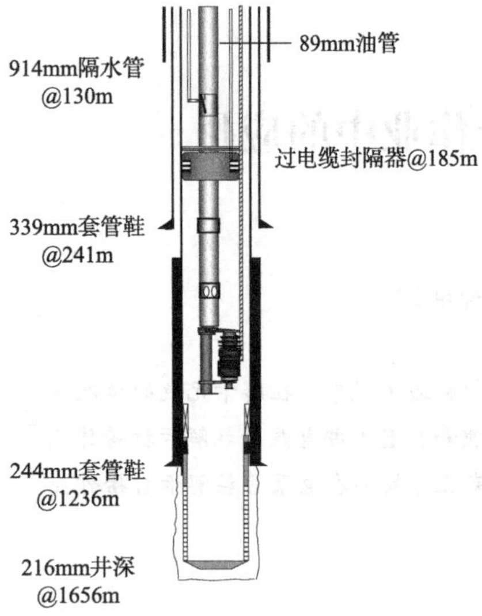

图1　井身结构示意图

2　E21井切割打捞情况

E21井最大井斜38°，最大狗腿度4.06°/30m，井身结构示意图见图1。通过钢丝作业在油管内探砂面在956m，在945m和930m打孔，循环压井，最大上提84t未能提动管串。下连续油管冲砂到1151m，捞堵头，继续冲砂到1200m。计划进行管串切割作业，切割前加4.5t过提拉力在管串上，坐卡瓦，下入切割工具到1142m处进行切割作业，切割后上提到90t没有提断。再次准备切割作业，加10t过提拉力在管串上，坐卡瓦，进行切割，下入切割工具到1142.5m处进行切割作业，切割后上提到90t没有提断。怀疑管串砂埋砂卡严重，进行管柱提拉法估算卡点在1034m。第三次切割前加7.7t过提拉力在管串上，坐卡瓦，下入切割工具到1027.5m处进行切割作业(图2)，切割后上提到57t，悬重降到38t，继续上提，悬重降到34t，打捞出上部管串。下卡瓦打捞工具打捞下部油管和电泵，上提到120t，没有成功。下套铣工具套铣到1114.5m，下卡瓦打捞工具打捞下部油管，成功捞获下部管串。

从图3可以看出，在1142m处起出后管壁还有部分没有切断，幸运地是在下部打捞过程中没有断开落井造成进一步的复杂情况。在1142.5m处的切割从油管管体外观上没有显示。从图2可以看出，有90%的管壁可以在切割作业中被切断。通常在最好的切割案例中有90%~95%的管壁可以在切割作业中被切断，残余的管壁必须使用拉力使之断裂。

图2　在1027.5m处切割后的断面

图3　在1142m处切割后出井的状况

3　切割失败原因分析

3.1　卡点问题

由于管柱砂卡砂埋严重，在1142m、1142.5m处切割后上提管柱未能解卡。在88.9mm油管内使用连续油管冲砂返出1.1m^{3}的砂子，从1024m到1114m套铣返出2.1m^{3}的砂子，起出电泵后清洗出2.1m^{3}的砂子(从1095m到1357m)，总共清洗出5.3m^{3}的砂子。电泵上面的地层砂见图4。管柱在砂埋状况下切割效果差，也难以解卡。进行管柱提拉法估算卡点在1034m，上移到1027.5m(卡点以上)切割，切割取得成功。卡点的判断显得尤为关键。

图4　电泵上面的地层砂

3.2　切割前拉力

在1142m切割过提是4.5t，在1142.5m切割过提是10t，由于管柱砂埋严重，有效拉力不能传递到切割点。在1027m切割过提是7.7t。为了取得好的切割效果，推荐切割前以大于卡点以上管柱重量9～22t的力上提管柱。

3.3　切割环境影响

根据估算的地层压力，使用密度1.32g·cm^{-3}的水基泥浆进行压井作业，没有使用盐水作为压井液，高密度黏稠的钻井液降低化学切割液体的喷射效果，从而影响化学切割的效果。

4　结论与建议

(1)遇卡点的判断是解卡作业的基础条件。

(2)推荐切割前使用9～22t的过提拉力在管串上。

(3)在盐水中进行化学切割效果会更好。

(4)建议优化完井防砂方式，控制地层出砂量，以减少砂卡砂埋管柱，降低作业复杂程度。

参考文献

[1]何钧，陈竹，罗海全．镁粉切割技术在电泵管柱解卡作业井中的应用[J]．钻采工艺，2004，27(6)：62－63.

[2]张秋梅，程志信．油气田中被卡管柱回收方法概述．石油仪器[J]．2007，21(6)：85－86.

[3]Jurgens，Matthew S.，Effect of Well Variables on the Performance of Chemical，Jet，and RCT Tubing Cutters[C]．SPE110776，2007.

[4]Campbell Scott，Carter Brian，Amiel Jean－Paul，Nonexplosive Tubing Cutter for Safe，Efficient Pipe Recovery Operations[C]．SPE121574，2009.

[5]Fanguy，Dean J.，Coiled－Tubing－Conveyed Hydromechanical Pipe Cutting：A Safe，Effective Alternative to Chemical and Explosive Severing Methods[C]．SPE68365，2001.

[6]Faraoun Abderrahmane, Eikeland Tommy, Improving Overhead And Reducing Time Consumption on P&A Operations with E－line, Explosion－free, Mechanical Cutter Tool[C]. OTC25438, 2014
[7]Connell Michael L., Courville Perry, Tucker James C, Coiled Tubing－Deployed Jetting Tool Enhances Cleaning and Jet Cutting[C]. SPE60705, 2000.
[8]Mayol Julio Ramon, MacKinlay Grant John, Sportelli Marco, Case History of a Successful Pipe－Cutting Campaign in the Adriatic Sea[C]. SPE99947, 2006.
[9]Loving S. W., Ferguson A., Hart R., Abrasive Cutting Technology Deployed Via Coiled Tubing[C]. SPE92866, 2005.
[10]van Steveninck, Manson Jim, An Innovative High Strength Drill Pipe Mechanical Cutting Solution Using Coiled Tubing[C]. SPE81742, 2003.

吴起油田油藏注水开发综合调整技术对策

仇复银

（延长油田股份有限公司注水项目区管理指挥部）

摘　要：注水开发是油田提升产能、提高采收率的制胜秘籍，更是老区块油藏调整治理的“不二法宝”。地处鄂尔多斯盆地的延长油田已有上百年的开发历程，地质上属于典型的“低压、低孔、低渗”砂岩油藏，资源禀赋差，后续资源接替不足、政策红线趋紧、投资成本压缩等发展矛盾日益凸显，为此，自2015年起针对老区块连续启动两轮“三年注水大会战”，取得了显著成效。该文以位于延长油田西部的吴起油田X老区块为例，工区主力长4+5、长6是典型低渗透油藏，2011年1月开始注水，2014年进一步提升注水强度后整体见效，直到2022年含水率较快上升，目前处于中等含水开发阶段，停躺井数较多，油井利用率仅59.71%，注采剖面对应较差，五个主力小层水驱控制程度66.7%，地层亏空未得到充分弥补，整体开发形势并不理想，面对制约因素，采用分区分小层精细注采综合调控注水开发技术，对老区块油藏开展大量的研究与实践，实现油藏高效开发。

关键词：老区块；油藏地质；高含水；精细注水；综合调控

延长油田在资源匮乏、品位下降、投资乏力、政策红线趋紧等诸多不利形势下，坚持技术与管理并举，求真务实、攻坚啃硬，取得了显著成效。目前，水驱开发油藏已成为油田的开发主体，下一步提高水驱油藏开发水平和开发效益是保障延长油田持续稳产的战略靶向与攻关阵地。

1　概况

截至2023年10月，X老区块共有采油井340口，开井203口，油井利用率59.7%，平均单井日产油0.9t/d，综合含水率49.4%；累计产水$106.8\times10^4m^3$，累计产油168.62×10^4t，动用储量采出程度8.27%，采油速度0.35%。

工区共有注水井104口，开井93口，注水井利用率89.4%，月注水量$2.8\times10^4m^3$，平均单井日注水量$9.6m^3$，累积注水量$200.72\times10^4m^3$，月注采比2.04，累积注采比0.61。

2　存在问题

（1）平面井网不完善

由于开发较早，早期未实施整体的井网规划，因此井网不规则，造成平面上死油区较多，同时部分区域已换层对延安组，平面井网仍需进一步调整。同时各小层平面动用相对

作者简介：仇复银(1988—)，男，汉族，硕士，高级工程师，延长油田注水项目区管理指挥部地质室，研究方向：区块的精细地质研究；油藏精细注水高效开发；注水项目区动态分析工作。E－mail：897636261@qq.com。

集中，同时存在一定的层间非均质性，因此应采取分区分小层井网规划。

(2)注采不对应

根据注水开发油藏水驱控制程度评价标准，五个主力小层水驱控制程度66.7%，属于Ⅲ类；仅长4+$5_2{}^3$水驱控制程度高，属于Ⅱ类。同时五个主力小层注采连通率仅23.8%，有注无采小层共145层，有效厚度1498m，注采对应这一部分的优质潜力较高。

(3)关停井较多

X老区块单元长4+5、长6油藏共有关停井137口，油井利用率仅59.71%。而造成关停的原因主要为平面井网不完善、注采不对应、见效见水差异较大以及特殊原因造成，因此通过关停井原因分析，分层次、分类可采取相对措施，实施优先级排序进行逐步恢复(图1)。

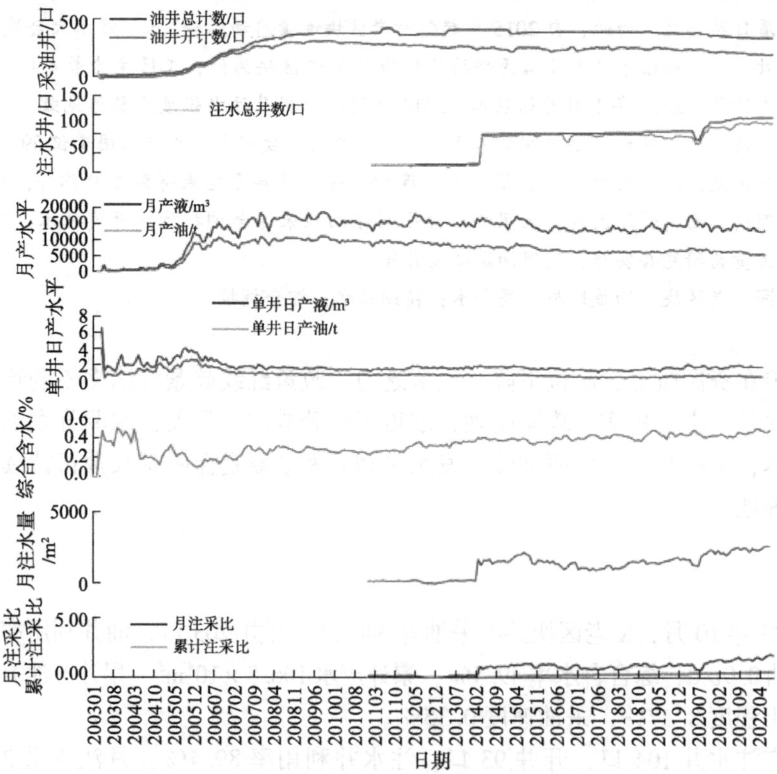

图1　X老区块长4+5、长6油藏综合开发曲线图

3　调整方案

工区属于典型的低渗岩性油藏，根据主力油层的注水开发现状、开发潜力分析以及目前开发中存在的主要问题，提出注水开发原则：以注够水、注好水为目标，实现精细注水、有效注水。

3.1　综合治理思路

(1)针对X老区块长4+5和长6储层平面含油面积大，但是储层非均质性强，结合平面动用情况以五个主力小层为对象，分区域分小层规划井网，采取不规则的反九点和反七点法相结合的面积注水方式，进行井网完善(图2~图5)。

(2)基于油藏地质的精细研究，开展查层补孔，提高注采对应关系，增加水驱控制程度和水驱动用储量。

(3)结合见效、见水和流线方向实施差异化配注措施。

(4)针对同一井组内出现的见效差异大，除实施调整配注外，可尝试开展调堵水措施改善流线方向，进一步解决平面矛盾，提高水驱波及体积。

(5)加强动态监测，及时发现问题、及时处理，健全油藏动态分析。

3.2 完善平面井网

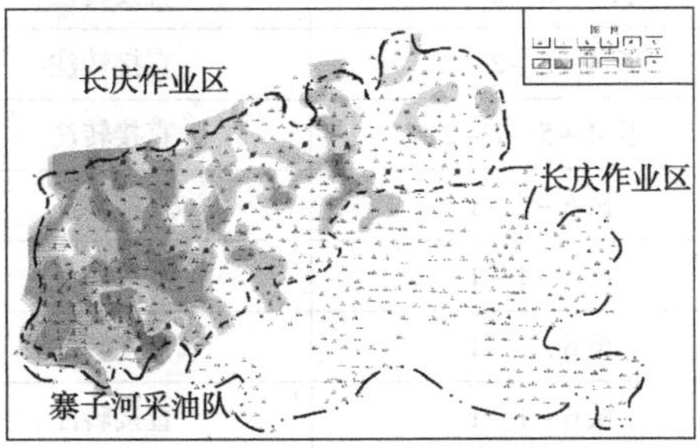

图2 长$4+5_2^1$和长$4+5_2^2$小层井网部署图

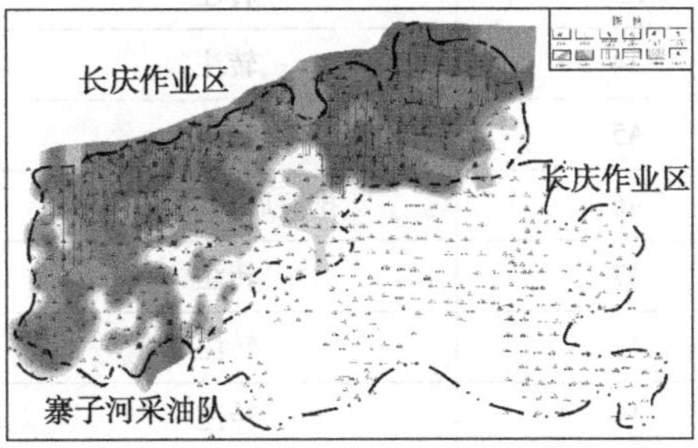

图3 长$4+5_2^3$小层井网部署图

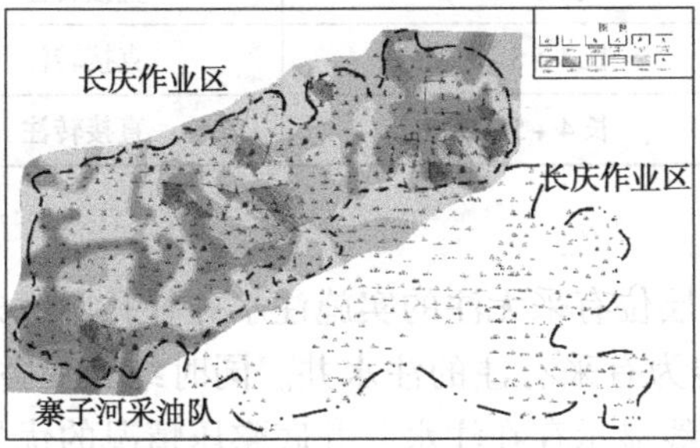

图4 长6_1^1小层井网部署图

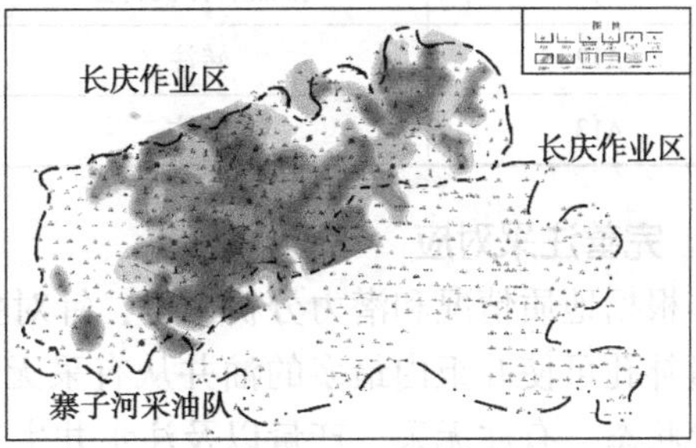

图5 长6_3^1小层井网部署图

根据各小层的油层展布特征、结合小层动用面积，主要考虑以注水井所注小层为主整体规划了分区分小层井网，各小层井网部署图如上。

各小层井网较好的控制了油层厚度，整体上采取了不规则井网，有效解决了死油区问题(图6)。

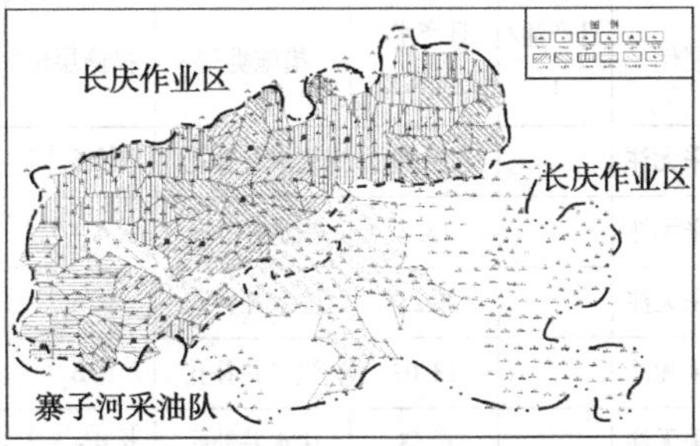

图6 X老区块分小层井网部署图

通过对原有井网进行调整，共计调整13井次，均为转注井。转注油井中多数为停产井和水淹油井。调整后共有油井327口，注水井117口，油水井数比将由原来的3.3：1

下降至2.81：1。井网形式整体上沿用了不规则菱形反九点井网，由于只是在原井位基础上调整，为尽量减少死油区，局部区域采用排状注水(表1)。

表1　X老区块长4+5、长6油藏井网调整明细表

井号	类型	转注层位	射孔段
A1	转注	长4+5-2-2	直接转注
A2	转注	长4+5-2-2	直接转注
A3	转注	长4+5-2-2	直接转注
A4	转注	长4+5-2-2	直接转注
A5	转注	长4+5-2-2	直接转注
A6	排液后择机转注	长6-3-1	直接转注
A7	转注	长6-1-1	直接转注
A8	转注	长6-1-1	直接转注
A9	转注	长6-1-1	直接转注
A10	转注	长6-3-1	直接转注
A11	排液后择机转注	长6-3-1	直接转注
A12	转注	长4+5-2-3	直接转注
A13	转注	长4+5-2-3	直接转注

3.3　完善注采对应

根据地质情况和潜力分析内容，针对主力层位有采无注的实施注水井补孔，优先实施通过补孔可使井组内最多的油井从有采无注转为有采有注的注水井。同时结合受益方向，关停状态、有注无采、产量以及注水井生产曲线显示存在注水井井底憋压情况的优先实施油井补孔，将有注无采层转变为有注有采层。

工作量共计22口25层，选取注水井10口，采油井12口优先实施(表2)。主要实施次流线引效，配合差异化配注进一步均衡见效差异。工作量实施完成后全区水驱控制程度上升至74.8%，注采连通率上升至29.5%。

表2　X老区块油、水井补孔措施明细表

井名	井别	受益方向	关停状态	属性	日产油/t	日产水/m^3	措施类型	措施层位	射孔段1	射孔段2	优先级
S1	注水井			有采无注		13.09	注水井补孔	长$6_1{}^1$	1970-1973		1
S2	注水井			有采无注		13.3	注水井补孔	长$4+5_2{}^3$	1950-1954		1
S3	注水井			有采无注		8.23	注水井补孔	长$6_1{}^1$	1933-1935		1
S4	注水井			有采无注		13.03	注水井补孔	长$6_1{}^1$	1934-1936		1
S5	注水井			有采无注		6.68	注水井补孔	长$4+5_2{}^1$	1980-1985		1
S6	注水井			有采无注		0	注水井补孔	长$6_3{}^1$	1956-1959		1
S7	注水井			有采无注		9.02	注水井补孔	长$4+5_2{}^3$	1956-1960		1

续表

井名	井别	受益方向	关停状态	属性	日产油/t	日产水/m^3	措施类型	措施层位	射孔段1	射孔段2	优先级
S8	注水井			有采无注		9.67	注水井补孔	长 6_3^1	2031－2034		1
S9	注水井			有采无注		5.52	注水井补孔	长 6_3^1	1981－1983		1
S10	注水井			有采无注		0	注水井补孔	长 6_1^1	1731－1736		1
S11	采油井	3	水淹	无采有注	0.82	0.27	油井补孔	长 6_3^1	1923－1926		1
S12	采油井	4		无采有注	1.14	0.29	油井补孔	长 6_3^1	1975－1980		1
S13	采油井	3		无采有注	0.61	0.52	油井补孔	长 $4+5_2^3$	1981－1985		1
S14	采油井	3		无采有注	0.95	0.44	油井补孔	长 $4+5_2^1$	1908－1912	1938－1940	1
S15	采油井	3	水淹关停	无采有注	0	0	旧井换层	长 $4+5_2^2$	1954－1957		1
S16	采油井	3		无采有注	0.63	0.36	油井补孔	长 $4+5_2^1$	1956－1960		1
S17	采油井	3	水淹关停	无采有注	0	0	旧井换层	长 $4+5_2^2$	1950－1952		1
S18	采油井	3	水淹关停	无采有注	0	0	旧井换层	长 $4+5_2^2$	1984－1988		1
S19	采油井	2		无采有注	0.79	0.55	油井补孔	长 $4+5_2^2$	1973－1977		1
S20	采油井	1		无采有注	1.94	0.37	油井补孔	长 $4+5_2^3$	1954－1958		2
S21	采油井	4		无采有注	0.83	0.8	油井补孔	长 6_3^1	2053－2056		2
S22	采油井	2		无采有注	0.44	0.77	旧井换层	长 6_3^1	2032－2035		2
S23	采油井	2		无采有注	0.35	0.35	油井补孔	长 $4+5_2^3$	1916－1922		2
S24	采油井	3		无采有注	0.31	0.24	旧井换层	长 6_3^1	2006－2010		2
S25	采油井	4		无采有注	0.17	0.87	油井补孔	长 $4+5_2^3$	1700－1704		2
S26	采油井	3	水淹关停	无采有注	0	0	旧井换层	长 6_1^1	1726－1730		2
S27	采油井	2		无采有注	0.64	1.54	油井补孔	长 6_1^1	1682－1685	1693－1696	3
S28	采油井	2		无采有注	0.28	0.52	油井补孔	长 6_1^1	1781－1784	1733－1736	3
S29	采油井	4		无采有注	0.35	0.96	油井补孔	长 6_1^1	1902－1907		3
S30	采油井	4		无采有注	0.3	0.22	油井补孔	长 6_1^1	1984－1988		3
S31	采油井	4	水淹关停	无采有注	0	0	旧井换层	长 6_1^1	1996－2001		3
S32	采油井	4	水淹关停	无采有注	0	0	旧井换层	长 $4+5_2^3$	1995－1999		3
S33	采油井	4		无采有注	0.35	0.96	油井补孔	长 $4+5_2^3$	1878－1882		3
S34	采油井	3		无采有注	0.43	0.37	油井补孔	长 $4+5_2^3$	2007－2010		3

3.4 差异化配注调整

配注调整主要依据注采平衡原则，考虑累计注采比，同时加强次流线配注、控制主流线方向配注。X老区块主要采用均衡注水原则，对14口恢复注水，37口井强化注水，16口井控制注水。配注调整是动态跟踪的过程，应及时根据受益油井产量、含水变化同步调整。在方案分析主、次流线的基础上重点跟踪主流线油井产量、含水变化，适时减弱主流线水井注水强度、加强次流线水井注水强度(图7和图8)。

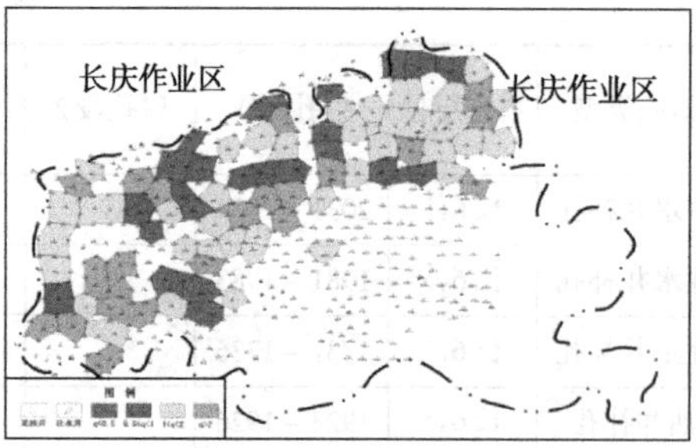

图7 累计注采比平面图

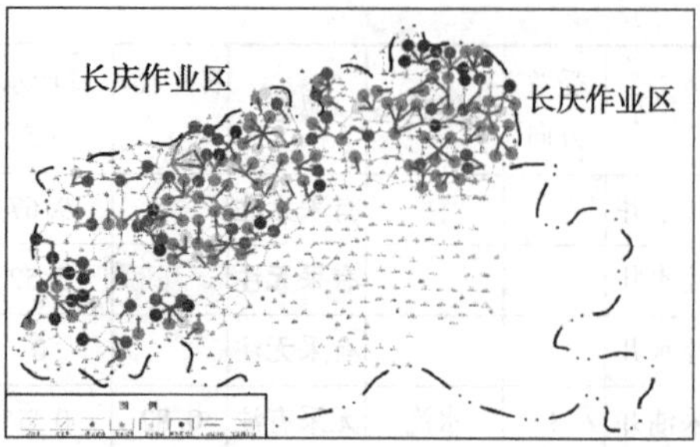

图8 X见效油井流线方向平面示意图

3.5 关停井恢复

关停井恢复主要针对见效后低产低效的关停井优先进行恢复，首先进行液面测试后根据沉没度判断优先级。见效后低产低效的关停井主要恢复边井，一类见效1口，二类见效6口，四类见效5口，共12口(表3)。优先恢复孔隙型和孔隙－裂缝型见水，裂缝型见水待对应配注调整3个月后再考虑恢复。

表3 关停井预恢复明细表

采油井号	生产层位	注水井号	注采见效	见水方向	边角井	见效类型	距离/m	关停
X1	长6_3^1	M1	一类见效	主流线	边井	孔隙－裂缝型	277	低产低效
X2	长$4+5_2^3$	M2	二类见效	主流线	边井	孔隙－裂缝型	318	低产低效
X3	长6_1^1	M3	二类见效	主流线	边井	孔隙－裂缝型	274	低产低效
X4	长6_1^1	M4	二类见效	主流线	角井	孔隙型	332	低产低效
X5	长6_3^1	M5	二类见效	主流线	角井	孔隙型	424	低产低效
X6	长6_3^1	M6	四类见效	主流线	边井	裂缝型	282	低产低效
X7	长$4+5_2^3$	M7	四类见效	主流线	边井	裂缝型	326	低产低效
X8	长6_3^1	M8	四类见效	主流线	边井	裂缝型	336	高含水
X9	长$4+5_2^1$	M9	四类见效	主流线	边井	裂缝型	324	低产低效
X10	长$4+5_2^1$	M10	四类见效	主流线	边井	裂缝型	339	低产低效
X11	长6_1^1	M11	二类见效	主流线	边井	裂缝型	265	低产低效
X12	长6_1^1	M12	二类见效	主流线	边井	裂缝型	325	低产低效

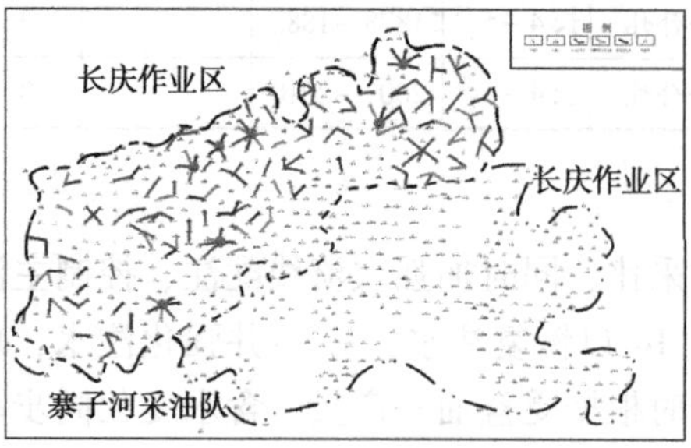

图9 调驱井与见水类型叠合图

3.6 水淹、水窜治理

针对同一井组内出现多个方向不同见水类型的情况(图9)，研究实施7口注水井调驱(表4)，使水线推进更均衡，裂缝型见水和孔隙－裂缝型见水得到有效缓解，逐步恢复见效产量。

表4　注水井调驱明细表

注水井	坐标 X	坐标 Y	见水方向/个	见水类型/种
C1	36509093	4088137	7	3
C2	36507353	4084720	6	3
C3	36512184	4089605	5	1
C4	36508495	4085988	5	3
C5	36511744	4088430	4	2
C6	36507914	4087449	4	3
C7	36508427	4087869	4	2

3.7　加强动态监测

依据 X 老区块长 4 +5、长 6 油藏反映出来的特点，动态监测的总体思路是：建立油气田动态监测系统，注重井间连通性监测和压力监测。据此安排了监测内容(表5)，其中压力测试 22 口，吸水剖面测试 7 口，共计 29 口井的测试工作，并对动态监测具体内容提出要求。

表5　X 老区块 2024 年日常监测规范表

静压/口	压降/口	压恢/口	吸水剖/口	示踪剂/口	合计/口
8	12	7	11	3	41

3.7.1　压力、温度监测

在平面上，对测试压力的点进行平面上控制，共部署静压测试 8 口，压降 12 口，压恢 7 口，合计 27 口井。

3.7.2　吸水剖面测试

针对油藏注水方式主要为边部注水，优先多层段注水井、单层厚度大于 5m 注水井、固井质量一般、注水井油套压较低怀疑可能存在串槽等情况的注水井开展吸水剖面测试。

依上述选井原则以及 X 老区块的测试分析要求，选取 11 口进行吸水剖面测试 8。

3.7.3　示踪剂测试

根据对水井周围有可能与该水井连通的油井进行监测，监测过程中必须保证油水井的正常注水或生产，监测水井对应的受益油井为原则，选取 3 口井进行示踪剂测试(表6)。

表6　X 老区块 2024 年示踪剂测试表

序号	井号	注水层位	注水层段/m	测试内容
1	W1	长 6_1^1	1962 ~ 1966	示踪剂
2	W2	长 6_1^1	1872.5 ~ 1877.5	示踪剂
3	W3	长 4 + 5_2^1 长 4 + 5_2^2	1885 ~ 1890 1901 ~ 1904	示踪剂

4　开发效果

根据延长油田《油田开发调整方案模拟指导书》进行评价，调整方案实施后 X 老区块油藏平面井网愈趋合理，主力小层水驱控制程度上升至 74.8%，差异化配注将更有效使已见效井保持稳定见效状态，使 12 口未见效井逐步见效，各类措施共恢复关停井 35 口，治理高含水井 16 口。

参考文献

[1]张玉攀．复合水下分流河道砂体精细刻画在姬黄 32 区块长 6 油藏开发中的应用．中国矿业，2020，29(增刊 1)：436－440.

[2]郭艳琴，惠磊，张秀能，等．鄂尔多斯盆地三叠系延长组沉积体系特征及湖盆演化．西北大学学报(自然科学版)，2018，48(4)：593－602.

[3]Characteristics, Types, and Prospects of Geological Sweet Sections in Giant Continental Shale Oil Provinces in China[J]. Zhi Yang; Caineng Zou; Songtao Wu; Songqi Pan; Xiaoni Wang; Haitao Liu; Wenqi Jiang; Jiarui Li; Qiyan Li; Xiaobing Niu; Guohui Li; Zhenxing Tang; Xuguang Guo; Dong Huang; Qizhao Wei. Journal of Earth Science, 2022(05).

低渗透油藏长2油层有效注采调整技术
——以白狼城油区长2油层注水开发为例

闫钰琦

（延长油田股份有限公司注水项目区管理指挥部）

摘　要：鄂尔多斯盆地储层低孔、低渗，且岩石致密性强，物性复杂，在一套砂体不同的位置孔隙度、渗透率、含油饱和度等变化较大，且由于黏土矿物胶结物的成分和含量变化较大，导致储层的非均质性也较强，因此，严重制约了储层开发潜力的发挥。白狼城油区针对高含水后期面临的递减增大，产量下滑的困境，在此基础上，根据储层特征及开发实践，总结提炼该油区长2油层注水开发的主要注采调整技术，即强调剖调驱、不稳定注水改变渗流场、分层注水、加密调整及相关的配套技术等，从而提高了单井产量产能以及最终采收率，为同类注水开发油田的调整治理开辟新道路。

关键词：低渗透油藏；长2油层；注采调整

低渗透油田在我国油气资源中占有十分重要的地位，鄂尔多斯盆地延长组是低渗透油田的典型代表。近年来，随着注水大会战的开展，不断对油藏再认识、开发政策再探索、工艺挖潜再调整，公司级注水项目区取得了显著的成效。但是，横山采油厂石油资源有限，外围扩展局部艰难，伴随着白狼城长2油藏递减率、含水率等各项指标都在逐年增加，下一步稳油控水研究是保障油田持续稳产的重要战略方向，在技术革新方面，如何实现油藏差异化的调整，如何运用新的方法，实现新的突破是目前开发方针的关键。

1　地质简况

横山白狼城油区区块位于榆林市横山区最南端，隶属于陕西省榆林市横山区石湾镇。区域构造位平缓的西倾单斜，倾斜角度不足半度，局部发育差异压实引起的鼻状隆起，隆起幅度不小于10m。白狼城油区位于安塞三角洲沉积体系，该沉积体系具有宽广的三角洲平原，为曲流河—三角洲平原亚相发育区，发育河道沉积。三叠系延长组长2油层组沉积时，东北方向的物源控制了该区域沉积带的展布特征，主要发育东北—西南方向上的三角洲平原分支河道。含油层系为三叠系延长组长2油层，埋深700～900m，油层厚度4～8m，平均空气渗透率$15.6\times10^{-3}\mu m^2$，原始地层压力6.25MPa，饱和压力0.36MPa，压力系数为0.48MPa，属低压低饱和油藏。

2　油田开发面临的问题

（1）白狼城油区水驱前缘不均衡，注入水首先沿注水井排方向驱替，主向油井明显较

作者简介：闫钰琦（1989—），女，陕西榆林，工程师职称，目前就职于延长油田股份有限公司注水项目管理指挥部，主要负责研究块的精细地质研究、储层技改挖潜、新建产能设计以及油田注水高效开发方案的编制等。E－mail：791164026@qq.com。

侧向油井见效，并形成高压区，侧向油井见效较低，存在井网适应差的开发矛盾。

(2)白狼城油区采出程度相对其他的区块较高，随着注水时间的推移，部分井组已表现含水上升，产量递减，稳油控水的难度增大。

(3)地层压力分布不均衡，且整体都低于原始压力。目前白狼城油区长2油藏要保持水平在65%左右，且平面上分布不均衡，在研究区域北部压力较高，南部压力较低，主裂缝方向上压力较高，侧裂缝侧向地层压力较低。

3 长2层注采调控技术

3.1 深部调驱技术

白狼城油区目前综合含水为86.5%，位于高含水阶段，经过20多年的注水开发，地下油藏流体流动及分布规律发生很大的变化，剩余油高度分散、局部富集，分布规律复杂，常规的注采井网井调整和细分为主的精细水驱，以无法满足现开发阶段矛盾——法扩大波及体积和扩大驱油面积，因此提出以深部调驱为主的大规模化学调驱技术。根据室内实验分析，凝胶体系浓度越大，成胶强度越大，将为不同尺寸窜流通道封堵提供基础；同时，自适应凝胶体系在矿场试验区注入水与环境温度下，具有较好的成胶性能。选取钻173、钻218、钻157、钻69、坤215、钻220、钻224、钻130、钻133等9个注水井(图1)，依次按照井筒数据、地层物性数据及生产数据设计了每个井组自适应深部整体调驱工艺方案。

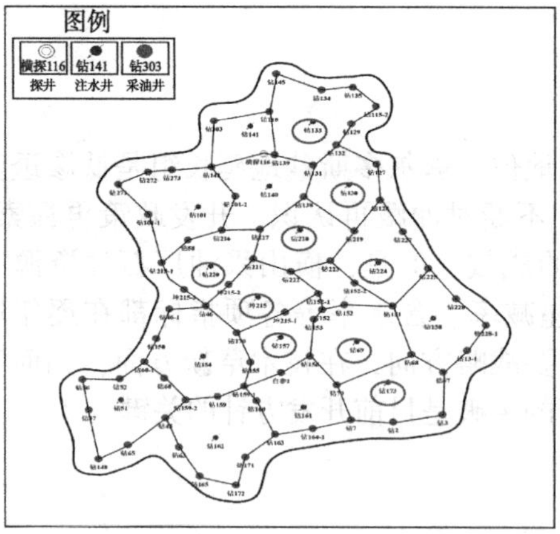

图1 白狼城调驱试验区井位图

(1)整体效果分析

第一批措施井组受益油井有17口高含水油井(含水大于80%)，措施前平均产液148.29m³、产油16.37t，综合含水87.46%，措施后平均产液148.31m³，平均日产油18.07t，综合含水86.15%，日增油1.7t，含水下降1.3个百分点，累增油146.6t，目前未达到有效期，后续效果将持续跟踪(图2)。

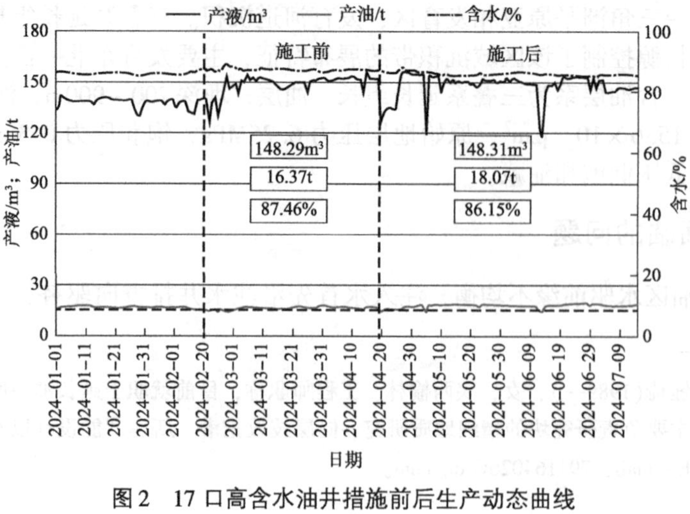

图2 17口高含水油井措施前后生产动态曲线

(2)典型井效果分析

钻58井，施工前平均日产液10.27m^3，平均日产油0.9t，综合含水90.01%，措施后，平均日产液11.46m^3，平均日产油1.86t，综合含水81.59%，日产油增加0.96t，含水下降8.5个百分点，截至目前(2024年7月15日)累计增油82.1t(图3)。

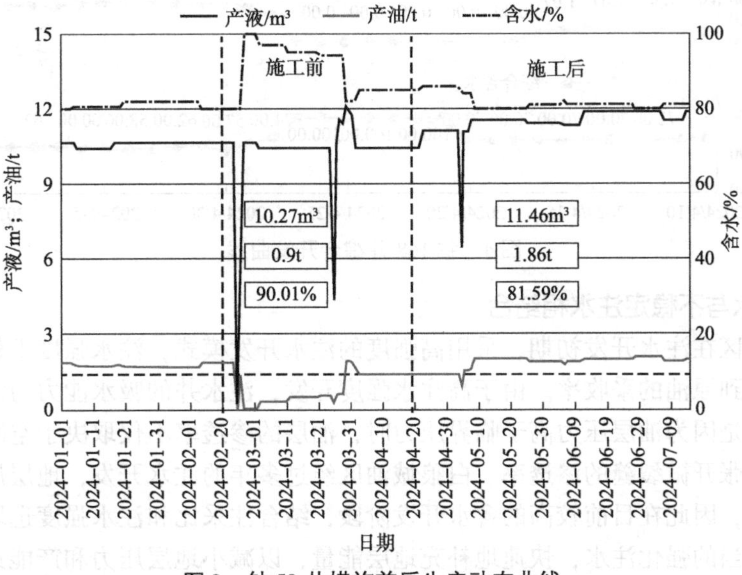

图3　钻58井措施前后生产动态曲线

(3)阶段取得的认识

第一，完成阶段调驱井组作业，作业区域、启动压力上升2.6MPa，视吸水指数下降33.6m^3/d·MPa，表明油水井之间的高渗流通道得到有效封堵，油藏驱替压力系统得到改善，地层能量得到有效补充；

第二，对应受益油井34口，截至目前(2024年7月15日)平均日增油4.06t，累计增油348.95t，综合含水下降1.3个百分点；已有21口受益油井实现增油，19口受益油井含水下降，见效油井共24口，见效率达70.59%，整体效果突出。

3.2 优化压裂参数

根据多年的压裂参数总结，优化的基础上，在井网加密期，以降低压裂后出水、提高波及面积为目的，进行了压裂工艺及参数的优化。在采用压裂参数新思路后，取得了明显的增产和控制递减的效果，为边部低品位区块的开发提供了有效的技术手段。根据白狼城目前动态响应性和测试资料显示，在研究就区有明显的水线优势通道，并且根据岩心化验分析发现，储层相渗级别越好，孔隙度中流体动用程度越好，小孔隙和大孔隙中原油均别动用，剩余油分布在中小孔隙中，在此基础上采用“小砂量、小排量”的压裂参数措施，作业后效果较好；在储层相渗级别越低的环境中，较小孔隙中的原来动用程度越多，剩余油分布在动用较小的大中孔隙中，在此基础上采用“大砂量、小排量”的压裂参数措施，作业后效果较好；例如钻168井(图4)，二次压裂规模加砂量从4m^2增加到了8m^2。

2024年，白狼城油区共进行二次压裂改造8井次，均采油用了“大砂量、小排量”压裂参数设计思路，实现工艺成功率100%，截至8月30日，累计增油870.6t，单井日增油124.4t。

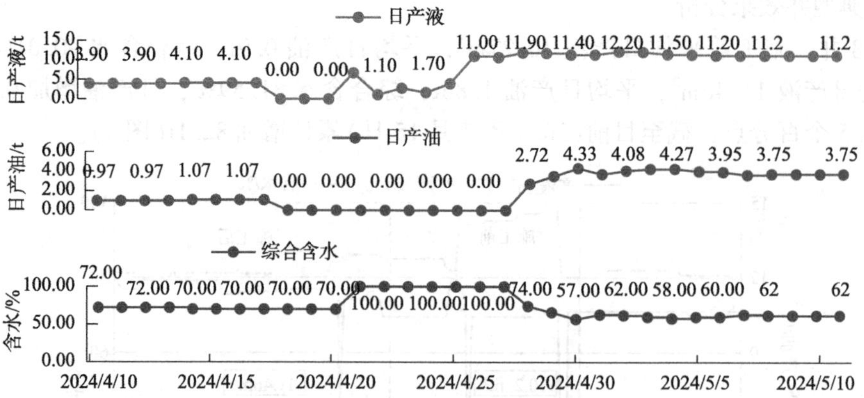

图4 钻168井综合开发曲线

3.3 强化注水与不稳定注水相结合

白狼城油区在注水开发初期，采用高强度的注水开发模式，注水强度不仅影响开发的速度，还影响到原油的采收率。由于高注水强度开发，注水井的吸水能力与注入压力呈非线性关系。这是因为油层压力高于临界压力时，油层的渗透率不仅取决于空隙介质的渗透率，还取决于张开微裂缝的渗透率。白狼城油区经过多年的注水开发，地层压力和产油量仍会有所下降，因此在目前较高的含水开发阶段，结合注采比和注水强度选取地层压力较低的区域，适当的强化注水，快速地补充地层能量，以减小地层压力和产能递减幅度。但在开发过程中，根据开发动态变化，适时适当调整注采比和注采强度，来提高注水见效程度，延缓含水上升的速度，降低见水井的含水率，保持稳定开发。在研究区选取了油层厚度大，地层压力、油井产能较低，注水见效慢的钻242和钻254井组，进行强化注水与不稳定注水相结合的注水试验，对应的受益井14口，有8口油井都均不同的见效，地层压力油3.1MPa上升到了3.6MPa，日产油由9.6t上升到了16.4t，且含水平稳，取得了较好的效果。

通过不稳定注与强化注水整个过程分析发现，当油层渗透率随压力而变化时，对不稳定油层进行不稳定的注水，由于注水过程的非线性和周期性作用，降增加注水波及油层的程度并强化增产效果。但是通过试验，不稳定注水能到达稳油控水作用，应从初期开始高强度的部位定注水开始，才能达到进一步的稳油控水效果。

3.4 加密井网调整

当采用了菱形反九点井网和矩形井网开发裂缝较发育的油藏时，排距也是影响注水见效程度的重要影响因素，排距越大，注水时间越晚，或者部分井由于排距大裂缝发育，注水水沿裂缝水窜，但是侧向长期不见效。即使在部分微裂缝发育的区域，由于未建立有效的压力驱替系统，因此进行所有排距，增加压力梯度，进行加密调整，在一定的程度上提高了产量和采油速度，剩余油动用程度以及增加了可采储量。

白狼城油区采用菱形反九点井网加不规则井网投入注水开发，目前有明显的裂缝发育，部分沿裂缝上的油井有含水上升趋势，但是侧向油井却不见效，延裂缝强化注水后，产量虽然比较稳定，但单井产量相对较低，平均单井产量1.6d/t。2021年延裂缝方向和裂缝的侧向80~100m处实施检查井共计10口，投产后对比发现，在延裂缝方向上的含水明显高于裂缝侧向的，处于裂缝上的采油井投产后初期日产油0.85t，含水80%，而处于裂缝侧翼向上的采油井投产后初期日产油 2.5t，含水 65%。加密调整后形成部分小排距试验井网，侧向长期不见效的油井产量有明显幅度的上升，单井日产液量由 2.2m^3 上升到 7.4m^3，日产油由 1.13t 上升到 3.25t。加密投产后减缓了区块产量递减，对研究区稳油控水起到了重要的作用(图 5 和图 6)。

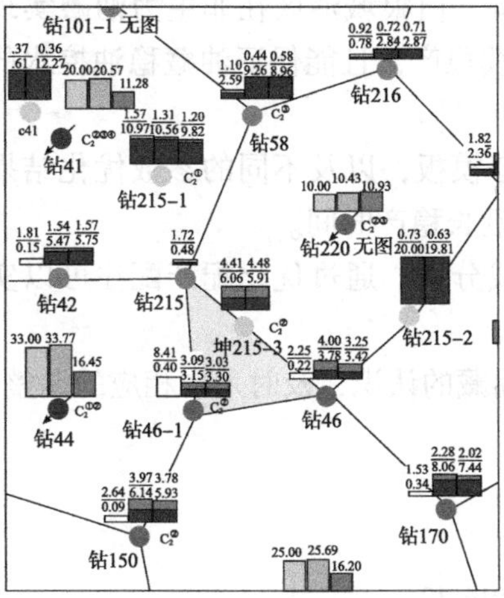

图 5　坤 215 -3 井组井位图

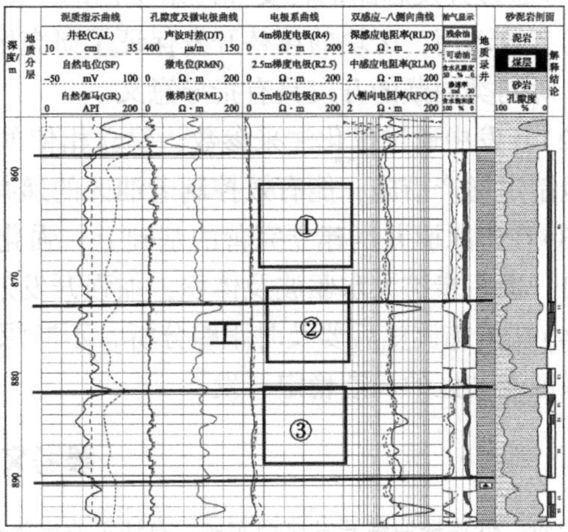

图 6　坤 215 -3 井测井解释图

3.5　改变渗流场

由于经过多年的注水开发，部分主向上的油井出现水淹现象，而从通过转注等手段，改变地层中流场的分布，到达改变液流场，达到提高水驱波及程度。

首先，根据油藏动态特征和井网调整，从 2018 年到 2024 年共实施油井转注 10 口，通过转注后，部分油井有明显注水效果。如钻 19 -1 在 2019 年 11 月份转注后，单井日注水量保持在 20m^3 左右，侧向上的 3 口采井单井日产能由 0.95 上升到 1.41t，通过静压测试，地层压力由 60.5% 上升到目前的 68.4%。

其次，由于白狼城油区经过多年的注水开发，随着时间的延长，采出程度的增加，稳油控水的难度加大，水淹井的现象逐渐加剧，含水持续的上升，由 2004 年注水开发初期的 69.6% 上升到目前的 80.2%，单井产能由 2.3t 下降到了目前的 1.6t，油井产能递减大幅度增加，因此为了实现老区的稳产，将通过转注水淹油井，来改变液流的方向提高注入波及体积，达到改善水驱的效果，提高最终的采收率。2021 年在白狼城研究区选项了钻 13 井、钻 186 井等 4 口高含水生产井进行试验，由于白狼城的西南部采出程度较低，边部生产井因高含水关停，因此，有大量的剩余油在压力较低的区域储藏，首先转注钻 13 井，通过改变压力场分布来改变渗流场，形成新的渗流场，从而提高水驱波及体积(图 7)。

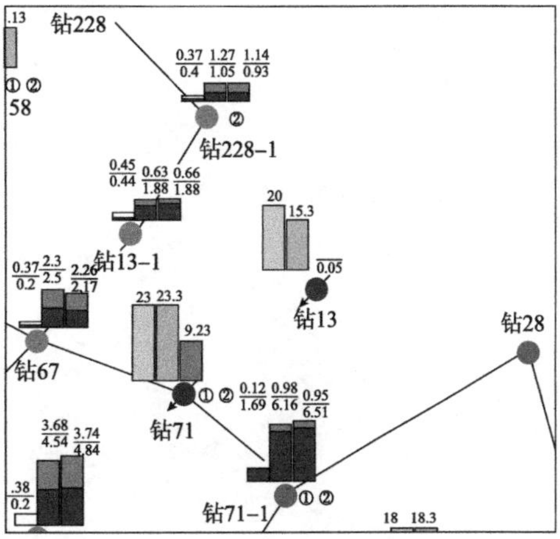

图 7　钻 13 井组井位图

4 主要的认识

(1)注采调控技术是有效开发白狼城油区低渗油田的主要手段，是提高单井产能及采收率的根本措施保障。

(2)通过开发思路的转变和注采工艺的不断改善，白狼城油区在非主力油藏实现了剩余油的有效动用，区块的接替开发保证了研究区持续稳产，且能保证油藏稳油控水的开发模式，对同类油藏的开发具有指导意义。

(2)开发中通过优化注采参数、建立相依的动态模板，以及不同的参数优化结果有针对性地制定增产措施，能有效控制老油区的递减，延长稳产时间。

(3)在边水驱井网建立完善的基础上，强化流线分析，通过优化配产配注可以实现液流转向，进一步扩大水驱波及体积，加强开发效果。

(4)在措施调整后要及时跟踪分析，不断深化油藏的认识，及时采取相应的调整措施，才能保证老油区的长期稳定开发。

参考文献

[1]程启贵．低渗透油藏开发典型实例．石油工业出版社．2014. 12.
[2]王道富．鄂尔多斯盆地特低渗透油田开发．石油工业出版社．2007. 03.
[3]毕义泉，王瑞平，等译．胜利油田高效开发单元典型实例汇编．石油工业出版社 2019.
[4]王增林．胜利油田分层注水工艺技术研究与实践[J]．油气地质与采收率．
[5]袁士义，王强．中国油田开发主体技术新进展与展望[J]．石油勘探与开发．

塔里木盆地超深碳酸盐岩油藏“酸压 +”改造复产技术研究与应用

刘豇瑜[1,2] 张键[1] 刘毅石[1] 彭菲[1,2] 黄成[3]

(1. 中国石油天然气股份有限公司塔里木油田分公司；2. 新疆超深油气重点实验室；
3. 中国石油西部钻探工程有限公司井下作业公司)

摘　要：塔里木盆地碳酸盐岩油气藏生产时间长，经历常规注水替油等开发提采措施，存在储层垮塌砂埋、裂缝通道闭合、远弱连通或不连通端缝洞体无法动用等难题。针对以上难题，开展碳酸盐岩油藏开发现状及问题分析，暂堵材料和模式优化和针对性的多元化复合改造工艺研究，形成“酸压 +”复合改造复产技术，支撑超深碳酸盐岩油藏老井复产。结果表明：一是超深碳酸盐岩油藏长期生产、注水注气开发导致储层垮塌砂埋，影响单井产能。酸压沟通缝洞体井生产后期闭合应力增加，裂缝通道闭合，单井失去产能。同时，常规注水替油仅能采出井洞连通缝洞体内油气，远端缝洞体不连通，剩余油气潜力大。二是形成3套针对性的复合改造复产技术，针对储层垮塌砂埋井，采用酸压 + 畅通井筒复合改造工艺。针对裂缝通道闭合井，采用酸压 + 常规注水工艺；针对远端缝洞体未有效动用井，采用酸压 + 水力扩容复合改造工艺。研究认为，酸压 + 复合改造技术可有效支撑复杂碳酸盐岩油藏的复产，也可为类似油藏的改造复产提供参考和借鉴。

关键词：酸化 +；复合改造技术；超深；碳酸盐岩油藏；塔里木盆地

塔里木盆地台盆区碳酸盐岩油气资源量丰富，先后勘探开发了哈 6、新垦、热普、金跃、跃满、富源、玉科、满深等区块，储层埋深普遍大于6000m，缝洞型碳酸盐岩油藏储集空间是不同尺度的大型溶洞和裂缝，基岩不具备储渗能力，但缝洞体的空间分布关系复杂，缝洞间的连通关系复杂，开发难度大，存在单井初期产量高、油压产量下降快，采出程度低的问题。前期主要通过常规注水替油和大规模重复酸压技术来提高单井产量，但常规注水替油仅能替出井周连通缝洞体内的油气，且存在随着注水轮次的增加，注水替油效果越来越差，甚至替不出油来，开发效果差。同时，碳酸盐岩老井存在生产时间长、多轮次注水、注气开发，存在储层垮塌砂埋严重、裂缝通道闭合、远弱连通或不连通端缝洞体无法动用等难题。

针对以上难题，开展碳酸盐岩油藏开发现状及问题分析，暂堵材料和模式优化和针对性的多元化复合改造工艺研究，提出“酸压 +”复合改造复产技术，支撑超深碳酸盐岩油藏老井复产。有力支撑了缝洞型碳酸盐岩油藏的高效复产，也可为类似储层的改造提供参考和借鉴。

第一作者简介：刘豇瑜(1985—)，女，四川南充，中国石油塔里木油田分公司油气工艺研究院，高级工程师，从事储层改造研究工作。E－mail：ljyu－tlm@ petrochina. com. cn。

1 碳酸盐岩油藏开发存在问题

塔里木盆地碳酸盐岩油藏自2010年投入开发以来，开发井型为直井、水平井和大斜度井，裸眼完井为主，裸眼段长(300～1000m)，多轮次注水注气开发，存在储层垮塌砂埋严重、裂缝通道闭合和远端缝洞体无法动用的问题。

1.1 储层垮塌砂埋

塔里木盆地碳酸盐岩油藏主要分布在哈拉哈塘区块和富满区块，目的层为一间房组－鹰山组，在目的层上部发育固吐木休克组泥岩，2019年之前，固吐木休克组泥岩未下套管封固，未封固井占比高(80%)，井下作业证实38%的井存在砂埋垮塌，平均砂埋高度96m，最大已达383m。储层砂埋垮塌导致近井堵塞污染，产能降低，原缝洞体未完全动用(图1)。

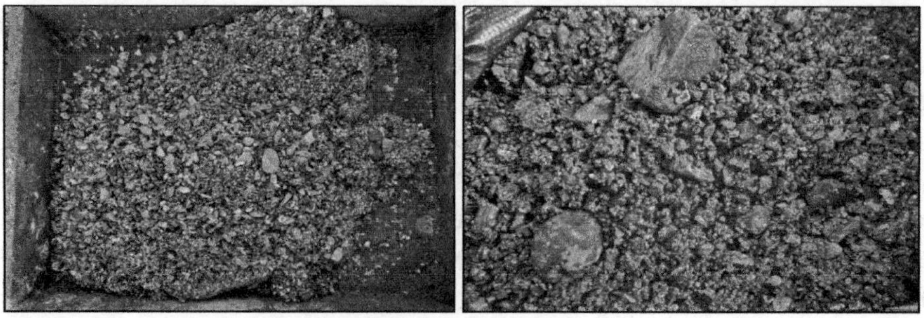

图1 现场修井作业时冲出砂岩照片

1.2 裂缝通道闭合

缝洞型碳酸盐岩储层，缝洞是主要的储集空间，部分井未钻遇缝洞体，缝洞体与井筒的连通为酸压沟通，对于此类井，生产中后期，储层压力降低，有效闭合应力增加，导致酸压形成的裂缝通道闭合，储层渗透率大幅降低，降低幅度高达65.7%，通过常规注水可补充地层能量但是无法完全恢复裂缝通道，导致单井产量降低和常规注水替不出油，原缝洞体内油气未充分动用。如跃满A井，2015年酸压沟通缝洞体投产，生产初期压力恢复试井，测试地层渗透率381.2mD，地层压力系数1.15，作用在裂缝面上的有效闭合应力为0，随着生产时间的延长，到2019年压力恢复试井，测试储层的渗透为130mD，降低65.7%，地层压力系数降为0.3，此时作用在裂缝面上的有效应力为56MPa，后期大规模注水，累计注水$10.75\times10^4m^3$，恢复地层压力系数到1.05，但据压恢试井测试地层渗透率仅为3.06mD，常规注水可以实现地层能量补充，但无法恢复渗流通道(图2)。

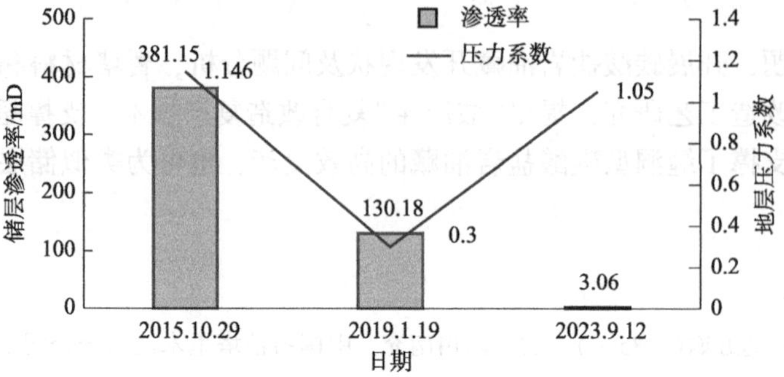

图2 跃满A井试井测试情况

1.3 远端缝洞体未动用

塔里木盆地缝洞型碳酸盐岩油藏，通常发育多套缝洞体，但洞体与洞体间连通关系复杂，部分井存在井底缝洞体与井外缝洞体不连通或弱连通，常规酸压往往能沟通井周缝洞体，远端弱连通或不连通缝洞体动用难度大，后期注水替油开发也仅能采出井周连通缝洞体内油气，远端不连通缝洞体内剩余大量油气(图3)。

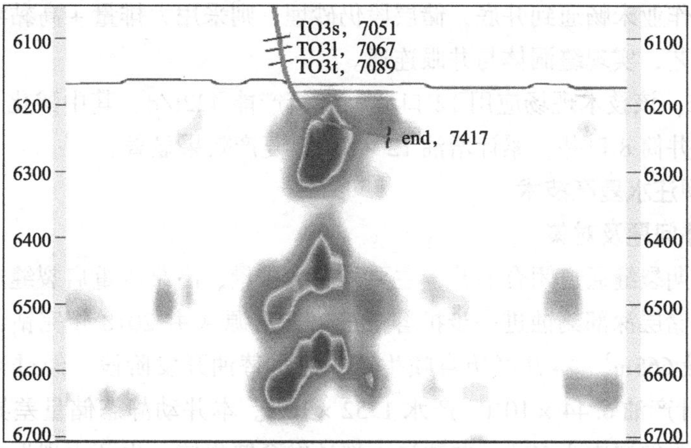

图3 塔里木盆地缝洞型碳酸盐岩缝洞发育模式

2 酸化＋复合改造技术研究

针对以上缝洞型碳酸盐岩油藏生产过程中暴露出来的问题，开展酸压＋复合改造复产技术研究，形成针对性的碳酸盐岩油藏复产技术。

2.1 酸压＋畅通井筒复产技术

2.1.1 垮塌井识别

井壁垮塌的显著特征主要是“采不出、注不进”，具体表现在：一是油压、产液量、液面快速下降，供液突然不足；二是注水替油或储层改造注不进；三是通过作业探砂面可以证实井筒出砂垮塌。

2.1.2 井筒畅通技术研究

首先细分储层垮塌类型，将井筒垮塌砂埋井分为四类，即短井段裸眼段跨、长井段裸眼垮塌、漏失严重但能建立循环井、超低压井裸眼垮塌，针对不同的垮塌类型，分别形成针对性的冲捞砂技术(表1)，现场应用19口井，捞砂到位率为70.8%～100%。同时，冲捞砂成功井采取筛管完井方式，支撑井壁，保证作业以后井的长期生产。

表1 塔里木盆地井筒畅通技术及应用情况

序号	井筒垮塌类型	井筒畅通技术	应用井数/口	捞砂到位率/%
1	短井段裸眼段垮塌	文丘里负压捞砂	3	78
2	长井段裸眼垮塌	负压反循环气举冲捞砂	3	100
3	漏失严重但能建立循环井垮塌	旋转控制头＋沉砂管反循环冲捞砂	11	70.8
4	超低压井裸眼垮塌	环空“气＋液”混注气举冲捞砂	2	100

2.1.3 酸压工艺优化

因塔里木盆地碳酸盐岩油藏储层埋藏超深，垮塌砂埋的处理难道大，部分井受作业能力和井垮塌砂埋的严重程度影响，存在部分井无法冲捞砂到人工井底和部分好的储层段不能完全裸露出来的问题。针对不同的井筒畅通结果，有选不同的酸压工艺，其中冲捞砂作业畅通到人工井底，主力产层已与井眼连通，则采用小规模酸化作业，解除井周垮塌堵塞污染。若冲捞砂作业未畅通到井底，储层段仍砂埋，则采用大排量＋高黏液造缝旁通缝洞体的酸压改造工艺，实现缝洞体与井眼连通。

2019 年以来，该技术现场应用 12 口井，恢复产能 422t/d，其中酸化＋畅通井筒井 4 口，酸压＋畅通井筒 8 口井，累计增油 12×10^4t，复产效果显著。

2.2 酸压＋常规注水复产技术

2.2.1 单井问题及对策

针对生产后期裂缝通道闭合的井，主要采用大排量、高泵压重启裂缝通道，后持续注水，将酸液推入储层深部刻蚀进一步扩容裂缝。如富源 A 井 2018 年完钻，钻井漏失相对密度 1.35 钻井液 665m^3，本井经历自喷生产、注水替油开发阶段，经过 4 轮注水，注水 4.97×10^4t，累计产油 6.44×10^4t，产水 1.52×10^4t。本井动静态储量差异大，纵向剖面图显示，井轨迹距储层中心 17m，井轨迹下部还发育储集体，生产表现近井定容特征明显(图 4)。采用暂堵酸压＋注水复合改造工艺，形成复杂裂缝系统，动用更多产能。

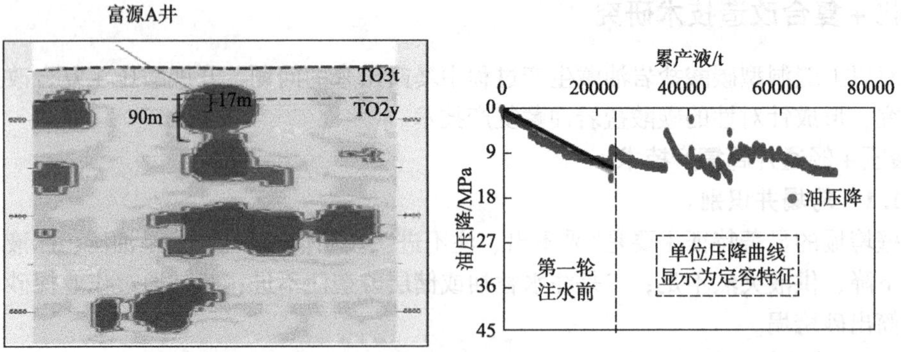

图 4 富源 A 井地震剖面缝洞刻画及生产情况图

2.2.2 暂堵工艺优化

有研究表明采用可降解暂堵材料可提升缝洞体的动用程度，因富满油田碳酸盐岩储层的特殊性，缝洞体发育，封堵成功的关键在于缝口能够架住桥，受沉积学启发，砂岩分选性越好，圆度越高，渗透性越好；采用逆向思维，用不规则块状颗粒架桥，增大颗粒间接触面积，降低渗透性，同时，通过加入纤维使颗粒与颗粒间的封堵性更好，因此，暂堵采用不规则的颗粒＋纤维的组合封堵模式(图 5)，颗粒直径为 1 ~ 5mm 和 5 ~ 10mm，纤维长度为 3 ~ 6mm。

富源 A 井酸压施工注入液量 860m^3，暂堵剂用量 550kg，施工排量 6.0m^3/min，施工泵压 90MPa，施工后，已生产 480d，累计增油 1.65×10^4t，增油效果显著。

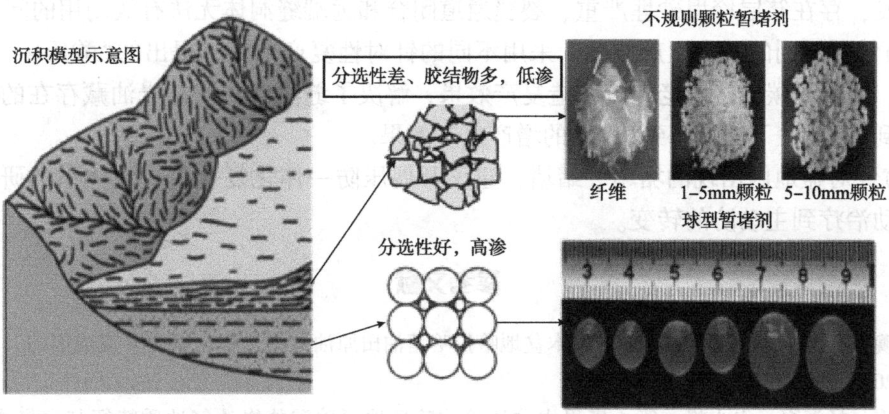

图5　不规则颗粒+纤维暂堵模式

2.3　酸压+水力扩容技术

针对储层井周储集体与远端储层不连通或连通性差的井，提出采用大规模多级注入酸压+水力扩容的复合改造工艺，一方面通过大排量、大液量酸压造长缝突破缝洞体与缝洞体间的隔挡层，连通洞外洞，另一方面通过高低酸液和固体酸实现远端裂缝的有效刻蚀，最后通过高于裂缝开启压力进行大规模高压注水，补充地层能量同时进一步扩容裂缝通道，确保后期的长效生产。

典型井-热普B井，漏失685.53m^3，放空5.15m，发育多套“串珠”优质储集体，漏失点距离“串珠”边缘最大半径150m，自喷102d，油压和产量下降较快，产油3965t，分析认为井筒与远井储集体连通性差，井底距远端储集体150m。采用大规模暂堵酸压+水力扩容复合改造工艺，总液量1935m^3，排量5.71m^3/min，暂堵两次，升压4.5~9.0MPa，施工过程中存在多处沟通显示，酸压结束后高压注水5020m^3。措施后油压、产量明显提升，平均日产油55.5t，油压31.3MPa，累计产油1.86×10^4t(图6)。

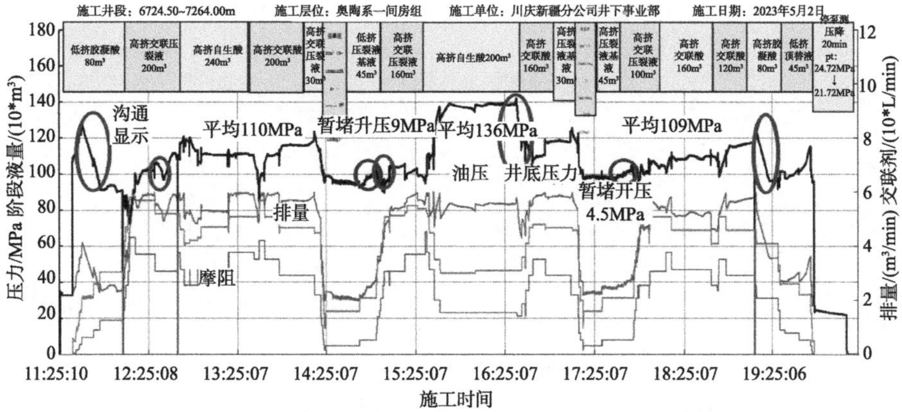

图6　热普B井酸压施工曲线

3　结论及建议

(1)塔里木盆地超深碳酸盐岩油藏普遍采用裸眼完井，裸眼段较长，经历多轮次注水注气开发，存在储层垮塌砂埋严重、裂缝通道闭合和远端缝洞体无法有效动用的问题。

(2)针对不同的开发生产问题，采用不同的针对性复产措施，提出的"酸压+"复合改造技术，提升了碳酸盐岩老井的改造复产效果，解决了缝洞型碳酸盐岩油藏存在的复杂问题，起到了"对症下药、药到病除"的增产复产效果。

(3)针对盆地内出现的垢堵、蜡堵，建议开展压防一体化复合改造液体系的研究，实现由被动治疗到主动防的转变。

参考文献

[1]陶小晚，张义杰，段书府，等．塔里木盆地哈拉哈塘油田原油聚集过程与密度多变成因[J]．石油学报，2015，36(4)：405－415.

[2]朱光有，杨海军，朱永峰，等．塔里木盆地哈拉哈塘地区碳酸盐岩油气地质特征与富集成藏研究[J]．岩石学报，2011，27(3)：827－844.

[3]李阳．塔河油田碳酸盐岩缝洞型油藏开发理论及方法[J]．石油学报，2013，34(1)：115－121.

[4]曲全工，张敬轩，陆友明，等．厚层灰岩油藏岩溶纵向分带研究——以塔河油田四区油藏为例[J]．石油实验地质，2015，37(1)：17－21.

[5]姜许健，潘昭才，张文波，等．高压注水替油技术在裂隙型油藏中的应用[J]．石油天然气学报，2015，32(6)：441－443.

[6]薛江龙，刘应飞，朱文平，等．哈拉哈塘油田单井钻遇储集体类型及注水替油效果分析[J]．石油钻探技术，2016，44(1)：85－89.

[7]贾光亮，张飞洲，梁护站．塔河油田超大规模复合酸压技术[J]．石油钻探技术，2011，39(6)：78－81.

[8]四川盆地深层超深层碳酸盐岩水平井分段酸压关键技术 [J]．天然气工业，2022，42(12)：56－64.